Fehlzeiten-Report 2009

B. Badura • H. Schröder • J. Klose • K. Macco (Hrsg.)

Fehlzeiten-Report 2009

Arbeit und Psyche: Belastungen reduzieren – Wohlbefinden fördern

Zahlen, Daten, Analysen aus allen Branchen der Wirtschaft

Mit Beiträgen von
B. Badura • B. Beermann • K. Böhm • C. Busch • K. Busch • M. Cordes • N. Dragano • A. Ducki • W. Dunkel • J. E. Fischer • D. Frey • T. Fuchs • E. Grofmeyer • L. Gunkel • C. M. Haupt • F. Hauser • H. Heide • K. Heyde • S. Hinrichs • G. Hüther • O. Iseringhausen • S. Kohl • K. Kuhn • P. Lück • K. Macco • M. Michaelis • W. Menz • M. Nübling • A. Oppolzer • F. Pleuger • T. Rigotti • P. Rixgens • A. Orthmann • J. Schmidt • H. Schröder • K. Schwab • J. Siegrist • M. J. Steinke • U. Stößel • B. Strauß • B. Streicher • M. Szpilok • M. Wahrendorf • B. Wilde

Springer

Prof. Dr. Bernhard Badura
Universität Bielefeld
Fakultät für Gesundheitswissenschaften
Universitätsstraße 25
33615 Bielefeld

Helmut Schröder
Jochim Klose
Katrin Macco
Wissenschaftliches Institut
der AOK (WIdO)
Rosenthaler Straße 31
10178 Berlin

ISBN 978-3-642-01077-4 Springer Medizin Verlag Heidelberg

Bibliografische Information der Deutschen Nationalbibliothek
Die Deutsche Nationalbibliothek verzeichnet diese Publikation in der Deutschen Nationalbibliografie; detaillierte bibliografische Daten sind im Internet über http://dnb.d-nb.de abrufbar

Springer Medizin Verlag
springer.de

Planung: Hanna Hensler-Fritton
Projektmanagement: Hiltrud Wilbertz
Titelfoto: pressmaster, fotolia.com
Einbandgestaltung: deblik, Berlin
Satz: wiskom e.K., Friedrichshafen

SPIN: 12563005

Gedruckt auf säurefreiem Papier 18/2111 wi - 5 4 3 2 1 0 -

Vorwort

Psychische Erkrankungen führen seit Jahren immer häufiger zu Arbeitsunfähigkeit und sind mittlerweile eine ihrer Hauptursachen. Die Statistik erfasst hierbei – damit muss gerechnet werden – nur die Spitze eines Trends, den zu brechen bisher nicht gelungen ist. Neben ihrer offensichtlichen Unkontrollierbarkeit liegt die Bedrohlichkeit dieser Entwicklung in den dadurch ausgelösten enormen Versorgungskosten und der sehr wahrscheinlich bereits jetzt schon großen und weiter zunehmenden Zahl unerfasster psychischer Störungen, die die Lebensqualität und Leistungsfähigkeit der Betroffenen beeinträchtigt. Es besteht ferner die Gefahr, dass der breiten Zunahme von Angstneurosen, Konzentrationsmängeln, Schlafstörungen, Hilflosigkeitsgefühlen und Ähnlichem mehr in einer Hochleistungsgesellschaft mit verstärktem Konsum von Arzneimitteln oder Alkohol begegnet wird und nicht mit einer aktiven und ursachenorientierten Politik der Gesundheitsförderung und Prävention – insbesondere auch in den Betrieben, Verwaltungen und Dienstleistungsorganisationen.

Bereits im Jahre 1999 widmete sich der erste gemeinsam vom Wissenschaftlichen Institut der AOK (WIdO) und der Universität Bielefeld herausgegebene Fehlzeiten-Report in seinem Schwerpunkt dem Thema »Psychische Erkrankungen«. Die rasante Entwicklung der Arbeitswelt und die kontinuierliche Veränderung von einer Produktions- hin zu einer Dienstleistungsgesellschaft haben die Anforderungen an Mitarbeiter und Betriebe verändert, doch die Bedeutung dieses Themas ist weiterhin aktuell. Zwar hat im Laufe der Zeit der Anteil der schweren körperlichen Arbeit abgenommen, hingegen aber der Anteil geistiger und »zwischenmenschlicher« Arbeit zugenommen. Alte Themen wie etwa Nacht- und Schichtarbeit sind geblieben, neue Themen wie berufliche Mobilität, Arbeitssucht, Präsentismus, Konfliktmanagement und Mobbing, die für diese Wandlungsprozesse charakteristisch sind, können hinzugefügt werden.

Mit der Dematerialisierung von Arbeit wandelte sich im Laufe der Zeit auch das Verständnis von Gesundheit. Dank der Definition von Gesundheit durch die Weltgesundheitsorganisation erfährt das psychische Wohlbefinden nunmehr ein weit höheres Maß an Aufmerksamkeit. So gehen Wissenschaftler und Praktiker nicht mehr nur der Frage nach, was den Menschen bei der Arbeit krank macht, sondern auch, was den Menschen gesund erhält. Aus betrieblicher Sicht spielt es eine große Rolle, dass Mitarbeiter, die sich am Arbeitsplatz wohl fühlen, eine starke Bindung an ihr Unternehmen entwickeln, motivierter arbeiten und sich weit über ihre vertragliche Verpflichtung hinaus engagieren. Denn der (psychisch) gesunde Mitarbeiter ist zwar eine notwendige, aber noch lange keine hinreichende Bedingung für ein erfolgreiches Unternehmen. Daher widmet sich der Fehlzeiten-Report 2009 dem Themenkomplex »Arbeit und Psyche« – sowohl mit dem Fokus »Belastungen reduzieren«, als auch »Wohlbefinden fördern«.

In dem vorliegenden Band soll nicht nur aufgezeigt werden, wie man psychische Belastungen am Arbeitsplatz reduzieren, sondern auch gezielt das Wohlbefinden bei der Arbeit fördern kann. Maßnahmen zur Reduktion psychischer Belastungen und Förderung des Wohlbefindens können sehr facettenreich sein. Wie der Fehlzeiten-Report in den verschiedenen Beiträgen aufzeigt, handelt es sich hierbei um hochkomplexe Zusammenhänge von sozialen, psychischen, biologischen und ökonomischen Vorgängen. Ein Rückgang der Fehlzeiten im Betrieb geht nicht zwangsläufig mit einem hohen Wohlbefinden der Beschäftigten einher, gleichwohl kann Führungskultur, Teamarbeit oder auch Arbeitsplatzsicherheit zum Wohlbefinden der Mitarbeiter beitragen und der Entstehung psychischer Erkrankungen entgegenwirken. Das Streben nach Wohlbefinden sollte daher als Aufgabe einer funktionstüchtigen Gemeinschaft begriffen werden, um so eine gesundheits- wie arbeitsförderliche Wirkung zu erzielen. Entsprechend muss bei der Schaffung von gesundheits- und motivationsfördernden Arbeitsbedingungen auch die Pflege und Förderung des psychischen Befindens der Arbeitnehmer berücksichtigt werden.

Neben den Beiträgen zum Schwerpunktthema liefert der Fehlzeiten-Report wie in jedem Jahr aktuelle Daten und Analysen zu den krankheitsbedingten Fehlzeiten in der deutschen Wirtschaft. Er beleuchtet detailliert die Entwicklung in den einzelnen Wirtschaftszweigen und gewährleistet einen schnellen und umfassenden Überblick über das branchenspezifische Krankheitsgeschehen. Neben ausführlichen Beschreibungen der krankheitsbedingten Fehlzeiten der 9,7 Millionen AOK-versicherten Beschäftigten im Jahr 2008 informiert er ausführlich über die Krankenstandsentwicklung aller gesetzlich krankenversicherten Arbeitnehmer.

Aus Gründen der besseren Lesbarkeit wird innerhalb der Beiträge in der Regel die männliche Schreibweise verwendet. Wir möchten deshalb darauf hinweisen, dass diese ausschließliche Verwendung der männlichen Form explizit als geschlechtsunabhängig verstanden werden soll.

Herzlich bedanken möchten wir uns bei allen, die zum Gelingen des Fehlzeiten-Reports 2009 beigetragen haben. Zunächst gilt unser Dank den Autorinnen und Autoren, die trotz vielfältiger anderer Verpflichtungen die Zeit gefunden haben, uns aktuelle Beiträge zur Verfügung zu stellen. Danken möchten wir auch den Kolleginnen im WIdO, die an der Buchproduktion beteiligt waren. Zu nennen sind hier vor allem Jana Schmidt, die uns bei der Aufbereitung und Auswertung der Daten und bei der redaktionellen Arbeit vorzüglich unterstützt hat, wie auch Isabel Rehbein für ihre Unterstützung bei der Datenvalidierung. Unser Dank geht weiterhin an Frau Ulla Mielke für die gelungene Erstellung des Layouts und der Abbildungen sowie Frau Miriam Höltgen und Frau Susanne Sollmann für das ausgezeichnete Lektorat. Nicht zuletzt gilt unser Dank den Mitarbeiterinnen und Mitarbeitern des Springer-Verlags für ihre wie immer gelungene verlegerische Betreuung.

Bielefeld und Berlin, im September 2009

B. Badura
H. Schröder
J. Klose
K. Macco

Inhaltsverzeichnis

Verbreitung psychischer Belastungen und Beeinträchtigungen

Kosten psychischer Belastungen und Beeinträchtigungen

Formen psychischer Belastungen und Beeinträchtigungen

Erfahrungen aus der Unternehmenspraxis

B. DATEN UND ANALYSEN

Anhang

Teil A:

Schwerpunktthema: Psychische Belastungen reduzieren – Wohlbefinden fördern

Kapitel 1

Wege aus der Krise

B. Badura

»Soziale Entwurzelung der Bevölkerung wird zur Bedingung von Effizienz und Wettbewerbsfähigkeit.« (Dahrendorf 1995).

Zusammenfassung. *Die Weltwirtschaftskrise zwingt dazu, bei der Suche nach ihren Ursachen auch lang gehegte Überzeugungen in Frage zu stellen, z. B. was ist der Mensch? Welche Bedeutung hat er im Wirtschaftssystem? Nach welchen Grundsätzen sollten Unternehmen geführt werden? Welche zentralen Probleme stellen sich der betrieblichen Gesundheitspolitik? Der Beitrag gibt Anstöße zu ihrer Diskussion. Angesprochen werden das Zusammenwirken zwischen Zivilgesellschaft, Wirtschaft und Politik, die Idee der Produktionsgemeinschaft als Leitbild mitarbeiterorientierter Führung, das Präsentismusproblem und die Notwendigkeit, sich stärker mit der Pflege und Förderung des psychischen Befindens auseinanderzusetzen. Der Autor widmet diesen Beitrag in dankbarer Erinnerung seinem akademischen Lehrer Ralf Dahrendorf.*

Die Wirtschaftskrise hat den Glauben an die problemlösende Kraft von Markt und Wettbewerb auf eine Weise erschüttert, die vor Kurzem noch undenkbar schien. Gemeinsinn, Solidarität und Zivilgesellschaft erfahren dadurch eine ebenso ungeahnte Aufwertung. Wege aus der Krise können, so die im Folgenden vertretene Auffassung, in einer evolutionären Weiterentwicklung der Zusammenarbeit von Politik, Wirtschaft und Zivilgesellschaft gefunden werden. Grenzenloses Gewinnstreben einerseits, Gemeinsinn und mitmenschliche Solidarität andererseits lassen sich offenbar nicht miteinander vereinbaren. Dazu sollten die Wirtschafts- und Sozialwissenschaften gemeinsam einen neuen Dialog führen. Das damit zusammenhängende, aber aktuell weit gewichtigere Problem liegt in der Verselbstständigung der Finanzmärkte und der damit einhergehenden Vernichtung moralischer Substanz. Wenn Finanzspekulationen einträglicher sind als Investitionen in neue Produkte oder Dienstleistungen – d. h. in Erfindungsgeist und Arbeitskraft der Bevölkerung – und wenn die wirtschaftlichen Eliten sich von der Amoralität der Märkte infizieren lassen, stellt sich die Frage nach ihrer Mitarbeiterorientierung gar nicht mehr, erst recht nicht die Frage nach ihrer gesellschaftlichen Verantwortung.

Die im »alten« Europa entwickelte Idee der sozialen Marktwirtschaft bietet hier vielleicht noch am ehesten einen Ausweg. Voraussetzung wäre, dass nicht nur der Staat mehr Verantwortung für die Wirtschaft sondern dass auch umgekehrt die Wirtschaft mehr Verantwortung für ihre Mitarbeiter und die Zivilgesellschaft übernimmt. Die überkommene Arbeitsteilung, in der der Staat zuständig ist für die sozialen Folgen einer weitgehend ungezügelten Marktwirtschaft, hat sich zur Bewältigung der Herausforderungen eines globalisierten Wettbewerbs als ungeeignet erwiesen. Es reicht nicht aus, den öffentlichen Sektor nach wirtschaftlichen Maximen zu rationalisieren, wenn nicht im Gegenzug auch das Wirtschaften sozialer wird. Was genau könnte das bedeuten?

Das bedeutet z. B., dass die Kreditvergabe an Unternehmen auch davon abhängig gemacht wird, wie es um das Humanpotenzial eines Unternehmens bestellt ist, als der wichtigsten Quelle zukünftigen Unternehmenserfolgs. Voraussetzung dafür ist, dass sich Motivation, Qualifikation und Gesundheit der Mitarbeiter und die dafür relevanten Wirkungsketten zuverlässig objektivieren und bewerten lassen. Dazu wird im Folgenden ein Vorschlag gemacht, orientiert am Leitbild der kundenorientierten Produktionsgemeinschaft, geeignet auch als Entscheidungsgrundlage für Bonussysteme der Krankenkassen.

1.1 Bedingungen von Gemeinsinn, Solidarität und moralischem Bewusstsein

Die aktuelle Krise deckt erhebliche Schwächen der Zivilgesellschaft in den Ursprungsländern auf, wo Finanzakteure sich allein ihrem Eigennutz verpflichtet fühlen und Gesellschaft immer öfter als bloße Ansammlung unverbundener Individuen gesehen wird. Gemeinsinn, Solidarität und moralisches Bewusstsein sind in dieser Welt Inbegriffe einer vormodernen, weil nicht gewinn- sondern werteorientierten Gesinnung, deren Restbestände es so schnell wie möglich zu beseitigen galt: »Märkte sind amoralisch« (Soros 2002). Mittlerweile hat nicht das »alte« sondern das »neue« Denken sich als katastrophale Fehlentwicklung erwiesen, weil auch Wirtschaft nicht ohne Wertebindung, vertrauensvolle Zusammenarbeit und Gemeinsinn funktionieren kann. Moralisches Bewusstsein, Gemeinsinn und Solidarität lassen sich weder »top-down« vom Staat anordnen noch am Markt erwerben. Sie entwickeln sich vielmehr als immaterielle Voraussetzungen von Staat und Wirtschaft in der Zivilgesellschaft, »bottom-up« von frühester Kindheit an per Vorbild und Sozialisation. Und sie bedürfen später im Bildungssystem und in der Arbeitswelt der ständigen Belebung und Bestätigung durch Personen, die als wichtig oder vorbildhaft erachtet werden.

Auch wenn Gedanken, Gefühle und Motive vom Menschen als etwas zutiefst Persönliches, ja Intimes erlebt werden, unterliegen sie lebenslanger gesellschaftlicher Regulation: durch das moralische Bewusstsein und durch die Kooperation mit anderen (Freunde, Partner, Vorgesetzte, Familienangehörige, Bekannte etc.). Nicht einzelne Individuen sind die elementaren Bausteine von Gesellschaft sondern soziale Netzwerke und gemeinsame Überzeugungen, Werte und Regeln. Der Homo sapiens ist in erster Linie ein zwischenmenschlicher Maximierer kollektiven Nutzens und erst in zweiter Linie rationaler Egoist. Menschen brauchen Menschen: zur Entwicklung und Stärkung von Gemeinsinn und moralischem Bewusstsein, zum Erlernen von Problemlösung und Gefühlsregulierung, zum Erhalt und zur Förderung seelischer und körperlicher Gesundheit, als Grundlage von Bildung, Arbeit und Erfolg. Die Frage nach den Bedingungen von Solidarität, Gemeinsinn und moralischem Bewusstsein ist auf das Engste verbunden mit der Frage nach dem spezifisch Menschlichen am Menschen. Was aber ist das zentrale Alleinstellungsmerkmal des Homo sapiens im Vergleich zu seinen Vorfahren und Konkurrenten im Verlauf der Evolution?

Über Jahrhunderte galt das cartesianische »cogito ergo sum« als überzeugende Antwort. Es sind seine hochentwickelten kognitiven Fähigkeiten, so wurde angenommen, die die Überlegenheit des Menschen ausmacht. Mit Blick auf die neuesten Ergebnisse u. a. der Neuroforschung und der Primatologie unterscheidet den Menschen von anderen Hominiden und Primaten ein besonders ausgeprägtes Bedürfnis nach Kooperation aber zugleich auch eine besonders ausgeprägte Fähigkeit dazu. Soziale Isolation und misslingende Kooperation machen krank. Soziale Integration und gelungene Kooperation erhalten gesund. Soziale und emotionale Kompetenzen verdienen neben kognitiven Kompetenzen mehr Aufmerksamkeit, weil hohe Kooperationsfähigkeit eine zentrale Voraussetzung für hohes Wohlbefinden und für den Erfolg in Wirtschaft und Privatleben ist (Damasio 1994, Bauer 2006).

Kooperation ist lebensnotwendig. Oft erweist sich Kooperation aber auch als höchst konflikt- und problembeladen: als Belastung. Aus ökonomischer Sicht besonders intensiv auseinandergesetzt hat sich damit in den zurückliegenden Jahrzehnten ein Zweig der Wirtschaftswissenschaften, die Spieltheorie. Spieltheoretiker sprechen vom »Dilemma« der Kooperation, weil Kooperation nicht nur aus Ignoranz oder Eigennutz ausbleiben kann sondern auch bei Mangel an gemeinsamen Werten und Interessen. Anders als zum Beispiel in Robert Axelrods »Die Evolution der Kooperation« (Axelrod 2005) wird im Folgenden die These vertreten, dass Kooperation keineswegs nur gesucht und eingegangen wird, wenn sie im rationalen Interesse eines Individuums ist sondern tiefer liegende Wurzeln in Biologie und Kultur hat: »[...] die Evolution hat den Menschen das Bedürfnis eingepflanzt dazuzugehören und sich akzeptiert zu fühlen«, so der Primatologe Frans de Waal. Bleibt dieses Bedürfnis unbefriedigt, schädigt das ihre seelische Gesundheit und auf Dauer auch ihren Organismus. »Wir sind bis ins Mark sozial« (de Waal 2006). Schwinden Vertrauen, gegenseitiger Respekt und Gemeinsamkeiten im Denken, Fühlen und Handeln, werden Gruppen und Organisationen nur noch durch Zwang und Geld zusammengehalten, dann entwickeln sie sich zu Risikofaktoren für ihre Mitglieder. Es häufen sich Missverständnisse, Beziehungskonflikte und Fehler. Es sinkt die Fähigkeit zum Umgang mit Herausforderungen. Es sinkt die Lern- und Leistungsbereitschaft. Es leiden Gesundheit und Loyalität. Genau dies glauben Experten gegenwärtig in der Arbeitswelt hoch entwickelter Gesellschaften beobachten zu können (z. B. O'Toole und Lawler 2006, Lawler und O'Toole 2006), weil Unternehmen immer häufiger wie Geldmaschinen und immer seltener wie Produktionsgemeinschaften geführt werden.

1.2 Die Idee der Produktionsgemeinschaft

Die Weltwirtschaftskrise verlangt nicht nur nach einer Regulierung der Finanzmärkte und einer Stärkung der Zivilgesellschaft. Sie wirft auch Fragen nach Korrekturbedarf in der Unternehmensführung auf. Wenn Unternehmen mehr sind als Geldmaschinen ihrer Anteilseigner, wenn sie nicht nur der Sicherung der Eigenkapitalrendite, des Umsatzes, von Marktanteilen oder der Börsenkapitalisierung dienen sollen, welche anderen Zwecke und Ergebnisindikatoren gilt es dann zukünftig stärker zu beachten? Im Folgenden wird der Vorschlag aufgegriffen, Unternehmen nicht als Geldmaschinen zu begreifen, sondern als kundenorientierte Produktionsgemeinschaften, in denen die Mitarbeiter nicht als »Erweiterung des Anlagevermögens« oder »Kostenfaktoren« gesehen werden sondern als »Schlüssel« für den wirtschaftlichen Erfolg. Bildung und Gesundheit sind zentrale Elemente des Humanvermögens einer Organisation. Sie hängen auf das Engste miteinander zusammen als Voraussetzung hoher Leistungsfähigkeit und Leistungsbereitschaft, hoher Qualität und Effizienz. Die hier vertretene These lautet: Unternehmen, die sich als kundenorientierte Produktionsgemeinschaften verstehen, sind wirtschaftlich erfolgreicher und zugleich gesundheitsförderlicher für ihre Mitglieder.

Das Leitbild der Produktionsgemeinschaft definiert Unternehmen als Institutionen, in denen Menschen zusammenarbeiten, um gemeinsam etwas zu leisten, zu dem sie alleine nicht in der Lage wären, weil der Erfolg nicht nur von der eingesetzten Technik und vom Wissen und der Qualifikation jedes einzelnen Mitarbeiters abhängt, sondern auch von Qualität und Umfang ihrer Kooperation. Daher wäre ein Vorgehen sinnvoll, das die Qualität kooperativer Systeme an Gemeinsinn und Solidarität erzeugenden Merkmalen festmacht:

- dem vertrauensvollen Umgang der Mitglieder miteinander,
- der gegenseitigen Wertschätzung,
- dem Vorrat gemeinsamer Überzeugungen, Werte und Regeln.

Sie bilden das soziale Vermögen einer Organisation, sind neben finanziellen Anreizen wichtigste Bedingung für die Förderung und Mobilisierung ihres Humanvermögens.

Eine positive Wirkung gemeinsamer Überzeugungen, Werte und Regeln auf die Kooperation in Gruppen und den Zusammenhalt ganzer Gesellschaften wurde in der Soziologie bereits früh vermutet. Emile Durkheim verdanken wir richtungsweisende Überlegungen zur menschlichen Lebensgemeinschaft stabilisierenden Funktion religiöser Überzeugungen, Werte und Regeln (Durkheim 1984, urspr. 1912). In den frühen Beiträgen zum Verständnis von Unternehmen und Verwaltungen bei Taylor und Weber spielten diese immateriellen Einflüsse noch keine Rolle. Die Betonung lag hier auf Arbeitsteilung, auf hierarchischer Koordination, auf materiellen Anreizen und auf durch strenge Regeln gesteuertem Arbeitshandeln (Morgan 1997). Für die Gestaltung von Arbeit und Organisation sind sie auch heute von grundlegender Bedeutung, werden aber immer häufiger ergänzt, korrigiert oder auch substituiert durch immaterielle Anreize und Bedingungen sowie durch neue Formen der Selbstorganisation. Das Interesse von Durkheim und Weber galt makrosoziologischen Fragestellungen wie den Beziehungen zwischen Religion und Wissenschaft und den wirtschaftliches Handeln prägenden Einflüssen religiöser Werthaltungen. Die Kultur einzelner Unternehmen wurde explizit erst seit den späten 1960er Jahren Gegenstand der Organisationsanalyse.

Am Beginn der empirischen Unternehmensforschung stand zunächst jedoch die Entdeckung des »Sozialen«, in Form von zwischenmenschlichen Beziehungen und horizontaler (informeller) Koordination in den Hawthorne-Experimenten, die von Roethlisberger und Dickson dokumentiert (Roethlisberger und Dickson 1966, urspr. 1939) und in der Folge als Human-Relations-Ansatz bekannt wurden. Nicht nur Maschinen und Führung sind wichtig für das Betriebsergebnis sondern auch Motivation und Zufriedenheit der Arbeiter. Zufriedenheit und Motivation der Arbeiter und in der Folge Qualität und Produktivität hängen – so Roethlisberger und Dickson – maßgeblich ab vom Verhalten des Vorgesetzten, der Qualität sozialer Beziehungen untereinander und der Bezahlung.

Weitere Beiträge zur Entwicklung der Idee des Unternehmens als Produktionsgemeinschaft wurden in der Auseinandersetzung mit den Ursachen japanischer Exporterfolge in den 1960er und 70er Jahren geleistet. Insbesondere die Arbeiten von Deming sowie von Peters und Waterman verhalfen der Idee zum Durchbruch, dass immaterielle Produktionsfaktoren einen bis dahin in westlichen Gesellschaften ignorierten bzw. stark unterschätzten Beitrag zum Unternehmenserfolg leisten. Nicht die Beseitigung überflüssiger Tätigkeiten, versteckter Pausen sowie strikte Kontrollen bilden den »Königsweg« zu mehr Produktivität – wie Taylor vorgeschlagen hatte – sondern die (Wieder-)Entdeckung der Menschen als wertschöpfende Mitarbeiter. Produktive (und gesundheitsförderliche) Gestaltung von Arbeit und Organisation muss sich an den psychischen und sozialen Bedürfnissen der Menschen orientieren, muss mit ihnen und nicht gegen sie erfolgen. Kooperation nicht Konkurrenz bewirkt Höchstleistungen. Nicht Kontrolle sondern Förderung der Mitarbeiter und ihrer Kooperation wird zur zentralen Aufgabe der Führungskräfte (Deming 1982).

Zeitgleich mit der Arbeit von Deming (»Out of the Crisis«) erschien das Buch von Peters und Waterman »In Search of Excellence« (Peters und Waterman 1982). Entscheidend für den Unternehmenserfolg seien soziale Beziehungen, Führungsstil, Wissen, Qualifikation und Kundenorientierung, heißt es dort. Menschen wollen Teil eines Ganzen in einer Gemeinschaft sein aber auch aus ihr hervorragen. Sie setzen sich über jede vertragliche Verpflichtung hinaus für ihre Arbeitsziele ein, wenn sie von deren Sinnhaftigkeit überzeugt sind und glauben, ihr eigenes Geschick beeinflussen zu können. Führungsverhalten, Entstehung von Gemeinsinn und Solidarität, Erzeugung von Wissen und hohe Motivation werden – so ihre zentrale These – maßgeblich geprägt durch etwas, was man weder sehen noch anfassen, weder anordnen noch kaufen kann: durch die Kultur eines Unternehmens.

Die das menschliche Denken, Fühlen und Verhalten steuernde Kraft von Kultur gehört zu den bedeutsamsten und zugleich empirisch schwer zu erfassenden Problemstellungen soziologischer Forschung. In Form kollektiver Überzeugungen, Werte und Regeln hilft Kultur dem Individuum, seine psychischen Prozesse und sein Verhalten zu organisieren. Gemeinsame Gedanken, Gefühle, Motive, Regeln und Handlungen erfüllen sinn- und beziehungsstiftende Funktionen; sie fördern Kohäsion und Kohärenz, bilden das vielleicht wichtigste »Bindemittel« und den wichtigsten »Treibstoff« sozialer Systeme. Sie helfen Menschen, einander zu verstehen, zu vertrauen und gemeinsam Ziele zu verfolgen, mit anderen Worten subjektiv befriedigend und objektiv erfolgreich zu kooperieren. Kultur ist ein kollektives Phänomen, das seinen Sitz »in den Köpfen und Herzen« der Menschen hat (Badura et al. 2008).

In jüngster Zeit ist die Idee des Unternehmens als einer kundenorientierten Produktionsgemeinschaft vor allem von de Geus und Pfeffer sowie von Cohen und Prusak, weiterentwickelt worden. De Geus beschäftigt sich mit der Lebenserwartung von Unternehmen. Seine Frage lautet: Was unterscheidet Unternehmen bzw. Organisationen mit hoher von denen mit niedriger Lebenserwartung? Sein Ergebnis lautet: Unternehmen sterben vorzeitig, weil Führungskräfte vergessen, »[...] dass das eigentliche Wesen ihrer Organisation in der menschlichen Gemeinschaft liegt« (de Geus 1998). Zur Überwindung lebensbedrohlicher Lernschwächen von Organisationen empfiehlt er die Pflege der Unternehmenskultur und die Förderung von Möglichkeiten und Fähigkeiten zur Selbstorganisation und zur Beteiligung der Mitarbeiter. Er empfiehlt ferner die Überwindung von »Revierverhalten« sowie eine Dezentralisierung der Machtverteilung in Unternehmen. Macht beschränkt die Lernfähigkeit einer Organisation. Wenn Menschen hochmotiviert an der Umsetzung von Entscheidungen arbeiten sollen, sollte man sie an der Entscheidungsfindung beteiligen. »Schwarmbildung«, d. h. Vernetzung der Organisationsmitglieder erleichtert die Entwicklung und Verbreitung neuer Ideen.

Pfeffer vertritt die These, dass in den zurückliegenden Jahrzehnten, bedingt durch den verschärften Wettbewerb und eine immer stärker finanzmarktgetriebene Führung, die Beziehungen zwischen Unternehmen, Mitarbeitern und umgebender Gesellschaft sich grundlegend verändert haben. Vor die Wahl gestellt, Arbeit für Geld zu kaufen oder Mitverantwortung für Mitarbeiter und Gesellschaft zu übernehmen, würden immer mehr Unternehmen den ersten Weg einschlagen, Sozialleistungen streichen und der »shareholder first«-Maxime folgen. Das gesellschaftliche Klima insgesamt habe sich gewandelt, angestoßen durch die Politik, flankiert von einer neoklassischen Wirtschaftstheorie und unterstützt durch die führenden »Business schools« der USA. Pfeffer macht dies fest an den drei Stichworten »methodischer Individualismus«, »Eigeninteresse« und »marktorientierte Austauschprozesse« (Pfeffer 2006). Der damit angesprochene kulturelle Wandel sei nicht zu unterschätzen. Er sei tief greifend und weitreichend, betreffe Grundüberzeugungen über menschliches Verhalten, zwischenmenschliche Beziehungen und Leitbilder erfolgreicher Unternehmensführung. Er habe zu einem Vertrauensschwund bei den Mitarbeitern beigetragen und bedrohe die Wettbewerbsfähigkeit der US-amerikanischen Wirtschaft. Orientiert sich die Unternehmensbindung eines Mitarbeiters nur an der Höhe seines Einkommens, steigt das Risiko, hochqualifizierte Mitarbeiter an die besser bezahlende Konkurrenz zu verlieren und der Druck, selbst immer höhere Gehälter aufwenden zu müssen. Weitere Kosten entstünden ferner durch Neueinstellungen, zusätzliche Aufwendungen zum Erhalt der Kundenbindung und durch erhöhte Kosten für Koordination und Kontrolle. Dabei würden Menschen heute mehr noch als bereits in der Vergangenheit durch ihre Arbeit geprägt, weil sie immer mehr Zeit damit verbringen und weil Arbeit von zentraler Bedeutung ist für ihr seelisches Gleichgewicht und ihren sozialen Status.

Für Söldner ist die Arbeit ein Job, den sie dort verrichten, wo ihnen am meisten geboten wird. Materielle Anreize gelten dabei viel, immaterielle Anreize wie Unternehmensbindung gelten wenig oder gar nichts. Für Mitarbeiter dagegen bedeutet Arbeit immer auch einen Beitrag leisten zum großen Ganzen. Um einer sich verbreitenden Söldnermentalität und den damit verbundenen Risiken mangelhafter Unternehmensbindung entgegenzuwirken, plädiert Pfeffer für ein neues Unternehmensleitbild: die »Produktionsgemeinschaft«. Darunter versteht er eine mitarbeiterorientierte Unternehmenskultur, die Betonung immaterieller Anreize sowie Arbeit, die Sinn spendet, das Gemeinschaftsbedürfnis der Mitarbeiter befriedigt und dadurch die Entfaltung und Mobilisierung ihrer Leistungspotenziale fördert.

Cohen und Prusak beschäftigen sich explizit mit dem Sozialkapital von Organisationen als Gegengewicht zu einer, wie sie glauben, weit verbreiteten Auffassung, Organisationen würden nur aus Individuen bestehen, deren Bindungen an ihr Unternehmen sich erschöpfen in Bezahlung und vertraglich vereinbarten Gegenleistungen. Sie wenden sich gegen eine Arbeitswelt, die nur aus »Ich-AGs«, »Projekten« und dem Internet besteht. Sie sind, wie sie schreiben, »zutiefst misstrauisch« gegenüber der gängigen Vorstellung, »Menschen, Prozesse und Technologie« seien die wichtigsten Quellen des Organisationserfolgs (Cohen und Prusak 2001). Stattdessen rücken sie zwischenmenschliche Beziehungen in das Zentrum ihrer Betrachtung, weil ohne sie »zweckorientierte Kooperation«, als das Wesentliche jeder Organisation nicht stattfinden kann. Dementsprechend betonen sie die »kollektive Natur nahezu aller Arbeit« und sehen im »Vertrauen« die Essenz von Sozialkapital. Zugleich verweisen sie aber auch auf mögliche Risiken exklusiver sozialer Netzwerke oder unerschütterlicher Überzeugungen wie Realitätsverlust, Innovationsfeindlichkeit und die Neigung zum Sektierertum. Das gegenwärtig weitaus größere Risiko sehen sie allerdings in der Sozialkapitalvernichtung durch permanente Restrukturierung und »Downsizing«, durch Zukäufe und Fusionen sowie durch Virtualisierung von Arbeit, d. h. durch ihre Loslösung von Raum und Zeit und der damit verbundenen sozialen Entwurzelung. Als sie 2001 ihr Buch veröffentlichten, konnten sie noch nicht die sozialen und kulturellen Ursachen der Finanz- und Wirtschaftskrise im Auge haben, sondern bezogen sich auf die ihr vorausgegangenen sozialen und kulturellen Folgen moderner Informationstechnologien und globalisierter Mobilitätszwänge (Badura et al. 2009).

1.3 Zwischenfazit

Die Idee des Unternehmens als kundenorientierte Produktionsgemeinschaft ist eine Alternative zur Auffassung, Mitarbeiter seien Kosten- und Risikofaktoren. Mitarbeiter sind die eigentlichen Quelle der Wertschöpfung. Für rohstoffarme Hochtechnologiegesellschaften gilt das in ganz besonderer Weise. Bildung, Wissen und Gesundheit sind zentrale Elemente des Humanvermögens. Sie hängen auf das Engste miteinander zusammen als Voraussetzung hoher Leistungsfähigkeit und Leistungsbereitschaft und damit auch hoher Innovationskraft, hoher Qualität und Effizienz.

Das Humanvermögen ist ein Potenzial, das Nutzen nur durch seine Mobilisierung schafft. Dazu ist neben Zielvorgaben, Technik und Anreizen auch soziales Vermögen erforderlich. Kooperatives und an gemeinsamen Zielen orientiertes Handeln erfordert soziale Vernetzung der Organisationsmitglieder und vertrauensvolle Zusammenarbeit auf der Grundlage gemeinsamer Überzeugungen, Werte und Regeln – mit anderen Worten: Sozialkapital.

Das Sozialkapital einer Organisation besteht aus der Qualität, dem Umfang und der Reichweite zwischenmenschlicher Beziehungen (soziale Netzwerke), aus dem Vorrat gemeinsamer Überzeugungen, Werte und Regeln (Kultur) sowie aus der Qualität zielorientierter Koordination (Führung). Es trägt dazu bei, dass die Mitglieder einer Organisation einander vertrauen und ihre Arbeit als sinnhaft, verständlich und beeinflussbar erleben. Es erleichtert die Zusammenarbeit, fördert das Gefühl der inneren Verbundenheit untereinander und mit der Organisation als Ganzes und erhöht die Attraktivität eines Unternehmens für Arbeitssuchende. Sozialkapital »treibt« Humankapital, fördert Lernen, Gesundheit und Produktivität (Abb. 1.1).

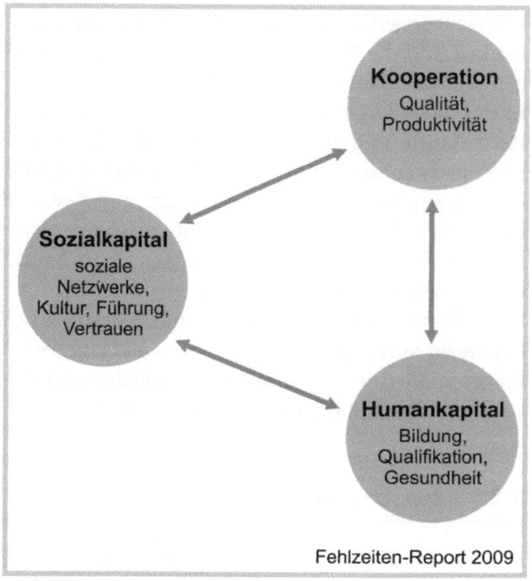

Abb. 1.1. Wechselwirkung zwischen Sozialkapital, Person und Kooperation

Führung allein durch Anordnung und materielle Anreize birgt dagegen erhebliche Risiken für die Beschäftigten, die Unternehmen und die sozialen Sicherungssysteme: wegen der dabei zu erwartenden hohen Kontroll- und Entscheidungskosten, dem hochwahrscheinlichen gesundheitlichen Verschleiß und der dadurch mit bedingten Kosten für Arbeitslosigkeit, Krankenversorgung und Frühberentung.

Woran es mit Blick auf den aktuellen Stand der Organisationsforschung mangelt, sind Versuche, zentrale Elemente der Produktionsgemeinschaft zu operationalisieren sowie empirische Belege für den Zusammenhang zwischen ihnen, der Gesundheit der Mitarbeiter und dem Betriebsergebnis. Wirtschaftsunternehmen sind stets beides: Geldmaschinen und Produktionsgemeinschaften – allerdings in sehr unterschiedlichem Ausmaß das eine oder das andere. Sie lassen sich – so die hier vertretene Auffassung – einem Kontinuum zuordnen zwischen Shareholdervalue-Orientierung auf der einen und Mitarbeiterorientierung auf der anderen Seite. Zur genauen Lokalisierung einzelner Unternehmen auf diesem Kontinuum und zur Prognose ihrer nachhaltigen Wettbewerbsfähigkeit und Gesundheitsförderlichkeit scheint eine Quantifizierung kooperationsrelevanter Elemente eines Unternehmens zwingend geboten. Der aus der Soziologie und der Politikwissenschaft stammende Sozialkapitalansatz enthält einen Vorschlag, wie sich zentrale Unternehmensbedingungen für Gesundheit und wirtschaftlichen Erfolg bestimmen, quantifizieren und fördern lassen (Badura et al. 2008, vgl. dazu auch den Beitrag von Rixgens in diesem Band). Soziale Netzwerke und Kultur bilden die zivilgesellschaftlichen Bedingungen guter Gesundheit und wirtschaftlichen Erfolgs.

Das Leitbild der kundenorientierten Produktionsgemeinschaft setzt eine genaue Kenntnis nicht nur der Kunden sondern auch der Mitarbeiter eines Unternehmens voraus: Wie wohl fühlen sie sich, was beeinträchtigt ihre Gesundheit, welche Erwartung haben sie gegenüber ihrer Führung, wie erleben und bewerten sie ihr Unternehmen? Dies erfordert deutliche Verbesserungen im Berichtswesen. Da Unternehmen über Zahlen geführt werden, findet Berücksichtigung nur, was sich in Zahlen fassen lässt. Worauf kommt es dabei in Zukunft besonderes an? Dem soll in den beiden Schlussteilen dieses Beitrages nachgegangen werden.

1.4 Präsentismus

Präsentismus ist der Kontrastbegriff zum Absentismus und wird definiert als »Produktivitätseinbußen bedingt durch beeinträchtigte Gesundheit« (Hemp 2004). Die Beobachtung und Bewertung des Gesundheitszustandes der Mitarbeiter geschieht in den Unternehmen heute zumeist mit Hilfe zweier Kennzahlen: der Anzahl der Arbeitsunfälle und der Anzahl der nicht zur Arbeit Erscheinenden (*Absentismus*). Der Blick richtet sich damit auf Ergebnisse, die es eigentlich zu vermeiden gilt und auf einige Wenige, die der Arbeit fernbleiben. Die regelmäßig zur Arbeit Erscheinenden, ihr seelisches und körperliches Befinden und dessen Auswirkungen auf Menge und Qualität der geleisteten Arbeit, werden dabei außer Acht gelassen. Führung eines Unternehmens als Produktionsgemeinschaft erfordert ein erweitertes Berichtswesen, d. h. ein kontinuierliches Beobachten von Gesundheitstrends in der Belegschaft, bei strengster Wahrung des Datenschutzes, und die Förderung ihres Wohlbefindens als einem zentralen Erfolgsfaktor. Das beinhaltet eine intensive Auseinandersetzung mit dem Präsentismusphänomen.

Wer regelmäßig seiner Arbeit nachgeht – trotz seelischer oder körperlicher Beeinträchtigung – leistet weniger und schadet sich damit auf Dauer selbst. Deshalb und wegen des mit zunehmendem Alter steigenden Risikos chronischer Krankheiten wird Präsentismus das zentrale Problem betrieblicher Gesundheitspolitik in alternden Gesellschaften darstellen. Fehlzeitenmanagement sollte zum Gesundheitsmanagement weiterentwickelt werden. Menschen, die sich wohlfühlen, leisten mehr und bessere Arbeit als Menschen, die seelisch oder körperlich beeinträchtigt sind. Gesundheitsmanager dürfen deshalb keinesfalls mehr mit Wohlfühlexperten ohne Ergebnisorientierung verwechselt werden. Ein Management, dass das Thema Gesundheit ignoriert, handelt wenig mitarbeiterorientiert und wird zum Risikofaktor für sein Unternehmen auch wegen der nicht vermiedenen Risiken im Bereich Personal und der nicht vermiedenen Lasten für die Versorgungssysteme.

In einer viel zitierten, aber leider unveröffentlichten Studie der amerikanischen Bank One werden die Produktivitätsverluste bedingt durch Präsentismus auf 84% und die Produktivitätsverluste bedingt durch Absentismus auf 16% der betrieblichen Krankheitskosten geschätzt (Hemp 2004). Baase kommt in ihrer gut dokumentierten Studie an 12.397 Beschäftigten der Firma Dow Chemical zu dem Ergebnis, dass dem Unternehmen durch krankheitsbedingte Beeinträchtigungen jährlich pro Beschäftigten 661 $ bedingt durch Fehlzeiten, 2278 $ bedingt durch medizinische Behandlungen und 6771 $ bedingt durch eingeschränkte Arbeitsfähigkeit an Kosten entstehen (Baase 2006).

Nicht nur chronische Leiden können sich negativ auf die geleistete Arbeit auswirken. Auch akute Beeinträchtigungen durch Kopfschmerzen, Schlaflosigkeit, Rückenschmerzen oder Erschöpfung können einem Unternehmen erheblichen Schaden zufügen. Die Ursachen für Beeinträchtigungen und Erkrankungen können außerhalb der Arbeit liegen z. B. in privaten Sorgen bedingt durch Schulden, Partnerschaftsprobleme oder Probleme mit Kindern oder pflegebedürftigen Eltern. Deutlich überwiegen dürften dabei nach heutigem Kenntnisstand jedoch arbeitsbedingte Probleme mit Kollegen, Vorgesetzten oder Kunden, mit den Arbeitsinhalten, der Arbeitsmenge oder mit dem drohenden Verlust der Arbeit.

Untersuchungen zum Präsentismusphänomen helfen, die bisher vorherrschende Konzentration der betrieblichen Personal- und Gesundheitsexperten allein auf Absentismus und Fehlzeitenstatistiken zu überwinden (vgl. hierzu auch Schmidt und Schröder in diesem Band). Fehlzeitenstatistiken tragen dazu bei, Problemzonen in Unternehmen zu entdecken. Sie sind jedoch rückwärtsgewandt und sagen nichts aus über zugrunde liegende Probleme und ihre Ursachen. Zur Identifikation verdeckter Produktivitätsverluste bedingt durch beeinträchtigte Leistungsfähigkeit und Leistungsbereitschaft bedarf es eines um Mitarbeiterbefragungen erweiterten Berichtswesens, das die Aufmerksamkeit betrieblicher Führungskräfte auf diejenigen richtet, von denen der Erfolg eines Unternehmens abhängt. Ziel sollte es sein, mögliche Ursachen arbeitsbedingter Beeinträchtigung der seelischen und körperlichen Gesundheit zu vermeiden, frühzeitig zu erkennen und zu beseitigen.

Mit seiner Betonung krankheitsbedingter Leistungsschwächen steht das Präsentismuskonzept in der Tradition einer pathogenetischen und kostenorientierten Betrachtung. Gesundheitsförderliche Einflüsse und nutzenspendende Effekte Betrieblichen Gesundheitsmanagements bleiben dabei außer Betrachtung. Hier liegt aber sehr wahrscheinlich sein größter Wert: Durch Investitionen in das Sozialkapital eines Unternehmens, durch eine Stärkung der Mitarbeiterorientierung, von Vertrauen, Kommunikation und Wertschätzung, durch Partizipation und Transparenz lassen sich beträchtliche Verbesserungen im Betriebsergebnis und im Wohlbefinden der Mitarbeiter erzielen, wie eine eben abgeschlossene Interventionsstudie aufzeigt (Baumanns 2009).

Verbesserung der Kooperation durch Investitionen in das betriebliche Sozialkapital verspricht die größte Effizienz und den größten Gewinn – für die Mitarbeiter und die Unternehmen (vgl. Abb. 1.2). Sie setzen an einem, wenn nicht dem zentralen Problemfeld an: den sozialen Netzwerken und der Kultur. Und sie richten sich aus an einem, wenn nicht dem zentralen Ziel betrieblicher Gesundheitspolitik: dem psychischen Befinden der Mitarbeiter.

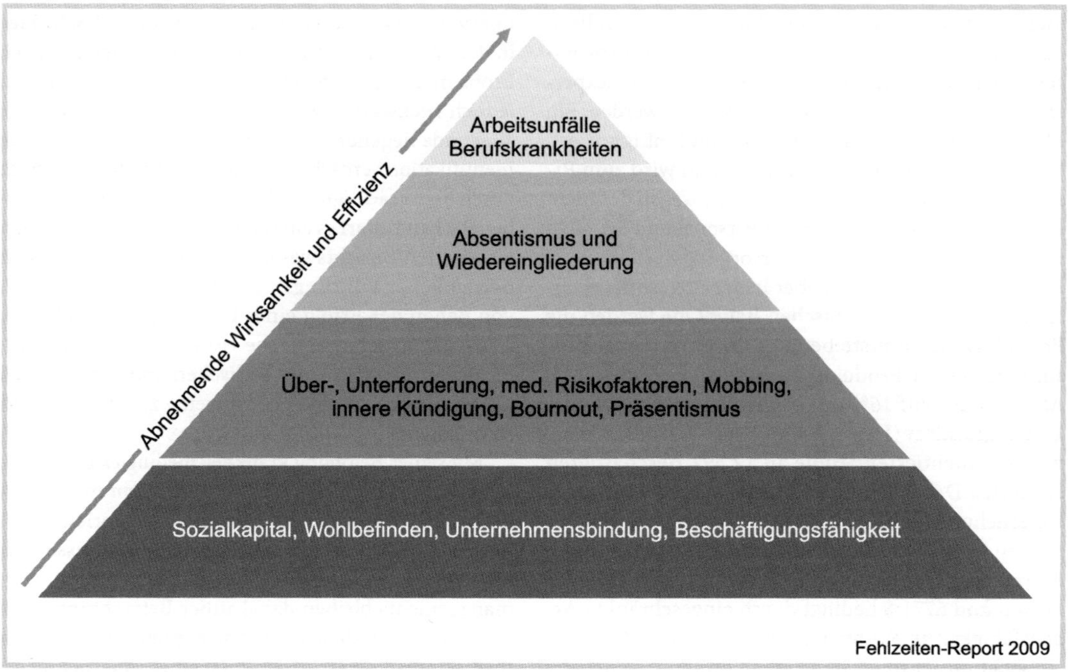

Abb. 1.2. Aufgabenfelder betrieblicher Gesundheitspolitik

1.5 Psychisches Befinden

Das psychische Befinden bezieht sich auf Gemütszustände: auf Freude, Glück oder Stolz als Beispiel für *positive* Emotionen oder auf Angst, Wut und Hilflosigkeit als Beispiele für *negative* Emotionen. Es hat starken Einfluss darauf, wie Menschen sich selbst und ihre Umwelt erleben, sowie auf ihre Leistungsfähigkeit und Leistungsbereitschaft.

Wenn man der Frage nachgeht, was genau zur Arbeitsleistung des Menschen beiträgt, dann richtete sich in der Vergangenheit der Blick zuerst auf die physische Leistungskraft. Das psychische Befinden galt als dabei zu vernachlässigende Größe. Heute stellt sich die Situation gänzlich anders dar. Die Durchdringung der Industrie mit Dienstleistungstätigkeiten, die starke Zunahme dematerialisierter Arbeit in den Bereichen Bildung, Gesundheit, Beratung und Informationstechnik haben zu einem grundlegenden Wandel der Arbeitsaufgaben und der dazu erforderlichen Fähigkeiten geführt. Mit dem zunehmenden Wissen über das menschliche Belohnungssystem, über die biologischen Voraussetzungen von Empathie und sozialer Kompetenz sowie über die Wechselwirkung zwischen sozialen, psychischen und biologischen Vorgängen, kommt dem psychischen Befinden und seinen Rückwirkungen auf kognitive Prozesse, auf Arbeitsmotivation, soziales Verhalten und körperliche Gesundheit eine hohe Bedeutung zu (Insel 2003, Rizzolatti und Sinigaglia 2008).

Umso beunruhigender ist der sich gegenwärtig abzeichnende Wandel im Krankheitspanorama. Während »klassische« chronische körperliche Schäden wie Herz-Kreislauf-Erkrankungen, Muskel-Skelett-Erkrankungen oder Neubildungen in den Arbeitsunfähigkeitsstatistiken der letzten Jahre deutlich rückläufig sind, ist dies bei den psychischen Erkrankungen nicht der Fall. Einiges spricht im Gegenteil dafür, dass z. B. Angststörungen und Depressionen eher zunehmen als Folge ansteigenden Zeitdrucks, zunehmender Unsicherheit, Verantwortung und Komplexität der Arbeit.

Im Bereich personenbezogener Dienstleistungen, z. B. bei Lehrern, Pflegekräften, beim Verkehrspersonal und der Polizei, liegen die Probleme insbesondere im Umgang mit Kunden, Bürgern, Patienten, Schülern, Klienten und Pflegebedürftigen sowie im zunehmenden Kosten- und Zeitdruck. In der IT-Branche liegen die Probleme insbesondere in hohen kognitiven und zwischenmenschlichen Anforderungen. In der Industrie trägt insbesondere die starke Ausdünnung der Belegschaften, tragen permanente Restrukturierungen sowie die wieder stark zugenommene Angst vor Arbeitsplatzverlust dazu bei, dass die psychischen Belastungen zunehmen und das Sozialvermögen der Unternehmen schmilzt. Unsere Fähigkeit zur Bewältigung psychosozialer Problemstellungen hat mit ihrer wachsenden Bedeutung nicht Schritt gehalten. Dies, in Verbindung auch mit dem großen Einfluss psychischen Befindens auf die Leistungsfähigkeit der Wirtschaft und mit den hohen Versorgungskosten psychischer Erkrankungen, zwingt dazu, dem psychischen Befinden zukünftig sehr viel mehr Aufmerksamkeit zu widmen als dies bisher der Fall ist. Insbesondere »geistige« und »zwischenmenschliche« Arbeit leidet unter den negativen Emotionen ihrer Erbringer.

Die aktuelle Kontroverse darüber, ob die Inzidenz psychischer Krankheiten zunimmt oder nicht, lenkt von dem schon jetzt klar erkennbaren Handlungsbedarf ab. Richtig ist, dass die Anzahl der Frühberentungen bedingt durch psychische Schäden seit Jahren etwa gleich bleibt. Das kann aber auch mit der Praxis der Begutachtungen durch die Rentenversicherung zusammenhängen. Richtig ist ferner, dass ein prozentualer Anstieg psychischer Erkrankungen in der AU-Statistik nicht gleichgesetzt werden darf mit einem Anstieg ihrer Inzidenz. Auch hier gilt im Übrigen, wie bereits oben festgestellt: Das Hauptaugenmerk betrieblichen Gesundheitsmanagements sollte sich auf den Schutz und die Förderung des psychischen Befindens derer richten, die regelmäßig ihrer Arbeit nachgehen. Ziemlich sicher ist schließlich, dass mit dem zu erwartenden Anstieg der Arbeitslosigkeit und einer sich weitenden Schere zwischen Arm und Reich ein Anstieg psychischer Beeinträchtigungen einhergehen wird.

Wo das psychische Befinden sich verschlechtert, sollten gezielt Projekte bei den dafür verantwortlichen Ursachen ansetzen und bei den betroffenen Personen. Von einer wirksamen Kontrolle psychischer Beeinträchtigungen jedenfalls sind wir gegenwärtig weit entfernt. Auch unser Repertoire zur Steigerung des Wohlbefindens und zur Mobilisierung gesundheitsförderlicher Potenziale ist entwicklungsbedürftig. Forschung und Entwicklung auf diesem Gebiet und die Verbesserung der Gesundheitsberichterstattung sollten verstärkt durch den Staat, durch Unternehmen, durch die Sozialversicherungsträger und durch Stiftungen gefördert werden.

1.6 Schlussbemerkung

Gesunde Arbeit entspricht einem öffentlichen ebenso wie einem privaten Interesse: wegen vermiedener Kosten bedingt durch Fehlzeiten und Präsentismus, wegen des dadurch erzielbaren Nutzens bedingt durch Kreativität, Eigeninitiative und Innovationskraft in der Produktionsgemeinschaft und wegen der vermiedenen Kosten für die Systeme sozialer Sicherung. Die gegenwärtigen Rahmenbedingungen erlauben ein hohes Maß an Externalisierung sozialer Kosten der Unternehmen und fördern damit ein daraus resultierendes Desinteresse am Thema Gesundheit. Dafür aufkommen müssen die Versichertengemeinschaft und der Steuerzahler, aber auch die wachsende Zahl von Unternehmen, die in gesunde Arbeit investieren und die Lasten der Inaktivität anderer mittragen. Hier sollten die Anreize neujustiert werden: Unternehmen, die gemäß überprüfbarer Standards in die Gesundheit ihrer Mitarbeiter investieren und dadurch eine Externalisierung sozialer Kosten vermeiden helfen, sollten steuerlich stärker als bisher entlastet und stärker als bisher durch Bonusprogramme der Krankenkassen belohnt werden.

Literatur

Axelrod RM (2005) Die Evolution der Kooperation. Oldenbourg Wissenschaftsverlag, München

Baase CM (2006) Auswirkungen chronischer Krankheiten auf Arbeitsproduktivität und Absentismus und daraus resultierende Kosten für die Betriebe. In: Badura B, Schellschmidt H, Vetter C (Hrsg) Fehlzeiten-Report 2006. Springer, Berlin Heidelberg New York Tokio, S 45–62

Badura B, Walter U, Hehmann T (2009) Betriebliche Gesundheitspolitik. Auf dem Weg zur gesunden Organisation. Berlin Heidelberg New York Tokio

Badura B, Greiner W, Rixgens P et al (2008) Sozialkapital – Grundlagen von Gesundheit und Unternehmenserfolg. Springer, Berlin Heidelberg New York Tokio

Bauer J (2006) Prinzip Menschlichkeit. Hoffmann und Campe, Hamburg

Baumanns R (2009) Kennzahlengestützte Nutzenanalyse und -bewertung im Betrieblichen Gesundheitsmanagement: Konzept und Fallstudie in einem Mittelständischen Unternehmen. Dissertation, Bielefeld

Cohen D, Prusak L (2001) In Good Company: How Social Capital Makes Organizations Work. Harvard Business School Press, Boston/Massachusetts

Dahrendorf R (1995) Economic Opportunity, Civil Society, and Political Liberty. United Nations Research Institute for Social Development, Geneva

Damasio A (1994) Descartes' Irrtum – Fühlen, Denken und das menschliche Gehirn. List, München

Deming WE (1982) Out of the crisis. Massachusetts Institute of Technology, Cambridge/Massachusetts

Durkheim É (1984, urspr. 1912) Die elementaren Formen des religiösen Lebens. Suhrkamp, Frankfurt/M

Geus A de (1998) Jenseits der Ökonomie. Warum sterben Unternehmen und wie können sie überleben? Klett-Cotta, Stuttgart

Hemp P (2004) Presenteeism: At Work – But out of It. Harvard Business Review, vol 82, no 10, Oct 2004:49–58
Insel TR (2003) Is Social Attachment an Addictive Disorder? Physiology and Behavior 79:351–357
Lawler E, O'Toole J (eds) (2006) America at Work. Palgrave Macmillan, New York
Morgan G (1997) Images of Organization. Sage Publications, Thousand Oaks
O'Toole J, Lawler E (2006) The New American Workplace. Palgrave Macmillan, New York
Peters TJ, Waterman RH (1982) Auf der Suche nach Spitzenleistungen. Was man von bestgeführten US-Unternehmen lernen kann. verlag moderne industrie, Landsberg
Roethlisberger FJ, Dickson WJ (1966, urspr. 1939) Management and the Worker. Harvard University Press, Cambridge/Massachusetts
Pfeffer J (2006) Working Alone: Whatever Happened to the Idea of Organizations as Communities. In: Lawler E, O'Toole J (eds) America at Work. Palgrave Macmillan, New York, pp 3–21
Rizzolatti G, Sinigaglia C (2008) Empathie und Spiegelneuronen. Die biologische Basis des Mitgefühls. Suhrkamp, Frankfurt/M
Soros G (2002) Perfekter Feind. Der Spiegel, Ausgabe März 2002:108
Waal F de (2006) Der Affe in uns. Warum wir sind, wie wir sind. Carl Hanser Verlag, München

Kapitel 2

Psychische Belastungsrisiken aus Sicht der Arbeitswissenschaft und Ansätze für die Prävention

A. Oppolzer

Zusammenfassung. *Der Beitrag gibt aus arbeitswissenschaftlicher Sicht einen Überblick über die Beeinträchtigungen des Wohlbefindens und die Gefährdungen der Gesundheit durch die wichtigsten Arten psychischer Fehlbeanspruchungen (Stress, psychische Ermüdung und ermüdungsähnliche Zustände). Er stellt im Einzelnen dar, welche Risiken psychischer Fehlbeanspruchung aus den verschiedenen Einflussfaktoren der Arbeitsbedingungen resultieren können und welche Ansatzpunkte sich für die Prävention daraus ergeben.*

Spätestens seit Ende der 1980er Jahre, insbesondere nachdem 1988 die betriebliche Gesundheitsförderung im Gesetz zur Strukturreform im Gesundheitswesen (GRG) und im Sozialgesetzbuch (SGB) Fünftes Buch (V) aufgenommen worden war und nachdem zunächst 1989 in der europäischen Arbeitsschutzrahmenrichtlinie (89/391/ Europäische Wirtschaftsgemeinschaft (EWG)) und dann im Arbeitsschutzgesetz (1996) sowie im SGB VII (1997) auch die psychischen Belastungsarten in den Arbeits- und Gesundheitsschutz einbezogen worden waren, herrscht in Fachkreisen weitgehende und wachsende Übereinstimmung darin, dass die Prävention und Reduktion der mit solchen Belastungen verbundenen Beeinträchtigungen und Gefährdungen der Beschäftigten zunehmende Aufmerksamkeit verdient. Die Tatsache, dass sich bereits der erste »Fehlzeiten-Report 1999« im Schwerpunkt mit psychischen Belastungen befasste, reflektierte bereits diesen Sachverhalt. Dass sich der vorliegende »Fehlzeiten-Report 2009« nach zehn Jahren erneut dieser Thematik widmet, trägt dem Umstand Rechnung, dass die Erfordernisse der Reduzierung psychischer Belastungen und der Förderung psychischen Wohlbefindens in den letzten Jahren noch wichtiger geworden sind.

Bei kaum einer anderen Frage der betrieblichen Prävention ist jedoch die Diskrepanz zwischen den Erkenntnissen der Fachkreise auf der einen und ihrer Umsetzung in der Praxis auf der anderen Seite dermaßen groß, wie bei den psychischen Belastungen. Das hat sicherlich mehrere Gründe, auf die an dieser Stelle nicht weiter eingegangen werden kann (vgl. Oppolzer 2008). Aber einer der Gründe dürfte die bisweilen unzureichende Information über die Beeinträchtigungen und Gefährdungen der Beschäftigten infolge psychischer Belastungen sowie die mangelhafte Kenntnis der Einflussfaktoren und der Ansatzpunkte zur Reduktion psychischer Fehlbeanspruchungen und zur Förderung des psychischen Wohlbefindens sein. Daher soll in diesem Beitrag ein Überblick über diese Einflussfaktoren zur Prävention und Reduktion psychischer Belastungen sowie zur Bedeutung für das Wohlbefinden gegeben werden.

2.1 Beeinträchtigungen und Gefährdungen durch psychische Belastungen

Zunächst ist zu fragen, um welche psychischen Belastungen und Beanspruchungen es geht und welche Gefährdungen oder Beeinträchtigungen sich für die Beschäftigten daraus ergeben. Damit soll deutlich werden, auf welche Arten und Ausprägungen von psychischen Belastungen sich die Bemühungen um Prävention und Reduktion richten sollen.

2.1.1 Zur Wirkungsweise psychischer Belastungen und Beanspruchungen

Wenn man sich an dem arbeitswissenschaftlichen Belastungs-Beanspruchungs-Modell orientiert (vgl. DIN EN ISO 6385:2004), dem auch das Verständnis von psychischer Belastung und Beanspruchung folgt, wie es der Norm DIN EN ISO 10075-1:2000 zugrunde liegt, können wir, vereinfacht ausgedrückt, zunächst einmal zwischen *positiven* und *negativen* Beanspruchungen bzw. Beanspruchungsfolgen psychischer Belastungen unterscheiden. Unter *psychisch* werden in diesem Zusammenhang menschliche Vorgänge des Erlebens und Verhaltens verstanden, also *kognitive* (Denken, Lernen, Gedächtnis), *informative* (Sinneseindrücke, Wahrnehmung) und *emotionale* Vorgänge (Gefühle, Empfindungen, Antriebe) im Menschen.

Im Arbeitssystem wirkende psychische Belastungen (»Einflüsse, die von außen auf den Menschen zukommen und psychisch auf ihn einwirken«) rufen demzufolge im Menschen psychische Beanspruchungen (»Auswirkung der psychischen Belastung im Individuum«) hervor, die sowohl *positiv*, anregend und förderlich für Gesundheit, Wohlbefinden und Persönlichkeit sein können, als auch *negative*, beeinträchtigende Effekte (beeinträchtigende Beanspruchungen) bewirken können (vgl. DIN EN ISO 10075-1:2000). Im Unterschied zur Umgangssprache sind hierbei die Begriffe der »Belastung« und »Beanspruchung« in der arbeitswissenschaftlichen Fachsprache neutral und ohne wertende Konnotation besetzt. Sie dienen vielmehr der Unterscheidung von objektiven, auf jeden Menschen in gleicher Weise einwirkenden *Ursachen* im Arbeitssystem (Belastungen) auf der einen Seite von subjektiven, bei jedem Menschen etwas unterschiedlich eintretenden *Folgen* (Beanspruchungen) auf der anderen Seite. Welche Auswirkungen psychische Belastungen in Form psychischer Beanspruchungen im Einzelfall tatsächlich haben, hängt letztlich auch von den persönlichen Voraussetzungen (insbesondere von Qualifikation und Kondition, Konstitution und Disposition) der betroffenen Menschen ab.

Ziel des betrieblichen Gesundheitsmanagements ist es, *positive* und für Gesundheit, Wohlbefinden und Persönlichkeit potenziell förderliche Faktoren durch eine menschengerechte Gestaltung der Arbeit zu schaffen, zu sichern und zu erweitern, hingegen *negative* und mit Beeinträchtigungen und Gefährdungen der Betroffenen verbundene Belastungen, die zu psychischen Fehlbeanspruchungen in Form von Stresszuständen, psychischer Ermüdung oder ermüdungsähnlichen Zuständen (Monotonie, psychische Sättigung oder herabgesetzte Wachsamkeit) führen können, zu vermeiden oder zu verringern. Diesem Ziel dienen insbesondere Maßnahmen des öffentlich-rechtlichen Arbeitsschutzes und der betrieblichen Gesundheitsförderung sowie ein in alle betrieblichen Überlegungen und Entscheidungen integriertes betriebliches Gesundheitsmanagement (vgl. Badura und Hehlmann 2003, Oppolzer 2006).

Zum Verständnis der potenziellen Gefährdungen und Beeinträchtigungen, die von psychischen Belastungen ausgehen, sollten wir uns an einem *Risikofaktorenmodell* orientieren, das ursprünglich im Zusammenhang mit der Erklärung und Prävention chronisch-degenerativer Erkrankungen (z. B. Herz-Kreislauf-Krankheiten) entwickelt wurde und das eher geeignet ist, die multifaktoriellen Wirkungen zu erfassen, wie sie auch für psychische Belastungen und Beanspruchungen charakteristisch sind (vgl. Schaefer und Blohmke 1978). Denn das monokausale Modell der »wesentlichen Verursachung« und der »doppelten Kausalität«, nach dem eine nicht unerhebliche Beeinträchtigung (z. B. »Berufskrankheit« oder »Arbeitsunfall«) mit hinreichender Wahrscheinlichkeit durch eine bestimmte »*Gefahr*« hervorgerufen wird, mag zwar den versicherungsrechtlichen Erfordernissen der Begründung von Ansprüchen auf Leistungen der gesetzlichen Unfallversicherung entsprechen, ist aber wenig hilfreich für das Verständnis der Verursachung »arbeitsbedingter Erkrankungen« im weiteren Sinne und vermag die Wirkungsweise psychischer Belastungen nur unzureichend zu erklären.

Vielmehr sind psychische Belastungen angemessener zu begreifen als »*Risikofaktoren*« psychischer Fehlbeanspruchungen, die im Sinne einer »*Gefährdung*« potenziell zu Beeinträchtigungen des Wohlbefindens oder zu Schädigungen der Gesundheit führen können, ohne dass dabei auf eine bestimmte Eintrittswahrscheinlichkeit abgestellt wird (vgl. Kollmer 2005, zu § 4 Rn 2–3; zur Unterscheidung von »Gefahr« und »Gefährdung« vgl. auch die amtliche Begründung zum Arbeitsschutzgesetz (ArbSchG) in Bundesratsdrucksache 81/95 vom 29.12.1995). Ein am Risikofaktorenmodell orientiertes betriebliches Gesundheitsmanagement verlangt für die Reduktion psychischer Belastungen nicht erst die »*Last des Beweises*« einer zwingenden, manifesten Schädigung der Gesundheit, um gestaltend tätig zu werden, sondern folgt bereits der »*Last der Vernunft*« bei der Vermeidung oder Minderung möglicher Beeinträchtigungen und Gefährdungen (zur Unterscheidung der Prävention unter der »Last des Beweises« oder unter der »Last der Vernunft« vgl. McKeown 1982).

Bestimmte Einflussfaktoren der Arbeitsbedingungen können bei den Betroffenen zu psychischen Beanspruchungen führen, die mit Beeinträchtigungen des Wohlbefindens und, weil damit zugleich physiologische Reaktionen im Organismus verbunden sind, auch zur Gefährdung der Gesundheit. Die Dringlichkeit präventiver Maßnahmen zur menschengerechten Gestaltung der Arbeitsbedingungen wächst mit der Häufigkeit und der Intensität solcher Einflussfaktoren, weil das Risiko einer Beeinträchtigung oder Gefährdung mit der Anzahl und der Ausprägung zugleich wirkender Belastungen zunimmt. (s. Abb. 2.1)

Risikofaktoren psychischer Fehlbeanspruchung
Ansatzpunkte für die Prävention und Reduktion von Gefährdungen und Beeinträchtigungen
Wirtschaft • Gesellschaft • Politik
Dominanz internationaler Kapitalmärkte, Deregulierung von Arbeit und Beschäftigung
Unternehmen • Organisation • Betrieb
Kurzfristige Gewinnmaximierung, Primat des Unternehmenswertes, prekäre Beschäftigung
Einflussfaktoren der Arbeitsbedingungen
Belastungen der Beschäftigten in Form von Über- oder Unterforderung, Dauer und Lage der Arbeitszeit, soziale Konflikte und mangelnde Unterstützung, umgebungsbedingte Arbeitserschwernisse
Merkmale psychischer Reaktionen
Beanspruchungen der Beschäftigten; Fehlbeanspruchungen: Stress, psychische Ermüdung, ermüdungsähnliche Zustände (Monotonie, psychische Sättigung, herabgesetzte Wachsamkeit)
Merkmale physiologischer Reaktionen des Organismus
Veränderungen bio- bzw. psychophysiologischer Parameter:
Muskelspannung, Blutdruck, Pulsfrequenz, Hirnströme, Hormonausschüttung, Verdauungssystem, Stoffwechsel, Atmung, Wahrnehmung
Gesundheitliche Gefährdung z. B. in Form von:
• Herz-Kreislauf-Krankheiten
• Magen-Darm-Erkrankungen
• Infektionskrankheiten, Neubildungen
• Muskel- und Skelett-Erkrankungen
• psychosomatische Hauterkrankungen
• Stoffwechselstörungen (z. B. Diabetes)
• Beeinträchtigung des psychischen Wohlbefindens (z. B. Schlafstörungen, Nervosität, Gereiztheit)
• psychische Störungen (z. B. Depressionen, Angststörungen, Zwangsgedanken)
• Arbeits- und Wege-Unfälle durch Beeinträchtigung der Leistungsfähigkeit
Fehlzeiten-Report 2009

Abb. 2.1. Risikofaktoren psychischer Fehlbeanspruchung

2

Man kennt inzwischen sehr gut die wichtigsten Einflussfaktoren in der Arbeitswelt, die das *Risiko* einer psychischen Fehlbeanspruchung mit der unmittelbaren Folge einer gesteigerten Wahrscheinlichkeit von Arbeits- und Wegeunfällen sowie mit der Folge einer Beeinträchtigung des psychischen Wohlbefindens und der psychischen Gesundheit auf kurze oder mittlere Sicht erhöhen. Mittel- und langfristig können die Risikofaktoren psychischer Fehlbeanspruchung über biopsychosoziale Wirkungszusammenhänge die Entstehung oder Verschlimmerung insbesondere psychosomatischer Erkrankungen (vor allem Herz-Kreislauf- oder Magen-Darm-Erkrankungen sowie Störungen des Immunsystems, aber auch Muskel-Skelett- oder Hautkrankheiten) begünstigen.

2.1.2 Drei Arten beeinträchtigender psychischer Fehlbeanspruchungen

Welche psychischen *Fehlbeanspruchungen* gilt es zu reduzieren, und welches sind die Beeinträchtigungen des Wohlbefindens und die Gefährdungen der Gesundheit, die sich daraus ergeben können (vgl. DIN EN ISO 10075-1:2000; BAuA 2000)?

Stresszustände

Die wichtigste Form psychischer Fehlbeanspruchung stellen *Stresszustände* dar, die subjektiv als anhaltend unangenehme, angstbetonte und erregte Anspannung erlebt werden und mit der Furcht vor Misserfolg, innerer Unruhe und Nervosität verbunden sind. Stresszustände schlagen sich im Verhalten in Form erhöhter Fehlerhäufigkeit, in überhastetem Arbeitstempo sowie in verringertem Wahrnehmungs-, Denk- und Reaktionsvermögen nieder. Stresszustände gehen zugleich einher mit Veränderungen objektiv messbarer Merkmale des Organismus. Charakteristisch hierfür sind der Anstieg der Puls- und der Atemfrequenz, des Blutdrucks und der Zucker- und Fettkonzentration im Blut; weitere Kennzeichen sind z. B. die typischen Veränderungen in der Adrenalin-, Noradrenalin- und Kortisonausschüttung, in der Aktivität des Verdauungstraktes oder die Erhöhung der Leitfähigkeit der Haut und die Weitung der Pupillen.

Resultate dieser Fehlbeanspruchungen infolge von *Stresszuständen* sind zunächst einmal in kurzfristiger Perspektive eine gesteigerte Unfallneigung sowie eine Minderung des psychischen Wohlbefindens (z. B. aufgrund von Angstzuständen, Nervosität, Gereiztheit oder Schlaf- und Essstörungen. Darüber hinaus erhöhen Stresszustände mittel- und langfristig das Risiko insbesondere für Herz-Kreislauf-Erkrankungen (z. B. Herzinfarkt, Schlaganfall), für Erkrankungen des Verdauungstraktes (z. B. Magen- oder Zwölffingerdarmgeschwür), für Erkrankungen, die mit Störungen des Immunsystems zusammenhängen (z. B. Infektionskrankheiten, bösartige Neubildungen) sowie für Muskel-Skelett-Erkrankungen (z. B. Rücken-, Schulter- oder Nackenbeschwerden).

Psychische Ermüdung

Die zweite wichtige Form psychischer Fehlbeanspruchung stellt *psychische Ermüdung* dar, die sich durch eine vorübergehende Beeinträchtigung der psychischen und körperlichen Funktionstüchtigkeit auszeichnet und die von Intensität, Dauer und Verlauf von der vorangegangenen psychischen Beanspruchung abhängt (vgl. DIN EN ISO 10075-1:2000). Infolge der verringerten Leistungsfähigkeit (z. B. in Form von Müdigkeitsempfindungen, Fehlern) müssen sich die Betroffenen verstärkt psychisch anspannen und vermehrt anstrengen, um die Anforderungen zu erfüllen. Auf diese Weise kann ein sich selbst verstärkender Kreislauf von Ermüdung und Anstrengung zustande kommen, der sich in chronischer Ermüdung bzw. Übermüdung niederschlagen kann.

Durch diese Fehlbeanspruchungen in Form *psychischer Ermüdung* kommt es kurzfristig zu erhöhter Unfallneigung sowie zur Beeinträchtigung des psychischen Wohlbefindens in Gestalt von Müdigkeitsempfinden und innerer Niedergeschlagenheit oder zu Nervosität und Schlafstörungen. Mittel- und langfristig stellt chronische Ermüdung einen Risikofaktor dar, der insbesondere die Entstehung und den Verlauf von Herz-Kreislauf-Erkrankungen (z. B. Herzinfarkt, Schlaganfall), von Magen- und Verdauungsbeschwerden, von Erkältungskrankheiten oder von Hörsturz und Tinnitus ungünstig beeinflussen kann. Die Symptome chronischer Ermüdung und Erschöpfung weisen auffällige Gemeinsamkeiten mit Leitsymptomen der Depressionen (im Sinne der ICD 10) auf: depressive Stimmungslage, erhöhte Ermüdbarkeit, Verlust von Freude und Interesse sowie Aufmerksamkeitsminderung, Konzentrationsverlust, Schlafstörungen, pessimistische Zukunftssicht, Schuldgefühle und Verlust von Selbstwertgefühl.

Ermüdungsähnliche Zustände: Monotonie, psychische Sättigung und herabgesetzte Wachsamkeit

Die dritte Form psychischer Fehlbeanspruchung beinhaltet die drei Arten *ermüdungsähnlicher Zustände*, die als Auswirkungen psychischer Beanspruchung in abwechslungsarmen Situationen auftreten und die nach Eintreten einer Abwechslung (z. B. Arbeitsaufgabe, Umgebung) vorübergehen (vgl. DIN EN ISO 10075-1:2000).

Es handelt sich dabei erstens um *Monotonie*, unter der ein langsam entstehender Zustand herabgesetzter Aktivierung zu verstehen ist, der bei lang dauernden, einförmigen und sich wiederholenden Arbeitsaufgaben oder Tätigkeiten entstehen kann und der insbesondere mit Schläfrigkeit, Müdigkeit, Leistungsabnahme und Leistungsschwankungen, mit einer Verminderung der Umstellungs- und Reaktionsfähigkeit sowie mit einer Zunahme der Schwankungen der Herzschlagfrequenz einhergeht.

Zweitens geht es um *herabgesetzte Wachsamkeit*, die einen langsam entstehenden Zustand mit herabgesetzter Signalentdeckungsleistung und Reaktionsbereitschaft darstellt, der bei abwechslungsarmen Beobachtungstätigkeiten entsteht.

Drittens gehört zu den ermüdungsähnlichen Zuständen die *psychische Sättigung* als ein Zustand der nervösunruhevollen und stark affektbetonten Ablehnung einer sich wiederholenden Tätigkeit oder Situation, für die das Erleben eines »Auf-der-Stelle-Tretens« oder des »Nicht-weiter-Kommens« sowie zusätzliche Symptome wie Ärger, Leistungsabfall oder Rückzugstendenzen charakteristisch sind.

Monotonie und herabgesetzte Wachsamkeit haben das typische Müdigkeitsgefühl gemeinsam; sie unterscheiden sich weniger in ihren Auswirkungen als vielmehr in ihren Entstehungsbedingungen. Monotonie und herabgesetzte Wachsamkeit haben mit psychischer Sättigung zwar das Müdigkeitsempfinden gemeinsam, sie unterscheiden sich indes von dieser dadurch, dass Erstere mit herabgesetzter, Letztere mit gesteigerter, allerdings negativ erlebter psychischer Aktivierung einhergeht.

Das Müdigkeitsempfinden sowie die herabgesetzte Wahrnehmungs- und Reaktionsfähigkeit, wie sie für Monotonie kennzeichnend sind, erhöhen die Unfallneigung und stellen eine Beeinträchtigung des Wohlbefindens dar. In Verbindung mit der ärgerlichen Ablehnung der Situation ist auch mit der psychischen Sättigung ein erhöhtes Unfallrisiko verbunden; die negative Aktivierung beeinträchtigt zusätzlich das Wohlbefinden. Aufgrund der Steigerung psychischer Anspannung, welche die ermüdungsähnlichen Zustände zu ihrer Überwindung verlangen, stellen sie selbst einen Risikofaktor für das Auftreten »echter« psychischer Ermüdung und Erschöpfung dar.

2.2 Risikofaktoren psychischer Fehlbeanspruchung und Ansatzpunkte der Prävention

Zwei Arten von Einflussfaktoren sind entscheidend dafür, ob und inwieweit es zu beeinträchtigenden psychischen Fehlbeanspruchungen kommt: Einflüsse der objektiven *Situation*, in der sich die Arbeitenden befinden, und subjektive Merkmale der *Person*, die den jeweiligen psychischen Belastungen ausgesetzt ist (vgl. DIN EN ISO 10075-1:2000). Auch wenn unter dem Aspekt der Prävention die menschengerechte Gestaltung der Arbeitsbedingungen im Mittelpunkt steht, verdient doch zusätzlich die Frage Beachtung, wodurch das Individuum bei der Bewältigung der psychischen Belastungen insoweit unterstützt und gefördert werden kann, dass beeinträchtigende und gefährdende psychische Fehlbeanspruchungen vermieden oder verringert werden können.

2.2.1 Einflussfaktoren der Arbeitssituation und der Arbeitsbedingungen

In Anlehnung an die verschiedenen Gliederungen relevanter Einflussfaktoren der Arbeitssituation auf die Verursachung oder Prävention psychischer Belastungen und Beanspruchungen können wir fünf Gruppen unterscheiden (vgl. DIN EN ISO 10075-1:2000, EN ISO 6385:2004, LASI 2003, BAuA 2002, BAuA 2004a, IGA-Report 5 2004). Es handelt sich dabei um Einflüsse erstens der Arbeitsaufgabe und des Arbeitsinhalts, zweitens der Arbeitsorganisation und der Arbeitszeit, drittens der Arbeitsumgebung und des Arbeitsplatzes, viertens der sozialen Beziehungen in vertikaler und horizontaler Hinsicht sowie fünftens der sozialen Bedingungen des Arbeits- und Beschäftigungsverhältnisses.

In diesen fünf Komplexen können die Verursachungs- und die Verhütungsfaktoren psychischer Belastungen, die zu Fehlbeanspruchungen führen können, zusammengefasst werden. Zu beachten ist indes, dass diese verschiedenen Arten von Belastungsfaktoren, auf die hier im Einzelnen eingegangen wird, in der Regel nicht isoliert auftreten, sondern dass es in der betrieblichen Praxis zu unterschiedlichen Kombinationen meh-

2

rerer dieser Einflussarten kommt, wodurch sich für das Belastungs-Beanspruchungsprofil sowohl additive als auch multiplikative Effekte ergeben können.

Einflussfaktoren der Arbeitsaufgabe, des Arbeitsinhalts und der Tätigkeit

Die wichtigsten *Risikofaktoren* psychischer Fehlbeanspruchungen, die von der Tätigkeit selbst, also von der Arbeitsaufgabe und dem Arbeitsinhalt herrühren, ergeben sich typischerweise aus den Belastungen, die aufgrund routinemäßiger, überwiegend ausführender oder bearbeitender Tätigkeiten auf niedrigem Anforderungsniveau an die beruflichen Qualifikationen bei gleichzeitig hoher Aufmerksamkeitsbindung entstehen. Der Arbeitsinhalt besteht hierbei im Wesentlichen aus unvollständigen, stark arbeitsteiligen Aufgaben, die lediglich partialisierte Teilstücke eines vollständigen Handlungsvollzuges enthalten. Für solche Konstellationen *qualitativer Unterforderung* des beruflichen Leistungsvermögens in anspruchs- und reizarmen Situationen sind zudem die Gleichförmigkeit und die Eintönigkeit der Arbeitsaufgaben sowie der geringe Handlungs- und Entscheidungsspielraum aufgrund der engen inhaltlichen und zeitlichen Vorgaben oder infolge der strengen örtlichen Bindung charakteristisch.

Vielfach entsteht dadurch eine Diskrepanz zwischen den vorhandenen Qualifikationen der Beschäftigten und den tatsächlichen Anforderungen der Arbeitsaufgabe. Verstärkt werden die dadurch hervorgerufenen *ermüdungsähnlichen Zustände* der Monotonie, der herabgesetzten Wachsamkeit und der psychischen Sättigung noch, wenn hinreichende Gelegenheiten zu sozialen und fachbezogenen Kontakten fehlen. Der ermüdungsähnliche Zustand der herabgesetzten Wachsamkeit wird durch Konstellationen *quantitativer Unterforderung* hervorgerufen oder begünstigt, in denen beispielsweise im Rahmen abwechslungsarmer Tätigkeiten der Beobachtung und Kontrolle von Anzeigen (Displays) und der Steuerung von Anlagen und Prozessen mit hohen passiven Aufgabenanteilen eine zu geringe psychische Aktivierung von der Arbeitsaufgabe selbst erfolgt.

Wenn geringer Handlungs- und Entscheidungsspielraum mit hohen Anforderungen aufgrund von Zeit- und Termindruck oder hohen Leistungsvorgaben einhergehen, wenn das Arbeitstempo und die Vorgehensweise streng vorgegeben sind, dann steigt das Risiko einer *quantitativen Überforderung*, weil im Verhältnis zu den vorhandenen Ressourcen ein zu großes Arbeitspensum verlangt wird. Quantitative Überforderung ist ein erheblicher Risikofaktor für die Entstehung von *Stresszuständen* als einer der wichtigsten Formen psychischer Fehlbeanspruchung. Stresszustände können überdies durch Konstellationen *qualitativer Überforderung* hervorgerufen oder begünstigt werden, wenn die Anforderungen vom Arbeitsinhalt her im Hinblick auf die vorhandenen Qualifikationsvoraussetzungen der Beschäftigten zu schwierig und zu komplex oder aber von den Aufgabenstellungen her unklar und widersprüchlich sind.

Die emotionale Inanspruchnahme, die beispielsweise aus dem beruflichen Aufgabeninhalt kommunikationsintensiver Dienstleistungen resultiert, kann zu einer emotionalen Diskrepanz zwischen den persönlich empfundenen Gefühlen und den beruflich auszudrückenden Gefühlen, wie sie von betrieblichen Verhaltensanforderungen verlangt werden, führen. Die Bewältigung dieser *emotionalen Dissonanz* (vgl. Hochschild 2006), die sich aus dem Widerspruch von tatsächlichen, inneren persönlichen Gefühlen und äußerlich darzustellenden, beruflichen Empfindungen ergeben kann, stellt ebenfalls einen Risikofaktor für die Entstehung von Stresszuständen dar.

Hinweise auf die entscheidenden *Einflussfaktoren* der Tätigkeit und der Arbeitsaufgabe, die der Entstehung psychischer Fehlbeanspruchungen entgegenwirken, sind beispielsweise den Gestaltungsleitsätzen der internationalen Normen zur ergonomischen Gestaltung von Arbeitssystemen (DIN EN ISO 6385:2004) auch unter Berücksichtigung psychischer Arbeitsbelastung (DIN EN ISO 10075-2:2000) oder anderen Ratgebern und Handlungshilfen der Arbeitswissenschaft (BAuA 2004a, BAuA 2002, BAuA 2000), der staatlichen Aufsichtsbehörden für den Arbeitsschutz (LASI 2003) und der Träger der gesetzlichen Unfallversicherung (HVBG 2004) zu entnehmen.

Demzufolge sollten die Tätigkeiten so gestaltet werden, dass sie als in sich geschlossene, vollständige, sinnvolle und durchschaubare Aufgaben, deren Bedeutung für den Gesamtablauf den Beschäftigten verständlich sind, erlebt werden können. Durch Anreicherung der Aufgaben mit kognitiven Elementen, durch Erhöhung der Komplexität, der Vielfalt und der Abwechslung sollte ermüdungsähnlichen Zuständen (vor allem der Monotonie und der herabgesetzten Wachsamkeit) begegnet werden.

Dazu sind insbesondere Tätigkeitswechsel (Job Rotation), Aufgabenerweiterung (Job Enlargement) und Aufgabenbereicherung (Job Enrichment) geeignete Maßnahmen. Den Beschäftigten sind ein hinreichender Grad an Entscheidungsfreiheit hinsichtlich des Arbeitstempos oder der Arbeits- und Ausführungsweise sowie ein ausreichendes Maß an Gelegenheiten zu fachbezogenen und sozialen Kontakten zuzuerkennen. Unnötige Wiederholungen sollten z. B. durch Mechanisierung oder Automatisierung repetitiver Funktionen vermieden werden. Zur Vermeidung psychischer Sättigung durch berufliche Unterforderung sollte darauf geachtet werden, dass die qualifikatorischen Ansprüche der Arbeitsaufgabe und die individuellen Qualifikationsvoraussetzungen nicht zu weit auseinanderklaffen. Die Aufgaben sollten eine Möglichkeit zur persönlichen Entwicklung bieten, z. B. indem die Beschäftigten nicht nur ihre Kenntnisse, Fähigkeiten und Fertigkeiten tatsächlich anwenden können, sondern dass sie darüber hinaus auch etwas Neues hinzulernen können.

Einflussfaktoren der Arbeitsorganisation und der Arbeitszeit

Die charakteristischen Einflussfaktoren, die aufgrund der organisatorischen Gestaltung der Arbeit entstehen und die zu psychischen Fehlbeanspruchungen führen können, sind die Belastungen durch die verschiedenen Dimensionen der Arbeitszeit (Dauer, Lage, Verteilung, Unterbrechung) und durch die unterschiedlichen Aspekte des Arbeitsablaufes. Wenn die Arbeitsorganisation zu wenig Personal für die zu erledigenden Aufgaben vorsieht oder wenn weniger Personal bei gleichem oder zunehmendem Arbeitsanfall eingeplant wird, erhöht sich dadurch das Risiko für Stresszustände und im Ergebnis für psychische Ermüdung, weil dadurch die Intensität der Belastungen und Beanspruchungen zunimmt. Häufige Störungen oder Unterbrechungen des Arbeitsablaufes (z. B. Telefon, E-Mail) stellen eine Behinderung insbesondere bei Aufmerksamkeit und Konzentration erfordernden Arbeitsaufgaben dar und begünstigen die Entstehung von Stresszuständen. Starke Schwankungen im Arbeitsanfall können zeitweilige Überforderung durch Zeit- und Termindruck oder durch hohes Arbeitsvolumen hervorrufen und damit Stresszustände oder psychische Ermüdung begünstigen.

Der stärkste Einfluss auf psychische Ermüdung dürfte von der nicht menschengerechten Gestaltung der *Arbeitszeit* ausgehen. Überlange tägliche Arbeitszeiten und fehlende Pausen sowie das Arbeiten entgegen dem körpereigenen Zirkadianrhythmus, wie es für den Wechsel von Nacht- und Schichtarbeit verlangt wird, und im Hinblick auf Dauer und Lage variable, flexible Arbeitszeiten bei eingeschränkter Zeitautonomie der Betroffenen sind die wichtigsten Risikofaktoren für die Verursachung psychischer Ermüdung. Durch die damit verbundenen Störungen des Gleichgewichtes von Verausgabung und Wiederherstellung der Arbeitskraft wird sowohl das Risiko von Beeinträchtigungen des psychischen Wohlbefindens als auch von gesundheitlichen Gefährdungen aufgrund chronischer Ermüdung erhöht, weil Ermüdung und Erholung nicht in notwendigem Maße zum Ausgleich gebracht werden können.

Die wichtigsten Einflüsse auf die Reduktion der psychischen Fehlbeanspruchungen, die von der Gestaltung der Arbeitszeit ausgehen können, ergeben sich aus den gesetzlichen und den tarifvertraglichen Normierungen, wie sie im Arbeitszeitgesetz (ArbZG) und in Flächentarifverträgen enthalten sind. Auch wenn man berücksichtigt, dass stets ein gewisses Spannungsverhältnis zwischen gesetzlichen oder kollektivvertraglichen Regelungen auf der einen und ihrer betrieblichen Umsetzung auf der anderen Seite besteht, sind dadurch bestimmte Mindestbedingungen menschengerechter Arbeitsgestaltung festgehalten. Darüber hinausgehende Empfehlungen zur Vermeidung oder Verringerung arbeitszeitbedingter Risiken psychischer Fehlbeanspruchung sind z. B. den Handlungsempfehlungen der staatlichen Arbeitsschutzbehörden und der Träger der gesetzlichen Unfallversicherung zu entnehmen, die gesicherten arbeitswissenschaftlichen Erkenntnissen über die menschengerechte Gestaltung der Arbeitszeit entsprechen (z. B. der BAuA). Hinzu kommen die Gestaltungsgrundsätze in ergonomischen Normen, die der Prävention und Reduktion psychischer Fehlbeanspruchung dienen (DIN EN ISO 10075-2:2000 und DIN EN ISO 6385:2004).

Wenn man berücksichtigt, dass das Risiko einer psychischen Fehlbeanspruchung und Beeinträchtigung oder einer gesundheitlichen Gefährdung letztlich von der Intensität der Belastungen und von der Dauer sowie der zeitlichen Verteilung ihrer Einwirkung abhängig ist, sollte der menschengerechten Gestaltung der Arbeitszeit besondere Bedeutung zukommen. Zur Vermeidung psychischer Ermüdung ist daher als allgemeiner Gestaltungsgrundsatz festzuhalten: »Weil die Erhöhung von Intensität und Dauer der Arbeitsbelastung die entstehende Ermüdung exponentiell vergrößert, soll die Dauer der Arbeitszeit an die Intensität der Arbeitsbelastung angepasst werden. Die Arbeitszeit soll in ihrer Dauer auf einen Zeitpunkt begrenzt werden, wo sich noch keine Ermüdungseffekte zeigen. Es darf nicht vergessen werden, dass die Ausdehnung der Arbeitszeit um eine Stunde die Produktion aufgrund von Ermüdungs- und Anpassungsprozessen nicht linear erhöht.« (DIN EN ISO 10075-2:2000)

Die Ruhezeit zwischen zwei Arbeitstagen »soll ausreichend sein, um eine vollständige Erholung von

2

Ermüdungseffekten der vorangegangenen Schicht sicherzustellen.« (ebd.) Zur Schichtarbeit ist zu beachten: »Da Schichtarbeit ein Risiko für Gesundheit und Wohlbefinden darstellt, soll sie soweit wie möglich vermieden werden. Wo Schichtarbeit nicht vermieden werden kann, sollen ergonomisch gestaltete Schichtpläne eingesetzt werden.« (ebd.) Der niedrigeren Leistungsfähigkeit während der Nachtzeit sollte durch zusätzliche Maßnahmen entsprochen werden, z. B.: »Im Vergleich zur Tagarbeit sollen die Leistungsanforderungen in den Nachtstunden daher reduziert werden, z. B. durch mehr Personal oder Arbeitspausen während der Nachtzeit.« (ebd.) Durch zusätzliche bezahlte Kurzpausen, die als Arbeitsunterbrechungen und Erholungspausen wirksam werden, sollte »von Anfang an der Entwicklung von Ermüdung« vorgebeugt werden, was insbesondere in der Nachtarbeit wichtig ist (ebd.).

Alle Einflussfaktoren, die zu einer gewissen Ausgeglichenheit des Arbeitsanfalls über die gesamte Arbeitszeit hinweg beitragen oder Maßnahmen, die zu einer Vermeidung oder Verringerung häufiger Unterbrechungen oder Störungen im Arbeitsablauf führen, wirken reduzierend im Hinblick auf psychische Beeinträchtigungen und Gefährdungen; sie begünstigen das Wohlbefinden und die Gesundheit der Beschäftigten, indem sie der Entstehung von Stresszuständen und psychischer Ermüdung entgegenwirken.

Einflussfaktoren der Arbeitsumgebung und des Arbeitsplatzes

Auch vorrangig physisch wirkende physikalische, chemische und biologische Einflussfaktoren der Arbeitsumgebung besitzen psychische »Nebenwirkungen«, indem sie die Ausführung der Arbeitsaufgaben stören, behindern oder beeinträchtigen. Wenn am Arbeitsplatz selbst oder in der unmittelbaren Umgebung im Arbeitsraum wirksame Belastungen z. B. aufgrund von Lärm oder störenden Geräuschen, ungünstigem Raumklima (Temperatur, Luftqualität) oder beengten räumlichen Verhältnissen die Vorgänge psychischer Regulation der Arbeitstätigkeit behindert oder erschwert werden, kann es insbesondere zur Entstehung von Stresszuständen kommen. Denn die Überwindung und Bewältigung solcher Störungen oder Erschwernisse der Ausführung verlangt von den Beschäftigten eine zusätzliche psychische Anspannung und einen erhöhten psychischen Regulationsaufwand, wodurch Stresszustände hervorgerufen oder begünstigt werden können. Vergleichbar belastende Einflussfaktoren können sich auch aufgrund ungünstiger, d. h. nicht ergonomisch gestalteter Arbeitsplätze oder Arbeitsmittel ergeben, die zu unnötigen Erschwernissen oder Behinderungen der Arbeitsausführung führen, wie dies z. B. bei störungsanfälligen Geräten (wie EDV-Soft- und -Hardware) oder bei Anzeige- und Steuerungsgeräten der Fall ist.

Maßnahmen des klassischen, technisch orientierten Arbeitsschutzes, die auf eine ergonomische Gestaltung von Arbeitsmitteln, Arbeitsplatz und Arbeitsumgebung abzielen und die insbesondere die Vermeidung oder Verringerung von beeinträchtigenden oder schädigenden physikalischen, chemischen und biologischen Einflussfaktoren im Fokus haben, sind demnach auch für die Prävention psychischer Fehlbeanspruchungen, insbesondere von Stresszuständen von erheblicher Bedeutung.

Einflussfaktoren der sozialen Beziehungen im Betrieb

Schwieriger und ohne Einbeziehung der Betroffenen kaum zu erfassen und zu objektivieren sind die Einflussfaktoren, die aus den verschiedenen Dimensionen sozialer Beziehungen im Betrieb in vertikaler (zwischen Vorgesetzten und Mitarbeiter) oder in horizontaler Hinsicht (zwischen Mitarbeitern) resultieren und die als Risikofaktoren psychischer Fehlbeanspruchung, insbesondere für *Stresszustände* wirken können. Zwar ergeben sich solche psychosozialen Belastungen insbesondere aus der Interaktion der Beteiligten, aber sie können sich nicht allein in zwischenmenschlichen Spannungen und Konflikten, sondern auch in verschiedenen Formen von Über- oder Unterforderung (z. B. infolge einer Diskrepanz zwischen Arbeitsanforderungen und persönlichen Voraussetzungen) niederschlagen.

Risikofaktoren für psychische Fehlbeanspruchungen, die sich aus vertikalen sozialen Beziehungen ableiten, stammen aus dem Bereich des *Führungsverhaltens* der Vorgesetzten und ergeben sich insbesondere aus mangelnder sozialer Unterstützung bei der Arbeit sowie aus unzureichender Einbeziehung und Beteiligung der Mitarbeiter in Planungs- und Entscheidungsprozesse (den eigenen Arbeitsbereich betreffend). Dazu gehören Versäumnisse des Führungsverhaltens, wie sie sich aus unzureichender Einweisung und Einarbeitung, aus unklaren oder widersprüchlichen Erwartungen, aus unrealistisch überzogenen Leistungszielen, aus mangelnden beruflichen Entwicklungsmöglichkeiten sowie aus vorenthaltenen Informationen oder enger Kontrolle und nicht zuletzt aus autoritärem Führungsverhalten oder unsachlicher Kritik an den Mitarbeitern ergeben.

Die wichtigsten Einflussfaktoren zur Reduktion dieser Risikofaktoren bestehen in einem mitarbeitergerechten Führungsverhalten, das die instrumentellen (durch materielle Hilfe), informationellen (durch Wissen und Rat) und emotionalen Effekte (durch Anerkennung und Wertschätzung) *sozialer Unterstützung* realisiert. Denn die soziale Unterstützung am Arbeitsplatz hat in mehrfacher Hinsicht positive Effekte: Zum einen werden die entstehenden Belastungen reduziert, zum anderen werden hervorgerufene Beanspruchungen gemildert und durch die Unterstützung gepuffert und schließlich wird die Gesundheit der Mitarbeiter gefördert, indem wichtige Ressourcen zur Bewältigung der Belastungen und Beanspruchungen gestärkt werden (vgl. BAuA 2004b).

Belastungsreduzierendes Führungsverhalten beginnt bereits bei der Auswahl des richtigen Mitarbeiters für die richtige Aufgabe und der Vermeidung von Überebenso wie Unterforderung sowie bei der hinreichenden Einweisung und Einarbeitung der Mitarbeiter. Hinzu kommen sollte, dass die Vorgesetzten konkrete, realistische Ziele setzen bzw. mit den Mitarbeitern vereinbaren sowie in angemessener Weise Rückmeldung geben und die erbrachten Leistungen anerkennen. Die Förderung von Teamarbeit und Gruppenzusammenhalt sowie das frühzeitige Erkennen von Konflikten und Fehlentwicklungen gehören ebenso zu einem belastungsoptimierenden Führungsverhalten, wie die ausreichende Information und die partizipative Einbeziehung der Mitarbeiter insbesondere in solche Planungs- und Entscheidungsprozesse, die ihren eigenen Arbeitsbereich betreffen.

Einflussfaktoren der betrieblichen Rahmenbedingungen

Nicht nur die Elemente des Arbeitssystems selbst, auch die betrieblichen Rahmenbedingungen haben erheblichen Einfluss auf die Entstehung ebenso wie auf die Vermeidung und Verringerung von Belastungen, die zu psychischen Fehlbeanspruchungen führen können. Insbesondere die arbeits- und sozialrechtlichen sowie die kollektivvertraglichen Ausgestaltungen des *Beschäftigungsverhältnisses* sind für das psychische Belastungs-Beanspruchungsgeschehen von Bedeutung. Hinzu kommt das System industrieller Beziehungen zwischen Arbeitgebern und Arbeitnehmern oder die in einem Unternehmen herrschende Führungskultur. Den Anforderungen des Wettbewerbs und den Risiken des Marktes sowie den Schwankungen des Arbeitsanfalls kann sich ein Unternehmen in der Regel zwar kaum entziehen, aber es verfügt im Allgemeinen über einen gewissen Spielraum, ob und inwieweit diese Unsicherheiten entweder mehr oder weniger direkt an die Beschäftigten (z. B. Zeit- und Leiharbeit, befristete Beschäftigung, Projektarbeit, Scheinselbständigkeit) durchgereicht oder aber durch eine entsprechende Personalpolitik abgefedert und abgepuffert werden.

Unsicherheit des Arbeitsplatzes und prekäre Beschäftigung, hohe Anforderungen an die berufliche Flexibilität ohne hinreichende soziale Unterstützung und Förderung stellen erhebliche Risikofaktoren für Stresszustände dar. Eine maximale, von den entgrenzten internationalen Finanzmärkten getriebene Gewinnerwartung und der Primat des Unternehmenswertes mit dem Ziel einer kurzfristig, quartalsweise orientierten Erfüllung der Renditeerwartungen der Anteilseigner sind Einflussfaktoren, die sich in der Regel negativ für die Entstehung psychischer Fehlbeanspruchungen auswirken.

Demgegenüber wirkt sich eine partnerschaftliche Unternehmenskultur in aller Regel nicht nur vorteilhaft auf den nachhaltigen wirtschaftlichen Erfolg aus, sondern sie erweist sich auch als positiv für die Vermeidung oder Verringerung psychischer Fehlbelastungen. Unbefristete Beschäftigungsverhältnisse mit vollem arbeits- und sozialrechtlichem Schutzniveau, geregelte Arbeitsbedingungen auf der Grundlage von Tarifverträgen sowie die Existenz und Anerkennung einer betrieblichen Interessenvertretung der Beschäftigten gehören zu den wichtigsten Einflussfaktoren, die möglichen Stresszuständen entgegenzuwirken vermögen. Die Forderung nach Flexibilität darf nicht gegen das Gebot existenzieller Sicherheit verstoßen; im Gegenteil, beides muss, z. B. dem Gedanken der »Flexicurity« folgend, miteinander verknüpft werden (vgl. Kronauer und Linne 2005). Die Reduktion psychischer Fehlbelastungen beginnt also nicht erst bei der Prävention möglicher Gefährdungen oder Beeinträchtigungen am Arbeitsplatz, sondern bereits bei der rechtlichen, kollektivvertraglichen und personalpolitischen Ausgestaltung des Arbeitsverhältnisses.

2.2.2 Moderierende Einflussfaktoren der Person

Der Schwerpunkt der Prävention und Reduktion negativer psychischer Belastungen sollte zwar stets bei der Gestaltung der objektiven Einflussfaktoren, also bei den betrieblichen Arbeitsbedingungen und Beschäftigungsverhältnissen (im Sinne der *Verhältnisprävention*) liegen. Aber ergänzend sollte auch den subjektiven Ein-

2

flussfakten Aufmerksamkeit geschenkt werden, weil die Merkmale der Person, die den Belastungen ausgesetzt ist, einen moderierenden Effekt auf die hervorgerufenen Beanspruchungen hat. Da die persönlichen Ressourcen, insbesondere die Qualifikation, die Gesundheit oder das Bewältigungsverhalten einen erheblichen Einfluss darauf haben können, ob und inwiefern psychische Fehlbeanspruchungen reduziert werden können, sollte stets auch nach Möglichkeiten und Maßnahmen gesucht werden, durch die das Individuum z. B. mit Hilfe von Qualifizierung und anderen Instrumenten der Personalentwicklung oder z. B. im Rahmen betrieblicher Gesundheitsförderung bei der Bewältigung psychischer Belastungen (im Sinne der *Verhaltensprävention*) unterstützt und gestärkt werden kann.

Literatur

DIN EN ISO 10075-1:2000 Ergonomische Grundlagen bezüglich psychischer Arbeitsbelastung – Teil 1: Allgemeines und Begriffe

DIN EN ISO 10075-2:2000 Ergonomische Grundlagen bezüglich psychischer Arbeitsbelastung – Teil 2: Gestaltungsgrundsätze

DIN EN ISO 6385:2004 Grundsätze der Ergonomie für die Gestaltung von Arbeitssystemen

Bundesanstalt für Arbeitsschutz und Arbeitsmedizin (BAuA) (2000) Arbeitswissenschaftliche Erkenntnisse Nr. 116. Psychische Belastung und Beanspruchung. BAuA, Dortmund

Bundesanstalt für Arbeitsschutz und Arbeitsmedizin (BAuA) (2002) Psychische Belastung und Beanspruchung im Berufsleben, Gesundheitsschutz 23. BAuA, Dortmund Berlin Dresden

Bundesanstalt für Arbeitsschutz und Arbeitsmedizin (BAuA) (2004a) Ratgeber zur Ermittlung gefährdungsbezogener Arbeitsschutzmaßnahmen im Betrieb, 4. Aufl. BAuA, Dortmund Berlin

Bundesanstalt für Arbeitsschutz und Arbeitsmedizin (BAuA) (2004b) Mitarbeiterorientiertes Führungsverhalten und soziale Unterstützung am Arbeitsplatz, 2. Aufl. BAuA, Dortmund

Bundesrats-Drucksache 81/95 vom 29.12.1995: Gesetzentwurf der Bundesregierung, Entwurf eines Gesetzes zur Umsetzung der EG-Rahmenrichtlinie Arbeitsschutz und weiterer Arbeitsschutz-Richtlinien

Badura B, Hehlmann T (2003) Betriebliche Gesundheitspolitik. Springer, Berlin Heidelberg New York

Hauptverband der gewerblichen Berufsgenossenschaften (HVBG) (2004) Erkennen psychischer Belastungen in der Arbeitswelt. Ein Leitfaden für Aufsichtspersonen der gewerblichen Berufsgenossenschaften. HVBG, Sankt Augustin

Hochschild AR (2006) Das gekaufte Herz. Die Kommerzialisierung der Gefühle. Campus, Frankfurt New York

IGA-Report 5 (2004) Ausmaß, Stellenwert und betriebliche Relevanz psychischer Belastungen bei der Arbeit. HVBG und BKK BV (Hrsg) Dresden Essen

Kollmer NF (2005) Arbeitsschutzgesetz Kommentar. CH Beck, München

Kronauer M, Linne G (2005) Flexicurity. Die Suche nach Sicherheit in der Flexibilität. Sigma, Berlin

Länderausschuss für Arbeitsschutz und Sicherheitstechnik (LASI) (2003) Handlungsanleitung für die Arbeitsschutzverwaltungen der Länder zur Ermittlung psychischer Fehlbelastungen am Arbeitsplatz und zu Möglichkeiten der Prävention, LV 31. LASI, Saarbrücken

McKeown T (1982) Die Bedeutung der Medizin. Suhrkamp, Frankfurt am Main

Oppolzer A (2006) Gesundheitsmanagement im Betrieb. VSA, Hamburg

Oppolzer A (2008) Psychische Fehlbelastungen. Ein Thema für die Gemeinsame Deutsche Arbeitsschutzstrategie. Gute Arbeit 20:22–27

Schaefer H, Blohmke M (1978) Sozialmedizin, 2. Aufl. Thieme, Stuttgart

Kapitel 3

Biologische Grundlagen des psychischen Wohlbefindens

G. Hüther · J. E. Fischer

Zusammenfassung. *Im Wohlbefinden ist der Mensch mit sich selbst und mit der Welt in Einklang. Dieser Zustand der Kohärenz ist die entscheidende Voraussetzung für die Entfaltung seiner Potenziale. Kurzfristig geht Wohlgefühl mit einer Aktivierung des so genannten Belohnungssystems im Mittelhirn einher. Ein diesem Wohlbefinden ähnlicher Zustand lässt sich auch durch chemische Substanzen, etwa Psychopharmaka oder Rauschmittel erzeugen. Langfristig begünstigt Wohlbefinden im Organismus regenerative und erholende Prozesse. Unbewusst wahrgenommene Signale aus dem Körper unterstützen Wohlbefinden. Entscheidend für langfristiges Wohlbefinden sind durch entsprechende Erfahrungen im Frontalhirn verankerte innere Einstellungen und Haltungen: Dazu gehören Vertrauen, Offenheit, Verbundenheit, Achtsamkeit, Selbstregulations- und Selbstreflexionsfähigkeit, auch Dankbarkeit. Sie bilden die Grundlage für die individuelle Bewertung von Lebenssituationen und -ereignissen. Unterdrückt wird Wohlbefinden durch chronischen Stress, Sorgen, psychische Verletzungen und Angst. Für langfristiges Wohlbefinden ungünstige innere Einstellungen und Haltungen sind Neid, Gier, Missgunst u. a. m. Weil die meisten Erwachsenen den größten Teil ihrer Wachzeit am Arbeitsplatz verbringen, kommt der Gestaltung der Arbeit und der Arbeitsbedingungen eine entscheidende Rolle für das Wohlbefinden zu. Wohlbefinden macht Menschen nicht nur auf Dauer gesünder, weil unter diesen Bedingungen körperliche Prozesse reibungsloser vom Gehirn koordiniert werden können. Wohlbefinden macht Menschen auch leistungsfähiger, leistungsbereiter und kreativer, weil im Gehirn unter diesen Bedingungen Kohärenz besser erzeugt und aufrechterhalten werden kann.*

3.1 Wohlbefinden

Stellen Sie sich vor: Sie wachen am Montagmorgen richtig erfrischt auf. Ein Gefühl wohliger Zufriedenheit tränkt die ersten Gedanken an die neue Woche. Vorfreude schwingt mit beim Nachsinnen über die in den nächsten Stunden anstehenden Aufgaben. Sie durchströmt ein Gefühl von Geborgenheit und Frieden. Sie fühlen sich geliebt und Sie lieben jemanden. In dieser Grundstimmung stehen Sie auf, voller Tatkraft und Zuversicht. Sie wissen, Sie werden ihre Aufgaben bewältigen und daran wachsen. Mögliche Sorgen oder Kümmernisse sind so entfernt wie Abendwolken am Horizont. Entgegen der Gewohnheit hält dieser Zustand an. Einen ganzen Tag, eine ganze Woche. Man würde Sie glücklich nennen. Sie würden in dieser Zeit besonders gut arbeiten. Sie würden wahrscheinlich sehr mutig und kreativ handeln und zu Mitarbeitern oder Kunden Ihres Unternehmens besonders gelungene Kontakte knüpfen. Andere würden sich von Ihnen inspiriert fühlen.

Denken Sie an die letzten Werbespots aus dem Fernsehen: Ob Margarine, Bier, Schokolade, Versicherung,

Auto oder neue Urlaubsziele – was die Menschen uns in diesen Spots immer wieder vorspielen, ist ein fortwährender Zustand glücklichen Wohlbefindens. Stark ist die Sehnsucht der Menschen danach und kurz die Momente, in denen es ihnen vergönnt ist. Vielleicht in den ersten Sekunden nach einem Orgasmus. Vielleicht im momentanen Gefühlsrausch nach einem besonderen Erfolg. Vielleicht als Jugendlicher in der Ekstase während eines Rockkonzerts. Vielleicht am Morgen nach der Hochzeitsnacht. Die Werbung suggeriert: Kaufe das Stück Margarine und du kaufst ein Stück dieses Wohlbefindens. Die Erfahrung sagt: Trinke ein Glas Sekt und die Beschwingtheit lässt dich in das Vorzimmer dieses Wohlbefindens eintreten. Die Sehnsucht sagt: Was immer dazu verhilft, dich diesem Wohlbefinden zu nähern, wiederhole es. Der Meister sagt: »Gehe den inneren Weg.«

Andere Beiträge dieses Buches spüren der Frage nach, welche Bedingungen im Kontext Arbeit Wohlbefinden fördern und welche Wohlbefinden zerstören können. Welche Lasten auf die Psyche drücken können und welche Folgen zerstörtes Wohlbefinden für die Gesundheit haben kann. Alle Kapitel handeln letztlich davon, was den Menschen von einer Maschine unterscheidet: Maschinen kennen kein Wohlbefinden. Ein Motor kann rund schnurren und gut geölt klingen. Aber der Motor verfügt nicht über Bewusstsein und hat keine Gefühle. Am schönen Klang der schnurrenden Maschine kann sich nur ein Mensch freuen. Solange Menschen als Kostenfaktor noch nicht erfundene Automaten vertreten, gibt es in der Kalkulation keinen Platz für Wohlbefinden. Wenn sich aber neue Werte nur schöpfen lassen, wenn Mitarbeiter mit dem Herzen bei der Arbeit sind, wird Wohlbefinden zum erfolgskritischen Faktor. Dazu liefern die nachfolgenden Ausführungen eine kurze Übersicht der biologischen Grundlagen von Wohlbefinden. Und sie informieren über den Unterschied zwischen kurzfristigen Momenten von Wohlsein und dem Zustand anhaltenden Wohlbefindens.

3.2 Der Ort des Wohlbefindens

Wer von innen heraus lächelt, ohne dazu beruflich genötigt zu sein, dem unterstellen wir zumindest ein gewisses Maß an Wohlbefinden. Lächeln ist offenbar ansteckend. Zeigt man einen Film, in dem Kinder spontan lächeln, lächeln fast ausnahmslos alle Zuschauer. Zumindest für einen Moment. Wohlbefinden ist häufig ein sehr vergänglicher Zustand. Buddhastatuen zeigen einen Gesichtsausdruck zeitlosen Lächelns. Unter besonderen Bedingungen scheint es also auch möglich zu sein, Wohlbefinden länger als über die Dauer von Karnevalstagen zu bewahren.

Um den Zustand von Wohlbefinden wahrnehmen zu können, braucht es ein für die Wahrnehmung von eigenen Gefühlszuständen empfängliches Gehirn. Ein Bewusstloser kann kein Wohlbefinden erleben. Ein um sein Überleben kämpfender, überarbeiteter, ständig unter Druck stehender Mensch aber auch nicht. Zur Suche nach den biologischen Grundlagen von Wohlbefinden gehört daher Auskunft über folgende Fragen: Wo im Gehirn wird Wohlbefinden generiert? Welche Zentren des Gehirns verändern ihre Aktivität bei Wohlbefinden? Welche biologischen Bedingungen im Organismus sind die Voraussetzung für Wohlbefinden? Welche biologischen Folgen hat Wohlbefinden für den Organismus?

Die ersten Schritte auf dieser Suche führen zu einfachen Befunden: Wer sehr schlecht schläft, hat Mühe mit dem Wohlbefinden. Der Organismus und insbesondere das Gehirn braucht eine gewisse Zeit, um Wohlbefinden zu generieren. Wer in seinem Leben in der frühen Kindheit einen Mangel an Geborgenheit und Liebe erfahren hat, der wird auch später seltener in wohlige Zustände finden. Die Fähigkeit zu Wohlbefinden baut also auf frühere, prägende Erfahrungen auf, die im Gehirn in Form bestimmter Verschaltungsmuster verankert wurden, diese Fähigkeit ist also immer verknüpft mit Erinnerung. Tierexperimente und Autopsiebefunde beim Menschen zeigen, dass diese Erinnerung bis in die Ablesewahrscheinlichkeit von Genen etwa zur Steuerung der biologischen Stressreaktion verankert wird (McGowan et al. 2009). Mit Rauschmitteln lässt sich vorübergehend die Illusion von Wohlbefinden erzeugen. Wenn es aber möglich ist, mit Chemie das Gehirn und seine Wahrnehmung zu überlisten, dann muss Wohlbefinden ganz direkt etwas mit chemischen Botenstoffen im Gehirn zu tun haben. Dass dem so ist, hat die Neurobiologie in den letzten Jahren im Detail nachgewiesen. Die Schlüsselspieler für Wohlbefinden sind Botenstoffe wie Dopamin, Serotonin und im Gehirn produzierte chemische Verwandte des Morphiums, die Endorphine. Kein Wunder daher, dass die meistverkauften Medikamente gegen psychische Beschwerden wie Depression oder Angst in den Stoffwechsel dieser Substanzen eingreifen. Kein Wunder, dass Nikotin, Alkohol, Marihuana und Kokain an den gleichen Schlüsselstellen an Nervenzellen andocken, mit denen das Gehirn über diese Botenstoffe im Normalfall seine Aktivität moduliert (Nestler 2004).

Welche Wirkung hat Wohlbefinden für den Körper? Menschen, denen anhaltend wohl ist, sind seltener krank. Wohlbefinden ist daher offenbar kein Selbstzweck für das Gehirn. Wohlbefinden ist vielmehr ein tief verankertes biologisches Phänomen, das innere Prozesse unterstützt, die aus biologischer Perspektive dem langfristigen Überleben des Organismus dienen. So etwas wie Wohlbefinden scheint es auch bei Tieren zu geben. Es wird in den evolutionsbiologisch älteren Strukturen des Gehirns generiert, die ja bereits entstanden sind, lange bevor der Homo sapiens eine überproportional angewachsene Großhirnrinde für Verstand und Bewusstsein entwickelt hat. Zwar unterscheidet sich der Mensch am stärksten von anderen Lebewesen darin, vorausschauend zu denken und planende Vernunft abzurufen sowie dem Bewusstsein, emotionale Zustände und Befindlichkeiten zu erschließen. Indes: Unterschiede im Ausmaß von Wohlbefinden lassen sich bereits bei einfachsten Organismen ausmachen.

Generiert wird Wohlbefinden in lokalisierbaren Regionen im Gehirn (Peciña et al. 2006). Die biologische Grundlage dafür, dass überhaupt Wohlbefinden entstehen kann, sind jedoch in den im Gehirn verankerten Erfahrungen zu suchen, die jeder Mensch im Laufe seines Lebens gemacht hat. Sie bestimmen die Bewertung der jeweiligen Ereignisse: Wer in den Bergen als Kind glückliche Freizeit im Winter auf Skiern verbracht hat (positive Erinnerung) und in einer wohlig warmen Berghütte (aktueller innerer Zustand) aus dem Fenster auf niedersinkende Schneeflocken blickt (aktuelle zu bewertende Situation), wird sich anders fühlen, als jemand, der von einem Schneesturm auf der Flucht aus Tibet auf einem einsamen Pfad im Himalaya überrascht wird. Wohlbefinden stellt sich deshalb immer dann ein, wenn die erinnerte Erwartung an eine Situation gut ist, die aktuelle Situation als erfreulich erlebt wird, die Vorstellung über die nächste Zukunft Sicherheit vermittelt und die Signale aus dem eigenen Körper Balance und Ausgeglichenheit signalisieren. Bei einem akuten schmerzhaften Muskelkrampf etwa ist kein Wohlbefinden möglich.

Allen vier Dimensionen, dem Erinnern der Vergangenheit, dem Bewerten der Gegenwart, dem Vorstellen der Zukunft und dem Spüren des eigenen Körpers liegen komplexe biologische Prozesse in der Einheit Körper-Psyche zugrunde. Das erklärt auch, warum etwa chemische Gifte wie hohe Dosen Alkohol so wirksame Stimulanzien von künstlichem Wohlbefinden sind: Wer sich betrinkt, vergisst die Vergangenheit und die Zukunft, blickt durch einen Schleier auf die Gegenwart und ignoriert unangenehme Signale aus dem Körper. Wer eine Zigarette raucht, verschafft dem Gehirn einen kurzfristigen Kick in Richtung Wohlbefinden. Wer ein echtes Lob vom Vorgesetzten unmittelbar nach einer unter Einsatz vollbrachten Leistung erfährt, wird auch körperlich »aufgerichtet« – das Risiko für einen Hexenschuss sinkt, die Chancen für ein ansteckendes Lächeln steigen. Was alle Menschen eint, ist die Sehnsucht nach Zuständen des Wohlbefindens. Je seltener jedoch authentisches Wohlbefinden im alltäglichen Leben zustande kommt, desto häufiger greift der Mensch zu Mitteln, die diesen Zustand künstlich erzeugen. Das gilt gleichermaßen für Coca kauende Indios in Cochabamba, Lösungsmittel schnüffelnde Straßenkinder in Rio, rauchende Arbeitslose in Bottrop oder sich ins Koma trinkende Jugendliche in Berlin-Kreuzberg.

3.3 Körper, Wohlbefinden und Stress

Säugetiere, und dazu gehört der Mensch, verwenden fortwährend einen erheblichen Teil der unbewussten Gehirnaktivität darauf, die Gegenwart mit früheren Erinnerungen abzugleichen und aus diesem Vergleich heraus abzuschätzen, ob die aktuelle Situation gefährlich ist oder Gutes verheißt. Wird die betreffende Wahrnehmung beim Vergleich mit den bisherigen Erfahrungen als bedrohlich bewertet, kommt es zur Aktivierung einer ganzen Kaskade von Notfall-Reaktionen, deren körperliche Auswirkungen allzu offensichtlich sind. All das ist das Gegenteil von Wohlbefinden. Fällt indes die Bewertung der betreffenden Wahrnehmung (oder einer eigenen Leistung) deutlich besser aus als die aufgrund eigener Vorerfahrungen abgeleiteten Erwartungen, so kommt es zur Aktivierung insbesondere solcher Bereiche des limbischen Systems, die zur Stimulation des ventralen Tegmentum und des dort lokalisierten dopaminergen Belohnungssystems (Nc. accumbens) führen. Der Mensch kann im Unterschied zu Tieren längere Zeithorizonte überblicken. So ist es ihm möglich, Bewertungen vorzunehmen, die anhaltende Vorfreude – die Wohlbefinden unterstützt – oder anhaltende Sorge auslösen. Anhaltende Sorge begünstigt eine chronische Stressreaktion.

Jede Aktivierung emotionaler Bereiche des Gehirns hat aber immer auch spürbare körperliche Auswirkungen. Auf der Ebene des Muskeltonus kommt es bei Bedrohung und Angst zur Anspannung bis hin zur Verspannung und zur Entspannung und Lockerung bei Zufriedenheit und Wohlgefühl (Hüther 2006). Alle großen peripheren, integrativen Regelsysteme, also das autonome Nervensystem, das kardiovaskuläre System, das Immunsystem und das endokrine System, werden von neuronalen Regelkreisen im Hirnstamm bzw. im Hypothalamus gesteuert, und die sind in ihrer Aktivität durch Erregungen der emotionalen Zentren des limbischen Systems leicht beeinflussbar. Deshalb führt die mit jeder subjektiven, positiven oder negativen Bewertung einhergehende Aktivierung des limbischen Systems zu sehr komplexen körperlichen Reaktionen. Bei Ereignissen, die subjektiv als bedrohlich bewertet werden, kommt es zur Aktivierung der für Flucht oder Kampf benötigten Systeme. Dazu steigert das Gehirn die Aktivität des sympathischen Anteils des vegetativen Nervensystems mit vermehrter Ausschüttung von Adrenalin. Bei besonderer Bedrohung setzt das Gehirn eine Kaskade von Botenstoffen in Gang, die über Zwischenschritte zur verstärkten Ausschüttung des Stresshormons Cortisol aus der Nebenniere führen. Gleichzeitig reduziert das Gehirn die bei Wohlbefinden und in erholsamem Schlaf stärker aktiven parasympathischen Anteile des vegetativen Nervensystems (Hüther 1997). Diese so genannte autonome Balance des vegetativen Nervensystems ist ablesbar an den feinen Unterschieden der Abstände zwischen zwei Herzschlägen, der Herzfrequenzvariabiliät. Hält subjektiv empfundene Bedrohung über längere Zeiträume an, kommt es zu langfristigen adaptiven Veränderungen in all jenen Organen und Organsystemen (adrenale Hyperplasie, Osteoporose), deren Funktion durch diese Systeme moduliert wird. Das Gleiche gilt für häufige psychische Belastungen. Die damit einhergehende Dysbalance des vegetativen Nervensystems führt zu langfristigen Veränderungen der Funktion und der Struktur einzelner Organe und begünstigt eine Reihe von Störungen wie chronisch entzündliche Erkrankungen, erhöhte Blutgerinnungsbereitschaft, Bluthochdruck, Fettablagerungen in den Arterien und Herzkranzgefäßen bis hin zum Herzinfarkt (von Känel et al. 2009).

All diese Beispiele machen deutlich, wie stark psychische, insbesondere negative emotionale Bewertungen und die dadurch in Gang gesetzten Reaktionen in der Lage sind, körperliche Prozesse, die Aktivität, die Funktion und letztlich auch die Struktur einzelner Organe und Organsysteme nicht nur akut, sondern auch langfristig zu verändern: Günstig und gesunderhaltend im Fall angenehmer emotionaler Reaktionen, ungünstig und krankmachend im Fall unangenehmer emotionaler Reaktionen. Da die meisten Menschen im Alter zwischen 20 und 60 den größten Teil ihrer Wachzeit bei der Arbeit verbringen, hat die Frage nach dem Wohlbefinden bei der Arbeit nicht nur direkte Folgen für die betrieblichen Erfolge, sondern ebenso nachhaltige Folgen für die langfristige körperliche Gesundheit der Mitarbeiter eines Unternehmens.

3.4 Der kurze Wohlfühl-Kick: Das Belohnungssystem des Gehirns

Neurobiologisch gesehen ist das Gefühl von Wohlbefinden eng mit Gehirnstrukturen verknüpft, die für das Empfinden von Belohnung und Motivation relevant sind. Motivation steuert Verhalten in zwei grobe Richtungen: zum einen verstärkend in Richtung lust- oder freudvolle Erfahrungen und zum anderen vermeidend in Richtung unerfreulicher Erfahrungen. Lust- und freudvolle Erfahrungen erhalten den Organismus oder erhöhen die Wahrscheinlichkeit, die eigenen Gene an die nächste Generation weitergeben zu können, unerfreuliche Erfahrungen sind oft an Schmerz gekoppelt. Lust suchen wir, Schmerz meiden wir.

Kurze Phasen der Irritation, der Übererregung, der Verunsicherung, der Angst und Bedrohung sind allerdings unvermeidlich und auch als »Wachstumsmotoren« notwendig. Sie gehen unter die Haut, lösen negative Gefühle aus und verleihen so bestimmten Erlebnissen und den damit einhergehenden Wahrnehmungen eine besondere Bedeutung. Sie zwingen die betreffende Person zu einer Reaktion, und wenn diese sich als geeignet und zweckmäßig zur Behebung des Problems erweist, hat sie eine wichtige eigene Erfahrung gemacht. Im Gehirn kommt das entstandene Durcheinander zur Ruhe. Immer dann, wenn so etwas gelingt, wird das so genannte Belohnungszentrum im Mittelhirn aktiviert. Als Folge schütten Nervenfortsätze, die vom Mittelhirn aus in verschiedene Zentren des Gehirns ziehen, vermehrt Dopamin und Endorphine aus. Diese »Dopamindusche« an neuroplastischen Botenstoffen aktiviert entsprechende Rezeptoren auf Nervenzellen in den Zielgebieten dieses dopaminergen Systems. Diese bilden vermehrt Eiweiße, die für das Auswachsen all jener Nervenzellfortsätze gebraucht werden, die Nervenzellen mit anderen verknüpfen oder synaptische Kontakte verstärken. Mit anderen Worten: Mit jedem Erfolg wird der »Feldweg«, auf dem eine Lösung des Problems mühsam erarbeitet wurde, ein Stückchen weiter zur »Autobahn« ausgebaut.

Gleichzeitig entsteht durch diese vermehrte Dopamin- und Endorphinausschüttung ein Gefühl, als hätte man eine kleine Dosis Kokain und Heroin gleichzeitig eingenommen. Leider hält dieses Wohlgefühl der »Dopamindusche« nicht sehr lange an. Zum einen deshalb, weil die Speichervesikel nach der Ausschüttung von Dopamin und Endorphinen schnell leer sind und erst wieder aufgefüllt werden müssen. Zum anderen deshalb, weil es normalerweise nicht sehr lange dauert, bis das nächste Problem auftaucht und man erneut in einen Zustand innerer Unruhe und Erregung gerät.

3.5 Renovation im Frontalhirn – Einstellungen und Haltungen für nachhaltiges Wohlgefühl

Mithilfe bildgebender Verfahren konnte gezeigt werden, dass bei unterschiedlichen Nutzungsarten unterschiedliche Bereiche des Gehirns besonders aktiv werden: limbische Regionen, wenn Emotionen geweckt werden, die Amygdala (Mandelkern), wenn Angst empfunden wird, das Frontalhirn, wenn Handlungen geplant werden. Dabei wurde auch deutlich, dass das mit einer bestimmten Reaktion im Gehirn einhergehende »Aktivierungsmuster« individuell sehr unterschiedlich ausfällt. Es ist in hohem Maße durch Vorerfahrungen bestimmt und durch neue Erfahrungen veränderbar. Das daraus abgeleitete Konzept der »erfahrungsabhängigen Plastizität neuronaler Verschaltungen« bildete den Grundstein für eine neue, dynamische Betrachtungsweise der Funktion des menschlichen Gehirns: Ein Gefühl wie Freude oder Glück bleibt zwar nach wie vor gebunden an die Freisetzung bestimmter Botenstoffe und die dadurch ausgelöste Aktivierung bestimmter Nervenzellverbindungen und Netzwerke. Aber die komplexen Netzwerke und Verschaltungen, die darüber bestimmen, was wir suchen und wo wir suchen, was uns glücklich oder unglücklich macht, werden erst im Lauf unserer Entwicklung in ganz bestimmter und individuell sehr unterschiedlicher Weise angelegt, gefestigt und stabilisiert. Das geschieht durch die Erfahrungen, die ein Mensch im Lauf seines bisherigen Lebens von der Schwangerschaft bis zur Gegenwart machen konnte oder aber zu machen gezwungen war. Diese im Frontalhirn abgespeicherten Erfahrungen sind es also, die entscheidend dafür sind, wonach ein Menschen strebt, was er zu erreichen sucht und als besonderes Glück betrachtet, was in ihm dieses Wohlgefühl auslöst.

Die wichtigsten Erfahrungen werden bereits während der frühen Kindheit gemacht und als gebahnte Verschaltungsmuster im Gehirn verankert. Sie sind bestimmend für das, was ein Mensch später zu erreichen sucht und was ihn – wenn er das Gewünschte schließlich erreicht hat – so besonders glücklich macht. Was immer das im Einzelfall auch sein mag, in einem Aspekt gleichen sich all unsere Bemühungen: Wir versuchen mit Hilfe unseres Gehirns einen Zustand herbeizuführen, der uns hilft, eine verloren gegangene innere Balance wiederzufinden, eine eingetretene Störung unseres emotionalen Gleichgewichtes zu beseitigen oder auszugleichen. Wir streben also alle danach, einen Zustand innerer Harmonie zwischen den verschiedenen und zuweilen sehr unterschiedlichen Aktivitäten der einzelnen regionalen neuronalen Netzwerke und Verarbeitungszentren in unserem Gehirn zu erreichen. Angesichts der vielen, immer wieder auftretenden Störungen dieser inneren Harmonie ist dieses Ziel jedoch nur schwer und bestenfalls für kurze Zeit erreichbar.

Wenn die Prognosen der WHO stimmen, wird es in den nächsten Jahrzehnten zu einer dramatischen Zunahme stress- und angstbedingter Erkrankungen in den hochentwickelten Industriestaaten kommen. Nur vordergründig scheint diese Entwicklung durch eine zunehmende berufliche Belastung der arbeitenden Bevölkerung bedingt zu sein. Wesentlich bedeutsamer dürfte eine ständig abnehmende Fähigkeit der Menschen in den hoch entwickelten Industriestaaten sein, mit psychischen Belastungen umzugehen. Zu viele Menschen leiden an Angst und Stress, weil sie über zu geringe Ressourcen zur Stressbewältigung verfügen. Hierzu zählt eine unzureichende Fähigkeit zur Selbstregulation und zur Selbstreflexion, zu schwach entwickelte Kontrollüberzeugungen und Selbstwirksamkeitskonzepte, zu gering ausgebildete Frustrationstoleranz und Flexibilität. Bei vielen sind die Konfliktlösungskompetenz, die Planungs- und Handlungskompetenz und die Fähigkeit zur konstruktiven Beziehungsgestaltung nur unzureichend entwickelt. Diese Menschen erleben sich allzu leicht als ohnmächtig, als ausgeliefert und fremdbestimmt. Dieser Mangel an eigenen Ressourcen zur Stressbewältigung wird noch enorm verstärkt durch einen hohen Erwartungsdruck, durch eigene unrealistische Vorstellungen und durch einen Mangel an kohärenten, Sinn stiftenden und Halt bietenden Orientierungen.

Das Denken wird in unserem Kulturkreis noch immer als die wichtigste Funktion des menschlichen Gehirns betrachtet. Descartes' »cogito, ergo sum« (ich denke, also bin ich) ist Ausdruck und Ausgangspunkt dieser Vorstellung. Interessanterweise wird diese Überzeugung in den letzten Jahren durch neuere Erkenntnisse der Hirnforschung immer stärker in Frage gestellt. Wie die Neurobiologen inzwischen zeigen konnten, strukturiert sich unser Gehirn primär anhand der Signalmuster, die während der frühen Phasen der Hirnentwicklung aus dem eigenen Körper zum Gehirn weitergeleitet wurden. Es sind also zunächst eigene Körpererfahrungen, die die Organisation synaptischer Verschaltungsmuster in den älteren, tiefer liegenden Bereichen des Gehirns lenken. Und die primäre Aufgabe dieser bereits vor der Geburt und während der frühen Kindheit herausgeformten neuronalen Netzwerke in den älteren Bereichen des Gehirns ist die Integration, Koordination und Harmonisierung der im Körper ablaufenden Prozesse, die Lenkung und Steuerung motorischer Leistungen beim sich Bewegen, beim

Singen, Tanzen und später auch beim Sprechen. Erst danach gewinnen die in der Beziehung des Kindes zur Außenwelt, insbesondere zu seinen Bezugspersonen gemachten Erfahrungen zunehmend an Bedeutung. Jetzt werden diese Beziehungserfahrungen zur wichtigsten strukturierenden Kraft für die sich später herausformenden neuronalen Verschaltungsmuster, vor allem im Kortex. Die Gestaltung von Beziehungen zur äußeren Welt – und hier in erster Linie zu den primären Bezugspersonen – wird nun zur wichtigsten Aufgabe des sich entwickelnden Gehirns.

Das Denken spielt während dieser frühen Phasen der Hirnentwicklung noch keine Rolle. Das Gehirn wird noch ausschließlich durch eigene, am eigenen Körper und in der unmittelbaren Beziehung zu den Objekten und Personen in der Außenwelt gemachte Erfahrungen strukturiert. Erst mit dem Spracherwerb und der sich parallel dazu herausbildenden Fähigkeit zum symbolischen Denken gewinnen nun auch die eigenen, selbst entwickelten Gedanken, Vorstellungen und Überzeugungen eine zunehmend stärker werdende Bedeutung für die weitere Ausreifung neuronaler Verschaltungsmuster in den jeweiligen, sich am langsamsten entwickelnden und komplexesten Bereichen des Gehirns, dem Frontallappen. Aber auch diese eigenen Gedanken, Vorstellungen und Überzeugungen sind kein Selbstzweck, sondern dienen einer nun für den Rest des Lebens fortwährend und immer wieder neu zu bewältigenden Aufgabe: der Stabilisierung all dessen, was die betreffende Person als ihr zugehörig betrachtet, was in ihren Augen und aufgrund ihrer bisher gemachten Erfahrungen für die Aufrechterhaltung ihrer Identität als wichtig, brauchbar und nützlich betrachtet wird (Fuhrer et al. 2000).

3.6 Die Kunst, sich trotz beruflicher Belastungen wohlzufühlen

Immer dann, wenn das harmonische Zusammenwirken der vielen regionalen Netzwerke in unserem Gehirn gestört wird, wenn einzelne Bereiche überstark erregt, wenn die dort entstehende Unruhe nicht unter Kontrolle gebracht werden kann und sich in tiefer liegende limbische Bereiche auszubreiten beginnt, ist auch das Wohlgefühl rasch zu Ende. Dann macht sich Verunsicherung, Angst und Stress breit. Dies ist spürbarer Ausdruck der Tatsache, dass wir wieder einmal »aus dem Gleichgewicht« geraten sind und dass wir etwas tun müssen, um den Einklang zwischen uns und unserer äußeren Welt, zwischen unserem Denken, Fühlen und Handeln und zwischen dem, was wir wollen, und dem, was wir können, herzustellen. Wir müssen versuchen, das in unserem Gehirn entstandene Durcheinander wieder in geordnete Bahnen zu bringen, die gestörten Verarbeitungsprozesse wieder zu harmonisieren und zu synchronisieren. Gelingt uns das nicht, so macht uns dieses Durcheinander in unserem Gehirn über kurz oder lang krank, entweder psychisch oder körperlich. All das läuft permanent im Hintergrund ab, ob jemand am Band Schrauben in ein entstehendes Automobil dreht, am Operationstisch eine Verletzung behandelt, ein Flugzeug auf die Startbahn rollt oder in einer Sitzung über die nächste Produktivitätssteigerung nachdenkt.

Angst ist das mit Abstand stärkste Gefühl, das über die Aktivierung neuronaler Netzwerke des limbischen Systems, speziell der Amygdala, die im Hirnstamm angelegten Regelsysteme für die integrative Steuerung körperlicher Reaktionen und damit die innere Ordnung des Organismus zu stören vermag. Ob und in welchem Ausmaß ein Mensch auf die von ihm wahrgenommenen Veränderungen seines inneren Gleichgewichts mit Angst reagiert, hängt davon ab, wie er diese Wahrnehmungen bewertet. Diese Bewertungen erfolgen immer subjektiv auf der Grundlage der von der betreffenden Person bisher gemachten Erfahrungen. Verankert sind diese Erfahrungen in Form gebahnter synaptischer Verschaltungsmuster im Frontalhirn, der Hirnrinde hinter der Stirn und über den Augenhöhlen.

Erfahrungen zeichnen sich gegenüber erlernten Wissensinhalten dadurch aus, dass sie »unter die Haut« gehen, also mit den in der betreffenden Situation gleichzeitig aktivierten Netzwerken für emotionale Reaktionen und die Regulation körperlicher Prozesse verkoppelt werden. Erfahrungen sind deshalb in Form miteinander verknüpfter kognitiver, emotionaler und körperlicher neuronaler Netzwerke und Regelkreise im Gehirn verankert. Sie werden aus diesem Grund immer gleichzeitig als eine bestimmte Erinnerung oder Vorstellung erlebt, die mit einem bestimmten Gefühl und einer bestimmten Körperreaktion (somatische Marker) verbunden ist (Damasio 2001).

Als Integral oder Summe der bisher von einer Person gemachten Erfahrungen lässt sich das beschreiben, was im allgemeinen Sprachgebrauch als innere Haltung oder innere Einstellung umschrieben wird. Es handelt sich hierbei um ebenfalls im Frontalhirn verankerte Metarepräsentanzen von subjektiv gemachten Erfahrungen. Diese Einstellungen und Haltungen sind entscheidend für die subjektive Bewertung eines Ereignisses als angenehm oder unangenehm. Diese im Frontalhirn eines Menschen verankerten Haltungen sind schwer veränderbar. Weil sie an Gefühle und körperliche Reaktionen gekoppelt sind, bleiben rein kognitive Interventionen (Aufklärung, Belehrung, Beschreibungen etc.) meist ohne nachhaltige Wirkungen, wenn die emotionalen Anteile nicht ebenfalls gleichzeitig aktiviert werden. Gleichermaßen bleiben emotionale Interventionen (Zuwendung, Mitgefühl, Fürsorge) meist ebenso wirkungslos, solange die kognitiven Anteile dabei nicht ebenfalls miterregt werden. Eine nachhaltig wirksame Veränderung einmal entstandener Haltungen lässt sich daher nur herbeiführen, wenn es gelingt, die betreffende Person einzuladen, zu ermutigen oder vielleicht sogar zu inspirieren, eine neue, andere Erfahrung machen zu wollen. Ob ein Vorgesetzter aber in der Lage ist, seine Mitarbeiter einzuladen, zu ermutigen und zu inspirieren, noch einmal eine neue, bessere, also angenehmere Erfahrung machen zu wollen, hängt davon ab, ob es diesem Vorgesetzten selbst einigermaßen gut geht, ob er sich »in seiner Haut« wohlfühlt.

Literatur

Damasio A (2001) Ich fühle, also bin ich. Die Entschlüsselung des Bewusstseins. List, München

Fuhrer U, Marx A, Holländer A et al (2000) Selbstentwicklung in Kindheit und Jugend. In: Greve W (Hrsg) Psychologie des Selbst. Beltz, Weinheim, S 39–57

Hüther G (1997) Biologie der Angst. Vandenhoeck & Ruprecht, Göttingen

Hüther G (2006) Wie Embodiment neurobiologisch erklärt werden kann. In: Storch M (Hrsg) Embodiment. Die Wechselwirkung von Körper und Psyche verstehen und nutzen. Verlag Hans Huber Hogrefe, Bern, S 75–97

Känel R von, Thayer JF, Fischer JE (2009) Nighttime vagal cardiac control and plasma fibrinogen levels in a population of working men and women. Ann. Noninvasive Electrocardiol. 14:176–184

McGowan PO, Sasaki A, D'Alessio AC et al (2009) Epigenetic regulation of the glucocorticoid receptor in human brain associates with childhood abuse. Nat Neurosci. 12:342–348

Nestler EJ (2004) The neurobiology of cocaine addiction. Sci Pract Perspect 3:4–10

Peciña S, Smith KS, Berridge KC (2006) Hedonic hot spots in the brain. Neuroscientist 12:500–511

Kapitel 4

Krankheitsbedingte Fehlzeiten aufgrund psychischer Erkrankungen – Eine Analyse der AOK-Arbeitsunfähigkeitsdaten des Jahres 2008

K. Heyde · K. Macco

Zusammenfassung. *Obwohl in den letzten Jahren ein Rückgang der Fehlzeiten aufgrund körperlicher Erkrankungen zu verzeichnen war, haben psychische Erkrankungen hingegen kontinuierlich zugenommen. Unter »Psychische und Verhaltensstörungen« sind unterschiedliche Erkrankungsbilder zusammengefasst wie bspw. Depressionen oder Alkoholsucht. Zwischen diesen Diagnosen zeigen sich deutliche Unterschiede hinsichtlich des Geschlechtes, des Alters oder der Tätigkeit. So sind Frauen und Beschäftigte aus dem tertiären Sektor vermehrt von affektiven Störungen und neurotischen, Belastungs- und somatoformen Störungen betroffen. Psychische und Verhaltensstörungen durch psychotrope Substanzen wie Alkohol oder Tabak dominieren bei Männern und Arbeitnehmern vor allem aus dem Baugewerbe. Im vorliegenden Beitrag wird das Arbeitsunfähigkeitsgeschehen der 9,7 Millionen erwerbstätigen AOK-Mitglieder des Jahres 2008 im Hinblick auf psychische Erkrankungen differenziert nach den Diagnosegruppen und verschiedenen Beschäftigtenmerkmalen dargestellt.*

4.1 Einleitung und Hintergrund

»Der Job wird zum Psychotrip«, »Jeder Zehnte wegen Psychoproblemen krank«, »80% mehr Fehlzeit wegen der Psyche« – so oder ähnlich lauten immer häufiger die Schlagzeilen in den Medien. Die Krankenkassenstatistiken verzeichnen einen seit Jahren anhaltenden Anstieg psychischer Erkrankungen trotz eines bis 2007 zurückgehenden Krankenstands.

Im Jahr 2007 wurden bundesweit insgesamt 47,9 Mio. Arbeitsunfähigkeitstage aufgrund psychischer und Verhaltensstörungen registriert. Ausgehend von diesem Ausfallvolumen schätzt die Bundesanstalt für Arbeitsschutz und Arbeitssicherheit den Verlust der Arbeitsproduktivität durch psychische Erkrankungen auf acht Mrd. Euro (BMAS 2009). Die steigende Zahl dieser Erkrankungen und die oftmals damit verbundenen langwierigen Krankheitsverläufe verursachen beachtliche Ausgaben für die medizinische Behandlung, Rehabilitation und Pflege bei psychischen und Verhaltensstörungen. Nach Angaben des Statistischen Bundesamts fielen hier im Jahr 2006 insgesamt Kosten von knapp 26,7 Mrd. Euro an (vgl. Böhm und Cordes in diesem Band). Mittlerweile sind psychische Erkrankungen auch die häufigste Ursache für eine gesundheitliche Frühberentung. Ein Drittel aller Rentenzugänge im Jahr 2007 gingen auf psychische und Verhaltensstörungen zurück (BMAS 2009). Im Vergleich zum Vorjahr ist die Zahl der Rentenzugänge aufgrund dieser Diagnose um 4,8% auf knapp 54 Tsd. gestiegen.

Es wird angenommen, dass knapp ein Drittel der erwachsenen Bevölkerung im Laufe eines Jahres eine psychische Störung durchlebt (Jacobi et al. 2004). Rund 40% der Personen mit dieser Diagnose leiden an mehr

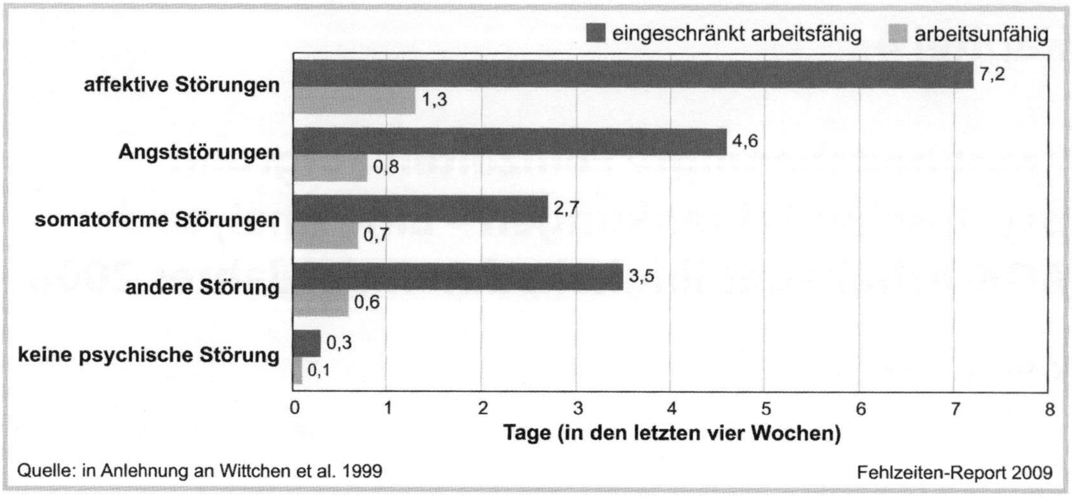

Abb. 4.1. Produktivitätseinschränkungen aufgrund affektiver, somatoformer oder Angststörungen

als einer Störung (Schulz et al. 2008). Zwischen körperlichen und psychischen Erkrankungen bestehen komplexe Wechselwirkungen, die nicht immer sofort in einen Zusammenhang gebracht werden (Härter und Baumeister 2007). Nur 50% der psychischen Störungen werden in der hausärztlichen Versorgung erkannt, bei depressiven Störungen liegt die Quote sogar nur bei einem Viertel (Gensichen et al. 2005).

Angesichts der Bedeutungszunahme psychischer Erkrankungen stellt sich die Frage nach möglichen Ursachen oder zugrunde liegenden Bedingungsfaktoren. Grundsätzlich können die Ursachen sehr vielfältig sein. Neben genetischen und neurobiologischen Faktoren spielt auch die individuelle Disposition eine Rolle. Erlebt eine Person psychische Belastungen, dann ruft das seelische Beanspruchungen hervor, die für die betreffende Person je nach individuellen Voraussetzungen unterschiedlich stark ins Gewicht fallen. Verfügt sie über ausreichende Ressourcen, können die anhaltende Belastung bewältigt und dauerhafte Schäden vermieden werden (Ducki 2008). Ist es aufgrund mangelnder Ressourcen jedoch nicht möglich Belastungen zu kompensieren, entstehen so genannte Fehlbeanspruchungen, die sich bei anhaltender Einwirkung zu psychischen Erkrankungen entwickeln können.

Einer Befragung von mehr als 30.000 Arbeitnehmern zufolge werden Hektik, Termindruck, große Arbeitsmengen, eine erforderliche hohe Konzentration und ständige Unterbrechungen am Arbeitsplatz als besonders belastend empfunden (Vetter und Redmann 2005). Arbeit muss jedoch nicht immer belastend sein – ganz im Gegenteil: Soziale Unterstützung, Anerkennung und ausreichender Handlungsspielraum bei der Tätigkeitsgestaltung haben eine ressourcenfördernde Wirkung (Ducki 2008). Zudem konnte in verschiedenen Studien nachgewiesen werden, dass Arbeitsplatzunsicherheit und Arbeitslosigkeit sich negativ auf die Gesundheit auswirken.[1]

Während der sich entwickelnden Erkrankung ist der Betroffene in seiner Lebensführung und Produktivität unterschiedlich schwer eingeschränkt. Im Zusatzsurvey »Psychische Störungen« des bundesweiten Gesundheitssurveys wurden Personen mit psychischen Problemen gefragt, an wie vielen Tagen in den vergangenen vier Wochen sie wegen ihrer psychischen Probleme überhaupt nicht bzw. eingeschränkt ihren Tätigkeiten im Beruf oder Haushalt nachgehen konnten (vgl. Abb. 4.1). Personen mit einer affektiven Störung gaben an, im Schnitt 1,3 Tage arbeitsunfähig und an 7,2 Tagen nur beschränkt arbeitsfähig gewesen zu sein (Wittchen et al. 1999). Eine Arbeitsunfähigkeitsbescheinigung aufgrund einer psychischen Erkrankung ist somit lediglich der Gipfel des Eisbergs.

Die Zunahme psychischer Erkrankungen wird in der Wissenschaft kontrovers diskutiert. Wird einerseits die Ansicht vertreten, dass die Häufigkeit in den letzten Jahren objektiv zugenommen habe, widersprechen die-

1 Vgl. ausführlicher Berufsverband Deutscher Psychologinnen und Psychologen (2008) Psychische Gesundheit am Arbeitsplatz in Deutschland. Berlin oder Jahoda M, Lazarsfeld PF, Zeisel F (1933) Die Arbeitslosen von Marienthal. Ein soziographischer Versuch über die Wirkungen langandauernder Arbeitslosigkeit. Frankfurt/Main.

ser These einige neuere Untersuchungen. Jacobi (2009) konnte anhand einer Analyse von Längsschnittstudien zeigen, dass nicht die absolute Häufigkeit psychischer Erkrankungen zunimmt, sondern allmählich die wahre Krankheitslast zu Tage tritt. Mit anderen Worten: Psychische Erkrankungen haben nicht zugenommen, sie werden nur häufiger diagnostiziert als früher. Ähnlich argumentieren auch Richter et al. (2008).

4.2 Das Arbeitsunfähigkeitsgeschehen der AOK-Mitglieder aufgrund psychischer Erkrankungen

4.2.1 Versichertenstruktur der AOK-Mitglieder

Nachfolgend wird das Fehlzeitengeschehen der 9,7 Mio. erwerbstätigen AOK-Mitglieder aufgrund psychischer Erkrankungen dargestellt.[2] Basis der folgenden Ausführungen bilden die Arbeitsunfähigkeitsmeldungen der erwerbstätigen AOK-Mitglieder, welche jedoch keinen Aufschluss über die Hintergründe der Fehlzeiten geben können. Zudem kann die reale Inzidenz psychischer Erkrankungen auf Basis dieser Daten nicht beziffert werden. Für eine umfassende Betrachtung der Verbreitung psychischer Erkrankungen bedürfte es epidemiologischer Langzeituntersuchungen, die derzeit nicht vorliegen. Doch können diese Daten Anhaltspunkte geben, bei welchen Beschäftigtengruppen die Belastungsschwerpunkte liegen.

Der Anteil der Frauen lag mit knapp 4 Mio. erwerbstätigen Versicherten bei 41,6%. Das entspricht der Geschlechterverteilung der erwerbstätigen Bevölkerung in Deutschland im Jahr 2007 (Statistisches Bundesamt 2008). Hinsichtlich der Altersstruktur waren die jüngeren erwerbstätigen AOK-Mitglieder bis 29 Jahre überrepräsentiert. In der Gruppe der 35- bis 44-Jährigen verhält es sich umgekehrt. Hier finden sich weniger AOK-Versicherte als in der erwerbstätigen Bevölkerung. 37% der erwerbstätigen AOK-Versicherten arbeiten in der Dienstleistungsbranche (Bund: 33,4%). Fast ¼ der Versicherten wie auch in der Bevölkerung sind im verarbeitenden Gewerbe tätig. Der drittgrößte Bereich ist der Handel (AOK: 13,1%; Bund: 14,6%). Deutlich unterrepräsentiert sind die erwerbstätigen AOK-Mitglieder in den Branchen Erziehung und Unterricht (AOK: 1,9%; Bund: 3,7%) sowie Banken und Versicherung (AOK: 1,1%; Bund: 3,5%). Die anderen Branchen entsprechen weitestgehend der Verteilung der erwerbstätigen Bevölkerung in Deutschland.

4.2.2 Fehlzeitengeschehen aufgrund psychischer Erkrankungen

Das Fehlzeitengeschehen der erwerbstätigen AOK-Mitglieder wird von sechs Krankheitsarten bestimmt. Fast ¼ der Arbeitsunfähigkeitsfälle geht auf Erkrankungen der Atemwege zurück (22,4%). An zweiter Stelle stehen Muskel-Skeletterkrankungen (17,6%), gefolgt von Erkrankungen der Verdauungsorgane (11,8%), Verletzungen (9,2%) und Herz-Kreislauferkrankungen (4,4%). Der Anteil der psychischen Erkrankungen liegt bei 4,3%. Entscheidend jedoch ist, dass diese Erkrankungen häufig mit langen Ausfallzeiten verbunden sind. Im Schnitt fehlt ein Arbeitnehmer aufgrund einer Atemwegserkrankung 6,4 Tage, bei einer psychischen Erkrankung sind es 22,5 Tage (vgl. Abb. 4.2). Diese Zahlen belegen jedoch nur den Anteil jener Mitarbeiter, die krankheitsbedingt dem Arbeitgeber eine Arbeitsunfähigkeitsbescheinigung vorgelegt haben (»Absentismus«). Mit diesen Zahlen kann man keine Aussage über jene Mitarbeiter treffen, die trotz psychischer oder physischer Beeinträchtigung zur Arbeit gehen (»Präsentismus«) und dadurch nur eingeschränkt produktiv sind (vgl. Schmidt und Schröder sowie Badura in diesem Band).

Allerdings wächst die Bedeutung psychischer Erkrankungen kontinuierlich. Sind in den letzten Jahren die Fehlzeiten aufgrund körperlicher Erkrankungen zurückgegangen, wurden psychische Erkrankungen zunehmend dokumentiert. So haben sich die Arbeitsunfähigkeitsfälle aufgrund psychischer Erkrankungen seit 1997 verdoppelt, die Arbeitsunfähigkeitstage haben sogar um 83,3% zugenommen (vgl. Abb. 4.3). Bei den krankheitsbedingten Ausfalltagen nehmen diese Erkrankungen inzwischen den vierten Rang ein, noch vor Erkrankungen des Herz-Kreislaufsystems und des Verdauungssystems (vgl. Macco und Schmidt in diesem Band).

Im Jahr 2008 wurden insgesamt 181,8 AU-Tage und 8,1 AU-Fälle je 100 AOK-Mitglieder aufgrund psychischer Erkrankungen verzeichnet; diese Statistik wird angeführt von den Stadtstaaten Berlin und Hamburg. Verhältnismäßig geringe Fehlzeiten zeigen sich dagegen in den ostdeutschen Bundesländern (vgl. Abb. 4.4)

Unterschiede bei den Anteilen der psychischen Erkrankungen zeigen sich ebenfalls innerhalb der Branchen. Im tertiären Sektor (z. B. Öffentliche Verwaltung: 11,2 Fälle je 100 AOK-Mitglieder) sind doppelt so viele

2 Für weitere Informationen zur Datenbasis und Methodik vgl. Macco und Schmidt in diesem Band.

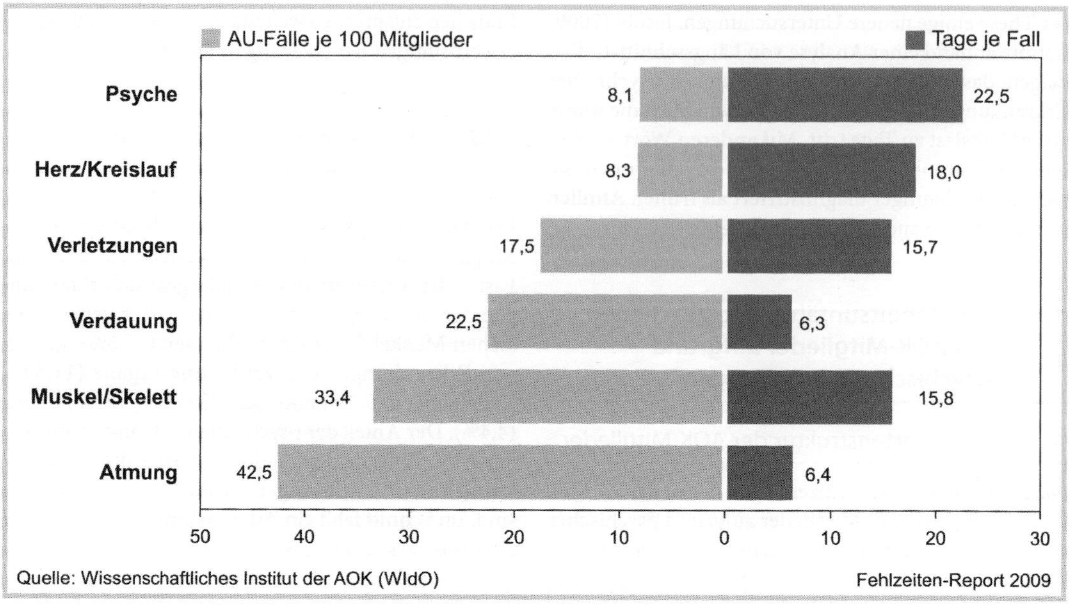

Abb. 4.2. Arbeitsunfähigkeitsfälle und Dauer der AOK-Mitglieder nach Krankheitsarten, 2008

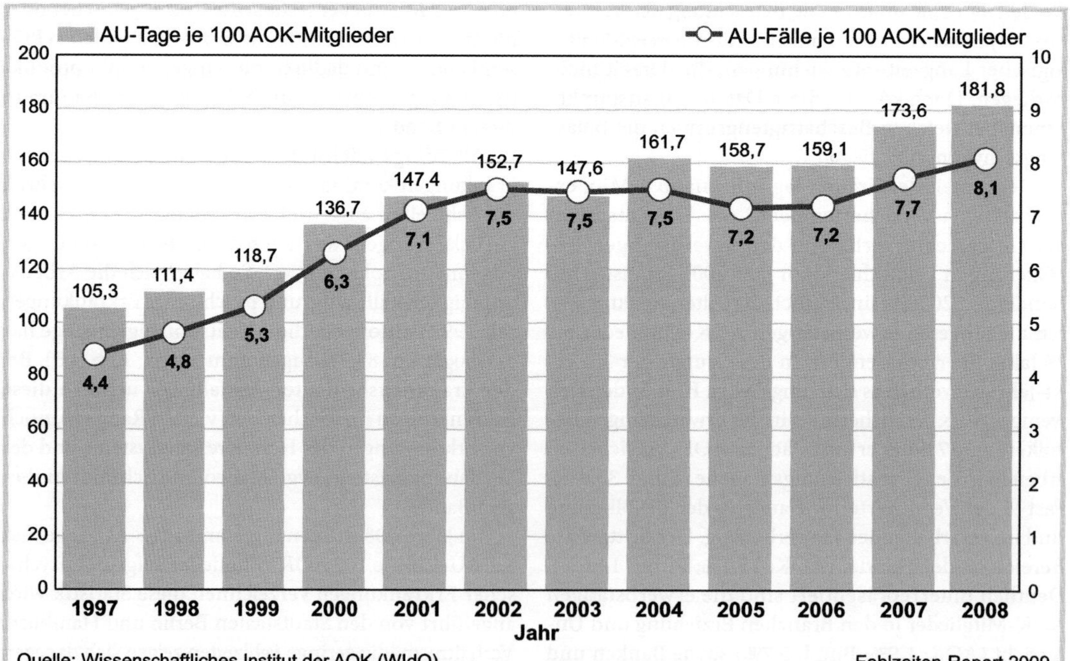

Abb. 4.3. Entwicklung der Arbeitsunfähigkeitstage und -fälle aufgrund psychischer Erkrankungen je 100 AOK-Mitglieder von 1997 bis 2008

Abb. 4.4. Arbeitsunfähigkeitstage je 100 AOK-Mitglieder aufgrund psychischer Erkrankungen nach Bundesland, 2008

Arbeitsunfähigkeitsfälle durch psychische Erkrankungen zu verzeichnen wie bspw. im Baugewerbe (5,2 Fälle je 100 AOK-Mitglieder) (vgl. Tabelle 4.1). Mehr als 80% der Fehlzeiten im Bereich der Banken und Versicherungen gehen auf affektive Störungen sowie neurotische, Belastungs- und somatoforme Störungen zurück. Im Baugewerbe spielen psychische und Verhaltensstörungen aufgrund psychotroper Substanzen eine große Rolle.

Bei Frauen lagen die durch psychische Erkrankungen verursachten Fehlzeiten im Jahr 2008 mit 11,1% um 4,8 Prozentpunkte höher als bei Männern. Mehr als ein Viertel dieser Fehlzeiten gehen auf eine depressive Episode zurück, wobei Frauen hiervon weitaus häufiger betroffen sind als Männern. An zweiter Stelle stehen Reaktionen auf schwere Belastungen und Anpassungsstörungen. Deutliche Unterschiede zwischen den Geschlechtern zeigen sich bei der Diagnosegruppe *Psychische und Verhaltensstörungen durch psychotrope Substanzen*, im Besonderen durch Alkohol und Tabak. Bei den Männern liegt der Anteil dieser Erkrankungen viermal höher als bei Frauen (vgl. Abb. 4.5). Dabei spielt auch ein unterschiedliches Diagnoseverhalten eine Rolle. Frauen sprechen eher über ihre Ängste und Sorgen, während bei Männern eher organische Ursachen vermutet werden (Lademann und Kolip 2008).

Tabelle 4.1. Fehlzeiten je 100 AOK-Mitglieder aufgrund psychischer Erkrankungen nach Geschlecht, Alter, ausgewählten Branchen und Berufen, 2008

	Fehlzeiten je 100 AOK-Mitglieder		
	AU-Tage	**AU-Fälle**	**Tage je Fall**
Männer	139,0	6,3	22,0
Frauen	240,3	10,5	22,9
15–29	95,8	7,1	13,4
30–49	182,7	8,1	22,6
50–64	260,3	9,1	28,7
Erziehung und Unterricht	271,5	18,2	14,9
Öffentl. Verwaltung/Sozialversicherung	267,4	11,2	23,9
Energie/Wasser/Bergbau	257,4	10,3	25,0
Dienstleistungen	249,7	11,2	22,2
Land- und Forstwirtschaft	148,4	7,0	21,1
Baugewerbe	123,1	5,2	23,4
Helfer in der Krankenpflege	395,3	13,8	28,7
Telefonisten	369,9	19,6	18,8
Sozialarbeiter, Sozialpfleger	362,0	13,6	26,7
Landwirte, Pflanzenschützer	64,9	3,6	18,2
Architekten, Bauingenieure	61,2	3,6	17,2
Ingenieure des Maschinen- und Fahrzeugbaus	46,7	3,0	15,6
Bund	**181,8**	**8,1**	**22,5**

Bei den psychischen Erkrankungen dominieren vier Diagnosegruppen: Neurotische, Belastungs- und somatoforme Störungen, Affektive Störungen, Psychische und Verhaltensstörungen durch psychotrope Substanzen sowie Persönlichkeits- und Verhaltensstörungen. 2008 gingen auf diese vier Diagnosegruppen 85,7% der Arbeitsunfähigkeitstage und 88,2% der Arbeitsunfähigkeitsfälle zurück. Die Entwicklung und Ausprägung dieser Krankheiten ist sehr unterschiedlich und hängt unter anderem von exogenen Faktoren wie Geschlecht, Alter, privaten und beruflichen Einflüssen ab. Daher wird im folgenden Kapitel separat auf diese vier Krankheitsarten eingegangen. Eine Standardisierung, um diese Einflüsse auszuschalten, erfolgt nicht, da hier explizit der Status quo dargestellt werden soll.

4.2.3 Psychische Erkrankungen nach Diagnosegruppen

Neurotische, Belastungs- und somatoforme Störungen

Knapp die Hälfte aller Arbeitsunfähigkeitsfälle aufgrund psychischer Erkrankungen gehen auf neurotische, Belastungs- und somatoforme Störungen zurück (46,7%). Im Schnitt dauert eine Erkrankung 18,6 Tage. Im Vergleich zu den anderen Diagnosen handelt es sich hierbei um eine psychische Erkrankung mit einer relativ kurzen Dauer.

Unter neurotischen, Belastungs- und somatoformen Störungen wurden sehr unterschiedliche Krankheitsbilder zusammengefasst. Zu den wichtigsten Diagnosen zählen Reaktionen auf schwere Belastungen und Anpassungsstörungen, somatoforme Störungen sowie andere neurotische oder Angststörungen.

Auf schwere Belastungen im psychischen oder sozialen Bereich reagieren Menschen sehr unterschiedlich. Die Störungen, die auf schwere Belastungsfaktoren folgen können, umfassen vielfältige psychische und physische Symptome, welche über die normale zu erwartende Reaktion hinausgehen. Die Belastungen können durch akute Ereignisse wie Scheidung, Arbeitsplatzverlust, Tod eines nahen Verwandten oder durch länger andauernde Lebensumstände wie ernsthafte Schwierigkeiten in der Familie oder im Beruf hervorgerufen werden (Deister 2005c).

Bei somatoformen Störungen treten verschiedene, anhaltende körperliche Symptome auf, für die sich keine ausreichende organische Ursache finden lässt. Aufgrund der unterschiedlichen Symptome werden immer wieder umfangreiche körperliche Untersuchun-

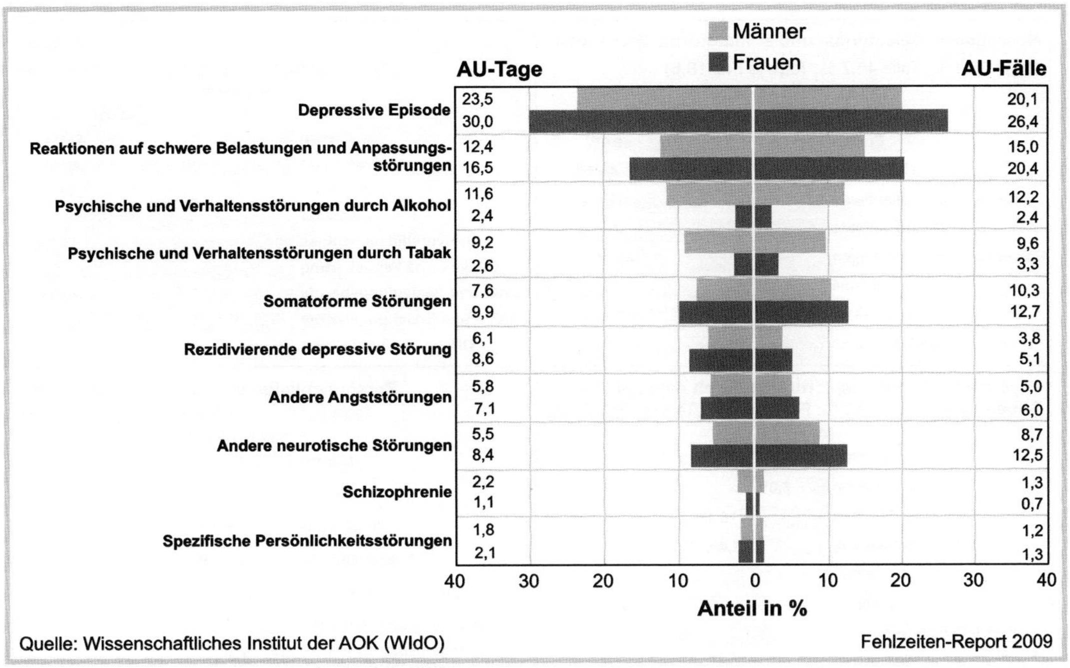

Abb. 4.5. Anteile der wichtigsten Einzeldiagnosen an Arbeitsunfähigkeitstagen und -fällen nach Geschlecht, 2008

gen durchgeführt und erst nach mehrjährigem Verlauf wird eventuell ein Psychiater zu Rate gezogen (Deister 2005a).

Bei Angststörungen gehen die Angstreaktionen über das normale Maß hinaus und entwickeln eine Eigendynamik, welche die Störung permanent aufrechterhält (Wittchen et al. 2007).

Man geht davon aus, dass bei der Entstehung dieser Krankheiten ein komplexes Zusammenwirken verschiedener Faktoren zugrunde liegt. Eine wesentliche Rolle bei der Krankheitsentstehung spielt die biologische Vulnerabilität (Verletzbarkeit) der Person, die Persönlichkeit sowie die sozialen Beziehungen. Zudem besteht ein zeitlicher Zusammenhang mit einer ausgeprägten seelischen und/oder körperlichen Überforderung. Gute Bewältigungsstrategien (Coping) und ein stabiles soziales Netzwerk können das Krankheitsrisiko verringern. Typische Symptome sind depressive Stimmungen, Angst, Besorgnis, Reizbarkeit, Erregung oder Schlafstörungen. Zudem kommt es zu Beeinträchtigungen der Leistungsfähigkeit im privaten und beruflichen Bereich (Deister 2005a und b).

Neurotische, Belastungs- und somatoforme Störungen zeigen häufig Überschneidungen mit anderen psychischen Erkrankungen wie depressiven oder Alkoholerkrankungen bzw. innerhalb dieser Diagnosegruppe zwischen somatoformen und Angststörungen (Deister 2005a und b).

Mit einem Anteil von 42% an den Arbeitsunfähigkeitstagen leiden Frauen häufiger unter neurotischen, Belastungs- und somatoformen Störungen als Männer (vgl. Abb. 4.6). Zumeist treten diese Erkrankungen in jüngeren Jahren auf. In der Gruppe der 15- bis 19-jährigen AOK-versicherten Arbeitnehmer liegt der Anteil an Formen dieser psychischen Erkrankungen bei 44,4%, bei den 60- bis 64-Jährigen bei 35,2%. Störungen dieser Diagnosegruppe zeigen sich vor allem in Branchen des tertiären Sektors, wie z. B. Banken und Versicherung (41,5%), Handel (40,1%), Erziehung und Unterricht (40,6%) oder Dienstleistungen (39,9%). Entsprechend sind Berufsgruppen aus diesem Bereich häufiger betroffen. Kaum Unterschiede zeigen sich beim Ausbildungsniveau. Der Anteil liegt bei Arbeitnehmern mit einem Fachhochschulabschluss bei 43,2%, bei Beschäftigten ohne Ausbildung bei 36,1%.

Affektive Störungen

Unter *Affektive(n) Störungen* versteht man die krankhafte Veränderung der Stimmung hin zu einer gedrückten (Depression) oder euphorisch-gehobenen

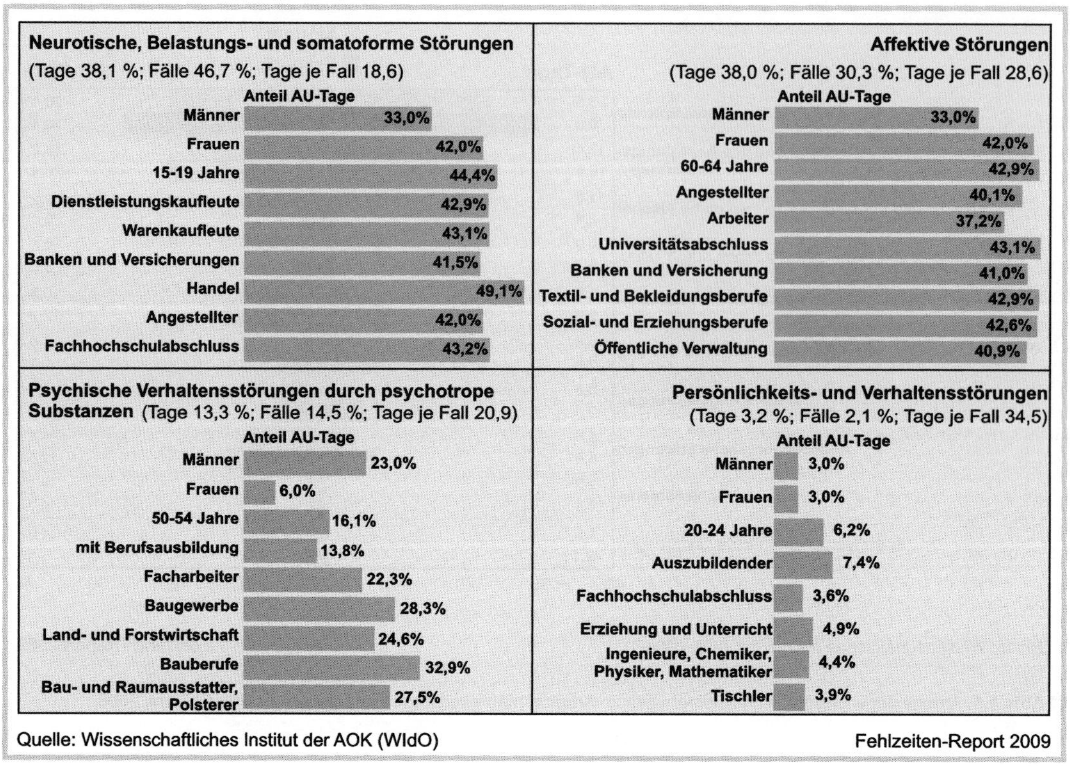

Abb. 4.6. Anteile der vier wichtigsten Diagnoseuntergruppen an AU-Tagen nach Alter, Geschlecht, Branche, Ausbildung, Stellung im Beruf und Tätigkeit im Jahr 2008, AOK-Mitglieder

Stimmung (Manie). Auf affektive Störungen gehen 38% der durch psychische Erkrankungen verursachten Arbeitsunfähigkeitstage zurück. Durchschnittlich liegt die Ausfallzeit bei 28,6 Tagen. Mehr als ein Viertel aller Arbeitsunfähigkeitstage gehen auf die Diagnose *depressive Episode* zurück.

Charakteristisch für eine depressive Episode sind Gefühle der Niedergeschlagenheit, Antriebslosigkeit, Hoffnungslosigkeit und Verlust von Interessen. Zudem kann es zu Schlafstörungen, Angstgefühlen, eingeschränktem Konzentrations- und Denkvermögen sowie Entscheidungsschwierigkeiten kommen (Berger und van Calker 2004). Angst- und Suchterkrankungen, aber auch kritische Lebensereignisse wie Trennung, Arbeitslosigkeit oder finanzielle Not gelten als Risikofaktoren für die Entwicklung einer depressiven Erkrankung, welche durch eine individuelle Disposition des Einzelnen und zum Teil durch eine bestimmte genetische Veranlagung bestimmt werden. Die Wahrscheinlichkeit einer weiteren depressiven Episode wird u. a. durch mangelhafte soziale Unterstützung begünstigt (Laux 2005a)

Frauen sind häufiger von affektiven Störungen betroffen als Männer (vgl. Abb. 4.6). Mit zunehmendem Alter nimmt der Anteil der affektiven Störungen zu. Macht diese Erkrankungsart bei den 15- bis 19-Jährigen knapp 26% der Arbeitsunfähigkeitstage aus, sind es bei den 60- bis 64-Jährigen fast 43%. Entsprechend entfällt auf Auszubildende ein relativ kleiner Anteil (28,2%) der Arbeitsunfähigkeitstage. Bei Angestellten und Arbeitern liegt dieser mit 40,1% bzw. 37,2% deutlich höher. Ähnlich wie bei den neurotischen, Belastungs- und somatoformen Störungen kommen affektive Störungen hauptsächlich in Dienstleistungsbereichen wie Banken und Versicherungen oder der Öffentlichen Verwaltung vor (vgl. Abb. 4.6). Die niedrigsten Anteile an den Arbeitsunfähigkeitstagen verzeichnet neben den Bereichen Baugewerbe sowie Land- und Forstwirtschaft (30,5% bzw. 31,7%) die Branche Erziehung und Unterricht mit 33,8%.

Psychische und Verhaltensstörungen durch psychotrope Substanzen

Psychische und Verhaltensstörungen machen 13,3% der Arbeitsunfähigkeitstage und 14,5% der Fälle aus. Durchschnittlich dauert ein Fall 20,9 Tage. Unter psychotrope Substanzen fallen Alkohol, Tabak und andere »*betäubende Mittel*«. Zum Teil werden auch mehrere dieser Substanzen gleichzeitig konsumiert (Laux 2005b); wobei Alkohol und Tabak diesen Missbrauchkonsum dominieren. Bei Männern stehen diese Diagnosen an dritter und vierter Stelle der psychischen Erkrankungen.

Von Bedeutung für einen Alkohol- und Tabakkonsum sind vor allem soziokulturelle Faktoren wie die ständige Verfügbarkeit, Einflüsse von Vorbildern und Werbung sowie Modeerscheinungen. Auch berufsbedingte Einflüsse spielen eine Rolle. Ein hoher Anteil psychischer Verhaltensstörungen durch psychotrope Substanzen ist im Baugewerbe, in der Land- und Forstwirtschaft oder auch im verarbeitenden Gewerbe zu finden (vgl. Abb. 4.6). Gehen im Baugewerbe 28,3% der psychischen Erkrankungen auf psychische Verhaltensstörungen durch psychotrope Substanzen zurück, so liegt der Anteil bei Branchen aus dem tertiären Sektor unter der 10-Prozent-Marke. Deutliche Unterschiede zeigen sich auch beim Ausbildungsniveau. Der Anteil der Arbeitsunfähigkeitstage liegt bei Personen ohne oder mit Ausbildung mit 13,2 bzw. 13,8% doppelt so hoch wie bei Absolventen der Fachhochschule und Universität (5,3 bzw. 5,2%). Entsprechend liegt der Anteil bei Arbeitern oder Facharbeitern höher als bei Angestellten. Bemerkenswert ist jedoch, dass der Anteil der sich noch in der Ausbildung befindlichen Personen schon 10,9% aller psychischen Erkrankungen ausmacht. Als Gründe für einen erhöhten Alkoholkonsum unter Jugendlichen gelten in der Fachliteratur Geltungsbedürfnis, Konformitätszwang und Imitationsverhalten von Erwachsenen (Laux 2005b). Aktuelle Belastungen und Konflikte sowie Einsamkeit können dazu führen, dass psychotrope Substanzen wie Alkohol als Problemlöser konsumiert werden.

Persönlichkeits- und Verhaltensstörungen

Eine *Persönlichkeitsstörung* liegt vor, wenn der Betroffene starre Reaktionen auf unterschiedliche persönliche und soziale Lebenslagen zeigt, die auf tief verwurzelten, anhaltenden und weitgehend stabilen Verhaltensmustern basieren. Die Betroffenen fühlen, denken und nehmen anders wahr als man es »normalerweise« erwartet. Zumeist sind die zwischenmenschlichen Beziehungen gravierend gestört, sodass es zu deutlichen Leistungseinbußen im privaten, sozialen und beruflichen Bereich kommt (Deister 2005b).

Lediglich 3,2% der krankheitsbedingten Ausfalltage aufgrund psychischer Erkrankungen gehen auf Persönlichkeits- und Verhaltensstörungen zurück (vgl. Abb. 4.6). Man geht davon aus, dass etwa zwei Drittel der Patienten mit Persönlichkeitsstörung eine weitere psychische Störung haben. Dabei ist oft nicht leicht zu entscheiden, welche der vorhandenen Störungen als Hauptdiagnose anzusehen ist. Eine Komorbidität besteht vor allem mit Angststörungen, depressiven Störungen wie auch Essstörungen und Abhängigkeitserkrankungen (Deister 2005b). Im Vergleich zu den anderen Diagnosen liegt die Krankheitsdauer bei Persönlichkeits- und Verhaltensstörungen mit 34,5 Tagen je Fall am höchsten.

Typisch für diese Erkrankung ist der Beginn der Problematik in der Kindheit oder Jugend sowie der Manifestation auf Dauer im Erwachsenenalter (Deister 2005b). Liegt der Anteil bei den 20- bis 24-jährigen erwerbstätigen AOK-Mitgliedern noch bei 6,2% geht er im Laufe der Jahre kontinuierlich zurück. Bei den 60- bis 64-Jährigen liegt er nur noch bei 1,4%.

Die Branche Erziehung und Unterricht verzeichnet den höchsten Anteil mit 4,9%, der Bereich Energie, Wasser und Bergbau mit 2,2% den niedrigsten. Die anderen Branchen schwanken um die 3%. Bei den Berufsgruppen lassen sich keine klaren Tendenzen ausmachen. Neben sonstigen Arbeitskräften (4,9%) sind Ingenieure, Chemiker, Physiker und Mathematiker (4,4%) wie auch Beschäftigte in Sozial- und Erziehungsberufen (3,7%) gleichfalls von Persönlichkeits- und Verhaltensstörungen betroffen.

4.3 Zusammenfassung und Fazit

Unter der Diagnose *Psychische und Verhaltensstörungen* werden sehr unterschiedliche Erkrankungsbilder zusammengefasst, welche jedoch eine Gemeinsamkeit aufweisen: das Zusammenspiel mehrere Faktoren, wobei meist ein akutes oder schon länger anhaltendes, belastendes Lebensereignis im beruflichen oder privaten Bereich der Auslöser ist. Die Erkrankungsdauer ist oftmals sehr langwierig und zeigt sich in vielfältigen Symptomen, was eine eindeutige Diagnostik erschwert. Für den Betroffenen bedeutet dies oftmals einen langen Leidensweg, welcher mit Leistungseinbußen im privaten, sozialen und beruflichen Bereich einhergeht.

Daher sollte die Prävention dieser Erkrankungen auch im Interesse eines jeden Unternehmens sein.

Gute Bewältigungsstrategien sowie ein stabiles soziales Netzwerk können das Krankheitsrisiko verringern. Auch wenn das auslösende Ereignis nicht immer im beruflichen Umfeld zu finden ist, kann die Arbeitswelt dazu beitragen, die gesundheitsfördernden Ressourcen der Arbeitnehmer zu stärken. Denn nicht nur die Arbeit selbst, sondern auch Angst vor Arbeitsplatzverlust oder Arbeitslosigkeit können Auslöser für psychische Erkrankungen sein. Arbeit ist demnach nicht nur als Belastungsfaktor, sondern auch als gesundheitsfördernde Ressource anzusehen.

Die genauere Betrachtung der Einzeldiagnosen zeigt zum Teil deutliche Unterschiede bei Geschlecht, Branche und Tätigkeit. Von psychischen, Belastungs- und somatoformen Störungen wie auch affektiven Störungen sind Frauen häufiger betroffen als Männer. Sie treten vermehrt in Branchen und Berufen aus dem tertiären Sektor auf. Psychische Verhaltensstörungen durch psychotrope Substanzen – vor allem durch Alkohol und Tabak – sind häufiger bei Männern aus dem gewerblichen Bereich zu finden. Geeignete Maßnahmen im Rahmen eines betrieblichen Gesundheitsmanagements sollten daher auch geschlechts- und branchen- bzw. berufsgruppenspezifische Aspekte berücksichtigen. Dadurch können für Mitarbeiter belastende Faktoren abgebaut und schützende Ressourcen gefördert werden. Insbesondere vor dem Hintergrund der zukünftigen demographischen Entwicklung, kommt der Prävention psychischer Erkrankungen am Arbeitsplatz unter Berücksichtigung der o. g. geschlechts-, alters- und tätigkeitsspezifischen Unterschiede eine große Bedeutung zu.

Literatur

Berger M, van Calker D (2004) Affektive Störungen. In: Berger M (Hrsg) Psychische Erkrankungen. Klinik und Therapie. Urban & Fischer, München, S 541–636

Bundesministerium für Arbeit und Soziales (2009) (Hrsg) Sicherheit und Gesundheit bei der Arbeit 2007, Unfallverhütungsbericht Arbeit. Dortmund Berlin Dresden

Deister A (2005a) Somatoforme Störungen. In: Möller HJ, Laux G, Deister A (Hrsg) Psychiatrie und Psychotherapie. Duale Reihe. Thieme, Stuttgart, S 254–267

Deister A (2005b) Persönlichkeitsstörungen. In: Möller HJ, Laux G, Deister A (Hrsg) Psychiatrie und Psychotherapie. Duale Reihe. Thieme, Stuttgart, S 349–369

Deister A (2005c) Reaktionen auf schwere Anpassungsstörungen. In: Möller HJ, Laux G, Deister A (Hrsg) Psychiatrie und Psychotherapie. Duale Reihe. Thieme, Stuttgart, S 229–241

Ducki A (2008) Weiche Faktoren, harte Folgen. In: Gesundheit und Gesellschaft, Spezial 10/2008:4–7

Gensichen J, Huchzermeier C, Aldenhoff J B et al (2005) Signalsituationen für den Beginn einer strukturierten Depressionsdiagnostik in der Allgemeinarztpraxis – Eine praxiskritische Einschätzung internationaler Leitlinien. Zeitschrift für ärztliche Fortbildung und Qualitätssicherung 99:57–63

Härter M, Baumeister H (2007) Ätiologie psychischer Störungen bei chronischen körperlichen Erkrankungen. In: Härter M, Baumeister H, Bengel J (Hrsg) Psychische Störungen bei körperlichen Erkrankungen. Springer, Berlin Heidelberg New York Tokio, S 1–12

Jacobi F (2009) Nehmen psychische Störungen zu? Report Psychologie 34:16–28

Jacobi F, Wittchen H-U, Holting C et al (2004) Prevalence, comorbidity and correlates of mental disorders in the general poulation: results from the German Health Interview and Examination Survey (GHS). Psychological Medicine 34:597–611

Laux G (2005a) Affektive Störungen In: Möller HJ, Laux G, Deister A (Hrsg) Psychiatrie und Psychotherapie. Duale Reihe. Thieme, Stuttgart, S 73–105

Laux G (2005b) Abhängigkeit und Sucht In: Möller HJ, Laux G, Deister A (Hrsg) Psychiatrie und Psychotherapie. Duale Reihe. Thieme, Stuttgart, S 306–347

Lademann J, Kolip P (2008) Geschlechtergerechte Gesundheitsförderung und Prävention. In: Badura et al (Hrsg) Fehlzeiten-Report 2007. Arbeit, Geschlecht und Gesundheit. Springer, Berlin Heidelberg New York Tokio, S 5–19

Richter D, Berger K, Reker T (2008) Nehmen psychische Störungen zu? Eine systematische Literaturübersicht. Psychiatrische Praxis 35:321–330

Schulz H, Barghaan D, Harfst T et al (2008) Psychotherapeutische Versorgung. Gesundheitsberichterstattung des Bundes, Heft 41. Robert Koch-Institut, Berlin

Seidel D, Solbach T, Fehse R et al (2007) Arbeitsunfälle und Berufskrankheiten. Gesundheitsberichterstattung des Bundes, Heft 38. Robert Koch-Institut, Berlin

Statistisches Bundesamt (2008) Statistisches Jahrbuch 2008. Wiesbaden

Vetter C, Redmann A (2005) Arbeit und Gesundheit – Ergebnisse aus Mitarbeiterbefragungen in mehr als 150 Betrieben. WIdO-Materialien Bd 52, Bonn

Wittchen H-U, Jacobi F (2007) Angststörungen. Gesundheitsberichterstattung des Bundes Heft 21. Robert Koch-Institut, Berlin

Wittchen H-U, Müller N, Pfister H et al (1999) Affektive, somatoforme und Angststörungen in Deutschland – Erste Ergebnisse des bundesweiten Zusatzsurveys »Psychische Störungen«. Gesundheitswesen 61, Sonderheft 2, S 216–222

Kapitel 5

Psychische Gesundheit am Arbeitsplatz aus europäischer Sicht

K. Kuhn

Zusammenfassung. *Psychische Krankheitsursachen – leichte Formen von Depressionen bis hin zu komplexen psychischen Störungen – sind in der EU relativ häufig: Zwischen 15 und 20% aller Erwachsenen leiden unter irgendeiner Form psychischer Gesundheitsprobleme. Diese Erkenntnisse haben dazu geführt, psychische Gesundheit auf die europäische Agenda zu setzen. Der folgende Beitrag gibt einen Überblick über verschiedene europäische Strategien in Bezug auf psychische Gesundheit und Wohlbefinden. Zudem werden aus den vielfältigen europäischen Studien zu diesem Thema die wichtigsten Ergebnisse dargestellt.*

5.1 Psychische Gesundheit auf der Europäischen Agenda

Das Themenfeld »Psychische Gesundheit«[1] hat eine lange Vorgeschichte in den europäischen und internationalen Institutionen. Seit 1975 haben Entschließungen des Rates der Europäischen Union, Empfehlungen des Europarates und Resolutionen der WHO wiederholt den wichtigen Stellenwert der Förderung von psychischer Gesundheit und den schädlichen Zusammenhang zwischen psychischen Gesundheitsproblemen, sozialer Ausgrenzung, Arbeits- und Obdachlosigkeit sowie Störungen durch Alkohol- und anderen Substanzgebrauch anerkannt.

Am 2. Juli 2008 hat die Europäische Kommission eine neue Sozialagenda (KOM(2008) 412) verabschiedet, die dafür sorgen soll, dass die Politik der Europäischen Union wirksam auf die aktuellen wirtschaftlichen und sozialen Herausforderungen reagieren kann. Die neue Sozialagenda ist ein unmittelbarer Bestandteil der Lissabon-Strategie und der EU-Strategie für nachhaltige Entwicklung. Die erneuerte Sozialagenda führt verschiedene politische Strategien der EU zusammen, um Fortschritte in den Bereichen Kinder und Jugendliche, Arbeitsplatz, Mobilität, Lebensweise, Bekämpfung der Armut und soziale Ausgrenzung, Antidiskriminierung sowie Chancen, Zugangsmöglichkeiten und Solidarität auf globaler Ebene zu erzielen:

1 Die WHO definiert *psychische Gesundheit* folgendermaßen: »Zustand des Wohlbefindens, in dem der Einzelne seine Fähigkeiten ausschöpfen, die normalen Lebensbelastungen bewältigen, produktiv und fruchtbar arbeiten kann und imstande ist, etwas zu seiner Gemeinschaft beizutragen.«
Psychische Erkrankungen umfassen psychische Gesundheitsprobleme und -belastungen, Verhaltungsstörungen in Verbindung mit Verzweiflung, konkreten psychischen Symptomen und diagnostizierbaren psychischen Störungen wie Schizophrenie und Depression.

Bei der Koordinierung der EU-Politik zur Schaffung von mehr und besseren Arbeitsplätzen spielt die 1997 ins Leben gerufene Europäische Beschäftigungsstrategie (EBS) eine zentrale Rolle. Das Konzept »Qualität der Arbeitsplätze« umfasst die Struktur der Arbeitsplätze und deren entsprechenden Qualifikationsanforderungen sowie das Profil der Arbeitnehmer im Hinblick auf Integration in den Arbeitsmarkt, den Zugang dazu, Fähigkeiten und berufliche Entwicklung sowie subjektive Arbeitszufriedenheit, die Arbeitsbedingungen und den Aspekt der Chancengleichheit.

Die Entschließung des Europäischen Parlaments vom 19. Februar 2009 zur psychischen Gesundheit zeigt ebenfalls die Bedeutung psychischer Gesundheit auf europäischer Ebene. Das Europäische Parlament fördert psychische Gesundheit und Wohlbefinden sowie die Unterstützung und Behandlung von Betroffenen und deren Familienmitgliedern. Zudem setzt es auf eine Verbesserung des Bewusstseins für die Bedeutung psychischer Gesundheit (vor allem bei Personen aus dem Gesundheitswesen). Dies soll erreicht werden durch einen verbesserten Wissenstransfers zwischen den Mitgliedstaaten, der Kommission und Eurostat (Europäisches Amt für Statistik), der Entwicklung gemeinsamer Indikatoren für eine bessere Datenvergleichbarkeit und der Finanzierung von Forschungsprojekten zu diesem Thema. Der Hauptschwerpunkt soll hierbei auf die Prävention von psychischen Erkrankungen durch soziale Intervention gelegt werden.

Das Weißbuch (KOM(2007) 630) der Europäischen Kommission für eine gemeinsame europäische Gesundheitspolitik soll einen kohärenten Rahmen für die gesundheitspolitische Strategie skizzieren, die für Gemeinschaftsmaßnahmen im Gesundheitswesen richtungsweisend sein soll. Eine wesentliche Forderung im aktuellen Weißbuch sieht die stärkere Einbeziehung der Gesundheitsaspekte in alle Politikbereiche auf den Ebenen der Gemeinschaft wie der Mitgliedstaaten und auf regionaler Ebene, einschließlich des Einsatzes von Folgenabschätzungs- und Bewertungsinstrumenten (Kommission, Mitgliedstaaten) vor.

Im Juni 2008 wurde der *Europäische Pakt für psychische Gesundheit und Wohlbefinden verkündet.* Die Arbeitswelt ist dabei ein Themenfeld. Dazu wird es im November 2010 gemeinsam mit dem Bundesministerium für Arbeit und der Europäischen Kommission eine Auftaktveranstaltung in Berlin geben.

5.2 Die europäischen Arbeitsschutzstrategien

Die Kommission für Beschäftigung hat die Themen psychische Gesundheit, Stress und Wohlbefinden mit ihrer ersten Arbeitsschutzstrategie aufgegriffen. In dem Bestreben, der Arbeitsschutzpolitik einen neuen Impuls zu verleihen, hatte die Europäische Kommission 2002 eine neue Gemeinschaftsstrategie für den Zeitraum 2002–2006 festgelegt. Diese gründete sich auf ein umfassendes Konzept des Wohlbefindens am Arbeitsplatz unter Berücksichtigung der Entwicklung der Arbeitswelt und des Auftretens neuer Risiken, insbesondere psychosozialer Natur.

Der Bericht über die Evaluierung der Gemeinschaftsstrategie für Gesundheit und Sicherheit am Arbeitsplatz 2002–2006 (SEK(2007) 214) zieht die Schlussfolgerung, dass durch diese Strategie die öffentliche Meinung für die Bedeutung von Gesundheit und Sicherheit in der Arbeitsumgebung sensibilisiert wurde und es sich um integrierende Bestandteile des Qualitätsmanagements und entscheidende Faktoren der wirtschaftlichen Leistungsfähigkeit und Wettbewerbsfähigkeit handelt. Auch im Rahmen der Lissabon-Strategie haben die Mitgliedstaaten anerkannt, dass Wirtschaftswachstum und Beschäftigung wesentlich gefördert werden können, wenn Arbeitsplatzqualität und Arbeitsproduktivität gewährleistet sind. Mithilfe von Maßnahmen auf nationaler und europäischer Ebene müssten Arbeitsumgebungen geschaffen und betriebsärztliche Dienste eingerichtet werden, die es den Arbeitnehmern ermöglichen, bis in ein vorgerücktes Alter uneingeschränkt produktiv am Berufsleben teilzunehmen. In diesem Zusammenhang wird darauf hingewiesen, welchen Beitrag eine *gute Gesundheit am Arbeitsplatz für die Gesundheit der Bevölkerung* insgesamt leisten kann. Der Arbeitsplatz ist ein außerordentlich geeigneter Ort für Präventionsaktivitäten und Gesundheitsförderung.

Die neue Strategie für den Zeitraum 2007–2012 (KOM(2007) 62) umfasst Maßnahmen auf europäischer und nationaler Ebene. EU-Kommission und EU-Rat planen Sensibilisierungskampagnen und bessere Information und Schulung sowie eine Verbesserung und Vereinfachung des geltenden Rechts. Zudem soll Gesundheit und Sicherheit am Arbeitsplatz in andere Politikbereiche wie Bildung und Forschung integriert werden. Neuen potenziellen Risiken wollen EU-Kommission und EU-Rat durch mehr Forschung, Wissensaustausch und praktische Anwendung der Ergebnisse begegnen. Nationale Strategien sollten sich auf die am meisten betroffenen Wirtschaftszweige und somit auf Hochrisikobranchen konzentrieren. Zudem soll ein

Messverfahren entwickelt werden, welches die Wirksamkeit der Maßnahmen evaluieren soll. In der aktuellen Diskussion favorisieren die skandinavischen Staaten das von ihnen entwickelte *Nordic scoreboard*. Auf dieser »Nordischen Ergebnistafel« wird für einzelne Staaten vermerkt, ob und wie sie die wichtigen Ziele der EU-Strategie umsetzen und wie erfolgreich sie dabei sind.

In Deutschland sind diese Vorgaben mit der Einführung einer *Gemeinsamen Deutschen Arbeitsschutzstrategie* bereits realisiert worden.

5.3 Die Europäische Vereinbarung der Sozialpartner zum Stress

Im Oktober 2004 schlossen die europäischen Sozialpartner (ETUC, BUSINESSEUROPE, UEAPME und CEEP) eine Rahmenvereinbarung über Stress am Arbeitsplatz, um auf diese Weise Arbeitgebern und Arbeitnehmern ein System an die Hand zu geben, mit dem sich Probleme auf diesem Gebiet erkennen, vermeiden und lösen lassen. Die Maßnahmen beziehen sich hauptsächlich auf die Unternehmensführung und die Kommunikation. Dazu gehören bspw. eine klare Definition der Unternehmensziele und der Rolle der Mitarbeiter, eine angemessene Unterstützung von Einzelpersonen und Teams durch die Firmenleitung, die Abstimmung der Verantwortungsbereiche und Arbeitskontrolle, die Verbesserung der Arbeitsorganisation und -verfahren, der Arbeitsbedingungen und des Umfelds. Die Umsetzung der Maßnahmen gestaltete sich in den einzelnen Ländern sehr unterschiedlich:

- Vereinbarungen zwischen den Sozialpartnern (z. B. gemeinsame Richtlinien in Schweden),
- nationale, branchenbezogene oder Firmentarifverträge (z. B. in Belgien oder Frankreich),
- nationale Gesetze (z. B. in der Tschechischen Republik und in Lettland),
- eine Zusammenarbeit der drei Parteien mit den Behörden (z. B. die gemeinsame Förderung von Managementvorschriften zu Stress am Arbeitsplatz im Vereinigten Königreich) und
- ergänzende Maßnahmen (z. B. Hilfsmittel für die Messung von Stress oder Schulungen).

In ihrer Analyse stellen die Sozialpartner fest, dass das Bestehen der Vereinbarung auf europäischer Ebene und die Verpflichtung zu ihrer Umsetzung eindeutig förderlich waren für weitere Maßnahmen und für Fortschritte im Hinblick auf die Schaffung entsprechender Regelungen und Mechanismen im Umgang mit berufsbedingtem Stress. Ob dies auch ohne die Vereinbarung auf europäischer Ebene möglich gewesen wäre, bleibt offen.

5.4 Forschungen zur Verbesserung der psychischen Gesundheit

Durch die politische Bedeutung der psychischen Gesundheit wurden zahlreiche Forschungsaktivitäten initiiert. Mental Health war ein zentrales Handlungsfeld in den verschiedenen Public Health Programmen der Kommission für Gesundheit (European Communities and STAKES 2004). Zudem hat die Kommission für Beschäftigung durch ihr PROGRESS Programm viele Vorhaben zum Themenkomplex Well-being (Anttonen und Räsänen 2008) gefördert. Des Weiteren ist Mental Health Thema im sechsten und siebten Rahmenprogramm der Kommission für Forschung. Inzwischen gibt es viele Forschungsprojekte und Datenquellen, die psychische Belastung und Beanspruchung zum Gegenstand habe. So zum Beispiel der European Social Survey, das Betriebspanel der Stiftung in Dublin, die Risikobeobachtungsstelle in Bilbao oder das Eurobarometer, welches regelmäßig repräsentative Erhebungen durchführt. Die wichtigsten Ergebnisse dieser zahlreichen Forschungstätigkeiten werden nachfolgend vorgestellt.

5.4.1 Erhebung der Europäischen Stiftung zur Verbesserung der Lebens- und Arbeitsbedingungen

Psychische Gesundheit und Wohlbefinden am Arbeitsplatz kann durch verschiedene Faktoren positiv oder negativ beeinflusst werden. Als belastende Faktoren gelten Stress und die ständig zunehmende Arbeitsverdichtung, schlechte Beziehungen zu Kollegen und Vorgesetzten, ein unsicherer Beschäftigungsstatus sowie mangelnde Qualifizierung und Unterforderung bei der Arbeit.

Eine der wichtigsten Datenquellen für den Vergleich europäischer Arbeitsbedingungen ist eine regelmäßige Erhebung der Europäischen Stiftung zur Verbesserung der Lebens- und Arbeitsbedingungen (European Foundation 2007), welche 1999 zum ersten Mal durchgeführt wurde. Die vierte Erhebungswelle erfolgte im Jahr 2005.

In Tabelle 5.1 ist die Liste der Mitgliedstaaten sowie deren offizielle Abkürzungen für statistische Bemessun-

5

Tabelle 5.1. Liste der Mitgliedstaaten

Land	Abkürzung
Belgien	BE
Bulgarien	BG
Dänemark	DK
Deutschland	DE
Estland	EE
Finnland	FI
Frankreich	FR
Griechenland	EL
Irland	IE
Italien	IT
Lettland	LV
Litauen	LT
Luxemburg	LU
Malta	MT
Niederlande	NL
Österreich	AT
Polen	PL
Portugal	PT
Rumänien	RO
Schweden	SE
Slowakei	SK
Slowenien	SI
Estland	ES
Tschechien	CZ
Ungarn	HU
Zypern	CY
Vereinigtes Königreich	UK
Beitrittsverfahren ohne absehbares Beitrittsdatum	
Republik Mazedonien	MK
Kroatien	HR
Türkei	TR

Quelle: ISO-Code 3166
Nach Empfehlung des Amtes für Veröffentlichungen der Europäischen Union wurden die ehemaligen Kürzel von Griechenland (EL) und das Vereinigte Königreich (UK), die den Kraftfahrzeug-Länderkennzeichen entsprachen, nur bis Ende 2002 verwendet.

gen ersichtlich. Alle folgende Abbildungen und Tabellen beziehen sich auf diese Abkürzungen[2].

Gesundheit und Stress

Eine überwiegende Zahl von Arbeitnehmern fühlt sich sehr wohl an ihrem Arbeitsplatz; das Verhältnis von »Wohlfühlen bei« und »Unzufriedenheit mit« der Arbeit liegt bei 10:1. Zudem hat die Zahl jener Arbeitnehmer, deren Gesundheit durch die Arbeit beeinflusst wird abgenommen. Waren es im Jahr 2000 noch 60% der Arbeitnehmer aus den EU-15-Ländern, sind es 2005 nur noch 31% (siehe Tabelle 5.2). Die häufigsten Faktoren, die die Gesundheit beeinflussen, sind noch immer Rückenschmerzen (21%), Stress (20%) und Müdigkeit (18%). In den osteuropäischen Beitrittsländern aus den Jahren 2004 und 2007 wird jedoch Müdigkeit (41% bzw. 44%) noch vor Rückenschmerzen und Stress angeführt.

Doch knapp 28% der europäischen Arbeitnehmer aus den EU-27-Mitgliedstaaten geben an, dass sie unter erheblichen gesundheitlichen Problemen leiden, die durch ihre derzeitige oder eine frühere Beschäftigung verursacht oder verschärft wurden beziehungsweise werden können. Im Durchschnitt sind 35% der Arbeitnehmer aus EU-27 der Meinung, dass ihre Arbeit ein Risiko für ihre Gesundheit darstellt. 22% aller europäischen Arbeitnehmer berichten u. a. über Stresssymptome. 23% aller Arbeitnehmer geben an, während der letzten zwölf Monate krankheitsbedingt abwesend gewesen zu sein. Die Stressprävalenz war in den alten 15 EU-Mitgliedstaaten (EU-15) mit 20% deutlich niedriger als in den neuen Beitrittsstaaten EU-10 (30%) und als in den beiden Beitrittskandidaten (Bulgarien und Rumänien: 31%).

Doch auch zwischen den einzelnen Ländern gab es erhebliche Unterschiede (s. Abb. 5.1): Das höchste wahrgenommene Stressniveau wird aus Griechenland berichtet (55%), gefolgt von Slowenien (38%), Schweden (38%) und Lettland (37%). Die niedrigsten Stressbelastungen zeigen sich in UK (12%), Deutschland, Irland, und den Niederlanden (je 16%) sowie in Tschechien (17%), Frankreich und Bulgarien (18%).

Zudem beklagen 43% aller Arbeitnehmer die Zunahme der Arbeitsverdichtung und den Arbeitsdruck;

2 Als Bezeichnung für statistische Bemessungen sind üblich: EWG-6: bis einschließlich 1972 (Europäische Wirtschaftsgemeinschaft), EU-12 (EG-12): bis einschließlich 1994 (Europäische Gemeinschaft), EU-15: bis einschließlich 2003, EU-25: bis einschließlich 2006, EU-27: ab 2007

Tabelle 5.2. Stress und Beanspruchungsindikatoren – Prävalenz und Entwicklung

Frage	EU-15			EU-10	AC-2	EU-27
	1995	2000	2005	2005	2005	2005
Beeinflusst Ihre Arbeit Ihre Gesundheit bezüglich ...?	57	60	31	56	53	35
Stress	28	28	20	30	31	22
Müdigkeit	20	23	18	41	44	23
Kopfschmerzen	13	15	13	24	28	16
Rückenschmerzen	30	33	21	39	39	25
Irritation/Verunsicherung	11	11	10	12	11	11
Schlafproblemen	7	8	8	12	16	9
Ängsten	7	7	8	7	9	8
Herz-Kreislauferkrankungen	1	1	1,4	5,6	8,1	2,4

EU-15 – 15 Mitgliedstaaten bis einschließlich 2003; EU-10 – EU-Osterweiterung um 10 Mitgliedstaaten in 2004; AC-2 – EU-Beitritt Rumänien und Bulgarien; EU-27 – alle heutigen Mitgliedstaaten (seit 2007)
Quelle: Fourth European working conditions survey (2007), European Foundation for the improvement of living and working conditions, Dublin

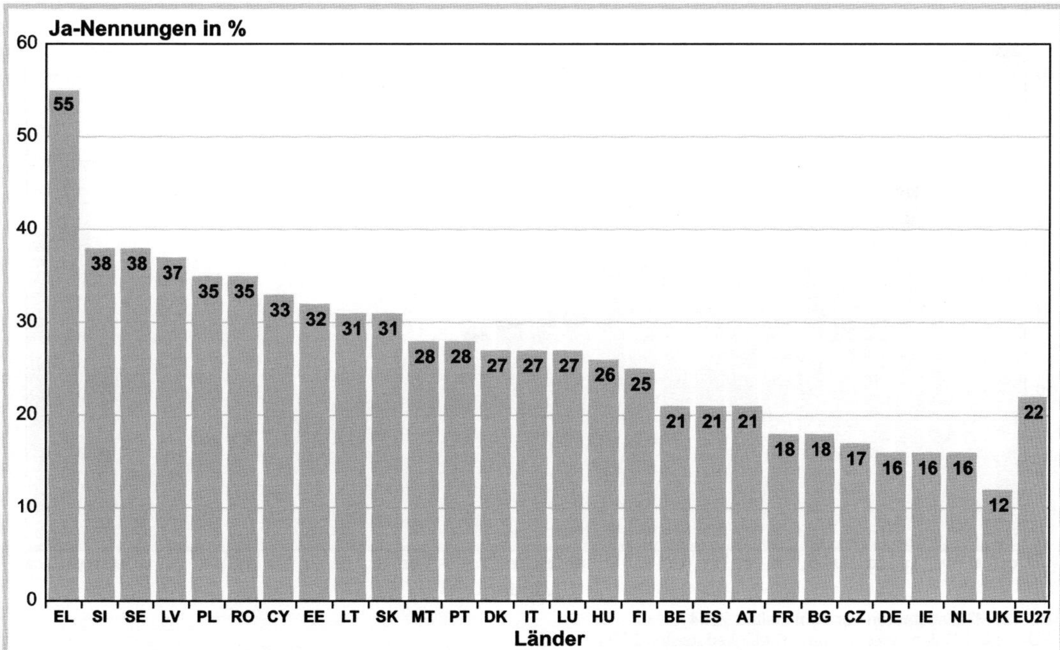

EU-27: alle heutigen Mitgliedstaaten (seit 2007)

Quelle: Fourth European Working Conditions Survey (2007), European Foundation for the Improvement of Living and Working Conditions, Dublin

Fehlzeiten-Report 2009

Abb. 5.1. Stress bei der Arbeit nach Ländern, 2005

überdurchschnittliche (mehr als 50%) Verdichtung der Arbeit wird berichtet aus Österreich, Dänemark, Finnland, Zypern, Slowenien und Schweden; unterdurchschnittliche (weniger als 35%) aus Bulgarien, Litauen, Lettland und Polen. Deutschland liegt im Mittelfeld.

Beschäftigungsverhältnis und Qualifizierung

Unsichere Beschäftigungsverhältnisse sind gerade bei Berufseinsteigern europaweit sehr verbreitet. Rund 23% der abhängig Beschäftigten in allen heutigen Mitgliedstaaten der europäischen Union (EU-27) arbeiten im Rahmen eines wie auch immer gearteten nicht regulären Arbeitsvertrags (überwiegend in befristeten Arbeitsverträgen). Bei den jüngsten Neuzugängen zum Arbeitsmarkt jedoch (d. h. diejenigen, die seit ihrem Ausscheiden aus der Vollzeitausbildung noch nicht länger als vier Jahre in einem bezahlten Beschäftigungsverhältnis stehen) beläuft sich der Anteil der nicht regulären Arbeitsverträge auf nahezu 50%.

Deutliche Länderunterschiede zeigen sich in der Wahrnehmung von Arbeitsplatzunsicherheit. Das Gefühl der Arbeitsplatzunsicherheit ist besonders ausgeprägt in den neuen Mitgliedstaaten verglichen mit EU-15. Auf die Frage »Glauben Sie, Ihren Arbeitsplatz innerhalb der nächsten sechs Monate verlieren zu können?« antworteten 11,3% aus EU-15 mit ja, 25,0% der Arbeitnehmer aus EU-10 und 20,0% aus Rumänien und Bulgarien. Die Unsicherheitsgefühle sind besonders ausgeprägt in Tschechien (32,2%), Slowenien und Polen (27,3% bzw. 26,6%). Am geringsten in UK (6,8%), Dänemark (7,2%) und Luxemburg (5,5%) (s. Abb. 5.2).

In Bezug auf Aus- und Weiterbildung gaben 70% der abhängig Beschäftigten an, in den letzten zwölf Monaten keine von den Arbeitgebern bezahlten oder veranstalteten Fortbildungsmaßnahmen durchlaufen zu haben. Nur die Hälfte der Befragten gibt an, dass die ihnen übertragenen Aufgaben ihrem Qualifikationsniveau entsprechen. Jeder Dritte wiederum erklärt, dass er auch imstande wäre, anspruchsvollere Arbeiten zu erledigen.

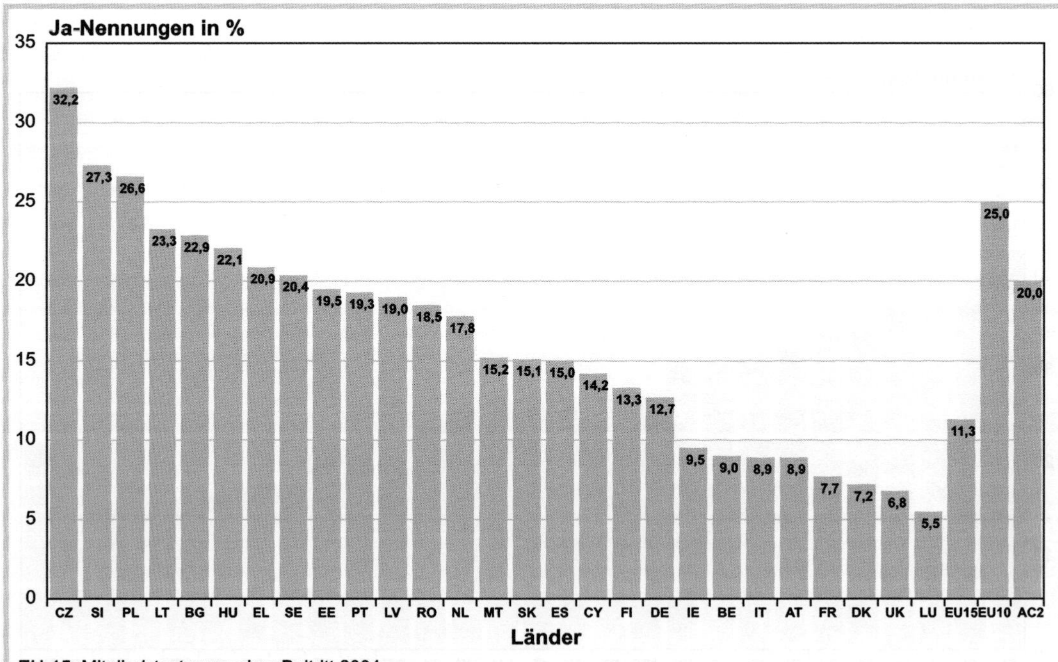

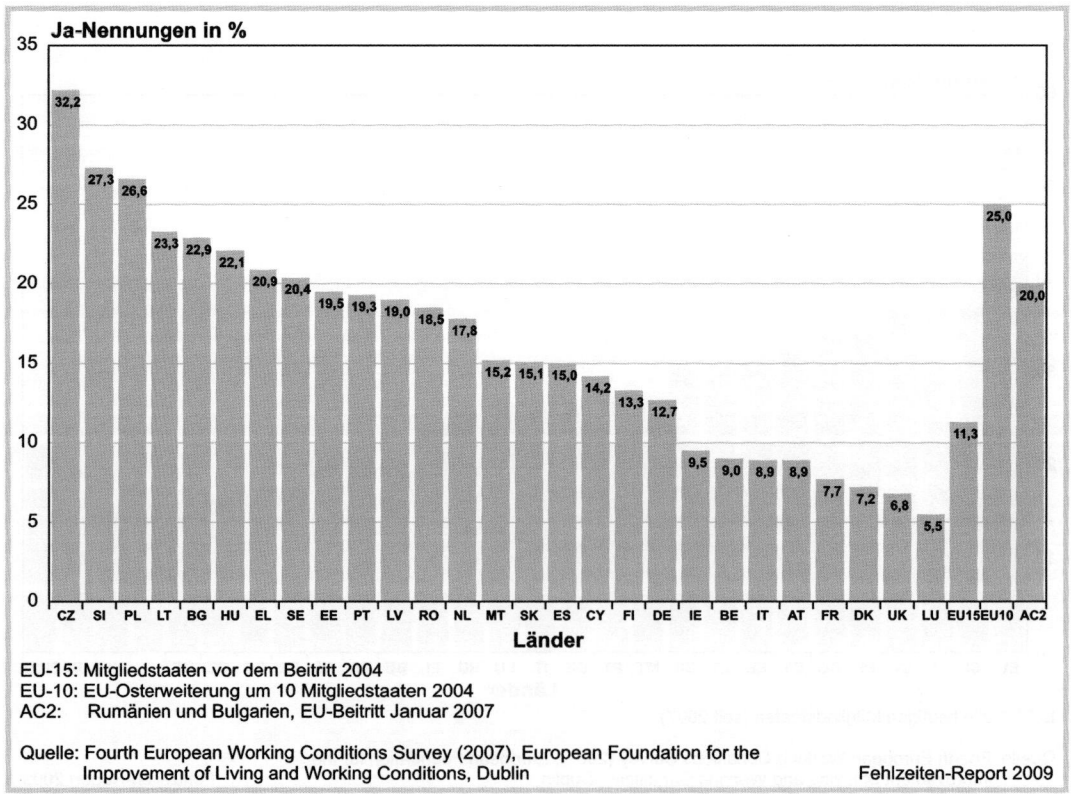

EU-15: Mitgliedstaaten vor dem Beitritt 2004
EU-10: EU-Osterweiterung um 10 Mitgliedstaaten 2004
AC2: Rumänien und Bulgarien, EU-Beitritt Januar 2007

Quelle: Fourth European Working Conditions Survey (2007), European Foundation for the Improvement of Living and Working Conditions, Dublin

Fehlzeiten-Report 2009

Abb. 5.2. Arbeitsplatzunsicherheit in der EU, 2005

Mobbing und Belästigung am Arbeitsplatz

Bei der Frage nach Mobbing und Belästigung am Arbeitsplatz gaben 5,1% der europäischen Arbeitnehmer an, Opfer von Belästigungen oder Schikanen geworden zu sein (s. Abb. 5.3). Es bestehen jedoch erhebliche Unterschiede zwischen den Ländern: So berichten 17,2% in Finnland und 12,0% aus den Niederlanden von Belästigungen und Schikanen, dagegen nur 2,3% der Italiener und 1,8% der Bulgaren. Die Unterschiede reflektieren sicherlich auch Unterschiede im gesellschaftlichen Bewusstsein solcher Faktoren und einen höheren Grad der Sensibilisierung. Zudem berichten 4% der Arbeitnehmer, in den vorangegangenen zwölf Monaten Opfer von körperlicher Gewalt geworden zu sein.

5.4.2 Eurobarometer 2005

Gegenstand des Eurobarometer 2005 (Europäische Kommission 2006) war das psychische Wohlbefinden in Europa. Der eingesetzte Fragebogen (Health Survey SF-12 und SF-36) erfragt den allgemeinen Gesundheitszustand aus der Sicht des Patienten und erfasst acht Dimensionen, die in der Regel in Befragungen zur Gesundheit erhoben werden: körperliche Funktionsfähigkeit, körperliche Rollenfunktion, körperliche Schmerzen, allgemeine Gesundheitswahrnehmung, Vitalität, soziale Funktionsfähigkeit, emotionale Rollenfunktion und psychische Gesundheit. Befragt wurden 29.248 EU-Bürger.

Eine deutliche Mehrheit dieser befragten EU-Bürger fühlten sich in den vier Wochen vor dem Interview positiv und ausgeglichen. 64% gaben an, dass sie sich die ganze Zeit oder meistens richtig lebendig und vital gefühlt haben und 55% der Befragten haben großen Tatendrang verspürt, während sich 65% glücklich und 63% sich ruhig und gelassen gefühlt haben.

Auch hier zeigen sich deutliche Unterschiede zwischen den Ländern. 83% der Dänen und 80% der Deutschen und Schweden gaben an, dass sie sich niemals oder nur selten entmutigt und deprimiert (EU-25: 71%) gefühlt haben. Bei den Türken sind dies nur 49%, bei den Letten 54%. Jeder zehnte Befragte in Litauen (10%)

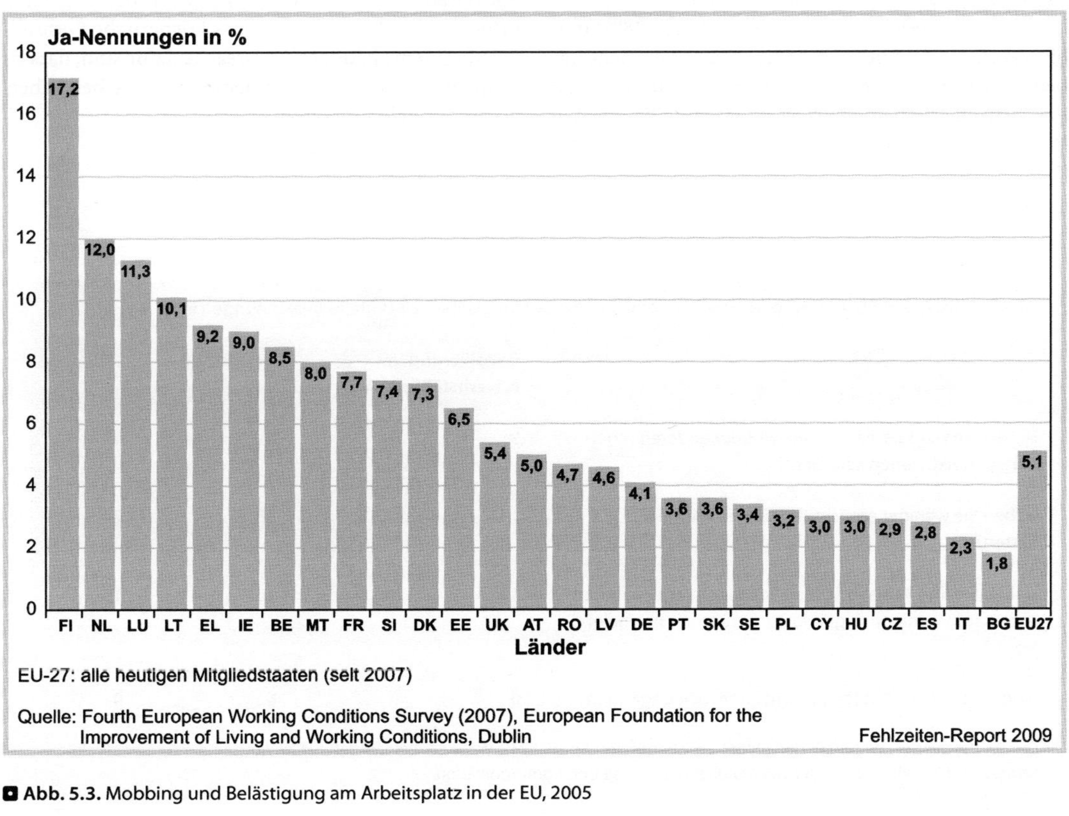

Abb. 5.3. Mobbing und Belästigung am Arbeitsplatz in der EU, 2005

und Griechenland (10%) hat sich hingegen die meiste Zeit deprimiert gefühlt._

Bei der Frage nach dem Gefühl der Angespanntheit gaben 70% der Finnen, 66% der Dänen und 65% der Schweden an, dass sie sich nur selten angespannt gefühlt haben (EU-25: 50%). Deutsche fühlten sich nur zu 48% selten angespannt. Bei Zyprern und Italienern erklären dies lediglich 35%. Jeder fünfte Zyprer (20%) und Grieche (18%) meint dafür, dass er sich meistens angespannt gefühlt hat.

Weniger als die Hälfte der Befragten in jedem Land erklärt bezüglich ihrer Tatkraft/Vitalität (EU-25: 34%), sich nur selten oder niemals müde gefühlt zu haben. Die höchsten Anteile der Befragten, die sich wenig müde und erschöpft gefühlt haben, finden sich in Belgien (43%), Dänemark und Spanien (je 40%). Bei den Deutschen fühlen sich nur 36% wenig müde und erschöpft. Bei den Esten und Kroaten sind es sogar nur rund ein Viertel (je 26%).

Nur ein geringer Anteil der Befragten (erwerbsfähige Bevölkerung ohne Hausfrauen, Rentner und Studenten) gibt an, dass sich emotionale Probleme auf ihre Leistungsfähigkeit ausgewirkt haben; es ist deutlich, dass emotionale Probleme bei Arbeitslosen deren Aktivitäten stärker negativ beeinflussen (s. Tabelle 5.3).

Über ein Viertel der Esten (29%), Polen (28%) und Slowaken (28%) gibt zu, dass sie weniger erreicht haben, als sie gerne erreicht hätten. Bei den Bewohnern der Tschechischen Republik sind dies nur 12%, bei den Briten 13% und den Deutschen 15%. Immerhin 23% der Litauer und Polen geben an, dass sie ihre Arbeit oder ihre sonstigen gewohnten Aktivitäten weniger sorgfältig als normalerweise ausgeführt haben, während bei den Iren und Spaniern nur 9% und bei den Deutschen 10% diese Ansicht äußern (s. Abb. 5.4).

Einer von fünf Letten erklärt, dass er weniger Zeit mit Arbeit verbracht hat, gefolgt von 19% der Polen. Dies äußern lediglich 9% der Briten und Tschechen und 10% der Deutschen. Schließlich gestehen 13% der Befragten in den Niederlanden und 12% in Luxemburg ein, dass sie aufgrund emotionaler Probleme Arbeitstage haben ausfallen lassen. Bei den Befragten in der Tschechischen Republik und Ungarn waren dies nur 3%, bei den Deutschen 5%. Es ist ersichtlich, dass psychische Probleme nur selten zu einer Arbeitsunfähigkeit führen, dass die emotionalen Probleme jedoch die Aktivitäten einschränken und damit die Produktivität verringern können. Dieses Phänomen wird in Fachkreisen als *Präsentismus* bezeichnet (vgl. ausführlicher Badura und Schröder/Schmidt in diesem Band).

Laut Eurobarometer besteht eine starke Verbindung zwischen dem psychischen Gesundheitszustand und dem Ausmaß, in dem körperliche und seelische Schwierigkeiten Probleme im Arbeitsleben oder bei sozialen Aktivitäten verursachen, wenngleich die Befragten offenbar der Ansicht sind, dass körperliche Gesundheitsprobleme häufiger die Ursache dafür sind, dass sie weniger erreichen oder Probleme bei der Arbeit haben, als emotionale Probleme.

Tabelle 5.3. Auswirkungen emotionaler Probleme auf die Leistungsfähigkeit (Anteile Ja-Nennungen in %)

	Bevölkerung im erwerbsfähigen Alter	**berufstätig**	**arbeitslos**
Haben Sie weniger Zeit mit Arbeit oder anderen regelmäßigen Aktivitäten verbracht?	9	8	17
Haben Sie weniger erreicht, als Sie gerne erreicht hätten?	14	13	24
Haben Sie Ihre Arbeit oder Ihre sonstigen regelmäßigen Aktivitäten weniger sorgfältig ausgeführt als normalerweise?	11	10	18
Sind Sie an manchen Tagen nicht zur Arbeit gegangen?	6	6	9

Quelle: Psychisches Wohlbefinden (2006), Eurobarometer Spezial 248, Welle 64.4; durchgeführt im Auftrag der Generaldirektion SANCO und koordiniert von der Generaldirektion Presse und Kommunikation

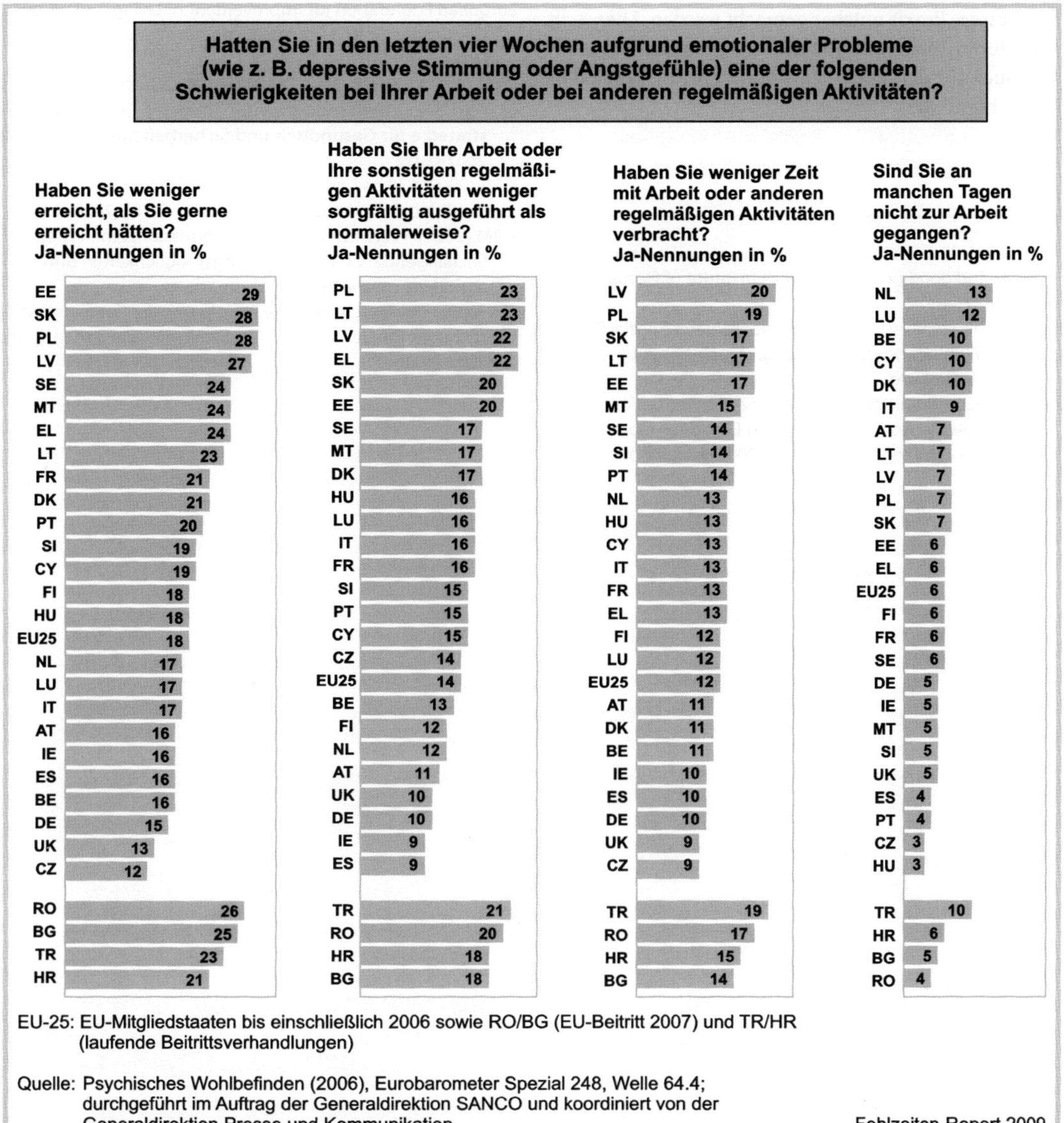

Abb. 5.4. Beeinträchtigungen von Personen mit emotionalen Problemen

5.5 Schlussfolgerungen

Der Themenkomplex »Psychische Gesundheit« ist durch die politischen Institutionen der Europäischen Gemeinschaft auf die politische Agenda gesetzt worden. Der politische Ansatz, die Gesundheit in alle politische Fragen einzubauen (Health in all policies), ist eine Chance für alle Mitgliedstaaten, Gesundheit – und hier besonders die psychische Gesundheit – in einem wesentlich erweiterten Zusammenhang zu betrachten und zu einem wichtigen Handlungsfeld zu machen. Die Schaffung einer Kultur der Prävention wird als ein wichtiges Ziel angesehen, um die Qualität der Arbeit in Europa weiter zu verbessern und damit einen Beitrag für menschenwürdige Arbeitsbedingungen zu leisten. Bedauerlich ist jedoch, dass die zahlreichen Forschungsergebnisse auf europäischer Ebene wenig auf nationaler Ebene rezipiert und damit auch nur eingeschränkt für eine bessere Praxis nutzbar gemacht werden. Dies stellt eine Herausforderung für die Arbeitswissenschaften aber auch für den gesamten Public-Health-Bereich in Deutschland dar.

Literatur

Anttonen H, Räsänen T (2008) Well-being at work – new innovations and good practices, Finnish Institute of Occupational Health, Helsinki

Europäische Kommission (2006) Eurobarometer Spezial Psychisches Wohlbefinden. Befragung: Dezember 2005–Januar 2006, Luxemburg

European Communities and STAKES (2004) Action for mental health. Activities co-funded from European Community Public Health Programmes 1997–2004, Luxembourg

European Foundation for Improvement of Living and Working Conditions (2007) Fourth European Working Conditions Survey, Dublin

KOM (2007) 62 endgültig. Die Arbeitsplatzqualität verbessern und die Arbeitsproduktivität steigern: Gemeinschaftsstrategie für Gesundheit und Sicherheit am Arbeitsplatz 2007–2012

KOM (2007) 630 endgültig. WEISSBUCH: Gemeinsam für die Gesundheit: Ein strategischer Ansatz der EU für 2008–2013

KOM (2008) 412. Mitteilung der Kommission: Eine erneuerte Sozialagenda: Chancen, Zugangsmöglichkeiten und Solidarität im Europa des 21. Jahrhunderts

SEK (2007) 214. Bericht über die Evaluierung der Gemeinschaftsstrategie für Gesundheit und Sicherheit am Arbeitsplatz 2002–2006

Kapitel 6

Kosten psychischer Erkrankungen im Vergleich zu anderen Erkrankungen

K. Böhm · M. Cordes

Zusammenfassung. *Psychische Erkrankungen in Deutschland nehmen weiter zu. Das Kostengeschehen im Gesundheitswesen bleibt davon nicht unbeeinflusst. Dies zeigen Analysen auf Basis der Krankheitskostenrechnung des Statistischen Bundesamtes. Höher als die Krankheitskosten aufgrund von psychischen und Verhaltensstörungen liegen in Deutschland nur noch die Krankheitskosten für Krankheiten des Kreislaufsystems und des Verdauungssystems (einschließlich Zahnbehandlungen und Zahnersatz). Da psychische und Verhaltensstörungen häufig mit vielen Ausfalltagen verbunden sind, kommt diesen Erkrankungen bei den verlorenen Erwerbstätigkeitsjahren eine noch größere Bedeutung zu als bei den Krankheitskosten. Wie die Entwicklung der Krankheitskosten psychischer und Verhaltensstörungen bis zum Jahr 2030 aussehen könnte, wurde anhand von zwei Szenarien untersucht.*

6.1 Grundlegendes zur Krankheitskostenrechnung

Die Angaben zu den Kosten psychischer und Verhaltensstörungen entstammen der Krankheitskostenrechnung des Statistischen Bundesamtes, die im zweijährigen Turnus durchgeführt wird. Das erste Berichtsjahr mit Angaben zu den Krankheitskosten ist das Jahr 2002. Die aktuellsten Kostenangaben, die im August 2008 veröffentlicht wurden, beziehen sich auf das Jahr 2006. Der »timelag« zwischen Berichts- und Kalenderjahr hängt mit dem sekundärstatistischen Rechenwerk zusammen. Das Statistische Bundesamt führt für die Ermittlung der Krankheitskosten keine eigene Erhebung durch, sondern greift ausschließlich auf bereits vorhandene Daten innerhalb und außerhalb der amtlichen Statistik zurück und führt diese in geeigneter Weise zusammen. Dadurch gibt die »langsamste« Datenquelle das Tempo für die Gesamtveröffentlichung vor.

Ausgangspunkt der Krankheitskostenrechnung ist ein ausgabenorientierter Kostenbegriff, demzufolge nur der Verbrauch solcher Waren und Dienstleistungen mit Kosten verbunden ist, denen Gesundheitsausgaben gegenüberstehen. Dadurch können die mit der Inanspruchnahme von Gesundheitsleistungen verbundenen »Kosten« unmittelbar der Gesundheitsausgabenrechnung des Statistischen Bundesamtes beziehungsweise den dieser Rechnung zugrunde liegenden Datenquellen entnommen werden. In der Krankheitskostenrechnung werden ausschließlich die laufenden Gesundheitsausgaben einzelnen Krankheiten zugerechnet. Dies bedeutet, dass Investitionen, die Bestandteil der Gesundheitsausgaben sind, wegen ihres Vorleistungscharakters und der damit verbundenen krankheits- und periodenbezogenen Zuordnungsprobleme – den internationalen Standards entsprechend – unberücksichtigt bleiben. In den Kostenentwicklungen sind sowohl Mengen- als auch Preis- und Qualitätseffekte enthalten. Für methodisch weiter interessierte Leserinnen und Leser wird auf den Methodenanhang zur Pressebroschüre »Gesundheit – Ausgaben, Krankheitskosten und Personal 2004« verwiesen (Statistisches Bundesamt 2004).

Insgesamt liefert die Krankheitskostenrechnung differenzierte Angaben darüber, wie stark die deutsche Volkswirtschaft durch Krankheiten und deren Folgen belastet wird oder anders gesagt, welche Krankheit bei wem und in welcher Einrichtung welche Kosten verursacht. Die Differenzierung der Kosten nach Krankheiten, Alter, Geschlecht und Einrichtungen ermöglicht es, Kostenentwicklungen nicht nur hinsichtlich ihrer ökonomischen Bedeutung, sondern auch vor ihrem epidemiologischen Hintergrund in Bezug auf die Häufigkeit und Dynamik von Krankheiten sowie ihrem demographischen und sektoralen Hintergrund analysieren zu können.

6.2 Zur Kostenintensität psychischer und Verhaltensstörungen

Für die Behandlung von psychischen und Verhaltensstörungen (ICD-10 F00–F99) wurden im Jahr 2006 in Deutschland rund 26,7 Milliarden Euro aufgewendet. Jeder neunte der insgesamt rund 236 Milliarden Euro Krankheitskosten war damit auf diese Krankheitsklasse zurückzuführen (s. Abb. 6.1). Höher lagen nur noch die Kosten im Zusammenhang mit Krankheiten des Kreislaufsystems und des Verdauungssystems (einschließlich Zahnbehandlungen und Zahnersatz), auf die mit rund 35,2 Milliarden Euro bzw. 32,7 Milliarden Euro knapp 15% bzw. 14% der gesamten Krankheitskosten entfielen. Im Kostenranking des Jahres 2002 nahmen noch die Krankheiten des Muskel-Skelett-Systems den dritten Platz vor den psychischen und Verhaltensstörungen ein.

Für die Behandlung von psychischen und Verhaltensstörungen mussten im Jahr 2006 insgesamt 3,3 Milliarden Euro mehr aufgewendet werden als im Jahr 2002. Mehrkosten vergleichbarer Größenordnung waren im selben Zeitraum nur für die Neubildungen zu verzeichnen. Rund ein Fünftel der Krankheits*mehr*kosten des Jahres 2006 im Vergleich zum Jahr 2002 war auf psychische und Verhaltensstörungen zurückzuführen. Auch dies unterstreicht, wie bedeutsam die psychischen und Verhaltensstörungen für das Kostengeschehen im Gesundheitswesen geworden sind.

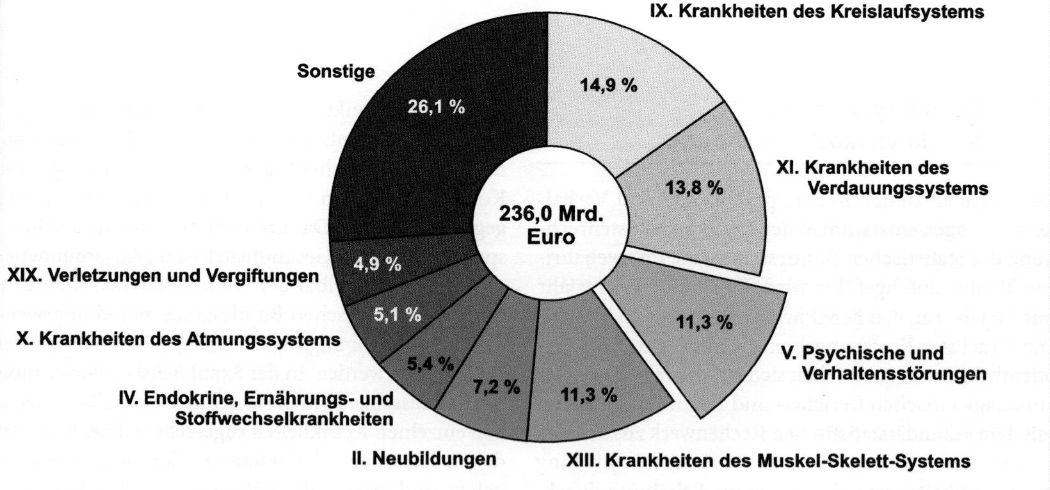

Die römischen Ziffern stellen die Nummerierung der Krankheitsklassen der ICD-10 dar.

Quelle: Statistisches Bundesamt 2009 Fehlzeiten-Report 2009

Abb. 6.1. Krankheitskosten 2006 nach ausgewählten Krankheitsklassen

6.3 Krankheitskosten für psychische und Verhaltensstörungen nach Geschlecht

Von den Gesamtkosten für psychische und Verhaltensstörungen entfielen im Jahr 2006 rund 63% auf Frauen und 37% auf Männer. Der Bevölkerungsanteil der Frauen (51%) überstieg den der Männer (49%) dagegen nur geringfügig. Zur Erklärung der Geschlechterdifferenz hilft ein Blick auf die Entwicklung der Krankheitskosten nach Alter (s. Abb. 6.2).

An der Verteilung der Krankheitskosten zwischen Frauen und Männern hat sich zwischen 2002 und 2006 kaum etwas geändert. Die Krankheitskosten für psychische und Verhaltensstörungen sind zwischen 2002 und 2006 für die Frauen (+13%) ähnlich stark wie für die Männer (+16%) gestiegen. Jedoch trugen die verschiedenen Altersgruppen unterschiedlich zum Kostengeschehen bei und bei den Frauen entfiel mehr als die Hälfte (57%) der Krankheitskosten für psychische und Verhaltensstörungen auf die 65-jährigen und älteren Frauen. Bei den gleichaltrigen Männern ist es weniger als ein Drittel (31%). Die Krankheitskosten für psychische und Verhaltensstörungen der unter 65-jährigen Frauen und Männer unterschieden sich in ihrer Höhe demgegenüber weitaus weniger. Damit sind die deutlichen Unterschiede in den Krankheitskosten für psychische und Verhaltensstörungen zwischen Frauen und Männern vor allem auf die im Vergleich deutlich höheren Krankheitskosten der 65-jährigen und älteren Frauen zurückzuführen. Woran liegt das?

Einen Erklärungsbeitrag liefern die unterschiedlich großen weiblichen und männlichen Populationen in dieser Altersgruppe. Im Jahr 2006 gab es rund 2,7 Millionen mehr 65-jährige und ältere Frauen als gleichaltrige Männer in Deutschland. In der Literatur wird dies auch als »Feminisierung des Alters« bezeichnet (Tews 1990). Hinzu kommt die bei Frauen im Vergleich zu Männern höhere Prävalenz nichtletaler Krankheiten und Störungen. Dazu gehören auch psychische Störungen wie Depressionen (Murtagh und Hubert 2004). Deshalb erkranken Frauen durch ihre höhere Lebenserwartung häufiger an psychischen und Verhaltensstörungen als Männer. Darauf weisen auch die Diagnosedaten der Krankenhauspatientinnen und -patienten hin: Im Jahr 2006 wurden 1,7-mal mehr 65-jährige und ältere Frauen wie gleichaltrige Männer mit der Hauptdiagnose »psychische und Verhaltensstörungen« aus stationärer Behandlung entlassen. Die Frauen in dieser Altersgruppe verweilten durchschnittlich auch 4,3 Tage länger im Krankenhaus als die gleichaltrigen Männer (22,8 gegenüber 18,5 Tagen), was auf eine unterschiedliche Schwere der Erkrankung zwischen Frauen und Männern hinweisen kann (Statistisches Bundesamt 2008).

M. Nöthen hat vor dem Hintergrund der insgesamt höheren Krankheitskosten der Frauen analysiert, wie die stärkere Inanspruchnahme des Gesundheitswesens der Frauen mit ihrem höheren Anteil an der älteren Bevölkerung zusammenhängt (Nöthen 2009). Die Berechnungen zu diesem hypothetischen Fall zeigen, dass die Differenz in den Krankheitskosten zwischen

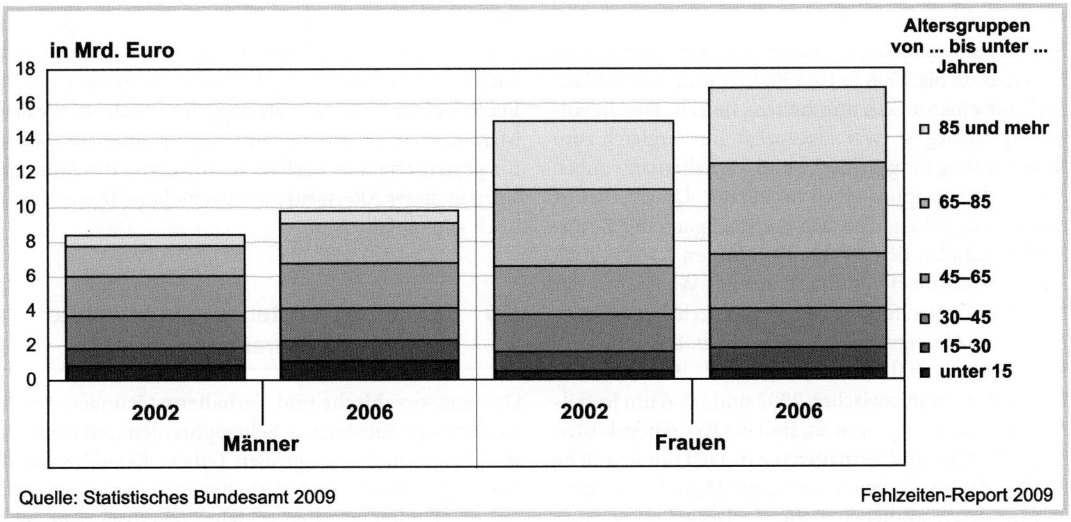

Abb. 6.2. Krankheitskosten für psychische und Verhaltensstörungen nach Geschlecht und Alter

Frauen und Männern, wenn auch nicht vollständig, so doch in beträchtlichem Umfang als Altersstruktureffekt gedeutet werden kann. Dieses Ergebnis ist grundsätzlich auf die Krankheitskosten für psychische und Verhaltensstörungen übertragbar.

6.4 Zeitliche Entwicklung der Krankheitskosten für psychische und Verhaltensstörungen

Bei der Analyse der zeitlichen Entwicklung der Krankheitskosten nach Alter fällt der überdurchschnittliche Anstieg der Krankheitskosten für psychische und Verhaltensstörungen bei den unter 15-Jährigen und den 65- bis 84-Jährigen auf (s. Abb. 6.2). Dies gilt für Frauen und Männer gleichermaßen. Die deutlichsten Kostenzuwächse gab es in der Altersgruppe der 65- bis 84-Jährigen: Bei den Frauen dieser Altersgruppe stiegen die Krankheitskosten für psychische und Verhaltensstörungen innerhalb von nur vier Jahren um 0,8 Milliarden Euro an (+19%), bei den Männern um 0,6 Milliarden (+33%). Damit entfielen 43% des gesamten Kostenanstiegs für psychische und Verhaltensstörungen auf diese eine Altersgruppe. Rückläufig waren die Krankheitskosten für psychische und Verhaltensstörungen nur bei den 30- bis 44-jährigen Männern mit -1,2%. Insgesamt entfielen im Zeitraum 2002 bis 2006 58% des Kostenanstiegs für psychische und Verhaltensstörungen auf Frauen und 42% auf Männer.

In den Veränderungen der Krankheitskosten spiegeln sich die Veränderungen in der Altersstruktur der Bevölkerung in Deutschland nur zum Teil wider. Selbst zum Kostenzuwachs der 65- bis 84-Jährigen kann der Bevölkerungsanstieg in dieser Altersgruppe in den Jahren 2002 bis 2006 (+10% Frauen und +19% Männer) nur einen Erklärungsbeitrag liefern. Der Bevölkerungsanstieg ist zwar ausgeprägt, im Vergleich zum Kostenanstieg für psychische und Verhaltensstörungen dieser Altersgruppe jedoch moderater. Umgekehrt ist davon auszugehen, dass sich der Rückgang der Bevölkerungszahl bei den 30- bis 44-Jährigen (-7% Frauen und -8% Männer) dämpfend auf das Wachstum der Krankheitskosten für psychische und Verhaltensstörungen dieser Altersgruppe ausgewirkt hat. Bei den unter 15-Jährigen verhält es sich umgekehrt: Während ihre Bevölkerungszahl zwischen 2002 und 2006 um jeweils rund 8% zurückgegangen ist, sind die Krankheitskosten für psychische und Verhaltensstörungen um deutliche 17% bei den weiblichen Kindern und Jugendlichen bzw. 28% bei den männlichen gestiegen. Diese Entwicklung spiegelt sich in der Anzahl der stationären Krankenhausfälle gleichaltriger Kinder und Jugendlicher nicht wider: Sie ist von 2002 bis 2006 um 2% zurückgegangen, während die entsprechende durchschnittliche Verweildauer geringfügig um rund einen Tag angestiegen ist.

6.5 Krankheitskosten für psychische und Verhaltensstörungen pro Kopf der Bevölkerung

Da in Deutschland Angaben zur Prävalenz von psychischen und Verhaltensstörungen fehlen, muss offen bleiben, ob Veränderungen bei den Krankheitskosten für psychische und Verhaltensstörungen auf Veränderungen der Anzahl der Erkrankten und/oder der Art und Schwere ihrer Erkrankung und/oder deren medizinischer Versorgung zurückzuführen sind. Die Krankheitskosten werden deshalb auf die Bevölkerungszahl in Deutschland bezogen.

Im Ergebnis haben die unterschiedlich gerichteten oder unterschiedlich stark ausgeprägten Entwicklungen dazu geführt, dass die Krankheitskosten für psychische und Verhaltensstörungen pro Einwohner zwischen 2002 und 2006 in allen betrachteten Altersgruppen gestiegen sind, am deutlichsten bei den 85-jährigen und älteren Frauen (s. Abb. 6.3): Bei ihnen lagen die Pro-Kopf-Kosten im Jahr 2006 mit 3.700 Euro um 210 Euro über dem entsprechenden Betrag im Jahr 2002. Die ohnehin beachtliche Differenz der Pro-Kopf-Kosten zwischen dieser und den jüngeren Altersgruppen hat sich dadurch noch vergrößert.

Unterschiede in den Pro-Kopf-Kosten für psychische und Verhaltensstörungen zwischen Frauen und Männern treten deutlicher erst bei den 65-Jährigen und Älteren hervor. In der Altersgruppe der 85-Jährigen und Älteren lagen die Pro-Kopf-Kosten der Frauen (3.700 Euro) im Jahr 2006 mehr als doppelt so hoch wie die der Männer (1.790 Euro). Die Pro-Kopf-Krankheitskosten für psychische und Verhaltensstörungen der Männer lagen in dieser Altersgruppe dabei im Jahr 2006 genauso hoch wie im Jahr 2002.

6.6 Krankheitskosten für ausgewählte psychische Erkrankungen

Demenz, psychische und Verhaltensstörungen durch psychotrope Substanzen, Schizophrenien und Depressionen vereinen einen großen Teil der Krankheitskosten für psychische und Verhaltensstörungen auf sich. Bei den Frauen entfielen im Jahr 2006 insgesamt 70% der Kosten für psychische und Verhaltensstörungen

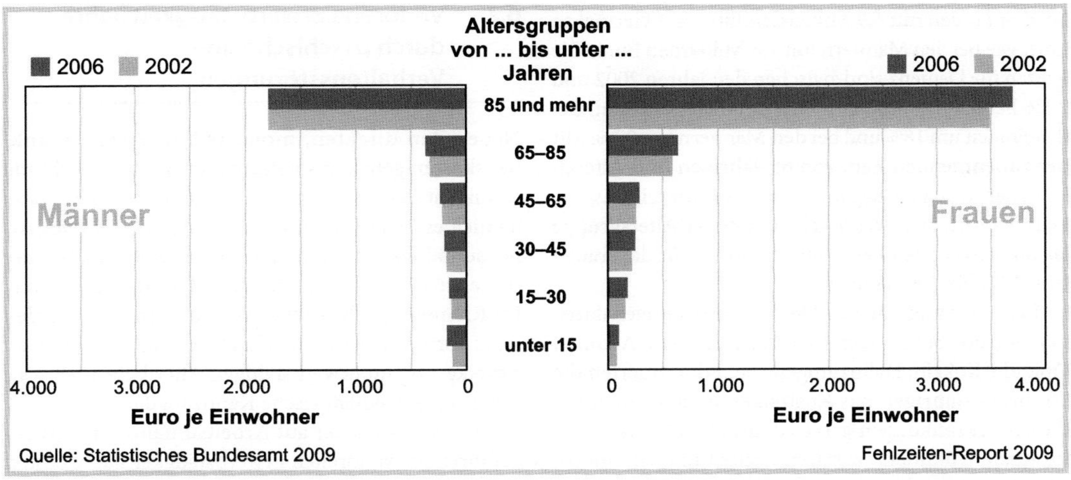

Abb. 6.3. Entwicklung der Krankheitskosten für psychische und Verhaltensstörungen nach Geschlecht und Alter

auf diese vier Krankheiten. Bei den Männern waren es 62%. Die Kostenkonzentration ist dabei bei den Frauen wesentlich ausgeprägter als bei den Männern: 41% der Krankheitskosten für psychische und Verhaltensstörungen entfielen bei den Frauen im Jahr 2006 auf Demenz, 19% auf Depressionen. Die Krankheiten mit den höchsten Kostenanteilen bei den Männern waren psychische und Verhaltensstörungen durch psychotrope Substanzen mit 20% sowie Demenz mit 18%.

Die unterschiedlichen Altersgruppen tragen zu den Krankheitskosten der einzelnen psychischen und Verhaltensstörungen unterschiedlich bei: Demenz gehört zu den bedeutsamsten psychischen Erkrankungen im hohen Erwachsenenalter. Auf die 65-jährige und ältere Bevölkerung entfielen im Jahr 2006 nahezu alle Krankheitskosten aufgrund von Demenz (s. Abb. 6.4). Dies gilt für Frauen und Männer gleichermaßen. Allerdings lagen im Jahr 2006 die Krankheitskosten für Demenz

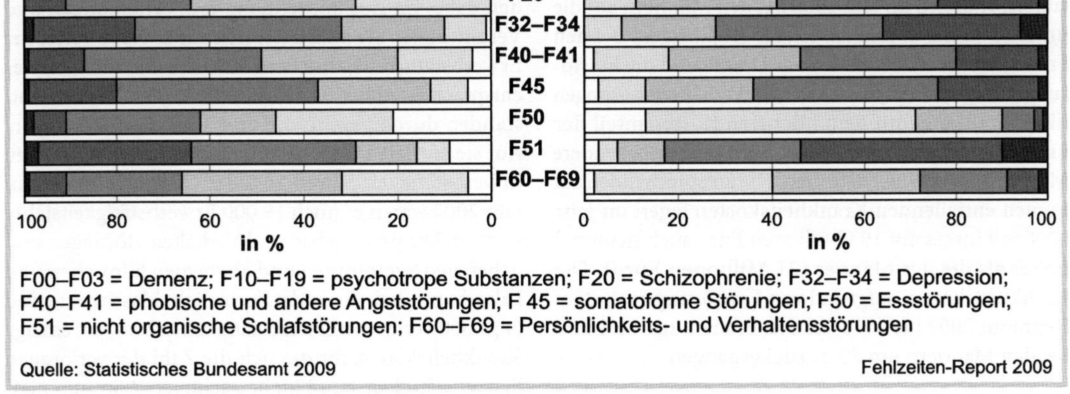

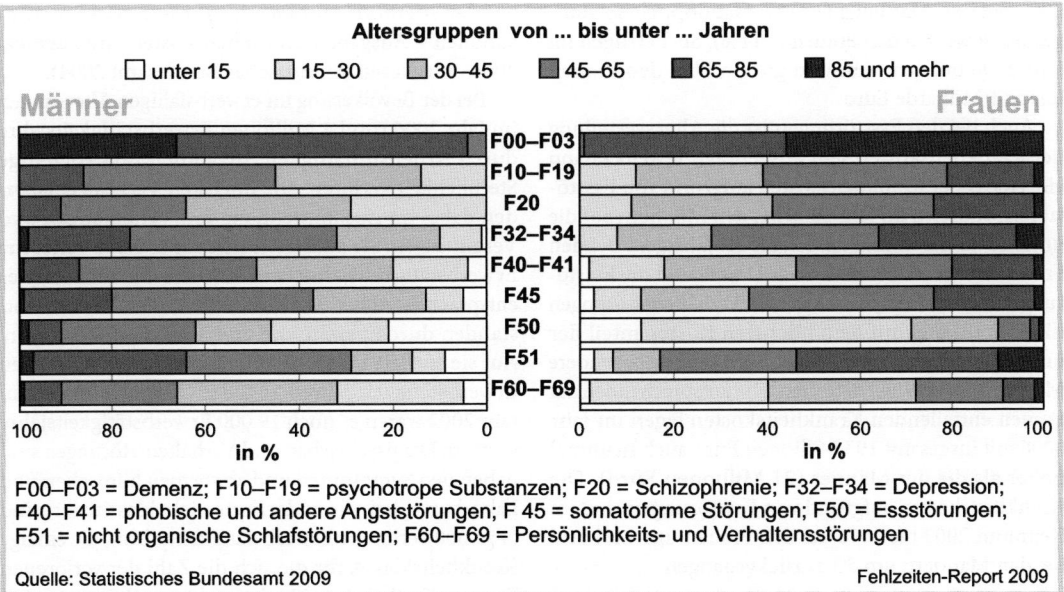

Abb. 6.4. Krankheitskosten 2006 für ausgewählte psychische und Verhaltensstörungen nach Geschlecht und Alter

bei den Frauen mit 6,9 Milliarden Euro fast viermal so hoch wie bei den Männern mit 1,8 Milliarden Euro. Die Kosten für Demenz sind zwischen den Jahren 2002 und 2006 bei beiden Geschlechtern deutlich gestiegen: Bei den Frauen um 18% und bei den Männern um 27%. Mit der zunehmenden Zahl von 65-Jährigen und Älteren kann der Kostenanstieg für Demenzen nur teilweise erklärt werden, denn das Wachstum dieser Altersgruppe lag im betrachteten Zeitraum bei nur 9% für die Frauen bzw. 19% für die Männer.

Bei den psychischen und Verhaltensstörungen durch psychotrope Substanzen (wie beispielsweise Alkohol, Opioide, Kokain, Halluzinogene etc.) dominierten die 30- bis 64-Jährigen das Kostengeschehen. Auch bei diesen Erkrankungen gab es deutliche Unterschiede im Kostenvolumen zwischen Frauen und Männern. Allerdings lagen hier im Jahr 2006 die entsprechenden Kosten bei den Männern (1,9 Milliarden Euro) mehr als doppelt so hoch wie bei den Frauen (0,8 Milliarden Euro). Der Kostenanstieg im Zeitraum 2002 bis 2006 war dagegen bei den Frauen (+8%) deutlicher ausgeprägt als bei den Männern (+4%).

Bei der Schizophrenie fällt der mit 29% vergleichsweise hohe Kostenanteil auf, der auf die 15- bis 29-jährigen Männer entfällt. Er liegt mehr als doppelt so hoch wie bei den gleichaltrigen Frauen (11%). Das Kostengeschehen bei der Schizophrenie ist dadurch bei den Männern auch viel stärker von den jüngeren Jahrgängen geprägt als bei den Frauen. Auch sind die schizophreniebedingten Kosten im Zeitraum 2002 bis 2006 bei den Männern (+21%) fast doppelt so stark gestiegen wie bei den Frauen (+11%). Sie betrugen im Jahr 2006 bei den Männern gut und bei den Frauen knapp 1 Milliarde Euro.

Auch bei den Essstörungen ist die Altersverteilung der Krankheitskosten sehr ausgeprägt: Jeweils knapp ein Viertel der Krankheitskosten aufgrund von Essstörungen entfielen im Jahr 2006 bei den Männern auf die unter 15-Jährigen und die 15- bis 29-Jährigen. Bei den Frauen waren es 13% bzw. 58%. Damit sind die Essstörungen unter den psychischen und Verhaltensstörungen die Erkrankung mit dem höchsten Kostenanteil der unter 15-Jährigen. Von Essstörungen sind insbesondere Mädchen und Frauen betroffen. Die entsprechenden auf Frauen entfallenden Krankheitskosten lagen im Jahr 2006 mit insgesamt 193 Millionen Euro auch neunmal höher als die der Männer (21 Millionen Euro). Die Krankheitskosten aufgrund von Essstörungen sind im Zeitraum 2002 bis 2006 bei den Frauen um 14% und bei den Männern um 8% zurückgegangen.

6.7 Verlorene Erwerbstätigkeitsjahre durch psychische und Verhaltensstörungen

Neben den direkten, monetär bewerteten Krankheitskosten gehen aus volkswirtschaftlicher Sicht mit Krankheit zusätzliche Ressourcenverluste einher. Dabei handelt es sich in erster Linie um Ausfälle, die aus Arbeitsunfähigkeit, Invalidität und vorzeitigem Tod der (potenziell) erwerbstätigen Bevölkerung resultieren. Im Rahmen der Krankheitskostenrechnung werden sie in Form von verlorenen Erwerbstätigkeitsjahren der Bevölkerung im erwerbsfähigen Alter berechnet – sie stellen eine kalkulatorische Kennzahl dar.

Der Nachweis der auf Arbeitsunfähigkeit zurückzuführenden verlorenen Erwerbstätigkeitsjahre basiert in der Regel auf der Arbeitsunfähigkeitsbescheinigung der/des behandelnden Ärztin/Arztes. Arbeitsunfähigkeit aufgrund von Kurbehandlungen und Arbeitsunfähigkeit von Selbstständigen und mithelfenden Familienangehörigen werden hinzugeschätzt. Unberücksichtigt bleiben Kurzzeiterkrankungen von bis zu drei Tagen ohne Arbeitsunfähigkeitsbescheinigung. Für die durch Invalidität verursachten verlorenen Erwerbstätigkeitsjahre bilden die jeweils im Jahr anfallenden Rentenzugänge die Grundlage. Die Berechnung der durch vorzeitigen Tod (Mortalität) entstandenen verlorenen Erwerbstätigkeitsjahre basiert auf den Angaben der Todesursachenstatistik. Für methodisch weiter interessierte Leserinnen und Leser wird auch an dieser Stelle auf den Methodenanhang zur Pressebroschüre »Gesundheit – Ausgaben, Krankheitskosten und Personal 2004« verwiesen (Statistisches Bundesamt 2004).

Bei der Bevölkerung im erwerbsfähigen Alter gingen im Jahr 2006 rund 4 Millionen Erwerbstätigkeitsjahre durch Arbeitsunfähigkeit, Invalidität und vorzeitige Sterblichkeit verloren. Die höchsten Verluste entstanden dabei im Zusammenhang mit Verletzungen und Vergiftungen. Sie addierten sich auf 870.000 verlorene Erwerbstätigkeitsjahre, was 22% des Gesamtverlustes entsprach (s. Abb. 6.5). Die zweithöchsten Verluste entstanden durch psychische und Verhaltensstörungen. Auf sie entfielen im Jahr 2006 mit 638.000 verlorenen Erwerbstätigkeitsjahren 16% des Gesamtverlustes. Im Jahr 2002 waren es noch 19.000 Erwerbstätigkeitsjahre weniger. Die psychischen und Verhaltensstörungen sind neben den Symptomen und abnormen klinischen und Laborbefunden, die andernorts nicht klassifiziert sind (+54.000 verlorene Erwerbstätigkeitsjahre), die einzige Krankheitsklasse, für die sich die Zahl der verlorenen Erwerbstätigkeitsjahre im betrachteten Zeitraum nennenswert erhöht hat. Insgesamt ist die Zahl der verlore-

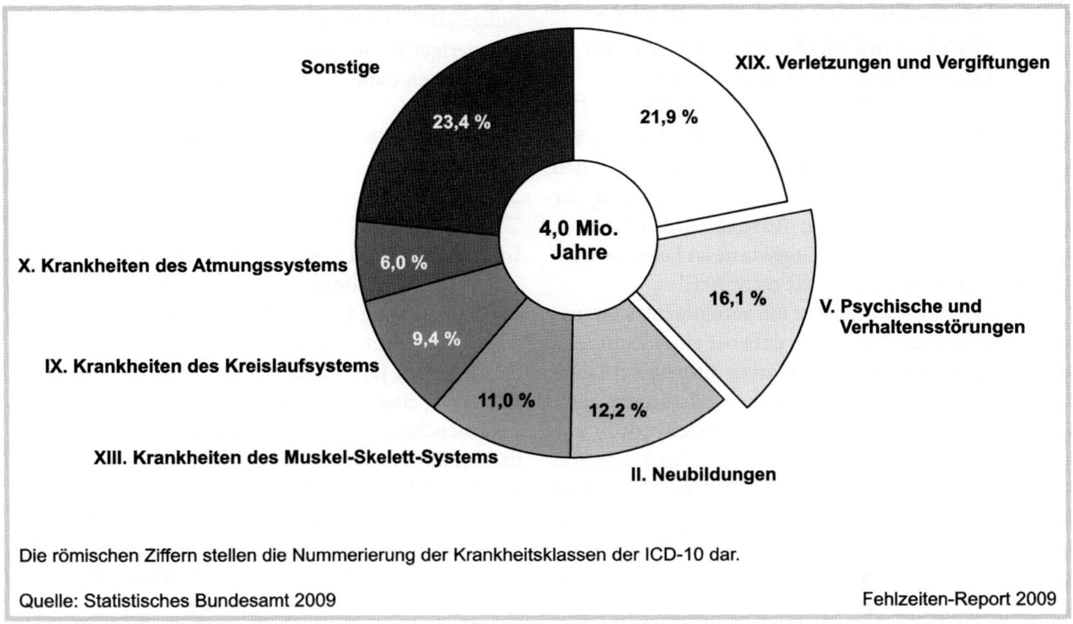

Abb. 6.5. Verlorene Erwerbstätigkeitsjahre 2006 nach ausgewählten Krankheitsklassen

nen Erwerbstätigkeitsjahre durch Arbeitsunfähigkeit, Invalidität und vorzeitige Sterblichkeit vom Jahr 2002 bis zum Jahr 2006 um insgesamt 542.000 Jahre zurückgegangen.

70% der 638.000 verlorenen Erwerbstätigkeitsjahre durch psychische und Verhaltensstörungen im Jahr 2006 gingen durch Invalidität verloren, 24% durch Arbeitsunfähigkeit und 6% durch vorzeitige Sterblichkeit. Bei keiner anderen Krankheitsklasse lag der Anteil der durch Invalidität verlorenen Erwerbstätigkeitsjahre höher. Der Anteil der durch vorzeitige Sterblichkeit verlorenen Erwerbstätigkeitsjahre aufgrund von psychischen und Verhaltensstörungen war vergleichsweise gering.

Die Unterschiede zwischen Frauen und Männern in der Beteiligung am Arbeitsmarkt sowie deren Art und Umfang wirken sich auch auf den Ressourcenverlust aufgrund von psychischen und Verhaltensstörungen aus: 59% der verlorenen Erwerbstätigkeitsjahre aufgrund dieser Erkrankungen entfielen im Jahr 2006 auf Männer, 41% auf Frauen. Da die verlorenen Erwerbstätigkeitsjahre aufgrund von psychischen und Verhaltensstörungen bei Frauen und Männern angestiegen sind, blieb das Geschlechterverhältnis gegenüber dem Jahr 2002 nahezu unverändert. Im Vergleich fällt weiter auf, dass den durch Arbeitsunfähigkeit verlorenen Erwerbstätigkeitsjahren aufgrund von psychischen und Verhaltensstörungen im Jahr 2006 bei den Frauen (31%) eine größere Bedeutung zukam als bei den Männern (19%). Umgekehrt verhielt es sich bei der vorzeitigen Sterblichkeit (Frauen 2% und Männer 9% aller verlorenen Erwerbstätigkeitsjahre durch psychische und Verhaltensstörungen).

Unter den psychischen und Verhaltensstörungen gingen die meisten Erwerbstätigkeitsjahre bei den Frauen durch Depression (33%) und Schizophrenie (9%) verloren. Die verlorenen Erwerbstätigkeitsjahre aufgrund von Depressionen wiesen auch die höchsten Zuwächse im Zeitraum 2002 bis 2006 auf. Bei den Frauen war ein Anstieg um 11.000 Jahre zu verzeichnen, bei den Männern sogar um 12.000 Jahre. Bei den Männern belegten Depression und Schizophrenie mit anteilig 19% bzw. 15% Platz 2 und 3 der entsprechenden Rangliste. Bei ihnen kam den psychischen und Verhaltensstörungen durch psychotrope Substanzen die größte Bedeutung zu: Auf sie entfielen im Jahr 2006 ein Viertel der unter den psychischen und Verhaltensstörungen verlorenen Erwerbstätigkeitsjahre. Bei einer weiteren Differenzierung nach der Ausfallart zeigt sich, dass nahezu alle durch vorzeitige Sterblichkeit verlorenen Erwerbstätigkeitsjahre auf psychische und Verhaltensstörungen durch psychotrope Substanzen zurückzuführen sind. Dies gilt für Frauen und Männer gleichermaßen, auch wenn die Anzahl der entsprechenden verlorenen Erwerbstätigkeitsjahre bei den Frauen (5.000 Jahre im Jahr 2006) deutlich niedriger liegt als bei den Männern (32.000 Jahre im Jahr 2006).

6.8 Der Einfluss des demographischen Wandels auf die Kosten psychischer Erkrankungen in der Zukunft

Die Krankheitskosten sind stark altersabhängig, sodass zu erwarten ist, dass die Krankheitskosten in den nächsten Jahren mit der zunehmenden Alterung der Gesellschaft steigen. Dieser Anstieg wird sich selbst dann vollziehen, wenn die Zugewinne an Lebenserwartung in guter Gesundheit verbracht werden.

Untersucht wird zunächst ein vereinfachtes Status-quo-Szenario, das unterstellt, dass bei einer Zunahme der Lebenserwartung die relative altersspezifische Inanspruchnahme von Gesundheitsleistungen nach Maßgabe der altersspezifischen Kostenprofile zunimmt. Hierzu werden die bekannten Kostenprofile des Basisjahres 2006 (getrennt nach Geschlecht und Fünf-Jahres-Altersgruppen) auf die prognostizierten Altersstrukturen der Bevölkerung bis zum Jahr 2030 projiziert. Dieses Szenario wird auch als *rein demographisch* bezeichnet. Künftige Morbiditätsentwicklungen (und andere Einflussfaktoren) bleiben dabei unberücksichtigt.

Dem wird ein Szenario in Anlehnung an die so genannte Kompressionsthese gegenübergestellt, die davon ausgeht, dass dank medizinisch-technischem Fortschritt, verbesserten Arbeitsbedingungen und sich positiv veränderndem Gesundheitsverhalten Krankheiten und gesundheitliche Beeinträchtigungen immer später im Leben auftreten und sich Krankheiten erst kurz vor dem Tod einstellen (Mardorf und Böhm 2009). In diesem Szenario wird unterstellt, dass sich die alters- und geschlechtsspezifischen Kostenprofile des Basisjahres 2006 entsprechend der gestiegenen Lebenserwartung in die nächsthöheren Altergruppen verschieben.

Das Status-quo-Szenario als pessimistischeren und das Kompressions-Szenario als optimistischeren Ansatz lassen eine mögliche Spannweite des zukünftigen Kostengeschehens erkennen. Preiseffekte werden nicht berücksichtigt.

Basis der Analyse der sich verändernden Bevölkerungsstrukturen ist die 11. koordinierte Bevölkerungsvorausberechnung des Statistischen Bundesamtes in der Variante »Untergrenze der mittleren Bevölkerung«. Sie geht von einer annähernd konstanten Geburtenhäufigkeit von 1,4 Kindern je Frau, einer Lebenserwartung von neugeborenen Jungen/Mädchen im Jahr 2050 von 83,5/88,0 Jahren und einem positiven jährlichen Wanderungssaldo von 100.000 Personen aus.

Der Verlauf sämtlicher Einflussgrößen einschließlich der Bevölkerungsstruktur wird in den Vorausberechnungen mit zunehmendem Abstand vom Ausgangsjahr schwieriger vorhersagbar. Die langfristigen Berechnungen können daher immer nur einen Modellcharakter haben.

Status-quo-Szenario

In Zukunft ist zu erwarten, dass die Kosten psychischer und Verhaltensstörungen infolge der Alterung der Bevölkerung steigen. Wird der Status-quo-Ansatz zugrunde gelegt, steigen die Kosten von 26,7 Milliarden Euro im Jahr 2006 auf 32,0 Milliarden Euro im Jahr 2030, eine Erhöhung um 20%. Der Kostenanstieg zwischen 2006 und 2030 ist bei den Frauen mit 3,8 Milliarden Euro (+23%) ausgeprägter als bei den Männern mit 1,6 Milliarden Euro (+16%) (s. Abb. 6.6).

Der gesamte für den Zeitraum 2006 bis 2030 erwartete Kostenanstieg aufgrund psychischer und Verhaltensstörungen in Höhe von 5,4 Milliarden Euro setzt sich aus zwei gegenläufigen Entwicklungen zusammen: Einem Rückgang der entsprechenden Krankheitskosten um 2,6 Milliarden Euro bei den unter 60-Jährigen aufgrund der zurückgehenden Personenzahl in dieser Altersgruppe und einer Expansion der Krankheitskosten um 8,0 Milliarden Euro bei den 60-Jährigen und Älteren aufgrund der steigenden Personenzahl in dieser Altersgruppe.

Die Verschiebung der Altersstruktur der Bevölkerung spiegelt sich am deutlichsten in den Veränderungen der Kostenanteile der höheren Altersgruppen wider (s. Tabelle 6.1). Der auf die 85-Jährigen und Älteren entfallende Kostenanteil psychischer und Verhaltensstörungen wird sich nach dem Status-quo-Ansatz von 19% im Jahr 2006 auf 33% im Jahr 2030 erhöhen. Bei den 65- bis 84-Jährigen steigt der Anteil von 28% nur noch leicht auf 31% (2030). Er liegt dann unter dem der 85-Jährigen und Älteren. Bei den unter 65-Jährigen sinkt der Kostenanteil von 53% (2006) kontinuierlich auf 37% (2030).

Die Entwicklungen zeichnen sich sowohl bei Männern als auch bei Frauen ab, wenn auch auf unterschiedlichem Niveau. Steigt im Prognosezeitraum der Kostenanteil der 85-jährigen und älteren Frauen um 14 Prozentpunkte auf 40%, so erhöht sich der entsprechende Wert bei den Männern um 12 Prozentpunkte auf 19%. Auf die Gruppe der 65- bis 84-jährigen Frauen und Männer wird nach dem Status-quo-Ansatz im Jahr 2030 mit 31% ein jeweils gleich hoher Anteil der Kosten psychischer und Verhaltensstörungen entfallen. Während jedoch gegenüber dem Jahr 2006 der entsprechende Anteil bei den Männern ansteigt (+7 Pro-

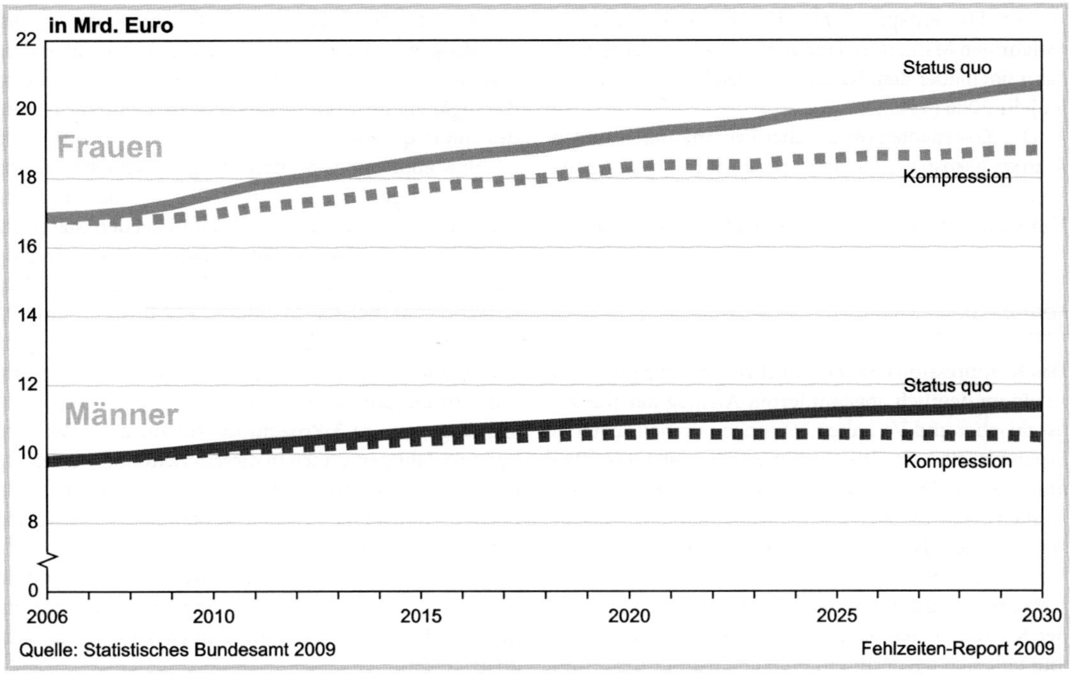

Abb. 6.6. Krankheitskosten für psychische und Verhaltensstörungen nach Geschlecht

Tabelle 6.1. Krankheitskosten für psychische und Verhaltensstörungen nach Geschlecht und Alter in %

	Alters-guppen	Insgesamt				Männer				Frauen			
		2006	2010	2020	2030	2006	2010	2020	2030	2006	2010	2020	2030
Status-quo-Szenario	unter 65	52,5	50,2	43,7	36,7	69,0	65,9	57,9	49,9	43,0	41,2	35,7	29,5
	65–85	28,4	28,6	30,5	30,6	23,7	25,7	28,3	30,6	31,1	30,2	31,7	30,6
	85 und älter	19,1	21,2	25,8	32,7	7,3	8,4	13,8	19,5	25,9	28,6	32,6	39,9
	Insgesamt	100,0	100,0	100,0	100,0	100,0	100,0	100,0	100,0	100,0	100,0	100,0	100,0
Kompressions-Szenario	unter 65	52,5	51,2	44,8	38,7	69,0	66,2	59,0	52,1	43,0	42,3	36,7	31,2
	65–85	28,4	28,8	29,1	28,4	23,7	25,8	27,2	28,7	31,1	30,5	30,1	28,2
	85 und älter	19,1	20,0	26,1	32,9	7,3	8,0	13,8	19,2	25,9	27,2	33,2	40,6
	Insgesamt	100,0	100,0	100,0	100,0	100,0	100,0	100,0	100,0	100,0	100,0	100,0	100,0

Quelle: Statistisches Bundesamt: Krankheitskostenrechnung, eigene Berechnungen

zentpunkte), geht er bei den Frauen leicht zurück (-0,5 Prozentpunkte). Der auf die Altersgruppe der unter 65-Jährigen entfallende Kostenanteil der psychischen und Verhaltensstörungen wird im betrachteten Zeitraum sowohl bei den Männern (-19 Prozentpunkte) als auch bei den Frauen (-13 Prozentpunkte) deutlich sinken. Der entsprechende Kostenanteil der unter 65-jährigen Männer im Jahr 2030 (50%) liegt aber auch dann noch über dem Niveau der gleichaltrigen Frauen im Jahr 2006 (43%).

Der Kostenanteil psychischer Erkrankungen an den Krankheitskosten insgesamt wird im Status-quo-Ansatz allein aufgrund des Bevölkerungsstruktureffektes von 11,3% im Jahr 2006 auf 11,7% im Jahr 2030 anwachsen.

Kompressions-Szenario

Das Kompressions-Szenario führt erwartungsgemäß zu einem deutlich abgemilderten Anstieg der Kosten psychischer und Verhaltensstörungen im betrachteten Prognosezeitraum. Die Kosten erhöhen sich bis 2030 um 10% auf 29,3 Milliarden Euro. Auch hier ist der Anstieg bei den Frauen mit 1,9 Milliarden Euro (+11%) ausgeprägter als bei den Männern mit 0,7 Milliarden Euro (+7%) (s. Abb. 6.6).

Gegenüber dem Status-quo-Ansatz halbiert sich der Kostenanstieg bis 2030 auf 2,6 Milliarden Euro und teilt sich wiederum in einen Schrumpfungs- und einen Expansionsbereich auf. Die Krankheitskosten für psychische Erkrankungen sinken im Schrumpfungsbereich mit 3,2 Milliarden Euro stärker als im Status-quo-Ansatz. Demgegenüber setzt der Expansionsbereich bereits bei den 55-Jährigen und Älteren ein, fällt aber mit einem Plus von 5,8 Milliarden Euro erwartungsgemäß deutlich geringer aus.

Verschiebungen der Kostenanteile der einzelnen Altersgruppen ergeben sich jedoch auch in diesem Szenario. Die Bedeutung der Kosten psychischer Erkrankungen der 85-Jährigen und Älteren nimmt auch in dieser Variante zu – von 19% im Jahr 2006 auf 33% im Jahr 2030. Die Kostenanteile dieser Altersgruppe liegen in der ersten Hälfte unter und in der zweiten Hälfte des Beobachtungszeitraumes über den Kostenanteilen des Status-quo-Ansatzes. Umgekehrt ist der Verlauf bei der Altersgruppe der 65- bis 84-Jährigen: Hier liegen die Kostenanteile bis 2011 über, danach unter denjenigen des Status-quo-Ansatzes. In dieser Altersgruppe liegt der Kostenanteil im Jahr 2030 wieder beim Ausgangswert von 28% (2006), nachdem er zwischenzeitlich nur gering zwischen 27% und 29% schwankte. Bei den unter 65-Jährigen sinkt der Anteil von 53% (2006) auf 39% (2030). Die Kostenanteile dieser Altersgruppe liegen zwischen 2006 und 2030 immer über denjenigen des Status-quo-Ansatzes mit steigender Tendenz.

Vergleicht man beide Szenarien für die Frauen, so verändern sich die Kostenanteile der betrachteten Altersgruppen in Anlehnung an die Gesamtentwicklung. Bei den Männern liegen die Kostenanteile der 65- bis 84-Jährigen und der 85-Jährigen und Älteren über den gesamten Zeitraum von 2006 bis 2030 hinweg nahezu durchgängig im Kompressions-Szenario unter denen des Status-quo-Szenarios.

Im Kompressions-Szenario steigen die Kostenanteile der 85-Jährigen und Älteren zwischen 2006 und 2030 bei den Frauen von 26% auf 41% und bei den Männern von 7% auf 19%. Die anteilige Zunahme ist auch in dieser Variante bei den Frauen (+15 Prozentpunkte) stärker ausgeprägt als bei den Männern (+12 Prozentpunkte). In der Altersgruppe der 65- bis 84-Jährigen wächst der Kostenanteil bei den Männern im gleichen Zeitraum um 5 Prozentpunkte auf 29%, der der Frauen verringert sich dagegen um 3 Prozentpunkte auf 28%. Bei den unter 65-Jährigen sinken in diesem Zeitraum wiederum sowohl bei den Männern (-17 Prozentpunkte) als auch bei den Frauen (-12 Prozentpunkte) die Kostenanteile auf 52% bzw. auf 31%.

Auch in diesem Szenario wird der Kostenanteil psychischer Erkrankungen an den Krankheitskosten insgesamt von 11,3% im Jahr 2006 auf 11,5% im Jahr 2030 steigen.

Literatur

Mardorf S, Böhm K (2009) Bedeutung der demografischen Alterung für das Ausgabengeschehen im Gesundheitswesen. In: Beiträge zur Gesundheitsberichterstattung des Bundes – Gesundheit und Krankheit im Alter. S 247–266

Murtagh KN, Hubert HB (2004) Gender Differences in Physical Disability Among an Elderly Cohort. Am J Public Health 94 (8):1406–1411

Nöthen M (2009) Männer und Frauen im Gesundheitswesen: Ein Kostenvergleich. http://www.destatis.de/jetspeed/portal/cms/Sites/destatis/Internet/DE/Navigation/Publikationen/STATmagazin/2009/Gesundheit2009__02,templateId=renderPrint.psml__nnn=true (Stand: 20.04.2009)

Statistisches Bundesamt (2004) Methodenanhang zur Presse-broschüre Gesundheit – Ausgaben, Krankheitskosten und Personal 2004 http://www.destatis.de/jetspeed/portal/cms/Sites/destatis/Internet/DE/Content/Statistiken/Gesundheit/Content75/AusgabenKrankheitskostenPersonal,property=file.pdf (Stand: 06.05.2009)

Statistisches Bundesamt (2008) Diagnosedaten der Patientinnen und Patienten in Krankenhäusern, Fachserie 12 Reihe 6.2.1, Wiesbaden https://www-ec.destatis.de/csp/shop/sfg/bpm.html.cms.cBroker.cls?cmspath=struktur,vollanzeige.csp&ID=1021733 (Stand: 06.05.2009)

Tews HP (1990) Neue und alte Aspekte des Strukturwandels des Alters. WSI Mitteilungen 8:478–489

Kapitel 7

Arbeitsbedingte Mobilität und Gesundheit – Überall dabei – Nirgendwo daheim

A. Ducki

Zusammenfassung. *Verursacht durch die Globalisierung haben arbeitsbedingte Mobilitätsanforderungen für Beschäftigte aller Bildungs- und Sozialschichten in den letzten Jahren zugenommen. Dabei unterscheiden sich die Mobilitätsanforderungen hinsichtlich ihrer Art, Dauer und der zu überwindenden Entfernung beträchtlich: Sie reichen von mehrjährigen Entsendungen ins Ausland über das wöchentliche Pendeln bis hin zu täglichen Geschäftsreisen. Daneben gibt es mobile Berufe, deren Tätigkeitsmerkmal in der Beförderung und Überwindung von Entfernungen besteht. So unterschiedlich die Mobilitätsformen sind, so unterschiedlich sind die Folgen für die Gesundheit der Betroffenen: Sie reichen von erhöhten physiologischen Stressparametern beim täglichen Pendeln über psychosoziale Folgen der Entwurzelung und Vereinsamung bei wöchentlichen oder saisonalen Pendelformen bis hin zu neuen psychosozialen Kulturphänomenen bei Mehrfachentsendungen, bei denen Heimat kein Ort mehr ist, sondern ein Gefühl, das sich an den engsten Beziehungen ausrichtet. Im folgenden Artikel werden zunächst die verschiedenen Mobilitätsformen und ihre jeweiligen Folgen berichtet und anschließend die Maßnahmen beschrieben, die Unternehmen ergreifen können, um die negativen Folgen der Mobilität zu minimieren und die Vorteile zu erhalten.*

Ob es die sächsische Kellnerin an der Nordsee, die rumänische Erdbeerpflückerin in Spanien, der ukrainische Bauarbeiter in Italien oder die indische Wissenschaftlerin in den USA ist – Menschen nehmen teilweise hohe Mobilitätskosten in Kauf, um arbeiten zu können. Arbeitsbedingte Mobilität gab es schon immer, sie hat jedoch im Zuge der Globalisierung stetig zugenommen und betrifft heute alle Bildungs- und Sozialschichten. Während jedoch höhere Einkommens- und Bildungsschichten noch begrenzten Einfluss auf die Mobilitätsbedingungen und damit auch auf die Folgen der Mobilität haben, sind die »Arbeitsnomaden« der untersten Einkommensschichten den Bedingungen hilflos ausgeliefert. Sie arbeiten oft illegal, unter härtesten Bedingungen für Hungerlöhne ohne jeden Krankheits- und Unfallschutz im fremden Land (Bota et al. 2009). Sie haben keine Lobby und folglich gibt es keine Untersuchungen darüber, wie sich Mobilität bei ihnen auf Gesundheit und Wohlbefinden auswirkt.

Die Vielfalt der Mobilitätsformen sowie die Unterschiedlichkeit der Kontextbedingungen machen allgemeine Aussagen zu den gesundheitlichen Folgen schwer. Ein einmaliger Umzug hat andere Folgen, als das tägliche wöchentliche oder saisonale Pendeln oder eine internationale Entsendung, die über mehrere Jahre dauert. Aus diesem Grunde ist es sinnvoll, den Zusammenhang zwischen arbeitsbedingter Mobilität und Gesundheit differenziert für die unterschiedlichen Mobilitätsformen zu betrachten.

7.1 Formen arbeitsbedingter Mobilität

Mit beruflicher Mobilität wird zum einen die Tatsache beschrieben, dass Personen im Verlaufe ihres Arbeitslebens den Arbeitgeber oder Arbeitsplatz wechseln (Arbeitsplatzwechsel), zum anderen bezieht sie sich darauf, dass längere Strecken zurückgelegt werden müssen, um an den Ort der Arbeit zu gelangen. Schließlich gibt es mobile Berufe, wie Beförderungsberufe, oder Berufe, die an unterschiedlichen Orten ausgeübt werden. Damit hat arbeitsbedingte Mobilität eine zeitliche und eine räumliche Dimension. Hinsichtlich der zeitlichen Dimension zeigen repräsentative Befragungen, dass die berufliche Mobilität im Sinne eines Arbeitgeberwechsels in Europa nur gering ausgeprägt ist: EU-Erwerbstätige haben durchschnittlich vier Arbeitgeberwechsel in ihrer Berufskarriere und sind im Schnitt 10,6 Jahre bei einem Arbeitgeber beschäftigt. In den USA sind es zum Vergleich 6,7 Jahre (European Commission 2005).

Räumliche Mobilität, um die es im Folgenden gehen soll, hat verschiedene, beinahe widersprüchliche Facetten: Einerseits wird Arbeit bedingt durch die Informations- und Kommunikationstechnologien immer ortsunabhängiger, was eigentlich mit einer Reduzierung von Mobilitätserfordernissen einhergehen könnte. Stichworte sind hier Telearbeit und virtuelle Netzwerke. Gleichzeitig haben aber spezielle Mobilitätsformen wie z. B. das tägliche und wöchentliche Pendeln zum Arbeitsort oder auch so genannte Business Trips in den letzten zehn Jahren kontinuierlich zugenommen (ECA International 2008; PWC 2001 und 2006). In Deutschland hat mittlerweile jeder zweite Erwerbstätige Erfahrungen mit räumlicher Mobilität, hier vor allem mit der Pendlermobilität (Schneider 2008).

Mobilität kann in residenzielle und zirkuläre Formen unterschieden werden (Limmer 2005). Residenzielle Mobilität erfolgt punktuell und wird auch als Umzugsmobilität oder Migration bezeichnet. Zirkuläre Mobilitätsformen variieren breit und beschreiben alle Bewegungen, bei denen zwischen Wohn- und Arbeitsort oder auch zwischen mehreren Arbeitsorten regelmäßig hin und her gependelt wird. Dabei ist es zunächst unerheblich, ob der Wechsel über Stadt-, Gemeinde-, Landes- oder Staatengrenzen hinaus erfolgt (Wagner 1989). Jede Mobilitätsform unterscheidet sich wiederum danach, in welcher Häufigkeit, in welchem Rhythmus und über welche Entfernung hin die Bewegung erfolgt. So unterscheiden sich Pendler nach Entfernung (Fern- und Nahpendler) und Rhythmus des Pendelns (täglich, wöchentlich, monatlich, saisonal) und danach, ob sie einen zweiten Wohnsitz haben[1]. In der Studie »Berufsmobilität und Lebensform« (Schneider et al. 2002) werden sechs verschiedene Mobilitätsformen unterschieden: Varimobile (Personen mit wechselnden Arbeitsorten), Shuttles (Zweitwohnung am Arbeitsort, Heimfahrt am Wochenende), Fernpendler (täglicher Weg zur Arbeitsstelle mehr als eine Stunde), Fernbeziehungen (Paare, die in zwei getrennten Haushalten an unterschiedlichen Orten leben) und Umzugsmobile (berufsbedingter Umzug).

Je nach Mobilitätsform sind unterschiedliche Zusammenhänge mit der psychosozialen Gesundheit zu vermuten. Tagespendler, zu denen es umfangreiche Untersuchungen in Hinblick auf Stress und Stressfolgen gibt (siehe folgend), sind wesentlich stärker durch den verkehrs- bzw. wegebedingten Stress beeinflusst. Bei Wochen- oder saisonalen Pendlern spielt der Verkehrsstress eine untergeordnete Rolle, sie sind jedoch in ihrer psychosozialen Gesundheit dadurch bestimmt, dass sie unter der Woche von Familie und vertrauten sozialen Netzen getrennt sind. Umzugsmobile werden durch seltene, aber tiefer greifende Veränderungen des gesamten sozialen Netzwerks in ihrer Befindlichkeit und Gesundheit beeinflusst. Bei internationalen Entsendungen bestimmt darüber hinaus der Wechsel in eine andere Kultur nicht nur den jeweiligen Arbeitnehmer, sondern das gesamte mitreisende Familiensystem (Rudolph 2002). Über die Mobilitätsform hinaus bestimmen auch die Mobilitätsgründe und -anlässe die Verarbeitung und damit die gesundheitlichen Folgen der Mobilität.

7.2 Gründe für Mobilität

Hauptursache für eine Mobilitätsentscheidung ist ein nicht vorhandenes Arbeitsangebot am Wohnort. Knapp ein Drittel der arbeitsbedingten Mobilität erfolgt aufgrund fehlender Angebote auf dem lokalen Arbeitsmarkt (Schneider 2008, European Commission 2005). Dabei sollte hinsichtlich der gesundheitlichen und psychosozialen Folgen berücksichtigt werden, ob die Mobilitätsentscheidung zum Beispiel aufgrund von Arbeitslosigkeit am Wohnort als Zwang erlebt wird,

1 Nach Sonderberechnungen aus dem Mikrozensus gab es beispielsweise im Jahr 2000 insgesamt 1.434.000 Fernpendler (mehr als 50 km zum Arbeitsort) und 364.000 Erwerbstätige, die von einem zweiten Wohnsitz aus zur Arbeit gehen (Statistisches Bundesamt 2004). Je nachdem, welches Kriterium zugrunde gelegt wird, kommt man somit zu recht unterschiedlichen Aussagen über Ausmaß und Verbreitung der Pendlermobilität.

oder ob es sich um eine selbst bestimmte Entscheidung handelt, die zum Beispiel getroffen wird, um bestimmte Aufstiegschancen zu realisieren oder eine Qualitätsverbesserung der Arbeit zu erreichen. In der Studie »Berufsmobilität und Lebensform« gaben mehr als der Hälfte der Berufsmobilen an, dass die mobile Lebensform als ein Durchgangsstadium oder eine Übergangsphase wahrgenommen wird. Das Ziel der meisten ist es, an einem Ort zu leben und zu arbeiten. Umzugsmobile, die nach dieser Studie im Vergleich zu anderen Mobilitätsformen die beste Gesundheit haben, geben an, dass sie die eigene Lebensform häufiger auf eine selbstbestimmte Entscheidung zurückführen, wohingegen Pendler mehrheitlich äußere Umstände oder Zwänge als ausschlaggebend für die jeweilige Lebensform ansehen (Limmer 2005).

Für die Pendlermobilität spielt neben einem fehlenden Arbeitsangebot die Bindung an den Wohnort eine große Rolle. Diese Bindung kann bestimmt sein durch regionale Bindungen, familiäre Bindungen, das soziale Umfeld (Freunde, Bekannte), die wahrgenommene Lebensqualität und/oder vorhandenes Wohneigentum (Kalter 1994, Limmer 2005, Wagner 1989).

Zentrale Einflussvariable auf die Wahl der Mobilitätsform ist das Alter und das Geschlecht: Pendler sind im Durchschnitt eher männlich und älter, Umzugsmobile sind eher jünger (unter 30 Jahren). Aus der Migrationsforschung ist bekannt, dass es eine so genannte Sesshaftigkeitsgrenze gibt, die etwa bei 30 Jahren liegt. Ab diesem Alter steigt die Wahrscheinlichkeit der Familiengründung und des Wohnungserwerbs, was die Tendenz zur Sesshaftigkeit erhöht (Kalter 1994, Wagner 1989). Bestehen danach weiterhin arbeitsbedingte Mobilitätserfordernisse, werden eher Pendelvarianten als Mobilitätsform bevorzugt.

Ein zunehmend wichtiger Grund für Pendlermobilität ist die Erwerbstätigkeit der Lebenspartner/innen. Immer mehr Familien sind vor die Situation gestellt, gleichberechtigte Berufsbiographien in verschiedenen Orten aufeinander abstimmen zu müssen (Freymeyer und Ötzelberger 2000, Peukert 1989). Pendeln kann daher als ein Versuch angesehen werden, für wesentliche räumliche und soziale Elemente im Leben Kontinuität zu gewährleisten und gleichzeitig den beruflichen Mobilitätserfordernissen zu genügen (vgl. Sennett 1998).

7.3 Gesundheitliche und psychosoziale Folgen von Mobilität

Zwar stellt eine stabile Gesundheit eine zentrale Voraussetzung dar, überhaupt mobil zu sein; im Folgenden soll jedoch vor allem betrachtet werden, welche gesundheitlichen Folgen sich aus der Mobilität in Abhängigkeit von der Mobilitätsform ergeben können. Die Recherche zu dem Thema ergab einige grundlegende methodische Schwierigkeiten, die vor allem dadurch bestimmt sind, dass Mobilität in ihren Wirkungen kaum isoliert betrachtet und untersucht werden kann. Menschen sind mobil, um irgendwo einem Beruf nachgehen zu können. Die Arbeitstätigkeit selbst und die Bedingungen, unter denen sie erbracht werden muss, haben einen wesentlichen Einfluss auf die Gesundheit und können daher auch in der Betrachtung des Zusammenhangs von Mobilität und Gesundheit nicht außer Acht gelassen werden. Die Arbeitsbedingungen können den Zusammenhang zwischen Mobilität und Gesundheit abschwächen oder verstärken, es kann auch sein, dass die Mobilitätsform selbst völlig nachgeordnet ist und die täglichen Arbeitsbedingungen viel stärker dafür verantwortlich sind, ob jemand erkrankt oder nicht. Neben den Arbeitsbedingungen spielt die familiäre Situation eine große Rolle: Pendler sind mobil, um ihrer Familie Kontinuität und Stabilität zu ermöglichen. Bei mehrjährigen Entsendungen nehmen Beschäftigte oftmals ihre Familien mit. Gerade bei Entsendungen ist bekannt, dass die Folgen der Entsendung für die mitreisenden Angehörigen gravierender sind als für den Entsendeten, der die meiste Zeit »auf der Insel seiner Firma« verbringt, während die Angehörigen tatsächlich im Gastland leben müssen (Thomas et al. 2003, zit. nach Florian 2007). Die Folgen von Mobilität sind in diesem Fall vor allem für die mittelbar Betroffenen zu betrachten (siehe folgend). Einschränkungen in der Aussagekraft von Studien ergeben darüber hinaus, dass kausale Annahmen hinsichtlich der Folgen von Mobilität auch mit längsschnittlichen Untersuchungsdesigns überprüft werden sollten. Repräsentative Studien wie die europaweite Studie »Job Mobilities and Family Lives in Europe« sind jedoch rein deskriptive Querschnittserhebungen. Längsschnittliche Untersuchungen, in denen sogar der Einfluss der Arbeitsbedingungen berücksichtigt wird, sind wiederum ausgesprochen selten und wenn es sie gibt, sind sie selten repräsentativ (siehe folgend). Diese Einschränkungen gilt es im Folgenden bei der Darlegung und Interpretation des Forschungsstandes zu berücksichtigen.

Es wird zunächst der Forschungsstand zu den gesundheitlichen Folgen täglichen und wöchentlichen Pendelns berichtet, im Anschluss daran wird auf die Gesundheit von mobilen Berufen eingegangen und abschließend auf die Folgen von Entsendungen. Hier wird der Blick vor allem auf die Folgen für die mitreisenden Angehörigen gerichtet.

7.3.1 Folgen des täglichen Pendelns

Viele Studien beschäftigten sich mit den gesundheitlichen Folgen von täglichen Fahrten zum und vom Arbeitsplatz. Insbesondere tägliche mehrstündige Fahrten können mit großer Wahrscheinlichkeit Stress erzeugen und zu negativen gesundheitlichen Beeinträchtigungen führen: Nach dem derzeitigen Forschungsstand klagen Tagespendler häufiger als Nichtpendler über Allgemeinbeschwerden, insbesondere über psychosomatische Beschwerden, ein geringeres Wohlbefinden und stärkere Unzufriedenheit, wobei in fast allen Studien auf das methodische Problem hingewiesen wird, dass die reinen Effekte des Pendelns auf Gesundheit und Wohlbefinden nur sehr schwer aus der Vielzahl der Einflussfaktoren herausgelöst werden können (Costa et al. 1988, Gottholmseder et al. 2009, Gstalter und Fastenmaier 1997, Novaco et al. 1990, Ott und Gerlinger 1992).

Ob und in welchem Ausmaß Pendeln zu gesundheitlichen Beeinträchtigungen führt, ist abhängig von zahlreichen Moderatoren und Kontextbedingungen. Stresstheoretische Ansätze (Koslowsky 1997) heben als wichtige situative Moderatoren vor allem verschiedene Kontroll- und Zeitaspekte hervor. Objektive Einflussmöglichkeiten beziehen sich z. B. auf die Wahl des Verkehrsmittels in Abhängigkeit von den Verkehrsbedingungen oder auf das Vorhandensein von Ausweichstrecken bei Stau. Besonders die Vorhersehbarkeit und die Planbarkeit der Fahrtdauer sind weitere wichtige Kontrollaspekte. Je weniger kalkulierbar diese ist, desto stärker sind die Stressreaktionen der Pendler.

Zu den relevanten Zeitaspekten zählen Möglichkeiten, den Arbeitsbeginn in Abhängigkeit von der Verkehrssituation flexibel zu gestalten. Zeitdruck ist eine wichtige Einflussgröße, aber auch die Fähigkeit zum Zeitmanagement und die Zeitbewusstheit von Pendlern werden als Eigenschaften der Person genannt, die das Stresserleben von Pendlern stark beeinflussen (Novaco et al. 1991, Novaco et al. 1990).

Hinsichtlich der Zeit- und Kontrollaspekte ist der Zusammenhang von Situation und Personenmerkmalen von besonderer Bedeutung: Pendler mit hohen Kontrollambitionen leiden stärker unter geringeren Kontrollmöglichkeiten in der Verkehrssituation als Personen mit niedrigeren Kontrollambitionen (Koslowsky 1997). Personen mit hoher Zeitbewusstheit (ständig zur Uhr schauen, pünktlich sein wollen) leiden stärker unter verkehrsbedingten Zeitrestriktionen und Verzögerungen als Personen mit geringerem Zeitbewusstsein. Diese Moderatoren und ihre Verbundenheit untereinander sind ein Grund dafür, warum es recht unterschiedliche und teilweise widersprüchliche Studienergebnisse hinsichtlich der Effekte des Pendelns gibt.

Zusammenfassend wird für das tägliche Pendeln die Fahrtdauer als der eindeutigste Stressor benannt, auch wenn es zu qualitativ unterschiedlichen Beanspruchungen in Abhängigkeit vom Alter, von der Verkehrsmittelwahl, vom Zeitpunkt des Fahrens (z. B. Berufsverkehr) sowie bei Selbstfahrern der Fahrerfahrung kommt (Blickle 2005).

7.3.2 Folgen des Wochenpendelns

Zu den Folgen des wöchentlichen Pendelns liegen sehr viel weniger Untersuchungen vor. Beim wöchentlichen Pendeln ist die Beförderungssituation nachgeordnet; hier stehen eher die psychosozialen Folgen im Mittelpunkt, die sich durch die Trennung aus dem sozialen Netzwerk am Wohnort ergeben (Ducki 2003a).

Die psychosozialen Folgen der verschiedenen Wochenpendelvarianten wurden in einer repräsentativen europaweiten Studie untersucht, in der insgesamt 7.150 Personen im Alter von 25 bis 54 Jahren in sechs europäischen Ländern befragt wurden, 1.663 davon in Deutschland. Nach dieser Studie fühlen sich 69% der Berufsmobilen, aber nur 20% der nichtmobilen Personen durch die Lebensform belastet, mehr als jeder zweite Berufsmobile fühlt sich ständig erschöpft und ebenfalls mehr als jedem zweiten bleibt zu wenig Zeit für die Pflege der wichtigsten aktuellen Beziehungen (Widmer und Schneider 2006). In der deutschen Teilstudie geben 27% der Befragten nachhaltige negative Auswirkungen der Mobilität auf die Partnerschaft und Familie an, Stress und Zeitknappheit werden als Belastung empfunden, das Bedürfnis nach Nähe und gemeinsamer Zeit kann nicht befriedigt werden. Besonders bei längerer Pendeldauer wächst die Entfremdung gegenüber dem Partner und den Kindern. Als die größten Verluste, die sich vor allem auf den Kontakt zum Lebenspartner beziehen, benennen Pendler, aber auch ihre Lebenspartner/innen, den Verlust von emotionaler Unterstützung, täglicher Konversation, geteilter Freizeit, physischer Innigkeit, gemeinsamer Untätigkeit. Gefühle innerer Zerrissenheit, Einsamkeit und Entwurzelung sind bei länger anhaltender Pendeldauer häufig die Folge (Ducki und Maier 2001, Gerstel und Gross 1984).

Besondere Probleme ergeben sich für Pendlerfamilien, wenn jüngere Kinder im Haushalt leben. Die Kindererziehung wird unter Pendelbedingungen vor allem für den zur Belastung, der zu Hause bleibt und die Aufgabe beider Elternteile in der Erziehung übernehmen muss. Hier liegen ähnliche Bedingungen vor wie bei Alleinerziehenden.

Berufliche Mobilität verzögert bzw. verhindert darüber hinaus die Familienentwicklung. Entweder wird die Elternschaft nach hinten verschoben oder Paare entscheiden sich gegen Kinder. Für Frauen kann ihre berufliche Mobilität nicht nur eine Verzögerung der Familienentwicklung bedeuten, sondern auch einen gänzlichen Verzicht auf Kinder. 66% der mobilen Frauen haben keine Kinder, aber nur 39% der mobilen Männer sind kinderlos (Limmer 2005).

Europaweit zeigt sich, dass männliche Mobilität traditionelle Geschlechterrollen in der familiären Arbeitsteilung begünstigt, während weibliche Mobilität eine moderne Aufgabenteilung begünstigt: Ist der Mann mobil, so übernimmt die Partnerin die gesamte Hausarbeit. Ist die Frau berufstätig mobil, wird die Hausarbeit etwa zu gleichen Teilen geleistet (Widmer und Schneider 2006).

Pendelmobilität hat aber nicht nur spezifische Belastungen, sondern auch Vorteile. Als vorteilhaft wird erlebt, sich in der Woche voll und ganz auf die Arbeit konzentrieren zu können (Freymeyer und Ötzelberger 2000, Ducki und Maier 2001). Auch die räumlich klare Trennung zwischen der Welt der Familie und der Welt der Arbeit mit ihren unterschiedlichen Strukturen und Erfordernissen kann besonders von mobilen Frauen als entlastend wahrgenommen werden (Schneider et al. 2002). Und auch ein Zugewinn an persönlichen Freiräumen und der bewusstere Umgang mit gemeinsam verbrachter Zeit werden als Vorzug erlebt.

Als die wichtigsten Ressourcen für das Pendeln werden wiederholt eine gute und stabile Partnerschaft, verständnisvolle Kollegen und möglichst flexible Arbeitszeiten aufgeführt (Ducki und Maier 2001, Schneider et al. 2002).

Ducki und Maier (2001) haben im Rahmen ihrer Untersuchung Pendler, die aufgrund des Regierungsumzugs wöchentlich zwischen Bonn und Berlin gependelt sind, und Nichtpendler aus fünf verschiedenen Bundesministerien bzw. -behörden verglichen. Die Studie umfasste Gruppenvergleiche von Pendlern und Nichtpendlern mit annähernd vergleichbaren Tätigkeitshintergründen und bildete die gesundheitliche Entwicklung der Pendler im Pendelverlauf ab. Hierzu wurden Pendler einen Monat vor und drei bzw. sechs Monate nach Pendelbeginn befragt. In weiteren Untersuchungsschritten wurden auch die Arbeitsbedingungen berücksichtigt.

Abbildung 7.1 zeigt bislang unveröffentlichte Ergebnisse der Befragung aus der Gesamtstichprobe. Die Mittelwerte zeigen eine generelle Tendenz zu

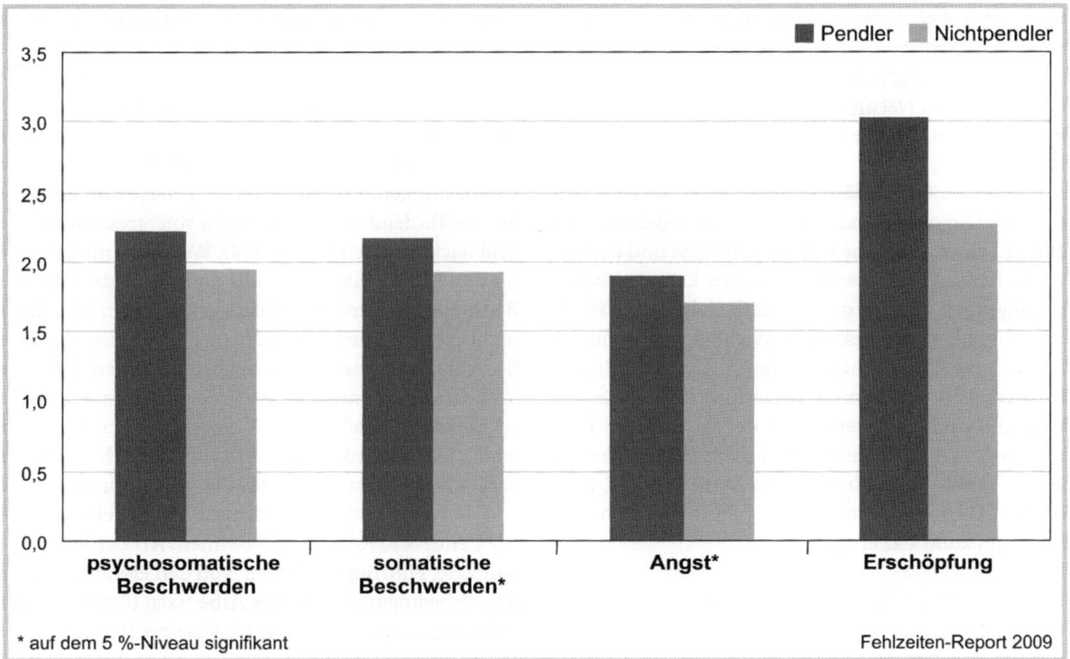

Abb. 7.1. Gesundheitsunterschiede zwischen Pendlern und Nichtpendlern

schlechterer Gesundheit bei den Pendlern (n = 137) gegenüber jenen, die nicht pendeln (n = 101). Pendler sind erschöpfter, geben mehr psychosomatische und somatische Beschwerden und mehr Angst an, wobei sich die somatischen Beschwerden und Angst signifikant unterscheiden.

Für die Abschätzung der Mobilitätsfolgen ist es interessant, für die Gruppe der Pendler den gesundheitlichen Verlauf über die Zeit des Pendelns zu betrachten. Von 61 Befragten lagen Angaben zu ihrer Gesundheit sowohl vor Beginn des Pendelns sowie sechs Monate nach Pendelbeginn vor. Es zeigt sich eine signifikante Zunahme von Angst und von somatischen Beschwerden und eine signifikante Verschlechterung der Partnerschaftsqualität im Pendelverlauf. Werden mittels hierarchischer Regressionsanalysen zur Aufklärung der Verschlechterung der somatischen Beschwerden und Angst relevante Arbeitsbelastungen und -ressourcen mit berücksichtigt, ergibt sich, dass vor allem die Qualität der Kommunikation am Arbeitsplatz, die erlebte Fürsorge des Unternehmens, die Art der Arbeitsorganisation und die Häufigkeit von Arbeitsunterbrechungen einen signifikanten Einfluss auf die Verschlechterung somatischer Beschwerden und auf die Zunahme von Angst haben (Ducki 2003b). Hinzu kommt, dass sich die im Pendelverlauf verschlechterte Partnerschaftsqualität negativ auf die Gesundheit der Pendler auswirkt.

Diese zwar nicht repräsentative, aber methodisch anspruchsvollere Untersuchung zeigt, wie eng Mobilitätsfolgen, Arbeits- und sonstige Lebensbedingungen in ihren Wirkungen auf die Gesundheit miteinander verwoben sind. Darüber hinaus bestärkt und konkretisiert sie Befunde aus den deskriptiven Explorationsstudien.

Zusammenfassend lässt sich festhalten, dass das Wochenpendeln mit diversen psychosozialen Belastungen und mit einer Zunahme von körperlichen und psychischen Beschwerden verbunden sein kann. Arbeitsbedingungen können die Mobilitätsfolgen bestärken oder abmildern. Ein besondere Wichtigkeit kommt der Familie und Partnerschaft zu: Die Qualität der erlebten Partnerschaft und Familiensituation ist Auslöser für Mobilität und gleichzeitig eine der wichtigsten Ressourcen, um die Mobilitätsfolgen abzupuffern. Sie wird jedoch selbst durch die Mobilität stark belastet. Hier wird ein Dilemma der mobilen Lebensform erkennbar, das kaum auflösbar erscheint.

7.3.3 Folgen mobiler Arbeit

Mobile Arbeit umfasst sowohl Beförderungsberufe als auch Arbeit an wechselnden Arbeitsorten. Bei mobiler Arbeit unterscheiden sich nicht nur die Mobilitätserfordernisse, sondern auch die Berufe stark: Monteure auf Montage, Busfahrer, Matrosen und Stewardessen, Unternehmensberater und Soldaten sind in Hinblick auf ihre Arbeitsanforderungen so unterschiedlich, dass sich jeder Vergleich erübrigt. Ein aktueller Versuch, trotz der Unterschiedlichkeit der Berufe die Effekte der Mobilität zu erfassen, wurde im Rahmen der DGB-Initiative »Gute Arbeit« vorgenommen. Im Rahmen der repräsentativen Beschäftigtenbefragung wurden Beschäftigte mit einem festen Arbeitsort (n = 1.194) und Beschäftigte mit wechselnden Einsatzorten (n = 512) unterschieden. Ein Vergleich der beiden Gruppen unter Kontrolle der Variable Beruf zeigt, dass Beschäftigte mit wechselnden Arbeitsorten ihre Arbeitsbedingungen signifikant schlechter beurteilen und 41% sich nicht vorstellen können, unter diesen Bedingungen das Rentenalter zu erreichen. Bei den Beschäftigten mit festem Arbeitsort befürchten dies »nur« 30% (Inifes, ohne Jahr).

Auf der Ebene einzelner Berufe sind Wechselwirkungen zwischen den konkreten Tätigkeitsanforderungen und Mobilitätsbedingungen nachgewiesen. So zeigen beispielsweise Metaanalysen und Reviews zur Gesundheit von Busfahrern übereinstimmend, dass gesundheitsbezogene Fehlzeiten und das Risiko für Berufs- und Erwerbsunfähigkeit bei Busfahrern im Vergleich zu anderen Berufsgruppen deutlich erhöht ist. Busfahrer leiden verstärkt unter Schlafstörungen und chronischer Ermüdung, Anspannungen und mentaler Überlastungen. Erhöhte Blutdruckwerte und gesundheitsgefährdende Ausschüttungen von Stresshormonen sind nachgewiesen (Aust 1999). Welcher Anteil des erhöhten Morbiditätsrisiko auf die Mobilität und ihre Bedingungen zurückgeführt werden kann, ist jedoch nicht isoliert bestimmbar. So weisen beispielsweise Busfahrer aus Innenstadtbereichen mit einem höheren Verkehrsaufkommen höhere Raten an Herz-Kreislauferkrankungen auf als ihre Kollegen aus den Vororten (ebd.), jedoch wird in vielen epidemiologischen Studien darauf hingewiesen, dass das Erkrankungsrisiko stark von den konkreten Bedingungen der Arbeitstätigkeit wie Zeitdruck, Fahrgastaufkommen, Art der Fahrgastkontakte, Führungsverhalten, von den ergonomischen Arbeitsbedingungen und der Arbeitszeit (Schichtarbeit) abhängig ist (Kompier und Di Martino 1995).

7.3.4 Folgen von Entsendungen

Entsendungen stellen eine spezielle Variante der Mobilität an der Schnittstelle zwischen mobiler Arbeit und Umzugsmobilität dar. Mitarbeiter werden vom Unternehmen für eine gewisse Zeit ins Ausland entsendet, um dort einen neuen Markt zu erschließen oder das eigene Unternehmen zu vertreten. Darüber hinaus gibt es Entsendungen im Rahmen der Ländervertretungen, im Entwicklungsdienst, in der humanitären Hilfe oder bei internationalen Krisen. Auch hier findet sich wieder ein breites, nicht vergleichbares Tätigkeitsspektrum mit unterschiedlicher Relevanz für die Gesundheit: Bundeswehrsoldaten in Kampfeinsätzen werden traumatisiert, Polarforscher müssen sich mit der Isolation im Eis herumschlagen, Entwicklungs- und Krisenhelfer sind oft mit dem großen Leid der Hilfsbedürftigen am Einsatzort konfrontiert.

Eine schon erwähnte spezifische Problematik bei Auslandsentsendungen ergibt sich daraus, dass mehrjährige Entsendungen auch einen Transfer der Angehörigen erforderlich macht, wenn nicht die Familienbande durch die Entsendung zerstört werden sollen. In früheren Zeiten, in denen der Familienvater Alleinverdiener war, waren Entsendungen leichter zu realisieren, da die Partnerin keine eigenen beruflichen Ambitionen hatte. Das hat sich in den letzten Jahrzehnten deutlich verändert und die Entsendungspraxis vor neue Herausforderungen gestellt. In der Befragung »International Assignments Global Policy and Practice« aus dem Jahre 1999/2000, bei der 70.000 Expatriates aus 273 Unternehmen weltweit befragt wurden, lehnen 76% der Befragten einen internationalen Personaleinsatz aus familiären bzw. häuslichen Gründen ab. 59% entscheiden sich speziell aufgrund der Berufstätigkeit ihres Partners (Doppelkarriere) gegen eine Entsendung (Höfer 2002). Dies hat dazu geführt, dass es Unternehmen und anderen Institutionen zunehmend schwer fällt, Mitarbeiter für langfristige Einsätze im Ausland gewinnen zu können.

Erschwerend kommt hinzu, wie verschiedene Studien belegen, dass vor allem Mehrfachentsendungen für die mitreisenden Angehörigen zum Teil erhebliche psychische und soziale Probleme mit sich bringen (Gross 1994, Florian 2007): Partnerinnen und Partner des Entsendeten müssen ihren Beruf aufgeben oder für längere Zeit unterbrechen, Kinder müssen sich auf ein neues schulisches Umfeld einstellen, der transkulturelle Wechsel ist für alle Beteiligten psychisch und sozial beanspruchend. An einzelnen Orten wird die Lebensqualität zudem durch Kriminalität und politische Instabilität beeinträchtigt, in manchen Ländern bestehen besondere Gefahren für die Gesundheit (Rudolph 2002). Mitausreisende Partner/innen sind in der Regel nicht ausreichend auf die neue Lebenssituation vorbereitet. Insbesondere der Umgang mit freier Zeit ist von elementarer Wichtigkeit, da die Ehefrauen nicht nur ihre Berufstätigkeit aufgegeben haben, sondern oftmals noch durch Haushaltshilfen im Gastland von der Hausarbeit »befreit« werden. In Gefahrengebieten sind zudem die freien Bewegungsmöglichkeiten und damit die Möglichkeiten der Freizeitgestaltung stark eingeschränkt. Gleichzeitig sind die entsendeten Ehemänner besonders stark beansprucht und familiär nur begrenzt verfügbar (Florian 2007). Dies führt dazu, dass die Partnerinnen nach anfänglicher Euphorie aufgrund fehlender Aufgaben und Ziele in ein psychisches Loch fallen. In einer Studie von Coyle (zit. nach Gross 1994) litten 52% der befragten Frauen nach dem Umzug ins Ausland unter physischen Stresssymptomen, 41% gaben eine reduzierte Lebensqualität an und 37% berichten von zunehmenden Eheproblemen. Reduzierte Lebenszufriedenheit der Mutter und ein beruflich stark eingebundener Vater sind wiederum die wichtigsten Prädiktoren dafür, wie mitreisende Kinder die Lebenssituation in der Fremde bewältigen (Hormuth 1997).

Ein spezifisches psychosoziokulturelles Folgephänomen von Entsendungsmobilität zeigt sich an den Kindern Entsendeter. Kinder, »...die Flugzeug geflogen sind, bevor sie laufen gelernt haben, und die ihre Freunde nach Kontinenten sortieren« (Schnelle 2008, S. 1), haben die Globalisierung verinnerlicht und zum Teil ihrer eigenen Persönlichkeitsstruktur gemacht. Pollok und van Reeken (2001) beschreiben diese globalisierten Kinder als »Third Culture Kids«: Sie leben in einer »Zwischenkultur, zwischen Heimatland der Eltern und dem Gastland«, die geprägt ist von einem spezifischen Lebensstil und Erfahrungswissen der Exilantengemeinschaft. Ausgestattet mit vielfältigen kulturübergreifenden Fähigkeiten (z. B. dem genauen Beobachten der sozialen Umwelt und ihrer spezifischen Erfordernisse), sind sie in der Lage, sich schnell an andere Kulturen anzupassen, sie fühlen sich mehreren Nationen, bzw. Kulturen verbunden, pflegen meist umfangreiche soziale Beziehungen rund um den Globus, haben aber wenig persönliche intensive Beziehungen und gehen häufig ungern tiefere emotionale Bindungen ein, um den Trennungsschmerz zu vermeiden (ebd.). Als Kind wirken sie oft frühreif. Third Culture Kids haben häufig ein Gefühl der Wurzellosigkeit, Heimat ist global und wird nicht als Ort, sondern als Gefühl beschrieben, das sich an den engsten Beziehungen ausrichtet. In der Heimat ihrer Eltern fühlen sie sich als »hidden immigrants« oder Fremde in der eigenen

Kultur. Sozial hoch kompetent in der Anpassung an unterschiedliche Kulturen können sie überall sein, ohne irgendwo anzukommen (Ducki 2003a, Schnelle 2008, Rampas 2004).

7.3.5 Fazit

Der Zusammenhang zwischen Mobilität und Gesundheit ist vielfältig und von vielen unterschiedlichen Faktoren beeinflusst: Der Grund der Mobilität, die Arbeitstätigkeit selbst, die familiäre Situation, aber auch personenbezogene Merkmale wie Alter, Geschlecht oder Ortsgebundenheit bestimmen wesentlich, wie Mobilität erlebt wird und sich auf die Gesundheit auswirkt. Bei täglicher Mobilität sind Verkehrsaspekte wie Verkehrsaufkommen, Fahrtdauer, Fahrweg und das Beförderungsmittel relevante Einflussfaktoren. Bei wöchentlichen oder saisonalen Mobilitätsformen werden die Folgen in erster Linie durch die räumliche Trennung von den engsten Bezugspersonen, insbesondere der Familie verursacht. Fehlende soziale Kontinuität produziert Gefühle von Einsamkeit, Entwurzelung und Zerrissenheit. Bei mehrjährigen Entsendungen ergeben sich völlig neue Sozialisationsbedingungen für die nachfolgenden Generationen mit Auswirkungen auf individuelle Haltungen und Lebenseinstellungen bis hin zur Ausbildung neuer global angepasster Persönlichkeitsdispositionen.

Der Überblick hat darüber hinaus ergeben, dass Mobilität aufs Engste mit der Frage der Familie verbunden ist: Für eine gesunde Entwicklung von Kindern sind vor allem Eindeutigkeit, Bindung, Kontinuität und Sicherheit erforderlich. Diese unter Mobilitätserfordernissen zu gewährleisten ist ausgesprochen schwer und unter hohen Mobilitätsanforderungen nicht befriedigend lösbar. Die Forschung zeigt, dass auch die »Spagatfamilie«, die versucht, durch wesentliche räumliche und soziale Elemente im Leben Kontinuität zu bewahren und gleichzeitig den beruflichen Mobilitätserfordernissen zu genügen keine befriedigende Lösung darstellt (vgl. Beck 1986, Sennett 1998). Dennoch sind arbeitsbedingte Mobilitätsanforderungen fester Bestandteil der globalisierten Welt. Es stellt sich daher abschließend die Frage, was Unternehmen tun (können), um die Vorzüge der Mobilität zu erhalten und die negativen Folgen für Betroffenen so gering wie möglich zu halten.

7.4 Maßnahmen

In den letzten Jahren hat sich vor dem Hintergrund der geschilderten Problemlagen die Entsendungspraxis globaler Unternehmen deutlich gewandelt. Heute sind die Langzeitentsendungen im Vergleich zu anderen Entsendungsformen stark rückläufig (ECA International 2008). So bieten viele Unternehmen ihren Mitarbeitern laut der Studie »Trends in Managing Mobility 2007« mittlerweile eine Kombination aus Kurzzeit-, virtuellen, Pendler- und Langzeiteinsätzen an. Heute können auch verstärkt so genannte virtuelle Einsätze praktiziert werden, im Rahmen derer die Mitarbeiter internationale Verantwortung vom Heimatland aus ausüben und die Aufgaben durch eine Kombination aus intensiver Kommunikation über Telefon, E-Mail und Videokonferenzen, verbunden mit häufigen Geschäftsreisen in die jeweiligen Regionen erledigt werden. Größere Verbreitung finden zunehmend auch Pendler-Einsätze (Höfer 2002).

Bei nicht vermeidbaren arbeitsbedingten Umzügen ins Ausland sind eine sorgfältige Vorbereitung auf das Gastland und praktische Hilfen z. B. bei der Wohnungssuche und bei der Arbeitssuche eines mitziehenden Partners wichtige Unterstützungsmaßnahmen. Als besonders wichtig wird hervorgehoben, die mit ausreisenden Familienmitgliedern weitestgehend in die Entscheidung für den Wohnort einzubeziehen (Florian 2007) und besonders in der Phase der Entscheidung für oder gegen Mobilität Beratungs- und umfängliche Informationsangebote zur Verfügung zu stellen. Die Beratungs- und Informationsangebote im Vorfeld der Mobilitätsentscheidung sollten vor allem darauf ausgerichtet werden, dass die Betroffenen die Entscheidung als ein Mittel zum Zweck wahrnehmen können, eigene Lebensziele zu erfüllen. Dies gilt ausdrücklich für beide Lebenspartner. Internationale Unternehmen haben in den letzten Jahren zunehmend die Bedeutung der mitreisenden Lebenspartnerin erkannt und beziehen diese heute stärker in die Vorbereitung mit ein, z. B. durch praktische Unterstützung der Jobsuche im Gastland. Entsendende Mittelständler und Kleinunternehmen tun sich hier noch deutlich schwerer (Florian 2007).

Für auftretende Probleme im Ausland werden so genannte Employee Assistance Programms (EAP) vor Ort oder auch webbasiert angeboten.

Genauso wichtig wie die Vorbereitung und Vor-Ort-Betreuung im Ausland ist die Unterstützung in der Phase der Repatriierung. Hier ergibt sich neben der Wiedereingliederung der Familie in das Heimatland die besondere Problematik, dass häufig der erhoffte Karrieresprung des Entsendeten nicht erfolgt und er auf

Positionen arbeiten muss, die weit unter der Position liegen, die er im Ausland inne hatte (Kühlmann und Stahl 2001). Auch dieser nur selten auflösbare Misfit zwischen Erwartungen der Rückkehrer und den vorhandenen vakanten Führungsfunktionen hat viele Unternehmen dazu bewogen, auf Langzeitentsendungen zu verzichten, wo es irgend möglich ist. Darüber hinaus werden zur Erleichterung der Rückkehr Mentorenprogramme, regelmäßige Heimaturlaube, Workshops zum Transfer der Auslandserfahrungen, Hilfen bei der Schulsuche und wieder Unterstützung bei der Stellensuche des Partners angeboten (ebd.).

Die Auswirkungen der Mobilität werden entscheidend von den individuellen und familialen Fähigkeiten bestimmt, die mobile Lebenssituation zu gestalten. Einflussmöglichkeiten der Arbeitgeber beziehen sich hier vor allem auf die familienfreundliche Gestaltung der äußeren Rahmenbedingungen. So profitieren alle Pendlerformen von einer höheren Flexibilität und Autonomie bei der Gestaltung der Arbeitszeiten und den Möglichkeiten der Telearbeit (Ducki und Maier 2001, Limmer 2005). Darüber hinaus sollten die Rhythmen des Zusammen- und Getrenntseins möglichst gleichmäßig sein, um eine bessere Planung zu ermöglichen. Betriebe sollten daher regelmäßige und möglichst kurzzyklische Pendelrhythmen unterstützen bzw. ermöglichen. Notwendig ist weiterhin eine betriebliche Akzeptanz (Vorgesetzte, Kollegen) der besonderen Situation der Pendler. Diese Akzeptanz sollte nicht nur verbal geäußert werden, sondern auch in der konkreten Arbeitsplanung (z. B. »pendlerfreundliche« Terminplanung) zum Ausdruck kommen.

Abschließend soll noch einmal an die Arbeitsnomaden ohne Lobby erinnert werden, deren Lebenssituation nicht nur durch die Trennung von ihrer Heimat und ihrer Familie geprägt ist, sondern auch durch besonders hoch belastete und teilweise unwürdige Arbeitsbedingungen. Wer nimmt sich ihrer Interessen in der globalisierten Welt an – wer fühlt sich verantwortlich? Im eigenen Land sollte zumindest dafür gesorgt werden, dass sie zu fairen Löhnen und unter humanen Arbeitsbedingungen arbeiten können, um ihnen und ihren Familien daheim ein menschenwürdigeres Leben zu ermöglichen.

Literatur

Aust B (1999) Gesundheitsförderung in der Arbeitswelt. Umsetzung stresstheoretischer Erkenntnisse in einer Intervention bei Busfahrern. Lit-Verlag, Münster

Beck U (1986) Risikogesellschaft. Auf dem Weg in eine andere Moderne. Suhrkamp, Frankfurt/M

Blickle W (2005) Darstellung und Analyse besonderer Belastungseffekte bei Berufspendlern. Universität Ulm, Göppingen

Bota A, Sußebach H, Willeke S (2009) Die Vertreibung. Die Zeit 16 http://www.zeit.de/200916/DOS-Globalisierung (Zugriff 1. Juli 2009)

Costa G, Pickup L, Di Martino V (1988) Commuting – a further stress factor for working people: evidence from the European Community. A review. International Archives of Occupational Environmental Health 60:371–376

Ducki A, Maier W (2001) Belastungen und Ressourcen der Mobilität: Erste Ergebnisse der Pendlerbefragung im Auswärtigen Amt. In: Dokumentation der Tagung ‚Mobilität und Familie' am 2.4.01 in Berlin:22–33

Ducki A (2003a) Räumliche Bindungsphänomene bei Menschen mit hohen beruflichen Mobilitätserfordernissen – Zur Bedeutung alltäglichen Handelns für die Entstehung von Heimat. In: Kumbruck C, Dick M, Schulze H (Hrsg) Arbeit – Alltag – Psychologie – Über den Bootsrand geschaut. Asanger, Heidelberg, S 183–201

Ducki A (2003b) Heute hier morgen dort: Ergebnisse einer Untersuchung mit WochenpendlerInnen zu Zusammenhängen von Mobilität, Arbeit und Gesundheit. Vortrag auf dem Forschungskolloquium am 1. Juli 2003 in der Pädagogischen Psychologie der Martin-Luther-Universität Halle-Wittenberg, Halle/Saale

ECA International (2008) Managing Mobility (2008) http://www.openpr.de/news/234302/Managing-Mobility-2008-ECA-International-veroeffentlicht-Studie-rund-um-internationale-Mitarbeiterentsendungen.html (Zugriff 4. Juli 2009)

European Commission (2005) Europeans and mobility: first results of an EU-wide survey http://www.dgap.gov.pt/media/0601010000/austria/MobilityEurobarometerSurvey.pdf (Zugriff 5. Juli 2009)

Florian E (2007) Alltags- und Integrationsprobleme von mitausgereisten Partnern. Personalführung 2:64–73

Freymeyer K, Ötzelberger M (2000) In der Ferne so nah – Lust und Last der Wochenendbeziehungen. Links, Zürich

Gerstel N, Gross H (1984) Commuter marriage. Guilford Press, New York

Gottholmseder G, Nowotny K, Pruckner GJ et al (2009) Stress Perception and Commuting. Health Economics 18:559–576

Gross P (1994) Die Integration der Familie beim Auslandseinsatz von Führungskräften – Möglichkeiten und Grenzen international tätiger Unternehmen. Unveröffentlichte Dissertation. Universität St. Gallen

Gstalter H, Fastenmeier W (1997) Beanspruchung durch verschiedene Verkehrsmittel auf dem Arbeitsweg. In: Benda H, Bratge D (Hrsg) Psychologie der Arbeitssicherheit, 9. Workshop 1997. Asanger, Heidelberg, S 313–317

Höfer R (2002) Konzepte der Vereinbarkeit von Familie und Beruf bei Entsendungen In: Bundesministerin für Familie, Senioren, Frauen und Jugend (Hrsg) Familie und Mobilität in den Zeiten der Globalisierung. Dokumentation des Kongresses am 25. und 26. Juni 2002 in Berlin, S 69–80

Hormuth SE (1997) Auswirkungen häufigen internationalen Wohnortwechsels auf Kinder und Jugendliche im Auswärtigen Dienst. Auswärtiger Dienst 58 (I–II):23–31

Inifes – Internationales Institut für empirische Sozialökonomie (ohne Jahr). Mobile Arbeit im Spannungsfeld der wahrgenommenen Arbeitsqualität. http://innotech.verdi.de/dgb-index_gute_arbeit/data/Mobile%20Beschaeftigte_anonymisiert.pdf (Zugriff 9. Juli 2009)

Kalter F (1994) Pendeln statt Migration? Die Wahl und Stabilität von Wohnort-Arbeitsort-Kombinationen. Zeitschrift für Soziologie 23:460–476

Kompier MAJ, Di Martino V (1995) Review of bus drivers' occupational stress and stress prevention. Stress Medicine 11:253–262

Koslowsky M (1997) Commuting stress: problems of definition and variable identification. Applied Psychology 46:153–173

Koslowsky M, Kluger AN, Reich M (1995) Commuting stress. Causes, effects, and methods of coping. Plenum Press. New York, London

Kühlmann TM, Stahl GK (2001) Problemfelder des internationalen Personaleinsatzes. In: Schuler H (Hrsg) Lehrbuch der Personalpsychologie. Hofgrefe, Göttingen, S 533–558

Limmer R (2005) Berufsmobilität und Familie in Deutschland. Zeitschrift für Familienforschung: Beiträge zu Haushalt, Verwandtschaft und Lebenslauf 17 (2):96–114

Novaco RW, Stokols D, Milanesi L (1990) Objective and subjective dimensions of travel impedance as determinants of commuting stress. American Journal of Community Psychology 18 (2):231–257

Novaco RW, Kliewer W, Broquet A (1991) Home environmental consequences of commute travel impedance, American Journal of Community Psychology 19:881–909

Ott E (1990) Belastungsdimensionen arbeitsbedingten Pendelns. Zeitschrift für Arbeitswissenschaft 44:234–239

Ott E, Gerlinger T (1992) Die Pendlergesellschaft. Bund-Verlag, Köln

Peukert R (1989) Die Commuter-Ehe als alternativer Lebensstil. Zeitschrift für Bevölkerungswissenschaft 15:175–187

Pollock D, Van Reeken R (2001) Third Culture Kids: growing up among worlds. Nicolas Brealey Publishing, Boston London

PWC – PriceWaterhouseCoopers (2001) Managing mobility matters – a European perspective http://users.anet.com/~smcnulty/docs/PwCEurope.pdf

PWC – PriceWaterhouseCoopers (2006) Managing Mobility 2006 http://www.pwc.ch/user_content/editor/files/publ_tls/pwc_managing_mobility_matters_e.pdf

Rampas M (2004) Babyspeck und Bonusmeilen http://www.spiegel.de/unispiegel/wunderbar/0,1518,312705,00.html (Zugriff 4. Juli 2009)

Rapp H (2003) Die Auswirkungen des täglichen Berufspendelns auf den psychischen und körperlichen Gesundheitszustand. Universität Ulm, Ulm

Rudolph S (2002) Familie und Mobilität im Auswärtigen Dienst. In: Bundesministerin für Familie, Senioren, Frauen und Jugend (Hrsg) Familie und Mobilität in den Zeiten der Globalisierung. Dokumentation des Kongresses am 25. und 26. Juni 2002 in Berlin, S 64–68

Schneider NF (2008) Heimatverbunden, aber hoch mobil. Presseinformationen der Universität Mainz. http://www.uni-mainz.de/presse/22455.php (Zugriff 4. Juli 2009)

Schneider NF, Limmer R, Ruckdeschel K (2002) Berufsmobilität und Lebensform. Sind berufliche Mobilitätserfordernisse in Zeiten der Globalisierung noch mit Familie vereinbar? Schriftenreihe des Bundesministeriums für Familie, Senioren, Frauen und Jugend Band 208. Kohlhammer, Stuttgart

Schnelle J (2008) Third Culture Kids: Rückkehr in die Fremde? Das Leben in der dritten Kultur. Beiträge zur Politikwissenschaft. Scientia Bonnensis, Bonn Manama New York Florianopolis

Sennett R (1998) Der flexible Mensch. Die Kultur des neuen Kapitalismus. Berlin-Verlag, Berlin

Statistisches Bundesamt (2004) Sonderberechnungen aus dem Mikrozensus. Referat VIII C2 – S04060. Nachrichtlich

Thomas A, Schroll-Machl S, Kinast E (2003) Expatriates und ihre Familien. In: Handbuch interkultureller Kommunikation und Kooperation, Bd 1. Grundlagen und Praxisfelder, Göttingen

Wagner M (1989) Räumliche Mobilität im Lebensverlauf. Enke, Stuttgart

Widmer E, Schneider NF (2006) State-of-the-Art of Mobility Research. A Literature Analysis for Eight Countries, Job Mobilities Working Paper No. 2006-01 http://www.jobmob-and-famlives.eu/links.html (Zugriff 4. Juli 2009)

Kapitel 8

Nacht- und Schichtarbeit

B. Beermann

Zusammenfassung. *Die Arbeit während der Nacht bzw. in Nacht- und Schichtarbeit stellt besondere Anforderungen an die Beschäftigten. Sie müssen sich flexibel variierenden Arbeitszeitmustern anpassen. Trotzdem wird von ihnen erwartet, dass sie zu jeder Zeit optimale Leistungen erbringen. Nicht selten sind Schichtarbeitnehmer zudem besonderen Belastungen wie ungünstigen Umgebungsbedingungen und hohen körperlichen und psychischen Belastungen ausgesetzt. Diese hohen Anforderungen führen zu einem höheren Risiko gesundheitlicher Beeinträchtigung, zu reduzierter Leistungsfähigkeit speziell in der Nacht und zu einem erhöhten Unfallrisiko. Obwohl in den klassischen Schichtarbeitsbereichen die Anzahl der Beschäftigten sinkt, nimmt der Anteil der Schichtarbeit insgesamt zu. Demzufolge ist auch die Frage der Gestaltung von Schichtsystemen zur Minimierung der negativen Folgen von zunehmendem Interesse. Dabei kommt die Gestaltung der Schichtarbeit nach arbeitswissenschaftlichen Kriterien insbesondere den älteren Schichtarbeitnehmern zugute und erhöht somit die individuelle Beschäftigungsfähigkeit.*

8.1 Einleitung

Das Bundesverfassungsgerichtsurteil zur Nachtarbeit von Frauen aus dem Jahr 1992 hebt hervor, dass die Arbeit im Schichtdienst unter Einbeziehung der Nachtarbeit eine zusätzlich zur Arbeitstätigkeit bestehende Belastung darstellt. Auf dieses – auf wissenschaftlichen Untersuchungen basierende – Urteil hat der Gesetzgeber durch die Aufnahme spezifischer Schutzmaßnahmen in das Arbeitszeitgesetz reagiert.

8.1.1 Heutige Herausforderungen

Obwohl vielfach intuitiv davon ausgegangen wird, dass die Schichtarbeit als Bestandteil der klassischen Arbeitsbereiche wie Kohle und Stahl heute an Bedeutung verliert, zeigen die aktuellen Zahlen zur Schicht- und Nachtarbeit, dass dies eine Fehlannahme ist. Es haben sich vielmehr die Arbeitsbereiche, in denen Schichtarbeit anzutreffen ist, geändert. So beträgt der Anteil der Schichtarbeitnehmer im Bereich des produzierenden Gewerbes (ohne Bau) immer noch 33,0%. Im Bereich Handel, Gastgewerbe und Verkehr liegt er bei 34,8% und bei den Öffentlichen und Privaten Dienstleistungen bei 23,8% (BAuA 2006).

Heute ist es für immer mehr Betriebe von existenzieller Bedeutung, die Arbeitszeiten der Nachfrage anpassen zu können und damit ihre Investitionsgüter optimal zu nutzen.

8.1.2 Unterschiedliche Schichtsysteme

Die Gestaltung der Schichtarbeit muss den Anforderung des Betriebes, aber auch den Anforderungen des

Arbeits- und Gesundheitsschutzes der Arbeitnehmer gerecht werden. Es gibt eine unüberschaubare Anzahl von Systemen. Nach einem groben Raster lassen sich »permanente Systeme«, z. B. Dauerfrühschicht, Dauernachtschicht und »wechselnde Systeme«, z. B. das traditionelle System, je eine Woche Frühschicht, Spätschicht und Nachtschicht, unterscheiden (Rutenfranz und Knauth 1987). In den letzten Jahren hat die Verbreitung von Systemen mit kurzen Wechseln erheblich zugenommen. Bei den wechselnden Systemen muss zudem unterschieden werden zwischen kontinuierlichen Systemen (so genannten Konti-Systemen) mit einer Betriebszeit von bis zu 168 Stunden/Woche, bei denen das Wochenende als Arbeitszeit eingeschlossen ist, und den nicht kontinuierlichen Systemen mit einer Arbeitszeit von bis zu 120 Stunden (Aussparung des Wochenendes). Konti-Systeme finden sich traditionell in den Bereichen, in denen aufgrund der definierten Anforderungen eine 24-Stunden-Versorgung sichergestellt werden muss, oder aber in den Bereichen, in denen aufgrund technologischer oder ökonomischer Vorgaben »rund um die Uhr« gearbeitet werden muss.

Dieses »traditionelle« Klassifikationsraster ist heute nicht mehr geeignet, die Vielfältigkeit der vorhandenen Arbeitszeitmodelle zu beschreiben. Eine einfache kategoriale Zuordnung ist kaum noch möglich. In der heutigen Arbeitswelt finden sich »gespaltene, geschichtete und integrierte Arbeitszeitmodelle« (Kutscher und Weidinger 1992, Weidinger et al. 1989), die der traditionellen Schichtarbeit nur noch bedingt ähneln. Eine wissenschaftlich haltbare, statistisch abgesicherte Analyse der Wirkungen einzelner Arbeitszeitmuster wird zunehmend komplexer. Für die Analyse der sich aus einem spezifischen Arbeitszeitmuster ergebenden Problemlage im gesundheitlichen und sozialen Bereich und für die Formulierung optimierter Lösungsmöglichkeiten ist demzufolge nicht nur die kategoriale Zuordnung von Bedeutung. Vielmehr ist die Definition von Einzelkriterien wichtig, die in spezifischem Zusammenhang zu einem erhöhten Risiko gesundheitlicher oder sozialer Beeinträchtigung stehen. Ein wesentlicher, determinierender Faktor bei diesen Arbeitszeitmodellen ist die Arbeitstätigkeit bzw. die Arbeitsschwere.

8.2 Belastung durch Schichtarbeit

Die Arbeitszeitgestaltung – und in diesem spezifischen Fall die Schichtarbeit – ist eine zusätzlich zur tätigkeitsspezifischen Anforderung auf die Beschäftigten einwirkende Belastung. Es zeigt sich, dass für Arbeitnehmer im Schichtdienst häufig in der Arbeitssituation ein – verglichen mit Beschäftigten in Tagarbeit – höheres Belastungspotenzial besteht und gleichzeitig geringere Ressourcen, wie die Unterstützung durch Vorgesetzte oder Qualifizierungsmöglichkeiten, zur Verfügung stehen (BAuA 2006).

8.2.1 Aktuelle empirische Ergebnisse zur Belastungssituation von Schichtarbeitnehmern

Die differentielle Belastungssituation von Beschäftigten zeigt sich auf verschiedenen Ebenen. Belastungsorientiert werden physische und psychische Belastungen sowie Belastungen, die sich aufgrund spezifischer Umgebungsfaktoren ergeben, unterschieden. Neben der Belastung tritt in den letzten Jahren zunehmend die Frage nach den unterstützenden Faktoren (Ressourcen) in den Fokus der wissenschaftlichen Betrachtung.

Physische Belastungen

Vorliegende Ergebnisse aus einer aktuellen, repräsentativen Beschäftigtenbefragung der BAuA in Zusammenarbeit mit dem Bundesinstitut für Berufsbildung (BIBB/BAuA-Erwerbstätigenbefragung 2005/06) zeigen, dass die Schicht- und Nachtarbeit auch heute noch wesentlich geprägt ist durch zusätzliche Belastungsfaktoren. Dies gilt für die physischen Belastungen.

Wie aus Tabelle 8.1 hervorgeht, ist der Anteil an Schichtarbeitern, die häufig unter belastenden Arbeitsumgebungsbedingungen arbeiten oder aber mit körperlichen Belastungen konfrontiert sind, durchgängig höher als bei Beschäftigten in »Normalarbeitszeit«.

Psychische Belastungen

Bei der Schichtarbeit treten neben den physischen Mehrbelastungen zusätzlich auch vermehrt psychische Belastungsfaktoren auf.

Wie aus Tabelle 8.2 hervorgeht, gilt auch für die psychischen Belastungen, dass der Anteil der Schichtarbeitnehmer sich zu einem höheren Prozentsatz mit den genannten psychischen Belastungsfaktoren konfrontiert sieht. Eine Ausnahme bilden lediglich die Kriterien »neue Aufgaben«, »Verfahren verbessern; Neues ausprobieren«, die von den Nicht-Schichtarbeitern häufiger genannt werden. Diese Aspekte sind bis zu einem gewissen Grad im Sinne einer Weiterqualifizierung im

Tabelle 8.1. Physische Arbeitsbelastungen im Vergleich Schichtarbeit/keine Schichtarbeit

Arbeitsbedingungen »häufig«	Schicht-arbeit	Keine Schicht-arbeit
Arbeit im Stehen	77,8	49,1
Arbeit im Sitzen	32,6	60,4
Heben/Tragen schwerer Lasten (Männer: > 20 kg; Frauen: > 10 kg)	34,4	18,8
Rauch, Staub, Gase, Dämpfe	22,3	11
Kälte, Hitze, Nässe, Feuchtigkeit, Zugluft	29,1	18,5
Öl, Fett, Schmutz, Dreck	27,3	14,3
Zwangshaltung (gebückt, hockend, kniend, liegend)	19,4	12,5
Erschütterungen, Stöße, Schwingungen	7,3	3,7
Grelles Licht, schlechte Beleuchtung	15,9	7
Gefährliche Stoffe, Strahlung	10,9	5,4
Schutzkleidung, -ausrüstung	35,8	16
Lärm	37,2	19,4
Mikroorganismen (Krankheitserreger, Bakterien, Schimmelpilze, Viren)	13,7	5,3

Quelle: BiBB/BAuA Erwerbstätigenbefragung, 2006

Tabelle 8.2. Psychische Arbeitsanforderungen im Vergleich Schichtarbeit/keine Schichtarbeit

Arbeitsanforderungen »häufig«	Schicht-arbeit	Keine Schicht-arbeit
Termin- und Leistungsdruck	54,7	53,1
Arbeitsdurchführung in Einzelheiten vorgeschrieben	37,3	18
Arbeitsgang wiederholt sich bis in alle Einzelheiten	64,9	46,8
Neue Aufgaben	31,8	41,6
Verfahren verbessern; Neues ausprobieren	23,1	29,4
Bei der Arbeit gestört; unterbrochen (Kollegen, schlechtes Material, Maschinenstörungen, Telefon)	45,5	46,3
Stückzahl, Mindestleistung, Zeit vorgeschrieben	41,2	27,7
Nicht Gelerntes/nicht Beherrschtes wird verlangt	9,2	8,7
Verschiedene Arbeiten/Vorgänge gleichzeitig im Auge behalten	60,5	58
Kleiner Fehler – großer finanzieller Verlust	19,2	14,1
An Grenzen der Leistungsfähigkeit gehen	20,4	15,8
Sehr schnell arbeiten	54	40,7
Arbeit belastet gefühlsmäßig	14,9	11,1

Quelle: BiBB/BAuA Erwerbstätigenbefragung, 2006

Beruf als positive Herausforderung anzusehen und damit als fehlende Ressource für die Schichtarbeiter zu bewerten. Ein nur marginaler Unterschied zugunsten der Schichtarbeitnehmer ergibt sich für das Kriterium »bei der Arbeit gestört …«.

Ressourcen zur Belastungsbewältigung

Schichtarbeiter haben seltener einen Einfluss auf die Planung ihrer Arbeit. Ihre Handlungsspielräume sind damit häufiger eingeschränkt (s. Tabelle 8.3).

Was den Aufbau bzw. die Nutzung von Ressourcen zur Bewältigung der bestehenden Belastungen betrifft,

Tabelle 8.3. Nicht bzw. selten vorhandene Handlungsspielräume

Handlungsspielraum »häufig«	Schichtarbeit	Keine Schichtarbeit
Eigene Arbeit selbst planen	50,5	76,5
Einfluss auf zugewiesene Arbeitsmenge	27,7	37,3
Selbst entscheiden, wann Pause	41,1	61,2

Quelle: BiBB/BAuA Erwerbstätigenbefragung, 2006

so wird mit 17,4% versus 12,1% von den Schichtarbeitnehmern häufiger geäußert, dass sie nicht rechtzeitig über Entscheidungen informiert wurden, und 10,2% der Schichtarbeiter im Vergleich zu 7,7% der Nicht-Schichtarbeiter sagen, dass ihnen häufig die notwendigen Informationen für ihre Arbeit fehlen.

Bei der Unterstützung durch Vorgesetzte und Kollegen wird von den Schichtarbeitnehmern etwas häufiger geäußert, dass sie die Unterstützung durch die Kollegen – wenn notwendig – bekommen. Die Unterstützung durch die Vorgesetzten wird dagegen von einem geringeren Anteil genannt (s. Tabelle 8.4).

8.2.2 Demographische Herausforderung

Vor dem Hintergrund des »demographischen Wandels« ist insbesondere die Berücksichtigung des Alters bei der Gestaltung von Nacht- und Schichtarbeit von Bedeutung. In der Altersgruppe von 35 bis 44 Jahren ist immerhin noch jeder vierte in Schichtarbeit tätig. Bei den 45- bis 54-Jährigen sind es noch 22,6% und bei den 55- bis 64-Jährigen ist noch jeder sechste in Schichtarbeit beschäftigt. Mit zunehmendem Alter lässt die Anpassungsfähigkeit insbesondere an die Nachtarbeit und den veränderten Schlaf-Wach-Rhythmus nach. Ein Problem ist sicherlich die zunehmende Schlaffragmentierung, die graduelle Reduktion der Tiefschlafphasen und die zunehmende Weckbereitschaft. Dieses veränderte Schlafverhalten führt nicht selten während der Schicht zu erhöhter Schläfrigkeit. Ältere Arbeitnehmer in Schichtarbeit entwickeln dementsprechend häufiger Schlafstörungen. Für sie ist die Dosierung der Belastung von besonderer Bedeutung. Optimal wären wenige eingestreute Nachtschichten und die Vermeidung komprimierter Arbeitszeiten.

8.2.3 Qualifizierung

Für die dauerhafte Erhaltung der Beschäftigungsfähigkeit ist zunehmend die Qualifizierung während des Berufslebens von Bedeutung. Die vergleichende Betrachtung der Teilnahme an Qualifizierungsmaßnahmen von Schichtarbeitnehmern und Nicht-Schicht-

Tabelle 8.4. Vorhandene und fehlende Ressourcen und die daraus resultierende Belastung

Ressourcen	»häufig«		»nie«	
	Schichtarbeit	Keine Schichtarbeit	Schichtarbeit	Keine Schichtarbeit
Am Arbeitsplatz Teil einer Gemeinschaft	78,1	77,8	4,1	3,7
Zusammenarbeit mit Kollegen ist gut	85,8	88	0,6	0,7
Unterstützung von Kollegen, wenn benötigt	81,4	77,8	1,4	2,2
Unterstützung von Vorgesetzten, wenn benötigt	55	59,7	5,7	5,6

Quelle: BiBB/BAuA Erwerbstätigenbefragung, 2006

arbeitnehmern zeigt, dass die Teilnahmequoten nicht weit auseinander klaffen (s. Tabelle 8.5). Die Motivation zur Teilnahme kam jedoch bei den Schichtarbeitnehmern deutlich häufiger nicht von den Beschäftigten selbst, sondern die Teilnahme war häufiger angeordnet bzw. erfolgte vermehrt auf Vorschlag des Vorgesetzten (s. Tabelle 8.6). Die Art der Qualifikation war sehr oft arbeitsplatzbezogen und damit beschränkt auf die aktuelle Tätigkeit.

Tabelle 8.5. Teilnahme an Qualifizierungsmaßnahmen

Besuchte Kurse	Schichtarbeit	Keine Schichtarbeit
ja, einen	12,7	13,4
ja, mehrere	41,4	44,2
nein	45,9	42,3

Quelle: BiBB/BAuA Erwerbstätigenbefragung, 2006

Tabelle 8.6. Anlass für die Teilnahme an Qualifizierungsmaßnahmen

Anlass	Schichtarbeit	Keine Schichtarbeit
Betriebliche Anordnung	38,6	26
Vorschlag durch Vorgesetzten	28,1	24,5
Eigener Entschluss	33	49,3

Quelle: BiBB/BAuA Erwerbstätigenbefragung, 2006

8.3 Wissenschaftliche Erkenntnisse zur Schichtarbeit

Die Schichtarbeit unter Einbeziehung der Nachtarbeit ist schon seit den 1980er Jahren Gegenstand der Forschung. Neben den erwarteten Effekten auf die Gesundheit der Beschäftigten steht die Frage der sozialen Desynchronisation im Fokus der Untersuchungen. Beschäftigte, die abgekoppelt sind vom »Zeitrhythmus« der Gesellschaft, sehen sich mit besonderen Anforderungen – bezogen auf die soziale Integration – konfrontiert. Ein weiterer Aspekt für die Bewertung der Folgen von Nacht- und Schichtarbeit ist das Leistungsverhalten. Darüber hinaus liegen valide Befunde vor, die einen bedeutsamen Zusammenhang zwischen Schicht- bzw. Nachtarbeit und Unfallgefährdung aufzeigen.

8.3.1 Gesundheitsbezogene Parameter

Bei der Betrachtung des Einflusses von Schicht- und Nachtarbeit auf die Gesundheit müssen unterschiedliche Aspekte berücksichtigt werden. Obwohl die Schichtarbeit eher zu unspezifischen Beeinträchtigungen führt, zeigen sich doch einige »Kardinalsymptome« bzw. spezifische Wirkzusammenhänge.

Circadianrhythmus

Gesicherte arbeitswissenschaftliche Erkenntnisse liegen darüber vor, dass es durch die Arbeit während der Nacht zu einer physiologischen Desynchronisation der Körperfunktionen kommt.

Der Mensch ist ein tagaktives Lebewesen, dessen Körperfunktionen am Tag auf Aktivität und in der Nacht auf Erholung eingestellt sind. Das Problem, das sich demzufolge aus der Wechsel- bzw. Nachtschichtarbeit ergibt, ist, dass der Beschäftigte im Schichtdienst entgegen dieser Steuerung nachts aktiv sein und tagsüber schlafen muss. Dieses Arbeiten entgegen der »inneren« Uhr stellt eine zusätzlich zur Arbeitstätigkeit bestehende Belastung dar, auf die mit zusätzlicher Anstrengung reagiert werden muss.

Die verstärkte »körperliche« Belastung durch die Arbeit in der Nacht äußert sich insbesondere durch verminderte Leistungsfähigkeit und Müdigkeit (Hayashi et al. 1996, Proctor et al. 1996, Sasaki et al. 1999, Caruso 2006). Diese verminderte Leistungsfähigkeit führt sowohl zu einem Anstieg der Fehlerfrequenz als auch zu einer Verlängerung der Reaktionszeiten. Daraus können sich je nach Tätigkeitsfeld erhebliche Risiken ergeben. Darüber hinaus führt insbesondere die wahrgenommene Müdigkeit häufig zu unangemessenen Bewältigungsstrategien bei den Beschäftigten. Ein erhöhter Konsum von Aufputschmitteln wie Kaffee und Zigaretten ist nicht selten (Akerstedt und Knutsson 1997). Der Einsatz dieser Mittel hat allerdings lediglich kurzfristige Effekte auf die Herz-Kreislauffunktionen, dem ein gesundheitliches Risiko als Langzeiteffekt gegenübersteht (Rutenfranz und Knauth 1987).

Gesundheitliche Auswirkungen

Obwohl die bei Nachtarbeitnehmern auftretenden Erkrankungen eher unspezifisch sind, können doch schichtarbeitstypische Störungen beschrieben werden. Dabei lassen sich manifeste Erkrankungen weniger deutlich mit Schichtarbeit in Verbindung bringen, während Befindlichkeitsstörungen, Schlaf- und Leistungsstörungen einen deutlicheren Zusammenhang zur Arbeit im Schichtdienst aufweisen.

Von Nachtarbeitnehmern geäußerte Beschwerden betreffen sehr häufig die Körperfunktionen, die in Zusammenhang mit dem circadianen Rhythmus stehen. Häufig genannte Beschwerden sind:

- Schlafstörungen; Schlafdefizit/chronische Müdigkeit – »chronique fatigue« (Akerstedt 1988, Kiesswetter 1988, Smith et al. 1998)
- Magen-Darmbeschwerden – gastrointestinale Beschwerden (Tüchsen et al. 1994, Harrington 1994)
- Herz-Kreislauferkrankungen – cardiovascular disorders
- Befindlichkeitsstörungen – reduced wellbeing

In der aktuellen wissenschaftlichen Diskussion steht die Frage nach einem möglichen Zusammenhang zwischen Brustkrebs und Nachtarbeit. Aus Tierversuchen vorliegende Ergebnisse legen den Schluss nahe, dass Störungen des Circadianrhythmus verstärkt zur Entwicklung von Brustkrebs oder auch Prostatakrebs beitragen. Abschließende Ergebnisse aus Humanstudien liegen noch nicht vor.

Schlaf

Neben der Tatsache, dass Schichtarbeiter in der Regel kürzer schlafen als Tagarbeitnehmer, ist die unterschiedliche Qualität des Schlafs von Bedeutung. Aufgrund der fehlenden Schlafdisposition am Vormittag ist die Schlafdauer bei Tagschlaf in der Regel deutlich kürzer als bei Nachtschlaf.

Die schlechtere Schlafqualität trägt außerdem dazu bei, dass der Tagschlaf des Schichtarbeitnehmers störanfälliger ist, was insbesondere durch die gleichzeitig intensiver als nachts wirkenden Außengeräusche zu häufigeren Unterbrechungen führt (Tepas und Carvalhais 1990).

Magen-Darmbeschwerden

Ebenfalls in Zusammenhang mit der physiologischen Desynchronisation sind die bei Schichtarbeitern gehäuft auftretenden Beschwerden im Magen-Darmbereich zu werten (Adenauer 1992, Cervinka et al. 1984). Die hohe Beanspruchung während der Nacht und z. T. auch der Wunsch zur Strukturierung der Nachtschicht führen dazu, dass viele Schichtarbeiter in der Nacht eine Mahlzeit einnehmen. Zu häufig handelt es sich dabei um eine unausgewogene, hochkalorische Mahlzeit. Nicht selten sind Fehlernährung und Übergewicht die Folge. Ein auf die spezifische Situation des Schichtarbeitnehmers zugeschnittener Ernährungsplan kann zu einer Risikominimierung beitragen (Korczak et al. 2002).

Herz-Kreislauf-Erkrankungen

Der Zusammenhang zwischen der Schichtarbeit und der Entwicklung einer Herz-Kreislauferkrankung wurde im Rahmen epidemiologischer Studien nachgewiesen. Dabei ist der spezifische Wirkmechanismus bislang nicht vollständig erklärt. Die vorliegenden Befundmuster weisen auf ein komplexes Zusammenspiel verschiedener Faktoren hin. Dabei spielt sowohl die zum circadianen Rhythmus versetzte Schlafzeit, Probleme im sozialen/privaten Bereich als auch das nicht selten ungünstigere Gesundheitsverhalten der Schichtarbeiter (Rauchen, ungünstige Ernährung, mangelnde Bewegung, Alkohol) eine Rolle.

Befindlichkeitsstörungen

Neben den Störungen, die Organsystemen zuzuordnen sind, klagen Schichtarbeiter häufiger über ein allgemein eingeschränktes Wohlbefinden. Sehr häufig handelt es sich dabei um psychovegetative Symptome, die Überlappungsbereiche mit den organbezogenen Symptomatiken haben.

Vorliegende arbeitswissenschaftliche Untersuchungen zeigen, dass es darüber hinaus spezifische individuelle Bedingungen gibt, die die Entwicklung schichttypischer Beschwerden begünstigen oder »verhindern« (Spurgeon 2003). Diese Voraussetzungen können sowohl dispositioneller Natur (chronische Erkrankung wie z. B. Depression) als auch umfeld- oder verhaltensorientiert (z. B. ruhige Schlafmöglichkeiten) sein. Jüngere Arbeitnehmer kompensieren die Belastung durch die Schichtarbeit besser als ältere. Wohnverhältnisse mit ruhigem Schlafumfeld erleichtern den Tagschlaf (Akerstedt und Knutsson 1997).

8.3.2 Soziale Beeinträchtigung

Neben der physiologischen Desynchronisation mit ihren impliziten Anpassungszwängen stellt auch die soziale Desynchronisation erhöhte Anforderungen an die Schichtarbeitnehmer. Gesellschaftliche und familiäre Aktivitäten konzentrieren sich in unserer Gesellschaft noch immer auf den Abend und das Wochenende (Bauer und Schilling 1994, Groß et al. 1991). Die gesellschaftliche Entwicklung und der zunehmende Anspruch auf die aktive Freizeitgestaltung hat zwar schon in begrenztem Maße zu einem Freizeitangebot über den ganzen Tag und die ganze Woche geführt, trotzdem sind die kollektiv »wertvollen« Stunden weiterhin die Abendstunden und die Zeit an den Wochenenden.

Je nach Lebenssituation ergeben sich aus der abweichenden Zeitstruktur der Schichtarbeiter unterschiedliche Anforderungen im familiären Bereich. Ein Großteil der älteren Untersuchungsergebnisse zur Nacht- und Schichtarbeit basieren auf »traditionellen« Familienstrukturen. Die typische Familienkonstellation ist dabei die Alleinverdienerfamilie mit nicht erwerbstätiger Partnerin plus Kinder. Die vorliegenden Erkenntnisse zur sozialen Beeinträchtigung berücksichtigen z. T. die neuerlichen gesellschaftlichen Entwicklungen nur unzureichend. Der Anteil der Single-Haushalte hat in den letzten zehn Jahren erheblich zugenommen. Damit verbunden ergibt sich auch eine veränderte »Supportstruktur« im familiären bzw. im privaten Bereich. Die für die Aufrechterhaltung sozialer Kontakte notwendige Zeit nimmt zu. Ebenso ergibt sich eine Zunahme der zeitlichen Inanspruchnahme für die Reproduktionsarbeiten. Beides führt zu einer Reduktion der verfügbaren Freizeit. Für den Fall einer Partnerschaft zweier berufstätiger Partner ergibt sich ein zusätzlicher Synchronisationsaufwand. Zusätzlich ist ein Rolleneffekt zu berücksichtigen. Insbesondere Frauen mit Kindern im Schichtdienst geben durchschnittlich eine höhere zeitliche Inanspruchnahme im häuslichen Bereich an als ihre männlichen Kollegen in vergleichbarer Situation.

8.3.3 Leistung und Risikoeinschätzung

Aufgrund der inneren Uhr (body clock) bzw. der Tagaktivität der Menschen ist auch die Leistungsbereitschaft und Leistungsfähigkeit der Beschäftigten während der Nacht erheblich beeinträchtigt (Folkard und Tucker 2003). Mit einem Leistungsanstieg am Vormittag, einem relativen Leistungstief in der Mittagszeit und einem erneuten Anstieg bis zum späten Nachmittag und folgendem kontinuierlichen Abfall der Leistungsfähigkeit bis in den späten Abend folgt die Kurve der Leistungsbereitschaft ebenfalls dem circadianen Rhythmus (s. Abb. 8.1).

Die Leistungsbereitschaft erreicht ihr absolutes Minimum ca. um 3.00 Uhr in der Nacht. In der »typischen« Nachtschichtzeit zwischen 19.00 und 7.00 Uhr

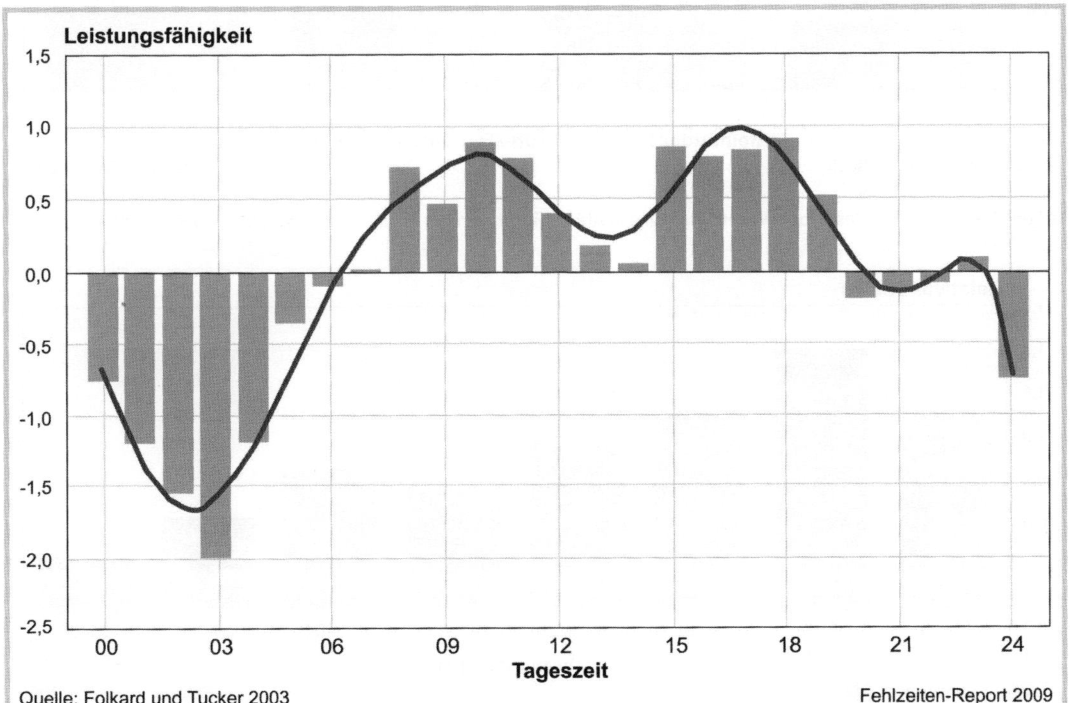

Abb. 8.1. Kurve der Leistungsfähigkeit in Abhängigkeit von der Tageszeit

liegt die Leistungsfähigkeit unter dem Durchschnitt. Die verminderte Leistungsfähigkeit umfasst psychische Fähigkeiten stärker als physische Fähigkeiten. Das zeigt sich in verminderten Reaktionszeiten, höheren Fehlerraten, geringerer Signalerkennungsquote und der verminderten Fähigkeit kognitive Aufgaben korrekt bearbeiten zu können. Leistungsminderungen ergeben sich nicht nur im Schichtverlauf. Sie werden darüber hinaus noch über die Reihenfolge bzw. die Anzahl der in Folge gearbeiteten Schichten überlagert (Hänecke et al. 1998, Akerstedt 1995).

Bezogen auf die Leistungsminderung stellt insbesondere das Fehlverhalten, das zu Unfällen führt, im Arbeitsprozess während der Nachtschicht ein erhebliches Problem dar. Untersuchungen (Folkard 2002) zeigen, dass das Unfallrisiko in der Schichtarbeit höher ist als in der »Normalarbeitszeit«. Beim Vergleich der Früh-, Spät- und Nachtschicht ergibt sich ein im Vergleich zur Frühschicht erhöhtes Risiko von 17,8% für die Spätschicht und für die Nachtschicht mit 30,6% (s. Abb. 8.2).

Neben dem generellen Einfluss des Faktors »Nachtarbeit« ergeben sich Einflüsse aus der Schichtarbeit. Das Unfallrisiko über den Schichtverlauf steigt mit Beginn der Schicht an und nimmt zum Ende hin wieder ab (s. Abb.8.3).

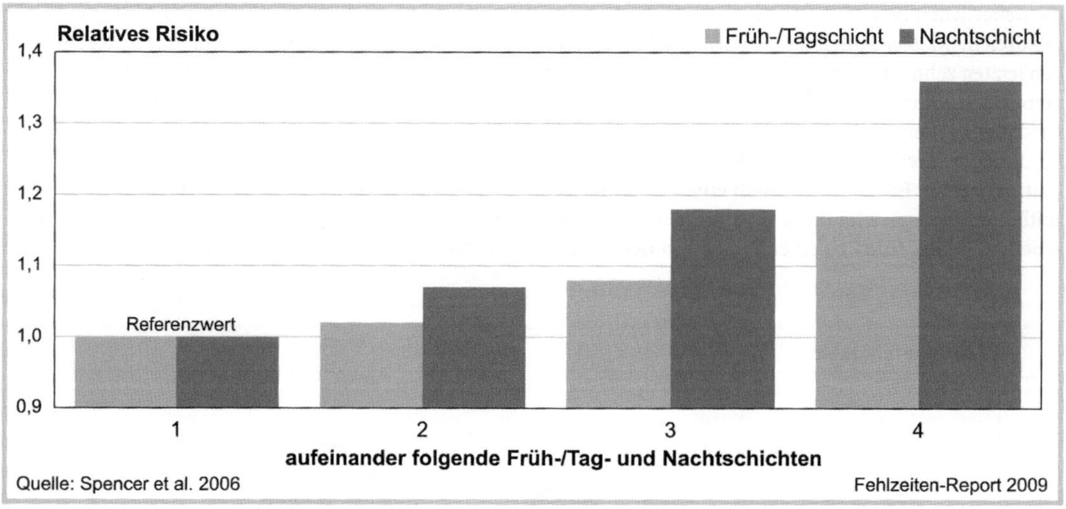

Abb. 8.2. Das relative Unfall- oder Verletzungsrisiko in Abhängigkeit von der Anzahl aufeinander folgender Schichten

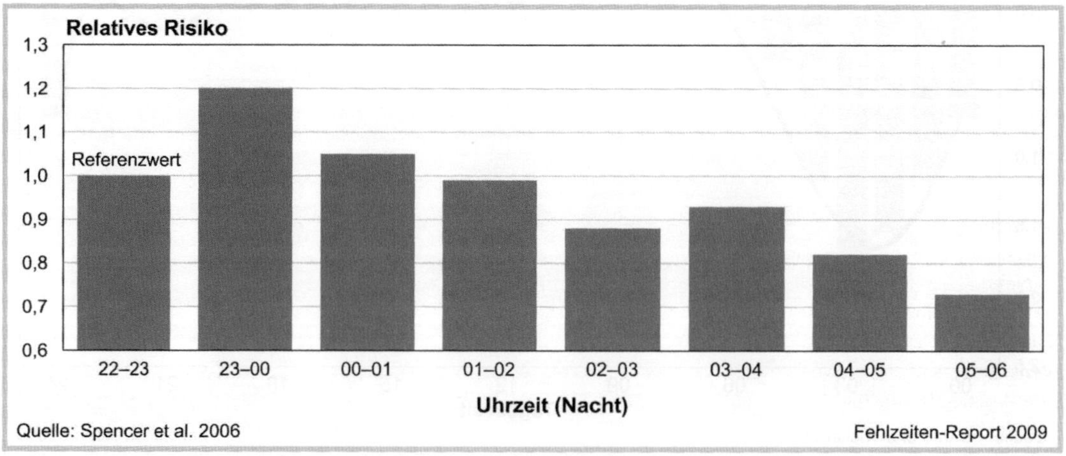

Abb. 8.3. Das relative Unfall- oder Verletzungsrisiko im Verlauf der Nachtschicht

8.4 Gestaltung von Schichtsystemen und deren Umsetzung

Obwohl es »das richtige Schichtsystem« nicht gibt, kann doch auf der Basis der vorliegenden wissenschaftlichen Erkenntnisse zum Themenbereich gesagt werden, dass es »bessere und schlechtere« Schichtmodelle in Bezug auf mögliche gesundheitliche oder soziale Beeinträchtigungen gibt (Beermann 2005, Wedderburn 1991). Der Gestaltung der Schichtarbeit kommt somit bezogen auf die nachhaltige Gesunderhaltung der Beschäftigten eine Schlüsselfunktion zu. Diese Gestaltungsempfehlungen sind im Übrigen auch die Basis für den in § 6 Arbeitszeitgesetz formulierten Gestaltungsauftrag. Das soll in der Realität aber nicht bedeuten, dass die Arbeitnehmer im Schichtdienst einer Umstellung ihres Arbeitszeitregimes immer positiv gegenüberstehen. Nicht selten sind bei einer Umstellung erhebliche Widerstände zu überwinden und umfangreiche Überzeugungsarbeit zu leisten.

8.4.1 Gestaltungsempfehlungen

Aus den vorliegenden wissenschaftlichen Erkenntnissen lassen sich folgende Empfehlungen ableiten:

Empfehlung 1: Die Anzahl aufeinander folgender Nachtschichten sollte möglichst klein sein. Möglichst nicht mehr als drei Schichten in Folge.

Obwohl Beschäftigte in Nachtarbeit häufig das Gefühl haben, sich an die Nachtarbeit gewöhnt zu haben, gibt es keine vollständige Anpassung der Körperfunktionen an den veränderten Tag-Nacht-Rhythmus. Die Anpassung ist immer nur partiell. Nachtarbeit ist somit immer Arbeit gegen die innere Uhr. Es muss demzufolge ein zusätzlicher physiologischer Aufwand von den Beschäftigten geleistet werden. Hinzu kommt, dass sowohl die Schlafdauer als auch die Schlafqualität des Tagschlafes nach einer Nachtschicht reduziert ist. Damit ergibt sich mit zunehmender Länge einer Schichtphase ein zunehmendes Schlafdefizit. Die schlechte Schlafqualität vermindert die Erholungswirksamkeit des Schlafes weiter.

Neben den physiologischen Determinanten stellt die zu beobachtende soziale Deprivation während der Nachtschichtphasen ein Problem dar. Traditionell langzyklische Systeme (eine Woche Früh-, eine Woche Spät-, eine Woche Nachtschicht) schließen die Beschäftigten ca. zwei Wochen in Folge von abendlichen Aktivitäten aus. Die Integration in das »normale« Familienleben ist zum Teil nicht möglich. Die Zeit für gemeinsame familiäre Aktivitäten ist erheblich eingeschränkt.

Empfehlung 2: Nach einer Nachtschichtphase sollte die Ruhezeit möglichst lang sein. Sie sollte nicht weniger als 24 Stunden betragen.

Aus der Erkenntnis, dass die Nachtarbeit eine zusätzlich zur Arbeitstätigkeit wirkende Belastung darstellt, folgt, dass auch die Erholzeit nach einer solchen Arbeitsphase möglichst lang sein sollte. Wünschenswert wäre eine Ruhezeit von 48 Stunden. Diese Anforderung ist allerdings bei Vollzeitarbeit (ca. 38 Stunden pro Woche) nicht zu realisieren. Besonders schwierig wird es bei der Gestaltung von Arbeitszeitsystemen mit vielen Nachtschichten und langer wöchentlicher Arbeitszeit.

Empfehlung 3: Zusammenhängende Freizeit am Wochenende ist besser als einzelne freie Tage.

Obwohl unsere Arbeitszeitlandschaft immer divergenter wird, liegen doch umfangreiche wissenschaftliche Untersuchungsergebnisse vor, die besagen, dass der Freizeitnutzenwert für Abendstunden und Wochenendzeiten deutlich höher ist als für Zeiten während der Woche.

Empfehlung 4: Arbeitnehmer in Schichtarbeit sollten möglichst mehr freie Tage haben als Beschäftigte in Tagarbeit.

Zur Kompensation der zusätzlichen Belastung durch die nächtliche Arbeitszeit sollten längere Erholzeiten zur Verfügung stehen. Damit verbunden wäre die Empfehlung, die Belastungszuschläge für die Schichtarbeit möglichst in Freizeit abzugelten.

Empfehlung 5: Ungünstige Schichtfolgen sollten vermieden werden. Ein Schichtsystem sollte vorwärts rotieren: Früh-, Spät-, Nachtschicht.

Ergonomische Studien haben ergeben, dass Beschäftigte, die in vorwärts rotierenden Systemen arbeiten, weniger gesundheitliche Probleme entwickeln. Die Erholzeiten zwischen den einzelnen Schichtphasen ist bei der vorwärts gerichteten Rotation länger und bietet somit mehr Erholzeit.

Empfehlung 6: Die Frühschicht sollte nicht zu früh beginnen.

Bei zu frühem Schichtbeginn in der Frühschicht kann diese Schicht aufgrund der »Vorlaufzeiten« zu einer Halbnachtschicht werden. Unter Berücksichtigung der heute vielfach langen Anfahrtszeiten zum Arbeitsplatz muss bei einem Schichtbeginn um 6.00 Uhr morgens von einer Aufstehzeit von ca. 4.00 Uhr ausgegangen werden. Diese Aufstehzeit reduziert in der Regel die Schlafdauer – die Beschäftigten verlegen ihre Schlafzeit nicht in den früheren Abend, was auch unter physiologischen Gesichtspunkten gar nicht ohne Weiteres möglich ist. Zudem berichtet ein Großteil der Wechselschichtler, dass sie vor der Frühschicht »Angst vor dem Verschlafen« haben und somit auch eine verminderte Schlafqualität zu erwarten ist.

Empfehlung 7: Die Nachtschicht sollte möglichst früh enden.

Diese Empfehlung ergibt sich aus den Erkenntnissen, dass die Schlafbereitschaft im Laufe des Vormittags abnimmt. Die Schlafdauer kann dementsprechend primär verlängert werden durch einen möglichst frühen Schlafbeginn.

Empfehlung 8: Individuelle Vorlieben sollten bei der Gestaltung des Arbeitszeitsystems berücksichtigt werden.

Aufgrund der für Schichtarbeiter schon erheblich eingeschränkten Arbeitszeitautonomie sollte – wo es möglich ist – auf die individuellen Wünsche Rücksicht genommen werden. Das betrifft die Frage der Schichtwechselzeiten aber auch die Möglichkeit der Auswahl von Schichten oder das individuelle Wechseln der Schichten.

Empfehlung 9: Die Konzentration von langen Arbeitszeiten auf einen Tag oder auch bezogen auf eine Arbeitswoche sollte möglichst vermieden werden.

Die Vorliebe für Schichtsysteme, die einen langen Freizeitblock ermöglichen, ist aus der Schichtarbeitsforschung bekannt. Insbesondere jüngere Beschäftigte präferieren diese Systeme, da es ihnen leichter fällt, die Belastung zu kompensieren. Mit steigendem Alter rücken dagegen »ausgewogenere« Systeme in den Vordergrund. Besonders verbreitet sind komprimierte Systeme im Krankenhausbereich. Nicht selten finden sich hier Dauernachtarbeitssysteme mit 12-Stunden-Schichten, in denen 12 Schichten in Folge gearbeitet werden. Diese Form der Arbeitszeitverdichtung birgt große Risiken bezogen auf die Unfallgefährdung, die Leistungsminderung und die Ausbildung gesundheitlicher Beeinträchtigungen.

Schichtsysteme sollten die Arbeitsschwere bzw. das Risiko einer Tätigkeit berücksichtigen. Eine Verlängerung von Acht-Stunden-Schichten sollte unbedingt vermieden werden bei:

- hoher psychischer oder physischer Belastung während der Arbeit,
- zusätzlich anfallenden Überstunden,
- hohem Risiko im Falle eines Fehlverhaltens,
- personeller Unterbesetzung,
- der Berücksichtigung von MAK-Werten (d. h. höchste zulässige Stoffkonzentration) am Arbeitsplatz,
- zusätzlichem Bereitschaftsdienst oder Rufbereitschaft.

Empfehlung 10: Schichtpläne sollten transparent und vorhersehbar sein.

Wie oben bereits beschrieben haben Arbeitnehmer im Schichtdienst nur begrenzte Möglichkeiten an gesellschaftlichen Aktivitäten zu partizipieren. Deshalb ist es für sie umso bedeutsamer, verlässliche Schichtpläne zu haben, mit denen sie auch ihre persönlichen Aktivitäten planen können. Individuelle Wünsche sollten berücksichtigt werden. Das Tauschen von Schichten zwischen den Beschäftigten sollte, soweit sich keine problematischen Schichtpläne für den Einzelnen daraus ergeben, erlaubt sein.

Verantwortliche, die einige Erfahrung mit der Gestaltung von Schichtsystemen besitzen, werden realisiert haben, dass die Empfehlungen zum Teil durchaus widersprüchlich sind. Das betrifft beispielsweise die Empfehlungen 6 und 7, in denen ein später Arbeitsanfang für die Frühschicht gefordert wird, gleichzeitig die Nachtschicht aber möglichst früh beendet werden sollte. Ebenso ist die Anforderung einer Ruhezeit von möglichst 48 Stunden nach einem Nachtarbeitsblock (Empfehlung 2) und gleichzeitig der Wunsch, möglichst viele freie Wochenenden zu haben (Empfehlung 3), in Vollzeitbeschäftigung nur sehr schwer zu erreichen. Die Gestaltung von Systemen ist demzufolge eine Optimierungsaufgabe, die im konkreten betrieblichen Umfeld geleistet werden muss. Entscheidungen für die Gestaltung sollten bezogen auf diese Kriterien immer unter Berücksichtigung der ganz konkreten Situation der Beschäftigten (z. B. Anfahrtswege, Infrastruktur) getroffen werden.

8.4.2 Umsetzungsproblematik

Die Kenntnis wissenschaftlicher Gestaltungskriterien ist leider in der Praxis keine hinreichende Bedingung für eine erfolgreiche Umstellung des Schichtsystems. Arbeitszeitumstellung spielt sich immer im Spannungsfeld unterschiedlicher betrieblicher Interessen ab, was nicht selten dazu führt, dass sowohl Geschäftsleitung, Betriebs- oder Personalrat als auch Beschäftigte unterschiedliche Vorstellungen von »optimierten« Systemen entwickeln. Auf der Basis empirischer Erkenntnisse hat sich gezeigt, dass eine Arbeitszeitumstellung nur dann erfolgreich sein kann, wenn sie in einem kooperativen Prozess organisiert wird. Für die Beschäftigten verursachen Arbeitszeitumstellungen häufig erhebliche Einschnitte ins Privatleben. Wird dieser Faktor nicht hinreichend berücksichtigt, führen auch große Bemühungen nicht zum Erfolg. Wichtig ist darüber hinaus, den Beschäftigten nachvollziehbare Informationen über Sinn und Zweck verschiedener Umstellungskriterien (siehe oben) zu geben.

Folgende Kriterien sollten bei der Umstellung berücksichtigt werden:

Mitarbeiterorientierung

Die Wünsche und Anregungen der Mitarbeiter sollten einbezogen und ernst genommen werden. Die Zufriedenheit mit dem Arbeitszeitsystem ist ein bestimmender Faktor für die Gesamtmotivation. Mitarbeiter, die mit ihrer Arbeitszeit unzufrieden sind, entwickeln nicht selten eine allgemeine Arbeitsunzufriedenheit mit den entsprechend negativen Auswirkungen auf die Leistungsbereitschaft.

Familiäre Situation der Beschäftigten

Je nach Alter und Lebensphase stellen die Beschäftigten unterschiedliche Anforderungen an die Arbeitszeitgestaltung. Wie oben bereits ausgeführt, sollte dieses berücksichtigt werden. Ältere Beschäftigte sollten nicht so viele Nachtschichten machen müssen und möglichst eine »gleichbleibende« Belastungssituation ohne extreme Spitzen (komprimierte Arbeitszeiten) haben.

Work-Life-Balance oder auch Arbeitszeitautonomie sind Begriffe, die für Schichtarbeiter eine in der Regel völlig andere Bedeutung haben als für Tagarbeitnehmer. So bedeutet z. B. für viele Krankenschwestern »Work-Life-Balance« die Verlegung der Arbeitszeit in die Nacht, um eine Vereinbarkeit zwischen Familie und Beruf zu erreichen. Interventionen im Krankenhausbereich haben gezeigt, dass die Veränderung von Arbeitszeitsystemen mit Dauernachtarbeit auf erhebliche Widerstände trifft, weil nur diese Form der Arbeitszeitgestaltung eine Vereinbarkeit von Familie und Beruf ermöglicht. Der Umstellungsprozess in solchen Bereichen muss die Rahmenbedingungen berücksichtigen, wenn er erfolgreich sein will.

Teams und Einkommen

Eine zentrale Frage bei der Umstellung eines Schichtsystems ist häufig die Beibehaltung der Teams. Nicht selten entzündet sich erheblicher Unmut daran, wenn nicht in den »gewohnten« Teams weitergearbeitet wird, sondern die Teams gemixt werden.

Eine weitere einflussreiche Komponente ist die Bezahlung. Arbeitszeitumstellungen, die z. B. durch Reduzierung des Anteils der Nachtarbeit zu einer Einkommensminderung führen, werden in der Regel abgelehnt, auch wenn sie unter gesundheitlichen bzw. Belastungsgesichtspunkten Vorteile bieten. Umstellungen sollten dementsprechend möglichst kostenneutral sein.

8.5 Fazit

Es ist davon auszugehen, dass trotz des rückläufigen Anteils an Beschäftigten in den klassischen Schichtarbeitsbereichen der Anteil der Schichtarbeitnehmer und damit auch die Nachtschicht an den Gesamtbeschäftigten konstant bleibt oder sogar ansteigt.

Eine Betrachtung der aktuellen Situation der Schichtarbeitnehmer zeigt, dass sie in erhöhtem Maße sowohl körperlichen Belastungen, ungünstigen Umgebungseinflüssen als auch psychischen Belastungen ausgesetzt sind. Gleichzeitig verfügen sie über weniger Ressourcen, wie Möglichkeiten der Kontrolle am Arbeitsplatz und geben seltener an, über Handlungsspielräume zu verfügen.

Ihr Anteil an Qualifizierungsmaßnahmen entspricht in etwa dem Anteil der Nichtschichtarbeiter. Die Art der Qualifizierung ist aber häufiger arbeitsplatzbezogen (Unterweisung am Arbeitsplatz, Qualitätszirkel) und seltener extern ausgerichtet (Fachmessen, Fachbücher, computergestütztes Lernen).

Der Anteil der Schichtarbeitnehmer in den höheren Altersklassen ist heute vergleichsweise gering, was sich aber vor dem Hintergrund des demographischen Wandels verändern wird. Der Anstieg des Durchschnittsalters der Beschäftigten in den Betrieben wird insbesondere für die Besetzung der Nachtarbeit zu einer erheblichen Herausforderung in der betrieblichen Praxis führen. Zur Lösung dieser Aufgabe können die obigen Empfehlungen, die aus den aktuellen arbeitswissenschaftlichen Erkenntnissen abgeleitet sind, ein zielführendes Hilfsmittel sein.

Literatur

Adenauer S (1992) Ernährung bei Nachtarbeit. Angewandte Arbeitswissenschaft 132:32–48

Akerstedt T (1988) Sleepiness as a consequence of shift work. Sleep 11:17–34

Akerstedt T (1995) Work injuries and time of day – national data. Shiftwork International Newsletter 12:2

Akerstedt T, Knutsson A (1997) Cardiovascular disease and shift work. Scandinavian Journal of Work, Environment and Health 23:241–242

Arbeitszeitgesetz (ArbZG; v. 06.11.1994). BGBl I, S 1170, 1171, zuletzt geändert durch Artikel 229 der Verordnung vom 31.10.2006 (BGBl I, S 2407)

BAuA (2006) BIBB/BAuA-Erwerbstätigenbefragung 2006. http://www.baua.de/arbeitsbedingungen (Download 15.06.2009)

Bauer F, Groß H, Schilling G (1994) Arbeitszeit '93. Ministerium für Arbeit, Gesundheit und Soziales des Landes Nordrhein-Westfalen. Bruns, Minden

Beermann B (2005) Leitfaden zur Einführung und Gestaltung von Nacht- und Schichtarbeit. Bundesanstalt für Arbeitsschutz und Arbeitsmedizin, Dortmund

Caruso CC (2006) Possible broad impacts of long work hours. Ind Health 44:531–536

Cervinka R, Kundi M, Koller M et al (1984) Shift related nutrion problems. In: Wedderburn A, Smith P (eds): Night and shiftwork: longterm effects and their prevention. Heriot-Watt University, Edinburgh, pp 14.1–14.18

Folkard S (2002) Work hours of Aircraft Maintenance Personnel. Report to: Civil Aviation Authority. London

Folkard S, Tucker P (2003) Shift work, safety and productivity. Occupational Medicine 53:95–101

Groß H, Stille F, Thoben C, unter Mitarbeit von Bauer F (1991) Arbeitszeiten und Betriebszeiten 1990. Ergebnisse einer aktuellen Betriebsbefragung zu Arbeitszeitformen und Betriebszeiten in der Bundesrepublik Deutschland. Hrsg v. Ministerium für Arbeit, Gesundheit und Soziales des Landes Nordrhein-Westfalen. Düsseldorf

Hänecke K, Tiedemann S, Nachreiner F et al (1998) Accident risk as a function of hours of work and time of day as determined from accident data and exposure models for the German working population. Scandinavian Journal of Work, Environment and Health 24:43–48

Harrington JM (1994) Shift work and health – a critical review of the literature on working hours. Annals Acadademy of Medicine Singapore 23 (5):699–705

Hayashi T, Kobayashi Y, Yamaoko D et al (1996) Effect of overtime work on 24-hour ambulatory blood pressure. Journal Occupational and Environmetal Medicine 30 (10):1007–1011

Kiesswetter E (1988) Das circadiane und adaptive Verhalten psychischer und physischer Funktionen bei experimenteller Schichtarbeit. In: Nachreiner F (Hrsg) Studien zur Arbeits- und Organisationspsychologie Bd 6. Lang, Frankfurt/M, S 331

Korczak D, Klotzhuber S, Tempel J et al (2002) Ernährungszustand von Nachtschichtarbeitern. Wirtschaftsverlag NW, Bremerhaven

Kutscher J, Weidinger M (1992) Flexible Lebensarbeitszeit – Zukunftsperspektive betrieblicher Arbeitszeitgestaltung. Personalführung 9:708–719

Nachreiner F, Akkermann S, Haenecke K (2000) Fatal accident risk as a function of hours of work. In: Hornberger S, Knauth P, Costa G et al (eds) Shiftwork in the 21st Century. Lang, Frankfurt, pp 19–24

Proctor SP, White RF, Robins TG et al (1996) Effect of overtime work on cognitive function in automotive workers. Scandinavian Journal of Work, Environment and Health 22 (2):124–132

Rutenfranz J, Knauth P (1987) Schichtarbeit und Nachtarbeit. Probleme – Formen – Empfehlungen. Bayerisches Staatsministerium für Arbeit und Sozialordnung, München

Sasaki T, Iwasaki K, Oka T et al (1999) Association of Working Hours with Biological Indices Related to the Cardiovascular System among Engineers in a Machinery Manufacturing Company. Ind Health 37 (4):457–463

Smith L, Folkard S, Tucker P et al (1998) Work shift duration: A review comparing eight hour and twelve hour shift systems. Occupational and Environmental Medicine 55:217–229

Spencer MB, Robertson KA, Folkard S (2006) The development of a fatigue/risk index for shift workers. Health and Safety Executive Report no 446. Available at: www.hse.gov.uk/research/rrhtm/rr446.htm

Spurgeon A (2003) Working Time – Its impact on safety and health. ILO, Geneva

Tepas DI, Carvalhais AB (1990) Sleep patterns of shiftworkers. Occup. Med. 5:199–208

Tüchsen F, Jeppesen HJ, Bach E (1994) Employment status, nondaytime work and gastric ulcer in men. International Journal of Epidemiology 23:365–370

Wedderburn A (1991) Leitlinien für Schichtarbeiter. Bulletin of European shiftwork topics. Europäische Stiftung zur Verbesserung der Lebens- und Arbeitsbedingungen, Dublin

Weidinger M, Hoff A, Huth B (1989) Beispielsammlung humaner Arbeitszeitsysteme. Schriftenreihe der Bundesanstalt für Arbeitsschutz (Fb 605), Dortmund

8

Kapitel 9

Ursachen und Konsequenzen von Arbeitssucht

H. Heide

Zusammenfassung. *Die Bedeutung von Arbeitssucht nimmt zu. Trotzdem ist sie als Krankheitsbild bisher nicht offiziell anerkannt, da die Wissenschaft von einer einheitlichen Einschätzung noch recht weit entfernt ist. Ein nicht unbedeutender Teil der betrieblichen Fehlzeiten aufgrund von Krankheiten kann aber auf Arbeitssucht als tiefere Ursache zurückgeführt werden. Es besteht Handlungsbedarf auf gesellschaftlicher wie auf betrieblicher Ebene. Um begründete Empfehlungen für Prävention und Intervention geben zu können, wird die Vielfalt der Erscheinungsformen der Arbeitssucht anhand der Typen, Charakteristika und Stadien verdeutlicht und ein theoretischer Erklärungsansatz vorgestellt. Dabei wird deutlich, dass die individuelle Arbeitssucht auf denselben posttraumatischen Verdrängungen von Angst beruht, wie die gesellschaftlich vorherrschende »protestantische Arbeitsethik«. Wesentlich an Aufklärung ansetzende und auf bloße Verhaltensänderung zielende Strategien der Intervention greifen hier nicht, da die Verdrängungen bearbeitet werden müssen. Zur Prävention wird auf Organisationsebene für eine Änderung üblicher Arbeitssucht fördernder personalwirtschaftlicher Konzepte plädiert.*

9.1 Einleitung

Die Bedeutung von Arbeitssucht nimmt zu (Heide 2002, Poppelreuter 2006). Trotz zahlloser Studien in den letzten drei Jahrzehnten ist sie als Krankheitsbild bisher jedoch nicht offiziell anerkannt. Für diese Ignoranz könnte Abwehr eine Rolle spielen. Dies wäre gerade unter der Annahme des Suchtcharakters sowohl auf der individuellen als auch auf der gesellschaftlichen Ebene durchaus plausibel. Die verwendete Begrifflichkeit hängt hiermit eng zusammen. Während sich in der nordamerikanischen Diskussion im Anschluss an Oates (1968) zunächst der Terminus »workaholism«, durchsetzte, der die enge Parallelität zu »alcoholism« hervorhebt, wird dieses Wort inzwischen nicht nur im Deutschen eher in einem verharmlosenden Sinn gebraucht, sodass sich für eine ernsthafte Auseinandersetzung der Suchtbegriff anbietet (Heide 2002a, Holland 2008).

Es ist ein Spezifikum der Arbeitssucht, dass sie unmittelbar den Kern der Dynamik der modernen Arbeitsgesellschaft[1] betrifft, etwas das auch die unzähligen Versuche der Unterscheidung »guter« und »schlechter«, »konstruktiver« und »destruktiver« Arbeitssucht erklärt: ob es nämlich gelingt, die disfunktionalen Aspekte oder Formen der Sucht zu bekämpfen, um ihre funktionalen Seiten nutzen zu können (siehe auch Holland 2008) sowie der Versuch, Arbeitssucht als Unbalanciertheit zu definieren und somit Verfahren wie »Work-Life-Balance« als therapeutische Mittel zu empfehlen.

Angesichts dieser Situation ist es angezeigt, außer Hinweisen auf Erscheinungsformen und Charakteris-

1 Holland (2008) spricht von »doing culture«.

tika sowie die individuellen Entstehungsbedingungen von Arbeitssucht in den folgenden Beitrag auch einige Hinweise auf gesellschaftlich-historische Dimensionen aufzunehmen. Denn erst wenn nicht nur über die vielfältigen Erscheinungsformen, in denen Arbeitssucht auftreten kann, sondern über deren tiefere Ursachen Klarheit herrscht, wird sich ein angemessener Umgang mit dieser Krankheit begründen lassen.

Der internationale Forschungsstand zeigt allerdings, dass die Wissenschaft von einer einheitlichen Einschätzung noch recht weit entfernt ist (Burke 2000, 2001; Poppelreuter 2006). Das hat unmittelbare Folgen für Aussagen über die Zahl der Betroffenen bzw. die Prävalenz. Dennoch soll im Folgenden der Versuch unternommen werden, Vorschläge zu einem angemessenen Umgang mit der Arbeitssucht zu begründen. Den Ausgangspunkt kann eine vorläufige, auf die Erscheinungsform abzielende Arbeitsdefinition bilden:

„Arbeitssucht ist eine fortschreitende pathologische Fixierung auf Arbeit bzw. das Arbeiten, zu der wesentlich Kontrollverlust und Entzugserscheinungen gehören.«

Wichtig ist dabei, dass diese Definition von vornherein nicht – wie in Teilen der Literatur üblich – auf das so genannte »exzessive« Arbeiten abstellt, dass sie vielmehr die gesamte Bandbreite von Vielarbeitern bis hin zu systematisch Arbeitsgehemmten umfasst. Es muss auch nicht ein der Sucht »völliges Verfallensein« (so Poppelreuter 2006) unterstellt werden.

9.2 Wie macht sich Arbeitssucht bemerkbar?

9.2.1 Typen

In der Literatur werden viele Ausprägungen beschrieben und auf deren Grundlage Typen gebildet, die in der Regel an den vielfältigen individuellen Erscheinungsformen festgemacht werden.

So unterscheidet Berger auf der Grundlage psychoanalytischer Kategorien verschiedene »Arbeitsstile«, die nach seiner Auffassung »arbeitssüchtig entgleisen können« (Berger 2000); Fassel unterscheidet (in Anlehnung an stoffliche Süchte und Esssucht): zwanghaft, anfallartig, heimlich sowie anorektisch arbeitende Arbeitssüchtige (Fassel 1994). Poppelreuter bildet auf Grundlage eigener Untersuchungen, die ausdrücklich auf die Symptomatik abzielen, folgende Typen: entscheidungsunsichere, überfordert-unflexible, verbissene und schließlich überfordert-zwanghafte Arbeitssüchtige (Poppelreuter 2002). Robinson hat unter dem Aspekt »Die vielen Gesichter der Arbeitssucht« wieder andere Typen beobachtet, nämlich die »rastlosen«, die »anfallkranken«, die »Aufmerksamkeitsdefizit-« und die »genießerischen« Workaholics, die er nach ihrer Einstellung zur Arbeit in einer Vierfeldertafel einordnen kann. Er fügt noch einen nicht in dieses Schema passenden Typ, den des »fürsorglichen Workaholics« hinzu, der nach seiner Aussage mit allen übrigen Typen kombiniert auftreten kann (Robinson 2000), wobei hier offenbar auf den Aspekt der »Co-Abhängigkeit«, eine der vielen Sekundär- oder Begleitsüchte, abgezielt wird.

Die unbefriedigenden Resultate einer wesentlich an der Symptomatik orientierten Typisierung können nur durch eine ganzheitliche[2] Betrachtung überwunden werden, welche die Enge einzelner Disziplinen – und sei es der Psychologie – überwindet und sozialwissenschaftliche wie auch historische Aspekte mit in ihre Methoden integriert.

Wenn man den Begriff »anorektisch« (Fassel 1994) nicht bloß metaphorisch verwendet, sondern ernsthaft in die Betrachtung einbezieht – was nach der oben vorgeschlagenen vorläufigen Definition naheliegt – dann können die verschiedenen Beobachtungen folgenden drei *Grundtypen* zugeordnet werden, die sich einer analytischen Erklärung als zugänglich erweisen:

- die – letzten Endes wenigen – wirklich Erfolgreichen, die »Workaholics«, im engeren Sinne;
- die ständig kämpfenden Vielarbeiter;
- die Erfolglosen, die sich ihr Leben lang als »Versager« erleben und die zum Arbeiten nahezu unfähig sind.

Entscheidend ist, dass in allen diesen Fällen trotz zum Teil geradezu entgegengesetzt erscheinender Ausprägungen die *Fixierung auf die Arbeit* den »Kick« liefert. Die dritte Kategorie der Erfolglosen einzubeziehen, ist nicht nur analytisch wichtig, sondern auch im Hinblick auf individuelle Therapien für die Betroffenen. Für die betriebliche Intervention spielt sie eine zu vernachlässigende Rolle, da sie dort wegen einer von vornherein entgegenstehenden Personalauswahl extrem selten auftritt, außer als Folge eines fortgeschrittenen Stadiums.

9.2.2 Stadien

Arbeitssucht erweist sich wie jede Sucht als ein dynamischer Prozess. Unter diesem Aspekt können die

2 oder »ultradisziplinäre« (Heide 2002a, S. 13 f).

genannten unterschiedlichen Typen oft auch bis zu einem gewissen Grad als unterschiedliche Stadien erklärt werden, in denen sich die Arbeitssüchtigen befinden.[3] Die folgenden idealtypisch zu interpretierenden Stadien werden insbesondere von denjenigen durchlaufen, die zum wichtigen mittleren Grundtypus des ständig kämpfenden Vielarbeiters zu zählen sind.

Im *Anfangsstadium* herrscht für viele noch das Gefühl der Leistungsfähigkeit, des Tatendrangs, des Sich-beweisen-Wollens. Die Bestätigung durch das soziale Umfeld spornt weiter an. Das Arbeiten selbst und die Resultate erfolgreichen Arbeitens werden oft als »Hochgefühl« erlebt. Aufgrund des hohen Stellenwerts der Arbeit tritt im Laufe der Zeit eine Verengung des Interesses auf das Suchtmittel ein. Öfter kommt es zu einem »Kater«, begleitet von leichten Konzentrationsstörungen und Kreislaufschwäche.

Im *Hauptstadium* stellt sich das Hochgefühl immer seltener ein und dahinter lauert für den Betroffenen die Erkenntnis, dass er aufhören muss, wenn er sich nicht ruinieren will. Er erlebt jedoch regelmäßig, dass er nicht aufhören kann, er erlebt sich als getrieben. Die Diskrepanz zwischen Willen und Handlungsfähigkeit, die eigene Lage zu ändern, führen zu immer größeren Anstrengungen zu verdrängen, schönzureden, zu vertuschen und zu manipulieren. Oft treten schon in diesem Stadium wegen ihrer als entlastend empfundenen Wirkung andere Süchte hinzu (Schneider 2001), oft Rauchen und Alkohol und – nicht zuletzt, weil Familie und/oder Partnerschaft nicht mehr funktionieren – Sex- und Liebessucht (Pietropinto 1986).

Wenn dann im *kritischen Stadium* die ersten massiven Ausfälle durch Krankheit auftreten, ist das oft der Punkt, an dem viele Arbeitssüchtige ernsthaft einen Weg aus der Sucht suchen, sich beispielsweise in Therapien begeben. Sehr oft werden aber nur die Symptome behandelt, die als Folgeerkrankungen auftreten. Selten wird Arbeitssucht als verursachend in Betracht gezogen, zumal es – wie einleitend gesagt – eine Diagnose »Arbeitssucht« (anders als bei Alkoholismus) bisher nicht gibt.

Wenn der Arbeitssüchtige im kritischen Stadium nicht aufhören kann, entgleitet die Sucht vollends. Ein Schein von Normalität ist im *Endstadium* häufig nur noch mit abwechselnd genommenen Aufputsch- und Beruhigungsmitteln aufrechtzuerhalten. Wachsende Rücksichtslosigkeit gegenüber anderen wie gegen sich selbst führt oft dazu, dass neben der Zusammenarbeit mit Kollegen, Vorgesetzten oder Untergebenen auch die Kommunikation in der Familie und mit Freunden vergiftet wird. Neben den schweren körperlichen Krankheiten tritt ein deutlicher moralischer Verfall ein. Am Ende steht nicht selten der Tod durch Herzinfarkt, Gehirnschlag oder gar Suizid.[4]

9.2.3 Wer ist betroffen?

Dass Arbeitssucht ausgelebt werden kann, also beobachtbar und manifest ist, setzt nicht nur eine grundsätzliche Prädisposition voraus, über die noch zu sprechen sein wird, sondern außerdem, dass den Betroffenen Arbeiten als Suchtmittel überhaupt zur Verfügung steht. Da die große Mehrzahl der erwachsenen Menschen entweder erwerbstätig ist oder aber auf andere Weise arbeitet, scheint dies auf den ersten Blick auf die meisten von uns zuzutreffen. Poppelreuter (2006) weist darauf hin, dass prinzipiell jeder, der arbeitet, arbeitssüchtig werden kann. Von einer »Verfügbarkeit« als Suchtmittel ist aber erst dann zu sprechen, wenn die Betroffenen die zeitliche und/oder inhaltliche Einteilung der Arbeit bzw. des Arbeitens und die Intensität in eigener Entscheidung wesentlich beeinflussen können.

Dazu gehört offensichtlich die Gruppe derjenigen, die das Modell für die meisten bisherigen Betrachtungen über Arbeitssucht abgegeben haben (z. B. schon Mentzel 1979, Machlowitz 1980); nämlich Manager, Politiker, Führer großer Verbände u. Ä., deren Ansehen, Macht und Einkommen von ihrem »unermüdlichen« Einsatz abhängen. Es ist plausibel, dass auch freischaffende Künstler, Dichter, Schriftsteller und andere »selbstständig Erwerbstätige«, wie praktizierende Ärzte, Architekten, selbstständige Handwerker u. a. m. zu den potenziell Arbeitssüchtigen gehören. Schon in den Studien von Mentzel, die inzwischen systematisch weiter geführt worden sind (Berger 2000), wird deutlich, dass die Gruppe auch auf bestimmte Kategorien von formal unselbstständigen Erwerbstätigen ausgeweitet werden muss, insbesondere auf Pfarrer, Lehrer, Krankenhauspersonal, Sozialarbeiter und auf Journalisten, insbesondere »Freelancer«. Arbeit als »Droge« hat für alle diese Menschen offensichtlich eine tendenziell stimulierende Wirkung.

Für Menschen in abhängigen Arbeitsverhältnissen mit geringem Entscheidungsspielraum ist dagegen auch die Möglichkeit des Einsatzes ihrer Erwerbsarbeit als »Droge« begrenzt. Allerdings gehen in den Arbeitsver-

3 Schon Mentzel hatte die Parallelität der Entwicklung bei Arbeitssucht und Alkoholismus beobachtet und die Phaseneinteilung von Jellinek modifiziert übernommen (Mentzel 1979).

4 Inwiefern Karōshi zur Arbeitssucht gehört, ist umstritten (vgl. Wahsner 2002, S. 163 f).

hältnissen für viele Menschen nicht erst in der gegenwärtigen Wirtschaftskrise tief greifende Veränderungen vor sich. Der äußere Druck in Richtung Konkurrenz und Flexibilisierung wächst in den meisten Arbeitsverhältnissen; für immer mehr Menschen verändern sich dazu die Rahmenbedingungen für die Inhalte ihrer Arbeit. Ursprünglich im Wesentlichen auf den IT-Bereich begrenzt, wird heute in den meisten Bereichen den höheren und mittleren Angestellten Verantwortung für die inhaltliche und zeitliche Gestaltung ihrer Arbeit übertragen (»Vertrauensarbeitszeit« u. Ä.). Oft führt das dazu, dass die Betreffenden aufgrund eigener Entscheidung nicht etwa weniger, sondern mehr und intensiver arbeiten[5]. Und zwar nicht nur »fremdbestimmt«. Auch hier wird Arbeit zunehmend zum Suchtmittel. Dies kann auch für Arbeitende in untergeordneten Tätigkeiten zutreffen, wenn sie die Intensität ihrer Arbeit beeinflussen können und damit zu »Zugpferden« einer Kolonne werden.

Eine andere, weniger beachtete Form der Arbeitssucht, die anders als die bisher beschriebenen Formen eher sedativ wirkt, wird häufig bei Menschen beobachtet, die bei geringen Entscheidungsspielräumen viel und eine intensiv abhängige Arbeit leisten müssen. Da ihre reguläre Arbeitszeit vorgegeben ist, kann das in der Bereitschaft zu Überstunden, Zweitjob, »Schwarzarbeit«, Nachbarschaftshilfe usw. resultieren. Außer erwerbstätig Arbeitenden können im Übrigen auch nicht Erwerbstätige, z. B. Hausfrauen, Rentner und auch Erwerbslose arbeitssüchtig sein. Diese Form der Arbeitssucht ist zwar weit verbreitet, wird aber selten zum Gegenstand von Intervention.

9.2.4 Charakteristika

Ganz ähnlich wie bei anderen, sowohl stofflichen als auch nicht-stofflichen Süchten stoßen wir auch bei Arbeitssucht auf die typischen Suchtkennzeichen: Die Zwanghaftigkeit oder Abstinenzunfähigkeit, zu der auch die Unfähigkeit zum Entspannen gehört und oft der Hang, während der Arbeit an die Freizeit, überhaupt an die Zukunft, zu denken, und in der Freizeit dann – vermittelt durch ein »schlechtes Gewissen« – an die Arbeit. Die Zwanghaftigkeit ist auch Ausdruck des Kontrollverlusts, der umso mehr die Illusion der Kontrolle und die Tendenz zur Verleugnung nährt. Letzteres kann die Form einer pauschalen Verleugnung von »Problemen« annehmen, zumindest die zunehmenden körperlichen Folgen nicht mit Sucht in Verbindung zu bringen oder es kann zu der schon erwähnten verharmlosenden Koketterie mit dem Begriff »Workaholic« führen. Aus all diesen Versuchen, mit der Sucht umzugehen, ohne sie als solche anzuerkennen, resultieren fast zwangsläufig Unehrlichkeit, Selbstisolation und Rücksichtslosigkeit – letztere gegen sich selbst, die eigene Gesundheit, und – vermittelt über eine Opferhaltung – mehr und mehr gegen das soziale Umfeld. Dieser Aspekt ist der Anknüpfungspunkt für die »ansteckende« Destruktivität der Arbeitssucht. Zur Vermeidung von Entzugserscheinungen, die auch somatische Symptome zeigen können, gehören Strategien wie ein ständiges Plänemachen und auch bei Arbeitssüchtigen das Anlegen von »Vorräten«. Hierher kann darüber hinaus das Vor-sich-Herschieben von Arbeiten gehören oder der Hang, mit dem endgültigen Abschluss einer Arbeit immer wieder zu zögern. Gerade Letzteres kann sich auch in »Perfektionismus« ausdrücken.

9.3 Individuelle und gesellschaftliche Ursachen und Hintergründe

9.3.1 Zum Suchtbegriff

Die Ursachen von Sucht wurden anfangs in verschiedenen monokausalen Begründungen gesucht, in der »Veranlagung« (genetisch), der »Erziehung«, dem »Umgang« (Peergroup), der »Griffnähe« des Suchtmittels usw. Ein Fortschritt ergab sich durch vorgeschlagene »multikausale« Erklärungen, insbesondere das auf Feuerlein (1975) zurückgehende und immer noch in verschiedensten Varianten gebräuchliche »Suchtdreieck«, in dem mehrere »Faktoren« auf das Ergebnis einwirkend dargestellt werden. Derartige Darstellungen können jedoch die Qualität und insbesondere die charakteristische Dynamik von Sucht nicht adäquat wiedergeben. Poppelreuter (2006) grenzt unter den theoretischen Modellen und Ansätzen zur Erklärung der Entstehung individueller Sucht »suchttheoretische, psychoanalytische, lerntheoretische, persönlichkeitsbasierte sowie systemtheoretische bzw. familiendynamische Ansätze« voneinander ab.

Neuere Ansätze, die in diesem Sinne schwerpunktmäßig als »familientheoretisch« eingestuft werden könnten, aber deutlich darüber hinausgehen und vielfältige Überschneidungen mit den meisten anderen Ansätzen aufweisen, gehen von der Überzeugung aus, dass Sucht Ausdruck eines pathologischen Fühlens, Denkens und Handelns ist, das die Individuen im *Laufe ihrer Sozialisation in Konfrontation mit der gesellschaftlichen Wirklichkeit* als Prozess herausbilden (Pietropinto 1986,

5 vgl. Beispiele schon bei Glißmann und Peters 2001.

Wilson Schaef und Fassel 1994, Fassel 1994, Robinson 2000, Heide 2002).

Die zunehmende Unwirtlichkeit und Beschleunigung unserer modernen Gesellschaft scheint dabei die Ausbreitung einer allgemeinen Suchtprädisposition zu fördern. So werden neben einem ungebremsten Alkoholkonsum und dem zunehmenden Konsum nicht erwünschter Drogen mit Erschrecken weltweit die massenhaft sich ausbreitenden so genannten »neuen psychischen Störungen« registriert, auf die, um sie unter Kontrolle zu halten, oft mit der Verabreichung von Psychopharmaka sogar schon an Kinder reagiert wird. Der Begriff der »Störung« und die daran anknüpfende »Behandlung« scheinen eher die Hilflosigkeit der Medizin, denn eine brauchbare Diagnose zu offenbaren. Diese »Störungen« sind zudem offenbar nicht etwa eine Kinderkrankheit in dem Sinne, dass sie mit dem Erwachsenwerden verschwinden; sie lassen sich vielmehr als Anzeichen für eine Suchtprädisposition deuten.

9.3.2 Individuelle Ursachen für die Entwicklung von Sucht

Eltern und sonstige Bezugspersonen, deren Leben selbst von Angst und Verdrängung gekennzeichnet ist, haben oft nicht die Fähigkeit, auf die Hemmungslosigkeit angemessen zu reagieren, mit der Kinder ihre unmittelbaren Bedürfnisse äußern, insbesondere diejenigen nach Liebe und Nähe. Es bedarf zur Traumatisierung nicht nur offener Gewalt in so genannten »dysfunktionalen« Familien, es genügen oft »bloße« Vernachlässigung und Lieblosigkeit. In der Folge lernen die Kinder, die Einsamkeit und die notwendige Abwehr der damit verbundenen Angst als Normalität zu ertragen. Sie entwickeln Überlebensstrategien, sie lernen »Rollen«, die ihnen das Überleben ermöglichen. Wenn die Kinder lernen Rollen zu spielen, dann heißt das, dass sie aufhören, sich an den eigenen Bedürfnissen zu orientieren. Stattdessen lernen sie, sich an den Erwartungen derer, auf die sie angewiesen sind, zu orientieren. Durch ständige Wiederholung und die zugrunde liegende Angst, »aus der Rolle zu fallen«, können die Rollen zu Mustern werden, denn als Folge des Versuchs der Kontrolle wird die Angst möglicherweise lebenslang verdrängt. In diesem Traumatisierungsprozess wird die Angst für die Menschen zentral, obgleich sie diese als Folge der Verdrängung eben *nicht bewusst* erleben.

Vor diesem Hintergrund kann eine allgemeine Suchtdefinition begründet werden. Sucht erweist sich so nämlich als eine Reaktion auf als unerträglich empfundene Gefühle, mit der der Mensch sein Fühlen, Denken und Handeln manipuliert – sei es durch die Einnahme von Stoffen, sei es über ein Verhalten, das körpereigene Drogen produziert.

Auf die besondere Problematik der Arbeitssucht lässt sich diese Suchtdefinition leicht übertragen. Wenn die eigenen Bedürfnisse nicht mehr erkannt werden, geht es immer darum Leistungen zu erbringen, um den Anforderungen zunächst anderer, dann durch Verinnerlichung, seiner eigenen, gerecht zu werden, um die Angst zu bannen. Das Leistungsmuster liegt den meisten Beziehungssüchten im weiteren Sinne zugrunde. Ob ein solches Muster speziell zur Arbeitssucht führt, hängt vor allem davon ab, wie »erfolgreich« das Muster in der Kindheit und Jugend, besonders dann in der Schule und in der weiteren Ausbildung gelebt worden ist, ob also das Muster immer wieder bestätigt wurde. Aktive Leistungssüchte werden oft dann entwickelt, wenn fortwährende oder überwiegende Bestätigungen durch die Gesellschaft bzw. das unmittelbare soziale Umfeld für die erbrachten Leistungen erfolgen. Ein frühes Scheitern derselben Leistungsversuche kann zu der schon erwähnten »Verliererhaltung« oder »Opferhaltung« führen. Das soziale Umfeld trägt auch, wie bei allen Suchtformen, zur Aufrechterhaltung der Bedingungen bei, unter denen die Arbeitssucht ausgelebt werden kann.[6]

Hier wird schon deutlich, welch entscheidende Rolle neben gesellschaftlichen Institutionen personalwirtschaftliche Entscheidungen und die ihnen zugrunde liegenden Einstellungen und letztlich der »Geist« der Gesellschaft und die viel zitierte »protestantische Arbeitsethik« für die Arbeitssucht spielen. Von den Hintergründen der gesellschaftlichen Bedingungen soll im Folgenden kurz die Rede sein.

9.3.3 Gesellschaftliche Bedingungen für die Entwicklung von Arbeitssucht

Der übliche Verweis auf die Bedeutung der »protestantischen Arbeitsethik« für die moderne Leistungsorientierung und damit schließlich als begünstigende Bedingung für die Arbeitssucht greift allerdings zu kurz. Das Paradigma der Arbeitsgesellschaft ist gerade deshalb so mächtig und gegen Herausforderungen so resistent, weil ihm nicht ein bewusster kontinuierlicher geistiger Prozess der Verbreitung einer neuen »Einstellung zur Arbeit« zugrunde liegt.

6 Vgl. die umfangreiche Literatur zur Thematik »Co-Abhängigkeit«.

Da der industrielle Kapitalismus eine den Menschen vorher gänzlich unbekannte abstrakte Disziplin voraussetzt, ist die Geschichte der Durchsetzung der modernen Arbeitsgesellschaft und damit wesentlich und explizit der ihr immanenten Arbeitsethik eine Geschichte der Gewalt (Thompson 1980, Dreßen 1982, Heide 2002). Dabei spielten pädagogische Strafen, Arbeits- und Industrieschulen, Zuchthäuser und nicht zuletzt die Psychiatrie als Disziplinierungsmittel eine entscheidende Rolle. Vor diesem Hintergrund kann die heutige Identifikation mit Arbeit als Resultat eines über Generationen hinweg tradierten kollektiven *Traumatisierungsprozesses* verstanden werden (Heide 2002), der zentral *Angst* zugrunde liegt. Damit lässt sich unschwer die Verbindung zur individuellen Arbeitssucht herstellen.

Durch das verallgemeinerte Handeln nach verinnerlichten Normen bildet sich die Gesellschaft posttraumatisch strukturell als Suchtgesellschaft aus und fördert so einerseits das *Entstehen* einer individuellen Prädisposition für Sucht im Allgemeinen und dann für Arbeitssucht im Besonderen und bildet andererseits gleichzeitig den Rahmen für ein *Ausleben* der Sucht.

Die Rolle der Organisation

Wenn wir von einzelnen Selbstständigen und nicht Erwerbstätigen absehen, bildet für die meisten Arbeitssüchtigen eine Organisation das entscheidende soziale Umfeld für das Ausleben der Sucht. Ob eine Organisation zum »Dealer« (Richter et al 1984, Meißner 2005) der Droge Arbeitssucht oder jedenfalls zum »Enabler« wird, hängt davon ab, wie gesund die Organisation selbst ist. Da eine Organisation immer nur so gesund ist wie die in ihr Arbeitenden, und sich Angst als Kern der Sucht als Kommunikationsstörung in den *Strukturen* der Organisation reproduziert, fördert eine suchtkranke Organisation nicht nur die Arbeitssucht, sondern zieht latent Arbeitssüchtige geradezu an.

9.4 Folgen für Individuum, Gesellschaft und Organisationen

Außer dem mit der Arbeitssucht zusammenhängenden Verhalten, das mit Fortschreiten der Sucht zu wachsenden Problemen im familiären wie sozialen Bereich und oft einem allgemeinen Rückgang der Leistungsfähigkeit führt, sind als Folgen manifeste psychische und physische Krankheiten als problematisch zu nennen. Dazu können allgemein Hypertonie, Magen-Darm-Erkrankungen, Koronarerkrankungen, Schlafstörungen, sogar Veränderungen des Hormonspiegels (Burke und McAteer 2006) oder auch Augenleiden und Rückenleiden gehören. Die hier aufgeführten Krankheiten gehören zu den häufigsten Ursachen für Fehlzeiten. Den beiden letztgenannten Beispielen wird z. B. bei der ergonomischen Ausgestaltung von Bildschirmarbeitsplätzen zu Recht große Aufmerksamkeit gewidmet; dennoch können diese Maßnahmen wenig ausrichten, wenn die Beschwerden weniger dem falschen Neigungswinkel des Bildschirms und der Unangepasstheit der Sitzgelegenheit, als der verkrampften Körperhaltung im Zusammenhang mit einem krankhaften »Arbeitsstil« geschuldet sind. Darüber hinaus sind Unfälle und sonstige Folgen suchtbedingten Fehlverhaltens zu berücksichtigen.

9.4.1 Gesellschaftliche Auswirkungen

Bei der zunehmenden Relevanz der Arbeitssuchtsymptomatik (Heide 2002, Poppelreuter 2006) muss von erheblichen Folgen nicht nur für den Arbeitssüchtigen und sein Umfeld, sondern auch für die Gesellschaft ausgegangen werden. Dabei konzentriert sich die Wahrnehmung wesentlich auf zurechenbare Folgekosten. Auf gesellschaftlicher Ebene (z. B. repräsentiert durch Krankenkassen, Unfallversicherungen, Rentenversicherungsträger usw.) fallen im Zusammenhang mit arbeitssuchtbedingten Krankheiten, Unfällen usw. zunehmende Kosten an.

9.4.2 Auswirkungen auf die Organisation

In der betriebswirtschaftlichen Literatur hat es in Deutschland einen frühen Versuch gegeben, die personalwirtschaftliche Relevanz der Arbeitssucht unter Kosten- und Investitionsgesichtspunkten zu erfassen (Richter et al. 1984). Zwar wurde dieser Ansatz in der Betriebswirtschaft unter dem Label »Arbeitssucht« nicht weiter verfolgt; allerdings findet sich das Kostenargument in der aktuellen umfangreichen Debatte über die betriebliche Relevanz der – insbesondere psychosozialen – Gesundheit, z. B. als »Kostenfaktor Stress« (Expertenkommission Betriebliche Gesundheitspolitik 2002). Eine explizite Behandlung der personalwirtschaftlichen Problematik einschließlich beispielhafter Kostenkalkulationen hat Meißner vorgelegt.

Es zeigt sich, dass die Folgekosten von Arbeitssucht enorm sind und Unternehmen schlimmstenfalls in den Ruin treiben können (Meißner 2005). Bei den betrieblichen Folgen lässt sich zunächst unterscheiden zwischen negativen Auswirkungen unmittelbar auf das Arbeitsergebnis und indirekten Auswirkungen über die Gruppe/das Team und schließlich den z. B. personalwirtschaftlichen Folgekosten:

- Zur ersten Kategorie zählen z. B. erhöhte Fehlerquoten, Fehlentscheidungen, Fehlzeiten aufgrund von psychischen und physischen Krankheiten.
- Zur zweiten Kategorie gehören die Wirkungen auf Vorgesetzte, Kollegen und Untergebene aufgrund von Kommunikationsproblemen, darunter über die Provokation von co-abhängigem Verhalten, mangelnde Synergie, Demotivierung von Kollegen mit der Folge von Fehlzeiten bis hin zu erhöhter Fluktuation.
- Personalwirtschaftliche Kosten entstehen z. B. in Form von Koordinationskosten, Konfliktbewältigungskosten, Kosten für Stellenum- oder -neubesetzungen einschließlich der damit verbundenen Einarbeitungskosten.

Die stärkste negative Wirkung geht naturgemäß von Führungs- und Schlüsselpersonen aus – und zwar sowohl hinsichtlich ihres (negativen) Einflusses als auch im Hinblick auf die Personalkosten.

9.5 Umgang mit Arbeitssucht

Überlegungen zu einem adäquaten Umgang mit Arbeitssucht müssen sich an den Ursachen und Bedingungen orientieren, die sie hervorrufen bzw. begünstigen.

9.5.1 Individuelle Schritte zur Genesung von Arbeitssucht

Individuelle Schritte hin zur Genesung setzen beim Einzelnen die Einsicht voraus, »dass es so nicht weitergeht« und den Willen, mit dem süchtigen Arbeiten aufzuhören. Wegen der unterschiedlichen individuellen Sozialisation und der je spezifischen sozialen Situation der Betroffenen sowie den unterschiedlichen Stadien und Ausprägungen der Sucht werden die konkreten Ansatzpunkte unterschiedlich sein müssen.

Da es sich bei Sucht generell weder um eine bloße »Unbalanciertheit« handelt, noch um schlicht angelerntes Verhalten, das wie eine schlechte Angewohnheit »abgewöhnt« werden könnte, kann der zentrale Ansatzpunkt nicht »Aufklärung« sein, wie Holland (2008) postuliert. Es muss vielmehr zunächst an der tiefer liegenden Prädisposition angesetzt werden, um schließlich äußere Bedingungen zu analysieren und gegebenenfalls zu ändern. Es geht darum, mit den – mithilfe der Sucht – verdrängten Gefühlen (wie Angst) wieder in Kontakt zu kommen, um die Verantwortung für das eigene Leben von Neuem selbst zu übernehmen. Da dieser Prozess in der Regel nicht allein zu schaffen ist, bilden die zunehmend in Anspruch genommenen Selbsthilfegruppen, von denen die meisten nach dem modifizierten 12-Schritte-Programm der Anonymen Alkoholiker vorgehen, dafür eine gute Grundlage. In bestimmten Fällen ist ergänzend eine ambulante oder stationäre Therapie (psychosomatische Klinik, Suchtklinik) sinnvoll.

9.5.2 Aspekte gesellschaftlicher Prävention und Intervention

Gehen wir von den oben beschriebenen Ursachen und Folgen von Arbeitssucht aus, so erfordert eine umfassende Präventionsstrategie nicht nur Früherkennung und eine konsequente Öffentlichkeitsarbeit, vielmehr wäre eine systematische Überprüfung und Reform der geltenden pädagogischen Konzeptionen unter dem Gesichtspunkt der Leistungserbringung angezeigt; da wäre es möglich, die Struktur der Gesellschaft insgesamt in die Betrachtung einzubeziehen.

Arbeitssucht als möglichen Hintergrund einer Vielzahl der häufigsten Erkrankungen in Betracht zu ziehen, wäre im Sinne der Vermeidung gesellschaftlicher Folgekosten hoch effizient.

9.5.3 Prävention und Intervention in Organisationen

Die destruktiven Auswirkungen der Arbeitssucht sind – wie im Abschnitt »Die Rolle der Organisation« dargelegt – keineswegs ein individuelles Problem der Betroffenen, sondern wesentlich eines der Organisation selbst.

Eine *Diagnose* sollte daher mit der Überprüfung der *Struktur* der Organisation beginnen und in diesem Rahmen die *Rolle* insbesondere von Führungs- und so genannten Schlüsselpersonen ins Visier nehmen. In Anbetracht der – als typisches Suchtverhalten – zu erwartenden Leugnung und Bagatellisierung der Problematik (vgl. Abschn. 9.2.4) ist eine externe Beratung unbedingt zu empfehlen.

Bei einer *Lösungsstrategie* muss zwischen organisatorischen Maßnahmen und solchen in Bezug auf einzelne Mitarbeiter unterschieden werden. Organisatorisch ist gegebenenfalls eine Re-Rationalisierung der Strukturen und Routinen ins Auge zu fassen.

Personalwirtschaftlich bietet sich, wie Meißner (2005) zeigt, eine konsequente Ausweitung des Risikomanagements auf den Personalbereich (Personalrisikomanagement) an. Sowohl die Personalauswahl (Mitarbeiterrekrutierung), als auch die Optimierung des Personaleinsatzes sollten im Sinne der Prävention explizit den Gesichtspunkt Arbeitssucht berücksichtigen, nicht zuletzt bei der Formulierung von Anforderungsprofilen. Heute noch vielfach übliche, Arbeitssucht fördernde Strategien der Personalführung (z. B. durch bestimmte Anreizsysteme) müssen vermieden werden.

9

Personalgespräche sollten regelmäßig und vor allem *offen* geführt werden. Bei Identifizierung von arbeitssüchtigen Mitarbeitern sollte in Anlehnung an die für Alkoholismus geltenden Grundsätze eine Interventionskette nach dem Prinzip der Hilfe zur Selbsthilfe ausgearbeitet und individuelle Genesung unterstützt werden (s. Abschn. 9.5.1).

Für die sich rasch ausweitende Gruppe derjenigen, die – obwohl abhängig beschäftigt – mit immer mehr Verantwortung für ihren Arbeitsplatz belastet werden, wird der Ort der Arbeit, d. h. der Betrieb immer wichtiger als Ort auch der Genesung. Das setzt allerdings voraus, dass der Betrieb nicht nur nicht weiter als »Enabler« fungiert. Dazu müsste die Organisation die Bedingungen für eine neue solidarische Kommunikation bereitstellen. Dadurch könnte die Chance zum Überdenken der Bedingungen, unter denen gearbeitet wird, und der Möglichkeit einer beratenden Unterstützung der unmittelbar Betroffenen geschaffen werden.

In alle diesbezüglichen Entscheidungen von Seiten der Unternehmensleitung sollten – wenn schon nicht alle Betriebsangehörigen, so doch zumindest – die Arbeitsgruppe und selbstverständlich die Arbeitnehmervertretung einbezogen werden. Genau so wichtig wie für die Unternehmensleitung erscheint nämlich eine Sensibilisierung der Arbeitnehmervertretungen für diese weit über den herkömmlichen Begriff von »Gesundheit am Arbeitsplatz« hinausgehende Dimension, z. B. neue Arbeitszeitmodelle usw. unter dem Gesichtspunkt von Arbeitssucht zu überdenken.

Darüber hinaus erscheint eine Sensibilisierung des betriebsärztlichen Dienstes und der betrieblichen Suchtbeauftragten für die Thematik Arbeitssucht sinnvoll.

Für ein offenes und vertrauensvolles Betriebsklima ist schließlich zu empfehlen, den gesamten Maßnahmenkatalog in Form einer Betriebs- bzw. Dienstvereinbarung nach dem Vorbild derjenigen für Alkoholismus abzusichern.

Literatur

Berger P (2000) Psychotherapie von Arbeitssucht. In: Poppelreuter S, Gross W (Hrsg) Nicht nur Drogen machen süchtig – Entstehung und Behandlung stoffungebundener Süchte. Beltz, Weinheim, S 93–111

Burke RJ (2000) Workaholism in organizations: concepts, results and future research directions. Int'l Journal of Management Issues (IJMR) 2 (1):1–16

Burke RJ (2001) (ed) Workaholism in Organizations. International Journal of Stress Management. Vol 8 No 2. New York, pp 1–16

Burke RJ, McAteer T (2006) Work Hours and Work Addiction: The Price of all Work and no Play. In: Perrewé PL, Ganster DC (ed) Exploring the Work and Non-Work Interface. Elsevier, Amsterdam, pp 239-273

Dreßen W (1982) Die pädagogische Maschine. Zur Geschichte des industrialisierten Bewusstseins in Preußen/Deutschland. Frankfurt/M

Expertenkommission Betriebliche Gesundheitspolitik (2002) Zwischenbericht. Bertelsmann Stiftung und Hans-Böckler-Stiftung, Gütersloh

Fassel D (1994) Wir arbeiten uns noch zu Tode. Die vielen Gesichter der Arbeitssucht. Knaur, München

Feuerlein W et al (1975) Alkoholismus – Missbrauch und Abhängigkeit. Thieme, Stuttgart

Heide H (2002) Arbeitsgesellschaft und Arbeitssucht. Die Abschaffung der Muße und ihre Wiederaneignung. In: Heide H (Hrsg) Massenphänomen Arbeitssucht. Historische Hintergründe und aktuelle Entwicklung einer neuen Volkskrankheit. Atlantik, Bremen, S 19–54

Heide H (2002a) Vorwort. In: Heide H (Hrsg) Massenphänomen Arbeitssucht. Historische Hintergründe und aktuelle Entwicklung einer neuen Volkskrankheit. Atlantik, Bremen, S 9–15

Holland DW (2008) Work Addiction. Costs and Solutions for Individuals, Relationships and Organizations. Journal of Workplace Behavioral Health 22 (4):1–15

Glißmann W, Peters K (2001) Mehr Druck durch mehr Freiheit. Die neue Autonomie in der Arbeit und ihre paradoxen Folgen. VSA-Verlag, Hamburg

Machlowitz M (1980) Determining the effects of workaholism. Unpublished dissertation. Yale University, New Haven

Meißner UE (2005) Die »Droge« Arbeit: Unternehmen als »Dealer« und als Risikoträger. Personalwirtschaftliche Risiken der Arbeitssucht. Peter Lang Verlag, Frankfurt/M

Mentzel G (1979) Über die Arbeitssucht. Zeitschrift für psychosomatische Medizin und Psychoanalyse 25:115–127

Pietropinto A (1986) The Workaholic Spouse. Medical Aspects of Human Sexuality 05/1986:89–96

Poppelreuter S (1996) Arbeitssucht. Integrative Analyse bisheriger Forschungsansätze und Ergebnisse einer empirischen Untersuchung zu Symptomatik. Witterschlick, Bonn

Poppelreuter S (2002) Arbeitssucht. In: Fengler J (Hrsg) Handbuch der Suchtbehandlung: Beratung, Therapie, Prävention. ecomed Medizin, Landsberg/Lech, S 42–45

Poppelreuter S (2006) Arbeitssucht – Diagnose, Prävention, Intervention. Arbeitsmedizin, Sozialmedizin, Umweltmedizin 7:328–334

Richter B, Gößmann S, Steinmann H (1984) »Arbeitssucht« im Unternehmen – Zur Genese und einigen personalwirtschaftlichen Konsequenzen. Diskussionsbeiträge Lehrstuhl für Allgemeine Betriebswirtschaftslehre. Universität Erlangen-Nürnberg. Heft 24, Nürnberg

Robinson BE (2000) Wenn der Job zur Droge wird. Ein Leitfaden für Workaholics, ihre Partner, Kinder und Therapeuten. Walter, Düsseldorf

Schmitz A (2008) Der tägliche Balance-Akt. manager-magazin 05/2008. www.manager-magazin.de/it/artikel/0,2828,555945,00.html

Schneider C, Bühler KE (2001) Arbeitssucht. Medizin. Deutsches Ärzteblatt 98:A 463–465

Thompson EP (1980) Plebeische Kultur & moralische Ökonomie. Frankfurt

Wahsner R (2002) Karōshi – das bittere Ende der Arbeitssucht – und die Rolle der japanischen Gewerkschaften. In: Heide H (Hrsg) Massenphänomen Arbeitssucht. Historische Hintergründe und aktuelle Entwicklung einer neuen Volkskrankheit. Atlantik, Bremen, S 161–193

Wilson Schaef A, Fassel D (1994) Suchtsystem Arbeitsplatz. Kösel, München

Kapitel 10

Präsentismus – Krank zur Arbeit aus Angst vor Arbeitsplatzverlust

J. Schmidt · H. Schröder

Zusammenfassung. *Auch in diesem Jahr waren wieder Erfolgsmeldungen zu lesen, die besagten, dass sich die Fehlzeiten in Betrieben seit 1975 konstant auf einem Tiefstand befinden. Zwar konnte 2008 der niedrigste Wert von 3,3% aus dem Jahr 2006 nicht unterboten werden, er lag aber mit 3,4% deutlich unter dem ersten bundesdeutschen Krankenstand von 4,9% im Jahr 1991. Man könnte also – diesen Ergebnissen folgend – annehmen, dass die Arbeitnehmer in Deutschland so gesund wie selten zuvor sind. Ob dies tatsächlich der Fall ist, bleibt fraglich: Es wird zwar einerseits vermutet, dass sich die positive Veränderung der krankheitsbedingten Ausfallzeiten auf Veränderungen in der Beschäftigtenstruktur, einer verbesserten Gesundheitsvorsorge und medizinische Fortschritte zurückführen lassen (GBE Bund 2006), andererseits sind die Arbeitnehmer aber nicht zwingend gesünder geworden – vielmehr geht ein Großteil der Beschäftigten trotz Krankheit ihrer Arbeit nach. Eine Befragung, welche vom Sozialwissenschaftlichen Umfragezentrum der Universität Duisburg-Essen im Auftrag des Wissenschaftlichen Instituts der AOK (WIdO) durchgeführt wurde, versuchte diesem Phänomen auf den Grund zu gehen. Die Ergebnisse zeigen, dass Arbeitnehmer – wie vermutet – vermehrt krank zur Arbeit gehen und sich der Rückgang der Krankenstände nicht zwingend auf gesündere Betriebe zurückführen lässt.*

Das Verhalten, sich bei einer Erkrankung nicht krankzumelden, sondern arbeiten zu gehen, wird als »Präsentismus« bezeichnet. Obwohl die Beschäftigten damit physisch an ihrer Arbeitsstelle anwesend sind, können sie ihre Spitzenleistung nicht erreichen und die Fehlerwahrscheinlichkeit am Arbeitsplatz erhöht sich aufgrund einer reduzierten Aufmerksamkeitsspanne (Middaugh 2007). Auch muss man davon ausgehen, dass eine Verschleppung der Krankheit später möglicherweise zu einem längeren krankheitsbedingten Arbeitsausfall führen wird, als wenn die Beschäftigten bei Auftreten einer Erkrankung gleich intervenieren würden. Dies bestätigt auch eine aktuelle Studie aus Dänemark, die nachweist, dass bei Personen, die öfter als sechsmal im Jahr krank zur Arbeit gehen, die Wahrscheinlichkeit, später länger als zwei Monate krankheitsbedingt auszufallen, um 74% höher ist als bei anderen Arbeitnehmern (Hansen und Andersen 2009). Aber auch volkswirtschaftlich hat der Präsentismus sehr weitreichende Folgen: Die gewichtige Bedeutung des Produktivitätsverlustes zeigt sich in der Definition von Hemp (2004), der Präsentismus als »Produktivitätseinbußen bedingt durch beeinträchtigte Gesundheit« definiert. Baase (2006) ermittelte in einer Studie, die in einer amerikanischen Firma durchgeführt wurde, dass die Kosten, die einem Unternehmen aufgrund eingeschränkter Arbeitsfähigkeit oder Krankheit pro Beschäftigtem entstehen, zehnmal höher sind als die Kosten, die aus reinen Fehlzeiten resultieren. Somit entstehen in Unternehmen bedingt durch Präsentismus also wesentlich höhere Kosten als aufgrund reiner Fehlzeiten (vgl. hierzu Badura in diesem Band).

Die Gründe für das Auftreten von Präsentismus sind nach Meinung von Experten vielfältig: So befürchten die Arbeitnehmer beispielsweise, dass Aufgaben liegen bleiben, da Verpflichtungen nicht von anderen übernommen werden (können) – »Krankmelden« wird zum Teil aber auch als Zeichen von Schwäche angesehen. Nach einer Analyse mehrerer Studien zum Thema ließen sich bedeutende Faktoren, die einen großen Einfluss auf das Auftreten von Präsentismus haben, identifizieren: Ein Aspekt ist die Arbeitsethik, also die grundsätzliche Einstellung des Arbeitnehmers zu seiner Arbeitsstelle, zum anderen spielt aber auch die Unternehmenskultur des Betriebes eine große Rolle. Auch die Möglichkeit, den Arbeitsaufwand zumindest zeitweise flexibel gestalten zu können, beeinflusst die Entscheidung, ob sich eine Person krankmeldet oder nicht (Vingård et al. 2004). Letztlich muss auch davon ausgegangen werden, dass gerade aufgrund der momentan schwierigen wirtschaftlichen Lage, die deutlich von der weltweiten Finanzkrise gekennzeichnet ist, die Arbeitnehmer sich darüber bewusst werden, dass die eigene Arbeitsstelle nicht sicher ist und sie Einsatz zeigen müssen, um weiterhin ihrer Arbeit nachgehen zu können. So wäre zu vermuten, dass das Phänomen Präsentismus dadurch noch verstärkt auftritt. Ein Bericht des Instituts für Arbeitsmarkt und Berufsforschung (IAB) zeigt zumindest, dass der Krankenstand prozyklisch zur aktuellen Wirtschaftssituation verläuft – befinden sich Wirtschafts- und Beschäftigungslage auf einem Hoch, so wird meist auch ein auffällig hoher Krankenstand gemeldet. Bei einer schwachen Arbeitsmarktlage und Konjunktur hingegen sinken die Krankenstände (Kohler 2002).

Doch wie weit und wie stark ausgeprägt ist Präsentismus aktuell? Dies wurde 2009 mit einer aktuellen Befragung untersucht, die bereits auch schon in den Jahren 2003 und 2007 (vgl. Zok 2003 und 2007) durchgeführt wurde. 2000 gesetzlich krankenversicherte Arbeitnehmer zwischen 16 und 65 Jahren wurden zu ihren Einstellungen und ihrem Verhalten im Krankheitsfall befragt. Die computerunterstützte telefonische Befragung (CATI) wurde – nach einem Pretest – vom Sozialwissenschaftlichen Umfragezentrum der Universität Duisburg-Essen im Auftrag des Wissenschaftlichen Instituts der AOK (WIdO) durchgeführt. Die Stichprobenziehung erfolgte aufgrund einer reinen Zufallsauswahl, die nach einem am Zentrum für Umfragen, Methoden und Analysen (ZUMA) in Mannheim entwickelten Verfahren (Gabler und Häder 2002) durchgeführt wurde.

10.1 Allgemeiner Gesundheitszustand

Die Angaben zum allgemeinen Gesundheitszustand der Befragten zeigen, dass fast ein Drittel unter einer chronischen Erkrankung leidet, die einer regelmäßigen ärztlichen Behandlung bedarf: Wie in den Jahren zuvor fanden sich unter den chronisch Kranken mehr Frauen als Männer und auch hinsichtlich der Alterszusammensetzung zeigt sich ein klares Bild. Mit zunehmendem Alter steigt die Zahl der chronischen Erkrankungen. Diese Zusammenhänge werden erwartungsgemäß auch bei der Beantwortung der Frage nach dem subjektiven Gesundheitszustand, bei der Häufigkeit der Arztkontakte, wie auch bei der regelmäßigen Medikamenteneinnahme deutlich (s. Tabelle 10.1). Mehr als jede fünfte Frau (12,7%) war mehr als neunmal im Jahr beim Arzt

Tabelle 10.1. Angaben zu gesundheitlichen Problemen, nach Alter und Geschlecht, in %

		Altersgruppen nach Jahren				Geschlecht	
Befragte GKV-Mitglieder mit…	**Gesamt**	**16–30**	**31–40**	**41–50**	**51–65**	**männlich**	**weiblich**
… chronischen Krankheiten	29,6	19,7	26,7	30,8	39,5	24,9	34,6
… subjektiv schlechter bzw. sehr schlechter Gesundheit	6,9	5,9	7,1	6,6	8,2	6,7	7,2
… mehr als 9 Arztbesuchen im letzten Jahr	10,8	8,9	10,5	12,1	11,3	9,1	12,7
… regelmäßiger Medikation	31,6	18,5	23,9	32,4	48,9	26,2	37,2

(Männer: 9,0%), wie auch mehr als ein Drittel der berufstätigen Frauen (37,2%) regelmäßig Medikamente einnimmt (Männer: 26,6%).

In Bezug auf Krankschreibungen zeigt sich, dass nahezu zwei Drittel (61,1%) in den letzten zwölf Monaten krankgeschrieben wurden. Männer sind häufiger, aber meist kürzer krankgeschrieben als Frauen. Jüngere Mitarbeiter sind ebenfalls häufiger krankheitsbedingt zuhause geblieben als ältere Mitarbeiter. Mit steigendem Lebensalter steigt jedoch die Dauer der Arbeitsunfähigkeit (s. Tabelle 10.2). Ebenfalls, wie zu erwarten war, wird der Zusammenhang zwischen gesundheitlichen Problemen und der Häufigkeit und Länge einer Krankmeldung deutlich: Chronische Krankheiten, Medikamenteneinnahmen und die subjektive Einschätzung, in einem schlechten gesundheitlichen Zustand zu sein – als gute Einschätzung des tatsächlichen Gesundheitszustandes (Winter et al. 2007) – erhöhen sowohl die Anzahl wie auch die Dauer der Arbeitsunfähigkeiten. Ebenfalls gehen häufige Arztbesuche mit häufigeren Krankschreibungen einher: 83,3% der Beschäftigten, die im letzten Jahr wegen Beschwerden häufiger als neunmal einen Arzt aufsuchen mussten, wurden eher kürzer krankgeschrieben.

10.2 Verhalten im Krankheitsfall

Doch wann lassen sich die Beschäftigten krankschreiben? Mehr als zwei Drittel (71,2%) sagen, dass sie im vergangenen Jahr zur Arbeit gegangen sind, obwohl sie sich krank gefühlt haben (s. Tabelle 10.3). Damit befinden sich diese Werte wiederum auf dem Niveau des Jahres 2003 (70,8%) und deutlich über dem des Jahres 2007 (61,8%). Ebenfalls angestiegen ist der Anteil derjenigen, die angaben, bis zum Wochenende mit der Genesung zu warten. Betrug der Anteil der Personen, die dies angaben, im Jahr 2003 noch 61,8%, stieg dieser Wert im Jahr 2007 bereits auf 65,7%, um auf den jetzigen Höchststand von 69,1% zu gelangen. Un-

Tabelle 10.2. Angaben zu Krankmeldungen in %

		Altersgruppen				Geschlecht		Beschäftigte mit ...			
Befragte GKV-Mitglieder	**Insgesamt**	**16–30**	**31–40**	**41–50**	**51–65**	**m**	**w**	**chronischen Beschwerden**	**regelmäßiger Medikation**	**mehr als 9 Arztbesuchen**	**schlechtem Gesundheitszustand**
ohne Arbeitsunfähigkeit	38,9	29,7	39,3	38,7	46,7	37,6	40,3	30,5	34,7	16,7	32,1
mit Arbeitsunfähigkeit	61,1	70,3	60,7	61,3	53,3	62,4	59,7	69,5	65,3	83,3	67,9
davon: weniger als 1 Woche	42,9	43,2	48,4	44,7	34,0	43,5	42,2	35,4	31,9	47,4	38,4
1 bis unter 2 Wochen	29,4	31,4	28,8	27,9	29,8	28,2	30,7	31,9	30,1	30,0	30,0
2 bis unter 3 Wochen	9,6	11,5	8,5	8,1	10,7	10,1	9,0	10,8	12,0	9,2	10,1
3 bis 4 Wochen	5,5	6,4	6,8	3,8	5,7	5,9	5,2	5,9	6,6	5,3	6,0
mehr als 4 Wochen	12,6	7,4	7,5	15,4	19,8	12,3	12,8	16,0	19,4	8,2	15,6

Tabelle 10.3. Anteil unterlassener Krankmeldungen in %

		Geschlecht		Altersgruppen				Beschäftigte mit ...			
Ist es in den letzten 12 Monaten vorgekommen, dass Sie...	**Gesamt**	**m**	**w**	**16–30**	**31–40**	**41–50**	**51–65**	**chronischen Beschwerden**	**regelmäßiger Medikation**	**mehr als 9 Arztbesuchen**	**schlechtem Gesundheitszustand**
... krank zur Arbeit gegangen sind?	71,2	67,5	75,6	75,6	70,9	70,2	65,9	77,4	79,9	75,9	75,2
... trotz ärztlichem Rat auf eine Kur verzichtet haben?	8,6	6,7	10,7	5,9	6,8	10,2	10,8	13,0	18,7	8,2	11,2
... zur Genesung Urlaub genommen haben?	12,8	13,9	11,6	12,9	15,4	12	11,2	15,2	20,1	16,7	16,3
... zur Genesung bis zum Wochenende gewartet?	70,2	68,3	72,3	72,7	70,3	70,3	68,0	74,0	73,0	70,5	79,9
... gegen den Rat des Arztes zur Arbeit gegangen sind?	29,9	27,4	32,5	29,3	27,6	30,8	31,7	35,2	43,9	28,7	35,9

verändert hoch liegt der Anteil mit 29,9% derjenigen, die gegen den Rat des Arztes zur Arbeit gegangen sind (2003: 29,5; 2007: 33,3%). Nach den Befragungsergebnissen wird ebenfalls deutlich, dass immerhin mehr als jeder fünfte Beschäftigte (12,8%) im letzten Jahr Urlaub genommen hat, damit eine Krankheit auskuriert werden konnte. Diese Werte lagen in den Vorjahren deutlich höher (2003: 20,8%; 2007: 18,0%). Dieser Rückgang kann möglicherweise auf die gemeinsamen Bestrebungen des Betriebes, der Mitarbeiter und der Krankenkassen für eine »gesunde« Work-Life-Balance zurückgeführt werden.

Doch welche Personengruppen sind vom Phänomen Präsentismus aktuell eher betroffen? Insgesamt lässt sich festhalten, dass Frauen (75,6%) eher krank zur Arbeit gehen als Männer (68%). Auffällig sind auch die Geschlechterdifferenzen hinsichtlich des beruflichen Status: Frauen, die in einer leitenden Position angestellt sind, geben zu 80,0% an, dass Sie auch bei Krankheit arbeiten gehen, während es bei Männern nur 64,0% sind. Dafür nehmen Männer öfter Urlaub, um sich von einer Erkrankung zu erholen. Jüngere Mitarbeiter gehen eher krank zur Arbeit (16- bis 30-jährige Beschäftigte: 75,6%) als Ältere (51- bis 65-jährige Beschäftigte: 65,9%). Aber auch der Personenkreis mit gesundheitlichen Problemen, wie chronischen Beschwerden, einem subjektiv als schlecht empfundenem Gesundheitszustand oder regelmäßiger Einnahme von Medikamenten, geht

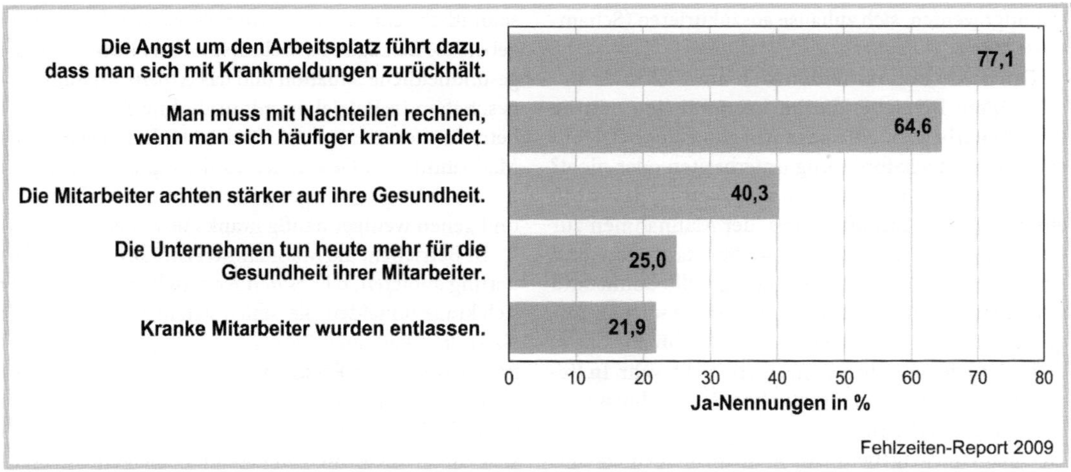

Abb. 10.1. Was sind die Gründe dafür, dass Krankmeldungen zurückgehen?

überdurchschnittlich häufig krank zur Arbeit – auch gegen den Rat des Arztes – oder nimmt zur Genesung Urlaub.

Doch wieso gehen Beschäftigte krank zur Arbeit? Deutlich wird, dass Beschäftigte bei der Frage nach den Gründen für die rückläufigen Krankenstände in den Betrieben weniger die präventiven Maßnahmen als Ursache benennen, sondern bei knapp drei Viertel der Beschäftigten die Angst vor dem Arbeitsplatzverlust genannt wird (s. Abb. 10.1). Fragt man nach den konkreten Gründen, wieso der Beschäftigte krank zur Arbeit geht, zeigt sich: Nahezu ein Drittel (29,3%) der Beschäftigten sagt, dass die Arbeit liegen bleibt. Weitere Gründe sind bei jedem Fünften (19,6%) die bereits genannte Angst um den Arbeitsplatz, bei jedem Zehnten (10,1%) die Vermeidung von Ärger mit Kollegen und bei knapp 6% die Angst vor Problemen mit dem Arbeitgeber. Deutlich wird hierbei, dass Frauen alle Gründe häufiger benennen wie auch die jüngeren Beschäftigten.

In der Fachwelt wird vermutet, dass dem Erscheinungsbild des Präsentismus verschiedene Ursachen zugrunde liegen: Unter anderem komplexere Arbeitswelten und größere Rotationen in den Unternehmen, die sich, abhängig vom jeweiligen Unternehmen und der damit verbunden Unternehmenskultur, in vielfachen Ausformungen darstellen können (Buser et al. 2003). Die Befragungsergebnisse scheinen die Vermutung zu bestätigen, da Beschäftigte hauptsächlich aufgrund steigender Eigenverantwortung und Pflichtgefühl präsent waren (vgl. zu dieser Thematik auch den Beitrag von Wilde et al. in diesem Band).

Aber auch die Erfahrungen der Beschäftigten beim Umgang des Arbeitgebers im Krankheitsfall prägen das Verhalten bei Krankheit: Insgesamt erlebten knapp 21% der Befragten die Entlassung eines Mitarbeiters aufgrund von Krankheit. Es zeigt sich, dass gerade dieser Personenkreis Angst davor hat sich krank zu melden, da befürchtet wird, dass auf die Krankmeldung eine Kündigung folgt. Folglich gehen diese Personen auch häufiger trotz Krankheit zur Arbeit als Arbeitnehmer, die noch keine Entlassungen aufgrund einer Erkrankung (mit)erleben mussten. Vergleicht man diese Ergebnisse mit denen aus den Jahren 2003 und 2007, so lässt sich eine konstante Steigerung ablesen. Im Jahr 2003 betrug der Anteil dieser Personen noch 77,8%, während dieser Wert im Jahr 2007 schon bei 79,2% lag und letztlich im Jahr 2009 auf 81,3% angestiegen ist.

10.3 Effekte der betrieblichen Gesundheitsförderung

Da kranke Beschäftigte im Betrieb weitreichende Auswirkungen haben können, muss jedes Unternehmen prüfen, ob gegebenenfalls Maßnahmen der betrieblichen Gesundheitsförderung (BGF) eingeführt werden sollen. So könnten zur Vermeidung von Präsentismus Angebote zur Verbesserung des Betriebsklimas dazu führen, dass erkrankte Beschäftigte ohne Bedenken ihre Krankheit zuhause auskurieren. Eine wichtige Rolle spielen hierbei die Führungskräfte, die dafür Sorge tragen müssen, dass die Mitarbeiter hinsichtlich des Umgangs mit ihrer Gesundheit sensibilisiert und auch ermutigt werden, sich zuhause auszukurieren (Schamhorst 2007).

Doch wie unterscheiden sich aus Sicht der Beschäftigten Betriebe, die im betrieblichen Setting ihren Mitarbeitern entweder Angebote der betrieblichen Gesundheitsförderung unterbreiten oder nicht? Knapp ein Drittel der Teilnehmer gaben an, dass sie in einem Betrieb beschäftigt sind, der Maßnahmen zur Gesundheitsförderung, wie etwa Sportangebote und Anti-Raucher-Kurse, zur Verfügung stellt. Somit sind also in einem Großteil der Betriebe keine solchen Angebote verfügbar bzw. die Mitarbeiter nehmen, falls es derlei Aktivitäten geben sollte, diese nicht wahr. In Bezug auf die Krankmeldungen zeigen die Ergebnisse der Befragung, dass Personen in Betrieben mit BGF im Jahr 2009 häufiger angaben, sich krankzumelden als dies der Fall bei Personen ist, die keine BGF-Maßnahmen an ihrer Arbeitsstätte wahrnehmen (s. Abb. 10.2). So wäre zu vermuten, dass Beschäftige in Betrieben mit Angeboten der betrieblichen Gesundheitsförderung eher sensibilisiert im Umgang mit der eigenen Gesundheit sind. Einen kausalen Zusammenhang, dass eine entsprechende Sensibilisierung durch betriebliche Angebote zu einem gesundheitsbewussten Umgang mit der eigenen Gesundheit führt, kann mit einer Querschnittbetrachtung nicht ermittelt werden. Gleichwohl geben die Befragungsergebnisse einen Hinweis auf die gesundheitliche Situation und das Arbeitsunfähigkeitsgeschehen in Betrieben mit und ohne Angebote der betrieblichen Gesundheitsförderung: In Betrieben, die Maßnahmen zur Gesundheitsförderung anbieten, geben die Beschäftigen weniger gesundheitliche Probleme an und gehen weniger häufig krank zur Arbeit.

In Betrieben, die Maßnahmen zur Gesundheitsförderung anbieten, fällt es den Angestellten also leichter sich krankzumelden. Sie fühlen sich meistens gesünder als andere Personen ihres Alters und darüber hinaus ist der Anteil der Personen, die sich krank zur Arbeit begeben, wesentlich geringer als in Unternehmen ohne gesundheitsförderliche Maßnahmen. Insofern sollte es also zur Vermeidung von Produktivitätsverlusten und länger andauernden Erkrankungen von Mitarbeitern im Interesse des Unternehmens sein, dass Maßnahmen eingeführt werden, die zur Förderung der Gesundheit der Beschäftigten beitragen. Die Ergebnisse der aktuellen dritten Befragung zum Thema Präsentismus machen deutlich, dass Unternehmen zwar einerseits auf die Senkung der Fehlzeiten achten, gleichzeitig aber auch das soziale Kapital ihres Betriebs nicht aus dem Blick verlieren sollten. Denn ein niedriger Krankenstand

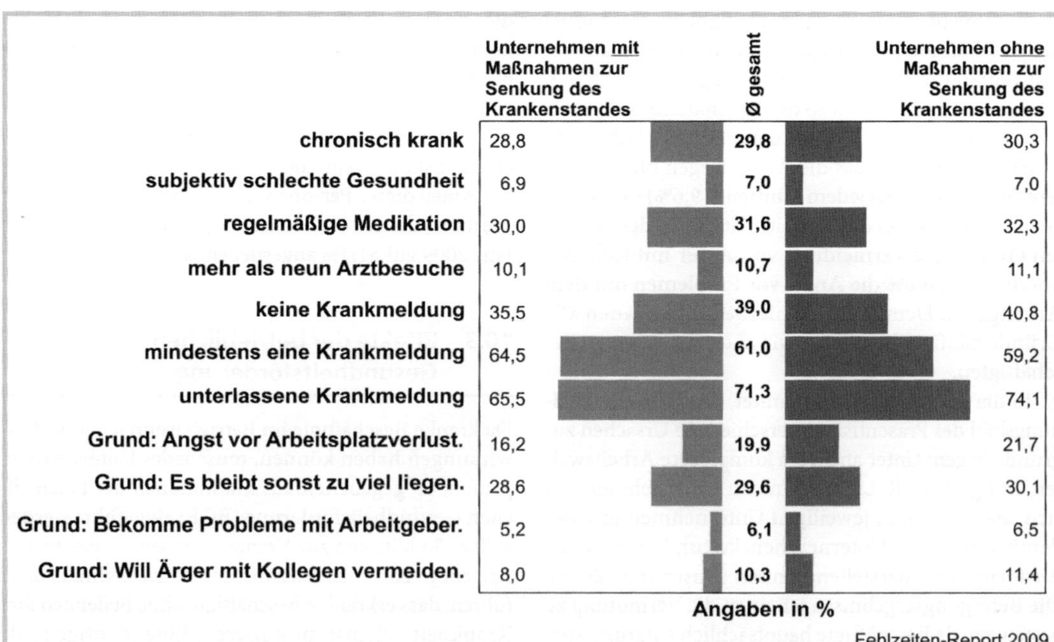

Abb. 10.2. Gesundheitliche Probleme von Beschäftigten in Unternehmen mit und ohne Maßnahmen zur betrieblichen Gesundheitsförderung

bedeutet nicht zwingend, dass die Arbeitnehmer auch wirklich gesund und voll leistungsfähig sind. Maßnahmen der betrieblichen Gesundheitsförderung können hier unterstützend wirken.

10.4 Strategien zur Identifikation und Reduzierung der negativen Effekte von Präsentismus

Zur Identifikation von Präsentismus im Betrieb scheint es sinnvoll eine Befragung zu Arbeitszufriedenheit und Arbeitsstress durchzuführen, die es den Arbeitnehmern ermöglicht jene Faktoren, die zu Stress oder Frustration führen, eindeutig zu benennen und gegebenenfalls auch Verbesserungsvorschläge vorzubringen. Diese Anregungen sollten – wo sinnvoll – von Unternehmensseite genutzt werden, um eine Verbesserung der Arbeitssituation oder eine Verbesserung des Arbeitsklimas zu erreichen. Grundlage eines guten Arbeitsklimas bzw. »guter Arbeit« sind nach Kuhn (2008) mehrere Faktoren, die untereinander in Wechselwirkung stehen: So wird zum einen die Unterstützung durch Kollegen bzw. Vorgesetzte als eines der zentralen Kriterien für gute Arbeitsbedingungen gesehen. Des Weiteren führen positive Rückmeldungen über die Tätigkeiten der Arbeitnehmer genauso zu einem guten Arbeitsklima wie auch die Möglichkeit, bei der Arbeit eine gewisse Abwechslung zu erleben bzw. sich kreativ zu betätigen. Aber auch hinsichtlich der Entscheidungsbefugnis einzelner Mitarbeiter oder des Handlungsspielraumes, in dem selbstständig und eigenverantwortlich gehandelt werden kann, werden Ansatzpunkte zu einem guten Arbeitsklima gesehen. Hierauf sollten insbesondere die Führungskräfte hinwirken und gegebenenfalls entsprechend geschult werden. Belastende Faktoren stellen Unsicherheit, körperlich belastende Tätigkeiten, wie etwa dauerhaftes Stehen oder Heben schwerer Gegenstände sowie Unter- oder Überforderung dar. Diesen Beanspruchungen muss im Rahmen einer betrieblichen Gesundheitsförderung entsprechend begegnet werden, um der Verschlechterung des Arbeitsklimas entgegenwirken zu können.

Eine weitere Möglichkeit die negativen Effekte von Präsentismus zu reduzieren, könnte darin bestehen, Experten einzusetzen, die besonders für Arbeitnehmer mit chronischen Erkrankungen und solchen, die mit einer Behinderung leben, eine beratende Funktion einnehmen. Die wichtigste Rolle, die so genannte »Disability Manager« übernehmen, ist beispielsweise das Eingliederungsmanagement dieser Personengruppen. Sowohl aus rechtlicher als auch finanzieller Sicht ist dies sinnvoll, nicht nur, da die Unternehmen seit 2004 – unabhängig von ihrer Größe – gesetzlich verpflichtet sind, ein betriebliches Eingliederungsmanagement zu betreiben, sondern auch, da sich hier Kosten sparen lassen. Einen wichtigen Bestandteil stellt dabei die Kommunikation zwischen Unternehmen und Beschäftigten dar. Das Wiedereingliederungsmanagement sollte in einer vertrauensvollen und vorurteilsfreien Atmosphäre gehalten werden, um jegliche Formen der Unterlassung von Krankmeldungen zu vermeiden. Haben Beschäftigte vor dem Wiedereingliederungsgespräch Scheu, kann dies dazu führen, dass es dadurch bedingt zu gesteigertem Präsentismus kommt, um einem solchen Gespräch aus dem Weg zu gehen (Deutsche Rentenversicherung Bund 2007).

Um die gegebenenfalls zu hohen Arbeitsbelastungen des Einzelnen zu reduzieren empfiehlt es sich des Weiteren, feste Besprechungstermine mit den Abteilungen bzw. einzelnen Angestellten einzurichten, bei denen Meinungen oder aktuelle Probleme geäußert werden können. Dies berücksichtigt insbesondere die erwähnte Tatsache, dass viele Arbeitnehmer, die trotz Krankheit arbeiten gehen, angaben Angst davor zu haben, ihre Arbeit würde liegen bleiben bzw. dass das Verantwortungsgefühl gegenüber Kollegen bzw. der Arbeit sie auch krank zur Arbeit gehen lässt. Da regelmäßige Meetings eine gewisse Transparenz hinsichtlich der Aufgaben, die der einzelne Arbeitnehmer erledigt, schaffen, kann von Arbeitnehmern somit auch eine stark belastende individuelle Verantwortung in eine Teamverantwortung überführt werden. Aber auch im Bereich der Work-Life-Balance gibt es Ansatzpunkte zur Reduzierung von Präsentismus. Durch eine Flexibilisierung der Arbeitszeit können in Zeiten geringen Arbeitsanfalls Überstunden, die möglicherweise zuvor erarbeitet wurden, abgebaut und auch zur gesundheitlichen Regeneration und Motivation genutzt werden. Aber auch die Möglichkeit, Privat- und Berufsleben in besseren Einklang miteinander zu bringen, hat positive Auswirkungen auf das Befinden der Arbeitnehmer (Micheli 2006).

Ein Patentrezept zur Senkung des Präsentismus mittels betrieblicher Gesundheitsförderung gibt es allerdings nicht, jeder Betrieb unterscheidet sich zwangsläufig in seinen Strukturen und Arbeitsweisen von anderen. Es liegt daher in den Händen der Personalabteilungen, in Zusammenarbeit mit den Führungskräften und den Arbeitnehmern Konzepte zu entwickeln, die auf beiden Seiten zu befriedigenden Lösungen im Umgang mit und der Bekämpfung von Präsentismus führen. Die Identifikation von Präsentismus im eigenen Betrieb stellt hier zumindest schon mal einen ersten Schritt in die richtige Richtung dar, da hierauf aufbauend Strategien und Konzepte für sinnvolle Gegenmaßnahmen entwickelt werden können.

Literatur

Baase CM (2006) Auswirkungen chronischer Krankheiten auf Arbeitsproduktivität und Absentismus und daraus resultierende Kosten für die Betriebe. In: Badura B, Schellschmidt H, Vetter C (Hrsg) Fehlzeiten-Report 2006. Springer, Berlin Heidelberg New York Tokio, S 45–62

Buser K, Schneller T, Wildgruber K (2003) Medizinische Psychologie. Medizinische Soziologie. Elsevier, München

Deutsche Rentenversicherung Bund (2007) Regionale Initiative Betriebliches Eingliederungsmanagement. Berlin

Gabler S, Häder S (Hrsg) (2002) Telefonstichproben. Methodische Innovationen und Anwendungen in Deutschland. Waxmann, New York München Berlin

Gesundheitsberichterstattung (GBE) des Bundes (2006) Gesundheit in Deutschland. Hg v Robert Koch-Institut in Zusammenarbeit mit dem Bundesministerium für Gesundheit (BMG)

Hansen CD, Andersen JH (2009) Sick at work – a risk factor for long-term sickness absence at a later date? Journal of Epidemiology and Community Health 63:397–402

Hemp P (2004) Presenteeism: At Work – But Out Of It, Harvard Business Review 82 (10):49–58

Kohler H (2002) Krankenstand. Ein beachtlicher Kostenfaktor mit fallender Tendenz. Entwicklung, Struktur und Bestimmungsfaktoren krankheitsbedingter Fehlzeiten. IAB Werkstattbericht 1/2002

Kuhn K (2008) Was ist gute Arbeit? Präsentation auf dem 7. BGF-Symposium »Arbeit, Familie und Gesundheit« vom 4. November 2008. Köln

Micheli M de (2006) Nachhaltige und wirksame Mitarbeitermotivation. Praxium, Zürich

Middaugh DJ (2007) Presenteeism: Sick and tired at Work. Dermatology Nursing 19 (2):172–185

Schamhorst J (2007) Maßnahmen gegen Präsentismus. Health Professional Plus 5 (14): 2

The employers Health Coalition of Tampa, Florida (1999) Healthy People/Productive Community – Tampa

Vingård E, Alexanderson K, Norlund A (2004) Sickness Presence. Scandinavian Journal of Public Health 32 (63):216–221

Winter L et al (2007) Symptoms, affects, and self-rated health: evidence for a subjective trajectory of health. Journal of Ageing Health 19 (3):453–469

Zok K (2003) Einstellungen und Verhalten bei Krankheit im Arbeitsalltag – Ergebnisse einer repräsentativen Umfrage bei Arbeitnehmern. In: Badura B, Schellschmidt H, Vetter C (Hrsg) Fehlzeiten-Report 2003. Wettbewerbsfaktor Work-Life-Balance. Springer, Berlin Heidelberg New York Tokio, S 243–261

Zok K (2007) Krank zur Arbeit: Einstellungen und Verhalten von Frauen und Männern beim Umgang mit Krankheit am Arbeitsplatz. In: Badura B, Schellschmidt H, Vetter C (Hrsg) Fehlzeiten-Report 2007. Arbeit, Geschlecht und Gesundheit. Springer, Berlin Heidelberg New York Tokio, S 121–144

Kapitel 11

Der Zusammenhang von Arbeitsplatzunsicherheit und Gesundheitsverhalten in einer bevölkerungsrepräsentativen epidemiologischen Studie

C. M. Haupt

Zusammenfassung. *Die aktuelle Wirtschaftskrise verstärkt die Arbeitsplatzunsicherheit. Zugleich werden Auswirkungen von Arbeitsplatzunsicherheit auf Gesundheit und Gesundheitsverhalten vermutet (Ferrie 2006). Ziel der bevölkerungsrepräsentativen Study of Health in Pomerania (SHIP) war es, Lebensgewohnheiten der Bevölkerung und ihren Gesundheitszustand zu untersuchen. Medizinische Untersuchungen, Interviews und Fragebögen ermöglichen auch, Zusammenhänge von Arbeitsplatzunsicherheit und Gesundheit zu finden. Hierzu wurden 1942 Arbeitnehmer in die Studie zur Arbeitsplatzunsicherheit einbezogen, die den Grad ihrer Arbeitsplatzunsicherheit eingeschätzt hatten. Untersucht wurden die Bereiche Ernährung, Sport und Bewegung, soziales Netz, Nikotin- und Alkoholkonsum sowie Gesundheitszustand und Psychosomatik. In allen Bereichen außer Sport konnten Zusammenhänge hinsichtlich Arbeitsplatzunsicherheit aufgezeigt werden. Personen mit häufiger Arbeitsplatzunsicherheit wünschen sich mehr soziale Kontakte, haben einen schlechteren Gesundheitszustand und häufiger Anzeichen psychosomatischer Erkrankungen wie ungeklärte körperliche Beschwerden oder Anzeichen für psychische Befindensbeeinträchtigungen wie depressive Verstimmungen. Zudem zeigen sich signifikante Unterschiede zwischen häufiger und keiner Arbeitsplatzunsicherheit hinsichtlich des Body Mass Index (BMI), des Social Network Index (SNI), bei den Triglyzeriden und beim Cholesterin (FFS, Tabletten- und Alkoholkonsum, LDL/HDL-Quotient).*

11.1 Einleitung

11.1.1 Aktueller Hintergrund

Begriffe wie Individualisierung, Flexibilisierung, Arbeitsdruck, Restrukturierung, Rationalisierung und Umstrukturierung prägen momentan unsere Zeit. Nach Siegrist findet der Globalisierungsprozess in einer enormen, vermutlich einzigartigen zeitlichen Verdichtung statt, welcher sich in einer zunehmenden Arbeitsintensität und steigender Arbeitsplatzunsicherheit manifestiert (Siegrist 2006). Durch die aktuelle Wirtschaftskrise erlangt gerade die zunehmende Arbeitsplatzunsicherheit immer mehr Relevanz.

Bislang wurden insbesondere die Auswirkungen von Arbeitslosigkeit, wenig aber die von Arbeitsplatzunsicherheit untersucht. So belegen Untersuchungsergebnisse des Robert Koch-Instituts (Grobe und Schwartz 2003), dass Arbeitslose im Vergleich zu Erwerbstätigen einen ungünstigeren Gesundheitszustand und eine ungesündere Lebensweise aufweisen. Zwar zeigen sich kaum Unterschiede hinsichtlich des Körpergewichts, Blutdrucks oder Cholesterins, doch werden Arbeitslose häufiger stationär im Krankenhaus aufgenommen und neigen häufiger zu psychische Störungen, insbesondere zu Substanzmissbrauch. Gerade bei Männern sind gesundheitliche Probleme und Verhaltensfehler stärker ausgeprägt.

Fraglich bleibt, wie sich Arbeitsplatzunsicherheit auf die Gesundheit auswirkt und ob Befunde zur Arbeitslosigkeit übertragbar sind.

11.1.2 Derzeitiger Forschungsstand

In einem der ersten theoretischen Modelle zur Arbeitsplatzunsicherheit von Greenhalgh und Rosenblatt werden potenzielle Ursachen, Wirkungen und Konsequenzen der Arbeitsplatzunsicherheit für Organisationen diskutiert (Greenhalgh und Rosenblatt 1984). Dabei definieren sie Arbeitsplatzunsicherheit als »empfundene Machtlosigkeit, in einer gefährdeten Arbeitsplatzsituation die gewünschte Kontinuität aufrecht zu erhalten« (ebenda, S. 443). Weitere hilfreiche Definitionen der Arbeitsplatzunsicherheit sind »Diskrepanz zwischen dem Grad der Sicherheit, den eine Person erfährt, und dem Grad, den sie sich wünschen würde« (Hartley et al. 1991) und »subjektiv empfundene Antizipation eines fundamentalen und unfreiwilligen Ereignisses« (Sverke et al. 2002).

Bei Untersuchungen der Arbeitsplatzunsicherheit wird zwischen einem subjektiven und einem objektiven Ansatz unterschieden. Befragungen zur subjektiven Wahrnehmung enthalten oft nur ein Item und bilden somit keine Skalen (Sverke et al. 2002). Sollen Folgen für Verhalten und Gesundheit der Betroffenen untersucht werden, sind es aber das subjektive Empfinden und der Umgang mit dem durch Arbeitsplatzunsicherheit ausgelösten Stress, die Verhaltensänderungen verursachen. Arbeitsplatzunsicherheit wird dabei als psychische Belastung bzw. als emotionaler Stressor eingestuft. Wird ein Stressor chronisch, kann er psychische, psychosomatische und somatische Folgen haben (Hepburn et al. 1997).

Für den betroffenen Mitarbeiter bedeutet das Erleben von Stress zunächst einen Verlust an Wohlbefinden und Lebensqualität; mittel- bis langfristig ist mit Beeinträchtigungen der körperlichen und psychischen Gesundheit oder kritischem Gesundheitsverhalten (z. B. Alkohol-, Nikotin- und Medikamentenabusus) zu rechnen. Stress beeinträchtigt die Leistungsfähigkeit und führt zu Reizungen und Konzentrationsstörungen, verschlechtert die Entscheidungsfindung und verursacht Schlafstörungen. Physische Erkrankungen wie Bluthochdruck, Schmerzen und Infektanfälligkeit nehmen zu. Längerfristige körperliche Folgen von Stress sind u. a. anhaltende erhöhte Muskelspannung mit Schmerzen im Rücken-, Schulter- und Nackenbereich oder Organschädigungen (Herzinfarkt, Magengeschwür, Schlaganfall).

Solange die psychischen Befindensbeeinträchtigungen der Betroffenen sich auf »...das kognitiv-emotionale Erleben einer verminderten Lebensqualität als langfristige Folge von vor allem alltäglichen und andauernden Stressoren einer Person, die noch arbeitsfähig ist« (Mohr 1986) beschränken und (noch) keine manifeste Erkrankungen darstellen, kann man präventiv eingreifen. Psychische Befindensbeeinträchtigungen sind leichter veränderbar und psychische Erkrankungen wie Depressionen können vermieden werden.

11.2 Die SHIP-Studie – Methoden und Ergebnisse

11.2.1 Methodik

Grundlage der nachfolgenden Auswertungen sind die bevölkerungsrepräsentativen Daten aus der so genannten SHIP-Studie, der »Study of Health in Pomerania«. Ziel der Studie war es, den Gesundheitszustand der Bevölkerung zu ermitteln und ihre Lebensgewohnheiten und ihr Gesundheitsverhalten zu erforschen. Diese Studie wurde gefördert vom Bundesministerium für Bildung und Forschung (BMBF, 01ZZ96030), vom Kultusministerium sowie dem Sozialministerium des Bundeslandes Mecklenburg-Vorpommern. Für SHIP wurde eine Stichprobe der Erwachsenenbevölkerung im Alter von 20 bis 79 Jahren über die Einwohnermeldeämter aus den Landkreisen Ost- und Nordvorpommern sowie aus den kreisfreien Städten Greifswald und Stralsund gewählt. Die Untersuchungen wurden zwischen 1997 und 2001 durchgeführt.

Die Nettostichprobe umfasste 6267 Personen, von denen 4310 an der Studie teilgenommen haben (Response 68,8%). Die teilnehmenden Personen wurden einem standardisierten Interview und einer klinischen Untersuchung unterzogen und füllten einen Fragebogen aus. Eine nähere Beschreibung der Studie findet sich bei John et al. (2001). Zur Untersuchung der Arbeitsplatzunsicherheit wurden die Daten von insgesamt 1943 Probanden ausgewertet. Ausgeschlossen wurden Personen, die derzeit keiner geregelten Beschäftigung nachgehen und Personen, die die Fragen fälschlich beantwortet hatten.

Die Befragung erfolgte nach dem subjektiven Ansatz (Sverke et al. 2002) mit dem Item: »Machen Sie sich manchmal Sorgen darüber, ob Sie Ihre gegenwärtige Arbeitsstelle behalten können?« (mit den Antwortmöglichkeiten »ja, häufig«, »ja, manchmal« und »nein, nie«).

Verglichen wurden die beiden Gruppen, die häufige (n = 396) bzw. keine Arbeitsplatzunsicherheit (n = 439) angegeben haben. Um den Zusammenhang von Arbeitsplatzplatzunsicherheit und den untersuchten Variablen zu bestimmen, wurden Regressionsrechnungen durchgeführt. In allen Berechnungen wurde Alter und Geschlecht als Confounder mit berücksichtigt.

11.2.2 Arbeitsplatzunsicherheit und Ernährung

Häufiges bekanntes gesundheitliches Fehlverhalten zur Kompensation von Stress ist falsche Ernährung: Die Betroffenen essen zu viel, zu fett und zu viel Süßes, was sich auf Gewichtsparameter und Blutwerte auswirkt. Vorausgegangene Studien konnten keine Belege dafür finden, dass Arbeitnehmer mit Arbeitsplatzunsicherheit schlechtere Ernährungsparameter bei BMI und Blutfetten, allen voran beim Cholesterin und beim LDL-HDL-Quotienten (Verhältnis von Low-Density-Lipoproteinen und High-Density-Lipoproteinen) aufweisen (Bruenahl 2007, Ferrie 2006).

Gewicht und Größe wurden in der SHIP-Studie in einer klinischen Untersuchung gemessen, die Waist-to-Hip-Ratio (WHR) wurde bestimmt. Eine Blutuntersuchung gab Aufschluss über Blutfette. Hier zeigten sich signifikante Unterschiede zwischen häufiger und keiner Arbeitsplatzunsicherheit beim BMI sowie bei den Werten von Triglyzeriden und Cholesterin (jeweils mit $p <.01$) (s. Tabelle 11.1).

Um einzuschätzen, wie ausgewogen sich die Probanden ernähren, wurde der Food-Frequency-Score (FFS) berechnet. Auch hier zeigen sich signifikante Unterschiede: Personen mit häufiger Arbeitsplatzunsicherheit ernähren sich ungesünder (s. Tabelle 11.2). In einer Regressionsanalyse wurden auch hier die Ernährungsparameter untersucht. Es zeigten sich signifikante Ergebnisse für den BMI, den LDL/HDL-Quotienten, den FFS und die WHR.

11.2.3 Arbeitsplatzunsicherheit und Bewegung

Um Zusammenhänge zwischen Bewegung und Arbeitsplatzunsicherheit einzuschätzen, wurden Fragen zu sportlichen Aktivitäten zusammengefasst. Es zeigen sich keine signifikanten Unterschiede zwischen häufiger und keiner Arbeitsplatzunsicherheit und dem Index für physische Aktivität. Der Sportindex kann auch in einer Regressionsanalyse nicht über Arbeitsplatzunsicherheit erklärt werden.

11.2.4 Arbeitsplatzunsicherheit und soziale Kontakte

Das soziale Umfeld, in das die von Arbeitsplatzunsicherheit bedrohte Person eingebunden ist, kann aufgeteilt werden in die engen persönlichen Beziehungen (Partnerschaft, Familie) und in das übrige soziale Netzwerk (Freunde, Bekannte, Vereinsmitgliedschaften). Personen mit häufiger Arbeitsplatzunsicherheit wünschen sich mehr soziale Kontakte zu ihren Freunden (43%) als Arbeitnehmern ohne Arbeitsplatzunsicherheit (31%) (s. Tabelle 11.3). Der Soziale-Netzwerk-Index (SNI) ist bei Personen mit häufiger Arbeitsplatzunsicherheit

Tabelle 11.1. Signifikanztests und Betagewichte bei Ernährungsparameter

Variable	Beta	Standardfehler	Standardisierte Koeffizienten: Beta	T-Wert	Signifikanz
BMI	1.237	.293	.137	4.228	.000
LDL/HDL	.243	.083	.094	2.915	.004
FFS	-.489	.218	-.071	-2.241	.025
WHR	.011	.004	.060	2.700	.007
Sportindex	-.022	.034	-.022	-.646	.519

BMI: Body Mass Index; LDL/HDL: Quotient aus Low- und High-Density-Lipoproteinen; FFS: Food Frequency Score; WHR: Waist-to-Hip-Ratio; Quelle: SHIP-Studie

Tabelle 11.2. Mittelwerte und Erläuterung ausgewählter Bereiche

Bereich	Variable	Range	Bedeutung	Hohe Arbeitsplatzunsicherheit (Ø)	Keine Arbeitsplatzunsicherheit (Ø)
Ernährung	FFS	4–25	Der FFS berücksichtigt die Ernährung mit verschiedenen Komponenten wie Fleisch, Obst und Getreideprodukten und die Häufigkeit ihrer Aufnahme.	13,5	13,7
	WHR	0,6–1,3		0,87	0,85
	BMI	17–40	Untergewicht bis 18, Normalgewicht 18–25, Übergewicht 25–30, Adipositas über 30	27,1	25,8
Bewegung	Sportindex	0–1	Der Sportindex berechnet sich aus einem Gesamtwert für die Wochenstunden Sport, die im Sommer und im Winter durchgeführt werden.	0,48	0,51
Sozialer Kontakt	SNI	1–4	Der Soziale-Netzwerk-Index (SNI) berechnet sich aus den Angaben zu Sozialkontakten in Beziehung, im Freundeskreis und der Familie. Persönliche Kontakte wurden dabei höher gewichtet als beispielsweise Mitgliedschaften in Vereinen. 1 = niedrig, 4 = hoch	1,99	2,19
Legale Suchtmittel	Tabak	0–129,6	Beim Nikotinkonsum ist nicht nur fraglich, ob eine Person raucht, sondern wie viel und wie lange sie schon raucht. Der Tabakkonsum einer Person wird in »Pack Years« erfasst.	8,35	8,03
	Alkohol	0–221 g/d	Der Alkoholkonsum wird ausgedrückt in Gramm reinen Alkohols pro Tag (g/d). Er berechnet sich aus den Angaben für die letzten Monate zur Aufnahme von Bier, Wein und Spirituosen.	14,73 g/d	14,13 g/d
Allgemeinzustand	Inanspruchnahme des Gesundheitssystems		Zahl der Arztbesuche in den letzten vier Wochen	1,9	1,7

BMI: Body Mass Index; LDL/HDL: Quotient aus Low- und High-Density-Lipoproteinen; FFS: Food Frequency Score; WHR: Waist-to-Hip-Ratio; Quelle: SHIP-Studie

Tabelle 11.3. Unterschiede zwischen Personen mit hoher und keiner Arbeitsplatzunsicherheit

Bereich	Variable	Frage (Antwortschema ja-nein)	Hohe Arbeitsplatzunsicherheit	Keine Arbeitsplatzunsicherheit
Sozialer Kontakt	Kontaktwunsch	Mehr Kontakt gewünscht zu Freunden	43,3%	31,4%
Legale Suchtmittel	Alkohol	Probleme mit Alkohol	4,0%	3,2%
	Medikamente	Medikamentenmissbrauch	13,1%	9,1%
		Innere Unruhe	20,7%	9,6%
Allgemeinzustand	Inanspruchnahme	Arztbesuche im letzten Monat	37,6%	33,9%
Depression	Antriebsarmut	Tägliche Energielosigkeit	28,5%	18,0%
	Trauer	Tägliche Traurigkeit	25,5%	18,5%

Quelle: SHIP-Studie

signifikant niedriger. Studienteilnehmer mit Arbeitsplatzunsicherheit haben damit ein schlechteres soziales Netz. Zugleich nehmen sie ihr soziales Netz auch als unbefriedigend wahr und erhoffen eine Verbesserung.

11.2.5 Arbeitsplatzunsicherheit und legale Suchtmittel

Arbeitsplatzunsicherheit führt zu höherem Arzneimittelverbrauch insbesondere von Tranquilizern and Antidepressiva (Ferrie 2006). Laut dem deutschen Bündnis gegen Depression korrelieren unbehandelte psychische Erkrankungen mit erhöhtem Gebrauch von Suchtmitteln. Diese Befunde konnten in der Studie bestätigt werden. Die Studienteilnehmer geben öfter Medikamentenmissbrauch an und nehmen auch mehr Medikamente ein. Arbeitsplatzunsichere geben häufiger an, unter innerer Unruhe zu leiden, die zur Einnahme von Beruhigungsmitteln führen kann. Entsprechend liegt die Zahl der Medikamenteneinnahme und -missbrauch bei Personen mit Arbeitsplatzunsicherheit höher.

Zudem rauchen Studienteilnehmer mit Arbeitsplatzunsicherheit mehr. Die Differenz in den Pack Years, anhand derer der Tabakkonsum einer Person gemessen wird, zeigt, dass Arbeitsplatzunsichere sowohl häufiger Raucher sind als auch mehr Nikotin konsumieren als Teilnehmer, die keine Angst um ihren Arbeitsplatz haben. Auch Arbeitsplatzunsichere geben einen höheren Alkoholkonsum an (der Test auf Mittelwertsunterschiede ist signifikant; $p < .05$; Tabelle 11.2). Außerdem bejahen sie häufiger die Frage, ob sie schon mal Probleme mit Alkohol hatten (Tabelle 11.3). Ein möglicher Grund hierfür ist, dass der mit der Arbeitsplatzunsicherheit verbundene psychische Stress den Konsum von Alkohol und Nikotin erhöht.

11.2.6 Arbeitsplatzunsicherheit und allgemeiner Gesundheitszustand

Arbeitsplatzunsicherheit geht einher mit einer häufigeren Inanspruchnahme des Gesundheitswesens (Ferrie 2006). Die Arbeitsplatzunsicheren der SHIP-Studie waren innerhalb des letzten Monats häufiger beim Arzt als die Teilnehmer ohne Arbeitsplatzunsicherheit, obwohl insbesondere Arbeitnehmer mit Angst um ihren Arbeitsplatz im Allgemeinen seltener zum Arzt gehen, wenn sie krank sind. Dieses, als Präsentismus bekannte Phänomen führt dazu, dass kranke Mitarbeiter zur Arbeit erscheinen, was sich für den Arbeitgeber ökonomisch nicht rechnet, da Erkrankungen chronifiziert und verschleppt werden, während der betroffene Mitarbeiter nur mit eingeschränkter Leistungsfähigkeit arbeitet. Teilweise werden auch andere Mitarbeiter mit Erkältungen, Grippe und ähnlichem infiziert. Die Befragten der SHIP-Studie weisen einen schlechteren Gesundheitszustand und häufiger ungeklärte körperliche Beschwerden auf, die auf somatoforme Störungen hindeuten können.

11.2.7 Arbeitsplatzunsicherheit und Depressionen

Die am häufigsten genannte psychische Erkrankung im Bereich des Arbeitslebens und der Analysen zu Fehlzeiten ist die Depression, wobei die Beziehung zwischen Arbeit und Depression bidirektional ist: Arbeit fördert Selbstvertrauen, Arbeitsstress kann jedoch Depressionen auslösen (Unger 2007).

Depressionen, die in Form von Energielosigkeit oder Traurigkeit auftreten können, treten bei Arbeitsplatzunsicheren anscheinend häufiger auf. Arbeitnehmer, die angaben, einen relativ unsicheren Arbeitsplatz zu haben, litten häufiger unter täglicher Traurigkeit als Arbeitnehmer mit Arbeitsplatzsicherheit; ein ähnliches Bild zeigt sich bei der Frage nach täglicher Energielosigkeit (Tabelle 11.3). Dabei sind die Unterschiede deutlich: Unter täglicher Energielosigkeit leiden 18% vs. 29%, unter Traurigkeit 19% vs. 26%.

11.3 Fazit und Empfehlungen

In vielen Studien liegt der Schwerpunkt der Datenerhebung entweder auf medizinischen Untersuchungen oder ausführlichen Fragebogenerhebungen. Werden Untersuchungen und Interviews kombiniert, liegen aus einem der Bereiche nur minimale Informationen vor. Der Vorteil der in der SHIP-Studie erhobenen Daten liegt darin, dass diese auf Grundlage eines ausführlichen Fragebogens, qualitätsgesicherter Interviews und den umfangreichen klinischen Erhebungen zusammen getragen werden konnten. Anhand dieser umfangreichen Daten lassen sich Unterschiede zwischen arbeitsplatzsicheren und arbeitsplatzunsicheren Arbeitnehmern bei klinischen Parametern der Ernährung, bei Parametern des sozialen Kontakts, des Nikotin-, Alkohol- und Medikamentenkonsums sowie bei Indikatoren für den allgemeinen Gesundheitszustand und der Depression erkennen. Die beschriebenen Ergebnisse verstärken sich in ihrer Ausprägung, wenn Personen betrachtet werden, die bereits Erfahrungen mit Arbeitslosigkeit haben. Die ermittelten Werte sind zudem bei den über 50-Jährigen tendenziell schlechter als bei Jüngeren. Daher sollten diese beiden Gruppen bei der Durchführung von betrieblicher Gesundheitsförderung oder Prävention gezielt angesprochen werden.

Obwohl diesen Ergebnissen eine Querschnittsstudie zugrunde liegt, aus der sich keine Kausalitäten ableiten lassen, sollten diese Zusammenhänge dennoch als Grundlage für verschiedene Interventionen genutzt werden. Zur Klärung von Ursachen sind allerdings Langzeitstudien notwendig, da bspw. die steigenden psychischen Erkrankungen bei Arbeitnehmern kausal mit Arbeitsplatzunsicherheit zusammenhängen könnten.

Bei Umstrukturierungen sollten die Betriebe darauf achten, ihre Mitarbeiter durch gezielte Stressprävention zu begleiten und auf diese Weise psychische Krankheiten zu vermeiden. Beispielsweise enthalten Stressmanagement-Trainingsprogramme Elemente zu Krankheitsprophylaxe oder Ressourceneinteilung (Godat und Brigham 1999, Seiwert 1999, 2002). Ein geeignetes Stressmanagement hilft den Betroffenen, mit der Situation besser umzugehen und trägt auch dazu bei, körperliche Beschwerden zu senken. Auch die betriebliche Gesundheitsförderung (BGF) spielt eine wichtige Rolle bei der Steigerung der Gesundheitskompetenzen durch Vermittlung und aktive Aneignung gesundheitlicher Kompetenzen und eines individuellen gesundheitsbezogenen Selbstmanagements.

Gerade Personen, die einen Arbeitsplatzverlust befürchten, sollten nicht in der erlebten Arbeitsplatzunsicherheit bestärkt werden. Daher sollte sowohl die Früherkennung psychischer Belastungen als auch die Frühintervention an externe Berater oder Vertrauenspersonen abgegeben werden. Den Mitarbeitern muss dabei versichert werden, dass diese Maßnahmen ihnen helfen sollen und nicht dazu dienen, labile Mitarbeiter zu identifizieren und diesen zu kündigen. Die Schulung und Sensibilisierung der Führungskräfte und das Geben von klaren Handlungsanweisungen sind deshalb Grundvoraussetzung im Umgang mit psychischen Erkrankungen bei Mitarbeitern.

In Situationen, in denen bei den Mitarbeitern Arbeitsplatzunsicherheit entstehen kann, sollten die betroffenen Betriebe auf eine gute Informationspolitik und Kommunikation achten. Als entscheidend erweist sich dabei die subjektiv wahrgenommene Arbeitsplatzunsicherheit, nicht die branchenspezifisch tatsächlich bestehende Unsicherheit. Um keine unnötigen Ängste zu schüren, sollten die Mitarbeiter zuverlässig und regelmäßig informiert werden, ob Stellen abgebaut werden sollen und wenn ja, in welchen Abteilungen. Dadurch werden zumindest die nicht Betroffenen nicht unter unnötigen Stress gesetzt.

Literatur

Antonovsky A (1979) Health, stress and coping: New perspectives on mental and physical well-being. Jossey-Bass, San Francisco

Antonovsky A (1987) Unraveling the mystery of health. How people manage stress and stay well. Jossey-Bass, San Francisco

Antonovsky A (1991) Meine Odyssee als Stressforscher. Jahrbuch für kritische Medizin 17:112–129

Bruenahl C (2007) Chronischer Stress und Indikatoren somatischer Morbidität. Wissenschaftliche Tagung: Krankheitsbezogene Forschung in der medizinischen Rehabilitation

Ducki A (2002) Diagnose gesundheitsförderliche Arbeit. Eine Gesamtstrategie zur betrieblichen Gesundheitsanalyse. vdf Hochschulverlag, Zürich

Ehlert U (2003) Verhaltensmedizin. Springer, Berlin Heidelberg New York Tokio

Ferrie JE (2006) Gesundheitliche Folgen der Arbeitsplatzunsicherheit. In: Badura B, Schellschmidt H, Vetter C (Hrsg) Fehlzeiten-Report 2005 – Zahlen, Daten, Analysen aus allen Branchen der Wirtschaft: Arbeitsplatzunsicherheit und Gesundheit. Springer, Berlin Heidelberg New York Tokio, S 93–123

Godat LM, Brigham TA (1999) The effect of a self-management-training-program on employees of a mid-seized organization. Journal of Organizational Behaviour Management 19 (1):65–83

Greenhalgh L, Rosenblatt Z (1984) Job insecurity: toward conceptual clarity. Academy of Management Review 3:438–448

Greif S, Bamberg E, Semmer N (1991) Psychischer Stress am Arbeitsplatz. Hogrefe, Göttingen

Grobe TG, Schwartz FW (2003) Arbeitslosigkeit und Gesundheit. In: Robert Koch-Institut (Hrsg) Gesundheitsberichterstattung des Bundes

Hartley J, Jacobson D, Klandermans B et al (1991) Job insecurity: coping with jobs at risk. Sage, London

Hepburn CG, Loughlin C, Barling J (1997) Coping with chronic work stress. In: Gottlieb BH (ed) Coping with chronic work stress. Plenum Press, New York

John U, Greiner B, Hensel E et al (2001) Study of Health in Pomerania (SHIP): A health examination survey in an east German region: Objectives and Design. Sozial- und Präventivmedizin 46:186–194

Mohr G (1986) Die Erfassung psychischer Befindensbeeinträchtigungen bei Industriearbeitern. Lang, Bern

Seiwert LJ (1999) Selbstmanagement. Persönlicher Erfolg – Zielbewusstsein – Zukunftsgestaltung. mvg-Verlag, München

Seiwert LJ (2002) Wenn Du es eilig hast, gehe langsam. Das neue Zeitmanagement in einer beschleunigten Welt: Sieben Schritte zu mehr Zeitsouveränität und Effektivität. Campus, Frankfurt/M New York

Siegrist J (2006) Globalisierung und Gesundheit. In: Arbeitsgemeinschaft Betriebliche Weiterbildungsforschung e.V. (Hrsg) Projekt Qualifikations-Entwicklungsmanagement, Waxmann, Münster, S 28–45

Sverke M, Hellgren J, Naswall K (2002) No security: a meta-analysis and review of job insecurity and its consequences. J Occup Health Psychol 7 (3):242–264

Ulich E (1998) Arbeitspsychologie. vdf Verlag der Fachvereine, Zürich

Unger HP (2007) Depression und Arbeitswelt. Psychiat Prax 34:256–260

Kapitel 12

Betriebliche Gesundheitspolitik in der Kommunalverwaltung – Ergebnisse einer qualitativen Studie[1]

M. J. Steinke

Zusammenfassung. *Eine im Auftrag der Hans-Böckler-Stiftung durchgeführte Studie konnte erste Erkenntnisse bezüglich der Qualität betrieblicher Gesundheitspolitik in der Kernverwaltung deutscher Kommunen ermitteln. Dabei hat sich gezeigt, dass Betriebliche Gesundheitsförderung, verstanden als Bereitstellung ganz überwiegend verhaltensorientierter Angebote zu Bewegung, Ernährung und Stressbewältigung, zumindest in den großen Kommunen etabliert werden konnte. Das eigentliche Potenzial einer auf Mitarbeiterorientierung und Ergebnisverbesserung ausgerichteten betrieblichen Gesundheitspolitik wird jedoch noch nicht voll genutzt – auch mit Blick auf die Förderung des (psychischen) Wohlbefindens der Mitarbeiter.*

12.1 Einleitung

Durch den zunehmenden Wettbewerbsdruck infolge der Globalisierung und den Wandel der Wirtschaft hin zu einer wissensintensiven Dienstleistungsproduktion werden die Mitarbeiter zur zentralen Ressource von Unternehmen und Verwaltungen. Eine Förderung dieser Ressource gewinnt entsprechend zunehmend an Bedeutung. Dies trifft insbesondere auf die öffentliche Verwaltung als klassischem Dienstleister zu, zumal sie vergleichsweise stark durch den demographischen Wandel betroffen ist (überdurchschnittlich hoher Anteil älterer, chronisch kranker und schwerbehinderter Beschäftigter). Vor diesem Hintergrund stellt eine betriebliche Gesundheitspolitik – konsequent umgesetzt in Form eines systematischen Betrieblichen Gesundheitsmanagements (BGM) – die als Teil der Unternehmenspolitik die Förderung der Gesundheit und des Wohlbefindens der Mitarbeiter ebenso wie ihrer Leistungsfähigkeit zum Ziel hat, ein vielversprechendes Lösungsinstrument dar.

Erste Erkenntnisse darüber zu erhalten, inwieweit dieses Instrument in der öffentlichen Verwaltung bereits Eingang gefunden hat, war das Ziel eines Forschungsprojekts, das im Auftrag der Hans-Böckler-Stiftung von Oktober 2008 bis April 2009 an der Fakultät für Gesundheitswissenschaften der Universität Bielefeld durchgeführt wurde (vgl. Badura und Steinke 2009). Es sollte dabei nicht darum gehen, repräsentative bzw. quantitative Aussagen über das Ausmaß der Verbreitung von Betrieblichem Gesundheitsmanagement oder Betrieblicher Gesundheitsförderung (BGF) im Bereich der öffentlichen Verwaltung zu generieren. Die Zielsetzung des Projekts bestand vielmehr darin, eine Bestandsaufnahme der Qualität betrieblicher Gesundheitspolitik in

1 Ich danke Herrn Prof. Bernhard Badura für seine Unterstützung beim Verfassen dieses Artikels.

einem Teilbereich der öffentlichen Verwaltung – den Kernverwaltungen von Kommunen – zu erarbeiten. Es sollten dabei erste explorative Erkenntnisse und der Bedarf für weitere Forschungsarbeiten ermittelt werden.[2]

12.2 Gegenstand und Zielsetzung

Untersuchungsgegenstand der Studie war die betriebliche Gesundheitspolitik in den kommunalen Kernverwaltungen Deutschlands. Im Rahmen der Studie wurde Kernverwaltung wie folgt definiert: Kommunale Kernverwaltung meint die Verwaltung i. e. S., also alle vollständig im Besitz der Gemeinden bzw. Städte befindlichen Organisationseinheiten.

Von Interesse in der Studie waren solche Rahmenbedingungen, Strukturen, Prozesse und Ergebnisse, die auf die Gesundheit und das Wohlbefinden der Mitarbeiter in den Kernverwaltungen der Kommunen abzielen und auf die gesundheitsförderliche Gestaltung der Arbeits- und Organisationsbedingungen.

Betriebliche Gesundheitspolitik ist wissenschaftlich wie auch praktisch begründet worden durch eine gemeinsame Kommission der Bertelsmann- und der Hans-Böckler-Stiftung (vgl. Bertelsmann Stiftung und Hans-Böckler-Stiftung 2004). Badura und Hehlmann definieren, daran anknüpfend, betriebliche Gesundheitspolitik wie folgt: »Die betriebliche Gesundheitspolitik legt die Ziele zum Schutz und zur Förderung von Gesundheit und Sicherheit der Mitarbeiter fest, das dabei zur Anwendung kommende Verständnis von Gesundheit und die angenommenen Wechselwirkungen. Als Teil der Unternehmenspolitik muss sie den Unternehmenszielen ebenso dienen wie dem Wohlbefinden und der Leistungsfähigkeit der Mitarbeiter. Sie legt Entscheidungswege, Zuständigkeiten und Ressourcenverbrauch fest sowie den notwendigen Qualifizierungsbedarf und beauftragt ein zentrales Gremium mit der operativen Arbeit in Richtung gesunde Organisation« (Badura und Hehlmann 2003).

Die operative Planung, Durchführung und Evaluation einzelner Interventionen im Rahmen der betrieblichen Gesundheitspolitik obliegt dem Betrieblichen Gesundheitsmanagement (BGM).

2 Entsprechend begrenzt war der Projektrahmen gestaltet (Projektlaufzeit: sieben Monate; Förderungsvolumen: 10.000 Euro).

12.3 Stand der Forschung

Zur Klärung der Frage, wie stark Betriebliches Gesundheitsmanagement (BGM) bzw. Betriebliche Gesundheitsförderung (BGF) in der öffentlichen Verwaltung in Deutschland verbreitet ist, gibt es derzeit keine repräsentativen Daten. Einige empirische Evidenz zu der Fragestellung existiert jedoch bereits (vgl. Beck und Schnabel 2008, Gröben 2002, Gröben und Wenninger 2006, Hauser et al. 2008, Hollederer 2007, IFGP 2006). Tenor dieser Studien ist, dass die Förderung der Gesundheit der Mitarbeiter zwar in der Mehrzahl der Organisationen der öffentlichen Verwaltung ein Thema ist. Im Vergleich mit der Industrie besteht jedoch quantitativ – also bezogen auf den Anteil »gesundheitsfördernder« Betriebe an der gesamten Branche – noch ein erheblicher Nachholbedarf. Darüber hinaus konnten zudem erste Hinweise auf Defizite bezüglich der Qualität der in der öffentlichen Verwaltung verfolgten betrieblichen Gesundheitspolitik ermittelt werden. So bestand die Mehrzahl der eingesetzten Maßnahmen aus einem Angebot isolierter, unsystematischer und vor allem verhaltensorientierter Maßnahmen.

Neben diesen vorrangig auf quantitative Aussagen abzielenden Untersuchungen sind unterschiedliche Beispiele guter Praxis von BGF bzw. BGM bekannt. Insbesondere die Entwicklung in der Bundesverwaltung (vgl. Losada und Mellenthin-Schulze 2009, Voglrieder 2008) lässt für die Zukunft hoffen. Forschungsbedarf besteht insbesondere zur Qualität betrieblicher Gesundheitspolitik. Hier knüpfte die Studie an.

Eine Analyse und Beurteilung der Qualität der betrieblichen Gesundheitspolitik in der kommunalen Kernverwaltung setzt das Vorhandensein von Qualitätsstandards zur Orientierung und als Bewertungsmaßstab voraus. Die Grundlage für die Erhebung und Auswertung im Rahmen der Studie stellten entsprechend die für das Betriebliche Gesundheitsmanagement geltenden wissenschaftlichen Standards dar (vgl. Badura und Steinke 2009, Walter 2007). Diese Standards sind fundiert durch entsprechende Erkenntnisse der Grundlagenforschung und wurden im Rahmen von empirischen Studien bestätigt und weiterentwickelt. Im Einzelnen beschreiben sie Anforderungen an die Zielfindung im BGM, an die betriebspolitischen Voraussetzungen, an die strukturell-planerischen Rahmenbedingungen und die Durchführung der vier Kernprozesse (vgl. ebd.). Untersucht werden sollte, inwieweit diese für das BGM geltenden Qualitätsstandards in der betrieblichen Gesundheitsarbeit der Kommunalverwaltungen berücksichtigt und erfüllt werden.

12.4 Methodik

Entsprechend der Zielsetzung, erste explorative Erkenntnisse bezüglich der Fragestellung zu ermitteln, wurde in einer nach bestimmten Kriterien ausgewählten, begrenzten Anzahl von Kommunen der dortige Entwicklungsstand betrieblicher Gesundheitspolitik qualitativ erfasst.

Kriterien für die Aufnahme in die Studie waren:

1. die geografische Lage der jeweiligen Kommune und
2. ein im Vergleich zur Gesamtheit der Kommunen fortgeschrittener Entwicklungsstand betrieblicher Gesundheitspolitik.

So sollte zum einen sichergestellt werden, dass Städte aus dem gesamten Bundesgebiet ausgewählt würden, um so historische und regionale Einflüsse zu berücksichtigen. Zum anderen sollten solche Kommunen untersucht werden, die nach Aussage von Experten – dies waren sowohl Personen aus der Wissenschaft, als auch langjährige Praktiker – in der Anwendung von Betrieblicher Gesundheitsförderung bzw. Betrieblichem Gesundheitsmanagement am weitesten fortgeschritten sind. Grundgedanke dieses zweiten Auswahlkriteriums war es, anhand des Entwicklungsstands der »Speerspitze« der deutschen Kommunen bezüglich BGF bzw. BGM erste explorative Hinweise auf die Qualität der betrieblichen Gesundheitspolitik in der deutschen Kommunalverwaltung insgesamt zu erhalten.[3]

Anhand der genannten Auswahlkriterien wurden die folgenden 19 Kommunen bzw. Städte in die Studie eingeschlossen[4]: Bezirksamt Tempelhof-Schöneberg (Berlin), Bochum, Dortmund, Duisburg, Frankfurt (Main), Freiburg, Halle (Saale), Hamm (Westfalen), Leipzig, Lübeck, Magdeburg, Mainz, München, Nürnberg, Potsdam, Regensburg, Stuttgart und Wolfsburg.

Das erste Selektionskriterium konnte somit offensichtlich weitgehend erfüllt werden. Bezüglich des zweiten Auswahlkriteriums muss festgehalten werden, dass es nicht möglich ist, die – bezogen auf die betriebliche Gesundheitspolitik – am weitesten fortgeschrittenen deutschen Kommunen zu identifizieren. Dies liegt zum einen an dem bestehenden Forschungsdefizit (s. o.) und zum anderen an dem erstaunlich geringen Grad der Vernetzung der Kommunen untereinander, der in diesem Bereich gegeben ist (s. u.), und in der Folge an der geringen Transparenz des Geschehens insgesamt. Nach Aussage der befragten Experten und der interviewten Personen selbst können die ausgewählten Städte jedoch ausnahmslos zum vorderen Drittel der Kommunen in Deutschland bezogen auf den Entwicklungsstand betrieblicher Gesundheitspolitik gezählt werden.

Zentrale Erhebungsmethode der Studie war das Experteninterview. Dazu wurde die in der jeweiligen Stadtverwaltung für BGF bzw. BGM zuständige Person befragt. Begleitend füllten die interviewten Personen einen schriftlichen Fragebogen aus und stellten relevante Dokumente (Dienstvereinbarung, Konzeption, Fort- und Weiterbildungsprogramm, Gesundheitsbericht etc.) zur Verfügung. Die ausgewählten Städte konnten so insgesamt einer differenzierten Fallanalyse unterzogen werden.

12.5 Ergebnisse

Bei den 19 ausgewählten Städten handelt es sich ausschließlich um Großstädte – fünf sind darüber hinaus Landeshauptstädte – und sie stellen entsprechend große Arbeitgeber dar (> 2000 Mitarbeiter). Es sind somit, vergleichbar mit der Situation in der Privatwirtschaft, insbesondere die großen Kommunen, die bezogen auf die Etablierung einer betrieblichen Gesundheitspolitik relativ weit fortgeschritten sind. Die Mehrheit der untersuchten Städte verfügt bereits seit ca. vier bis fünf Jahren über eine Betriebliche Gesundheitsförderung bzw. ein Betriebliches Gesundheitsmanagement, wobei dieser Situation zumeist ein relativ langwieriger Prozess vorausging, dessen positives Ende vor allem dem starken Engagement eines oder mehrerer »Promotoren« zu verdanken war.

12.5.1 Rahmenbedingungen

Alle 19 beteiligten Städte hatten für ihre betriebliche Gesundheitsarbeit eine schriftliche Grundlage. In der Mehrheit der Fälle (15 Städte) hatte diese Grundlage zudem einen verbindlichen Charakter (Dienstvereinbarung bzw. -anweisung, Gemeinderatsbeschluss) und stand die Arbeit im Rahmen der Betrieblichen Gesundheitsförderung entsprechend auf einem relativ stabilen Fundament. Fixiert sind in diesen schriftlichen Rahmenbedingungen u. a. die im Rahmen der betrieblichen Gesundheitspolitik ausgehandelten strategischen Ziele. Kennzeichnend war in den untersuchten Städten

3 Die Autoren waren sich möglicher methodischer Einwände gegenüber der gewählten Vorgehensweise bewusst, hielten diese angesichts des gegebenen Rahmens und der gegebenen Zielsetzung jedoch für angemessen.

4 Ein beteiligter Stadtstaat wird auf eigenen Wunsch hin nicht genannt.

hierbei, dass keine Verbindung bestand zwischen den schriftlich fixierten strategischen Zielen (z. B. »Aufbau eines systematischen und dauerhaften Betrieblichen Gesundheitsmanagements«, »Steigerung der Attraktivität als Arbeitgeber«, »Steigerung der Produktivität und Qualität der erbrachten Dienstleistungen«) und den konkreten Zielen in den Projekten (z. B. Bau neuer Sanitäranlagen, Anschaffen neuer Arbeits- und Schutzkleidung, Verkürzung von Öffnungszeiten mit Publikumsverkehr) – mit anderen Worten: dass die strategischen Ziele nicht in entsprechende Teilziele operationalisiert wurden, wie es beispielsweise mit Hilfe des Instruments der Balanced Scorecard erfolgen kann (vgl. Horvath et al. 2009). Bei Betrachtung der organisatorischen »Aufhängung« der betrieblichen Gesundheitsarbeit wird zum einen klar, dass das Thema zumeist (13 Städte) dem Personalbereich angesiedelt ist. Zum anderen ist die entsprechende Zuständigkeit mehrheitlich in der Linienorganisation verortet und verfügt somit häufig nicht über das notwendige Maß an Befugnissen und Handlungsspielräumen.

In Übereinstimmung damit ist auch die (fachliche) Qualifikation der für die Betriebliche Gesundheitsförderung bzw. für das Betriebliche Gesundheitsmanagement zuständigen Person häufig unzureichend. Die Gesundheitsexperten vor Ort sind zumeist langjährige Verwaltungsbeamte, die ihre aktuelle Funktion auf der Basis einer berufsbegleitenden Qualifizierung (Fort- und Weiterbildung) ausüben (vgl. Tabelle 12.1).

Tabelle 12.1. Beruflicher Hintergrund der Gesundheitsexperten in den untersuchten Städten

Beruflicher Hintergrund	Anzahl
Verwaltungsbeamte	8
Sozialpädagogen/-arbeiter	4
Psychologen	3
Gesundheitswissenschaftler	1
Mediziner	1
Soziologe	1
Ökonom	1

Darüber hinaus war die betriebliche Gesundheitsarbeit in den untersuchten Städten mit relativ bescheidenen Ressourcen ausgestattet. Über ein eigenes Budget für die Betriebliche Gesundheitsförderung und somit über mehr Unabhängigkeit und Planungssicherheit bei der Arbeit verfügten lediglich acht Städte. Stärker bemängelt (s. u.) von den Interviewpartnern wurde hingegen die geringe Ausstattung mit Personal: Bis auf zwei Ausnahmen waren zwischen 0,5 und zwei volle Stellen für den Bereich zuständig. Die interviewten Gesundheitsexperten fanden sich somit häufig in der Rolle des »Einzelkämpfers« wieder, der alle Aufgaben – von Sekretariatstätigkeiten bis hin zu strategisch-konzeptioneller Arbeit – in Personalunion erledigen muss.

Über ein verwaltungsweites Gremium zur Steuerung und Koordinierung der Aktivitäten im Rahmen der betrieblichen Gesundheitspolitik verfügten bis auf eine Ausnahme alle beteiligten Städte. Häufig wurde hierbei jedoch kritisch angemerkt, dass dieses Gremium nicht den Initiator bzw. »Motor« für Aktivitäten der betrieblichen Gesundheitsarbeit darstellt, sondern lediglich der Information über vergangene und abgelaufene Maßnahmen und der »Absegnung« geplanter Interventionen dient (s. u.). Darüber hinaus sind eine interne Kommunikation und ein internes Marketing der Aktivitäten jedoch von zentraler Bedeutung, nicht zuletzt, um den häufig vorhandenen kritischen Stimmen zu begegnen (s. u.). Auch eine interne Vernetzung der Betrieblichen Gesundheitsförderung bzw. des Betrieblichen Gesundheitsmanagements mit verwandten Managementansätzen (betriebliches Eingliederungsmanagement, Arbeitsschutz und -sicherheit, Arbeitsmedizin, Personalberatung und -entwicklung etc.) erhöht die Wahrscheinlichkeit einer dauerhaften Etablierung des Themas, findet in den ausgewählten Städten jedoch erst vereinzelt und unstrukturiert statt. Eine Kooperation mit externen Experten erfolgt – wenn sie stattfindet – zumeist mit den gesetzlichen Krankenkassen, ist jedoch auch mit einigen Problemen behaftet. Erstaunlich gering fällt der Grad der Vernetzung der Kommunen untereinander aus. Entsprechend häufig äußerten die Interviewten auch den Wunsch nach einem verstärkten interkommunalen Austausch, der möglichst pragmatisch und lösungsorientiert erfolgen solle.

12.5.2 Kernprozesse des Betrieblichen Gesundheitsmanagements

Ein wesentliches Charakteristikum Betrieblichen Gesundheitsmanagements ist das systematische und wiederholte Durchlaufen der vier Kernprozesse Diagnose, Planung, Intervention und Evaluation. In den ausgewählten Kommunen war dies durchaus bekannt, eine derart systematische Vorgehensweise bildete jedoch die Ausnahme.

Im Rahmen der Diagnostik bedienten sich die untersuchten Städte verschiedener Instrumente bzw. Vorgehensweisen (AU-Datenanalyse, Mitarbeiterbefragung, Analyse des Unfallgeschehens, Gesundheitszirkel, Gefährdungsbeurteilung, Arbeitsplatzbegehung etc.). Erwähnenswert ist hierbei zum einen, dass die Analyse krankheitsbedingter Fehlzeiten häufig umstritten ist und nur in wenigen Städten systematisch betrieben wird. Zum anderen wird auch eine Befragung der Mitarbeiter nur vereinzelt durchgeführt, da sie, angesichts der gegebenen Ressourcenausstattung, einen unverhältnismäßigen Aufwand darstelle. Der Einsatz von Gesundheitszirkeln und Workshops stellt in den beteiligten Städten hingegen das am stärksten verbreitete Diagnoseinstrument dar. Entsprechend ist das Vorgehen bei der Erhebung der Ist-Situation und als logische Folge während des weiteren Durchlaufens des BGM-Regelzyklus insgesamt durch einen geringen Grad der Datenbasierung gekennzeichnet.

Die Planung von Maßnahmen erfolgt ebenfalls zumeist im Rahmen von Gesundheitszirkeln. Wissenschaftlich fundierte und empirisch erprobte Lösungen spielen hierbei selten eine Rolle. Die in der Folge durchgeführten Maßnahmen ergeben ein relativ buntes Bild (vgl. Abb. 12.1).

Es wird deutlich, dass im Rahmen der Betrieblichen Gesundheitsförderung bzw. des Betrieblichen Gesundheitsmanagements ein relativ breites Spektrum an Maßnahmen durchgeführt wird. Insgesamt betrachtet liegt der Schwerpunkt jedoch eindeutig auf verhaltensorientierten Maßnahmen. Den Interviewten war in der überwiegenden Mehrheit zwar die übergeordnete Bedeutung verhältnisorientierter Maßnahmen bewusst (s. u.), aufgrund von starken Widerständen und eher geringer Chancen einer Einflussnahme ist es ihnen jedoch nur begrenzt möglich, Veränderungen an Organisationsstrukturen und -abläufen herbeizuführen. Dem Angebot verhaltens- und vor allem bewegungsorientierter Maßnahmen wurde demgegenüber eine relativ hohe Bedeutung bezogen auf die Mitarbeiter beigemessen (s. u.). Diese empfänden die Bereitstellung und teilweise Finanzierung eines solchen Angebots als Wertschätzung durch den Arbeitgeber und kämen darüber hinaus zu der Überzeugung, dass im Rahmen der betrieblichen Gesundheitsarbeit auch »etwas gemacht wird«.

Neben einzelnen Städten, die nach einer Intervention eine erneute Mitarbeiterbefragung oder einen erneuten Abgleich der krankheitsbedingten Fehlzeiten durchführen, erfolgt eine Bewertung der Zielerreichung zumeist im Rahmen einer abschließenden Sitzung eines

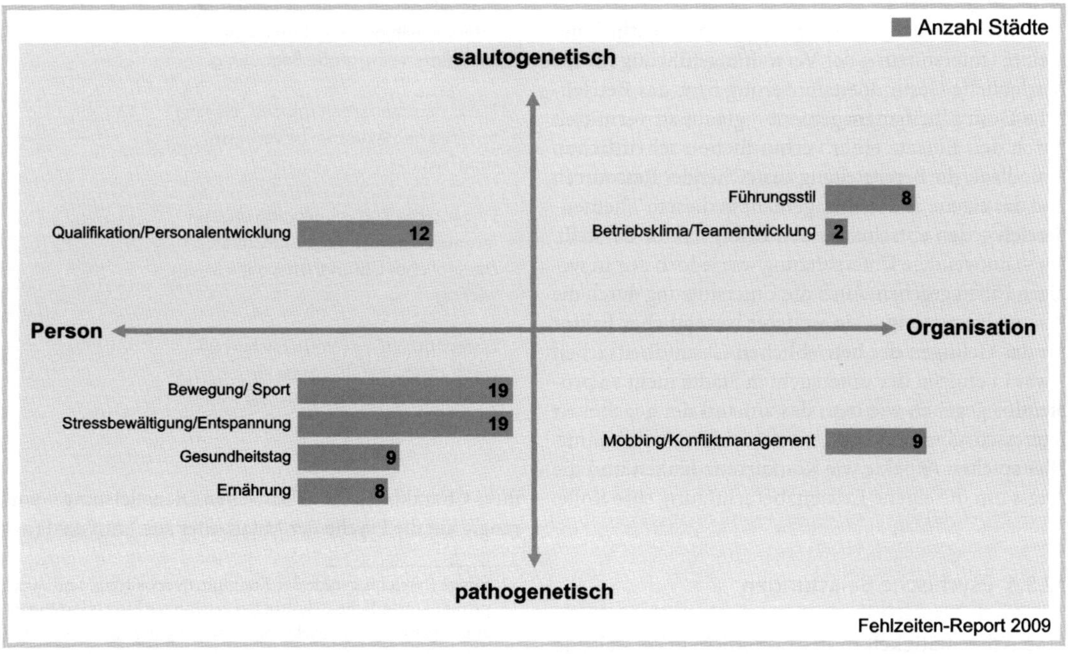

Abb. 12.1 Durchgeführte Maßnahmen und Anzahl der Städte, die diese durchgeführt haben bzw. anbieten.

Gesundheitszirkels. Eine datengestützte Evaluation wird somit nur in einzelnen Fällen angewendet, ist auf der Basis einer wenig datenbasierten Diagnostik aber auch nur schwer möglich. In Einklang hiermit unterzieht zudem keine der 19 untersuchten Städte ihr System Betrieblicher Gesundheitsförderung einer regelmäßigen, formellen und strukturierten Qualitätsbewertung.

12.5.3 Kritik und Empfehlungen der Interviewten

Die wichtigsten Kritikpunkte und Empfehlungen der Interviewten werden in Tabelle 12.2 gesondert herausgestellt:

Hervorzuheben ist hierbei die zentrale Rolle des Führungsverhaltens in den Kommunalverwaltungen. Alle Interviewten gaben ein mangelhaftes Führungsverhalten – vor allem gekennzeichnet durch einen noch sehr stark patriarchalischen Führungsstil und/oder eine unzureichende Information und Kommunikation durch die Vorgesetzten – als die zentrale Ursache für die im Rahmen der Betrieblichen Gesundheitsförderung auftretenden Probleme an. Von einigen der Interviewpartner wurde diese alleinige Verantwortung der Führungskräfte jedoch relativiert und auf eine häufig auftretende negativ eskalierende Dynamik zwischen Belegschaft und Führungskraft als Ursache vieler Probleme hingewiesen.

Daneben wurde deutlich, dass eine ernsthaft gemeinte Unterstützung der Verwaltungsführung für die Betriebliche Gesundheitsförderung bzw. das Betriebliche Gesundheitsmanagement – glaubhaft vermittelt durch den Einsatz einer verbindlichen schriftlichen Grundlage, die Bereitstellung ausreichender Ressourcen und das eigene aktive Engagement in diesem Themenbereich – den entscheidenden Erfolgsfaktor darstellt. Diese notwendige Unterstützung war jedoch nur in wenigen Fällen gegeben. Auch die Unterstützung durch die Personalvertretung – ein weiterer wesentlicher Faktor für das Gelingen der betrieblichen Gesundheitsarbeit – war in einigen der untersuchten Städte nicht so problemlos gegeben wie man das anhand der gegebenen Interessensüberschneidungen zunächst meinen könnte. Hier spielten Aspekte wie Konkurrenzdenken und die Angst um die eigene Existenzberechtigung eine Rolle.

Tabelle12.2. Kritikpunkte und Empfehlungen der Interviewten mit Häufigkeit der Nennung

Kritikpunkte bzw. Empfehlungen	Häufigkeit der Nennung
Mangelhaftes und/oder fehlendes Führungsverhalten ist die zentrale Problemstellung für die betriebliche Gesundheitsarbeit	19
BGF bzw. BGM ist vor Ort einer starken Skepsis und einem andauernden Rechtfertigungsdruck ausgesetzt	19
Unterstützung der betrieblichen Gesundheitspolitik durch die Verwaltungsführung ist ein entscheidender Erfolgsfaktor	15
Verhältnisorientierte Maßnahmen sind vorrangig vor verhaltensorientierten Maßnahmen durchzuführen	15
Ausstattung mit personellen Ressourcen nicht ausreichend	13
Ausstattung mit finanziellen Ressourcen nicht ausreichend	12
Ein Angebot verhaltensorientierter Maßnahmen (Bewegung, Ernährung, Stressbewältigung) hat für die Beschäftigten eine große Bedeutung	12
Die Zusammenarbeit mit den relevanten internen Akteuren ist verbesserungswürdig	12
Eine interne Kommunikation und ein internes Marketing der Aktivitäten betrieblicher Gesundheitspolitik ist wichtig	11
Unterstützung der betrieblichen Gesundheitspolitik durch die Personalvertretung ist ein entscheidender Faktor	8

12.5.4 Psychische Belastungen

Eine Arbeitstätigkeit in der öffentlichen Verwaltung bzw. Kommunalverwaltung wirkt sich – entsprechend ihres Charakters einer klassischen Dienstleistung – vorrangig auf die Psyche der Mitarbeiter aus.[5] Auf die Frage

5 Einige Bereiche, gerade der Kommunalverwaltung, sind durch primär körperliche Belastungen gekennzeichnet (Gartenbauamt, Entsorgungsbetriebe, Straßenreinigung etc.). Diese sind jedoch häufig in Form von Eigenbetrieben ausgelagert worden und zählen dort nicht mehr zur Kernverwaltung.

nach den zentralen psychischen Belastungsfaktoren der Arbeit und den in der Folge zentralen Problemstellungen für die Betriebliche Gesundheitsförderung äußerten die Interviewten vor allem drei Aspekte: die Art der Arbeitstätigkeit (Dienstleistung), der anhaltende Reformprozess (Umstrukturierungen, Personalabbau) und das »soziale Miteinander« (Führung, Betriebsklima).

Störungen und Unterbrechungen der Arbeit, verschiedene Aufgaben gleichzeitig erledigen müssen, der Kontakt zu Kunden, die Konfrontation mit neuen Aufgaben etc. stellen typische Belastungen der Arbeit in der (Kommunal-)Verwaltung dar. Daneben ist zu berücksichtigen, dass die öffentliche Verwaltung seit nunmehr zwei Jahrzehnten einem tief greifenden Reform- und Umstrukturierungsprozess unterliegt. Folgen für die Mitarbeiter sind eine überdurchschnittliche Betroffenheit durch die Einführung neuer Technologien, anhaltende Umstrukturierungen der Arbeit und ganzer Abteilungen sowie ein sehr drastischer Stellenabbau (vgl. auch Marstedt et al. 2002). Die Kunden- und Leistungsorientierung stellten – laut der Daten von Hauser – demgegenüber nur selten einen Belastungs- bzw. Beanspruchungsfaktor dar (vgl. Hauser et al. 2008).

Zentral für das Wohlbefinden der Mitarbeiter – und entsprechend bei der Lösung von Problemen im Rahmen der betrieblichen Gesundheitsarbeit – ist jedoch der dritte Aspekt: die zwischenmenschlichen Beziehungen und die Art und Weise des Umgangs miteinander. Bestätigt werden konnte dies erst kürzlich anhand einer bisher nur stadtintern veröffentlichten Mitarbeiterbefragung der Stadt München. Gefragt nach den für sie wichtigsten Aspekten ihrer Arbeit, führten die Mitarbeiter mit großem Abstand an erster Stelle das Arbeits- und Betriebsklima an (vgl. Loerzer 2009). Wichtigster Kritikpunkt in den Interviews ist hierbei das häufig mangelhafte Führungsverhalten, welches durch eine mangelnde Information, Beteiligung und Wertschätzung der Beschäftigten gekennzeichnet sei. Nicht selten würden Führungskräfte auch schlichtweg ihre (Personal-)Führungsfunktionen vernachlässigen und sich rein auf ihre fachlichen Aufgaben beschränken. Diese Vorgehensweise müsse, nach Aussage der Interviewten, jedoch insofern erweitert werden, als auch die (horizontalen) Beziehungen zwischen den Beschäftigten einen starken Einfluss auf das Betriebsklima hätten. Dass dieses häufig durch Konflikte geprägt ist, zeigt u. a. die in den untersuchten Städten überraschend hohe Sensibilität für das Thema Mobbing.

Auffallend selten gingen die Interviewten auf die jeweils vorherrschende Unternehmenskultur ein. Dies deutet jedoch weniger auf eine untergeordnete Bedeutung gemeinsam gelebter Überzeugungen und Werte, als vielmehr auf eine unzureichende Berücksichtigung dieser Aspekte hin. Hauser et al. beispielsweise ermitteln in ihrer Studie für das Sample der öffentlichen Verwaltung eine stark unterdurchschnittlich ausgeprägte Unternehmenskultur. Vor dem Hintergrund neuerer Erkenntnisse zur Bedeutung von gemeinsamen Werten und Überzeugungen für Gesundheit und Wohlbefinden der Mitarbeiter (vgl. Badura et al. 2008, Hauser et al. 2008) besteht in dieser Hinsicht in der öffentlichen Verwaltung bzw. der Kommunalverwaltung offensichtlich Nachholbedarf.

12.6 Fazit

Die Ergebnisse der Studie haben gezeigt, dass das Konzept der betrieblichen Gesundheitspolitik zumindest in den großen Kommunen »angekommen« ist. Ihr eigentliches Potenzial darf aber – trotz erheblicher Fortschritte in einzelnen Fällen – als entwicklungsbedürftig bewertet werden. Zentrale Defizite sind:

- die nicht vorhandene oder unzureichende Unterstützung der betrieblichen Gesundheitspolitik durch die (politische) Führung und den Personalrat;
- die geringe Priorität des Themas Gesundheit, dessen hohe Bedeutung für die Mitarbeitermotivation, die Servicequalität und die Verwaltungseffizienz offensichtlich noch nicht ausreichend erkannt wird;
- das Nichtvorhandensein längerfristiger Ziele bzw. die Nichteinbeziehung der Gesundheitsexperten vor Ort in ihre Verfolgung;
- die oft unzureichende Qualifikation der Gesundheitsexperten vor Ort in Sachen wissensbasiertem Gesundheitsmanagement und ihr geringer Einfluss;
- die mangelhafte Ausstattung mit Ressourcen sowohl in personeller als auch in finanzieller Sicht;
- die Nichtberücksichtigung expliziter Standards zur Orientierung und Legitimation im Betrieblichen Gesundheitsmanagement; und daraus resultierend
- das unterentwickelte Bewusstsein für die Bedeutung valider Daten zur Bedarfsermittlung, Zielfindung und Projektevaluation.

Als Folge besteht in der Mehrzahl der untersuchten Städte eine unzureichende Passung zwischen bestehenden Belastungen und den angebotenen Maßnahmen. Während die existierenden Belastungsformen in der (Kommunal-)Verwaltung auf einen Bedarf nach einer Neugestaltung von Arbeitsabläufen und -bedingungen und vor allem nach Investitionen in das betriebliche

Sozialkapital[6] hinweisen, beschränken sich die bestehenden Maßnahmen vornehmlich auf ein Angebot verhaltensorientierter Maßnahmen. Hier gilt es in Zukunft nachzubessern. Dazu bedarf es zukünftig ebenfalls weiterer, breitflächiger angelegter Forschungsarbeiten zum Thema.

Literatur

Badura B, Hehlmann T (2003) Betriebliche Gesundheitspolitik. Der Weg zur gesunden Organisation. Springer, Berlin Heidelberg

Badura B, Steinke M (2009) Betriebliche Gesundheitspolitik in der Kernverwaltung von Kommunen. Eine explorative Fallstudie zur aktuellen Situation. Online unter: http://www.boeckler.de/show_project_fofoe.html?projectfile=S-2008-123-4.xml

Badura B, Greiner W, Rixgens P et al (2008) Sozialkapital. Grundlagen von Gesundheit und Unternehmenserfolg. Springer, Berlin Heidelberg

Beck D, Schnabel PE (2008) Verbreitung und Inanspruchnahme von Maßnahmen zur Gesundheitsförderung in Betrieben in Deutschland. Unveröffentlicht.

Bertelsmann Stiftung, Hans-Böckler-Stiftung (2004) Zukunftsfähige betriebliche Gesundheitspolitik. Vorschläge der Expertenkommission. Verlag Bertelsmann Stiftung, Gütersloh

Gröben F (2002) Ergebnisse einer Umfrage bei Führungskräften zur Prävention und betrieblichen Gesundheitsförderung im öffentlichen Dienst in Hessen und Thüringen. In: Badura B, Litsch M, Vetter C (Hrsg) Fehlzeiten-Report 2001. Gesundheitsmanagement im öffentlichen Sektor. Springer, Berlin Heidelberg, S 50–62

Gröben F, Wenninger S (2006) Betriebliche Gesundheitsförderung im öffentlichen Dienst. Ergebnisse einer Wiederholungsbefragung von Führungskräften in Hessen und Thüringen. Prävention und Gesundheitsförderung 2006 1:94–98

Hauser F, Schubert A, Aicher M (2008) Unternehmenskultur, Arbeitsqualität und Mitarbeiterengagement in den Unternehmen in Deutschland. Ein Forschungsprojekt des Bundesministeriums für Arbeit und Soziales. Online unter: http://www.bmas.de/coremedia/generator/24844/f371__forschungsbericht.html

Hollederer A (2007) Betriebliche Gesundheitsförderung in Deutschland. Ergebnisse des IAB-Betriebspanels 2002 und 2004. Gesundheitswesen 69:63–76

Horvath P, Gamm N, Isensee J (2009) Einsatz der Balanced Scorecard bei der Strategieumsetzung im Betrieblichen Gesundheitsmanagement. In: Badura B, Schröder H, Vetter C (Hrsg) Fehlzeiten-Report 2008. Betriebliches Gesundheitsmanagement. Kosten und Nutzen. Springer, Berlin Heidelberg, S 127–137

Institut für gesundheitliche Prävention (IFGP) (2006) Stand und Rolle des Betrieblichen Gesundheitsmanagements (BGM). Ergebnisse einer Befragung von Kommunalverwaltungen. Münster

Loerzer S (2009) Ein Lob, das niemand haben will. Die Bezahlung nach Leistung halten städtische Mitarbeiter für ungerecht und schädlich. Süddeutsche Zeitung vom 14.03.09, Ausgabe Bayern:53

Losada FI, Mellenthin-Schulze M (2009) Krankenstand und betriebliche Gesundheitsförderung in der Bundesverwaltung. In: Badura B, Schröder H, Vetter C (Hrsg) Fehlzeiten-Report 2008. Betriebliches Gesundheitsmanagement. Kosten und Nutzen. Springer, Berlin Heidelberg, S 443–453

Marstedt G, Müller R, Jansen R (2002) Rationalisierung, Arbeitsbelastungen und Arbeitsunfähigkeit im Öffentlichen Dienst. In: Badura B, Litsch M, Vetter C (Hrsg) (2002) Fehlzeiten-Report 2001. Gesundheitsmanagement im öffentlichen Sektor. Springer, Berlin Heidelberg, S 19–37

Voglrieder S (2008) Krankenstand und Gesundheitsförderung in der Bundesverwaltung. In: Badura B, Schröder H, Vetter C (Hrsg) Fehlzeiten-Report 2007. Arbeit, Geschlecht und Gesundheit. Springer, Berlin Heidelberg, S 467–483

Walter U (2007) Qualitätsentwicklung durch Standardisierung – am Beispiel des Betrieblichen Gesundheitsmanagements. Dissertation (beziehbar über den Autor)

6 Das Sozialkapital eines Unternehmens bzw. einer Organisation beschreibt die Güte des Führungsverhaltens (Führungskapital), die Güte der horizontalen Beziehungen zwischen den Beschäftigten (Netzwerkkapital) und das bestehende Ausmaß gemeinsamer Überzeugungen und Werte (Überzeugungs- und Wertekapital) (vgl. Badura et al. 2008).

Kapitel 13

Psychische Belastungen und gesundheitliches Wohlbefinden von Beschäftigten im Krankenhaus

O. Iseringhausen

Zusammenfassung. *Im Rahmen dieses Beitrags soll exemplarisch am Einzelfall der Frage nachgegangen werden, welche psychischen Belastungen Mitarbeiter im Krankenhaus wahrnehmen und welche Ursachen sie dafür anführen. Dabei steht der Aspekt im Vordergrund, welchen Einfluss die Organisation hierbei ausüben kann. Auf der Basis theoretischer Überlegungen am Beispiel des Konzepts der »professionellen Organisation« (Mintzberg 1992) und einer qualitativen Fallstudie sollen die gesundheitliche Situation und die psychischen Belastungen der Beschäftigten im Krankenhaus und deren mögliche Ursachen exemplarisch aufgezeigt werden.*

13.1 Einleitung

Das Gesundheitswesen gehört zu den wichtigsten Beschäftigungszweigen in Deutschland. Rund 11% aller Beschäftigten arbeiten in diesem Sektor. Von den 4,3 Mio. Beschäftigten im Gesundheitswesen arbeiteten die meisten als Gesundheits- bzw. Krankenpfleger, Altenpfleger, Arzthelfer, Ärzte sowie Helfer in der Krankenpflege. Die Ursachen für gestiegene Arbeitsbelastungen im Gesundheitswesen werden allgemein in den steigenden Patientenzahlen sowie in der allgemeinen Leistungsverdichtung gesehen. Im Krankenhaus zeigt sich dieser Trend als Folge der Einführung von Fallpauschalen durch höhere Patientenzahlen bei gleichzeitig sinkenden Verweildauern. Es kann davon ausgegangen werden, dass in der Folge dieser Entwicklungen die Anforderungen und damit auch die psychischen Belastungen in diesen Arbeitsbereichen deutlich zugenommen haben.

Die folgenden Ausführungen werden von der Annahme geleitet, dass die wesentlichen die psychische Gesundheit beeinträchtigenden Faktoren im Krankenhaus zum einen in der zunehmenden Arbeitsverdichtung und zum anderen in der Organisationskultur, d. h. in den organisationsinternen Kommunikationsstrukturen, dem Organisationsklima und dem Führungsverhalten zu finden sind (vgl. auch Badura et al. 2008, Pfaff et al. 2005, Sackmann 2009). Vor dem Hintergrund der sich verändernden Umweltbedingungen von Krankenhäusern wird im Rahmen dieses Beitrags der Trend unterstellt, dass der Wandel der Unternehmenskultur – von ehemals eher *administrativen Organisationsstrukturen* mit einer starken Orientierung an professionellen Werten der Medizin und Pflege hin zu *betriebswirtschaftlich geführten Unternehmen* mit einer klaren Ausrichtung auf ökonomische Ziele – zu einem Verlust traditioneller Wertorientierungen und zu Unsicherheiten seitens der Mitarbeiter führt und mit psychischen Belastungen im

Arbeitsalltag einhergeht. Seit einiger Zeit ist zu beobachten, dass in professionellen Dienstleistungsorganisationen ein Wertewandel stattfindet, der bewirkt, dass die professionellen Praktiker – Mediziner, Pflegekräfte, Physiotherapeuten etc. – ihre Arbeit vermehrt an ökonomischen Kriterien ausrichten müssen. Dies kann zu Unsicherheiten in Entscheidungssituationen, zu Konflikten und im Resultat zu einer höheren Arbeitsbelastung führen. Zunehmend wird in Krankenhäusern auch der Versuch unternommen, ineffektive Leistungskapazitäten abzubauen, um Kosten zu reduzieren. Durch einen zunehmenden Wettbewerb wird der Anpassungsdruck für diese Organisationen zukünftig noch weiter ansteigen. Im Alltag sehen sich professionelle Praktiker häufig damit konfrontiert, dass sie ihre Ansprüche an die Qualität medizinischen und pflegerischen Handelns mit ökonomischen Kriterien in Einklang bringen müssen.

Im Folgenden wird zunächst der Veränderungsprozess von Krankenhäusern als strukturelle Herausforderung aus Sicht der Organisationstheorie dargestellt. Das Ziel ist dabei, die systemimmanenten Herausforderungen, die im Zuge der Veränderung von Organisationsstrukturen und -kulturen auftreten, als strukturelles Problem zu benennen und zu konkretisieren. Auf der Basis des Konzepts des Krankenhauses als »professioneller Organisation« (Mintzberg 1992) können potenzielle Konfliktfelder, die sich in Veränderungsprozessen ergeben, herausgearbeitet werden. Demnach lassen sich Krankenhäuser in erster Linie durch ein hohes Maß an Interaktionsarbeit charakterisieren, die ihre wesentlichen Leistungen im Zusammenhang zwischenmenschlicher Interaktionen zwischen Professionellen und ihren Klienten erbringen. Die wesentlichen Faktoren, die sich innerhalb dieses Settings beeinträchtigend auf die Gesundheit der dort Beschäftigten auswirken können, sind neben der allgemeinen Arbeitsverdichtung insbesondere die Beziehungen zwischen den Mitarbeitern und zwischen Mitarbeitern und Patienten. Mangelhafte Abstimmung und Koordination werden von den Mitarbeitern als Belastungen wahrgenommen und erzeugen eine Vielzahl psychischer Belastungen.

In einem zweiten Teil soll empirisch der Frage nachgegangen werden, wie die Mitarbeiter im Krankenhaus zum einen Arbeitsbelastungen und zum anderen Veränderungsprozesse im Krankenhaus wahrnehmen und welche Ursachen sie dafür anführen. Es steht die Überlegung im Fokus, welchen Einfluss die Organisation hier ausüben kann. Das Ziel des Beitrags besteht darin, anhand einer qualitativen Fallstudie exemplarisch aus dem Blickwinkel der Betroffenen die gesundheitliche Situation und die psychischen Belastungen im Krankenhaus aufzuzeigen.

13.2 Das Krankenhaus als professionelle Dienstleistungsorganisation

Krankenhäuser können als professionelle Organisationstypen verstanden werden. Einen analytischen Ansatz dazu hat der amerikanische Managementforscher Henry Mintzberg entwickelt. Er geht davon aus, dass Organisationen unter bestimmten Umweltbedingungen, z. B. Regulierung durch Märkte oder den Staat, unterschiedliche organisatorische Strukturmuster ausbilden, die vorteilhaft im Hinblick auf die Effektivität und Effizienz der Gesamtorganisation sind. Strukturmuster sind in diesem Sinne nicht nur Elemente der Unternehmensstrategie, Branche, Technologie, Struktur- und Prozessorganisation, sondern sie drücken sich darüber hinaus insbesondere durch organisationsinterne *Werte*, *Kultur*, *Machtbeziehungen* und *Kommunikationsprozesse* aus (Miller und Mintzberg 1983). Charakteristisch für professionelle Organisationen und somit auch für Krankenhäuser sind im Sinne des Strukturtypenansatzes

- die Dezentralisierung von Entscheidungen,
- die Vielfalt berufsgruppenspezifischer Interessenlagen,
- die lose Kopplung der Arbeitseinheiten,
- die kollegiale Koordination sowie
- die weitgehende Entscheidungsautonomie professionell Handelnder bezogen auf betriebliche Kernprozesse (Brock et al. 1999, Grossmann und Scala 2002, Glouberman und Mintzberg 2001a, 2001b).

Entscheidend für das Funktionieren einer professionellen Organisation ist der so genannte »operative Kern«. Hier findet die Arbeit an Einzelfallproblemen – d. h. Diagnostik, Therapie und Pflege – statt. Aufbauend auf dieser »operativen Basis« sortieren Krankenhäuser ihre Kernprozesse und weisen den einzelnen, relativ autonom agierenden professionellen Mitarbeitern ihre Aufgaben zu. Anstatt Zeit und Energie für die Koordinierung der Arbeit mit Kollegen aufzuwenden, konzentrieren sich die professionellen Mitarbeiter auf die Perfektionierung ihrer Qualifikationen. Über die Kompetenzen zur Bearbeitung dieser Kernprozesse verfügen nur die professionellen Akteure und nehmen daher eine Schlüsselrolle in der Organisation ein. Aufgrund der losen Kopplung von Arbeitseinheiten ist der Einfluss des mittleren Managements und der strategischen Spitze, im Vergleich zu anderen Organisationstypen, im Krankenhaus strukturell begrenzt.

Bei einer genaueren Betrachtung des Krankenhauses als professioneller Organisation wird sehr schnell deutlich, dass sich ein großer Teil seiner Mitglieder – insbesondere die Ärzteschaft – bislang stärker an Standards der eigenen Standes- bzw. Fachgesellschaften als an organisationsintern formulierten Regeln und Zielen orientiert. Zudem ist das Krankenhaus ein sehr komplexes System, dessen Arbeitseinheiten sich durch *Fach- bzw. Expertenwissen* und durch den *Einsatz von Technologien* stark ausdifferenziert haben. Man denke in diesem Zusammenhang nur an die gegenwärtigen Bestrebungen von Kliniken, mit der Einführung von Case Management oder Entlassungsmanagement, die Schnittstellenprobleme im Behandlungsprozess zu verringern bzw. die Prozesse im Sinne der Patientenorientierung wieder stärker zu integrieren. Zugleich zeichnen sich die verschiedenen Organisationsbereiche auf der Ebene des *operativen Kerns* durch ein erhebliches Einfluss- bzw. Machtpotenzial hinsichtlich managementbezogener Entscheidungen aus, was insgesamt dazu führt, dass der Einfluss der Verwaltung oder der (Geschäfts-)Führung auf das Verhalten der Organisationsmitglieder strukturell begrenzt ist.

Der Erkenntnisgewinn des Strukturtypenansatzes von Mintzberg liegt für die hier zu bearbeitende Frage darin, dass damit auf die grundsätzliche Bedeutung *von Werten, Kultur, Machtbeziehungen* und *Kommunikationsprozessen* für das Funktionieren von Organisationen hingewiesen wird. Mit Strukturen und Systemen sind keine Formalstrukturen der Organisation im Sinne von Aufbau- und Ablaufstrukturen gemeint, sondern subjektive Einstellungen, kollektive Überzeugungen und Betrachtungsweisen oder Wert- und Zielvorstellungen. Strukturmuster sind demnach Interpretations- oder Orientierungsschemata, die für die Subjekte einer Organisation Geltung erlangen bzw. an denen sie ihr Handeln orientieren und Sicherheiten bieten. Konkret gemeint sind damit allgemeine Orientierungsmerkmale wie z. B. Regeln für angemessenes Verhalten, Ursachenzuschreibungen oder Vorstellungen darüber, welche Prinzipien des Organisierens geeignet sind oder welche Kriterien für das eigene Handeln angemessen erscheinen (Greenwood und Hinings 1988).

In der Weiterentwicklung dieses Ansatzes wird der Frage nachgegangen, mit welchen Auswirkungen zu rechnen ist, wenn sich traditionell etablierte Wert- und Zielvorstellungen in Organisationen als Reaktion auf organisationsexterne Impulse verändern. Am Beispiel des Krankenhauses kann beobachtet werden, dass der Typus der professionellen Organisation im Zuge der Einführung von Wettbewerbselementen im öffentlichen Sektor und gleichzeitigen Bemühungen administrativer Kosten- und Leistungskontrolle einen Wandel hin zum so genannten »Managed-Professional-Business-Typus« vollzieht (z. B. Brock et al. 1999, Hinings et al. 1999, Kitchener 1999). Für diesen Organisationstypus charakteristisch ist die Bedeutung des Managements, das verstärkt als zentrale Entscheidungsinstanz fungiert und die Arbeit professioneller Akteure durch Regeln und Standards bürokratisiert bzw. kontrolliert. *Wirtschaftlichkeit, Qualität* und die *Effektivität* der Leistungserstellung werden zu Schlüsselbegriffen erhoben, und es wird prognostiziert, dass sich der traditionelle Typus der professionellen Organisation mehr und mehr dem Typus der klassischen Wirtschaftsorganisation angleicht (Scott 2005). Die kulturelle Grundorientierung der »Managed-Professional-Business-Organisation« soll geprägt werden durch die Orientierung an »Effectiveness und Efficiency«, d. h. am *Management*, an der klientenbezogenen *Servicequalität*, am *Wettbewerb*, am *Marketing*, an *Wachstumsstrategien* sowie an der *Produktivität*. Die Systemstruktur ist gekennzeichnet durch Controlling, d. h. durch präzise verfasste Finanz- und Marktziele, durch zentralisierte Entscheidungsstrukturen und operative Kontrolle durch das Management (Hinings et al. 1999).

Dieser Veränderungsprozess kann seit einigen Jahren in Deutschland, aber auch in Großbritannien oder den USA beobachtet werden. In einer Übersicht zur »Industrialisierung des Krankenhauses« wird deutlich, dass es bis weit in die 1970er Jahre hinein weltweit nahezu keine ernsthaften Versuche gab, das Leistungsgeschehen in Krankenhäusern einer tief greifenden betriebswirtschaftlichen Systematik zugänglich zu machen: »Selbst in Ländern wie den USA oder Großbritannien, die auf lange industrielle und marktwirtschaftliche Traditionen zurückblicken können, war die Vorstellung fest verankert, dass die umfassende und uneigennützige Fürsorgepflicht der Ärzteschaft gegenüber den Patienten das Krankenhausgeschehen dominieren sollte. Krankenhäuser galten als Heilanstalten, in denen Kranke ‚gepflegt' wurden und Ärzte ihre ‚Heilkunst' ausübten" (Vera 2009). Während es primär darum ging, Krankenhäusern die bei der Pflege und Heilung der Kranken verbrauchten Ressourcen zu ersetzen, waren betriebswirtschaftliche Berechnungen mit den traditionellen Werten kaum vereinbar. Gegenwärtig haben sich die gesellschaftlichen Vorstellungen über das Krankenhauswesen grundlegend gewandelt und in fast sämtlichen Industrienationen sind die Gesundheitssysteme insgesamt und insbesondere die Krankenhäuser immer stärker mit Forderungen nach einer höheren Effizienz konfrontiert worden (Lüngen und Lapsley 2003).

Obschon sich bei einigen Akteuren des Gesundheitswesens die Vorstellung eines an Markterfordernissen und an betriebswirtschaftlichen Kalkülen ausgerichtetes Gesundheitswesen zunehmend im Bewusstsein festgesetzt hat, ist dennoch festzustellen, dass diesem »Paradigmenwechsel« aus Sicht der professionellen Praktiker immer noch mit einem großen Maß an Vorbehalten und Zweifeln begegnet wird. Die Widerstände professioneller Praktiker gegen eine Industrialisierung des Krankenhauses sind darauf zurückzuführen, dass ihr Handeln bislang überwiegend durch berufsständische Normen und Werte geprägt wurde und diese eben nur bedingt mit rein betriebswirtschaftlichen Zielen von Kliniken unter DRG-Bedingungen vereinbar sind (Vera 2009, Golden et al. 2000). Bereits vor einigen Jahren wurde in den USA darauf hingewiesen, dass z. B. die Übernahme finanzieller Verantwortung der Ärzte für das wirtschaftliche Ergebnis von Kliniken mit der Orientierung an Werten der Profession konfligiert und dass diese dadurch in ein ethisches Dilemma geraten (Preston 1992). Gegenwärtig kann dieser Aspekt auch an der von den Medizinern angestoßenen Debatte um die Priorisierung von Leistungen beobachtet werden, bei der die Vertreter der Ärzteschaft die Rolle des zukünftigen Mangelverwalters angesichts begrenzter Ressourcen im Gesundheitswesen – im Sinne eines »heimlichen Rationierungszwangs« – von sich weisen wollen (z. B. »Ulmer Papier« 2008, Bundesärztekammer).

Aus theoretischer Perspektive hat Mintzberg darauf aufmerksam gemacht, dass das idealtypische Arrangement der professionellen Organisation eine Voraussetzung dafür darstellt, dass interaktionsintensive Leistungen, die sich durch einen hohen Komplexitätsgrad auszeichnen, nur durch sehr motiviertes Personal angemessen geleistet werden können. Im Anschluss an das Modell wirft Mintzberg die Frage auf, welche Folgen auf der Ebene der Organisation zu erwarten sind, wenn von den Krankenhäusern weiter die Steigerung von Wirtschaftlichkeit und Effizienz gefordert werden. Im Ergebnis geht er davon aus, dass die Übertragung von Standards aus der Industrie nicht notwendigerweise eine bessere Kontrolle und Effizienzsteigerung der professionellen Arbeit nach sich ziehen, sondern eher dazu führen, demotivierend auf die professionellen Mitarbeiter zu wirken:

»(...) andere Standardisierungsformen (bewirken, Anm. d. Verf.) keineswegs eine Kontrolle der professionellen Arbeit, sondern dienen oft lediglich dazu, die professionellen Mitarbeiter in ihrer Arbeit zu behindern und zu frustrieren. (...) Komplexe Arbeitsprozesse lassen sich nicht mit Regeln und Vorschriften formalisieren, und vage Arbeitsprodukte können nicht durch Planungs- und Kontrollsysteme standardisiert werden. Solche Maßnahmen können nur Schaden anrichten – falsche Verhaltensweisen programmieren und falsche Ergebnisse messen, die professionelle Mitarbeiter dazu zwingen, (...) Standards zu erfüllen, anstatt Kunden und Klienten zu betreuen« (Mintzberg 1992, S. 283; vgl. auch Grossmann et al. 1997).

13.3 Spezifische Belastungskonstellationen im Krankenhaus

In Arbeits- und organisationsanalytischen Untersuchungen zu psychischen Belastungen am Arbeitsplatz dominieren zwei Modelle. Das von Karasek und Theorell (1990) entwickelte Job-Demand-Control-Support-Modell geht davon aus, dass geringe Tätigkeitsspielräume, eine hohe Arbeitsintensität und vor allem fehlende soziale Unterstützung im Arbeitsumfeld mit psychischen Belastungen bzw. negativen gesundheitlichen Folgen im Zusammenhang stehen. Das von Siegrist (1996) entwickelte Effort-Reward-Imbalance-Modell (ERI-Modell) erklärt sich durch den Grundsatz der sozialen Reziprozität. Erwerbsarbeit ist demzufolge durch Tauschbeziehungen von erbrachten Leistungen und erhaltenen Belohnungen gekennzeichnet. Möglichkeiten zum beruflichen Aufstieg, Lohn bzw. Gehalt, Arbeitsplatzsicherheit und vor allem soziale Anerkennung und Wertschätzung gehören zu den positiven Anreizen im Arbeitsumfeld. Ein Ungleichgewicht von erhaltenen Belohnungen und beruflichen Anforderungen führt demnach zu Fehlbeanspruchungen.

Für den Krankenhausbereich ergeben sich für den hier interessierenden Zusammenhang psychischer Belastungen und der Organisation grundsätzlich zwei potenziell belastende Faktoren. Zum einen sind dies Belastungen aus der *Arbeitsaufgabe*, die sich im Klinikalltag vor allem durch schnelles und sicheres Handeln bzw. allgemeinen Zeitdruck, verbunden mit einer hohen Verantwortung für das Wohl und Leben anderer Menschen, ergeben. Arbeitsunterbrechungen und das nur eingeschränkt planbare Arbeitsvolumen sind häufig Gründe für psychisch belastende Situationen (Baumgart et al. 2003). Zum anderen ergibt sich eine Vielzahl psychischer Belastungen aus der *Organisationsstruktur* bzw. aus der Organisationskultur. Hierarchische Strukturen, verbunden mit defizitären Kommunikationsmustern der Mitarbeiter untereinander, können zu Unsicherheiten und zu Konflikten zwischen Mitarbeitern und Berufsgruppen führen. Darüber hinaus spielt die fachliche und soziale Anerkennung durch Kollegen und Vorgesetzte eine erhebliche Rolle für das Belastungserleben der Mitarbeiter. Zudem verstärkt sich der Eindruck, dass berufliche und persönliche Bedürfnisse der Mitarbeiter, aber auch der Patienten, im Krankenhaus hinter wirtschaftlichen Interessen zurückstehen müssen.

Bereits vor einigen Jahren konnte für den Bereich der Pflege im Krankenhaus festgestellt werden, dass besonders die häufigen Unterbrechungen im Arbeitsablauf, der hohe Zeitdruck, fehlende Zuständigkeitsregelungen und insbesondere das Gefühl, nicht genügend Zeit für die Patienten zu haben, besonders belastende Faktoren im Arbeitsgeschehen darstellen. Die Krankenhauspflege wurde demnach gekennzeichnet durch restriktive Arbeitsbedingungen, eine chronische Mangelsituation, Chaos und Diffusität. Viele der belastenden Bedingungen treten kulminiert auf (Bartholomeyczik 1993). Empirische Untersuchungen neueren Datums zur Belastungssituation von Pflegekräften kommen zu dem Ergebnis, dass sich die Arbeitsbedingungen in den letzten Jahren eher noch verschlechtert haben. So stellen Braun et al. (2004) in einer bundesweiten Studie zum »Wandel von Medizin und Pflege im DRG-System« für die Berufsgruppe der Pflegekräfte fest, dass sich 65,1% der Befragten durch permanenten Zeitdruck, ca. 50% durch zu viele administrative Tätigkeiten und 36,4% durch häufig störende Unterbrechungen gesundheitlich stark belastet fühlen. Wichtig ist es zu erwähnen, dass diesen Belastungen positive Merkmale der Arbeit im Krankenhaus gegenüberstehen, die gesundheitsförderlich im Arbeitsalltag wirken. So äußern Pflegekräfte, dass es sich um eine interessante und abwechslungsreiche Arbeit handelt (88,7%), dass das Team für sie eine wichtige soziale Unterstützungsfunktion darstellt (68,5%) und 66,4% sehen in der Arbeit eine persönliche Bestätigung (Braun und Müller 2005, Akerboom und Maes 2006).

Für die Berufsgruppe der Ärzte konstatierte Herschbach bereits zu Beginn der neunziger Jahre in einer umfassenden empirischen Untersuchung, dass Zeitdruck, negativ und überlang empfundene Arbeitszeiten sowie fehlende Überstundenregelungen als problematisch bzw. belastend empfunden werden. Zudem werden der Anteil administrativer Tätigkeiten und die Häufigkeit von Arbeitsunterbrechungen bemängelt. Insgesamt große Unterschiede in der Wahrnehmung von Belastungsfaktoren finden sich zwischen Assistenz- und Ober- bzw. Chefärzten: Insbesondere Assistenzärzte fühlen sich durch hohe Arbeitsanforderungen bei gleichzeitig geringem Handlungsspielraum und durch mangelnde Anerkennung seitens der Vorgesetzten stark beeinträchtigt (Herschbach 1991). Untersuchungen neueren Datums gelangen zu Ergebnissen, die frühere Untersuchungen in ihrer Aussage bestätigen, und darüber hinaus von weiter steigenden Belastungen ausgehen: Aus der Perspektive der Ärzte werden die allgemeine Verdichtung der Arbeitsabläufe, der hohe Zeitdruck sowie organisatorische Abstimmungsprobleme bzw. Organisationsmängel als sehr belastend wahrgenommen (Klinke 2007, Buhr und Klinke 2006). Zudem wird festgestellt, dass sich der Aufwand für administrative Tätigkeiten durch die Einführung der Fallpauschalen und die Anforderungen an das Qualitätsmanagement weiter vergrößert haben. Der Anteil patientenferner Tätigkeiten macht gegenwärtig ein Drittel der Arbeitszeit aus. Während die Kooperationsbeziehungen zwischen Medizinern und Pflegekräften zu 86% als gut bzw. sehr gut eingeschätzt werden, wird das Verhältnis zur Verwaltung von 72,8% der Befragten als schlecht bzw. sehr schlecht bewertet. Insgesamt betrachtet das ärztliche Personal das Verhältnis zum Management als schlecht, weil sich die Ärzte mit ihren Problemen nicht wahrgenommen fühlen und weil sie sich in einem permanenten Konflikt sehen, klinische Entscheidungen an betriebswirtschaftlichen Vorgaben orientieren zu müssen. Insgesamt betrachtet bestätigen auch aktuelle Umfragen zur Reaktion von Krankenhäusern auf Reformanforderungen, dass auf allen Seiten – der Ärzteschaft, des Pflegepersonals und auch der Krankenhausleitung – große Skepsis besteht, ob die im Zuge von Rationalisierungsbestrebungen jeweils anvisierten Lösungsvorschläge wirklich Verbesserungen mit sich bringen (Glaser et al. 2005, Blum et al. 2004).

Im Ergebnis lässt sich feststellen, dass ein Großteil der Belastungen des Krankenhauspersonals in Organisationsproblemen, d. h. in Informations-, Koordinations- und Kommunikationsproblemen innerhalb und vor allem zwischen den Berufsgruppen und Organisationseinheiten liegt. Bezogen auf gesundheitsförderliche Aspekte konnte gezeigt werden, dass Kooperationsbeziehungen im persönlichen Arbeitsbereich einen starken Einfluss auf die empfundene Arbeitsbelastung haben.

13.4 Methodisches Vorgehen

Die hier dargestellten Ergebnisse basieren auf Projekten, die in zwei Phasen, d. h. in den Jahren 2007 und 2008 in einem Klinikum der Maximalversorgung mit ca. 1000 Betten und ca. 2000 Mitarbeitern durchgeführt worden sind. Ziel der Projekte war es, eine Analyse berufsgruppenspezifischer Arbeitsbedingungen vorzunehmen, um konkrete Ansatzpunkte für die Entwicklung eines Betrieblichen Gesundheitsmanagements zu entwickeln.

Dazu wurden jeweils Fallstudien in einzelnen Kliniken/Stationen angefertigt und Mitarbeiter aus verschiedenen Berufsgruppen (Medizin, Pflege und Physiotherapie, Verwaltung, Hauswirtschaft und Küche) im Rahmen von leitfadengestützten Experteninterviews befragt (Meuser und Nagel 1991). Die Auswahl der Stationen und der jeweiligen Interviewpartner erfolgte durch die Einrichtung bzw. durch die Bereitschaft der Mitarbeiter, die ihr Interesse an der Untersuchung signalisierten. Insgesamt wurden in beiden Projektphasen 42 leitfadengestützte Interviews mit einer Dauer von ca. 45–60 Minuten durchgeführt, aufgezeichnet und transkribiert. Der Interviewleitfaden beinhaltete Fragen zum Tätigkeitsbereich, zur Arbeitszufriedenheit und Motivation, zum Betriebsklima, zur Führung, Organisation und Kommunikation sowie Fragen zu Erwartungen an die Weiterentwicklung der Organisation.

Zur Auswertung der hier vorliegenden Ergebnisse wurde die Methode der qualitativen Inhaltsanalyse angewandt (Mayring 1983). Im Mittelpunkt der qualitativen Methodik steht die *Rekonstruktion unterschiedlicher Begründungsmuster und Handlungsstrategien der Mitarbeiter in der Klinik*. In den Interviewsituationen werden also keineswegs »objektive« Ereignis- oder Situationsverläufe abgebildet, sondern subjektive Interpretationskonstrukte. Die Fallauswahl sowie die Auswahl der Analysekategorien stellen somit immer einen selektiven Ausschnitt aus der Realität dar. Wichtig ist festzuhalten, dass qualitative Forschungsergebnisse nicht als willkürliche Interpretationsleistungen aufgefasst werden. Vielmehr folgen sie den institutionalisierten Regeln der qualitativen Forschung und geben die *besondere Typik des Einzelfalls* wieder.

Das Interviewmaterial wurde gegliedert, in Kategorien aufgeteilt und interpretiert (Flick 2002, Liebold und Trinczek 2002). Ziel dieser inhaltsanalytischen Technik ist es, besonders beispielhafte bzw. aus der Sicht der Befragten besonders prägnante und häufig genannte Aspekte aus den Experteninterviews herauszufiltern und die Besonderheit des Einzelfalls in seiner Typik darzustellen. Der Vorteil dieser Vorgehensweise besteht darin, dass aus Sicht der Betroffenen sehr detailliert und exemplarisch für den jeweiligen Arbeitsbereich Aussagen getroffen werden können. Der Nachteil liegt darin, dass die Ergebnisse nicht notwendigerweise für eine gesamte Organisation bzw. für Krankenhäuser generalisiert werden können. Es können sich also innerhalb einer Klinik, zwischen Stationen oder zwischen Organisationen Unterschiede hinsichtlich einzelner Aussagen ergeben. Ein weiterer Vorteil dieser Methodik kann allerdings darin gesehen werden, dass die detaillierte Rekonstruktion des Einzelfalls mögliche Ansatzpunkte für Interventionen in Organisationen bietet (Kühl und Strodtholz 2002).

13.5 Empirische Ergebnisse

Den Ausgangspunkt der Untersuchung im Krankenhaus bildete zunächst die Frage, welches Selbstverständnis die Mitarbeiter bezogen auf Ihren Beruf und ihre Tätigkeit in der Organisation haben. Deutlich geworden ist in den Analysen, dass das Selbstverständnis der Ärzte, Pflegekräfte und auch der Physiotherapeuten davon geprägt ist, dass sie sich in hohem Maße positiv mit ihrem Beruf bzw. mit ihrer Tätigkeit identifizieren. Häufig wurde von den Mitarbeitern geäußert, dass für sie vor allem die *sozialen* Aspekte der Aufgabe und die damit verbundene *Sinnhaftigkeit* der Tätigkeit im Vordergrund stehen.

»Ich finde den Beruf spannend, ich bin naturwissenschaftlich interessiert und gleichzeitig ist Medizin für mich etwas Praktisches. Es gibt da einen gewissen Idealismus, dass man mit Menschen zu tun hat, dass man Menschen helfen kann, das spielt eine ganz wichtige Rolle, dass das irgendwie ein sozial geprägter Beruf ist, dass man sich da irgendwie gut fühlt und man macht etwas Sinnvolles! Wenn dieser soziale und zugleich motivationale Aspekt nicht wäre, würde man den Beruf nicht ausüben können.« (Ärztin)

Für die Ärzte im Krankenhaus – vor allem für die jüngeren Assistenzärzte – konnte zugleich festgehalten werden, dass die mit der ärztlichen Tätigkeit verbundene Verantwortung eine Quelle psychischer Belastungen in der alltäglichen Arbeit darstellt (vgl. auch Voltmer et al. 2007, 2008). So berichten die Befragten häufig davon, nach der Arbeit »nicht abschalten« zu können sowie von der Angst »Fehler zu machen«.

»Im Arbeitsalltag ist es dann doch schon ziemlich belastend, die Situationen richtig einzuschätzen, weil man eine wahnsinnige Verantwortung hat. Ob man alles im Griff hat, dass man die Oberärzte nicht nervt. Dass man auch selber wirklich alles richtig einschätzt, dass man die Situation im Griff hat. Das Belastende ist das, was man im Kopf hat, nicht körperlich, sondern eher die Verantwortung. (…) Ja klar, manchmal nehme ich die Dinge mit nach Hause. Da liegt man dann zu Hause und versucht einzuschlafen und dann rattert das halt, du hast das und das und das gemacht, du hast dir das noch mal angeguckt und – stimmt das alles? Dann ist es auch so, dass ich von hier zu Hause noch mal anrufe.

13

Ob alles gut gegangen ist. Man geht dann so unvollendet nach Hause und es beschäftigt dann einen schon, wie es weiter gegangen ist. (…) Es ist auch schwierig die Sachen komplett abzuschließen.« (Arzt)

Organisatorischer Wandel

Zudem wurde in den Interviews der Frage nachgegangen, wie die Mitarbeiter des Krankenhauses organisatorische Veränderungsprozesse wahrnehmen. Aus ihrer Sicht wurde überwiegend geäußert, dass sich im Zuge verstärkter Technisierung und Differenzierung medizinischer Leistungen die Arbeitsteilung im Krankenhaus gewandelt hätte. Obschon die befragten Ärzte dieser Entwicklung auch Positives abgewinnen konnten, überwog die Wahrnehmung, dass mit der Differenzierung der Aufgabenbereiche gleichzeitig der Bedarf an Abstimmung und Integration von Aufgaben aber auch von Zielen und Werthaltungen zugenommen habe. Darüber hinaus wird im Zusammenhang mit den im Gesundheitswesen angestoßenen Veränderungsprozessen, die Verkürzung der Verweildauer und die verstärkte Orientierung an ökonomischen Kriterien, sehr kritisch und als belastend wahrgenommen. Ein Arzt äußerte dies exemplarisch für viele seiner Kollegen wie folgt:

»Also, es ist einiges deutlich besser geworden. Fangen wir mal mit dem Positiven an: Als ich angefangen habe, da waren die Ärzte im Prinzip für alles zuständig auf den Stationen, wir haben selber Röntgenbilder besorgt, wir haben in den Archiven, den Sekretariaten der Fremdkrankenhäuser angerufen, um Befunde zu bestellen und haben unheimlich viele nichtmedizinische Aufgaben gemacht. Wir haben Blut abgenommen und so weiter (…) da hat sich so einiges geändert in den letzten Jahren, das finde ich extrem positiv. Z. B. haben wir jetzt fast auf jeder Station eine Stationssekretärin, die uns diese Arbeiten zum größten Teil abnehmen. Also – diese Teile haben sich verbessert, dafür sind aber andere dazugekommen – diese DRG-Geschichten. Die Diagnose ist natürlich unmittelbare ärztliche Aufgabe, aber dieses Eingeben und am Computer sitzen und mehrere Stunden am Tag irgendwelche Diagnosen eingeben, zumal jedes Jahr neue Codierrichtlinien kommen und man als Arzt eigentlich schon genug damit zu tun hat, medizinisch auf dem neuesten Stand zu sein und wirklich überhaupt keine Lust hat, auch noch irgendwelche Bücher zu lesen, wie wir denn eben codieren sollen. Also, diese Sachen sind sicher dazu gekommen. Dann hat sich noch ganz extrem verändert, dass eben auch in Verbindung mit dem neuen Abrechnungssystem die Arbeitsdichte viel höher geworden ist: Wir haben viel größere Patientenzahlen mit viel kürzeren Liegezeiten. Das bedeutet im medizinischen Bereich eben viel mehr Arbeit, wir haben viel mehr neue Patienten, die pro Tag kommen, und viel mehr Patienten gehen pro Tag, und die bekommen alle eine Aufnahmeuntersuchung, die bekommen alle einen Entlassungsbrief mit.« (Arzt)

Arbeitsorganisation

Wie auch in anderen Untersuchungen zur Veränderung der Arbeitssituation im Krankenhaus herausgestellt wird, wurde im Rahmen der Fallstudie zudem deutlich, dass speziell die ständigen Arbeitsunterbrechungen als belastend angesehen werden. Vielfach äußerten die Befragten, dass sie unter dem permanenten Gefühl leiden, ihre Tätigkeit, gemessen an ihren eigenen Wertemaßstäben, nicht angemessen durchführen zu können:

»Im Moment sind die besonders belastenden Anforderungen im Arbeitsalltag, dass man oft gestört wird und Sachen nicht zu Ende machen kann. Dass man irgendwie ständig für alle ansprechbar sein muss! Wenn ich auf die Station komme, dann sind manchmal drei Leute da, die irgendwie auf mich zeigen und irgendwas von mir wollen. Da ist eine Schwester, ein Angehöriger und ein Patient, die mich alle gleichzeitig in Anspruch nehmen (…) man kann nichts vernünftig zu Ende machen: Ich muss immer ansprechbar sein, da nimmt man einem natürlich auch schnell übel, wenn man sagt: »Ich muss aber gerade meine Arbeit zu Ende machen!« (Arzt)

Pflegekräfte erleben diesen Zustand in vergleichbarer Weise, sehen aber neben der quantitativen und qualitativen Zunahme der Arbeit vor allem die Personalsituation der Pflegekräfte als Ursache des Problems an:

»Negativ finde ich den Personalabbau und die Mehrarbeit, insbesondere durch kürzere Liegezeiten der Patienten. Dazu hat sich »Zettelwirtschaft« erheblich vermehrt, es gibt viel mehr Bürokratie, man muss alles dokumentieren, auch für das Qualitätsmanagement, aber auch allgemein wegen der gesetzlichen Vorgaben, also Berichte für die Krankenkassen und den Arzt etc.« (Pflegekraft)

Darüber hinaus weisen die befragten Pflegekräfte auf erhebliche Defizite in der Arbeitsorganisation hin. Neben einem sich grundsätzlich verändernden Arbeitsklima ist ihrer Ansicht nach eine Ursache der Problemlage in einer verbesserungswürdigen Prozessorganisation zu sehen:

»Das Personal hat sich innerhalb der Schichten reduziert, wir müssen unter zunehmendem Druck viel mehr leisten als früher. Früher haben die Chef- und die Oberärzte die Patienten regelmäßiger und intensiver betreut. Was ich sehr traurig finde, ist, dass die Arbeit nicht mehr so persönlich ist, wie früher einmal. Das Klima war damals herzlicher. Die Arbeitsatmosphäre müsste sich ändern. Außerdem wäre der tägliche Arbeitsstress durch eine bessere Organisation der Ärzte geringer.« (Pflegekraft)

Kommunikation

Im Verlauf der Untersuchung wurden explizit Fragen nach der Arbeitsorganisation, der Aufgabenverteilung und den Kommunikationsprozessen gestellt. Insbesondere die Zusammenarbeit und die Kommunikation zwischen den Berufsgruppen standen hier im Fokus. Den zuvor angesprochenen Verbesserungsbedarf im Bereich der Arbeitsorganisation schildert ein Arzt, der darum gebeten wurde, sich in die Perspektive der Pflegekräfte hineinzuversetzen:

3

»Ja, das ist schwierig den Perspektivwechsel vorzunehmen und sich vorzustellen, wie es aus Sicht der Pflegekräfte ist (...) ich hätte Probleme damit, dass der Arbeitsalltag reichlich unstrukturiert ist, es kommen öfters etwas unstrukturierte Anweisungen und Aufträge. Da wird morgens etwas angeordnet und dann nachmittags wieder von jemand anderem was anderes angeordnet. Aus Sicht der Pflege werden hier im Prinzip doppelte Belastungen von ärztlicher Seite erzeugt, was sich aber einfach durch den unstrukturierten Ablauf ergibt. Und dann ist manchmal die Kommunikation zwischen dem Pflegepersonal und dem ärztlichen Personal einfach schlecht. Zu hohe Arbeitsbelastung, man hat die Zeit nicht, um Sachen mal vernünftig zu klären, weil man alles zwischen Tür und Angel macht. Das hat zur Folge, dass durch diese Art und Weise der Kommunikation gerade die Schwestern und Pfleger ein wenig kopflos durch die Gegend rennen und im Prinzip nicht mehr viel aufnehmen können.« (Arzt)

Ein Physiotherapeut, angesprochen auf die Kommunikation der Berufsgruppen im Krankenhaus, unterstreicht diese Aussage, räumt aber zugleich ein, dass seiner Ansicht nach auch die Ärzte wenig Möglichkeiten haben, unter dem Druck des knappen Zeitbudgets angemessen ihrer Arbeit nachzukommen und Kommunikationsprozesse zu verbessern.

»Ich glaube, ein großes Problem der Ärzte und der anderen Berufsgruppen ist wohl die Kommunikation untereinander. Die Ärzte haben wenig Zeit und sobald eine Pflegekraft oder ein Therapeut nur eine Frage stellt, gibt es als Antwort, dass sie keine Zeit haben. Das Problem ist einfach, dass die Pflegekräfte und auch die Physiotherapeuten gerne Therapien besprechen möchten, die Ärzte aber weder ausreichend Zeit für die Beantwortung solcher Fragen noch für die Patienten selber haben. Entlastungen kann ich mir vor allem durch eine bessere Kommunikation und eine bessere Organisation der Abläufe vorstellen.« (Physiotherapeut)

Insgesamt hat sich der Eindruck ergeben, dass zwischen den Berufsgruppen, insbesondere zwischen den Ärzten und den Pflegekräften innerhalb der Stationen, trotz z. T. unterschiedlicher Einschätzungen, ein hohes Maß an Verständnis für die Arbeitssituation der jeweils anderen Berufsgruppe existiert. Ganz anders schätzen die Mitarbeiter jedoch die Kommunikation zwischen den Bereichen Medizin und Pflege auf der einen Seite und der Verwaltung bzw. dem Management auf der anderen Seite ein. In den Interviews wurde der Frage nachgegangen, inwieweit die Mitarbeiter über unternehmensbezogene Entscheidungen informiert werden und wie sie sich in solche Entscheidungsprozesse mit einbringen können.

»Wir werden sehr kurzfristig und teilweise sehr schlecht benachrichtigt (...) die Transparenz ist schon da, aber es wird meistens alles nur sehr kurzfristig bekannt gegeben, man hat kaum Zeit, sich darauf einzustellen und sich mit einzubringen. In unserer Abteilung ist es z. B. so, dass jetzt eine Zusammenlegung (mit einer anderen Station, Anm. d. Verf.) stattfinden soll. Es ist überhaupt nicht klar, wie das gestaltet wird. Wenn wir Informationen bekommen, ist das immer sehr kurzfristig. Es wirkt manchmal ein bisschen unstrukturiert. (...) Mein Chef, der gibt schon relativ viel weiter, da sind wir über unseren Chef ziemlich gut informiert. Aber im Großen und Ganzen gibt es ganz viele Sachen, die als Gerücht zu mir kommen.« (Arzt)

Vor dem Hintergrund des verstärkten Wettbewerbs und der Anforderung, weitere Effizienzpotenziale zur Stärkung der Wirtschaftlichkeit zu erschließen, kommt der Kommunikation von Entscheidungen, bezogen auf organisatorische Veränderungsprozesse, eine besondere Bedeutung zu. Wenig transparente bzw. nachvollziehbare Entscheidungen können Ängste und Unsicherheiten erzeugen. Es kann davon ausgegangen werden, dass speziell die Transparenz von Entscheidungen im Krankenhaus im Zusammenhang mit psychischen Belastungen eine erhebliche Rolle spielt. Zu vergleichbaren

Resultaten kommen auch andere empirische Untersuchungen, die u. a. danach gefragt haben, inwieweit den Mitarbeitern im Krankenhaus überhaupt die Unternehmensziele für die nächsten Jahre bekannt sind; z. B. im Hinblick auf Veränderungen in der Organisation oder des medizinischen Leistungsspektrums. Auf diese Frage äußerten lediglich 29% der Befragten, dass ihnen die Unternehmensziele und damit die strategische Ausrichtung des Krankenhauses »überwiegend« bzw. vollständig bekannt sind (Bandemer 2005).

Führung

Die Arbeitszufriedenheit und das Belastungsempfinden von Mitarbeitern im Krankenhaus stehen in einem deutlichen Zusammenhang mit der Führung (z. B. Brücker 2009). Mitarbeiter haben ein starkes Bedürfnis nach Wertschätzung, Anerkennung ihrer Arbeit und Mitspracherecht. Das Gefühl, kaum Einfluss auf Vorgänge in der Institution nehmen zu können und machtlos zu sein, kann das Arbeitsklima negativ beeinträchtigen. Die Mitarbeiter des Krankenhauses wurden allgemein nach dem Einfluss der Führung auf ihr Wohlbefinden gefragt. Darüber hinaus gaben sie an, welche Erwartungen sie an eine »gute Führung« im Krankenhaus haben. Pflegekräfte oder auch Physiotherapeuten äußerten vielfach den Wunsch nach mehr Anerkennung, sowohl durch die Vorgesetzten, als auch durch Patienten und deren Angehörige:

»Die Ärzte haben auch ihren Druck gut zu behandeln. Bei den Ärzten hat auch jeder Verständnis dafür, wenn sie äußern, dass sie gestresst sind, im Gegensatz zu uns Physiotherapeuten. Wir sind ja eher ein ganz kleines Licht – und das ist das, was stört. Das Lob geht immer an die Ärzte, wenn Visite ist. Zwar haben die operiert, aber aus dem Bett geholt hab ich die. Und da muss man sich selbst auf die Schulter klopfen, sonst kann man das hier nicht machen. Lob oder Anerkennung durch die Ärzte bekommen wir oft nicht.« (Physiotherapeut)

Neben dem Wunsch nach Anerkennung sprachen vor allem Ärzte die an die Führungskräfte gerichtete Erwartung an, Prozesse auf der operativen Ebene planbarer und damit berechenbarer zu gestalten.

»Also ich würde mir wünschen, den Ablauf noch besser zu strukturieren, d. h. man strukturiert Besprechungen, definiert konkrete Aufgabenprofile, formuliert Verantwortlichkeiten bezogen auf einzelne Personen, die dann auch entsprechend in die Pflicht genommen werden. Also ich würde das einfach umschreiben unter dem Motto: Alles ein bisschen professioneller gestalten (…). Das ist jetzt ein bisschen überspitzt gesagt, aber da würde ich persönlich Verbesserungspotenziale sehen, dass das professionalisiert wird in irgendeiner Weise. (…) und, was ich mir für die berufliche Zukunft, insbesondere auch von der Führung wünsche, ist teilweise auch eine bessere Wertschätzung der Arbeit!« (Arzt)

Angesprochen auf Führungsprozesse, macht eine Pflegekraft deutlich, dass aus der Sicht der Mitarbeiter die Führung von Krankenhäusern insgesamt einen Wertewandel vollzogen hat, der sich in einer verstärkten Orientierung an Wirtschaftlichkeitserfordernissen ausdrückt und sich negativ auf die Arbeitsbedingungen auswirkt.

»Für mich geht die ganze Krankenhausführung eindeutig in eine negative Richtung, also ich meine im gesamten Gesundheitswesen. Personalschlüssel, das ist das größte Problem, wir haben einen Personalmangel. Anhand der Budgets, ist ja heute alles viel strenger, wenn eine Klinik (oder eine Station) für irgendetwas zu viel Geld ausgibt, dann wird ihnen ganz schnell auf die Finger geguckt. Kosten werden verglichen, wie viel wurde für Verbandstoffe ausgegeben, dann wird gesagt, das und das könnten sie einsparen, manchmal kommt man sich vor, als ob einem Verschwendung vorgeworfen wird, oder ab morgen darf man dann keinen Tee mehr für Patienten bestellen, weil alles zu teuer ist. Einerseits wird der Kundenservice so groß geschrieben, aber andererseits werden die Mittel, die wir dazu noch zur Verfügung haben, immer reduziert.« (Pflegekraft)

Insgesamt ist im Anschluss an diese Aussage zu vermuten, dass sich unter dem Einfluss ökonomischer Restriktionen – die durch Budgetierung, Förderung verstärkten Wettbewerbs und Einführung von Fallpauschalen ausgelöst wurden – eine noch komplexere Problemlagenstruktur im Krankenhaus verfestigt hat, die die Arbeitsbedingungen zukünftig eher noch verschärfen.

13.6 Fazit

Die zunehmende Arbeitsverdichtung zum einen und die Veränderung von Organisationskulturen zum anderen, d. h. der Wandel organisationsinterner Kommunikationsmuster und des Organisationsklimas, stellen wichtige Faktoren dar, die von den Mitarbeitern im untersuchten Krankenhaus als psychisch belastende

Faktoren angeführt werden. Der hohen Verantwortung stehen aus ihrer Sicht nur unzureichend empfundene professionelle und soziale Anerkennung gegenüber. Zudem führt die Arbeitsverdichtung zu dem permanenten Konflikt, den eigenen Ansprüchen an die Patientenversorgung nicht immer gerecht werden zu können. Entlastungspotenziale werden vor allem in einer besseren Arbeitsorganisation und in der Verbesserung von Kommunikationsprozessen gesehen, die eine Voraussetzung für die Entwicklung gemeinsamer Grundüberzeugungen der Mitarbeiter im Krankenhaus angesehen werden können.

Darüber hinaus konnte mit Hilfe des Organisationstypenansatzes analytisch gezeigt werden, dass der derzeitige Wandel der Krankenhausstrukturen mit einer Neuorientierungen hinsichtlich unternehmensbezogener Werte und Überzeugen einhergeht. Aus der Sicht der Mitarbeiter führt die verstärkte Ausrichtung auf ökonomische Ziele einerseits und die Orientierung an professionellen Werten der Medizin und Pflege andererseits zu einem permanenten Spannungsfeld, welches als zusätzliche psychische Belastungsquelle wahrgenommen wird. Eine organisationstheoretische Analyse kann somit einen wichtigen Beitrag zur Erforschung struktureller Probleme im Krankenhaus liefern. Ein wesentlicher Vorteil liegt darin, dass damit auf die grundsätzliche Bedeutung der Kultur im Sinne von Wertorientierungen und Kommunikationsprozessen für die Strukturbildung in und von Organisationen aufmerksam gemacht werden kann. Abschließend ist aber auch darauf hinzuweisen, dass sich diese Ergebnisse nur auf den untersuchten Einzelfall beziehen und keine Generalisierung und pauschale Übertragung auf andere Krankenhäuser zulassen. Die induktive Beschreibung des Einzelfalls ermöglicht es dennoch, detaillierte Ansatzpunkte zur Vermeidung psychischer Belastungen im Krankenhaus herauszuarbeiten und insoweit kann diese Vorgehensweise bereits eine sinnvolle Intervention zur Problemanalyse und zur Problembewältigung darstellen.

3

Literatur

Akerboom S, Maes S (2006) Beyond demand and control: The contribution of organizational risk factors in assessing the psychological well-being of health care employees. Work and Stress 1:21–36

Badura B, Greiner W, Rixgens P et al (2008) Sozialkapital. Grundlagen von Gesundheit und Wettbewerbsfähigkeit. Springer, Berlin Heidelberg New York Tokio

Bandemer S von (2005) Verbesserung von Qualität, Wirtschaftlichkeit und Arbeitsbedingungen in Krankenhäusern. In: Badura B, Schellschmidt H, Vetter C (Hrsg) Fehlzeiten-Report 2004. Springer, Berlin Heidelberg New York Tokio, S 125–139

Bartholomeyczik S (1993) Arbeitssituation und Arbeitsbelastung beim Pflegepersonal. In: Badura B, Feuerstein G, Schott T (Hrsg) System Krankenhaus. Arbeit, Technik und Patientenorientierung. Juventa, Weinheim München, S 83–99

Baumgart S, Metz A-M, Degener M (2003) Psychische Belastungen und Beanspruchungen von Pflegekräften in Brandenburger Krankenhäusern. In: Ulich E (Hrsg) Arbeitspsychologie in Krankenhaus und Arztpraxis. Arbeitsbedingungen, Belastungen, Ressourcen. Verlag Hans Huber, Bern, S 195–212

Blum K, Müller U, Offermanns M (2004) Auswirkungen alternativer Arbeitszeitmodelle. Abschlussbericht Deutsches Krankenhausinstitut e. V., Düsseldorf

Braun B, Müller R (2005) Arbeitsbelastungen und Berufsausstieg bei Krankenschwestern. Pflege & Gesellschaft 3:131–141

Braun B, Müller R, Timm A (2004) Gesundheitliche Belastungen, Arbeitsbedingungen und Erwerbsbiographien von Pflegekräften im Krankenhaus. Eine Untersuchung vor dem Hintergrund der DRG-Einführung. Schriften zur Gesundheitsanalyse, Bd 46, Asgard, Sankt Augustin

Brock DM, Powell MJ, Hinings CR (eds) (1999) Restructuring the Professional Organization. Accounting, Health Care and Law. Routledge, London New York

Brücker H (2009) Aspekte des Führungsverhaltens und gesundheitliches Wohlbefinden im sozialen Dienstleitungsbereich – Ergebnisse empirischer Untersuchungen in Krankenhäusern. In: Badura B, Schröder H, Vetter C (Hrsg) Fehlzeitenreport 2008. Betriebliches Gesundheitsmanagement: Kosten und Nutzen. Springer, Berlin Heidelberg New York Tokio, S 43–53

Buhr P, Klinke S (2006) Qualitative Folgen der DRG-Einführung für Arbeitsbedingungen und Versorgung im Krankenhaus unter Bedingungen fortgesetzter Budgetierung, Bd. SP I 2006-311, Discussion Papers. Wissenschaftszentrum Berlin für Sozialforschung, Berlin

Flick U (2002) Qualitative Sozialforschung. Eine Einführung. 6. überarbeitete und erweiterte Auflage. Rowohlt, Reinbek

Glaser J, Höge T, Weigl M (2005) Psychische Belastungen bei Pflegekräften und Ärzten im Krankenhaus Zeitschrift für Arbeitswissenschaft 2:143–151

Glouberman S, Mintzberg H (2001a) Managing the Care of Health and the Cure of Disease – Part I: Differentiation. Health Care Management Review 26 (1):56–69

Glouberman S, Mintzberg H (2001b) Managing the Care of Health and the Cure of Disease – Part II: Integration. Health Care Management Review 26 (1):70–84

Golden BR, Dukerich JM, Fabian FH (2000) The interpretation and resolution of resource allocation issues in professional organizations. Journal of Management Studies 37:1157–1187

Greenwood R, Hinings CR (1988) Organizational Design Types, Tracks and the Dynamics of Strategic Change. Organization Studies 9 (3):293–316

Grossmann R, Pellert A, Gotwald V (1997) Krankenhaus, Schule, Universität: Charakteristika und Optimierungspotentiale. In: Grossmann R (Hrsg) Besser Billiger Mehr. Zur Reform der Expertenorganisationen Krankenhaus, Schule, Universität. Springer, Berlin Heidelberg New York, S 24–35

Grossmann R, Scala K (2002) Intelligentes Krankenhaus. Innovative Beispiele der Organisationsentwicklung in Krankenhäusern und Pflegeheimen. Springer, Berlin Heidelberg New York Tokio

Herschbach P (1991) Psychische Belastungen von Ärzten und Krankenpflegekräften. VCH, Weinheim

Hinings CR, Greenwood R, Cooper D (1999) The Dynamics of Change in Large Accounting Firms. In: Brock D, Powell M, Hinings CR (eds) Restructuring the Professional Organization. Accounting, Health Care and Law. Routledge, London, pp 131–153

Karasek RA, Theorell T (1990) Healthy Work. Stress, productivity, and the reconstruction of working life. Basic Books, New York

Kitchner M (1999) 'All fur coat and no knickers': contemporary organizational change in United Kingdom hospitals. In: Brock DM, Powell MJ, Hinings CR (eds) Restructuring the professional organization. Accounting, Health Care and Law. Routledge, London New York, pp 183–199

Klinke S (2007) Auswirkungen des DRG-Entgeltsystems auf Arbeitsbedingungen und berufliches Selbstverständnis von Ärzten und die Versorgungsqualität in deutschen Krankenhäusern Teil II – Detailergebnisse einer Befragung Hessischer Krankenhausärzte im Jahre 2004. Veröffentlichungsreihe der Forschungsgruppe Public Health, Schwerpunkt Arbeit, Sozialstruktur und Sozialstaat. Wissenschaftszentrum Berlin für Sozialforschung (WZB), Berlin

Kühl S, Strodtholz P (Hrsg) (2002) Methoden der Organisationsforschung. Ein Handbuch. Rowohlt, Reinbek

Liebold R, Trinczek R (2002) Experteninterview. In: Kühl S, Strodtholz P (Hrsg) Methoden der Organisationsforschung. Ein Handbuch. Rowohlt, Reinbek, S 33–71

Lüngen M, Lapsley I (2003) The reform of hospital financing in Germany: an international solution? Journal of Health Organisation and Management 17:360–372

Mayring P (1983) Qualitative Inhaltsanalyse: Grundlagen und Techniken. Beltz Psychologie Verlags Union, Weinheim

Meuser M, Nagel U (1991) ExpertInneninterviews – vielfach erprobt, wenig bedacht. Ein Beitrag zur qualitativen Methodendiskussion. In: Garz D, Kraimer K (Hrsg) Qualitativ empirische Sozialforschung. Westdeutscher Verlag, Opladen, S 441–468

Miller D, Mintzberg H (1983) The Case for Configuration. In: Morgan G (ed) Beyond method. Strategies for social research. Sage, Beverly Hills (Calif), pp 57–73

Mintzberg H (1992) Die Mintzberg-Struktur. Organisationen effektiver gestalten. Verlag Moderne Industrie, Landsberg/Lech

Pfaff H, Badura B, Pühlhofer F et al (2005) Das Sozialkapital der Krankenhäuser – wie es gemessen und gestärkt werden kann. In: Badura B, Schellschmidt H, Vetter C (Hrsg) Fehlzeiten-Report 2004. Springer, Berlin Heidelberg New York Tokio, S 81–109

Powell MJ, Brock DM, Hinings CR (1999) The Changing Professional Organization. In: Brock D, Powell M, Hinings CR (eds) Restructuring the Professional Organization. Accounting, Health Care and Law. Routledge, London New York, pp 1–19

Power M (1997) The Audit Society. Rituals of Verification. Oxford Univ. Press, Oxford

Preston AM (1992) The birth of clinical accounting – a study of the emergence and transformations of discourses on costs and practices of accounting in U.S. hospitals. Accounting. Organizations and Society 17:63–100

Sackmann SA (2009) Möglichkeiten der Erfassung und Entwicklung von Unternehmenskultur. In: Badura B, Schröder H, Vetter C (Hrsg) Fehlzeitenreport 2008. Betriebliches Gesundheitsmanagement: Kosten und Nutzen. Springer, Berlin Heidelberg New York Tokio, S 15–22

Scott WR (2005) Evolving Professions: An Institutional Field Approach. In: Klatetzki T, Tacke V (Hrsg) Organisation und Profession. VS Verlag für Sozialwissenschaften, Wiesbaden, S 119–141

Siegrist J (1996) Adverse health effects of high effort – low reward conditions at work. Journal of Occupational Health Psychology 1:27–43

Ulmer Papier (2008) Gesundheitspolitische Leitsätze der Ärzteschaft, Deutsches Ärzteblatt 105, Heft 22: A1189–1200

Vera A (2009) Die »Industrialisierung« des Krankenhauswesens durch DRG-Fallpauschalen – eine interdisziplinäre Analyse. Das Gesundheitswesen 71:e10–e17

Voltmer E, Kieschke U, Spahn C (2007) Arbeitsbezogenes Verhalten und Erleben bei Ärzten im dritten bis achten Berufsjahr. Zeitschrift für Psychosomatische Medizin und Psychotherapie 53 (3):244–257

Voltmer E, Spahn C, Westermann J (2008) Psychosoziale Belastungen werden zu wenig thematisiert. Deutsches Ärzteblatt 106, Heft 8:A365–A366

Kapitel 14

Förderung des Unternehmenserfolgs und Entfaltung der Mitarbeiter durch neue Unternehmens- und Führungskulturen

B. Streicher · D. Frey

Zusammenfassung. *In unserem Beitrag argumentieren wir, dass Unternehmen die Motivation, Intelligenz und Kreativität ihrer Mitarbeiter optimal nutzen müssen, wenn sie langfristig erfolgreich sein wollen. Mitarbeiter engagieren sich insbesondere dann für Unternehmensinteressen, wenn ihre Arbeit auch zur Erreichung von Eigeninteressen wie Freude an der Tätigkeit, Selbstentfaltung, Sinnerfüllung und Eigenverantwortung dient. Unternehmenserfolg und Mitarbeiterentfaltung schließen sich nicht aus, sondern hängen eng zusammen. Zur Förderung von Spitzenleistungen haben sich so genannte Centers of Excellence, d. h. Abteilungen und ganze Unternehmen, in denen Spitzenleistungen erbracht werden, bewährt. Deren Unternehmenskultur zeichnet sich insbesondere aus durch einen hohen Leistungsanspruch gepaart mit Wertschätzung, Selbstentfaltungsmöglichkeiten und qualitativ hochwertiger Führung.*

14.1 Einleitung

Gerade in Krisenzeiten sind Unternehmen auf erfolgreiche Produkte und Dienstleistungen angewiesen. Um dauerhaft erfolgreich zu sein, müssen Unternehmen Leistungen anbieten, die gegenüber den Leistungen von Mitbewerbern Vorteile aufweisen. Diese Vorteile können technischer Natur, aber auch beispielsweise ein besonders guter Kundenservice sein. Sowohl technische Innovationen als auch erstklassige Dienstleistungen erfordern engagierte Mitarbeiter. Die Mitarbeiter müssen bereit sein, freiwillig Leistungen im Sinne des Unternehmens zu erbringen, die über ihre arbeitsrechtlichen Verpflichtungen hinausgehen. Freiwillig, also intrinsisch motiviert, vollbringen Menschen Leistungen dann, wenn sie damit vorrangig persönliche Bedürfnisse wie Freude und Spaß an der Tätigkeit, Sinnerfüllung und Entfaltung der eigenen Person verfolgen können (vgl. Maier et al. 2007). Daher ist eine zentrale Frage für die Förderung unternehmerischen Erfolges, unter welchen Bedingungen sich gleichzeitig Mitarbeiter entfalten können und dies in Form von freiwilligem Extra-Rollenverhalten zum Wohle des Unternehmens geschieht. Die Grundidee dabei ist, dass partnerschaftliche Führung und ein kooperatives Miteinander nicht nur dem Entfaltungsbedürfnis der Mitarbeiter entspricht, sondern diese sich dann auch stärker mit ihrer Arbeitsaufgabe und dem Unternehmen identifizieren. Identifikation, sich also als Teil des Unternehmens zu empfinden, wirkt sich wiederum positiv auf die Zufriedenheit, die Leistung und das Engagement und negativ auf Kündigungen und Krankheitsquoten aus. Diese Faktoren stehen, wie auch empirische Studien zeigen, in unmittelbaren Zusammenhang mit wirtschaftlichem Erfolg (vgl. Frey 2009).

Die zunehmende Abhängigkeit langfristigen Unternehmenserfolgs vom Engagement der Mitarbeiter hängt mit einem kontinuierlichen Wandel der Arbeitsanforderungen zusammen. Im letzten Jahrhundert hat sich Erwerbstätigkeit zunehmend von der Erfüllung von, oft anstrengenden, Routinetätigkeiten, deren erfolgreiche Ausführung leicht und unmittelbar kontrolliert werden konnte, gewandelt hin zu teils hochkomplexen Tätigkeiten, verbunden mit einem hohen Maß an Eigenverantwortung und Interdependenz mit der Tätigkeit von Kollegen. Erfolgreiche Arbeit ist hier oft nur mehr schwer individuell zuzuordnen oder nur in größeren Zeitabschnitten messbar. Mit der Veränderung der Arbeitsanforderungen wandelte sich die Vorstellung, wie Arbeitnehmer idealerweise zu führen seien. Wir argumentieren, dass ein Führungsinstrumentarium, dass sowohl dem Unternehmenserfolg als auch den Bedürfnissen der Mitarbeiter verpflichtet ist, drei fundamentale Veränderungen von Arbeit berücksichtigen muss: Ersten: vom Mitarbeiter als Maschine zum wertgeschätzten Akteur; zweitens: vom Broterwerb hin zur sinnstiftenden Tätigkeit; drittens: vom klar definierten Endverbraucher zu multiplen Zielgruppen.

14.1.1 Vom Mitarbeiter als Maschine zum wertgeschätzten Akteur: transformationale Führung und Fairness in Unternehmen

Zu Beginn des letzten Jahrhunderts wurden im Sinne des *Scientific Management* (Taylor 1913) Arbeitsabläufe so optimiert, dass mit möglichst geringem Aufwand möglichst hohe Effektivität entstehen sollte. Eine Konsequenz dieses Vorgehens war, Fachwissen und Tätigkeit zu entkoppeln. Das Fachwissen wurde den Führungskräften zugewiesen, während die Arbeiter nur mehr Tätigkeiten nach Vorgabe möglichst effektiv ausführen sollten. Die Steuerung der Mitarbeiter erfolgte maschinengleich: Um die Produktivität zu steigern, müssen diese beispielsweise durch monetäre Anreize manipuliert werden (vgl. Rosenstiel et al. 2005). Dementsprechend dominierten autoritative Führungsstile, die u. a. durch Kontrolle der Mitarbeiter und direktive Anweisung von Arbeitsabläufen gekennzeichnet sind (vgl. White und Lippitt 1953). Mit der zunehmenden Komplexität von Arbeit, insbesondere der zum Teil globalen Vernetzung einzelner Arbeitnehmer und dem komplizierten Zusammenwirken von Tätigkeiten zur Erreichung eines Ergebnisses, der Betonung eines guten Betriebsklimas, der Bedeutung der Mitarbeiterbeziehungen untereinander und den Interessen von Mitarbeitern im Allgemeinen veränderte sich das mechanistische Bild vom Mitarbeiter. Die Bedürfnisse von Arbeitnehmern standen vermehrt im Vordergrund und die Vorstellung, dass Höchstleistungen insbesondere dann erbracht werden, wenn die Bedürfnisse der Arbeitnehmer ausreichend erfüllt sind.

Der transaktionale und der transformationale Führungsstil stehen repräsentativ für diesen Wandel (Bass und Avolio 1997). Transaktionale Führung betont die Austauschbeziehung zwischen Führungskraft und Mitarbeiter: Die Führungskraft organisiert die Arbeitsaufträge, gibt die Rahmenbedingungen vor und belohnt oder bestraft die erbrachte Leistung. Der Geführte engagiert sich nach dieser Vorstellung dann für das Unternehmen, wenn er auch seine persönlichen Ziele erreichen kann. Transformationale Führung dagegen betont das Mitarbeiterengagement jenseits des Eigeninteresses: Die Führungskraft soll die Mitarbeiter durch ihr charismatisches Auftreten inspirieren, auf die emotionalen Bedürfnisse des Einzelnen eingehen, individuell wertschätzend sein und intellektuell anregend wirken. Dem transaktionalen Führungsstil liegt eher ein instrumentelles, homo-oeconomicus geprägtes Menschenbild zugrunde: Mitarbeiter sind im Wesentlichen durch die Verwirklichung ihrer persönlichen Ziele motiviert und versuchen persönliche Vorteile zu erreichen. Mitarbeitersteuerung erfolgt dementsprechend über Belohnung (Vorteil für Mitarbeiter) oder Bestrafung (Nachteil). Diese Sichtweise beinhaltet zunächst eine Entkopplung der Unternehmensziele von den Mitarbeiterzielen. Der transformationale Führungsstil orientiert sich dagegen an einem humanistischen, wachstumsorientierten und relationalen Menschenbild: Mitarbeiter sind an positiven, wertschätzenden sozialen Beziehungen (z. B. zu ihrer Führungskraft, den Kollegen, dem Unternehmen) interessiert und möchten wertvolle Mitglieder dieser sozialen Gruppen sein, weil sie dadurch auch positive Rückmeldungen über die eigene Person erhalten. Diese positiven, selbstrelevanten Informationen helfen Menschen in ihrem Grundbedürfnis nach Aufrechterhaltung eines positiven Selbstbildes. Darüber hinaus tragen zu einem positiven Selbstbild das Erleben der eigenen Kompetenz und die Verwirklichung von Zielen bei. Dies spiegelt sich im transformationalen Führungsstil durch das Gewähren von Handlungsfreiräumen und Selbstverantwortung in einem stimulierenden Umfeld wider. Studien mit harten Unternehmensdaten zeigen, dass transformationale Führung signifikant mehr zum Unternehmenserfolg beiträgt als transaktionale Führung (z. B. Howell und Avolio 1993, Geyer und Steyrer 1998).

Neben einem transformationalen Führungsstil haben sich die Prinzipien organisationaler Fairness als zentrale situationale Variablen erwiesen, die sowohl nachhaltig zum Unternehmenserfolg als auch zur Mitarbeiterentfaltung beitragen. Fairness im Unternehmen bezieht sich auf die Verteilung von Ressourcen (distributive Fairness), die Entscheidungsfindung (prozedurale Fairness), die Weitergabe von Informationen (informationale Fairness) und den Umgang miteinander (interpersonale Fairness). Wenn Mitarbeiter sich fair behandelt fühlen, identifizieren sie sich stärker mit dem Unternehmen, engagieren sich verstärkt, leisten mehr und sind innovativer (für einen Überblick siehe Colquitt et al. 2001, Streicher et al. 2009). Unfairness dagegen führt zu innerer und tatsächlicher Kündigung, schlechterer Arbeitsleistung, zu mehr Stress und psychosomatischen Erkrankungen, vermehrtem Diebstahl und Fehlzeiten. Menschen reagieren insbesondere deswegen so sensibel auf Fairnessbedingungen, weil diese eine wichtige Information für sie ist, wie sehr sie Autoritäten vertrauen können und wie sehr sie wertgeschätzt werden. Vertrauen und Wertschätzung wiederum sind sowohl wichtige Voraussetzungen für die Förderung von intrinsischer Mitarbeitermotivation als auch für ein nicht-restriktives Umfeld, in dem Menschen sich entfalten können.

14.1.2 Vom Broterwerb zur sinnstiftenden Tätigkeit

Wie oben bereits angedeutet, hat sich parallel zu den Arbeitsanforderungen und den Führungsstilen auch unsere Einstellung zur Arbeit geändert. Die Bedeutung von Arbeit hat einen radikalen Wandel vom Broterwerb hin zur Erfüllung eines Lebenssinns, persönlichen Wachstums, der Pflege sozialer Beziehungen und eines wertschätzenden, respektvollen und kollegialen Miteinanders von Arbeitgebern und Arbeitnehmern vollzogen. Ferner ist Arbeit heutzutage oft nicht mehr ortsgebunden oder lebenslänglich garantiert. Daraus können sich für Arbeitnehmer einerseits Nachteile ergeben wie eine hohe Belastung, notwendige Flexibilität, Arbeitsplatzunsicherheit und daraus folgend andauernder Stress mit möglichen psychischen und psychosomatischen Erkrankungen. Andererseits eröffnen sich für Arbeitnehmer aber auch Vorteile: Sie können ihre Arbeit freier gestalten, haben mehr Eigenverantwortung, sie können für wohnortferne Unternehmen tätig werden und so ihre Arbeitsplatzoptionen erhöhen. Das heißt auch, dass Unternehmen sich immer mehr bemühen müssen, langfristig hoch qualifizierte Mitarbeiter an sich zu binden und für diese attraktiv zu sein. Diese Entwicklung spiegelt sich auch in der gestiegenen Bedeutung von Humankapital für den Unternehmenserfolg wider (vgl. Peus et al. 2004): Während 1982 noch klassische Werte wie Maschinen, Produktionsmittel oder Kapital durchschnittlich 62% des Marktwertes eines Unternehmens ausmachten, sank dieser Anteil innerhalb von zehn Jahren auf 38%. Gleichzeitig stieg die Bedeutung der immateriellen Werte, nämlich Knowhow, Motivation und Leistungsfähigkeit der Mitarbeiter, für den Unternehmenserfolg (Dzinkowski 2000).

14.1.3 Vom Endverbraucher zu multiplen Zielgruppen (Unternehmen, Mitarbeiter, Kunden, Konkurrenten)

Aufgrund der zunehmenden Komplexität und der veränderten Bedeutung von Arbeit stehen erfolgreiche Unternehmen vor folgendem Problem: Sie müssen die Sehnsüchte und Bedürfnisse unterschiedlicher Zielgruppen gleichzeitig erfüllen. Die erste Zielgruppe ist das Unternehmen selbst. Es muss profitabel sein, und das ist nur der Fall, wenn die Produkte und Serviceleistungen geprägt sind von Exzellenz, Qualität und Innovation. Die nächste Zielgruppe sind natürlich die Mitarbeiter. Ohne das Engagement und die Motivation der Mitarbeiter erreicht man Exzellenz nicht. Folglich stehen die Sehnsüchte von Mitarbeitern ganz im Vordergrund. Hier geht es insbesondere darum, durch Sinnvermittlung, Transparenz, Handlungsspielräume, Weiterbildungsmöglichkeiten, Zielklarheit, Fairness, Vertrauen u. a. m. die intrinsische Motivation zu fördern. Es geht drittens selbstverständlich auch um die Sehnsüchte und Bedürfnisse des Kunden als letztendlich eigentlichem Arbeitgeber. Und schließlich ist eine weitere Zielgruppe gewissermaßen der Wettbewerber um die besten Mitarbeiter und lukrativsten Kunden. Hier ist es wichtig, ein Profil zu entwickeln, das sich vom Wettbewerber absetzt. Aufgrund der unterschiedlichen Zielgruppen ergeben sich auch Zielkonflikte zwischen Unternehmenserfolg, Mitarbeiterführung und -bedürfnis, Erfüllung der Kundenwünsche und Absetzung von Wettbewerbern. Die Berücksichtigung aller Zielgruppen erfordert nun ein komplett anderes Führungsinstrument als bisher.

Zahlreiche Studien (für einen Überblick s. Peus et al. 2004) zeigen, dass Unternehmenserfolg und Mitarbeiterentfaltung kein Widerspruch sind. Vielmehr besteht ein enger Zusammenhang zwischen der Pflege und Förderung der so genannten weichen Faktoren – wie eine wertschätzende Mitarbeiterführung – mit den harten Faktoren des Unternehmenserfolgs. Wie also kann es in dem Spannungsfeld von heterogenen Zielgruppen und deren Sehnsüchte, globalem Wettbewerb, Innovationsdruck, Mitarbeiterengagement und persönlichen Bedürfnissen der Mitarbeiter gelingen, sowohl zum Unternehmenserfolg als auch zur Entfaltung und dem Wohlergehen von Mitarbeitern beizutragen? Wir argumentieren, dass eine komplexe, vielschichtige und sich wandelnde Arbeitswelt nicht mit einem Führungsinstrument gestaltet werden kann, sondern dass es hier einer entsprechenden Kultur bedarf, die sowohl flexibel an die jeweilige Unternehmenssituation anpassbar ist als auch klare Rahmenbedingungen beschreibt und so für alle Beteiligten verlässlich ist und Vertrauen schafft. Entsprechend unseren Forschungen zeigt sich, dass dies am ehesten durch die Umsetzung so genannter *Center-of-Excellence*-Kulturen gewährleistet werden kann.

14.2 Center of Excellence-Kulturen

Unter einem *Center of Excellence* verstehen wir Teams, Abteilungen oder ganze Unternehmen, die höchsten Standards verpflichtet und in diesen führend sind. Diese Spitzenleistung kann sich auf verschiedene Kriterien beziehen wie Serviceleistungen, innovative Produkte oder die Adaptation an Marktveränderungen. Die Spitzenleistung eines *Centers of Excellence* baut auf den *Center-of-Excellence*-Kulturen auf (Frey 1996a, 1996b, 1998). Diese Kulturen sind die Grundlage für die Entstehung von Teams, Abteilungen und Unternehmen, die höchsten Standards entsprechen. Wir stellen hier ausgewählte Kulturen näher vor, die sowohl in einem besonders engen Zusammenhang mit Unternehmenserfolg als auch Mitarbeiterentfaltung stehen.

14

Kulturen für ein *Center of Excellence* nach Frey (1998):
- Kundenorientierungskultur (Abschn. 14.2.1)
- Kernkompetenzkultur und Kultur der Positivfokussierung (Abschn. 14.2.2)
- Problemlösekultur (Abschn. 14.2.3)
- Fehlerkultur und Lernkultur (Abschn. 14.2.4)
- Streit- und Konfliktkultur (Abschn. 14.2.5)
- Rekreationskultur (Abschn. 14.2.6)
- Eine neue Führungskultur: Leadership Excellence (Abschn. 14.2.7)

Weitere Kulturen, die hier nicht beschrieben werden, sind z. B.:
- Kulturen des Kritischen Rationalismus
- Innovations- und Forscherkultur
- Marketingkultur: von der Idee zum Produkt
- Frage- und Neugierkultur
- Benchmarkkultur
- Leistungskultur
- Eigenverantwortungskultur
- Phantasie- und Kreativitätskultur
- Team- und Synergiekultur
- Arbeitsumgebungskultur
- Zivilcouragekultur

14.2.1 Kundenorientierungskultur

Als Voraussetzung einer Kundenorientierungskultur muss jeder Mitarbeiter das Ziel verfolgen, mit seinen Dienstleistungen, Prozessen und Produkten höchste Kundenzufriedenheit zu erreichen. Eine richtig verstandene Kundenorientierungskultur beinhaltet beständiges Explorieren der aktuellen und zukünftigen Bedürfnisse des Kunden. Dadurch wird fast automatisch ein Prozess der kontinuierlichen Verbesserung und der Generierung von Innovationen bewirkt. Durch die Berücksichtigung von Kundenvorschlägen und -beschwerden erschließt sich ein weites Innovationspotenzial. Bemerkungen und Beschwerden des Kunden werden nicht als Störung oder Bedrohung wahrgenommen, sondern als Chance für Weiterentwicklung und Innovation. Ziel ist eine optimale Balance zwischen Kundenanforderungen und Wirtschaftlichkeit der Umsetzung.

14.2.2 Kernkompetenzkultur und Kultur der Positivfokussierung

Unternehmen im Sinne eines *Centers of Excellence* kennen ihre Kernkompetenzen bezüglich ihrer Stärken, ihrer Marktpositionierung und dem Erfolg ihrer Produkte und Dienstleistungen. Diese Kernkompetenzkultur beginnt immer mit der Analyse von Schwächen und Stärken. Im Gegensatz dazu findet man in Unternehmen oft eine mentale Grundhaltung, die wir als Negativfokussierung bezeichnen (Frey 2005) und die eine konstruktive, verbesserungsorientierte Auseinandersetzung verhindert. Eine mentale Negativfokussierung führt eher zu Lähmung und Apathie. Dazu gehört insbesondere:
- das Denken in Problemen und Barrieren
- Jammern, Klagen und Grübeln
- das Denken in »nicht veränderbaren Welten« (»Da kann man nichts machen.«)
- die Haltung eines Beobachters statt eines Akteurs
- destruktive, pauschale Kritik (»Das haben wir noch nie so gemacht.« , »Ja, aber ...«)

Im Gegensatz dazu zeichnet sich eine Positivfokussierung aus durch das Denken in:

- veränderbaren Welten, in Gestaltungsspielräumen und Handlungsspielräumen
- eigenen Möglichkeiten (»Was kann ich tun?«) statt »Was kann das Unternehmen für mich tun?«
- Möglichkeiten, Chancen und Herausforderungen
- positiven Signalen und Richtungen
- Stärken (»Das können wir!«)

Eine Positivfokussierung kann nicht durch simple Appelle oder Indoktrination erreicht werden, sondern bedeutet schlicht eine mentale Trennung im Kopf zwischen veränderbaren und unveränderbaren Zuständen. Menschen sollen sich durchaus der unveränderbaren Welten, der Negativentwicklungen, der Ängste und Risiken bewusst bleiben. Es geht aber darum, eine Balance zu bekommen, dass die andere Seite im Kopf mindestens genauso aktiviert und diese Seite stärker betont wird. Die Fokussierung auf Veränderbares und Positives liefert darüber hinaus Energie, da Optimismus und Veränderungsbereitschaft erwiesenermaßen motivierender sind als Pessimismus und Passivität. Eine Vielzahl internationaler Studien (»positive psychology«) bestätigt, dass Positivfokussierungen hilfreich im Umgang mit Problemen sind (vgl. Frey et al. in Druck). In ersten Studien zum innovativen Verhalten zeigte sich ebenfalls ein zweiseitiger Effekt: Positivfokussierung fördert die Anzahl neuer Ideen und die Intensität, sich mit einem Problem zu beschäftigen. Negativfokussierung reduziert dagegen dieses innovative Verhalten (Waßmer et al. 2009).

14.2.3 Problemlösekultur

Da es nie zu einer vollständigen Lösung aller Probleme kommen kann (vgl. Popper 1994), werden Probleme als Chancen und Herausforderungen zur Weiterentwicklung verstanden. Jedes Mitglied eines Spitzenunternehmens muss sich deshalb als Problem*löser* und nicht nur als Problem*thematisierer* verstehen. Mitarbeiter müssen in Möglichkeiten statt in Schwierigkeiten denken. Dabei sollen sie sich nicht als Teil eines Problems, sondern als Teil einer Lösung verstehen. So hat Dweck (1991) in ihren Untersuchungen festgestellt, dass Personen (bei gleicher Intelligenz) wesentlich besser Probleme lösen können, wenn sie über so genannte Bewältigungskognitionen (»ich kann es« , »ich versuche es« , »ich bin optimistisch« , »ich werde auch bei Misserfolgen nicht nachlassen«) verfügen im Vergleich zu Personen mit so genannten Hilflosigkeitskognitionen (»das versuche ich erst gar nicht« , »ich werde doch scheitern« , »ich habe das noch nie gemacht«).

14.2.4 Fehlerkultur und Lernkultur

In einer konstruktiven Fehlerkultur werden Fehler nicht ignoriert, vertuscht oder mit Schuldzuweisungen verbunden. Vielmehr werden in einem *Center of Excellence* Fehler als Möglichkeit zur kontinuierlichen Entwicklung und Verbesserung betrachtet, sodass ein erneutes Auftreten des Fehlers verhindert wird. Eine professionelle Fehlerkultur setzt voraus, dass Menschen experimentieren und dabei natürlich auch Fehler machen dürfen. Dies beinhaltet beispielsweise, nicht denjenigen zu kritisieren, der Fehler macht, sondern denjenigen, der seine Fehler nicht zugibt. Eine Fehlerkultur bedeutet auch, Risikobereitschaft und Mut zu Kreativität zu belohnen und so Mitarbeiter zum innovativen Verhalten zu motivieren (vgl. Baer und Frese 2003). Eng damit verbunden ist sowohl die individuelle als auch institutionelle Bereitschaft zum lebenslangen Lernen. Nur eine Wissensgesellschaft und eine gebildete Gesellschaft können innovative Produkte hervorbringen. Dazu gehören sowohl ständige Reflexionen über das eigene Verhalten als auch mehr Gedankenwettbewerbe zu Verbesserungspotenzialen. Hilfreich können hierbei veränderungsorientierte Fragen sein (Tomm 1994). Sie helfen konkrete Vorstellungen von Veränderungen und Zielen selbstständig zu entwickeln:

- Welche bisherigen Denk- und Verhaltensweisen haben uns bei einer erfolgreicheren Arbeit behindert?
- Wie behindern diese Denk- und Verhaltensweisen unsere Arbeit?
- Was würden wir in Zukunft stattdessen tun?
- Wie würden wir versuchen, das im Einzelnen konkret umzusetzen?
- Woran würden wir selbst merken, dass wir uns anders verhalten?
- Woran könnte ein unbeteiligter Beobachter feststellen, dass wir uns anders verhalten?

Wir müssen bereit sein, Fehlentscheidungen kritisch zu reflektieren und Fehler mit Verbesserungen zu verbinden. Nur wenn Erfahrungen permanent ausgewertet und in den eigenen Wissensschatz und Kompetenzbereich integriert werden, kann eine lernende Organisation entstehen, die sich stetig weiterentwickelt. Insgesamt sollten Unternehmen im Sinne einer kontinuierlichen Lernkultur Fehler und Erfahrungen stärker als Quelle für Verbesserungen nutzen.

14.2.5 Streit- und Konfliktkultur

Konflikte gehören zum Arbeitsalltag. Daher ist nicht der Konflikt selbst, sondern die Art des Umgangs, die Konfliktaustragung, entscheidend. Interessenskollisionen und Konflikte können als Chance erkannt und konstruktiv gelöst werden. Sie führen – anstatt Energie zu binden oder gar Stagnation oder Rückschritte zu bewirken – oft sogar zu Verbesserungen und Innovationen. Die Einführung von Innovationen innerhalb einer Organisation geht immer mit Konflikten einher, da durch die Innovation der Status quo in Frage gestellt wird. Eine konstruktive Streit- und Konfliktkultur ist also eine notwendige Bedingung für die erfolgreiche Implementierung von Innovationen. Diese beinhaltet, dass die Verantwortlichen auch Querdenken, Zivilcourage und konstruktiven Eigensinn fordern und fördern. Falsche Harmonie führt genauso wie starre Konfrontation zum Ignorieren von bedeutsamen Warnsignalen und Fehlentwicklungen. Dort, wo keine Streit- und Konfliktkultur besteht (z. B. Rückzug in innere Kündigung, Racheaktionen), kann es zu keiner kontinuierlichen Entwicklung und zu keiner Verbesserung kommen. Die wenigsten wissen, wie man über unterschiedliche Meinungen, Interessen, Argumente konstruktiv streitet. Häufig werden Konflikte unter Ausnutzung der bestehenden Machtverhältnisse (z. B. Vorgesetzter vs. Mitarbeiter) gelöst, ohne mit den Betroffenen in einen konstruktiven Dialog zu treten oder ihnen wenigstens die Möglichkeit zu gewähren, ihre Meinung zu artikulieren. Dieses Vorgehen wird meist als unfair erlebt und erzeugt entsprechende Gegenreaktionen wie geringe Motivation, schlechtere Arbeitsleistung bis hin zu Sabotageakten (im Überblick: Streicher et al. 2009). Konflikte sollten verstärkt unter Ausnutzung hierarchiefreier Kommunikation, also einer offenen, sachlichen, problemlösenden und lösungsorientierten Auseinandersetzung, als Chance zur Veränderung gesehen werden.

4

14.2.6 Rekreationskultur

Menschen haben ein fundamentales Bedürfnis nach Anerkennung und Wertschätzung ihrer Person. Daher dürfen Mitarbeiter nicht als bloße »Output-Instrumente« betrachtet werden, die fortlaufend über unbegrenzte Energieressourcen verfügen, Verbesserungen generieren sowie Spitzenleistungen erbringen. Neben einem respektvollem Miteinander und positiven Rückmeldungen spielt die Betonung rekreativer Aspekte im Arbeitsalltag eine wichtige Rolle. Freiräume zur Regenerierung sollten geschaffen und eine Balance zwischen Arbeit und Familie/Freizeit (Work-Life-Balance) unterstützt werden, damit Sättigungseffekte minimiert werden (Meinken et al. 1998). Spaß an der Arbeit und damit ein hohes Maß an Engagement kann langfristig nur erreicht werden, wenn Mitarbeiter Erfolgserlebnisse haben und Anerkennung erfahren.

14.2.7 Eine neue Führungskultur: Leadership Excellence

Zentral für die erfolgreiche Umsetzung der oben aufgeführten *Center-of-Excellence*-Kulturen ist ein entsprechendes Führungsverhalten. Gute Führung ist deswegen so wichtig, weil sie einen unmittelbaren Einfluss auf arbeitsrelevante Einstellungen und das Verhalten von Mitarbeitern – und damit auch auf ökonomischen Erfolg – hat (Peus et al. 2004). Das Prinzipienmodell der Führung von Frey (Frey et al. 2001, 2005) ist ein ethikorientiertes Rahmenmodell, das unterschiedliche Führungsmodelle (mit einem starken Zusammenhang zur transformationalen Führung) integriert und z. B. folgende Grundsätze umfasst:

- Prinzip der Sinn- und Visionsvermittlung
- Prinzip der Transparenz durch Information und Kommunikation
- Prinzip der Autonomie und Partizipation
- Prinzip der Passung und Eignung von persönlichen Talenten und Stärken sowie Anforderungen am Arbeitsplatz
- Prinzip der optimalen Stimulation durch Zielvereinbarung
- Prinzip der konstruktiven Rückmeldung (Lob und konstruktive Kritik)
- Prinzip der positiven Wertschätzung
- Prinzip der Fairness (Ergebnisfairness, prozedurale, informationale und interaktionale Fairness)
- Prinzip der fachlichen und sozialen Einbindung
- Prinzip des Wachstums (Persönlichkeitsentwicklung und Zukunftsperspektiven)
- Prinzip der Persönlichkeitsentfaltung und der menschengerechten Arbeitsbedingungen
- Prinzip der situativen Führung und des androgynen Führungsstils
- Prinzip des guten Vorbildes der Führungsperson (menschlich, fachlich)
- Prinzip der fairen, anreizbetonten Vergütung

Die genannten Prinzipien sind Rahmenbedingungen für intrinsische Mitarbeitermotivation und damit für Unternehmenserfolg; sie sprechen die Sehnsüchte und

Entwicklungsbedürfnisse von Menschen an und beruhen auf ethischen Grundprinzipien. Die grundlegende Philosophie von *Leadership Excellence* ist, dass Leistungsanforderungen immer mit Menschenwürde, Achtung und Respekt verbunden sein müssen (»Wertschöpfung durch Wertschätzung«). Deshalb spielen »weiche Faktoren« wie Sinnvermittlung, Transparenz, Partizipation, positive Wertschätzung, Klarheit der Ziele und Fairness im Führungsverhalten eine besondere Rolle. Diese Faktoren korrespondieren sowohl mit den elementaren Bedürfnissen von Menschen nach Selbstentfaltung und Anerkennung als auch den wissenschaftlichen Erkenntnissen zu positiven Effekten transformationaler Führung und Fairness in Unternehmen. Dort, wo durch Unternehmenskultur und Führungsverhalten das Engagement von Menschen nicht belohnt oder gar die Menschenwürde verletzt wird, ist natürlich die Belastbarkeit und Leistungsbereitschaft wesentlich geringer. Das heißt, es bestehen enge Zusammenhänge zwischen Motivation, Kreativität und Innovativität auf der einen und der entgegengebrachten Wertschätzung, die durch die Führung gegeben wird, auf der anderen Seite. Insofern hat jede unternehmerische und gesellschaftliche Organisation durch ihre Kultur und das vorherrschende Führungsverhalten einen unmittelbaren Einfluss darauf, ob und wie sich die Mitglieder dieser Organisation mit ihr identifizieren, sich für sie einsetzen und auch in schwierigen Situationen belastbar sind.

Leadership Excellence bedeutet zunächst Mut zur Führung und zu klaren Entscheidungen, ferner Orientierung zu geben und messbare, anspruchsvolle, aber erreichbare Ziele zu vermitteln (Locke und Latham 1990) und insbesondere unmittelbaren Kontakt zu den Betroffenen zu pflegen. Gerade Spitzenkräfte sind oft zu isoliert und es gelingt ihnen nicht, die Sprache der betroffenen Menschen zu sprechen und diese so zu erreichen und zu bewegen. Nach Schätzungen gehen in einer Sechs-Ebenen-Hierarchie im Extremfall 98% der Information zwischen der untersten und der obersten Ebene verloren (Downs 1967). Des Weiteren soll Führung nicht polarisierend, sondern integrierend sein. Menschen müssen einbezogen, Sinn muss vermittelt und Transparenz geschaffen werden. Nur dadurch entsteht Identifikation, Motivation, Kreativität und Innovation. Hier hat sich die Erfüllung von Fairnessbedingungen als ausgesprochen förderlich erwiesen. In Zeiten des Wandels und notwendiger Reformen ist Führung besonders gefordert zur erfolgreichen Implementierung neuer Kulturen, zur Akzeptanz und Unterstützung von Veränderungen und zur langfristigen mentalen Änderung (z. B. Positivfokussierung, Eigenverantwortung) beizutragen. Die Implementierung neuer Kulturen und einer mentalen Positivfokussierung ist ein kontinuierlicher Prozess.

14.3 Fazit

Der Umgang mit Mitarbeitern weist in vielen Unternehmen erhebliche Defizite auf. Er ist in weiten Teilen nicht motivations-, kreativitäts- und innovationsfördernd. Es wird zu wenig Sinn vermittelt, es herrscht eine zu geringe Transparenz durch Information und Kommunikation, die Handlungsspielräume sind meist zu eng gesteckt, Ziele werden nicht klar formuliert, Konflikte nicht konstruktiv gelöst und Lob- und Wertschätzung mehr als sparsam verwendet. Insgesamt wird zu wenig Wert auf ein gutes Organisationsklima gelegt, sodass Mitarbeiter oft nicht so wachsen können, wie es wünschenswert wäre und dabei gleichzeitig das Unternehmen im Hinblick auf einen potenziellen Erfolg unter seinen Möglichkeiten bleibt. Dabei weiß die Forschung ganz eindeutig, was wichtige Voraussetzungen und Faktoren für die Entstehung von Motivation, Kreativität und Innovation sind. Nur wenn Mitarbeiter die Möglichkeit haben, sich zu entfalten, werden sie sich auch freiwillig für Unternehmensinteressen engagieren und so langfristig den Unternehmenserfolg sichern. Die Verankerung von *Centers of Excellence* in unseren Unternehmen und die Qualifizierung von Führungskräften in transformationaler und fairer Führung ist unseres Erachtens zur Sicherung unseres Lebensstandards in einer globalisierten und sich stark verändernden Welt notwendig. Qualitativ gute Trainings führen bei den Trainierten nicht nur zu neuem Wissen sondern auch zu konkreten Verhaltensänderungen, die sich positiv auf die Mitarbeiterbindung, die Teamleistung und die Verkaufszahlen auswirken (vgl. Peus et al. 2004, Streicher et al. 2009, Frey, Kerschreiter et al. 2009). Letztendlich haben wir aber nicht nur Unternehmen im Blick, sondern alle gesellschaftlichen Institutionen wie Kindergärten, Schulen, Universitäten und Parteien. Insgesamt weist der Umgang mit Menschen in Institutionen in unserem Land teils erhebliche Defizite auf. Wir haben hier einige konkrete Kulturen aufgeführt, die bereits in etlichen Firmen und anderen Institutionen verwirklicht sind. Diese Organisationen machen uns vor, wie Erfolg der Organisation und die Entfaltung ihrer Mitglieder erfolgreich verbunden werden, und können so als Vorbild dienen.

Literatur

Baer M, Frese M (2003) Innovation is not enough: Climates for initiative and psychological safety, process innovations, and firm performance. J of Organizational Behavior 24:45–68

Bass BM, Avolio BJ (1997) Full-range of leadership development: Manual for the Multifactor Leadership Questionnaire. Mind Garden, Palo Alto

Colquitt JA, Conlon D, Wesson MJ et al (2001) Justice at the Millennium: A meta-analytic review of 25 years of organizational justice research. J of Applied Psychology 86:425–445

Downs A (1967) Inside bureaucracy. Little-Brown, Boston

Dweck C (1991) Self theories and goals: Their role in motivation, personality, and development. In: Dienstbier K (ed) The Nebraska symposium on motivation. University of Nebraska Press, Lincoln, pp 199–235

Dzinkowski R (2000)The measurement and management of intellectual capital: An introduction. Financial Management 78:32–35

Frey D (1996a) Psychologisches Know-how für eine Gesellschaft im Umbruch. Spitzenunternehmen der Wirtschaft als Vorbild. In: Honegger C, Gabriel JM, Hirsig R et al (Hrsg) Gesellschaften im Umbau. Identitäten, Konflikte, Differenzen. Seismo, Zürich, S 75–98

Frey D (1996b) Notwendige Bedingungen für dauerhafte Spitzenleistungen in der Wirtschaft und im Sport: Parallelen zwischen Mannschaftssport und kommerziellen Unternehmen. In: Conzelmann A, Gabler H, Schlicht W (Hrsg) Soziale Interaktionen und Gruppen im Sport. bps-Verlag, Köln, S 3–28

Frey D (1998) Center of Excellence. Ein Weg zu Spitzenleistungen. In: Weber P (Hrsg) Leistungsorientiertes Management. Leistungen steigern statt Kosten senken. Campus, Frankfurt, S 199–233

Frey D (2005) Wandelbare Welten. Süddeutsche Zeitung vom 4.4.2005, SZ Management

Frey D (2009). Partnerschaftliche Unternehmensführung und Erfolg. Unveröffentlichtes Manuskript. Universität München

Frey D, Kerschreiter R, Mojzisch A (2001) Führung im Center of Excellence. In: Friederichs P, Althauser U (Hrsg) Personalentwicklung in der Globalisierung. Strategien der Insider. Luchterhand, Neuwied, S 114–151

Frey D, Streicher B, Kerschreiter R et al (2005) Psychologische Voraussetzungen für die Genese und Implementierung neuer Ideen: Grundlegende und spezifische personale und organisationale Faktoren. In: Weissenberger-Eibl MA (Hrsg) Gestaltung von Innovationssystemen. Cactus Group, Kassel, S 103–135

Frey D, Kerschreiter R, Peus C et al (2009) Förderliche und hinderliche Bedingungen hinsichtlich der Umsetzung und des Transfers bei Weiterbildungsmaßnahmen – eine sozialpsychologische Perspektive. In: Etzel G (Hrsg) Besser mit Weiterbildung! Trainingsexperten präsentieren erfolgreiche Konzepte. BOD, Norderstedt, S 9–42

Frey D, Osswald S, Peus C et al (2009) Positives Management, ethikorientierte Führung und Center of Excellence – Wie Unternehmenserfolg und Entfaltung der Mitarbeiter durch neue Unternehmens- und Führungskulturen gefördert werden können. In: Ringlstetter M, Kaiser S, Müller-Seitz G (Hrsg) Positives Management. Wiesbaden, Gabler (im Druck)

Geyer A, Steyrer J (1998) Messung und Erfolgswirksamkeit transformationaler Führung. Z für Personalforschung 12:377–401

Howell JM, Avolio BJ (1993) Transformational leadership, transactional leadership, locus of control, and support for innovation: Key predictors of consolidated – business-unit performance. J of Applied Psychology 78:891–902

Locke EA, Latham, GP (1990) A theory of goal setting and task performance. Prentice Hall, Englewood Cliffs

Maier GW, Streicher B, Jonas E et al (2007) Kreativität und Innovation. In: Frey D, Rosenstiel L von (Hrsg) Enzyklopädie der Psychologie: Wirtschafts-, Organisations- und Arbeitspsychologie – Band 6. Hogrefe, Göttingen, S 809–855

Meinken I, Rott A, Frey D (1998) Das Sättigungsmodell. Unveröffentlichtes Manuskript

Peus C, Traut-Mattausch E, Kerschreiter et al (2004) Ökonomische Auswirkungen professioneller Führung. In: Dürndorfer M, Friederichs P (Hrsg) Human Capital Leadership. Murmann, Hamburg, S 193–207

Popper K (1994) Alles Leben ist Problemlösen. Piper, München

Rosenstiel L von, Molt W, Rüttinger B (2005) Organisationspsychologie. Stuttgart, Kohlhammer

Streicher B, Frey D, Jonas E et al (2009) Der Einfluss organisationaler Gerechtigkeit auf innovatives Verhalten. In: Witte EH, Kahl CH (Hrsg) Sozialpsychologie der Kreativität und Innovation: Tagungsband zum 24. Hamburger Symposion. Papst, Lengerich, S 101–119

Taylor FW (1913) Die Grundsätze wissenschaftlicher Betriebsführung. Oldenbourg, München

Tomm K (1994) Die Fragen des Beobachters: Schritte zu einer Kybernetik zweiter Ordnung in der systemischen Therapie. Carl Auer, Heidelberg

Waßmer B, Frey D, Streicher B (2009) Effekte von Positiv- und Negativfokussierung auf innovatives Verhalten. Unveröffentlichtes Manuskript. Universität München

White R, Lippitt R (1953) Leader behavior and member reactions in three « social climates". In: Cartwright D, Zander A (eds) Group dynamics: Research and theory. Row, Peterson and Company, Evanston, pp 585–611

Kapitel 15

Teamarbeit und Gesundheit

C. Busch

Zusammenfassung. *In diesem Beitrag werden neben theoretischen Überlegungen zu Teamarbeit und Gesundheit der Stand der Forschung zur Empirie sowie gesundheitsbezogene Interventionen bei Teamarbeit dargestellt. Eine theoretische Grundlage bietet der sozio-technische Systemansatz (STS) ergänzend zu Modellen zu Arbeit und Gesundheit, wie das Stress- und Ressourcenmanagementmodell. Die Empirie zu Teamarbeit und Gesundheit ist noch vergleichsweise dünn; sie bestätigt theoretisch abgeleitete Stressoren und Ressourcen der Teamarbeit, wie Selbstregulationsmöglichkeiten und die Gestaltung interner Kooperationsprozesse. Teamarbeit ist weit verbreitet, allerdings ist die Qualität fraglich. Ergebnisse des ReSuM-Projektes sowie ein neues Instrument zur Erfassung personaler Ressourcen der Teamarbeit werden vorgestellt und Ansatzpunkte gesundheitsbezogener Interventionen für Teamarbeit aufgezeigt. Bedingungsbezogene, teambasierte Interventionen, die auf eine Veränderung der Arbeitssituation abzielen, sind erfolgversprechend, da sie die Erreichbarkeit der Betroffenen gewährleisten. Die wenigen evaluierten, teambasierten Trainingsprogramme zeigen ihre Wirksamkeit auf, die – zumindest bei Geringqualifizierten – von der Teamqualität bzw. von regelmäßigen Teamsitzungen abhängig sind.*

15.1 Einführung

Arbeitsorganisationen ohne Teamarbeit sind kaum noch vorstellbar. Nach europaweiten Umfragen arbeiten 60% aller Beschäftigten in der EU in Teams. Selbst jeder zweite ungelernte Beschäftigte arbeitet in einem Team (Parent-Thirion et al. 2007).

Doch was wird unter Teamarbeit verstanden? Wissenschaftlicher Konsens besteht darüber, dass Teams aus mehreren Beschäftigten bestehen, die verschiedene Rollen einnehmen, miteinander interagieren und für ein gemeinsames Ziel arbeiten. Sie führen Aufgaben durch, für deren Ergebnis sie gemeinsam verantwortlich sind. Teams sind in einen organisationalen Rahmen eingebunden, d. h. sie unterhalten Beziehungen mit anderen Teams und Einzelpersonen außerhalb des Teams.

Ein Organisationsklima, das Teamarbeit unterstützt, und eindeutige Gruppenziele, die mit den Organisationszielen kompatibel sind, gelten als unabdingbar für den Erfolg von Teamarbeit. Bei der Einführung von Teamarbeit sind Trainings zu Teamarbeitskompetenzen und eine Prozessbegleitung wichtig, um Statusunterschiede, Qualifikationsunterschiede und die verschiedenen Subkulturen, aus denen die Mitarbeiter kommen, in das neue Team zu integrieren (vgl. Carter und West 1999).

15.2 Theoretische Überlegungen zu Teamarbeit und Gesundheit

Die international bekanntesten und häufig diskutierten Modelle zu Arbeit und Gesundheit (Zapf und Semmer 2004) sind neben dem Person-Environment-Fit-Modell (Le Blanc et al. 2000) insbesondere das Job-Demand-Control-Modell (Karasek 1979). Im deutschsprachigen Raum sind – mit dem Fokus auf arbeitsbezogener Handlungsregulation – das Anforderungs-Belastungsmodell (Leitner 1999) und das Stress- und Ressourcenmanagementmodell (Greif et al. 1991, Bamberg et al. 2003) bedeutsam.

Das Stress- und Ressourcenmanagementmodell beispielsweise integriert die transaktionale Stresstheorie (Lazarus und Folkman 1984) und definiert Stress als negativen Zustand: »Stress ist ein subjektiv intensiv unangenehmer Spannungszustand, der aus der Befürchtung entsteht, dass eine stark aversive, subjektiv zeitlich nahe (oder bereits eingetretene) und subjektiv lang andauernde Situation wahrscheinlich nicht vollständig kontrollierbar ist, deren Vermeidung aber subjektiv wichtig erscheint« (Greif 1991). Das Modell unterscheidet dabei zwischen Anforderungen an die Fähigkeiten der Mitarbeiter in Bezug auf die Arbeitsaufgabe, Stressoren, also Beeinträchtigungen, die das menschliche Handeln behindern und sich negativ auf die Gesundheit auswirken, und Ressourcen, die sich aus der individuellen Arbeitsaufgabe ergeben und die direkte Wirkungen auf die Gesundheit und auf Stressoren erwarten lassen. Das Vorhandensein von Ressourcen beeinflusst Bewertungs- und Bewältigungsprozesse und hat damit auch eine indirekte Wirkung auf die Gesundheit. Das Modell bezieht auch personale Faktoren mit ein, z. B. Selbstwirksamkeit als personale Ressource.

Die genannten Modelle haben alle eine individuelle Perspektive, d. h. sie konzentrieren sich auf die individuelle Arbeitsaufgabe, individuelle Bewertungen, Bewältigungen und deren Stressfolgen für den Einzelnen. Die Arbeitsorganisation wird lediglich in ihren Auswirkungen auf die individuelle Arbeitsaufgabe betracht (z. B. Tummers et al. 2003) oder die Modelle mit ihrer individuellen Perspektive werden direkt auf Teamarbeit übertragen. Das ist der Fall in Untersuchungen zur Einführung von Teamarbeit als Stressmanagementintervention (z. B. Wall und Clegg 1981, Wall et al. 1986). Dort wird das Job Characteristics Model (Hackman und Oldham 1975) auf Teamarbeit übertragen in der Annahme, dass bei Teamarbeit die Merkmale des Modells – Autonomie, Variabilität, Bedeutsamkeit, Ganzheitlichkeit und Rückmeldung in der individuellen Arbeitsaufgabe – gegeben sind.

Aber erst auf der Grundlage des sozio-technischen Systemansatzes (STS, Emery und Trist 1960) und mithilfe von Konzepten der Teamprozessforschung, ergänzend zu den genannten Modellen, wie dem Stress- und Ressourcenmanagementmodell, kann Gesundheit und Stress in Teamarbeit angemessen konzeptualisiert werden.

Der STS beschäftigt sich explizit mit Teamarbeit. Der Ansatz ist keine Theorie zu Arbeit und Gesundheit, sondern eine Organisationstheorie von Produktionsprozessen, die aber konkrete Implikationen für die Qualität der Arbeit aufzeigt. Er sieht Arbeitssysteme als offene Systeme an und unterscheidet zwei Teilsysteme in einem Arbeitssystem: das soziale System, das aus allen Mitgliedern der Organisation und ihren individuellen und kollektiven Bedürfnissen, ihren Fähigkeiten und Kenntnissen besteht und das technische System, welches die Arbeitsbedingungen beinhaltet, die als Anforderungen dem sozialen System gegenüberstehen (vgl. Abb. 15.1). Die Verbindung der beiden Teilsysteme erfolgt über die Arbeitsrollen. Gestaltungsziel ist die gemeinsame Optimierung beider Teilsysteme durch die Gestaltung der Primäraufgabe, d. h. der Aufgabe, zu deren Bewältigung das Arbeitssystem gebildet wurde, und der Sekundäraufgaben, d. h. der Aufgaben, die das Arbeitssystem unterhalten.

Dieses Gestaltungsziel ist im arbeitspsychologischen Konzept der teilautonomen Teamarbeit realisiert (Weber 1997). Ein teilautonomes Team bekommt ganzheitliche Aufgaben zur gemeinsamen Bewältigung übertragen bei gleichzeitiger hoher Kontrolle über den Arbeitsablauf – dies ermöglicht und erfordert eine kollektive Selbstregulation zur Anforderungsbewältigung, Störungen, wie etwa Stresssituationen, werden nicht unkontrolliert auf andere Organisationseinheiten übertragen. Kollektive Regulationsprozesse betreffen u. a. die gemeinsame Planung von Aufträgen, aber auch die Entwicklung von Problemlösungen.

Stress entsteht, wenn Teammitarbeiter mit Anforderungen konfrontiert sind, die sie mit den im System vorhandenen Regulationsmöglichkeiten und den Regulationskompetenzen ihrer Teammitglieder nicht bewältigen können. Daher stehen die in der Teamarbeit gestalteten Regulationsmöglichkeiten als Ressourcen für Gesundheit und Stress und für gesundheitsbezogene Interventionen im Vordergrund (vgl. Busch 2004, Busch 2008, Delarue 2007).

Der Ansatz verweist auch auf personale Faktoren im sozialen Teilsystem, die in der Teamprozessforschung untersucht werden; so können vorhandene kollektive Regulationskompetenzen als personale Ressourcen der Teamarbeit konzeptualisiert werden. Teamarbeit kann

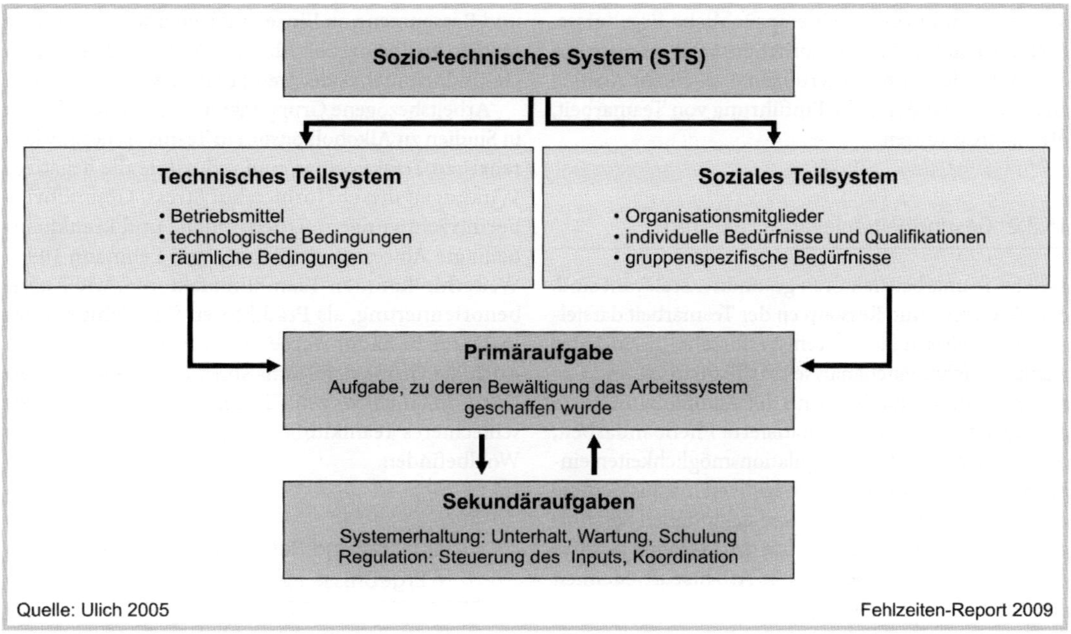

Abb. 15.1. Der sozio-technische Systemansatz nach Emery und Trist

je nach Gestaltung der Teamarbeit hohe Anforderungen bei der kollektiven Selbstregulation mitbringen. Anforderungen werden an die aufgabenbezogene Teamreflexivität, d. h. ob und inwieweit die Teammitglieder regelmäßig ihre Arbeit und Zusammenarbeit und ihre gemeinsamen Ziele und Wege besprechen (West 1996), an die gemeinsame Zielorientierung, gemeinsame Aufgabenbewältigung, gemeinsame Verantwortungsübernahme für das Arbeitsergebnis (Kauffeld 2001), kollektive Selbstwirksamkeitserwartung, aber auch an die Handhabung von sozialen Konflikten und an soziale Unterstützung in Stresssituationen gestellt; gerade in schwierigen Situationen ist die Überzeugung, dass das Team auch diese Situation bewältigen kann, wenn alle sich anstrengen, Voraussetzung für eine erfolgreiche Bewältigung. Anforderungen, die sich bei der Zusammenarbeit in Teams ergeben, werden häufig aufgrund mangelnder Kompetenzen zur Selbstregulation nicht erfolgreich gemeistert und führen zu erheblichem Stress (z. B. Minssen 2000, Moldaschl 1994).

15.3 Gesundheitsrelevante Faktoren der Teamarbeit

15.3.1 Effekte von Teamarbeit auf Gesundheit

Die Effekte, die sich aus der Einführung von Teamarbeit auf die Gesundheit ergeben, werden insbesondere von der Sheffielder Forschergruppe um Wall, Parker und Jackson untersucht (Parker et al. 1998). Die klassischen Langzeitstudien von Wall und Clegg (1981) und von Wall et al. (1986) zur Einführung von Gruppenarbeit zeigen positive Effekte insbesondere hinsichtlich der Arbeitszufriedenheit auf. Dies bestätigen auch andere Langzeitstudien, wie die von Cordery et al. (1991) oder die Studie von Pearson (1992). Die Einführung von Teamarbeit mit hoher Aufgabeninterdependenz zeigt gute Ergebnisse hinsichtlich wahrgenommener Arbeitsmerkmale, insbesondere Kommunikation, Kontrolle und Kooperation, im Vergleich zur Einführung von Gruppenarbeit mit geringer Aufgabeninterdependenz (Sprigg et al. 2000). In Reviews zur Effektivität von Teamarbeit (vgl. Delarue et al. 2006) zeigen sich deutlich ein Anstieg der Produktivität, monetäre Effekte und eine erhöhte Motivation. Gesundheitsbezogene Effekte, wie Effekte der Teamarbeit auf Stress, Wohlbefinden, krankheitsbedingte Abwesenheit werden dagegen selten untersucht und zeigen widersprüchliche Ergebnisse. Erklärt werden diese widersprüchlichen Ergebnisse mit einem Anstieg an Anforderungen, v. a. einem Anstieg an Komplexität durch die Einführung von Teamarbeit, die zu Stress führen.

15.3.2 Gesundheitsrelevante Faktoren

Welche Teamarbeitsfaktoren gesundheitsrelevant sind, d. h. Stressoren und Ressourcen der Teamarbeit darstellen, ist empirisch bisher wenig erforscht. In einer der wenigen Mehrebenenanalysen zu Teamarbeit und Gesundheit konnte mit Daten aus der Automobilindustrie gezeigt werden, dass automatisierte Fließbandarbeit, die mit eingeschränkten Regulationsmöglichkeiten einhergeht, einen bedeutsamen negativen Einfluss auf die Arbeitszufriedenheit und das Stressempfinden hat. Aufgabenrotation in Teamarbeit hat dagegen eine positive Auswirkung auf die individuelle Arbeitszufriedenheit (Delarue 2007).

Studien zu den Effekten von Autonomie auf Gruppenebene sind widersprüchlich: Tummers et al. (2003) zeigten für den Pflegebereich mit Mehrebenenanalysen, entgegen ihren Hypothesen auf der Grundlage arbeitspsychologischer Stressmodelle, über die individuelle Autonomie hinaus signifikante Varianzaufklärung von emotionaler Erschöpfung durch die Gruppenautonomie. Carayon et al. (2006) und Kuipers (2005) konnten hingegen in Längsschnittstudien, die ebenfalls in der Automobilindustrie durchgeführt wurden, keine Effekte von Gruppenautonomie auf Wohlbefinden und Gesundheit bestätigen.

Kuipers zeigte anhand einer Untersuchung unter 150 Teams in der Automobilindustrie auf, dass die Art und Weise, wie die Teammitglieder ihre internen Kooperationsprozesse, d. h. soziale Unterstützung, Konfliktmanagement und gemeinsame Verantwortungsübernahme, gestalten, entscheidende Faktoren für krankheitsbedingte Ausfälle, Anzahl der Krankheitstage und den Langzeitkrankenstand sind. Weitere wichtige Einflussfaktoren sind die Beziehungen zu Mitarbeitern außerhalb des eigenen Teams und kontinuierliche Verbesserungsprozesse. Auch in Längsschnittstudien mit Teams, deren Mitglieder computergestützte Arbeit verrichten, wurde aufgezeigt, dass neben der Arbeitsplatzsicherheit Gruppenprozesse die wichtigsten Einflussfaktoren für das Wohlbefinden sind. So wirken sich gleichberechtigte Diskussionen bei Entscheidungen und Gruppenkohäsion in Teamarbeit auf die Reduzierung von Angst und Muskel-Skelett-Beschwerden aus (Carayon et al. 2006). Die klassischen Stressoren und Ressourcen von Einzeltätigkeiten waren in diesen Studien zu Teamarbeit für das Wohlbefinden und die Gesundheit mehr oder weniger irrelevant.

Arbeitsbezogene Gruppenkohäsion zeigte sich auch in Studien zu Alkoholkonsum in Teams als negativ korreliert zu Trinknormen und reduzierte die negativen Wirkungen dieser Normen auf Stress, Gesundheitsbeeinträchtigungen, Arbeitsunfälle und krankheitsbedingte Abwesenheit (Bennet und Lehmann 1998). Weiterhin konnten Teamklimafaktoren, wie Aufgabenorientierung, als Prädiktoren für Wohlbefinden in Teams bestätigt werden (Carter und West 1999). Auch die Größe der Teams spielt eine Rolle: Größere Teams mit mehr als zehn Teammitgliedern zeigten ein schlechteres Teamklima und geringeres individuelles Wohlbefinden.

15.3.3 Qualität und Ressourcen der Teamarbeit – Ergebnisse aus dem ReSuM-Projekt

Teamarbeit ist in der betrieblichen Praxis weit verbreitet, jedoch auf sehr unterschiedlichem Qualitätsniveau. 50% aller Beschäftigten in der EU geben an, über die Arbeitsteilung im Team mitentscheiden zu können, aber nur 30% der Teamarbeiter können ihren Teamsprecher wählen. Selbst ungelernte Beschäftigte arbeiten zu über 50% in Teams, allerdings erleben nur knapp über 40% Aufgabenrotation mit ihren Kollegen. Im Vergleich dazu arbeiten fast 70% der qualifizierten Beschäftigten in Teams und 55% der qualifizierten Beschäftigten rotieren Aufgaben mit ihren Kollegen. Die Arbeitsgeschwindigkeit wird bei Ungelernten durch die direkten Vorgaben des Vorgesetzten festgelegt. In der Produktion finden wir Teamarbeit mit automatisierter Fließbandarbeit (Parent-Thirion et al. 2007). Somit ist Teamarbeit auch bei Geringqualifizierten weit verbreitet, wenn auch auf geringem Teamqualitätsniveau.

In einem aktuellen Forschungsprojekt zur Entwicklung und Evaluation eines Multiplikatorenkonzepts für Un- und Angelernte, dem ReSuM-Projekt (ausführlichere Beschreibung s. Kap. 21 von Busch et al. in diesem Band), wurde eine Teamintervention gewählt. Die Teamarbeit in den am Projekt beteiligten Betrieben wurde im Projekt nach fünf grundlegenden und für diese Zielgruppe angemessenen Qualitätskriterien (Kriterien 1–5) bzw. bedingungsbezogenen Ressourcen der Teamarbeit (Kriterien 2–5) bewertet:

- 1. Kriterium: Es existieren verschiedene Aufgaben oder Funktionen (Definitionsbestandteil von Teamarbeit).
- 2. Kriterium: Aufgabenrotation (Delarue 2007).

- 3. Kriterium: Das Team hat einen selbst gewählten Teamsprecher (der für gute Beziehungen zu Personen außerhalb des eigenen Teams sorgt; Kuipers 2005).
- 4. Kriterium: Es gibt eine Leistungsvergütung auf Gruppenebene (verbessert die Zusammenarbeit, wie die gemeinsame Verantwortungsübernahme für das Arbeitsergebnis; Kuipers 2005).
- 5. Kriterium: Es gibt regelmäßige Teamsitzungen (ermöglichen erst gemeinsame Problemlöseprozesse zur Bewältigung von Stresssituationen; dieser Faktor zeigte sich in der Evaluation der ReSuM-Intervention mittels Mehrebenenanalyse als wichtiger Einflussfaktor auf die Effektivität der Intervention (Busch, Clasen et al. in preparation).

Im ReSuM-Projekt bestätigte sich die Annahme, dass die Teamarbeit bei Un- und Angelernten zwar verbreitet ist, sich aber auf einem geringen Qualitätsniveau befindet (s. Tabelle 15.1).

Auf der Grundlage von Ergebnissen und Instrumenten der Teamprozessforschung (Kauffeld 2001, West 1996, Van Dick und West 2005) wurde im Rahmen des ReSuM-Projekts ein Instrument zur Erfassung personaler Ressourcen in Teamarbeit entwickelt (Busch, in Vorbereitung). Das Instrument umfasst zwölf Items zu aufgabenbezogener Teamreflexivität, kollektiver Selbstwirksamkeit, Zielorientierung, gemeinsamer Verantwortungsübernahme für das Arbeitsergebnis, gleichberechtigter Partizipation an Diskussionen und Entscheidungen und kollektiver Aufgabenbewältigung. Das Antwortformat entspricht einer 5-stufigen Likertskala (1 = »trifft gar nicht« zu bis 5 = »trifft vollkommen zu«). Die explorative Faktorenanalyse der Daten aus der Erprobungsphase des Projekts zeigten gute Ergebnisse mit Faktorladungen > .4 und einer Reliabilität (Cronbach´s Alpha) von .89. Hierarchische Regressionsanalysen dieser Skala mit arbeitsbezogenen Befindensbeeinträchtigungen (Mohr et al. 2005) und habituellem Wohlbefinden (Herda et al. 1998) ergaben, dass das neu entwickelte Instrument ein signifikanter, positiver Prädiktor für Wohlbefinden und ein signifikanter, negativer Prädiktor für arbeitsbezogene Befindensbeeinträchtigungen darstellt (s. Tabelle 15.1).

Für die Evaluationsphase des Projekts wurde die Skala zu personalen Ressourcen der Teamarbeit auf acht Items reduziert, um einen ökonomischeren Fragebogen zu gewährleisten. Bei der Zielgruppe der Geringqualifizierten ist ein kurzer Fragebogen besonders wichtig, um valide Aussagen zu erhalten. Vier Items zur Zielorientierung und gemeinsamen Aufgabenbewältigung wurden herausgenommen und das Instrument mittels konfirmatorischer Faktorenanalyse überprüft (ebd.). Hierarchische Regressionsanalysen mit arbeitsbezogenen Befindensbeeinträchtigungen (Mohr et al. 2005) und psychosomatischen Beschwerden (Mohr 1986) zeigten wiederum auf, dass die Skala zu personalen Ressourcen der Teamarbeit ein signifikanter Prädiktor für Befindensbeeinträchtigungen darstellt (s. Tabelle 15.2).

Erstellt man einen Fit-Index der bedingungsbezogenen Ressourcen der Teamarbeit (Kriterien 2–5) und der personalen Ressourcen der Teamarbeit, zeigen sich Defizite und Hinweise für die Ausrichtung einer möglichen Stress- und Ressourcenmanagementintervention, d. h. ob eher auf die Gestaltung der Teamarbeit oder das Training der Teammitglieder Wert gelegt werden sollte (s. Tabelle 15.3). Am Beispiel der an der Erprobungsphase beteiligten Betriebe des ReSuM-Projekts wird deutlich, dass Defizite z. B. für Beschäftigte der Innenraumreinigung in den Bedingungen der Teamarbeit liegen. Die so genannte Teamarbeit ist reduziert auf Einzelarbeit bei gemeinsamen Umgebungsbedingungen und auf soziale Aspekte. Bei Beschäftigten in der Produktion liegen eher Defizite hinsichtlich der personalen Ressourcen der Teamarbeit vor.

Tabelle 15.1. Hierarchische Regressionsanalyse zu personalen Ressourcen der Teamarbeit – Erprobungsphase

	Irritation	Wohlbefinden
	$\beta/\Delta R^2$	$\beta/\Delta R^2$
1. Schritt	0,00	0,10
Geschlecht	–0,12	0,26*
Alter	0,14	–0,06
Arbeitsstunden	–0,01	0,18
Betriebszugehörigkeit	0,14	0,17
2. Schritt	0,04	0,04
Personale Ressourcen in Teamarbeit	–0,26	0,24*
R^2	0,04	0,14

* $p < .05$

Tabelle 15.2. Hierarchische Regressionsanalyse zu personalen Ressourcen der Teamarbeit – Evaluationsphase

	Irritation	PSB
	β/Δ R^2	β/Δ R^2
1. Schritt	0,00	0,10
Geschlecht	–0,12	0,26*
Alter	0,14	–0,06
Arbeitsstunden	–0,01	0,18
Betriebszughörigkeit	0,14	0,17
2. Schritt	0,04	0,04
Personale Ressourcen der Teamarbeit	–0,26	0,24*
R^2	0,04	0,14

* p < .05

15.4 Vorteile und Inhalte teambasierter Interventionen zur Gesundheitsförderung

15.4.1 Bedingungsbezogene Interventionen

Gesundheitsförderliche Interventionen in der Arbeitswelt werden nach ihren Zielen und Ansatzpunkten in bedingungs- und personenbezogene Interventionen unterschieden (Bamberg und Metz 1998). Bedingungsbezogene Interventionen zielen auf eine Veränderung der Arbeitssituation, wie z. B. Aufgabenrotation, personenbezogene Interventionen dagegen auf eine Veränderung der Arbeitenden, wie z. B. ihrer Problemlösefähigkeiten. Reviews und Metaanalysen zu gesundheitsbezogenen Interventionen zeigen die kurz- und mittelfristige Effektivität von personenbezogenen Interventionen auf, insbesondere im Hinblick auf psychologische Stresssymptome (z. B. Richardson und Rothstein 2008, Parks und Steelman 2008). Es liegen vergleichsweise wenig qualitativ gute Evaluationsstudien zu bedingungsbezogenen Interventionen vor. Reviews zeigen jedoch, dass Letztere insoweit effektiv sind, wie die Beteiligten involviert sind und/oder inwieweit gesundheitsbezogene Interventionen als solche wahrgenommen werden (Bamberg und Busch 2006). Bei bedingungsbezogenen Interventionen, die im Team von den Teammitgliedern entwickelt und umgesetzt werden, sind die Arbeitenden in einem hohen Grad involviert; diese Interventionen sind für alle Teammitarbeiter transparent und werden als gesundheitsförderliche Maßnahmen wahrgenommen. Zudem erreichen sie die Beschäftigten wie intendiert.

15

Tabelle 15.3. Fit-Index am Beispiel der an der Erprobungsphase beteiligten Betriebe des ReSuM-Projekts

Betriebe	Alle	Produktion	Stadtreinigung	Innenraumreinigung	Innenraumreinigung (2 Betriebe)	Entsorgungsgewerbe
Bedingungsbezogene Ressourcen der Teamarbeit (1–5)	2.6	5	3	1	2	2
Personale Ressourcen der Teamarbeit (1–5)	3.13 (0.96)	3.86 (0.49)	2.74 (0.56)	3.49 (0.9)	3.37 (0.98)	2.62 (1.31)
Fit	-.53	1.14	.26	-2.49	-1.37	-.62

Empirische Befunde zur qualifizierenden Arbeitsgestaltung zeigen auf, dass selbst gering qualifizierte Beschäftigte in strukturierten Gruppenverfahren bedingungsbezogene Maßnahmen erfolgreich entwickeln und umsetzen können (vgl. hierzu das beteiligungsorientierte Verfahren der Subjektiven Tätigkeitsanalyse (STA) nach Ulich 2005 oder auch Busch 2004).

Bei teambasierten Interventionen können Stressoren und Ressourcen der Teamarbeit thematisiert werden. Es können die im System gestalteten Regulationsmöglichkeiten reflektiert, ausgeschöpft oder sogar erweitert werden, z. B. kann die Entwicklung von Problemlösungen dem Team komplett übergeben werden, um Stress zu reduzieren; Aufgabenrotation kann eingeführt bzw. verbessert werden. Teambasierte Stressmanagementinterventionen können die Gestaltung der Zusammenarbeit und der kollektiven Selbstwirksamkeitserwartung zum Ziel haben. Die Förderung der Zusammenarbeit kann sich sowohl auf die Teamarbeitsbedingungen, z. B. den Aufbau von Kooperations- und Kommunikationsmöglichkeiten durch höhere Aufgabeninterdependenz, gruppenweise Leistungsvergütung oder regelmäßige Teamsitzungen, als auch auf die Förderung von personalen Kompetenzen, wie die zur Konflikthandhabung, beziehen.

Die Wirksamkeit von bedingungsbezogenen Interventionen ist in hohem Maße von der Erreichbarkeit der Betroffenen abhängig, die in teambasierten Interventionen gewährleistet werden kann.

15.4.2 Personenbezogene Interventionen

Die Erreichbarkeit spielt aber auch für personenbezogene Maßnahmen eine große Rolle. So ist die Motivation, an einer Maßnahme zur Gesundheitsförderung teilzunehmen, nicht immer in einem ausreichenden Maß vorhanden. Ein teambasiertes Angebot erreicht dagegen auch Beschäftigte, die sich alleine nicht zu einem Training anmelden würden, dies aber im geschützten Rahmen ihrer Teamkollegen tun. Die psychologische Sicherheit, die das Team bietet, erleichtert die Teilnahmebereitschaft. Ein teambasiertes Programm fördert nicht nur die individuelle Teilnahmemotivation, sondern auch die Motivation zur individuellen Verhaltensänderung. Personen mit gesundheitlichen Risikofaktoren hinsichtlich einer Veränderung ihrer Verhaltensgewohnheiten zu beraten, endet häufig in Misserfolg und Frustration für alle Beteiligten.

Eines der aussichtsreichsten psychologischen Modelle der Verhaltensänderung ist das »Transtheoretische Modell der Verhaltensänderung« nach Prochaska und Mitarbeitern (Keller 1999). Dieses Modell sieht einen dynamischen Prozess in verschiedenen Stufen vor – von der Absichtslosigkeit über die Absichtsbildung, Vorbereitung, Handlung, Aufrechterhaltung bis zur Stabilisierung. Veränderungsstrategien charakterisieren dabei, wie Personen von einer Stufe zur nächsten voranschreiten. Diese Veränderungsstrategien können dabei kognitiv-affektiv oder verhaltensorientiert sein. Kognitiv-affektive Strategien sind vor allem in den ersten drei Stufen bedeutsam. Interventionsstrategien sind hier neben Reflexion und Aufklärung das Fördern der Kommunikation mit Personen des unmittelbaren Umfeldes und die Orientierung an Modellpersonen. Diese Strategien können besonders gut in einer teambasierten Intervention realisiert werden. Verhaltensorientierte Strategien sind vor allem für die letzten drei Stufen relevant. Interventionsstrategien, wie das öffentliche Bekunden der Änderungsabsicht, die Erstellung eines Handlungsplans, Übungen zur sozialen Unterstützung, sind hier wesentlich. Sie können in einer teambasierten Intervention leichter umgesetzt werden als in einer Einzelberatung oder in einem Gruppentraining mit Beschäftigten aus anderen Organisationseinheiten: im Team z. B. durch die öffentliche Bekundung der Änderungsabsicht und schriftliche Verpflichtungen sowie durch die Gestaltung sozialer Unterstützung.

Auch situativ-erfahrungsbezogene Ansätze aus der angewandten Lernforschung favorisieren Lernen im Team gegenüber anderen Settings. Sie betonen den kooperativen und kontextgebundenen Charakter von Lernprozessen. In Teaminterventionen werden individuelle Lernprozesse und Teamlernen gefördert. So zeigen Studien zu Lernprozessen in Teams, dass die stabilen sozialen Beziehungen in Teamarbeit eine besonders förderliche Bedeutung für Lernprozesse haben. Insbesondere die subjektive Wahrnehmung von psychologischer Sicherheit im eigenen Team erleichtert das Einholen von Rückmeldungen, die Vermittlung von Wissen und die Diskussion von Fehlern (Edmondson et al. 2001). Auch der Transfer des Gelernten in den Arbeitsalltag wird durch den stabilen sozialen Kontext während der Intervention erleichtert.

Inhalte personenbezogener Interventionen bei Teamarbeit sollten gesundheitsrelevante Gruppenprozesse sein, wie aufgabenbezogene Gruppenkohäsion, gleichberechtigte Beteiligung an Diskussionen und Entscheidungen, gemeinsame Verantwortungsübernahme (s. o.). Trainings mit diesen Inhalten sollten besonders wirksam sein.

15.5 Evaluierte teambasierte Interventionsprogramme

Teambasierte, gesundheitsbezogene Interventionen sind bisher selten entwickelt und evaluiert worden, daher sollen im Folgenden drei Programme und ihre Effektivität vorgestellt werden:

Busch (2004) konzeptualisierte ein teambasiertes Trainingsprogramm zu Stress- und Ressourcenmanagement für Beschäftigte im Call Center. Es umfasst fünf Module von jeweils vier Stunden. Drei Module beschäftigten sich mit individueller Stressbewältigung, u. a. mit Zeitmanagementstrategien. In zwei Modulen wurde soziale Unterstützung, aufgabenbezogene Teamreflexivität und gemeinsames Problemlösen im Team auf der Grundlage der STA behandelt. Das Programm wurde im Kontrollgruppendesign mit einer Vergleichsgruppe, die ein traditionelles, individuumszentriertes Training erhielt, und einer Wartekontrollgruppe mit drei Messzeitpunkten – vorher, nachher und fünf Monate Follow-up – evaluiert. Das Teamprogramm war effektiv hinsichtlich Zeitmanagementstrategien, sozialer Stressoren, Stress und Arbeitszufriedenheit.

Le Blanc et al. (2007) haben eine teambasierte Intervention zur Reduzierung von Burnout für Pflegekräfte entwickelt. Das Trainingsprogramm umfasste sechs monatliche Sitzungen über je drei Stunden. Dabei wurden soziale Unterstützung und die partizipative Verbesserung der Arbeitssituation behandelt. Das Training wurde im Kontrollgruppendesign mit Mehrebenenanalysen über drei Messzeitpunkte – vorher, nachher und sechs Monate Follow-up – evaluiert. Das Programm war erfolgreich und reduzierte Burnout. Die veränderten Burnout-Werte gingen mit der veränderten Wahrnehmung der Arbeitssituation einher.

Busch, Roscher et al. (2009) entwickelten das bereits erwähnte teambasierte Multiplikatorenkonzept zu Stress- und Ressourcenmanagement für Un- und Angelernte (ReSuM). Multiplikatoren sind Präventionsanbieter, wie Krankenkassen. Das Multiplikatorenkonzept umfasst ein teambasiertes Trainingsprogramm mit vier dreistündigen, inhaltlich voneinander abgegrenzten Modulen. Das Programm behandelt Bewegung in Arbeit und Freizeit, Teamreflexivität, soziale Unterstützung und kollektives Problemlösen im Team sowie individuelle Work-Life-Balance. Das Trainingsprogramm wird ergänzt um ein Training der Vorgesetzten, die als wesentliche Mitgestalter der Arbeitsbedingungen gelten. Das Konzept liegt als Trainingsmanual vor. Es wurde in sechs Betrieben mit einer umfangreichen Prozessevaluation erprobt (vgl. Kap. 21 von Busch et al. in diesem Band, Busch et al. in press). Das Konzept wurde überarbeitet und in acht Betrieben im Kontrollgruppendesign mit Mehrebenenanalysen über drei Messzeitpunkte – vorher, nachher und in einem Follow-up nach drei Monaten – evaluiert (Busch, Clasen et al. in preparation). Die Teams, die regelmäßige Teamsitzungen durchführen, profitierten von der Intervention hinsichtlich personaler Ressourcen der Teamarbeit, kollektiver, funktionaler Bewältigungsstrategien, Anerkennung, sozialer Unterstützung durch Teamkollegen und Vorgesetzte sowie Information und Beteiligung durch den Vorgesetzten.

15.6 Zusammenfassung und Ausblick

Modelle zu Arbeit und Gesundheit sind für das Thema Teamarbeit und Gesundheit alleine nicht hinreichend. Erst auf der Grundlage des sozio-technischen Systemansatzes und mithilfe von Konzepten der Teamprozessforschung kann Gesundheit und Stress in Teamarbeit angemessen konzeptualisiert werden. Bei der Teamarbeitsgestaltung spielen nach dem Stand der Forschung Selbstregulationsmöglichkeiten und Aufgabenrotation positive Rollen für die Gesundheit der Beschäftigten im Sinne von bedingungsbezogenen Ressourcen. Die Art und Weise, wie die Teammitglieder ihre internen Kooperationsprozesse gestalten, ist ebenfalls von zentraler Bedeutung. Aufgabenbezogene Gruppenkohäsion, Verantwortungsübernahme für das Arbeitsergebnis, gleichberechtigte Diskussion bei Entscheidungen sind u. a. als gesundheitsrelevante Faktoren im Sinne von personalen Ressourcen bestätigt.

Teambasierte Interventionen können aber auch darüber hinaus wirksam sein. So hängt die Effektivität bedingungsbezogener Interventionen von der Erreichbarkeit der Betroffenen ab, die gerade in teambasierten Interventionen gewährleistet wird. Auch für personenbezogene Interventionen, die auf individuelle Verhaltensänderungen und individuelles Lernen zielen, können teambasierte Interventionen besonders wirksam sein, da sie u. a. psychologische Sicherheit und einen stabilen sozialen Kontext bieten.

Auch die wenigen Evaluationsstudien zu teambasierten Trainingsprogrammen zeigen deren Wirksamkeit auf. Diese ist, zumindest bei Geringqualifizierten, abhängig von der Teamarbeitsqualität, insbesondere von regelmäßigen Teamsitzungen.

Teamarbeit ist weit verbreitet, die Qualität derselben jedoch fraglich. Im Rahmen des ReSuM-Projekts wurde die Qualität der Teamarbeit bei Un- und Angelernten als gering bestätigt; ein Instrument zur Erfassung personaler Ressourcen wurde entwickelt, das sich bewährt hat. Weitere Arbeiten zu gesundheitsrelevanten Faktoren der Teamarbeit und Instrumenten sind dringend erforderlich, wobei Interventionen für gesunde Teamarbeit theoretisch abgeleitete und empirisch bestätigte Stressoren und Ressourcen der Teamarbeit, sowohl bedingungs- als auch personenbezogen, behandeln sollten.

Literatur

Bamberg E, Busch C (2006) Stressbezogene Interventionen in der Arbeitswelt. Zeitschrift für Arbeits- & Organisationspsychologie, 50 (4):215–226

Bamberg E, Busch C, Ducki A (2003) Stress und Ressourcenmanagement. Strategien und Methoden für die neue Arbeitswelt. Hans Huber, Bern

Bamberg E, Metz AM (1998) Intervention. In: Bamberg E, Ducki A, Metz AM (Hrsg) Handbuch Betriebliche Gesundheitsförderung. Verlag für Angewandte Psychologie, Göttingen, S 177–209

Bennett JB, Lehman WEK (1998) Workplace drinking climate, stress, and problem indicators: Assessing the influence of teamwork (group cohesion). Journal of Studies on Alcohol 59 (5):608–618

Busch C (2004) Stressmanagement für Teams. Entwicklung und Evaluation eines Trainings im Call Center. Dr. Kovač, Hamburg

Busch C (2008) Kooperation und Gesundheitsförderung für die Zielgruppe der Un- und Angelernten. Wirtschaftspsychologie 1:13–19

Busch C (in Vorbereitung) Personale Ressourcen der Teamarbeit

Busch C, Clasen J, Duresso R et al (in preparation) Evaluation of a team-based intervention program for low-qualified workers.

Busch C, Roscher S, Ducki A et al (2009) Stressmanagement für Teams in Service, Gewerbe und Produktion – ein ressourcenorientiertes Trainingsmanual. Springer, Heidelberg

Busch C, Staar H, Ducki A et al (2009) The neglected employees: Work-Life Balance and an occupational stress management intervention for low-qualified workers. In: Houdmont J, Ledka S (eds) Contemporary occupational health psychology: Global perspectives on research, education, and practice (Vol I). Wiley-Blackwell, Chichester (in press)

Carayon P, Haims M, Hoonakker P et al (2006) Teamwork and musculoskeletal health in the context of work organization interventions in office and computer work. Theoretical Issues in Ergonomics Science 7 (1):39–69

Carter AJ, West MA (1999) Sharing the Burden: Teamwork in Health Care Settings. In: Firth-Cozens J, Payne RL (eds) Stress in Health Proffessionals: psychological and organisational issues. Wiley-Blackwell, Chichester, pp 583–601

Cordery J, Mueller W, Smith L (1991) Attitudinal and behavioral effects of autonomous group working: a longitudinal field study. Academy of Management Journal 34:464–476

Delarue A (2007) The impact of structural features of teams on the stress level of the team members: A multilevel analysis. Paper presented on the 13th EAWOP congress, Stockholm

Delarue A, Van Hootegem G, Procter S et al (2006) Teamworking and organizational performance: A review of survey-based research. International Journal of Management Reviews 8 (2):127–148

Edmondson AC, Bohmer R, Pisano GP (2001) Disrupted Routines: Team Learning and New Technology Adaptation. Administrative Science Quarterly 46:685–716

Emery FE, Trist EL (1960) Socio-technical systems. In: Churchman CW, Verhulst M (eds) Management, Science, Models and Techniques 2. Pergamon Press, Oxford, pp 83–97

Greif S (1991) Arbeit und Stress: Perspektiven. In: Greif S, Bamberg E, Semmer N (Hrsg) Psychischer Stress am Arbeitsplatz. Hogrefe, Göttingen, S 241–255

Greif S, Bamberg E, Semmer N (1991) Psychischer Streß am Arbeitsplatz. Hogrefe, Göttingen

Hackman JR, Oldham GR (1975) Development of the job diagnostic survey. Journal of Applied Psychology 60 (2):159–170

Herda C, Scharfenstein A, Basler HD (1998) Marburger Fragebogen zum habituellen Wohlbefinden. Schriftenreihe des Zentrums für Methodenwissenschaften und Gesundheitsforschung, Arbeitspapier 98-1. Philipps-Universität, Marburg

Karasek R (1979) Job demands, job decision latitude, and mental strain: Implications for job redesign. Administrative science quarterly 24:285–307

Kauffeld S (2001) Teamdiagnose. Verlag für Angewandte Psychologie, Göttingen

Keller S (1999) Motivierung zur Verhaltensänderung: Das transtheoretische Modell in Forschung und Praxis. Lambertus, Freiburg

Kuipers BS (2005) Team Development and Team Performance. Responsibilities, Responsiveness and Results: A Longitudinal Study of Teamwork at Volvo Trucks Umea, University of Groningen, Groningen

Lazarus R, Folkman S (1984) Stress, appraisal and coping. Springer, Berlin

Le Blanc P, De Jonge J, Schaufeli W (2000) Job Stress and Health. In: Chmiel N (Hrsg) Introduction to Work and Organizational Psychology: A European Perspektive. Blackwell Publishing, Oxford, S 146–177

Le Blanc PM, Hox JJ, Schaufeli WB et al (2007) Take care! The evaluation of a team-based burnout intervention program for oncology care providers. Journal of Applied Psychology 92:213–227

Leitner K (1999) Kriterien und Befunde zu gesundheitsgerechter Arbeit – Was schädigt, was fördert die Gesundheit? In: Oesterreich R, Volpert W (Hrsg) Psychologie gesundheitsgerechter Arbeitsbedingungen. Konzepte, Ergebnisse und Werkzeuge zur Arbeitsgestaltung. Huber, Bern, S 63–139

Minssen H (2000) Gruppenarbeit und die Zumutungen der Selbstregulation. In: Widmaier U (Hrsg) Der deutsche Maschinenbau in den neunziger Jahren – Kontinuität und Wandel einer Branche. Campus, Frankfurt New York, S 237–259

Moldaschl M (1994) »Die werden zur Hyäne« – Erfahrungen und Belastungen in neuen Arbeitsformen. In: Moldaschl M, Schulz-Wild R (Hrsg) Arbeitsorientierte Rationalisierung.

Fertigungsinseln und Gruppenarbeit im Maschinenbau. Campus, Frankfurt/M, S 104–149

Mohr G (1986) Die Erfassung psychischer Befindensbeeinträchtigungen bei Industriearbeitern. Peter Lang, Frankfurt/M

Mohr G, Rigotti T, Müller A (2005) Irritation – ein Instrument zur Erfassung psychischer Beanspruchung im Arbeitskontext. Skalen- und Itemparameter aus 15 Studien. Zeitschrift für Arbeits- und Organisationspsychologie 49 (1): 44–48

Parent-Thirion A, Macías E, Hurley J et al (2007) Fourth European Working Conditions Survey. Office for Official Publications of the European Communities, Luxembourg

Parker SK, Jackson PR, Sprigg CA et al (1998) Organizational interventions to reduce the impact of poor work design (HSE Contract Research Report 196/1998). Her Majesty's Stationery Office, Colegate, UK

Parks KM, Steelman LA (2008) Organizational wellness programs: a meta-analysis. Journal of occupational health psychology 13 (1):58–68

Pearson CA (1992) Autonomous workgroups: an evaluation at an industrial site. Human Relations 45: 905–936

Richardson KM, Rothstein HR (2008) Effects of occupational stress management intervention programs: A Meta-Analysis. Journal of Occupational Health Psychology 13 (1):69–93

Semmer N, Zapf D (2004) Gesundheitsbezogene Interventionen in Organisationen. In: Schuler H (Hrsg) Enzyklopädie der Psychologie. Organisationspsychologie – Gruppe und Organisation 4, Hogrefe, Göttingen, S 773–843

Sprigg CA, Jackson PR, Parker SK (2000) Production teamworking: The importance of interdependence and autonomy for employee strain and satisfaction. Human Relations Special Issue: Teamworking 53 (11):1519–1543

Tummers F, Van Merode A, Landeweerd A et al (2003) Individual-level and group-level relationships between organizational characteristics, work characteristics, and psychological work reactions in nursing work: A multilevel study. International Journal of Stress Management 10 (2):111–136

Ulich E (2005) Arbeitspsychologie. Poeschel, Stuttgart

Van Dick R, West MA (2005) Teamwork, Teamdiagnose und Teamentwicklung. Hogrefe, Göttingen

Wall TD, Clegg CW (1981) A longitudinal field study of group work redesign. Journal of Occupational Behaviour 2:31–49

Wall TD, Kemp N, Jackson P et al (1986) An outcome evaluation of autonomous workgroups: A long term field-experiment. Academy of Management Journal 29 (2):280–304

Weber WG (1997) Analyse von Gruppenarbeit – Kollektive Handlungsregulation in soziotechnischen Systemen. Huber, Bern

West MA (ed) (1996) Handbook of work group psychology. Wiley, New York

Zapf D, Semmer NK (2004) Streß und Gesundheit in Organisationen. In: Schuler H (Hrsg) Enzyklopädie der Psychologie, Themenbereich D, Serie III, Bd 3: Organisationspsychologie. Hogrefe, Göttingen, S 1007–1112

Kapitel 16

Gesundheit als Führungsaufgabe in ergebnisorientiert gesteuerten Arbeitssystemen

B. Wilde · W. Dunkel · S. Hinrichs · W. Menz

Zusammenfassung. *In den letzten Jahrzehnten hat sich das Management und die Steuerung von Arbeitssystemen stark verändert. Kennzeichnend für zunehmend ergebnisorientiert gesteuerte Arbeitssysteme ist eine Dezentralisierung der Verantwortung für das Erreichen vereinbarter oder vorgegebener Ziele und Ergebnisse. Damit verbunden sind Chancen wie auch Gefahren für die Belastungs- und Beanspruchungssituation von Beschäftigten. Gleichzeitig geht damit ein Wandel in den Aufgaben der Führungskräfte einher, der verschiedene Herausforderungen mit sich bringt. Führungskräfte geben in unterschiedlichem Ausmaß an, diesem im Sinne eines »gesundheitsförderlichen Führens« zu begegnen. Hilfreiche Voraussetzungen, dass dies gelingt, sind adäquate persönliche Kompetenzen und Einstellungen sowie eine entsprechende Kultur und hinreichende Möglichkeiten im Unternehmen. Grenze in diesem Zusammenhang stellt insbesondere die eigene Belastungs- und Beanspruchungssituation von Führungskräften dar. Ziel muss es deshalb sein, Anforderungen und Ressourcen so aufeinander abzustimmen, dass Führungskräfte ihre eigene und die Gesundheit ihrer Mitarbeiter erhalten und fördern können.*

Psychische Belastungen und Beeinträchtigungen haben in den letzten Jahren stark zugenommen; sie bestimmen mehr und mehr den Alltag von Erwerbstätigen und sie schlagen sich immer deutlicher in Arbeitsunfähigkeitstagen nieder (vgl. z. B. Lademann et al. 2006, Zoike 2008). Um dieser Entwicklung entgegenzuwirken ist es notwendig, ihre Ursachen zu beleuchten. Der vorliegende Beitrag betrachtet daher Veränderungen im Management und der Steuerung von Arbeitssystemen in Hinblick auf die Belastung und Beanspruchung von Beschäftigten und fokussiert dabei folgende Frage: Welche Rolle kommt Führungskräften in ergebnisorientiert gesteuerten Arbeitssystemen im Hinblick auf die Gesundheit ihrer Mitarbeiter zu?

Der Beitrag orientiert sich an drei Thesen: Die Veränderungen der Belastung und Beanspruchung sind (These 1) vor allem durch Veränderungen im Management und in der Steuerung von Arbeitssystemen geprägt: Eine aufwandsbezogene, durch direkte hierarchische Anweisung und Kontrolle flankierte Leistungssteuerung wird abgelöst von einer ergebnis- und zielorientierten »indirekten Steuerung«. Dies stellt (These 2) nicht nur die ausführenden Mitarbeiter vor neue Anforderungen, sondern beinhaltet auch einen grundsätzlichen Aufgabenwandel für Führungskräfte. Damit diese neuen Aufgaben im Sinne einer »gesundheitsförderlichen Führung« realisiert werden, muss (These 3) einerseits an Einstellungen und Kompetenzen der Führungskräfte selbst angesetzt werden, andererseits ist es notwendig, die Bedingungen zu reflektieren, unter denen Führung heute stattfindet. Die ergebnisorientierte Steuerung beinhaltet nämlich nicht nur für die Mitarbeiter neue Risiken, sondern verändert auch die Handlungsbedingungen der Führungskräfte und ihre eigene Belastungs- und Beanspruchungssituation. Erst wenn beide Ebenen in den Blick genommen werden, wird eine nachhaltige gesundheitsförderliche Führung möglich, die die salutogenen Potenziale ergebnisorientierter Steuerung entfaltet.

Im Folgenden wird ergebnisorientierte Steuerung in Bezug auf Chancen und Risiken für die Belastungs- und Beanspruchungssituation von Mitarbeitern dargestellt, um anschließend Konsequenzen für die Aufgaben von Führungskräften abzuleiten. Auf Basis von quantitativen und qualitativen Analysen werden Herausforderungen, Realisierungsgrad sowie strukturelle und personale Bedingungen gesundheitsförderlichen Führens aus Perspektive der Führungskräfte selbst dargestellt; Grenzen liegen hier nicht zuletzt in der Belastungs- und Beanspruchungssituation der Führungskräfte selbst.

Die empirische Basis des Beitrags bilden Befunde aus dem Forschungs- und Gestaltungsprojekt »PARGEMA – Partizipatives Gesundheitsmanagement«, an dem sechs Institute aus Wissenschaft und Praxis sowie eine Reihe von Unternehmen beteiligt sind. Das Projekt wird vom Bundesministerium für Bildung und Forschung (BMBF) im Rahmen des Förderschwerpunkts »Präventiver Arbeits- und Gesundheitsschutz« (Projektträger im Deutschen Zentrum für Luft- und Raumfahrt, DLR: Arbeitsgestaltung und Dienstleistungen) gefördert (siehe dazu Kratzer und Dunkel 2009, www.pargema.de).

16.1 Ergebnisorientierte Steuerung – ambivalente Belastungskonstellationen

Der Wandel in der Steuerung von Arbeitssystemen von einer Inputorientierung hin zu einer Output- und Ergebnisorientierung drückt sich in einem Umbruch in der Definition von Leistung aus. Aufwandsbezogene Methoden der Leistungsbestimmung, die sich an Kriterien menschlicher »Leistbarkeit« (vgl. klassisches Modell der »Normalleistung«) orientieren, werden zunehmend ergänzt und abgelöst durch Verfahren, die sich abstrakter und dynamischer Ziel- und Ergebnisvorgaben bedienen (Menz 2009). Das Verhältnis von Aufwand und Ergebnis wird umgedreht: Am Anfang des Prozesses stehen definierte Ertrags- oder Marktziele (wie sie etwa aus Benchmarks oder Marktanalysen gewonnen werden), die kaskadenförmig über die einzelnen Organisationseinheiten heruntergebrochen werden. Wenn Organisations- und Leistungsziele dabei unabhängig von den bestehenden organisationalen und humanen Ressourcen definiert werden, resultiert daraus die Gefahr einer systematischen Überforderung von Führungskräften wie Mitarbeitern, die verantwortlich dafür werden, im Rahmen der bestehenden Möglichkeiten wachsende Ergebnisse und Erträge zu erreichen. Sie müssen die abstrakten Ziele ins »praktisch Machbare« übersetzen und die dafür notwendigen Ressourcen gegebenenfalls selbst mobilisieren (Kratzer 2003, Kratzer et al. 2009).

Konzeptionell lässt sich der beschriebene Wandel in der Steuerung von Arbeitssystemen als Übergang zu Formen »indirekter Steuerung« beschreiben. Die Theorie indirekter Steuerung[1] konstatiert folgenden grundlegenden Umbruch: Zwar werden Arbeitssysteme weiterhin zentral koordiniert und kontrolliert, allerdings nicht mehr direkt in Form detaillierter Anweisungen (»Detailsteuerung«), sondern durch die Vorgabe von Rahmenbedingungen, auf die die Beschäftigten selbstständig reagieren sollen. Die Rahmenbedingungen ergeben sich einerseits aus den wechselhaften Überlebensbedingungen des Unternehmens am Markt und andererseits aus der unternehmensinternen Definition von Erfolgsmaßstäben wie Benchmarks und Kennziffern.[2] Erklärbar wird diese Veränderung in der Steuerung von Arbeitssystemen hin zu einer stärkeren Dezentralisierung von Verantwortung durch die Notwendigkeit von Flexibilität, um auf Störungen und Schwankungen in so genannten »turbulent fields« [3] zu reagieren.[4]

Im Projekt PARGEMA haben wir die Folgen der ergebnisorientierten Steuerung für die Belastungs- und Beanspruchungssituation von Mitarbeitern untersucht. Aus rund einhundert qualitativen Expertengesprächen und Intensivinterviews mit Mitarbeitern und Führungskräften in drei Unternehmen[5] lauten die zentralen Schlussfolgerungen:

1. Die neuen Steuerungsformen beinhalten ein grundsätzliches salutogenes Potenzial. Sie bieten die Chance, dass ganzheitliche Aufgaben und erweiterte

1 s. Peters 2003; Peters und Sauer 2005; vgl. mit anderen theoretischen Akzenten auch Gerst 2006; Bender 1991; Teubner und Wilke 1984

2 vgl. z. B. auch Substitutionstheorie der Führung, Kerr und Jermier 1978 sowie Management by Objectives, Drucker 1954

3 vgl. sozio-technischer Systemansatz, s. Schüpbach 2007

4 s. Bahamondes Pavez et al. 2008 sowie Bahamondes Pavez et al. 2009

5 aus den Branchen Finanzdienstleistungen, Telekommunikation und Konsumgüterelektronik

Spielräume – klassische Forderungen arbeits- und gesundheitswissenschaftlicher Forschung – erzielt werden.

2. Dieses Potenzial wird allerdings gefährdet durch neue widersprüchliche Anforderungskonstellationen: Die Mitarbeiter erleben eine systematische Diskrepanz zwischen den Ergebniszielen und den zur Verfügung stehenden organisationalen und individuellen Ressourcen. Die Chance auf erweiterte Spielräume wird häufig durchkreuzt von neuen Instrumenten des ergebnisorientierten Controllings, engen Dokumentationspflichten und – den Prinzipien ergebnisorientierter Steuerung widersprechenden – Inhalts- und Prozessvorgaben sowie hierarchischen Eingriffen durch Vorgesetzte. In der Folge entsprechen die tatsächlichen Spielräume nicht der gewachsenen Verantwortlichkeit der Mitarbeiter.
3. Die auf Dauer gestellte Dynamik der Ergebnisziele führt zu einer Verunsicherung der Mitarbeiter hinsichtlich ihrer eigenen Leistungsfähigkeit. Wenn erzielte Erfolge in erster Linie als Ausgangspunkt neuer Steigerungsraten dienen, verlieren sie ihre Funktion der Leistungsbestätigung. Dies wird als Entwertung der erbrachten Leistungen erlebt. Es stellt sich die Erfahrung eines »permanenten Ungenügens« ein. Die Möglichkeit, einen stabilen »sense of accomplishment« zu erreichen, wird beeinträchtigt.
4. Die Mitarbeiter entwickeln unter Bedingungen ergebnisorientierter Steuerung ein eigenes unternehmerisches Interesse an der Zielerfüllung und Ergebniserreichung. Dies wirkt zugleich als Motiv für ein Verhalten, das die eigene Gesundheit gefährdet (etwa durch eigenständige Verlängerung der Arbeitszeiten und den Verzicht auf Pausen oder krankheitsbedingte Abwesenheit) und bestehende gesundheitliche Schutzregelungen unterläuft. Eine solche »interessierte Selbstgefährdung« (Peters 2009) kann dazu führen, eigene gesundheitliche und lebensweltliche Interessen nicht nur gegenüber anderen, sondern auch gegenüber sich selbst zu verleugnen (Kocyba und Voswinkel 2007).

Ergebnisorientierte Steuerung bringt neben den Chancen auf ganzheitliche Aufgaben und erweiterte Spielräume für die Mitarbeiter also auch Gefahren mit sich, die insbesondere aus der Diskrepanz von Anforderungen und verfügbaren Ressourcen resultieren. Eine weitere Herausforderung besteht darin, dass Mitarbeiter vorhandene Spielräume auch tatsächlich nutzen.

Gleichzeitig ändern sich auch die Prinzipien des betrieblichen Gesundheitsmanagements. Bisher fiel der Schutz und Erhalt der Gesundheit der Beschäftigten überwiegend in den Aufgabenbereich spezialisierter Fachkräfte – ebenso zentral organisiert wie die Planung und Steuerung in Unternehmen. Im Gegensatz dazu schließt die ergebnisorientierte Steuerung zwangsläufig eine Mitverantwortung der Beschäftigten für die Auswirkungen der Arbeit auf die eigene Gesundheit und das Wohlbefinden mit ein (Schüpbach 2008). Die Verantwortung für das Erreichen bestimmter Leistungsziele und für den Erhalt der eigenen Gesundheit können dabei in Widerspruch zueinander geraten, wie das Beispiel der »interessierten Selbstgefährdung« zeigt. Umso wichtiger wird die Verfügbarkeit notwendiger Ressourcen, Kenntnisse und Kompetenzen (ebd.).

16.2 Ergebnisorientierte Steuerung – Konsequenzen für die Aufgaben von Führungskräften

Welche Rolle kommt den Führungskräften zu, wenn in ergebnisorientiert gesteuerten Arbeitssystemen die Beschäftigten über Zielvorgaben oder -vereinbarungen geführt werden und dabei gleichzeitig eine stärkere Eigenverantwortung für ihre Gesundheit bekommen? Auf den ersten Blick könnte man meinen, dass der Wandel in der Steuerung von Arbeitssystemen die unteren und mittleren Führungskräfte überflüssig macht. Auf den zweiten Blick sieht man jedoch, dass das Potenzial ergebnisorientierter Steuerung sich nicht »von alleine« entfaltet, sondern an verschiedene Voraussetzungen geknüpft ist. Rolle und Aufgaben von Führungskräften ändern sich in entscheidender Weise: Es gilt diese Voraussetzungen herzustellen und die Beschäftigten im Hinblick auf die Bewältigung ihrer Aufgaben (Verantwortlichkeit für Leistungsziele und Verantwortlichkeit für die eigene Gesundheit) zu unterstützen. Dafür müssen die Zieldefinitionen in Bezug auf ihre »Leistbarkeit« überprüft und die notwendigen Ressourcen zur Verfügung gestellt werden: Ziele und Ressourcen sind systematisch miteinander in Einklang zu bringen.

Es ist einerseits nahe liegend, dass Gesundheit und Wohlbefinden der Beschäftigten davon beeinflusst werden, inwiefern Führungskräfte diese Aufgabe wahrnehmen. Ebenso nahe liegend ist andererseits, dass es eines Entwicklungsprozesses bedarf, in dem Führungskräfte in diese veränderte Rolle hineinwachsen. Einen Überblick über Studien, die sich mit dem Zusammenhang von Führung und Gesundheit befassen, geben zum Beispiel Nyberg et al. (2005). Systematisierungen der Möglichkeiten von Führungskräften, die Gesundheit ihrer Mitarbeiter zu beeinflussen, wurden in jüngster

Zeit von Spieß und Stadler (2007) sowie Zimber und Gregersen (2007) vorgenommen.

Auf Basis dieser Arbeiten wurden im Rahmen des Projekts folgende drei Komponenten unter dem Prinzip »Gesundheitsförderliches Führen« gefasst:

- gesundheitsförderliche Interaktion mit den Mitarbeitern (mitarbeiterorientierter Führungsstil)
- gesundheitsförderliche Gestaltung von Arbeitstätigkeiten (soziale Unterstützung, Partizipations- und Entwicklungsmöglichkeiten, Feedback, Tätigkeitsspielräume, Informationszugang, Zeitpuffer, stressfreie Erreichbarkeit und Flexibilität der Ziele, Einklang von Aufgaben und persönlichen Werten)
- Unterstützung betrieblicher Gesundheitsförderung (Gesundheit thematisieren, Teilnahme an Gesundheitsangeboten unterstützen, Gesundheitsgefährdungen am Arbeitsplatz erfragen, Offenheit für Informationen zu Gesundheitsgefährdungen und Vorschläge zu gesundheitsförderlicherer Gestaltung der Arbeitsbedingungen, gemeinsame Entwicklung, Umsetzung und Wirksamkeitsüberprüfung von Maßnahmen zu gesundheitsförderlicher Gestaltung der Arbeitsbedingungen)

16.3 Gesundheitsförderliches Führen – Herausforderungen und Realisierung

Welche Herausforderungen sind mit gesundheitsförderlichem Führen in ergebnisorientiert gesteuerten Arbeitssystemen verbunden? Inwiefern lässt sich gesundheitsförderliches Führen in ergebnisorientiert gesteuerten Arbeitssystemen realisieren? Welche Bedingungen auf Seiten der Organisation und der Führungskraft erleichtern oder erschweren es, gesundheitsförderlich zu führen? Um hierüber Aufschluss zu erhalten, wurden neben den qualitativen Expertengesprächen und Intensivinterviews 221 untere und mittlere Führungskräfte in drei Unternehmen des Industrie- und Finanzdienstleistungssektors mittels eines standardisierten schriftlichen Fragebogens befragt.

Zunächst sollen Ergebnisse der *qualitativen Interviews* zu den Herausforderungen gesundheitsförderlichen Führens in ergebnisorientiert gesteuerten Arbeitssystemen berichtet werden.

Allgemein zeigt sich, dass steigender Ertragsdruck auf die Mitarbeiter insbesondere mit psychischen Belastungen verbunden ist. Die allgemeine Entwicklung einer zunehmenden Bedeutung psychischer Belastungen spiegelt sich auch in den untersuchten Betrieben wider: Führungskräfte wie Beschäftigte bestätigen, dass der Leistungsdruck in den zurückliegenden Jahren gewachsen ist und vermehrt Krankheitsfälle zu beobachten sind, die sich mit dem populären Begriff des *Burnout* beschreiben lassen. Gesundheitsförderliches Führen ist hier mit mehreren Problemen konfrontiert:

Psychische Probleme bleiben oft verborgen. Hierzu trägt der Betroffene bei, da er sich in einem leistungsorientierten Umfeld keine Blöße geben möchte und deshalb seine Probleme so lange zu verbergen versucht, bis eine manifeste Erkrankung eintritt. Dies erschwert präventive Maßnahmen.

Die Führungskraft hat ein Interesse daran, dass ihre Mitarbeiter hohe Leistungen erbringen. Dies ist insbesondere dann der Fall, wenn die Führungskraft stark karriereorientiert handelt und versucht, mit ihrer Abteilung in möglichst kurzer Zeit ein Maximum an Erfolg zu erreichen, um so schnell im Unternehmen aufzusteigen. Dies begrenzt das Interesse der Führungskraft an einem längerfristigen Erhalt der Arbeitskraft der Beschäftigten.

Psychische Probleme sind weder für Außenstehende ohne Weiteres zu erkennen noch ist ihre Ursache leicht zu bestimmen (privat oder arbeitsbedingt?) noch ist ihr Schweregrad zu erkennen noch liegen die Handlungsoptionen klar auf der Hand (wie ist vorzugehen, wenn ein Mitarbeiter bspw. depressiv oder alkoholabhängig erscheint?). Dies stellt hohe Anforderungen an die Führungskraft, wenn sie rechtzeitig und in der richtigen Weise für die Gesundheit ihrer Mitarbeiter Sorge tragen möchte.

Schließlich können ergebnisorientierte Steuerung und erweiterte Controlling-Möglichkeiten für Mitarbeiter besonders belastend werden, wenn sie von einem direktiven und kontrollierenden Führungsverhalten begleitet werden. Denn die hohe Transparenz und scheinbare Objektivität der Leistungen erweitern die Kontrollmöglichkeiten durch Führungskräfte. Und das kann zu einer widersprüchlichen Anforderungssituation für die Mitarbeiter führen: Sie sollen einerseits eigenverantwortlich die Ergebnisziele erreichen, andererseits wird ihnen der Weg dorthin genau vorgegeben. Damit Führungskräfte nicht selbst zu »Belastungsfaktoren« für Beschäftigte werden, muss es ihnen gelingen, Kontrolle zurückzunehmen und Handlungsfreiheiten zu gewähren.

Im *Fragebogen* wurden die Führungskräfte nach ihrer Einschätzung gefragt, inwiefern es ihnen gelingt, ihre Mitarbeiter gesundheitsförderlich zu führen. Gesundheitsförderliches Führen wurde dabei anhand 30 konkreter Verhaltensweisen erfasst (vgl. Wilde, Hinrichs et al. 2009). Die Ergebnisse der Befragung zeigen, dass die überwiegende Anzahl der Führungskräfte zwar zu

der Einschätzung kommt, einen mitarbeiterorientierten Führungsstil zu praktizieren. Weit weniger Führungskräfte jedoch geben an, dass es ihnen gelingt, die Arbeitsbedingungen gesundheitsförderlich zu gestalten:
Es gelingt überwiegend oder völlig,
- ausreichend Zeitpuffer bei der Bearbeitung von Aufgaben zur Verfügung zu stellen (24%);
- dass ihre Mitarbeiter Aufgaben bearbeiten, die sie nicht stressen (29%).

Insgesamt am wenigsten jedoch übernehmen die Führungskräfte aktiv Aufgaben der betrieblichen Gesundheitsförderung:
Es gelingt überwiegend oder völlig,
- das Thema Gesundheit regelmäßig in Mitarbeitergesprächen oder Teambesprechungen aufzugreifen (10%);
- Mitarbeiter regelmäßig nach Gesundheitsgefährdungen am Arbeitsplatz zu fragen (18%).

Darüber hinaus gibt es erwartungsgemäß Unterschiede bezüglich des Ausmaßes, in dem Führungskräfte gesundheitsförderlich führen. Dabei stellt sich die für die Ableitung von Interventionsmaßnahmen hochrelevante Frage, was Führungskräfte, die angeben, in relativ hohem Ausmaß gesundheitsförderlich zu führen, von denen unterscheidet, die angeben, in relativ geringem Ausmaß gesundheitsförderlich zu führen. Erstere berichten im Vergleich zu Letzteren eher von einer Kultur gesundheitsförderlichen Führens im Unternehmen, haben eine andere Einstellung zu gesundheitsförderlichem Führen (messen dem Thema mehr Bedeutung bei), schreiben sich mehr persönliche Kompetenzen zu und berichten von besseren betrieblichen Möglichkeiten, gesundheitsförderlich zu führen (s. Abb. 16.1).

Dieses Muster gibt Hinweise darauf, wie gesundheitsförderliches Führen in Unternehmen gestärkt werden kann: Es sollte an organisationalen (Kultur gesundheitsförderlichen Führens, betriebliche Möglichkeiten) wie auch an personalen Faktoren (persönliche Einstellung und Kompetenzen) angesetzt werden, um Änderungen im Führungsverhalten herbeizuführen. In den Daten der Befragung zeigt sich, dass insbesondere die organisationalen Bedingungen Entwicklungspotenzial aufweisen:
- Der Aussage »Die Gesundheit meiner Mitarbeiter liegt mir sehr am Herzen« stimmen 94% der Führungskräfte ziemlich oder völlig zu;
- der Aussage »In unserem Unternehmen wird Gesundheit groß geschrieben« stimmen nur 22% zu;
- noch geringer (14%) fällt die Zustimmung aus bei der Aussage »Der langfristige Erhalt der Gesundheit der Beschäftigten ist in unserem Unternehmen wichtiger als der kurzfristige Unternehmenserfolg«.

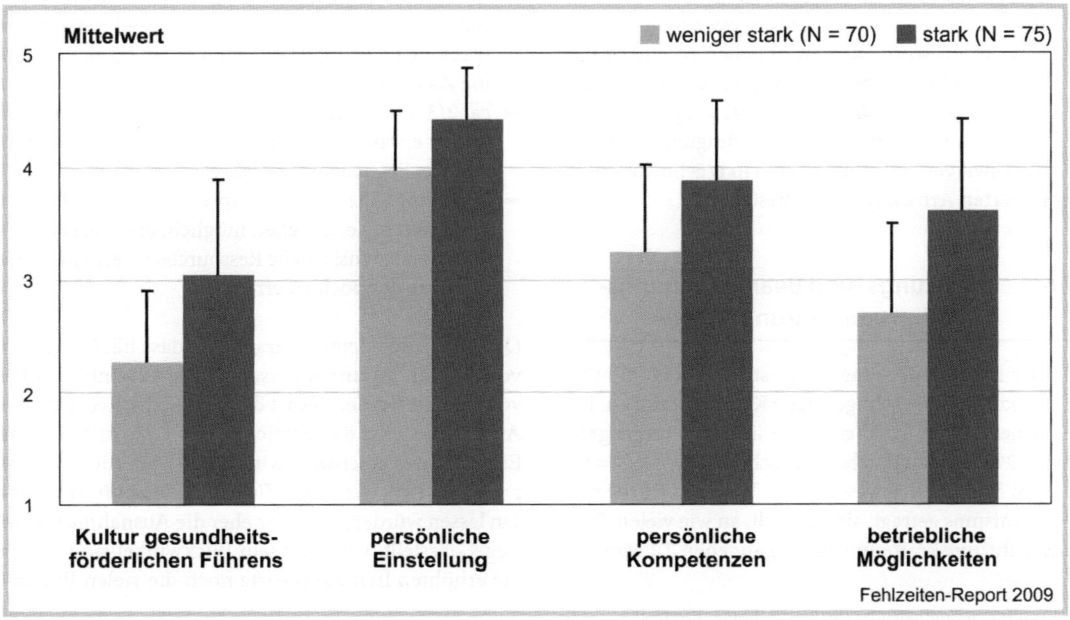

Abb. 16.1. Unterschiede (Mittelwerte, Standardabweichungen) zwischen Führungskräften, die stärker (dunkle Balken, N = 75) und weniger stark (helle Balken, N = 70) ausgeprägt gesundheitsförderlich führen.

Vor diesem Hintergrund sind die Ansatzpunkte bislang vorherrschender Interventionsansätze zur Förderung gesundheitsförderlichen Führens kritisch zu hinterfragen. Trainings oder Seminare zielen auf die Erweiterung von Kompetenzen und eventuell auch die Änderung von Einstellungen von Führungskräften und damit primär auf *personale* Faktoren ab und bleiben damit hinter den vorhandenen Möglichkeiten zurück. Wenn Führungskräfte den Eindruck haben, dass die Gesundheit der Mitarbeiter im Unternehmen dem Erreichen der Quartalsziele untergeordnet ist und das Ausmaß der Ziele es z. B. zeitlich gar nicht erlaubt, sich um das Befinden der Mitarbeiter zu bemühen, haben sie auch bei guten Kompetenzen und positiver Einstellung zum Thema Probleme, dem Anspruch an eine gesundheitsförderliche Führung gerecht zu werden.

Es gilt somit, die notwendigen betrieblichen Rahmenbedingungen für gesundheitsförderliches Führen zu schaffen. Interessant in diesem Kontext sind die Belastung und Beanspruchung der Führungskräfte selbst. Die PARGEMA-Daten zeigen signifikante Zusammenhänge zwischen der Wahrnehmung der betrieblichen Bedingungsfaktoren gesundheitsförderlichen Führens[6] und der Einschätzung der Arbeitsbedingungen[7] und Gesundheit der Führungskräfte. Je mehr Stressoren (z. B. Zeitdruck, Arbeitsunterbrechungen …), je weniger Ressourcen (Tätigkeitsspielräume, soziale Unterstützung) die Führungskräfte wahrnehmen und je schlechter die Gesundheitsindikatoren der Führungskräfte ausfallen, desto geringer werden die Kultur gesundheitsförderlichen Führens sowie die betrieblichen Möglichkeiten eingeschätzt und desto weniger gesundheitsförderlich wird geführt. Dies führt uns zu der Frage, wie es eigentlich um die eigenen Arbeitsbedingungen und die Gesundheit von Führungskräften in ergebnisorientiert gesteuerten Arbeitssystemen bestellt ist.

16

16.4 Belastungs- und Beanspruchungssituation von Führungskräften

In der PARGEMA-Fragebogenstudie geben die Führungskräfte einen sehr geringen Krankenstand an. Entsprechend ihren Angaben waren sie in den vergangenen zwölf Monaten an durchschnittlich 4,8 Tagen (SD = 9,4) wegen Krankheit abwesend. Des Weiteren wurde nach Präsentismus gefragt, also danach, an wie vielen Tagen die Führungskräfte in den vergangenen 12 Monaten trotz Krankheit anwesend waren. Durchschnittlich wurden auf diese Frage 8,3 Tage (SD = 24,2) angegeben – ein Ergebnis, das das vorherige in anderem Licht erscheinen lässt. Führungskräfte scheinen also nicht besonders selten krank zu sein, sondern vielmehr häufig trotz Krankheit zur Arbeit zu kommen. Als weiterer Indikator für die Gesundheit von Führungskräften wurde *Irritation* anhand einer Skala von Mohr et al. (2004) erfasst.[8] Irritation ist ein psychischer Erschöpfungszustand, der so weit fortgeschritten ist, dass er in alltäglichen Belastungspausen nicht abgebaut werden kann. Der Mittelwert der befragten Führungskräftestichprobe (M = 3,5; SD = 1,2) ist gegenüber dem der von Mohr et al. (2004) für die Normstichprobe angegebenen (M = 3,1; SD = 1,2; N = 4030) signifikant erhöht ($p < .05$).

Die Arbeitsbedingungen von den Führungskräften werden über die drei untersuchten Unternehmen hinweg ziemlich ähnlich wahrgenommen (vgl. Wilde, Bahamondes Pavez et al. 2009). Die Führungstätigkeit scheint in unterschiedlichen Unternehmen mit den gleichen Stressoren und Ressourcen verbunden zu sein. Bei den Stressoren stechen insbesondere Zeitdruck und Arbeitsunterbrechungen hervor. Bei den Ressourcen zeigt sich insgesamt eine positive Bewertung von Tätigkeitsspielräumen und sozialer Unterstützung. Besonders auffällige Angaben finden sich bei Fragen zu den Zielen, die die Führungskräfte erreichen sollen:

- ca. 40% der Führungskräfte geben an, dass oft oder immer von Beginn an nicht ausreichend Ressourcen (personell oder materiell) zur Verfügung stehen, um die Ziele zu erreichen;
- ca. 2/3 der Führungskräfte geben an, dass oft oder immer etwas nicht Eingeplantes dazwischen kommt, was das Erreichen der Ziele erschwert;
- in diesen Fällen ist es entsprechend je ca. 2/3 der Befragten nie oder selten möglich, die Ziele zu verändern oder zusätzliche Ressourcen zu erhalten, um die Ziele dennoch zu erreichen.

Diese Befunde deuten darauf hin, dass häufig bereits von Beginn an unrealistische Ziele vereinbart oder vorgegeben werden. Es ist dann eher die Regel als die Ausnahme, dass das Erreichen der Ziele durch nicht Eingeplantes erschwert wird. Dies wäre nicht weiter problematisch, wenn sich Ziele oder Ressourcen anpassen lassen würden, was aber eher die Ausnahme als die Regel darstellt. Unter diesem Blickwinkel sind weder die erhöhten Irritationswerte noch die vielen Präsen-

6 Kultur gesundheitsförderlichen Führens, betriebliche Möglichkeiten

7 Stressoren, Ressourcen

8 Diese Skala reicht von 1 bis 7. Je höher der Wert, desto höher ist die Erschöpfung.

tismustage erstaunlich, noch ist es verwunderlich, dass die Führungskräfte eine schwache Kultur und relativ wenig Möglichkeiten gesundheitsförderlich zu führen wahrnehmen. Gleichzeitig wird erklärbar, warum es Führungskräften nicht so gut gelingt, den Mitarbeitern z. B. ausreichend Zeitpuffer bei der Bearbeitung von Aufgaben zur Verfügung zu stellen. Es scheint, als würde man die eigene Überforderung mehr oder weniger stark nach unten weitergegeben.

Auch die *qualitativen Interviews* zeigen, dass Führungskräfte der unteren und mittleren Ebene in besonderer Weise selbst gefährdet sind, da auf ihnen zum einen erheblicher Ertragsdruck lastet, zum anderen die Bewältigung beschleunigter betrieblicher Reorganisation zu Arbeitsüberlastung führen kann. Für den letzten Gesichtspunkt sei eine Führungskraft aus dem IT-Bereich eines Unternehmens zitiert, das mehrere Phasen der Restrukturierung durchlaufen hat. Diese Führungskraft hat eine exemplarische Karriere auf Dauer gestellter Überforderung und Selbstüberforderung erlebt:

»Also ich werde vielleicht noch ein paar Worte dazu sagen – ich bin jetzt im März und April ausgefallen, für einen Zeitraum von sieben Wochen – und hab dann auch zwei Wochen Urlaub noch drangehängt und ich sag mal aus medizinischer Sicht bin ich halt an der Grenze zum Burnout gewesen. Ich bin immer noch in Behandlung – medikamentös – und es hat auch ein bisschen eine Historie – also wir haben, wenn ich jetzt gucke, den Job, den ich die letzten drei Jahre hier gemacht habe, die Verantwortung, dass die Infrastruktur funktioniert mit einem schwierigen Provider, die Mannschaft ist halbiert worden, zwei Jahre lang jeweils 20 Millionen Euro eingespart, zusätzlich ein IT-Projekt hingelegt, ein weiteres Projekt vorbereitet – dann sind das Sachen, die über einen längeren Zeitraum bei mir also enorm viel Stress hinterlassen haben, was ich teilweise gleich bemerkt habe, teilweise vielleicht auch nicht. Also das erste Mal letztes Jahr bin ich schon mal drei Wochen ausgefallen – und bin dann entgegen dem medizinischen Rat dann wieder arbeiten gegangen – und dann irgendwann – also nachdem ich jetzt im Februar halt eine Woche Urlaub hatte, hab ich halt die Reißleine gezogen – weil es ging halt einfach nicht mehr – aufgrund bestimmter Problem etc. Und ich denke, wenn ich jetzt also mich anschaue, kommen zwei Sachen zusammen: Das eine, dass einfach über die Jahre zuviel Arbeit da gewesen ist – vielleicht auch, dass ich mich für zu viele Sachen verantwortlich gefühlt habe – das ist das eine. Ich denke, so ein Auslöser war, dass man mir dann letztes Jahr, nachdem ich nach drei Jahren das erste mal drei Wochen Urlaub am Stück machen wollte, also hat man mich (wegen der jüngsten Restrukturierungsmaßnahme) am ersten Urlaubstag wieder zurückgeholt – und davon hab ich mich eigentlich nicht erholt, das ist einfach so.«

Solche Beispiele, in denen gerade diejenigen, die sich im Unternehmen als besonders leistungsbereit und leistungsfähig erwiesen haben, dem Druck nicht standhalten, stellen einen möglichen Ansatzpunkt für Maßnahmen der Prävention dar. Sie wurden in den Untersuchungen von PARGEMA in den unterschiedlichen Unternehmen auf unterschiedlichen Führungsebenen immer wieder angesprochen, wenn die Befragten entweder über sich selbst oder über Kollegen berichteten. Für diese Berichte typisch ist eine Verwunderung darüber, dass es auch die scheinbar stabilsten Mitarbeiter treffen kann. Dies wiederum legt nahe, sich nicht nur über individuelle Leistungsfähigkeit, sondern auch über die Bedingungen der Leistungserbringung Gedanken zu machen und nach Änderungsmöglichkeiten zu suchen.

16.5 Wege gesundheitsförderlichen Führens in ergebnisorientiert gesteuerten Arbeitssystemen

Gesundheit als Führungsaufgabe – dies gewinnt insbesondere in ergebnisorientiert gesteuerten Arbeitssystemen an Bedeutung. Wenn Managementprozesse nicht mehr zentral gesteuert werden, kann auch das betriebliche Gesundheitsmanagement nicht die alleinige Aufgabe von Stabsstellen sein. Mit der Dezentralisierung der Verantwortlichkeit für die Leistungsziele wird auch die Verantwortung für die Gesundheit dezentralisiert. Damit Beschäftigte nicht in einen Konflikt zwischen diesen Verantwortlichkeiten geraten, muss es Aufgabe der Führungskräfte sein, ihre Mitarbeiter dabei zu unterstützen, nicht nur die geforderte Leistung zu erbringen, sondern dabei auch auf ihre Gesundheit zu achten. Die Möglichkeiten dafür schaffen sie z. B., in dem sie ein Gleichgewicht von Anforderungen und Ressourcen herstellen. Gleichzeitig müssen die Bedingungen dafür geschaffen werden, dass Führungskräfte selbst dieser Aufgabe nachkommen können. Ein wesentlicher Bestandteil dessen ist es, gesundheitsförderliches Führen nicht nur als Aufgabe der Führungskräfte zu sehen, sondern auch als Prinzip der Gestaltung ihrer eigenen Tätigkeit. In diesem Sinne bezieht sich die Gesundheitsförderlichkeit der Führungstätigkeit nicht nur auf die Wirkung auf die Mitarbeiter sondern auch auf die Wirkung auf die Führungskraft selbst. Wenn Führungskräfte sich selbst in einer optimierten Belastungs-Beanspruchungssituation befinden, ist es wahrscheinlicher, dass sie auch gesundheitsförderlich führen.

Wenn die Bedingungen vorhanden sind, dass Führungskräfte gesundheitsförderlich führen, sind zusammenfassend folgende Aspekte entscheidend, um dies in ergebnisorientiert gesteuerten Arbeitssystemen zu realisieren:

(1) Gesundheit als zentrale Führungsaufgabe begreifen: Gesundheit ist als zentrale Führungsaufgabe anzusehen, die unmittelbar mit allen Fragen der Leistungssteuerung verbunden ist. Es handelt sich um keine bloße »Zusatzaufgabe«.

(2) Gemeinsam mit den Beschäftigten gute Arbeitsbedingungen schaffen: Gesundheit als Führungsaufgabe ernst zu nehmen bedeutet, die Arbeitsbedingungen der Mitarbeiter so zu gestalten, dass besondere Belastungskonstellationen erst gar nicht auftreten. Mögliche Ansatzpunkte sind hier:

Bei der Zieldefinition (etwa in Zielvereinbarungsgesprächen) ist die Frage der notwendigen Ressourcen systematisch mit zu thematisieren, um eine Entkopplung von Ergebniszielen und bestehenden Möglichkeiten zu vermeiden. Dies gilt sowohl für die Zieldefinition mit dem eigenen Vorgesetzten als auch die Zieldefinition mit den Mitarbeitern. Partizipatives Vereinbaren statt autoritäres Vorgeben von Ergebniszielen lautet das Leitprinzip.

Ziele und/oder Ressourcen müssen angepasst werden, wenn deutlich wird, dass im Laufe des Zielerreichungsprozesses durch unkontrollierbare Einflüsse wieder ein Ungleichgewicht von Anforderungen und Ressourcen entstanden ist.

Angemessene Handlungsspielräume sind zu gewährleisten. Die Überlagerung ergebnisorientierter Steuerung durch Prozessvorgaben zugunsten einer wirklichen Ergebnisorientierung ist zurückzunehmen und eine Misstrauen fördernde neue Controlling-Bürokratie zu verhindern.

Überkommene disziplinierende Führungsstile sind durch wertschätzendes und unterstützendes Führungskräfteverhalten zu ersetzen. Dabei sollte nicht nur die Zielerreichung honoriert und anerkannt werden, sondern bereits der erbrachte Leistungsbeitrag der Mitarbeiter.

(3) Individuelle und kollektive Gesundheitskompetenzen aufbauen: Neben gesunden Arbeitsbedingungen sind die Gesundheitskompetenzen der Beschäftigten entscheidend für die Prävention von Befindensbeeinträchtigungen. Hier liegt die Aufgabe der Führungskräfte in der aktiven Information und dem Werben für die Nutzung der Angebote des betrieblichen Gesundheitsmanagements durch die Beschäftigten.

Wenn die Mitarbeiter eine höhere Mitverantwortung für ihre eigene Gesundheit im Betrieb erhalten, müssen sie mit ihren widersprüchlichen Handlungsanforderungen umzugehen lernen. Die Gefahren der »interessierten Selbstgefährdung« und der »Krankheitsverleugnung« können nur dann reduziert werden, wenn es den Mitarbeitern gelingt, eigenständig Grenzen gegenüber den neuen Leistungsansprüchen zu ziehen. Führungskräfte sollten ihre Mitarbeiter dabei unterstützen, diese Kompetenz zu entwickeln.

(4) Sensibilität für die Befindlichkeit von Beschäftigten entwickeln: Führungskräfte sind darin gefordert, Befindensbeeinträchtigungen bei ihren Mitarbeitern zu erkennen und konstruktiv darauf zu reagieren

Zur Einschätzung der Befindlichkeit von Beschäftigten reicht der Krankenstand als Indikator nicht aus, das Augenmerk von Führungskräften muss ebenso auf möglicherweise krank arbeitenden Mitarbeitern liegen.

Um frühzeitig Warnsignale für Befindensbeeinträchtigungen zu erkennen, sollten Führungskräfte regelmäßig das Gespräch mit ihren Mitarbeitern suchen und nach Zufriedenheit und Problemen mit den Arbeitsbedingungen fragen. Basis dafür muss die eindeutige Botschaft sein, dass die Gesundheit der Beschäftigten zentrales Ziel für die Führungskraft ist. Sobald Beschäftigte der Führungskraft kein wirkliches Interesse an ihrem Befinden unterstellen oder sogar vermuten, dass ihnen ein Nachteil entsteht, wenn sie über Befindensbeeinträchtigungen reden, laufen solche Gespräche ins Leere oder haben gegenteilige Effekte.

Die Möglichkeiten von Führungskräften, gesundheitsförderlich zu führen, sind also vielfältig. Wie wir aber gesehen haben, ist es immer auch eine Frage der Bedingungen, in denen die Führungskraft agiert, inwiefern ein solches gesundheitsförderliches Führen gelingt. Entsprechend unserer Ergebnisse scheitern die Gesundheitsförderungsaktivitäten der Führungskräfte weniger an ihren eigenen Einstellungen und Kompetenzen, sondern eher an mangelnden betrieblichen Realisierungsmöglichkeiten sowie einer fehlenden betrieblichen Gesundheitskultur. Gesundheitsförderung ist nicht lediglich »nice to have« – sie muss zu einer zentralen Dimension der Unternehmensziele werden.

Literatur

Bahamondes Pavez C, Wilde B, Hinrichs S et al (2008) Von der direkten zur indirekten Steuerung von Arbeitsprozessen – Konsequenzen für die Arbeitssituation und die Gesundheit der Betroffenen. In: Schwennen C, Elke G, Ludborzs B et al (Hrsg) Psychologie der Arbeitssicherheit und Gesundheit. Perspektiven und Visionen. Asanger, Heidelberg, S 387–390

Bahamondes Pavez C, Wilde B, Hinrichs S et al (2009) Cambios en la organización del trabajo – Dirección orientada a los resultados y sus implicaciones para los empleados. Ciencia & Trabajo 11:102–110

Bender G (1991) Kontextsteuerung: oder warum Arbeitsabläufe den Mitarbeitern selbst überlassen werden. Die Mitbestimmung 1:39–41

Drucker P (1954) The Practice of Management. HarperCollins Publishers, New York

Gerst D (2006) Von der direkten Kontrolle zur indirekten Steuerung. Eine empirische Untersuchung der Arbeitsfolgen teilautonomer Gruppenarbeit. Hampp, München Mering

Kerr S, Jermier JM (1978) Substitutes for leadership: their meaning and measurement. Organ Behav Hum Perform 22:375–403

Kocyba H, Voswinkel S (2007) Krankheitsverleugnung: Betriebliche Gesundheitskulturen und neue Arbeitsformen. Abschlussbericht für die Hans-Böckler-Stiftung, Frankfurt/M

Kratzer N (2003) Arbeitskraft in Entgrenzung. Grenzenlose Anforderungen, erweiterte Spielräume, begrenzte Ressourcen. Sigma, Berlin

Kratzer N, Dunkel W (2009) Neue Wege im betrieblichen Gesundheitsmanagement – Das Projekt PARGEMA. In: Schröder L, Urban HJ (Hrsg) Gute Arbeit. Handlungsfelder für Betriebe, Politik und Gewerkschaften. Bund-Verlag, Hamburg, S 326–336

Kratzer N, Dunkel W, Menz W (2009) Neue Managementmethoden – neue Belastungsformen? In: Gesellschaft für Arbeitswissenschaft (Hrsg) Arbeit, Beschäftigungsfähigkeit und Produktivität im 21. Jahrhundert. 55. Kongress der Gesellschaft für Arbeitswissenschaft. GfA-Press, Dortmund, S 539–542

Lademann J, Mertesacker H, Gebhardt B (2006) Psychische Erkrankungen im Fokus der Gesundheitsreporte der Krankenkassen. Psychotherapeutenjournal 2:123–129

Menz W (2009) Die Legitimität des Marktregimes. Leistungs- und Gerechtigkeitsorientierungen in neuen Formen betrieblicher Leistungspolitik. VS, Wiesbaden

Mohr G, Rigotti T, Müller A (2004) Irritation – ein Instrument zur Erfassung psychischer Beanspruchung im Arbeitskontext. Skalen- und Itemparameter aus 15 Studien. Zeitschrift für Arbeits- und Organisationspsychologie 49: 44–48

Nyberg A, Bernin P, Theorell T (2005) The impact of leadership on the health of subordinates. Report No. 1: 2005. National Institute for Working Life, Stockholm

Peters K (2003) Individuelle Autonomie von abhängig Beschäftigten. Selbsttäuschung und Selbstverständigung unter den Bedingungen indirekter Unternehmenssteuerung. In: Kastner M (Hrsg) Neue Selbständigkeit in Organisationen. Selbstbestimmung – Selbsttäuschung – Selbstausbeutung? Hampp, München, Mering, S 77–106

Peters K (2009) Indirekte Steuerung und Interessierte Selbstgefährdung. Neue Herausforderungen für das betriebliche Gesundheitsmanagement durch neue Organisations- und Steuerungsformen. Vortrag auf der Tagung »Arbeit und Gesundheit in schwierigen Zeiten – das Projekt PARGEMA«. München, 22.–23. Juni 2009

Peters K, Sauer D (2005) Indirekte Steuerung – eine neue Herrschaftsform. Zur revolutionären Qualität des gegenwärtigen Umbruchprozesses. In: Wagner H (Hrsg) »Rentier' ich mich noch?« Neue Steuerungskonzepte im Betrieb. VSA, Hamburg, S 23–58

Schüpbach H (2007) Arbeitstätigkeit und Arbeitshandeln in soziotechnischen Systemen – ein Beitrag zur Diskussion. In: Richter PG, Rau R, Mühlpfordt S (Hrsg) Arbeit und Gesundheit – Zum aktuellen Stand in einem Forschungs- und Praxisfeld. Festschrift für Peter Richter. Pabst, Lengerich, S 28–41

Schüpbach H (2008) Die Rolle der Führungskräfte bei der Entwicklung und Umsetzung partizipativer Konzepte der Gesundheitsförderung. In: Henning K, Richert A, Hess F (Hrsg) Präventiver Arbeits- und Gesundheitsschutz 2020. Tagungsband zur Jahrestagung 2007 des BMBF-Förderschwerpunkts. Wissenschaftsverlag Mainz, Aachen, S 167–174

Spieß E, Stadler P (2007) Gesundheitsförderliches Führen – Defizite erkennen und Fehlbelastungen der Mitarbeiter reduzieren. In: Weber A, Hörmann G (Hrsg) Psychosoziale Gesundheit im Beruf. Gentner-Verlag, Stuttgart, S 255–274

Teubner G, Wilke H (1984) Kontextsteuerung und Autonomie: Gesellschaftliche Steuerung durch reflexives Recht. Zeitschrift für Rechtssoziologie 1:4–35

Wilde B, Bahamondes Pavez C, Hinrichs S et al (2009) Gesundheit und Arbeitsbedingungen von Führungskräften auf der unteren und mittleren Hierarchieebene – Konsequenzen neuer Steuerungsformen. In: Gesellschaft für Arbeitswissenschaft (Hrsg) Arbeit, Beschäftigungsfähigkeit und Produktivität im 21. Jahrhundert. 55. Kongress der Gesellschaft für Arbeitswissenschaft. GfA-Press, Dortmund, S 351–354

Wilde B, Hinrichs S, Bahamondes Pavez C et al (2009) Führungskräfte und ihre Verantwortung für die Gesundheit ihrer Mitarbeiter – Eine empirische Untersuchung zu den Bedingungsfaktoren gesundheitsförderlichen Führens. Wirtschaftspsychologie 11:74–86

Zimber A, Gregersen S (2007) »Gesundheitsfördernd führen«: eine Pilotstudie in ausgewählten Mitgliedsbetrieben. Berufsgenossenschaft für Gesundheitsdienst und Wohlfahrtspflege, Hamburg

Zoike E (2008) BKK Gesundheitsreport 2008. Seelische Krankheiten prägen das Krankheitsgeschehen. BKK Bundesverband, Essen

Kapitel 17

Der Psychologische Vertrag und seine Relevanz für die Gesundheit von Beschäftigten

T. Rigotti

Zusammenfassung. *Psychologische Verträge sind die von Arbeitnehmern subjektiv wahrgenommenen Versprechen und Verpflichtungen im sozialen Tauschhandel mit dem Arbeitgeber. Die Relevanz der Einhaltung von Versprechen (die entweder explizit oder implizit sein können) als Bestandteile Psychologischer Verträge zur Erklärung und Vorhersage arbeitsbezogener Einstellungen und Verhaltensweisen ist durch zahlreiche Studien belegt. Der Psychologische Vertrag besitzt jedoch auch bedeutendes Potenzial zur Aufklärung psychischer Beanspruchung und Gesundheit von Beschäftigten. Ausgehend von theoretischen Überlegungen wird in diesem Beitrag an einer Stichprobe von über 600 Arbeitnehmern aus der Ernährungsindustrie, dem Einzelhandel und dem Bildungssektor mittels hierarchischer Regressionsanalysen die inkrementelle Validität des Psychologischen Vertrages belegt. Es zeigt sich, dass der Psychologische Vertrag (hier die wahrgenommene Einhaltung von Arbeitgeberversprechen) über Zeitdruck, Autonomie, Rollenklarheit und Arbeitsplatzunsicherheit hinaus emotionale Irritation, allgemeine Gesundheit sowie Fehlzeiten und Präsentismus aufklärt. Dies unterstreicht die Bedeutsamkeit der Beziehungsarbeit für die betriebliche Gesundheitsförderung.*

17.1 Psychologische Verträge

Ausgehend von der Beschreibung des Konzepts »Psychologischer Vertrag« werden in diesem Beitrag zunächst theoretisch-konzeptionelle Argumente zu dessen Relevanz für psychische Beanspruchung und Gesundheitsfolgen präsentiert. Die sich anschließenden empirischen Analysen dienen dazu, den Zusammenhang zwischen Psychologischen Verträgen und Indikatoren der psychischen Beanspruchung, der Gesundheit sowie von Fehlzeiten über den Beitrag tätigkeitsbezogener Stressoren sowie Arbeitsplatzunsicherheit zu belegen.

Arbeitsbeziehungen lassen sich als sozialer Tauschhandel begreifen. Nicht alle Aspekte der Beschäftigungsbeziehung können im formal-juristischen Arbeitsvertrag geregelt sein – die Lücken werden durch den Psychologischen Vertrag gefüllt. Dieser lässt sich definieren als »an individual's belief in mutual obligations between that person and another party such as an employer (either a firm or another person). This belief is predicated on the perception that a promise has been made and a consideration offered in exchange for it, binding the parties to some set of reciprocal obligations« (Rousseau und Tijouriwala 1998, S. 679). Formale, schriftlich fixierte Verträge implizieren eine Übereinkunft der Vertragsparteien. Änderungen des Vertrages können nur durch Zustimmung der Vertragspartner durchgeführt werden (Atiyah 1989). Psychologische Verträge hingegen können eigenmächtig und ohne die Zustimmung des Partners verändert werden (vgl. Guest 1998). Sie unterliegen also viel mehr der individuellen Interpretation, sind damit aber auch gleichzeitig bedeutsamer für Einstellungen zur Arbeitstätigkeit und zum Arbeitgeber, für das (Arbeits-)verhalten und das psychische Befinden am Arbeitsplatz.

Eine grundlegende Annahme ist, dass Menschen nach einem Gleichgewicht in sozialen Beziehungen streben (z. B. Blau 1964). Dies wurde auch als Reziprozitätsnorm (norm of reciprocity) bezeichnet (Gouldner 1960). Des Weiteren wird angenommen, dass in Arbeitsbeziehungen (abgesehen von einem generellen Machtungleichgewicht) die konkreten Tauschinhalte nicht nur rein ökonomischer (transaktionaler) Natur sind, sondern auch sozio-emotionale (relationale) Aspekten eine bedeutende Rolle zukommt. Dabei wird nicht nur die Arbeitskraft und -zeit gegen eine Entlohnung getauscht, sondern auch immaterielle Tauschgüter spielen eine große Rolle in der Gestaltung der Arbeitsbeziehung. Diese beinhalten zum Beispiel gegenseitigen Respekt, zusätzliche Belohnungen oder auch – auf Seiten des Arbeitnehmers – Extrarollenverhalten, welches über die formalen Arbeitsanforderungen hinausgeht (z. B. Rhoades und Eisenberger 2002).

Der Bruch Psychologischer Verträge, also die Nichteinhaltung wahrgenommener Versprechen in der Arbeitsbeziehung, stellt ein zentrales Konzept dar. In zahlreichen Studien wurden substantielle Zusammenhänge zwischen einem erlebten Bruch und arbeitsrelevanten Einstellungen und Verhaltensweisen berichtet. So zeigten sich Zusammenhänge zwischen Psychologischen Vertragsbrüchen und

7

- vermindertem Vertrauen in die Organisation,
- verstärkten Kündigungsabsichten oder tatsächlicher Kündigung,
- geringerem Commitment,
- einer Verringerung des Arbeitsengagements sowie der Leistung,
- weniger *organizational citizenship behaviour*.

Zusammenhänge Psychologischer Verträge mit dem psychischen Befinden, der Gesundheit sowie Fehlzeiten von Beschäftigten fanden erst relativ spät Beachtung (für eine Übersicht siehe Conway und Briner 2005, Zhao et al. 2007). Im Folgenden werden theoretische Überlegungen präsentiert, warum dieser Zusammenhang als bedeutsam zu erwarten ist.

17.1.1 Psychologische Verträge als psychische Belastung und Ressource

Psychologische Verträge können aus zumindest dreierlei Gründen als relevant für das psychische Beanspruchungserleben von Beschäftigten betrachtet werden:

Versprechen als antizipierte Ziele

Der soziale Tauschhandel zwischen Arbeitgebern und Arbeitnehmern basiert in den Punkten, die über den formaljuristischen Arbeitsvertrag hinausgehen, auf gegenseitig wahrgenommenen Versprechen. Wahrgenommene Versprechen können als antizipierte Zielzustände aufgefasst werden und »[…] stress has to do with the – anticipated or experienced – thwarting of goals« (Semmer 1996, S. 53). Im Rahmen der Handlungsregulationstheorie werden als Regulationshindernisse der Zielerreichung neben Zeitdruck, Problemen der Arbeitsorganisation, widersprüchlichen oder uneindeutigen Rollenanforderungen, hohen Konzentrationsnotwendigkeiten und übermäßig hohen Kooperationserfordernissen Arbeitsunterbrechungen zu den wichtigsten Stressoren auf Tätigkeitsebene gezählt (Zapf und Semmer 2004). Während in der Handlungsregulationstheorie der Fokus auf dem Arbeitshandeln als sequentieller Abfolge einzelner Handlungsschritte liegt, die in ein hierarchisch angeordnetes Zielsystem eingebettet sind, stellen Versprechen im Rahmen Psychologischer Verträge eher übergeordnete Ziele dar. Werden wahrgenommene Versprechen nicht eingehalten, dürfte dies einen bedeutenden Stressor darstellen. Dieser Grundgedanke findet sich auch in der organisationalen Fairnessforschung mit der kognitiven Referenztheorie (cognitive reference theory, vgl. Folger 1987) wieder. Weicht das Verhalten anderer oder das eigene Ergebnis von Erwartungen (antizipierten Zielzuständen) ab und wird zudem generell die Möglichkeit eines anderen Ergebniszustandes gesehen, so wird Unfairness erlebt, die mit negativen Emotionen einhergeht.

Das Gleichgewicht in sozialen Tauschprozessen ist gesundheitsrelevant

Ein einflussreiches Paradigma im Bereich der Medizinsoziologie entwickelte Siegrist (1996) mit dem Modell beruflicher Gratifikationskrisen. In diesem Modell stehen die arbeitsbedingten Anforderungen, welche aus äußeren (extrinsischen) Bedingungen, jedoch auch aus innerer (intrinsischer) Leistungsmotivation resultieren, den Belohnungen in Form von Anerkennung, Status, Karrieremöglichkeiten, Entlohnung, aber auch Arbeitssicherheit gegenüber. Wird subjektiv ein Ungleichgewicht erlebt, entspricht also die Belohnungsseite nicht der Anforderungsseite, so kommt es zu einer Gratifikationskrise. Das Modell ist empirisch gut untersucht. Erlebte mangelnde Reziprozität zeigt deutliche Zusammenhänge zu depressiver Stimmung sowie zu einem erhöhten Risiko für koronare Herzkrankheit (De Jonge et al. 2000). Auch im Konzept des Psychologischen Vertrages ist der Austausch von arbeitgeberseitigen Anreizen und arbeitnehmerseitigen Beiträgen verankert (De Cuyper et al. 2008).

Die subjektive Redefinition spielt eine zentrale Rolle

Ob potenzielle Stressoren zu einer psychischen Beanspruchung führen, ist eine Frage der transaktionalen Beziehung zwischen Umwelt und Person. Nach dem transaktionalen Stressmodell von Lazarus und Launier (1987) werden drei Stufen der Bewertung unterschieden: Zunächst wird die vorgefundene Situation danach bewertet, ob sie eine Schädigung/Verlust, Bedrohung oder Herausforderung für die Person, ihre Werte, Ziele, Überzeugungen oder situationale Intentionen, also ihr Wohlbefinden bedeutet und, je nachdem, als relevant oder irrelevant eingeschätzt (primäre Bewertung – primary appraisal). In einem zweiten Bewertungsprozess (secondary appraisal) wird nach dem Modell überprüft, über welche Ressourcen zur Bewältigung die Person verfügt. Beide Bewertungsmodi sind nicht unabhängig voneinander, da sich das, was als Schädigung/Verlust, Bedrohung oder Herausforderung bewertet wird, auch darüber definiert, über welche Bewältigungsmöglichkeiten die Person verfügt.

Der Psychologische Vertrag stellt eine subjektive Redefinition der Arbeitsbeziehung dar. Ob bestimmte Ereignisse als Bruch des Vertrages wahrgenommen werden, hängt unter anderem davon ab, wie bedeutsam der Beziehungsaspekt für die einzelne Person ist. Ob wahrgenommene Brüche des Psychologischen Vertrages wiederum zu Einstellungsänderungen oder zu einem psychischen Beanspruchungserleben führen, hängt von den Handlungsalternativen innerhalb der Beziehung ab (vgl. Morrison und Robinson 1997). Somit lassen sich Psychologische Verträge auch in das transaktionale Stressmodell einordnen.

In einem Überblicksbeitrag kamen bereits Rigotti et al. (2007) zu dem Schluss, dass »[...] das Psychologische Vertragskonzept ein bedeutendes Potenzial für die Untersuchung von Gesundheit im Arbeitsleben besitzt« (S 241). Sie konnten zeigen, dass der Zusammenhang des Psychologischen Vertrages mit Indikatoren des psychosozialen Wohlbefindens in 35 Einzelstudien ähnlich hohe Effekte aufweist, als sie für tätigkeitsbezogene Stressoren berichtet werden. Da in dieser Übersicht jedoch nur bivariate Korrelationen betrachtet wurden (also der einfache Zusammenhang zwischen Psychologischem Vertrag und Indikatoren des psychosozialen Wohlbefindens), blieb die Frage nach dem Nutzen des Psychologischen Vertragskonzeptes zur Aufklärung arbeitsbezogener Gesundheit über die Beiträge »klassischer« Stressoren und Ressourcen hinaus unbeantwortet. Die leitende Forschungsfrage für die folgenden Analysen lautet daher: Leistet der Psychologische Vertrag über die bereits seit Jahren bekannten Stressoren und Belastungsfaktoren hinaus einen originären Beitrag zur Aufklärung individuellen Befindens und von Fehlzeiten?

Mit Bezug auf das wohl einflussreichste Modell der arbeitswissenschaftlichen Stressforschung der letzten Jahrzehnte, dem Anforderungs-Kontroll-Modell (Karasek 1979) werden Zeitdruck und Autonomie als zwei zentrale arbeitsbezogene Prädiktoren von Gesundheit einbezogen. Des Weiteren wird Rollenklarheit als eine bedeutende Ressource einbezogen sowie Arbeitsplatzunsicherheit, da diese in zahlreichen Studien als ein bedeutender Stressor im Arbeitsleben klassifiziert werden konnte (vgl. Cheng und Chang 2008).

17.2 Methode

Im Rahmen des Europäischen Forschungsprojektes PSYCONES (Psychological Contracts across Employment Situations)[1] mit sieben Kooperationspartnern aus Schweden (Projektleitung), Großbritannien, den Niederlanden, Belgien, Spanien und Israel wurde untersucht, welche Auswirkungen Veränderungen der Arbeitsbeziehungen sowie verschiedene Vertragsformen (v. a. befristet vs. unbefristet) auf die wahrgenommene Arbeitsplatzsicherheit, das Wohlbefinden sowie Gesundheit von Arbeitnehmerinnen und Arbeitnehmern in Europa haben. Es wurden insgesamt 5288 Beschäftigte aus 207 Organisationen aus den Bereichen Einzelhandel, Bildungswesen und Ernährungsindustrie befragt. Die hier berichteten Analysen beziehen sich allerdings ausschließlich auf Daten aus Deutschland.

17.2.1 Stichprobe

In Deutschland wurden Arbeitnehmer aus 34 Organisationen befragt, davon 14 aus dem privaten Bildungs-

1 Diese Studie ist Teil des PSYCONES-Projektes (PSYchological CONtracts across Employment Situations) und wurde von der Europäischen Union im 5. Rahmenprogramm gefördert (HPSE-CT-2002-00121). Weitere Informationen über das Projekt sind auf dieser Webseite zu finden: www.uv.es/~psycon.

sektor (n=226), 11 Organisationen (n=202) aus dem Einzelhandel und neun Organisationen (n=215) aus der Lebensmittelindustrie. 381 Teilnehmer stammten aus Organisationen in den neuen Bundesländern (59,3%) und 262 aus den alten Bundesländern (40,7%). Die Rücklaufquote der Fragebögen betrug im Durchschnitt 60%. Den folgenden Analysen liegt eine Stichprobe von insgesamt 643 Arbeitnehmern zugrunde. 45% der Teilnehmer hatten einen befristeten Arbeitsvertrag. Die durchschnittliche wöchentliche Arbeitszeit betrug 35 Stunden. Die Gesamtstichprobe setzte sich zu fast gleichen Teilen aus Frauen (51%) und Männern zusammen. Das Durchschnittsalter betrug 37 Jahre. Etwa ein Viertel (26%) der Befragten übte Tätigkeiten als an- und ungelernte Arbeitskräfte aus, 16% waren als Facharbeiter beschäftigt, 18% als Angestellte auf unterer, 31% auf mittlerer und 9% auf höherer Ebene. Manager stellten nur knapp 1% der Stichprobe.

17.2.2 Untersuchungsinstrumente

Zu allen Untersuchungsinstrumenten liegen ausführliche Dokumentationen der psychometrischen Qualität vor, auf die hier daher nur verwiesen werden soll (Rigotti et al. in Druck).

Als Kontrollvariablen wurden Alter, Geschlecht, Bildung[2], Beschäftigung (unbefristet bzw. befristet), wöchentliche Arbeitszeit und Tätigkeit (an- und ungelernte Arbeitskraft bzw. Sonstiges) abgefragt. Die Branchenzugehörigkeit wurde mittels zweier Dummyvariablen kontrolliert, wobei der Bildungssektor als Referenz diente.

Zur Messung der Stressoren und Ressourcen wurden folgende unabhängige Variablen abgefragt:

- Psychologischer Vertrag: 15 Items zur Einhaltung der wahrgenommenen Arbeitgeberverpflichtungen aus Sicht der Arbeitnehmer
- Zeitdruck: 4 Items aus dem Instrument zur stressbezogenen Tätigkeitsanalyse (ISTA) (Semmer et al. 1999)
- Autonomie: 5 Items (Rosenthal et al. 1996)
- Arbeitsplatzunsicherheit: 4 Items (De Witte 2000)

2 Bildung wurde mit einem Algorithmus operationalisiert, der sowohl schulische als auch berufliche Bildung einschließt, basierend auf dem internationalen Klassifikationssystem ISCED (OECD 1999) mit Werten von 1 = primary level, bis 6 = second stage of tertiary education.

Als abhängige Variablen wurden gemessen:

- psychische Beanspruchung bzw. emotionale Irritation[3] mit fünf Items (Mohr et al. 2007)
- allgemeine Gesundheit mit 5 Items des SF-12 Fragebogens nach Ware (1999)
- Fehlzeiten in den letzten 12 Monaten
- Präsentismus, ebenfalls bezogen auf die letzten 12 Monate.

17.3 Ergebnisse

Inwieweit die einzelnen Variablen zusammenhängen, ist in Tabelle 17.1 dargestellt. Die Ermittlung der Zusammenhänge erfolgte mittels des Korrelationskoeffizienten (diese können Werte zwischen −1.0 und +1.0 annehmen, absolute Werte um .10 werden dabei als kleine, um .30 als mittlere und um .50 als große Effekte bezeichnet) Zudem sind in Tabelle 17.1 die Mittelwerte (M), die Standardabweichung (SD) und Cronbachs Alpha als Angabe zur internen Konsistenz der Skalen (in Klammern) dargestellt.

In Tabelle 17.2 werden die Beta-Gewichte des letzten, umfassendsten Modells berichtet sowie der Zuwachs an Varianzaufklärung für die einzelnen Variablenblöcke. Im ersten Block wurden mit Alter, Geschlecht, Bildung, regionaler Zugehörigkeit, formalem Arbeitsvertrag, Arbeitsstunden pro Woche, Branchenzugehörigkeit sowie Tätigkeit in der Organisation eine Reihe soziodemographischer Variablen einbezogen. Diese konnten zwischen 3% (Präsentismus) und 6% (Fehlzeiten) der Varianz in den abhängigen Variablen erklären. In einem zweiten Block wurden die »klassischen« Stressoren und Ressourcen Zeitdruck, Autonomie, Rollenklarheit sowie Arbeitsplatzunsicherheit untersucht. Diese konnten nach der Kontrolle soziodemographischer Variablen zwischen 0% (Fehlzeiten) und 13% (emotionale Irritation) zusätzliche Varianz in den abhängigen Variablen erklären. Die Einhaltung des Psychologischen Vertrages wurde in einem dritten Schritt in die Regressionsgleichungen aufgenommen. Es zeigte sich, dass der Psychologische Vertrag in allen abhängigen Variablen

3 Psychische Beanspruchung als emotionale Irritation wird von Müller et al. (2004, S. 223) folgendermaßen definiert: »Irritation ist ein Zustand psychischer Befindensbeeinträchtigung in Folge erlebter Zieldiskrepanz, der sowohl Ruminationen, im Sinne verstärkter Zielerreichungsbemühungen (kognitive Irritation), als auch Gereiztheitsreaktionen im Sinne einer Zielabwehrtendenz (emotionale Irritation) umfasst.« Da sich die emotionale Irritation als stärkerer Prädiktor weiterer Befindensbeeinträchtigungen erwiesen hat, wird hier lediglich diese Facette betrachtet.

Tabelle 17.1. Korrelationen zwischen den Variablen, Mittelwerte und Standardabweichungen

		1	2	3	4	5	6	7	8	9	10	11	12	13	14	15	16	17	18	%	M	SD
1	Alter	-																			37.14	11.19
2	Geschlecht (1 = männlich)	.02	--																	47.9%		
3	Bildung	.30**	-.09*	--																	3.19	1.19
4	Region (1 = Neue BL)	.14**	-.27**	.30**	–															59.3%		
5	Arbeitsvertrag (1 = unbefristet)	.34**	-.05	.11**	.13**	–														54.9%		
6	Stunden/Woche	-.03	.17**	-.14**	-.16**	.24**	–														34.98	10.43
7	Industrie	-.01	.19**	-.38**	-.47**	.04	.22**	–												33.4%		
8	Einzelhandel	-.24**	-.13**	-.16**	.42**	.06	-.01	-.48**	–											31.4%		
9	Tätigkeit (1 = un-/angelernt)	-.14**	.12**	-.36**	-.26**	-.25**	.03	.38**	-.10*	–										25.8%		
10	Zeitdruck	.10*	.01	.11**	.12**	.28**	.21**	.01	.09*	-.23**	(.76)										3.06	0.87
11	Autonomie	.22**	-.02	.37**	.10*	.19**	-.01	-.31**	-.05	-.43**	.09*	(.84)									3.18	0.99
12	Rollenambiguität	.24**	-.07	-.01	.10*	.14**	.02	.10**	-.01	-.00	-.03	.15**	–								4.53	0.57
13	Arbeitsplatzunsicherheit	-.13**	.04	-.01	.07	-.33**	.02	-.11**	-.03	.19**	-.08	-.25**	-.08*	(.82)							2.62	0.95
14	Psychologischer Vertrag	.09*	.02	.01	-.10*	-.05	-.03	.11**	-.11**	.02	-.16**	.16**	.19**	-.21**	–						4.03	0.67
15	Emotionale Irritation	.02	-.05	.04	.04	.09*	.03	-.11**	.03	-.10*	.28**	.03	-.17**	.09*	-.25**	(.85)					2.32	1.14
16	Allgemeine Gesundheit	-.13**	-.07	-.01	-.01	-.10*	.01	.08*	.00	.07	-.14**	.06	.18**	-.06	.18**	-.26**	(.67)				3.87	0.68
17	Fehlzeiten	-.10**	-.13**	-.06	-.09*	.05	.10*	-.02	-.02	-.01	-.02	.00	-.09*	-.01	-.10**	.07	-.17**	–			1.79	0.91
18	Präsentismus	.05	-.04	-.02	.08	.12**	.08*	-.04	.05	-.08*	.24**	.03	.06	.09*	-.16**	.18**	-.24**	.30**	–		2.48	1.25

*p < .05. ** p < .01, Cronbachs Alpha in Klammern
Cronbachs Alpha variiert im Wertebereich 0 bis 1, Werte größer .50 werden dabei im Allgemeinen als akzeptabel, Werte größer .70 als gut bezeichnet
M = Mittelwert; SD = Standardabweichung

Tabelle 17.2. Hierarchische Regressionsanalysen

Abhängige Variablen	Emotionale Irritation stand. Beta	Allgemeine Gesundheit stand. Beta	Fehlzeiten stand. Beta	Präsentismus stand. Beta
Schritt 1				
Alter	–.01	–.17**	–.12*	.00
Geschlecht	–.06	–.06	–.15**	.00
Bildung	–.07	.10	–.04	–.10
Region	–.04	.03	–.09	.02
Arbeitsvertrag	.07	–.13*	.10	.04
Stunden/Woche	–.03	.05	.10*	.03
Industrie	–.17**	.15*	–.12	–.06
Einzelhandel	–.08	.06	–.13*	–.06
An- und ungelernt	.01	.04	.02	–.03
ΔR^2	.04**	.04**	.06**	.03
Schritt 2				
Zeitdruck	.29**	–.10*	–.06	.22**
Autonomie	.03	.12*	.02	.03
Rollenklarheit	–.14**	.18**	–.02	.12**
Arbeitsplatzunsicherheit	.09	–.05	–.01	.11*
ΔR^2	.13**	.08**	.00	.07**
Schritt 3				
Psychologischer Vertrag	–.15**	.09*	–.10*	–.12**
ΔR^2	.02**	.01*	.01*	.01**
korr. R^2	.16**	.11**	.05**	.09**

* p < .05, ** p < .01, dargestellt sind standardisierte Betagewichte für das Gesamtmodell, Geschlecht: (0 = weiblich, 1 = männlich), Region: (0 = Alte Bundesländer, 1 = Neue Bundesländer), Arbeitsvertrag: (0 = befristet, 1 = unbefristet), An- und Ungelernt: (0 = andere, 1 = an- und ungelernt)
R^2 = Varianzaufklärung

17

einen substantiellen zusätzlichen Beitrag zur Varianzaufklärung von emotionaler Irritation (2%), allgemeiner Gesundheit (1%), Fehlzeiten (1%) sowie Präsentismus (1%) leistet. Es kann daher von einer inkrementellen Validität des Konstrukts gesprochen werden.

Die Ergebnisse belegen, dass die Wahrnehmung der Einhaltung von arbeitgeberseitigen Versprechen (Psychologischer Vertrag) einen statistisch bedeutsamen Beitrag zur Varianzaufklärung des subjektiven Befindens, der Fehlzeiten und auch des Präsentismus leistet. In Bezug auf Fehlzeiten ist der Psychologische Vertrag (im Gesamtmodell) sogar der einzig signifikante Einzelprädiktor unter den psychologischen Variablen. Dies unterstreicht die Bedeutung der Beziehungsgestaltung zwischen Arbeitgeber und Arbeitnehmer für das individuelle Befinden. Werden die wahrgenommenen Versprechen des Arbeitgebers gehalten, so ist die emotionale Irritation geringer, das allgemeine Wohlbefinden größer und es kommt zu weniger Fehlzeiten, aber auch geringerem Präsentismus. Obgleich die Stärke des Zusammenhangs mit 1–2% zusätzlicher Varianzaufklärung gering erscheinen mag, ist nach Kontrolle von Zeitdruck, Autonomie, Rollenklarheit sowie Arbeitsplatzunsicherheit ein substanzieller (statistisch bedeutsamer) Zuwachs neben einer großen Bandbreite soziodemographischer Variablen als praktisch bedeutsam zu werten.

Der Psychologische Vertrag schließt in gewisser Weise tätigkeitsbezogene Stressoren und Ressourcen ein und kann damit als eine Art Metakonstrukt verstanden werden. In der Arbeitspsychologie wurde lange vom Primat der Tätigkeit gesprochen. Dies bedeutet, dass vor allem die Gestaltung der täglichen Handlungsabläufe, also die Arbeitstätigkeit an sich die wichtigste Rolle einnimmt, wenn es um die Gesundheits- und Persönlichkeitsförderlichkeit in der (Erwerbs-)Arbeit geht. Der Psychologische Vertrag stößt dabei die tätigkeitsbezogenen Stressoren zwar nicht vom Sockel, aber er kann diese sinnvoll ergänzen.

17.3.1 Methodische Einschränkungen

Bei der Interpretation der Befunde darf nicht vergessen werden, dass die Daten ausschließlich auf Selbstberichten und einem Querschnittsdesign beruhen. Insbesondere der Zusammenhang zwischen der retrospektiven Einschätzung von Fehlzeiten und Präsentismus mit der aktuellen Wahrnehmung des Psychologischen Vertrages ist dabei mit einer gewissen Vorsicht zu interpretieren. Für die weitere Forschung bieten sich daher prospektive Längsschnittstudien sowie der Einschluss objektiver Daten oder auch Fremdurteile an.

17.4 Fazit

Organisationale Umstrukturierungen und eine deutliche Reduzierung des Personalbestandes in vielen Unternehmen sind wesentliche Bedingungen, die sich in einem veränderten Austausch zwischen Arbeitgeber und Arbeitnehmer widerspiegeln. Dabei wird der traditionelle Vertrag – Arbeitssicherheit gegen Loyalität und Arbeitseinsatz – durch einen neuen Vertrag ersetzt (z. B. Raeder und Grote 2001). Insbesondere für ältere Arbeitnehmer bedeutet der Wandel in den Beschäftigungsbeziehungen häufig einen Bruch ihrer Psychologischen Verträge. Dies liegt weniger am Lebensalter als daran, dass ältere Arbeitnehmer noch unter anderen Vorzeichen in ihre berufliche Laufbahn gestartet sind.

Die Arbeitswelt hat sich in den letzten Jahren rasant beschleunigt. Flachere Hierarchien, kleinere Organisationseinheiten und eine geringe Zahl von in Gewerkschaften organisierten Arbeitnehmern drängen kollektiv verhandelte Arbeitsbeziehungen zurück. Damit rückt die individuelle Ausgestaltung der sozialen Austauschbeziehung zwischen Arbeitgeber und Arbeitnehmer verstärkt in den Vordergrund. Die zunehmende Individualisierung und Diversität von Beschäftigungsbeziehungen innerhalb von Organisationen birgt für manche, vor allem hochqualifizierte und nachgefragte Fachkräfte sicher die Chance, Arbeit, Freizeit und Familie durch flexible Modelle besser zu gestalten. Es gibt aber vermutlich auch Verlierer dieser Entwicklung. Dies sind Menschen auf dem Arbeitsmarkt, die durch verschiedenste Gründe eine schlechtere Verhandlungsposition haben (z. B. durch geringe oder wenig nachgefragte Qualifikation, Migrationshintergrund, aber auch weichere Faktoren wie fehlendes Verhandlungsgeschick etc.).

Psychologische Verträge besitzen – obgleich sie relativ stabil sind – eine gewisse Dynamik. Dabei ist vor allem die frühe Phase der organisationalen Sozialisation von Bedeutung, weil Enttäuschungen gerade zu Beginn der beruflichen Laufbahn entstehen (z. B. De Vos et al. 2003). Besonderes Augenmerk sollte daher auf den Beginn einer Beschäftigungsbeziehung gerichtet werden, wenn der Psychologische Vertrag sich erstmals etabliert, aber auch auf Situationen, die eine neue Ausrichtung des sozialen Tauschhandels erfordern, wie etwa nach Entlassungen, bei einem Eigentümerwechsel oder Joint Venture. Auch wenn Arbeitnehmer nach der Elternzeit oder längerer Krankheit in den Arbeitsprozess reintegriert werden müssen oder im Hinblick auf eine altersdifferenzierte Arbeitsplatz- und Tätigkeitsgestaltung sind die gegenseitigen Versprechen, Erwartungen und Verpflichtungen neu zu klären. Wichtig erscheint dabei, dass bei Kolleginnen und Kollegen nicht der Eindruck entsteht, jemand erhalte hier eine »Extrawurst«, sondern dass besondere Konditionen allen Mitarbeitern in ähnlichen Situationen zugänglich gemacht werden und dies auch transparent ist. Gelingt eine Beziehungsgestaltung, die in ihrem sozialen Tauschgeschäft als fair empfunden wird, stärkt das nicht nur das Vertrauen, sondern auch die Gesundheit und damit mittelbar und unmittelbar auch die Leistungsbereitschaft und -fähigkeit der Beschäftigten.

Den Führungskräften kommt als Mittler zwischen Organisation und Mitarbeitern bei der Gestaltung Psychologischer Verträge eine herausragende Rolle zu. Wichtige Ansatzpunkte sind eine transparente Kommunikations- und Informationspolitik, die weder beschönigt noch dramatisiert, gemeinsam ausgehandelte Regeln für Entscheidungsprozesse (prozedurale Fairness), ein respektvoller und anerkennender Umgang miteinander (interaktionale Fairness) und möglichst demokratisch getragene Kontrollmechanismen gegen Regelverstöße.

Literatur

Atiyah PS (1989) An introduction to the law of contract (4 ed). Clarendon Press, Oxford

Blau PM (1964) Exchange and Power in Social life. Wiley, New York

Cheng GHL, Chang DKS (2008) Who suffers more from job insecurity? A meta-analytic review. Applied Psychology: An International Review 57(2):272–303

Conway N, Briner RB (2005) Understanding psychological contracts at work. A critical evaluation of theory and research. Oxford University Press, Oxford

De Cuyper N, Rigotti T, De Witte H et al (2008) Balancing psychological contracts: Validation of a typology. International Journal of Human Resource Management 19:543–561

De Jonge J, Bosma H, Peter R et al (2000) Job strain, effort-reward imbalance and employee well-being: A large scale cross-sectional study. Social Science & Medicine 50:1317–1327

De Vos A, Buyens D, Schalk R (2003) Psychological contract development during organizational socialization: adaptation to reality and the role of reciprocity. Journal of Organizational Behavior 24:537–559

De Witte H (2000) Arbeidsethos en jobonzekerheid: meting en gevolgen voor welzijn, tevredenheid en inzet op het werk. In: Bouwen R, De Witte K, De Witte H et al (eds) Van groep naar gemeenschap. Garant, Leuven, pp 325–350

Folger R (1987) Reformulating the preconditions of resentment: A referent cognitions model. In: Masters JC, Smith WP (eds) Social comparison, justice, and relative deprivation: Theoretical, empirical, and policy perspectives. Lawrence Erlbaum Associates, Hillsdale, NJ, pp 183–215

Gouldner AW (1960) The norm of reciprocity: A preliminary statement. American Sociological Review 25:161–178

Guest DE (1998) Is the psychological contract worth taking seriously? Journal of Organizational Behavior 19:649–664

Karasek RA (1979) Job demands, job decision latitude and mental strain: implications for job redesign. Administrative Science Quarterly 24:285–308

Lazarus RS, Launier R (1981) Streßbezogene Transaktionen zwischen Person und Umwelt. In: Nitsch J (Hrsg) Stress. Theorien, Untersuchungen, Maßnahmen. Huber, Bern, S 213–260

Mohr G, Rigotti T, Müller A (2007) Irritations-Skala zur Erfassung arbeitsbezogener Beanspruchungsfolgen. Hogrefe, Göttingen

Morrison EW, Robinson SL (1997) When employees feel betrayed: A model of how psychological contract violation develops. Academy of Management Review 22:226–256

Müller A, Mohr G, Rigotti T (2004) Differentielle Aspekte psychischer Beanspruchung aus Sicht der Zielorientierung. Die Faktorstruktur der Irritations-Skala. Zeitschrift für Differentielle und Diagnostische Psychologie 25:213–225

Organisation for Economic Co-operation and Development [OECD] (1999) Classifying Educational Programmes. Manual for ISCED-97 Implementation in OECD Countries, 1999 Edition. OECD, Paris

Raeder S, Grote G (2001) Flexibilität ersetzt Kontinuität. Arbeit – Zeitschrift für Arbeitsforschung, Arbeitsgestaltung und Arbeitspolitik 10:352–364

Rhoades L, Eisenberger R (2002) Percieved organizational support: A review of the literature. Journal of Applied Psychology 87:698–714

Rigotti T, Otto K, Mohr G (2007) Psychologische Verträge und ihr Zusammenhang zu psychosozialem Befinden von Arbeitnehmerinnen und Arbeitnehmern. In: Richter P, Rau R, Mühlpfordt S (Hrsg) Arbeit und Gesundheit. Pabst, Lengerich, S 227–246

Rigotti T, Mohr G, Clinton M et al (2009) Investigating the experience of temporary working. In: Isaksson K, Guest D, De Witte H (eds) Employment Contracts, Psychological Contracts and Worker Well-Being: An International Study. Oxford University Press, Oxford (in press)

Rosenthal P, Guest D, Peccei R (1996) Gender difference in managers' explanations for their work performance: A study in two organizations. Journal of Occupational & Organizational Psychology 69:145–151

Rousseau DM, Tijoriwala SA (1998) Assessing psychological contracts: Issues, alternatives and measures. Journal of Organizational Behavior 19:679–695

Semmer N (1996) Individual differences, work stress and health. In: Schabracq MJ, Winnubst JAM, Cooper CL (eds) Handbook of Work and Health Psychology. Wiley, Chichester, pp 83–120

Semmer NK, Zapf D, Dunckel H (1999) Instrument zur Stressbezogenen Tätigkeitsanalyse. In: Dunckel H (Hrsg) Handbuch psychologischer Arbeitsanalyseverfahren. vdf Hochschulverlag, Zürich, pp 179–204

Siegrist J (1996) Soziale Krisen und Gesundheit. Hogrefe, Göttingen

Ware JE (1999) SF–36 Health Survey. In: Maruish ME (ed) The use of psychological testing for treatment planning and outcomes assessment (2nd ed.). Lawrence Erlbaum Associates, Mahwah, NJ, US, pp 1227–1246

Zapf D, Semmer N (2004) Stress und Gesundheit in Organisationen. In: Schuler H (Hrsg) Enzyklopädie der Psychologie, Themenbereich D, Serie III, Band 3, Organisationspsychychologie (2. Aufl). Hogrefe, Göttingen, S 1007–1012

Zhao H, Wayne SJ, Glibowski BC, Bravo J (2007) The impact of psychological contract breach on work-related outcomes: A meta-analysis. Personnel Psychology 60:647–680

Kapitel 18

Arbeitsbelastungen und psychische Gesundheit bei älteren Erwerbstätigen: die Bedeutung struktureller Intervention

J. Siegrist · N. Dragano · M. Wahrendorf

Zusammenfassung. *Obwohl umstritten ist, ob psychische Störungen in jüngster Vergangenheit wirklich zugenommen haben, ist die Evidenz einer direkten Beziehung zwischen psychosozialen Arbeitsbelastungen und einem erhöhten Risiko psychischer Erkrankungen, insbesondere Depressionen, deutlich angewachsen. Im Beitrag werden neuere Ergebnisse hierzu referiert. Im Mittelpunkt stehen Resultate einer europaweiten Studie, in der auch der Einfluss unterschiedlicher sozial- und arbeitspolitischer Rahmenbedingungen auf die durchschnittliche Ausprägung von Arbeitsbelastungen in den verschiedenen Ländern untersucht wird. Aus den vorhandenen Erkenntnissen lassen sich verschiedene Maßnahmen struktureller Prävention auf betrieblicher und überbetrieblicher Ebene mit dem Ziel ableiten, die psychische Gesundheit im Arbeitsleben – und hier insbesondere bei älteren Beschäftigten – zu stärken, zu erhalten und wiederherzustellen.*

18.1 Einleitung

Das Thema »Arbeitsbelastungen und psychische Störungen« besitzt gegenwärtig hohe Aktualität. Zum einen belegen umfangreiche Trendanalysen eine Zunahme von Arbeitsunfähigkeitstagen (DAK 2007) und Erwerbsminderungsrenten (Rehfeld 2006) aufgrund psychischer Störungen, zum andern nehmen Beanspruchungen und Belastungen in einer durch transnationale Konkurrenz und raschen technischen Wandel bestimmten Wirtschaft zu (Parent-Thirion et al. 2007). Da verschiedene Untersuchungen einen Zusammenhang zwischen psychosozialen Arbeitsbelastungen und psychischen Störungen nachgewiesen haben (als Übersicht Bonde 2008, Siegrist und Dragano 2008, Stansfeld und Candy 2006), liegt die Vermutung nahe, aus globalen Trendanalysen auf eine auch auf individueller Ebene geltende kausale Verknüpfung zu schließen. Sie besagt, dass die Häufigkeit psychischer Störungen in der erwerbsaktiven Bevölkerung in den letzten Jahren zugenommen habe und dass ein signifikanter Anteil an dieser Zunahme auf psychosoziale Belastungen der Arbeitswelt zurückzuführen sei. Bei einer solchen Schlussfolgerung ist allerdings Vorsicht geboten, denn die Frage, ob die Häufigkeit psychischer Störungen – und hier insbesondere depressiver Erkrankungen – tatsächlich zugenommen hat, ist keineswegs eindeutig beantwortet. Eine neuere Literaturübersicht zu dieser Frage, in die 44 Studien aus der internationalen Forschung einbezogen wurden, kommt zu folgendem Ergebnis: Lediglich vier der 16 auf Erwachsene bezogenen Studien verweisen auf eine zunehmende Neuerkrankungsrate oder eine zunehmende Häufigkeit (Prävalenz) über verschiedene Messzeitpunkte hinweg, während die Mehrzahl, darunter auch die methodisch besonders zuverlässigen Untersuchungen, einen gleichbleibenden Trend anzeigen (Richter et al. 2008). Zweifellos haben die Bereitschaft, sich angesichts psychischer Störungen behandeln zu lassen, die damit einhergehende Entstigmatisierung psychischer Störungen in der Gesellschaft sowie die wachsende Neigung, psychosoziale Probleme zu »medikalisieren« zu einer verstärkten Problemwahrnehmung geführt.

Dennoch bleibt festzuhalten, dass psychische Störungen, und insbesondere depressive Erkrankungen, in der erwerbsaktiven Bevölkerung gegenwärtig einen relevanten Umfang einnehmen und dass angesichts der Evidenz pathogener Einflüsse der Arbeitswelt auf deren Entstehung und Verlauf verstärkte Präventionsbemühungen in der Arbeitswelt angezeigt sind (Unger und Kleinschmidt 2006). Zielgruppen solcher Bemühungen sind aufgrund der oben erwähnten, stark altersassoziierten Krankheitslast in erster Linie Erwerbstätige im mittleren und höheren Lebensalter. Nachfolgend wird daher anhand neuer Forschungsergebnisse zu statistischen Zusammenhängen zwischen psychosozialen Arbeitsbelastungen und psychischer Gesundheit bei älteren Erwerbstätigen in verschiedenen europäischen Ländern dargelegt, wie bedeutsam hierbei strukturelle Interventionsmaßnahmen auf betrieblicher und überbetrieblicher Ebene sind. Zuvor muss jedoch geklärt werden, wie der Einfluss belastender Arbeitsbedingungen auf verminderte psychische Gesundheit wissenschaftlich überzeugend nachgewiesen werden kann.

18.2 Arbeitsbelastungen und psychische Gesundheit

18.2.1 Theoretischer Hintergrund

Der Wandel von Arbeitsbelastungen in modernen Gesellschaften ist mehrfach beschrieben worden (Parent-Thirion et al. 2007). Obwohl nach wie vor ein beachtlicher Anteil der Beschäftigten von langjähriger körperlicher Fehlbeanspruchung ebenso wie von Exposition gegenüber physikalischen und chemischen Noxen der Arbeitswelt betroffen ist, liegt das Hauptgewicht belastender Arbeitsbedingungen für die Mehrzahl der Erwerbstätigen im Bereich mentaler und sozio-emotionaler Beanspruchungen und ihrer langfristigen Folgen für psychische und körperliche Erkrankungsrisiken. Da es eine Vielzahl solcher psychosozialer Beanspruchungen und Belastungen in den verschiedenen Berufsgruppen gibt (z. B. Zeitdruck, hohe Anforderungen, Störungen des Arbeitsablaufs, Konflikte mit Vorgesetzten, Mitarbeitern oder Kunden, Angst vor Arbeitsplatzverlust oder unfreiwilliger Versetzung) und da die Intensität ihrer Wirkung von unterschiedlichen Bedingungen abhängt (z. B. subjektive Bedeutung und individuelle Bewältigung), ist eine Reduktion der Komplexität mithilfe theoretischer Modelle erforderlich. Ein theoretisches Modell hat die Aufgabe, auf einer abstrakten Ebene diejenigen Komponenten der komplexen Belastungswirklichkeit von Arbeit und Beschäftigung herauszufiltern, deren Zusammentreffen in der Regel pathogene, d. h. krank machende Wirkungen erzeugt. Weil einem solchen theoretischen Modell Erkenntnisse der psychobiologischen Stressforschung zugrunde liegen, spricht man auch von Arbeitsstressmodellen.

In der aktuellen internationalen Forschung gibt es zwar eine Vielzahl solcher Arbeitsstressmodelle (als Übersicht Cartwright und Cooper 2009), jedoch sind die nachfolgend kurz beschriebenen beiden Modelle besonders häufig bezüglich erhöhter psychischer Erkrankungsrisiken bei verschiedenen Berufsgruppen, Branchen und unterschiedlichen Ländern untersucht worden, sodass diesbezüglich belastbare wissenschaftliche Erkenntnisse vorliegen. Hinzu kommt, dass ihr Fokus im Gegensatz zu eher psychologisch ausgerichteten Stressmodellen auf der Arbeitsorganisation und den strukturellen Bedingungen von Arbeit liegt und sie somit Grundlagen für die Planung struktureller Präventionsansätze sein können. Das erste vielfach in der Forschung verwendete Konzept wird als *Anforderungs-Kontroll-Modell* bezeichnet (Karasek und Theorell 1990). Es besagt, dass krankheitswertige Stresserfahrungen überall dort entstehen, wo quantitativ hohe Anforderungen (z. B. permanenter Zeitdruck) an Beschäftigte gestellt werden, während zugleich deren Entscheidungs- und Kontrollspielraum bei der Bewältigung von Arbeitsaufgaben begrenzt ist. Aus dieser Kombination resultieren psychophysische Spannungszustände, die langfristig die Gesundheit beeinträchtigen können. Verschärft wird diese Wirkung durch fehlende soziale Unterstützung bei der Arbeit, z. B. an Einzelarbeitsplätzen. Dieses Modell findet eine Anwendung insbesondere bei taktgebundenen Arbeitsprozessen in der industriellen Produktion, bei einer Vielzahl monotoner repetitiver Arbeiten, die mit niedriger Qualifikation ausgeführt werden, ebenso bei unterschiedlichen Dienstleistungstätigkeiten. Ein zweites Konzept, das *Modell beruflicher Gratifikationskrisen*, befasst sich mit krankmachenden Wirkungen, die aus dem Beschäftigungsverhältnis resultieren (Siegrist 1996). Hier wird postuliert, dass ein Ungleichgewicht von fortgesetzt hoher geleisteter Verausgabung und nicht angemessen gewährten Belohnungen die genannten psychophysischen Spannungszustände hervorruft, wobei berufliche Belohnungsenttäuschungen nicht nur die Bezahlung, sondern auch die Anerkennung erbrachter Leistungen sowie die Aufstiegschancen und die Arbeitsplatzsicherheit betreffen. Mit einem wiederkehrend erfahrenen Ungleichgewicht zwischen hoher Verausgabung und niedriger Belohnung (»Gratifikationskrise«) wird einer zentralen Norm des arbeitsvertraglich geregelten Austausches zwischen Arbeitgebern und Arbeitnehmern nicht angemessen Rechnung getragen. Obwohl solche Erfahrungen prinzipiell in allen Berufen gemacht werden können, treten sie mit besonderer Häufigkeit bei Berufsgruppen mit niedriger Qualifikation bzw. in peripheren Beschäftigungssektoren auf.

Beide Modelle ergänzen sich, da unterschiedliche stresstheoretische Aspekte untersucht werden. Außerdem besteht ein deutlicher Unterschied darin, dass das Anforderungs-Kontroll-Modell lediglich Tätigkeitsmerkmale berücksichtigt, während im Modell beruflicher Gratifikationskrisen zusätzlich das Leistungsverhalten der arbeitenden Person erfasst wird, indem der Aspekt intrinsischer Verausgabungsneigung in die Analyse einbezogen wird. Beide Modelle werden anhand psychometrisch getesteter, standardisierter Befragungsinstrumente gemessen, wobei kritische Belastungswerte aus Ergebnissen epidemiologischer Studien abgeleitet worden sind (Karasek et al. 1998, Siegrist et al. 2004). Anhand dieser Belastungswerte lässt sich das statistische Risiko abschätzen, mit dem eine entsprechend exponierte Person in einem definierten Zeitraum an einer definierten gesundheitlichen Störung erkranken wird, im Vergleich zu einer Person, die bei sonst vergleichbaren Ausgangsbedingungen frei von diesen psychosozialen Belastungen ist. Die Mehrzahl der bisher durchgeführten Studien, die sich speziell mit psychischen Erkrankungen – vornehmlich depressiven Symptomen oder klinisch manifesten depressiven Störungen – beschäftigt haben, zeigt, dass eine entsprechende Risikoerhöhung im Bereich zwischen 50 und 150 Prozent liegt (Bonde 2008, Siegrist und Dragano 2007). Man kann also sagen, dass Erwerbstätige, die von chronischem Arbeitsstress in Form eines der beiden genannten Modelle betroffen sind, im Durchschnitt ein etwa doppelt so hohes Risiko aufweisen, von einer stress-assoziierten psychischen Krankheit betroffen zu sein wie Erwerbstätige ohne entsprechende Belastungserfahrungen bei der Arbeit. Da die bisher besonders gut untersuchten stress-assoziierten Krankheitsbilder der Depression und der koronaren Herzkrankheit im mittleren und höheren Erwerbsalter mit größerer Häufigkeit als bei Jüngeren auftreten, entsteht bei diesen Altersgruppen ein besonderer Bedarf, diesen Gesundheitsgefahren durch Maßnahmen der Prävention bzw. Intervention vorzubeugen.

18.2.2 Ergebnisse einer europäischen Studie

Anstelle vieler einzelner Forschungsergebnisse sollen an dieser Stelle lediglich Befunde aus einer einzigen aktuellen Studie referiert werden. Es handelt sich um eine in 12 europäischen Ländern durchgeführte vergleichende Befragung zum Zusammenhang zwischen Arbeitsbelastungen und psychischer Gesundheit bei älteren Beschäftigten (50 bis 65 Jahre), den »Survey of Health, Ageing, and Retirement in Europe« (SHARE, Börsch-Supan et al. 2005) und der »English Longitudinal Study of Ageing« (ELSA, Banks et al. 2006). In dieser Studie wurden unter anderem die beiden genannten Arbeitsstressmodelle in verkürzter Form gemessen (beim Anforderungs-Kontroll-Modell lediglich die Dimension »Kontrolle«, beim Modell beruflicher Gratifikationskrisen lediglich die »extrinsischen« Komponenten), sodass für eine Auswahl europäischer Länder detaillierte Analysen zu psychosozialen Arbeitsbelastungen bei älteren Erwerbstätigen durchgeführt werden können (Siegrist et al. 2009). Insgesamt liegen Daten aus den ersten beiden Erhebungswellen (2004 und 2007) bei knapp 10.000 befragten Männern und Frauen vor. Zentrale gesundheitliche Messgröße ist in diesem Fall die psychometrisch getestete »Allgemeine Depressionsskala« (Hautzinger und Bailer 1993).

Die Ergebnisse der Basisuntersuchung zeigen, dass etwa 16% der Befragten depressive Symptome aufweisen, wobei Frauen mit ca. 21% häufiger betroffen sind als Männer, bei denen die Gesamtprävalenz bei 12 % liegt. In allen 12 Ländern sind depressive Symptome bei denjenigen Beschäftigten häufiger vorzufinden, deren Arbeitssituation durch ein Ungleichgewicht zwischen hoher Verausgabung und niedriger Belohnung bzw. durch einen eingeschränkten Kontrollspielraum bei der Tätigkeit gekennzeichnet ist. In multivariaten statistischen Analysen des internationalen Datensatzes (s. Abb. 18.1) zeigt sich, dass psychosoziale Arbeitsbelastungen bei älteren Erwerbstätigen ungefähr mit einer Verdoppelung des Risikos depressiver Symptome einhergehen. Dies gilt auch dann, wenn für die soziale Schichtzugehörigkeit kontrolliert worden ist (Modell 2 in Abb. 18.1). Interessant ist zudem, dass jede der drei Belohnungskomponenten im Modell beruflicher Gratifikationskrisen (Arbeitsplatzunsicherheit, geringe Bezahlung und geringe Anerkennung) ähnlich starke Effekte auf die psychische Gesundheit aufweist.

Die genannten Ergebnisse gelten nicht nur für Querschnittsdaten anlässlich der ersten Erhebung, sondern auch für Längsschnittdaten. Dies bedeutet, dass hohe Arbeitsbelastungen bei älteren Erwerbstätigen im Jahr 2004 ein erhöhtes Risiko depressiver Symptome im Jahr

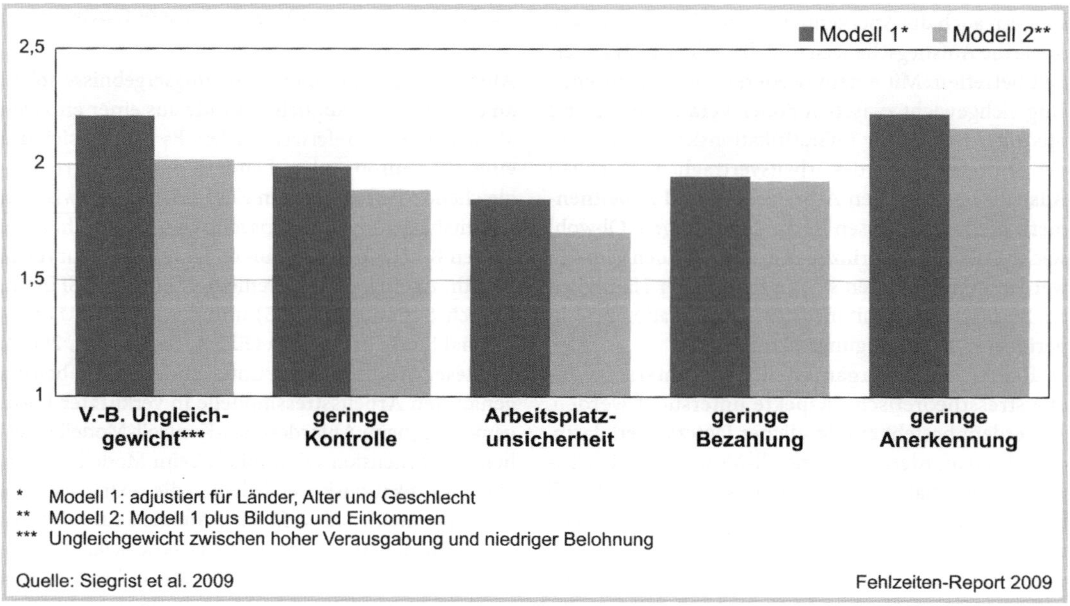

Abb. 18.1. Arbeitsbelastung und depressive Symptome (inkl. Belohnungskomponenten) signifikante Odds Ratios
Anmerkungen: Modell 1: adjustiert für Länder, Alter und Geschlecht. Modell 2: Modell 1 plus Bildung und Einkommen.

2007 vorhersagen. Diese globalen Befunde sind relativ stabil für verschiedene Subgruppen des europäischen Arbeitsmarktes und gelten beispielsweise für Männer wie für Frauen oder für Arbeiter wie für Angestellte aus verschiedenen Branchen (Siegrist et al. 2009).

Eine Besonderheit dieser Untersuchung besteht darin, dass das länderübergreifende Design die Möglichkeit eröffnet, die Auswirkungen unterschiedlicher sozial- und arbeitspolitischer Rahmenbedingungen auf die Verbreitung und die Wirkung psychosozialer Arbeitsbelastungen vergleichend zu untersuchen. Beispielsweise konnte betrachtet werden, ob strukturelle Merkmale der sozialen Sicherungssysteme und der Arbeitspolitik Auswirkungen auf die arbeitsbezogene psychische Gesundheit haben (Dragano et al. 2009). Maßgeblich für diese Analyse war die Annahme, dass in Ländern mit einer ausgesprochen aktiven Arbeits- und Sozialpolitik (so genanntes universalistisches wohlfahrtsstaatliches Regime) im Durchschnitt geringere psychosoziale Arbeitsbelastungen zu verzeichnen sind, als in Ländern mit einer konservativen oder ausgesprochen liberalen wohlfahrtsstaatlichen Orientierung (Esping-Andersen 1990). Dem universalistischen Wohlfahrtsregime sind am ehesten die skandinavischen Länder zuzuordnen, dem konservativen Regime Länder wie Frankreich und Deutschland, dem liberalen Regime am ehesten Großbritannien. Es zeigt sich, dass die durchschnittlichen Belastungswerte der Skala »Arbeitsplatzunsicherheit« in skandinavischen Ländern niedriger sind als in konservativen Ländern, wohingegen Belastungen bezüglich »Bezahlung« und »Anerkennung« in konservativen Ländern etwas niedriger sind. Der Entscheidungsspielraum am Arbeitsplatz ist in den Ländern mit universalistischem Wohlfahrtsregime deutlich höher als in liberalen und konservativen Ländern, am niedrigsten ist er in den untersuchten südeuropäischen Ländern Italien, Spanien und Griechenland.

Ländervergleiche und darauf aufbauende Vergleiche zwischen wohlfahrtsstaatlichen Regimes können zwar Trends andeuten, mögliche Ursachen der beobachteten Unterschiede lassen sich daraus aber nur begrenzt ableiten. Daher besteht ein weiterer Ansatz darin zu untersuchen, ob einzelne Indikatoren sozialstaatlicher Aktivitäten, welche für die Arbeitsbelastungen älterer Beschäftigter direkt oder indirekt von Bedeutung sein können, nach Ländern variieren und ob sich ein Zusammenhang ergibt zwischen der durchschnittlichen Ausprägung eines Indikators und der durchschnittlichen Ausprägung von Arbeitsbelastungen. Für dieses Projekt sind Indikatoren gewählt worden, die Aufschluss darüber geben, inwieweit ältere Erwerbstätige in den Arbeitsmarkt integriert sind. Dazu gehören beispielsweise das durchschnittliche Erwerbsaustrittsalter, die Arbeitslosenquote bei Älteren oder die Weiterbildungsquote eines Landes.

In den bisher durchgeführten Analysen zeigen sich interessante Zusammenhänge zwischen diesen länderspezifischen Kennzahlen und Arbeitsbelastungen auf individueller Ebene (Dragano et al. 2009, Siegrist et al. 2009). Betrachtet man etwa das durchschnittliche Erwerbsaustrittsalter eines Landes, so zeigt sich, dass mit steigendem Erwerbsaustrittsalter in einem Land die durchschnittlichen Belastungswerte infolge eines Verausgabungs-Belohnungs-Ungleichgewichts oder geringer Kontrolle sinken. Hierzu ist anzumerken, dass ein hohes Austrittsalter gegenwärtig vor allem in denjenigen Ländern präsent ist, die sich in der Vergangenheit bemüht haben, die Lage älterer Menschen auf dem Arbeitmarkt nachhaltig zu verbessern (z. B. Schweden, Dänemark). Mit gebotener Vorsicht kann man diese genannten Zusammenhänge dahingehend interpretieren, dass die gesellschaftliche Wertschätzung, die Ältere bei der Arbeit erfahren, in den Ländern besonders hoch ist, welche sichtbare Investitionen in die Beschäftigungsfähigkeit Älterer leisten, während sie dort niedrig ist, wo wenig dagegen getan wird, dass Beschäftigte durchschnittlich früh aus dem Erwerbsleben ausscheiden.

Ein ähnlicher Zusammenhang zeigt sich auch bezüglich weiterer Indikatoren für sozial- und arbeitspolitische Rahmenbedingungen, so etwa der Quote Erwerbstätiger pro Land, die an Weiterbildungsmaßnahmen teilnehmen. Dieser ebenfalls grobe Indikator soll als Hinweis auf die Ausprägung einer »Qualifikationskultur« dienen, von der in erster Linie ältere Beschäftigte profitieren dürften. Diese »Qualifikationskultur« ist in Staaten mit universalistischem Wohlfahrtsregime wiederum höher als in konservativen (und hier insbesondere südeuropäischen) Ländern. Und wiederum ist ersichtlich, dass das Ausmaß der im Landesdurchschnitt erfahrenen Wertschätzung bei der Arbeit mit steigender »Qualifikationskultur« zunimmt.

Mit diesen Befunden sind erste Hinweise gegeben, dass von einer überbetrieblichen, durch staatliche Gesetze und Programme gekennzeichneten Ebene möglicherweise ebenfalls Fernwirkungen auf das Ausmaß erfahrener Belastungen am Arbeitsplatz ausgehen können, und zwar vermittelt über Regelungen, welche die Arbeits- und Beschäftigungsfähigkeit älterer Erwerbstätiger zu steigern vermögen (hohes Arbeitsplatzangebot für Ältere, ausgeprägte Investitionen in Weiterbildungsmaßnahmen). Damit stellt sich die Frage nach praktischen Konsequenzen aus den hier exemplarisch dargestellten Forschungsergebnissen.

18.3 Folgerungen für die strukturelle Intervention

18.3.1 Die betriebliche Ebene

Auch wenn der Akzent dieser Ausführungen auf psychosozialen Beanspruchungen und Belastungen von Arbeit und Beschäftigung liegt, darf nicht übersehen werden, dass eine erste wichtige Aufgabe der betrieblichen Gesundheitsförderung mit dem Ziel, Arbeits- und Beschäftigungsfähigkeit älterer Erwerbstätiger durch die Stärkung von Leistungsvermögen und Wohlbefinden zu erhalten, darin besteht, kritische Arbeitsbedingungen zu identifizieren. Dies schließt etablierte Verfahren der Gefährdungsbeurteilung wie Arbeitsplatzbegehungen, betriebsärztliche Untersuchungen, Tätigkeitsanalysen, Auswertung administrativer Daten ebenso ein wie Mitarbeiterbefragungen, innerbetriebliche Gesundheitszirkel und ähnliche Verfahren. Hierzu zählen auch die in Deutschland im internationalen Vergleich vorbildlichen Maßnahmen des Arbeitsschutzes, die allerdings bei langjährig beschäftigten bzw. älteren Arbeitnehmern, bei mobilen Berufsgruppen (in Verkehrsunternehmen, bei Außendiensten, im Bau und Montagebereich) sowie bei bestimmten Gruppen prekärer Beschäftigung (z. B. Zeit-, Leih-, Saisonarbeit; »Randbelegschaften« mit geringer Qualifikation, v. a. ausländische Arbeitskräfte) weiter optimiert werden sollen.

Eine zweite wichtige Aufgabe struktureller Intervention auf betrieblicher Ebene besteht darin, bereits bestehende oder neu zu entwickelnde Maßnahmen der Organisations- und Personalentwicklung daraufhin zu prüfen, inwieweit aus neuen wissenschaftlichen Erkenntnissen zu arbeitsbedingten Gesundheitsgefahren konkrete Folgerungen abgeleitet werden können. So ergeben sich beispielsweise aus den oben genannten Befunden Anregungen, den Entscheidungsspielraum bei der Aufgabengestaltung an einzelnen Arbeitsplätzen und bei der Arbeitsteilung zu erweitern, etwa indem Beschäftigte vermehrt Tätigkeiten vollständig ausführen können (»job enrichment«, »job enlargement«), indem alters- und qualifikationsgemischte Teamarbeit ermöglicht wird, oder indem insbesondere für Ältere Tätigkeitswechsel oder so genannten »Querschnittstätigkeiten« angeboten werden. Die Mitgestaltung von Arbeitszeiten einschließlich eines entsprechenden Angebotes an Teilzeitarbeitsplätzen gehört ebenfalls zu einem solchen Maßnahmenbündel.

Strukturelle Änderungen im Rahmen betrieblicher Personalentwicklung, welche die Beschäftigungsfähigkeit und Gesundheit Älterer positiv zu beeinflussen vermögen, beziehen sich nach den im vorhergehenden

Abschnitt dargestellten Ergebnissen auf den Ausbau inner- und überbetrieblicher Qualifizierung, auf die Einbeziehung so genannter Lebensarbeitszeitmodelle in die Personalplanung, auf die Sicherung beruflicher Gratifikationen (z. B. bei unfreiwilligen Umsetzungen, bei altersbedingten Änderungen von Leistungslöhnen, bei Kündigungsschutz langjährig Beschäftigter) sowie auf die Sicherung eines in Bezug auf die besondere Lage älterer Mitarbeiterinnen und Mitarbeiter angemessenen Führungsverhaltens in Organisationen. Wie die exemplarisch erwähnten Forschungsergebnisse aus der europäischen Studie bei älteren Beschäftigten gezeigt haben, gehen nicht nur von status- und einkommensbezogenen Belohnungen, sondern auch von Gratifikationen in Form von Wertschätzung geleisteter Arbeit und Anerkennung der Mitarbeiterinnen und Mitarbeiter durch ihre Vorgesetzten deutliche Effekte auf deren psychische Gesundheit aus. Die Schulung angemessenen Führungsverhaltens ist daher ein wichtiges Postulat gesundheitsförderlicher Personalentwicklung in Betrieben und Organisationen. Dass vom Aufbau eines innerbetrieblichen »Achtungsmarktes« und von leistungsbezogenen Arbeitszeitvergünstigungen positive Wirkungen auf Gesundheit und Wohlbefinden ausgehen, haben erste Interventionsstudien eindrucksvoll belegt (Bourbonnais et al. 2006, Ilmarinen und Tempel 2003, Theorell et al. 2001).

Zusammenfassend können wir sagen: Um Gesundheit und Leistungsfähigkeit älterer Beschäftigter in möglichst großem Umfang zu erhalten, sind weitreichende Investitionen in gesundheitsfördernde Arbeitsbedingungen erforderlich. Sie reichen über das herkömmliche Spektrum von Bestimmungen des Arbeits- und Gesundheitsschutzes von Beschäftigten hinaus, da sie neben konsequent weiterentwickelten Qualifizierungsangeboten wissenschaftlich fundierte Maßnahmen der Organisations- und Personalentwicklung beinhalten (Siegrist und Dragano 2007).

18.3.2 Die überbetriebliche Ebene

Angesichts begrenzter Reichweite innerbetrieblicher Interventionen sind, unterstützt durch erste Ergebnisse international vergleichender wissenschaftlicher Studien, überbetriebliche, d. h. regionale und nationale Maßnahmen erforderlich. Hierbei handelt es sich zum einen um tarifpolitische Vereinbarungen zwischen Arbeitgeber- und Arbeitnehmerseite, zum andern um gesetzliche Regelungen und Programme mit sozial- und arbeitspolitischer Ausrichtung auf nationaler Ebene. Diese Regelungen und Programme können eine entscheidende Stärkung durch bindende Richtlinien vonseiten der Europäischen Gemeinschaft sowie durch »weichere« Gemeinschaftsinitiativen erhalten, die beispielsweise anhand der Methode der offenen Koordinierung vorangetrieben werden. Auf nationaler Ebene zeigt das Beispiel Finnlands, wie weitreichend die Wirkungen einer koordinierten politischen Initiative zur Verbesserung und Erhaltung von Gesundheit und Beschäftigungsfähigkeit Älterer sein können. Die dort erzielten Erfolge sind wesentlich auf eine Kombination intersektoraler Politik mit einer nationalen Forschungs- und Koordinierungsaktivität zurückzuführen (Sporket 2007). Ähnliche Initiativen sind aus Großbritannien, Schweden, Dänemark und den Niederlanden bekannt. In Deutschland sind von den unter Federführung des Bundesministeriums für Arbeit und Soziales stehenden Initiativen »Neue Qualität der Arbeit« bzw. »Für eine neue Kultur der Arbeit« weiterführende Impulse zu erwarten.

In europäischer sowie in globaler Perspektive zeigen sich allerdings auch Grenzen und Widerstände gegen eine gesundheitsfördernde Arbeits- und Sozialpolitik. Innerhalb der Europäischen Gemeinschaft ist auf den großen »Nachholbedarf« der südeuropäischen, zentral- und osteuropäischen Mitgliedsstaaten bei der Ausgestaltung von sozialer Sicherung, Arbeitsschutz und betrieblicher Gesundheitsförderung hinzuweisen. Im Rahmen der ökonomischen Globalisierung und der wachsenden transnationalen Verflechtung wirtschaftlicher Aktivitäten sowie von Kapitalströmen und Arbeitsmärkten dürfte die Umsetzung gesundheitsförderlicher Prinzipien in die Beschäftigungs- und Arbeitsverhältnisse eher erschwert werden. Gleiches gilt für die aktuelle Wirtschafts- und Finanzkrise, bei welcher der bereits sichtbare Abbau von Arbeitsplätzen die älteren Erwerbstätigen in erster Linie treffen könnte. Schließlich muss auf Zielkonflikte zwischen ökonomischem Wachstum und ökologischer Nachhaltigkeit hingewiesen werden. Der konventionelle Lösungsweg politischer Durchsetzung von Maßnahmen der Vollbeschäftigung wird angesichts bedrohlicher Entwicklungen einer durch Wirtschaftswachstum geschädigten Umwelt nicht problemlos weiter beschritten werden können. So zeigt sich am Beispiel des hier angesprochenen Problems struktureller Intervention zur Sicherung psychischer Gesundheit bei älteren Erwerbstätigen, wie weitreichend und grundsätzlich unser Denken und Handeln verändert werden muss, um die kostbaren Ressourcen menschlicher Produktivität in allen Lebensphasen zu erhalten und zu fördern.

Literatur

Banks J, Breeze E, Lessof C et al (2006) Retirement, health and relationships of older population in England: the 2004 English Longitudinal Study of Ageing (Wave 2). Institute for Fiscal Studies, London

Bonde J (2008) Psychosocial factors at work and risk of depression: a systematic review of the epidemiological evidence. Occupational and Environmental Medicine 65:438–445

Börsch-Supan A, Brugiavini A, Jürges H et al (2005) Health, Aging and Retirement in Europe. First results from the Survey of Health, Aging and Retirement in Europe. Mannheim, Mannheim Research Institute for the Economics of Aging

Bourbonnais R, Brisson C, Vinet A et al (2006) Effectiveness of a participative intervention on psychosocial work factors to prevent mental health problems in a hospital setting. Occup Environ Med 63:335–342

Cartwright S, Cooper CL (2009) The Oxford Handbook of Organizational Well-Being. Oxford University Press, Oxford

DAK (2007) DAK Gesundheitsreport. Deutsche Angestelltenkrankenkasse, Hamburg

Dragano N, Wahrendorf M, Börsch-Supan A et al (2009) Welfare regimes, labour policies and workers health: A comparative study with 9917 elder employees from 12 European countries. Journal of Epidemiolgy and Community Health (submitted)

Esping-Andersen G (1990) The Three Worlds of Welfare State Capitalism. Cambridge University Press, Cambridge

Hautzinger M, Bailer M (1993) ADS Allgemeine Depressionsskala. Beltz Test GmbH, Weinheim

Ilmarinen J, Tempel J (2003) Erhaltung, Förderung und Entwicklung der Arbeitsfähigkeit. In: Badura B, Schellschmidt H, Vetter C (Hrsg) Fehlzeiten-Report 2002 – Demographischer Wandel. Springer, Berlin, S 85–99

Karasek RA, Theorell T (1990) Healthy Work. Stress, productivity and the reconstruction of working life. Basic Books, New York

Karasek R, Brisson C, Kawakami N et al (1998) The job content questionnaire (JCQ): an instrument for internationally comparative assessments of psychosocial job characteristics. Journal of Occupational Health Psychology 4:322–355

Parent-Thirion A, Macias EF, Hurley J et al (2007) Fourth European Working Conditions Survey. Office for Official Publications of the European Communities, Luxemburg

Rehfeld UG (2006) Gesundheitsbedingte Frühberentung. Gesundheitsberichterstattung des Bundes. Heft 30. Robert-Koch-Institut, Berlin

Richter D, Berger K, Reker T (2008) Nehmen psychische Störungen zu? Eine systematische Literaturübersicht. Psychiatrische Praxis 35:321–330

Siegrist J (1996) Adverse health effects of high-effort/low-reward conditions. Journal of occupational health psychology 1:27–41

Siegrist J, Dragano N (2007) Rente mit 67 – Probleme und Herausforderungen aus gesundheitswissenschaftlicher Sicht. Hans-Böckler-Stiftung, Arbeitspapier 147

Siegrist J, Dragano N (2008) Psychosoziale Belastungen und Erkrankungsrisiken im Erwerbsleben. Befunde aus internationalen Studien zum Anforderungs-Kontroll-Modell und zum Modell beruflicher Gratifikationskrisen. Bundesgesundheitsblatt – Gesundheitsforschung Gesundheitsschutz 51(3):305–312

Siegrist J, Theorell T (2006) Work and health. In: Siegrist J, Marmot M (eds) Social Inequalities in Health: New Evidence and Policy Implications. Oxford, Oxford University Press, pp 73–100

Siegrist J, Starke D, Chandola T et al (2004) The measurement of effort-reward imbalance at Work. European Comparison. Social Science & Medicine 58:1483–1499

Siegrist J, Dragano N, Wahrendorf M (2009) Psychosoziale Arbeitsbelastungen und Gesundheit bei älteren Erwerbstätigen: Eine europäische Vergleichsstudie. Abschlussbericht zum Projekt der Hans-Böckler-Stiftung. Unveröffentlichtes Manuskript, Institut für Medizinische Soziologie der Universität Düsseldorf

Sporket M (2007) Länger Arbeiten: Das positive Beispiel Finnland. Bessere Rahmen- und Arbeitsbedingungen für ältere Arbeitnehmer. Soziale Sicherheit 8:268–272

Stansfeld S, Candy B (2006) Psychosocial work environment and mental health – a meta-analytic review. Scandinavian Journal of Work, Environment and Health 32:443–462

Theorell T, Emdad R, Arnetz B et al (2001) Employee effects of an educational program for managers at an insurance company. Psychosomatic Medicine 63:724–733

Unger T, Kleinschmidt C (2006) Bevor der Job uns krank macht. Kösel-Verlag, München

Kapitel 19

Der DGB-Index *Gute Arbeit*

T. Fuchs

Zusammenfassung. *Seit 2007 bauen die DGB-Gewerkschaften eine regelmäßige, repräsentative Berichterstattung über die Entwicklung der Arbeitsbedingungen aus Sicht der Beschäftigten in Deutschland auf. Ein Kernstück dieser Berichterstattung ist der DGB-Index Gute Arbeit, der auf 31 indexbildenden Fragen basiert. Der DGB-Index gibt erstens darüber Auskunft, ob und in welchem Maße die Beschäftigten entwicklungsförderliche Ressourcen wahrnehmen, zweitens, ob und in welchem Maß Arbeit als subjektiv belastend empfunden wird und drittens, in welchem Maß die Beschäftigten ihre Einkommens- und Beschäftigungssicherheit als ausreichend beurteilen. Damit ermöglicht der DGB-Index einerseits einen schnellen Überblick über die Gesamtsituation am Arbeitsplatz aus der Perspektive der Beschäftigten und anderseits leistet er einen differenzierten Einblick in die verschiedenen Facetten der Arbeitsbedingungen. Es zeigen sich plausible Korrelationen zwischen der wahrgenommen Arbeitsqualität und der Beurteilung des Gesundheitszustandes.*

19.1 Die Ziele der DGB-Berichterstattung Index *Gute Arbeit*

Die Entscheidung der DGB-Gewerkschaften, eine regelmäßige, repräsentative Berichterstattung über die Entwicklung der Arbeitsbedingungen aus Sicht der Beschäftigten in Deutschland aufzubauen, zählt zu den wichtigsten arbeitspolitischen Initiativen der vergangenen Jahre. Die bis dato existierenden Quellen bieten zwar eine Grundlage, um punktuell über Arbeit in Deutschland zu informieren, jedoch ist eine kontinuierliche Abbildung von strukturellen Veränderungen in der Arbeitswelt erst auf der Basis einer stabilen und regelmäßigen Berichterstattung möglich. Eine solche fehlte bislang in Deutschland. Insofern wird mit der jährlichen DGB-Berichterstattung Index *Gute Arbeit* seit Anfang 2007 eine zentrale, arbeitspolitische Lücke geschlossen.

Die DGB-Berichterstattung verfolgt mehrere Zielsetzungen: Zum einen geht es darum, in der Öffentlichkeit die Bedeutung von guten, d. h. entwicklungsförderlichen und fehlbeanspruchungsarmen Arbeitsbedingungen für die verschiedensten Lebensbereiche herauszustellen und in einer gesellschaftspolitischen Debatte für eine Verbesserung der Arbeitsrealität zu werben. Zum zweiten bilden die regelmäßigen Befragungen eine Grundlage, um berufs- oder arbeitspolitische Initiativen zu flankieren, indem aktuelle Veränderungen und zentrale arbeitsweltliche Brennpunkte abgebildet werden. Drittens werden Betriebs- und Personalräte darin unterstützt, gemeinsam mit den Beschäftigten die betrieblichen Arbeitsbedingungen zu analysieren, um sich darauf aufbauend – wo es nötig ist – für Verbesserungen einzusetzen. Dies wird durch die betriebliche Anwendung des Befragungsinstruments ermöglicht. Das übergeordnete Ziel der DGB-Berichterstattung *Gute Arbeit* ist also nicht nur die Arbeitsrealität zu beschreiben, sondern darauf hinzuwirken, diese im Sinne der arbeitenden Menschen zu verbessern.

Im Zentrum der DGB-Berichterstattung steht der DGB-Index *Gute Arbeit*, ein zusammengesetzter, hierarchischer Indikator, der die Qualität der Arbeits- und Einkommensbedingungen aus Sicht der befragten Beschäftigten abbilden soll. Wie alle zusammengesetzten Indikatoren komprimiert auch der DGB-Index eine komplexe Wirklichkeit, mit dem Ziel, eine Fülle von Informationen über die Arbeits- und Einkommensbedingungen aus Sicht von Beschäftigten zusammenzuführen. Ganz allgemein gilt: Zusammengesetzte Indikatoren werden als gewichtete Summe von mehreren Indikatoren der ersten Stufe definiert, deren Gewichte ihre relative Bedeutung widerspiegeln (Tangian 2005). Sie »werden wegen ihrer Fähigkeit geschätzt, große Informationsmengen in leicht verständlicher Form für ein breites Publikum zu integrieren [...] Trotz ihrer Schwächen werden zusammengesetzte Indikatoren wegen ihrer Nützlichkeit weiterentwickelt« (OECD 2005). Die Nützlichkeit besteht nicht nur im Hinblick auf internationale Vergleiche – die die OECD oder die Europäische Kommission besonders im Auge haben[1] – sondern auch als angemessenes Instrument des Politik-Monitorings: Zum Beispiel, um zu überprüfen, ob und in welcher Weise sich die Einführung oder Veränderung von bestimmten Gesetzen auf die wahrgenommene Qualität der Arbeits- und Einkommensbedingungen niederschlägt. Oder in welchem Spannungsfeld die konjunkturelle Entwicklung und die Entwicklung der Arbeitsqualität stehen usw. Das heißt, zusammengesetzte Indikatoren sind in der Lage, eine Entwicklung aufzuzeigen, wobei sie die Annährung oder Abweichung von einem gewünschten Zielzustand beschreiben (Tangian 2005). Im Falle des DGB-Index lautet der Zielzustand umfassend *Gute Arbeit*, d. h. Arbeitsbedingungen, die von den Beschäftigten als entwicklungsförderlich und fehlbeanspruchungsarm beschrieben und Einkommensbedingungen, die als angemessen und leistungsgerecht empfunden werden.

Der DGB-Index *Gute Arbeit* und die dazugehörige Berichterstattung wurden in Auseinandersetzung mit dem arbeitswissenschaftlichen Forschungsstand konzipiert (vgl. Fuchs 2008). Eine zentrale Rolle spielte dabei die INQA-Studie »Was ist Gute Arbeit? Anforderungen aus Sicht von Erwerbstätigen« (Fuchs 2006), welche die methodische und empirische Ausgangsbasis der DGB-Berichterstattung bildet. Durch statistische Verfahren zur Faktoren-Reduktion wurde der sehr umfangreiche INQA-Fragebogen mit ca. 120–130 Items (darunter 31 indexbildende Items) verdichtet, in einer Pilotphase im Jahr 2006 in zehn Betrieben getestet und für eine regelmäßige Befragung fruchtbar gemacht.

Hinweis zur Objektivität der Messung: Die DGB-Index-Erhebungen werden von TNS-Infratest durchgeführt. Die Befragungen finden auf dem schriftlich-postalischen Weg statt. Die Grundgesamtheit der Erhebung umfasst alle (deutschsprachigen) abhängig Beschäftigten ab 15 Jahren. Für die Befragungen werden jährlich aus dem Access-Panel (Großstichprobe grundsätzlich befragungsbereiter Personen von Infratest) zufällige Bruttostichproben von ca. 9.000 Fällen gezogen. Der Rücklauf liegt zwischen 72% und 61%. Da die Befragung auf schriftlich-postalischem Weg erfolgt, der Fragebogen ausschließlich geschlossene Fragen (bis auf Angaben zum Tätigkeitsberuf und zur Branche) enthält, ist davon auszugehen, dass die Ergebnisse nicht durch Interviewende oder Forscher beeinflusst sind, demnach Objektivität gegeben ist.

19.2 Konstruktion des DGB-Index *Gute Arbeit*

19.2.1 Das Befragungsprinzip

Der DGB-Index basiert auf 31 indexbildenden Fragen, die einerseits – aus der Sicht der befragten Personen – die Intensität der Anforderungen bzw. die Verbreitung von Ressourcen am Arbeitsplatz sowie andererseits das Maß der subjektiv erlebten Belastung ermitteln. Dabei wurde von folgenden Annahmen ausgegangen: Erstens, Anforderungen und fehlende arbeitsbezogene Ressourcen werden in unterschiedlichem Ausmaß als Beanspruchung erlebt (zum Belastungs-Beanspruchungs-Konzept vgl. u. a. Rohmert und Rutenfranz 1975, Kirchner 1986, Oesterreich und Volpert 1999). Zweitens, anzustreben ist ein möglichst niedriges Ausmaß negativer Beanspruchungen und ein möglichst umfassendes Set von Ressourcen (zur Ressourcenorientierung vgl. u. a. Ducki 1998 und 2000, Hacker 1998, Semmer und Mohr 2001, Wydler et al. 2000). Das heißt, den Ressourcen

1 Durch Andranik Tangian (WSI der Hans-Böckler-Stiftung) wurde ein dem DGB-Index ähnliches Konzept, soweit möglich, auf die vierte europäische Umfrage der Arbeitsbedingungen übertragen und für einen Ländervergleich fruchtbar gemacht (Tangian 2007).

9

wurde auf der Basis der bisher vorliegenden Erkenntnisse (s. o.) ein positiver Beanspruchungseffekt auf die arbeitende Person unterstellt, während der möglicherweise negative Beanspruchungseffekt von fehlenden Ressourcen und arbeitsbezogenen Anforderungen durch eine gesonderte Frage ermittelt wurde.

19.2.2 Der Aufbau des Index

Die 15 Dimensionen des DGB-Index wurden in Auseinandersetzung mit dem arbeitswissenschaftlichen Forschungsstand konzipiert. In den DGB-Index fließen drei zentrale Bereiche guter Arbeit gleichwertig ein, nämlich

- ob und in welchem Maße Arbeitnehmer in der heutigen Arbeitswelt entwicklungsförderliche Ressourcen, (d. h. Einfluss- und Entwicklungsmöglichkeiten, Anerkennung und soziale Einbindung bzw. Sicherheit, kreative Potenziale, eine ausgewogene Abforderung ihrer vorhandenen Qualifikationen und Fähigkeiten usw.) finden (Teilindex Ressourcen),
- ob, in welchem Maß und in welchem Bereich Arbeit als subjektiv belastend empfunden wird (Teilindex Belastungen)
- und in welchem Maß die Beschäftigten ihre Einkommens- und Beschäftigungssicherheit als ausreichend beurteilen (Teilindex Einkommen und Beschäftigungssicherheit).

Die drei Teilindices fußen auf insgesamt 15 Dimensionen der Arbeitsqualität, die durch 31 indexbildende Fragen erzeugt werden (vgl. Abb. 19.1). Damit ermöglicht der DGB-Index einerseits einen schnellen Überblick über die Gesamtsituation am Arbeitsplatz aus der Perspektive der Beschäftigten und anderseits leistet er einen differenzierten Einblick in die verschiedenen Facetten der Arbeitsbedingungen.

In Tabelle 19.1 sind die Reliabilitätstests für die einzelnen Dimensionen (Skalen) dargestellt.

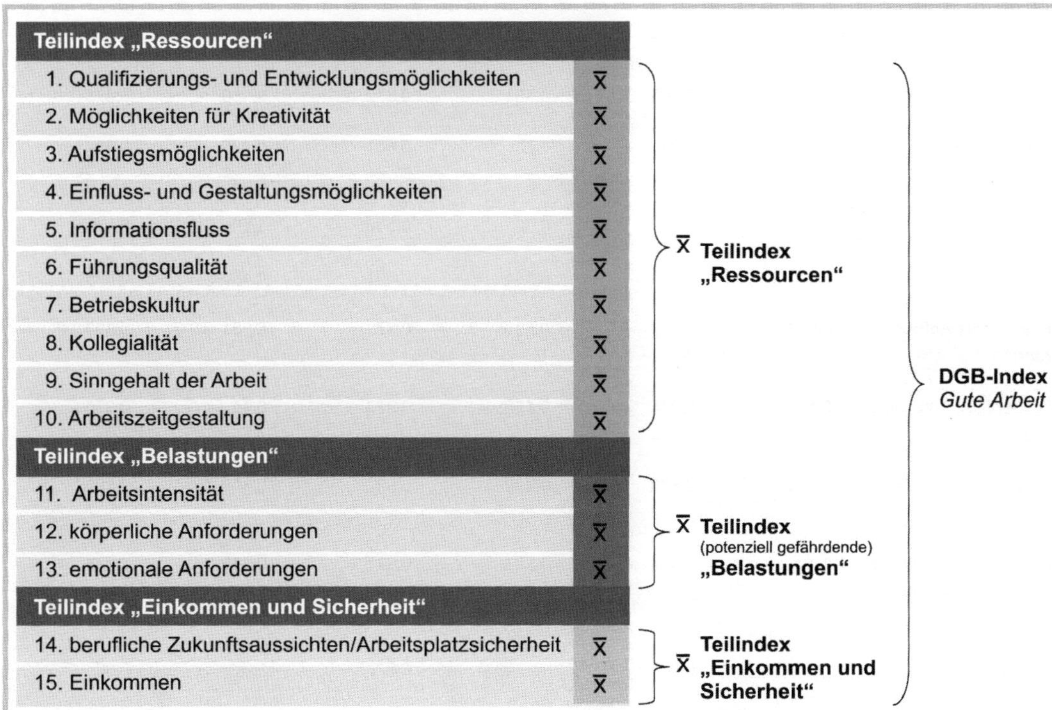

Quelle: INIFES, eigene Darstellung Fehlzeiten-Report 2009

Abb. 19.1. Aufbau des DGB-Index

Tabelle 19.1. Gütekriterien

	2007		2008		2009	
	Korrigierte Item-Skala-Korrelation (Trennschärfe)	Cronbachs Alpha, wenn Item weggelassen (Reliabilität)	Korrigierte Item-Skala-Korrelation (Trennschärfe)	Cronbachs Alpha, wenn Item weggelassen (Reliabilität)	Korrigierte Item-Skala-Korrelation (Trennschärfe)	Cronbachs Alpha, wenn Item weggelassen (Reliabilität)
Qualifizierungs-/Entwicklungsmöglichkeiten	0,64	0,857	0,647	0,865	0,653	0,868
Möglichkeiten für Kreativität (Einzelitem)	0,546	0,861	0,571	0,868	0,591	0,87
Aufstiegsmöglichkeiten (Einzelitem)	0,496	0,864	0,507	0,871	0,502	0,874
Einfluss-/Gestaltungsmöglichkeiten	0,661	0,857	0,668	0,865	0,679	0,867
Informationsfluss	0,634	0,857	0,641	0,864	0,64	0,868
Führungsqualität	0,705	0,854	0,708	0,862	0,724	0,864
Betriebskultur	0,614	0,858	0,646	0,864	0,625	0,868
Kollegialität	0,478	0,865	0,483	0,872	0,488	0,875
Sinngehalt der Arbeit (Einzelitem)	0,204	0,875	0,23	0,881	0,225	0,884
Arbeitszeit	0,588	0,86	0,58	0,868	0,596	0,87
Arbeitsintensität	0,479	0,865	0,494	0,871	0,486	0,875
Emotionale Anforderungen	0,512	0,863	0,53	0,87	0,561	0,872
Körperliche Anforderungen	0,461	0,865	0,458	0,873	0,46	0,876
Sicherheit (Einzelitem)	0,379	0,875	0,398	0,88	0,398	0,882
Leistungs- und Bedürfnisgerechtigkeit des Einkommens	0,49	0,864	0,503	0,871	0,489	0,875
Cronbachs Alpha		0,871		0,877		0,88
Cronbachs Alpha für standardisierte Items		0,875		0,881		0,882

Quelle: INIFES

19

Jede dieser Dimensionen basiert auf einem oder mehreren Items. Beispielsweise wird die Dimension »Qualifizierungs- und Entwicklungsmöglichkeiten« durch die Items »Qualifizierungsangebote« und »Entwicklungsmöglichkeiten in der Arbeit« abgebildet. Für die einzelnen Items wird ein Wert zwischen 0 und 100 ermittelt (s. Abb. 19.2) Der Dimensionswert ergibt sich aus dem Mittelwert der Item-Werte. Das heißt, der Wert für die Dimension »Qualifizierungs- und Entwicklungsmöglichkeiten« ergibt sich aus dem Mittelwert der beiden Items »Qualifizierungsangebote« und »Entwicklungsmöglichkeiten in der Arbeit«. Die zehn Dimensionen Qualifizierungs- und Entwicklungsmöglichkeiten, Kreativität, Aufstiegschancen, Einfluss-/Gestaltungsmöglichkeiten, Informationsfluss, Führungsqualität, Betriebskultur, Kollegialität, Sinnhaftigkeit der Arbeit und Arbeitszeit werden zu dem *Teilindex »Ressourcen«* zusammengefasst. Das heißt, es wird das arithmetische Mittel der Dimensionswerte gebildet.

Daneben beschreibt der *Teilindex »Belastungen«* die wahrgenommenen körperlichen und emotionalen Anforderungen der Arbeit und die Arbeitsintensität. Auch hier wird aus den Dimensions-Items, beispielsweise aus den Angaben über »unerwünschte Unterbrechungen/Störungen«, »Zeit-Leistungsdruck« und »Qualitätseinbußen in Folge eines zu hohen Arbeitspensums« der Dimensions-Mittelwert »Arbeitsintensität« gebildet. Aus diesem und den Angaben zu den emotionalen und körperlichen Belastungen wird schließlich der Wert des Teilindex berechnet.

Der dritte *Teilindex »Einkommen und Sicherheit«* fasst die Angaben zur Einkommenssituation und zur Einschätzung der beruflichen Zukunft zusammen. Dabei fasst die Dimension »Einkommen« die Angaben zum wahrgenommenen Verhältnis von »Einkommen und Leistung« sowie die Angaben zur Bedürfnisgerechtigkeit des beruflichen Einkommens und der zu erwartenden Renteneinkommen aus der beruflichen Tätigkeit zusammen.

Exkurs zur Gewichtung im DGB-Index

Die Werte dieser drei Teilindices fließen *gleichstark* in den DGB-Index *Gute Arbeit* ein. Das heißt, die wahrgenommene Qualität der Arbeit wird durch das Verhältnis von positiven Faktoren der Arbeitsgestaltung (Ressourcen), der Verbreitung von Belastungen und den Angaben zu Einkommen und Beschäftigungssicherheit bestimmt.

Durch die gleichgewichtige Berücksichtigung der drei Teilindizes im Gesamtindex *Gute Arbeit*, erfolgt eine *Gewichtung*. Die einzelnen Angaben zu Einkommen und Sicherheit werden relativ am stärksten berücksichtigt, die einzelnen Angaben zu den potenziell belastenden Arbeitsbedingungen fließen ebenfalls mit einem höheren Gewicht in den Index ein und die einzelnen Angaben zu den Ressourcen relativ am schwächsten. Die gleichgewichtige Berücksichtigung von Einkommen und Sicherheit – neben den Belastungen und Ressourcen – wurde bewusst gewählt. Sie trägt der deutlichen Betonung der materiellen Sicherheit durch die befragten Beschäftigten – wie sie beispielsweise in der INQA-Studie und ebenfalls in der DGB-Index-Erhebung in expliziten Fragen nach Anforderungen an die Arbeitsqualität zum Ausdruck kommt – Rechnung. Zudem betonen in jüngster Zeit auch immer mehr arbeitswissenschaftliche Modelle und Untersuchungen die Bedeutung von beruflicher Sicherheit und Einkommen als gesundheitsrelevante Faktoren.

Die gleichgewichtige Betonung von Arbeitsbedingungen, die den Charakter von Ressourcen annehmen können, und Arbeitsbedingungen, die lediglich den Charakter von potenziellen Gefährdungen annehmen können (umgangssprachlich: »Belastungen«) hat folgenden Hintergrund: Erstens, die Forschung zur Rolle von Ressourcen ist, wie weiter oben dargestellt wurde, noch lange nicht befriedigend. Vor allem bleibt die Frage nach einem kritischen Verhältnis von subjektiv negativ beanspruchenden Faktoren und Ressourcen unbeantwortet. Anders ausgedrückt: Kann ein Mensch bei optimaler Ressourcenausstattung beliebig viele negative Beanspruchungen z. B. durch Zeitdruck, einseitig körperliche Arbeit, Lärm etc. kompensieren und dabei gesund bleiben? Man ist geneigt, diese Frage zu verneinen – jedoch fehlt bisher eine befriedigende Antwort hinsichtlich der Schwellenwerte eines kritischen Verhältnisses. Zweitens zeigt die Forschung, dass bestimmte Ressourcen – z. B. kreative Potenziale, ein wertschätzender und unterstützender Führungsstil, die Identifikation mit dem Arbeitsinhalt – insbesondere für die Entstehung stabiler Arbeitszufriedenheit bedeutsam sind. Im Hinblick auf Stressbewältigung ist wiederum die Beeinflussbarkeit der Arbeit von besonderer Relevanz. Die Herausforderung bei der Konstruktion des DGB-Index *Gute Arbeit* bestand demnach darin, das breite Spektrum von Ressourcen, die sowohl im Hinblick auf den Gesunderhalt als auch im Hinblick auf die Entstehung von Zufriedenheit und ein positives Arbeitserleben Relevanz entfalten können, abzubilden und gleichzeitig die Rolle von potenziellen Gefährdungen durch belastende körperliche oder emotionale Anforderungen, angemessen zu würdigen. Die Lösung bestand – aus Sicht der Autorin – darin, ein breites Spektrum von Ressourcen zu erheben und abzubilden, jedoch das Gesamtspektrum gleichwertig mit dem Spektrum der potenziellen Gefährdungen im Gesamtindex zu berücksichtigen.

Drittens kann auf Basis der bislang vorliegenden Daten mithilfe von Faktoranalysen gezeigt werden (vgl. Tabelle 19.2), dass insbesondere die Ressourcen stark untereinander korrelieren. Im Kern bilden die zehn Dimensionen aus dem Teilindex »Ressourcen« drei Faktoren, nämlich den Faktor »Betriebs- und Führungskultur«, in den die Items zur Führungsqualität, zur Betriebskultur, zur Kollegialität und zum Informationsfluss im Unternehmen einfließen. Der zweite Faktor vereinigt die Angaben zur Arbeitszeitgestaltung und zu den Einflussmöglichkeiten auf Arbeitsmenge und Arbeitszeit. Der dritte Faktor umfasst die Angaben zu den Qualifizierungs- und Entwicklungsmöglichkeiten sowie zu den Aufstiegsmöglichkeiten und den kreativen Potenzialen in der Arbeit. Das heißt, 18 Angaben zur Verbreitung von Ressourcen am Arbeitsplatz korrelieren zu drei Faktoren, nur das Item »Sinngehalt der Arbeit« lässt sich keinem Faktor zuordnen.

Im Gegensatz dazu korrelieren die drei Dimensionen Arbeitsintensität, körperliche und Umgebungsbelastungen sowie emotionale Belastungen nicht untereinander, sondern bilden drei Faktoren. Die beiden Dimensionen Einkommen und berufliche Zukunftssicherheit korrelieren zu einem Faktor.

Im Hinblick auf die Gewichtung sind diese Ergebnisse von Relevanz. Unter Würdigung der starken Interkorrelationen unter den Items, die im DGB-Index als »Ressourcen« bezeichnet werden, bedeutet eine gleichgewichtige Berücksichtigung der drei Teilindices im DGB-Index Folgendes: Es werden zu einem Drittel drei Faktoren aus dem Teilindex Ressourcen berücksichtigt, zu einem Drittel drei Faktoren aus dem Teilindex potenziell gefährdender »Belastungen« und zu einem Drittel ein Faktor, der den Teilindex »Einkommen und Sicherheit« repräsentiert. Die auf diese Weise erreichte stärkere Gewichtung Einzelangaben zur Bewertung von Einkommen und beruflicher Sicherheit trägt der hohen Bedeutung Rechnung, die abhängig Beschäftigte diesen Aspekten beimessen und ist – vor diesem Hintergrund – bewusst gewählt.

Zu überlegen bleibt, ob die offensichtliche Interkorrelation der erfragten Ressourcen in Zukunft durch Itemreduktion oder durch Zusammenlegungen der ausgewiesenen Dimensionen berücksichtigt wird oder ob – aus Gründen der öffentlichen Kommunikation und der Kontinuität – an einer möglichst detaillierten Darstellung der Themen des DGB-Index festgehalten wird.

19.2.3 Die Indexwerte: Zuweisung der Punktwerte und Schwellenwerte

Der positive Pol des DGB-Index stellt »gute Arbeit« dar – Arbeit, die durch umfassende soziale und berufliche Entwicklungs- und Entfaltungsmöglichkeiten (Ressourcen), kaum negative Belastungen und ein angemessenes Einkommen sowie relative berufliche Zukunftssicherheit charakterisiert ist. Im günstigsten Fall erreicht der Indexwert 100 Punkte. Der negative Pol (»unzumutbare Arbeit«), entspricht einer Arbeitsqualität, die durch keine Entwicklungsmöglichkeiten, sehr hohe Belastungen und eine subjektiv belastende Einkommenssituation charakterisiert ist. Im negativen Extrem erreicht der DGB-Index 0 Punkte.

Die Zuweisung der Punktwerte im Detail

Die Werte für die Beschreibung der Arbeitsbedingungen im DGB-Index liegen demnach zwischen 0 und 100 Punkten. Im Einzelnen werden den Fragekombinationen aus Intensität einer Belastung/einer Ressource und Intensität der Fehlbeanspruchung (vgl. Abb. 19.2) folgende Werte zugewiesen:

100 Punkte: Ressourcen (z. B. Einfluss) sind in *sehr hohem* Maße vorhanden. Die Person muss *nicht* unter potenziell belastenden Bedingungen arbeiten (z. B. Lärm). Das Einkommen wird in *sehr* hohem Maße als leistungsgerecht eingeschätzt und ermöglicht subjektiv ein *sehr* gutes Leben.

83,3 Punkte: Ressourcen sind in *hohem* Maße vorhanden. Die Person berichtet, dass sie *selten* unter potenziell belastenden Bedingungen arbeitet, und empfindet dies nicht als belastend. Das Einkommen wird in *hohem* Maße als leistungsgerecht und vollkommen ausreichend eingeschätzt.

D. h. Arbeitsbedingungen zwischen ca. 80 und 100 Punkten zeichnen ein sehr positives Bild der momentanen Arbeitsgestaltung. Sie entsprechen in hohem Maße den Anforderungen an menschengerechte Arbeitsgestaltung: Es treten keine Beeinträchtigungen auf und die Einfluss- und Entwicklungsmöglichkeiten sowie die soziale Unterstützung tragen dazu bei, die Arbeit gesundheitsförderlich und persönlichkeitsförderlich zu erleben.

66,7 Punkte: Ressourcen sind in *geringem* Maße vorhanden, dies empfindet die Person nicht als belastend. Die Person berichtet, dass sie in *hohem* Maß unter potenziell belastenden Bedingungen arbeitet und emp-

Tabelle 19.2. Faktorenanalyse der indexbildenden Items

Beschreibung der Ressourcen **Skala 1:** **100: in sehr hohem Maß** **83,3: in hohem Maß** **66,7: in geringem Maß und nicht belastend** **50: keine Ressource und nicht belastend** **33,33: keine Ressource und etwas belastend** **16,66: keine Ressource und belastend** **0: keine Ressource und sehr belastend**	**Ressourcen**		
	Betriebs- und Führungskultur	**Einflussmöglichkeiten auf Arbeitszeit, -menge,**	**Qualifizierungs- und Entwicklungschancen**
Förderung der Kollegialität durch den Betrieb	0,681		
Positiv bewertete Geschäftsführung/Behördenleitung	0,674		
Gute Arbeitsplanung durch unmittelbare Vorgesetzte	0,671		
Wertschätzung und Beachtung durch unmittelbare Vorgesetzte	0,651		
Ausreichend Informationen, um die Arbeit gut zu erledigen	0,638		
Unmittelbare Vorgesetzte messen Weiterbildung/Personalentwicklung hohen Stellenwert bei	0,594		
Hilfe und Unterstützung von Ihren Kolleg/innen	0,559		
Widersprüchliche Anforderungen bei der Arbeit	0,509		
Berücksichtigung der eigenen Bedürfnisse bei der Arbeitszeitplanung		0,755	
Selbstbestimmter Überstundenausgleich möglich		0,732	
Einfluss auf die Gestaltung der Arbeitszeit		0,729	
Verlässliche Arbeitszeitplanung		0,704	
Einfluss auf die zu bearbeitende Arbeitsmenge		0,517	
Möglichkeiten, Wissen und Können weiterzuentwickeln			0,761
Möglichkeit, eigene Ideen in die Arbeit einzubringen			0,711
Qualifizierungswünsche werden unterstützt			0,661
Aufstiegschancen im Betrieb			0,59
Selbstständige Planung und Einteilung der Arbeit		0,533	0,575
(Arbeit ist für die Gesellschaft nützlich)			
KMO- und Bartlett-Test: 0,937; Signifikanz nach Bartlett: 0,000			

Fortsetzung nächste Seite

Tabelle 19.2. Fortsetzung

Beschreibung der Arbeitsbedingungen **Skala 2:** **100: Belastungsrisiko tritt nicht auf** **83,3: tritt in geringem Maß auf und nicht belastend** **67,7: tritt in hohem Maß auf und nicht belastend** **50: tritt in sehr hohem Maß auf und nicht belastend** **33,33: mäßige Belastung** **16,66: starke Belastung** **0: sehr starke Belastung**	**Potenziell gefährdende Belastungen**		
	Arbeits-intensität	**Körperliche und Umgebungsbelastungen**	**Emotionale Belastungen**
Zeitdruck/Gefühl der Arbeitshetze	0,795		
Um Arbeitspensum zu schaffen, sind Abstriche bei der Arbeitsqualität nötig	0,777		
Störung der Arbeit durch unerwünschte Unterbrechungen	0,754		
Körperlich schwere Arbeit (z. B. schwer heben, tragen, stemmen)		0,815	
Lärm, laute Umgebungsgeräusche am Arbeitsplatz		0,763	
Einseitige körperliche Belastungen (z. B. ständiges Stehen, ungünstige Körperhaltungen)		0,647	
Herablassende/unwürdige Behandlung durch andere Menschen am Arbeitsplatz			0,832
Die Arbeit verlangt es, eigene Gefühle zu verbergen			0,802
KMO- und Bartlett-Test: 0,794; Signifikanz nach Bartlett: 0,000			
Beschreibung der Arbeits- und Einkommensbedingungen **Skala 3:** **100: in sehr hohem Maß/gutes Leben möglich** **83,3: in hohem Maß/vollkommen ausreichend** **66,7: gerade ausreichend und nicht belastend** **50: nicht ausreichend und nicht belastend** **33,33 nicht/gerade ausreichend und etwas belastend** **16,66: nicht/gerade ausreichend und belastend** **0: nicht/gerade ausreichend und sehr belastend** **(Zukunftsangst: Skala 2)**	**Einschätzung von Einkommen/beruflicher Zukunft**		
	Einkommen und berufliche Sicherheit		
Einkommen entspricht in etwa den eigenen Bedürfnissen	0,836		
Ausreichendes zu erwartendes Renteneinkommen aus der beruflichen Tätigkeit	0,782		
Einkommen steht in einem angemessenen Verhältnis zur Arbeitsleistung	0,752		
Angst um die berufliche Zukunft	0,589		
KMO- und Bartlett-Test: 0,708; Signifikanz nach Bartlett: 0,000			
Quelle: DGB-Index-Erhebungen 2007-9, Berechnungen: INIFES (Tatjana Fuchs)			

19

findet dies nicht als belastend[2]. Das Einkommen wird in *geringem* Maße als leistungsgerecht und gerade ausreichend eingeschätzt, aber die Person empfindet dies nicht belastend.

50 Punkte: Ressourcen sind *nicht* vorhanden, aber die Person empfindet dies nicht belastend. Die Person arbeitet in *sehr hohem* Maße unter potenziell belastenden Bedingungen, aber sie empfindet dies nicht als Belastung. Das Einkommen wird als *nicht* leistungsgerecht und nicht ausreichend eingeschätzt, aber die Person empfindet dies nicht belastend.

D. h. Arbeitsbedingungen zwischen ca. 50 und 80 Punkten zeichnen ein mittelmäßiges Bild der momentanen Arbeitsgestaltung. Es treten derzeit keine Beeinträchtigungen auf, jedoch beschreiben die Beschäftigten keine oder nur geringe Einfluss- und Entwicklungsmöglichkeiten bzw. soziale Unterstützung. Es besteht Handlungsbedarf, die Arbeitsbedingungen mittelfristig stärker nach den Kriterien menschengerechter Arbeit zu gestalten.

33,3 Punkte: Ressourcen sind nicht oder in geringem Maße vorhanden und die Person empfindet dies als *etwas* belastend. Die Person arbeitet unter potenziell belastenden Bedingungen und empfindet dies als *etwas* belastend. Das Einkommen wird als nicht leistungsgerecht und nicht bzw. gerade ausreichend eingeschätzt, und die Person empfindet dies *etwas* belastend.

16,7 Punkte: Ressourcen sind nicht oder in geringem Maße vorhanden und die Person empfindet dies als *stark* belastend. Die Person arbeitet unter potenziell belastenden Bedingungen und empfindet dies als *stark* belastend. Das Einkommen wird als nicht leistungsgerecht und nicht bzw. gerade ausreichend eingeschätzt, und die Person empfindet dies als *stark* belastend.

0 Punkte: Ressourcen sind nicht oder in geringem Maße vorhanden und die Person empfindet dies als *sehr stark* belastend. Die Person arbeitet unter potenziell belastenden Bedingungen und empfindet dies als *sehr stark* belastend. Das Einkommen wird als nicht leistungsgerecht und nicht bzw. gerade ausreichend eingeschätzt, und die Person empfindet dies als *sehr stark* belastend.

D. h. Arbeitsbedingungen zwischen 0 und unter ca. 50 Punkten zeichnen ein sehr belastendes Bild der momentanen Arbeitsbedingungen. Sowohl das Auftreten von potenziell gefährdenden Arbeitsbedingungen als auch das Fehlen von Ressourcen wird als belastend erlebt. Es besteht akuter Handlungsbedarf, die Arbeitsbedingungen stärker nach den Kriterien menschengerechter Arbeit zu gestalten, insbesondere durch eine Reduktion der Beeinträchtigungen.

Begründung der Schwellenwerte

Die Abgrenzung zu den Schwellenwerte bei 50 und 80 Punkten sowie die pointierte Charakterisierung der drei Bereiche in »Gute Arbeit«, »Mittelmäßige Arbeit« und »Schlechte Arbeit« ist demnach inhaltlich begründet: Arbeits- und Einkommensbedingungen, die subjektiv als belastend erlebt und als vollkommen ressourcenfrei beschrieben werden (0 bis 50 Punkte), erfüllen selbst rudimentäre Kriterien menschengerechter Arbeitsgestaltung wie Schädigungslosigkeit und Beeinträchtigungsfreiheit (Ulich 2001) auf Dauer nicht. Andererseits sind die Arbeits- und Einkommensbedingungen erst dann als umfassend positiv zu bewerten, wenn sie nicht nur dauerhaft schädigungslos und beeinträchtigungsfrei sind, sondern erst wenn sie persönlichkeitsförderlich sind, d. h. wenn die arbeitende Person ihre Fähig- und Fertigkeiten weiterentwickeln kann, weil ihre Arbeit lernförderlich gestaltet ist. Das erfordert umfassende Ressourcen. Erst ab einem Indexwert von 80 Punkten sind Ressourcen in hohem oder sehr hohem Maße vorhanden. Zwischen 50 und 80 Punkten muss noch viel für den Auf- und Ausbau von entwicklungsförderlicher Arbeit getan werden, da die befragten Beschäftigten – nach eigenen Angaben – von keinen oder maximal von Ressourcen in geringem Umfang berichten.

Exkurs: Symmetrisch ist nicht per se gut…

Eine symmetrische Abgrenzung in drei gleich große Bereiche (0–33,3–66,7–100), die im Rahmen der Pilotphase der Indexentwicklung mit den Daten der INQA-Befragungen und den zehn betrieblichen Pilotbefragungen auch getestet wurde, negiert diese *inhaltliche* Begründung der Klassifizierung von guter, mittelmäßiger und schlechter Arbeit. Obgleich der Wunsch nach

2 Die Wertzuweisung der Items aus dem Teilindex »Belastungen« wurde seit 2009 wie dargestellt verändert und erfolgt nun nach derselben Systematik wie die Wertzuweisung bei den Items der beiden anderen Teilindices. In früheren Versionen wurde für die Kombination aus einer im hohen oder im sehr hohem Maße auftretenden Belastung (z. B. Lärm) ohne negative Beanspruchung der Wert 50 und der Kombination aus geringem Auftreten ohne Fehlbeanspruchung der Wert 75 zu gewiesen (Arithmetisches Mittel zwischen 66,7 und 83,3). Hintergrund hierfür war die geringe empirische Verbreitung von intensiver Belastung (z. B. Lärm) ohne negative Beanspruchung. Andererseits wurde dieser »Sonderweg« bei der Wertzuweisung innerhalb des Teilindex »Belastungen« vielfach und mit sehr plausiblen Argumenten kritisiert, was zu dieser Revision beigetragen hat. Diese Änderung trägt zu einer Erhöhung des Gesamtindexwerts um 0,38 Punkte bei.

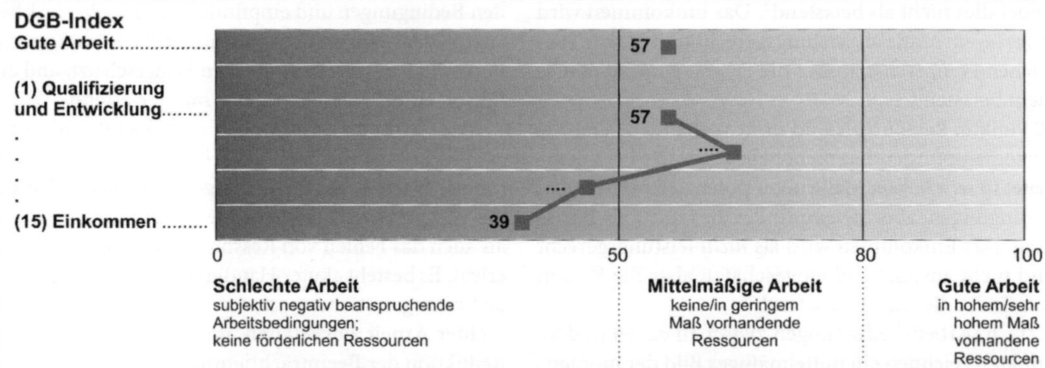

Indexwert für Ressourcen/ Einkommen

Ressource nicht/in geringem Maß vorhanden und beansprucht ...			fehlende Ressource (ohne negative Beanspruchung)	Ressource vorhanden, in ...		
sehr stark	stark	mäßig		geringem Maß (ohne negative Beanspruchung)	hohem Maß	sehr hohem Maß
0	16,7	33,3	50	66,7	83,3	100

Indexwert für potenziell gefährdende Belastungen

Belastung tritt auf und beansprucht ...			Belastung tritt ... auf – ohne negative Beanspruchung			tritt nicht auf
sehr stark	stark	mäßig	in sehr hohem Maß	in hohem Maß	geringem Maß	
0	16,7	33,3	50	66,7	83,3	100

Quelle: INIFES, eigene Darstellung Fehlzeiten-Report 2009

Abb. 19.2. Indexwerte und Schwellenwerte

9

einer symmetrischen Anordnung der Schwellenwerte in der wissenschaftlichen und öffentlichen Diskussion manchmal geäußert wird, wäre seine Erfüllung willkürlich. Würden 66,7 Punkte die Abgrenzung von guter zu mittelmäßiger Arbeit markieren, hieße dies, dass bereits »in geringem Maß« vorhandene Einfluss- und Gestaltungs- und Entwicklungsmöglichkeiten, ein »in geringem Maß« unterstützender Führungsstil »Gute Arbeit« charakterisiert. Damit würde weder den arbeitswissenschaftlichen Konzepten zur menschengerechten Gestaltung von Arbeit noch den Anforderungen, die die Beschäftigten selbst an gute Arbeit formulieren, Rechnung getragen.

19.3 Anwendungs- und Erkenntnispotenziale

Entscheidend für jede Form der Berichterstattung über wahrgenommene Arbeitsqualität ist die Frage nach möglichen Korrelationen und Zusammenhängen mit positiven oder negativen Emotionen, Zufriedenheit oder dem gesundheitlichen Empfinden.

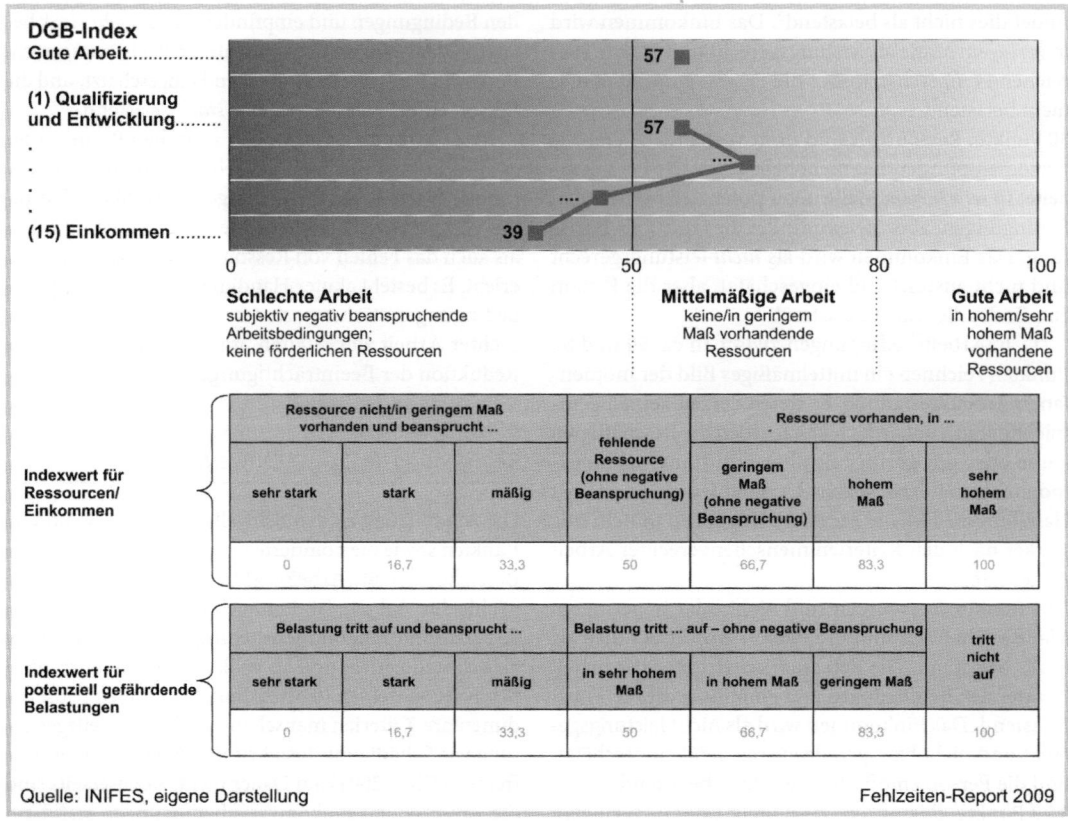

Der DGB-Index *Gute Arbeit* korreliert signifikant und trennscharf mit verschiedenen Aspekten des Arbeitserlebens. Im Folgenden werden einerseits Korrelationen zwischen der wahrgenommenen Arbeitsqualität und andererseits (a) dem Niveau von Gesundheitsbeschwerden an Arbeitstagen, (b) der Selbsteinschätzung der zukünftigen Arbeitsfähigkeit, (c) der Form der Arbeits(un)zufriedenheit sowie (d) der Bereitschaft den Arbeitgeber zu wechseln gezeigt. Anschließend wird nach den Prädiktoren gefragt.

In der DGB-Index-Befragung 2009 wurde die Freiburger Beschwerdeliste (Kurzform) aufgenommen, um die Verbreitung von gesundheitlichen Befindens-Beeinträchtigungen zu ermitteln (vgl. Fahrenberg 1994, Hiller 1997). Die folgende Ergebnisdarstellung bezieht sich zum einen auf Beschwerdekumulationen (s. Abb. 19.3 und Abb. 19.4) und zum anderen auf die Verbreitung

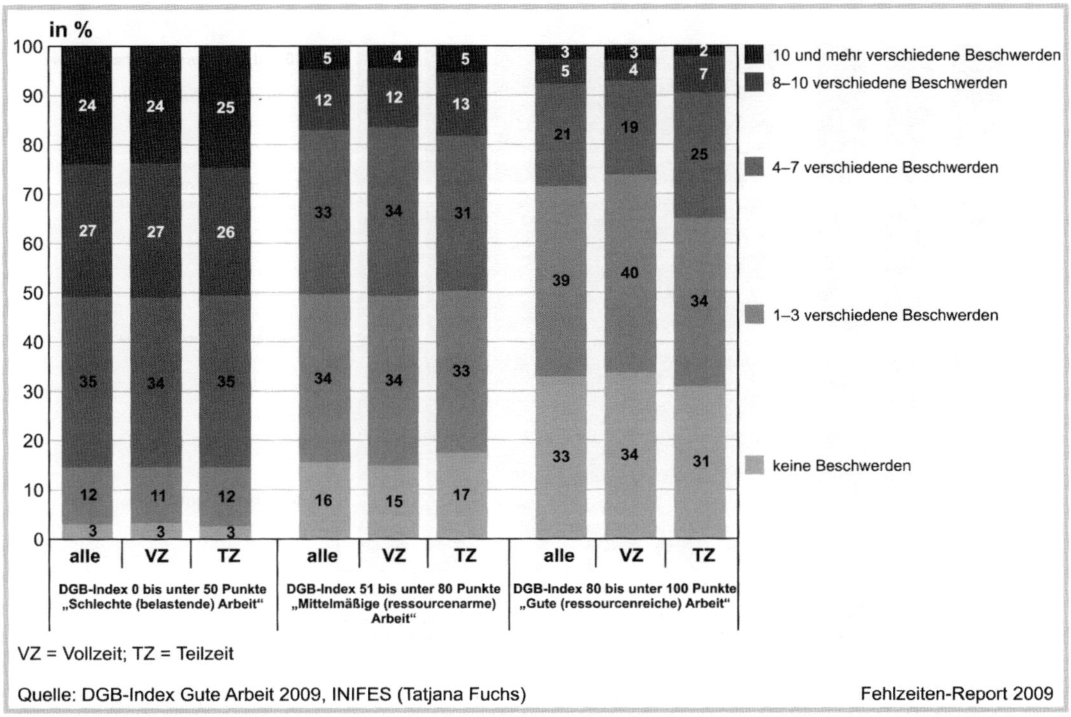

Abb. 19.3. Korrelation von Beschwerdekumulationen und wahrgenommener Arbeitsqualität (DGB-Index *Gute Arbeit*) – unter Berücksichtigung des Arbeitszeitvolumens

von einzelnen Beschwerdearten (s. Abb. 19.5), in Korrelation zu der wahrgenommen Arbeitsqualität. Es wurde gefragt nach der Häufigkeit der gesundheitlichen Beeinträchtigungen, die während oder unmittelbar nach der Arbeit auftraten. Ausgewiesen wurden Beschwerden, die mindestens zweimal pro Monat und öfter auftraten. Deutlich wird eine starke Korrelation von Beschwerdehäufungen und dem DGB-Index: Werden die Arbeits- und Einkommensbedingungen als ressourcenreich und weitgehend fehlbeanspruchungsfrei beschrieben, geben 33% der Befragten an, dass keine der erfragten Beeinträchtigungen auftritt bzw. sehr selten (max. zweimal pro Jahr). 39% berichten von 1 bis 3 Beschwerden, die – nach Angaben der Befragten – im Zusammenhang zur Arbeit stehen. Von starken Beschwerdekumulationen (acht und mehr Beschwerden) berichten 8%. Im Gegensatz dazu geben 17% der Beschäftigten, die von mittelmäßig gestalteten Arbeitsbedingungen berichten, an, dass acht und mehr verschiedene Befindensbeeinträchtigungen mindestens zweimal pro Monat auftreten und 16% sind weitgehend beschwerdefrei. Werden die Arbeitsbedingungen nicht nur als ressourcenarm sondern als belastend erlebt (DGB-Index 0 bis 50 Punkte), dann geben sogar nur noch 3% an, keine gesundheitlichen Beeinträchtigungen zu verspüren. Im Gegensatz dazu geben 51% an, dass ihr Arbeitserleben durch mindestens acht und mehr verschiedene Beschwerden gekennzeichnet ist.

Bemerkenswert ist, dass sowohl die grobe Zuordnung des Arbeitsvolumens (Teilzeit vs. Vollzeit) als auch das Alter – im Verhältnis zur wahrgenommen Arbeitsqualität – nur gering mit der Verbreitung von Beschwerdekumulationen korreliert. So geben beispielsweise junge Beschäftigte (unter 30 Jahren), die von belastenden und ressourcenarmen Arbeits- und Einkommensbedingungen berichten (»Schlechte Arbeit«), mit einem Anteil von 41% an, mit mindestens acht verschiedenen Gesundheitsbeschwerden konfrontiert zu sein. Demgegenüber geben ältere Beschäftigte, die – nach eigenen Angaben – unter mittelmäßigen Arbeitsbedingungen arbeiten, zu 23% ähnlich starke Kumulationen an, arbeiten ältere Beschäftigte unter guten Bedingungen sind nur 11% von ähnlich umfassenden Befindensbeeinträchtigungen betroffen.

Nicht nur Beschwerdekumulationen sondern auch die Verbreitung von jeder einzelnen der insgesamt 16

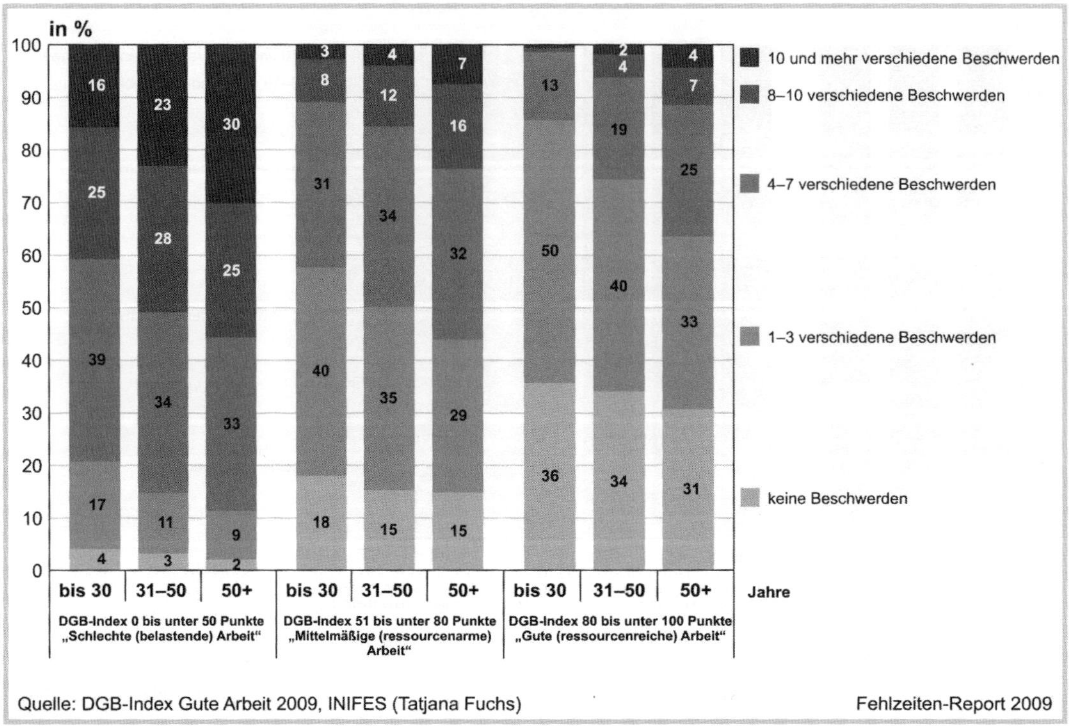

Abb. 19.4. Korrelation von Beschwerdekumulationen und wahrgenommener Arbeitsqualität (DGB-Index *Gute Arbeit*) – unter Berücksichtigung der Altersgruppen

erfragten Beschwerden korreliert hoch mit der wahrgenommen Arbeitsqualität: Wenn Beschäftigte ihre Arbeitsbedingungen als ressourcenarm und belastend beschreiben (DGB-Index 0–50 Punkte), geben sie mindestens doppelt so häufig an, dass mindestens zweimal pro Monat Schmerzen im Rücken, Kopfschmerzen, Augenbeschwerden oder Müdigkeit und Erschöpfungsgefühle auftreten, als Beschäftigte, die von gut gestalteten Arbeitsbedingungen berichten (DGB-Index 81–100 Punkte). Beschwerden in den Extremitäten, Schlafstörungen, Ohrgeräusche treten dreimal so häufig auf, Reizbarkeit und Nervosität, Herz- und Atemprobleme, Magen- und Verdauungsbeschwerden, Schwindelgefühle viermal so häufig und Niedergeschlagenheit oder Depressionen mehr als fünfmal so häufig.

Eine genauere Analyse dieser Daten unter Kontrolle verschiedener demographischer Merkmale steht derzeit noch aus. Die vorliegenden Ergebnisse weisen jedoch auf sehr konsistente Korrelationen von gesundheitlichen Beeinträchtigungen und der Arbeitsqualität aus Sicht der Beschäftigten hin.

Die Einschätzung der eigenen zukünftigen Arbeitsfähigkeit hängt eng mit der Selbstbeurteilung des aktuellen Gesundheitszustandes zusammen. Je häufiger Menschen spüren, dass sie an ihrem Arbeitsplatz an die Grenzen ihrer Leistungsfähigkeit stoßen, dass sie sich krank und gesundheitlich belastet fühlen, desto pessimistischer wird ihre Prognose bezüglich ihrer zukünftigen Arbeitsfähigkeit ausfallen.

Im Jahr 2009 antwortet nur jeder zweite (50%; 2008: 51%; 2007: 50%) auf die Frage, ob er (oder sie) sich vorstellen kann, unter den derzeitigen Anforderungen das Rentenalter zu erreichen, optimistisch. 34% geben eine dezidiert pessimistische Prognose ab: Sie können sich – unter Berücksichtigung ihres Gesundheitszustandes und ihrer Arbeitsbedingungen – nicht vorstellen, durch ihre weitere Erwerbsphase zu kommen. 15% sind sich diesbezüglich unsicher.

Werden die Arbeits- und Entgeltbedingungen im umfassenden Sinn positiv beschrieben, können sich 79% der befragten Beschäftigten vorstellen, gesund das Rentenalter zu erreichen. Lediglich 11% der Be-

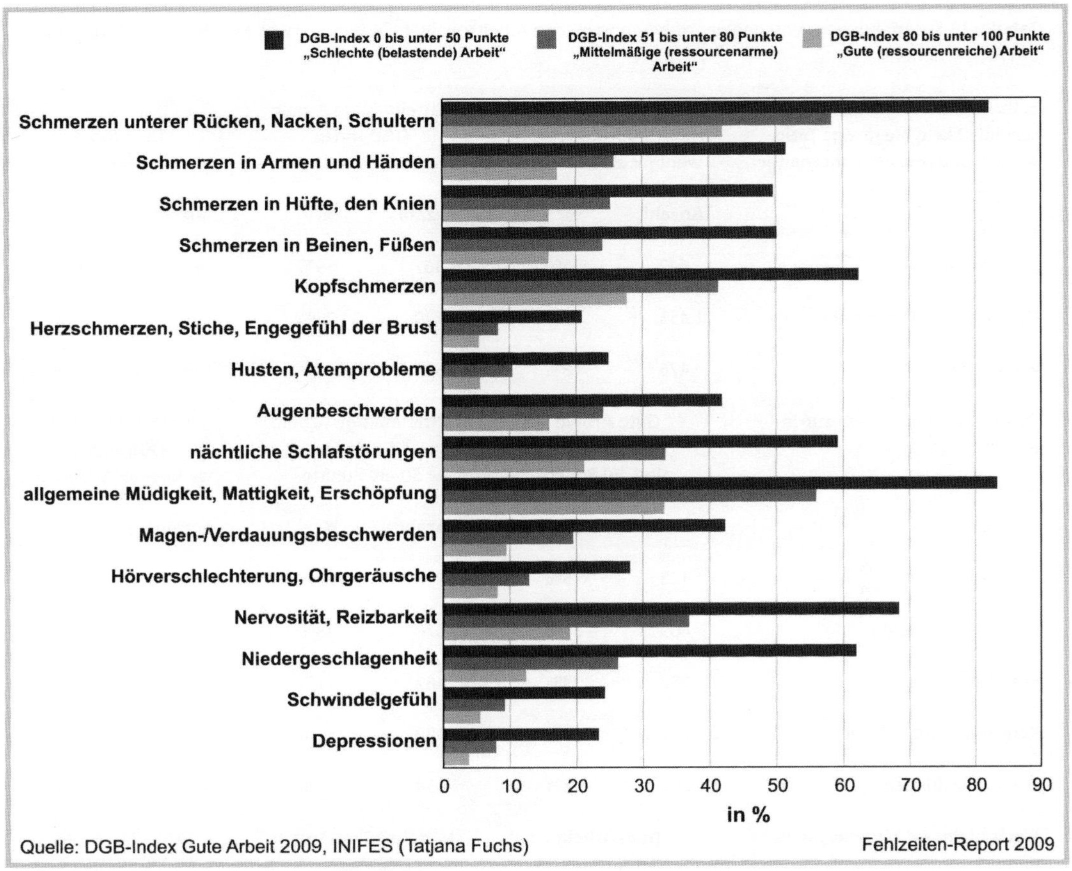

Abb. 19.5. Korrelation von spezifischen Beschwerden (Auswahl) und wahrgenommener Arbeitsqualität (DGB-Index *Gute Arbeit*)

schäftigten mit guten Arbeitsbedingungen können sich nicht vorstellen, gesund das Rentenalter zu erreichen. Beschäftigte, deren Arbeitsbedingungen – nach eigenen Aussagen – als mittelmäßig klassifiziert wurden, können sich nur noch zu 59% vorstellen, in ihrer Tätigkeit bis zum Rentenbeginn zu arbeiten. Und unter den Beschäftigten, die von vielfachen Belastungen und kaum förderlichen Rahmenbedingungen berichten, geben nur noch 25% eine solch optimistische Prognose ab. Demgegenüber sind sich in dieser Gruppe 57% sicher, unter den gegenwärtigen Bedingungen in ihrer Tätigkeit das Rentenalter nicht zu erreichen.

Etliche Befragungen zeigen, dass die Zufriedenheit mit den verschiedenen Facetten der Arbeit bei einer Person durchaus unterschiedlich ausfallen kann, z. B. kann man mit seiner Tätigkeit sehr zufrieden und gleichzeitig mit der Bezahlung und der Unternehmenspolitik äußerst unzufrieden sein (Nerdinger 1995). Zudem zeigen Befragungen regelmäßig enorm hohe Zufriedenheitswerte, die zu einem großen Teil mit den Angaben über die wahrgenommene Arbeitsqualität aber auch mit Angaben zu Frustration, Betriebswechselbereitschaft und anderen Bewertungen nicht in Einklang zu bringen sind. Bruggemann et al. (1975) sind diesen Besonderheiten der Zufriedenheitsforschung nachgegangen und haben einen bis heute fruchtbaren Ansatz der Arbeitszufriedenheitstheorie entwickelt: Danach resultiert Arbeitszufriedenheit oder -unzufriedenheit aus dem Verhältnis der Ansprüche, die Menschen an ihre Arbeit stellen, und den Erfahrungen, die sie machen. Man geht davon aus, dass sich das Anspruchsniveau mit den Erfahrungen, die im Unternehmen gemacht werden, verändern kann: Je nachdem, ob Personen in der Lage sind bzw. in die Lage versetzt werden, Problemlö-

Tabelle 19.3. Beziehungen zwischen der wahrgenommenen Arbeitsqualität (DGB-Index) und verschiedenen Aspekten des Arbeiterlebens

Selbsteinschätzung der Wahrscheinlichkeit, die jetzige Tätigkeit gesund bis zum Rentenalter ausüben zu können	Schlechte Arbeit: DGB-Index weniger als 50 Punkte		Mittelmäßige Arbeit: DGB-Index 50–80 Punkte		Gute Arbeit: DGB-Index mind. 80 Punkte	
	Anzahl	%	Anzahl	%	Anzahl	%
Ja, wahrscheinlich	642	25%	2.561	59%	745	79%
Nein, wahrscheinlich nicht	1.453	57%	1.120	26%	101	11%
Weiß nicht	476	18%	642	15%	103	11%
Formen der Arbeits-(un)zufriedenheit	**Gute Arbeit: DGB-Index mind. 80 Punkte**		**Mittelmäßige Arbeit: DGB-Index 50–80 Punkte**		**Schlechte Arbeit: DGB-Index weniger als 50 Punkte**	
	Anzahl	**%**	**Anzahl**	**%**	**Anzahl**	**%**
Stabil zufrieden	128	5%	1.215	28%	573	61%
Progressiv zufrieden	809	31%	2.078	48%	268	28%
Resigniert	682	27%	482	11%	62	7%
Konstruktiv unzufrieden	751	29%	480	11%	30	3%
Fixiert unzufrieden	200	8%	54	1%	8	1%
Wechsel des Arbeitgebers, falls möglich	**Gute Arbeit: DGB-Index mind. 80 Punkte**		**Mittelmäßige Arbeit: DGB-Index 50–80 Punkte**		**Schlechte Arbeit: DGB-Index weniger als 50 Punkte**	
	Anzahl	**%**	**Anzahl**	**%**	**Anzahl**	**%**
Ja, wahrscheinlich	1.245	48%	685	16%	52	6%
Nein, wahrscheinlich nicht	750	29%	2.907	67%	827	88%
Weiß nicht	581	23%	727	17%	62	7%

Quelle: DGB-Index *Gute Arbeit*, 2009, INIFES (Tatjana Fuchs)

sungsstrategien oder aber eine Frustrationstoleranz zu entwickeln, bleibt das Anspruchsniveau konstant, sinkt oder steigt. Es lassen sich demgemäß verschiedene Formen der Arbeitszufriedenheit und der -unzufriedenheit unterscheiden.

Beschäftigte, die von sehr guten Arbeitsbedingungen berichten (DGB-Index > 80 Punkte), sind sehr häufig wirklich zufrieden (vgl. Tabelle 19.5): 61% sind stabil zufrieden, 28% sind progressiv zufrieden – können sich demnach noch weitere Verbesserungen vorstellen und sind auch bereit dafür etwas zu tun. Demgegenüber treten Resignation und Unzufriedenheit in dieser Beschäftigtengruppe nur vereinzelt auf. Anders als bei Beschäftigten, die ihre Arbeitsbedingungen insgesamt als mittelmäßig beschreiben: Unter ihnen sind Resignation (11%), konstruktive und fixierte (12%) Unzufriedenheit verbreitete Phänomene. Stabil zufrieden ist nur noch jeder vierte (28%). Werden die Arbeits- und

Tabelle 19.4. Formen der Arbeits(un)zufriedenheit

Form der Arbeitszufriedenheit/ -unzufriedenheit	**Zustimmung zu folgenden Aussagen**
Stabilisierte Arbeitszufriedenheit	Ich bin im Moment mit meiner Arbeitsstelle sehr zufrieden und hoffe, dass alles so bleibt, wie es ist. Ich sehe im Moment nicht die Notwendigkeit, irgendetwas an meinem Arbeitsplatz zu verbessern. Kein Arbeitgeberwechsel beabsichtigt.
Progressive Arbeitszufriedenheit	Ich kann mit meinem Arbeitsplatz zufrieden sein, aber ich möchte die Arbeitssituation noch weiter verbessern. Ich versuche selbst bzw. gemeinsam mit anderen, meine Arbeitssituation zu verbessern. Arbeitgeberwechsel möglich.
Resignative Arbeitszufriedenheit	Früher wäre ich mit diesem Arbeitsplatz nicht zufrieden gewesen, aber man muss froh sein, überhaupt Arbeit zu haben. Ich sehe derzeit keine Möglichkeiten, meine Arbeitssituation zu verbessern. Arbeitgeberwechsel möglich.
Fixierte Arbeitsunzufriedenheit	Ich bin mit meiner Arbeitsstelle unzufrieden. Ich sehe derzeit keine Möglichkeiten, meine Arbeitssituation zu verbessern.
Konstruktive Arbeitsunzufriedenheit	Ich bin mit meiner Arbeitsstelle unzufrieden. Ich versuche selbst bzw. gemeinsam mit anderen, meine Arbeitssituation zu verbessern. Arbeitgeberwechsel möglich.

Einkommensbedingungen als ressourcenarm und belastend beschrieben (DGB-Index bis 50 Punkte), dann dominieren Resignation (27%), konstruktive (29%) und fixierte (8%) Unzufriedenheit.

Diese Ergebnisse korrespondieren mit einem weiteren, sehr wichtigen Befund: Beschäftigte, die ihre Arbeitsqualität positiv bewerten, würden zu 88% selbst dann nicht den Arbeitgeber wechseln, wenn sie Alternativen hätten. Sie fühlen sich also dem Unternehmen sehr verbunden. Im Gegensatz dazu sind 48% der Befragten, die unter schlechten Bedingungen arbeiten, sicher, dass sie bei nächster Gelegenheit den Arbeitgeber wechseln werden und lediglich 29% würden sicher bleiben (in der Regel auf Grund des Alters). Eine hohe Arbeitsqualität trägt demnach stark zur Betriebsbindung und – darüber vermittelt – zur Motivation bei.

Tabelle 19.5 zeigt die Prädiktoren für eine positive Selbsteinschätzung der weiteren Arbeitsfähigkeit, für stabile Zufriedenheit und für eine starke Verbundenheit mit dem Unternehmen (keine Wechselbereitschaft trotz Alternativen). In das Modell wurden – bis auf eine Ausnahme[3] – alle indexbildenden Variablen aufgenommen, d. h. alle Items, die die wahrgenommene Qualität der Arbeits- und Einkommensbedingungen im DGB-Index abbilden. Starke Erklärungskraft entfalten die Variablen »berufliche Zukunftssicherheit«, »angemessenes Einkommen« und »ausreichendes Einkommen« aus dem Teilindex Sicherheit und Einkommen bezüglich der drei genannten Zustände. Stabile Zufriedenheit kann mit dem Faktor 5,6 aus diesen drei Items vorhergesagt werden, hohe Verbundenheit mit dem Unternehmen

3 In das Vorhersagemodell »Positive Einschätzung der weiteren Arbeitsfähigkeit« wurde der Aspekt »Einschätzung des zu erwartenden beruflichen Renteneinkommens« nicht einbezogen. Hintergrund ist, dass die Richtung des Zusammenhangs, der sich hier zeigen würde, unklar ist: Sind die Befragten optimistisch, gesund das Rentenalter zu erreichen, weil ihr Renteneinkommen ausreichen wird (beispielsweise auch, um vorzeitig in den Ruhestand zu gehen); oder wird das Renteneinkommen auch deswegen als ausreichend eingeschätzt, weil sich die befragte Person sicher ist, durchgehend bis zum Erreichen des normalen Rentenalters arbeiten zu können.

Tabelle 19.5. Erklärungsfaktoren für ein positives Arbeitserleben Exp(B)

	Positive Einschätzung der weiteren Arbeitsfähigkeit		Stabile Zufriedenheit		Keine Wechsel in ein anderes Unternehmen beabsichtigt	
	Exp(B)	Sig.	Exp(B)	Sig.	Exp(B)	Sig.
R1) Qualifizierungs-/Entwicklungsmöglichkeiten						
In (sehr) hohem Maß konkrete Angebote für Qualifizierungswünsche					1,554	***
In (sehr) hohem Maß Weiterentwicklung Wissen/Können möglich	1,62	***	1,230	*	1,249	*
R2) Kreativität						
In (sehr) hohem Maß möglich, eigene Ideen in die Arbeit einzubringen	0,73	***			1,314	**
R3) Aufstiegschancen						
In (sehr) hohem Maß Aufstiegschancen vorhanden			0,776	**		
R4) Einfluss-/Gestaltungsmöglichkeiten						
In (sehr) hohem Maß selbstständige Planung/Einteilung der Arbeit						
In (sehr) hohem Maß Einfluss auf Arbeitsmenge	0,83	*				
In (sehr) hohem Maß Einfluss auf Arbeitszeitgestaltung	1,52	***				
R5) Informationsfluss						
In (sehr) hohem Maß alle Informationen, die für die Arbeit benötigt werden			1,456	***		
Nicht/in geringem Maß widersprüchliche Anforderungen			2,696	***	2,092	***
R6) Führungsqualität						
In (sehr) hohem Maß Vorgesetzte, die die Arbeit gut planen						
In (sehr) hohem Maß Wertschätzung durch Vorgesetzte			1,467	***	1,648	***
In (sehr) hohem Maß Führungsstil, der Weiterbildung/Personalentwicklung hohen Stellenwert beimisst			1,656	***	1,410	***

Fortsetzung nächste Seite

Tabelle 19.5. Fortsetzung

	Positive Einschätzung der weiteren Arbeitsfähigkeit		Stabile Zufriedenheit		Keine Wechsel in ein anderes Unternehmen beabsichtigt	
	Exp(B)	Sig.	Exp(B)	Sig.	Exp(B)	Sig.
R7) Betriebskultur						
In (sehr) hohem Maß betriebliche Förderung von Kollegialität	1,31	***	1,355	**		
In (sehr) hohem Maß geeignete Geschäftsführung/Behördenleitung	1,18	*			1,528	***
R8) Kollegialität/soziales Klima						
In (sehr) hohem Maß Hilfe/Unterstützung von Kolleg/innen			0,779	*	1,368	***
R9) Sinnvolle Arbeit						
In (sehr) hohem Maß gesellschaftlich nützliche Arbeit			1,196	*		
R10) Arbeitszeit						
In (sehr) hohem Maß Überstundenausgleich nach eigenen Vorstellungen	1,26	***			1,651	***
In (sehr) hohem Maß zuverlässige Arbeitszeitplanung	1,58	***	1,388	***		
In (sehr) hohem Maß Berücksichtigung eigener Bedürfnisse bei Arbeitszeitplanung						
B11) Arbeitsintensität						
Nicht/in geringem Maß unerwünschte Arbeitsunterbrechungen			1,446	***		
Nicht/in geringem Maß Arbeitshetze/Zeitdruck	1,90	***	1,789	***		
Nicht/in geringem Maß Abstriche bei der Arbeitsqualität, um Arbeitspensum zu schaffen	1,66	***	2,249	***	1,466	***
B12) Emotionale Anforderungen						
Nicht/in geringem Maß Anforderung, Gefühle zu verbergen	1,55	***	1,389	**	1,357	***
Nicht/in geringem Maß unwürdige Behandlung durch Dritte	1,52	**				

Fortsetzung nächste Seite

Tabelle 19.5. Fortsetzung

	Positive Einschätzung der weiteren Arbeitsfähigkeit		Stabile Zufriedenheit		Keine Wechsel in ein anderes Unternehmen beabsichtigt	
	Exp(B)	Sig.	Exp(B)	Sig.	Exp(B)	Sig.
B13) Körperliche Anforderungen/Umgebungsbedingungen						
Nicht/in geringem Maß körperliche Schwerarbeit	3,44	***	1,277	*	1,291	***
Nicht/in geringem Maß einseitige körperliche Anforderungen	1,69	***	1,288	**		
Nicht/in geringem Maß Lärm/laute Umgebungsgeräusche	1,48	***			0,768	**
E14) Sicherheit						
Nicht/in geringem Maß Angst um berufliche Zukunft	1,74	***	2,065	***	1,926	***
E15) Einkommen						
In (sehr) hohem Maß angemessenes, leistungsgerechtes Einkommen	1,61	***	2,079	***	1,483	***
Im (sehr) hohen Maß ausreichendes Einkommen			1,416	***	1,688	***
Im (sehr) hohen Maß ausreichende Rente						
Fälle in der Analyse (N)	4.928		5.540		4.516	
Modellzusammenfassung – Nagelkerkes R-Quadrat	0,407		0,306		0,387	
Kontrollierte Variablen	Alter, $Alter^2$					

*0,05-Niveau, **0,01-Niveau, ***0,001-Niveau,
Quelle: DGB-Index *Gute Arbeit*, 2008, INIFES (Tatjana Fuchs)

mit dem Faktor 5,1 und eine positive Einschätzung der zukünftigen Arbeitsfähigkeit mit dem Faktor 3,4.

Die Variablen aus dem Teilindex »Belastungen« erklären insbesondere eine positive Einschätzung der weiteren Arbeitsfähigkeit (alle Items: Faktor 13). Die stärksten Prädiktoren sind »keine/in geringem Maß körperlich schwere Arbeit« und »kein/in geringem Maß Zeitdruck«. Eine günstige Gestaltung der Arbeitsintensität entfaltet darüber hinaus eine große Erklärungskraft für stabile Zufriedenheit und eine geringe Bereitschaft, den Arbeitgeber zu wechseln.

Aus dem Teilindex Ressourcen sind es insbesondere die Aspekte »Informationsklarheit«, »Wertschätzung« sowie eine »hohe Priorisierung von Weiterbildung und Personalentwicklung durch die Führungskräfte« sowie »Weiterbildungsangebote«, die stabile Zufriedenheit und eine geringe Wechselbereitschaft erklären.

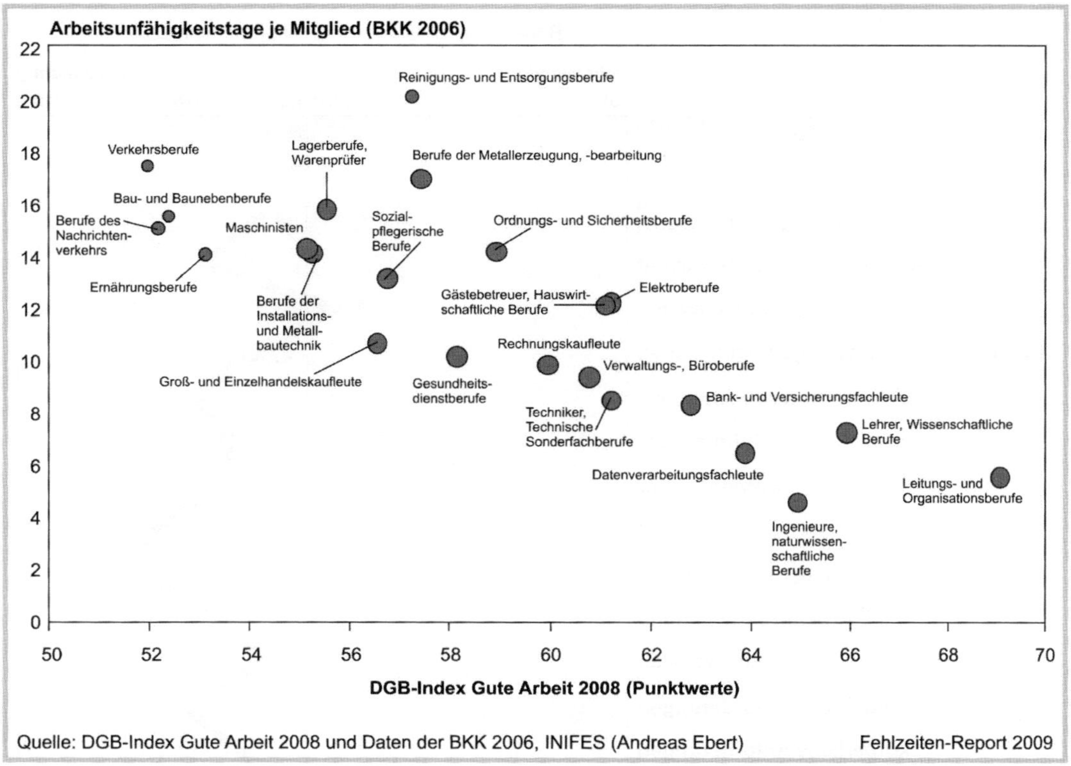

Abb. 19.6. Durchschnittliche Arbeitsunfähigkeitstage je Person und durchschnittlicher Wert des DGB-Index *Gute Arbeit* nach Berufsgruppen (Mittelwerte)

Auch auf einer stark aggregierten Ebene lassen sich mit dem DGB-Index *Gute Arbeit* plausible Korrelationen zeigen. Abbildung 19.6 bildet die durchschnittliche Zahl der Arbeitsunfähigkeitstage nach Berufsgruppen ab und korreliert diese Ergebnisse mit dem durchschnittlichen Index-Wert der jeweiligen Berufsgruppen. Gezeigt werden kann, dass Berufsgruppen, die durch eine relativ hohe Zahl von Arbeitsunfähigkeitstagen auffallen – wie z. B. im Baugewerbe oder im Verkehrswesen – auch auffällig niedrige Indexwerte aufweisen. Umgekehrt zeichnen sich etwa Ingenieurs-, naturwissenschaftliche und technische Berufe sowie die Berufsgruppen aus dem Büro- und Verwaltungsbereich sowohl durch niedrige Arbeitsunfähigkeitstage als auch durch überdurchschnittlich positive Indexwerte aus. Ein ebenso deutlicher Zusammenhang lässt sich auch zwischen dem berufsgruppenspezifischen DGB-Index *Gute Arbeit* und den jeweiligen Anteilen der Erwerbsunfähigkeitsrenten an allen Neurenten herstellen (Ebert und Kistler 2008). Das deutet darauf hin, dass die Bewertung der Arbeits- und Einkommensbedingungen, wie sie im DGB-Index *Gute Arbeit* zum Ausdruck kommt, im Hinblick auf das Gesundheitsgeschehen eine hohe Aussagekraft entfalten kann.

Ein weiteres Potenzial des DGB-Index liegt in der Möglichkeit, die Dimensionen der Arbeitsqualität grafisch den Ansprüchen der Beschäftigten gegenüberzustellen (vgl. Abb. 19.7).

Alle 15 Dimensionen der Arbeitsqualität, die in den Index einfließen, werden von den Beschäftigten als wichtige bis sehr wichtige Aspekte guter Arbeit eingestuft. Dennoch gibt es Abstufungen: Besonders hervorgehoben wird von allen Gruppen der Bereich Einkommens- und Beschäftigungssicherheit, eine angemessene Arbeitsintensität, ein klarer und umfassender Informationsfluss sowie Qualifizierungs- und Entwicklungsmöglichkeiten. Mit der Anspruchslücke wird grafisch ausgedrückt, in welchen Bereichen die Kluft zwischen den Ansprüchen an gute Arbeit und deren Realisierung besonders groß ist. Dabei lässt sich der Wert einer einzelnen Anspruchslücke nicht exakt quantifizieren. Entscheidend ist vielmehr, dass die Kluft

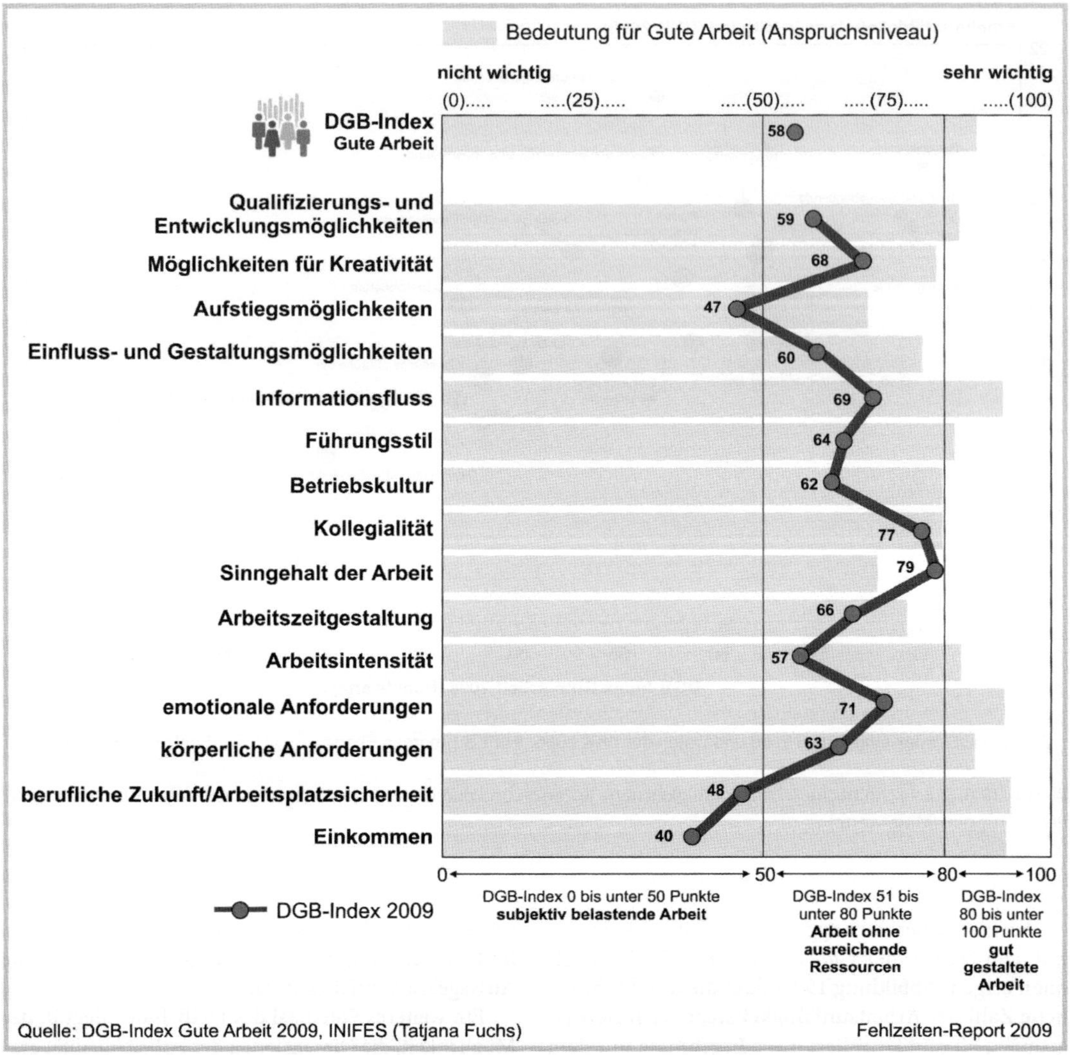

Abb. 19.7. Arbeitsqualität aus Sicht von Beschäftigten – zwischen Anspruch und Wirklichkeit

zwischen Anspruch und Wirklichkeit in einigen Dimensionen größer sein kann als in anderen.

Die Gegenüberstellung der Ansprüche an die Gestaltung guter Arbeit und deren Realisierung zeigt erhebliche Anspruchslücken: Während die befragten Beschäftigten einem leistungs- und bedürfnisgerechten Einkommen, der beruflichen Zukunftssicherheit, der Gestaltung gesundheitsförderlicher Arbeit, einem guten Informationsfluss und den Qualifizierungs- und Entwicklungsmöglichkeiten eine sehr hohe Bedeutung beimessen, bleibt deren Realisierung weit hinter den Ansprüchen zurück.

Im Verhältnis dazu, liegen Wunsch und Wirklichkeit im Hinblick auf das kollegiale Klima, die Sinnhaftigkeit der Arbeit, die Berücksichtigung der eigenen Bedürfnisse bei der Arbeitszeitgestaltung sowie die Möglichkeiten sich kreativ in die Arbeit einbringen zu können, sehr viel näher zusammen.

19.4 Fazit

Das ambitionierte Projekt der DGB-Gewerkschaften, eine indexbasierte Berichterstattung über die Arbeits-

und Einkommensbedingungen in Deutschland auf die Beine zu stellen, feiert zum gegenwärtigen Zeitpunkt (2009) seinen ersten Geburtstag: Eine (zu) kurze Zeit, um eine hinreichende Bilanzierung vorzunehmen. Dennoch scheint sich das Konzept des DGB-Index in verschiedener Hinsicht zu bewähren: Der Index ermöglicht einen aussagekräftigen Überblick über die Arbeits- und Einkommensbedingungen aus der Sicht von Beschäftigten bzw. verschiedenen Beschäftigtengruppen. Er erleichtert die Identifizierung von »Brennpunkten« und »Potenzialen«, d. h. Bereichen der Arbeit, die bereits sehr positiv bewertet werden. In hochaggregierter Form werden plausible Korrelationen zwischen der wahrgenommen Arbeitsqualität von Berufsgruppen und dem berufsspezifischen Gesundheitsgeschehen sichtbar. Andererseits lassen sich auf der Basis des hohen Detaillierungsgrad des DGB-Index Prädiktoren für bestimmte, erwünschte Zustände – wie stabile Zufriedenheit, eine positive Selbsteinschätzung der weiteren Arbeitsfähigkeit etc. – ermitteln.

Die Entscheidung, neben dem Beanspruchungserleben und der Verfügbarkeit von Ressourcen auch dem Bereich Einkommen und Sicherheit einen hohen Stellenwert beizumessen, hat sich unseres Erachtens als zutreffend erwiesen. Neben den hier referierten Ergebnissen zeigen ebenso nahezu alle Diskussionen mit Beschäftigten sowie Betriebs- und Personalräten, dass einem ausreichenden Einkommen und einem sicheren Arbeitsplatz ein herausragender Stellenwert im Hinblick auf »gute Arbeit« zugemessen wird. Es scheint vor diesem Hintergrund vielmehr begründungspflichtig, dass diese – aus Sicht der Beschäftigten – existenziellen Themen in vielen erwerbsarbeitsbezogenen bislang völlig ausgespart wurden.

Inwieweit sich die indexbasierte Berichterstattung auch als tauglich erweisen wird, Veränderungen der Arbeitswelt in ausreichender Tiefe und zeitnah abzubilden, kann zum gegenwärtigen Zeitpunkt noch nicht gesagt werden – denkbar ist es.

Literatur

Bruggemann A, Groskurth P, Ulich E (1975) Arbeitszufriedenheit. Huber, Bern

DGB (2007) DGB-Index Gute Arbeit 2007. Wie die Beschäftigten die Arbeitswelt in Deutschland beurteilen. DGB, Berlin

Ducki A (1998) Ressourcen, Belastungen und Gesundheit. In: Bamberg E, Ducki A, Metz AH (Hrsg) Handbuch Betriebliche Gesundheitsförderung. Verlag für angewandte Psychologie, Göttingen, S 145–153

Ducki A (2000) Diagnose gesundheitsförderlicher Arbeit. Eine Gesamtstrategie zur betrieblichen Gesundheitsanalyse, Schriftenreihe MTO, Bd 25. vdf Hochschulverlag AG an der ETH Zürich, Zürich

Ebert A, Kistler E (2008) Arbeiten bis 67? – Für viele Beschäftigte keine realistische Perspektive. Erscheint in: Jahrbuch Gute Arbeit. Bund-Verlag, Frankfurt

Fahrenberg J (1994) Die Freiburger Beschwerdenliste (FBL). Form FBL-G und revidierte Form FBL-R. Handanweisung. Hogrefe, Göttingen

Fuchs T (2006) Was ist gute Arbeit? Anforderungen aus Sicht von Erwerbstätigen. INQA-Bericht Nr. 19. Wirtschaftsverlag NW, Dortmund Berlin Dresden

Fuchs T (2008) Der DGB-Index. In: BAuA (Hrsg) Nutzerpotenziale von Beschäftigtenbefragungen, Wirtschaftsverlag NW, Dortmund, S 47–85; Download unter: http://www.baua.de/nn_11598/de/Publikationen/Fachbeitraege/Gd39,xv=vt.pdf?

Hacker W (1998) Arbeitspsychologie. Psychische Regulation von Arbeitstätigkeiten. Huber, Bern

Hiller W (1997) Die Freiburger Beschwerdeliste (FBL). Form FBL-G und revidierte Form FBL-R. Zeitschrift für Klinische Psychologie 26:309–311

Kirchner JH (1986) Belastungen und Beanspruchungen. Eine begriffliche Klärung zum Belastungs-Beanspruchungs-Konzept. Zeitschrift für Arbeitswissenschaft 40:69–74

Nerdinger FW (1995) Motivation und Handeln in Organisationen: Eine Einführung. Kohlhammer, Stuttgart

OECD (2005) Handbook on Constructing Composite Indicators: Methodology and User Guide. http://www.olis.oecd.org/olis/2005doc.nsf/LinkTo/NT00002E4E/$FILE/JT00188147.PDF

Oesterreich R, Volpert W (1999) Psychologie gesundheitsgerechter Arbeitsbedingungen – Konzepte, Ergebnisse und Werkzeuge zur Arbeitsgestaltung. Schriften zur Arbeitspsychologie Nr. 59. Huber, Bern

Rohmert W, Rutenfranz J (1975) Arbeitswissenschaftliche Beurteilung der Belastung und Beanspruchung an unterschiedlichen industriellen Arbeitsplätzen. Bundesministerium für Arbeit und Sozialordnung, Bonn

Tangian A (2005) Ein zusammengesetzter Indikator der Arbeitsbedingungen in der EU-15 für Politik-Monitoring und analytische Zwecke. WSI-Diskussionspapier Nr. 135 (Eigendruck im Selbstverlag), Düsseldorf

Tangian A (2007) Analysis of the third European survey on working conditions with composite indicators. European Journal of Operational Research 181, S 468–499

Semmer N, Mohr G (2001) Arbeit und Gesundheit: Konzepte und Ergebnisse der arbeitspsychologischen Stressforschung. Psychologische Rundschau 52:150–158

Ulich E (2001) Arbeitspsychologie. Schäffer-Poeschel, Stuttgart

Wydler H, Kolip P, Abel T (2000) Salutogenese und Kohärenzgefühl. Grundlagen, Empirie und Praxis eines gesundheitswissenschaftlichen Konzepts. Juventa, Weinheim

Kapitel 20

Great Place to Work®: Ein Arbeitsplatz, an dem man sich wohl fühlt

F. Hauser · F. Pleuger

Zusammenfassung. *Die Gesundheit der Mitarbeiter stellt eine zentrale Grundvoraussetzung für das Leistungspotenzial und den Erfolg eines Unternehmens dar. Auch aus Sicht der Mitarbeiter kommt dem psychischen und physischen Wohlbefinden am Arbeitsplatz eine besondere Bedeutung für die Bewertung eines Arbeitgebers zu. Die im Rahmen der jährlichen Great Place to Work® Benchmarkstudien ausgezeichneten Unternehmen nehmen sich bereits jetzt des Themas an; in den meisten Unternehmen besteht jedoch hier noch deutlicher Handlungsbedarf. Mit gutem Beispiel voran geht die SICK AG, der diesjährige Preisträger des Great Place to Work® Sonderpreises »Gesundheit«: Die SICK AG verfolgt ein umfassendes Konzept zum Betrieblichen Gesundheitsmanagement (BGM). Als wichtigstes Instrument dient dabei die ganzheitliche Gefährdungsbeurteilung zur Erfassung vor allem der psychischen Gefährdungen. Unter wissenschaftlicher Begleitung wird mit aktiver Beteiligung u. a. von Geschäftsleitung, Betriebsrat und Betriebsärztlichem Dienst ein Instrument zur Erfassung der psychischen Gefährdungen am Arbeitsplatz entwickelt. Nach der Ableitung von Maßnahmen und deren Umsetzung wird der gesamte Prozess durch Wirksamkeitskontrollen evaluiert.*

Die Gesundheit der Mitarbeiter stellt eine zentrale Grundvoraussetzung für das Leistungspotenzial und den Erfolg eines Unternehmens dar. Forciert wird dieses Thema in Expertenkreisen nicht zuletzt durch die Aussicht auf zunehmend älter werdende Belegschaften. Doch nicht nur Experten sprechen das Gesundheitsmanagement an. Auch die Erfahrungen aus Interviews mit Beschäftigten selbst zeigen deutlich, dass die Gesundheit und das Wohlbefinden für ein positives Erleben am Arbeitsplatz eine zentrale Rolle spielen. Dabei geht es zunehmend nicht nur um das körperliche, sondern auch um das psychische Wohlbefinden.

Der vorliegende Beitrag greift das Thema »Förderung des psychischen Wohlbefindens – Charakteristik und Aufgabe sehr guter Arbeitgeber« auf. Er stellt zunächst Ergebnisse der Arbeiten des Great Place to Work® Institutes zu Bedeutung und Zusammenhängen des Themas vor und gibt einen Überblick darüber, was sehr gute Arbeitgeber auch in diesem Bereich auszeichnet. Im Anschluss erfolgt eine ausführliche Darstellung der SICK AG, des diesjährigen Preisträgers des Sonderpreises »Gesundheit« im Rahmen der Great Place to Work® Benchmarkstudie »Deutschlands Beste Arbeitgeber«; vorgestellt wird ihr Konzept zur Förderung des psychischen und körperlichen Wohlbefindens.[1]

1 Deutschlands beste Arbeitgeber: Jährlich vom Great Place to Work® Institute durchgeführte Benchmarkstudie zur Ermittlung sehr guter Arbeitgeber. Teilnahmeberechtigt sind Unternehmen mit mehr als 50 Mitarbeitern.

20.1 Gesundheit und Wohlbefinden als Charakteristik sehr guter Arbeitgeber

Das Great Place to Work® Institute bildet die Eigenschaften eines aus Sicht der Mitarbeiter ausgezeichneten Arbeitsplatzes im Great Place to Work® Modell© ab. Das Modell wurde in den 1980er Jahren auf induktivem Wege durch hunderte von Interviews mit Beschäftigten in den USA entwickelt. Es zeigte sich, dass auch das Thema Gesundheit für die Beschäftigten von Relevanz ist. Folgende Einzelaspekte spielen eine besondere Rolle:

- Sicherstellung der körperlichen Sicherheit am Arbeitsplatz
- Der Arbeitsplatz als Ort des psychischen und emotionalen Wohlbefindens
- Angebot an Maßnahmen zur Gesundheitsförderung
- Förderung der Work-Life-Balance der Mitarbeiter inklusive der Möglichkeit, Zeit freizunehmen, wenn nötig
- Angebot an Sozialleistungen, die ebenfalls zum physischen und psychischen Wohlbefinden der Mitarbeiter beitragen können

Tabelle 20.1. Gesundheitliche Aspekte als bedeutender Aspekt eines guten Arbeitgebers

	»Deutschlands Beste Arbeitgeber« 2009	Ergebnis repräsentativ
Körperliche Sicherheit am Arbeitsplatz ist gewährleistet	96%	85%
Arbeitsplatz ist gutes Umfeld für das psychische und emotionale Wohlbefinden	77%	41%
Angebot an Maßnahmen zur Gesundheitsförderung	74%	38%
Förderung der Work-Life-Balance der Mitarbeiter	69%	33%
Möglichkeit, Zeit frei zu nehmen, wenn nötig	79%	57%
Angebot an Sozialleistungen	71%	30%

Tabelle 20.1 zeigt, dass die als sehr gute Arbeitgeber ausgezeichneten Unternehmen tatsächlich in diesen Bereichen von ihren Mitarbeitern sehr positiv bewertet werden.[2] Als Vergleichszahlen werden die Ergebnisse einer repräsentativen Untersuchung im Auftrag des Bundesministeriums für Arbeit und Soziales (BMAS) angeführt.[3]

Unter den besten Arbeitgebern hat es seit dem Vorjahr eine positive Entwicklung im Bereich Gesundheit und Fürsorge gegeben. Eine Steigerung von 5% wurde beispielsweise bei der Frage »Die Mitarbeiter werden ermutigt, einen guten Ausgleich zwischen Berufs- und Privatleben zu finden.« erzielt. Diese Entwicklung zeigt, dass sich die ausgezeichneten Arbeitgeber diesem Thema verstärkt widmen. Maßnahmen, die auf das Wohlbefinden der Mitarbeiter an ihrem Arbeitsplatz zielen, aber auch eine Unterstützung der Mitarbeiter in ihrem Privatleben bedeuten, rücken zunehmend in den Fokus der Personalarbeit. Nichtsdestotrotz besteht bei positiven Bewertungen zwischen 70% und 80% nach wie vor weiteres Potenzial.

20.2 Förderung des psychischen Wohlbefindens – Zusammenhänge und Maßnahmen

Analysen der Daten aus dem genannten repräsentativen Forschungsprojekt im Auftrag des BMAS sowie der Daten der Benchmarkstudie »Deutschlands Beste Arbeitgeber« 2009 zur Ermittlung ausgezeichneter Arbeitgeber belegen, dass das psychische Wohlbefinden am Arbeitsplatz in einem sehr engen Zusammenhang mit der Gesamtbewertung eines Arbeitsplatzes steht. Auch im Hinblick auf das Engagement der Mitarbeiter zeigt sich ein deutlicher Zusammenhang. Unter Engagement wird meist ein Verhalten verstanden, das sich durch die drei Aspekte Identifikation, Bindung und Motivation

2 Angaben sind Top Box Werte, d. h. Anteile der Befragten, die eine positive Antwortkategorie wählten.

3 Studie im Auftrag des Bundesministerium für Arbeit und Soziales: 314 Unternehmen mit mehr als 20 Mitarbeitern, 37.151 Befragte, Durchführung Great Place to Work® Institute, YouGovPsychonomics AG und Universität zu Köln 2006/2007.

auszeichnet.[4] Ein besonders enger Zusammenhang zeigt sich zwischen dem Erleben von psychischem Wohlbefinden und der Identifikation mit dem Unternehmen.

Betrachtet man Qualitäten eines Arbeitsplatzes, die vom Arbeitgeber leichter direkt beeinflussbar sind, lässt sich feststellen, dass ein besonders enger Zusammenhang zwischen dem Erleben, dass das Unternehmen ein gutes Umfeld für das psychische und emotionale Wohlbefinden ist, und folgenden Faktoren besteht:

- Jeder hat die Möglichkeit, Aufmerksamkeit und Anerkennung zu erlangen
- Führungskräfte zeigen Interesse für jeden Mitarbeiter – auch als Person und nicht nur als Arbeitskraft
- Fairer Umgang auch bei Beschwerden
- Freundliche Arbeitsatmosphäre
- Es gibt ein Gefühl von Teamgeist
- Neue Mitarbeiter werden gut aufgenommen
- Alle ziehen an einem Strang

Die dargestellten Analysen zeigen, dass insbesondere Aspekte, die den fairen Umgang und die gleichen Möglichkeiten für alle Mitarbeiter auf der einen Seite und das Gemeinschaftsgefühl und die tägliche Arbeitsatmosphäre – kurz: das tägliche Miteinander – auf der anderen Seite beschreiben, in einem engen Zusammenhang mit dem psychischen und emotionalen Wohlbefinden stehen.

In welchen Unternehmen wird Wohlbefinden besonders positiv bewertet? Gibt es Maßnahmen, von denen man annehmen kann, dass sie fördernd wirken? Im Rahmen der repräsentativen Studie im Auftrag des BMAS wurde eine Reihe von Maßnahmen der Personal- und Führungsarbeit erfragt. Es handelte sich um Maßnahmen aus den Bereichen Personalintegration, Personalentwicklung/Weiterbildung/Karrieren, Arbeitszeit, Vergütung, Zusammenarbeit und Kommunikation.

Vergleicht man Unternehmen, die bestimmte Maßnahmen anbieten, mit denen, die diese nicht anbieten, so bewerten Mitarbeiter das Unternehmen als Ort des psychischen und emotionalen Wohlbefindens deutlich positiver, wenn folgende Maßnahmen vorhanden sind:

- Personalintegration: fester Ansprechpartner auch für nicht-fachliche Fragen (z. B. Pate, Mentor)
- Arbeitszeit: Vertrauensarbeitszeit
- Zusammenarbeit und Kommunikation: Regeln, Verfahren oder andere systematische Unterstützung zum Umgang mit Konflikten (z. B. für Konflikte im Team, Konflikte zwischen Führungskraft und Mitarbeiter oder Mobbing am Arbeitsplatz)

Diese Ergebnisse spiegeln die oben ermittelten Aspekte (Interesse über den fachlichen Bereich hinaus, Förderung der Work-Life-Balance, fairer Umgang mit Beschwerden), die in besonders engem Zusammenhang mit dem psychischen Wohlbefinden am Arbeitsplatz stehen, wider. Analysiert man durch eine Regressionsanalyse, welche dieser Faktoren tatsächlich einen signifikanten Einfluss auf das Erleben des Unternehmens als gutes Umfeld für das psychische und emotionale Wohlbefinden hat, so zeigt sich allerdings lediglich beim Ansprechpartner auch für nicht-fachliche Fragen ein relevanter Einfluss.

Die Bedeutung des psychischen Wohlbefindens für die Leistungsfähigkeit eines Unternehmens wird zudem ebenfalls ersichtlich, betrachtet man den Zusammenhang zwischen Krankenstand und dem Erleben, dass das Unternehmen ein gutes Umfeld für das emotionale und psychische Wohlbefinden ist. Es liegt ein negativer Zusammenhang vor: Das bedeutet, dass in Unternehmen, in denen das Wohlbefinden geringer bewertet wird, die durchschnittliche Anzahl der Krankheitstage je Mitarbeiter höher ist. Auch die durchgeführte Regressionsanalyse zeigt einen signifikanten Einfluss des Wohlbefindens auf die Anzahl der Krankheitstage je Mitarbeiter.[5]

20.3 SICK AG: Die Ganzheitliche Gefährdungsbeurteilung als Instrument des Betrieblichen Gesundheitsmanagements – Erfassung psychischer Gefährdungen am Arbeitsplatz

Jährlich wird im Rahmen der Benchmarkstudie »Deutschlands Beste Arbeitgeber« ein Sonderpreis zum Thema Gesundheit vergeben. Der Vergabe des Sonderpreises würdigt Unternehmen, die ganzheitliche Maßnahmen zur Gesundheitsförderung sowie zur Berücksichtigung der individuellen Lebenssituation ihrer Mitarbeiter anbieten. In diesem Zusammenhang zielt der Preis nicht nur auf Maßnahmen in den Bereichen

4 drei Aspekte des Engagements (vgl. von Bismarck und Bäumer 2005):
- Identifikation (Bereitschaft, sich positiv über das Unternehmen in der Öffentlichkeit zu äußern)
- Bindung (Wunsch, noch lange im Unternehmen zu arbeiten)
- Motivation (hohe Bereitschaft, sich einzusetzen)

5 Regressionsanalyse; kontrolliert für Branche und Unternehmensgröße.

Gesundheitsversorgung, Vorsorge, Beratung und Angebote zur Erhaltung der körperlichen Fitness ab, sondern darüber hinaus auch auf die Förderung gesunder Arbeitsbedingungen (physisch und psychisch). Zudem werden die Maßnahmen in den meisten Unternehmen hinsichtlich ihrer Effizienz überprüft.

20.3.1 Vorstellung der SICK AG

Die Firma SICK AG ist ein mittelständisches produzierendes Familienunternehmen mit nahezu 50 Tochtergesellschaften, Beteiligungen in 30 Ländern und über 5000 Mitarbeitern. Davon befinden sich etwa 2000 Mitarbeiter am Standort der Zentrale in Waldkirch.

Es werden Sensoren und intelligente Sensortechnik entwickelt und hergestellt. Gegründet wurde das Unternehmen 1946 von Erwin Sick, seitdem hat es durch beständiges Wachstum Größe und Umsatz gesteigert. Dieser lag im Jahre 2008 bei 737,3 Mio. Euro. In seiner Branche ist SICK eines der weltweit führenden Unternehmen für industrielle Anwendungen.

20.3.2 Herausforderungen der Arbeitswelt an ein Betriebliches Gesundheitsmanagement

Das Thema »Betriebliches Gesundheitsmanagement« (BGM) hat seit Jahren einen festen Platz in der SICK AG. Im »Leitbild zur Gesundheitsförderung und -vorsorge in der SICK AG« wurde das Ziel formuliert, frühzeitig belastende Faktoren für die Gesundheit der Mitarbeiter zu erkennen und sich aktiv für die Erhaltung der Gesundheit seiner Mitarbeiter einzusetzen. In den Grundsätzen für Führung und Zusammenarbeit ist die Aufgabe einer gesundheitsförderlichen Arbeitsgestaltung ausdrücklich festgehalten. Ergänzend wurde 2007 die Luxemburger Deklaration als Selbstverpflichtung zur Betrieblichen Gesundheitsförderung unterzeichnet.

Das BGM-Konzept der SICK AG umfasst ein breites Spektrum (s. Abb. 20.1). Das BGM-Konzept basiert auf verschiedenen wissenschaftlichen Konzepten, hier v. a. dem Prinzip der Salutogenese, also dem Augenmerk auf das, was gesund erhält im Gegensatz zur pathogenetischen Sicht der klassischen Schulmedizin. Ein

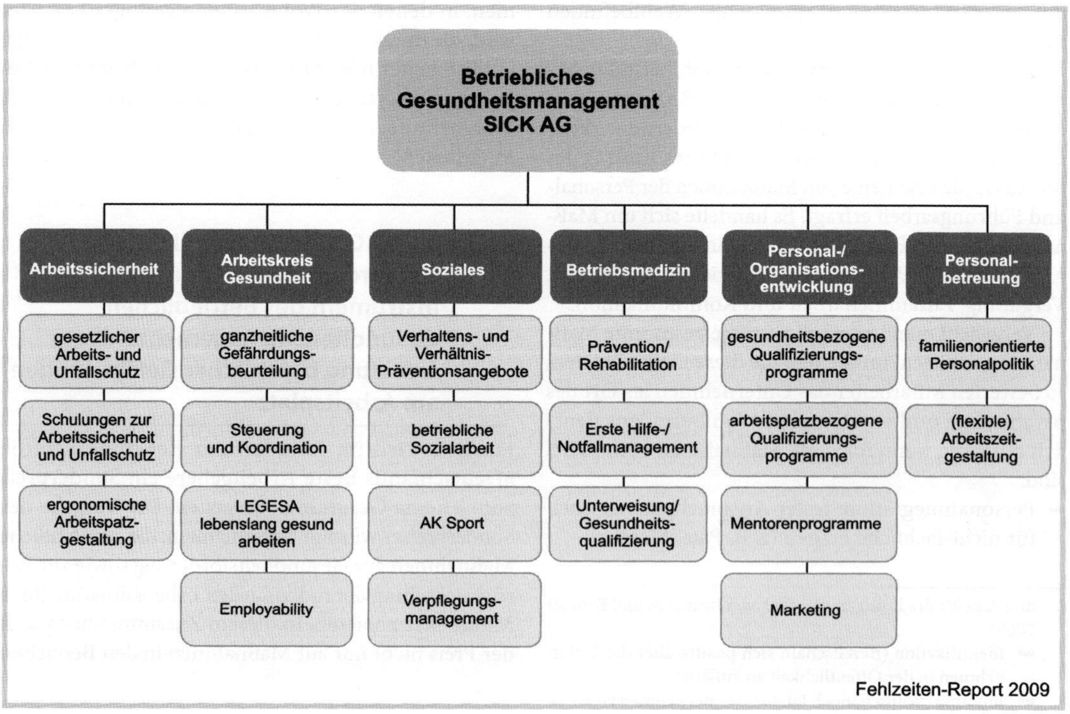

Abb. 20.1. Organigramm des BGM der SICK AG

weiteres zugrunde liegendes Prinzip ist der Ansatz des Empowerment, nämlich die Menschen zu befähigen, gesundheitliche Themen selbstbestimmt zu gestalten, Fähigkeiten und Potenziale zu entfalten sowie Ressourcen nutzbar zu machen.

20.3.3 Das Instrument der »Ganzheitlichen Gefährdungsbeurteilung«

Der Auftrag zu einer Gefährdungsbeurteilung ist gesetzlich verankert. Hier ist vor allem das Arbeitsschutzgesetz § 5 zu nennen, sowie bezüglich der psychischen Gefährdungen insbesondere die Bildschirmarbeitsverordnung. Allerdings lässt der Gesetzgeber offen, in welcher Form dies zu erfolgen hat. Die SICK AG hat daher im Rahmen eines Pilotprojektes systematisch ein Instrument entwickelt, welches an die speziellen Bedürfnisse der verschiedenen firmeninternen Bereiche angepasst und mit wissenschaftlicher Begleitung evaluiert und weiter entwickelt wird. Dieses Verfahren nennt sich »Ganzheitliche Gefährdungsbeurteilung« (GGB) (s. Abb. 20.2), und stellt das wichtigste Instrument des Betrieblichen Gesundheitsmanagements dar.

Ganzheitlich meint hier, die Erfassung sowohl der bisher traditionell erfassten physischen Belastungen als auch der psychischen Belastungen, da in einem produzierenden Betrieb beides nicht immer klar voneinander zu trennen ist. Der Schwerpunkt liegt jedoch auf den psychischen Belastungen. Für die Erfassung der physischen Gefährdungen liegen zahlreiche Instrumente mit jahrelanger Erprobung vor. Nicht so für die Erfassung

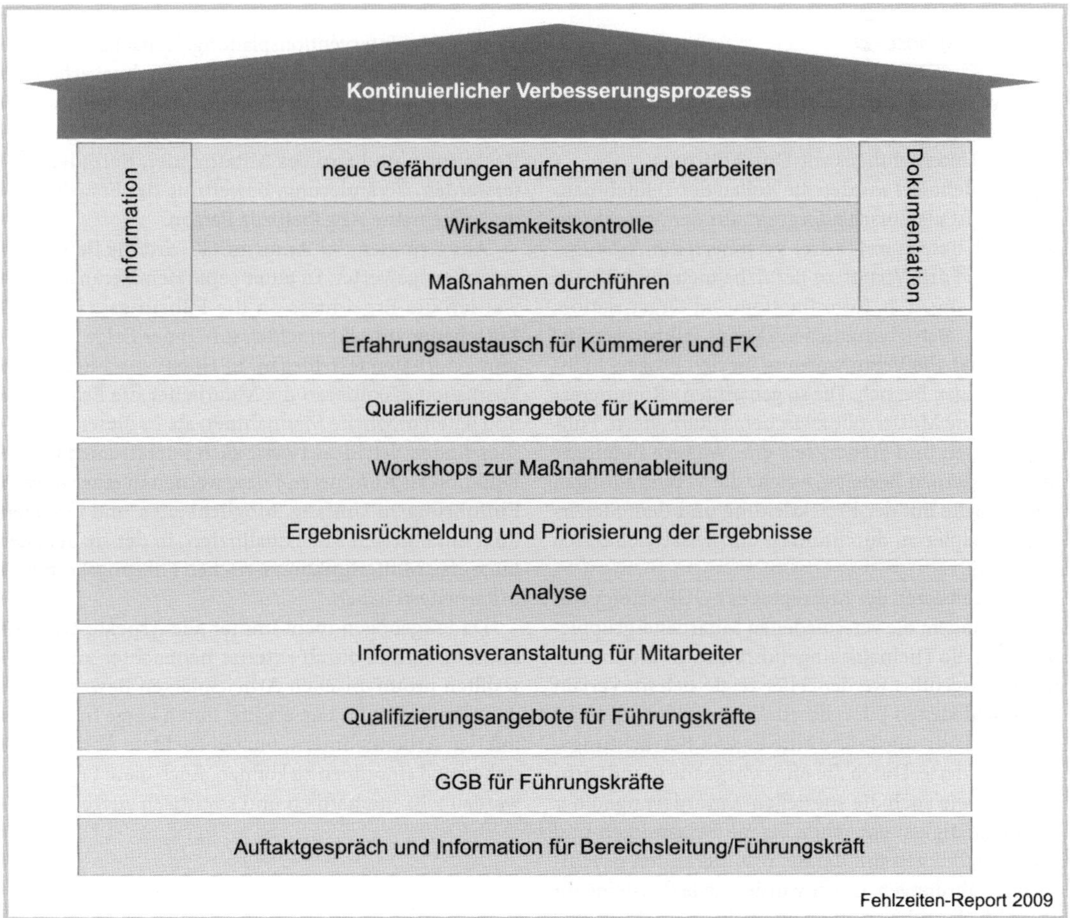

Abb. 20.2. Ganzheitliche Gefährdungsbeurteilung (GGB)

psychischer Belastungen. Hinzu kommt, dass diese oft weniger »greifbar« erscheinen, oft noch mit einem »Tabu« belegt oder einfach unerwünscht sind. Vor dem Hintergrund der aktuellen Entwicklung in der Fehlzeitenstatistik ist aber vorhersehbar, dass gerade diese Belastungen zu gesundheitlichen Beeinträchtigungen und Erkrankungen führen können.

20.3.4 Das Konzept der GGB

Die GGB ist eingebettet in ein umfassendes Betriebliches Gesundheitsmanagement, dessen Ziele körperliche Gesundheit und psychisches Wohlbefinden sind. Der Prozess orientiert sich an den Kernprozessen des Betrieblichen Gesundheitsmanagements im Sinne eines Lernzyklus: Diagnose → Planung → Intervention → Evaluation (Walter 2003).

Einführungsphase

Grundvoraussetzung ist die Freiwilligkeit der Teilnahme. Zunächst entscheidet sich ein bestimmter Bereich des Unternehmens zur Durchführung.

Vorab definiert wurden die Rollen der Teilnehmenden. Dies ist als Entscheidergremium der Steuerkreis, paritätisch besetzt mit je drei Vertretern der Arbeitgeberseite und drei Vertretern der Arbeitnehmerseite. Die Projektleitung, d. h. Koordination und Organisation, obliegt dem Betriebsärztlichen Dienst. Führungskräfte übernehmen die Verantwortung für den Prozess in ihrem jeweiligen Bereich. Die so genannten »Kümmerer« nehmen eine Mittlerrolle zwischen Mitarbeitern, Führungskräften und Steuerkreis ein. Weitere Beteiligte sind die externen Begleiter, welche die Veranstaltungen in Absprache mit der Projektleitung und dem Steuerkreis konzipieren, durchführen und wissenschaftlich auswerten.

Das Realisieren des Konzeptes der GGB erfolgt stufenweise, indem die verschiedenen Mitarbeitergruppierungen in die Thematik eingeführt und an die Umsetzung herangeführt werden. Hier zeigte sich im Verlauf der verschiedenen Pilotphasen, dass insbesondere die Rolle der Führungskräfte eine eigene Betrachtungsweise erforderte. Durch die oft vorliegende »Sandwichposition« wie auch die speziellen Anforderungen der Führungstätigkeit entstehen eigene Belastungen und Beanspruchungen mit daraus resultierenden psychischen Gefährdungen. Daher wurden neue Bausteine für die Gefährdungsbeurteilung von Führungskräften entwickelt. Hier entsteht Raum für die systematische Diskussion persönlicher gesundheitlicher Belastungen und Gefährdungen, was wiederum zu mehr Verständnis des Themas mit nachfolgender Unterstützung im Prozess führt. Nach der Einführung in das Thema folgen Qualifizierungsmaßnahmen nach einem Baukastenprinzip. Erste Zielgruppe sind Führungskräfte (Schuppler et al. 2007), um diese in die Lage zu versetzen, Fragen zum Prozess seitens ihrer Mitarbeiter beantworten zu können und ein Promotor der GGB zu werden. Anschließend werden alle betroffenen Mitarbeiter eines Bereiches informiert.

Im späteren Verlauf finden in halbjährlichen Abständen Qualifizierungsmaßnahmen für die Kümmerer statt. Themen können z. B. Moderationstechniken für die internen regelmäßigen Treffen sein, Umgang mit dem Dokumentationsinstrument u.a.m.

Bearbeitungsphase

Sie dient der Interventionsplanung. Zunächst wird eine Befragung auf der Basis des KABA-Analyseverfahrens (Krause et al. 2007) durchgeführt. Sie enthält ca. 100 Fragen zu den Themenblöcken Arbeitsbedingungen, Ressourcen und soziales Miteinander, Befinden, Älterwerden, Veränderung, Bewertung des Fragebogens und allgemeine Angaben zur Person.

Aus Gründen der Anonymität wird die Befragung extern ausgewertet. In einer separaten Veranstaltung werden die Ergebnisse an die Führungskräfte und Mitarbeiter zurückgemeldet, um in der Folge gemeinsam Prioritäten festzulegen. In einem anschließenden Workshop diskutieren die Mitarbeiter die Ergebnisse und leiten mögliche Maßnahmen ab. In diesem Workshop finden sich idealerweise auch Interessenten für die Funktion als Kümmerer. Diese werden in einer kurzen Einführung zu Umfang, Möglichkeiten und Grenzen ihrer zukünftigen Rolle qualifiziert, in der sie in erster Linie eine Mittlerfunktion zwischen Führungskraft und Mitarbeitern haben.

Da Fragebögen nicht immer alle Aspekte erfassen können, finden durch externe Beobachter an ausgewählten prototypischen Arbeitsplätzen Bewertungen der Arbeitsabläufe statt, ergänzt durch kurze Interviews mit den Arbeitnehmern, um beobachtete Abläufe verstehen und einordnen zu können. Auch diese Ergebnisse werden wissenschaftlich und statistisch ausgewertet.

Umsetzungsphase

Nun erfolgt im Bereich die Bearbeitung der zuvor benannten Themen mit Umsetzung der Lösungsvorschläge. Wichtig ist in dieser Phase das Implementieren einer regelmäßigen Plattform, um die Themen weiter zu bearbeiten und einen Austausch zwischen Führungskräften, Mitarbeitern und Kümmerern zu erreichen. Dies können regelmäßige Meisterrunden, Teambesprechungen u. a. m. sein, auf deren Tagesordnung das Thema »Gesundheitliche Gefährdungen« fest installiert wird. Bezüglich derselben Fragestellung können ja durchaus unterschiedliche Standpunkte bestehen, welche diskutiert und im Dokumentationsinstrument auch als solche auch differenziert festgehalten und so lange weiter bearbeitet werden, bis eine für alle akzeptable Lösung gefunden wird.

Spezielle psychische Belastungen und Gefährdungen mit konkreten Maßnahmen waren zum Beispiel:

- Lärm: 39% der Mitarbeiter eines Bereiches fühlten sich durch Lärm und Geräusche in Mehrpersonenbüros intensiv beeinträchtigt. Von den Mitarbeitern selbst erarbeitete Maßnahmen waren z. B. telefonfreie Zeiten morgens von 8–10 Uhr, bauliche Änderungen sowie das Abhalten von Besprechungen in separaten Besprechungsräumen statt im Büro. 50% der Mitarbeiter gaben nach Abschluss der Maßnahmen an, dass die Belastungen durch Lärm deutlich reduziert werden konnten, 39% fanden eine Stagnation, nur 11% eine Verschlechterung.
- Das Thema Arbeitsmenge und Zeitdruck konnte über Neueinstellungen und Umstrukturierung von Projektorganisation bzw. durch Berücksichtigung der ermittelten Gefährdungen in ohnehin vorgesehenen Umstrukturierungen bearbeitet werden. In der Evaluation gaben 28% an, dass die Gefährdungen reduziert werden konnten, 17% empfanden eine Verschlechterung und 55% empfanden die Situation als unverändert. Bei der zugestandenen Zeit für die Einarbeitung in neue Themen empfanden 50% der Mitarbeiter eine Verbesserung.

Evaluationsphase

Wichtig zur Erfassung von Erfolg oder Misserfolg ist eine systematische Wirksamkeitskontrolle. Standardisiert durchgeführt wird diese über eine erneute Befragung ca. sechs Monaten nach Ende der Maßnahmenableitung. Es werden Bewertungen abgefragt, z. B. hat sich das benannte Problem verbessert, nicht verändert, verschlechtert. Das ermöglicht Teilnehmern und Veranstaltern einen Lerneffekt mit dem Ziel, Konzept und Instrumente der GGB weiter zu verbessern.

Um eine dauerhafte Evaluation zu gewährleisten, sind regelmäßige Rückmeldeveranstaltungen vorgesehen. Sie schaffen eine Plattform zur Reflexion, fördern den Austausch untereinander und dienen auch der Berichterstattung an den Steuerkreis. Für Führungskräfte der beteiligten Bereiche finden diese einmal jährlich, für Kümmerer zweimal jährlich statt.

Als konkrete Ergebnisse zeigten sich z. B. bezüglich des Themas Parallel-Management, dass nach organisatorischen Veränderungen 24% eine Verbesserung empfanden, 53% ein Stagnieren aber auch 23% eine leichte Verschlechterung.

Bezüglich des Arbeitsklimas wurden mehr Informationsrunden und Workshops zur Verbesserung der Information abgehalten sowie Maßnahmen zur Verbesserung der Führungskultur eingeleitet.

Weiterhin durch veränderte Kommunikationsstrukturen wie auch Änderungen in den Bereichen soziale Unterstützung und Erreichbarkeit sahen 56% eine Verbesserung bei der Zusammenarbeit mit der Führungskraft, 44% ein Gleichbleiben, niemand empfand eine Verschlechterung.

Die Gefährdungsbeurteilung bei den Führungskräften selbst zeigte eine häufige Dysbalance zwischen Belastungen und Ressourcen. Zur Unterstützung der Ressourcen wurde ein spezielles Stressmanagementseminar für diese Zielgruppe eingerichtet.

Zusammenfassend ergab die Evaluation, dass sich grundsätzlich für konkrete greifbare Themen wie Klima, Lärm, Platzmangel eine raschere und deutlichere Verbesserung erreichen ließ als für die »weichen« Themen im psychosozialen Bereich.

Fernziel des GGB-Konzeptes ist, das Projekt im jeweiligen Bereich in einen eigenständig laufenden Vorgang zu überführen, Nachhaltigkeit zu sichern und dabei nicht nur bezüglich der Gefährdungen, sondern auch für den Prozess selber eine kontinuierliche Verbesserung anzustreben. Dies ist durch einen ständigen Dialog mit dem Steuerkreis, über den Verbesserungsvorschläge und neue Erfahrungen bereichsübergreifend erfasst, ausgewertet und zu einer konstruktiven Umsetzung gebracht werden, gewährleistet.

Entscheidend für das Gelingen des Prozesses der GGB auch im Sinne eines kontinuierlichen Verbesserungsprozesses ist die Unterstützung »Top-Down« durch die direkten Führungskräfte. Störfaktoren – wie ein Einschlafen des Prozesses, Nicht-Bearbeiten von Themen oder Ähnliches – hängen nach Rückmeldung der Mitarbeiter bei internen Befragungen entscheidend davon ab, wie sehr sich diese von ihren direkten Führungskräften unterstützt fühlen.

Als wichtige Faktoren haben sich außerdem die Anonymisierung der Befragung und die Neutralität der externen, wissenschaftlichen Begleiter herausgestellt. Als in der Praxis effektiv erwies sich auch der strukturierte Dialog zwischen Führungskräften und Mitarbeitern.

Zusammenfassend stellt die Ganzheitliche Gefährdungsbeurteilung in dieser Form ein sinnvolles Instrument zum Erfassen von physischen und psychischen Gesundheitsrisiken am Arbeitsplatz dar. Sie zeigt Ansatzpunkte zur Stärkung gesundheitlicher Ressourcen auf und dient damit dem systematischen Erschließen von Gesundheitspotenzialen.

Literatur

Bismarck W-B von, Bäumer J (2005) Mitarbeiterbefragung: Visionen und Trends. Personal – Zeitschrift für Human Resource Management 2:36–40

Europäisches Netzwerk für betriebliche Gesundheitsförderung (28.11.1997): »Luxemburger Deklaration zur Betrieblichen Gesundheitsförderung in der Europäischen Union«

http://www.netzwerk-unternehmen-fuer-gesundheit.de/index.php?id=64 (Seitenabruf 23.06.2009)

Hauser F et al (2008) Unternehmenskultur, Arbeitsqualität und Mitarbeiterengagement in den Unternehmen in Deutschland. Ein Forschungsprojekt des Bundesministeriums für Arbeit und Soziales, Berlin und Köln

Krause A, Bäuerle F, Beiroth A et al (2007) Die Mischung macht`s! KABA zur Gefährdungsbeurteilung: Erfahrungen bei der SICK AG. In: Dunckel H, Pleiss C (Hrsg) Kontrastive Aufgabenanalyse. Grundlagen, Entwicklungen und Anwendungserfahrungen. vdf Hochschulverlag AG, Zürich, S 121–146

Schuppler N, Krause A, Wilde B (2007) Ganzheitliche Gefährdungsbeurteilung: Ansatz für die Führungskräfte-Qualifizierung. Wirtschaftspsychologie aktuell 7 (3): 9–42

Vorstand der SICK AG (2008): Mission Statement Leitbild. Waldkirch

Walter U (2003) Vorgehensweisen und Erfolgsfaktoren. In: Badura B, Hehlmann T (Hrsg) Betriebliche Gesundheitspolitik. Der Weg zur gesunden Organisation. Springer, Berlin Heidelberg New York Tokio, S 73–109

Kapitel 21

ReSuM: Stress- und Ressourcenmanagement für Geringqualifizierte

C. Busch · P. Lück · A. Ducki

Zusammenfassung. *In diesem Beitrag werden das ReSuM-Konzept, ein Multiplikatorenkonzept zu Stress- und Ressourcenmanagement für gering qualifizierte Beschäftigte, und Ergebnisse der Prozessevaluation aus der Erprobungsphase vorgestellt. Multiplikatoren sind Präventionsanbieter, wie die gesetzlichen Krankenkassen. Das ReSuM-Konzept ist ein ressourcenorientiertes Konzept, das ein teambasiertes Stress- und Ressourcenmanagementtraining für die Beschäftigten mit einem Führungskräftetraining ihrer direkten Vorgesetzten kombiniert. Es berücksichtigt im Besonderen die Teilnahmemotivation der Beschäftigten und der Betriebe. Die thematischen Schwerpunkte sind Bewegung, Ressourcen und Stressbewältigung im Team und Work-Life-Balance. Es wurde mit verschiedenen Präventionsanbietern, u. a. mit der AOK Westfalen-Lippe, in sechs Betrieben mit einer umfangreichen Prozessevaluation erprobt, daraufhin überarbeitet und ist in acht Betrieben anschließend erfolgreich evaluiert worden.*

21.1 Einleitung

Interventionskonzepte zur betrieblichen Gesundheitsförderung richten sich üblicherweise an qualifizierte Beschäftigte, wie Fach- und Führungskräfte. Dies gilt für Stress- und Ressourcenmanagement im Besonderen (Busch et al. 2009, Richardson und Rothstein 2008, Thompson et al. 2005). Für Geringqualifizierte, d. h. Beschäftigte ohne abgeschlossene Berufsausbildung und Beschäftigte mit einer Berufsausbildung, die aber eine einfache Tätigkeit fern ihrer Berufsausbildung ausüben, gibt es kaum Angebote. Dabei stellt die Gruppe der Geringqualifizierten hinsichtlich ihrer Gesundheit und ihres Gesundheitsverhaltens eine Risikogruppe dar. Sie sind einer erheblich höheren Mortalität und Morbidität ausgesetzt als Angehörige der oberen sozialen Schicht (Robert Koch-Institut 2006). Die Erkrankungswahrscheinlichkeiten sind um den Faktor 1,5 bis 2,5 erhöht. Auch das Gesundheitsverhalten ist kritisch. So treibt die Mehrheit der Personen mit niedrigem Bildungsniveau keinen Sport. Gleichzeitig ist Bewegungsmangel der Hauptgrund für die Entstehung chronischer Erkrankungen. Personen mit sehr niedrigem Bildungsniveau sind dreimal so oft stark übergewichtig wie Personen mit sehr hohem Bildungsstatus. Starkes Übergewicht, Bluthochdruck und zu hohe Blutfettwerte sind die wichtigsten Risikofaktoren für Herz-Kreislauferkrankungen. Diese Risikofaktoren und Zigarettenrauchen steigen mit abnehmendem Bildungsniveau deutlich an. Dieser Zusammenhang ist bei Frauen stärker ausgeprägt als bei Männern. Gering qualifizierte Personen zeichnen sich auch durch ein geringes psychisches Wohlbefinden aus (Statistisches Bundesamt Deutschland 1998, Robert Koch-Institut 2006). Personale Ressourcen, wie allgemeine Problemlösekompetenzen, Selbstvertrauen, Bildungsmotivation, generelle Lebenszufriedenheit und optimistische Zukunftserwartungen, sind bei ihnen wenig ausgeprägt (Forjanic 2002).

Bei den klassischen Indikatoren sozial ungleich verteilter Gesundheitschancen spielen neben (Aus-) Bildung und Einkommen die Arbeitstätigkeit eine wichtige Rolle. Belastungen, Ressourcen und insbesondere auch Entwicklungsmöglichkeiten in der Arbeitstätigkeit sind für die Gesundheit des Einzelnen bestimmend. So übt die Gruppe der Geringqualifizierten häufig Tätigkeiten aus, die durch eine Kombination aus geringer Autonomie bei gleichzeitig hohen körperlichen und psychosozialen Belastungen gekennzeichnet sind, z. B. in Schicht- und Nachtarbeit (Scrithongchai und Intaranont 1996) oder in monotonen Tätigkeiten (Bjorksten und Talback 2001), verbunden mit geringen Entwicklungschancen durch die Arbeitstätigkeit (Sundquist et al. 2003). Geringqualifizierte in Deutschland, insbesondere Frauen, erleben starke Konflikte bei der Vereinbarkeit von Erwerbsarbeit und anderen Lebensbereichen. Diese Konflikte gehen mit einem schlechteren Gesundheitsverhalten einher. Dies zeigt eine interkulturelle Studie zwischen deutschen und schwedischen gering qualifizierten Beschäftigten, die im Rahmen des ReSuM-Projekts durchgeführt wurde (Busch et al. in press). Frauen in un- und angelernten Tätigkeiten üben oft monotone Tätigkeiten in geringfügigen Beschäftigungsverhältnissen aus. Sie sind durch die Anforderung, mehrere Erwerbstätigkeiten und Familienarbeit zu vereinbaren, besonderen Belastungen und Gesundheitsbeeinträchtigungen ausgesetzt (Griffin et al. 2006). Gering qualifizierte Mitarbeiter erhalten deutlich seltener Weiterbildungs- und Gesundheitsförderungsangebote als qualifizierte Mitarbeiter. In einer Befragung von betrieblichen Entscheidungsträgern durch die Bundesagentur für Arbeit (2008) gaben diese neben den Kosten und der Auftragslage an, es sei schwer ein zielgruppengerechtes Angebot ausfindig zu machen, 33% der Befragten gaben jedoch keine Hinderungsgründe an.

Die Teilnahmemotivation der gering qualifizierten Beschäftigten ist ebenfalls gering. In verschiedenen Studien zeigten sich vor allem die Autonomie am Arbeitsplatz, die Wahrnehmung des eigenen Gesundheitszustands, die Selbstwirksamkeitserwartung, die Einstellung zu gesundheitsförderlichem Verhalten und die wahrgenommene Verhaltenskontrolle als Einflussfaktoren für die Teilnahmemotivation (z. B. Blue et al. 2003, Thomson et al. 2005).

In diesem Beitrag stellen wir das Programm ReSuM, ein Multiplikatorenkonzept zu Stress- und Ressourcenmanagement für Geringqualifizierte (vgl. Busch et al. 2009) und die Ergebnisse der Prozessevaluation aus der Erprobungsphase vor. Multiplikatoren sind Präventionsanbieter, wie Krankenkassen, Berufsgenossenschaften und Betriebsärzte. Das Multiplikatorenkonzept wurde im Rahmen des Projekts »Stress- und Ressourcenmanagement für un- und angelernte Beschäftigte: Entwicklung eines Multiplikationskonzeptes (ReSuM)«[1] entwickelt. Projektförderer war das Bundesministerium für Bildung und Forschung (BMBF). Das Konzept ist in enger Kooperation mit verschiedenen Präventionsanbietern und Betrieben entwickelt, erprobt und evaluiert worden, um die Bedarfe der Präventionsanbieter und der Betriebe zu integrieren. Die Erprobung fand mit den Präventionsanbietern in sechs Betrieben aus verschiedenen Branchen mit einer umfangreichen Prozessevaluation statt. Dabei hat die AOK Westfalen-Lippe das Programm bei einer Stadtverwaltung getestet. Im Anschluss und aufbauend auf den Ergebnissen der Prozessevaluation wurde das Konzept überarbeitet. Dieses überarbeitete Trainingskonzept ist einer erfolgreichen Evaluation mit Kontrollgruppendesign in weiteren acht Betrieben verschiedener Branchen unterzogen worden (N = 268) (Busch et al. in preparation).

21.2 Das Multiplikatorenkonzept ReSuM

ReSuM ist ein Konzept für die Betriebliche Gesundheitsförderung; die Arbeitswelt bietet einen erleichterten Zugang zu der anvisierten Zielgruppe.

Der *Teilnahmemotivation der Beschäftigten* wurde besondere Aufmerksamkeit gewidmet, da – wie berichtet – Geringqualifizierte wenig Motivation zeigen, an Maßnahmen der Weiterbildung und Gesundheitsförderung teilzunehmen und ein problematisches Gesundheitsverhalten zu ändern. Zur Stärkung der Teilnahmemotivation wurde eine Teamintervention gewählt. Im Rahmen einer Teamintervention werden auch Beschäftigte erreicht, die sich allein nicht für eine Teilnahme an einem Gesundheitsförderungsangebot entscheiden würden. Neben der psychologischen Sicherheit bietet eine Teamintervention den Erhalt der sozialen Umwelt während der Intervention. Dies hat nach verschiedenen Studien nicht nur Auswirkungen auf die Teilnahmemotivation, sondern auch auf Lernprozesse und den Transfer des Gelernten in den Alltag (z. B. Edmondson et al. 2001).

1 Förderkennzeichen 01EL 0412, Laufzeit: 2006–2009; Verbundkoordinatorin und Projektleitung: C. Busch; Förderkennzeichen 01EL 0417, Teilprojekt Berlin: Multiplikatorenkonzept für Betriebsärzte, Projektleitung: A. Ducki; Antragstellerinnen: C. Busch, E. Bamberg, A. Ducki. BMBF-Förderschwerpunkt »Präventionsforschung«, 1. Förderphase im Programm der Bundesregierung »Gesundheitsforschung: Forschung für den Menschen«.

Der *Teilnahmemotivation der Arbeitgeber* wurde ebenfalls besondere Aufmerksamkeit gewidmet. Einer der wesentlichen Hinderungsgründe für betriebliche Angebote an diese Zielgruppe sind die Kosten, aber auch das fehlende Wissen über Bedarf und Umsetzungsmöglichkeiten. Im Rahmen von Betrieblicher Gesundheitsförderung und Prävention werden qualitätsgesicherte und zielgruppenspezifische Konzepte z. B. von den gesetzlichen Krankenkassen im Rahmen der gesetzlichen Vorgaben nach § 20 Sozialgesetzbuch (SGB V) Betrieben angeboten. Diese fachliche Unterstützung bei der Bedarfsermittlung und Umsetzung gezielter Maßnahmen kann die eben erwähnten Hürden abbauen helfen. Das ReSuM-Programm wurde daher als Multiplikatorenkonzept in enger Kooperation mit Präventionsanbietern, wie der AOK Westfalen-Lippe, entwickelt, die zahlreiche Unternehmen bei der Durchführung betrieblichen Gesundheitsmanagements betreuen.

Das Konzept ist ein *ressourcenorientiertes Programm*, d. h. es setzt an den Hilfsmitteln an, die es einem erlauben, die eigenen Ziele trotz Schwierigkeiten anzustreben, mit Stressbedingungen besser umzugehen und unangenehme Einflüsse zu verringern (Zapf und Semmer 2004). Stressmanagement ist wesentlich geprägt von den zur Verfügung stehenden und genutzten Ressourcen. Ressourcen können in der Person oder in der Umwelt liegen. Das Programm umfasst ein teambasiertes Stress- und Ressourcenmanagementtraining für die Beschäftigten und ein Vorgesetztentraining für die direkten Vorgesetzten.

Für die Zielgruppe der Un- und Angelernten ist *Bewegung* eine wichtige zu fördernde personale Ressource und Bewältigungsstrategie bei Stress. Bewegung kann vor Stress schützen und eine sehr effektive Strategie sein, um Anspannung abzubauen. Bewegung in der Freizeit und Ausgleichsbewegungen am Arbeitsplatz werden daher im Programm intensiv behandelt.

Das Programm setzt seinen weiteren inhaltlichen Schwerpunkt auf die *personalen Ressourcen der Teamarbeit und die kollektiven Bewältigungsstrategien im Team*. Zu den personalen Ressourcen der Teamarbeit gehört u. a., sich im Team gut abzustimmen, sich gegenseitig wertzuschätzen und bei Stress gemeinsam nach konstruktiven Lösungen zu suchen, um Stressauslöser abzubauen. Teamarbeit und Gesundheit wird erst seit wenigen Jahren erforscht. Einen Überblick bietet Busch (s. Kap. 15 in diesem Band).

Ressourcen finden sich natürlich nicht nur in der Arbeitswelt, sondern auch in der Familie und Freizeit und in der Koordination von Erwerbsarbeiten und anderen Lebensbereichen. Im Training für die Beschäftigten werden als weiterer inhaltlicher Schwerpunkt *Work-Life-Balance* behandelt, d. h. die Balance der verschiedenen Lebensbereiche reflektiert, Ziele und Entwicklungsperspektiven aufgegriffen und Entwicklungspläne erstellt.

Das Programm umfasst neben einem teambasierten Stressmanagementtraining für die Beschäftigten ein *Training der direkten Vorgesetzten*. Die Vorgesetzten von Geringqualifizierten spielen eine bedeutsame Rolle für die Gesundheit der Beschäftigten; sie sind bedeutsame Mitgestalter der Arbeitsbedingungen (Kuoppala et al. 2008). Die direkten Vorgesetzten gewährleisten den Bedingungsbezug des Trainings, indem sie z. B. regelmäßige Teamsitzungen garantieren. Weitere wichtige Ressourcen für die Beschäftigten sind die Anerkennung und Unterstützung durch den Vorgesetzten. Diese werden im Vorgesetztentraining behandelt.

Das Konzept ist *modular aufgebaut*. Ein Modul stellt eine thematisch abgeschlossene Einheit dar. Das Training umfasst fünf Module. Vier Module und Sitzungen richten sich an die Beschäftigten, ein Modul an die direkten Vorgesetzten. Das Modul für die Vorgesetzten besteht aus zwei Sitzungen, die vor und begleitend zum Training der Teams durchgeführt werden.

Die *Didaktik* wurde dahin gehend ausgewählt, dass Geringqualifizierte von dem Training profitieren können. Dementsprechend ist das Training in hohem Maße strukturiert, um den »roten Faden« für die Beschäftigten immer sichtbar zu halten und Unsicherheiten zu nehmen. Gerade gering qualifizierte Beschäftigte sind es nicht gewohnt, an Trainings teilzunehmen, und haben berechtigterweise Ängste, was in einem Training auf sie zukommt. Das Training sieht zudem einen hohen Grad an Visualisierung vor, um möglichst wenig Lesefähigkeit abzufordern. Die Trainingsinhalte und Übungen sind nahe am beruflichen Alltag der Beschäftigten, d. h. die Transferdistanz wird gering gehalten. Dies wird unter anderem durch eine vor dem Training durchzuführende *Betriebsbegehung des Trainers anhand eines Screenings* gewährleistet. Dabei lernt der Trainer die Arbeitsorganisation und Arbeitsaufgaben der Beschäftigten kennen und kann die Übungen im Training alltagsnah ausgestalten. Das Screening hilft, Belastungen, Ressourcen und Veränderungspotenziale am Arbeitsplatz zu erkennen. Der Trainer lernt zudem die Motivation der betrieblichen Entscheidungsträger kennen. Die Betriebsbegehung anhand des Screenings gehört somit zur wichtigsten Trainingsvorbereitung neben den organisatorischen Vorbereitungen und der Einbindung des Trainings in das betriebliche Gesundheitsmanagementsystem.

Zielgruppe des Programms sind Teams mit gering qualifizierten Beschäftigten. Das können gemischt qualifizierte Teams sein, z. B. in der Großküche mit gelernten Köchen und ungelernten Kräften. Das können auch Teams mit ausschließlich gering qualifizierten Beschäftigten sein, z. B. in der Produktion. Im ReSuM-Projekt wurde das Training mit Teams aus verschiedenen Stadtreinigungsbetrieben, aus einem Verkehrsbetrieb, mit Reinigungskräften verschiedener Kommunen und der Kirche, mit Beschäftigten im Entsorgungsgewerbe und mit Teams aus verschiedenen Produktionsfirmen durchgeführt.

Das Training ist so konzipiert, dass auch Teilteams trainiert werden können, wenn es für die betriebliche Praxis sinnvoll erscheint. Das könnte der Fall sein, wenn nicht komplette Teams aus dem Tagesgeschäft gezogen werden können. Dann sollte jedoch jeweils eine Teamsitzung pro Team nach den Trainings erfolgen, um das Gelernte und Erfahrene auszutauschen. Es empfiehlt sich, das Training durch einen Trainer und einen Co-Trainer durchführen zu lassen, insbesondere wenn mehrere (Teil-)Teams gleichzeitig trainiert werden. Das Programm liegt in Form eines detaillierten Trainingsmanuals mit ausführlichen theoretischen Grundlagen, Durchführungshinweisen sowie Arbeitsmaterialien auf einer beiliegenden CD vor (Busch et al. 2009)

21.2.1 Aufbau und Ablauf des Multiplikatorenkonzepts

Die *vier Teammodule für die Beschäftigten* lassen sich untergliedern in zwei Module zu individueller Stressbewältigung und Ressourcen (Teammodul 1 und 4) und in zwei Module zu gemeinsamer Stressbewältigung im Team und Ressourcen der Teamarbeit (Teammodul 2 und 3) (vgl. Abb. 21.1).

Das *Führungskräftemodul* ist unterteilt in eine Sitzung, die vor dem ersten Modul der Beschäftigten durchgeführt wird und eine Sitzung, die nach dem dritten Beschäftigtenmodul durchgeführt wird. Die Vorgesetzten sollen in der ersten Sitzung vor dem Teamtraining über die Inhalte und den Ablauf des Trainings informiert werden. Die Trainer behandeln die Einflussmöglichkeiten der Führungskräfte auf den Stress der Beschäftigten und das Zusammenspiel von Stress der Führungskräfte und Stress der Teammitarbeiter. Nach dem dritten Teammodul erfolgt die zweite Sitzung für die Vorgesetzten. Hier geht es um das Thema Wertschätzung und Anerkennung.

Das Programm beginnt mit der *Betriebsbegehung anhand des Screenings.* Es folgt der erste Teil des *Führungskräftemoduls*, um die Führungskräfte über das Training zu informieren und mit ihnen in das Thema Stress- und Ressourcenmanagement einzusteigen. Dann folgt das erste Teammodul, *Teammodul 1*, in dem es um eine Einführung in Stress und Stressbewältigung für die Beschäftigten geht. Die verschiedenen Formen der Stressbewältigung und die Bedeutung der Ressourcen werden erarbeitet. Bewegung wird als personale Ressource und Bewältigungsstrategie herausgestellt und Bewegung in der Freizeit anhand eines je individuellen Handlungsplans thematisiert. In *Teammodul 2* werden die Aufgaben des Teams und die Zusammenarbeit im Team reflektiert. Soziale Ressourcen im Team werden aufgearbeitet und Möglichkeiten der Stärkung dieser wichtigen Ressourcen behandelt. Der Trainer schlägt Bewegungsübungen für den Arbeitsplatz auf der Grundlage seiner Arbeitsplatzbeobachtungen und unterstützt durch den Bewegungskatalog vor. Der Trainer übt sie im Training mit den Beschäftigten ein. Die Übungen sollen mit Unterstützung der Kollegen im Alltag durchgeführt werden. In Teammodul 3 wird gemeinsames, systematisches Problemlösen im Team zur Stressbewältigung kennengelernt und anhand eines gemeinsamen Problems geübt. Die Umsetzungsvorschläge für das ausgewählte Problem werden in das folgende Führungskräftemodul, Teil 2, eingebracht, um die wichtige Unterstützung der Führungskraft zu sichern. Daher folgt nach *Teammodul 3* das *zweite Teilmodul für die Führungskräfte*. Zudem wird in der zweiten Sitzung des Führungskräftemoduls Wertschätzung und Anerkennung behandelt. Das Training für die Beschäftigten endet mit *Teammodul 4*. Das Teammodul 4 ist wieder ein Modul, das sich um die individuelle Stressbewältigung bemüht. Hier geht es um die individuelle Work-Life-Balance und persönliche Entwicklungsmöglichkeiten. Zu Beginn wird eine Reflexion über die verschiedenen Lebensbereiche angeregt. Anschließend erfolgt eine Einführung in individuelle Zielsetzungen und die Erarbeitung je individueller Entwicklungspläne. Bewegung zieht sich durch das gesamte Training mit kleinen Bewegungsübungen, die zur Auflockerung eingesetzt werden. Die Teilnehmer sollen im Training Spaß an Bewegung erfahren.

21.3 Ergebnisse der Erprobungsphase

Die Erprobung des Multiplikatorenkonzepts fand mit verschiedenen Präventionsanbietern, u. a. der AOK Westfalen-Lippe mit Innenraumreinigungskräften einer Stadtverwaltung statt. Weiterhin konnten ein Produktionsbetrieb, eine Stadtreinigung, kommunale Betriebe

Abb. 21.1. Multiplikatorenkonzept für Geringqualifizierte

mit Innenraumreinigungskräften und Küchenpersonal sowie ein Zeitarbeitsbetrieb im Entsorgungsgewerbe für die Erprobungsphase gewonnen werden. Es war wichtig, bereits in der Entwicklungs- und Erprobungsphase verschiedene Präventionsanbieter und Betriebe aus unterschiedlichen Branchen einzubeziehen, um eine breite Gültigkeit des Konzepts zu gewährleisten. Der enorme Arbeitsaufwand hat sich gelohnt, denn die betrieblichen Bedingungen und Personenmerkmale zwischen den Betrieben unterschieden sich signifikant (s. Tabelle 21.1). Vor und nach der Intervention sowie drei Monate nach Abschluss der Maßnahme wurden die Beschäftigten anhand eines im ReSuM-Projekt entwickelten Fragebogens zu ihrer Teamarbeit, ihren Bewältigungsstrategien sowie ihrem Wohlbefinden und Gesundheitszustand befragt. Zusätzlich wurden physiologische Messwerte erhoben. Die Befragung und die physiologischen Messungen dienten insbesondere der Erprobung der Instrumente bei dieser Zielgruppe für die spätere summative Evaluation, aber auch dazu, erste Aussagen über die Effektivität des Trainings zu treffen. Lediglich die 73 Teilnehmer, die an mindestens zwei der drei Datenerhebungen teilnahmen, sind im Folgenden genannt. Fehlende Daten wurden multiple imputiert mit IVEware (Raghunathan et al. 2002).

Drei Interventionen wurden mit nahezu ausschließlich weiblichen Beschäftigten durchgeführt, zwei mit ausschließlich männlichen Beschäftigten entsprechend der geschlechtsspezifischen, beruflichen Segregation. So arbeiten beispielweise in der Innenraumreinigung vor allem Frauen, in der Stadtreinigung vor allem Männer. Die wöchentliche Arbeitszeit unterschied sich dementsprechend. Viele Beschäftigten aus dem Entsorgungsgewerbe waren in den letzten fünf Jahren arbeitslos. Das Nettohaushaltseinkommen lag bei den Teilnehmern am häufigsten bei 500 bis 1000 Euro (Modalwert). 34,2% der Teilnehmer hatten einen Migrationshintergrund. Die Teamarbeitsqualität wurde, angepasst an die Zielgruppe, erhoben über das Vorhandensein verschiedener Aufgaben bzw. Funktionen im Team, Aufgabenrotation, regelmäßige Teamsitzungen, Leistungsvergütung auf Teamebene und selbst gewählte Teamsprecher. Sie unterschied sich erheblich zwischen den Betrieben. So fanden sich alle Qualitätskriterien im Produktionsbetrieb (Betrieb A), dagegen kann bei den Innenraumreinigungskräften in der Stadtverwaltung (Betrieb C) von Teamarbeit keine Rede sein. Hier werden Einzelaufgaben bewältigt. Es liegen lediglich gemeinsame Umgebungsbedingungen vor. Trotzdem berichten die Teammitarbeiter, sich in Eigeninitiative bei Bedarf zu unterstützen und sich regelmäßig vor Beginn ihrer Arbeit zusammenzusetzen, um sich auszutauschen.

Die personalen Ressourcen der Teamarbeit – erhoben über ein neu entwickeltes Instrument mit zwölf Items zur gemeinsamen Aufgabenbewältigung, Teamreflexivität, gemeinsamen Zielorientierung, Verantwortungsübernahme für das Arbeitsergebnis, gemeinsamen Selbstwirksamkeitserwartung und Partizipation an Entscheidungen (Busch, Publikation in Vorbereitung) – unterschieden sich signifikant zwischen den Betrieben und nach Geschlecht. Weibliche Teilnehmer beurteilten die Ressourcen signifikant besser. Allerdings sind Tätigkeit und Geschlecht nicht unabhängig aufgrund der geschlechtsspezifischen, beruflichen Segregation. Interessanterweise beurteilten die (überwiegend weiblichen) Reinigungskräfte der Stadtverwaltung (Betrieb C) mit der geringsten Ausprägung an Teamarbeit die personalen Ressourcen der Teamarbeit als relativ gut.

Bei der Erprobung des Trainings stand eine ausführliche Prozessevaluation im Vordergrund. Sie umfasste eine Studie zum organisationalen Entscheidungs- und Implementierungsprozess, die Beobachtung aller Trainingsdurchgänge anhand eines standardisierten Beobachtungsbogens, Sitzungsbewertungen der Teilnehmer und Trainer und eine Bewertung der Gesamtintervention durch Teilnehmer, Trainer und Führungskräfte.

Der *organisationale Entscheidungs- und Implementierungsprozess* wurde qualitativ mit je zwei halbstrukturierten Interviews pro Intervention untersucht. Interviewpartner waren jeweils die betriebliche Kontaktperson und ein Trainer. Hier zeigte sich, dass sich überwiegend Vertreter der Personalentwicklung für die Intervention interessierten und diese nicht nur als Gesundheitsförderungsmaßnahme, sondern vor allem als Qualifizierungsmaßnahme ansahen. So war im Produktionsbetrieb aufgrund technischer Veränderungen eine verbesserte Zusammenarbeit im Team dringend erforderlich.

Die größten Schwierigkeiten für die Implementierung waren die Vertretungsregelungen, die mangelhafte Integration in das betriebliche Gesundheitsmanagementsystem bzw. das Fehlen eines betrieblichen Gesundheitsmanagementsystems, der Umfang der Intervention von 16 Stunden für die Beschäftigten und die fehlende Unterstützung durch die Vorgesetzten. In der Stadtverwaltung wurden mit dem Einverständnis der Mitarbeiter, die alle Teilzeit arbeiteten, die vier

Tabelle21.1. Stichprobenbeschreibung der Erprobungsphase

	Alle Betriebe	**A Produktion**	**B Stadtreinigung**	**C Innenraumreinigung**	**D und E Küchenpersonal und Innenraumreinigung**	**F Entsorgungsgewerbe**
Teilnehmeranzahl	73	9	24	14	15	11
% Frauen	50,7%	100%	0%	92,9%	100%	0%
% Teilnehmer mit Migrationshintergrund	34,2%	33,3%	12,5%	71,4%	20%	54,5%
Nettohaushaltseinkommen	500–1.000 €	1.000–1.500 €	1.500–2.000 €	500–1.000 €	500–1.000 €	500–1.000 €
Wöchentliche Arbeitszeit in Stunden	31,6	23,3	39	21,7	24,6	44
% Teilnehmer, die in den letzten fünf Jahren arbeitslos waren	22,8	0	27,8	35,7	0	45,5
Teamarbeitsqualität (0–5)	2,4	5	3	0	2	2
Personale Ressourcen der Teamarbeit (1–5)	3,13 (0,96)	3,86 (0,49)	2,74 (0,56)	3,49 (0,9)	3,37 (0,98)	2,62 (1,31)

Tabelle 21.2. Manualgerechte Umsetzung

Prozentsatz manualgetreue Umsetzung	Alle Betriebe	Betrieb A	Betrieb B	Betrieb C	Betrieb D/E	Betrieb F
Modul 1	50	44	33	78	39	56
Modul 2	50	67	42	58	33	50
Modul 3	64	64	50	71	71	64
Modul 4	56	56	33	67	56	67
Modul 5	37	31	*	31	38	46
Intervention	51	52	40	61	47	57

* keine Bearbeitung durchgeführt

Trainingssitzungen vor die reguläre Arbeitszeit gelegt und zusätzlich entlohnt. Das ist nur eingeschränkt bei Vollzeitbeschäftigten möglich, dort müssen Regelungen innerhalb der Arbeitszeit gefunden werden.

Ein Defizit zeigte sich in der Stadtverwaltung durch die fehlende weitergehende Bearbeitung der zutage getretenen Konflikte in einem Team. In der Stadtverwaltung war zudem zunächst keine nachhaltige Verankerung in einem Arbeitskreis Gesundheit und einer Fortführung betrieblicher Gesundheitsförderung vorgesehen, obwohl die Stadt sonst diesbezüglich sehr aktiv ist.

Die wichtigsten Veränderungswünsche der Befragten betrafen die inhaltliche zu hohe Dichte des Trainings und die Länge der Module, die mit vormals vier Stunden als zu lang erlebt wurde. Die Beteiligungsmotivation der betrieblichen Entscheidungsträger kann zudem durch eine kürzere Intervention gefördert werden. Besonders die Freistellung der Mitarbeiter für insgesamt 16 Stunden wurde von den betrieblichen Entscheidungsträgern als Hindernis für eine Teilnahme genannt.

Problematisch war die Durchführung in Betrieb F, bei der Beschäftigte im Entsorgungsgewerbe mit Migrationshintergrund trainiert wurden. Hier zeigten sich erhebliche Sprach- und Verständnisprobleme, die nur zum Teil durch verstärkte Zuwendung und Rücksichtnahme der Trainer auf diese Teilnehmer kompensiert werden konnten. Eine betriebliche »Dolmetscherin« wurde eingesetzt. Diese war während der gesamten Intervention anwesend und hat simultan übersetzt. Sie entwickelte sich zu einem betrieblichen Multiplikator in dem Sinne, dass sie nicht nur übersetzt, sondern die Inhalte im Betrieb weiter vorangetrieben und unterstützt hat. Sie hat sich als Vermittlerin zwischen den Beschäftigten und den Führungskräften etabliert. Es kam im Rahmen der Intervention zu einem Austausch von kulturspezifischen Begriffen von Stress und Stressmanagement und es zeigte sich, dass für die spezielle betriebliche Situation einer kulturell diversen Beschäftigtengruppe andere Interventionsmaßnahmen als das vorliegende Programm angezeigt sind. In einem Folgeprojekt wird daher eine zielgruppenspezifische Intervention für Geringqualifizierte mit Migrationshintergrund und für kulturell diverse Belegschaften entwickelt werden.[2]

Weiter wurde eine *Beobachtung aller Trainingsdurchgänge* durchgeführt. Zum einen, um die manualgerechte Durchführung des Trainings zu überprüfen, zum anderen, um die praktische Durchführbarkeit der Trainingsinhalte und die angemessene Didaktik einzuschätzen. Mithilfe eines standardisierten Beobachtungsbogens wurden diese Erfahrungen protokolliert. Es traten sehr interessante Ergebnisse zutage, insbesondere im Zusammenhang mit den Sitzungsbewertungen durch die Teilnehmer. So zeigte sich zunächst, dass die Umsetzung in der Stadtverwaltung mit 61% sehr manualgerecht stattfand, in Betrieb B dagegen zu nur zu 40% (s. Tabelle 21.2). Modul 3 wurde am manualgerechtesten

2 BMBF-Projekt »Stress- und Ressourcenmanagement bei kultureller Diversität«, Förderkennzeichen 01EL 0803, Laufzeit: 2009–2012; Projektleitung: C. Busch; Förderschwerpunkt »Präventionsforschung«, 4. Förderphase im Programm der Bundesregierung »Gesundheitsforschung: Forschung für den Menschen«.

umgesetzt mit 64%, Modul 5 wurde am wenigsten manualgerecht durchgeführt mit nur 37%.

Weiterhin wurden sowohl *die Gesamtintervention als auch jedes einzelnes Modul nach der Sitzung von den Teilnehmern und Trainern bewertet.*

Die Teilnehmer wurden mit einem Fragebogen und in Interviews zum Gesamttraining befragt. Die Sitzungsbewertung erfolgte mit einem Fragebogen nach jeder Sitzung durch die Teilnehmer und die Trainer. Dabei wurden sowohl die Einsicht in das Selbst bzw. ins Team, die Hilfe zur Stressbewältigung und die Beziehung zum Trainer in Anlehnung an Instrumente aus der Psychotherapieforschung von Krampen und Wald (2001) sowie die Stimmung und die erlebte Aktiviertheit in Anlehnung an Becker (1988) nach den Sitzungen erhoben.

Nur die Teilnehmer, die nach allen vier Modulen den Fragebogen ausgefüllt haben, wurden ohne Datenimputation in die Analyse der Sitzungsbewertungen der Teilnehmer einbezogen (N = 28). Reliabilitäten für positive Stimmung nach der Sitzung (4 Items) lagen zwischen .82 and .92, für Beziehung zum Trainer (3 Items) zwischen .58 und .78, für Aktiviertheit nach der Sitzung (10 Items) zwischen .91 und .94, für Einsicht ins Selbst oder Team (5 Items) zwischen .80 und .89 und für Hilfe zur Stressbewältigung (5 Items) zwischen .70 und .82.

Die Innenraumreinigungskräfte der Stadtverwaltung (Betrieb C), die das manualgerechteste Training erhielten, beurteilten die Beziehung zum Trainer signifikant schlechter als Teilnehmer der Intervention mit der am wenigsten manualgerechten Umsetzung in der Stadtreinigung (Betrieb B, s. Tabelle 21.3). Es scheint, dass bei einer sehr manualgerechten Durchführung die Beziehung zu den Teilnehmern leidet. Die Besonderheit bei der Stadtverwaltung bestand darin, dass drei verschiedene Teams gemeinsam trainiert wurden. Die Teams kannten sich und ihre Arbeitsweisen untereinander wenig und alle Trainingsteile mussten jeweils in drei Gruppen durchgeführt werden. Das war für zwei Trainer mit einem weitgehend neuen Training schwer zu bewältigen. Diese drei Teams zeigten sich sehr unterschiedlich: von sehr eingespielt und fürsorglich bis extrem konfliktreich. Bei letzterem Team ist im Laufe des Trainings eine Konfliktpartei aus dem Training ausgestiegen.

Die Beziehung zum Trainer unterschied sich signifikant auch zwischen den Modulen. Nach Modul 3, das am manualgerechtesten umgesetzt wurde, wurde die Beziehung zum Trainer signifikant schlechter beurteilt als nach Modul 2. Auch die positive Stimmung war signifikant unterschiedlich zwischen den Modulen. Verantwortlich hierfür war die weniger positive Stimmung nach Modul 3 im Vergleich zu Modul 2, was nachvollziehbar ist, da systematisches Problemlösen sehr anstrengend ist. Eventuell haben die Teilnehmer zum ersten Mal systematisch und kollektiv Probleme gelöst. Die Inhalte in Modul 3 waren auch für die Trainer neu und überforderten sie. Das Modul wurde dementsprechend überarbeitet und vereinfacht.

Die erfahrene Hilfe zur Stressbewältigung war signifikant unterschiedlich. Verantwortlich dafür war Modul 1, das von den Teilnehmern als am wenigsten hilfreich bewertet wurde. Modul 1 wurde daraufhin überarbeitet und auf die Bewegungsförderung in der Freizeit fokussiert.

Tabelle 21.3. 2-faktorielle, univariate ANOVA (Module 1 bis 4; Betrieb A to D), * = p < .05

Variablen	Module F (df)	Betrieb F (df)	Interaktion F (df)
Positive Stimmung	3.23* (3,69) (2 vs. 3)	0.84 (3,23)	2.01* (3,69)
Beziehung zum Trainer	4.08* (3,72) (2 vs. 3)	3.70* (3,24) (B vs. C)	2.76* (3,72)
Aktiviertheit	1.15 (3,69)	1.19 (3,23)	2.31* (3,69)
Einsicht ins Selbst bzw. ins Team	2.49 (3,72)	0.87 (3,24)	2.19* (3,72)
Erfahrene Hilfe zur Stressbewältigung	3.93* (3,72) (2 vs. 1)	0.73 (3,24)	1.35 (3,72)

Die Ergebnisse der Prozessevaluation zeigten weiter auf, dass die Intervention von den Teilnehmern sehr positiv aufgenommen wurde. Die Teilnehmer bewerteten die Intervention insgesamt als sehr gut und gaben an, gute Anregungen zur eigenen und zur Stressbewältigung im Team sowie zu mehr Bewegung erhalten zu haben. Die Bedeutsamkeit der Inhalte wurde von den Teilnehmern als hoch bis sehr hoch eingeschätzt. Die zwei Module, die sich auf Stressbewältigung im Team beziehen, wurden explizit als sehr wichtige Inhalte genannt (bei offenen Antwortkategorien).

Die Trainer wurden über den Fragebogen hinaus auch qualitativ nach ihrer Einschätzung der einzelnen

Trainingssitzungen gefragt. Sie machten Angaben dazu, welche Inhalte aus ihrer Sicht besonders wichtig für die Teilnehmer waren, über Länge und Didaktik des Trainings und äußerten Verbesserungsvorschläge. So wurde festgestellt, dass die Zielgruppe gute Visualisierungen und Veranschaulichungen benötigt, um die Inhalte des Trainings gut aufnehmen und für sich nutzen zu können. Didaktisch wurde das Interventionskonzept dahingehend überarbeitet, dass noch einmal verstärkt auf die Veranschaulichung und verständliche Vermittlung der Inhalte hingearbeitet wurde. Auf eine sprachliche Vereinfachung des Manuals wurde besonderer Wert gelegt, um Übersetzungsleistungen der Trainer zu vermeiden.

Die Bewertung des Führungskräftemoduls war einheitlich sehr positiv. In der Prozessevaluation zeigte sich, dass diesem Modul im Rahmen des Gesamtkonzepts eine große Bedeutung zukommt. Die Führungskräfte profitierten eigenen Angaben zufolge selbst sehr von dem Training. Darüber hinaus zeigte sich, dass das Führungsmodul sehr wichtig ist, da hier die notwendigen Bedingungen geschaffen werden, die ausschlaggebend sind, damit die Teilnehmer die in den anderen Trainingssitzungen gelernten Inhalte in ihren Arbeitsalltag integrieren können. Eine Besonderheit zeigte sich in Bezug auf dieses Modul in der Stadtverwaltung. Hier nahmen nicht die direkten Vorgesetzten, sondern Vorgesetzte aus der Stadtverwaltung teil, die mit den Reinigungskräften nur wenig Kontakt haben. Diese Führungskräfte waren besonders an der Teilnahme interessiert. Sie sprachen sich mehrheitlich für eine Fortsetzung und Intensivierung des Themas Stress- und Ressourcenmanagement in der Zukunft aus. Die direkten Vorgesetzten der Teams dagegen haben selbst auf mehrmalige und nachdrückliche Einladung zum Führungskräftetraining nicht reagiert und wurden auch von ihren Vorgesetzten nicht aufgefordert, diese Veranstaltung wahrzunehmen.

Im Trainingsmanual wurde daraufhin hervorgehoben, dass die direkte Führungsebene die Zielgruppe des Führungskräftemoduls ist. Das Führungsmodul wurde auf zwei Teilmodule, die vor Teammodul 1 und nach Teammodul 3 durchgeführt werden, ausgeweitet, um den großen Bedarf, der in der Erprobungsphase formuliert wurde, besser zu erfüllen.

21.4 Zusammenfassung und Ausblick

Das ReSuM-Konzept ist ein ressourcenorientiertes Multiplikatorenkonzept, das im Kern ein teambasiertes Stress- und Ressourcenmanagementtraining für die Beschäftigten mit einem Führungskräftetraining ihrer direkten Vorgesetzten kombiniert. Es berücksichtigt im Besonderen die Teilnahmemotivation der Beschäftigten und der Betriebe. Die thematischen Schwerpunkte sind Bewegung, Ressourcen und Stressbewältigung im Team und Work-Life-Balance.

Die Prozessevaluation in sechs Betrieben zeigte Schwächen im Programm auf, die korrigiert wurden. Sie zeigte auch, dass die erfolgreiche Durchführung des Konzepts die Integration in ein betriebliches Gesundheitsmanagement und den Einbezug und Unterstützung der direkten Vorgesetzten voraussetzt. Nur auf diesem Wege kann die Intervention effektiv sein und eine Nachhaltigkeit der Interventionseffekte gewährleistet werden.

Das überarbeitete Konzept wurde von verschiedenen Präventionsanbietern in weiteren acht Betrieben unterschiedlichster Branchen im Vorher-Nachher-Follow-up und einem dreimonatigen Kontrollgruppendesign mit Mehrebenenanalysen evaluiert. Hier zeigte sich eine gute Wirksamkeit des Konzepts für die Teams, die regelmäßige Teambesprechungen durchführen (N = 268; Busch et al. in preparation). Die Inhalte des teambasierten Trainings können nur dann erfolgreich in den Alltag integriert werden, wenn die Mitarbeiter regelmäßig Raum und Zeit haben, um über ihre Zusammenarbeit im Team zu sprechen und Probleme gemeinsam anzugehen.

Das Trainingsmanual ist veröffentlicht und gibt fachkundigen Anbietern der Prävention und Gesundheitsförderung, Stresstrainern und Personalentwicklern die Chance auf ein erprobtes und evaluiertes Gesundheitsförderungsprogramm für Geringqualifizierte zuzugreifen. Für Geringqualifizierte mit Migrationshintergrund und kulturell diverse Belegschaften wird derzeit ein zielgruppenspezifisches Programm entwickelt und evaluiert.

Literatur

Bjorksten M, Talback M (2001) A follow-up study of psychosocial factors and musculoskeletal problems among unskilled female workers with monotonous work. European Journal of Public Health 11 (1): 102–108

Becker P (1988) Ein Strukturmodell der emotionalen Befindlichkeit. Psychologische Beiträge 30:514–536

Blue CL, Black DR, Conrad K et al (2003) Beliefs of blue-collar workers: stage of readiness for exercise. American Journal of Health Behavior 27 (4):408–420

Bundesagentur für Arbeit (2008) Pressemitteilung 21 vom 22.09.2008: Geringqualifizierte Beschäftigte bei Weiterbildung benachteiligt. http://www.arbeitsagentur.de/

Dienststellen/RD-NSB/RD-NSB/A01-Allgemein-Info/Presse/pdf-presseinfos/08-PI-21.pdf

Busch C (in Vorbereitung) Personale Ressourcen der Teamarbeit

Busch C, Bamberg E, Ducki A (2009) Stressmanagement und Personalentwicklung. Gruppendynamik und Organisationsberatung 40 (1):85–101

Busch C, Roscher S, Ducki A et al (2009) Stressmanagement für Teams in Service, Gewerbe und Produktion – ein ressourcenorientiertes Trainingsmanual. Springer, Heidelberg

Busch C, Staar H, Aborg C et al (2009) The neglected employees: Work-Life Balance and an occupational stress management intervention for low-qualified workers. In: Houdmont J, Ledka S (eds) Contemporary occupational health psychology: Global perspectives on research, education, and practice (Vol I). Wiley-Blackwell, Chichester, England (in press)

Busch C, Clasen J, Duresso R et al (in preparation) The evaluation of a team-based stress management intervention for low-qualified workers

Edmondson AC, Bohmer R, Pisano GP (2001) Disrupted Routines: Team Learning and New Technology Adaptation. Administrative Science Quarterly 46:685–716

Forjanic L (2002) Bildungsmotivation und Berufsplanung bei FacharbeiterInnen gegenüber ungelernten Berufstätigen in Beziehung zur Persönlichkeit. Unveröffentlichte Dissertation. Universität Graz, Naturwissenschaftliche Fakultät

Griffin BCS, Tucker PJ, Liburd J (2006) Mind over Matter: Exploring Job Stress among Female Blue-Collar Workers. Journal of Women's Health 15 (10):1105–1110

Krampen G, Wald B (2001) Instruments for formative evaluation and indication in general and differential psychotherapy and counseling: Short inventories for single psychotherapy and counseling. Diagnostica 47 (1):43–50

Kuoppala J, Lamminpaa A, Liira J et al (2008) Leadership, Job Well-Being, and Health Effects – A Systematic Review and a Meta-Analysis. Journal of Occupational & Environmental Medicine 50 (8):904–915

Raghunathan TE, Solenberger PW, Van Hoewyk J (2002) IVEware: Imputation and Variance Estimation Software. User Guide. University of Michigan.

Richardson KM, Rothstein HR (2008) Effects of occupational stress management intervention programs: A Meta-Analysis. Journal of Occupational Health Psychology 13 (1):69–93

Robert Koch-Institut (2006) Gesundheit in Deutschland. Gesundheitsberichterstattung des Bundes. Robert Koch-Institut, Berlin

Scrithongchai S, Intaranont K (1996) A study of impact of shift work on fatigue level of workers in a sanitary-ware factory using a fuzzy set model. Journal of Human Ergology 25 (1):93–99

Statistisches Bundesamt Deutschland (1998) Gesundheitsbericht für Deutschland: Gesundheitsberichterstattung des Bundes. Metzler, Stuttgart

Sundquist J, Östergren PO, Sundquist K et al (2003) Psychological working conditions and self-reported long-term illness: A population-based study of swedish-born and foreign-born employed persons. Ethnicity and Health 8 (4):307–317

Thompson SE, Smith BA, Bybee RF (2005) Factors influencing participation in worksite wellness programs among minority and underserved populations. Family & Community Health 28 (3):267–273

Zapf D, Semmer N (2004) Stress und Gesundheit in Organisationen. In: Schuler H (Hrsg) Enzyklopädie der Psychologie. Band Organisationspsychologie, 2. Aufl, D III 3. Hogrefe, Göttingen, S 1107–1112

Kapitel 22

Betriebliche Intervention und Prävention bei Konflikten und Mobbing

L. Gunkel · M. Szpilok

Zusammenfassung. *Sozialer Stress, insbesondere eskalierte Konflikte bzw. Mobbing haben erhebliche Auswirkungen auf die Sozialstruktur des Betriebes mit direkten negativen wirtschaftlichen Folgen. Die Mobbing Beratung München/Konsens e.V. hat für unterschiedliche betriebliche Problemsituationen differenzierte Interventionsansätze entwickelt und praktisch erprobt. Einleitend werden die Hemmnisse und Erfolgsfaktoren für Investitionen in ein konstruktives Betriebsklima diskutiert. Anschließend werden die Interventionen vorgestellt. Für konfliktbehaftete Arbeitsgruppen eignen sich mehrstufige Teamentwicklungsmaßnahmen. Der Ansatz wird im Hinblick auf Voraussetzungen, das konkrete Vorgehen und die methodische Gestaltung dargestellt und an Beispielen erläutert. Zur erfolgreichen Bearbeitung eskalierter Konflikte und Mobbing wird das »8-Schritte-Programm« beschrieben. Den Führungskräften kommt bei der Konfliktbewältigung eine zentrale Rolle zu. Möglichkeiten der Qualifizierung und Unterstützung werden skizziert. Den Abschluss des Beitrages bilden Hinweise zur Prävention: Mittels »Klima-Analyse« sind Arbeitsbeziehungen konstruktiv beeinflussbar. Die dargestellten Interventions- und Präventionsansätze ermöglichen den Betrieben auf die Sozialstruktur im Sinne der Beschäftigten und des Unternehmenserfolges gestaltend einzuwirken.*

22.1 Einleitung: Erfahrungshintergrund

Seit 1993 bearbeitet die Mobbing Beratung München/Konsens e.V. eskalierte Konflikte und Mobbing am Arbeitsplatz. Bei der Beratung von Menschen, die sich am Arbeitsplatz Mobbing ausgesetzt sehen, erfahren wir, welche situativen, betrieblichen und persönlichen Faktoren eine Konfliktklärung unterstützen (Stricker 2009). Mit diesem Know-how erarbeiten wir in Fortbildungsseminaren, Workshops und betrieblichen Projekten mit Führungskräften, Arbeitnehmervertretungen und betrieblichen Experten Lösungen für die betriebliche Praxis. Auf diese Weise haben wir eine Reihe zielgerichteter Interventionen und Präventionsansätze entwickelt, die in vielen Betrieben und öffentlichen Einrichtungen eingesetzt wurden. Mit der hier vorliegenden Darstellung erfolgreicher betrieblicher Handlungsmöglichkeiten erweitern wir die in der Literatur vorherrschende Problembeschreibung um die Praxisperspektive.

22.2 Grundlagen: Sozialer Stress und soziale Ressourcen – zwei Seiten einer Medaille

22.2.1 Problemstellung: soziale Stressoren, soziale Ressourcen, Mobbing

Im betrieblichen Kontext können zahlreiche *soziale Stressoren* identifiziert werden, z. B. fehlende Anerkennung, Unsicherheit über den eigenen Status in der Gruppe, Kommunikationsprobleme, Überforderung oder ungelöste Konflikte. Die Folgen sind bekannt: Beschäftigte reagieren mit Motivationsverlust, Burnout, innerer Kündigung, Mobbing oder Fehlzeiten (von Rosenstiel 2007, Zapf und Semmer 2004). Gelingt es, diese Probleme in einer konstruktiven Art und Weise zu bearbeiten, kommt die darin gebundene Kraft und Energie wieder der Arbeit zugute. »Mobbing« als zugespitzte Form eskalierter Konflikte am Arbeitsplatz lenkt die Aufmerksamkeit in besonderer Weise auf die Bedeutung sozialer Kompetenzen, die für eine gesunde und erfolgreiche Zusammenarbeit am Arbeitsplatz notwendig sind (Szpilok und Gunkel 2004; Leymann 1993; Faltermeier 2005). Die wirtschaftliche Brisanz wird deutlich, wenn man berücksichtigt, dass circa ein Drittel der Mobbing-Betroffenen Leistungsträger sind (Meschkutat et al. 2002).

Gleichzeitig ist inzwischen hinreichend belegt, dass *soziale Ressourcen* die Bewältigung der (steigenden) Arbeitsanforderungen unterstützen und unvermeidbare Stressoren am Arbeitsplatz kompensieren können (Faltermeier 2005; von Rosenstiel 2007).

Zapf (2007) hat aufgezeigt, dass eine positive Sozialstruktur zu einem höheren Commitment der Mitarbeiter und einer höheren Identifikation mit den Unternehmenszielen und den eigenen Arbeitsaufgaben führt und dadurch direkte wirtschaftliche Auswirkungen hat (s. Abb. 22.1) (Zapf 2007; Badura et al. 2008).

22.2.2 Investitionen in ein konstruktives Betriebsklima – Hemmnisse und Erfolgsfaktoren

In vielen Betrieben verhindert die Führungskultur, dass Konflikte wahrgenommen werden und mit ihnen adäquat umgegangen wird. Versteht man Führung lediglich darin, fachlich zu unterstützen, den Arbeitsfluss zu steuern und die organisatorische Gesamteinbindung zu gewährleisten, wird es besonders vor dem Hintergrund des allgegenwärtigen hohen Zeit- und Erfolgsdrucks als Luxus einzelner Führungskräfte gesehen, wenn diese sich um ein gutes Miteinander bemühen und auf Konflikte eingehen. Konfliktbereinigung oder der Einsatz für ein gutes Betriebsklima sind in diesem Kontext keine definierten Führungsaufgaben.

Wer als Führungskraft von einer solchen Kultur geprägt wurde, dem fällt es schwer, Konflikte richtig einzuschätzen und einzuschreiten; Konflikte werden stattdessen als »Zickenstress« verharmlost oder »schwierigen« Mitarbeitern zugeschrieben. Häufig werden selbst eskalierte Konflikte, die zu einem echten Kostenfaktor geworden sind, verleugnet und damit professionelles Handeln verhindert. Dies geschieht insbesondere, wenn eine Führungskraft, die Konflikte in ihrem Bereich einräumt, nach offiziellem Verständnis »ihren Laden nicht im Griff hat«.

Darüber hinaus kann das Selbstverständnis mancher Führungskräfte zu Denk- und Wahrnehmungsblockaden führen. Wer glaubt, als Entscheider die betrieblichen Abläufe bis ins Letzte kontrollieren zu können,

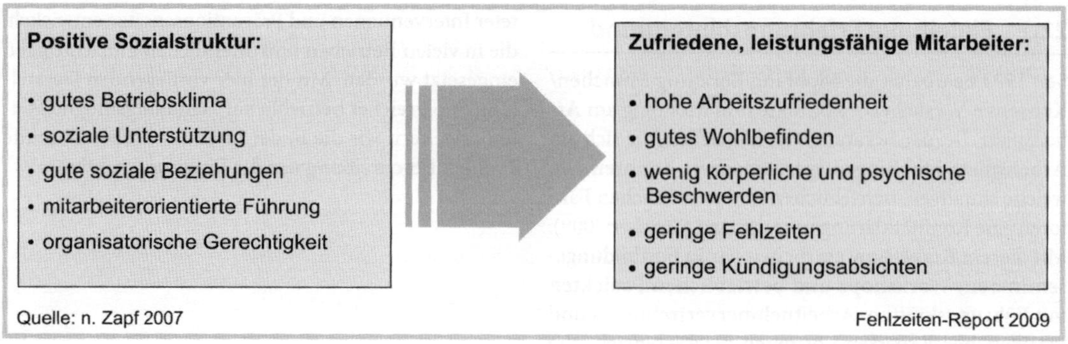

Positive Sozialstruktur:
• gutes Betriebsklima
• soziale Unterstützung
• gute soziale Beziehungen
• mitarbeiterorientierte Führung
• organisatorische Gerechtigkeit
Zufriedene, leistungsfähige Mitarbeiter:
• hohe Arbeitszufriedenheit
• gutes Wohlbefinden
• wenig körperliche und psychische Beschwerden
• geringe Fehlzeiten
• geringe Kündigungsabsichten
Quelle: n. Zapf 2007
Fehlzeiten-Report 2009

Abb. 22.1. Auswirkungen der Sozialstruktur auf die Mitarbeiter

kann nicht akzeptieren, dass es in seinem Verantwortungsbereich zu Eskalationen wie Mobbing kommen kann. Aber neben den offiziellen und kontrollierbaren betrieblichen Spielregeln bilden sich immer auch informelle Regeln, die offizielle Vorgaben sogar konterkarieren können. Wird dieser Aspekt ausgeblendet, kann Mobbing nicht wahrgenommen werden, ohne sich gleich schuldig zu sehen. Im Zweifelsfall wird ausgeblendet, was nicht sein darf.

Auflösen lassen sich diese Haltungen, indem man im Betrieb eine Diskussion über die Aufgaben und Erwartungen an Führung anregt. Anlass können ein akuter Fall, Gefährdungsbeurteilungen oder Mitarbeiterbefragungen sein. Auch Krisen bergen die Chance, dass Betriebe sich ihres sozialen Potenzials wieder stärker bewusst werden, Führungsaufgaben entsprechend definieren und ihren Beschäftigten mehr Wertschätzung entgegenbringen.

Ein weiteres Hemmnis ergibt sich aus dem Druck, jede Investition rechtfertigen zu müssen. Wer Geld ausgibt, um eine positive Sozialstruktur zu fördern, hat Schwierigkeiten, den Nutzen in Euro und Cent nachzuweisen. Hier sollten die anfallenden Kosten bisheriger Konflikt- bzw. Mobbingfälle auf das Unternehmen hochgerechnet und den Kosten präventiver Maßnahmen gegenübergestellt werden.

Argumente für einen Ressourceneinsatz in Bezug auf Soft Skills werden dann angehört, wenn es gelingt, sie mit den Themen »Kosten« und »Image« zu verknüpfen. Voraussetzung ist allerdings, dass die genannten Wahrnehmungsschwellen überwunden werden.

22.3 Vom Konflikt zur konstruktiven Kooperation – die mehrstufige Teamentwicklung

Zur zielgerichteten Intervention bei konfliktbelasteten Arbeitsgruppen wurde die mehrstufige Teamentwicklung konzipiert und inzwischen umfangreich erprobt.

Klassische Teamentwicklungsworkshops setzen ein Mindestmaß an funktionierenden Arbeitsbeziehungen zwischen den Teammitgliedern voraus. Trainer, Teilnehmer oder Vorgesetzte berichten immer wieder, dass sich konfliktbelastete Arbeitsgruppen, deren Zusammenarbeit durch »diffuse« Konflikte gekennzeichnet ist, oder deren Arbeitsklima sich durch (Mobbing-) Vorwürfe auszeichnet, in Workshops zur Teamentwicklung unterschwellig blockieren. Sie spielen entweder mit, ohne dass die eigentlichen Probleme auf den Tisch kommen oder inszenieren Eskalationen auf Kosten einzelner und schwächerer Teammitglieder. Um auf diese Ausgangs-

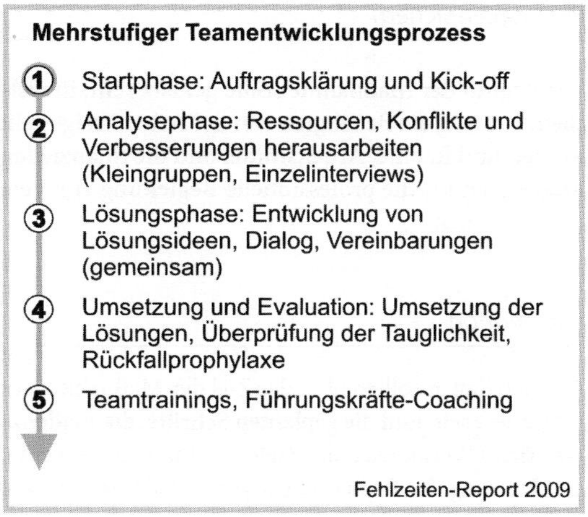

Mehrstufiger Teamentwicklungsprozess
1 Startphase: Auftragsklärung und Kick-off
2 Analysephase: Ressourcen, Konflikte und Verbesserungen herausarbeiten (Kleingruppen, Einzelinterviews)
3 Lösungsphase: Entwicklung von Lösungsideen, Dialog, Vereinbarungen (gemeinsam)
4 Umsetzung und Evaluation: Umsetzung der Lösungen, Überprüfung der Tauglichkeit, Rückfallprophylaxe
5 Teamtrainings, Führungskräfte-Coaching
Fehlzeiten-Report 2009

Abb. 22.2. Mehrstufige Teamentwicklung

situation angemessen reagieren zu können, haben die Autoren einen mehrstufigen Prozess der Teamentwicklung erarbeitet (s. Abb. 22.2) (Gunkel 2002).

22.3.1 Voraussetzungen erfolgreicher Intervention

Einen motivierenden und verbindlichen Rahmen schaffen

Je weiter ein Konflikt eskaliert ist, umso pessimistischer schätzen die Beteiligten die Chance einer konstruktiven Lösung ein. Deshalb müssen die Rahmenbedingungen der Konfliktbearbeitung optimal gestaltet werden, denn mit jedem gescheiterten Lösungsversuch steigt der Widerstand. Von entscheidender Bedeutung ist die Frage, warum sich die Konfliktparteien überhaupt an einer konstruktiven Konfliktlösung beteiligen sollten.

Teilnahme aller sichern

Der Einbezug aller Teammitglieder stellt sicher, dass die getroffenen Vereinbarungen auch von allen verbindlich mitgetragen werden. Falls es im Betrieb eine Arbeitnehmervertretung gibt, empfiehlt es sich sie einzubeziehen.

Ressourcen sichern

Vor Beginn der Maßnahme sollte geklärt sein, in welchem Umfang die Beteiligten von der Arbeit freigestellt werden und Räume, Arbeitsmittel und die finanziellen Ressourcen für die professionelle Begleitung zur Verfügung stehen.

Information

Alle Beteiligten sollten über das Ziel der Maßnahme gut informiert sein und die geplanten Schritte, die Evidenzkriterien (Woran wird die Zielerreichung gemessen?), den Umfang der Begleitung sowie den Prozessverlauf kennen.

Vertraulichkeit zusichern

Um Absicherungs- und Verteidigungshaltungen zu verhindern und alle relevanten Aspekte der Zusammenarbeit »auf den Tisch« zu bekommen, ist es wichtig, dass der Moderator den Beteiligten einen vertraulichen Rahmen bieten kann.

Würdigung der Arbeitsergebnisse

Die Verantwortlichen müssen bereit sein, sich ernsthaft und transparent mit den Arbeitsergebnissen und Veränderungsvorschlägen der Teammitglieder auseinanderzusetzen und die Ergebnisse zurückzumelden. Geschieht das nicht, wird sich das Klima im Team verschlechtern.

22.3.2 Das grundsätzliche Vorgehen

Teamentwicklung für konfliktbelastete Arbeitsgruppen sollte stufenweise aufbauend gestaltet werden.

Startphase

Im Hinblick auf die Akzeptanz und die Lösungsorientierung ist eine doppelte Zielsetzung empfehlenswert. Neben dem Ziel, die vorhandenen Konflikte zu klären und zu bearbeiten sollte eine positive, zukunftsorientierte Zielsetzung formuliert werden. Solche Zielsetzungen können sich beispielsweise auf die Verbesserung der Dienstleistung, auf die Position des Teams im Hinblick auf künftige Umstrukturierungen oder die Optimierung von Arbeitsabläufen beziehen. Die Berücksichtigung beider Ziele bindet auch die im aktuellen Konflikt nicht direkt Betroffenen ein, vermeidet rückwärtsgerichtete »Schlammschlachten« und unterstützt das lösungsorientierte Vorgehen. Um der Teamentwicklung Bedeutung und Verbindlichkeit zu verleihen, sollte sie mit einer offiziellen »Kick-off«-Veranstaltung beginnen, an der alle Akteure teilnehmen. Bei dieser Gelegenheit können die Mitarbeiter gleich über die Entstehungsbedingungen und die Entwicklungsverläufe von Konflikten und Mobbing informiert werden, um sie für die Rolle von betrieblichen Belastungsfaktoren zu sensibilisieren und damit die Diskussion zu versachlichen. Außerdem werden die Ziele und Evidenzkriterien formuliert, das Vorgehen erläutert und die Analysephase geplant.

Analysephase

Die erste Arbeitsphase dient der Analyse der Konflikte und der Erarbeitung von Zielvisionen mit allen Beteiligten. Um diesen Arbeitsprozess offen und konstruktiv gestalten zu können, wird dieser Schritt in Kleingruppen bzw. Einzelgesprächen durchgeführt. Die Zusammensetzung der Kleingruppen sollte weitgehend struktur- und hierarchiehomogen sein. Die Gruppen werden auf freiwilliger Basis gebildet, sodass die Gruppenmitglieder sich offen und vertrauensvoll miteinander austauschen können. In diesem geschützten Rahmen gelingt es, die relevanten Themen schneller zu erfassen und zielgerichtet zu bearbeiten, eigene Sichtweisen und Positionen zu hinterfragen und die Motivation zur konstruktiven Konfliktlösung zu stärken. Nach außen getragen werden nur die am Ende dieser Arbeitsphase gemeinsam verabredeten Ergebnisse.

Lösungsphase

In der zweiten Arbeitsphase werden konkrete und realisierbare Lösungsvorschläge für eine verbesserte Zusammenarbeit und für die Entwicklung eines gemeinsamen Teamverständnisses entwickelt. In einem Workshop mit allen Beteiligten werden die in den Kleingruppen abgestimmten Ergebnisse präsentiert. Gemeinsamkeiten in den Sichtweisen und Lösungsvorschlägen werden herausgearbeitet und die unterschiedlichen Wahrnehmungen und Bewertungen gegenseitig nachvollzogen. Wenn möglich, werden sofort Konsequenzen vereinbart. Oft ist eine Weiterarbeit an herausgearbeiteten Themen bzw. Absprachen mit anderen Stellen oder höheren

Führungsebenen erforderlich, bevor in einem zweiten Workshop weitere Maßnahmen vereinbart werden können. Dabei handelt es sich in der Regel um technische und organisatorische Maßnahmen zur Reduktion von Konfliktpotenzial und um Vereinbarungen zum künftigen Umgang miteinander. Diese werden schriftlich gefasst und von allen Beteiligten unterschrieben (»Mediationsvertrag«).

Umsetzungsphase

Anschließend werden die erarbeiteten Lösungen umgesetzt. In dieser Zeit ist es wichtig, regelmäßige Prüftermine anzusetzen, um Rückfällen vorzubeugen, unerwünschte Nebeneffekte abzupuffern und das Ergebnis bei Bedarf im gegenseitigen Einverständnis nachzubessern. Mit diesem Verfahren bleibt außerdem die Aufmerksamkeit über längere Zeit auf das Neue gerichtet, was die gewohnheitsmäßige Verankerung und damit die Nachhaltigkeit fördert. Bei Bedarf können weitere Maßnahmen anschließen, zum Beispiel ein Teamtraining zum Umgang mit den Fallstricken in der alltäglichen Kommunikation zwischen den Kollegen, ein Training im Umgang mit Konflikten oder ein Führungstraining für die Vorgesetzten.

Fazit

Für den Erfolg der Teamentwicklung sind fünf Elemente wesentlich:
- ein strukturiertes und systematisches Vorgehen, das durch die externe Leitung/Moderation gewährleistet und auch gegen interne Widerstände durchgehalten wird,
- ein klarer Auftrag und die Verankerung und Unterstützung in der Hierarchie,
- ein gemeinsames Erarbeiten von Verhaltensregeln, die von allen akzeptiert werden,
- die Erarbeitung und Umsetzung flankierender konfliktreduzierender arbeitsorganisatorischer und/oder technischer Maßnahmen,
- eine nachhaltige Absicherung der Ergebnisse durch Prüftermine.

22.3.3 Lösungsorientierte Problemanalyse am Beispiel einer Verwaltungseinheit

Das vorgestellte Vorgehen soll am Beispiel einer Verwaltungseinheit verdeutlicht werden.

Lösungsorientierte Problemanalyse

In einer Verwaltungseinheit hatten sich die Konflikte zugespitzt. In drei moderierten Mitarbeitergruppen wurden zu den Themenbereichen Zusammenarbeit mit den Kollegen, Zusammenarbeit mit dem Vorgesetzten (bzw. mit den Mitarbeitern), Arbeitsorganisation und Arbeitsklima in jeweils eineinhalbstündigen Sitzungen die Probleme und die Ressourcen aus der Sicht der Beteiligten zusammengestellt. Mit dem Leiter wurden diese Fragen separat bearbeitet. In einer zweiten Sitzung erarbeiteten die Beteiligten konkrete Veränderungsvorschläge und -wünsche und Anregungen für das eigene Kooperationsverhalten. Überspitzte Formulierungen oder destruktive Angriffe wurden im geschützten Rahmen diskutiert und in konstruktive, lösungsunterstützende Formulierungen transformiert. Die abschließenden Ergebnisse wurden zur Präsentation visualisiert.

Coaching der Führungskraft

Beziehen sich die Arbeitsergebnisse auf die Person oder das Verhalten des Vorgesetzten, ist es erforderlich, dass er sich in einer separaten Coaching-Sitzung mit diesen Aussagen auseinandersetzen kann. Im besten Fall gelingt es, dass er seinen Anteil am Konflikt erkennt, die Sichtweisen und Empfindungen der Mitarbeiter versteht und die Bereitschaft zur Veränderung entwickelt. Auch im geschilderten Fall wurde der Leiter nach Absprache mit den Mitarbeitern vor der gemeinsamen Ergebnispräsentation unter vier Augen über das Ergebnis informiert.

Maßnahmen zur Konfliktklärung

Nach der Präsentation der Ergebnisse wurden die erarbeiteten Lösungsvorschläge und Veränderungswünsche in unterschiedlichen Foren weiterbearbeitet. Die Moderation sondierte die Vorschläge mit den verantwortlichen Entscheidern hinsichtlich ihrer Realisierbarkeit. Im konkreten Fall waren Probleme und Konflikte aufgrund von Kommunikationsdefiziten und unausgesprochenen Erwartungen eskaliert. Die erarbeiteten Maßnahmen beinhalteten organisierte Aktivitäten für eine verbesserte Information, z. B. regelmäßige Besprechungen, Ablage von Verabredungen und Neuerungen im Intranet und ablauforganisatorische Verbesserungen. Alle Beteiligten verpflichteten sich zu fairer und offener Kommunikation. Dem Vorgesetzten wurde eine

Qualifizierung zu Mitarbeiterführung ermöglicht. Die schriftliche »Selbstverpflichtung« für die zukünftige Zusammenarbeit, die scheinbar Selbstverständliches im Umgang untereinander »offiziell« formulierte, wurde von allen Beteiligten unter Anwesenheit von Geschäftsführer und Betriebsrat »feierlich« unterzeichnet. Alle Beteiligten wurden mündlich und in einem ausführlichen schriftlichen Protokoll über die Ergebnisse informiert. Die Realisierung der vereinbarten Maßnahmen und die Umsetzung der Selbstverpflichtung wurde durch regelmäßige Besprechungen abgesichert.

Bewertung

Die Mitarbeiter, der Vorgesetzte sowie Geschäftsführung und Betriebsrat bewerteten das Projekt als erfolgreich. Die eskalierten Konflikte konnten beigelegt werden und es ist ein vertieftes Verständnis der Zusammenarbeit entstanden. Das dadurch geschaffene konstruktive Arbeitsklima ermöglicht eine offene und faire Auseinandersetzung über unterschiedliche Sichtweisen. Das Ergebnis ist eine verbesserte Arbeitssituation und eine höhere Arbeitszufriedenheit der Beschäftigten, die für das Unternehmen eine konstruktive Aufgabenerledigung gewährleistet.

22.3.4 Prospektive Lösungen mittels »Skalenfragen« erarbeiten

Die in den Kleingruppen erarbeiteten Veränderungsvorschläge und -ideen sind nicht immer so konkret, dass sie direkt umgesetzt werden können. Zur Weiterarbeit eignet sich hier die in der systemischen Beratung entwickelte »Skalenfrage« (Büttner und Quindel 2005; Mücke 2001). Jedes Teammitglied schätzt auf einer Skala von eins bis zehn (sehr schlecht bis sehr gut) die Qualität der Zusammenarbeit aus der eigenen subjektiven Sicht ein. Anschließend stellt sich jedes Teammitglied vor, dass sich in drei Monaten die Zusammenarbeit um einen Punkt auf der Skala verbessert hat. Folgende Fragen werden beantwortet: 1. Was konkret hat sich dann verändert? 2. Was habe ich selbst zu dieser Veränderung beigetragen? Die Antworten werden zusammengetragen, visualisiert und soweit erforderlich im Hinblick auf sichtbares und beobachtbares Verhalten weiter konkretisiert. Die Ergebnisse bilden eine gute Ausgangsbasis für die Vereinbarung von Veränderungen und die Selbstverpflichtung zu konstruktivem Verhalten.

22

22.4 Bearbeitung von Konflikten aufgrund fehlender gegenseitiger Wertschätzung mit Hilfe der Panoramaarbeit

Ein weit verbreitetes Problem sind Konflikte aufgrund fehlender Wertschätzung. An einem konkreten Beispiel wird das Vorgehen mittels der Methode der »Panoramaarbeit« erläutert.

Die Ausgangslage

In einer pädagogischen Einrichtung kam es zu Spannungen zwischen dem Team und der neuen Leitung. Die Kunden reagierten nach längerer Eskalation des Konflikts mit Beschwerden gegenüber dem Träger, der daraufhin eine Konfliktbearbeitung in Auftrag gab. In Einzelgesprächen mit dem Team bzw. der Leitung wurde deutlich, dass sich beide Seiten in ihrem Engagement nicht gesehen und gewürdigt fühlten. Beide Parteien fühlten sich der anderen gegenüber hilflos, vermissten Wertschätzung und Loyalität und unterstellten einander eine gewisse Feindseligkeit. So verstellte die Fixierung auf die eigenen Erfahrungen und Deutungsmuster den Blick auf mögliche Lösungsansätze und gegenseitige Unterstützungsmöglichkeiten. Obwohl beide Parteien im Hinblick auf ihre Arbeit und die Institution die gleichen Ziele äußerten, kam es nicht zu einer Kooperation.

Die Intervention

Als zentrale Methode kam in dieser Konfliktbearbeitung das Persönlichkeitspanorama von Daniela Blikhan zum Einsatz (Blikhan 2000). Zunächst wurde mit beiden Seiten in Einzelarbeit eine Stoffsammlung ihrer Tätigkeiten, Fähigkeiten, Werte und ihres Selbstverständnisses auf Metaplankarten erarbeitet. Während dieses Arbeitsschritts war deutlich wahrnehmbar, wie sich das Energieniveau und die Stimmung beider Parteien verbesserten.

Im nächsten Schritt wurden die Metaplankarten von jeder Partei so ausgelegt, dass der Bezug der Karten zueinander deutlich wurde. Auf diese Weise wurden die Sinnzusammenhänge, das »innere Panorama«, visualisiert. Das Auslegen der Panoramen schafft Klarheit in Bezug auf die eigenen Werte und Rollen; die Wahrnehmung der eigenen Fähigkeiten und Fertigkeiten fördert Selbstbewusstsein und Selbstsicherheit. Auf diese Weise ist es einfacher, sich auf den anderen und sein

Panorama einzulassen. Die gegenseitige Würdigung und Erläuterung der Panoramen bietet die Möglichkeit, sich dem anderen verständlich zu machen und Wertschätzung zu erfahren. Geht es schließlich um die Entwicklung neuer Handlungsmöglichkeiten, sind die als Ressourcen nutzbaren Fähigkeiten schon präsent und damit auch leichter zugänglich.

Anschließend stellten sich Team und Leitung ihre Panoramen gegenseitig vor. Dabei begegneten sich beide Parteien auf Augenhöhe und entdeckten gemeinsam, wie verschieden ihre Welten an manchen Punkten sind, welche Gemeinsamkeiten sie verbindet und wo sie sich ergänzen. Auch die gemeinsame gute Absicht in Bezug auf die Klienten und die Einrichtung wurde deutlich. Beide Parteien zeigten sich sehr beeindruckt von den Arbeitsergebnissen. Die Wahrnehmung und Würdigung der Panoramen gelang in einem Klima gegenseitiger Wertschätzung, das sich auch auf den weiteren Umgang miteinander übertrug.

Im nächsten Schritt überlegten wir, auf welche Weise und zu welchen Konditionen die Parteien ihre Ressourcen und Fähigkeiten nutzen könnten, um die im Erstgespräch formulierten Anliegen zu erfüllen. Dabei stellten wir fest, dass sich manches schon relativiert hatte (z. B. der Wunsch nach Wertschätzung) und dass es an diesen Punkten nur noch darum ging, die Erfahrung dieser Arbeit auch im Alltag zu verankern. Andere, vorher heiß umkämpfte Fragen ließen sich auf dieser Basis plötzlich ganz leicht und sachgerecht lösen.

Nachdem alle wesentlichen Fragen geklärt und entsprechende Vereinbarungen getroffen wurden, schlossen wir diese Intervention damit ab, dass Team und Leitung die beiden Einzelpanoramen zu einem zukunftsorientierten Gesamtpanorama zusammenlegten.

Bewertung

Alle Beteiligten bestätigen den Erfolg der Maßnahme: Die Zusammenarbeit läuft vertrauensvoll und gut, die getroffenen Vereinbarungen sind weitgehend umgesetzt bzw. werden eingehalten. Die Teilnehmer führen den Erfolg darauf zurück, dass man sich jetzt viel besser kennt und einschätzen kann, dadurch sicherer im Umgang miteinander ist, Vorbehalte abgebaut werden konnten. Die ganze Aktion war eine gute, verbindende Erfahrung. Auch die Vorbehalte dem Träger gegenüber haben sich relativiert. Das Arbeitsergebnis ist stabil; seit über einem Jahr arbeiten alle Beteiligten konstruktiv und zufrieden miteinander (Szpilok 2008).

22.5 Acht Schritte zur Bewältigung eskalierender Konflikte und Mobbing

Das folgende Stufenverfahren wurde von den Autoren zur Bearbeitung schwerer Konflikt- bzw. Mobbingfälle entwickelt. Es wird eingesetzt, wenn einzelne Personen oder Teilgruppen als Konfliktbeteiligte identifizierbar sind.

1. Schritt: Wahrnehmen, dass ein Konflikt- oder Mobbingfall besteht

Je früher eine Konflikteskalation oder Mobbingsituation erkannt wird, um so eher ist eine für alle Beteiligten konstruktive Lösung möglich. Aber es entspricht der Dynamik eskalierter Konflikte, dass die Gruppe, in der Konflikte eskalieren, dies nach außen vertuscht bzw. die Verantwortung für die von außen wahrnehmbaren Spannungen der gemobbten Person zuschiebt. Diese hält sich aus Angst vor einer weiteren Eskalation lange bedeckt. Manchmal artikuliert sich der tiefer liegende Konflikt an Auseinandersetzungen über »Banalitäten", die dann in ihrer Schärfe für einen Außenstehenden unverständlich sind. Darum ist es empfehlenswert, beim Auftreten erster Konfliktsymptome den Handlungsbedarf zu sondieren. Besteht ein Verdacht auf Mobbing, ist es sinnvoll, den Kontakt zum Betroffenen zu suchen und Beratung anzubieten.

Sucht der/die Betroffene von sich aus Unterstützung, ist es wichtig, mit ihm/ihr das weitere Vorgehen zu beraten und darauf hinarbeiten, dass der Konflikt offiziell aufgegriffen wird. Nur mit aktiver Beteiligung der zuständigen Führungskräfte kann eine nachhaltige Konfliktbereinigung gewährleistet werden. Wegschauen (»Man muss sich als Führungskraft nicht in jeden Konflikt zwischen Mitarbeitern einmischen«) ist hier fehl am Platze. Besteht der Konflikt über längere Zeit bzw. ist er bereits sozial ausgeweitet, ist es unbedingt erforderlich einzugreifen, um eine weitere Eskalation zu verhindern. Sofort alle an einen Tisch zu holen und die Sache klären zu wollen, ist nur bei leichteren Konflikten machbar, führt aber ins Abseits, wenn das Misstrauen oder aber das Machtgefälle zu groß sind. Konfliktklärung verlangt ungefähre »Augenhöhe« der Beteiligten und die Bereitschaft, den anderen wahrzunehmen. Dies ist in Einzelgesprächen zu erarbeiten.

2. Schritt: Den Betroffenen beraten und stabilisieren

Gerade in Mobbingprozessen sind Betroffene oft so verängstigt und entmutigt, dass sie sich eine konstruktive Lösung ihres Problems nicht mehr vorstellen können und durch eine Konfliktbearbeitung eine weitere Verschlechterung ihrer Position befürchten. Da gerade zu Beginn einer Maßnahme oft tatsächlich zu beobachten ist, dass sich der Druck auf Betroffene erhöht, ist es notwendig, dass sie vorab so weit stabilisiert werden, dass sie dem auch gewachsen sind. Hier ist professionelle Hilfe gefragt. Im Idealfall ist eine innerbetriebliche Instanz, bei Bedarf auch eine externe Beratungsstelle bei der Suche nach internen und externen Entlastungsmöglichkeiten behilflich. Kontraproduktiv ist es, aufgrund eigener Betroffenheit zu früh handeln zu wollen, bevor der Betroffene bereit und in der Lage dazu ist.

3. Schritt: Den Konfliktmoderator bestimmen

Bevor weitere Schritte eingeleitet werden, sollte genau geprüft werden, wer für eine Konfliktmoderation in Frage kommt. Die Verantwortung für die zielgerichtete Bearbeitung des Konflikts hat formal der Arbeitgeber. In der Praxis wird sich in der Regel die nächsthöhere, unbeteiligte Führungskraft darum kümmern. Die zuständige Führungskraft kann bereits in den Konflikt involviert, aus zeitlichen oder anderen Gründen überfordert sein oder es kann zu Rollenkonflikten zwischen Führungsaufgabe und Konfliktmoderation kommen. Darum sollte man bei schweren Konflikten professionelle Hilfe hinzuziehen, zumal eine neutrale Person auch bei den Konfliktparteien größere Akzeptanz findet und Rollenkonflikte vermieden werden. Da die Wahrscheinlichkeit einer konstruktiven Konfliktlösung mit jedem gescheiterten Versuch sinkt, sollte man dem Konfliktmoderator alle Möglichkeiten an die Hand geben, um Erfolg versprechend agieren zu können. Auch ist frühzeitig zu klären, wann die Arbeitnehmervertretung einbezogen wird. Hat sie den Konflikt aufgegriffen, empfiehlt es sich, sie von Beginn an mit einzubinden. Sind mehrere Parteien mit der Konfliktlösung befasst, ist es notwendig die jeweiligen Aufgaben und Prozessschritte gut zu koordinieren.

22

4. Schritt: Beteiligte und Hintergründe aufspüren

Die Moderation sollte sich ein möglichst genaues Bild der Situation verschaffen. In Mobbingfällen ist zu beachten, dass die, die handeln, nicht unbedingt auch die Initiatoren sind. Oft sind genaue Recherchen notwendig, um herauszufinden, wer oder was den Prozess vorantreibt (Zuschlag 1994). Wichtige Informationsquelle sind besonders bei verhärteten Konflikten Einzelgespräche mit den Beteiligten.

Selbst wenn es im weiteren Verlauf nicht gelingen sollte, mit den Beteiligten zu einer befriedigenden Lösung zu kommen, enthalten die gesammelten Informationen Hinweise auf betriebliche Spielregeln und Konfliktstrategien, die die Verantwortlichen als Grundlage entsprechender Präventionsmaßnahmen nutzen können.

5. Schritt: Problemlösungen erarbeiten

Zunächst erkundet die Moderation in Einzelgesprächen die Sichtweisen der Beteiligten. Die Einzelgespräche dienen nicht nur der Informationssammlung, sondern auch der Vertiefung der Vertrauensbasis zwischen Moderation und Beteiligten. Gleichzeitig werden verhärtete Haltungen aufgeweicht, die Einfühlung in die andere Partei vertieft und durch den Aufbau entsprechender Lösungsszenarien die Motivation zur Konfliktlösung gestärkt. Außerdem wird erkundet, was die Einzelnen benötigen, um die Situation als gelöst zu betrachten und was sie konkret dazu beitragen werden. Gelingt es in den Einzelgesprächen, die Beteiligten zur Konfliktlösung zu motivieren und entsprechende Maßnahmen zu erarbeiten, können in einem Gespräch aller Beteiligten Verabredungen getroffen werden. Ist der Konflikt noch nicht verhärtet, kann man an dieser Stelle auch versuchen, zu einer gemeinsamen Problembeschreibung zu kommen.

6. Schritt: Ergebnis sichern

Um die Verbindlichkeit zu erhöhen und die getroffenen Vereinbarungen gegen Umdeutungen zu schützen, sollten sie auf jeden Fall schriftlich fixiert, von allen unterschrieben und jedem Beteiligten ausgehändigt werden. Außerdem ist es sinnvoll Prüftermine zu verabreden. Indem die Erfahrungen mit den getroffenen Verabredungen über einen längeren Zeitraum immer wieder ausgewertet werden, bleiben sie länger im Aufmerksamkeitsfokus und können sich gewohnheitsmäßig einschleifen. Außerdem bieten die Prüftermine die Möglichkeit, die Absprachen anzupassen und auf diese Weise das Ergebnis zu optimieren. Die Konfliktmoderation ist erst dann wirklich abgeschlossen, wenn die mit den Beteiligten erarbeitete Lösung sich als tauglich erweist.

7. Schritt: Verantwortung aufschlüsseln und Betroffene rehabilitieren

Erst nachdem der Konflikt auf diese Weise entschärft ist, kann bei Mobbingfällen der Versuch unternommen werden, die Hintergründe genauer zu beleuchten, den Hergang zu rekonstruieren, die Verantwortlichkeiten aufzuschlüsseln und Betroffene zu rehabilitieren. Oft wird es nicht möglich sein, die Beteiligten zu diesem Schritt zu bewegen. In diesem Fall bleibt es Aufgabe der zuständigen Führungskraft, Betroffene zu rehabilitieren und gegebenenfalls zu entschädigen.

8. Schritt: Präventionsansätze erkunden

Abschließend bleibt zu prüfen, welche betrieblichen Bedingungen zur Entstehung oder Eskalation des Konflikts beigetragen haben und wie diese verändert werden können. Entsprechende präventive Maßnahmen helfen erneute Konflikte zu verhindern.

22.6 Qualifizierung und Unterstützung zu konfliktbewältigendem Führungshandeln

22.6.1 Entwicklung der Führungskompetenz »Konfliktbewältigung«

Die vielfältigen und in immer schnellerer Abfolge initiierten Veränderungsprozesse in den Unternehmen und (öffentlichen) Organisationen und der wirtschaftliche Druck generieren ein erhebliches Unsicherheits- und Konfliktpotenzial, das die Anforderungen an Führung deutlich erhöht. Vor diesem Hintergrund zeigt sich in vielen Betrieben und Organisationen, dass die üblichen Führungskräfteentwicklungs- und -qualifikationsmaßnahmen keine hinreichende Basis für professionelles Führungshandeln liefern. Hinzu kommt die bekannte Transferproblematik von Fortbildungsseminaren.

Diese allgemeinen Maßnahmen sollten durch spezifische, auf die konkreten Anforderungen vor Ort ausgerichtete Inhouse-Workshops und Coaching-Angebote ergänzt werden, die an der konkreten Arbeitssituation, Qualifikation und Problemlage der jeweiligen Führungskräfte ansetzen.

Bearbeitet werden – je nach betrieblicher Situation – die Rollen- und Aufgabenklärung, die Entwicklung des eigenen Selbstverständnisses als Führungskraft, die angemessene Priorisierung der unterschiedlichen Aufgaben und die Qualifizierung in spezifischen Aspekten sozialer Kompetenz (z. B. schwierige Gesprächssituationen, zielgerichtete Moderation von Team-Besprechungen, Erkennen und Klären von Konfliktsituationen, präventive Handlungsmöglichkeiten). Daneben sollten z. B. in Workshops passende Unterstützungssysteme für Vorgesetzte im Umgang mit eskalierten Konflikten oder Mobbing entwickelt werden.

22.6.2 Unterstützung der Führungskräfte zum Thema Konfliktbewältigung

Am Beispiel eines mittelständigen Unternehmens mit zwei Produktionsstandorten in Bayern und einem bundesweiten Vertriebssystem soll gezeigt werden, wie die Bewältigung von Konflikten systematisch verbessert werden kann und die Führungskräfte unterstützt werden können.

Im ersten Schritt wurde mit Unterstützung externer Beratung ein Frühwarn- und Unterstützungssystem entwickelt:
- Drei Mitarbeiter aus den Bereichen Personal und Arbeitnehmervertretung wurden extern qualifiziert.
- In einem vierstündigen Workshop wurden Geschäftsleitung, Personalleitung, Produktionsleitung, Betriebsrat und Betriebsarzt gemeinsam zum Thema informiert und erarbeiteten sich mit qualifizierter externer Moderation ihre Ziele und das grundlegende Vorgehen bei eskalierten Konflikten, Mobbing, Diskriminierung und sexueller Belästigung.
- Anschließend wurden intern die Führungsgrundsätze überarbeitet, eine Betriebsvereinbarung zum partnerschaftlichen Umgang verabredet und innerbetriebliche Ansprechpartner benannt.

Nach Klärung dieser Grundlagen und Rahmenbedingungen wurden mit den Experten der Mobbing Beratung München/Konsens e. V. jeweils ein- bis zweitägige Workshops für alle Führungskräfte geplant und durchgeführt. Für die direkten Führungskräfte aus der Produktion, für die bisher weniger Qualifizierungsmaßnahmen im Bereich sozialer Kompetenzen angeboten worden waren, wurden zweitägige Veranstaltungen geplant. Inhalte waren hier neben Basisinformationen zum Thema die Fragen, anhand welcher Symptome Handlungsbedarf erkannt werden kann und auf welche Weise die Führungskraft sich der Klärung der Konflikte nähert. Außerdem wurden Gesprächssituationen im Zusammenhang mit Konfliktklärungen erarbeitet und teilweise praktisch geübt.

Die Umsetzung der erarbeiteten Konfliktklärungskompetenz wird durch ein Coaching-Angebot unterstützt. Mit internen, in schwierigeren Fällen auch mit externen Coaches können die Führungskräfte ihre Erfahrungen reflektieren und erhalten Unterstützung für konkrete Konfliktsituationen.

Ein Refresher-Workshop nach ein- bis eineinhalb Jahren hält die Thematik durch Arbeit an konkreten Beispielen im Fokus. Als – gewollter – positiver Nebeneffekt zeigt sich eine zunehmende Offenheit für gegenseitige kollegiale Unterstützung.

22.7 Prävention mittels Frühwarnsystemen und »Klima-Analyse«

Die Ergebnisse des Mobbing-Reports Deutschland (Meschkutat et al. 2002) zeigen einen deutlichen Zusammenhang zwischen betrieblichen Faktoren und dem Auftreten von Mobbing (s. Abb. 22.3).

Dieses Ergebnis und der einleitend beschriebene Zusammenhang von psychosozialem Stress bzw. sozialen Ressourcen und mangelnder Arbeitszufriedenheit und Motivation zeigen, dass präventives Handeln notwendig und sinnvoll ist. Inzwischen ist eine Reihe von Instrumenten verfügbar, mit denen die Arbeitsbeziehungen (die Zusammenarbeit von Beschäftigten untereinander und mit ihren Vorgesetzten) und das Betriebsklima sachgerecht analysiert werden können (z. B. Mitarbeiterbefragungen oder Klima- bzw. Gesundheitszirkel). Auch in Projekten zur Betrieblichen Gesundheitsförderung, wie sie u. a. die AOK durchführt, wird dies zunehmend thematisiert (Orthmann et al. 2009).

22.7.1 Rechtzeitige Intervention durch betriebliche Frühwarnsysteme

Früherkennung und die professionelle Intervention sind Voraussetzung dafür, dass konstruktive Konfliktlösungen gefunden und Eskalationen verhindert werden. Die Erfahrungen vieler Unternehmen zeigen, dass hierzu neben entsprechender Qualifizierung der Führungskräfte besonders geschulte innerbetriebliche Ansprechpartner hilfreich sind. Sie sensibilisieren für den Umgang mit Konflikten, sind Ansprechpartner für Mitarbeiter/innen und Führungskräfte und sorgen dafür, dass Konflikte zielgerichtet bearbeitet werden. So lässt sich verhindern, dass Konflikte sich verschärfen und sich zu Mobbing entwickeln.

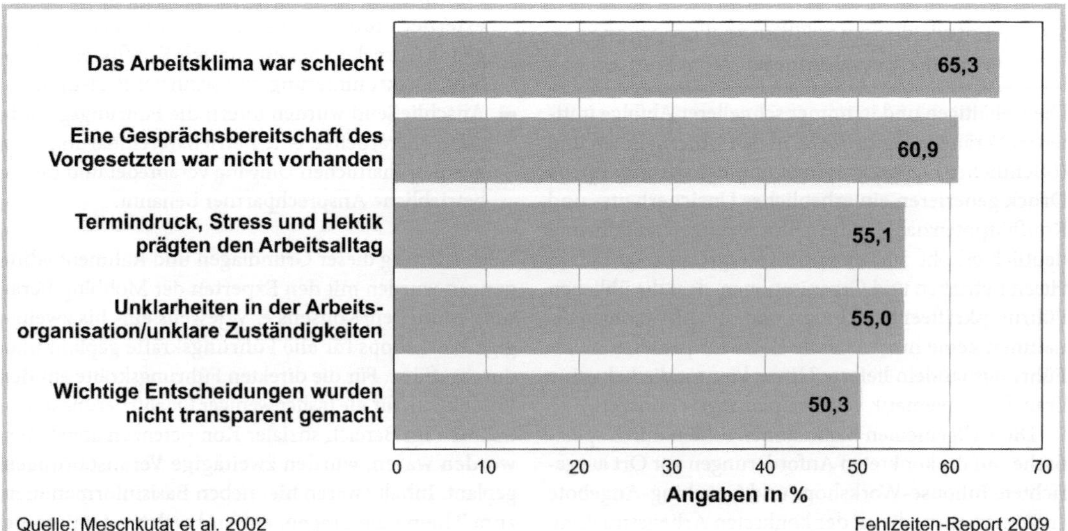

Abb. 22.3. Betriebliche Situation zum Zeitpunkt des Mobbings

2

Innerbetriebliche Beauftragte, Konfliktlotsen, »Paten«

Als Ansprechpartner für Betroffene und Führungskräfte sollten im Hinblick auf Mobbing und Konfliktbewältigung qualifizierte Kräfte benannt werden. Dies können – falls vorhanden –entsprechend geschulte Mitarbeiter des betriebsärztlichen Dienstes oder die betriebliche Sozialberatung u. a. sein. Auch Ansprechpartner bei der Arbeitnehmervertretung und/oder Personalabteilung sind denkbar. Voraussetzung sind in jedem Fall deren Unabhängigkeit und Akzeptanz im Betrieb. Insbesondere für kleine und mittlere Betriebe kann eine Kooperation mit externen Einrichtungen wie Beratungsstellen von Interesse sein, da diese die notwendige Fachkompetenz und Unabhängigkeit aufweisen und sich gleichzeitig die Kosten in kalkulierbarem Rahmen halten.

Vereinbarungen zur Konfliktregulation treffen

Die umfassendste Form der Konfliktregulation ist eine konkrete Vereinbarung, z. B. in Form einer Betriebs- oder Dienstvereinbarung. Sie kann neben Mobbing auch andere zwischenmenschliche Konfliktfelder wie sexuelle Belästigung, Diskriminierung u. a. einbeziehen.

Die wichtigsten Elemente sind:

- ethische Grundsätze und Verhaltensregeln
- innerbetriebliche »Clearingstelle« oder kompetente Ansprechpartner für die Beschwerden von Betroffenen bzw. die Beratung von Führungskräften
- Qualifizierungsmaßnahmen für betriebliche Funktionsträger und Führungskräfte
- Konkretisieren des Beschwerderechts für Betroffene
- Festlegen eines konkreten und abgestuften Vorgehens in Konfliktfällen
- Androhen konkreter Sanktionen bei nachweisbarem Fehlverhalten
- Maßnahmen zur Analyse und Veränderung konfliktfördernder betrieblicher Strukturen

Mit solchen Regelungen wurden in den letzten Jahren sowohl in der Privatwirtschaft wie auch im kommunalen Bereich umfangreiche positive Erfahrungen gesammelt (z. B. Volkswagen AG oder auch Landeshauptstadt München).

22.7.2 Gestaltung konstruktiver Arbeitsbeziehungen mittels »Klima-Analyse«

Die »Klima-Werkstatt« baut auf den Erfahrungen von Qualitäts- und Gesundheitszirkeln auf. Sie bezieht die Beschäftigten aktiv ein und ermöglicht vertiefende Analysen, stärkt die Veränderungsmotivation und generiert konkrete Vorschläge für verbesserte Arbeitsbeziehungen. Dabei können Erkenntnisse zu konfliktreduzierender Arbeitsgestaltung berücksichtigt werden.

In der »Klima-Werkstatt« arbeiten ausgewählte Mitarbeiter und/oder Vorgesetzte in drei bis vier jeweils circa zweistündigen Workshops unter Leitung eines unabhängigen und fachkundigen Moderators. Sie nehmen die Zusammenarbeit, deren Ressourcen und Belastungen unter die Lupe und entwickeln Veränderungsvorschläge. Anschließend tauschen Mitarbeiter und Führungskräfte ihre Sichtweisen aus und vergleichen sie. Auf dieser Basis werden Veränderungsvorschläge entwickelt und auf ihre Machbarkeit hin geprüft (Kosten, Termine, Ressourcen). Die Ergebnisse werden mit den Verantwortlichen beraten und bei Bedarf weiter ausgearbeitet und umgesetzt.

Die »Klima-Werkstatt« hat primär zum Ziel, konstruktive Arbeitsbeziehungen weiterzuentwickeln und zu vertiefen. Sie kann auch eingesetzt werden, wenn keine bearbeitungsbedürftigen Konflikte vorliegen. Angesichts anstehender struktureller oder personeller Veränderungen kann beispielsweise thematisiert werden, wie nach Zusammenlegung zweier bislang konkurrierender Teams die bisherige gute Zusammenarbeit aufrechterhalten werden kann. Das Tool eignet sich auch dafür, vage oder allgemeine Probleme wie überdurchschnittlicher Krankenstand, hohe Fluktuation oder geäußerte Unzufriedenheit einer genaueren Analyse zu unterziehen.

Ein zentraler Vorteil liegt darin, dass die Mitarbeiter und Vorgesetzten ihre eigenen Erfahrungen und Erkenntnisse vor Ort einbringen. Die Veränderungsvorschläge sind arbeitsplatznah und praktikabel, die Kommunikation im Arbeitsbereich wird gefördert, Motivation und Betriebsklima werden verbessert und die Leistungsbereitschaft wird gestärkt.

22.8 Fazit

Nicht die Konflikte sind das Problem, sondern eine »Konfliktkultur«, die Spannungen negativ besetzt und zu ignorieren versucht. Notwendig ist eine lösungsorientierte Konfliktkultur, die es ermöglicht, Konflikte als unvermeidbaren Bestandteil des Arbeitslebens zu akzeptieren und für die Weiterentwicklung von Zusammenarbeit produktiv zu nutzen. Ein entspannter und konstruktiver Umgang mit Konflikten über alle Hierarchieebenen hinweg senkt den Aufwand zur Konfliktbearbeitung, während gleichzeitig Arbeitszufriedenheit und Motivation gefördert werden. Es entsteht eine Win-Win-Situation für Mitarbeiter, Führungskräfte und das Unternehmen.

Literatur

Badura B et al. (2008) Sozialkapital – Grundlagen von Gesundheit und Unternehmenserfolg. Springer, Berlin Heidelberg New York Tokio

Blikhan D (2000) Das Persönlichkeitspanorama. Jungfermann, Paderborn

Büttner C, Quindel R (2005) Gesprächsführung und Beratung. Springer, Berlin Heidelberg New York Tokio

Esser A, Wolmerath M (2005) Mobbing – Der Ratgeber für Betroffene und ihre Interessenvertretung. 6. Aufl. Bund, Frankfurt am Main

Faltermeier T (2005) Gesundheitspsychologie. Kohlhammer, Stuttgart

Gunkel L (2002) Mobbingbewältigung und Teamentwicklung – Chance für ein Gesundheitsmanagement. Arbeit & Ökologie-Briefe 7:26–28

Leymann H (1993) Mobbing. Rowohlt, Reinbek bei Hamburg

Meschkutat B et al (2002) Der Mobbing-Report – Repräsentativstudie in Deutschland. Bundesanstalt für Arbeitsschutz und Arbeitsmedizin. Wirtschaftsverlag NW, Bremerhaven

Mücke K (2001) Probleme sind Lösungen – Systemische Beratung und Psychotherapie. ÖkoSysteme Verlag, Potsdam

von Rosenstiel L (2007) Grundlagen der Organisationspsychologie. Schäffer Poeschel, Stuttgart

Stricker E (2009) Der Nutzen einer Mobbing-Beratung aus Sicht der Betroffenen. Qualitative Studie im Rahmen der Masterarbeit an der Fernuniversität Hagen (unveröffentlicht)

Szpilok M (2008) Konfliktbearbeitung zwischen Team und Träger (unveröffentlicht)

Szpilok M, Gunkel L (2004) Mobbing bewältigen – Arbeitsbeziehungen erfolgreich gestalten. AOK Bayern und Mobbing Beratung München (Hrsg) Gefördert vom Bayerischen Staatsministerium für Arbeit und Sozialordnung, Familie und Frauen. CW Haarfeld Verlag, Essen

Zapf D (1999) Mobbing in Organisationen. Überblick zum Stand der Forschung. Zeitschrift für Arbeits- und Organisationspsychologie 43:1–25

Zapf D (2007) Mobbing – Überblick zum aktuellen Stand der Forschung. Vortragsmanuskript, ifb-Fachtagung, Nürnberg

Zapf D, Semmer NK (2004) Stress und Gesundheit in Organisationen. In: Schuler H (Hrsg) Enzyklopädie der Psychologie. Themenbereich D, Serie III, Band 3 Organisationspsychologie, 2. Aufl. Hogrefe, Göttingen, S 1007–1112

Zuschlag B (1994) Mobbing – Schikane am Arbeitsplatz. Verlag für Angewandte Psychologie, Göttingen

Kapitel 23

Psychische Belastungen reduzieren – Die Rolle der Führungskräfte

A. Orthmann · L. Gunkel · K. Schwab · E. Grofmeyer

Zusammenfassung. *Die Ergebnisse aus Gesundheitszirkeln und Mitarbeiterbefragungen zeigen die wichtige Rolle der Führungskräfte bei der Reduzierung psychischer Belastungen. Der Bereich Gesundheitsförderung der AOK Bayern hat im Rahmen eines eigenen Handlungsfeldes »gesundheitsgerechte Mitarbeiterführung« ein breites Angebot von Instrumenten zur Diagnose, Intervention und Evaluation entwickelt. So können einerseits belastungsreduzierende und andererseits ressourcenschaffende Ansätze des Führungsverhaltens erarbeitet werden.*
Einleitend werden mögliche Instrumente beschrieben. Ausgehend von der betrieblichen Beratungspraxis werden von den Vorgesetzten beeinflussbare Stressoren, die Folgen für die Beschäftigten sowie Perspektiven in Richtung einer gesundheitsförderlichen Führungskultur aufgezeigt. In den Praxisberichten wird darauf eingegangen, wie sich psychische Belastungen u. a. auf Motivation, Betriebsklima und Produktivität auswirken können und welche Vorschläge zur Lösung geführt haben. Dargestellt wird dies anhand von sechs Aspekten gesundheitsgerechter Führung wie Rollenklarheit, Gestaltung von Arbeitsbedingungen, Gestaltung sozialer Beziehungen und organisationaler Einbindung, Führung durch gelungene Kommunikation, Führung und Qualifizierung sowie Führungskräfte als Gesundheitscoach für Mitarbeiter.

23.1 Einleitung

Die Zunahme psychischer Belastungen in der Arbeitswelt zeigt sich auch in den Projekten der Betrieblichen Gesundheitsförderung der AOK Bayern. In doppelter Weise kommt dabei den Führungskräften ein hoher Stellenwert zu: Zum einen zeigen unsere betrieblichen Analysen die Bedeutung »führungsbedingter« Stressoren. Zum anderen spielt das Vorgesetztenverhalten eine wichtige Rolle bei der Bewältigung psychischer Belastungen. Die Bedeutung des Führungsverhaltens und dessen Zusammenhang mit psychischen Belastungen und deren Auswirkungen auf Motivation, Betriebsklima und Produktivität ist inzwischen vielfach untersucht und belegt (von Rosenstiel 2007).

Der Anteil der Krankheitstage aufgrund von psychischen Erkrankungen ist in den letzten Jahren weiterhin gestiegen. Trotz eines auf ein niedriges Niveau gesunkenen Krankenstandes (krankenversicherte Erwerbstätige fehlten im Schnitt ca. 17 Tage pro Jahr[1]) verläuft die Entwicklung bei den Diagnosen der so genannten psychischen und Verhaltensstörungen gegenläufig: Seit 1997 sind die Arbeitsunfähigkeitsfälle dieser Diagnosegruppe um 83,3% und die Arbeitsunfähigkeitstage

1 Arbeitsunfähigkeitsdaten der AOK-Mitglieder im Jahr 2008, Wochenenden und Feiertage eingeschlossen (siehe Macco und Schmidt in diesem Band).

um 72,6% gestiegen[2]. Psychische Erkrankungen stellen mittlerweile die vierthäufigste Ursache für Fehlzeiten in deutschen Unternehmen dar (siehe Macco und Schmidt in diesem Band).

Einer Befragung des AOK-Bundesverbandes[3] zufolge sind die Motive zum Einstieg in die betriebliche Gesundheitsförderung von Beginn an vor allem innerbetriebliche Kommunikation und Kooperation (75%), Betriebsklima und Mitarbeiterzufriedenheit (83%) sowie Führungsstil (62%) (AOK-Bundesverband 2007). Die AOK Bayern hat bei ihrem Beratungsansatz mit der Entwicklung des Handlungsfeldes *Gesundheitsgerechte Mitarbeiterführung*[4] auf diesen zunehmenden betrieblichen Bedarf reagiert.

23.2 Führungsverhalten – die Balance zwischen Belastungen und Ressourcen finden

Dass Führung nicht ausschließlich den Blick auf das Management personaler Ressourcen richten kann, steht außer Frage. Führungshandeln beinhaltet einem Modell nach Fleishman et al. (1991) zufolge 13 wesentliche Handlungsaufgaben, die Aspekte der Informationssuche, der Informationsstrukturierung und Informationsnutzung, z. B. bei der Problemlösung, und das Management materieller sowie personaler Ressourcen (u. a. Personalentwicklung, Motivation, Überwachung und Berichterstellung) betreffen (Wegge und von Rosenstiel 2007). Für die *gesundheitsgerechte Mitarbeiterführung* sind diejenigen Elemente der Personalführung von Bedeutung, die sich auf Arbeitszufriedenheit, Motivation, Betriebsklima, Kommunikation und Gesundheit (insbesondere Motive des Gesundheitsverhaltens sowie gesundheitliche Beschwerden der Mitarbeiter) auswirken können. Hier gilt es Führungskräfte für die Zusammenhänge zu sensibilisieren, die in der empirischen Forschung zwischen Arbeitszufriedenheit und z. B. Fehlzeiten- und Fluktuationsrate und der Neigung zu Unfällen erhoben wurden (Oppolzer 1999, von Rosenstiel 2007). Einen Schwerpunkt bildet dabei die Gestaltung der Kommunikation und des sozialen Klimas (soziales Miteinander, soziale Unterstützung und Gestaltung des Betriebsklimas) im Unternehmen.

Neben einer detaillierten Erfassung arbeitsbedingter Belastungen und Beanspruchungen spielt der Blick auf *Gesundheitsressourcen* (Faltermeier 2005), deren Mobilisierung und Stärkung und psychosoziale Bedingungen von Gesundheit eine zunehmend wichtige Rolle in unserer betrieblichen Beratungspraxis (s. Abb. 23.1). Führungskräfte haben im Prozess der Bewältigung von Arbeitsanforderungen und der Potenzialentfaltung von Ressourcen diverse Möglichkeiten der Einflussnahme. Ein Vorgesetzter, der seine Mitarbeiter an Schulungsmaßnahmen (z. B. im Arbeitsschutz) teilnehmen lässt, sie aktiv dazu auffordert Verbesserungsideen zu entwickeln und diese anschließend in der gemeinsamen Arbeit umsetzt, nimmt positiven Einfluss auf die Belastungsreduzierung. Durch diese Form der Gestaltung gesundheitsförderlicher Arbeitsbedingungen unterstützt die Führungskraft die Bildung eines hohen Kohärenzgefühls und pflegt eine partizipative und mitarbeiterorientierte Kommunikation.

Das Ziel der gesundheitsgerechten Mitarbeiterführung – als ein Modul der Betrieblichen Gesundheitsförderung – sehen wir im Sinne des von Ilmarinen und Tempel (2002) entworfenen »Hauses der Arbeitsfähigkeit« darin, das Fundament (hier die Erfassung und Reduzierung arbeitsbedingter Belastungen) zu festigen und Wohlbefinden und Sinnhaftigkeit zu entwickeln sowie darüber hinaus salutogene Aspekte der Arbeit auszubauen.

23.3 Instrumente der gesundheitsgerechten Mitarbeiterführung

Im Rahmen der Projektarbeit des AOK-Service Gesunde Unternehmen stellen wir einen zunehmenden Beratungsbedarf der Unternehmen zu Fragestellungen rund um das Thema Führungsverhalten fest.

Konkretisieren lässt sich dies in betrieblichen Projekten u. a. durch Ergebnisse aus Mitarbeiterbefragungen, bei denen Merkmalsbereiche wie z. B. Arbeitszufriedenheit, innerbetriebliche Kommunikation, psychische Belastungen und Betriebsklima schlechter als im Durchschnitt der Vergleichsebene[5] ausfallen. Die Belastungs- und Ressourcenanalysen aus der Arbeit von

2 Indexdarstellung der Arbeitsunfähigkeitsfälle und -tage der AOK-Mitglieder in den Jahren 1998–2008 (siehe Macco und Schmidt in diesem Band).

3 Folgestudie des AOK-Bundesverbandes (2007) zum wirtschaftlichen Nutzen bei 212 Partnerunternehmen, bei denen Projekte zur Betrieblichen Gesundheitsförderung durchgeführt wurden.

4 Zur gesundheitsgerechten Mitarbeiterführung zählen aus unserer Sicht diejenigen Faktoren, auf die Führungsverhalten Einfluss nehmen kann und die im weiten Sinn Bedeutung für Gesundheit haben.

5 In Befragungen der AOK Bayern dienen in der Regel branchenspezifische Vergleiche aus Ergebnissen zahlreicher Mitarbeiterbefragungen des WIdO als Vergleichsebene.

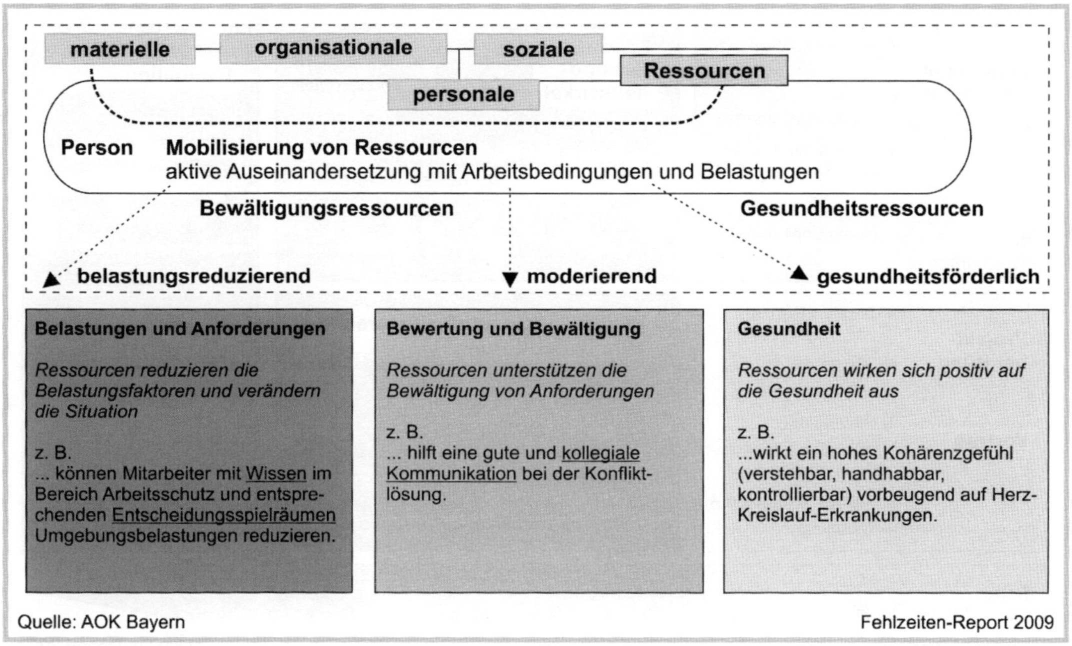

Abb. 23.1. Ressourcenorientierung in der gesundheitsgerechten Mitarbeiterführung

Gesundheitszirkeln (s. Abschn. 23.3.3) und Workshops zur gesundheitsgerechten Mitarbeiterführung (s. Abschn. 23.3.4) liefern ebenfalls häufig Hinweise darauf, dass ein Beratungsansatz mit dem Fokus *gesundheitsgerechtes* Handeln von Führungskräften naheliegend wäre.

Führungskräfte agieren natürlich nicht im innerbetrieblichen Vakuum, sodass organisationale Rahmenbedingungen wie Führungsstrukturen, Führungsinstrumente und branchen- sowie betriebsspezifische Führungskulturen entsprechend Berücksichtigung finden und erfragt werden. Mitunter wird beim Erstkontakt mit den betrieblichen Entscheidern das Führungsthema gleich angesprochen, etwa wenn der Personalleiter eines mittelständischen Unternehmens im produzierenden Gewerbe die aus seiner Sicht fehlende Motivation, mangelnde Beteiligung und unzureichende Kommunikation auf Seiten der Belegschaft, anspricht und dabei in Richtung Meister und Schichtführer weist.

Die in Abbildung 23.2 skizzierten Instrumente werden im Folgenden inhaltlich und methodisch beschrieben und die Bedeutung der Rolle der Führungskräfte herausgestellt.

23.3.1 Projektberatung bindet Führungskräfte ein

Die Projektberatungen und die Entscheidung für ein Gesundheitsförderungsprojekt finden in der Regel auf der oberen Leitungsebene des Unternehmens statt. Sie werden sowohl in zu installierenden Strukturen wie dem Arbeitskreis Gesundheit[6] (Wildeboer 2008) als auch in Form von Einzelgesprächen mit den Projektbeteiligten fortgeführt.

In den Beratungsprozess werden Führungskräfte unterschiedlicher Hierarchieebenen von Beginn an einbezogen. Damit beginnt die Sensibilisierung im Sinne einer gesundheitsgerechten Mitarbeiterführung bereits in dieser frühen Phase und führt mitunter zu ersten Interventionen. Beispielsweise werden Mitarbeiter vor dem Hintergrund eines geplanten Gesundheitszirkels aktiver und umfassender informiert als vor dem Projekt und dadurch zur Beteiligung angeregt. Die frühzeitige Information und Einbindung der Vorgesetzten ist für den Projekterfolg von großer Bedeutung, da diese eine wesentliche Funktion im Umsetzungsprozess übernehmen.

6 Arbeitskreis Gesundheit als Gremium aus betrieblichen Entscheidern, z. B. Geschäftsführer, Personalleiter, Betriebs- oder Personalrat und Experten, u. a. Fachkraft für Arbeitssicherheit, Betriebsarzt sowie Führungskräfte.

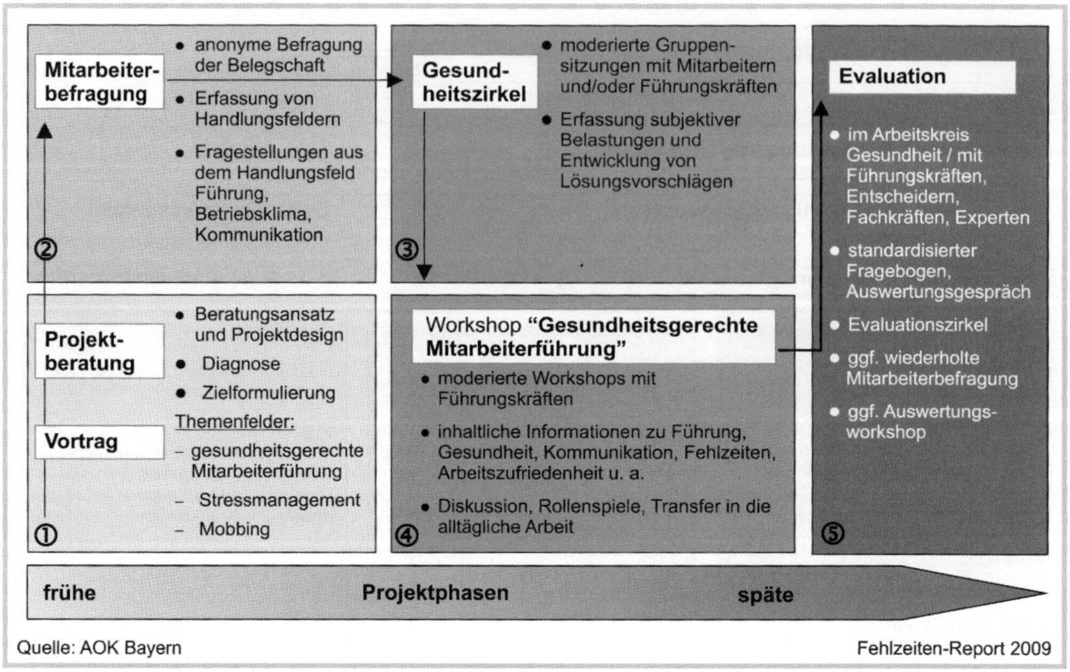

Abb. 23.2. Ausgewählte Instrumente der gesundheitsgerechten Mitarbeiterführung (dargestellt nach Projektphasen)

23.3.2 Mitarbeiterbefragungen signalisieren Handlungsbedarfe

Eine gesamtbetriebliche Diagnose zu arbeitsbedingten Belastungen, Ressourcen, Führung und Gesundheit wird in Form einer Mitarbeiterbefragung angeboten. Hierzu stehen den Betrieben langjährig bewährte Instrumente aus dem AOK-Service Gesunde Unternehmen zur Verfügung, die speziell auf das Handlungsfeld Führung, Stress und Ressourcen (Udris und Riemann 1999) abgestimmte Fragen bereitstellen. Mittelständische Unternehmen haben zu Projektbeginn zumeist kaum Erfahrungen mit eigenen Mitarbeiterbefragungen gewinnen können und erfassen komplexe Fragestellungen zu Führungsverhalten, psychischen Belastungen, Betriebsklima und gesundheitlichen Beschwerden bei den Mitarbeitern oft zum ersten Mal. Führungskräfte tragen in der sensiblen Phase der Präsentation und Kommunikation der Ergebnisse aus einer Mitarbeiterbefragung im großen Maße dazu bei, dass die Interpretation und Bewertung fair und lösungsorientiert verlaufen. Vom Betriebsdurchschnitt ggf. negativ abweichende Ergebnisse signalisieren einen Handlungsbedarf bei den betreffenden Abteilungsbereichen und sollten dazu führen, dass über Maßnahmen im Bereich der Arbeits-, Organisations- und Personalplanung nachgedacht wird. Die Ergebnisse aus Mitarbeiterbefragungen[7] in mehr als 150 Betrieben weisen insbesondere auf die Belastungen hin, die sich aus qualitativen Arbeitsanforderungen ergeben (s. Abb. 23.3 und Tabelle 23.1) (Vetter und Redmann 2005). Werden die Ergebnisse aus Mitarbeiterbefragungen im Führungskreis und im Arbeitskreis Gesundheit reflektiert, wird häufig deutlich, dass weitere Informationen und eine tiefergehende Diagnose notwendig sind, die die konkreten Situationen am Arbeitsplatz sowie die beteiligten Personen berücksichtigen (s. Abb. 23.4). Diese Informationen können z. B. mit Hilfe von Instrumenten wie Gesundheitszirkel und Workshops für Führungskräfte gewonnen werden.

7 Mitarbeiterbefragungen im Rahmen des AOK Service Gesunde Unternehmen der Jahre 1999–2003 (32.000 Arbeitnehmer in 160 Unternehmen).

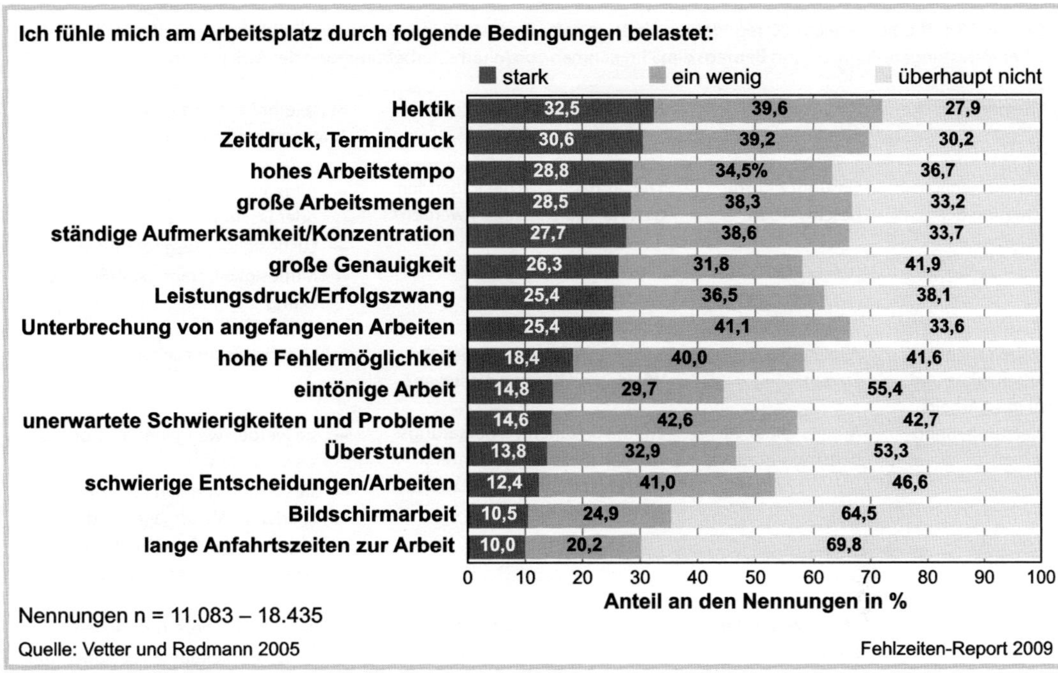

Abb. 23.3. Ergebnisse psychischer Belastungen und Stressfaktoren aus 150 Mitarbeiterbefragungen

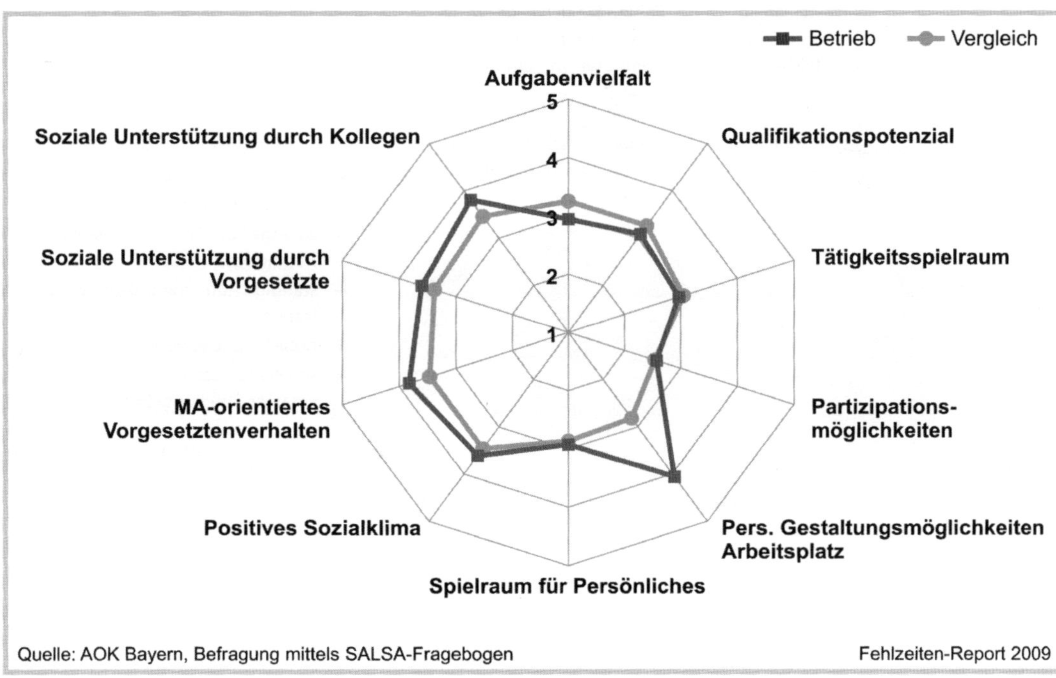

Abb. 23.4. Beispielhafte Ergebnisse einer Mitarbeiterbefragung (öffentlicher Dienst) zu organisationalen und sozialen Ressourcen

Tabelle 23.1. Themenbereiche, Kategorien und beispielhafte Fragestellungen zur gesundheitlichen Situation, zu psychischen Belastungen, Führung und Betriebsklima Im Rahmen von Mitarbeiterbefragungen der AOK Bayern

Themenbereiche	Kategorie	Beispielhafte Fragestellung	Beispielhafte Items bzw. Antwortkategorien
Gesundheitliche Situation der Mitarbeiter	Gesundheitliche Beschwerden	Wie oft haben Sie die folgenden gesundheitlichen Beschwerden?	– Allgemeine Müdigkeit, Mattigkeit oder Erschöpfung – Lustlosigkeit, ausgebrannt sein – Mutlosigkeit/Traurigkeit/Bedrückung
Fragen zu Ihrem Arbeitsplatz und zu Ihrer Arbeitsplatzumgebung	Allgemeine Fragen	Können Sie bei Ihrer Arbeit Ihr Wissen und Können einsetzen?	sehr häufig bis sehr selten
	Arbeitsablauf, Arbeitsorganisation	Wenn von Ihnen Verbesserungsvorschläge erwartet werden, wie reagiert Ihr Vorgesetzter/Ihr Betrieb darauf?	– sie werden weitgehend ignoriert/sie verpuffen – sie werden von den Vorgesetzten anerkannt/Vorschläge werden weitergeleitet und ernsthaft überprüft – sie werden von Kollegen anerkannt
	Arbeitszeitgestaltung	Welche Wünsche haben Sie zur Gestaltung Ihrer Arbeitszeit?	– keine Wünsche, bin zufrieden – größere Spielräume zur Abgeltung – weniger Überstunden – mehr Möglichkeiten für Teilzeitarbeit
	Arbeitsplatzausstattung, Ergonomie, Bildschirmarbeitsplätze	Fühlen Sie sich in der Nutzung/Anwendung der eingesetzten Computerprogramme (Software) sicher?	ja – teilweise – nein
Arbeitsbelastungen	Psychische Belastungen	Fühlen Sie sich durch folgende Faktoren an Ihrem Arbeitsplatz belastet?	– Termin- oder Leistungsdruck – hohes Arbeitstempo – zu große Arbeitsmengen – zu enge Vorschriften, zu wenig Handlungsspielräume – ständige Aufmerksamkeit/Konzentration – hohe Verantwortung – schlechte Zusammenarbeit in »meiner Abteilung/Gruppe«

Fortsetzung nächste Seite

Tabelle 23.1. Fortsetzung

Themenbereiche	Kategorie	Beispielhafte Fragestellung	Beispielhafte Items bzw. Antwortkategorien
Verhältnis zu Kollegen, Vorgesetzten, Mitarbeitern	Vorgesetztenverhalten	Erkennt Ihr Vorgesetzter* gute Leistungen lobend an?	ja, meistens – selten – so gut wie nie
		Wie kritisiert Ihr Vorgesetzter*, wenn mal ein Fehler passiert?	immer sachlich und angemessen bis er kritisiert Fehler so gut wie überhaupt nicht
	Betriebsklima	Wie beurteilen Sie das Betriebsklima in Ihrer Abteilung? Wie arbeiten die Kollegen anderer Abteilungen/Gruppen mit Ihnen zusammen?	sehr gut bis sehr schlecht
	Information und Mitsprache	Informiert Ihr Vorgesetzter* Sie über Dinge, die Ihre Arbeit betreffen, rechtzeitig und ausreichend? Beachtet Ihr Vorgesetzter* Ihre Meinung bei wichtigen Entscheidungen?	ja, meistens – selten – so gut wie nie
Wohlbefinden in der Firma	Weiterbildungs- und Aufstiegsmöglichkeiten	Haben Sie die Möglichkeit, in ausreichendem Maße Weiterbildungsangebote zu nutzen?	wenn nein: – das Angebot entspricht nicht meinem Weiterbildungsbedarf/es nutzt mir bei meiner Arbeit nicht viel – andere Kollegen werden bevorzugt – mein Vorgesetzter stellt mich dafür nicht frei
	Arbeitszufriedenheit	Wie zufrieden sind Sie mit folgenden Aspekten Ihrer Arbeit?	– Einkommen – Sozialleistungen/-einrichtungen – Arbeitszeitregelung – Betriebsklima – Art und Inhalt der Tätigkeit – Arbeitsdruck und Arbeitsbelastung – Anerkennung der Leistung

* bezieht sich auf den direkten Vorgesetzten; Quelle: Vetter und Redmann 2005

23.3.3 Gesundheitszirkel ermöglichen vertiefende Diagnose und Lösungsansätze

Gesundheitszirkel sind ein bewährtes Instrument der betrieblichen Gesundheitsförderung und dienen einer zielgerichteten und vertieften Diagnose arbeitsbedingter Gesundheitsprobleme (Resch und Gunkel 2004). Die Gruppenarbeit verfolgt das Ziel einen positiven Veränderungsprozess einzuleiten und eignet sich in besonderer Weise, um die Zusammenarbeit zwischen Mitarbeitern und Vorgesetzten zu verbessern (Gunkel 1999).

Die Diagnose der belastenden Themen eines Abteilungsbereichs wie z. B. betriebsklimatische Störungen und Konflikte, Fragen der Zusammenarbeit, Arbeitsorganisation und Führung und die Erarbeitung der gewünschten Verbesserungen und Veränderungsvorschläge erfolgt meist zunächst aus der Perspektive der Mitarbeiter. Diese Sichtweisen werden anschließend (gelegentlich geschieht dies auch umgekehrt) um die Perspektive der Führungsebenen erweitert. Danach wird an gemeinsamen und umsetzbaren Vorschlägen gearbeitet. Ziel ist dabei in erster Linie, dass Führungskräfte und Mitarbeiter sich gegenseitig verstehen. Adressaten für die Umsetzung von Führungsthemen sind die Vorgesetzten. Sie nehmen einen hohen Erwartungsdruck wahr, gilt es doch Lösungen zu finden und umzusetzen, indem beispielsweise Regeln der Zusammenarbeit vereinbart werden.

An dieser Stelle ist es sinnvoll, zur Unterstützung der Führungsebene Workshops zur gesundheitsgerechten Mitarbeiterführung anzubieten – auch deswegen, weil erfahrungsgemäß kollegiale Beratung in den Reihen der Führungsebene oft nicht praktiziert wird und eine gemeinsam erarbeitete und bewusst gelebte *Führungskultur*[8], wenn überhaupt, in vielen Betrieben noch in den Kinderschuhen steckt. In jüngerer Zeit werden in Gesundheitszirkeln nicht nur Arbeitsbelastungen, sondern auch Fragen zu Ressourcen intensiver thematisiert. Mit Blick auf die andere Seite der Medaille erfahren die Projektbeteiligten die positiven Aspekte der Arbeit, wie Sinnstiftung und gegenseitige Wertschätzung und Unterstützung. Die Freude an der Arbeit und die Zufriedenheit mit der eigenen Tätigkeit korrespondieren hiermit (s. Tabelle 23.2).

8 Führungskultur ist hier zu verstehen als gemeinsame Werte und in der Praxis gelebte Verabredungen zu Führungsverhalten.

23.3.4 Workshops zur gesundheitsgerechten Mitarbeiterführung unterstützen Führungskräfte

Wird im Betrieb ein Workshop für Führungskräfte vereinbart, hat das Projekt in der Regel schon einen längeren Prozess durchlaufen und es liegen bereits Ergebnisse aus der Diagnosephase vor. Diese Vorgehensweise spielt für die Sensibilisierung und Bereitschaft der Führungskräfte, sich mit dem eigenen Führungsverhalten zu beschäftigen, eine nicht unwichtige Rolle und wirkt der Tendenz entgegen, eigene unangenehme Themen zu verdrängen.

Als Basismodule und Themen der Workshops zur gesundheitsgerechten Mitarbeiterführung haben sich die folgenden Schwerpunkte gebildet (Gunkel 2002):

- Der Einfluss der Vorgesetzten auf Gesundheit und Fehlzeiten ihrer Mitarbeiter
  (Überblick über Zusammenhänge von Führung und Gesundheit und Anregungen für gesundheitsförderndes Handeln der Vorgesetzten)
- Kommunikation – gesundheitsfördernd und motivierend
  (Grundlagen der Kommunikation)
- Führung – gesundheitsfördernd und motivierend
  (Rolle der Führungskraft und Führungshandeln im Detail)
- Mitarbeitergespräche und Gesprächsführung
  (Anregungen für verschiedene Formen von Mitarbeitergesprächen)
- Elemente gesundheitsfördernder Personalführung
  (Führungskräfteauswahl und -qualifizierung, Führungsinstrumente)

23.3.5 Evaluation bietet Ansatzpunkte für weitere Projektphasen

Die laufende Evaluation von Prozessen und Ergebnissen in Projekten zur gesundheitsgerechten Mitarbeiterführung ist ein wesentliches und projektsteuerndes Element. Sie wird mit den jeweiligen Entwicklungsschritten abgestimmt und nach den eingesetzten Instrumenten differenziert.

Die wichtigsten Datenquellen für die Evaluation sind die Befragungen von Schlüsselpersonen und Experten im Arbeitskreis Gesundheit der Unternehmen, die mittels Auswertungsgespräch und Fragebogen erfolgen (Winter und Singer 2008). Die Gesundheitszirkelarbeit wird gemeinsam mit den beteiligten Mitarbeitern und Führungskräften ausgewertet. Eine wiederholt durchgeführte Mitarbeiterbefragung sowie jährliche Kran-

Tabelle 23.2. Sammlung wesentlicher psychischer Belastungen und Lösungsansätze aus der Gesundheitszirkelarbeit der AOK Bayern

Stressfaktoren in der Arbeit*	Psychische Belastung aus dem Gesundheitszirkel	Identifizierte Ursachen	Durch die Führungskräfte umgesetzte Lösungen
Die Aufgaben selbst	Schwierige Beratungssituationen mit hohen emotionalen Anforderungen bei Mitarbeitern in der Führerscheinstelle einer Stadt (z. B. bei Führerscheinentzügen, komplizierte Entscheidungen bei der Wiedererteilung des Führerscheins)	– permanente Beratungsbedarfe wartender Kunden – Störungen und Unterbrechungen der Arbeit durch Telefonate (ständige telefonische Erreichbarkeit) – Unruhe durch Konflikte am benachbarten Arbeitsplatz (Umgang mit »schwierigen« Kunden)	– Qualifizierung der Call-Center-Mitarbeiter. Die Verbesserung der Auskünfte am Telefon hilft Konflikte zu vermeiden und Unterlagen besser vorzubereiten – Einführung von Telefonzeiten und einer Telefonkopfstelle. Hierdurch wurden Störungen reduziert – Klare Absprachen zum Umgang mit schwierigen Entscheidungen. Unterstützung und Rückendeckung durch die Vorgesetzten – Einführung einer klaren Pausenregelung – Angebot von Stressbewältigungsseminaren
Die Arbeitsorganisation	Stresserleben und hohes Konfliktpotenzial bei Mitarbeitern eines Betriebs durch Fehlen eines selbstbestimmten Zeit- und Aufgabenmanagements. Die Mitarbeiter empfinden eine starke »Fremdsteuerung«	– Eingang von mehr als 100 E-Mails täglich – permanent klingelndes Firmenhandy – Terminblockierung über Outlook, ohne Rücksprache mit den betroffenen Mitarbeitern	– »10 Goldene Regeln des E-Mail-Verkehrs« eingeführt – Pufferzeiten für die Terminvergabe werden durch die Mitarbeiter im Outlook reserviert – Termine dürfen mit Begründung abgesagt werden
Physische Bedingungen	Stresserleben bei Mitarbeitern einer Gärtnerei durch Autoverkehr (Lärm und Gestank), durch Hitze und Unfallgefahr beim Arbeiten auf Verkehrsinseln und Mittelstreifen	– Straßenbegleitgrün auf sehr kleinen Verkehrsinseln – Rosen mit z. T. hohem Pflegebedarf erfordern das wiederholte Arbeiten auf den Verkehrsinseln	– Verbesserte Absicherung durch Verkehrslenkmittel. Die Ausstattung mit Schildern zur Absperrung wurde optimiert – Rückendeckung durch Vorgesetze (z. B. gegen Bürgerbeschwerden) – Bei der Arbeitseinteilung wird auf Arbeitsplatzwechsel stärker geachtet
Soziale Bedingungen	Konflikte zwischen Kassiererinnen, der Kassenaufsicht und den Vorgesetzten in einem Einzelhandelsgeschäft. Mitarbeiterinnen fühlen sich nicht ernst genommen/ schlechtes Betriebsklima	– Unzufriedenheit der Kassiererinnen mit der Führung. Fehlende Rückendeckung und Unterstützung durch Vorgesetzte – Die Kassenaufsicht und die Kollegen im Markt waren unzureichend erreichbar	– Sensibilisierung und Schulung der Führungskräfte zu Führungsthemen – Kultivierung regelmäßiger monatlicher Treffen, sog. »Kaffeeklatsch« mit Mitarbeitern, Führungskräften und Marktleitung
Organisationale Rahmenbedingungen	Unsicherheit der Führungskräfte bei der Durchführung von Beurteilungsgesprächen und von Gesprächen nach krankheitsbedingten Fehlzeiten in einem Betrieb des produzierenden Gewerbes	– Die Führungskräfte wurden bisher zu Themen wie Gesprächsführung nicht geschult – Es fehlte ein »Leitfaden« zur Durchführung von Mitarbeitergesprächen	– Entwicklung eines »Leitfadens« im Rahmen eines Workshops – Unterstützung und regelmäßiges Feedback durch die Personalleitung, den Betriebsrat und den Produktionsleiter

* Kategorien in Anlehnung an Semmer und Udris 2007

kenstandsanalysen liefern Ergebnisse, die Rückschlüsse auf den Veränderungsprozess und dessen Bewertung zulassen.

Ein periodisches Feedback und eine projektabschließende Bewertung der Ergebnisse sind ebenso notwendig wie ein eingangs gut geplanter diagnostischer Prozess. Die Auswertung der Evaluationsergebnisse führt das Projekt gegebenenfalls in eine weitere und vertiefte Projektphase.

Der Nutzen der Betrieblichen Gesundheitsförderung liegt für die Betriebe in erster Linie in einer Verbesserung des Arbeitsschutzes, der Senkung von Fehlzeiten und der Steigerung der Produktivität (AOK-Bundesverband 2007). Partnerbetriebe der AOK Bayern sehen beispielsweise einen »hohen bis sehr hohen« Nutzen bei der Verbesserung der Kommunikation (71,7%), der Verbesserung von Mitwirkungsmöglichkeiten der Mitarbeiter (62,4%), der Verbesserung von Betriebsklima und Arbeitszufriedenheit (57,8%)[9].

23.4 Praxisberichte aus Projekten zur gesundheitsgerechten Mitarbeiterführung

Die Praxisberichte stellen beispielhaft Beratungsansätze und Ergebnisse aus Projekten der AOK Bayern vor, die in Betrieben unterschiedlicher Branchen mit dem Schwerpunkt gesundheitsgerechte Mitarbeiterführung durchgeführt bzw. erzielt wurden. Die ausgewählten Projektbeispiele weisen im Sinne der gesundheitsgerechten Führung auf den Unterstützungsbedarf von Führungskräften hin.

23.4.1 Rollenklarheit schafft Führungs-Kraft

Bei vielen Fragestellungen im Zusammenhang mit Mitarbeiterführung zeigt sich ein mehr oder weniger deutliches Konfliktpotenzial im Hinblick auf das Thema Rollenklarheit. Die Unklarheit bezüglich der eigenen Rolle und Verantwortlichkeit tritt insbesondere bei Führungskräften der unteren Führungsebene (Schichtleiter, Vorarbeiter etc.) auf – sie befinden sich in einer Sandwich-Position zwischen den Anforderungen der Kollegen und denen der Vorgesetzten und leiden unter oft nicht geklärten Verantwortlichkeiten und Machtverhältnissen. Zu ihren Aufgaben gehören u. a. Arbeit einteilen, kontrollieren, kritisieren, kleinere Konflikte zwischen Kollegen klären, Veränderungen in der Planung kommunizieren und ihren Sinn erläutern. Sie sehen sich aber häufig nicht als Führungskräfte, da sie diese Aufgaben nicht im Sinne von Führung wahrnehmen und sich der Tragweite ihres Handelns oft nicht bewusst sind. Dieses Rollenverständnis wird dadurch verstärkt, dass sie formell keine Vorgesetztenfunktion haben. Faktisch übernehmen sie aber viele Führungsfunktionen im Arbeitsalltag, wodurch ihr Handeln nachhaltig Stress verstärkenden oder reduzierenden Einfluss nehmen kann.

In den Basisworkshops zur gesundheitsgerechten Mitarbeiterführung wird dies an praktischen Alltagsproblemen konkret herausgearbeitet. Die Sensibilisierung für die eigene Führungsverantwortung führt dazu, dass die Betroffenen ihre eigene Funktion und Rolle realistischer einschätzen und so mehr Selbstvertrauen im Führungshandeln gewinnen.

Die Gesundheitszirkelprozesse in einem Betrieb der Branche »Gewinnung von Steinen und Erden« förderten Unklarheiten bezüglich der eigenen Rollen- und Entscheidungskompetenzen bei Mitarbeitern in der Verladung zu Tage. Die Mitarbeiter formulierten eine große Unsicherheit bei der Ladungssicherung (ca. 30% der Ladung galt als »unsicher«) und als Folge davon eine hohe psychische Belastung bei dieser Tätigkeit. Die Verantwortung lag stets beim Schichtführer bzw. beim zuständigen Meister, der jedoch nicht in allen Schichten vor Ort sein konnte. Die Meister beklagten ihrerseits ihre hohe Verantwortung für die Verladevorgänge, die ihre Mitarbeiter durchführen. Als Ursachen für die Unsicherheit sahen sie u. a. fehlende Übung und mangelnde Kenntnisse bei einem Teil der Mitarbeiter. In Meisterzirkeln und anschließenden innerbetrieblichen Tagesseminaren zur Verladung wurden Lösungen erarbeitet: Die Arbeitsanweisungen wurden mit eindeutigen Handlungsschritten vertiefend dargestellt und innerbetrieblich allen Mitarbeitern erläutert. Die »richtige« und »falsche« Ladung wurde umfassend beschrieben und die Mitarbeiter wurden zu einer offenen Kommunikations- und Fehlerkultur aufgefordert. Das positive Feedback im Nachgang zu den Schulungen und der derzeit offene Umgang mit auftretenden Problemen zeigen, dass sich die Situation beim Verladen deutlich entspannt hat.

9 Nutzen der Betrieblichen Gesundheitsförderung. Befragung der AOK Bayern von 318 Unternehmen, 2004–2007, mittels standardisierten Fragebogen (Winter und Singer 2008).

23.4.2 Führungskräfte gestalten Arbeitsbedingungen

In den drei Gesundheitszirkeln, die in verschiedenen Abteilungen eines Betriebes der Fahrzeugbranche durchgeführt wurden, stellten sich folgende Probleme heraus: Zeitdruck, mangelnder Informationsfluss und fehlende Anerkennung empfanden die Mitarbeiter als Hauptbelastungen, mit z. T. gravierenden Folgen. Neben Beschädigungen an den Fahrzeugen und Qualitätsmängeln traten immer wieder Fehler auf, die wiederum teure Nachbesserungen und verzögerte Lieferzeiten zur Folge hatten. Die erforderlichen Zusatzarbeiten erhöhten den Zeitdruck weiter – ein sich selbst verstärkender negativer Kreislauf. Zudem waren die Führungskräfte bei Produktionsproblemen als Ansprechpartner oft nicht schnell genug erreichbar. Die in Gesundheitszirkeln und Workshops erarbeiteten Lösungsvorschläge wurden von der Geschäftsführung aufgenommen und in Zusammenarbeit mit den Führungskräften in Richtung einer Lösungsstrategie konkretisiert und auf den Weg gebracht.

Um reale Zeitvorgaben am Montageband zu erhalten, wird seither vor Produktionsbeginn eines neuen Modells ein Testlauf unter Realbedingungen durchgeführt. Dadurch werden alle notwendigen Arbeitsschritte im Akkordsystem erfasst und Stress bei Mitarbeitern und Vorarbeitern gesenkt. Außerdem steigt die Produktivität durch geringere Fehlproduktion. Obwohl dieses Verfahren einen enormen Aufwand bedeutet, konnte es mit Zustimmung aller Beteiligten reibungslos umgesetzt werden, da es nebenbei auch viele Erkenntnisse zur Vorbereitung der Serienfertigung erbringt. So werden Hemmnisse in der Produktion vermieden und die Arbeitszufriedenheit erhöht: Die Mitarbeiter am Band haben jetzt direkten Zugriff auf die Arbeitsunterlagen und Baupläne der Fahrzeuge, wodurch sie fehlende Informationen schnellstmöglich einholen können. Dadurch nehmen sie mehr Anerkennung ihrer Arbeit und ihrer Kompetenzen wahr. Auch für die Führungskräfte ist die Arbeit mit weniger Stress verbunden, seit sich jeder Mitarbeiter direkt die Informationen holen kann, die er braucht. Für trotzdem auftauchende Produktionsprobleme sind klare Zuständigkeiten verteilt und Ansprechpartner benannt worden.

23.4.3 Führungskräfte gestalten soziale Beziehungen und organisationale Einbindung

Mitarbeiterinnen der Abteilung Hauswirtschaft in einem Krankenhaus litten unter einem schlechten Image: Pflegekräfte und Ärzte zeigten wenig Respekt den Mitarbeiterinnen gegenüber und würdigten ihre Arbeit nicht. Zu den Aufgaben in der internen Hauswirtschaft (Küche, Wäscherei, Plätterei/Bügelei) gehören selbstverständlich auch Reinigungstätigkeiten. Ziel des Projektes war, das Ansehen der Hauswirtschafterinnen zu verbessern und den Stellenwert ihrer Tätigkeiten im Hause darzustellen.

Die konkrete Problemdiagnose ergab u. a., dass verschmutzte Lappen einfach auf den Boden geworfen wurden, obwohl entsprechende Behälter zur Entsorgung bereitstanden. Die Verursacher waren der Meinung, die Entsorgung sei Aufgabe der Hauswirtschafterinnen. Im OP landeten Spritzen oft im falschen Abfallbeutel, sodass die Reinigungskräfte einer erhöhten Stich- und Infektionsgefahr ausgesetzt waren. Die Lösung war eine klare Dienstanweisung zur Entsorgung der jeweiligen Materialien und die regelmäßige Überprüfung auf Einhaltung. Der Leiter der Hauswirtschaft nimmt infolge des Beratungsprozesses nun als ständiger Vertreter an der Abteilungsleiterrunde des Krankenhauses teil. Wünsche, Belange und Ärgernisse der Mitarbeiterinnen können dort direkt thematisiert und aufgegriffen werden. Zudem wurde der Stellenwert der Abteilung deutlich herausgestellt: Die Krankenhausleitung hielt schriftlich fest, dass die Reinigung in einem Krankenhaus nicht nur ein innerbetrieblicher Service, sondern ein von Patienten und Angehörigen wahrgenommenes Aushängeschild des Hauses sei. Im weiteren Kommunikationsprozess wurde z. B. in Abteilungsgesprächen auf die herausragende Qualität der Arbeit der Hauswirtschafterinnen hingewiesen. Zudem wird die Bildung sozialer Beziehungen zwischen Mitarbeitern unterschiedlicher Abteilungen intensiver unterstützt; es wird großer Wert auf die Teilnahme an Weihnachtsfeiern, Betriebsausflügen und gemeinsamen Aktivitäten gelegt – mit guter Resonanz. Die Krankenhausleitung geht mit gutem Beispiel voran und beteiligt sich ihrerseits an den Aktivitäten.

23.4.4 Gelungene Kommunikation macht Führung erst möglich

»Wo gehobelt wird, da fallen Späne!« In einem Unternehmen der Holzproduktion wird heimisches Fichten-

und Kiefernholz zu Europaletten verarbeitet. In der Abteilung Versand wurden Überstunden angeordnet, da ein LKW aus Frankreich bereitstand und die Ware noch nicht verladefertig war. Unter Zeitdruck wurde der Auftrag erfüllt. Als am nächsten Tag der französische LKW abgefahren war, die Ware aber noch auf dem Hof stand, kam Unmut auf. Es gab keine Rückmeldung an die Mitarbeiter, dass der Auftraggeber kurzfristig umdisponiert hatte. Das Resultat war Unzufriedenheit und Demotivation unter den Betroffenen.

Mit Hilfe eines Workshops für Führungskräfte wurde der Vorfall beispielhaft dargestellt und das Thema Kommunikation grundsätzlich bearbeitet. Der Führungsriege wurde deutlich, wie wichtig ein zeitnahes Feedback ist. Heute ist ein regelmäßiger Austausch selbstverständlich, die gesamte Kommunikationskultur ist offener. Der Informationsfluss zwischen Abteilungen, Vorgesetzten und Mitarbeitern hat sich u. a. durch tägliche kurze Teambesprechungen verbessert. Unangenehme Dinge, insbesondere der Umgang mit Fehlern, werden jetzt direkt mit den Verantwortlichen besprochen. Das inzwischen gute Betriebsklima hat nicht zuletzt zu einem deutlich geringeren Krankenstand beigetragen.

Das eigene Stresserleben des Vorgesetzten äußert sich in Ungeduld, lautem Ton, Vorwürfen. Emotional unangemessenes Verhalten der Mitarbeiter führt häufig zu Eskalationen und emotional aufgeheizten Wortwechseln ohne Klärung. In den Workshops zur gesundheitsgerechten Mitarbeiterführung wird erarbeitet, wie der jeweilige Vorgesetzte mit diesen Stresssituationen intelligenter umgehen kann. Durch Vermittlung von kommunikationstheoretischem Wissen, z. B. den »vier Aspekten einer Nachricht«[10], kann die Komplexität der Kommunikation an einfachen, praktischen Beispielen erläutert werden. Dies ermöglicht den Vorgesetzten, die emotionalen Äußerungen der Mitarbeiter nicht als Beziehungsbotschaft oder Sachaussage, sondern als Selbstoffenbarung des Mitarbeiters über seinen Ärger, seine Angst oder seine Unzufriedenheit wahrzunehmen und entsprechend darauf zu reagieren. Dies führt zur Deeskalation der Situation.

23.4.5 Führungskräfte durch Qualifizierung unterstützen

In einem Gesundheitszirkel mit Leiterinnen von Kindertagesstätten wurden neben anderem folgende Hauptbelastungen herausgearbeitet: Unsicherheit der Leitung nach Übernahme der Aufgabe (Rollenwechsel), Konflikte im Team, Probleme mit der Organisation der (zu) umfangreichen Verwaltung, Konflikte mit Eltern.

Als eine Ursache der Belastungen, die sich aus der Leitungsrolle ergaben, wurde das Spannungsfeld von Erziehungs- und Leitungsaufgaben identifiziert. Die Ausbildung und die Berufserfahrung der Erzieherinnen fokussieren auf die Erziehungsaufgaben. Für die Anforderungen, die mit der Leitungsaufgabe einhergehen, wurden die Erzieherinnen nur punktuell geschult. Im Wesentlichen wurden die Leitungsaufgaben durch Learning by Doing und Improvisation gestaltet.

Die Leiterinnen im Gesundheitszirkel schlugen systematische Qualifizierungen für diese neuen Anforderungen vor, zudem sollten die Betroffenen die Möglichkeit erhalten, den Rollenwechsel zu reflektieren. Im Arbeitskreis Gesundheit wurde als Lösungsvorschlag eine systematische Führungskräfte-Entwicklung für neue Leiterinnen diskutiert. Diese Anregung traf auf fruchtbaren Boden, da sich sowohl die Verantwortlichen als auch die für die Fortbildung der Erzieherinnen Zuständigen der Problematik bewusst waren. Im Ergebnis wurde eine systematische Qualifizierung und Begleitung neuer Leitungen eingeführt, die aus sechs Seminarmodulen und zwischenzeitlichen Supervisionen besteht. Dies ermöglicht neuen Leiterinnen, über einen Zeitraum von zwei Jahren den Rollenwechsel und die damit einhergehenden Anforderungen zu reflektieren und wesentliche Leitungsqualifikationen zu erwerben. Die zwischenzeitlich berichteten Effekte zeigen eine deutlich höhere Handlungssicherheit der beteiligten neuen Leiterinnen und weniger Konflikte.

23.4.6 Führungskräfte als Gesundheitscoach für Mitarbeiter

Führungskräften kommt im Hinblick auf die Bewältigung psychischer Belastungen eine zentrale Funktion zu. In mehreren Projekten wurde dies unter dem Aspekt »Die Führungskräfte als Gesundheitscoach für die Mitarbeiter« formuliert. Auch wenn die Verantwortung jedes Einzelnen für seine Gesundheit und Leistungsfähigkeit unbestritten ist, kann es nicht zielführend sein, ausschließlich an die Mitarbeiter zu appellieren. Einerseits wird Gesundheit durch die betrieblichen Bedingungen wesentlich mit beeinflusst, andererseits hat eine wenig ausgeprägte Eigenverantwortung der Mitarbeiter für die Erhaltung ihrer Gesundheit auch negative Konsequenzen für das Unternehmen. Von dieser

10 Friedemann Schulz von Thun: Miteinander Reden, Band 1–3.

Einsicht[11] getragen, können Führungskräfte in Bezug auf psychische Belastungen beispielsweise

- zur Reduzierung von Zeitdruck beitragen, indem sie zusammen mit einzelnen Mitarbeitern »Zeitfresser« identifizieren, die Arbeitsorganisation im Hinblick auf Vermeidung von Arbeitsspitzen verändern und Hinweise für zeitsparende Arbeitstechniken geben;
- Ansprechpartner auch für gesundheitliche und private Probleme und Konflikte sein, Beratungsmöglichkeiten oder Selbsthilfegruppen vermitteln und betriebliche Unterstützung bei privaten Zusatzbelastungen ermöglichen, z. B. veränderte Arbeitszeiten bei Kinderbetreuungs- oder Pflegeproblemen;
- bereits bei der Einarbeitung Hinweise auf den angemessenen Umgang mit unvermeidbaren Belastungen geben.

23.5 Fazit und Ausblick

Aus Sicht der betrieblichen Beratungspraxis weisen die Ergebnisse aus Gesundheitszirkeln, Mitarbeiterbefragungen und Gesprächen mit Vorgesetzten auf einen zunehmenden Unterstützungsbedarf bei einer gesundheitsgerechten Führung hin. Der Gedanke gesundheitsförderlicher Arbeitsbedingungen ist schließlich bei den Führungskräften selbst angekommen: Die Wahrnehmung von Anforderungen, die sich für Vorgesetzte durch die Führungsaufgaben und die betrieblichen Rahmenbedingungen für das Führungshandeln ergeben, ist entscheidend für den Umgang mit den eigenen psychischen Belastungen. Es lohnt auch die Zusammenhänge zwischen psychischen Belastungen und Arbeitszufriedenheit bzw. psychischen Belastungen und Gesundheit für die Gruppe der Führungskräfte stärker ins Blickfeld zu nehmen. Das gestiegene Bedürfnis nach persönlichem Wohlbefinden, Sinnhaftigkeit der Arbeit, Belastungsreduzierung, Stressprävention und Gesundheit hat die Entwicklung von Angeboten für diese Zielgruppe vorangetrieben. Die AOK Bayern hat diesbezüglich Workshopmodule mit dem Ansatz »Fit zum Führen« entwickelt. Hier stehen Themen wie das persönliche und betriebliche Stressmanagement, aber auch mentale Fitness, Bewegung und Ernährung auf dem Programm.

11 Gertraud Resch: Der Objektleiter als »Berater für Gesundheit« – Empfehlungen aus Gesundheitszirkeln in der Krankenhausreinigung.

Literatur

AOK-Bundesverband (2007) Das macht sich bezahlt! Betriebliche Gesundheitsförderung – Firmen, Fakten, Erfolge. Broschüre des AOK-Bundesverbandes (Hrsg), Bonn

Faltermeier T (2005) Gesundheitspsychologie. Kohlhammer, Stuttgart

Fleishman EA, Mumford MD, Zaccaro SJ et al (1991) Taxonomic efforts in the description of leader behavior: A synthesis and functional interpretation. Leadership Quarterly 2 (4):245–287

Gunkel L (1999) Wir produzieren Sicherheit und ernten Streß. In: Badura B, Litsch M, Vetter C (Hrsg) Fehlzeiten-Report 1999 – Psychische Belastungen am Arbeitsplatz. Springer, Berlin Heidelberg New York Tokio, S 281–299

Gunkel L (2002) Führungshandeln und Gesundheit im Betrieb. In: Betriebliches und persönliches Gesundheitsmanagement, Deutscher Sparkassen Verlag 2002 (Hrsg), Stuttgart, S 419–422

Ilmarinen J, Tempel J (2002) Arbeitsfähigkeit 2010 – Was können wir tun, damit Sie gesund bleiben? VSA-Verlag, Hamburg

Oppolzer A (1999) Ausgewählte Bestimmungsfaktoren des Krankenstandes in der öffentlichen Verwaltung – zum Einfluss von Arbeitszufriedenheit und Arbeitsbedingungen auf krankheitsbedingte Fehlzeiten. In: Badura B, Litsch M, Vetter C (Hrsg) Fehlzeiten-Report 1999 – Psychische Belastungen am Arbeitsplatz. Springer, Berlin Heidelberg New York Tokio, S 343–362

Resch G, Gunkel L (2004) Der Gesundheitszirkel. Eine Information der AOK. Broschüre wdv-Verlag, Bad Homburg

Rosenstiel L von (2007) Grundlagen der Organisationspsychologie. Schäffer Poeschel, Stuttgart

Semmer N, Udris I (2007) Bedeutung und Wirkung von Arbeit. In: Schuler H (Hrsg) Lehrbuch Organisationspsychologie. Stuttgart, S 157–195

Udris I, Rimann, M (1999) SAA und SALSA: Zwei Fragebögen zur subjektiven Arbeitsanalyse. In: Dunckel H (Hrsg) Handbuch psychologischer Arbeitsanalyseverfahren. MTO Band 14, Zürich, S 397–419

Vetter C, Redmann A (2005) Arbeit und Gesundheit. Ergebnisse aus Mitarbeiterbefragungen in mehr als 150 Betrieben. Wissenschaftliches Institut der AOK, Bonn

Wegge J, von Rosenstiel L (2007) Führung. In: Schuler H (Hrsg) Lehrbuch Organisationspsychologie. Stuttgart, S 475–512

Wildeboer G (2008) Gesundheitsförderung für Frauen in Gesundheitsberufen – Vorgehensweisen und Ergebnisse. In: Badura B, Schröder H, Vetter C (Hrsg) Fehlzeiten-Report 2007 – Arbeit, Geschlecht und Gesundheit. Springer, Berlin Heidelberg New York Tokio, S 229–244

Winter W, Singer C (2008) Erfolgsfaktoren Betrieblicher Gesundheitsförderung – Eine Bilanz aus Sicht bayerischer Unternehmen. In: Badura B, Schröder H, Vetter C (Hrsg) Fehlzeiten-Report 2008 – Betriebliches Gesundheitsmanagement: Kosten und Nutzen. Springer, Berlin Heidelberg New York Tokio, S 163–170

Kapitel 24

Diagnostische Verfahren zu Lebensqualität und subjektivem Wohlbefinden

S. Kohl · B. Strauss

Zusammenfassung. *Die subjektive Perspektive eines Menschen bei der Beurteilung der Qualität von zum Beispiel medizinischen Interventionen hat im Laufe der vergangenen Jahrzehnte sehr an Bedeutung gewonnen. Kriterien wie die wahrgenommene Lebensqualität und das subjektive Wohlbefinden haben Einfluss sowohl auf individuelle Therapieplanungen als auch auf die gesamte Versorgungsplanung einer medizinischen Einrichtung genommen. Aber auch im Arbeitskontext wird der Einfluss der Lebensqualität und des Wohlbefindens auf die Arbeitsleistung sowie umgekehrt der psychosozialen Arbeitsbedingungen auf diese subjektiven Faktoren erkannt und zunehmend berücksichtigt. Die valide Erfassung dieser Faktoren ist daher von großer Wichtigkeit. In diesem Beitrag werden Selbstbeurteilungsinstrumente vorgestellt, die die gesundheitsbezogene Lebensqualität und das subjektive Wohlbefinden (EQ-5D, SF-36, FLZ-M) erfassen. Diese Instrumente sind durch die geringe Itemanzahl und die anwendungsübergreifende Einsatzmöglichkeit für den Unternehmensbereich geeignet. Der gleichzeitige Einsatz mehrerer kurzer Instrumente wird empfohlen.*

24.1 Einleitung

Prädiktoren für Fehlzeiten am Arbeitsplatz sind laut einer Studie von Hanebuth et al. (2006) ein Ungleichgewicht zwischen Arbeitseinsatz und dessen Anerkennung (siehe auch das Gratifikationskrisenmodell: Siegrist 1996 bzw. Rödel et al. 2004), fehlende soziale Unterstützung von Vorgesetzten und Kollegen sowie häufiges Erleben von negativen Emotionen und Erschöpfung. Viele Studien bestätigen einen Zusammenhang zwischen der gesundheitsbezogenen Lebensqualität (Health-Related Quality of Life, HRQOL) und dem subjektiven Wohlbefinden auf der einen Seite und den Eigenschaften der Arbeitsumwelt auf der anderen (Hanebuth et al. 2006, Kudielka et al. 2004, 2005, Stansfeld et al. 1998, Landstad et al. 2000, Lerner et al. 1994, Zapf 1994). Die valide und veränderungssensitive Messung dieser subjektiven Faktoren ist daher sowohl in der Forschung als auch für präventive und regulative Maßnahmen in Unternehmen von großer Wichtigkeit.

Der Fokus dieses Beitrags soll auf den Faktoren Lebensqualität und subjektives Wohlbefinden und deren Messung liegen. Dabei ist eine klare Abgrenzung der Konzepte Lebensqualität und Wohlbefinden kaum möglich. Oft werden die beiden Begriffe synonym verwendet oder aber die Lebensqualität wird über Aspekte des Wohlbefindens definiert. Daher werden nachfolgend die Konzepte Lebensqualität und Wohlbefinden zunächst einführend und dann in Bezug auf Anwendungsbereiche, vorhandene Definitionen und Modelle sowie methodische Zugänge jeweils nacheinander dargestellt. Anschließend werden die wichtigsten Messinstrumente zum Einsatz im Unternehmenskontext vorgestellt.

24.2 Gegenüberstellung der Konzepte Lebensqualität und subjektives Wohlbefinden

Die Einführung des Begriffs der Lebensqualität in Deutschland wird oft auf eine Rede von Willy Brandt zu den Zielen eines Sozialstaates im Jahr 1967 zurückgeführt (Glatzer und Zapf 1984). In den letzten Jahrzehnten hat das Konzept der Lebensqualität größere Entwicklungen durchlaufen. Ursprünge der Lebensqualitätsforschung liegen in der sozialwissenschaftlichen Wohlfahrts- und Indikatorenforschung. Hier wurde Lebensqualität primär über die Sozialstruktur (sozioökonomische Ressourcen oder Gesundheitsversorgung) einer Bevölkerungsgruppe definiert. Ein eher individuumsbezogener Ansatz begann mit der Untersuchung der Zufriedenheit und der Wichtigkeit von Bedingungen wie Familie, Freizeit und Einkommen. Hier etablierte sich der Begriff der gesundheitsbezogenen Lebensqualität, der im Unterschied zum eher soziologisch definierten Lebensqualitätsbegriff die auf die Gesundheit bezogenen Aspekte des menschlichen Erlebens und Verhaltens repräsentiert. Das Konzept geht zurück auf die bereits 1947 von der WHO niedergelegte Definition von Gesundheit als Zustand völligen körperlichen, geistigen und sozialen Wohlbefindens und nicht nur das Freisein von Krankheit oder Gebrechen.

Der Begriff des Wohlbefindens stammt im Gegensatz dazu aus der psychologischen Forschung, wobei der Fokus lange lediglich auf dem Bereich des gestörten Wohlbefindens in Form von körperlichen Beschwerden, Depressivität, Angst etc. lag. Die Beschäftigung mit dem positiven Sektor des Wohlbefindensspektrums hat erst später Eingang in die Forschung gefunden (vgl. Mayring 1991, Wydra 2005).

Im Arbeitsumfeld sind vor allem Arbeitszufriedenheit, intellektuelle und soziale Kompetenzentwicklung und Selbstwertgefühl Indikatoren von Wohlbefinden (Zapf 1994). Diese hängen wiederum in erster Linie von Regulationsanforderungen und von Ressourcen der Arbeit ab. Psychische Befindensbeeinträchtigungen wie Angst, Depressivität, Gereiztheit und psychosomatische Beschwerden hängen stärker von Stressoren wie physikalischen Umgebungsbelastungen (Lärm, Schmutz, Staub), Zeitdruck und Rollenkonflikten ab. Die Beseitigung von Stressoren führt daher noch nicht zu mehr Wohlbefinden.

24.2.1 Anwendungsbereiche

Oft werden bei der Beurteilung der Qualität von medizinischen und pflegerischen Maßnahmen nicht mehr nur medizinische Kriterien, sondern auch die subjektive Perspektive des Patienten herangezogen. Einerseits werden damit Lebensqualitätseinschätzungen zur individuellen Therapieplanung genutzt, andererseits dienen sie im Rahmen klinischer Studien dazu, das am besten geeignete therapeutische Verfahren auszuwählen. Auch marktwirtschaftlich orientierte Unternehmen wie die Pharmaindustrie folgen diesem Trend und ziehen Informationen über die subjektive Lebensqualität als Kriterium für die Wirksamkeit und Verträglichkeit ihrer Produkte heran (Epstein und Lydick 1995, Freeman 1995). Neben der individuellen Therapieplanung und der klinischen Forschung werden darüber hinaus bei der Qualitätssicherung klinischer Einrichtungen ganze Versorgungskonzepte auch hinsichtlich der Verbesserung der Lebensqualität bewertet (Patrick und Erickson 1992). Auch Kosten-Nutzwert-Analysen technischer und pharmakologischer Verfahren zur Wiederherstellung von physischen und psychischen Funktionen wird die Lebensqualität des Patienten zunehmend einbezogen (Kaplan 1995, Wasem und Hessel 2000). Informationen zur subjektiven Lebensqualität werden daher bei der Planung und Steuerung des Gesundheitssystems eine immer wichtigere Rolle spielen (Straub 1993).

Der Aspekt der Lebensqualität wird aber nicht nur im Gesundheitssystem als wichtiges Kriterium eingesetzt. Gesundheitsbezogene Lebensqualität wird zunehmend auch als Ergebniskriterium bei gesunden Populationen verwendet. In den letzten zehn Jahren sind zahlreiche Studien zu älteren Menschen, Personengruppen mit unterschiedlichem sozioökonomischem Hintergrund und Angestellten in verschiedenen Arbeitsumfeldern entstanden (Kudielka et al. 2005, Stansfeld et al. 1998, Landstad et al. 2000, Lerner et al. 1994, Stewart und Napoles-Springer 2000).

Der Wohlbefindensbegriff stammt dagegen – wie bereits erwähnt – primär aus der psychologischen Forschung, beispielsweise aus Untersuchungen zum Zusammenhang von Wohlbefinden und Persönlichkeitseigenschaften (Diener und Lucas 1999). Dabei finden Instrumente zur Erfassung des subjektiven Wohlbefindens Anwendung im therapeutischen Bereich, im präventiven Bereich, aber auch z. B. im Sportbereich (Wydra 2005) sowie bei Interventionen zur Erhöhung des subjektiven Wohlbefindens (Fordyce 1977, 1983). Im Unternehmensbereich werden Instrumente zum Wohlbefinden bei der Erforschung des Zusammenhangs zwischen Wohlbefinden und Arbeitscharakteristika verwendet (Gröpel und Kuhl 2009, Moliner et al. 2008, Sparr und Sonnentag 2008a/b).

24.2.2 Definition und Modelle

Gesundheitsbezogene Lebensqualität wird als mehrdimensionales Konstrukt betrachtet, das körperliche, emotionale, mentale, soziale, spirituelle und verhaltensbezogene Komponenten des Wohlbefindens und der Funktionsfähigkeit aus der subjektiven Sicht der Person beinhaltet. Kurz gefasst bezieht sich die gesundheitsbezogene Lebensqualität auf den subjektiv wahrgenommenen Gesundheitszustand bzw. die erlebte Gesundheit (vgl. Bullinger 1991, 2000, 2002, Bullinger et al. 2000).

Die WHO definiert gesundheitsbezogene Lebensqualität in einem weiteren Kontext: Hier wird Lebensqualität als die individuelle Wahrnehmung der eigenen Lebenssituation im Kontext der jeweiligen Kultur und des jeweiligen Wertesystems und in Bezug auf die eigenen Ziele, Erwartungen, Beurteilungsmaßstäbe und Interessen definiert. Die individuelle Lebensqualität wird dabei durch die körperliche Gesundheit, den psychologischen Zustand, den Grad der Unabhängigkeit, die sozialen Beziehungen sowie durch ökologische Umweltmerkmale beeinflusst (The WHOQOL-Group 1994)

Prinzipiell lassen sich drei Typen von Modellen zur Lebensqualität unterscheiden, aus denen sich unterschiedliche Methodologien entwickelt haben, die auch in der Entwicklung von Messinstrumenten ihren Niederschlag fanden.

- Ein individualzentriertes Modell betont den individuumszentrierten Charakter der Lebensqualität. Aus diesem Modell ist der Ansatz entstanden, individuelle Differenzwerte zwischen angestrebten Zielen (Soll) und deren erfahrener Verwirklichung (Ist) zu vergleichen (Joyce 1999).
- Andere Ansätze gehen von der interindividuellen Vergleichbarkeit der relevanten Dimensionen von Lebensqualität aus. Als relevante Dimensionen werden körperliches, psychisches und soziales Wohlbefinden angesehen, was auch mit der Definition der WHO übereinstimmt (Schipper et al. 1996).
- Ein drittes Modell will Lebensqualität weder als individuumszentriert noch als interindividuell messbar erachten und betont, dass Lebensqualität eine implizite Größe ist. Eine Messung kann vor dem Hintergrund dieser Annahme nicht direkt, sondern nur z. B. über Patientenpräferenzen für ein Gesundheitsszenario erfolgen (Feeny et al. 1996).

Die Vieldeutigkeit der mit Wohlbefinden assoziierten Begriffe bringt eine Reihe von Bezeichnungen aus der Alltagssprache zum Ausdruck: Freude, Hoffnung, Wohlbehagen, Geborgenheit, Entspanntheit, Ausgeglichenheit, Zufriedenheit, Glück etc. (Dann 1991). In verschiedenen Definitionen von Wohlbefinden (Chamberlain 1988, Sölva et al. 1995) wird eine emotionale und eine kognitiv-evaluative Komponente differenziert. In der Theorie des subjektiven Wohlbefindens (»subjective well-being«) (vgl. Diener 2000) lässt sich die emotionale Komponente definieren als positiver Affekt, niedriger negativer Affekt und Glück als längerfristiger positiver emotionaler Zustand. Die kognitiv-evaluative Komponente des subjektiven Wohlbefindens umfasst eine bereichsspezifische (z. B. Arbeit) und eine globale/allgemeine Lebenszufriedenheit.

Auch die Gesundheitsdefinition der WHO legt eine Differenzierung des Konstrukts Wohlbefinden nahe. Danach umfasst Wohlbefinden körperliche, psychische und soziale Aspekte.

24.2.3 Methodische Zugänge

Die entwickelten Messinstrumente müssen den üblichen Gütekriterien wie Validität (Gültigkeit), Reliabilität (Zuverlässigkeit) und Unabhängigkeit von den Rahmenbedingungen (Objektivität) genügen. Darüber hinaus ist in vielen Anwendungsbereichen eine Aussage über das Ausmaß der Veränderung wichtig. Dafür muss das jeweilige Messinstrument dem weiteren Kriterium der Änderungssensitivität genügen, d. h. es muss Veränderungen über die Zeit aufgrund einer bestimmten Intervention abbilden können.

Messinstrumente zur Erfassung der Lebensqualität lassen sich unterteilen in krankheitsübergreifende und krankheitsspezifische Verfahren. Weiterhin werden Verfahren unterschieden, die entweder unidimensional einen Globalfaktor erheben oder die mehrere Dimensionen der Lebensqualität erfassen. Als Ergebnis geben die Messinstrumente einen Index-Wert aus oder es lässt sich ein Profil erstellen. Obwohl weitgehend der Konsens besteht, dass die gesundheitsbezogene Lebensqualität nur aus subjektiver Sicht beurteilt werden kann, existieren neben Selbstbeurteilungs- auch Fremdbeurteilungsverfahren.

Für die gesundheitsökonomische Verwendung von Lebensqualitätsindikatoren wird immer wieder die Methode der Errechnung von »costs per quality adjusted life year« (Schöffski und Greiner 1998) verwendet. Dafür werden so genannte lebensqualitätadjustierte Lebensjahre (QALY) berechnet. Im einfachsten Fall liegt den QALY eine visuelle Analogskala zugrunde, auf der die empfundene Lebensqualität von 0 (Tod) bis 100 (maximale Lebensqualität) eingeschätzt wird. Andere Möglichkeiten sind die Verwendung eines Gesamtlebensqualitätswertes von entsprechenden Fragebögen oder die Methode der zeitlichen Abwägung (time-tradeoff) sowie die Methode der Standard-Lotterie (standard gamble) (Patrick und Erickson 1993).

Anders als bei der Lebensqualität kommen bei der Diagnostik des Wohlbefindens überwiegend Selbstbeurteilungsinstrumente zum Einsatz, da das Wohlbefinden per Definition nur aus einer subjektiven Sichtweise erfassbar ist. Verfahren, die Wohlbefinden über ein einziges Item messen, haben eine relativ große Verbreitung gefunden (»Single-Item«-Verfahren), obwohl deren psychometrische Eigenschaften schlechter sind als Skalen, die sich aus mehreren Items zusammensetzen. Mehrdimensionale Modelle von Wohlbefinden unterscheiden zwischen psychischem, physischem und sozialem Wohlbefinden (Abele und Brehm 1989) bis hin zur Differenzierung von zehn Bereichen der Lebenszufriedenheit (FLZ von Fahrenberg et al. 2000).

Erhebungsverfahren zum subjektiven Wohlbefinden lassen sich grob in zwei Gruppen unterteilen:

- Verfahren zur Erfassung der emotionalen Komponente: Hier werden überwiegend Adjektivlisten eingesetzt, die Gefühlszustände, Stimmungen oder emotionale Reaktionsbereitschaften beschreiben. Eingeschätzt werden sollen Häufigkeit und Intensität des Gefühls für einen definierten vergangenen Zeitraum (z. B. PANAS, MDBF).
- Verfahren zur Erfassung der kognitiv-evaluativen Komponente:
  Hier wird die allgemeine (globale) und bereichsspezifische Lebenszufriedenheit erfragt. Der Fragebogen zur Lebenszufriedenheit von Fahrenberg et al. (2000) differenziert die bereichsspezifische Lebenszufriedenheit beispielsweise in zehn verschiedene Gebiete (z. B. Ehe und Partnerschaft, Arbeit und Beruf).

Problematisch bei der Erfassung insbesondere der allgemeinen Lebenszufriedenheit und des allgemeinen Wohlbefindens ist der Einfluss der aktuellen Stimmung (Schwarz und Strack 1991). Auf die bereichsspezifische Beurteilung der Lebenszufriedenheit hat die Stimmung zum Beurteilungszeitpunkt keinen verzerrenden Einfluss. Ebenfalls problematisch scheint der Einfluss der sozialen Erwünschtheit bei Antworten auf Fragen zum Wohlbefinden, insbesondere dann, wenn Wohlbefinden als normativ gilt (Diener 2000).

24.3 Instrumente zur Erfassung von gesundheitsbezogener Lebensqualität und Wohlbefinden im Unternehmenskontext

Im Folgenden werden drei ausgewählte Instrumente zur Messung von Lebensqualität und Wohlbefinden vorgestellt, die international und national als generische Instrumente (d. h. nicht krankheitsspezifisch etc.) am häufigsten eingesetzt und zitiert werden (u. a. Ravens-Sieberer und Cieza 2000, Schumacher et al. 2003, Bullinger 1997, Bullinger und Brütt 2009), ausreichend gute Gütekriterien aufweisen und für den Gebrauch in Unternehmen geeignet erscheinen.

Außer den drei ausgewählten Instrumenten sind ebenfalls für den Einsatz im Unternehmen geeignet: Fragebogen zum allgemeinen habituellen Wohlbefinden (FAHW, Wydra, 2005), die nicht-modularisierte Version des FLZ-M (FLZ, Fahrenberg et al. 2000), der mehrdimensionale Befindlichkeitsfragebogen (MDBF, Steyer et al. 1997), die Positive and Negative Affect Scale (PANAS, Watson et al. 1988), der Psychological General Well-Being Index (PGWI, DuPuy 1984), die Skalen zur Erfassung der Lebensqualität (SEL, Averbeck et al. 1997) und die WHO-Instrumente zur Erfassung der Lebensqualität (WHOQOL-BREF, WHOQOL-100 Field Trial Version 1995). Eine gute Übersicht über Instrumente zur Erfassung von Lebensqualität und Wohlbefinden findet sich bei Schumacher et al. (2003).

24.3.1. European quality of life questionnaire (EQ-5D)

Der EQ-5D wird hauptsächlich in gesundheitsökonomischen Untersuchungen eingesetzt und vor allem für Evaluationsprojekte, die eine gesundheitsökonomische Orientierung haben, empfohlen. Das Verfahren kann sowohl als Interview als auch selbstständig mittels eines Fragebogens durchgeführt werden. Es erfasst die gesundheitsbezogene Lebensqualität mit fünf Items sowie einer visuellen Analogskala (schlechtester vorstellbarer Gesundheitszustand bis bester vorstellbarer Gesundheitszustand, 0–100). Die fünf Items beziehen sich auf unterschiedliche Dimensionen der subjektiven Gesundheit:

- Beweglichkeit,
- für sich selbst sorgen,
- allgemeine Tätigkeiten (z. B. Arbeit, Freizeit),
- Schmerzen/körperliche Beschwerden,
- Angst/Niedergeschlagenheit.

Tabelle 24.1. Verfahren zur Messung von Lebensqualität und Wohlbefinden

Verfahren	Autoren	Kennzeichen	Deutsche Übersetzung	Umfang/ Ausfülldauer	Auswertung
EuroQOL (EQ-5D)	EuroQoL Group 1990	Mehrdimensionales Selbstbeurteilungsverfahren, erfasst die gesundheitsbezogene Lebensqualität	Schulenburg et al. 1998	5 Items, 1 visuelle Skala, 14 zu beurteilende Gesundheitszustände; 5 Min.	Aktueller Gesundheitszustand, subjektiver Gesundheitszustand, Index-Wert, soziodemographische Daten
FLZ-M	Henrich und Herschbach 2000	Mehrdimensionaler Selbstbeurteilungsfragebogen, erfasst gewichtete Lebenszufriedenheit in bestimmten Bereichen/Modulen (allgemein, Gesundheit)	Unabhängige bilinguale Übersetzer	Je Modul 2 x 8 Items; je Modul 5 Min.	Gewichteter Summenwert für jedes Modul
SF-36	Aaronson et al. 1992	Mehrdimensionales Verfahren zur Eigen- und Fremdbeurteilung, erfasst die gesundheitsbezogene Lebensqualität/ den subjektiven Gesundheitszustand	Bullinger und Kirchberger 1998	36 Items (10 Min.) bzw. Kurzform mit 12 Items; 5 Min.	Acht Skalenwerte und zwei Summenwerte, Profildarstellung

Diese Dimensionen sollen auf drei unterschiedlichen Graden der Beeinträchtigung (keine, mäßige, extreme Beeinträchtigung) eingeschätzt werden. Als Ergebnis wird eine fünfstellige Ziffer gebildet, die den aktuellen Gesundheitszustand indiziert. Für Verlaufsmessungen kann die Veränderung des Gesundheitszustandes eingeschätzt werden (besser, etwa gleich, schlechter).

In einem dritten Teil des Verfahrens kann eine Indexzahl zur Lebensqualität (Lebensqualitätsindex-Score, LQI) abgeleitet werden, wie sie für die Kosten-Nutzwert-Analysen benötigt wird. Dazu sollen die Probanden 14 vorgegebene Gesundheitszustände aus einem breiten Spektrum an Schweregraden auf der o. g. visuellen Analogskala einschätzen. Für diesen Index liegen Normwerte für Deutschland vor (Greiner und Uber 2000). Außerdem werden soziodemographische Merkmale (Alter, Geschlecht, Bildung) sowie Rauchgewohnheiten erfragt.

Objektivität, Reliabilität und Validität des EQ-5D

Der EQ-5D ist als *objektives* Verfahren einzuschätzen, da sowohl die Durchführung als auch die Auswertung standardisiert sind. Ein Maß für die interne Konsistenz (Homogenität des Tests) wurde nicht berechnet, da die fünf Items fünf unabhängigen Dimensionen entsprechen. Die Maße für die Zuverlässigkeit des Tests bei Messwiederholung weisen auf eine zufriedenstellende *Retest-Reliabilität* bei den fünf Dimensionen hin: Sie reicht von .48 (Schmerzen) bis .77 (für sich selbst sorgen. Die Dimension allgemeine Tätigkeiten (z. B. Arbeit) lag bei .64, r = .92 bei der VAS-Skala und .71 bis .80 für die Einschätzung der Gesundheitszustände. Die Sensitivität des EQ-5D für die Aufdeckung kleiner Unterschiede wird jedoch als gering eingeschätzt.

Der EQ-5D kann als *valides* Messinstrument für gesundheitsbezogene Lebensqualität angesehen werden.

Er deckt alle wesentlichen Dimensionen der Gesundheit ab (inhaltlich valide) und es lassen sich etablierte Hypothesen bestätigen, wie zum Beispiel die Korrelation mit dem Alter.

Verwendung in Studien im Kontext von Arbeit

Der EQ-5D wurde schon mehrfach in Studien verwendet, die sich mit Fragen zu Arbeitsproduktivität und Arbeitsbedingungen befassen (Saarni et al. 2008, Reilly et al. 2008, Ellis et al. 2004), es finden sich allerdings nur vereinzelte Studien, in denen der EQ-5D direkt in Unternehmen verwendet wird (z. B. Juel et al. 2008).

Neben dem EQ-5D werden folgende Instrumente zur Erfassung psychischer Variablen eingesetzt: eine Ein-Item-Frage zur Erfassung der Lebensqualität der letzten 30 Tage (Skala 0–10), der 15D (Sintonen 2001), ein weiteres Instrument zur Erfassung der gesundheitsbezogenen Lebensqualität, der SF-36 sowie der SF-8, eine weitere Kurzform des SF-36.

Arbeitscharakteristika wurden in Studien mit dem EQ-5D mit dem Work Ability Index erfasst (WAI, Tuomi et al. 1998), der die subjektive Einschätzung der Fähigkeit der Bewältigung der mentalen und physischen Arbeitsanforderungen erfasst. Außerdem wurde der Work Productivity and Activity Impairment Questionnaire verwendet (WPAI:SHP 2009).

Anwendungsempfehlung

Im Manual des Fragebogens wird empfohlen, den EQ-5D wie in den erwähnten Studien ergänzend zu anderen krankheitsübergreifenden Verfahren zur Messung der Lebensqualität wie dem SF-36 zu verwenden. Für den Einsatz im Unternehmen ist sicherlich die Fragebogenversion der Interviewform vorzuziehen. Die Durchführung ist in der Papierversion zwar gut erläutert, dennoch sollte den Ausfüllenden eine kurze Einleitung zum Hintergrund und zu den Teilen des Fragebogens gegeben werden.

Die geringe Durchführungs- und Auswertungsdauer (je 5 min.), aus der sich dennoch eine Menge an Informationen gewinnen lässt, machen den EQ-5D zu einem geeigneten Instrument, den subjektiven Gesundheitszustand bzw. die aktuelle gesundheitsbezogene Lebensqualität der MitarbeiterInnen in einem Unternehmen zu erfassen.

Für die deutsche Version des Verfahrens ist die Arbeitsgruppe um Prof. Dr. Greiner (wolfgang.greiner@uni-bielefeld.de) Ansprechpartner. Der Fragebogen muss aber nach Registrierung beim EuroQol-Management in Rotterdam bezogen werden (www.euroqol.org).

24.3.2 Fragen zur Lebenszufriedenheit (FLZ-Module)

Dieser Fragebogen ist in mehreren Modulen erhältlich. Das Modul Allgemeine Lebenszufriedenheit (FLZM-A) enthält die Bereiche

- Freunde/Bekannte,
- Freizeitgestaltung/Hobbies,
- Gesundheit,
- Einkommen/finanzielle Sicherheit,
- Beruf/Arbeit, Wohnsituation,
- Familienleben/Kinder und
- Partnerschaft

Das Modul Zufriedenheit mit der Gesundheit (FLZM-G) enthält die Bereiche

- körperliche Leistungsfähigkeit,
- Entspannungsfähigkeit/Ausgeglichenheit,
- Energie/Lebensfreude,
- Fortbewegungsfähigkeit,
- Seh- und Hörvermögen,
- Angstfreiheit,
- Beschwerde- und Schmerzfreiheit und
- Unabhängigkeit von Hilfe/Pflege.

Außerdem existieren Module für spezifische Krankheitsbilder wie für zystische Fibrose etc. In diesem Fragebogen wird Lebenszufriedenheit als subjektives und mehrdimensionales Konstrukt verstanden. Die einzelnen Bereiche werden daher individuell nach ihrer Wichtigkeit (nicht (1) bis extrem wichtig (5)) und nach der Zufriedenheit (unzufrieden (1) bis sehr zufrieden (5)) eingeschätzt. Die Zufriedenheitswerte werden nach einer Formel mit den Wichtigkeitswerten verknüpft und zu einem Summenwert für jedes Modul verrechnet.

Objektivität, Reliabilität und Validität

Als standardisierter Fragebogen hat der FLZ-M eine hohe *Durchführungs- und Auswertungsobjektivität.* Die Skalenhomogenität (interne Konsistenz) liegt bei .82 bzw. .89 (FLZ-M-A bzw. FLZ-M-G; Cronbach's Alpha) und ist damit als gut einzuschätzen.

Die *Zuverlässigkeit* der Messwiederholung mit dem FLZ-M ist ebenfalls gut (.87 bzw. .85). Die *Konstruktvalidität* ist als zufriedenstellend einzuschätzen.

Das allgemeine Modul korreliert mittel (.43 bis .63) mit Instrumenten, die psychologische Aspekte von Wohlbefinden messen. Das Modul Gesundheit korreliert erwartungsgemäß höher (SF-36: .40 bis .64) mit Instrumenten, die sich mit körperlicher und gesundheitsbezogener Lebensqualität befassen (siehe Henrich und Herschbach 2000).

Die FLZ-M wurden in einer Vielzahl von Therapiestudien verwendet und haben sich als hilfreich in der Überprüfung von Veränderung erwiesen (z. B. Herschbach et al. 1994). Normen für eine deutsche Stichprobe für das Modul Allgemeine Lebenszufriedenheit sind für zwei Zeitpunkte vorhanden.

Verwendung in Studien im Kontext von Arbeit

Der FLZ wurde in einer großen Längsschnittstudie zu Gesundheitsfolgen von Arbeitslosigkeit angewendet (Berth et al. 2005). Andere Studien verwendeten den nicht-modularisierten Fragebogen zur Lebenszufriedenheit von Fahrenberg et al. (2000) (z. B. Fischbeck und Laubach 2005).

Anwendungsempfehlung

Auch für den FLZ-M wird der Einsatz in Kombination mit anderen Instrumenten zu Lebensqualität und Wohlbefinden/Lebenszufriedenheit empfohlen. Für Fragestellungen im Unternehmen ist das Modul »Allgemeine Lebenszufriedenheit« gut geeignet. Es können je nach Fragestellung ggf. auch nur einzelne Bereiche abgefragt werden. Der FLZ-M eignet sich aufgrund seiner Kürze (eine Seite je Modul) sehr gut zum (ergänzenden) Einsatz in Befragungen in Unternehmen. Der Fragebogen ist leicht verständlich und somit selbsterklärend ausfüllbar (5–10 min.).

Das Verfahren kann über den Autor bezogen werden (Prof. Dr. Peter Herschbach, P.Herschbach@lrz.tum.de).

24.3.3 SF-36

Der SF-36-Gesundheitsfragebogen ist ein Standardinstrument, welches national und international im Bereich der Lebensqualitätsforschung und -befragung sehr häufig eingesetzt wird. Der Fragebogen dient der Erfassung des subjektiven Gesundheitszustandes in Bezug auf psychische, körperliche und soziale Aspekte. Er liegt in Interviewform (mündlich oder schriftlich) und als Fremdbeurteilungsversion vor. Der SF-36-Gesundheitsfragebogen erfasst acht Dimensionen/Skalen der subjektiven Gesundheit mit zwei bis zehn Items:

- körperliche Funktionsfähigkeit
- körperliche Rollenfunktion
- Schmerz
- emotionale Rollenfunktion
- psychisches Wohlbefinden
- soziale Funktionen
- allgemeine Gesundheitswahrnehmung
- Vitalität.

In der Auswertung lässt sich ein Profil der acht Skalen erstellen und die Dimensionen lassen sich in zwei Summenscores zusammenfassen (körperliche und psychische Summenskala). Weiterhin wird ein Einzelitem erfasst, das die Veränderung der Gesundheit betrifft, sowie ein Einzelitem zur allgemeinen Beschreibung des Gesundheitszustandes. Das Antwortformat variiert zwischen Ja/Nein-Antworten bis zu einer sechsstufigen Antwortskala.

Eine Kurzform des SF-36 ist der SF-12, bei dem aus 12 Items ebenfalls eine körperliche und eine psychische Summenskala errechnet werden kann. Eine Profildarstellung der acht Subskalen ist allerdings nicht möglich, ein Gesamtwert zur allgemeinen Beschreibung des Gesundheitszustandes existiert jedoch auch hier.

Objektivität, Reliabilität und Validität

Als standardisierter Fragebogen hat auch der SF-36 eine hohe *Durchführungs- und Auswertungsobjektivität.* Die Skalenhomogenität (interne Konsistenz nach Cronbach's Alpha) der acht Dimensionen liegt bei der Normstichprobe über $\alpha = .70$. Auch der Skalenfit (die Passung der Items zu ihrer Skala) ist bei der Normstichprobe als sehr gut einzuschätzen (97–100%). Das erzielte Testergebnis konnte mit einer sehr guten *Zuverlässigkeit* wiederholt werden (Retest-Reliabilität von .95 für den gesamten Test und .83 bis .93 für die Dimensionen, .67 für allgemeine Gesundheitswahrnehmung).

Bei der Überprüfung der konvergenten *Validität* (Korrelation mit inhaltlich vergleichbaren Skalen) ergaben sich genügend hohe Korrelationen (Vitalität bzw. körperliche Funktionsfähigkeit (SF-36) mit Energie/Mobilität bzw. körperliche Mobilität (Nottingham Health Profile (NHP): $r = .69$ bzw. $r = .78$ (Bullinger und Kirchberger 1998)). Mit dem SF-36 lassen sich auch signifikante Unterschiede zwischen verschiedenen Patientensubgruppen entdecken (z. B. bei Bluthochdruckpatienten mit vielen bzw. wenigen Hypertonie-

Beschwerden (diskriminante Validität)). Das Instrument ist auch veränderungssensitiv: Der SF-36 konnte zum Beispiel eine Verbesserung der Lebensqualität bei Migränepatienten nach der Therapie abbilden (Bullinger und Kirchberger 1998).

Die Gütekriterien des SF-12 wurden ebenfalls überprüft und für vergleichbar mit dem SF-36 befunden (Gandek et al. 1998). Auch eine Acht-Item-Kurzform, der SF-8, bei der jede der acht Dimensionen mit nur einem Item gemessen wird, soll ähnlich gute psychometrische Eigenschaften wie der SF-36 besitzen und das gleiche Konstrukt messen (http://www.sf-36.org/tools/sf8.shtml).

Verwendung in Studien im Kontext von Arbeit

Der SF-36 diente schon in mehreren Studien als Ergebniskriterium für Lebensqualität im Bereich der Arbeitswelt (Lerner et al. 1994). Auch die Kurzform SF-12 findet in Studien in Unternehmen Verwendung (Hanebuth et al. 2006, Kudielka et al. 2004, 2005).

In diesen Studien wurde der SF-36/SF-12 immer in Kombination mit weiteren Instrumenten eingesetzt. Dies sind zum Beispiel Instrumente, die Ängstlichkeit und Depressivität (HADS, deutsche Version von Herrmann et al. 1995), das Ausmaß sozialer Unterstützung (F-SozU, Fydrich et al. 2002), vitale Erschöpfung (deutsche Version des Maastricht Vital Exhaustion Questionnaire; Kopp et al. 1998) und die Typ-D-Persönlichkeit (DS 14, Grande et al 2004) messen. Darüber hinaus wurden Instrumente zur Erfassung der Arbeitsplatzcharakteristika eingesetzt: der Job Content Questionnaire (JCQ, Karasek und Theorell 1990) zur Erfassung des »Inhalts« der Arbeit (z. B. psychische Beanspruchung), der Effort-Reward Imbalance Questionnaire (ERI, berufliche Gratifikationskrise, Siegrist 1996, Siegrist et al. 2004) zur Messung der wahrgenommenen Anstrengung und Belohnung am Arbeitsplatz, die Overcommitment-Skala (OC, übermäßige Hingabe an die Arbeit, Siegrist et al. 2004) sowie der SALSA-Fragebogen (Rimann und Udris 1997). Hier werden die wahrgenommenen krankheits- bzw. gesundheitsförderlichen Faktoren einer stressreichen Arbeitssituation erfasst.

Anwendungsempfehlung

Der SF-36 kann gut in Kombination mit dem EQ-5D angewendet werden, aber auch in Ergänzung zu anderen Verfahren. Wird sehr viel Wert auf eine kurze Fragebogenbatterie gelegt, kann statt des SF-36 (10 min.) auch der SF-12 (5 min.) oder der SF-8 verwendet werden. Je nach Fragestellung und Unternehmensgröße kann die Lebensqualität in der Fremd- oder Selbstbeurteilung bzw. schriftlich oder mündlich erhoben werden. Die (schriftliche) Selbstbeurteilungsversion der Fremdbeurteilung zur Bewertung der Lebensqualität ist allerdings die am häufigsten gewählte Form und sicherlich auch am besten geeignet für die Befragung von Mitarbeitern im Unternehmen. Die Fragen sind leicht verständlich und selbsterklärend, jedoch sollten den Befragungsteilnehmern vorher Instruktionen zur Notwendigkeit und zu spezifischen Anforderungen beim Ausfüllen (unterschiedliche Antwortformate) gegeben werden.

Der SF-36 ist über das Archiv des Hogrefe-Verlages zu bestellen (http://www.testzentrale.de).

24.4 Allgemeine Hinweise

Da besonders bei Fragen zum Wohlbefinden die soziale Erwünschtheit und die aktuelle Stimmung verzerrenden Einfluss haben können, ist auf eine gut durchdachte Instruktion zu achten. Um zu vermeiden, dass sozial erwünschte Antworten gegeben werden, muss die Anonymität der Antworten gewährleistet werden und der Hinweis gegeben werden, dass es keine richtigen und falschen Antworten gibt, sondern Interesse an der subjektiven Einschätzung der Mitarbeiter besteht. Die Teilnehmer sollten durch eine geeignete Instruktion zu Inhalt und Notwendigkeit der Fragen und die Erläuterung der persönlichen Relevanz der Untersuchung zum Ausfüllen des Fragebogens motiviert werden. Das Ausfüllen sollte in einem ruhigen Raum stattfinden.

24.5 Fazit

Je nach Problemstellung sowie zeitlicher und personeller Kapazität können die vorgestellten Instrumente EQ-5D, FLZ-M und SF-36 zur Erfassung der Lebensqualität und des Wohlbefindens bzw. deren Beeinträchtigungen in Unternehmen verwendet werden. Für die Vergleichbarkeit mit internationalen Studien, aber auch um eine valide Aussage über die komplexen und zeitlich variierenden Konzepte der Lebensqualität und des Wohlbefindens von Menschen machen zu können, ist im Allgemeinen der gleichzeitige Einsatz von mehreren kurzen Instrumenten empfehlenswert. Die parallele Verwendung der drei vorgestellten Instrumente ist also denkbar. Dadurch sind Aussagen über die subjektive gesundheitsbezogene Lebensqualität, den subjektiven Gesundheitszustand und die allgemeine Lebenszufriedenheit möglich und die körperliche und psychische Lebensqualität kann detailliert erfasst werden. Für eine umfassende Analyse des psychischen Befindens sind darüber hinaus noch Instrumente empfehlenswert, die die physikalischen und psychosozialen Arbeitsbedingungen und die Strukturen im Unternehmen erfassen (z. B. JCQ, ERI, OC, SALSA, WAI, WPAI).

Literatur

Abele A, Brehm W (1989) Wohlbefinden bei sportlicher Aktivierung. Überlegungen zu einer erlebnisorientierten Konzeptualisierung von Gesundheit. Beitrag zum Symposium »Tübinger Gespräche zu Sport und Sportwissenschaft« (Mai 1989)

Averbeck M, Leiberich P, Grote-Kusch M et al (1997) Skalen zur Erfassung der Lebensqualität SEL. Swets Test Services, Frankfurt

Berth H, Albani C, Brähler E (2005) Persönlichkeitsmerkmale, psychische Belastung und Lebenszufriedenheit von Arbeitslosen. Ergebnisse einer Repräsentativstudie. Psychosozial 99:99–110

Bullinger M (1991) Quality of life – definition, conceptualisation and implications – A methodologists view. Theoretical surgery 6:143–149

Bullinger M (1997) Gesundheitsbezogene Lebensqualität und subjektive Gesundheit. Psychother Psych Med 47:76–91

Bullinger M (2000) Lebensqualität – Aktueller Stand und neuere Entwicklungen der internationalen Lebensqualitätsforschung. In: Ravens-Sieberer U, Cieza A (Hrsg) Lebensqualität und Gesundheitsökonomie in der Medizin. Konzepte – Methoden – Anwendungen. Ecomed, Landsberg, S 13–24

Bullinger M (2002) »Und wie geht es Ihnen?« Die Lebensqualität der Patienten als psychologisches Forschungsthema in der Medizin. In: Brähler E, Strauß B (Hrsg) Handlungsfelder in der Psychosozialen Medizin. Hogrefe, Göttingen, S 308–329

Bullinger M, Brütt A (2009) Lebensqualität und Förderung der Lebensqualität. In: Linden M, Weig W (Hrsg) Salutotherapie in Prävention und Rehabilitation Deutscher Ärzte-Verlag, Köln

Bullinger M, Kirchberger I (1998) SF-36. Fragebogen zum Gesundheitszustand. Handanweisung. Hogrefe, Göttingen

Bullinger M, Ravens-Sieberer U, Siegrist J (2000) Gesundheitsbezogene Lebensqualität in der Medizin – eine Einführung. In: Bullinger M, Siegrist J, Ravens-Sieberer U (Hrsg) Lebensqualitätsforschung aus medizinpsychologischer und -soziologischer Perspektive (Jahrbuch der Medizinischen Psychologie Bd 18). Hogrefe, Göttingen, S 11–21

Chamberlain K (1988) On the structure of subjective well-being. Soc Indic Res 20:581–604

Dann HD (1991) Subjektive Theorien zum Wohlbefinden. In: Abele A, Becker P (Hrsg) Wohlbefinden. Theorie, Empirie, Diagnostik. Juventa, Weinheim München, S 97–117

Diener E (2000) Subjective well-being. The science of happiness and a proposal for a national index. Am Psychol 55:34–43

Diener E, Lucas RE (1999) Personality and subjective well-being. In: Kahnemann D, Diener E, Schwarz N (eds) Well-being: The foundations of hedonic psychology. Russell Sage Foundation, New York, pp 213–229

DuPuy HJ (1984) The psychological general wellbeing index. In: Wenger NK, Mattson ME, Furberg CD et al (eds) Assessment of quality of life in trials of cardiovascular therapies. Le Jacq Publishers, New York, S 170–183

Ellis JJ, Eagle KA, Kline-Rogers EM et al (2004) Perceived work performance of patients who experienced an acute coronary syndrome event. Cardiology 104:120–126

Epstein RS, Lydick E (1995) Quality of life assessment: A pharmaceutical industry perspective. In: Dinsdale J, Baum A (eds) Quality of life research in behavioural medicine research. Lawrence Erlbaum Associates, Hillsdale, pp 57–68

EuroQOL-Group (1990) EuroQOL – A new facility for the measurement of health-related quality of life. Health Policy 16:199–208

Fahrenberg J, Myrtek M, Schumacher J et al (2000) Fragebogen zur Lebenszufriedenheit (FLZ) Handanweisung. Hogrefe, Göttingen

Feeny DH, Torrance GW, Furlong WJ (1996) Health utility index. In: Spilker B (ed) Quality of life and pharmaeconomics in clinical trials. Lippincott-Raven, Philadelphia, pp 239–252

Fischbeck S, Laubach W (2005) Arbeitssituation und Mitarbeiterzufriedenheit in einem Universitätsklinikum: Entwicklung von Messinstrumenten für ärztliches und pflegerisches Personal. Psychotherapie Psychosomatik Medizinische Psychologie 55:305–314

Fordyce MW (1977) Development of a program to increase personal happiness. J Couns Psychol 24:511–520

Fordyce MW (1983) A program to increase happiness: Further studies. J Couns Psychol 30:483–498

Freeman RA (1995) A commentary on the pharmaceutical industry's sponsorship of health-related Quality of life research. In: Dinsdale J, Baum A (eds) Quality of life research in behavioural medicine research. Lawrence Erlbaum Associates, Hillsdale, pp 69–76

Fydrich T, Sommer G, Brähler E (2002) F-SozU. Fragebogen zur sozialen Unterstützung [F-SozU. Survey for the assessment of social support]. In: Brähler E, Schumacher J, Strauss B (eds) Diagnostische Verfahren in der Psychotherapie [Diagnostic procedures in psychotherapy]. Hogrefe, Göttingen, pp 150–153

Gandek B, Ware JE, Aaronson NK et al (1998) Cross-Validation of Item Selection and Scoring for the SF-12 Health Survey in Nine Countries: Results from the IQOLA Project. J Clin Epidemiol 51:1171–1178

Glatzer W, Zapf W (1984) Lebensqualität in der Bundesrepublik Deutschland. Campus, Frankfurt

Grande G, Jordan J, Kümmel M et al (2004) Evaluation der deutschen Typ-D-Skala (DS14) und Prävalenz der Typ-D-Persönlichkeit bei kardiologischen und psychosomatischen Patienten sowie Gesunden. [Evaluation of the German Type D Scale (DS14) and prevalence of the Type D personality pattern in cardiological and psychosomatic patients and healthy subjects]. Psychother Psych Med 54:413–422

Greiner W, Uber A (2000) Gesundheitsökonomische Studien und der Einsatz von Lebensqualitätsindices am Beispiel des LQ-Indexes EQ-5D (EuroQoL). In: Ravens-Sieberer U, Cieza A (Hrsg) Lebensqualität und Gesundheitsökonomie in der Medizin. Ecomed, Landsberg, S 336–351

Gröpel P, Kuhl J (2009) Work-life balance and subjective well-being: The mediating role of need fulfilment. Br J Psychol 100 (2):365–375

Hanebuth D, Meinel M, Fischer JE (2006) Health related quality of life, psychosocial work conditions, and absenteeism in an industrial sample of blue- and white-collar employees: a comparison of potential predictors. J Occup Environ Med 48:28–37

Henrich G, Herschbach P (2000) Questions on life satisfaction (FLZ-M) – A short questionnaire for assessing subjective quality of life. Eur J Psychol Assess 16:150–159

Herrmann C, Buss U, Snaith RP (1995) HADS–D Hospital Anxiety and Depression Scale –Deutsche Version. Ein Fragebogen zur Erfassung von Angst und Depressivität in der somatischen Medizin [HADS–D Hospital Anxiety and Depression Scale – German Version. A survey for the assessment of anxiety and depression in somatic medicine]. Hans Huber, Bern

Herschbach P, Henrich G, Oberst U (1994) Lebensqualität in der Nachsorge. Eine Evaluationsstudie in der Fachklinik für Onkologie und Lymphologie, Bad Wildungen-Reinhardshausen. Prax Klein Verhaltensmed Rehabilitation 28:241–251

Joyce CRB, McGee HM, O'Boyle CA (1999) Individual quality of life: Approaches to conceptualisation and assessment. Harwood, Amsterdam

Juel NG, Brox JI, Thingnaes K et al (2008) Musculoskeletal pain in ultrasound operators. Tidsskr Nor Laegeforen 128:2701–2705

Kaplan RM (1995) Quality of life, resource allocation, and the U.S. health care crisis. In: Dinsdale J, Baum A (eds) Quality of life research in behavioural medicine research. Lawrence Erlbaum Associates, Hillsdale, pp 3–30

Karasek RA, Theorell T (1990) Healthy Work: Stress, Productivity, and the Reconstruction of Working Life. Basic Books, New York

Kopp MS, Falger PR, Appels A et al (1998) Depressive symptomatology and vital exhaustion are differentially related to behavioral risk factors for coronary artery disease. Psychosom Med 60 (6):752–758

Kudielka B, Hanebuth D, von Känel R et al (2005) Health related quality of life measured by the SF12 in working populations: Associations with psychosocial work characteristics. J Occup Health Psychol 10:429–440

Kudielka BM, von Känel R, Gander ML et al (2004) Effort-reward imbalance, overcommitment and sleep in a working population. Work & Stress 18:167–178

Landstad B, Ekholm J, Schuldt K et al (2000) Health-related quality of life in women at work despite ill-health: A prospective, comparative study of hospital cleaners/home-help staff before and after staff support. Int J Rehabil Res 23:91–101

Lerner DJ, Levine S, Malspeis S et al (1994) Job strain and health-related quality of life in a national sample. Am J Public Health 84:1580–1585

Mayring P (1991) Die Erfassung subjektiven Wohlbefindens. In: Abele A, Becker P (Hrsg) Wohlbefinden. Theorie, Empirie, Diagnostik. Juventa, Weinheim München, S 51–70

Moliner C, Martínez-Tur V, Ramos J et al (2008) Organizational justice and extrarole customer service: The mediating role of well-being at work. Eur J Work Organ Psy 17 (3):327–348

Patrick DL, Erickson P (1992) Health status and health policy. Oxford University Press, New York

Patrick DL, Erickson P (1993) Health status and health policy – Quality of life in health care evaluation and resource allocation. Assigning values to health states. Oxford University Press, New York

Ravens-Sieberer U, Cieza A (2000) Lebensqualität und Gesundheitsökonomie in der Medizin. Konzepte – Methoden – Anwendungen. Ecomed, Landsberg

Reilly MC, Gerlier L, Brabant Y et al (2008) Validity, reliability, and responsiveness of the Work Productivity and Activity Impairment Questionnaire in Crohn's Disease. Clin Ther 30:393–404

Rimann M, Udris I (1997) Subjektive Arbeitsanalyse. Der Fragebogen SALSA. [Subjective Work Analysis. The SALSA questionnaire]. In: Strohm O, Ulich E (Hrsg) Unternehmen arbeitspsychologisch bewerten [work psychological evaluation of companies] Vdf Hochschulverlag, Zürich, S 281–298

Rödel A, Siegrist J, Hessel A et al (2004) Fragebogen zur Messung beruflicher Gratifikationskrisen. Z Diff Diagn Psychol 25 (4):227–238

Saarni SI, Saarni ES, Saarni H (2008) Quality of life, work ability, and self employment: a population survey of entrepreneurs, farmers, and salary earners. Occup Environ Med 65:98–103

Schipper H, Clinch JJ, Olweny CLM (1996) Quality of life studies: Definition and conceptual issues. In: Spilker B (ed) Quality of life and Pharmaeconomics in clinical trials. Lippincott-Raven, Philadelphia, S 11–24

Schöffski O, Greiner W (1998) Das QALY-Konzept zur Verknüpfung von Lebensqualitätsaspekten mit ökonomischen Daten. In: Schöffski O, Glaser P, von der Schulenburg JM (Hrsg) Gesundheitsökonomische Evaluationen. Grundlagen und Standortbestimmung. Springer, Berlin Heidelberg, S 203–222

Schumacher J, Klaiberg A, Brähler E (2003) Diagnostische Verfahren zu Lebensqualität und Wohlbefinden. Hogrefe, Göttingen

Schwarz N, Strack F (1991) Evaluating one's life: A judgement model of subjective well-being. In: Strack F, Argyle M, Schwarz N (eds) Subjective well-being. An interdisciplinary perspective. Pergamon Press, Oxford, pp 27–47

Siegrist J (1996) Soziale Krisen und Gesundheit. Hogrefe, Göttingen

Siegrist J, Starke D, Chandola D et al (2004) The measurement of effort–reward imbalance at work: European comparisons. Soc Sci Med 58:1483–1499

Sintonen H (2001) The 15D instrument of health-related quality of life: properties and applications. Ann Med 33:328–336

Sölva M, Baumann U, Lettner K (1995) Wohlbefinden: Definitionen, Operationalisierungen, empirische Befunde. Z Gesundh 3:292–309

Sparr J, Sonnentag S (2008a) Fairness perceptions of supervisor feedback, LMX, and employee well-being at work. European Journal of Work and Organizational Psychology 17 (2):198–225

Sparr J, Sonnentag S (2008b) Feedback environment and well-being at work: The mediating role of personal control and feelings of helplessness. European Journal of Work und Organizational Psychology 17 (3):388–412

Stansfeld SA, Bosma H, Hemingway H et al (1998) Psychosocial work characteristics and social support as predictors of SF-36 health functioning: The Whitehall II study. Psychosomatic Medicine 60:247–255

Steyer R, Schwenkmezger P, Notz P et al (1997) Der mehrdimensionale Befindlichkeitsfragebogen (MDBF). Hogrefe, Göttingen

Stewart AL Napoles-Springer A (2000) Healthrelated quality-of-life assessments in diverse population groups in the United States. Medical Care 3:102–124

Straub C (1993) Qualitätssicherung im Krankenhaus: Die Rolle der Patienten. Eine Pilotstudie. In: Badura B, Feuerstein G, Scott T (Hrsg) System Krankenhaus. Arbeit, Technik und Patientenorientierung. Juventa, Weinheim München, S 376–389

The WHOQOL-Group (1994) Development of the WHOQOL: Rationale and current status. Int J ment health 23:24–56

The WHOQOL-Group (1995) The World Health Organization quality of life assessment (WHOQOL): Position paper from the world health organization. Soc Sci Med 41:1403–1409

Tuomi K, Ilmarinen J, Jahkola A et al (1998) Work ability index. 2nd revised ed. Finnish Institute of Occupational Health, Helsinki

Wasem J, Hessel F (2000) Gesundheitsbezogene Lebensqualität und Gesundheitsökonomie. In: Ravens-Sieberer U, Cieza A (Hrsg) Lebensqualität und Gesundheitsökonomie in der Medizin. Konzepte – Methoden – Anwendungen. Ecomed, Landsberg, S 319–335

Watson D, Clark LA, Tellegen A (1988) Development and validation of brief measures of positive and negative affect: The PANAS Scales. J Pers Soc Psychol 54:1063–1070

Work Productivity and Activity Impairment Questionnaire: Specific Health Problem V2.0 (WPAhSHP) (2009) Reilly Associates Web site, http://www.reillyassociates.net/WPAI_Translations.html (accessed July 22, 2009)

Wydra G (2005) FAHW. Fragebogen zum allgemeinen habituellen Wohlbefinden. Testmanual (3. überarbeitete Fassung). SWI, Saarbrücken

Zapf D (1994) Arbeit und Wohlbefinden. In: Abele A, Becker P (Hrsg) Wohlbefinden. Theorie – Empirie – Diagnostik. Juventa, Weinheim München

Kapitel 25

Messung von Führungsqualität und Belastungen am Arbeitsplatz: Die deutsche Standardversion des COPSOQ (Copenhagen Psychosocial Questionnaire)

M. Nübling · U. Stössel · M. Michaelis

Zusammenfassung. *Der inhaltlich sehr breit angelegte dänische COPSOQ-Fragebogen (Copenhagen Psychosocial Questionnaire) zur Erfassung psychosozialer Faktoren bei der Arbeit wird seit 2003 auch in einer umfangreich geprüften deutschen Standardversion eingesetzt. Durch die Kooperation von Wissenschaft und Betrieben/Organisationen hat die Datenbasis in der zentralen COPSOQ-Datenbank mittlerweile einen Umfang von über 30.000 Befragten aus unterschiedlichsten Berufen. Die Skala »Führungsqualität« ist einer der 19 im COPSOQ erhobenen Faktoren am Arbeitsplatz. Unsere Regressionsmodelle zeigen einen starken Zusammenhang zwischen der Bewertung der Führungsqualität und der Arbeitszufriedenheit. Ein Zusammenhang mit den gesundheitsbezogenen Outcomes kognitiver Stress und Burnout ist ebenfalls gegeben, aber deutlich schwächer. Hier stehen Faktoren wie die Vereinbarkeit von Berufs- und Privatleben im Vordergrund.*

25.1 Einleitung

Der umfassende Wandel der Arbeitsbedingungen und -inhalte in Industrie, Handel und Dienstleistung resp. Verwaltung in den letzten Jahrzehnten hat auch die Anforderungen an die Beschäftigten grundlegend verändert. Parallel zu dieser Entwicklung lässt sich eine deutliche Zunahme der psychischen Belastungen am Arbeitsplatz beobachten (vgl. z. B. Flake 2001, Lenhardt 2005). Bei den möglichen Belastungsfolgen steigen seit einigen Jahren auch die Raten für die Arbeitsunfähigkeit (AU) durch psychische Erkrankungen und damit verbunden deren gesellschaftliche Folgekosten. Der BKK Faktenspiegel von 2008 (BKK 2008) konstatiert – wie andere Quellen auch – entgegen dem Trend eines insgesamt deutlich sinkenden Gesamtkrankenstandes (1991: 25 Krankentage je Versicherten, 2007: 12,8 Tage) ein kontinuierliches und starkes Ansteigen von AU-Fehlzeiten und AU-Fällen für diese Diagnosegruppe (Zuwachs von über 50% im gleichen Zeitraum). Die direkten und indirekten Kosten der durch psychische Belastungen (mit-)verursachten Erkrankungen werden seit einiger Zeit ähnlich hoch wie bei Krankheiten aufgrund körperlicher Arbeitsbelastung veranschlagt (z. B. Kuhn 2002).

Ein wesentlicher Teil im Spektrum der psychosozialen Faktoren am Arbeitsplatz ist das Führungsverhalten. Epidemiologische Studien weisen nicht nur auf einen engen Zusammenhang zwischen der Führungsqualität von Vorgesetzten und der Arbeitsqualität der Mitarbeiter (Fuchs 2006, INQA-Bericht Nr. 19) oder dem allgemeinen Gesundheitszustand hin (Wilde et al. 2008). Auch der Einfluss des Führungsverhaltens auf das Stresserleben bzw. dessen Folgen wie ischämische Herzerkrankungen konnte aufgezeigt werden (Nyberg et al. 2009, Rowold und Heinitz, im Druck).

Nach dem Arbeitsschutzgesetz (§ 5 ff) sind Unternehmen verpflichtet, die in ihrem Betrieb vorkommenden Tätigkeiten nach ihrem Gefährdungspotenzial zu beurteilen, die Ergebnisse zu dokumentieren und ggf. entsprechende Schutzmaßnahmen einzuleiten. Dies macht es erforderlich, die Situation bei den psychischen Belastungen und Beanspruchungen auf wissenschaftlicher Grundlage mit Basisdaten zu den psychischen Faktoren am Arbeitsplatz einzuschätzen.

Im Gegensatz zur relativ gut normierbaren sicherheitstechnischen Bewertung von Arbeitsplätzen und Tätigkeiten stößt die Messung psychischer Belastungen aus zwei Gründen auf Schwierigkeiten: Zum einen ist das theoretische Konstrukt sehr unbestimmt: Was alles gehört zu den psychischen Faktoren dazu? Es gibt dazu international eine Vielzahl von Modellen und Theorien mit folglich sehr unterschiedlichen Inhalten und Indikatoren. Zum anderen sind auch die Methoden der Erhebung (Verfahren, Operationalisierungen) sehr vielfältig und heterogen (z. B. Ertel 2001, Schmidtke 2002, Nachreiner 2002): Neben Verfahren der Expertenbeurteilung (Beispiele: REBA: Pohlandt et al. 1996, SIGMA: Windel 1998, u. a.) und experimentellen Techniken werden die subjektiv empfundenen Belastungen und/oder Beanspruchungen der Beschäftigten am häufigsten durch Befragungen gemessen. Der Hauptvorteil von Mitarbeiterbefragungen über standardisierte Fragebogen (schriftlich oder online) ist, dass mit vergleichsweise geringem Aufwand eine breite Datenbasis erreicht werden kann. Ein solches Instrument ist auch der COPSOQ-Fragebogen (Copenhagen Psychosocial Questionnaire).

25.2 Der COPSOQ-Fragebogen

Der COPSOQ wurde von Kristensen und Borg auf der Basis bereits erprobter Instrumente am dänischen National Institute for Occupational Health in Kopenhagen entwickelt und validiert (Kristensen und Borg 2000). Ziel der Autoren war es, ein theoriebasiertes Instrument zu erstellen, das aber andererseits nicht auf *eine bestimmte* Theorie begrenzt bleiben sollte: »…the questionnaire should be theory-based but not attached to one specific theory.« Der COPSOQ ist daher inhaltlich sehr breit angelegt. Er deckt viele Bereiche der heute führenden Konzepte und Theorien ab und versucht damit, die angesprochene inhaltliche Unbestimmtheit des Konstrukts »psychische Faktoren« durch ein sehr breites Spektrum erhobener Aspekte zu minimieren (zu Details siehe Kristensen et al. 2005).

Der Fragebogen wird als Screening-Instrument in der betrieblichen Praxis eingesetzt. Die zu bewertenden und zu vergleichenden Untereinheiten können z. B. Berufsgruppen, Abteilungen, Arbeitsbereiche etc. sein. Den Kernbereich des Fragebogens bilden die psychosozialen Faktoren bei der Arbeit, was beim COPSOQ sowohl die Belastungen (Ursachen) als auch die Beanspruchungen und deren Folgen (Wirkungen) beinhaltet. Eine der Skalen im Bereich Belastungen ist die Skala Führungsqualität. Mittlerweile wird der COPSOQ in mehreren Ländern (Spanien, Belgien, Schweden, China, USA, u. a.) und in verschiedenen Übersetzungen bzw. Adaptionen eingesetzt.

Die deutsche COPSOQ-Erprobungsstudie wurde im Auftrag der Bundesanstalt für Arbeitsschutz und Arbeitsmedizin (BAuA) von einer Projektgruppe unter Leitung der Freiburger Forschungsstelle Arbeits- und Sozialmedizin (FFAS) durchgeführt. Wissenschaftliches Ziel war die Erstellung einer deutschen Version des COPSOQ-Fragebogens und die umfassende Prüfung und Beurteilung der Messqualitäten auf einer breiten Datenbasis von N > 2000. Zusätzliches praktisches Ziel war es, eine Kurzversion des Instruments zu entwickeln, die den Betrieben zur Erhebung psychosozialer Faktoren bei der Arbeit im Rahmen von Gefährdungsbeurteilungen oder beim Aufbau eines betrieblichen Gesundheitsmanagements zur Verfügung gestellt werden kann. Die Erprobungsstudie umfasste folgende Arbeitsschritte:

1. Übersetzung und Anpassung des Fragebogens: semantische Anpassung, Prüfung der Aufnahme von zusätzlichen Fragen und Skalen. In der deutschen Studie wurden einige Skalen ausgetauscht und weitere neu aufgenommen; die zentralen Skalen des COPSOQ kamen jedoch unverändert zur Anwendung.
2. Durchführung und Auswertung einer Pilotstudie (N = 300) und Anpassung des Instruments.
3. Durchführung der Hauptstudie: Befragung einer Referenzstichprobe mit einem breiten Tätigkeitsspektrum (N = 2561) in Deutschland.
4. Reanalyse der Gütekriterien des Instruments: Objektivität, Sensitivität, Validität, Reliabilität, diagnostische Aussagekraft, Generalisierbarkeit. (Eignung im Sinne der ISO 10075-3, DIN EN ISO 2004).
5. Vorschlag einer verkürzten Version des Messinstruments.

In der Hauptstudie von Februar bis Oktober 2004 wurden insgesamt N = 2561 Beschäftigte aus verschiedensten Berufsgruppen (z. B. Lehrer, Pfarrer, technische Berufe, Hotelbedienstete, Verwaltungspersonal, Ärzte, Pflegende etc.) mit der Langversion des COPSOQ befragt.

Die umfangreichen statistischen Prüfungen der Messqualitäten des COPSOQ – Antwortverweigerungen, fehlende Werte, Boden- und Deckeneffekte (Sensitivität), Inhaltsvalidität, Objektivität (der Messung und Interpretation), Reliabilität (interne Konsistenz der Skalen), Generalisierbarkeit der Messqualität, Konstruktvalidität, faktorielle Validität, diagnostische Aussagekraft – ergaben, dass der COPSOQ zur Erfassung psychischer Faktoren am Arbeitsplatz, von wenigen Ausnahmen abgesehen, gut geeignet ist.

Nach der Klassifikation der ISO 10075-3 (Ergonomische Grundlagen bezüglich psychischer Arbeitsbelastung. Teil 3: Prinzipien und Anforderungen für die Messung psychischer Arbeitsbelastung) ist der COPSOQ damit in der Terminologie der ISO als »Screening-Instrument« der Stufe 2 einzustufen. Im Projektbericht (Nübling et al. 2005) und auf der deutschen COPSOQ-Website www.copsoq.de sind die Analyseergebnisse im Detail dargelegt. Mittlerweile wurden die zentralen Ergebnisse auch in englischer Sprache publiziert (Nübling et al. 2006).

25.3 Die deutsche Kurzversion des COPSOQ-Fragebogens (= Standardversion)

Ziel der Erstellung einer verkürzten Version war es, bei möglichst geringen Einbußen hinsichtlich der Messeigenschaften und der inhaltlichen Breite des COPSOQ doch zu einer deutlichen Verringerung der Fragenanzahl und damit der Ausfüllzeit zu gelangen. Unter dieser Zielsetzung wurde die jetzige Standardversion erarbeitet, die mit 87 Items auf 25 Skalen (statt 157 Items auf 31 Skalen in der Langversion) auskommt. Diese somit um rund 45% verkürzte Version weist hinsichtlich Reliabilität und Validität nur geringfügig geringere Messqualitäten auf. Auch deckt sie noch fast alle inhaltlichen Bereiche der Langversion ab. Nur sechs Skalen wurden komplett entfernt, die anderen meist intern gekürzt. Die Skalen und die zugehörigen Einzelfragen sind der Tabelle 25.1 zu entnehmen. Der Fragebogen und die Skalenzuordnung sind auch unter www.copsoq.de als PDF erhältlich.

Ein Vorteil des COPSOQ ist seine generische Ausrichtung: Er ist prinzipiell für alle Berufsgruppen einsetzbar. Die erhobenen Belastungen und Beanspruchungen können damit sowohl betriebsintern (z. B. verschiedene Abteilungen, Standorte, Berufsgruppen etc., »internes Benchmarking« als auch extern (Vergleich mit ähnlichen Betrieben – »externes Benchmarking«, Vergleich verschiedener Berufsgruppen oder verschiedener Branchen) miteinander ins Verhältnis gesetzt werden.

Bisherige Erfahrungen haben auch gezeigt, dass es in manchen Berufsgruppen sinnvoll ist, neben den für alle Berufe identischen COPSOQ-Skalen noch einige zusätzliche Fragen zu integrieren, die spezifische Belastungen in den jeweiligen Berufen betreffen (dies fand z. B. Anwendung bei der Befragung von Ärzten, Verwaltungspersonal, Ingenieuren, Lehrkräften und anderen Berufsgruppen).

Voraussetzung für die externen berufsspezifischen Vergleiche und die Vergleiche zwischen Berufsgruppen ist die Sammlung von COPSOQ-Befragungsdaten und berufsgruppenbezogenen Belastungsprofilen in einer zentralen Datenbank. Hier setzt das Kooperationsmodell Wissenschaft – Praxis seit Sommer 2005 an. Je nach den technischen Möglichkeiten der Beschäftigten (Internetzugang) wird die Befragung online (mit individuellem Direktfeedback für jeden einzelnen Teilnehmer) oder klassisch als schriftliche Fragebogenaktion mit portofreiem Rückumschlag durchgeführt.

Betriebe und Organisationen, die den COPSOQ im Rahmen dieser Kooperation einsetzen, erhalten einen Vergleich ihrer Ergebnisse mit den bisher vorliegenden Referenzwerten der entsprechenden Berufsgruppen (externes Benchmarking; z. B. Pflegekräfte im Krankenhaus X verglichen mit allen Pflegekräften in der COPSOQ-Datenbank). Im Gegenzug werden die Daten aller teilnehmenden Betriebe anonymisiert in die Datenbank integriert und sorgen so für einen ständig wachsenden Datenpool. Dieser ist mittlerweile auf über 30.000 Befragte angewachsen, auch aufgrund einer noch laufenden Vollerhebung an allen Schulen in den Bundesländern Baden-Württemberg und Bremen.

Zur Vermeidung von Verzerrungen im nachfolgenden Abschnitt beziehen sich die vorgestellten Ergebnisse nur auf 11.168 Befragte ohne die Lehrkräfte aus der Vollerhebung in Baden-Württemberg.

Tabelle 25.1. Fragekatalog und Skalen deutscher COPSOQ-Fragebogen (Standardversion)

Skala (bzw. Einzelitem)	Herkunft	N Items	Fragenummern
Anforderungen			
Quantitative Anforderungen	COPSOQ	4	B1: 1–4
Emotionale Anforderungen	COPSOQ	3	B1: 5–7
Anforderungen, Emotionen zu verbergen	COPSOQ	2	B1: 8,9
Work-Privacy Conflict	Netemeyer 1996	5	B2: 1–5
Einfluss und Entwicklungsmöglichkeiten			
Einfluss bei der Arbeit	COPSOQ	4	B3: 1–4
Entscheidungsspielraum	COPSOQ	4	B3: 5–8
Entwicklungsmöglichkeiten	COPSOQ	4	B4: 1, B5: 1–3
Bedeutung der Arbeit	COPSOQ	3	B5: 4–6
Verbundenheit mit Arbeitsplatz (Commitment)	COPSOQ	4	B5: 7–10
Soziale Beziehungen und Führung			
Vorhersehbarkeit	COPSOQ	2	B6: 1–2
Rollenklarheit	COPSOQ	4	B6: 3–6
Rollenkonflikte	COPSOQ	4	B6: 7–10
Führungsqualität	COPSOQ	4	B7: 1–4
Soziale Unterstützung	COPSOQ	4	B8: 1–4
Feedback	COPSOQ	2	B8: 5–6
Soziale Beziehungen	COPSOQ	2	B8: 7–8
Gemeinschaftsgefühl	COPSOQ	3	B8: 9–11
Mobbing (Einzelitem)	Zentralarchiv o. J.	1	B8: 12
Weitere Skalen			
Unsicherheit des Arbeitsplatzes	COPSOQ	4	B9: 1–4
Beschwerden, Outcomes			
Gedanke an Berufsaufgabe (Einzelitem)	Hasselhorn et al. 2003	1	B10
Arbeitszufriedenheit	COPSOQ	7	B11: 1–7
Allgemeiner Gesundheitszustand	EuroQol 1990	1	B12
Copenhagen Burnout Inventory (CBI), Skala: personal burnout	Borritz und Kristensen 1999	6	B13: 1–6
Kognitive Stresssymptome	COPSOQ	4	B14: 1–4
Lebenszufriedenheit (Satisfaction with life scale, SWLS)	Diener 1985	5	B15: 1–5
Summe Items		**87**	

Tabelle 25.2. Einzelfragen der Skala Führungsqualität

Bitte schätzen Sie ein, in welchem Maß Ihr unmittelbarer Vorgesetzter ... (Wenn Sie keinen Vorgesetzten haben, kreuzen Sie bitte die Spalte ganz rechts an)	in sehr hohem Maß	in hohem Maß	zum Teil	in geringem Maß	in sehr geringem Maß	habe keinen Vorgesetzten
1. ... für gute Entwicklungsmöglichkeiten der einzelnen Mitarbeiter sorgt?	☐	☐	☐	☐	☐	☐
2. ... der Arbeitszufriedenheit einen hohen Stellenwert beimisst?	☐	☐	☐	☐	☐	☐
3. ... die Arbeit gut plant?	☐	☐	☐	☐	☐	☐
4. ... Konflikte gut löst?	☐	☐	☐	☐	☐	☐

25.4 Die Messung von Führungsqualität mit dem COPSOQ

Der Aspekt »Führungsqualität« wird, wie die meisten anderen Aspekte im COPSOQ auch, anhand mehrerer Einzelfragen (so genannter »Items«) gemessen (s. Tabelle 25.2).

In der Standardversion des deutschen wie auch des englischen und dänischen COPSOQ werden vier Fragen mit einem fünfstufigen Antwortschema (Likert-Skala) vorgelegt. Die höchste Zustimmung wird mit 100 Punkten, die niedrigste mit 0 Punkten bewertet, die anderen Antwortmöglichkeiten mit 75, 50 und 25 Punkten. Der Skalenwert für die von den einzelnen Beschäftigten individuell bewertete Führungsqualität errechnet sich als Mittelwert der vier Antworten; der Messwert einer Gruppe ist dann wiederum der Durchschnitt aller individuellen Skalenwerte.

Grundsätzlich könnte man erwarten, dass die Führungsqualität von Vorgesetzten in erster Linie ein arbeitplatzbezogener Faktor ist (in der englischen Terminologie ein *workplace-related factor*) und in geringerem Ausmaß ein berufsbezogener Faktor (*job-related factor*), dass also die Bewertung der Führungsqualität weitgehend unabhängig von der Berufsgruppe und dafür stark abhängig von der konkreten Situation am eigenen Arbeitsplatz ist.

Wie Abbildung 25.1 zeigt, wird dies zum Teil bestätigt. In einigen Berufsgruppen wird die Führungsqualität von Vorgesetzten aber offensichtlich durchgängig positiver gesehen als in anderen, zuvorderst in der Alten- und Krankenpflege. Dies könnte daran liegen, dass im COPSOQ nach einer Beurteilung des/der »*unmittelbaren* Vorgesetzten« gefragt wird und dass die Führungsqualität auf dieser Hierarchiestufe (z. B. Pflegende und Pflegedienstleitung) in den Pflegeberufen durchschnittlich positiver als in anderen Berufen gesehen wird.

Betrachtet man alle 19 COPSOQ-Skalen im Bereich Belastungen, so zeigen sich theoriekonform die größten Unterschiede zwischen den Berufsgruppen dort, wo man von berufsgruppenspezifischen Unterschieden weiß bzw. solche vermutet, z. B. beim »Entscheidungsspielraum bei Pausen und Urlaub« (erklärte Varianz durch den Parameter Beruf: $eta^2 = 0.22$), den »emotionalen Anforderungen« ($eta^2 = 0.12$) oder der »Unvereinbarkeit von Berufsleben und Privatleben« ($eta^2 = 0.20$); letztere ist z. B. vor allem dort sehr ausgeprägt, wo berufsbedingt häufig kurzfristige Änderungen der Arbeitszeit vorkommen (Bereitschaftsdienste, Notdienste). Die geringste erklärte Varianz zeigt sich für die Skala »Gemeinschaftsgefühl« mit $eta^2 = 0.02$ und für das Einzelitem »Mobbing« ($eta^2 = 0.02$); hier ist also fast die gesamte vorhandene Varianz von anderen Parametern als dem Beruf anhängig, speziell von der konkreten Situation vor Ort.

Für die Skala Führungsqualität gilt somit in diesem Vergleich, dass der Anteil der durch die Berufsgruppenzugehörigkeit erklärten Varianz mit 9% im mittleren Bereich liegt – die Bewertung der Führungsqualität variiert teilweise mit den Berufsgruppen, ist aber andererseits – erwartungsgemäß – vor allem von der konkreten Situation vor Ort abhängig.

Des Weiteren interessieren im Rahmen von Befragungen zu psychischen Belastungen die Zusammenhänge zwischen den als Ursache-Faktoren ange-

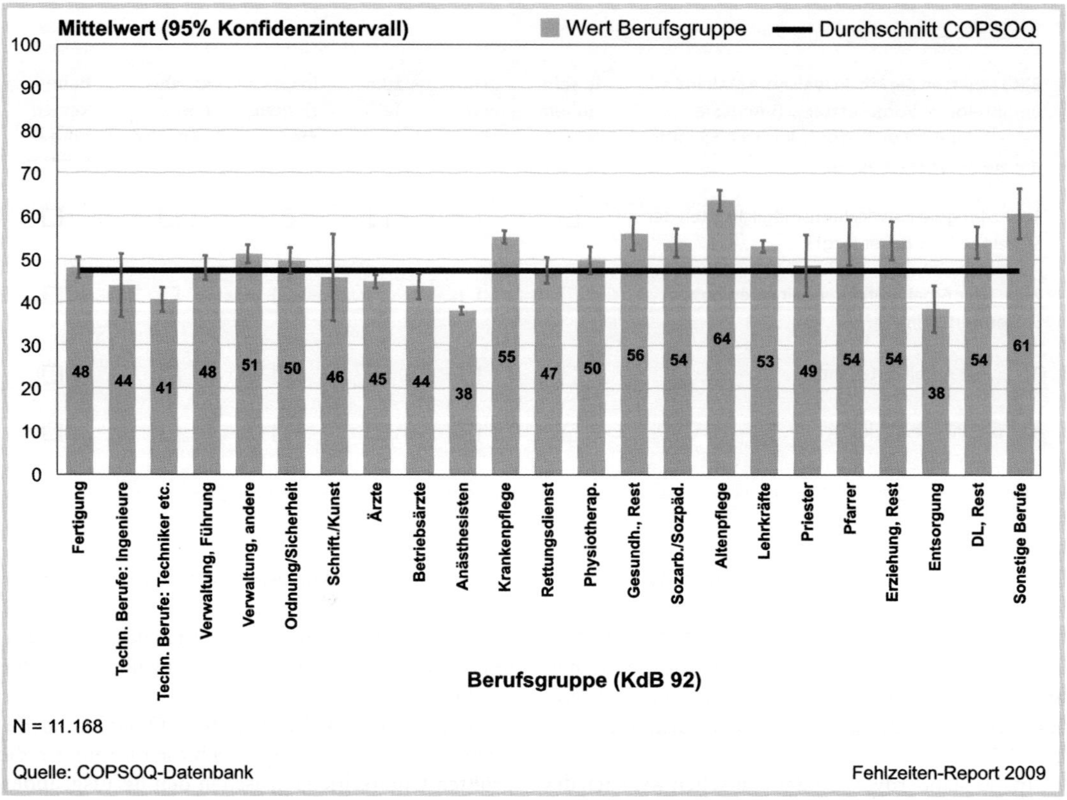

Abb. 25.1. Mittelwerte und 95% Konfidenzintervall: Skala Führungsqualität nach Berufsgruppen

nommenen Belastungen und den Wirkungs-Faktoren (sog. Outcomes). Im COPSOQ werden sechs solcher Outcomes erhoben: Arbeitszufriedenheit, Gedanke an eine Berufsaufgabe, Gesundheitszustand, Burnout, kognitiver Stress und Lebenszufriedenheit. In multiplen Regressionsmodellen der Belastungsskalen auf diese Outcomes wurde untersucht, welche Faktoren am stärksten mit diesen zusammenhängen und welche Rolle dabei die Skala Führungsqualität spielt; es werden je die wichtigsten fünf Prädiktoren genannt (bzw. weitere, wenn sie zu einer Erhöhung der erklärten Varianz um mindestens weitere 2% führen). Die Führungsqualität ist im Modell zur Erklärung der Arbeitszufriedenheit der erste und wichtigste Prädiktor (s. Abb. 25.2 und Tabelle 25.3).

Für die Erklärung der anderen Outcomes hat die Führungsqualität aber keine so zentrale Rolle (s. Tabelle 25.3). Hier ist vor allem die Bewertung der Skala Work-Privacy Conflict (Unvereinbarkeit von Berufs- und Privatleben) zentral: Diese Skala ist der erste Prä-

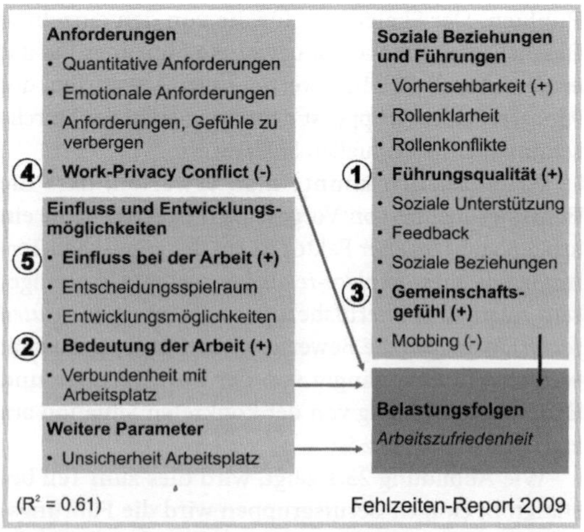

Abb. 25.2. Multiples Regressionsmodell für Arbeitszufriedenheit. Wichtigste fünf Prädiktoren

Tabelle 25.3. Regressionsmodelle: Belastungsfaktoren auf Outcomes

Kriterium	Wichtigste 5 Prädiktoren	R^2
Arbeitszufriedenheit	Führungsqualität (+)	0.61
	Bedeutung der Arbeit (+)	
	Gemeinschaftsgefühl (+)	
	Work-Privacy Conflict (–)	
	Einfluss bei der Arbeit (+)	
Gedanke an Berufsaufgabe	Bedeutung der Arbeit (–)	0.25
	Work-Privacy Conflict (+)	
	Mobbing (Einzelitem) (+)	
	Verbundenheit mit dem Arbeitsplatz (–)	
	Emotionale Anforderungen (+)	
Allgemeiner Gesundheitszustand	Work-Privacy Conflict (–)	0.15
	Unsicherheit des Arbeitsplatzes (–)	
	Gemeinschaftsgefühl (+)	
	Anforderungen, Emotionen zu verbergen (–)	
	Bedeutung der Arbeit (+)	
CBI: personal burnout	Work-Privacy Conflict (+)	0.37
	Unsicherheit des Arbeitsplatzes (+)	
	Emotionale Anforderungen (+)	
	Bedeutung der Arbeit (–)	
	Mobbing (Einzelitem) (+)	
Kognitive Stresssymptome	Work-Privacy Conflict (+)	0.20
	Bedeutung der Arbeit (–)	
	Unsicherheit des Arbeitsplatzes (+)	
	Emotionale Anforderungen (+)	
	Rollenklarheit (–)	
Allgemeine Lebenszufriedenheit	Bedeutung der Arbeit (+)	0.22
	Work-Privacy Conflict (–)	
	Unsicherheit des Arbeitsplatzes (–)	
	Entwicklungsmöglichkeiten (+)	
	Gemeinschaftsgefühl (+)	

diktor für Gesundheitszustand, Burnout und kognitive Stresssymptome und steht an zweiter Stelle für den Gedanken an Berufsaufgabe und Lebenszufriedenheit (hier beide Male nach der Bewertung der Bedeutung der Arbeit). Eine wichtige Rolle spielt zudem die Skala Unsicherheit des Arbeitsplatzes mit vier Platzierungen unter den ersten fünf Prädiktoren für diese fünf Outcomes.

Eine direkte starke Beziehung der Skala Führungsqualität zu den drei gesundheitsbezogenen und zwei weiteren Outcomes besteht damit nach unseren Daten nicht. Wohl aber bestehen schwache bis moderate bivariate Korrelationen (Pearsons r zwischen 0.18 und 0.28) zwischen Führungsqualität und diesen fünf Outcomes und indirekte über die Arbeitszufriedenheit vermittelte Beziehungen mit Korrelationen zwischen 0.33 und 0.50 zwischen Arbeitszufriedenheit einerseits und den fünf anderen Outcome-Parametern im COPSOQ andererseits.

25.5 Zusammenfassung

Die Messung der Führungsqualität im Rahmen einer umfassenden Erhebung zu psychischen Faktoren am Arbeitsplatz beim Einsatz des COPSOQ zeigt einige eindeutige und plausible Zusammenhänge mit den Outcome-Parametern. Die Führungsqualität steht im Regressionsmodell an erster Stelle der Prädiktoren für das Merkmal Arbeitszufriedenheit. Die Führungsqualität des direkten Vorgesetzten ist also mithin der wichtigste Faktor für die Arbeitszufriedenheit. In Bezug auf die gesundheitsbezogenen Outcomes im COPSOQ – Gesundheitszustand, Burnout und kognitiver Stress – hat die Bewertung der Führungsqualität nicht diesen Stellenwert; hier weisen Parameter der Arbeitsorganisation (Vereinbarkeit von Berufs- und Privatleben) oder übergeordnete Arbeitsmarktfaktoren (Unsicherheit des Arbeitsplatzes) stärkere Zusammenhänge auf.

Einschränkend bei der Interpretation dieser Zusammenhänge darf nicht vergessen werden, dass die Daten der COPSOQ-Datenbank Querschnittsdaten sind; bestehende Korrelationen zwischen zwei Aspekten sagen daher noch nichts darüber aus, ob diese Ko-Relationen auch kausal interpretiert werden können. Die Konsistenz der Resultate über die vielen Aspekte des COPSOQ-Fragebogens und die Ermittlung dieser Zusammenhänge bei einer hohen Fallzahl weisen aber auf eine anzunehmende Evidenz solcher Kausalbeziehungen hin.

Aus praktischen, präventionsorientierten Gesichtspunkten wesentlich ist zudem der Umstand, dass nur ein geringer Anteil der Varianz in der Bewertung der Führungsqualität dem (für Interventionen nicht zugänglichen) Parameter Berufsgruppe zugerechnet werden kann. Der weitaus größere Varianzanteil hängt von anderen Faktoren, wie z. B. der konkreten Ausgestaltung der Führungsqualität vor Ort ab und ist damit ein betrieblich veränderbarer Faktor.

25.6 Ausblick COPSOQ-Datenbank

Der Aufbau einer zentralen Datenbank zu psychischen Belastungen im Beruf (im beschriebenen Kooperationsmodell) hat den Vorteil, dass die von den Beschäftigten angegebenen Belastungen und Beanspruchungen nach Berufsgruppen verglichen werden können. Da Normwerte oder Cut-offs für psychische Belastungen fehlen, erleichtert dieser Vergleich den Betrieben wesentlich die Interpretation der eigenen Ergebnisse. Für die gesundheitsbezogene Arbeitswissenschaft können die Daten zum Aufbau einer »job-exposure matrix« im Bereich der psychosozialen Faktoren bei der Arbeit verwendet werden. Diese wird Ende 2009 vorliegen.

Einige Punkte sind (noch) als problematisch anzusehen. So verfügt die Datenbank bisher nicht über Belastungsprofile für alle Berufsgruppen, so dass z. B. im Produktionssektor die Berufe bislang noch sehr grob zusammengefasst werden müssen. Im Bereich der Dienstleitungsberufe (speziell: Gesundheitsdienst, Lehrkräfte, Verwaltung) liegen dagegen schon sehr umfangreiche Datensammlungen von jeweils mehreren Tausend Beschäftigten vor.

Weitere Arbeitsgebiete in der aktuellen Weiterentwicklung des COPSOQ- Einsatzes sind:

a. Einsatz des COPSOQ in repräsentativen Bevölkerungsstudien und Vergleich der dort gewonnenen Daten mit den Daten aus Betrieben und Organisationen,
b. Validierung der Selbstauskünfte im COPSOQ mit externen Daten (betriebsärztliche Untersuchung) und
c. internationale Vernetzung und Forschung im Rahmen des COPSOQ- Netzwerkes.

Literatur

BKK-Faktenspiegel (Oktober 2008) Schwerpunktthema Krankenstand. http://www.bkk.de/bkk/psfile/downloaddatei/85/Faktenspie49018889861ed.pdf. Zugriff 12.6.2009

Borritz M, Kristensen TS (1999) Copenhagen Burnout Inventory. National Institute of Occupational Health, Copenhagen

Diener E, Emmons RA, Larsen RJ, Griffin S (1985) The Satisfaction with Life Scale. J Pers Assess 49:71–75

DIN EN ISO 10075-3 (2004) Ergonomische Grundlagen bezüglich psychischer Arbeitsbelastung Teil 3: Prinzipien und Anforderungen für die Messung und Erfassung psychischer Arbeitsbelastung. Beuth, Berlin

Ertel M (2001) Möglichkeiten und Grenzen bei der Erfassung psychischer Belastungen in der Arbeitswelt. In: Flake C, Freigang-Bauer I, Gröben F, Wenchel KT (Hrsg) Psychischer Stress in der Arbeitswelt. Erkennen – mindern – bewältigen. RKW, Eschborn, S 32–33

EuroQol Group (1990) EuroQol – a new facility for the measurement of health-related quality of life. Health Policy 16:199–208

Flake C (2001) Psychische Belastungen in der Arbeitswelt erkennen und bewerten. In: Flake C, Freigang-Bauer I, Gröben F et al (Hrsg) Psychischer Stress in der Arbeitswelt. Erkennen – mindern – bewältigen. RKW, Eschborn, S 15–28

Fuchs T (2006) Was ist Gute Arbeit. Anforderungen aus Sicht der Erwerbstätigen. Inqa-Bericht Nr. 19, 2. Aufl. Dortmund Berlin Dresden

Hasselhorn HM, Tackenberg P, Müller B (Hrsg) (2003) Working conditions and intent to leave the profession among nursing staff in Europe. Working Life Research Report 7:2003, National Institute for Working Life, Stockholm

Kristensen TS, Borg V (2000) AMI's spørgeskema om psykisk arbejdsmiljø. National Institute of Occupational Health, Copenhagen

Kristensen TS, Hannerz H, Høgh A, Borg V (2005) The Copenhagen Psychosocial Questionnaire (COPSOQ) – a tool for the assessment and improvement of the psychosocial work environment. Scand J Work Environ Health 31:438–449

Kuhn K (2002) Kosten arbeitsbedingter Erkrankungen. Amtliche Mitteilungen 17, (Sonderausgabe: Gesundheitsschutz in Zahlen 2000). Bundesanstalt für Arbeitsschutz und Arbeitsmedizin, Dortmund, S 12–21

Lenhardt U (2005) Gesundheitsförderung. Rahmenbedingungen und Entwicklungsstand. SuB 28:5–17

Nachreiner F (2002) Über einige aktuelle Probleme bei der Erfassung, Messung und Beurteilung psychischer Belastung und Beanspruchung. Z Arb wiss 56:10–21

Netemeyer RG, Boles JS, McMurrian R (1996) Development and validation of Work-Family Conflict and Family-Work Conflict Scales. J Appl Psychol 81:4

Nübling M, Stößel U, Hasselhorn HM et al (2005) Methoden zur Erfassung psychischer Belastungen – Erprobung eines Messinstrumentes (COPSOQ). Schriftenreihe der Bundesanstalt für Arbeitsschutz und Arbeitsmedizin, Fb 1058. Wirtschaftsverlag NW, Bremerhaven. http:// www.copsoq.de. Gesehen 12 Jun 2009

Nübling M, Stößel U, Hasselhorn HM et al (2006) Measuring psychological stress and strain at work: Evaluation of the COPSOQ Questionnaire in Germany. GMS Psychosoc Med. 3: Doc05. http://www.egms.de/en/journals/psm/2006-3/psm000025.shtml. Seitenabruf 17.07.2009

Nyberg A, Alfredsson L, Theorell T et al (2009). Managerial leadership and ischaemic heart disease among employees: the Swedish WOLF study. Occupational and Environmental Medicine 66:51–55

Pohlandt A, Jordan P, Rehnisch G et al (1996) REBA – ein rechnergestütztes Verfahren für die psychologische Arbeitsbewertung und -gestaltung. Z Arb Organ 40:63–74

Rowold J, Heinitz K (2009) Einfluss von transformationaler, transaktionaler, mitarbeiter- und aufgabenorientierter Führung auf Stress. Zeitschrift für Personalpsychologie (im Druck)

Schmidtke H (2002) Vom Sinn und Unsinn der Messung psychischer Belastung und Beanspruchung. Z Arb wiss 56:4–9

Wilde B, Hinrichs S, Schüpbach H (2008) Der Einfluss von Führungskräften und Kollegen auf die Gesundheit der Beschäftigten – Zwei empirische Untersuchungen in einem Industrieunternehmen. Wirtschaftspsychologie 10:100–106

Windel A (1998) Entwicklung und Aufbau des Screening-Instruments zur Bewertung und Gestaltung von menschengerechten Arbeitstätigkeiten – SIGMA. In: Benda H von, Bratge D (Hrsg) Psychologie der Arbeitssicherheit. 9. Workshop 1997. Asanger, Heidelberg, S 285–289

Zentralarchiv für Empirische Sozialforschung Köln (Hrsg) Erwerb und Verwertung beruflicher Qualifikationen. BIBB/IAB-Erhebung 1998/99. Maschinenlesbares Codebuch ZA 3379. Köln o. J.

Kapitel 26

Messung von Sozialkapital im Betrieb durch den »Bielefelder Sozialkapital-Index« (BISI)

P. Rixgens[1]

Zusammenfassung. *Im folgenden Beitrag wird der »Bielefelder Sozialkapital-Index« (BISI) zur Messung der sozialen Produktivitätsressourcen im Unternehmen vorgestellt. Auf der Basis der Antworten von insgesamt 3.208 Beschäftigten aus acht verschiedenen Produktions- und Dienstleistungsunternehmen wird ein Index konstruiert und evaluiert, mit dem sowohl das betriebliche Sozialkapital als Ganzes als auch die drei einzelnen Teilaspekte Netzwerkkapital, Führungskapital und Wertekapital erhoben und quantifiziert werden können. Hierzu wurde das ursprüngliche Messinstrument von insgesamt 64 Fragen durch umfangreiche Item-, Faktor- und Reliabilitätsanalysen auf 30 Items gekürzt. Diese empirisch abgesicherte Itemreduktion lässt einen wesentlich praktikableren und benutzerorientierten Index entstehen, mit dem sowohl der soziale Zusammenhalt in den Arbeitsteams als auch die sozialen Beziehungen der Mitarbeiter zu ihren Vorgesetzten sowie das Ausmaß der gemeinsamen Werteorientierung im Unternehmen gleichermaßen zuverlässig und ökonomisch im Rahmen von Mitarbeiterbefragungen erhoben werden können.*

26.1 Hintergrund

In Zeiten von Konkurrenz fördernder Globalisierung, rapidem demographischen Wandel und gravierender finanzieller Engpässe wächst der Druck auf die Anpassungsfähigkeit von Unternehmen enorm, flexibel mit diesen neuen Herausforderungen umzugehen. Gerade in solchen Krisenzeiten wird immer wieder deutlich, dass gut qualifiziertes und verantwortungsbewusst agierendes Personal nach wie vor die wichtigste betriebliche Ressource für den Erfolg eines Unternehmens ist. Ein hoher unternehmerischer Erfolg kann normalerweise nur dann dauerhaft sichergestellt werden, wenn die Führungskräfte für die anstehenden Aufgaben fachlich und persönlich geeignet sind, wenn die instrumentellen und sozialen Beziehungen innerhalb der verschiedenen Arbeitsteams hinreichend gut funktionieren und wenn eine kollektiv weithin akzeptierte Unternehmenskultur existiert, die das berufliche Handeln ganzer Belegschaften auch in der Krise effektiv steuern kann. Diese theoretische Grundannahme, wonach der »Faktor Mensch« und damit die personalen, sozialen und kulturellen Ressourcen eines Betriebs von überragender Bedeutung für dessen wirtschaftlichen Erfolg sind, ist die Kernidee des Bielefelder Sozialkapital-Ansatzes (Badura et al. 2008). Diesem Ansatz zufolge besteht das »Sozialkapital« eines Unternehmens aus drei zentralen Elementen: 1. das Netzwerkkapital, das sich auf die Qualität und

1 Die Autorin dankt dem Kollegen Dr. Heiner Brücker (Universität Osnabrück) für nützliche Hinweise bei der statistischen Auswertung der Daten und der Abfassung des Manuskripts.

Quantität horizontaler sozialer Beziehungen zwischen den Mitarbeiterinnen und Mitarbeitern gleichen Rangs bezieht; 2. das Führungskapital, das die Intensität und die Qualität der vertikalen Beziehungen zwischen Vorgesetzten und Mitarbeitern kennzeichnet; und 3. das Wertekapital, das sich vor allem auf gemeinsam geteilte Überzeugungen, kollektive Wertvorstellungen bzw. normative Verhaltenserwartungen sowie deren praktische Umsetzung im betrieblichen Alltag bezieht (und das in anderen Zusammenhängen auch als »Unternehmenskultur« bezeichnet wird). Der Bielefelder Sozialkapital-Ansatz geht zudem von der zentralen gesundheitswissenschaftlichen Annahme aus, dass das betriebliche Sozialkapital der maßgebliche Garant für ein gutes gesundheitliches Wohlbefinden der Beschäftigten und damit eine besonders wichtige Voraussetzung für hohe wirtschaftliche Produktivität des Unternehmens ist (Badura et al. 2008).

Im Rahmen eines umfangreichen empirischen Forschungsprojekts an der Fakultät für Gesundheitswissenschaften der Universität Bielefeld konnte diese These vom engen positiven Zusammenhang zwischen betrieblichem Sozialkapital und gesundheitlichem Wohlbefinden und Arbeitsqualität der Mitarbeiter bereits eindrucksvoll belegt werden (Badura et al. 2008, Rixgens 2009). Zur empirischen Überprüfung dieser theoretischen Annahme ist ein umfangreicher schriftlicher Fragebogen entwickelt worden, der zunächst in fünf Unternehmen eingesetzt wurde. Weitere Daten stammen aus Mitarbeiterbefragungen, die nach dem vorläufigen Abschluss des Projekts in drei weiteren Betrieben durchgeführt wurden. Beteiligt waren bis dato insgesamt sechs Unternehmen aus dem produzierenden Gewerbe (z. B. Metallverarbeitung, Maschinenbau und Orthopädietechnik) und zwei aus dem Dienstleistungsbereich (Bankensektor und öffentlicher Dienst). Die hier untersuchten Unternehmen gehören nicht nur unterschiedlichen Branchen an, sondern unterscheiden sich auch im Hinblick auf weitere Strukturmerkmale, wie beispielsweise die Betriebsgröße bzw. die Anzahl der Mitarbeiter. So beschäftigt der kleinste Betrieb nur insgesamt 90 Kollegen, während das größte Unternehmen fast 2.000 Mitarbeiter hat. Befragt wurden insgesamt nahezu 8.000 Beschäftigte, von denen 3.208 Personen den Fragebogen ausgefüllt haben; dies entspricht einer Rücklaufquote von etwa 40%.

Zur Messung des Sozialkapitals kam in den verschiedenen Betrieben ein schriftlicher Fragebogen zum Einsatz, der die einzelnen Facetten des Netzwerk-, Führungs- und Wertekapitals mit weitgehend standardisierten Antworten auf der Basis von fünfstufigen Likert-Intervallskalen sehr differenziert erhebt. Obwohl sich der Fragebogen – wie bereits erwähnt – mittlerweile auch schon in anderen Mitarbeiterbefragungen außerhalb des eigentlichen Forschungsprojekts bewährt hat, liegt der Nachteil einer Erhebung von Antworten zu insgesamt 64 Sozialkapital-Fragen natürlich klar auf der Hand – sie ist für einen regelmäßigen Einsatz in der beruflichen Praxis auf die Dauer zu zeitintensiv und damit letztlich meist unpraktikabel. Dieses Problem des zu großen Umfangs wird zusätzlich noch dadurch verschärft, dass im Rahmen einer Mitarbeiterbefragung, die nach Prinzipien des Betrieblichen Gesundheitsmanagements (BGM) durchgeführt wird, neben dem Sozialkapital natürlich noch weitere einschlägige Fragen wie beispielsweise die nach den immateriellen Arbeitsbedingungen, den beruflichen Arbeitsbelastungen sowie nach dem gesundheitlichen Wohlbefinden der Beschäftigen gestellt werden müssen (vgl. Badura et al. 2008). Ziel dieses Beitrags ist es deshalb, mit dem neuen »Bielefelder Sozialkapital-Index« (BISI) ein erheblich praktikableres Messinstrument vorzustellen und empirisch zu evaluieren, das auf der einen Seite die strengen wissenschaftlichen Anforderungen an eine objektive, reliable und valide Skala erfüllt, auf der anderen Seite aber auch den Erfordernissen der Praxis hinsichtlich Befragungsökonomie und Anwenderfreundlichkeit in hohem Maße entspricht.

26.2 Erhebungsinstrument

Zwar ist die Popularität des theoretischen Konstrukts »Sozialkapital« in den unterschiedlichen wissenschaftlichen Bereichen in den letzten Jahren erheblich gestiegen, jedoch gibt es bei der konkreten Definition, Operationalisierung und skalentechnischen Modellierung des Konzepts erhebliche inhaltliche Lücken, gravierende methodische Defizite und disziplinspezifisch unterschiedliche Herangehensweisen. Aus diesen Gründen wurde zur empirischen Überprüfung des Bielefelder Sozialkapital-Ansatzes im Rahmen des genannten Forschungsprojektes ein neuer und inhaltlich eigenständiger Fragebogen konzipiert. Um die relevanten Aspekte des betrieblichen Sozialkapitals zu operationalisieren, wurde dabei allerdings soweit wie möglich auf einschlägige Items bzw. »passende« Skalen zurückgegriffen, die sich in anderen wissenschaftlichen Untersuchungen – zum Teil unter anderem Namen – bereits bewährt haben (Badura et al. 2008). Auf der anderen Seite haben wir in unserer Untersuchung aber auch einzelne Konstrukte verwendet, die bis dato kaum Gegenstand empirischer Forschungsbemühungen waren, weshalb wir in diesen Fällen gezwungen waren, eigene Items neu zu entwickeln.

Zur Erfassung der Güte der sozialen Beziehungen der Beschäftigten (»Netzwerkkapital«) wurden insgesamt 18 Items formuliert (Beispiele in Tabelle 26.1). Diese Fragen bezogen sich beispielsweise auf das Ausmaß sozialer Unterstützung innerhalb der Arbeitsteams, auf den Grad der Gruppenkohäsion sowie auf das gegenseitige Vertrauen am Arbeitsplatz. Außerdem wurde zum Netzwerkkapital auch die Intensität und Güte der Kommunikation zwischen den Kollegen und der soziale »Fit« der Teammitglieder erfasst. Um die Struktur und Qualität der Arbeitsbeziehungen zwischen Führungskräften und Mitarbeitern zu erheben (»Führungskapital«), wurden 20 Items formuliert, die z. B. das Ausmaß von Fairness und Gerechtigkeit, den Grad der Mitarbeiter- und Machtorientierung sowie die soziale Akzeptanz der Vorgesetzten bei der Belegschaft messen sollten. Das Fragebogenmodul zum betrieblichen »Wertekapital« war der ausführlichste Teil und umfasst insgesamt 26 Fragen. Hier haben wir beispielsweise nach gemeinsamen Normen und Werten sowie deren tatsächlicher Umsetzung in den betrieblichen Alltag gefragt. Zudem wurden Items eingesetzt, die über das Ausmaß von Gerechtigkeit und Kohäsion im Betrieb sowie über die generelle Wertschätzung der Mitarbeiter im Unternehmen insgesamt Auskunft geben sollten. Alle Einschätzungen erfolgten in Form der gradmäßigen Zustimmung zu vorformulierten Statements auf fünfstufigen Likert-Skalen mit Quasi-Intervallniveau [»stimme überhaupt nicht zu« (1) vs. »stimme voll und ganz zu« (5)].

26.3 Ergebnisse

Der erste empirische Schritt bei der Konstruktion des neuen »Bielefelder Sozialkapital-Indexes« (BISI) bestand darin, den ursprünglichen und für die Befragungspraxis zu umfangreichen Pool von insgesamt 64 Items auf jeweils zehn besonders brauchbare Fragen zum Netzwerk-, Führungs- und Wertekapital zu reduzieren. Als Richtschnur für diese gezielte Selektion der 30 »besten« Items zur Erhebung von Sozialkapital dienten die üblichen Kriterien für die Bewertung von Messinstrumenten, wie sie in der wissenschaftlichen Testevaluation bei der Analyse von deskriptiv-statistischen Kennwerten, bei der empirischen Bewertung von Itemkonsistenzen bzw. Skalenreliabilitäten sowie bei der multivariaten Analyse von internen Faktorstrukturen üblicherweise zur Anwendung kommen. Nach diesen Kriterien wurden zunächst alle Items von der weiteren Verwendung im BISI ausgeschlossen, die vergleichsweise niedrige oder hohe Mittelwerte auf der Fünfer-Skala (bezogen auf die 3208 Befragten) hatten, deshalb oft mehr oder weniger schief verteilt waren bzw. dem Ideal einer annähernden Normalverteilung nicht entsprachen und/oder nur eine geringe Varianz bzw. Streuung aufwiesen. Außerdem wurden darüber hinaus alle Items selektiert, die bei den durchgeführten Faktorenanalysen entweder eine ambivalente Zuordnung zu den jeweils extrahierten Komponenten hatten oder zu geringe Faktorladungen zeigten. Als drittes Selektionskriterium diente schließlich bei der Reliabilitätsanalyse der itemspezifische Trennschärfekoeffizient (Korrelation zwischen Einzelitem und Gesamtskala), der nicht unter einer kritischen Grenze von 0,6 liegen sollte. Diese dreistufige Auswahlprozedur erbrachte folgende Ergebnisse: 1. Erwartungsgemäß weisen einige wenige Items nicht so gute Testwerte auf, von denen schon vor Beginn der Befragung klar war, dass sie für die meisten Befragten wohl relativ schwer verständlich sein würden (z. B. »*In unserem Unternehmen leben die Geschäftsführung und die Belegschaft in zwei verschiedenen Welten.*«). 2. Fast alle negativ formulierten Statements zum Sozialkapital weisen durchweg schlechtere Teststatistiken auf als die positiv formulierten Items und sind damit erste Kandidaten für den Ausschluss aus der endgültigen Skala (z. B. »*Trotz allen partnerschaftlichen Geredes werden die Beschäftigten bei uns nicht alle gleich behandelt.*«). 3. Ähnlich formulierte Fragen erbringen konsequenterweise auch ähnliche Testwerte, sodass redundante Items ohne Bedenken ausgeschlossen werden können (z. B. »*Die Wertschätzung eines jeden einzelnen Mitarbeiters ist in unserem Unternehmen sehr hoch*« vs. »*Bei uns bringen sich alle Beschäftigten ein hohes Maß an persönlicher Wertschätzung und Anerkennung entgegen*«). 4. Alles in allem ist aber die Zahl der weniger geeigneten und deshalb mit Sicherheit auszuschließenden Items gering, sodass man auch bei der endgültigen Konstruktion des BISI aus einem ausreichend großen Pool von verbliebenen Statements wählen und sich auf die jeweils zehn besten Items konzentrieren kann.

Im zweiten Schritt der Konstruktion des BISI wurden die letztlich ausgewählten Items zur Messung von Sozialkapital einer genauen teststatistischen Evaluation unterzogen, deren Kennwerte in der Tabelle 26.1 dargestellt sind. In der ersten Spalte finden sich hier die genauen Formulierungen der jeweils zehn Items, die das Netzwerk-, das Führungs- und das Wertekapital eines Unternehmens nach unseren Ergebnissen besonders gut repräsentieren. Da nicht immer alle 3208 Probanden jede Frage beantwortet haben, gibt die zweite Spalte Auskunft über die exakte Zahl der Personen, die das

Tabelle 26.1. Bielefelder Sozialkapital-Index (BISI): Teststatistische Daten

1. Netzwerkkapital (Alpha = 0,941)		**n**	**Mittelwert**	**Std.-Abw.**	**Schiefe**
N01	In unserer Abteilung gehen wir zusammen durch dick und dünn.	3176	3,30	1,043	-,282
N02	In unserer Abteilung sind die Kolleginnen und Kollegen in hohem Maße bereit, sich füreinander einzusetzen.	3177	3,44	,992	-,310
N03	In meinem Kollegenkreis fühle ich mich insgesamt sehr wohl.	3180	4,00	,890	-,732
N04	Der Umgangston zwischen den Kolleginnen und Kollegen in unserer Abteilung ist meistens gut.	3181	4,06	,826	-,851
N05	In unserer Abteilung halten alle ganz gut zusammen.	3173	3,62	,964	-,532
N06	Wenn es nötig ist, kann man sich auf die Kolleginnen und Kollegen in unserer Abteilung verlassen.	3181	3,85	,892	-,593
N07	Bei uns in der Abteilung ist es üblich, dass man sich gegenseitig hilft und unterstützt.	3174	3,86	,903	-,550
N08	Die Kolleginnen und Kollegen in unserer Abteilung passen menschlich gut zusammen.	3172	3,61	,889	-,385
N09	In unserer Abteilung steht keiner außerhalb.	3148	3,67	1,034	-,643
N10	In unserer Abteilung ist das gegenseitige Vertrauen so groß, dass wir auch über persönliche Probleme offen reden können.	3164	3,13	1,007	-,088
2. Führungskapital (Alpha = 0,939)					
F01	Mein direkter Vorgesetzter steht zu dem, was er sagt.	3152	3,80	1,005	-,762
F02	Mein direkter Vorgesetzter informiert seine Mitarbeiter über alle wichtigen Dinge der Abteilung und des Unternehmens schnell und zuverlässig.	3160	3,64	1,065	-,588
F03	Mein direkter Vorgesetzter hat für seine Mitarbeiter immer »ein offenes Ohr«.	3155	3,85	,979	-,740
F04	Mein direkter Vorgesetzter ist ein Mensch, dem man in jeder Situation absolut vertrauen kann.	3105	3,54	1,108	-,537
F05	Mein direkter Vorgesetzter achtet darauf, dass seine Mitarbeiter sich beruflich weiterentwickeln können.	3117	3,47	1,070	-,416
F06	Mein direkter Vorgesetzter behandelt alle seine Mitarbeiter fair und gerecht.	3129	3,72	1,036	-,714
F07	Mein direkter Vorgesetzter ist für seine Mitarbeiter ein echtes Vorbild.	3092	3,17	1,050	-,205

Fortsetzung nächste Seite

6

Tabelle 26.1. Fortsetzung

F08	Mein direkter Vorgesetzter wird von allen seinen Mitarbeitern als »Chef« anerkannt und akzeptiert.	3140	3,81	1,042	-,739
F09	Mein direkter Vorgesetzter erkennt die Leistung seiner Mitarbeiter an.	3136	3,77	,943	-,712
F010	Mein direkter Vorgesetzter versteht sich insgesamt sehr gut mit seinen Mitarbeitern.	3141	3,79	,926	-,668
3. Wertekapital (Alpha = 0,914)					
W01	Konflikte und Meinungsverschiedenheiten werden in unserem Unternehmen sachlich und vernünftig ausgetragen.	3090	3,32	,860	-,338
W02	Bei uns gibt es in allen Bereichen einen sehr großen Teamgeist unter den Beschäftigten.	3073	3,23	,864	-,107
W03	Bei uns setzen sich fast alle Beschäftigten mit großem Engagement für die Ziele des Unternehmens ein.	3081	3,49	,829	-,252
W04	Als Beschäftigter kann man sich voll und ganz auf unsere Unternehmensleitung verlassen.	3058	3,30	,923	-,301
W05	Die Wertschätzung eines jeden einzelnen Mitarbeiters ist in unserem Unternehmen sehr hoch.	3062	3,18	,905	-,208
W06	Führungskräfte und Mitarbeiter orientieren sich bei ihrer täglichen Arbeit sehr stark an gemeinsamen Regeln und Werten.	3038	3,29	,841	-,293
W07	Unser Unternehmen kann man fast mit einer großen Familie vergleichen.	3082	2,83	1,009	,085
W08	In unserem Unternehmen gibt es gemeinsame Visionen bzw. Vorstellungen darüber, wie sich der Betrieb weiterentwickeln soll.	3041	3,23	,939	-,160
W09	Bei uns werden alle Beschäftigten gleich behandelt.	3059	2,94	,927	-,031
W10	Insgesamt habe ich den Eindruck, dass es bei uns im Umgang mit den Beschäftigten fair und gerecht zugeht.	3084	3,45	,881	-,472

entsprechende Item in unseren Mitarbeiterbefragungen auch tatsächlich bewertet haben. Anhand dieser Probandenzahl (n) lässt sich zunächst einmal erkennen, dass es die meisten fehlenden Werte zum Thema Wertekapital gibt. Es ist ganz offensichtlich so, dass die Beschäftigten größere Probleme hatten, die Fragen zur Unternehmenskultur zu beantworten, als über die sozialen Beziehungen zu den eigenen Kollegen und zum direkten Vorgesetzten Auskunft zu geben. Es sind hier besonders die Fragen nach den gemeinsamen Regeln und Werten im Unternehmen sowie nach den vorherrschenden Zukunftsvisionen (W06 und W08), die für einen beträchtlichen Teil der Befragten aufgrund ihrer Abstraktheit ganz offenbar nicht so leicht zu beantworten waren. Dagegen spiegelt die relativ geringe Zahl von fehlenden Antworten bei den Fragen zu den Beziehungen mit den eigenen Kolleginnen und Kollegen in der Abteilung sowie zum Verhältnis zum Vorgesetzten sehr viel stärker den erlebbaren betrieblichen Alltag wider, den die Beschäftigten deshalb wahrscheinlich sehr viel besser einschätzen konnten.

Dass es sich bei den hier untersuchten Unternehmen um Betriebe handelt, die insgesamt über ein relativ hohes Sozialkapital verfügen, machen die arithmetischen Mittelwerte in Spalte 3 deutlich: Mit Ausnahme von zwei Items zum Wertekapital (W07 und W09) liegen alle empirisch gefundenen Mittelwerte mehr oder weniger deutlich über dem theoretischen Skalenmittel von 3. Ganz besonders positive Einschätzungen kommen dabei für die sozialen Beziehungen zwischen den Beschäftigten und damit für das Netzwerkkapital zustande: Die Kollegialität, das Zusammengehörigkeitsgefühl und der sozial-kommunikative Umgang untereinander scheinen diesen Ergebnissen zufolge in den untersuchten Firmen überdurchschnittlich gut zu sein. Aber auch für das Führungskapital wurden vergleichsweise positive Einschätzungen abgegeben. Das gute Verhältnis der Beschäftigten zu ihren direkten Vorgesetzten spiegelt sich beispielsweise durch einen zumeist authentischen, wertschätzenden und fürsorglichen Umgang der Führungskräfte mit ihren Mitarbeitern wider. Wie bereits erwähnt, fiel einigen Beschäftigten nicht nur die Einschätzung des betrieblichen Wertekapitals grundsätzlich etwas schwerer; die etwas geringeren Mittelwerte zeigen auch die defensivere Bewertung der jeweiligen Unternehmenskultur. Das kollektive Denken und Handeln im gesamten Betrieb, wie beispielsweise bezüglich der Gleichbehandlung aller Mitarbeiter (W09) oder der Geschlossenheit und Verbundenheit der gesamten Belegschaft (W07), wird insgesamt etwas skeptischer bewertet als das Netzwerk- und Führungskapital.

Die in diesen Analysen gefundenen Standardabweichungen (Spalte 4) zeigen die durchschnittliche Variabilität der Antworten und machen zunächst deutlich, dass sich die hier befragten Mitarbeiterinnen und Mitarbeiter bei der Beurteilung des Netzwerkkapitals und insbesondere des Wertekapitals sehr viel einiger sind als im Hinblick auf das Führungskapital. Dieser Befund kann zum einen dadurch begründet werden, dass ein und dieselbe Führungskraft von verschiedenen Mitarbeitern im betrieblichen Alltag durchaus unterschiedlich wahrgenommen und je nach individueller Interessen- und Konfliktlage höchst subjektiv eingeschätzt werden kann. Diese relativ hohe Heterogenität bei der Bewertung des betrieblichen Führungskapitals kann zum anderen aber auch daran liegen, dass in jedem Betrieb jeweils eine Vielzahl verschiedener Führungskräfte beurteilt wurde, was sich verständlicherweise in einer vergleichsweise hohen Streuung der Daten niederschlägt.

Brauchbare Items für einen Summenindex zeichnen sich zusätzlich dadurch aus, dass sie um den theoretischen Mittelwert einer Intervallskala annähernd normalverteilt sind. Eine Antwort auf diese Frage nach der Symmetrie der Verteilungen geben die Werte für die Schiefe der 30 Items in der Spalte 5, die mindestens zweierlei deutlich machen: Zum einen haben bis auf eine einzige Ausnahme (W07) alle gefundenen Schiefewerte ein negatives Vorzeichen, was für tendenziell linksschiefe bzw. rechtssteile Verteilungsmuster spricht. In den von uns untersuchten Betrieben werden das Führungs-, Netzwerk- und Wertekapital insgesamt eher überdurchschnittlich eingeschätzt; die Antworten sind somit nicht exakt um den theoretischen Mittelwert 3 normalverteilt, sondern fast immer mehr oder weniger stark nach rechts verschoben. Das bedeutet zum anderen aber nicht, dass die gewählten Items für einen Summenindex nicht geeignet wären, da der Betrag der jeweiligen Schiefewerte insgesamt relativ gering ist und sich deshalb das Ausmaß der Abweichung vom Idealmuster einer Normalverteilung in Grenzen hält.

Insgesamt weisen also diese teststatistischen Daten auf die grundsätzliche Eignung der selektierten Einzelitems für eine Indexbildung hin, sodass nun in einem dritten Analyseschritt überprüft werden kann, wie diese 30 einzelnen Indikatoren der drei Sozialkapital-Aspekte miteinander zusammenhängen. Die Überprüfung dieser Interkorrelationen erbrachte die erwarteten Ergebnisse: Sämtliche Produkt-Moment-Korrelationen tragen ein positives Vorzeichen und sind hoch signifikant. Zudem handelt es sich in jedem Fall um starke bis sehr starke Zusammenhänge; die berechneten Korrelationskoeffizienten variieren zwischen 0.412 und 0.774. Beispielsweise haben die Kolleginnen und Kollegen einer Abteilung, die in menschlicher Hinsicht gut zusammenpassen (N08), tendenziell untereinander auch einen starken Zusammenhalt (N05); die Korrelation dieser beiden Variablen beträgt 0.721. Unsere Annahme, dass die gewählten 30 Items für die Messung von betrieblichem Sozialkapital sehr gut geeignet sind, wird also auch durch die Ergebnisse der Korrelationsanalysen signifikant untermauert.

In einem vierten Schritt wurde sodann die Reliabilität der drei neuen Subskalen (Netzwerk-, Führungs- und Wertekapital) durch das Verfahren der Konsistenzanalyse überprüft. Um eine Einschätzung darüber zu bekommen, wie gut die einzelnen Items mit der jeweiligen Subskala korrelieren, wurde zunächst wieder der Trennschärfekoeffizient (Item-Total Correlation) berechnet. Erwartungsgemäß konnte dabei für sämtliche Items eine hohe positive Trennschärfe ermittelt werden, wobei der niedrigste Wert im Bereich des Wertekapitals bei 0.599 (für das Item W08) und der höchste von 0.859 beim Netzwerkkapital (für das Item N05) ermittelt wurde. Zur Überprüfung der jeweiligen internen Konsistenz der drei Teil-Skalen wurde Cronbachs Alpha berechnet. Die sehr hohen Werte von 0.941 für das Netzwerkkapital, 0.939 für das Führungskapital und 0.914 für das Wertekapital weisen auf einen starken korrelativen Zusammenhang der jeweils zusammengehörenden Einzelitems und damit auf eine ausgesprochen hohe interne Konsistenz der jeweiligen Subskalen hin. Auf der Basis der empirischen Befunde aus den Analyseschritten 2 bis 4 lässt sich somit zusammenfassend die Schlussfolgerung ziehen, dass unsere 30 Einzelindikatoren für die drei Sozialkapital-Aspekte den einschlägigen teststatistischen Anforderungen in sehr hohem Maße entsprechen und auch die Reliabilität der einzelnen Messinstrumente zum Netzwerk-, Führungs- und Wertekapital insgesamt eindeutig gesichert ist. Zudem lässt sich aufgrund dieser hervorragenden Werte für die Zuverlässigkeit des BISI indirekt schlussfolgern, dass auch ein zweites wichtiges Kriterium für die Güte einer Skala erfüllt ist: Der Bielefelder Sozialkapital-Index ist in dem Sinne hinreichend objektiv, als die Durchführung der schriftlichen Befragungen unter den nicht-standardisierten Erhebungsbedingungen in den acht Betrieben offenbar kaum störenden Einfluss auf die Ergebnisse genommen hat – frei nach dem Motto »ohne hinreichende Objektivität keine gute Skalen-Reliabilität«. Der BISI kann somit offenbar unter den unterschiedlichsten betrieblichen Bedingungen eingesetzt werden, ohne dass dadurch die Zuverlässigkeit der Resultate ernsthaft in Frage gestellt würde.

Im abschließenden Schritt 5 der Index-Konstruktion bleibt jetzt noch die Frage zu klären, ob der BISI auch als ausreichend valides Messinstrument gelten kann, das vom Inhalt der Fragen her hinreichend genau die Aspekte erfasst, die mit dem Begriff des »Sozialkapitals« intendiert sind. In Bezug auf die üblichen subjektiven Gültigkeitskriterien kann diese Frage zunächst eindeutig bejaht werden: Pretest-Interviews mit Experten und Laien in Sachen Sozialkapital erbrachten das übereinstimmende Ergebnis, dass die gewählten Items nicht nur die allgemeinen »menschlichen« Aspekte des betrieblichen Geschehens umfassend abbilden, sondern auch die speziellen Aspekte der sozialen Netzwerke, der Vorgesetzten-Mitarbeiter-Beziehungen sowie der Unternehmenskultur differenziert thematisieren. Inhaltsvalidität und Augenscheinvalidität des BISI wären demnach gesichert. Der zweite relevante Maßstab der so genannten kriterienbezogenen Validität ist nach unseren Ergebnissen ebenfalls in hinreichendem Maße erfüllt: Wenn man nämlich die BISI-Skalen mit relevanten Kriteriumsvariablen wie z. B. dem gesundheitlichen Wohlbefinden der Beschäftigten oder dem individuellen Commitment zum Betrieb korreliert, ergeben sich durchgängig genau die Ergebnisse, die nach den theoretischen Überlegungen des Sozialkapital-Ansatzes zu erwarten sind (vgl. Badura et al. 2008): Starke positive Zusammenhänge zwischen BISI-Testwerten und inhaltlich passenden Kriteriumswerten, die zumindest indirekt für eine hinreichend hohe inhaltliche Gültigkeit der 30 Items sprechen. Drittens haben wir zur Bewertung der Gültigkeit aber auch das Kriterium der Konstruktvalidität berücksichtigt. Hier geht es einerseits um die Beantwortung der Frage, ob das allgemeine Konstrukt »Sozialkapital« in allen drei Teilaspekten gleichermaßen stark zum Ausdruck kommt. Man wird diese Frage bejahen können, wenn sich starke interkorrelative Beziehungen zwischen den separaten Indizes für das Netzwerkkapital, das Führungskapital und das Wertekapital belegen lassen, die auf große Ähnlichkeiten bzw. einen substanziellen Kern von Gemeinsamkeiten dieser drei Aspekte hindeuten würden (konvergente Validität). Auf der anderen Seite hat aber die theoretische Unterscheidung zwischen den drei Kapitalsorten nur dann eine wirkliche Berechtigung, wenn sowohl das Netzwerkkapital als auch das Führungskapital als auch das Wertekapital jeweils eigenständige Aspekte beinhalten, die sich komplementär zum Sozialkapital ergänzen. Man würde diese Frage nach der divergenten Validität bejahen können, wenn trotz aller Überschneidungen auch ein spezifischer Erklärungsbeitrag der drei Teilskalen für das allgemeine Konstrukt »Sozialkapital« nachweisbar wäre. Methodisch lässt sich dieses Problem der Konstruktvalidität durch eine zweistufige Faktorenanalyse mit latenten Variablen in Form eines linearen Strukturgleichungsmodells lösen (Reinecke 2005). Aus Abbildung 26.1 sind folgende Resultate ablesbar (vgl. Backhaus 1996, Bortz 2005): Zum ersten weisen die 3mal 10 manifesten Variablen (N, F, W) allesamt hochsignifikante Faktorladungen auf, die im Wert von mindestens 0.62 (bei Item W08) bis höchstens 0.89 (bei N05) variieren. Netzwerk- und Führungskapital werden dabei besonders gut, Wertekapital nur wenig schwächer durch die Items des BISI abgebildet. Zweitens: Die drei (hier nicht dargestellten) Interkorrelationen zwischen den latenten Faktoren erster Ordnung liegen allesamt bei 0.62 und zeigen damit eine hohe konvergente Validität der drei Subskalen. Netzwerk-, Führungs- und Wertekapital weisen einen substanziellen Kern an Überlappungen bzw. Gemeinsamkeiten auf, die mit dem Begriff »Betriebliches Sozialkapital« adäquat beschrieben werden können. Drittens: Die Faktorladungen zur Quantifizie-

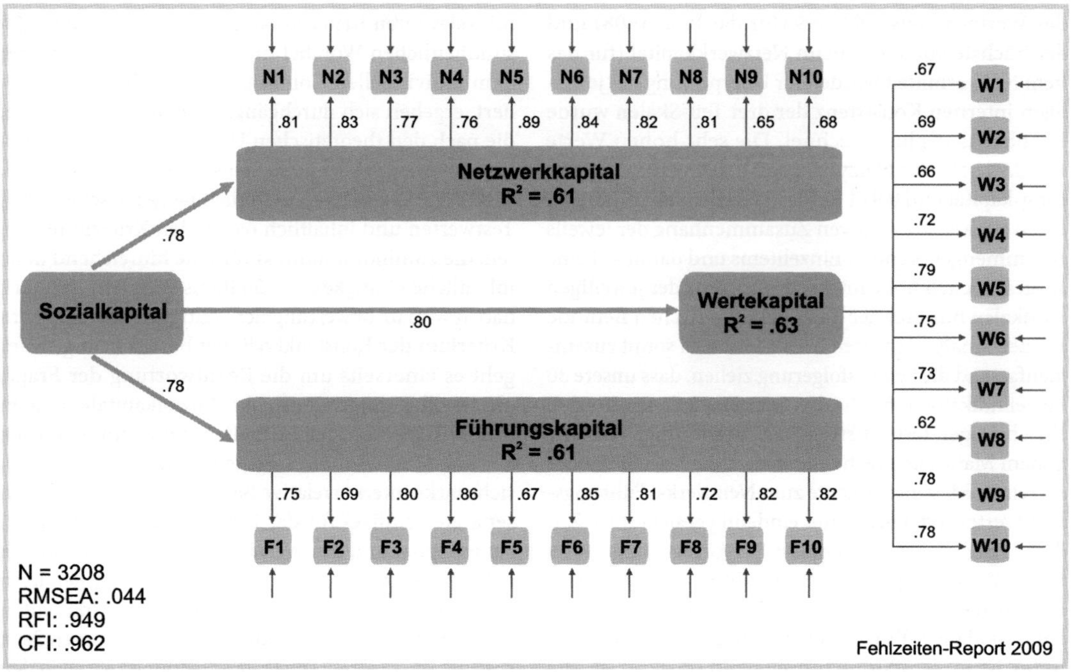

Abb. 26.1. Bielefelder Sozialkapital-Index: Empirische Überprüfung der Faktorstrukturen durch ein Lineares Strukturgleichungsmodell (AMOS7)

rung der Zusammenhänge zwischen den drei latenten Faktoren erster Ordnung mit dem (Sozialkapital-)Faktor zweiter Ordnung sind mit fast identischen Werten von zweimal 0.78 bzw. 0.80 sehr hoch. Sie stehen für ein gewisses Maß an divergenter Validität zwischen den Teilkonstrukten, wonach jede einzelne der drei Kapitalsorten trotz aller Gemeinsamkeiten jeweils auch einen eigenständigen und zugleich substanziellen Anteil am übergeordneten Konstrukt »Sozialkapital« ausmacht. Viertens: Die mit AMOS7 berechneten Fit-Werte für die Güte des linearen Strukturgleichungsmodells insgesamt sind (z. B. mit einem RMSEA von 0.04) überragend gut ausgefallen und machen zum einen deutlich, dass die selektierten 30 Items die drei verschiedenen Teilaspekte des Sozialkapitals hervorragend repräsentieren und deshalb zur Messung von Netzwerk-, Führungs- und Wertekapital im Rahmen des Bielefelder Sozialkapital-Indexes sehr gut geeignet sind. Zum anderen zeigen die empirisch überzeugenden Güte-Kennwerte für das Gesamtmodell aber auch, dass die grundlegende theoretische Idee des Bielefelder Ansatzes, wonach man sich das betriebliche Sozialkapital aus den genannten drei Teilkomponenten zusammengesetzt denken kann, mit den empirischen Daten aus den acht Erhebungen in hohem Maße übereinstimmt und deshalb problemlos weitergeführt werden kann.

26.4 Diskussion und Fazit

Alles in allem hat der hier vorgestellte »Bielefelder Sozialkapital-Index« die erste teststatistische Evaluation auf der Basis eines sehr großen Datensatzes von über 3200 Befragten mit Bravour bestanden. Die Beantwortung der Fragebogen-Skala wird offenbar von den räumlichen, zeitlichen und sozialen Umständen einer Mitarbeiterbefragung im Betrieb kaum störend beeinflusst, sodass die Objektivität des BISI nach den bisherigen Erfahrungen weitgehend gesichert zu sein scheint. Der 30-Item-Index zeichnet sich zudem durch hohe interne Konsistenzen, beste Reliabilitätswerte und überzeugende Befunde zur Validität aus; man kann also davon ausgehen, dass der BISI das Sozialkapital eines Unternehmens nicht nur zuverlässig und genau, sondern auch inhaltlich zutreffend erfassen kann. Durch die empirisch geleitete Itemreduktion konnte die ursprüngliche Skala von 64 Items auf 30 Indikatoren gekürzt und somit mehr als halbiert werden; insofern ist der BISI wesentlich benutzerfreundlicher, anwendungsorientierter und somit erheblich praktikabler geworden. Somit sollte das neue Erhebungsinstrument auch relativ problemlos von Praktikern vor Ort eingesetzt werden können, die sich in der empirischen Sozialforschung nicht unbedingt »zu Hause« fühlen.

Trotz dieser überzeugenden ersten Befunde darf man aber natürlich nicht übersehen, dass wir mit der teststatistischen Evaluierung der Bielefelder Sozialkapital-Skala erst am Anfang stehen. Vor allem bezüglich der Gültigkeitsproblematik fehlen bisher Vergleichsuntersuchungen, in denen BISI-Ergebnisse mit den Resultaten anderer Sozialkapital-Skalen in Beziehung gesetzt werden, um die Frage der Kriteriumsvalidität überzeugender als bisher beantworten zu können. Zweitens sind unsere vorliegenden Stichproben in starkem Maße von männlichen Befragten dominiert; wir können somit keine sichere Aussage darüber treffen, ob sich das Instrument auch bei weiblich Beschäftigten in ähnlicher Weise bewähren wird. Es ist ebenfalls unklar und damit untersuchungsbedürftig, inwieweit die Einschätzung des betrieblichen Sozialkapitals von Faktoren wie dem Alter, der Ausbildung oder der betrieblichen Position der Beschäftigten beeinflusst wird. Wir dürfen bei der Bewertung des BISI auch nicht vergessen, dass unsere Mitarbeiterbefragungen auf freiwilliger Basis erfolgten und die erzielten Stichproben trotz eines beachtlichen Rücklaufs von rund 40% alles andere als repräsentativ für die jeweiligen Betriebe ausgefallen sein dürften. In diesem Zusammenhang wäre beispielsweise denkbar, dass sich sehr kritische und unzufriedene Mitarbeiterinnen und Mitarbeiter gar nicht erst beteiligt haben und somit die bisher sehr guten Erfahrungen mit dem BISI auf einer hochselektiven Stichprobe von Arbeitern und Angestellten beruhen, die offenbar keine großen Probleme mit ihren Unternehmen haben. Dieses grundsätzliche Problem eingeschränkter Repräsentativität zeigt sich schließlich auch in Bezug auf die Wirtschaftsbereiche oder Branchen, in denen die bisher untersuchten Betriebe beheimatet sind: Es dominieren in unseren Untersuchungen vor allem mittelständische Firmen aus dem industriellen Sektor, wo die Produktion von materiellen Gütern im Vordergrund steht. Obwohl auch eine Bank und eine öffentliche Verwaltung teilgenommen haben, kann man bisher aber sicher nichts Belastbares über die Anwendbarkeit des BISI im sozialen Dienstleistungssektor oder in börsennotierten und global operierenden Großunternehmen machen. Trotz dieser nicht uneingeschränkt verallgemeinerbaren Ergebnisse bzw. der unklaren Repräsentativität haben unsere Untersuchungen aber doch deutlich gezeigt, dass es sich auch aus betriebswirtschaftlicher Sicht außerordentlich lohnt, Mitarbeiterbefragungen zum Thema »Sozialkapital im Unternehmen« regelmäßig durchzuführen und dabei den neuen Bielefelder Sozialkapital-Index zum Einsatz kommen zu lassen.

Literatur

Backhaus K, Erichson B, Plinke W et al (2006) Multivariate Analysemethoden. Eine anwendungsorientierte Einführung, 11. Aufl. Springer, Berlin Heidelberg New York

Badura B (2006) Social Capital, Social Inequality, and the Healthy Organization. In: Noack H, Kahr-Gottlieb D (ed) Promoting the Public's Health, The EUPHA 2005 Conference Book, S 53–60

Badura B (2007) Grundlagen präventiver Gesundheitspolitik – Das Sozialkapital von Organisationen. In: Kirch W, Badura B (Hrsg) Prävention. Beiträge des Nationalen Präventionskongresses. Dresden, 24.–27.10.2007. Springer, Berlin Heidelberg New York

Badura B, Hehlmann T (2003) Betriebliche Gesundheitspolitik. Der Weg zur gesunden Organisation. Springer, Berlin Heidelberg New York

Badura B, Greiner W, Rixgens P et al (2008) Sozialkapital. Grundlagen von Gesundheit und Wettbewerbsfähigkeit. Springer, Berlin Heidelberg New York

Bortz J (2005) Statistik für Human- und Sozialwissenschaftler, 6. Aufl. Springer, Berlin Heidelberg New York

Reinecke J (2005) Strukturgleichungsmodelle in den Sozialwissenschaften. Oldenbourg, München

Rixgens P (2009) Betriebliches Sozialkapital, Arbeitsqualität und Gesundheit der Beschäftigten – Variiert das Bielefelder Sozialkapital-Modell nach beruflicher Position, Alter und Geschlecht? In: Badura B, Schröder H, Vetter C (Hrsg) Fehlzeiten-Report 2008. Betriebliches Gesundheitsmanagement: Kosten und Nutzen. Springer, Berlin Heidelberg New York, S 33–42

Rixgens P, Badura B, Behr M (2008) Sozialkapital und gesundheitliches Wohlbefinden aus der Sicht von Frauen und Männern – Erste Ergebnisse einer Mitarbeiterbefragung in Produktionsbetrieben. In: Badura B, Schröder H, Vetter C (Hrsg) Fehlzeiten-Report 2007. Arbeit, Geschlecht und Gesundheit. Geschlechteraspekte im betrieblichen Gesundheitsmanagement. Springer, Berlin Heidelberg New York, S 159–174

Ueberle M, Greiner W (2009) Rentabilität von Sozialkapital im Betrieb. In: Badura B, Schröder H, Vetter C (Hrsg) Fehlzeiten-Report 2008. Betriebliches Gesundheitsmanagement: Kosten und Nutzen. Springer, Berlin Heidelberg New York, S 55–63

Teil B:

Daten und Analysen

Kapitel 27

Krankheitsbedingte Fehlzeiten in der deutschen Wirtschaft im Jahr 2008

K. Macco · J. Schmidt

Zusammenfassung. *Der folgende Beitrag liefert umfassende und differenzierte Daten zu den krankheitsbedingten Fehlzeiten in der deutschen Wirtschaft. Datenbasis sind die Arbeitsunfähigkeitsmeldungen der 9,7 Millionen erwerbstätigen AOK-Mitglieder in Deutschland. Ein einführendes Kapitel gibt zunächst einen Überblick über die allgemeine Krankenstandsentwicklung und wichtige Determinanten des Arbeitsunfähigkeitsgeschehens. Im Einzelnen wird u. a. eingegangen auf die Verteilung der Arbeitsunfähigkeit, die Bedeutung von Kurz- und Langzeiterkrankungen und Arbeitsunfällen, regionale Unterschiede in den einzelnen Bundesländern sowie die Abhängigkeit des Krankenstandes von Faktoren wie der Betriebsgröße und der Beschäftigtenstruktur. In elf separaten Kapiteln wird dann detailliert die Krankenstandsentwicklung in den unterschiedlichen Wirtschaftszweigen beleuchtet.*

27.1 Überblick über die krankheitsbedingten Fehlzeiten im Jahr 2008

Allgemeine Krankenstandsentwicklung

- Im Jahr 2008 stieg der Krankenstand von 4,5 auf 4,6%. Im Schnitt waren die AOK-versicherten Arbeitnehmer 16,9 Kalendertage krankgeschrieben. Im Jahr zuvor waren es noch 16,4 Tage. 52,9% aller AOK-Mitglieder waren mindestens einmal im Jahr krankgeschrieben.
- In Westdeutschland lag der Krankenstand mit 4,7% um 0,2 Prozentpunkte höher als in Ostdeutschland. Bei den Bundesländern verzeichnete das Saarland (5,7%) den höchsten Krankenstand, gefolgt von Berlin und Hamburg mit jeweils 5,4%. In Sachsen lag der Krankenstand bei nur 4,1%.
- Der überwiegende Teil der Arbeitsunfähigkeitstage konzentrierte sich auf einen relativ kleinen Teil der AOK-Mitglieder. Knapp 80% der Arbeitsunfähigkeitstage gingen auf nur 18,3% der AOK-Mitglieder zurück.
- Die 9,7 Mio. erwerbstätigen AOK-Versicherten waren in knapp 1,3 Mio. Betrieben beschäftigt. Bei 21,8% von den 1,3 Mio. Betrieben, in denen fast die Hälfte aller AOK-Mitglieder (44,6%) beschäftigt waren, liegt der Krankenstand über dem Branchendurchschnitt (4,6%). Dabei handelte es sich hauptsächlich um mittelständische Betriebe mit einer Belegschaft bis zu 500 Mitarbeitern.[1]
- Langzeiterkrankungen mit einer Dauer von mehr als sechs Wochen verursachten mehr als ein Drittel der Ausfalltage (38,7% der AU-Tage). Dabei lag ihr Anteil an den Arbeitsunfähigkeitsfällen bei nur 4,1%. Bei Erkrankungen mit einer Dauer von 1–3

1 Die Betriebsgröße bezieht sich auf die AOK-versicherten Mitglieder, nicht auf die tatsächliche Betriebsgröße

Tage verhielt es sich genau umgekehrt. Ihr Anteil an den Arbeitsunfähigkeitsfällen lag bei 36,2%, doch nur 6,3% der Arbeitsunfähigkeitstage gingen darauf zurück.

Fehlzeitenbedingte Kosten

- Schätzungen der Bundesanstalt für Arbeitsschutz und Arbeitsmedizin zufolge verursachten im Jahr 2007 437,7 Mio. AU-Tage[2] volkswirtschaftliche Produktionsausfälle von 40 Mrd. Euro bzw. 73 Mrd. Euro Ausfall an Bruttowertschöpfung (Bundesministerium für Arbeit und Soziales 2009).
- Das Institut für Arbeitsmarkt- und Berufsforschung (IAB) beziffert den Ausfall des Arbeitsvolumens durch Krankheit im Jahr 2008 auf knapp 1.600 Mio. Stunden.[3]
- Der Anstieg des Krankenstandes bedeutet für die Krankenkassen höhere Ausgaben an Krankengeld. Nach Angaben des Bundesministeriums für Gesundheit stiegen die Ausgaben für Krankengeld im Jahr 2008 um 9% auf über 6,5 Mrd. Euro (Bundesministerium für Gesundheit 2009).

Krankheitsarten im Überblick

- Das Fehlzeitengeschehen wird hauptsächlich von sechs Krankheitsarten dominiert. Im Jahr 2008 gingen fast ¼ der Fehlzeiten auf Muskel-Skelett-Erkrankungen (24,2%) zurück. Danach folgen Verletzungen (12,6%), Atemwegserkrankungen (12,5%), Psychische Erkrankungen (8,3%) sowie Erkrankungen des Herz-Kreislaufsystems und der Verdauungsorgane (6,9% bzw. 6,5%).
- Für die Zunahme der Krankheitstage in 2008 sind neben einem Anstieg von Krankheiten des Atmungssystems die seit Jahren steigenden Fehlzeiten aufgrund psychischer Erkrankungen verantwortlich. Seit 1997 haben psychische Erkrankungen um 83,3% zugenommen, Atemwegserkrankungen lediglich um 4,2%. Hingegen haben Verletzungen im gleichen Zeitraum um 17,7% abgenommen.
- Lange Ausfallzeiten verursachen Krankheiten wie bspw. psychische Erkrankungen (22,5 Tage je Fall), Muskel-Skelett-Erkrankungen (15,8 Tage je Fall) oder Verletzungen (15,7 Tage je Fall). Auf diese drei Erkrankungsarten gingen in 2008 bereits 51% der durch Langzeitfälle verursachten Fehlzeiten zurück.

Fehlzeitengeschehen nach Branchen

- Im Jahr 2008 wurde in jeder Branche – außer der Öffentlichen Verwaltung – ein Anstieg des Krankenstandes verzeichnet. Trotzdem lag der Krankenstand bei der Öffentlichen Verwaltung mit 5,2% am höchsten. Ebenfalls hohe Krankenstände verzeichneten die Branchen Verarbeitendes Gewerbe (5,0%), Verkehr und Transport sowie das Baugewerbe (jeweils 4,9%). Der niedrigste Krankenstand war in der Branche Banken und Versicherungen mit 3,2% zu finden.
- Bei den Branchen Baugewerbe, Land- und Forstwirtschaft sowie Verkehr und Transport handelt es sich um Bereiche mit hohen körperlichen Arbeitsbelastungen und überdurchschnittlich vielen Arbeitsunfällen. Im Baugewerbe gingen 8,6% der Arbeitsunfähigkeitsfälle auf Arbeitsunfälle zurück. In der Land- und Forstwirtschaft waren es 8,5% und im Bereich Verkehr und Transport 5,4%. Bei den Banken und Versicherungen lag dieser Anteil hingegen bei nur 1,1%.
- 46,5% der Arbeitsunfähigkeitstage gingen im Baugewerbe auf Langzeiterkrankungen zurück. In der Land- und Forstwirtschaft sowie Verkehr und Transport waren es 43,2 bzw. 42,6%.
- Muskel-Skelett-Erkrankungen verursachten in allen Branchen anteilsmäßig die meisten Fehltage. Ihr Anteil lag im Baugewerbe mit 29% am höchsten. Im Verarbeitenden Gewerbe wurden die meisten Arbeitsunfähigkeitsfälle verzeichnet (42,2 Fälle je 100 AOK-Mitglieder), fast doppelt so viele wie bei Banken und Versicherungen.
- Viele Arbeitsunfähigkeitsfälle durch Verletzungen sind in den Branchen Baugewerbe, Land- und Forstwirtschaft sowie Verarbeitendes Gewerbe zu verzeichnen. Dies liegt unter anderem an dem hohen Anteil an Arbeitsunfällen in diesen Branchen. Der Bereich Verkehr/Transport verzeichnet mit 19,4 Tagen je Fall die höchste Falldauer (Baugewerbe: 17,4 Tage je Fall).
- Atemwegserkrankungen dominieren eher im tertiären Sektor. Mit 51,7 Arbeitsunfähigkeitsfällen je 100 AOK-Mitglieder verzeichnen Banken und Versicherungen die meisten Atemwegserkrankungen, jedoch die kürzeste Falldauer (5,5 Tage je Fall). An zweiter Stelle folgt die Öffentliche Verwaltung mit 48,7 Ar-

2 Dieser Wert ergibt sich durch die Multiplikation von 35.317 Tausend Arbeitnehmern mit durchschnittlich 12,4 AU-Tagen. Die AU-Tage beziehen sich auf Werktage.

3 Institut für Arbeitsmarkt- und Berufsforschung (IAB) 2009

beitsunfähigkeitsfällen je 100 AOK-Mitglieder, wobei hier die Falldauer mit 7,0 Tagen je Fall erheblich höher liegt als bei Banken und Versicherungen.
- Psychische Erkrankungen sind vor allem in der Öffentlichen Verwaltung und im Dienstleistungsbereich zu verzeichnen. Der Anteil der Arbeitsunfähigkeitsfälle ist mit 11,2 Arbeitsunfähigkeitsfällen je 100 AOK-Mitglieder doppelt so hoch wie im Baugewerbe (5,2 AU-Fälle je 100 AOK-Mitglieder).

27.1.1 Datenbasis und Methodik

Die folgenden Ausführungen zu den krankheitsbedingten Fehlzeiten in der deutschen Wirtschaft basieren auf einer Analyse der Arbeitsunfähigkeitsmeldungen aller erwerbstätigen AOK-Mitglieder. Die AOK ist nach wie vor die Krankenkasse mit dem größten Marktanteil in Deutschland. Sie verfügt daher über die umfangreichste Datenbasis zum Arbeitsunfähigkeitsgeschehen. Bei den Auswertungen wurden auch freiwillig Versicherte berücksichtigt. Ausgewertet wurden die Daten des Jahres 2008 – in diesem Jahr waren insgesamt 9,7 Millionen Arbeitnehmer bei der AOK versichert.

Datenbasis der Auswertungen sind sämtliche Arbeitsunfähigkeitsfälle, die der AOK im Jahr 2008 gemeldet wurden. Allerdings werden Kurzzeiterkrankungen bis zu drei Tagen von den Krankenkassen nur erfasst, soweit eine ärztliche Krankschreibung vorliegt. Der Anteil der Kurzzeiterkrankungen liegt daher höher, als dies in den Krankenkassendaten zum Ausdruck kommt. Hierdurch verringern sich die Fallzahlen und die rechnerische Falldauer erhöht sich entsprechend. Langzeitfälle mit einer Dauer von mehr als 42 Tagen wurden in die Auswertungen mit einbezogen, da sie von entscheidender Bedeutung für das Arbeitsunfähigkeitsgeschehen in den Betrieben sind.

Die Arbeitsunfähigkeitszeiten werden von den Krankenkassen so erfasst wie sie auf den Krankmeldungen angegeben sind. Auch Wochenenden und Feiertage gehen dabei in die Berechnung mit ein, soweit sie in den Zeitraum der Krankschreibung fallen. Die Ergebnisse sind daher mit betriebsinternen Statistiken, bei denen nur die Arbeitstage berücksichtigt werden, nur begrenzt vergleichbar. Bei jahresübergreifenden Arbeitsunfähigkeitsfällen wurden nur Fehlzeiten in die Auswertungen mit einbezogen, die im Auswertungsjahr anfielen.

Tabelle 27.1.1 gibt einen Überblick über die wichtigsten Kennzahlen und Begriffe, die in diesem Beitrag zur Beschreibung des Arbeitsunfähigkeitsgeschehens verwendet werden. Die Berechnung der Kennzahlen erfolgt auf der Basis der Versicherungszeiten, d. h. es wird berücksichtigt, ob ein Mitglied ganzjährig oder nur einen Teil des Jahres bei der AOK versichert war bzw. als in einer bestimmten Branche oder Berufsgruppe beschäftigt geführt wurde.

Aufgrund der speziellen Versichertenstruktur der AOK sind die Daten nur bedingt repräsentativ für die Gesamtbevölkerung in der Bundesrepublik Deutschland bzw. die Beschäftigten in den einzelnen Wirtschaftszweigen. Infolge ihrer historischen Funktion als Basiskasse weist die AOK einen überdurchschnittlich hohen Anteil an Versicherten aus dem gewerblichen Bereich auf. Angestellte sind dagegen in der Versichertenklientel der AOK unterrepräsentiert.

Die Wirtschaftsgruppensystematik entspricht der Klassifikation der Wirtschaftszweige, Ausgabe 2003, die vom Statistischen Bundesamt veröffentlicht wird (vgl. Anhang 2). Im vorliegenden Fehlzeiten-Report wird diese Klassifikationsversion genutzt, obwohl ab 2008 eine grundlegende Revision der Klassifikation der Wirtschaftszweige stattgefunden hat. Um eine Vergleichbarkeit mit den Vorjahreswerten des Jahres 2007 zu ermöglichen, wird damit letztmalig im vorliegenden Fehlzeiten-Report die Klassifikation der Wirtschaftszweige, Ausgabe 2003, verwendet.

Die Klassifikation der Wirtschaftszweige, Ausgabe 2003, enthält insgesamt fünf Differenzierungsebenen, von denen allerdings bei den vorliegenden Analysen nur die ersten drei berücksichtigt wurden. Unterschieden wird zwischen Wirtschaftsabschnitten, -abteilungen und -gruppen. Ein Abschnitt ist beispielsweise das »Verarbeitende Gewerbe«. Dieser untergliedert sich in die Wirtschaftsabteilungen »Chemische Industrie«, »Herstellung von Gummi- und Kunststoffwaren«, »Textilgewerbe« usw. Die Wirtschaftsabteilung »Chemische Industrie« umfasst wiederum die Wirtschaftsgruppen »Herstellung von chemischen Grundstoffen«, »Herstellung von Schädlingsbekämpfungs- und Pflanzenschutzmitteln« etc. Im vorliegenden Unterkapitel erfolgt die Betrachtung zunächst ausschließlich auf der Ebene der Wirtschaftsabschnitte (s. Anhang 2). In den folgenden Kapiteln wird dann auch nach Wirtschaftsabteilungen und teilweise auch nach Wirtschaftsgruppen differenziert. Die Metallindustrie, die nach der Systematik der Wirtschaftszweige der Bundesanstalt für Arbeit zum Verarbeitenden Gewerbe gehört, wird, da sie die größte Branche des Landes darstellt, in einem eigenen Kapitel behandelt (s. Abschn. 27.9). Auch dem Bereich »Erziehung und Unterricht« wird angesichts der zunehmenden Bedeutung des Bildungsbereichs für die Produktivität der Volkswirtschaft ein eigenes Kapitel gewidmet (vgl. Abschn. 27.6). Aus Tabelle 27.1.2 ist die Anzahl der AOK-Mitglieder in den einzelnen Wirtschaftsab-

Tabelle 27.1.1. Kennzahlen und Begriffe zur Beschreibung des Arbeitsunfähigkeitsgeschehens

Kennzahl	Definition	Einheit, Ausprägung	Erläuterungen
AU-Fälle	Anzahl der Fälle von Arbeitsunfähigkeit	je AOK-Mitglied bzw. je 100 AOK-Mitglieder in % aller AU-Fälle	Jede Arbeitsunfähigkeitsmeldung, die nicht nur die Verlängerung einer vorangegangenen Meldung ist, wird als ein Fall gezählt. Ein AOK-Mitglied kann im Auswertungszeitraum mehrere AU-Fälle aufweisen.
AU-Tage	Anzahl der AU-Tage, die im Auswertungsjahr anfielen	je AOK-Mitglied bzw. je 100 AOK-Mitglieder in % aller AU-Tage	Da arbeitsfreie Zeiten wie Wochenenden und Feiertage, die in den Krankschreibungszeitraum fallen, mit in die Berechnung eingehen, können sich Abweichungen zu betriebsinternen Fehlzeitenstatistiken ergeben, die bezogen auf die Arbeitszeiten berechnet wurden. Bei jahresübergreifenden Fällen werden nur die AU-Tage gezählt, die im Auswertungsjahr anfielen.
AU-Tage je Fall	mittlere Dauer eines AU-Falls	Kalendertage	Indikator für die Schwere einer Erkrankung
Krankenstand	Anteil der im Auswertungszeitraum angefallenen Arbeitsunfähigkeitstage am Kalenderjahr	in %	War ein Versicherter nicht ganzjährig bei der AOK versichert, wird dies bei der Berechnung des Krankenstandes entsprechend berücksichtigt.
Krankenstand, standardisiert	nach Alter und Geschlecht standardisierter Krankenstand	in %	Um Effekte der Alters- und Geschlechtsstruktur bereinigter Wert
AU-Quote	Anteil der AOK-Mitglieder mit einem oder mehreren Arbeitsunfähigkeitsfällen im Auswertungsjahr	in %	Diese Kennzahl gibt Auskunft darüber, wie groß der von Arbeitsunfähigkeit betroffene Personenkreis ist
Kurzzeiterkrankungen	Arbeitsunfähigkeitsfälle mit einer Dauer von 1–3 Tagen	in % aller Fälle/Tage	Erfasst werden nur Kurzzeitfälle, bei denen eine Arbeitsunfähigkeitsbescheinigung bei der AOK eingereicht wurde
Langzeiterkrankungen	Arbeitsunfähigkeitsfälle mit einer Dauer von mehr als 6 Wochen	in % aller Fälle/Tage	Mit Ablauf der 6.Woche endet in der Regel die Lohnfortzahlung durch den Arbeitgeber, ab der 7. Woche wird durch die Krankenkasse Krankengeld gezahlt
Arbeitsunfälle	durch Arbeitsunfälle bedingte Arbeitsunfähigkeitsfälle	je 100 AOK-Mitglieder in % aller AU-Fälle/-Tage	Arbeitsunfähigkeitsfälle, bei denen auf der Krankmeldung als Krankheitsursache »Arbeitsunfall« angegeben wurde, nicht enthalten sind Wegeunfälle
AU-Fälle/-Tage nach Krankheitsarten	Arbeitsunfähigkeitsfälle/-tage mit einer bestimmten Diagnose	je 100 AOK-Mitglieder in % aller AU-Fälle bzw. -Tage	Ausgewertet werden alle auf den Arbeitsunfähigkeitsbescheinigungen angegebenen ärztlichen Diagnosen, verschlüsselt werden diese nach der Internationalen Klassifikation der Krankheitsarten (ICD-10)

Tabelle 27.1.2. AOK-Mitglieder nach Wirtschaftsabschnitten im Jahr 2008 nach der Klassifikation der Wirtschaftszweige, Ausgabe 2003

Wirtschaftsabschnitte	Pflichtmitglieder		Freiwillige Mitglieder
	Absolut	Anteil an der Branche (in %)	Absolut
Banken/Versicherungen	101.356	10,4	7.166
Baugewerbe	637.250	41,5	3.952
Dienstleistungen	3.478.470	37,9	31.699
Energie/Wasser/Bergbau	70.226	19,2	3.874
Handel	1.226.281	30,7	12.531
Land- und Forstwirtschaft	202.942	63,4	305
Öff. Verwaltung/Sozialvers.	609.358	36,7	8.724
Verarbeitendes Gewerbe	2.265.177	33,2	54.580
Verkehr/Transport	574.873	36,2	3.546
Sonstige	409.555	39,8	3.385
Alle Branchen	**9.575.488**	**34,9**	**129.762**

schnitten sowie deren Anteil an den sozialversicherungspflichtig Beschäftigten insgesamt[4] ersichtlich.[5]

Angesichts nach wie vor unterschiedlicher Morbiditätsstrukturen werden neben den Gesamtergebnissen für die Bundesrepublik Deutschland die Ergebnisse für Ost- und Westdeutschland separat ausgewiesen.

Die Verschlüsselung der Diagnosen erfolgt nach der 10. Revision des ICD (International Classification of Diseases).[6] Teilweise weisen die Arbeitsunfähigkeitsbescheinigungen mehrere Diagnosen auf. Um einen Informationsverlust zu vermeiden, werden bei den diagnosebezogenen Auswertungen im Unterschied zu anderen Statistiken[7], die nur eine (Haupt-)Diagnose berücksichtigen, auch Mehrfachdiagnosen[8] in die Auswertungen mit einbezogen.

4 Errechnet auf der Basis der Beschäftigtenstatistik der Bundesagentur für Arbeit, Stichtag: 30.09.2008 (Bundesagentur für Arbeit 2007).

5 Aufgrund der Revision der Klassifikation der Wirtschaftszweige musste anhand der 2008er Version eine Zuweisung nach der 2003er Version erfolgen. Dabei kann es in einzelnen Fällen zu Differenzen bei der Anzahl der Mitglieder in den einzelnen Branchen im Vergleich zum Vorjahr kommen.

6 international übliches Klassifikationssystem der Weltgesundheitsorganisation (WHO)

7 beispielsweise die von den Krankenkassen im Bereich der gesetzlichen Krankenversicherung herausgegebene Krankheitsartenstatistik

8 Leidet ein Arbeitnehmer an unterschiedlichen Krankheitsbildern (Multimorbidität) kann eine Arbeitsunfähigkeitsbescheinigung mehrere Diagnosen aufweisen. Insbesondere bei älteren Beschäftigten kommt dies häufiger vor.

27.1.2 Allgemeine Krankenstandsentwicklung

Im Jahr 2008 haben die krankheitsbedingten Fehlzeiten erneut zugenommen. Bei den 9,7 Millionen erwerbstätigen AOK-Mitgliedern stieg der Krankenstand von 4,5 auf 4,6% (vgl. Tabelle 27.1.3). 52,9% der AOK-Mitglieder meldeten sich mindestens einmal krank. Die Versicherten waren im Jahresdurchschnitt 16,9 Kalendertage krankgeschrieben.[9] 5,8% der Arbeitsunfähigkeitstage waren durch Arbeitsunfälle bedingt.

Die Zahl der krankheitsbedingten Ausfalltage nahm im Vergleich zum Vorjahr um 3,2% zu. Der Anstieg der Fehlzeiten ist vor allem im Westen auf eine höhere Anzahl von Krankmeldungen zurückzuführen (West: 5,2%; Ost: 3,2%). Die durchschnittliche Dauer der Krankmeldungen ging in Westdeutschland um 1,7% zurück, wohingegen sie im Osten um den gleichen Prozentsatz stieg. Die Zahl der von Arbeitsunfähigkeit betroffenen AOK-Mitglieder (AU-Quote: Anteil der AOK-Mitglieder mit mindestens einem AU-Fall) stieg im Jahr 2008 um 1,7 Prozentpunkte auf 52,9%.

Im Jahresverlauf wurde mit 5,7% der höchste Krankenstand im Februar erreicht, während der niedrigste Wert im August (3,9%) zu verzeichnen war. Im Vergleich zum Vorjahr lag der Krankenstand im März

Tabelle 27.1.3. Arbeitsunfähigkeit der AOK-Mitglieder im Jahr 2008 im Vergleich zum Vorjahr

	Krankenstand (in %)	Arbeitsunfähigkeiten je 100 AOK-Mitglieder				Tage je Fall	Veränd. z. Vorj. (in %)	AU-Quote (in %)
		Fälle	Veränd. z. Vorj. (in %)	Tage	Veränd. z. Vorj. (in %)			
West	4,7	150,6	5,2	1.709,5	3,0	11,4	–1,7	53,3
Ost	4,5	136,3	3,2	1.630,2	4,6	12,0	1,7	51,0
Bund	**4,6**	**148,2**	**5,0**	**1.696,0**	**3,2**	**11,4**	**–1,7**	**52,9**

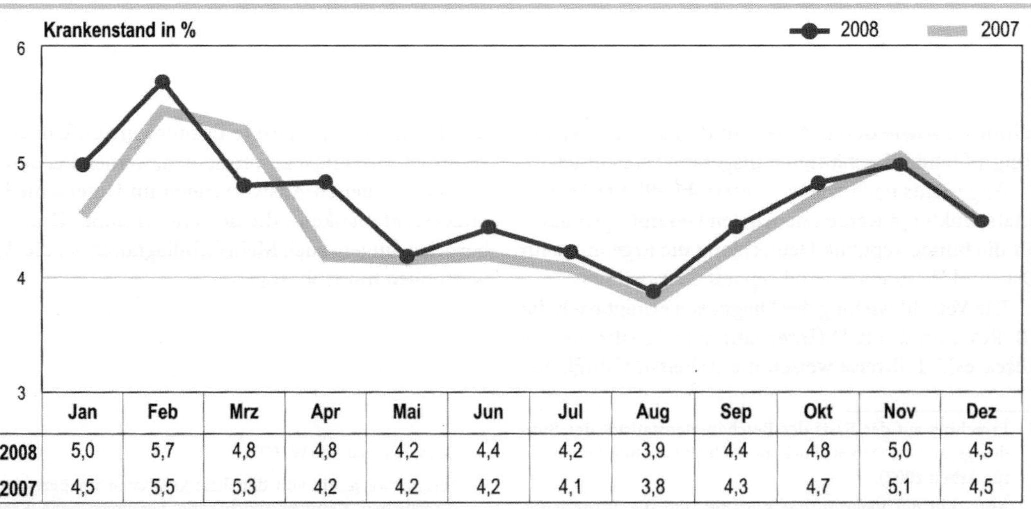

	Jan	Feb	Mrz	Apr	Mai	Jun	Jul	Aug	Sep	Okt	Nov	Dez
2008	5,0	5,7	4,8	4,8	4,2	4,4	4,2	3,9	4,4	4,8	5,0	4,5
2007	4,5	5,5	5,3	4,2	4,2	4,2	4,1	3,8	4,3	4,7	5,1	4,5

Quelle: Wissenschaftliches Institut der AOK (WIdO) Fehlzeiten-Report 2009

Abb. 27.1.1. Krankenstand im Jahr 2008 im saisonalen Verlauf im Vergleich zum Vorjahr, AOK-Mitglieder

9 Wochenenden und Feiertage eingeschlossen

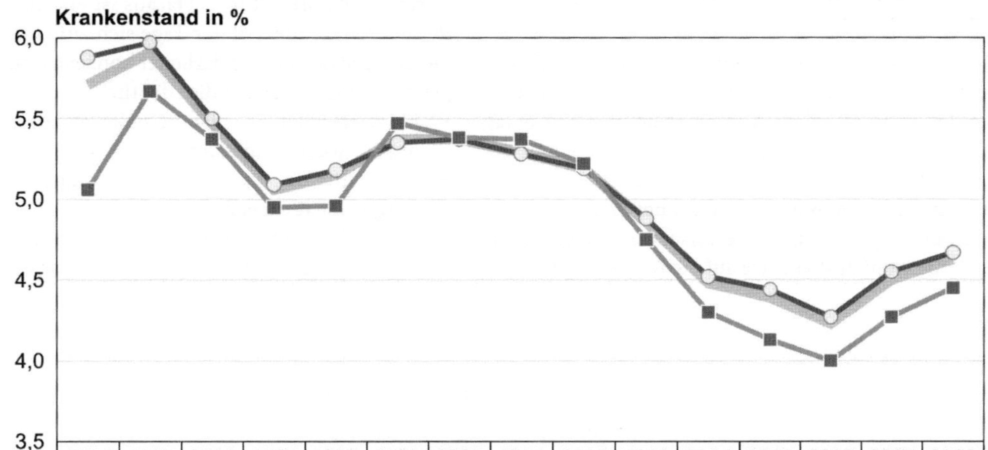

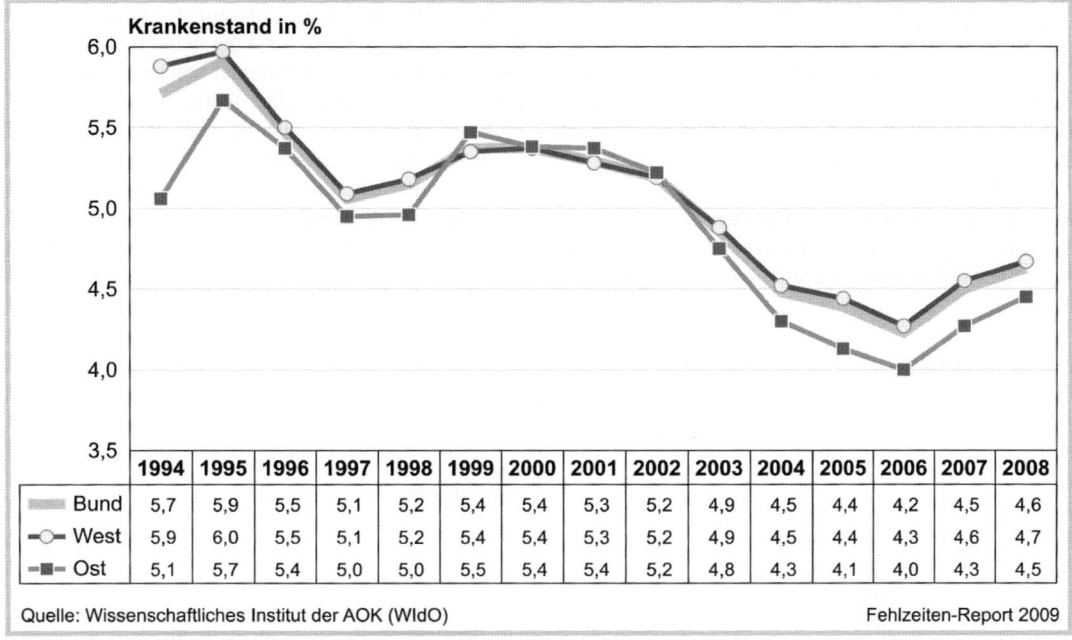

	1994	1995	1996	1997	1998	1999	2000	2001	2002	2003	2004	2005	2006	2007	2008
Bund	5,7	5,9	5,5	5,1	5,2	5,4	5,4	5,3	5,2	4,9	4,5	4,4	4,2	4,5	4,6
West	5,9	6,0	5,5	5,1	5,2	5,4	5,4	5,3	5,2	4,9	4,5	4,4	4,3	4,6	4,7
Ost	5,1	5,7	5,4	5,0	5,0	5,5	5,4	5,4	5,2	4,8	4,3	4,1	4,0	4,3	4,5

Quelle: Wissenschaftliches Institut der AOK (WIdO) Fehlzeiten-Report 2009

Abb. 27.1.2. Entwicklung des Krankenstandes in den Jahren 1994–2008, AOK-Mitglieder

deutlich unter und im April über dem Vorjahreswert (vgl. Abb. 27.1.1).

Abbildung 27.1.2 zeigt die längerfristige Entwicklung des Krankenstandes in den Jahren 1994–2008. Seit Mitte der 1990er Jahre ist ein Rückgang der Krankenstände zu verzeichnen. 2006 sank der Krankenstand auf 4,2% und erreichte damit den niedrigsten Stand seit der Wiedervereinigung.

Trotz eines Anstiegs des Krankenstandes seit 2007 liegt dieser im Vergleich zu den 1990er Jahren nach wie vor auf einem niedrigen Niveau. Die Gründe für die niedrigen Krankenstände sind vielfältig. Neben strukturellen Faktoren, wie der geringere Anteil älterer Arbeitnehmer, die Abnahme körperlich belastender Tätigkeiten sowie eine verbesserte Gesundheitsvorsorge in den Betrieben spielt auch die wirtschaftliche Situation eine Rolle. So verhält sich der Krankenstand prozyklisch zur jeweils aktuellen Wirtschaftssituation – befinden sich Wirtschafts- und Beschäftigungslage auf einem Hoch, so wird meist auch ein auffällig hoher Krankenstand gemeldet. Umfragen zeigen, dass eine aus Sicht des Mitarbeiters angespannte Lage auf dem Arbeitsmarkt dazu führt, dass Arbeitnehmer auf Krankmeldungen verzichten. Damit will der Mitarbeiter vermeiden, dass der Arbeitsplatz gefährdet wird. Es ist davon auszugehen, dass die Wirtschaftskrise des Jahres 2008/2009 nur eine zeitlich begrenzte Einflussmöglichkeit auf das Krankheitsgeschehen des Jahres 2008 haben konnte. Über mögliche Auswirkungen der Wirtschaftskrise auf Häufigkeit und Dauer einer Arbeitsunfähigkeit wird bei der Betrachtung der Arbeitsunfähigkeiten des Jahres 2009 zu berichten sein.

Bis zum Jahr 1998 war der Krankenstand in Ostdeutschland stets niedriger als in Westdeutschland. In den Jahren 1999 bis 2002 waren dann jedoch in den neuen etwas höhere Werte als in den alten Ländern zu verzeichnen. Diese Entwicklung wird vom Institut für Arbeitsmarkt- und Berufsforschung auf Verschiebungen in der Altersstruktur der erwerbstätigen Bevölkerung zurückgeführt (Kohler 2002). Diese war nach der Wende zunächst in den neuen Ländern günstiger, weil viele Arbeitnehmer vom Altersübergangsgeld Gebrauch machten. Dies habe sich aufgrund altersspezifischer Krankenstandsquoten in den durchschnittlichen Krankenständen niedergeschlagen. Inzwischen sind diese Effekte jedoch ausgelaufen.

27.1.3 Verteilung der Arbeitsunfähigkeit

Den Anteil der Arbeitnehmer, die in einem Jahr mindestens einmal krankgeschrieben wurden wird als die Arbeitsunfähigkeitsquote bezeichnet. Diese lag in 2008 bei 52,9% (vgl. Abb. 27.1.3). Der Anteil der AOK-Mitglieder, die das ganze Jahr überhaupt nicht krankgeschrieben waren lag somit bei 47,1%.

Abbildung 27.1.4 zeigt die Verteilung der kumulierten Arbeitsunfähigkeitstage auf die AOK-Mitglieder in Form einer Lorenzkurve. Daraus ist ersichtlich, dass der überwiegende Teil der Tage sich auf einen relativ kleinen Teil der AOK-Mitglieder konzentriert. Die folgenden Zahlen machen dies deutlich:

- Ein Viertel der Arbeitsunfähigkeitstage entfällt auf nur 1,5% der Mitglieder.
- Die Hälfte der Tage wird von lediglich 5,6% der Mitglieder verursacht.
- Knapp 80% der Arbeitsunfähigkeitstage gehen auf nur 18,3% der AOK-Mitglieder zurück.

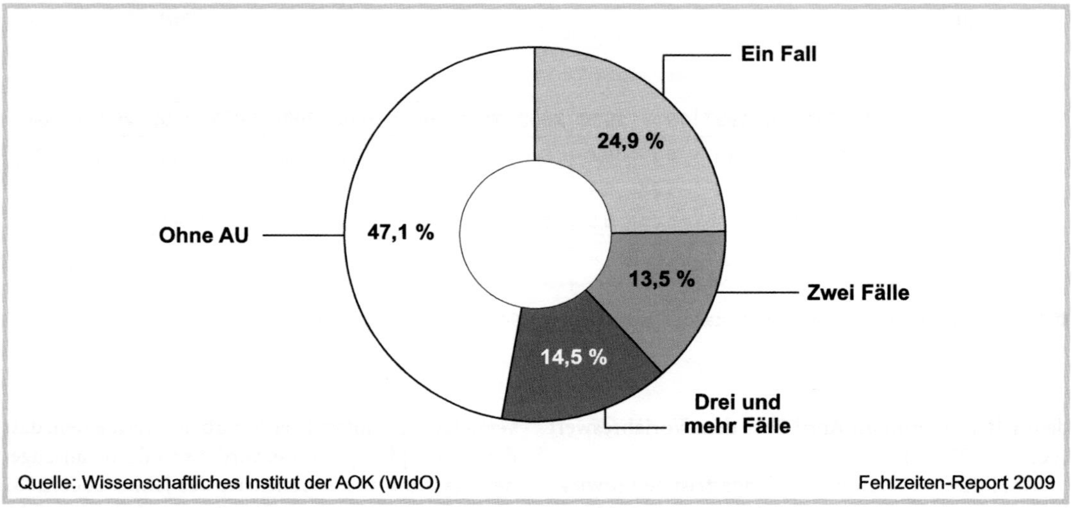

Abb. 27.1.3. Arbeitsunfähigkeitsquote der AOK-Mitglieder im Jahr 2008

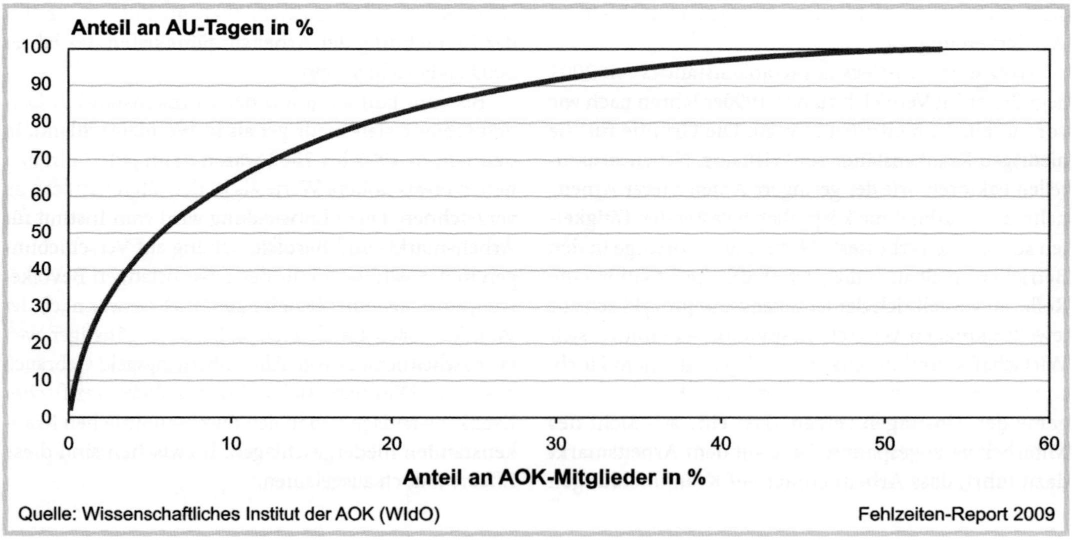

Abb. 27.1.4. Lorenzkurve zur Verteilung der Arbeitsunfähigkeitstage der AOK-Mitglieder im Jahr 2008

27.1.4 Kurz- und Langzeiterkrankungen

Die Höhe des Krankenstandes wird entscheidend durch länger dauernde Arbeitsunfähigkeitsfälle bestimmt. Die Zahl dieser Erkrankungsfälle ist zwar relativ gering, aber für eine große Zahl von Ausfalltagen verantwortlich (vgl. Abb. 27.1.5). 2008 waren fast die Hälfte aller Arbeitsunfähigkeitstage (48,4%) auf lediglich 7,3% der Arbeitsunfähigkeitsfälle zurückzuführen. Dabei handelt es sich um Fälle mit einer Dauer von mehr als vier Wochen. Besonders zu Buche schlagen Langzeitfälle, die sich über mehr als sechs Wochen erstrecken. Obwohl ihr Anteil an den Arbeitsunfähigkeitsfällen im Jahr 2008 nur 4,1% betrug, verursachten sie 38,2% des gesamten AU-Volumens. Langzeitfälle sind häufig auf chronische Erkrankungen zurückzuführen. Der Anteil der Langzeitfälle nimmt mit zunehmendem Alter deutlich zu.

Kurzzeiterkrankungen wirken sich zwar häufig sehr störend auf den Betriebsablauf aus, spielen aber, anders als häufig angenommen, für den Krankenstand nur eine untergeordnete Rolle. Auf Arbeitsunfähigkeitsfälle mit einer Dauer von 1–3 Tagen gingen 2008 lediglich 6,3% der Fehltage zurück, obwohl ihr Anteil an den Arbeitsunfähigkeitsfällen 36,2% betrug. Da viele Arbeitgeber in den ersten drei Tagen einer Erkrankung keine ärztliche Arbeitsunfähigkeitsbescheinigung verlangen, liegt der Anteil der Kurzzeiterkrankungen allerdings in der Praxis höher, als dies in den Daten der Krankenkassen zum Ausdruck kommt. Nach einer Befragung des Instituts der deutschen Wirtschaft (Schnabel 1997) hat jedes zweite Unternehmen die Attestpflicht ab dem ersten Krankheitstag eingeführt. Der Anteil der Kurzzeitfälle von 1–3 Tagen an den krankheitsbedingten Fehltagen in der privaten Wirtschaft beträgt danach insgesamt durchschnittlich 11,3%. Auch wenn man berücksichtigt, dass die Krankenkassen die Kurzzeit-Arbeitsunfähigkeit nicht vollständig erfassen, ist also der Anteil der Erkrankungen von 1–3 Tagen am Arbeitsunfähigkeitsvolumen insgesamt nur gering. Von Maßnahmen, die in erster Linie auf eine Reduzierung der Kurzzeitfälle abzielen, ist daher kein durchgreifender Effekt auf den Krankenstand zu erwarten. Maßnahmen, die auf eine Senkung des Krankenstandes abzielen, sollten vorrangig bei den Langzeitfällen ansetzen. Welche Krankheitsarten für die Langzeitfälle verantwortlich sind, wird in Abschnitt 27.1.15 dargestellt.

2008 war der Anteil der Langzeiterkrankungen mit 46,5% im Baugewerbe am höchsten und in der Branche Banken und Versicherungen mit 33,6% am niedrigsten. Der Anteil der Kurzzeiterkrankungen schwankte in den einzelnen Wirtschaftszweigen zwischen 9,9% bei Banken und Versicherungen und 4,2% im Bereich Verkehr und Transport (vgl. Abb. 27.1.6).

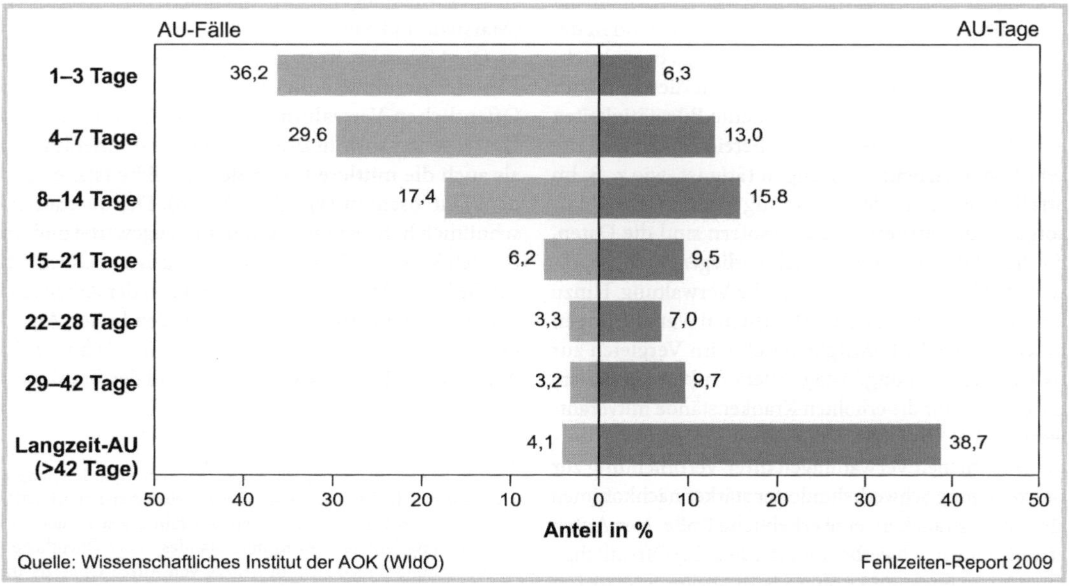

Abb. 27.1.5. Arbeitsunfähigkeitstage und -fälle der AOK-Mitglieder im Jahr 2008 nach der Dauer

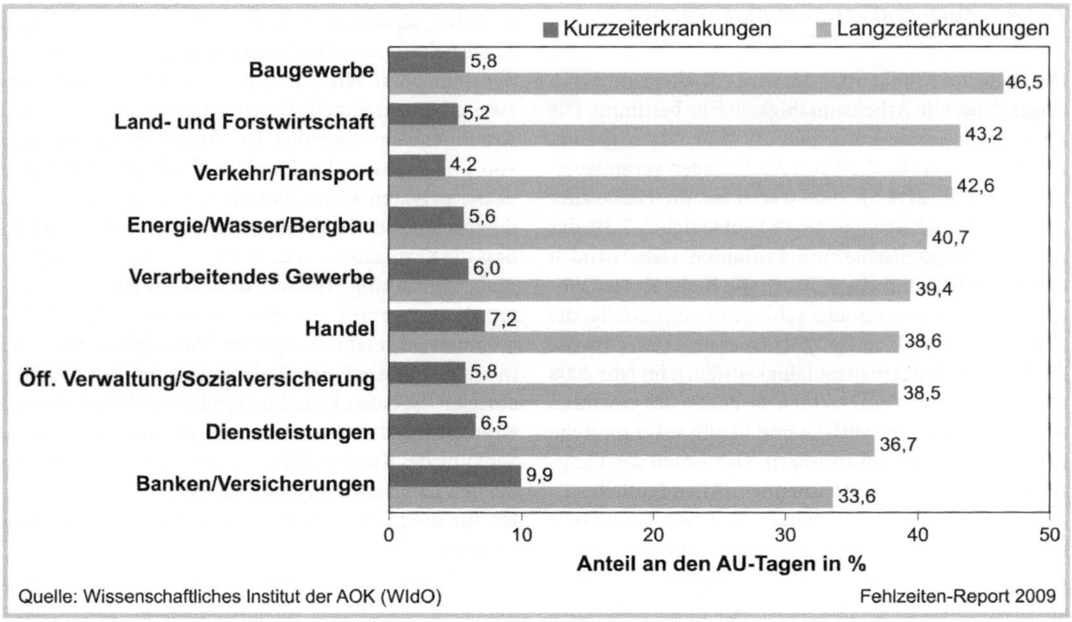

Abb. 27.1.6. Anteil der Kurz- und Langzeiterkrankungen an den Arbeitsunfähigkeitstagen nach Branchen im Jahr 2008, AOK-Mitglieder

27.1.5 Krankenstandsentwicklung in den einzelnen Branchen

Im Jahr 2008 wiesen die Öffentlichen Verwaltungen mit 5,2% den höchsten Krankenstand, Banken und Versicherungen mit 3,2% den niedrigsten Krankenstand auf (vgl. Abb. 27.1.7). Bei dem hohen Krankenstand in der Öffentlichen Verwaltung muss allerdings berücksichtigt werden, dass ein großer Teil der in diesem Sektor beschäftigten AOK-Mitglieder keine Bürotätigkeiten ausübt, sondern in gewerblichen Bereichen mit teilweise sehr hohen Arbeitsbelastungen tätig ist, wie z. B. im Straßenbau, in der Straßenreinigung und Abfallentsorgung, in Gärtnereien etc. Insofern sind die Daten, die der AOK für diesen Bereich vorliegen, nicht repräsentativ für die gesamte Öffentliche Verwaltung. Hinzu kommt, dass die in den Öffentlichen Verwaltungen beschäftigten AOK-Mitglieder eine im Vergleich zur freien Wirtschaft ungünstige Altersstruktur aufweisen, die zum Teil für die erhöhten Krankenstände mitverantwortlich ist. Schließlich spielt auch die Tatsache, dass die Öffentlichen Verwaltungen ihrer Verpflichtung zur Beschäftigung Schwerbehinderter stärker nachkommen als andere Branchen, eine erhebliche Rolle. Der Anteil erwerbstätiger Schwerbehinderter liegt im Öffentlichen Dienst um etwa 50% höher als in anderen Sektoren (6,6% der Beschäftigten in der Öffentlichen Verwaltung gegenüber 4,2% in anderen Beschäftigungssektoren). Nach einer Studie der Hans-Böckler-Stiftung ist die gegenüber anderen Beschäftigungsbereichen höhere Zahl von Arbeitsunfähigkeitsfällen im Öffentlichen Dienst knapp zur Hälfte allein auf den erhöhten Anteil an schwerbehinderten Arbeitnehmern zurückzuführen (Marstedt und Müller 1998).[10]

Die Höhe des Krankenstandes resultiert aus der Zahl der Krankmeldungen und deren Dauer. Bei den Öffentlichen Verwaltungen und im Verarbeitenden Gewerbe lag sowohl die Zahl der Krankmeldungen als auch die mittlere Dauer der Krankheitsfälle über dem Durchschnitt (vgl. Abb. 27.1.8). Der überdurchschnittlich hohe Krankenstand im Baugewerbe und im Bereich Verkehr/Transport war dagegen ausschließlich auf die lange Dauer (12,8 bzw. 13,9 Tage) der Arbeitsunfähigkeitsfälle zurückzuführen. Auf den hohen Anteil der Langzeitfälle in diesen Branchen wurde bereits in Abschnitt 27.1.4 hingewiesen. Die Zahl der Krankmel-

10 Vgl. dazu den Beitrag von Gerd Marstedt et al. In: Badura B, Litsch M, Vetter C (Hrsg) (2001) Fehlzeiten-Report 2001, Springer, Berlin (u. a.). Weitere Ausführungen zu den Bestimmungsfaktoren des Krankenstandes in der Öffentlichen Verwaltung finden sich im Beitrag von Alfred Oppolzer in: Badura B, Litsch M, Vetter C (Hrsg) (2000) Fehlzeiten-Report 1999, Springer, Berlin (u. a.).

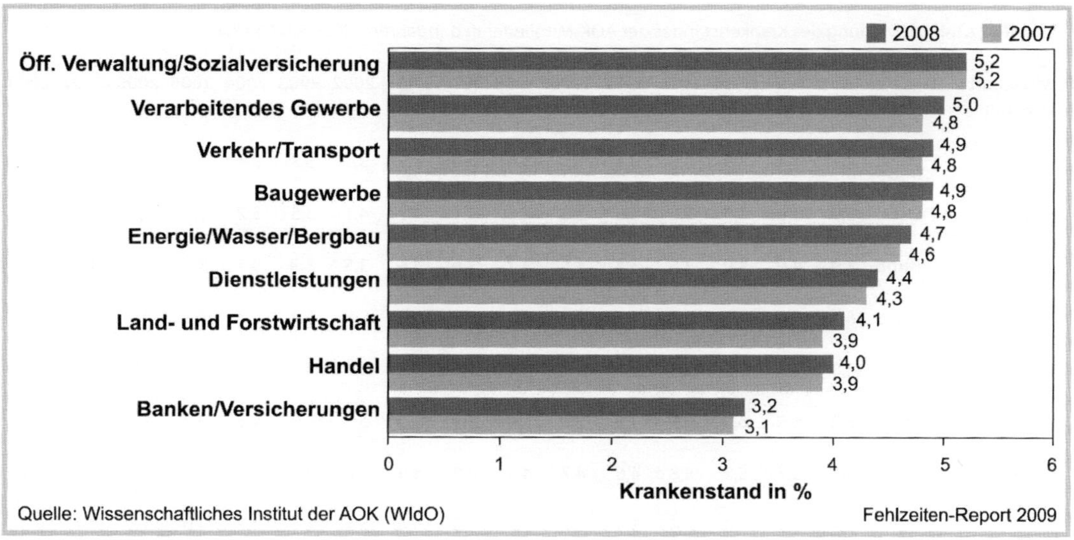

Abb. 27.1.7. Krankenstand der AOK-Mitglieder nach Branchen im Jahr 2008 im Vergleich zum Vorjahr

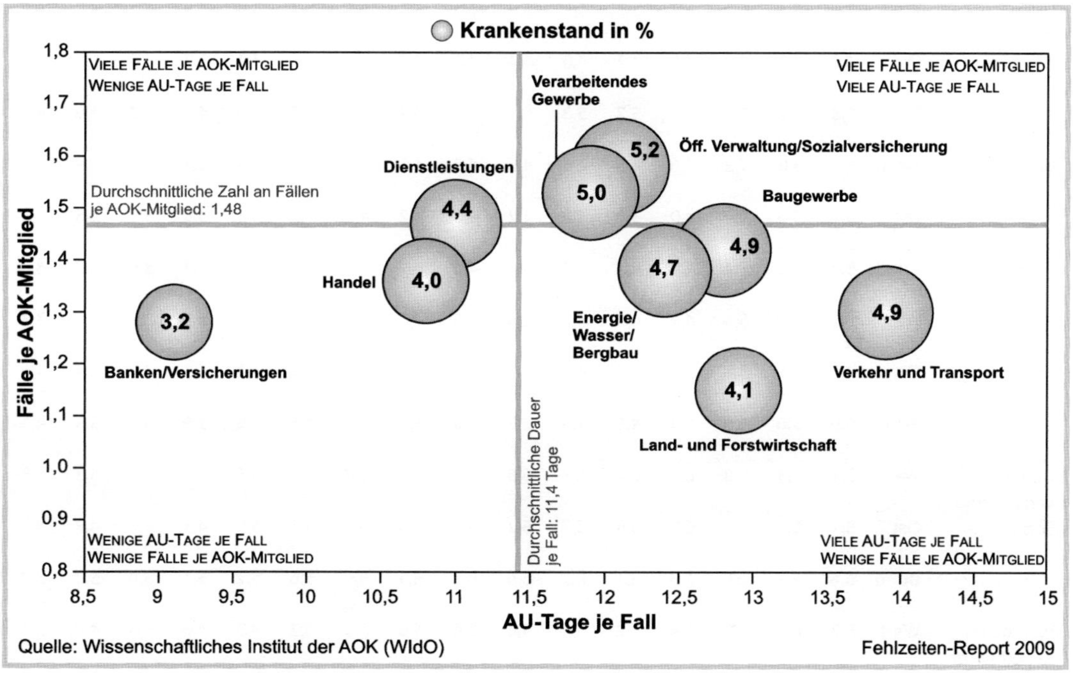

Abb. 27.1.8. Krankenstand der AOK-Mitglieder nach Branchen im Jahr 2008 nach Bestimmungsfaktoren

dungen war dagegen im Bereich Verkehr/Transport geringer als im Branchendurchschnitt.

Tabelle 27.1.4 zeigt die Krankenstandsentwicklung in den einzelnen Branchen in den Jahren 1993–2008, differenziert nach West- und Ostdeutschland. Im Vergleich zum Vorjahr stieg der Krankenstand im Jahr 2008 in allen Branchen, außer der Öffentlichen Verwaltung/Sozialversicherung. In den meisten Wirtschaftszweigen ist der Krankenstand in Ostdeutschland niedriger als in Westdeutschland.

Tabelle 27.1.4. Entwicklung des Krankenstandes der AOK-Mitglieder in den Jahren 1993–2008 (in %)

Wirtschaftsabschnitte		**1993**	**1994**	**1995**	**1996**	**1997**	**1998**	**1999**	**2000**	**2001**	**2002**	**2003**	**2004**	**2005**	**2006**	**2007**	**2008**
Banken/ Versicherungen	West	4,2	4,4	3,9	3,5	3,4	3,5	3,6	3,6	3,5	3,5	3,3	3,1	3,1	2,7	3,1	3,1
	Ost	2,9	3,0	4,0	3,6	3,6	3,6	4,0	4,1	4,1	4,1	3,5	3,2	3,3	3,2	3,4	3,6
	Bund	**3,9**	**4,0**	**3,9**	**3,5**	**3,4**	**3,5**	**3,7**	**3,6**	**3,6**	**3,5**	**3,3**	**3,1**	**3,1**	**2,8**	**3,1**	**3,2**
Baugewerbe	West	6,7	7,0	6,5	6,1	5,8	6,0	6,0	6,1	6,0	5,8	5,4	5,0	4,8	4,6	4,9	5,1
	Ost	4,8	5,5	5,5	5,3	5,1	5,2	5,5	5,4	5,5	5,2	4,6	4,1	4,0	3,8	4,2	4,5
	Bund	**6,2**	**6,5**	**6,2**	**5,9**	**5,6**	**5,8**	**5,9**	**5,9**	**5,9**	**5,7**	**5,3**	**4,8**	**4,7**	**4,4**	**4,8**	**4,9**
Dienstleistungen	West	5,6	5,7	5,2	4,8	4,6	4,7	4,9	4,9	4,9	4,8	4,6	4,2	4,1	4,0	4,3	4,4
	Ost	5,4	6,1	6,0	5,6	5,3	5,2	5,6	5,5	5,4	5,2	4,7	4,2	4,0	3,8	4,1	4,3
	Bund	**5,5**	**5,8**	**5,3**	**4,9**	**4,7**	**4,8**	**5,0**	**5,0**	**4,9**	**4,8**	**4,6**	**4,2**	**4,1**	**4,0**	**4,3**	**4,4**
Energie/ Wasser/ Bergbau	West	6,4	6,4	6,2	5,7	5,5	5,7	5,9	5,8	5,7	5,5	5,2	4,9	4,8	4,4	4,8	4,9
	Ost	4,8	5,2	5,0	4,1	4,2	4,0	4,4	4,4	4,4	4,5	4,1	3,7	3,7	3,6	3,7	3,9
	Bund	**5,8**	**6,0**	**5,8**	**5,3**	**5,2**	**5,3**	**5,6**	**5,5**	**5,4**	**5,3**	**5,0**	**4,6**	**4,6**	**4,3**	**4,6**	**4,7**
Handel	West	5,6	5,6	5,2	4,6	4,5	4,6	4,6	4,6	4,6	4,5	4,2	3,9	3,8	3,7	3,9	4,1
	Ost	4,2	4,6	4,4	4,0	3,8	3,9	4,2	4,2	4,2	4,1	3,7	3,4	3,3	3,3	3,6	3,8
	Bund	**5,4**	**5,5**	**5,1**	**4,5**	**4,4**	**4,5**	**4,5**	**4,6**	**4,5**	**4,5**	**4,2**	**3,8**	**3,7**	**3,6**	**3,9**	**4,0**
Land- und Forstwirtschaft	West	5,6	5,7	5,4	4,6	4,6	4,8	4,6	4,6	4,6	4,5	4,2	3,8	3,5	3,3	3,6	3,7
	Ost	4,7	5,5	5,7	5,5	5,0	4,9	6,0	5,5	5,4	5,2	4,9	4,3	4,3	4,1	4,4	4,6
	Bund	**5,0**	**5,6**	**5,6**	**5,1**	**4,8**	**4,8**	**5,3**	**5,0**	**5,0**	**4,8**	**4,5**	**4,0**	**3,9**	**3,7**	**3,9**	**4,1**
Öffentl. Verwaltung/ Sozialversicherung	West	7,1	7,3	6,9	6,4	6,2	6,3	6,6	6,4	6,1	6,0	5,7	5,3	5,3	5,1	5,3	5,3
	Ost	5,1	5,9	6,3	6,0	5,8	5,7	6,2	5,9	5,9	5,7	5,3	5,0	4,5	4,7	4,8	4,9
	Bund	**6,6**	**6,9**	**6,8**	**6,3**	**6,1**	**6,2**	**6,5**	**6,3**	**6,1**	**5,9**	**5,6**	**5,2**	**5,1**	**5,0**	**5,2**	**5,2**
Verarbeitendes Gewerbe	West	6,2	6,3	6,0	5,4	5,2	5,3	5,6	5,6	5,6	5,5	5,2	4,8	4,8	4,6	4,9	5,0
	Ost	5,0	5,4	5,3	4,8	4,5	4,6	5,2	5,1	5,2	5,1	4,7	4,3	4,2	4,1	4,4	4,6
	Bund	**6,1**	**6,2**	**5,9**	**5,3**	**5,1**	**5,2**	**5,6**	**5,6**	**5,5**	**5,5**	**5,1**	**4,7**	**4,7**	**4,5**	**4,8**	**5,0**
Verkehr/ Transport	West	6,6	6,8	4,7	5,7	5,3	5,4	5,6	5,6	5,6	5,6	5,3	4,9	4,8	4,7	4,9	5,1
	Ost	4,4	4,8	4,7	4,6	4,4	4,5	4,8	4,8	4,9	4,9	4,5	4,2	4,2	4,1	4,3	4,5
	Bund	**6,2**	**6,4**	**5,9**	**5,5**	**5,2**	**5,3**	**5,5**	**5,5**	**5,5**	**5,5**	**5,2**	**4,8**	**4,7**	**4,6**	**4,8**	**4,9**

Einfluss der Alters- und Geschlechtsstruktur

Die Höhe des Krankenstandes hängt entscheidend vom Alter der Beschäftigten ab. Die krankheitsbedingten Fehlzeiten nehmen mit steigendem Alter deutlich zu. Die Höhe des Krankenstandes variiert ebenfalls in Abhängigkeit vom Geschlecht (vgl. Abb. 27.1.9).

Zwar geht die Zahl der Krankmeldungen mit zunehmendem Alter zurück, die durchschnittliche Dauer der Arbeitsunfähigkeitsfälle steigt jedoch kontinuierlich an (vgl. Abb. 27.1.10). Ältere Mitarbeiter sind also seltener krank als ihre jüngeren Kollegen, fallen aber bei einer Erkrankung in der Regel wesentlich länger aus. Der starke Anstieg der Falldauer hat zur Folge, dass der Krankenstand trotz der Abnahme der Krankmeldungen mit zunehmendem Alter deutlich ansteigt. Hinzu kommt, dass ältere Arbeitnehmer im Unterschied zu ihren jüngeren Kollegen häufiger von mehreren Erkrankungen gleichzeitig betroffen sind (Multimorbidität). Auch dies kann längere Ausfallzeiten mit sich bringen.

Da die Krankenstände in Abhängigkeit von Alter und Geschlecht sehr stark variieren, ist es sinnvoll, beim Vergleich der Krankenstände unterschiedlicher Branchen oder Regionen die Alters- und Geschlechtsstruktur zu berücksichtigen. Mit Hilfe von Standardisierungsverfahren lässt sich berechnen wie der Krankenstand in den unterschiedlichen Bereichen ausfiele, wenn man eine durchschnittliche Alters- und Geschlechtsstruktur zugrunde legen würde. Abbildung 27.1.11 zeigt die standardisierten Werte für die einzelnen Wirtschaftszweige im Vergleich zu den nicht standardisierten Krankenständen.[11]

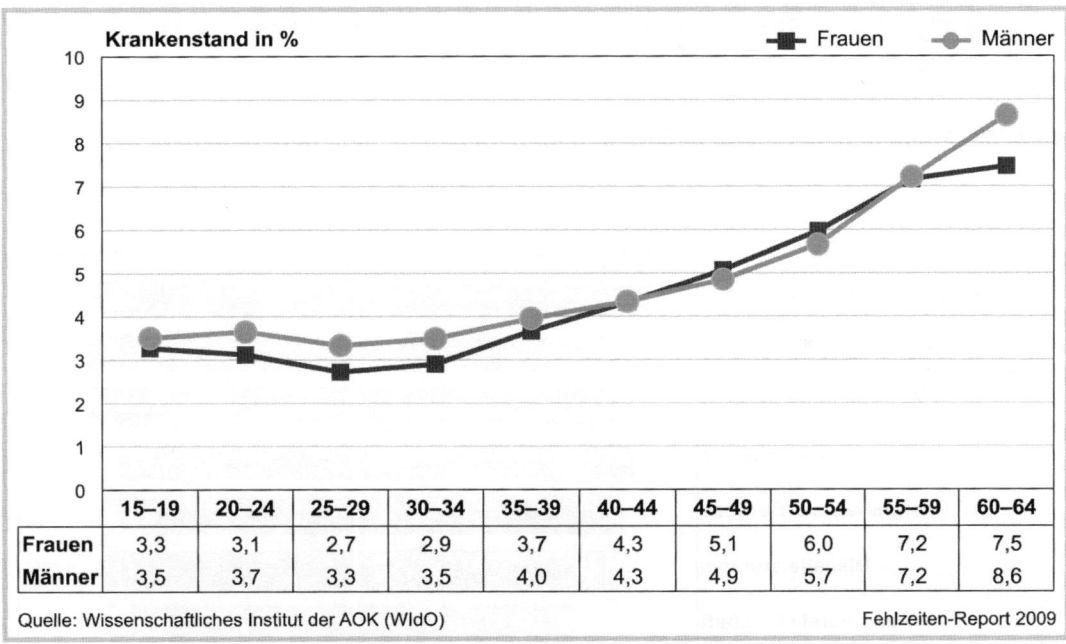

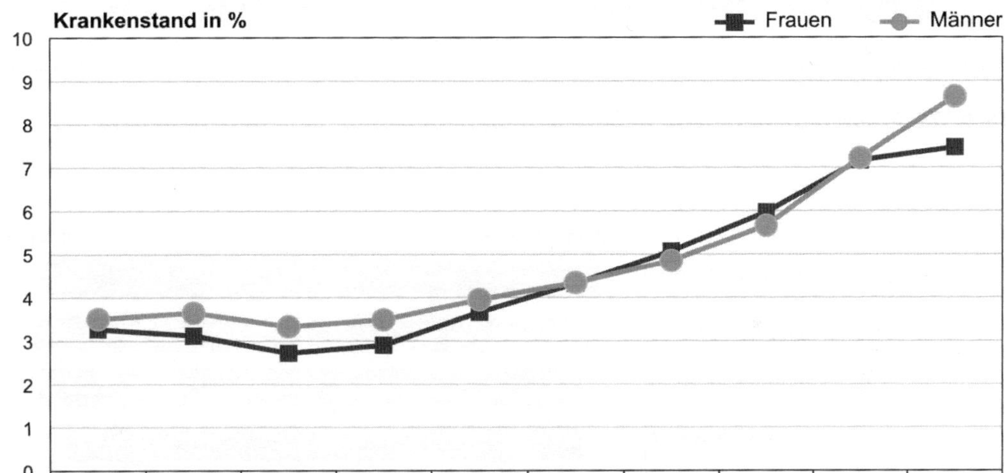

	15–19	20–24	25–29	30–34	35–39	40–44	45–49	50–54	55–59	60–64
Frauen	3,3	3,1	2,7	2,9	3,7	4,3	5,1	6,0	7,2	7,5
Männer	3,5	3,7	3,3	3,5	4,0	4,3	4,9	5,7	7,2	8,6

Quelle: Wissenschaftliches Institut der AOK (WIdO) Fehlzeiten-Report 2009

Abb. 27.1.9. Krankenstand der AOK-Mitglieder im Jahr 2008 nach Alter und Geschlecht

11 Berechnet nach der Methode der direkten Standardisierung – zugrunde gelegt wurde die Alters- und Geschlechtsstruktur der erwerbstätigen Mitglieder der gesetzlichen Krankenversicherung insgesamt im Jahr 2008 (Mitglieder mit Krankengeldanspruch). Quelle: AOK-Bundesverband, SA 40 auf Basis des 2. RSA-Zwischenausgleiches 2008. Weil den erwerbstätigen Mitgliedern als Datenquelle die Satzart 40-Versichertengruppen X1 und X2 (Versicherte mit Anspruch auf Krankengeld) zugrunde liegen, sind in den Daten auch nicht erwerbstätige Personengruppen enthalten, z. B. Empfänger von Arbeitslosengeld 1 oder Elterngeld.

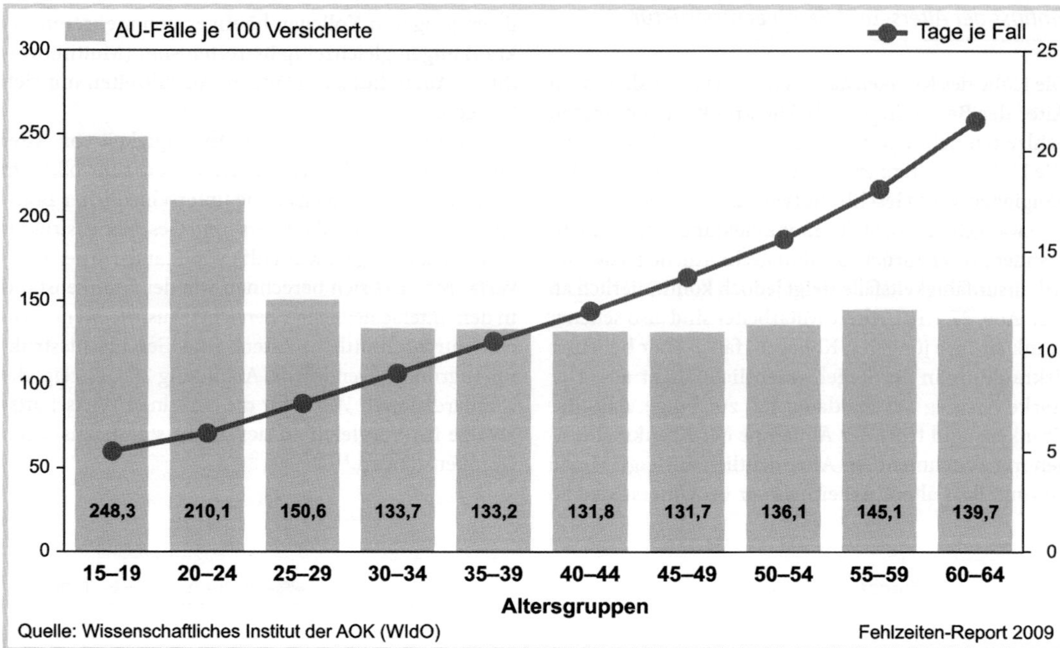

Abb. 27.1.10. Anzahl der Fälle und Dauer der Arbeitsunfähigkeit der AOK-Mitglieder im Jahr 2008 nach Alter

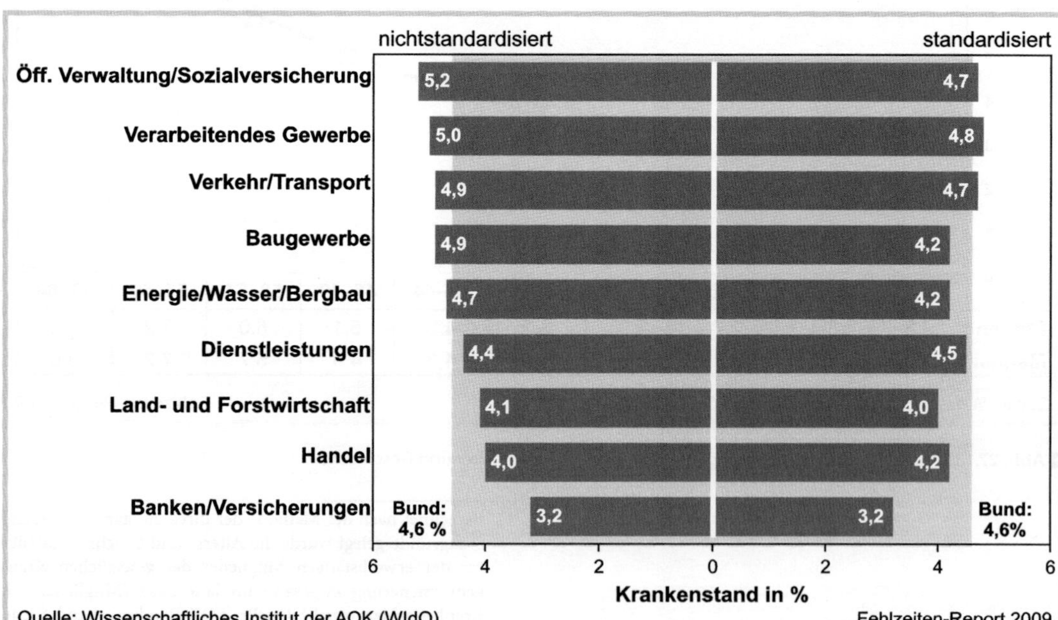

Abb. 27.1.11. Alters- und geschlechtsstandardisierter Krankenstand der AOK-Mitglieder im Jahr 2008 nach Branchen

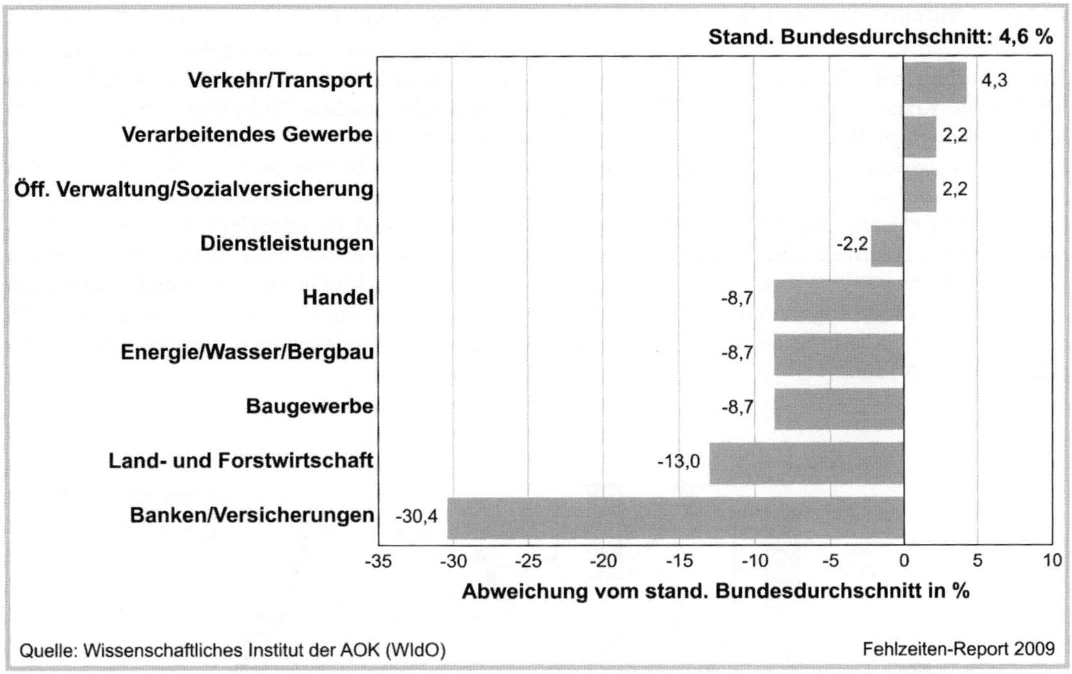

Abb. 27.1.12. Abweichungen der alters- und geschlechtsstandardisierten Krankenstände vom Bundesdurchschnitt im Jahr 2008 nach Branchen, AOK-Mitglieder

In den meisten Branchen fallen die standardisierten Werte niedriger aus als die nicht standardisierten. Insbesondere im Baugewerbe (0,7 Prozentpunkte), in der Öffentlichen Verwaltung und im Bereich Energie/Wasser/Bergbau (jeweils 0,5 Prozentpunkte) ist der überdurchschnittlich hohe Krankenstand zu einem erheblichen Teil auf die Altersstruktur in diesen Bereichen zurückzuführen. Im Handel und im Dienstleistungsbereich hingegen ist es genau umgekehrt. Dort wären bei einer durchschnittlichen Altersstruktur etwas höhere Krankenstände zu erwarten (0,2 bzw. 0,1 Prozentpunkte).

Abbildung 27.1.12 zeigt die Abweichungen der standardisierten Krankenstände vom Bundesdurchschnitt. Im Bereich Verkehr und Transport, Verarbeitendes Gewerbe sowie in der Öffentlichen Verwaltung liegen die standardisierten Werte über dem Durchschnitt. Hingegen ist der standardisierte Krankenstand im Bereich Banken und Versicherung fast 1/3 niedriger als im Bundesdurchschnitt. Dies ist in erster Linie auf den hohen Angestelltenanteil in dieser Branche zurückzuführen (vgl. Abschn. 27.1.9).

27.1.6 Fehlzeiten nach Bundesländern

Wie auch schon in den Vorjahren unterschied sich im Jahr 2008 der Krankenstand in West- und Ostdeutschland nur geringfügig (West: 4,7%; Ost: 4,5%) (vgl. Tabelle 27.1.3). Zwischen den einzelnen Bundesländern gab es jedoch erhebliche Unterschiede im Krankenstand (vgl. Abb. 27.1.13). Die höchsten Krankenstände waren 2008 in den Stadtstaaten Berlin (5,4%), Hamburg (5,4%) und Bremen (5,3%) sowie im Saarland (5,7%) zu verzeichnen. Die niedrigsten Krankenstände wiesen die Bundesländer Sachsen, Niedersachen (jeweils 4,1%) und Bayern (4,2%) auf.

Die hohen Krankenstände kommen auf unterschiedliche Weise zustande. In Berlin, Bremen und Hamburg lag sowohl die Zahl der Arbeitsunfähigkeitsfälle als auch deren durchschnittliche Dauer über dem Bundesdurchschnitt (vgl. Abb. 27.1.14). Im Saarland ist der hohe Krankenstand dagegen ausschließlich auf die lange Dauer der Arbeitsunfähigkeitsfälle zurückzuführen.

Inwieweit sind die regionalen Unterschiede im Krankenstand auf unterschiedliche Alters- und Geschlechtsstrukturen zurückzuführen? Abbildung 27.1.15 zeigt die nach Alter und Geschlecht standardisierten Werte für die einzelnen Bundesländer im Vergleich zu den nicht

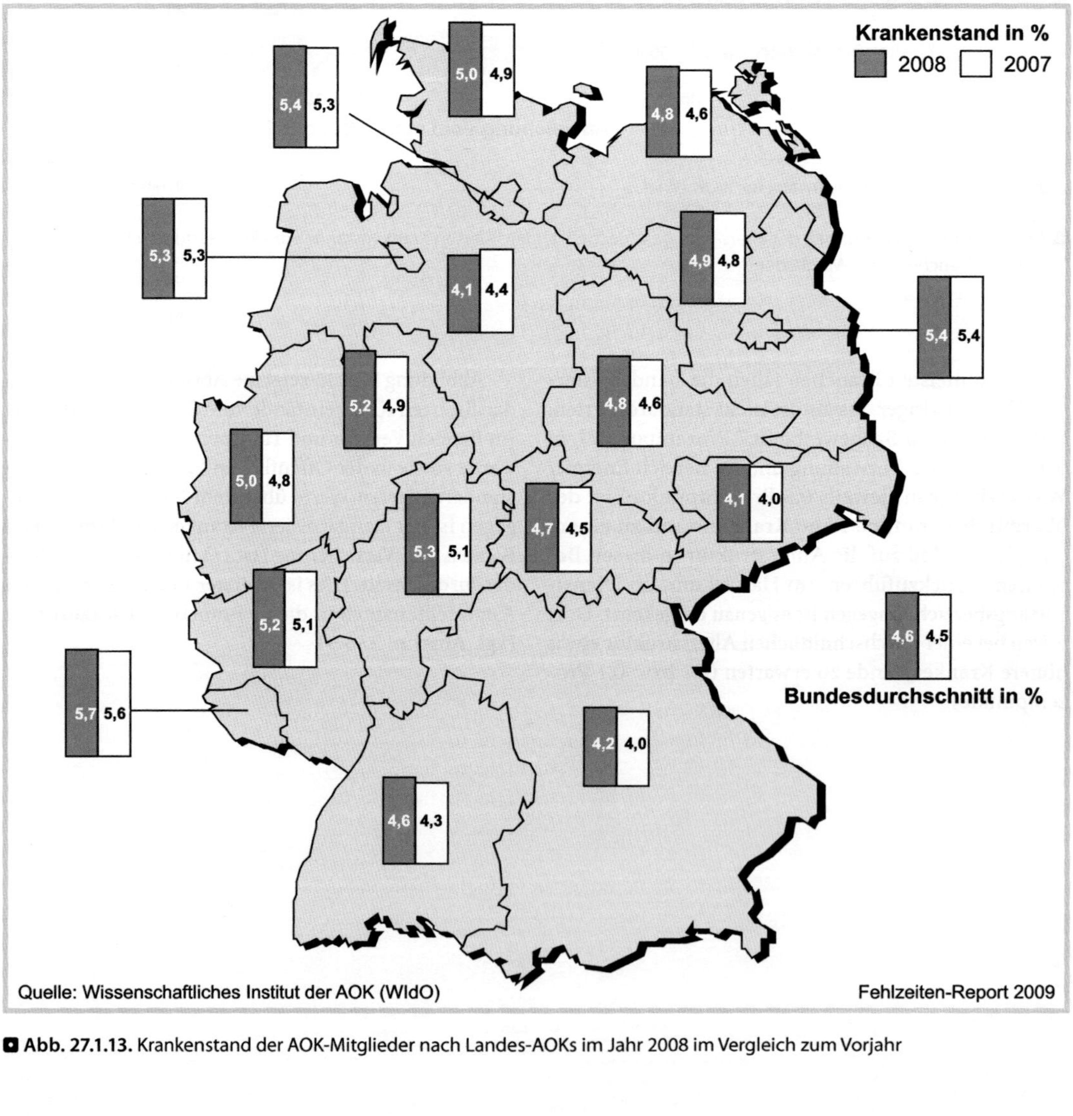

Abb. 27.1.13. Krankenstand der AOK-Mitglieder nach Landes-AOKs im Jahr 2008 im Vergleich zum Vorjahr

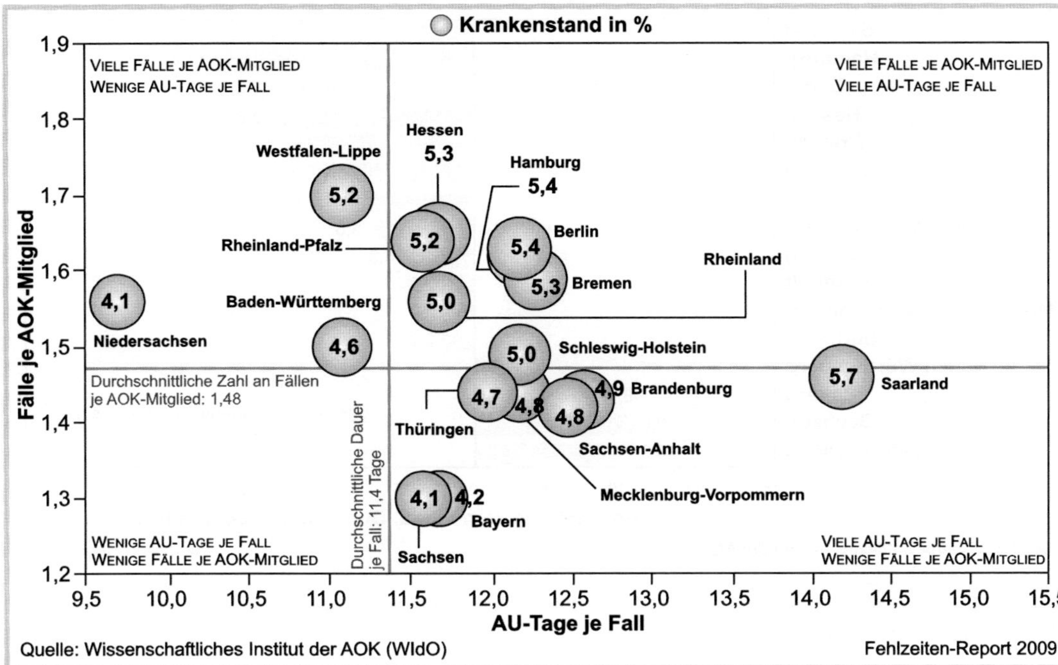

Abb. 27.1.14. Krankenstand der AOK-Mitglieder nach Landes-AOKs im Jahr 2008 nach Bestimmungsfaktoren

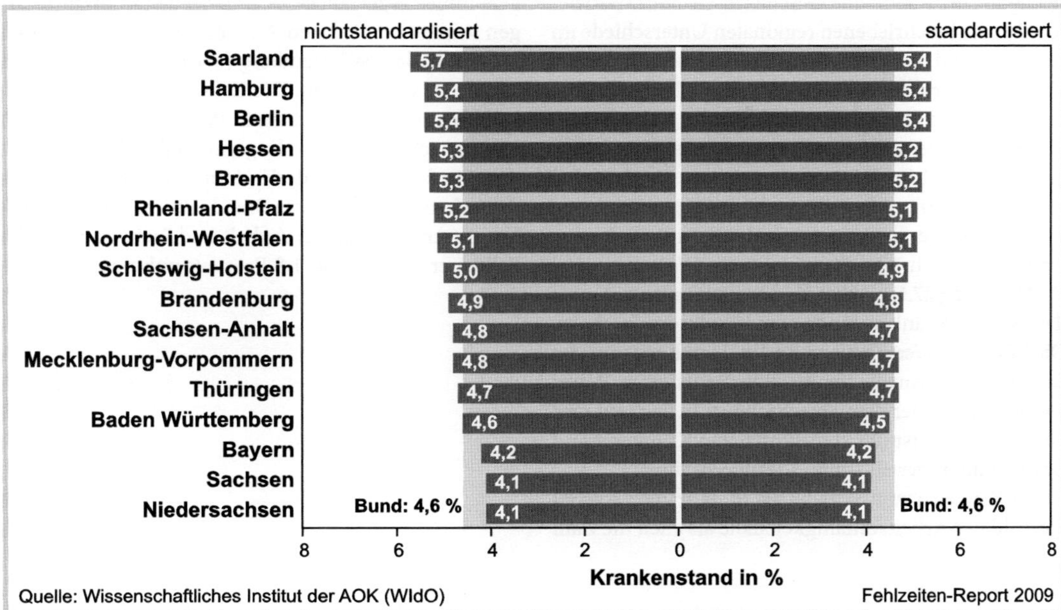

Abb. 27.1.15. Alters- und geschlechtsstandardisierter Krankenstand der AOK-Mitglieder im Jahr 2008 nach Bundesländern

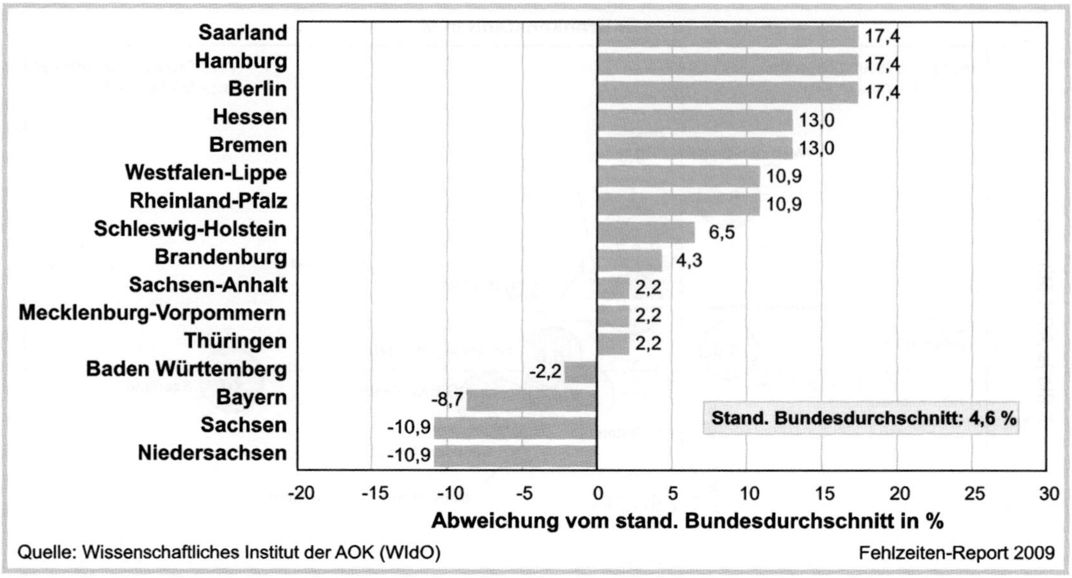

Abb. 27.1.16. Abweichungen der alters- und geschlechtsstandardisierten Krankenstände vom Bundesdurchschnitt im Jahr 2008 nach Bundesländern, AOK-Mitglieder

standardisierten Krankenständen.[12] Durch die Berücksichtigung der Alters- und Geschlechtsstruktur relativieren sich die beschriebenen regionalen Unterschiede im Krankenstand nur geringfügig. Die oben beschriebene Verteilungsstruktur bleibt im Wesentlichen erhalten. Bei Berlin und Hamburg zeigen sich gar keine Unterschiede, bei Bremen fallen die standardisierten Werte um lediglich 0,1 Prozentpunkte niedriger aus. Auch bei Sachsen, Bayern und Niedersachsen zeigen sich keine Unterschiede, erzielen sie nach der Standardisierung trotzdem noch immer die günstigsten Werte.

Abbildung 27.1.16 zeigt die Abweichungen der standardisierten Krankenstände vom Bundesdurchschnitt. Die höchsten Werte weisen Berlin, Hamburg und das Saarland auf. Dort liegen die standardisierten Werte jeweils 17,4% über dem Durchschnitt. In Sachsen und Niedersachsen ist der standardisierte Krankenstand deutlich niedriger als im Bundesdurchschnitt.

Im Vergleich zum Vorjahr hat im Jahr 2008 sowohl die Zahl der Arbeitsunfähigkeitsfälle als auch die Zahl der Arbeitsunfähigkeitstage in allen Bundesländern zugenommen (vgl. Tabelle 27.1.5). Bei den Krankmeldungen waren die stärksten Anstiege in Westfalen-Lippe (7,3%), Baden-Württemberg (6,4%) und im Saarland (6,3%) zu verzeichnen. Die Zahl der Arbeitsunfähigkeitstage stieg am stärksten in Westfalen-Lippe (5,1%) und in Sachsen (5,0%). Hingegen sank jedoch die Falldauer in fast allen Bundesländern. Lediglich in den ostdeutschen Bundesländern Brandenburg, Mecklenburg-Vorpommern, Sachsen-Anhalt und Sachsen nahm die Falldauer um 0,8 bzw. 1,8 Prozentpunkte zu.

12 Berechnet nach der Methode der direkten Standardisierung – zugrunde gelegt wurde die Alters- und Geschlechtsstruktur der erwerbstätigen Mitglieder der gesetzlichen Krankenversicherung insgesamt (Mitglieder mit Krankengeldanspruch) im Jahr 2007. Quelle: AOK-Bundesverband, SA 40 auf Basis des 2. RSA-Zwischenausgleiches 2007

Tabelle 27.1.5. Arbeitsunfähigkeit der AOK-Mitglieder nach Bundesländern im Jahr 2008 im Vergleich zum Vorjahr

	Arbeitsunfähigkeiten je 100 AOK-Mitglieder				Tage je Fall	Veränd. z. Vorj. (in %)
	Fälle	Veränd. z. Vorj. (in %)	Tage	Veränd. z. Vorj. (in %)		
Baden Württemberg	149,9	6,4	1.665,3	4,9	11,1	–1,8
Bayern	130,4	5,4	1.529,5	4,3	11,7	–1,7
Berlin	162,1	4,4	1.982,2	0,7	12,2	–3,9
Brandenburg	143,0	2,4	1.805,2	3,1	12,6	0,8
Bremen	159,2	1,9	1.957,9	2,0	12,3	0,0
Hamburg	162,8	4,0	1.978,4	2,9	12,2	–0,8
Hessen	164,9	4,5	1.929,6	4,0	11,7	–0,8
Mecklenburg-Vorpommern	143,6	2,7	1.750,0	3,4	12,2	0,8
Niedersachsen*	155,6	3,0	1.513,8	–6,7	9,7	–10,2
Rheinland	156,0	5,3	1.827,2	4,0	11,7	–1,7
Rheinland-Pfalz	163,7	5,2	1.896,7	2,7	11,6	–2,5
Saarland	145,9	6,3	2.068,0	1,9	14,2	–4,1
Sachsen	130,4	2,7	1.518,1	5,0	11,6	1,8
Sachsen-Anhalt	141,6	3,7	1.766,7	4,7	12,5	0,8
Schleswig-Holstein	149,4	2,6	1.829,4	3,0	12,2	0,0
Thüringen	143,7	4,7	1.730,8	4,9	12,0	0,0
Westfalen-Lippe	169,8	7,3	1.888,3	5,1	11,1	–2,6
Bund	**148,2**	**5,0**	**1.696,0**	**3,2**	**11,4**	**–1,7**

*Aufgrund einer Umstellung in der Datenvorhaltung bei der AOK Niedersachsen ist der Vergleich mit dem Vorjahr nur bedingt möglich

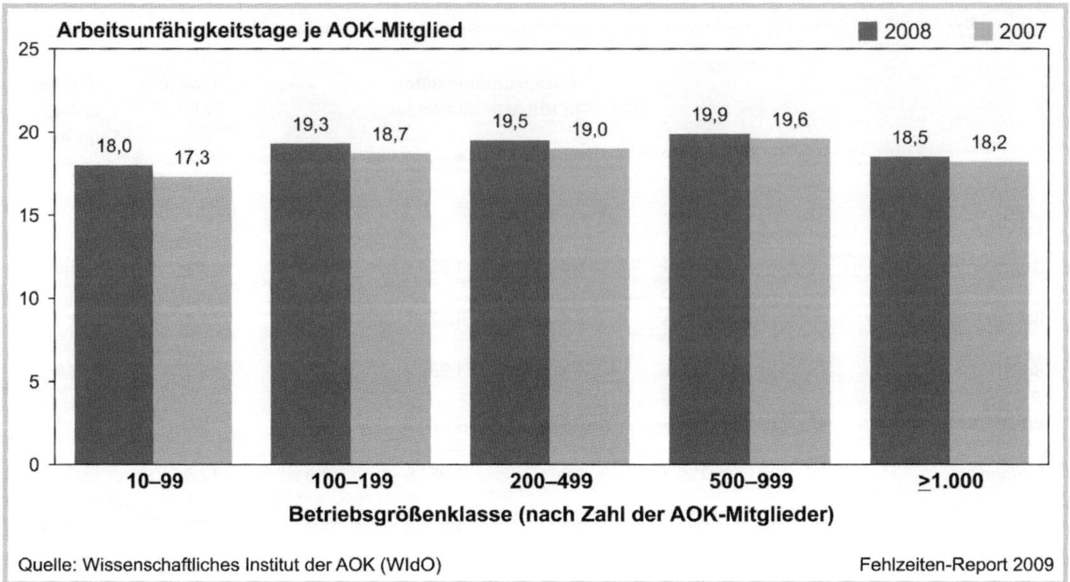

Abb. 27.1.17. Tage der Arbeitsunfähigkeit je AOK-Mitglied nach Betriebsgröße im Jahr 2008 im Vergleich zum Vorjahr

27.1.7 Fehlzeiten nach Betriebsgröße

Mit zunehmender Betriebsgröße steigt die Anzahl der krankheitsbedingten Fehltage. Während die Mitarbeiter von Betrieben mit 10–99 AOK-Mitgliedern im Jahr 2008 durchschnittlich 18,0 Tage fehlten, fielen in Betrieben mit 500–999 AOK-Mitgliedern pro Mitarbeiter 19,9 Fehltage an (vgl. Abb. 27.1.17).[13] In größeren Betrieben mit 1.000 und mehr AOK-Mitgliedern nimmt dann allerdings die Zahl der Arbeitsunfähigkeitstage wieder ab. Dort waren 2008 nur 18,5 Fehltage je Mitarbeiter zu verzeichnen.

Eine Untersuchung des Instituts der Deutschen Wirtschaft kam zu einem ähnlichen Ergebnis (Schnabel 1997). Mithilfe einer Regressionsanalyse konnte darüber hinaus nachgewiesen werden, dass der positive Zusammenhang zwischen Fehlzeiten und Betriebsgröße nicht auf andere Einflussfaktoren wie zum Beispiel die Beschäftigtenstruktur oder Schichtarbeit zurückzuführen ist, sondern unabhängig davon gilt.

13 Als Maß für die Betriebsgröße wird hier die Anzahl der AOK-Mitglieder in den Betrieben zugrunde gelegt, die allerdings in der Regel nur einen Teil der gesamten Belegschaft ausmachen.

27.1.8 Fehlzeiten nach Stellung im Beruf

Die krankheitsbedingten Fehlzeiten variieren erheblich in Abhängigkeit von der beruflichen Stellung (vgl. Abb. 27.1.18). Die höchsten Fehlzeiten weisen Arbeiter mit 20,5 Tage je AOK-Mitglied auf, die niedrigsten sind bei den Angestellten mit 12,3 Tagen zu finden. Im Vergleich zum Vorjahr nahm im Jahr 2008 die Zahl der Arbeitsunfähigkeitstage bei allen Statusgruppen zu.

Worauf sind die erheblichen Unterschiede in der Höhe des Krankenstandes in Abhängigkeit von der beruflichen Stellung zurückzuführen? Zunächst muss berücksichtigt werden, dass Angestellte häufiger als Arbeiter bei Kurzerkrankungen von ein bis drei Tagen keine Arbeitsunfähigkeitsbescheinigung vorlegen müssen. Dies hat zur Folge, dass bei Angestellten die Kurzzeiterkrankungen in geringerem Maße von den Krankenkassen erfasst werden als bei Arbeitern. Dann ist zu bedenken, dass gleiche Krankheitsbilder je nach Art der beruflichen Anforderungen durchaus in einem Fall zur Arbeitsunfähigkeit führen können, im anderen Fall aber nicht. Bei schweren körperlichen Tätigkeiten, die im Bereich der industriellen Produktion immer noch eine große Rolle spielen, haben Erkrankungen viel eher Arbeitsunfähigkeit zur Folge als etwa bei Bürotätigkeiten. Hinzu kommt, dass sich die Tätigkeiten von gering qualifizierten Arbeitnehmern im Vergleich zu höher qualifizierten Beschäftigten in der Regel durch

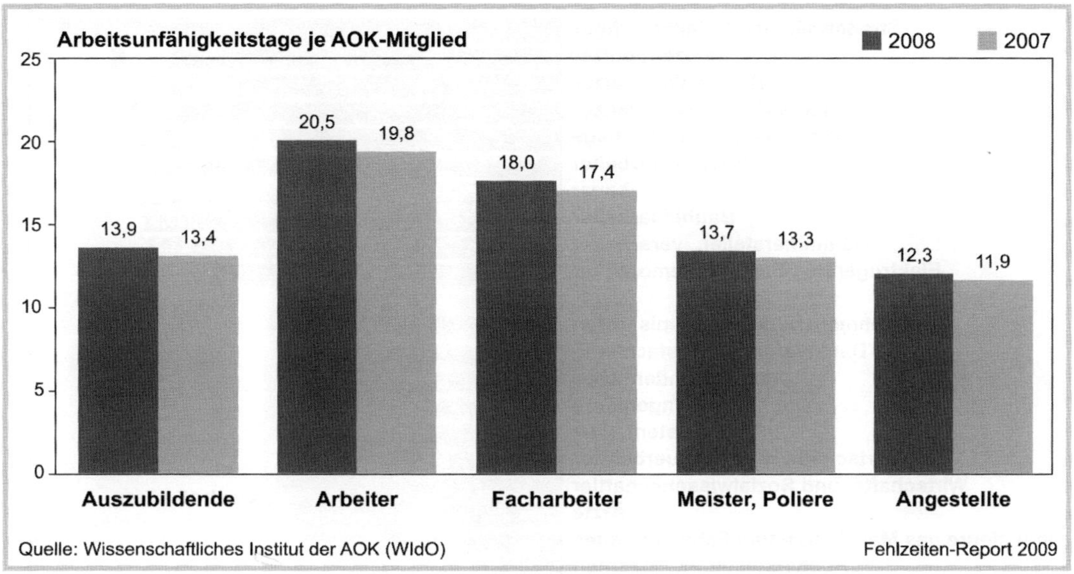

Abb. 27.1.18. Tage der Arbeitsunfähigkeit je AOK-Mitglied nach der Stellung im Beruf im Jahr 2008 im Vergleich zum Vorjahr

ein größeres Maß an physiologisch-ergonomischen Belastungen, eine höhere Unfallgefährdung und damit durch erhöhte Gesundheitsrisiken auszeichnen. Eine nicht unerhebliche Rolle dürfte schließlich auch die Tatsache spielen, dass in höheren Positionen das Ausmaß an Verantwortung, aber gleichzeitig auch der Handlungsspielraum und die Gestaltungsmöglichkeiten zunehmen. Dies führt zu größerer Motivation und stärkerer Identifikation mit der beruflichen Tätigkeit. Aufgrund dieser Tatsache ist in der Regel der Anteil motivationsbedingter Fehlzeiten bei höherem beruflichen Status geringer.

Nicht zuletzt muss berücksichtigt werden, dass sich das niedrigere Einkommensniveau bei Arbeitern ungünstig auf die außerberuflichen Lebensverhältnisse wie z. B. die Wohnsituation, die Ernährung und die Erholungsmöglichkeiten auswirkt. Untersuchungen haben auch gezeigt, dass bei einkommensschwachen Gruppen verhaltensbedingte gesundheitliche Risikofaktoren wie Rauchen, Bewegungsarmut und Übergewicht stärker ausgeprägt sind als bei Gruppen mit höheren Einkommen (Mielck 2000).

27.1.9 Fehlzeiten nach Berufsgruppen

Auch bei den einzelnen Berufsgruppen gibt es große Unterschiede hinsichtlich der krankheitsbedingten Fehlzeiten (s. Abb. 27.1.19). Die Art der ausgeübten Tätigkeit hat erheblichen Einfluss auf das Ausmaß der Fehlzeiten. Die meisten Arbeitsunfähigkeitstage weisen Berufsgruppen aus dem gewerblichen Bereich auf, wie beispielsweise Straßenreiniger, Halbzeugputzer und Waldarbeiter. Dabei handelt es sich häufig um Berufe mit hohen körperlichen Arbeitsbelastungen und überdurchschnittlich vielen Arbeitsunfällen (vgl. Abschn. 27.1.11). Einige der Berufsgruppen mit hohen Krankenständen sind auch in besonders hohem Maße psychischen Arbeitsbelastungen ausgesetzt wie Helfer in der Krankenpflege. Die niedrigsten Krankenstände sind bei akademischen Berufsgruppen wie z. B. Hochschullehrern, Ärzten, Wirtschaftsprüfern und Steuerberatern zu verzeichnen. Während Hochschullehrer im Jahr 2008 im Durchschnitt nur 4,7 Tage krankgeschrieben waren, waren es bei den Straßenreinigern und Abfallbeseitigern 28,3 Tage, also fast sechsmal so viel.

Auch der Anteil der Beschäftigten, die von Arbeitsunfähigkeit betroffen sind, differiert in den einzelnen Berufsgruppen erheblich. Bei den Hochschullehrern meldeten sich im Jahr 2008 nur 23,1% der AOK-Mitglieder einmal oder mehrere Male krank. Bei den

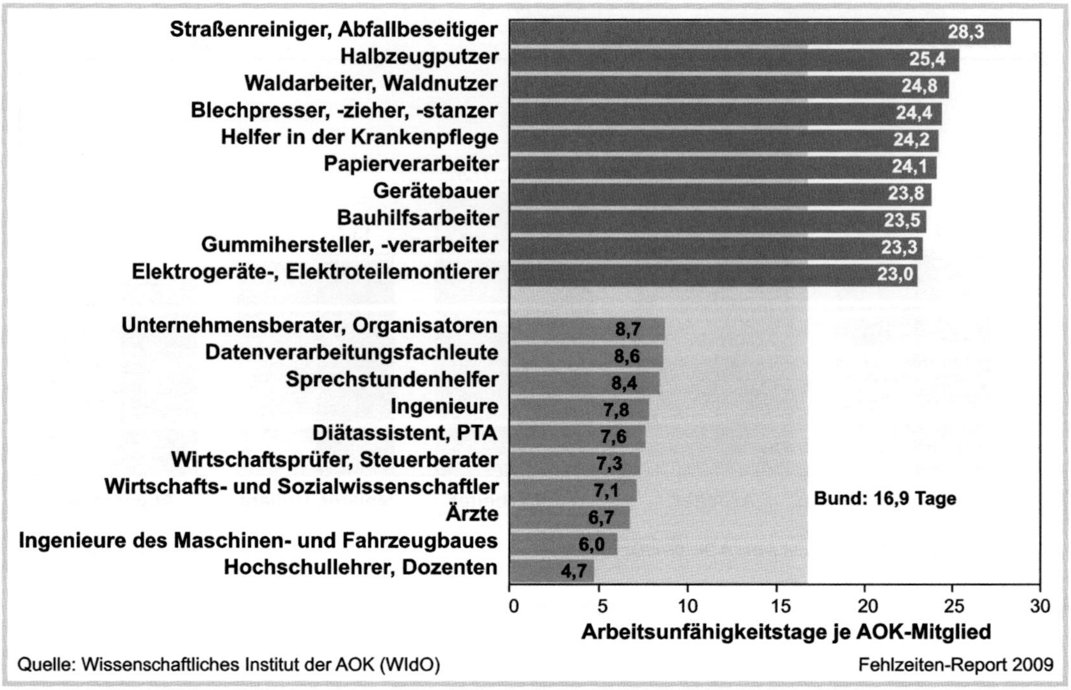

Abb. 27.1.19. Zehn Berufsgruppen mit hohen und niedrigen Fehlzeiten je AOK-Mitglied im Jahr 2008

Straßenwarten waren es dagegen 70,7%, also mehr als dreimal soviel.

27.1.10 Fehlzeiten nach Wochentagen

Die meisten Krankschreibungen sind am Wochenanfang zu verzeichnen (vgl. Abb. 27.1.20). Zum Wochenende hin nimmt die Zahl der Arbeitsunfähigkeitsmeldungen tendenziell ab. 2008 entfiel mehr als ein Drittel (33,6%) der wöchentlichen Krankmeldungen auf den Montag.

Bei der Bewertung der gehäuften Krankmeldungen am Montag muss allerdings berücksichtigt werden, dass der Arzt am Wochenende in der Regel nur in Notfällen aufgesucht wird, da die meisten Praxen geschlossen sind. Deshalb erfolgt die Krankschreibung für Erkrankungen, die am Wochenende bereits begannen, in den meisten Fällen erst am Wochenanfang. Insofern sind in den Krankmeldungen vom Montag auch die Krankheitsfälle vom Wochenende mit enthalten. Die Verteilung der Krankmeldungen auf die Wochentage ist also in erster Linie durch die ärztlichen Sprechstundenzeiten bedingt (von Ferber und Kohlhausen 1970). Dies wird häufig in der Diskussion um den »blauen Montag« nicht bedacht.

Geht man davon aus, dass die Wahrscheinlichkeit zu erkranken an allen Wochentagen gleich hoch ist und verteilt die Arbeitsunfähigkeitsmeldungen vom Samstag, Sonntag und Montag gleichmäßig auf diese drei Tage, beginnen am Montag »wochenendbereinigt« nur noch 12,2% der Krankheitsfälle. Danach ist der Montag nach dem Freitag (10,1%) der Wochentag mit der geringsten Zahl an Krankmeldungen.

Das Ende der Arbeitswoche wird von der Mehrheit der Ärzte als Ende der Krankschreibung bevorzugt (vgl. Abb. 27.1.21). 2008 endeten 43,8% der Arbeitsunfähigkeitsfälle am Freitag. Nach dem Freitag ist der Mittwoch der Wochentag, an dem die meisten Krankmeldungen (16,0%) abgeschlossen sind.

Da meist bis Freitag krankgeschrieben wird, nimmt der Krankenstand gegen Ende der Woche hin zu (vgl. Abb. 27.1.21). Daraus abzuleiten, dass am Freitag besonders gerne »krankgefeiert« wird, um das Wochenende auf Kosten des Arbeitgebers zu verlängern, erscheint wenig plausibel, insbesondere wenn man bedenkt, dass der Freitag der Werktag mit den wenigsten Krankmeldungen ist.

7

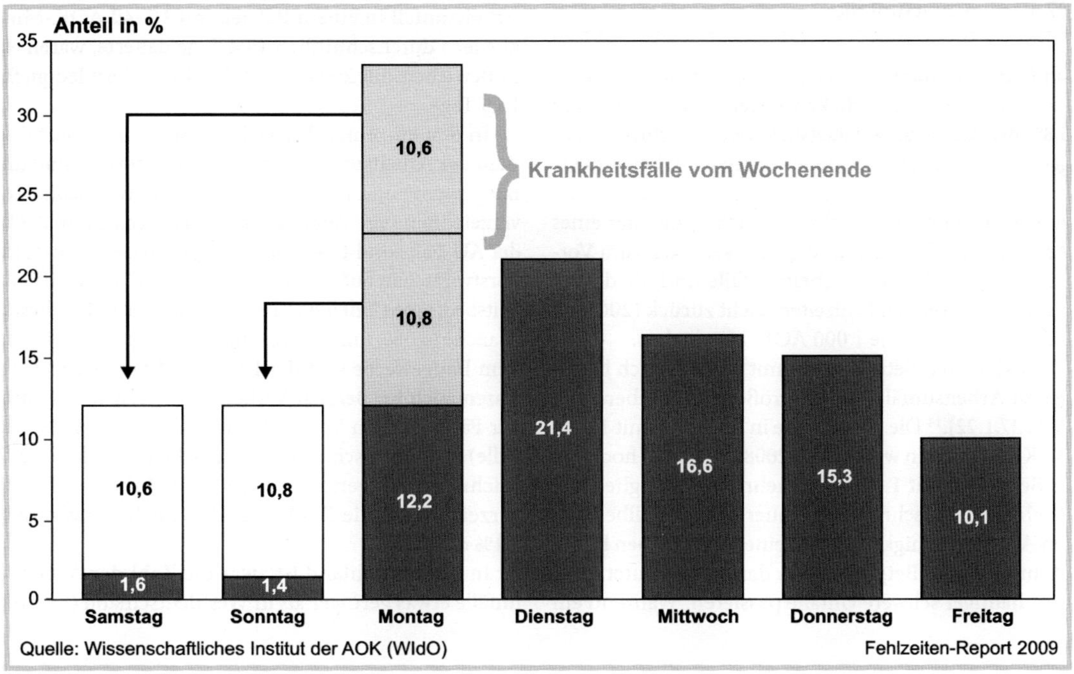

Abb. 27.1.20. Verteilung der Arbeitsunfähigkeitsfälle der AOK-Mitglieder nach AU-Beginn im Jahr 2008

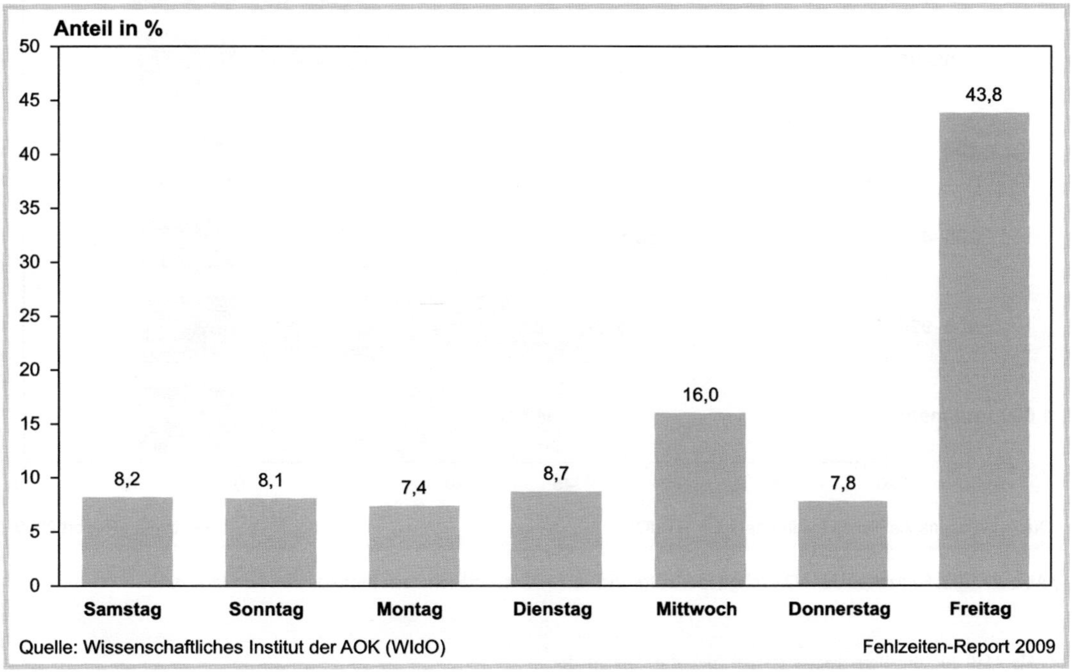

Abb. 27.1.21. Verteilung der Arbeitsunfähigkeitsfälle der AOK-Mitglieder nach AU-Ende im Jahr 2008

27.1.11 Arbeitsunfälle

Im Jahr 2008 waren 4,6% der Arbeitsunfähigkeitsfälle auf Arbeitsunfälle zurückzuführen. Diese waren für 5,8% der Arbeitsunfähigkeitstage verantwortlich. Bezogen auf 1.000 AOK-Mitglieder waren 63 Arbeitsunfälle mit einem Arbeitsunfähigkeitsvolumen von 932 Tagen zu verzeichnen. Die durchschnittliche Falldauer eines Arbeitsunfalls betrug 14,7 Tage. Im Vergleich zum Vorjahr ging die Zahl der Arbeitsunfälle und die darauf zurückzuführenden Fehlzeiten leicht zurück (2007: 63 Fälle und 939 Tage je 1.000 AOK-Mitglieder).

In kleineren Betrieben kommt es wesentlich häufiger zu Arbeitsunfällen als in größeren Betrieben (vgl. Abb. 27.1.22).[14] Die Unfallquote in Betrieben mit 10–49 AOK-Mitgliedern war im Jahr 2008 1,7-mal so hoch wie in Betrieben mit 1.000 und mehr AOK-Mitgliedern. Auch die durchschnittliche Dauer einer unfallbedingten Arbeitsunfähigkeit ist in kleineren Betrieben höher als in größeren Betrieben, was darauf hindeutet, dass dort häufiger schwere Unfälle passieren. Während ein Arbeitsunfall in einem Betrieb mit 10–49 AOK-Mitgliedern durchschnittlich 15,4 Tage dauerte, waren es in Betrieben mit 200–499 AOK-Mitgliedern lediglich 13,5 Tage.

In den einzelnen Wirtschaftszweigen variiert die Zahl der Arbeitsunfälle erheblich, die meisten sind im Baugewerbe und in der Land- und Forstwirtschaft zu verzeichnen (vgl. Abb. 27.1.23). So gingen bspw. 8,5% der AU-Fälle und 11,4% der AU-Tage in der Land- und Forstwirtschaft auf Arbeitsunfälle zurück. Ohne die arbeitsbedingten Unfälle wäre der Krankenstand in dieser Branche (4,1%) um 0,5 Prozentpunkte niedriger. Neben dem Baugewerbe und der Land- und Forstwirtschaft waren auch im Bereich Verkehr und Transport (5,4% der Fälle) und im Verarbeitenden Gewerbe (4,9% der Fälle) überdurchschnittlich viele Arbeitsunfälle zu verzeichnen. Den geringsten Anteil an Arbeitsunfällen verzeichneten die Banken und Versicherungen mit 1,1% der Fälle.

In Ostdeutschland ist zwar die Zahl der Arbeitsunfälle etwas geringer als in Westdeutschland (Ost: 62

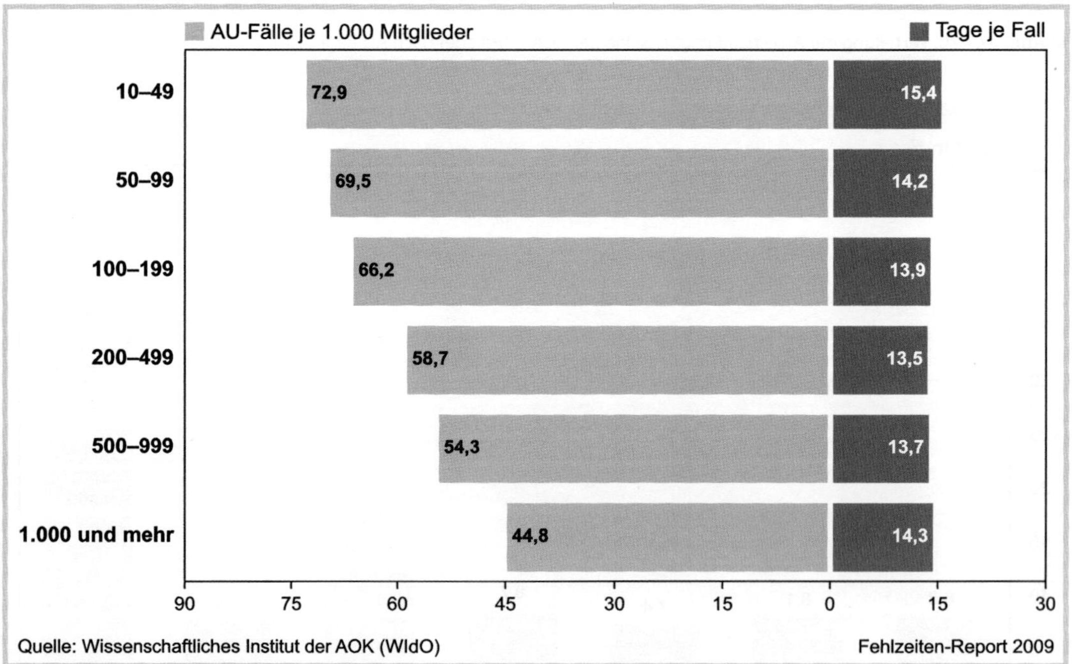

Abb. 27.1.22. Fehlzeiten der AOK-Mitglieder aufgrund von Arbeitsunfällen nach Betriebsgröße im Jahr 2008

14 Als Maß für die Betriebsgröße wird hier die Anzahl der AOK-Mitglieder in den Betrieben zugrunde gelegt, die allerdings in der Regel nur einen Teil der gesamten Belegschaft ausmachen (vgl. Abschn. 27.1.7).

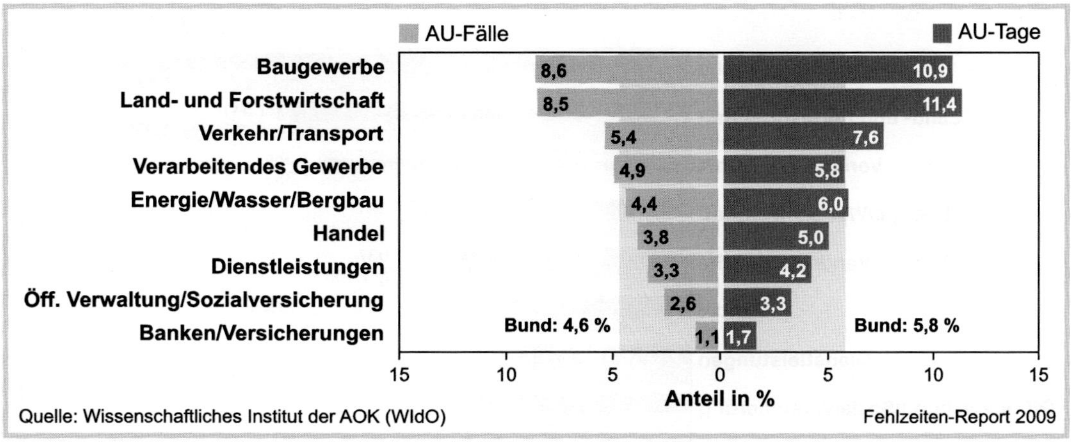

Abb. 27.1.23. Fehlzeiten der AOK-Mitglieder aufgrund von Arbeitsunfällen nach Branchen im Jahr 2008

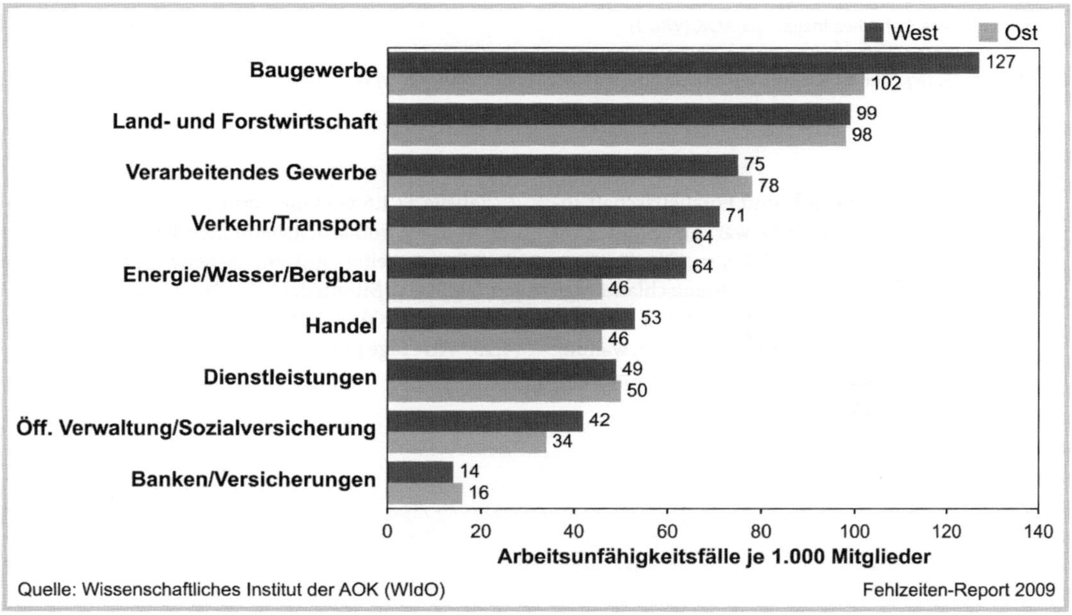

Abb. 27.1.24. Fälle der Arbeitsunfähigkeit der AOK-Mitglieder aufgrund von Arbeitsunfällen nach Branchen in West- und Ostdeutschland im Jahr 2008

Fälle je 1.000 AOK-Mitglieder; West: 63 Fälle je 1.000 AOK-Mitglieder), die durchschnittliche Dauer der Fälle ist jedoch deutlich höher (16,3 vs. 14,4 Tage). Daher ist auch der Anteil der Arbeitsunfälle am Krankenstand in den östlichen Bundesländern größer als in den westlichen (s. Abb. 27.1.24).

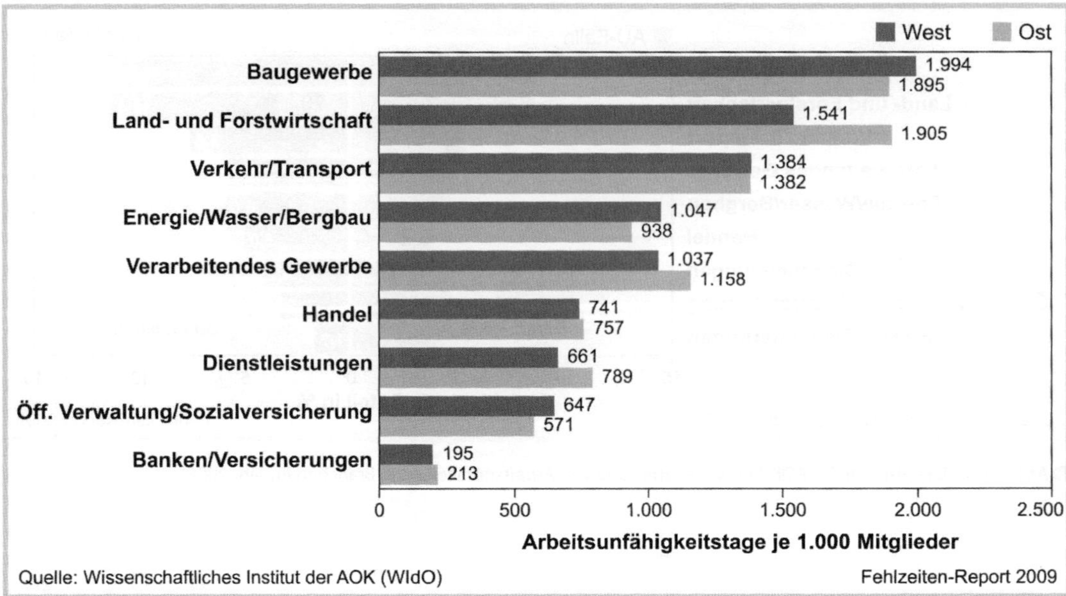

Abb. 27.1.25. Tage der Arbeitsunfähigkeit durch Arbeitsunfälle nach Branchen in West- und Ostdeutschland im Jahr 2008

Insbesondere in der Land- und Forstwirtschaft sowie im Verarbeitenden Gewerbe war die Zahl der auf Arbeitsunfälle zurückgehenden Arbeitsunfähigkeitstage in Ostdeutschland höher als in Westdeutschland (vgl. Abb. 27.1.25). Im Baugewerbe, im Bereich Energie, Wasser, Bergbau sowie in der Öffentlichen Verwaltung fielen dagegen in Ostdeutschland weniger unfallbedingte Ausfallzeiten an.

Tabelle 27.1.6 zeigt die Berufsgruppen, die in besonderem Maße von arbeitsbedingten Unfällen betroffen sind. Spitzenreiter sind Waldarbeiter (4.663 AU-Tage je 1.000 AOK-Mitglieder), Kraftfahrzeugführer (4.247 AU-Tage je 1.000 AOK-Mitglieder) und Straßenreiniger (4.137 AU-Tage je 1.000 Mitglieder).

Tabelle 27.1.6. Tage der Arbeitsunfähigkeit durch Arbeitsunfälle nach Berufsgruppen im Jahr 2008, AOK-Mitglieder

Tätigkeit	AU-Tage je 1.000 AOK-Mitglieder
Waldarbeiter, Waldnutzer	4.663
Kraftfahrzeugführer	4.247
Straßenreiniger, Abfallbeseitiger	4.137
Betonbauer	4.113
Sonstige Bauhilfsarbeiter, Bauhelfer	3.858
Helfer in der Krankenpflege	3.844
Glas-, Gebäudereiniger	3.802
Sonstige Tiefbauer	3.794
Transportgeräteführer	3.725
Wächter, Aufseher	3.710
Dachdecker	3.637
Lager-, Transportarbeiter	3.599
Raum-, Hausratreiniger	3.577
Sozialarbeiter, Sozialpfleger	3.549
Bauhilfsarbeiter	3.536
Facharbeiter/innen	3.523
Maurer	3.506
Warenaufmacher, Versandfertigmacher	3.501
Hauswirtschaftliche Betreuer	3.484
Lagerverwalter, Magaziner	3.462
Holzaufbereiter	3.446
Warenprüfer, -sortierer	3.439
Zimmerer	3.393
Fleischer	3.364

27.1.12 Krankheitsarten im Überblick

Das Krankheitsgeschehen wird im Wesentlichen von sechs großen Krankheitsgruppen (nach ICD-10) bestimmt: Muskel- und Skeletterkrankungen, Atemwegserkrankungen, Verletzungen, Psychischen und Verhaltensstörungen, Herz-/Kreislauferkrankungen sowie Erkrankungen der Verdauungsorgane (s. Abb. 27.1.26). 69,7% der Arbeitsunfähigkeitsfälle und 71,0% der Arbeitsunfähigkeitstage gingen 2008 auf das Konto dieser sechs Krankheitsarten. Der Rest verteilte sich auf sonstige Krankheitsgruppen.

Der häufigste Anlass für Krankschreibungen waren Atemwegserkrankungen. Im Jahr 2008 war diese Krankheitsart für mehr als jeden fünften Arbeitsunfähigkeitsfall (22,4%) verantwortlich. Aufgrund einer relativ geringen durchschnittlichen Erkrankungsdauer betrug der Anteil der Atemwegserkrankungen am Krankenstand allerdings nur 12,5%. Die meisten Arbeitsunfähigkeitstage wurden durch Muskel- und Skeletterkrankungen verursacht, die häufig mit langen Ausfallzeiten verbunden sind. Allein auf diese Krankheitsart waren 2008 24,2% der Arbeitsunfähigkeitstage zurückzuführen, obwohl sie nur für 17,6% der Arbeitsunfähigkeitsfälle verantwortlich war.

Abbildung 27.1.27 zeigt die Anteile der Krankheitsarten an den krankheitsbedingten Fehlzeiten im Jahr 2008 im Vergleich zum Vorjahr. Während der Anteil an Atemwegs- und psychischen Erkrankungen um jeweils 0,1 Prozentpunkte gestiegen ist, nahmen verletzungsbedingte Ausfalltage um 0,2 Prozentpunkte ab.

Die Abbildungen 27.1.28 und 27.1.29 zeigen die Entwicklung der häufigsten Krankheitsarten in den Jahren 1998–2008 in Form einer Indexdarstellung. Ausgangsbasis ist dabei der Wert des Jahres 1997. Dieser wurde auf 100 normiert. Wie in den Abbildungen deutlich erkennbar ist, haben die psychischen und Verhaltensstörungen in den letzten Jahren deutlich zugenommen. Die Zahl der auf diese Krankheitsart zurückgehenden Arbeitsunfähigkeitsfälle ist seit 1997 um 83,3%, die der -tage um 72,6% gestiegen. In den Jahren 2000 und 2001 war ein besonders starker Anstieg der Krankmeldungen aufgrund psychischer Störungen zu verzeichnen. Dies dürfte nicht nur auf eine Zunahme der Erkrankungsraten, sondern auch auf veränderte Diagnosestellungen in den Arztpraxen (Wechsel des Diagnoseschlüssels

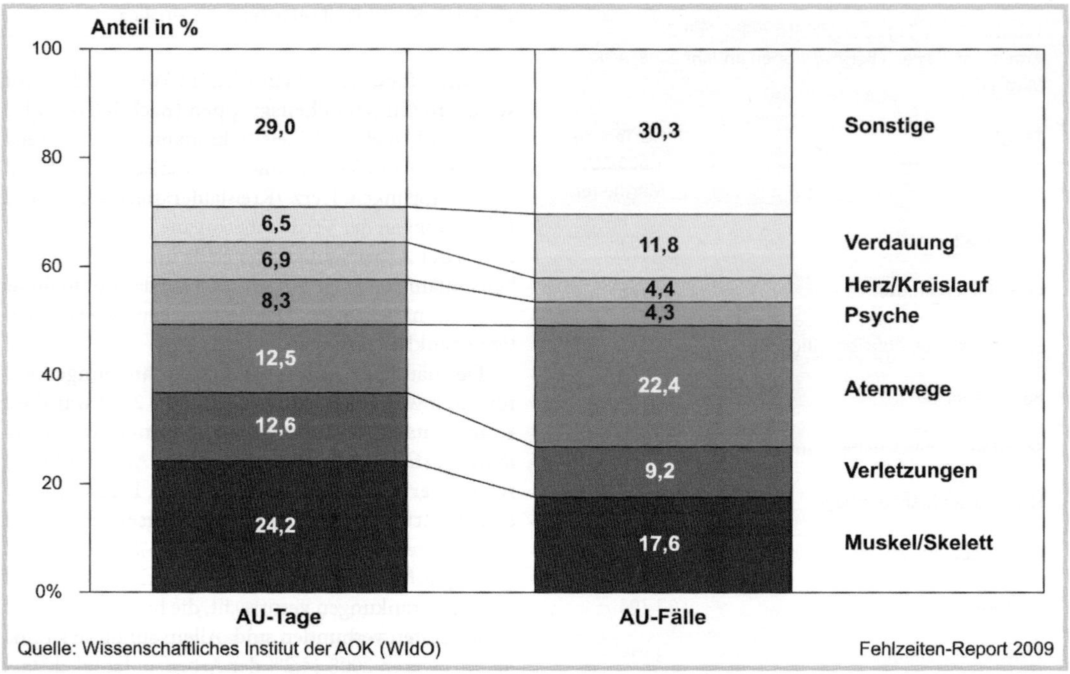

Abb. 27.1.26. Arbeitsunfähigkeit der AOK-Mitglieder nach Krankheitsarten im Jahr 2008

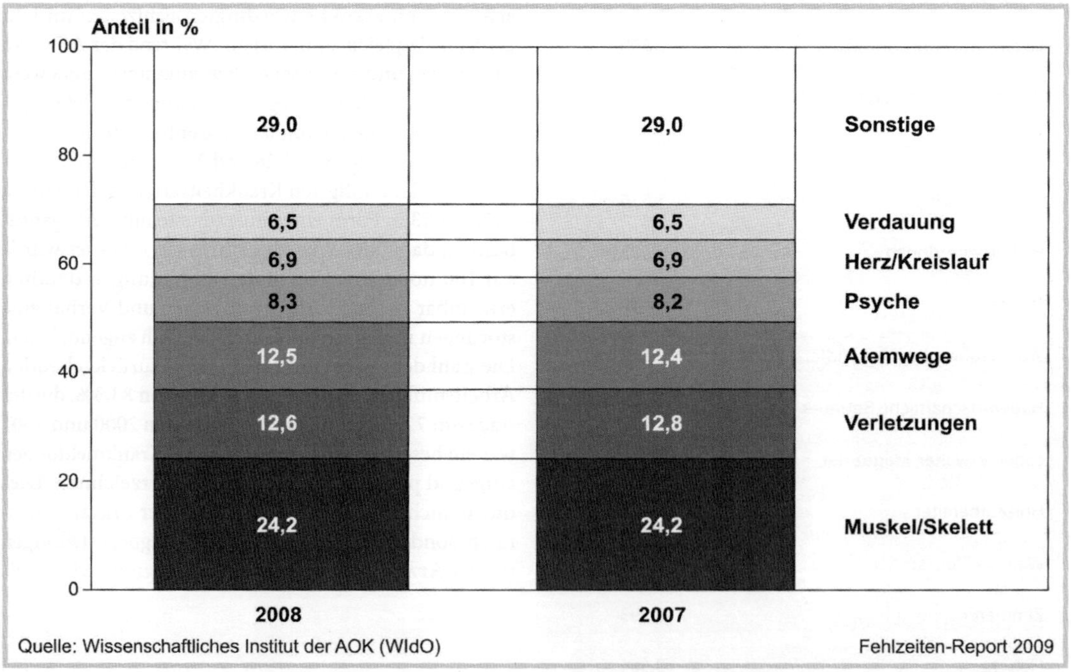

Abb. 27.1.27. Tage der Arbeitsunfähigkeit der AOK-Mitglieder nach Krankheitsarten im Jahr 2008 im Vergleich zum Vorjahr

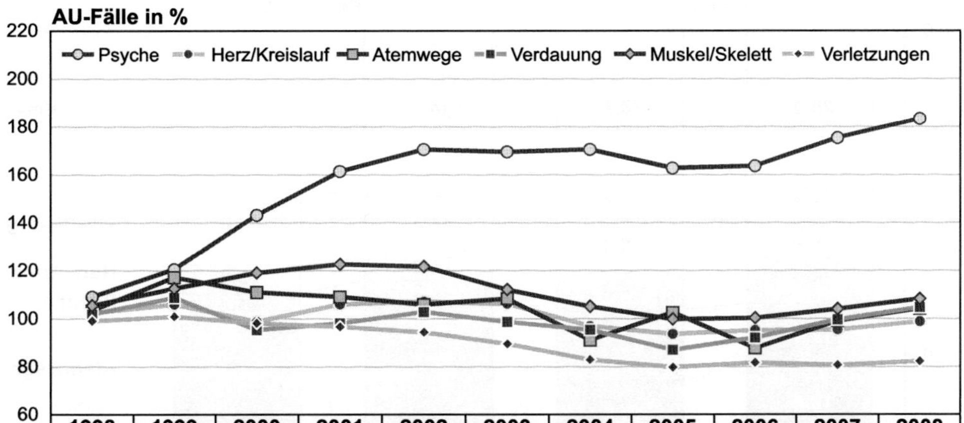

	1998	1999	2000	2001	2002	2003	2004	2005	2006	2007	2008
Psyche	109,1	120,5	143,2	161,4	170,5	169,5	170,5	162,7	163,6	175,3	183,3
Herz/Kreislauf	102,4	106,0	98,8	106,0	107,1	106,2	96,9	93,6	95,2	95,4	98,8
Atemwege	103,4	117,2	111,0	109,1	105,9	108,4	91,1	102,5	87,7	99,1	104,2
Verdauung	101,9	108,8	95,3	98,1	102,8	98,7	95,4	87,0	92,1	99,6	104,7
Muskel/Skelett	105,5	112,6	119,1	122,7	121,7	112,1	105,1	99,8	100,3	104,0	108,2
Verletzungen	99,1	100,9	98,1	96,7	94,4	89,5	83,0	79,8	81,7	80,7	82,3

Quelle: Wissenschaftliches Institut der AOK (WIdO) Fehlzeiten-Report 2009

Abb. 27.1.28. Fälle der Arbeitsunfähigkeit der AOK-Mitglieder nach Krankheitsarten in den Jahren 1998–2008, Indexdarstellung (1997 = 100%)

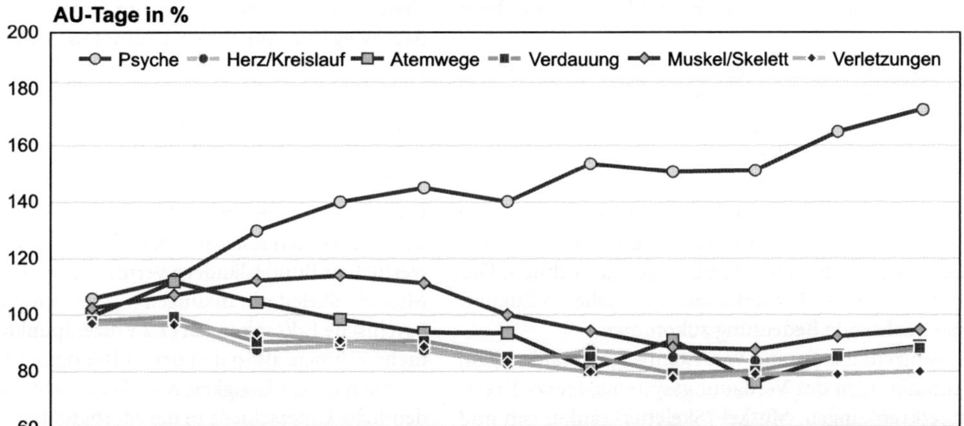

	1998	1999	2000	2001	2002	2003	2004	2005	2006	2007	2008
Psyche	105,8	112,7	129,8	140,0	145,0	140,1	153,5	150,7	151,1	164,9	172,6
Herz/Kreislauf	98,0	97,2	87,6	89,2	87,4	82,7	87,4	85,0	83,6	85,7	87,4
Atemwege	99,6	111,9	104,5	98,4	93,8	93,6	80,8	91,0	76,1	85,5	88,9
Verdauung	97,9	99,3	90,5	90,6	90,8	85,2	85,3	79,3	80,1	85,3	88,2
Muskel/Skelett	102,4	107,1	112,2	114,0	111,3	100,0	94,2	88,5	87,7	92,3	94,7
Verletzungen	97,0	96,5	93,5	90,9	88,8	83,3	79,8	77,6	79,0	78,9	79,9

Quelle: Wissenschaftliches Institut der AOK (WIdO) Fehlzeiten-Report 2009

Abb. 27.1.29. Tage der Arbeitsunfähigkeit der AOK-Mitglieder nach Krankheitsarten in den Jahren 1998–2008, Indexdarstellung (1997 = 100%)

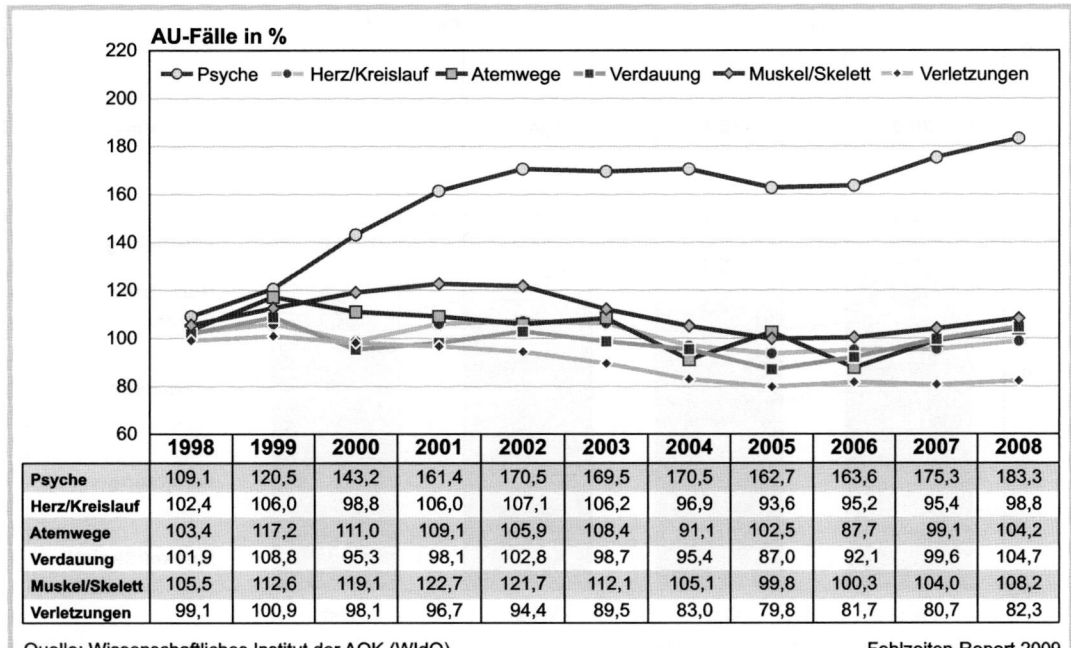

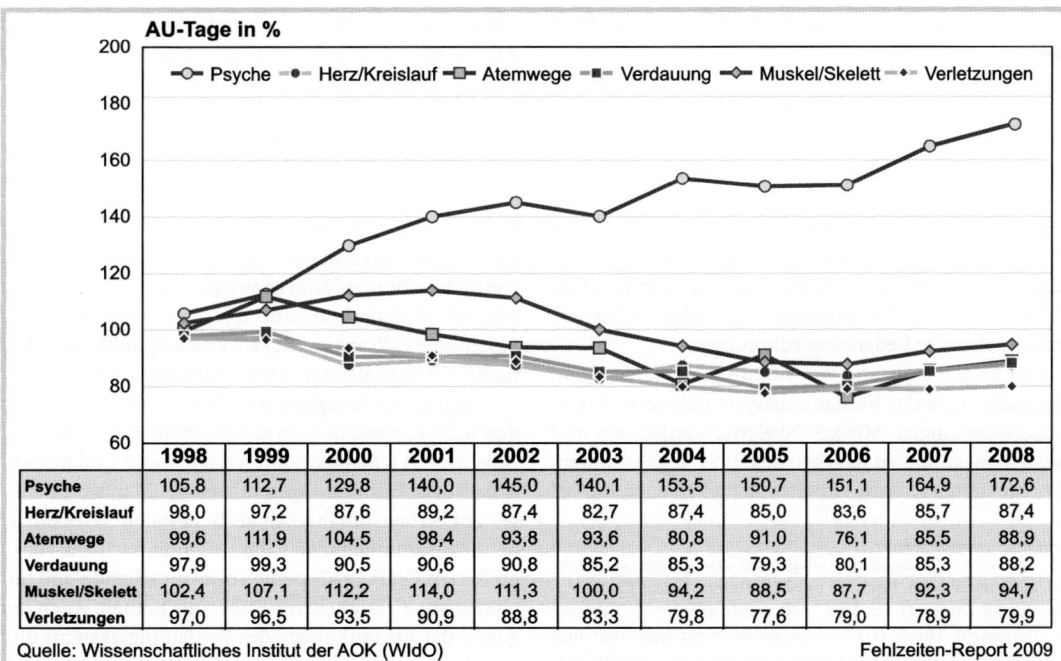

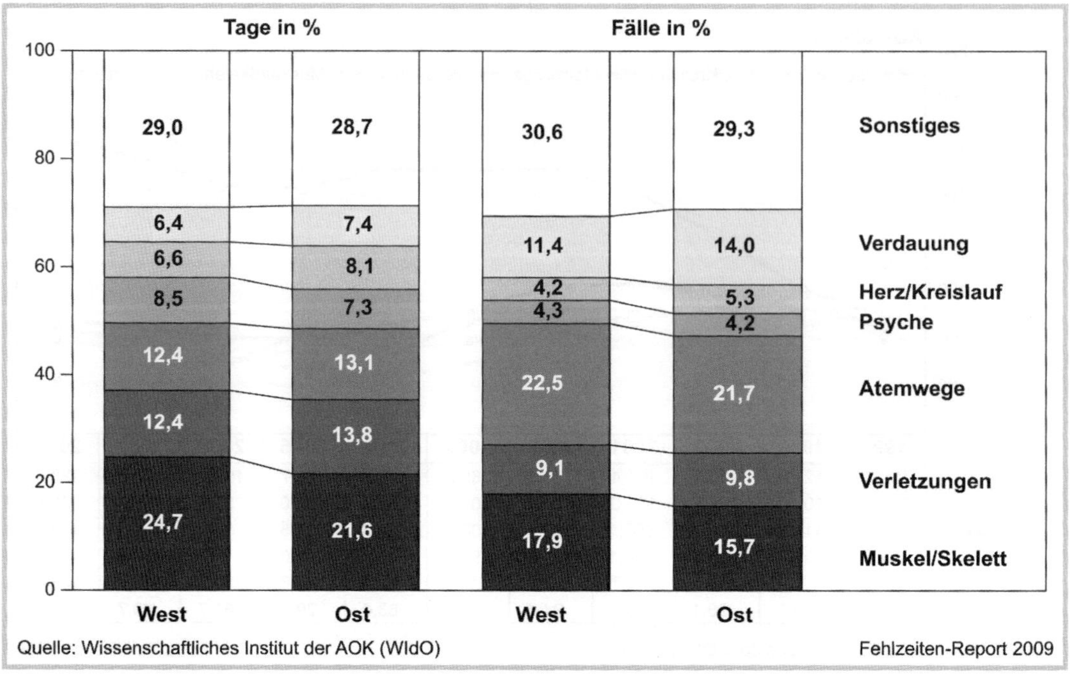

Abb. 27.1.30. Arbeitsunfähigkeit der AOK-Mitglieder nach Krankheitsarten in West- und Ostdeutschland im Jahr 2008

von ICD-9 zu ICD-10 im Jahr 2000)[15] zurückzuführen sein.

Der Anteil psychischer und psychosomatischer Erkrankungen an der Frühinvalidität hat in den letzten Jahren ebenfalls erheblich zugenommen. Inzwischen geht fast ein Drittel der Frühberentungen auf eine psychisch bedingte Erwerbsminderung zurück (Robert Koch-Institut 2006). Nach Prognosen der Weltgesundheitsorganisation (WHO) ist mit einem weiteren Anstieg der psychischen Erkrankungen zu rechnen. Der Prävention dieser Erkrankungen wird daher in Zukunft eine wachsende Bedeutung zukommen.

Fehlzeiten aufgrund von Atemwegserkrankungen, Erkrankungen des Verdauungssystems, Herz-/Kreislauferkrankungen, Muskel-/Skeletterkrankungen und Verletzungen haben dagegen seit 1997 abgenommen. So reduzierten sich die Arbeitsunfähigkeitstage, die auf Verletzungen zurückgingen, um 20,1% und die durch Atemwegserkrankungen bedingten Ausfalltage um 11,1%. Allerdings unterliegen die durch Atemwegserkrankungen bedingten Fehlzeiten aufgrund von Jahr zu Jahr unterschiedlich stark auftretenden Grippewellen teilweise erheblichen Schwankungen.

Zwischen West- und Ostdeutschland sind nach wie vor deutliche Unterschiede in der Verteilung der Krankheitsarten festzustellen (vgl. Abb. 27.1.30). In den westlichen Bundesländern verursachten insbesondere Muskel-/Skeletterkrankungen (3,1 Prozentpunkte) und psychische Erkrankungen (1,2 Prozentpunkte) deutlich mehr Fehltage als in den neuen Bundesländern.

Auch in Abhängigkeit vom Geschlecht ergeben sich deutliche Unterschiede in der Morbiditätsstruktur (vgl. Abb. 27.1.31). Insbesondere Verletzungen und muskuloskelettale Erkrankungen führen bei Männern häufiger zur Arbeitsunfähigkeit als bei Frauen. Dies dürfte damit zusammenhängen, dass Männer nach wie vor in größerem Umfang körperlich beanspruchende und unfallträchtige Tätigkeiten ausüben als Frauen. Auch der Anteil der Erkrankungen des Verdauungssystems und der Herz- und Kreislauferkrankungen an den Arbeitsunfähigkeitsfällen und -tagen ist bei Männern höher als bei Frauen. Bei den Herz- und Kreislauferkran-

15 Die Verschlüsselung der Diagnosen erfolgte bis zum Jahr 1999 nach der 9. Revision des ICD (International Classification of Diseases). Im Jahr 2000 wurde auf die 10. Revision umgestellt. Die ICD-10 ist insgesamt feiner gegliedert und nimmt z. T. andere Zuweisungen der Diagnosen zu den Diagnosegruppen vor. Zudem war bis 1999 die Verschlüsselung Sache der Krankenkassen; seit 2000 erfolgt diese direkt durch die Krankenhäuser und Vertragsärzte.

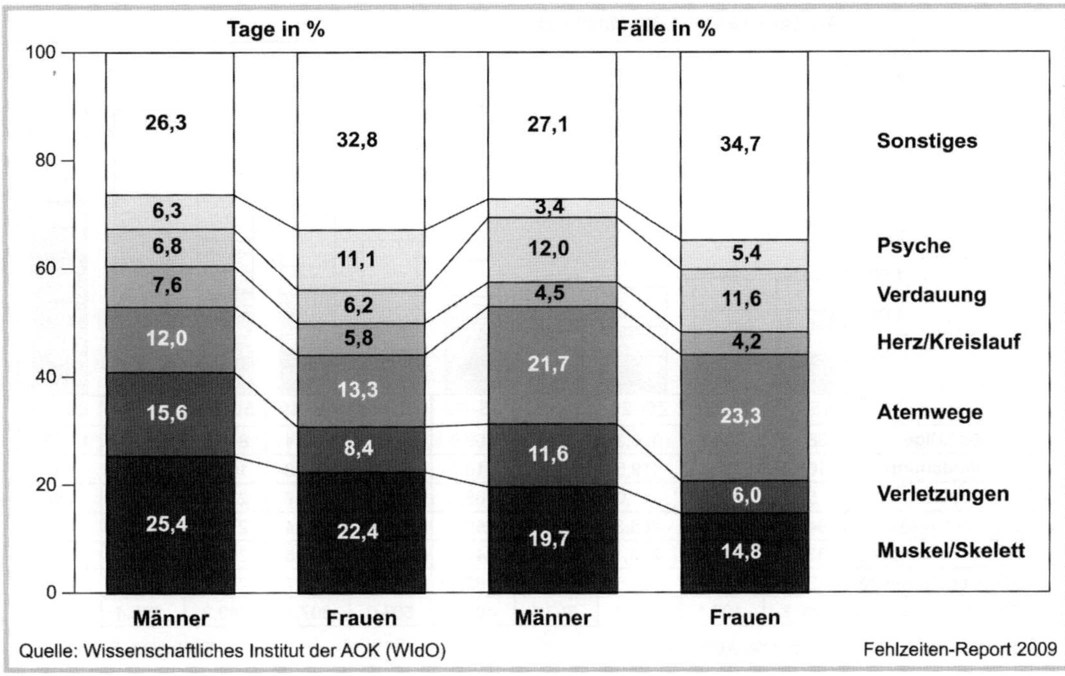

Abb. 27.1.31. Arbeitsunfähigkeit der AOK-Mitglieder nach Krankheitsarten und Geschlecht im Jahr 2008

kungen ist insbesondere der Anteil an den AU-Tagen bei Männern deutlich höher als bei Frauen, da diese in stärkerem Maße von schweren und langwierigen Erkrankungen wie Herzinfarkt betroffen sind.

Psychische Erkrankungen und Atemwegserkrankungen kommen dagegen bei Frauen häufiger vor als bei Männern. Bei den psychischen Erkrankungen sind die Unterschiede besonders groß. Während sie bei den Männern in der Rangfolge nach AU-Tagen erst an sechster Stelle stehen, nehmen sie bei den Frauen bereits den dritten Rang ein.

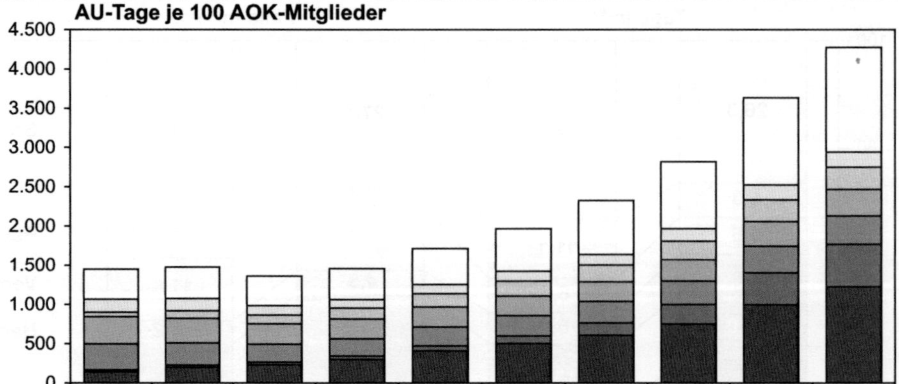

	15–19	20–24	25–29	30–34	35–39	40–44	45–49	50–54	55–59	60–64
Sonstige	382,0	398,7	376,3	396,5	459,9	545,2	684,4	848,9	1.114,1	1.332,6
Verdauung	164,6	158,6	119,5	108,0	115,3	126,6	139,8	159,6	186,1	194,3
Psyche	57,4	94,5	112,0	136,6	168,8	191,1	212,7	238,4	279,0	280,7
Atemwege	344,2	312,8	258,3	251,3	255,7	248,8	250,4	273,2	312,5	337,4
Verletzungen	331,0	282,1	230,1	220,3	242,6	257,8	274,5	297,2	343,8	359,6
Herz/Kreislauf	24,2	29,2	31,6	40,8	62,2	95,6	155,7	250,4	404,6	545,2
Muskel/Skelett	142,3	198,1	233,1	303,1	409,0	503,0	607,7	749,3	995,4	1.224,3

Quelle: Wissenschaftliches Institut der AOK (WIdO) Fehlzeiten-Report 2009

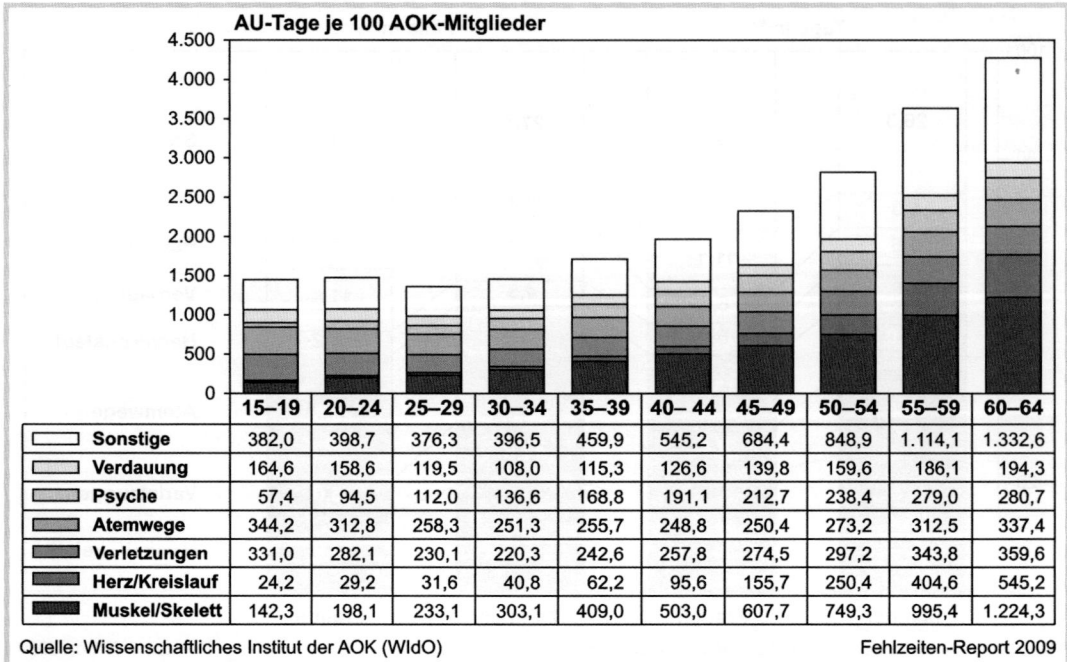

Abb. 27.1.32. Tage der Arbeitsunfähigkeit je 100 AOK-Mitglieder nach Krankheitsarten und Alter im Jahr 2008

Abbildung 27.1.32 zeigt die Bedeutung der Krankheitsarten für die Fehlzeiten in den unterschiedlichen Altersgruppen. Aus der Abbildung ist deutlich zu ersehen, dass die Zunahme der krankheitsbedingten Ausfalltage mit dem Alter vor allem auf den starken Anstieg der Muskel- und Skeletterkrankungen und der Herz- und Kreislauferkrankungen zurückzuführen ist. Während diese beiden Krankheitsarten bei den jüngeren Altersgruppen noch eine untergeordnete Bedeutung haben, verursachen sie in den höheren Altersgruppen die meisten Arbeitsunfähigkeitstage. Bei den 60- bis 64-Jährigen gehen mehr als ein Viertel (28,7%) der Ausfalltage auf das Konto der muskuloskelettalen Erkrankungen. Muskel-/Skeletterkrankungen und Herz-/Kreislauferkrankungen zusammen sind bei dieser Altersgruppe für fast die Hälfte des Krankenstandes (41,4%) verantwortlich. Neben diesen beiden Krankheitsarten nehmen auch die Fehlzeiten aufgrund psychischer Erkrankungen und Verhaltensstörungen in den höheren Altersgruppen vermehrt zu, allerdings in geringerem Ausmaß.

27.1.13 Die häufigsten Einzeldiagnosen

In Tabelle 27.1.7 sind die 40 häufigsten Einzeldiagnosen nach Anzahl der Arbeitsunfähigkeitsfälle aufgelistet. Im Jahr 2008 waren auf diese Diagnosen 56,5% aller AU-Fälle und 42,9% aller AU-Tage zurückzuführen.

Unter den häufigsten Diagnosen sind Krankheitsbilder aus dem Bereich der Muskel- und Skeletterkrankungen besonders zahlreich vertreten. Die mit Abstand häufigste Diagnose, die zu Krankmeldungen führt, sind Rückenschmerzen mit 7,0% der AU-Fälle und -Tage.

Neben Erkrankungen aus dem Bereich der muskuloskelettalen Erkrankungen sind Atemwegserkrankungen, Erkrankungen des Verdauungssystems und psychische Erkrankungen am stärksten unter den häufigsten Einzeldiagnosen anzutreffen.

Tabelle 27.1.7. Anteile der 40 häufigsten Einzeldiagnosen an den AU-Fällen und AU-Tagen im Jahr 2008, AOK-Mitglieder

ICD-10	Bezeichnung	AU-Fälle (in %)	AU-Tage (in %)
M54	Rückenschmerzen	7,0	7,0
J06	Akute Infektionen der oberen Atemwege	6,7	3,1
K52	Nichtinfektiöse Gastroenteritis und Kolitis	3,7	1,4
J20	Akute Bronchitis	3,0	1,7
A09	Diarrhoe und Gastroenteritis, vermutlich infektiösen Ursprungs	2,6	0,9
J40	Nicht akute Bronchitis	2,3	1,3
K08	Sonstige Krankheiten der Zähne und des Zahnhalteapparates	2,1	0,5
K29	Gastritis und Duodenitis	1,6	0,8
I10	Essentielle Hypertonie	1,5	2,5
B34	Viruskrankheit	1,5	0,7
T14	Verletzung an einer nicht näher bezeichneten Körperregion	1,5	1,4
R10	Bauch- und Beckenschmerzen	1,4	0,7
J03	Akute Tonsillitis	1,4	0,6
J01	Akute Sinusitis	1,2	0,6
J02	Akute Pharyngitis	1,2	0,5
J32	Chronische Sinusitis	1,1	0,6
F32	Depressive Episode	1,0	2,3
M53	Sonstige Krankheiten der Wirbelsäule und des Rückens	1,0	1,2
R51	Kopfschmerz	0,9	0,4
M51	Sonstige Bandscheibenschäden	0,9	2,2
M77	Sonstige Enthesopathien	0,8	1,0
M99	Biomechanische Funktionsstörungen	0,8	0,6
M75	Schulterläsionen	0,8	1,6
F43	Reaktionen auf schwere Belastungen und Anpassungsstörungen	0,8	1,3
M25	Sonstige Gelenkkrankheiten	0,7	0,8
J11	Grippe	0,7	0,3
S93	Luxation, Verstauchung und Zerrung der Gelenke und Bänder in Höhe des oberen Sprunggelenkes und des Fußes	0,7	0,8
R11	Übelkeit und Erbrechen	0,7	0,3
J04	Akute Laryngitis und Tracheitis	0,7	0,3
M23	Binnenschädigung des Kniegelenkes	0,7	1,3
B99	Sonstige Infektionskrankheiten	0,6	0,3
M79	Sonstige Krankheiten des Weichteilgewebes	0,6	0,6
R50	Fieber unbekannter Ursache	0,6	0,3
G43	Migräne	0,6	0,2
R42	Schwindel und Taumel	0,6	0,4
J00	Akute Rhinopharyngitis (Erkältungsschnupfen)	0,5	0,2
M47	Spondylose	0,5	0,7
J98	Sonstige Krankheiten der Atemwege	0,5	0,3
N39	Sonstige Krankheiten des Harnsystems	0,5	0,4
F45	Somatoforme Störungen	0,5	0,8
	Summe	**56,5**	**42,9**
	Sonstige	43,5	57,1
	Gesamt	**100,0**	**100,0**

27.1.14 Krankheitsarten nach Branchen

Bei der Verteilung der Krankheitsarten bestehen erhebliche Unterschiede zwischen den Branchen, die im Folgenden für die wichtigsten Krankheitsgruppen aufgezeigt werden.

Muskel- und Skeletterkrankungen

Die Muskel- und Skeletterkrankungen verursachen in fast allen Branchen anteilmäßig die meisten Fehltage (vgl. Abb. 27.1.33). Ihr Anteil an den Arbeitsunfähigkeitstagen bewegte sich im Jahr 2008 in den einzelnen Branchen zwischen 17,0% bei Banken und Versicherungen und 29,0% im Baugewerbe. In Wirtschaftszweigen mit überdurchschnittlich hohen Krankenständen sind häufig die muskuloskelettalen Erkrankungen besonders ausgeprägt und tragen wesentlich zu den erhöhten Fehlzeiten bei.

Abbildung 27.1.34 zeigt die Anzahl und durchschnittliche Dauer der Krankmeldungen aufgrund von Muskel- und Skeletterkrankungen in den einzelnen Branchen. Die meisten Arbeitsunfähigkeitsfälle waren im Bereich Verarbeitendes Gewerbe zu verzeichnen, fast doppelt so viele wie bei den Banken und Versicherungen.

Die muskuloskelettalen Erkrankungen sind häufig mit langen Ausfallzeiten verbunden. Die mittlere Dauer der Krankmeldungen schwankte im Jahr 2008 in den einzelnen Branchen zwischen 14,2 Tagen bei Banken und Versicherungen und 17,5 Tagen im Baugewerbe. Im Branchendurchschnitt lag sie bei 15,8 Tagen.

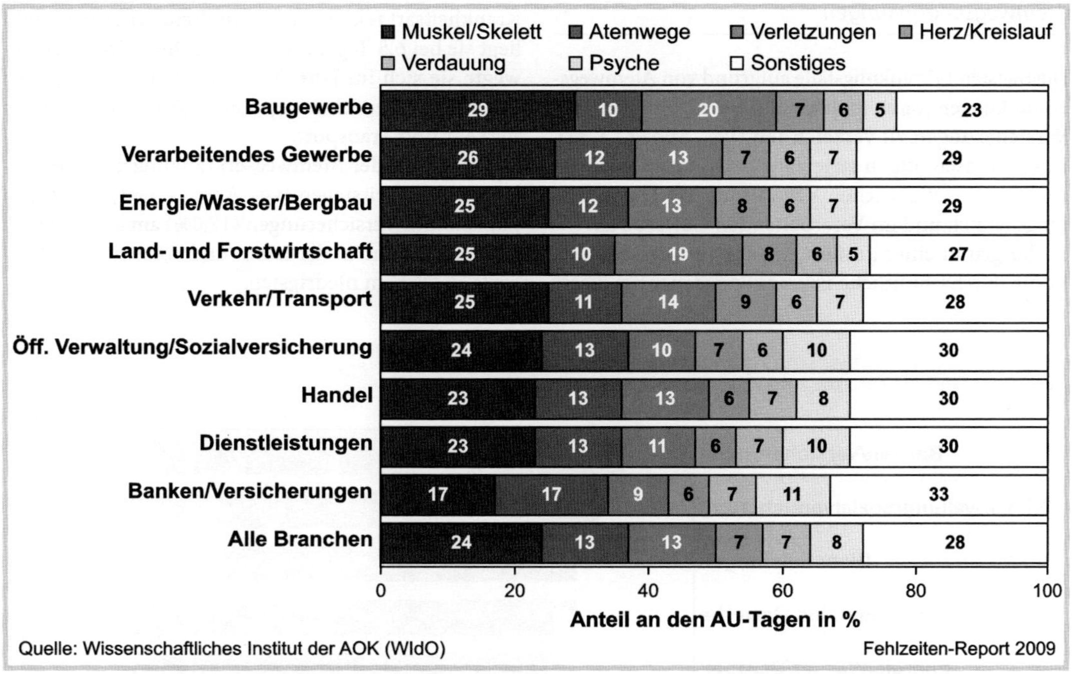

Abb. 27.1.33. Tage der Arbeitsunfähigkeit der AOK-Mitglieder nach Krankheitsarten und Branche im Jahr 2008

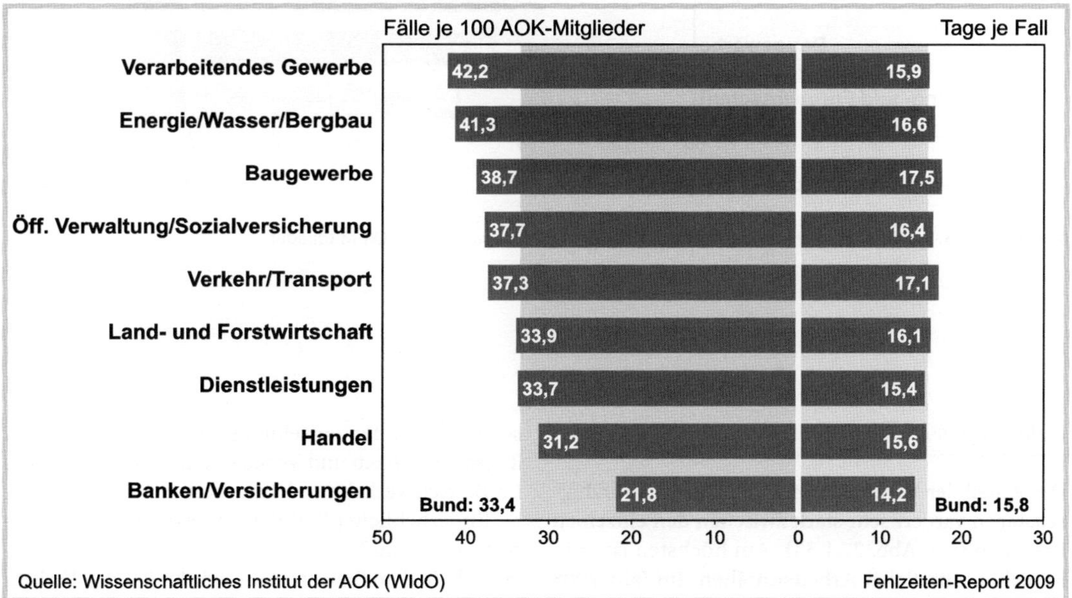

Abb. 27.1.34. Krankheiten des Muskel- und Skelettsystems und des Bindegewebes nach Branchen im Jahr 2008, AOK-Mitglieder

Atemwegserkrankungen

Die meisten Erkrankungsfälle aufgrund von Atemwegserkrankungen waren im Jahr 2008 bei den Banken und Versicherungen zu verzeichnen (vgl. Abb. 27.1.35). Überdurchschnittlich viele Fälle fielen unter anderem auch in der Öffentlichen Verwaltung, im Dienstleistungsbereich und im Verarbeitenden Gewerbe an.

Aufgrund einer großen Anzahl an Bagatellfällen ist die durchschnittliche Erkrankungsdauer bei dieser Krankheitsart relativ gering. Im Branchendurchschnitt liegt sie bei 6,5 Tagen. In den einzelnen Branchen bewegte sie sich im Jahr 2008 zwischen 5,5 Tagen bei Banken und Versicherungen und 7,5 Tagen im Bereich Verkehr und Transport.

Der Anteil der Atemwegserkrankungen an den Arbeitsunfähigkeitstagen (vgl. Abb. 27.1.33) ist bei den Banken und Versicherungen (17,0%) am höchsten, im Baugewerbe und in der Land- und Forstwirtschaft (jeweils 10,0%) am niedrigsten.

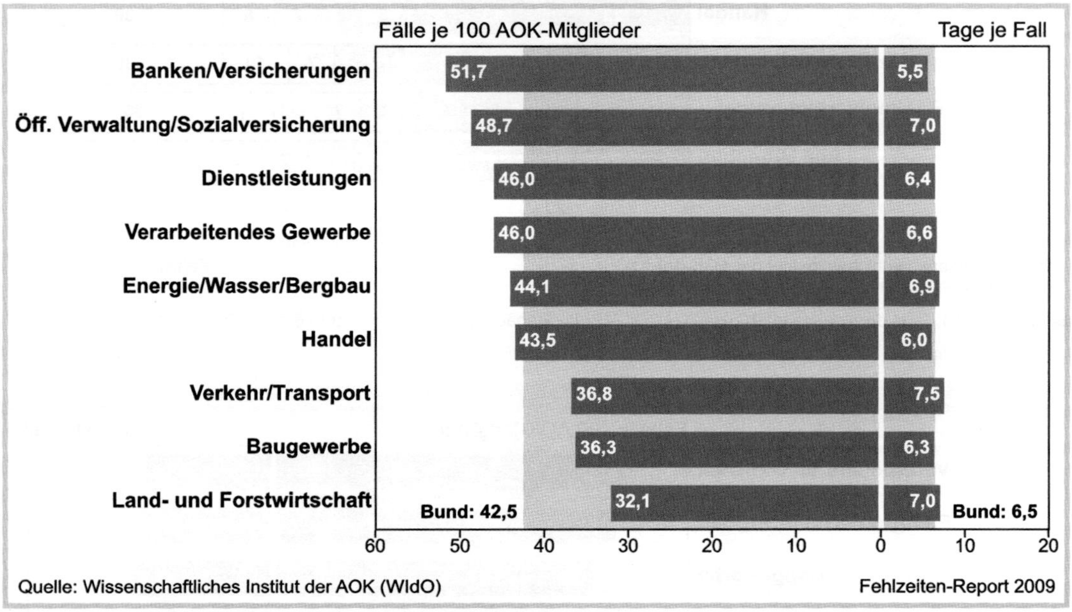

Abb. 27.1.35. Krankheiten des Atmungssystems nach Branchen im Jahr 2008, AOK-Mitglieder

Verletzungen

Der Anteil der Verletzungen an den Arbeitsunfähigkeitstagen variiert sehr stark zwischen den einzelnen Branchen (vgl. Abb. 27.1.33). Am höchsten ist er in Branchen mit vielen Arbeitsunfällen. Im Jahr 2008 bewegte er sich zwischen 9,0% bei den Banken und Versicherungen und 20,0% im Baugewerbe. Im Baugewerbe war die Zahl der Fälle mehr als doppelt so hoch wie bei Banken und Versicherungen (vgl. Abb. 27.1.36). Die Dauer der verletzungsbedingten Krankmeldungen schwankte in den einzelnen Branchen zwischen 14,2 Tagen bei Banken und Versicherungen und 19,4 Tagen im Bereich Verkehr und Transport.

Ein erheblicher Teil der Verletzungen ist auf Arbeitsunfälle zurückzuführen. In der Land- und Forstwirtschaft, dem Baugewerbe sowie im Bereich Verkehr und Transport gehen bei den Verletzungen mehr als ein Drittel der Fehltage auf Arbeitsunfälle zurück (vgl. Abb. 27.1.37). Am niedrigsten ist der Anteil der Arbeitsunfälle bei den Banken und Versicherungen. Dort beträgt er lediglich 11,0%.

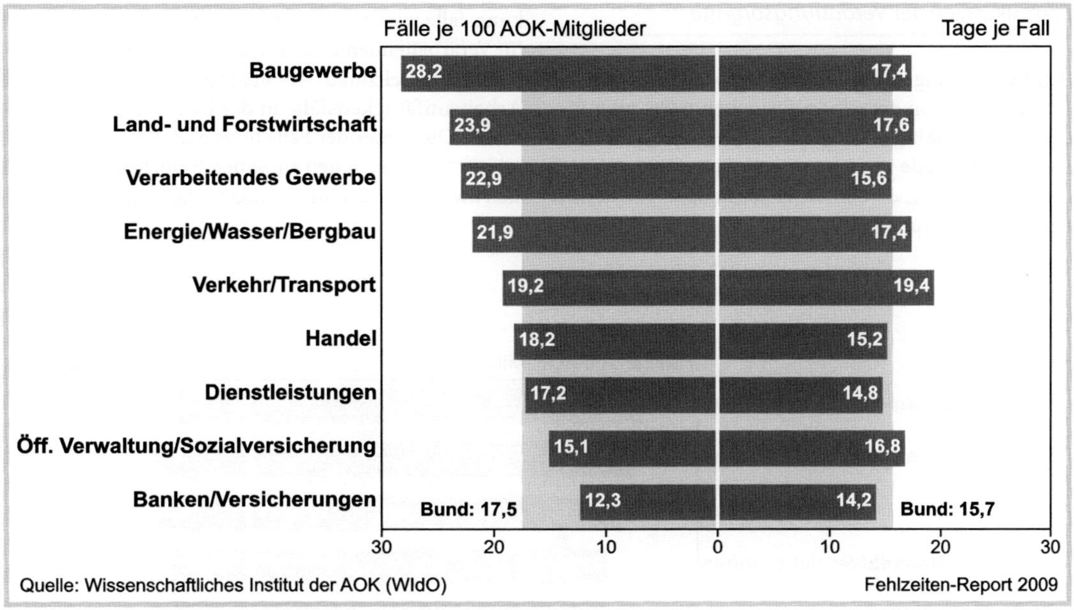

Abb. 27.1.36. Verletzungen, Vergiftungen und bestimmte andere Folgen äußerer Ursachen nach Branchen im Jahr 2008, AOK-Mitglieder

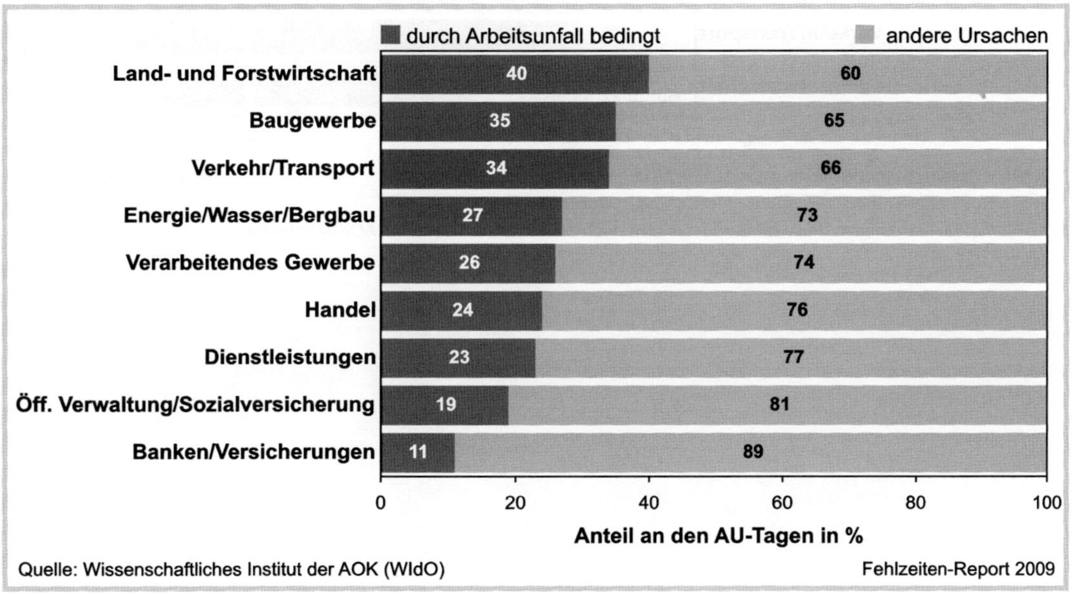

Abb. 27.1.37. Anteil der Arbeitsunfälle an den Verletzungen nach Branchen im Jahr 2008, AOK-Mitglieder

Erkrankungen der Verdauungsorgane

Auf Erkrankungen der Verdauungsorgane gingen im Jahr 2008 in den einzelnen Branchen 6,0% bis 7,0% der Arbeitsunfähigkeitstage zurück (vgl. Abb. 27.1.33). Die Unterschiede zwischen den Wirtschaftszweigen hinsichtlich der Zahl der Arbeitsunfähigkeitsfälle sind relativ gering (vgl. Abb. 27.1.38). Die meisten Erkrankungsfälle waren im Bereich Energie, Wasser, Bergbau, im Verarbeitenden Gewerbe und im Dienstleistungsbereich zu verzeichnen. Am niedrigsten war die Zahl der Arbeitsunfähigkeitsfälle in der Land- und Forstwirtschaft. Die Dauer der Fälle betrug im Branchendurchschnitt 6,3 Tage. In den einzelnen Branchen bewegte sie sich zwischen 5,3 und 7,7 Tagen (vgl. Abb. 27.1.38).

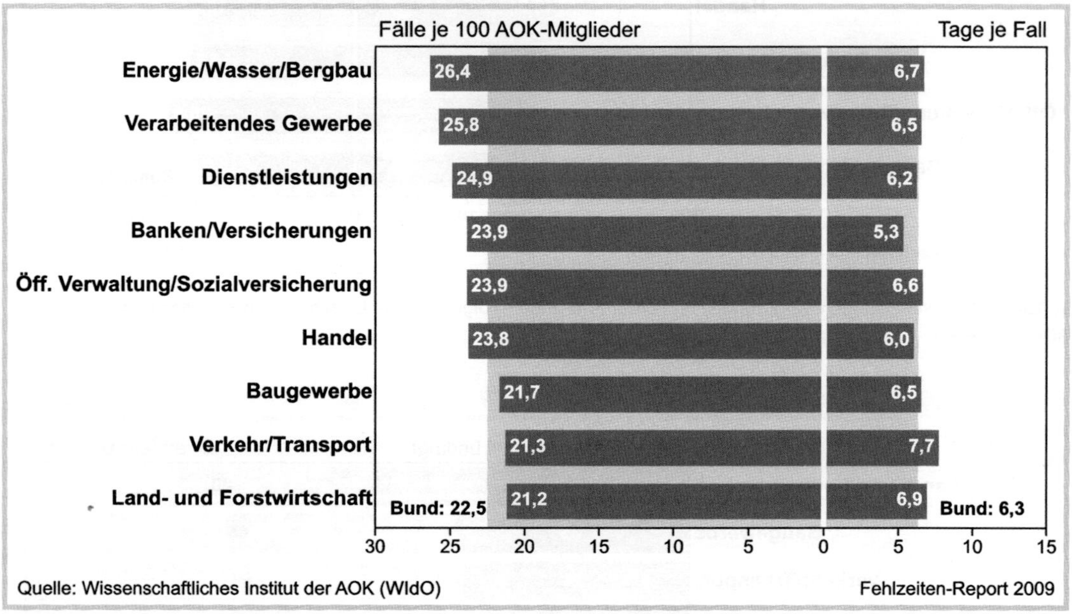

Abb. 27.1.38. Krankheiten des Verdauungssystems nach Branchen im Jahr 2008, AOK-Mitglieder

Herz- und Kreislauferkrankungen

Der Anteil der Herz- und Kreislauferkrankungen an den Arbeitsunfähigkeitstagen lag im Jahr 2008 in den einzelnen Branchen zwischen 6,0% und 9,0% (vgl. Abb. 27.1.33). Die meisten Erkrankungsfälle waren im Bereich Energie, Wasser und Bergbau zu verzeichnen. Am niedrigsten war die Anzahl der Fälle bei den Beschäftigten im Baugewerbe. Herz- und Kreislauferkrankungen bringen oft lange Ausfallzeiten mit sich. Die Dauer eines Erkrankungsfalls bewegte sich in den einzelnen Wirtschaftsbereichen zwischen 13,3 Tagen bei den Banken und Versicherungen und 22,7 Tagen im Bereich Verkehr und Transport und im Baugewerbe (vgl. Abb. 27.1.39).

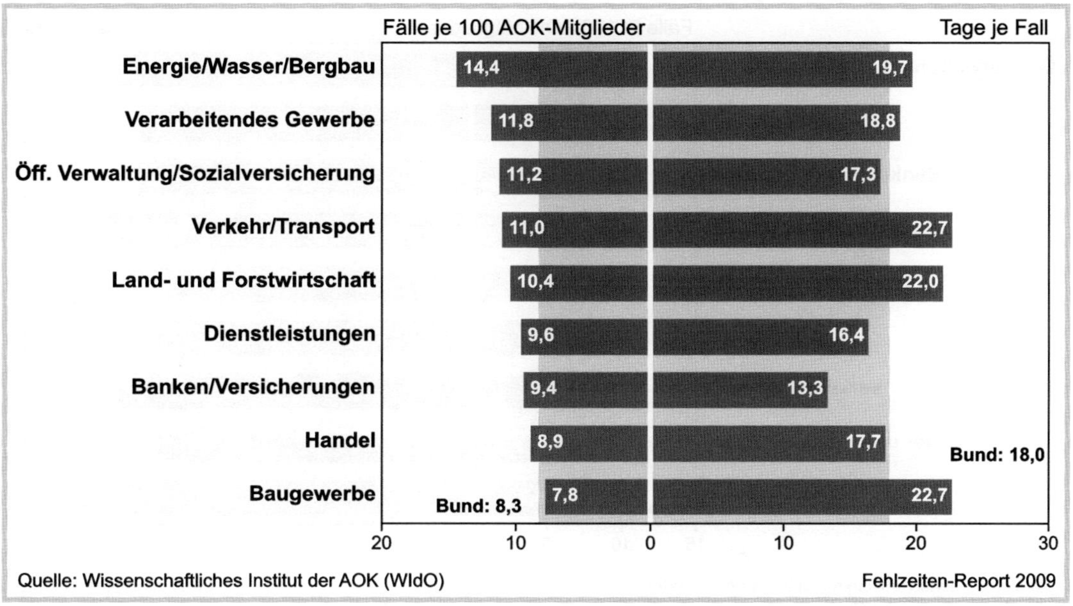

Abb. 27.1.39. Krankheiten des Kreislaufsystems nach Branchen im Jahr 2008, AOK-Mitglieder

Psychische und Verhaltensstörungen

Der Anteil der psychischen und Verhaltensstörungen an den krankheitsbedingten Fehlzeiten schwankte in den einzelnen Branchen erheblich. Die meisten Erkrankungsfälle sind im tertiären Sektor zu verzeichnen. Während im Baugewerbe und in der Land- und Forstwirtschaft nur rund 5,2% bzw. 7,0% der Arbeitsunfähigkeitsfälle auf psychische und Verhaltensstörungen zurückgingen, waren es in der Öffentlichen Verwaltung und im Dienstleistungsbereich jeweils 11,2%. Die durchschnittliche Dauer der Arbeitsunfähigkeitsfälle bewegte sich in den einzelnen Branchen zwischen 21,1 und 25,0 Tagen (vgl. Abb. 27.1.40).

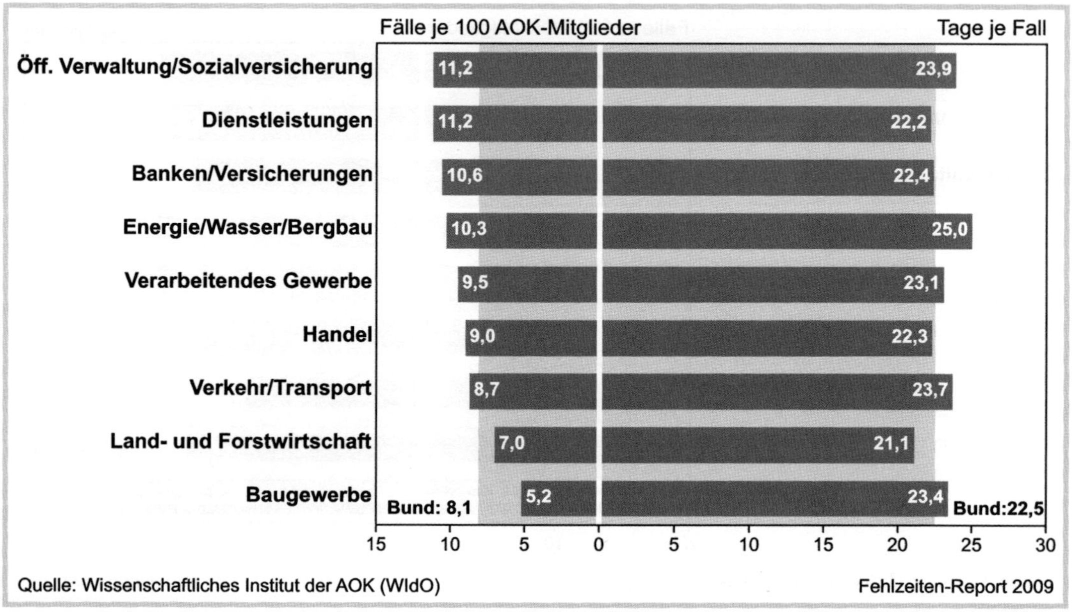

Abb. 27.1.40. Psychische und Verhaltensstörungen nach Branchen im Jahr 2008, AOK-Mitglieder

27.1.15 Langzeitfälle nach Krankheitsarten

Langzeitarbeitsunfähigkeit mit einer Dauer von mehr als sechs Wochen stellt sowohl für die Betroffenen als auch für die Unternehmen und Krankenkassen eine besondere Belastung dar. Daher kommt der Prävention derjenigen Erkrankungen, die zu langen Ausfallzeiten führen, eine spezielle Bedeutung zu.

Ebenso wie im Arbeitsunfähigkeitsgeschehen insgesamt spielen auch bei den Langzeitfällen die Muskel- und Skeletterkrankungen und Verletzungen eine entscheidende Rolle. Auf diese beiden Krankheitsarten gingen 2008 bereits 39,0% der durch Langzeitfälle verursachten Fehlzeiten zurück. An dritter und vierter Stelle stehen die psychischen und Verhaltensstörungen sowie die Herz- und Kreislauferkrankungen mit einem Anteil von 12,0% bzw. 10,0% an den durch Langzeitfälle bedingten Fehlzeiten.

Auch in den einzelnen Wirtschaftsabteilungen geht die Mehrzahl der durch Langzeitfälle bedingten Arbeitsunfähigkeitstage auf die o. g. Krankheitsarten zurück (vgl. Abb. 27.1.42). Der Anteil der muskuloskelettalen Erkrankungen ist am höchsten im Baugewerbe (30,0%). Bei den Verletzungen werden die höchsten Werte ebenfalls im Baugewerbe (21,0%) und in der Land- und Forstwirtschaft erreicht (20,0%). Die psychischen und Verhaltensstörungen verursachen bezogen auf die Langzeiterkrankungen die meisten Ausfalltage bei Banken und Versicherungen (18,0%). Der Anteil der Herz-/Kreislauferkrankungen ist am stärksten ausgeprägt im Bereich Verkehr und Transport (12,0%).

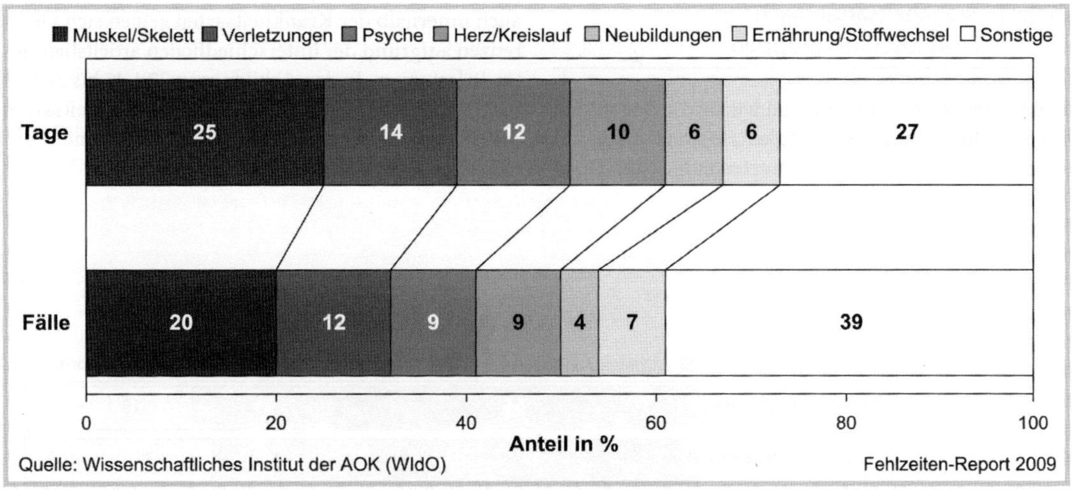

Abb. 27.1.41. Langzeit-Arbeitsunfähigkeit (> 6 Wochen) der AOK-Mitglieder nach Krankheitsarten im Jahr 2008

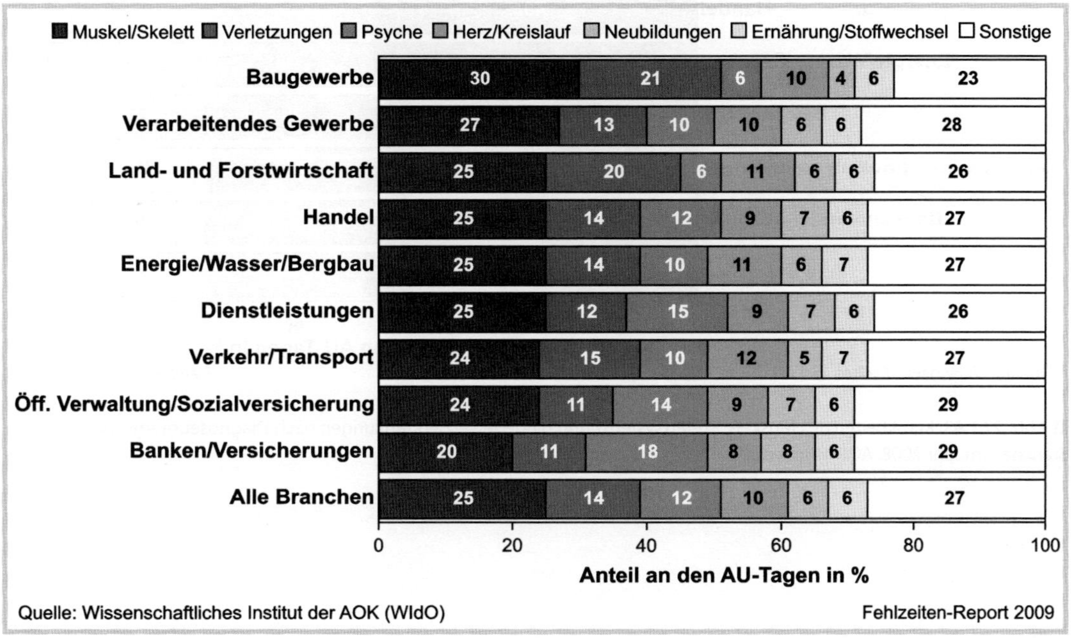

Abb. 27.1.42. Langzeit-Arbeitsunfähigkeit (> 6 Wochen) der AOK-Mitglieder nach Krankheitsarten und Branchen im Jahr 2008

27.1.16 Krankheitsarten nach Diagnoseuntergruppen

In dem vorhergehenden Kapitel wurde die Bedeutung der branchenspezifischen Tätigkeitsschwerpunkte und -belastungen für die Krankheitsarten aufgezeigt. Doch auch innerhalb der Krankheitsarten zeigen sich Differenzen aufgrund der unterschiedlichen arbeitsbedingten Belastungen. In den Abbildungen 27.1.43 bis 27.1.48 wird die Verteilung der wichtigsten Krankheitsarten nach Diagnoseuntergruppen (nach ICD-10) und Branche dargestellt.

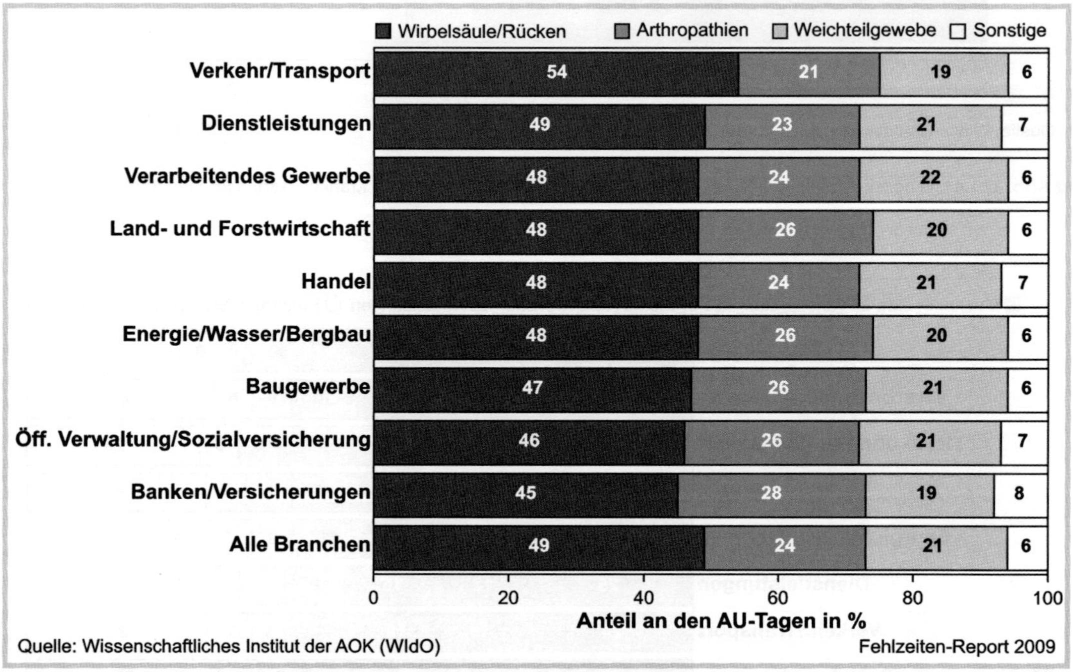

Abb. 27.1.43. Krankheiten des Muskel-, Skelettsystems und Bindegewebserkrankungen nach Diagnoseuntergruppen und Branchen im Jahr 2008, AOK-Mitglieder

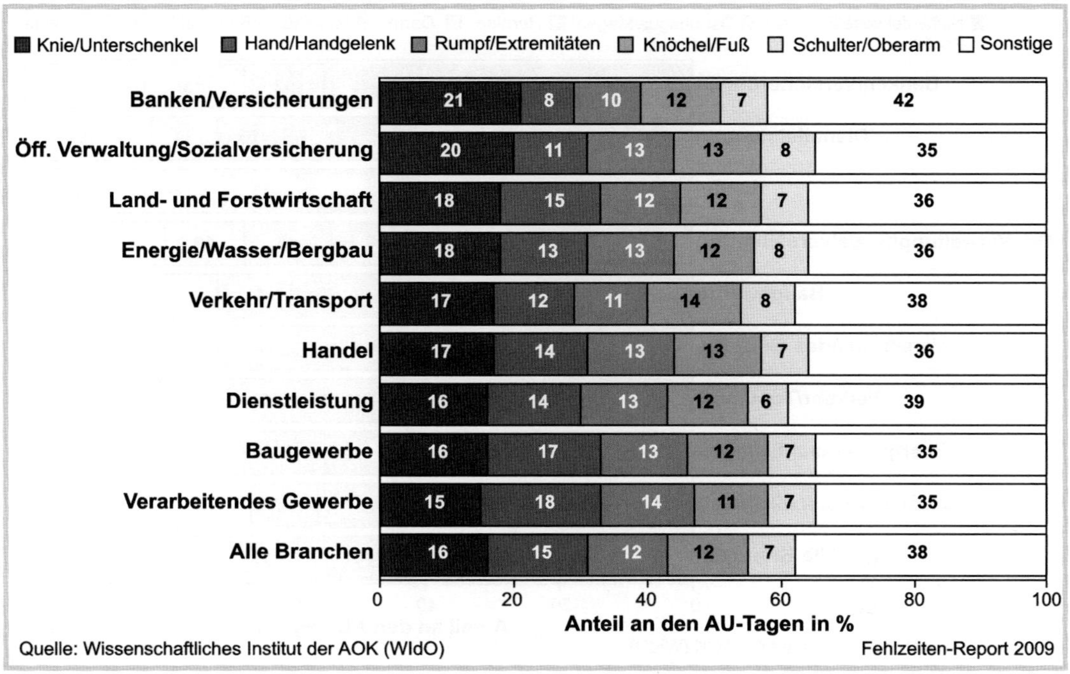

Abb. 27.1.44. Verletzungen, Vergiftungen und bestimmte andere Folgen äußerer Ursachen nach Diagnoseuntergruppen und Branchen im Jahr 2008, AOK-Mitglieder

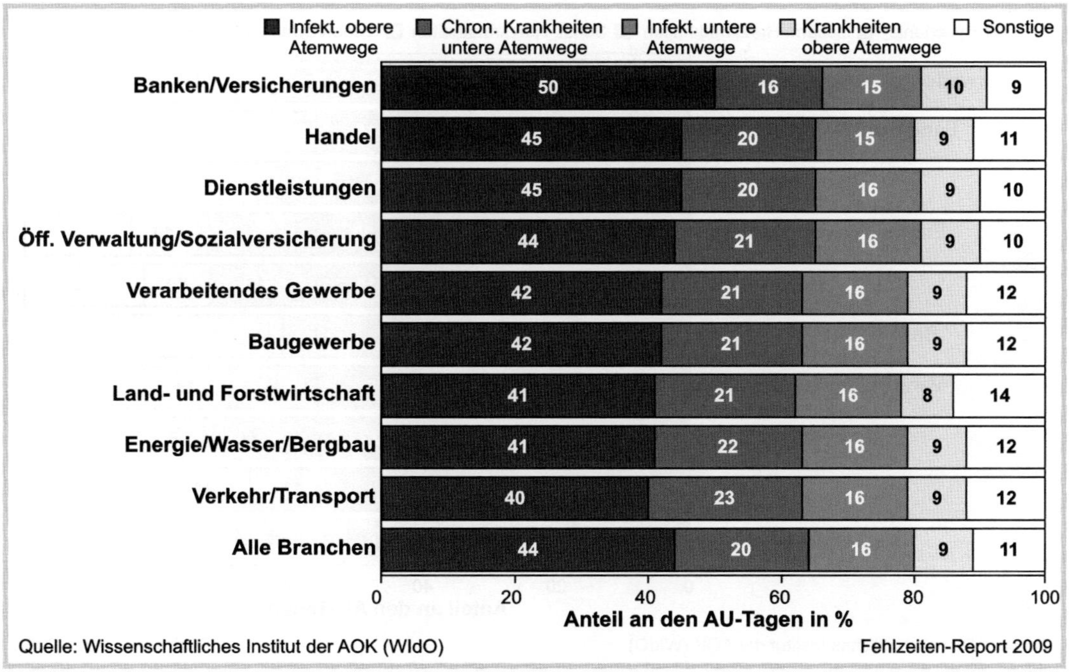

Abb. 27.1.45. Krankheiten des Atmungssystems nach Diagnoseuntergruppen und Branchen im Jahr 2008, AOK-Mitglieder

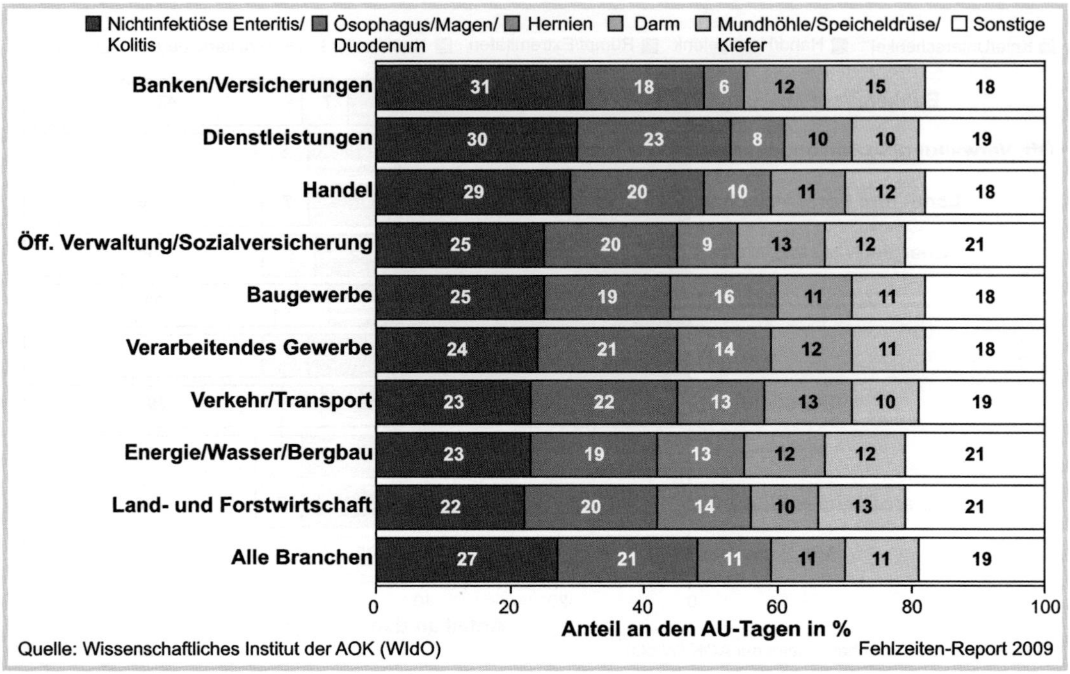

Abb. 27.1.46. Krankheiten des Verdauungssystems nach Diagnoseuntergruppen und Branchen im Jahr 2008, AOK-Mitglieder

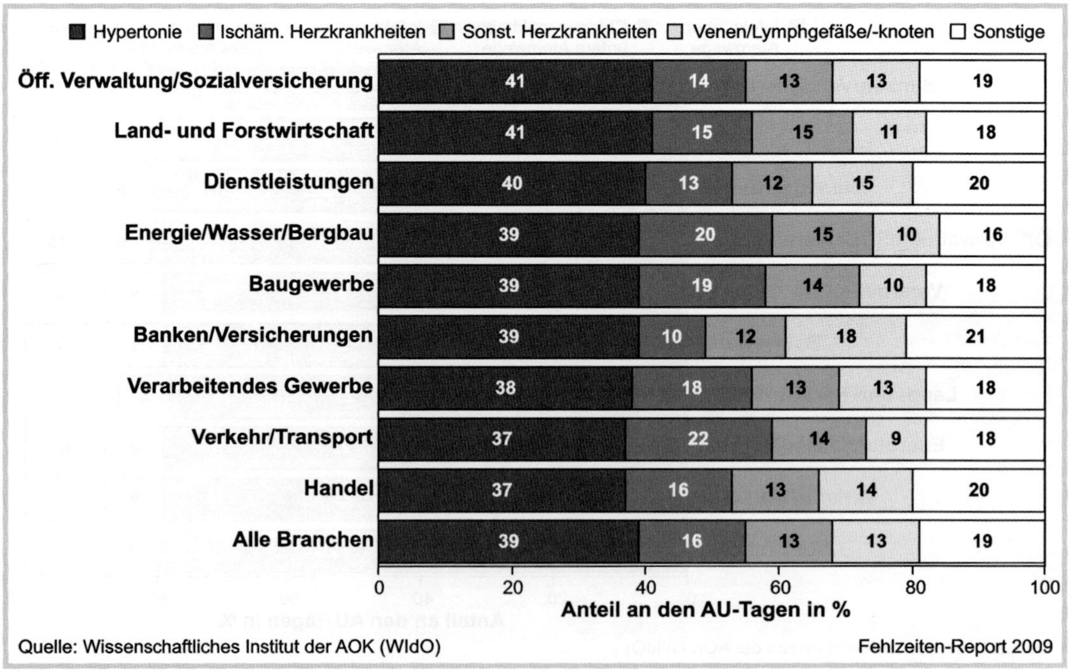

Abb. 27.1.47. Krankheiten des Kreislaufsystems nach Diagnoseuntergruppen und Branchen im Jahr 2008, AOK-Mitglieder

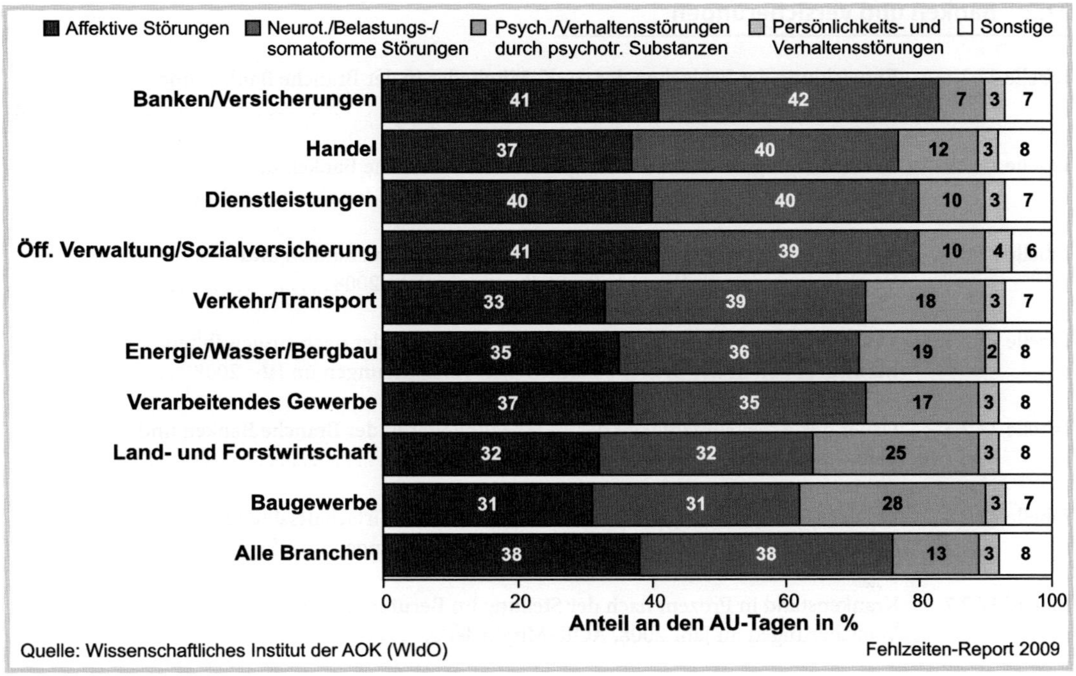

Abb. 27.1.48. Psychische und Verhaltensstörungen nach Diagnoseuntergruppen und Branchen im Jahr 2008, AOK-Mitglieder

Literatur

Bundesagentur für Arbeit (2007) Arbeitsmarkt in Zahlen – Beschäftigungsstatistik – Sozialversicherungspflichtig Beschäftigte nach Wirtschaftsgruppen in Deutschland, Stand 30.9. 2008, Nürnberg

Bundesministerium für Arbeit und Soziales (2009) Sicherheit und Gesundheit bei der Arbeit 2007. Dortmund Berlin Dresden

Bundesministerium für Gesundheit (2009) Vorläufige Rechnungsergebnisse der gesetzlichen Krankenversicherung nach der Statistik KV 45.1, 1.–4. Quartal 2008

Ferber C v, Kohlhausen K (1970) Der »blaue Montag« im Krankenstand. In: Arbeitsmedizin, Sozialmedizin, Arbeitshygiene, Heft 2, S 25–30

Kohler, H (2002) Krankenstand – Ein beachtlicher Kostenfaktor mit fallender Tendenz, IAB-Werkstattbericht, Diskussionsbeiträge des Instituts für Arbeitsmarkt- und Berufsforschung der Bundesanstalt für Arbeit, Ausgabe Nr. 1/30.1.2002

Marstedt G, Müller R (1998) Ein kranker Stand? Fehlzeiten und Integration älterer Arbeitnehmer im Vergleich Öffentlicher Dienst – Privatwirtschaft. Berlin: Ed. Sigma, Forschung aus der Hans-Böckler-Stiftung, Berlin

Mielck, A (2000) Soziale Ungleichheit und Gesundheit. Huber, Bern

Robert Koch-Institut (2006) Gesundheitsbedingte Frühberentung. Schwerpunktbericht der Gesundheitsberichterstattung des Bundes. Berlin

Schnabel C (1997) Betriebliche Fehlzeiten, Ausmaß, Bestimmungsgründe und Reduzierungsmöglichkeiten. Institut der deutschen Wirtschaft, Köln

27.2 Banken und Versicherungen

Tabelle 27.2.1. Entwicklung der Fehlzeiten der AOK-Mitglieder in der Branche Banken und Versicherungen in den Jahren 1994 bis 2008

Jahr	Krankenstand in %			AU-Fälle je 100 Mitglieder			Tage je Fall		
	West	Ost	Bund	West	Ost	Bund	West	Ost	Bund
1994	4,4	3,0	4,0	114,7	71,8	103,4	12,8	14,1	13,0
1995	3,9	4,0	3,9	119,3	111,2	117,9	11,9	13,8	12,2
1996	3,5	3,6	3,5	108,0	109,3	108,1	12,2	12,5	12,2
1997	3,4	3,6	3,4	108,4	110,0	108,5	11,5	11,9	11,5
1998	3,5	3,6	3,5	110,6	112,2	110,7	11,4	11,7	11,4
1999	3,6	4,0	3,7	119,6	113,3	119,1	10,8	11,6	10,9
2000	3,6	4,1	3,6	125,6	148,8	127,1	10,5	10,2	10,5
2001	3,5	4,1	3,6	122,2	137,5	123,1	10,6	10,8	10,6
2002	3,5	4,1	3,5	125,0	141,3	126,1	10,1	10,6	10,2
2003	3,3	3,5	3,3	126,0	137,1	127,0	9,5	9,4	9,5
2004	3,1	3,2	3,1	117,6	127,7	118,8	9,7	9,3	9,6
2005	3,1	3,3	3,1	122,6	132,0	123,8	9,2	9,0	9,1
2006	2,7	3,2	2,8	108,1	126,7	110,7	9,2	9,1	9,2
2007	3,1	3,4	3,1	121,0	133,6	122,8	9,2	9,3	9,2
2008	3,1	3,6	3,2	127,0	136,6	128,4	9,0	9,6	9,1

Tabelle 27.2.2. Arbeitsunfähigkeit der AOK-Mitglieder in der Branche Banken und Versicherungen nach Bundesländern im Jahr 2008 im Vergleich zum Vorjahr

Bundesland	Kran-ken-stand in %	Arbeitsunfähigkeit je 100 AOK-Mitglieder				Tage je Fall	Veränd. z. Vorj. in %	AU-Quote in %
		AU-Fälle	Veränd. z. Vorj. in %	AU-Tage	Veränd. z. Vorj. in %			
Baden-Württemberg	3,0	122,1	5,3	1.085,5	2,6	8,9	–2,2	52,7
Bayern	2,8	107,2	4,9	1.029,6	1,6	9,6	–3,0	47,4
Berlin	4,0	132,5	7,7	1.461,2	4,7	11,0	–2,7	44,0
Brandenburg	3,9	135,1	–6,0	1.416,4	–5,7	10,5	0,0	51,7
Bremen	3,8	130,0	–3,1	1.404,0	–8,0	10,8	–5,3	51,5
Hamburg	4,8	145,5	4,2	1.746,4	24,0	12,0	18,8	51,7
Hessen	3,8	151,1	4,3	1.386,0	3,2	9,2	–1,1	53,6
Mecklenburg-Vorpommern	3,7	139,2	6,9	1.358,2	15,4	9,8	8,9	49,4
Niedersachsen	2,8	137,9	3,5	1.021,7	–5,7	7,4	–8,6	53,5
Nordrhein-Westfalen	3,6	149,6	6,6	1.318,6	5,6	8,8	–1,1	54,9
Rheinland-Pfalz	3,2	143,3	4,9	1.188,4	–0,4	8,3	–4,6	55,5
Saarland	4,5	130,2	3,8	1.658,7	31,5	12,7	25,7	49,5
Sachsen	3,5	135,2	2,1	1.295,6	6,4	9,6	4,3	57,3
Sachsen-Anhalt	4,1	151,0	3,6	1.506,6	8,0	10,0	4,2	54,5
Schleswig-Holstein	3,5	138,4	2,1	1.291,6	7,4	9,3	4,5	52,1
Thüringen	3,5	138,4	4,6	1.285,3	–0,9	9,3	–5,1	55,1
West	**3,1**	**127,0**	**5,0**	**1.141,9**	**2,4**	**9,0**	**–2,2**	**51,7**
Ost	**3,6**	**136,6**	**2,2**	**1.312,7**	**5,4**	**9,6**	**3,2**	**56,4**
Bund	**3,2**	**128,4**	**4,6**	**1.166,7**	**2,9**	**9,1**	**–1,1**	**52,3**

Tabelle 27.2.3. Arbeitsunfähigkeit der AOK-Mitglieder in der Branche Banken und Versicherungen nach Wirtschaftsabteilungen im Jahr 2008

Wirtschaftsabteilung	Krankenstand in %		Arbeitsunfähigkeiten je 100 AOK-Mitglieder		Tage je Fall	AU-Quote in %
	2008	2008 stand.*	Fälle	Tage		
Kreditgewerbe	3,2	3,2	128,4	1.155,4	9,0	54,3
Versicherungsgewerbe	3,5	3,6	139,3	1.273,4	9,1	51,5
Assoziierte Tätigkeiten	3,1	3,3	118,7	1.137,8	9,6	43,7
Branche insgesamt	**3,2**	**3,2**	**128,4**	**1.166,7**	**9,1**	**52,3**
Alle Branchen	**4,6**	**4,6**	**148,2**	**1.696,0**	**11,4**	**52,9**

*Krankenstand alters- und geschlechtsstandardisiert

Tabelle 27.2.4. Kennzahlen der Arbeitsunfähigkeit der AOK-Mitglieder nach ausgewählten Berufsgruppen in der Branche Banken und Versicherungen im Jahr 2008

Tätigkeit	Krankenstand in %	Arbeitsunfähigkeiten je 100 AOK-Mitglieder		Tage je Fall	AU-Quote in %	Anteil der Berufsgruppe an der Branche in %*
		Fälle	Tage			
Bankfachleute	2,8	125,7	1.034,6	8,2	54,5	56,1
Bürofachkräfte	3,1	125,2	1.124,5	9,0	46,4	11,2
Bürohilfskräfte	3,9	126,1	1.438,6	11,4	44,9	2,3
Datenverarbeitungsfachleute	2,7	116,4	991,7	8,5	48,2	1,3
Krankenversicherungsfachleute (nicht Sozialversicherung)	4,3	159,1	1.557,5	9,8	55,4	1,7
Lebens-, Sachversicherungsfachleute	3,2	137,3	1.159,0	8,4	50,2	10,8
Lehrlinge	2,6	198,7	959,3	4,8	54,4	1,0
Pförtner, Hauswarte	4,3	101,2	1.557,1	15,4	48,0	1,0
Raum-, Hausratreiniger	5,6	134,0	2.064,0	15,4	56,1	4,0
Branche insgesamt	**3,2**	**128,8**	**1.166,7**	**9,1**	**52,3**	**1,1****

* Anteil der AOK-Mitglieder in der Berufsgruppe an den in der Branche beschäftigten AOK-Mitgliedern insgesamt
**Anteil der AOK-Mitglieder in der Branche an allen AOK-Mitgliedern

Tabelle 27.2.5. Dauer der Arbeitsunfähigkeit der AOK-Mitglieder in der Branche Banken und Versicherungen im Jahr 2008

Fallklasse	Branche hier		alle Branchen	
	Anteil Fälle in %	Anteil Tage in %	Anteil Fälle in %	Anteil Tage in %
1–3 Tage	44,1	9,9	36,2	6,3
4–7 Tage	28,7	15,5	29,6	13,0
8–14 Tage	14,9	16,6	17,4	15,8
15–21 Tage	4,6	8,8	6,2	9,5
22–28 Tage	2,5	6,7	3,3	7,0
29–42 Tage	2,4	8,9	3,2	9,7
Langzeit-AU (> 42 Tage)	2,8	33,6	4,1	38,7

Tabelle 27.2.6. Tage der Arbeitsunfähigkeit je AOK-Mitglied nach Wirtschaftsabteilungen und Betriebsgröße in der Branche Banken und Versicherungen im Jahr 2008

Wirtschaftsabteilungen	Betriebsgröße (Anzahl der AOK-Mitglieder)					
	10–49	50–99	100–199	200–499	500–999	≥ 1.000
Kreditgewerbe	11,0	11,4	11,7	12,7	14,2	11,6
Versicherungsgewerbe	13,5	12,7	11,6	12,9	12,8	–
Assoziierte Tätigkeiten	13,4	15,3	15,4	23,9	–	–
Branche insgesamt	**11,5**	**11,7**	**11,8**	**12,9**	**13,9**	**11,6**
Alle Branchen	**17,5**	**19,0**	**19,3**	**19,5**	**19,9**	**18,5**

Tabelle 27.2.7. Krankenstand in Prozent nach der Stellung im Beruf in der Branche Banken und Versicherungen im Jahr 2008, AOK-Mitglieder

Wirtschaftsabteilung	Stellung im Beruf				
	Auszubildende	Arbeiter	Facharbeiter	Meister, Poliere	Angestellte
Kreditgewerbe	2,2	5,0	4,8	4,1	2,9
Versicherungsgewerbe	2,5	6,6	4,6	2,6	3,3
Assoziierte Tätigkeiten	2,8	4,5	3,4	2,6	3,2
Branche insgesamt	**2,3**	**5,1**	**4,4**	**3,7**	**3,0**
Alle Branchen	**3,8**	**5,6**	**4,9**	**3,7**	**3,4**

Tabelle 27.2.8. Tage der Arbeitsunfähigkeit je AOK-Mitglied nach der Stellung im Beruf in der Branche Banken und Versicherungen im Jahr 2008

Wirtschaftsabteilung	Stellung im Beruf				
	Auszubildende	Arbeiter	Facharbeiter	Meister, Poliere	Angestellte
Kreditgewerbe	7,9	18,2	17,4	15,1	10,7
Versicherungsgewerbe	9,0	24,2	16,9	9,4	12,0
Assoziierte Tätigkeiten	10,2	16,4	12,4	9,7	11,6
Branche insgesamt	**8,4**	**18,6**	**16,2**	**13,4**	**11,0**
Alle Branchen	**13,9**	**20,5**	**18,0**	**13,7**	**12,3**

Tabelle 27.2.9. Anteil der Arbeitsunfälle an den AU-Fällen und -Tagen in Prozent nach Wirtschaftsabteilungen in der Branche Banken und Versicherungen im Jahr 2008, AOK-Mitglieder

Wirtschaftsabteilung	Arbeitsunfähigkeiten	
	AU-Fälle in %	AU-Tage in %
Kreditgewerbe	1,1	1,8
Versicherungsgewerbe	1,2	1,4
Assoziierte Tätigkeiten	0,9	1,7
Branche insgesamt	**1,1**	**1,7**
Alle Branchen	**4,6**	**5,8**

Tabelle 27.2.10. Tage und Fälle der Arbeitsunfähigkeit durch Arbeitsunfälle nach Berufsgruppen in der Branche Banken und Versicherungen im Jahr 2008, AOK-Mitglieder

Tätigkeit	Arbeitsunfähigkeit je 1.000 AOK-Mitglieder	
	AU-Tage	AU-Fälle
Kraftfahrzeugführer	1.810,9	82,2
Köche	787,1	61,3
Raum-, Hausratreiniger	319,2	17,7
Bürohilfskräfte	304,1	22,1
Lebens-, Sachversicherungsfachleute	163,4	12,8
Bürofachkräfte	151,0	8,8
Bankfachleute	133,0	11,7

Tabelle 27.2.11. Tage und Fälle der Arbeitsunfähigkeit je 100 AOK-Mitglieder nach Krankheitsarten in der Branche Banken und Versicherungen in den Jahren 1995 bis 2008

Jahr	Arbeitsunfähigkeiten je 100 Mitglieder											
	Psyche		Herz/Kreislauf		Atemwege		Verdauung		Muskel/Skelett		Verletzungen	
	Tage	Fälle	Tage	Fälle	Tage	Fälle	Tage	Fälle	Tage	Fälle	Tage	Fälle
1995	102,9	4,1	154,9	8,2	327,6	43,8	140,1	19,1	371,0	20,0	179,5	10,7
1996	107,8	3,8	129,5	6,6	286,2	39,8	119,4	17,9	339,3	17,2	166,9	9,9
1997	104,8	4,1	120,6	6,8	258,1	39,8	112,5	17,8	298,0	16,9	161,1	9,8
1998	109,3	4,5	112,8	6,9	252,3	40,4	109,3	18,1	313,9	18,0	152,2	9,7
1999	113,7	4,8	107,6	6,9	291,2	46,4	108,7	19,0	308,3	18,6	151,0	10,3
2000	138,4	5,8	92,5	6,3	281,4	45,3	99,1	16,6	331,4	19,9	145,3	10,0
2001	144,6	6,6	99,8	7,1	264,1	44,4	98,8	17,3	334,9	20,5	147,6	10,3
2002	144,6	6,8	96,7	7,1	254,7	44,0	105,1	19,0	322,6	20,6	147,3	10,5
2003	133,9	6,9	88,6	7,1	261,1	46,5	99,0	18,7	288,0	19,5	138,2	10,3
2004	150,2	7,1	92,8	6,5	228,5	40,6	103,7	19,0	273,1	18,4	136,5	9,8
2005	147,5	7,0	85,1	6,5	270,1	47,7	100,1	17,9	248,8	18,1	132,1	9,7
2006	147,2	7,0	79,8	6,2	224,6	40,8	98,8	18,3	243,0	17,4	134,0	9,6
2007	167,2	7,5	87,7	6,3	243,9	44,4	103,0	19,6	256,9	18,1	125,2	9,1
2008	172,7	7,7	86,7	6,5	258,1	46,8	106,2	20,0	254,0	18,0	134,6	9,5

Tabelle 27.2.12. Verteilung der Arbeitsunfähigkeitstage nach Krankheitsarten in Prozent in der Branche Banken und Versicherungen im Jahr 2008, AOK-Mitglieder

Wirtschaftsabteilung	AU-Tage in %						
	Psyche	Herz/ Kreislauf	Atem-wege	Verdau-ung	Muskel/ Skelett	Verlet-zungen	Sonstige
Kreditgewerbe	11,2	5,8	17,2	7,0	16,8	9,0	33,0
Versicherungsgewerbe	12,7	5,7	17,9	7,0	17,1	8,1	31,5
Assoziierte Tätigkeiten	11,6	5,4	15,5	7,4	16,4	9,4	34,3
Branche insgesamt	**11,6**	**5,7**	**17,1**	**7,0**	**16,8**	**8,9**	**32,9**
Alle Branchen	**8,3**	**6,9**	**12,5**	**6,5**	**24,2**	**12,6**	**29,0**

Tabelle 27.2.13. Verteilung der Arbeitsunfähigkeitsfälle nach Krankheitsarten in Prozent in der Branche Banken und Versicherungen im Jahr 2008, AOK-Mitglieder

Wirtschaftsabteilung	AU-Fälle in %						
	Psyche	Herz/ Kreislauf	Atem-wege	Verdau-ung	Muskel/ Skelett	Verlet-zungen	Sonstige
Kreditgewerbe	4,6	4,0	28,8	12,0	10,8	5,7	34,1
Versicherungsgewerbe	5,1	4,2	28,2	12,0	11,6	5,8	33,1
Assoziierte Tätigkeiten	5,2	3,9	26,7	13,0	10,7	5,9	34,6
Branche insgesamt	**4,7**	**4,0**	**28,5**	**12,1**	**10,9**	**5,8**	**34,0**
Alle Branchen	**4,3**	**4,4**	**22,4**	**11,8**	**17,6**	**9,2**	**30,3**

Tabelle 27.2.14. Anteile der 40 häufigsten Einzeldiagnosen an den AU-Fällen und AU-Tagen in der Branche Banken und Versicherungen im Jahr 2008, AOK-Mitglieder

ICD-10	Bezeichnung	AU-Fälle in %	AU-Tage in %
J06	Akute Infektionen der oberen Atemwege	8,8	4,6
M54	Rückenschmerzen	4,0	4,2
K52	Nichtinfektiöse Gastroenteritis und Kolitis	3,6	1,6
J20	Akute Bronchitis	3,4	2,1
A09	Diarrhoe und Gastroenteritis	2,7	1,1
J40	Nicht akute Bronchitis	2,6	1,6
K08	Sonstige Krankheiten der Zähne und des Zahnhalteapparates	2,4	0,7
B34	Viruskrankheit	2,1	1,0
J01	Akute Sinusitis	1,9	1,0
J03	Akute Tonsillitis	1,7	0,9
J02	Akute Pharyngitis	1,7	0,8
J32	Chronische Sinusitis	1,6	0,9
K29	Gastritis und Duodenitis	1,5	0,8
R10	Bauch- und Beckenschmerzen	1,5	0,8
I10	Essentielle Hypertonie	1,2	2,0
F32	Depressive Episode	1,2	3,3
J04	Akute Laryngitis und Tracheitis	1,2	0,6
F43	Reaktionen auf schwere Belastungen und Anpassungsstörungen	0,9	1,8
R51	Kopfschmerz	0,9	0,5
G43	Migräne	0,9	0,4
J11	Grippe	0,8	0,5
N39	Sonstige Krankheiten des Harnsystems	0,8	0,5
T14	Verletzung an einer nicht näher bezeichneten Körperregion	0,8	0,7
Z38	Lebendgeborene nach dem Geburtsort	0,7	0,3
B99	Sonstige Infektionskrankheiten	0,7	0,4
M53	Sonstige Krankheiten der Wirbelsäule und des Rückens	0,7	0,9
R11	Übelkeit und Erbrechen	0,7	0,4
J98	Sonstige Krankheiten der Atemwege	0,7	0,4
J00	Akute Rhinopharyngitis	0,6	0,3
F45	Somatoforme Störungen	0,6	1,1
R50	Fieber unbekannter Ursache	0,6	0,4
F48	Andere neurotische Störungen	0,6	1,0
M51	Sonstige Bandscheibenschäden	0,6	1,6
R42	Schwindel und Taumel	0,6	0,4
M99	Biomechanische Funktionsstörungen	0,5	0,4
R53	Unwohlsein und Ermüdung	0,5	0,6
A08	Virusbedingte Darminfektionen	0,5	0,2
S93	Luxation, Verstauchung und Zerrung der Gelenke und Bänder in Höhe des oberen Sprunggelenkes und des Fußes	0,5	0,6
M23	Binnenschädigung des Kniegelenkes	0,5	1,1
M79	Sonstige Krankheiten des Weichteilgewebes	0,5	0,5
	Summe hier	**58,3**	**43,0**
	Restliche	41,7	57,0
	Gesamtsumme	**100,0**	**100,0**

Tabelle 27.2.15. Anteile der 40 häufigsten Diagnoseuntergruppen an den AU-Fällen und AU-Tagen in der Branche Banken und Versicherungen im Jahr 2008, AOK-Mitglieder

ICD-10	Bezeichnung	AU-Fälle in %	AU-Tage in %
J00–J06	Akute Infektionen der oberen Atemwege	15,6	8,2
M40–M54	Krankheiten der Wirbelsäule und des Rückens	5,6	7,4
K50–K52	Nichtinfektiöse Enteritis und Kolitis	4,0	2,0
J40–J47	Chronische Krankheiten der unteren Atemwege	3,9	2,7
J20–J22	Sonstige akute Infektionen der unteren Atemwege	3,9	2,4
A00–A09	Infektiöse Darmkrankheiten	3,5	1,5
K00–K14	Krankheiten der Mundhöhle, Speicheldrüsen und der Kiefer	3,1	1,0
R50–R69	Allgemeinsymptome	3,0	2,5
F40–F48	Neurotische, Belastungs- und somatoforme Störungen	2,5	5,0
J30–J39	Sonstige Krankheiten der oberen Atemwege	2,4	1,6
R10–R19	Symptome bzgl. Verdauungssystem und Abdomen	2,4	1,4
B25–B34	Sonstige Viruskrankheiten	2,3	1,2
M60–M79	Krankheiten der Weichteilgewebe	2,2	3,2
K20–K31	Krankheiten des Ösophagus, Magens und des Duodenums	2,1	1,2
M00–M25	Arthropathien	2,0	4,5
G40–G47	Episod. und paroxysmale Krankheiten des Nervensystems	1,6	1,3
F30–F39	Affektive Störungen	1,5	4,9
I10–I15	Hypertonie	1,4	2,3
N30–N39	Sonstige Krankheiten des Harnsystems	1,3	0,8
J10–J18	Grippe und Pneumonie	1,2	0,9
Z20–Z29	Pot. Gesundheitsrisiken bzgl. übertragbarer Krankheiten	1,1	0,6
R00–R09	Symptome bzgl. Kreislauf- und Atmungssystem	1,1	0,8
T08–T14	Verletzungen Rumpf, Extremitäten u. a. Körperregionen	0,9	0,9
N80–N98	Krankheiten des weiblichen Genitaltraktes	0,9	1,0
O60–O75	Komplikationen bei Wehentätigkeit und Entbindung	0,9	0,5
I80–I89	Krankheiten der Venen, Lymphgefäße und -knoten	0,8	1,0
S80–S89	Verletzungen des Knies und des Unterschenkels	0,8	1,9
S90–S99	Verletzungen der Knöchelregion und des Fußes	0,8	1,1
O30–O48	Betreuung der Mutter	0,8	0,6
K55–K63	Sonstige Krankheiten des Darmes	0,8	0,8
B99–B99	Sonstige Infektionskrankheiten	0,8	0,5
J95–J99	Sonstige Krankheiten des Atmungssystems	0,8	0,5
I95–I99	Sonstige Krankheiten des Kreislaufsystems	0,7	0,4
R40–R46	Symptome bzgl. Wahrnehmung, Stimmung und Verhalten	0,7	0,6
D10–D36	Gutartige Neubildungen	0,7	0,9
E70–E90	Stoffwechselstörungen	0,7	1,1
O20–O29	Sonstige mit Schwangerschaft verbundene Krankheiten	0,7	0,7
H65–H75	Krankheiten des Mittelohres und des Warzenfortsatzes	0,6	0,4
M95–M99	Sonstige Krankheiten des Muskel-Skelett-Systems und des Bindegewebes	0,6	0,5
C00–C75	Bösartige Neubildungen	0,6	2,2
	Summe hier	**81,3**	**73,0**
	Restliche	18,7	27,0
	Gesamtsumme	**100,0**	**100,0**

27.3 Baugewerbe

Tabelle 27.3.1. Entwicklung der Fehlzeiten der AOK-Mitglieder in der Branche Baugewerbe in den Jahren 1994 bis 2008

Jahr	Krankenstand in %			AU-Fälle je 100 Mitglieder			Tage je Fall		
	West	Ost	Bund	West	Ost	Bund	West	Ost	Bund
1994	7,0	5,5	6,5	155,3	137,3	150,2	14,9	13,5	14,6
1995	6,5	5,5	6,2	161,7	146,9	157,6	14,7	13,7	14,5
1996	6,1	5,3	5,9	145,0	134,8	142,2	15,5	14,0	15,1
1997	5,8	5,1	5,6	140,1	128,3	137,1	14,6	14,0	14,5
1998	6,0	5,2	5,8	143,8	133,8	141,4	14,7	14,0	14,5
1999	6,0	5,5	5,9	153,0	146,3	151,5	14,2	13,9	14,1
2000	6,1	5,4	5,9	157,3	143,2	154,5	14,1	13,8	14,1
2001	6,0	5,5	5,9	156,3	141,5	153,6	14,0	14,1	14,0
2002	5,8	5,2	5,7	154,3	136,0	151,2	13,8	14,0	13,8
2003	5,4	4,6	5,3	148,8	123,0	144,3	13,3	13,7	13,3
2004	5,0	4,1	4,8	136,6	110,8	131,9	13,4	13,7	13,4
2005	4,8	4,0	4,7	136,0	107,1	130,8	13,0	13,7	13,1
2006	4,6	3,8	4,4	131,6	101,9	126,2	12,7	13,7	12,8
2007	4,9	4,2	4,8	141,4	110,3	135,7	12,7	14,0	12,9
2008	5,1	4,5	4,9	147,8	114,9	141,8	12,5	14,2	12,8

Tabelle 27.3.2. Arbeitsunfähigkeit der AOK-Mitglieder in der Branche Baugewerbe nach Bundesländern im Jahr 2008 im Vergleich zum Vorjahr

Bundesland	Krankenstand in %	Arbeitsunfähigkeit je 100 AOK-Mitglieder				Tage je Fall	Veränd. z. Vorj. in %	AU-Quote in %
		AU-Fälle	Veränd. z. Vorj. in %	AU-Tage	Veränd. z. Vorj. in %			
Baden-Württemberg	5,4	157,2	5,8	1.976,5	5,8	12,6	0,0	57,9
Bayern	4,5	126,9	4,6	1.637,2	3,9	12,9	–0,8	51,7
Berlin	5,1	119,1	3,2	1.856,8	0,7	15,6	–2,5	39,9
Brandenburg	4,7	121,0	5,6	1.721,9	7,4	14,2	1,4	48,5
Bremen	5,5	155,4	3,5	2.023,0	–1,1	13,0	–4,4	53,7
Hamburg	6,2	150,9	3,2	2.276,1	–0,5	15,1	–3,2	52,2
Hessen	5,9	157,4	4,7	2.174,0	8,9	13,8	3,8	56,3
Mecklenburg-Vorpommern	4,6	118,9	3,3	1.695,6	5,7	14,3	2,9	46,3
Niedersachsen	4,2	146,8	2,7	1.519,4	–5,8	10,3	–8,8	55,7
Nordrhein-Westfalen	5,4	163,6	5,5	1.983,4	3,6	12,1	–2,4	56,5
Rheinland-Pfalz	5,9	170,8	4,7	2.145,8	2,9	12,6	–1,6	59,3
Saarland	6,6	164,8	9,4	2.401,9	0,7	14,6	–7,6	57,4
Sachsen	4,3	109,5	3,7	1.562,9	5,8	14,3	2,1	48,2
Sachsen-Anhalt	4,9	122,0	7,0	1.787,4	7,4	14,7	0,7	46,9
Schleswig-Holstein	5,2	152,9	3,0	1.899,0	2,2	12,4	–0,8	56,1
Thüringen	4,5	120,3	3,4	1.637,1	3,8	13,6	0,0	49,9
West	**5,1**	**147,8**	**4,5**	**1.851,4**	**3,0**	**12,5**	**–1,6**	**54,9**
Ost	**4,5**	**114,9**	**4,2**	**1.629,4**	**5,7**	**14,2**	**1,4**	**48,3**
Bund	**4,9**	**141,8**	**4,5**	**1.810,5**	**3,5**	**12,8**	**–0,8**	**53,7**

Tabelle 27.3.3. Arbeitsunfähigkeit der AOK-Mitglieder in der Branche Baugewerbe nach Wirtschaftsabteilungen im Jahr 2008

Wirtschaftsabteilung	Krankenstand in %		Arbeitsunfähigkeiten je 100 AOK-Mitglieder		Tage je Fall	AU-Quote in %
	2008	2008 stand.*	Fälle	Tage		
Bauinstallation	4,4	4,0	148,4	1.616,8	10,9	55,3
Hoch- und Tiefbau	5,4	4,2	136,2	1.965,1	14,4	53,4
Vermietung von Baumaschinen und -geräten mit Bedienungspersonal	5,0	3,3	121,1	1.836,7	15,2	50,6
Vorbereitende Baustellenarbeiten	5,1	4,6	130,4	1.876,2	14,4	47,1
Sonstiges Baugewerbe	4,6	4,2	147,9	1.701,3	11,5	52,9
Branche insgesamt	**4,9**	**4,2**	**141,8**	**1.810,5**	**12,8**	**53,7**
Alle Branchen	**4,6**	**4,6**	**148,2**	**1.696,0**	**11,4**	**52,9**

*Krankenstand alters- und geschlechtsstandardisiert

Tabelle 27.3.4. Kennzahlen der Arbeitsunfähigkeit der AOK-Mitglieder nach ausgewählten Berufsgruppen in der Branche Baugewerbe im Jahr 2008

Tätigkeit	Krankenstand in %	Arbeitsunfähigkeiten je 100 AOK-Mitglieder		Tage je Fall	AU-Quote in %	Anteil der Berufsgruppe an der Branche in %*
		Fälle	Tage			
Bauhilfsarbeiter	6,1	143,3	2.227,7	15,5	59,5	2,0
Baumaschinenführer	5,5	111,9	1.996,2	17,8	52,2	1,5
Betonbauer	6,0	149,5	2.209,1	14,8	52,0	2,8
Bürofachkräfte	2,6	87,2	947,0	10,9	39,4	5,4
Dachdecker	5,9	172,1	2.144,2	12,5	60,4	3,6
Elektroinstallateure, -monteure	4,2	152,2	1.543,5	10,1	57,5	7,4
Erdbewegungsmaschinenführer	5,4	109,1	1.959,0	18,0	52,4	1,3
Fliesenleger	5,0	145,6	1.843,4	12,7	55,4	1,6
Gerüstbauer	6,6	171,6	2.424,5	14,1	53,4	1,6
Isolierer, Abdichter	5,6	143,8	2.059,9	14,3	51,3	2,2
Kraftfahrzeugführer	5,3	108,6	1.944,8	17,9	49,8	1,9
Maler, Lackierer (Ausbau)	4,7	165,4	1.724,3	10,4	57,0	7,2
Maurer	5,5	137,5	2.024,6	14,7	54,7	10,7
Rohrinstallateure	4,8	163,8	1.762,6	10,8	61,7	7,9
Sonstige Bauhilfsarbeiter, Bauhelfer	5,3	137,1	1.921,9	14,0	45,4	7,2
Sonstige Tiefbauer	5,6	127,1	2.060,2	16,2	55,9	2,8
Straßenbauer	5,5	152,0	2.029,1	13,4	59,1	2,6
Stukkateure, Gipser, Verputzer	5,9	167,0	2.161,3	12,9	57,9	1,7
Tischler	4,2	144,5	1.549,6	10,7	56,2	2,5
Zimmerer	5,1	142,9	1.860,4	13,0	57,3	3,1
Branche insgesamt	**4,9**	**141,8**	**1.810,5**	**12,8**	**53,7**	**6,8****

* Anteil der AOK-Mitglieder in der Berufsgruppe an den in der Branche beschäftigten AOK-Mitgliedern insgesamt
**Anteil der AOK-Mitglieder in der Branche an allen AOK-Mitgliedern

Tabelle 27.3.5. Dauer der Arbeitsunfähigkeit der AOK-Mitglieder in der Branche Baugewerbe im Jahr 2008

Fallklasse	Branche hier		alle Branchen	
	Anteil Fälle in %	Anteil Tage in %	Anteil Fälle in %	Anteil Tage in %
1–3 Tage	37,4	5,8	36,2	6,3
4–7 Tage	28,2	10,9	29,6	13,0
8–14 Tage	16,5	13,4	17,4	15,8
15–21 Tage	6,1	8,4	6,2	9,5
22–28 Tage	3,2	6,0	3,3	7,0
29–42 Tage	3,3	9,0	3,2	9,7
Langzeit-AU (> 42 Tage)	5,3	46,5	4,1	38,7

Tabelle 27.3.6. Tage der Arbeitsunfähigkeit je AOK-Mitglied nach Wirtschaftsabteilungen und Betriebsgröße in der Branche Baugewerbe im Jahr 2008

Wirtschaftsabteilungen	Betriebsgröße (Anzahl der AOK-Mitglieder)					
	10–49	50–99	100–199	200–499	500–999	≥ 1.000
Bauinstallation	16,9	17,2	17,9	16,4	17,0	–
Hoch- und Tiefbau	20,2	20,7	20,0	20,2	22,7	–
Vermietung von Baumaschinen und -geräten mit Bedienungspersonal	21,9	11,0	19,1	–	–	–
Vorbereitende Baustellenarbeiten	19,7	14,5	24,0	–	–	–
Sonstiges Ausbaugewerbe	18,8	17,4	19,6	18,8	–	–
Branche insgesamt	**19,2**	**19,7**	**19,6**	**19,6**	**19,2**	–
Alle Branchen	**17,5**	**19,0**	**19,3**	**19,5**	**19,9**	**18,5**

Tabelle 27.3.7. Krankenstand in Prozent nach der Stellung im Beruf in der Branche Baugewerbe im Jahr 2008, AOK-Mitglieder

Wirtschaftsabteilung	Stellung im Beruf				
	Auszubildende	Arbeiter	Facharbeiter	Meister, Poliere	Angestellte
Bauinstallation	3,8	5,0	4,9	3,9	2,7
Hoch- und Tiefbau	4,6	5,9	5,7	4,7	2,7
Vermietung von Baumaschinen und -geräten mit Bedienungspersonal	5,1	5,1	5,7	3,2	1,9
Vorbereitende Baustellenarbeiten	3,9	5,3	5,2	4,5	3,8
Sonstiges Baugewerbe	4,3	5,1	4,9	4,4	2,9
Branche insgesamt	**4,2**	**5,5**	**5,3**	**4,4**	**2,8**
Alle Branchen	**3,8**	**5,6**	**4,9**	**3,7**	**3,4**

Tabelle 27.3.8. Tage der Arbeitsunfähigkeit je AOK-Mitglied nach der Stellung im Beruf in der Branche Baugewerbe im Jahr 2008

Wirtschaftsabteilung	Stellung im Beruf				
	Auszubildende	Arbeiter	Facharbeiter	Meister, Poliere	Angestellte
Bauinstallation	13,8	18,3	17,8	14,2	10,0
Hoch- und Tiefbau	16,8	21,5	20,8	17,1	10,1
Vermietung von Baumaschinen und -geräten mit Bedienungspersonal	18,5	18,7	20,8	11,7	6,9
Vorbereitende Baustellenarbeiten	14,4	19,5	19,1	16,4	13,8
Sonstiges Baugewerbe	15,9	18,7	18,0	16,0	10,8
Branche insgesamt	**15,3**	**20,1**	**19,4**	**16,1**	**10,2**
Alle Branchen	**13,9**	**20,5**	**18,0**	**13,7**	**12,3**

Tabelle 27.3.9. Anteil der Arbeitsunfälle an den AU-Fällen und -Tagen in Prozent nach Wirtschaftsabteilungen in der Branche Baugewerbe im Jahr 2008, AOK-Mitglieder

Wirtschaftsabteilung	Arbeitsunfähigkeiten	
	AU-Fälle in %	AU-Tage in %
Bauinstallation	7,4	9,4
Hoch- und Tiefbau	10,1	12,3
Vermietung von Baumaschinen und -geräten mit Bedienungspersonal	9,7	11,1
Vorbereitende Baustellenarbeiten	9,5	12,6
Sonstiges Baugewerbe	7,0	8,8
Branche insgesamt	**8,6**	**10,9**
Alle Branchen	**4,6**	**5,8**

Tabelle 27.3.10. Tage und Fälle der Arbeitsunfähigkeit durch Arbeitsunfälle nach Berufsgruppen in der Branche Baugewerbe im Jahr 2008, AOK-Mitglieder

Tätigkeit	Arbeitsunfähigkeit je 1.000 AOK-Mitglieder	
	AU-Tage	AU-Fälle
Gerüstbauer	3.519,7	183,7
Betonbauer	3.438,1	171,3
Zimmerer	3.402,6	210,5
Dachdecker	3.140,1	192,6
Bauhilfsarbeiter	2.719,1	146,2
Maurer	2.619,0	152,3
Sonstige Tiefbauer	2.408,6	123,3
Kraftfahrzeugführer	2.376,9	106,9
Feinblechner	2.356,3	150,5
Stukkateure, Gipser, Verputzer	2.237,2	134,9
Industriemechaniker	2.163,3	147,0
Isolierer, Abdichter	2.099,8	116,8
Tischler	2.050,2	154,2
Baumaschinenführer	1.877,4	90,8
Straßenbauer	1.816,7	122,3
Rohrnetzbauer, Rohrschlosser	1.801,4	132,2
Rohrinstallateure	1.797,7	145,7
Erdbewegungsmaschinenführer	1.578,1	79,7
Elektroinstallateure, -monteure	1.527,3	106,9
Maler, Lackierer (Ausbau)	1.324,2	98,2
Fliesenleger	1.306,9	97,7

Tabelle 27.3.11. Tage und Fälle der Arbeitsunfähigkeit je 100 AOK-Mitglieder nach Krankheitsarten in der Branche Baugewerbe in den Jahren 1995 bis 2008

Jahr	Arbeitsunfähigkeiten je 100 Mitglieder											
	Psyche		Herz/Kreislauf		Atemwege		Verdauung		Muskel/Skelett		Verletzungen	
	Tage	Fälle	Tage	Fälle	Tage	Fälle	Tage	Fälle	Tage	Fälle	Tage	Fälle
1995	69,1	2,6	208,2	8,0	355,9	43,5	205,2	23,6	780,6	38,5	602,6	34,4
1996	70,5	2,5	198,8	7,0	308,8	37,3	181,0	21,3	753,9	35,0	564,8	31,7
1997	65,3	2,7	180,0	7,0	270,4	35,5	162,5	20,5	677,9	34,4	553,6	31,9
1998	69,2	2,9	179,1	7,3	273,9	37,1	160,7	20,9	715,7	37,0	548,9	31,7
1999	72,2	3,1	180,3	7,5	302,6	41,7	160,6	22,4	756,0	39,5	547,9	32,2
2000	80,8	3,6	159,7	6,9	275,1	39,2	144,2	19,3	780,1	41,2	528,8	31,2
2001	89,0	4,2	163,6	7,3	262,0	39,0	145,0	19,7	799,9	42,3	508,4	30,3
2002	90,7	4,4	159,7	7,3	240,8	36,7	141,0	20,2	787,2	41,8	502,0	29,7
2003	84,7	4,3	150,0	7,1	233,3	36,7	130,8	19,1	699,3	38,2	469,0	28,6
2004	102,0	4,4	158,3	6,6	200,2	30,6	132,1	18,6	647,6	36,0	446,6	26,8
2005	101,1	4,2	155,2	6,5	227,0	34,7	122,8	17,0	610,4	34,2	435,3	25,7
2006	91,9	4,1	146,4	6,4	184,3	29,1	119,4	17,8	570,6	33,8	442,6	26,4
2007	105,1	4,4	148,5	6,6	211,9	33,5	128,7	19,3	619,3	35,6	453,9	26,0
2008	108,2	4,6	157,3	6,9	218,5	34,9	132,8	20,4	646,1	37,0	459,8	26,5

Tabelle 27.3.12. Verteilung der Arbeitsunfähigkeitstage nach Krankheitsarten in Prozent in der Branche Baugewerbe im Jahr 2008, AOK-Mitglieder

Wirtschaftsabteilung	**AU-Tage in %**						
	Psyche	**Herz/ Kreislauf**	**Atemwege**	**Verdauung**	**Muskel/ Skelett**	**Verletzungen**	**Sonstige**
Bauinstallation	5,3	6,3	11,6	6,3	26,0	19,8	24,7
Hoch- und Tiefbau	4,3	7,5	8,4	5,6	29,3	20,9	24,0
Vermietung von Baumaschinen und -geräten mit Bedienungspersonal	4,1	10,1	8,4	4,6	30,1	17,3	25,4
Vorbereitende Baustellenarbeiten	5,7	8,1	8,7	5,5	27,6	20,0	24,4
Sonstiges Baugewerbe	5,3	5,7	10,7	6,1	29,3	19,2	23,7
Branche insgesamt	**4,9**	**6,9**	**9,6**	**5,8**	**28,5**	**20,2**	**24,1**
Alle Branchen	**8,3**	**6,9**	**12,5**	**6,5**	**24,2**	**12,6**	**29,0**

Tabelle 27.3.13. Verteilung der Arbeitsunfähigkeitsfälle nach Krankheitsarten in Prozent in der Branche Baugewerbe im Jahr 2008, AOK-Mitglieder

Wirtschaftsabteilung	**AU-Fälle in %**						
	Psyche	**Herz/ Kreislauf**	**Atemwege**	**Verdauung**	**Muskel/ Skelett**	**Verletzungen**	**Sonstige**
Bauinstallation	2,7	3,5	22,3	12,1	18,3	14,2	26,9
Hoch- und Tiefbau	2,5	4,4	17,8	11,1	22,5	16,0	25,7
Vermietung von Baumaschinen und -geräten mit Bedienungspersonal	2,7	5,7	17,0	11,1	23,4	13,9	26,2
Vorbereitende Baustellenarbeiten	3,4	4,7	17,0	10,6	23,9	14,7	25,7
Sonstiges Baugewerbe	2,8	3,4	20,9	11,9	20,8	14,0	26,2
Branche insgesamt	**2,6**	**3,9**	**19,8**	**11,5**	**21,0**	**15,0**	**26,2**
Alle Branchen	**4,3**	**4,4**	**22,4**	**11,8**	**17,6**	**9,2**	**30,3**

Tabelle 27.3.14. Anteile der 40 häufigsten Einzeldiagnosen an den AU-Fällen und AU-Tagen in der Branche Baugewerbe im Jahr 2008, AOK-Mitglieder

ICD-10	Bezeichnung	AU-Fälle in %	AU-Tage in %
M54	Rückenschmerzen	8,2	7,8
J06	Akute Infektionen der oberen Atemwege	5,8	2,2
K52	Nichtinfektiöse Gastroenteritis und Kolitis	3,6	1,1
J20	Akute Bronchitis	2,8	1,3
A09	Diarrhoe und Gastroenteritis	2,6	0,8
T14	Verletzung an einer nicht näher bezeichneten Körperregion	2,6	2,2
K08	Sonstige Krankheiten der Zähne und des Zahnhalteapparates	2,2	0,4
J40	Nicht akute Bronchitis	2,1	0,9
I10	Essentielle Hypertonie	1,5	2,5
K29	Gastritis und Duodenitis	1,4	0,6
J03	Akute Tonsillitis	1,4	0,5
B34	Viruskrankheit	1,3	0,5
S93	Luxation, Verstauchung und Zerrung der Gelenke und Bänder in Höhe des oberen Sprunggelenkes und des Fußes	1,1	1,2
M51	Sonstige Bandscheibenschäden	1,1	2,9
J02	Akute Pharyngitis	1,0	0,4
J01	Akute Sinusitis	1,0	0,4
M77	Sonstige Enthesopathien	1,0	1,1
M75	Schulterläsionen	1,0	2,0
R10	Bauch- und Beckenschmerzen	1,0	0,4
M23	Binnenschädigung des Kniegelenkes	1,0	2,0
M99	Biomechanische Funktionsstörungen	1,0	0,7
M25	Sonstige Gelenkkrankheiten	1,0	1,0
M53	Sonstige Krankheiten der Wirbelsäule und des Rückens	1,0	1,1
J32	Chronische Sinusitis	0,9	0,4
S61	Offene Wunde des Handgelenkes und der Hand	0,8	0,8
R51	Kopfschmerz	0,8	0,3
S83	Luxation, Verstauchung und Zerrung des Kniegelenkes und von Bändern des Kniegelenkes	0,7	1,3
S60	Oberflächliche Verletzung des Handgelenkes und der Hand	0,7	0,5
J11	Grippe	0,6	0,3
M79	Sonstige Krankheiten des Weichteilgewebes	0,6	0,5
R11	Übelkeit und Erbrechen	0,6	0,2
B99	Sonstige Infektionskrankheiten	0,6	0,3
M47	Spondylose	0,6	0,9
M17	Gonarthrose	0,6	1,5
R50	Fieber unbekannter Ursache	0,6	0,3
T15	Fremdkörper im äußeren Auge	0,5	0,1
S62	Fraktur im Bereich des Handgelenkes und der Hand	0,5	1,3
S80	Oberflächliche Verletzung des Unterschenkels	0,5	0,4
M70	Krankheiten des Weichteilgewebes durch Beanspruchung, Überbeanspruchung und Druck	0,5	0,5
M65	Synovitis und Tenosynovitis	0,5	0,6
S20	Oberflächliche Verletzung des Thorax	0,5	0,5
	Summe hier	**49,6**	**36,9**
	Restliche	50,4	63,1
	Gesamtsumme	**100,0**	**100,0**

Tabelle 27.3.15. Anteile der 40 häufigsten Diagnoseuntergruppen an den AU-Fällen und AU-Tagen in der Branche Baugewerbe im Jahr 2008, AOK-Mitglieder

ICD-10	Bezeichnung	AU-Fälle in %	AU-Tage in %
M40–M54	Krankheiten der Wirbelsäule und des Rückens	10,8	13,1
J00–J06	Akute Infektionen der oberen Atemwege	10,2	3,9
M60–M79	Krankheiten der Weichteilgewebe	4,6	5,9
K50–K52	Nichtinfektiöse Enteritis und Kolitis	4,1	1,4
M00–M25	Arthropathien	4,0	7,3
A00–A09	Infektiöse Darmkrankheiten	3,4	1,0
J40–J47	Chronische Krankheiten der unteren Atemwege	3,3	1,9
J20–J22	Sonstige akute Infektionen der unteren Atemwege	3,2	1,5
T08–T14	Verletzungen Rumpf, Extremitäten u. a. Körperregionen	3,1	2,7
K00–K14	Krankheiten der Mundhöhle, Speicheldrüsen und Kiefer	2,8	0,6
S60–S69	Verletzungen des Handgelenkes und der Hand	2,7	3,6
R50–R69	Allgemeinsymptome	2,6	1,7
K20–K31	Krankheiten des Ösophagus, Magens und Duodenums	2,0	1,1
S90–S99	Verletzungen der Knöchelregion und des Fußes	2,0	2,6
R10–R19	Symptome bzgl. Verdauungssystem und Abdomen	1,8	0,9
S80–S89	Verletzungen des Knies und des Unterschenkels	1,7	3,4
I10–I15	Hypertonie	1,7	3,0
B25–B34	Sonstige Viruskrankheiten	1,5	0,6
J30–J39	Sonstige Krankheiten der oberen Atemwege	1,5	0,9
S00–S09	Verletzungen des Kopfes	1,2	1,2
M95–M99	Sonstige Krankheiten des Muskel-Skelett-Systems und des Bindegewebes	1,1	0,8
R00–R09	Symptome bzgl. Kreislauf- und Atmungssystem	1,1	0,7
J10–J18	Grippe und Pneumonie	1,1	0,7
F40–F48	Neurotische, Belastungs- und somatoforme Störungen	1,0	1,5
G40–G47	Episod. und paroxysmale Krankheiten des Nervensystems	0,9	0,8
S20–S29	Verletzungen des Thorax	0,8	1,2
F10–F19	Psychische und Verhaltensstörungen durch psychotrope Substanzen	0,8	1,4
E70–E90	Stoffwechselstörungen	0,8	1,5
I80–I89	Krankheiten der Venen, Lymphgefäße und -knoten	0,7	0,8
S40–S49	Verletzungen der Schulter und des Oberarmes	0,7	1,5
G50–G59	Krankheiten von Nerven, Nervenwurzeln und Nervenplexus	0,7	1,1
L00–L08	Infektionen der Haut und der Unterhaut	0,7	0,7
B99–B99	Sonstige Infektionskrankheiten	0,6	0,3
F30–F39	Affektive Störungen	0,6	1,5
K55–K63	Sonstige Krankheiten des Darmes	0,6	0,6
I20–I25	Ischämische Herzkrankheiten	0,6	1,5
S50–S59	Verletzungen des Ellenbogens und des Unterarmes	0,6	1,3
T15–T19	Folgen des Eindringens eines Fremdkörpers	0,6	0,1
R40–R46	Symptome bzgl. Wahrnehmung, Stimmung und Verhalten	0,6	0,4
I30–I52	Sonstige Formen der Herzkrankheit	0,5	1,0
	Summe hier	**83,3**	**77,7**
	Restliche	16,7	22,3
	Gesamtsumme	**100,0**	**100,0**

27.4 Dienstleistungen

Tabelle 27.4.1. Entwicklung der Fehlzeiten der AOK-Mitglieder in der Branche Dienstleistungen in den Jahren 1994 bis 2008

Jahr	Krankenstand in %			AU-Fälle je 100 Mitglieder			Tage je Fall		
	West	Ost	Bund	West	Ost	Bund	West	Ost	Bund
1994	5,7	6,1	5,8	136,9	134,9	136,6	14,0	14,6	14,1
1995	5,2	6,0	5,3	144,7	149,1	145,5	13,5	14,5	13,7
1996	4,8	5,6	4,9	133,7	142,5	135,3	13,7	14,3	13,8
1997	4,6	5,3	4,7	132,0	135,1	132,5	12,8	13,9	13,0
1998	4,7	5,2	4,8	136,6	136,4	136,6	12,6	13,5	12,8
1999	4,9	5,6	5,0	146,2	155,7	147,6	12,2	13,1	12,3
2000	4,9	5,5	5,0	152,7	165,0	154,3	11,8	12,3	11,9
2001	4,9	5,4	4,9	150,0	155,2	150,7	11,8	12,7	12,0
2002	4,8	5,2	4,8	149,6	152,6	150,0	11,7	12,4	11,8
2003	4,6	4,7	4,6	146,4	142,9	145,9	11,4	11,9	11,4
2004	4,2	4,2	4,2	132,8	127,3	131,9	11,6	12,0	11,7
2005	4,1	4,0	4,1	131,7	121,6	130,1	11,3	11,9	11,4
2006	4,0	3,8	4,0	130,3	118,3	128,3	11,2	11,8	11,3
2007	4,3	4,1	4,3	142,0	128,6	139,7	11,1	11,7	11,2
2008	4,4	4,3	4,4	149,8	133,1	146,9	10,9	11,9	11,0

Tabelle 27.4.2. Arbeitsunfähigkeit der AOK-Mitglieder in der Branche Dienstleistungen nach Bundesländern im Jahr 2008 im Vergleich zum Vorjahr

Bundesland	Krankenstand in %	Arbeitsunfähigkeit je 100 AOK-Mitglieder				Tage je Fall	Veränd. z. Vorj. in %	AU-Quote in %
		AU-Fälle	Veränd. z. Vorj. in %	AU-Tage	Veränd. z. Vorj. in %			
Baden-Württemberg	4,2	146,5	6,9	1.542,3	5,7	10,5	–0,9	50,2
Bayern	4,0	128,2	5,5	1.450,3	5,0	11,3	–0,9	45,4
Berlin	5,5	156,6	6,1	1.997,7	1,6	12,8	–3,8	45,2
Brandenburg	4,9	141,0	2,8	1.795,8	5,0	12,7	1,6	48,2
Bremen	5,1	157,7	1,0	1.863,0	3,9	11,8	2,6	50,1
Hamburg	5,2	161,4	3,8	1.906,4	4,1	11,8	0,0	48,9
Hessen	5,0	164,7	5,4	1.812,9	4,0	11,0	–1,8	51,0
Mecklenburg-Vorpommern	4,7	137,0	3,9	1.704,4	5,7	12,4	1,6	45,9
Niedersachsen	4,0	157,7	2,9	1.482,0	–6,6	9,4	–8,7	51,7
Nordrhein-Westfalen	4,8	160,7	6,4	1.741,5	5,8	10,8	–0,9	51,4
Rheinland-Pfalz	4,8	164,6	5,5	1.767,7	4,1	10,7	–1,8	51,7
Saarland	5,2	150,3	8,7	1.886,7	6,3	12,6	–1,6	46,7
Sachsen	4,0	126,4	2,7	1.470,8	6,0	11,6	2,7	49,1
Sachsen-Anhalt	4,8	139,9	5,0	1.758,3	6,2	12,6	1,6	47,0
Schleswig-Holstein	4,9	148,2	3,3	1.795,8	3,9	12,1	0,0	50,2
Thüringen	4,6	143,2	4,5	1.670,8	4,7	11,7	0,9	50,0
West	**4,4**	**149,8**	**5,5**	**1.626,7**	**3,7**	**10,9**	**–1,8**	**49,4**
Ost	**4,3**	**133,1**	**3,5**	**1.589,3**	**5,6**	**11,9**	**1,7**	**48,6**
Bund	**4,4**	**146,9**	**5,2**	**1.620,2**	**4,0**	**11,0**	**–1,8**	**49,3**

27

Tabelle 27.4.3. Arbeitsunfähigkeit der AOK-Mitglieder in der Branche Dienstleistungen nach Wirtschaftsabteilungen im Jahr 2008

Wirtschaftsabteilung	Krankenstand in %		Arbeitsunfähigkeiten je 100 AOK-Mitglieder		Tage je Fall	AU-Quote in %
	2008	2008 stand.*	Fälle	Tage		
Abwasser- und Abfallbeseitigung und sonstige Entsorgung	6,5	5,5	170,2	2.381,2	14,0	62,5
Datenverarbeitung und Datenbanken	2,6	3,1	120,6	948,5	7,9	44,6
Erbringung von Dienstleistungen überwiegend für Unternehmen	4,5	4,7	165,6	1.661,7	10,0	47,8
Erbringung von sonstigen Dienstleistungen	4,0	4,4	149,2	1.451,4	9,7	52,9
Forschung und Entwicklung	3,4	3,7	134,0	1.252,4	9,3	48,9
Gastgewerbe	3,5	3,7	108,5	1.293,8	11,9	39,2
Gesundheits-, Veterinär- und Sozialwesen	4,8	4,7	147,7	1.771,7	12,0	56,5
Grundstücks- und Wohnungswesen	4,2	4,0	123,7	1.536,5	12,4	48,0
Interessenvertretungen sowie kirchliche und sonstige Vereinigungen	4,5	4,2	159,9	1.654,4	10,3	54,4
Kultur, Sport und Unterhaltung	3,7	3,7	110,9	1.352,8	12,2	37,5
Private Haushalte	2,6	2,4	71,5	962,9	13,5	33,5
Vermietung beweglicher Sachen ohne Bedienungspersonal	4,2	4,3	123,3	1.532,3	12,4	46,8
Branche insgesamt	**4,4**	**4,5**	**146,9**	**1.620,2**	**11,0**	**49,3**
Alle Branchen	**4,6**	**4,6**	**148,2**	**1.696,0**	**11,4**	**52,9**

*Krankenstand alters- und geschlechtsstandardisiert

Tabelle 27.4.4. Kennzahlen der Arbeitsunfähigkeit der AOK-Mitglieder nach ausgewählten Berufsgruppen in der Branche Dienstleistungen im Jahr 2008

Tätigkeit	Krankenstand in %	Arbeitsunfähigkeiten je 100 AOK-Mitglieder		Tage je Fall	AU-Quote in %	Anteil der Berufsgruppe an der Branche in %*
		Fälle	Tage			
Bürofachkräfte	3,1	132,8	1.121,2	8,4	48,5	6,2
Friseur(e)	3,1	161,9	1.123,7	6,9	54,7	1,7
Glas-, Gebäudereiniger	5,2	147,0	1.913,5	13,0	48,9	1,1
Hauswirtschaftliche Betreuer	5,8	146,0	2.117,2	14,5	54,2	2,4
Heimleiter, Sozialpädagogen	3,9	134,9	1.421,9	10,5	55,1	1,4
Helfer in der Krankenpflege	6,6	161,8	2.430,6	15,0	60,9	2,8
Hilfsarbeiter	4,9	218,6	1.793,0	8,2	45,9	10,7
Kindergärtnerinnen, Kinderpfleger	3,9	167,6	1.410,6	8,4	61,4	1,7
Köche	4,5	124,9	1.641,3	13,1	44,8	7,4
Kraftfahrzeugführer	5,7	138,4	2.101,5	15,2	51,8	1,3
Krankenschwestern, -pfleger, Hebammen	4,4	130,4	1.615,9	12,4	56,0	4,9
Lager-, Transportarbeiter	5,5	201,5	2.000,7	9,9	50,4	2,4
Pförtner, Hauswarte	4,4	107,3	1.621,1	15,1	46,2	1,4
Raum-, Hausratreiniger	5,6	144,0	2.056,3	14,3	52,0	8,4
Restaurantfachleute, Steward/Stewardessen	3,2	101,7	1.170,6	11,5	36,3	3,7
Sozialarbeiter, Sozialpfleger	5,6	158,7	2.050,0	12,9	58,5	5,0
Sprechstundenhelfer	2,2	128,0	821,9	6,4	49,4	3,4
Gästebetreuer	3,9	118,6	1.417,5	12,0	41,1	1,2
Verkäufer	4,0	132,6	1.479,3	11,2	44,3	2,1
Wächter, Aufseher	5,0	121,6	1.823,4	15,0	45,1	1,5
Branche insgesamt	**4,4**	**146,9**	**1.620,2**	**11,0**	**49,3**	**37,1****

* Anteil der AOK-Mitglieder in der Berufsgruppe an den in der Branche beschäftigten AOK-Mitgliedern insgesamt
**Anteil der AOK-Mitglieder in der Branche an allen AOK-Mitgliedern

Tabelle 27.4.5. Dauer der Arbeitsunfähigkeit der AOK-Mitglieder in der Branche Dienstleistungen im Jahr 2008

Fallklasse	Branche hier		alle Branchen	
	Anteil Fälle in %	Anteil Tage in %	Anteil Fälle in %	Anteil Tage in %
1–3 Tage	35,5	6,5	36,2	6,3
4–7 Tage	31,0	14,3	29,6	13,0
8–14 Tage	17,6	16,5	17,4	15,8
15–21 Tage	6,1	9,7	6,2	9,5
22–28 Tage	3,1	6,9	3,3	7,0
29–42 Tage	3,0	9,4	3,2	9,7
Langzeit-AU (> 42 Tage)	3,7	36,7	4,1	38,7

Tabelle 27.4.6. Tage der Arbeitsunfähigkeit je AOK-Mitglied nach Wirtschaftsabteilungen und Betriebsgröße in der Branche Dienstleistungen im Jahr 2008

Wirtschaftsabteilungen	Betriebsgröße (Anzahl der AOK-Mitglieder)					
	10–49	50–99	100–199	200–499	500–999	≥ 1.000
Abwasser- und Abfallbeseitigung und sonstige Entsorgung	22,7	25,6	26,1	28,9	31,5	–
Datenverarbeitung und Datenbanken	10,4	11,4	14,7	9,9	14,0	–
Erbringung von Dienstleistungen überwiegend für Unternehmen	17,3	18,5	18,5	18,8	19,5	17,1
Erbringung von sonstigen Dienstleistungen	16,8	21,2	21,6	19,7	14,0	32,8
Forschung und Entwicklung	12,5	14,3	14,6	18,2	18,9	–
Gastgewerbe	14,2	17,0	19,1	19,7	17,3	22,2
Gesundheits-, Veterinär- und Sozialwesen	20,1	20,4	19,6	19,5	20,6	18,2
Grundstücks- und Wohnungswesen	17,7	19,5	23,4	22,2	21,3	–
Interessenvertretungen sowie kirchliche und sonstige Vereinigungen	17,1	18,6	20,2	17,6	19,2	16,6
Kultur, Sport und Unterhaltung	14,3	17,1	16,7	13,6	13,1	21,0
Private Haushalte	4,9	–	13,8	–	–	–
Vermietung beweglicher Sachen ohne Bedienungspersonal	16,9	17,8	20,3	14,7	–	–
Branche insgesamt	**17,6**	**19,3**	**19,2**	**19,1**	**20,1**	**17,9**
Alle Branchen	**17,5**	**19,0**	**19,3**	**19,5**	**19,9**	**18,5**

Tabelle 27.4.7. Krankenstand in Prozent nach der Stellung im Beruf in der Branche Dienstleistungen im Jahr 2008, AOK-Mitglieder

Wirtschaftsabteilung	Stellung im Beruf				
	Auszubildende	Arbeiter	Facharbeiter	Meister, Poliere	Angestellte
Abwasser- und Abfallbeseitigung und sonstige Entsorgung	3,8	7,4	6,1	5,0	3,5
Datenverarbeitung und Datenbanken	2,6	4,4	3,7	3,0	2,3
Erbringung von Dienstleistungen überwiegend für Unternehmen	3,3	5,1	5,1	3,6	2,9
Erbringung von sonstigen Dienstleistungen	3,4	5,1	3,3	3,4	3,4
Forschung und Entwicklung	2,7	6,6	4,6	3,1	2,4
Gastgewerbe	3,7	3,6	3,4	3,6	3,0
Gesundheits-, Veterinär- und Sozialwesen	3,4	7,3	5,3	4,1	4,2
Grundstücks- und Wohnungswesen	3,0	4,7	5,1	5,2	3,2
Interessenvertretungen sowie kirchliche und sonstige Vereinigungen	5,5	6,4	5,1	3,2	3,8
Kultur, Sport und Unterhaltung	2,9	4,4	4,7	4,0	3,0
Private Haushalte	2,9	2,7	2,6	2,1	2,3
Vermietung beweglicher Sachen ohne Bedienungspersonal	3,2	5,3	4,5	3,7	2,7
Branche insgesamt	**3,6**	**5,1**	**4,5**	**3,8**	**3,6**
Alle Branchen	**3,8**	**5,6**	**4,9**	**3,7**	**3,4**

Tabelle 27.4.8. Tage der Arbeitsunfähigkeit je AOK-Mitglied nach der Stellung im Beruf in der Branche Dienstleistungen im Jahr 2008

Wirtschaftsabteilung	Stellung im Beruf				
	Auszubildende	Arbeiter	Facharbeiter	Meister, Poliere	Angestellte
Abwasser- und Abfallbeseitigung und sonstige Entsorgung	14,0	27,2	22,4	18,3	12,9
Datenverarbeitung und Datenbanken	9,5	16,0	13,4	11,0	8,4
Erbringung von Dienstleistungen überwiegend für Unternehmen	12,1	18,6	18,8	13,3	10,7
Erbringung von sonstigen Dienstleistungen	12,6	18,5	12,2	12,3	12,5
Forschung und Entwicklung	10,0	24,1	16,8	11,3	8,9
Gastgewerbe	13,6	13,4	12,3	13,1	10,9
Gesundheits-, Veterinär- und Sozialwesen	12,3	26,8	19,2	14,9	15,4
Grundstücks- und Wohnungswesen	11,1	17,3	18,7	19,1	11,7
Interessenvertretungen sowie kirchliche und sonstige Vereinigungen	20,1	23,6	18,6	11,7	14,0
Kultur, Sport und Unterhaltung	10,7	15,9	17,1	14,6	10,8
Private Haushalte	10,6	10,0	9,6	7,7	8,5
Vermietung beweglicher Sachen ohne Bedienungspersonal	11,9	19,3	16,4	13,7	9,9
Branche insgesamt	**13,0**	**18,8**	**16,6**	**13,8**	**13,1**
Alle Branchen	**13,9**	**20,5**	**18,0**	**13,7**	**12,3**

Tabelle 27.4.9. Anteil der Arbeitsunfälle an den AU-Fällen und -Tagen in Prozent nach Wirtschaftsabteilungen in der Branche Dienstleistungen im Jahr 2008, AOK-Mitglieder

Wirtschaftsabteilung	Arbeitsunfähigkeiten	
	AU-Fälle in %	AU-Tage in %
Abwasser- und Abfallbeseitigung und sonstige Entsorgung	5,9	7,6
Datenverarbeitung und Datenbanken	1,3	2,2
Erbringung von Dienstleistungen überwiegend für Unternehmen	4,2	5,5
Erbringung von sonstigen Dienstleistungen	2,1	3,0
Forschung und Entwicklung	2,0	3,0
Gastgewerbe	4,2	4,8
Gesundheits-, Veterinär- und Sozialwesen	2,2	2,6
Grundstücks- und Wohnungswesen	3,8	4,8
Interessenvertretungen sowie kirchliche und sonstige Vereinigungen	2,2	2,8
Kultur, Sport und Unterhaltung	4,6	7,5
Private Haushalte	2,4	3,8
Vermietung beweglicher Sachen ohne Bedienungspersonal	5,6	8,4
Branche insgesamt	**3,3**	**4,2**
Alle Branchen	**4,6**	**5,8**

Tabelle 27.4.10. Tage und Fälle der Arbeitsunfähigkeit durch Arbeitsunfälle nach Berufsgruppen in der Branche Dienstleistungen im Jahr 2008, AOK-Mitglieder

Tätigkeit	Arbeitsunfähigkeit je 1.000 AOK-Mitglieder	
	AU-Tage	AU-Fälle
Schweißer, Brennschneider	2.564,3	215,8
Industriemechaniker/innen	2.255,7	169,9
Straßenreiniger, Abfallbeseitiger	1.973,1	112,9
Kraftfahrzeugführer	1.771,2	87,0
Elektroinstallateure, -monteure	1.489,8	94,0
Lager-, Transportarbeiter	1.335,8	101,5
Glas-, Gebäudereiniger	1.022,0	63,1
Pförtner, Hauswarte	922,6	52,3
Köche	735,6	56,3
Wächter, Aufseher	667,0	36,5
Raum-, Hausratreiniger	632,9	39,0
Helfer in der Krankenpflege	607,7	36,2
Hauswirtschaftliche Betreuer	600,7	37,2
Gästebetreuer	533,5	40,9
Hoteliers, Gastwirt(e)	487,4	46,1
Sozialarbeiter, Sozialpfleger	481,5	30,7
Restaurantfachleute, Steward/Stewardessen	481,4	35,8
Verkäufer	453,5	36,5
Krankenschwestern, -pfleger, Hebammen	372,2	26,4
Bürofachkräfte	204,4	15,6

Tabelle 27.4.11. Tage und Fälle der Arbeitsunfähigkeit je 100 AOK-Mitglieder nach Krankheitsarten in der Branche Dienstleistungen in den Jahren 1995 bis 2008

Jahr	Arbeitsunfähigkeiten je 100 Mitglieder											
	Psyche		Herz/Kreislauf		Atemwege		Verdauung		Muskel/Skelett		Verletzungen	
	Tage	Fälle	Tage	Fälle	Tage	Fälle	Tage	Fälle	Tage	Fälle	Tage	Fälle
1995	131,2	5,4	189,5	9,8	388,0	47,1	196,9	23,3	577,8	30,4	304,6	18,9
1996	126,7	5,1	166,6	8,6	350,8	43,5	173,5	22,0	529,5	27,9	285,6	17,7
1997	120,9	5,4	153,0	8,7	309,8	41,8	159,5	21,6	467,4	27,1	267,9	17,3
1998	129,5	5,8	150,0	8,9	307,2	43,3	155,3	22,0	480,0	28,7	260,5	17,4
1999	137,2	6,3	147,1	9,2	343,9	48,9	159,4	24,1	504,9	31,3	260,8	18,0
2000	163,5	7,7	131,5	8,3	321,8	45,8	142,8	20,4	543,2	33,4	249,3	17,2
2001	174,7	8,6	135,5	9,0	303,0	44,8	143,3	20,9	554,2	34,5	246,0	17,2
2002	180,1	8,9	131,4	9,0	289,1	43,5	143,9	21,9	542,4	34,1	239,2	16,7
2003	175,1	8,8	125,2	8,9	289,3	44,7	134,6	20,9	491,7	31,5	226,0	15,8
2004	187,1	8,8	130,4	7,9	247,0	37,4	133,3	20,0	463,9	29,2	216,7	14,6
2005	179,3	8,2	123,3	7,4	275,1	41,7	121,8	18,2	429,9	27,2	208,9	13,9
2006	181,7	8,4	122,7	7,6	234,5	36,5	125,9	19,6	435,3	28,0	217,8	14,7
2007	201,1	9,1	126,2	7,6	264,4	41,3	135,8	21,6	461,1	29,5	220,2	14,9
2008	211,3	9,5	129,6	7,9	276,0	43,4	141,4	22,7	477,2	31,0	225,5	15,3

Tabelle 27.4.12. Verteilung der Arbeitsunfähigkeitstage nach Krankheitsarten in Prozent in der Branche Dienstleistungen im Jahr 2008, AOK-Mitglieder

Wirtschaftsabteilung	AU-Tage in %						
	Psyche	Herz/ Kreislauf	Atem-wege	Verdau-ung	Muskel/ Skelett	Verlet-zungen	Sonstige
Abwasser- und Abfallbeseitigung und sonstige Entsorgung	6,0	8,3	11,1	6,6	28,0	14,0	26,0
Datenverarbeitung und Datenbanken	11,0	5,3	20,0	7,9	15,3	9,3	31,2
Erbringung von Dienstleistungen überwiegend für Unternehmen	8,4	5,9	13,7	7,2	23,6	12,3	28,9
Erbringung von sonstigen Dienstleistungen	9,4	5,9	13,7	7,2	22,0	9,8	32,0
Forschung und Entwicklung	9,1	6,1	16,8	7,3	20,7	9,3	30,7
Gastgewerbe	9,7	6,3	11,9	7,0	21,8	12,0	31,3
Gesundheits-, Veterinär- und Sozialwesen	12,4	6,1	12,7	6,2	22,6	8,6	31,4
Grundstücks- und Wohnungswesen	8,2	7,9	11,7	6,6	23,4	11,7	30,5
Interessenvertretungen sowie kirchliche und sonstige Vereinigungen	10,9	6,2	14,8	6,7	20,3	9,3	31,8
Kultur, Sport und Unterhaltung	10,5	6,6	13,0	6,2	20,2	13,5	30,0
Private Haushalte	9,1	7,8	9,4	5,4	21,5	10,3	36,5
Vermietung beweglicher Sachen ohne Bedienungspersonal	8,2	7,4	11,6	6,1	23,9	14,8	28,0
Branche insgesamt	**10,1**	**6,2**	**13,2**	**6,7**	**22,7**	**10,7**	**30,4**
Alle Branchen	**8,3**	**6,9**	**12,5**	**6,5**	**24,2**	**12,6**	**29,0**

Tabelle 27.4.13. Verteilung der Arbeitsunfähigkeitsfälle nach Krankheitsarten in Prozent in der Branche Dienstleistungen im Jahr 2008, AOK-Mitglieder

Wirtschaftsabteilung	**AU-Fälle in %**						
	Psyche	**Herz/ Kreislauf**	**Atem-wege**	**Verdau-ung**	**Muskel/ Skelett**	**Verlet-zungen**	**Sonstige**
Abwasser- und Abfallbeseitigung und sonstige Entsorgung	3,4	5,5	18,9	12,0	22,5	10,7	27,0
Datenverarbeitung und Datenbanken	4,4	3,4	30,4	12,7	11,0	5,7	32,4
Erbringung von Dienstleistungen überwiegend für Unternehmen	4,6	3,9	22,2	12,1	17,9	9,1	30,2
Erbringung von sonstigen Dienstleistungen	4,7	3,9	23,1	12,8	14,3	6,9	34,3
Forschung und Entwicklung	4,2	4,4	26,0	12,3	14,3	6,7	32,1
Gastgewerbe	5,1	4,3	20,7	11,8	15,9	9,3	32,9
Gesundheits-, Veterinär- und Sozialwesen	5,8	4,2	23,6	11,6	14,9	6,5	33,4
Grundstücks- und Wohnungswesen	4,6	5,4	20,9	11,9	17,6	8,4	31,2
Interessenvertretungen sowie kirchliche und sonstige Vereinigungen	5,0	4,2	25,6	12,0	13,8	6,6	32,8
Kultur, Sport und Unterhaltung	5,5	4,6	23,2	10,8	15,3	9,2	31,4
Private Haushalte	5,6	6,2	19,2	9,9	15,9	7,2	36,0
Vermietung beweglicher Sachen ohne Bedienungspersonal	4,3	4,8	21,2	11,6	17,7	10,4	30,0
Branche insgesamt	**5,0**	**4,2**	**22,8**	**11,9**	**16,3**	**8,0**	**31,8**
Alle Branchen	**4,3**	**4,4**	**22,4**	**11,8**	**17,6**	**9,2**	**30,3**

Tabelle 27.4.14. Anteile der 40 häufigsten Einzeldiagnosen an den AU-Fällen und AU-Tagen in der Branche Dienstleistungen im Jahr 2008, AOK-Mitglieder

ICD-10	Bezeichnung	AU-Fälle in %	AU-Tage in %
J06	Akute Infektionen der oberen Atemwege	6,8	3,3
M54	Rückenschmerzen	6,6	6,8
K52	Nichtinfektiöse Gastroenteritis und Kolitis	4,0	1,6
J20	Akute Bronchitis	3,0	1,8
A09	Diarrhoe und Gastroenteritis	2,8	1,1
J40	Nicht akute Bronchitis	2,3	1,3
K08	Sonstige Krankheiten der Zähne und des Zahnhalteapparates	1,8	0,4
K29	Gastritis und Duodenitis	1,7	0,9
R10	Bauch- und Beckenschmerzen	1,6	0,9
B34	Viruskrankheit nicht näher bezeichneter Lokalisation	1,5	0,7
J03	Akute Tonsillitis	1,4	0,7
I10	Essentielle Hypertonie	1,4	2,3
J01	Akute Sinusitis	1,3	0,7
F32	Depressive Episode	1,2	2,9
T14	Verletzung an einer nicht näher bezeichneten Körperregion	1,2	1,1
J02	Akute Pharyngitis	1,2	0,6
J32	Chronische Sinusitis	1,1	0,6
R51	Kopfschmerz	1,0	0,5
M53	Sonstige Krankheiten der Wirbelsäule und des Rückens	1,0	1,2
F43	Reaktionen auf schwere Belastungen und Anpassungsstörungen	1,0	1,6
R11	Übelkeit und Erbrechen	0,8	0,4
M51	Sonstige Bandscheibenschäden	0,8	1,9
M99	Biomechanische Funktionsstörungen	0,8	0,6
M77	Sonstige Enthesopathien	0,7	1,0
J04	Akute Laryngitis und Tracheitis	0,7	0,4
M25	Sonstige Gelenkkrankheiten	0,7	0,8
M75	Schulterläsionen	0,7	1,3
G43	Migräne	0,7	0,3
J11	Grippe	0,7	0,3
B99	Sonstige Infektionskrankheiten	0,7	0,3
M79	Sonstige Krankheiten des Weichteilgewebes	0,6	0,6
N39	Sonstige Krankheiten des Harnsystems	0,6	0,4
S93	Luxation, Verstauchung und Zerrung der Gelenke und Bänder in Höhe des oberen Sprunggelenkes und des Fußes	0,6	0,7
F48	Andere neurotische Störungen	0,6	0,8
F45	Somatoforme Störungen	0,6	0,9
R42	Schwindel und Taumel	0,6	0,4
R50	Fieber unbekannter Ursache	0,6	0,3
M23	Binnenschädigung des Kniegelenkes	0,5	1,2
J00	Akute Rhinopharyngitis	0,5	0,2
R53	Unwohlsein und Ermüdung	0,5	0,5
	Summe hier	**56,9**	**44,3**
	Restliche	43,1	55,7
	Gesamtsumme	**100,0**	**100,0**

Tabelle 27.4.15. Anteile der 40 häufigsten Diagnoseuntergruppen an den AU-Fällen und AU-Tagen in der Branche Dienstleistungen im Jahr 2008, AOK-Mitglieder

ICD-10	Bezeichnung	AU-Fälle in %	AU-Tage in %
J00–J06	Akute Infektionen der oberen Atemwege	11,9	5,8
M40–M54	Krankheiten der Wirbelsäule und des Rückens	8,9	11,0
K50–K52	Nichtinfektiöse Enteritis und Kolitis	4,4	1,9
J40–J47	Chronische Krankheiten der unteren Atemwege	3,7	2,6
A00–A09	Infektiöse Darmkrankheiten	3,6	1,5
J20–J22	Sonstige akute Infektionen der unteren Atemwege	3,5	2,0
M60–M79	Krankheiten der Weichteilgewebe	3,4	4,7
R50–R69	Allgemeinsymptome	3,1	2,3
M00–M25	Arthropathien	2,7	5,2
R10–R19	Symptome bzgl. Verdauungssystem und Abdomen	2,6	1,5
F40–F48	Neurotische, Belastungs- und somatoforme Störungen	2,5	4,2
K20–K31	Krankheiten des Ösophagus, Magens und Duodenums	2,4	1,4
K00–K14	Krankheiten der Mundhöhle, Speicheldrüsen und Kiefer	2,3	0,7
J30–J39	Sonstige Krankheiten der oberen Atemwege	1,8	1,1
B25–B34	Sonstige Viruskrankheiten	1,7	0,8
F30–F39	Affektive Störungen	1,6	4,2
I10–I15	Hypertonie	1,6	2,5
T08–T14	Verletzungen Rumpf, Extremitäten u. a. Körperregionen	1,5	1,4
G40–G47	Episod. und paroxysmale Krankheiten des Nervensystems	1,4	1,1
S60–S69	Verletzungen des Handgelenkes und der Hand	1,2	1,5
R00–R09	Symptome bzgl. Kreislauf- und Atmungssystem	1,1	0,7
S90–S99	Verletzungen der Knöchelregion und des Fußes	1,1	1,3
J10–J18	Grippe und Pneumonie	1,0	0,7
N30–N39	Sonstige Krankheiten des Harnsystems	1,0	0,7
S80–S89	Verletzungen des Knies und des Unterschenkels	0,9	1,8
N80–N98	Krankheiten des weiblichen Genitaltraktes	0,9	0,9
M95–M99	Sonstige Krankheiten des Muskel-Skelett-Systems und des Bindegewebes	0,9	0,7
I80–I89	Krankheiten der Venen, Lymphgefäße und -knoten	0,8	1,0
R40–R46	Symptome bzgl. Wahrnehmung, Stimmung und Verhalten	0,8	0,6
Z20–Z29	Pot. Gesundheitsrisiken bzgl. übertragbarer Krankheiten	0,7	0,4
I95–I99	Sonstige Krankheiten des Kreislaufsystems	0,7	0,4
B99–B99	Sonstige Infektionskrankheiten	0,7	0,4
G50–G59	Krankheiten von Nerven, Nervenwurzeln und Nervenplexus	0,7	1,2
E70–E90	Stoffwechselstörungen	0,7	1,1
K55–K63	Sonstige Krankheiten des Darmes	0,6	0,6
J95–J99	Sonstige Krankheiten des Atmungssystems	0,6	0,4
S00–S09	Verletzungen des Kopfes	0,6	0,6
F10–F19	Psychische und Verhaltensstörungen durch psychotrope Substanzen	0,6	1,0
O60–O75	Komplikationen bei Wehentätigkeit und Entbindung	0,6	0,3
O20–O29	Sonstige Krankheiten der Mutter	0,6	0,5
	Summe hier	**81,4**	**72,7**
	Restliche	18,6	27,3
	Gesamtsumme	**100,0**	**100,0**

27.5 Energie, Wasser und Bergbau

Tabelle 27.5.1. Entwicklung der Fehlzeiten der AOK-Mitglieder in der Branche Energie, Wasser und Bergbau in den Jahren 1994 bis 2008

Jahr	Krankenstand in %			AU-Fälle je 100 Mitglieder			Tage je Fall		
	West	Ost	Bund	West	Ost	Bund	West	Ost	Bund
1994	6,4	5,2	6,0	143,8	117,4	136,7	16,1	14,0	15,6
1995	6,2	5,0	5,8	149,0	126,4	143,3	15,6	13,9	15,2
1996	5,7	4,1	5,3	139,1	112,4	132,3	15,7	13,8	15,3
1997	5,5	4,2	5,2	135,8	107,1	129,1	14,8	13,8	14,6
1998	5,7	4,0	5,3	140,4	108,1	133,4	14,8	13,6	14,6
1999	5,9	4,4	5,6	149,7	118,8	143,4	14,4	13,5	14,2
2000	5,8	4,4	5,5	148,8	122,3	143,7	14,3	13,1	14,1
2001	5,7	4,4	5,4	145,0	120,3	140,4	14,3	13,5	14,2
2002	5,5	4,5	5,3	144,9	122,0	140,7	13,9	13,4	13,8
2003	5,2	4,1	5,0	144,2	121,6	139,9	13,2	12,4	13,0
2004	4,9	3,7	4,6	135,2	114,8	131,1	13,1	11,9	12,9
2005	4,8	3,7	4,6	139,1	115,5	134,3	12,7	11,7	12,5
2006	4,4	3,6	4,3	127,1	112,8	124,2	12,7	11,7	12,5
2007	4,8	3,7	4,6	138,7	117,0	134,3	12,7	11,6	12,5
2008	4,9	3,9	4,7	142,6	121,6	138,2	12,6	11,8	12,4

Tabelle 27.5.2. Arbeitsunfähigkeit der AOK-Mitglieder in der Branche Energie, Wasser und Bergbau nach Bundesländern im Jahr 2008 im Vergleich zum Vorjahr

Bundesland	Kranken-stand in %	Arbeitsunfähigkeit je 100 AOK-Mitglieder				Tage je Fall	Veränd. z. Vorj. in %	AU-Quote in %
		AU-Fälle	Veränd. z. Vorj. in %	AU-Tage	Veränd. z. Vorj. in %			
Baden-Württemberg	4,6	141,0	4,1	1.701,8	5,0	12,1	0,8	59,5
Bayern	4,6	125,4	2,7	1.680,0	3,0	13,4	0,0	54,7
Berlin	4,6	119,5	10,4	1.666,2	-7,2	13,9	-16,3	48,4
Brandenburg	4,3	118,5	2,7	1.560,8	5,1	13,2	2,3	53,7
Bremen	5,4	145,6	-7,8	1.967,3	4,5	13,5	13,4	59,0
Hamburg	3,7	216,2	-0,7	1.355,2	5,0	6,3	6,8	48,1
Hessen	5,9	157,9	4,1	2.163,9	3,0	13,7	-1,4	62,7
Mecklenburg-Vorpommern	4,5	132,0	7,6	1.655,3	4,1	12,5	-3,8	55,3
Niedersachsen	3,9	137,3	3,0	1.444,2	-7,4	10,5	-10,3	56,5
Nordrhein-Westfalen	5,4	160,4	2,8	1.993,2	1,4	12,4	-1,6	63,8
Rheinland-Pfalz	5,6	153,6	6,3	2.034,6	9,8	13,2	3,1	62,0
Saarland	6,0	140,3	-10,9	2.184,8	-14,5	15,6	-3,7	56,3
Sachsen	3,7	118,1	2,2	1.357,4	7,6	11,5	5,5	55,4
Sachsen-Anhalt	4,0	116,9	7,1	1.457,3	6,4	12,5	0,0	51,6
Schleswig-Holstein	4,6	136,6	-3,9	1.685,5	-6,1	12,3	-2,4	56,6
Thüringen	4,2	135,5	6,0	1.522,1	1,4	11,2	-4,3	55,5
West	**4,9**	**142,6**	**2,8**	**1.789,4**	**1,4**	**12,6**	**-0,8**	**58,9**
Ost	**3,9**	**121,6**	**3,9**	**1.437,0**	**5,8**	**11,8**	**1,7**	**54,8**
Bund	**4,7**	**138,2**	**2,9**	**1.716,4**	**2,1**	**12,4**	**-0,8**	**58,1**

Tabelle 27.5.3. Arbeitsunfähigkeit der AOK-Mitglieder in der Branche Energie, Wasser und Bergbau nach Wirtschaftsabteilungen im Jahr 2008

Wirtschaftsabteilung	Krankenstand in %		Arbeitsunfähigkeiten je 100 AOK-Mitglieder		Tage je Fall	AU-Quote in %
	2008	2008 stand.*	Fälle	Tage		
Energieversorgung	4,6	4,2	144,3	1.690,9	11,7	58,8
Erzbergbau	7,3	4,4	155,9	2.662,0	17,1	65,9
Gewinnung von Erdöl und Erdgas, Erbringung damit verbundener Dienstleistungen	3,3	2,8	114,2	1.211,3	10,6	48,9
Gewinnung von Steinen und Erden, sonstiger Bergbau	4,8	3,7	120,2	1.743,2	14,5	54,8
Kohlenbergbau, Torfgewinnung	4,0	3,4	132,6	1.457,4	11,0	52,6
Wasserversorgung	5,1	4,4	149,1	1.859,8	12,5	63,4
Branche insgesamt	**4,7**	**4,2**	**138,2**	**1.716,4**	**12,4**	**58,1**
Alle Branchen	**4,6**	**4,6**	**148,2**	**1.696,0**	**11,4**	**52,9**

*Krankenstand alters- und geschlechtsstandardisiert

Tabelle 27.5.4. Kennzahlen der Arbeitsunfähigkeit der AOK-Mitglieder nach ausgewählten Berufsgruppen in der Branche Energie, Wasser und Bergbau im Jahr 2008

Tätigkeit	Krankenstand in %	Arbeitsunfähigkeiten je 100 AOK-Mitglieder		Tage je Fall	AU-Quote in %	Anteil der Berufsgruppe an der Branche in %*
		Fälle	Tage			
Betriebsschlosser, Reparaturschlosser	5,5	154,0	2.004,4	13,0	64,7	3,7
Bürofachkräfte	3,0	133,8	1.086,4	8,1	54,8	11,3
Elektroinstallateure, -monteure	4,5	138,8	1.653,3	11,9	59,6	13,0
Energiemaschinisten	4,5	119,1	1.642,0	13,8	58,3	2,4
Erdbewegungsmaschinenführer	4,5	111,7	1.639,8	14,7	52,4	1,9
Erden-, Kies-, Sandgewinner	5,2	128,0	1.899,3	14,8	56,2	1,5
Hilfsarbeiter	5,6	154,9	2.063,9	13,3	57,6	1,2
Kraftfahrzeugführer	5,4	124,9	1.970,5	15,8	54,4	7,4
Kraftfahrzeuginstandsetzer	5,1	136,3	1.863,1	13,7	58,2	1,1
Lager-, Transportarbeiter	6,6	163,3	2.424,1	14,8	65,0	1,2
Lehrlinge	2,8	208,0	1.027,4	4,9	59,1	1,4
Maschinenschlosser	4,8	132,3	1.761,3	13,3	59,6	1,4
Maschinenwärter, Maschinistenhelfer	4,7	122,2	1.722,7	14,1	59,6	1,8
Raum-, Hausratreiniger	6,4	156,2	2.324,6	14,9	62,1	2,1
Rohrinstallateure	5,9	162,6	2.148,0	13,2	68,2	3,8
Rohrnetzbauer, Rohrschlosser	5,2	157,6	1.920,9	12,2	64,8	5,2
Sonstige Techniker	3,0	106,9	1.115,2	10,4	49,3	1,4
Steinbearbeiter	5,1	134,6	1.859,6	13,8	56,5	2,3
Steinbrecher	5,7	134,3	2.073,8	15,4	60,3	1,4
Straßenreiniger, Abfallbeseitiger	5,9	172,0	2.151,6	12,5	67,4	1,6
Branche insgesamt	**4,7**	**138,2**	**1.716,4**	**12,4**	**58,1**	**0,8****

* Anteil der AOK-Mitglieder in der Berufsgruppe an den in der Branche beschäftigten AOK-Mitgliedern insgesamt
**Anteil der AOK-Mitglieder in der Branche an allen AOK-Mitgliedern

Tabelle 27.5.5. Dauer der Arbeitsunfähigkeit der AOK-Mitglieder in der Branche Energie, Wasser und Bergbau im Jahr 2008

Fallklasse	Branche hier		alle Branchen	
	Anteil Fälle in %	Anteil Tage in %	Anteil Fälle in %	Anteil Tage in %
1–3 Tage	35,4	5,6	36,2	6,3
4–7 Tage	27,7	11,1	29,6	13,0
8–14 Tage	17,7	14,8	17,4	15,8
15–21 Tage	6,8	9,6	6,2	9,5
22–28 Tage	3,8	7,4	3,3	7,0
29–42 Tage	3,9	10,8	3,2	9,7
Langzeit-AU (> 42 Tage)	4,7	40,7	4,1	38,7

Tabelle 27.5.6. Tage der Arbeitsunfähigkeit je AOK-Mitglied nach Wirtschaftsabteilungen und Betriebsgröße in der Branche Energie, Wasser und Bergbau im Jahr 2008

Wirtschaftsabteilungen	Betriebsgröße (Anzahl der AOK-Mitglieder)					
	10–49	50–99	100–199	200–499	500–999	≥ 1.000
Energieversorgung	16,4	18,3	18,1	18,2	16,9	–
Erzbergbau	15,9	26,1	–	–	–	–
Gewinnung von Erdöl und Erdgas, Erbringung damit verbundener Dienstleistungen	14,3	11,6	12,8	–	–	–
Gewinnung von Steinen und Erden, sonstiger Bergbau	18,2	17,4	18,1	18,7	–	–
Kohlenbergbau, Torfgewinnung	15,0	19,5	–	–	–	–
Wasserversorgung	18,8	19,3	19,1	18,3	–	–
Branche insgesamt	**17,3**	**18,1**	**18,1**	**18,3**	**16,9**	**–**
Alle Branchen	**17,5**	**19,0**	**19,3**	**19,5**	**19,9**	**18,5**

Tabelle 27.5.7. Krankenstand in Prozent nach der Stellung im Beruf in der Branche Energie, Wasser und Bergbau im Jahr 2008, AOK-Mitglieder

Wirtschaftsabteilung	Stellung im Beruf				
	Auszubildende	Arbeiter	Facharbeiter	Meister, Poliere	Angestellte
Energieversorgung	2,8	6,6	5,3	3,1	3,2
Erzbergbau	0,5	9,8	7,4	2,9	6,7
Gewinnung von Erdöl und Erdgas, Erbringung damit verbundener Dienstleistungen	2,4	4,2	3,6	4,1	2,1
Gewinnung von Steinen und Erden, sonstiger Bergbau	3,6	5,1	5,0	5,2	2,6
Kohlenbergbau, Torfgewinnung	2,6	4,2	4,2	5,3	2,5
Wasserversorgung	3,1	7,4	5,4	3,1	3,3
Branche insgesamt	**2,9**	**5,8**	**5,2**	**3,3**	**3,1**
Alle Branchen	**3,8**	**5,6**	**4,9**	**3,7**	**3,4**

Tabelle 27.5.8. Tage der Arbeitsunfähigkeit je AOK-Mitglied nach der Stellung im Beruf in der Branche Energie, Wasser und Bergbau im Jahr 2008

Wirtschaftsabteilung	Stellung im Beruf				
	Auszubildende	Arbeiter	Facharbeiter	Meister, Poliere	Angestellte
Energieversorgung	10,1	24,0	19,6	11,2	11,7
Erzbergbau	1,7	35,9	27,2	10,5	24,5
Gewinnung von Erdöl und Erdgas, Erbringung damit verbundener Dienstleistungen	9,0	15,5	13,2	14,9	7,8
Gewinnung von Steinen und Erden, sonstiger Bergbau	13,3	18,7	18,2	19,2	9,4
Kohlenbergbau, Torfgewinnung	9,4	15,3	15,4	19,3	9,3
Wasserversorgung	11,3	27,1	19,9	11,5	11,9
Branche insgesamt	**10,5**	**21,2**	**19,1**	**12,2**	**11,4**
Alle Branchen	**13,9**	**20,5**	**18,0**	**13,7**	**12,3**

Tabelle 27.5.9. Anteil der Arbeitsunfälle an den AU-Fällen und -Tagen in Prozent nach Wirtschaftsabteilungen in der Branche Energie, Wasser und Bergbau im Jahr 2008, AOK-Mitglieder

Wirtschaftsabteilung	Arbeitsunfähigkeiten	
	AU-Fälle in %	AU-Tage in %
Energieversorgung	3,4	4,7
Erzbergbau	6,4	3,6
Gewinnung von Erdöl und Erdgas, Erbringung damit verbundener Dienstleistungen	3,5	5,5
Gewinnung von Steinen und Erden, sonstiger Bergbau	7,3	9,4
Kohlenbergbau, Torfgewinnung	6,1	8,5
Wasserversorgung	4,2	5,0
Branche insgesamt	**4,4**	**6,0**
Alle Branchen	**4,6**	**5,8**

Tabelle 27.5.10. Tage und Fälle der Arbeitsunfähigkeit durch Arbeitsunfälle nach Berufsgruppen in der Branche Energie, Wasser und Bergbau im Jahr 2008, AOK-Mitglieder

Tätigkeit	Arbeitsunfähigkeit je 1.000 AOK-Mitglieder	
	AU-Tage	AU-Fälle
Baumaschinenführer	2.488,3	101,2
Betriebsschlosser, Reparaturschlosser	2.074,7	95,3
Steinbrecher	1.927,3	121,2
Erden-, Kies-, Sandgewinner	1.649,4	88,0
Sonstige Mechaniker	1.558,4	90,8
Steinbearbeiter	1.541,1	103,2
Mineralaufbereiter, Mineralbrenner	1.495,0	123,0
Lager-, Transportarbeiter	1.438,8	65,5
Kraftfahrzeuginstandsetzer	1.369,9	118,9
Kraftfahrzeugführer	1.357,2	59,6
Straßenreiniger, Abfallbeseitiger	1.311,8	67,8
Erdbewegungsmaschinenführer	1.280,3	71,4
Industriemechaniker	1.245,3	92,5
Rohrnetzbauer, Rohrschlosser	1.145,0	78,1
Elektroinstallateure, -monteure	1.017,0	66,0
Maschinenwärter, Maschinistenhelfer	921,6	50,4
Rohrinstallateure	912,9	68,4
Maschinenschlosser	912,9	59,4
Energiemaschinisten	841,5	30,2
Raum-, Hausratreiniger	804,7	32,0

Tabelle 27.5.11. Tage und Fälle der Arbeitsunfähigkeit je 100 AOK-Mitglieder nach Krankheitsarten in der Branche Energie, Wasser und Bergbau in den Jahren 1995 bis 2008

Jahr	Arbeitsunfähigkeiten je 100 Mitglieder											
	Psyche		Herz/Kreislauf		Atemwege		Verdauung		Muskel/Skelett		Verletzungen	
	Tage	Fälle	Tage	Fälle	Tage	Fälle	Tage	Fälle	Tage	Fälle	Tage	Fälle
1995	97,5	3,5	225,6	9,4	388,0	45,0	190,5	22,7	713,0	35,2	381,6	22,1
1996	95,0	3,4	208,2	8,5	345,8	40,8	168,6	21,0	664,2	32,2	339,2	19,3
1997	96,1	3,6	202,5	8,6	312,8	39,5	159,4	20,8	591,7	31,8	326,9	19,4
1998	100,6	3,9	199,5	8,9	314,8	40,6	156,4	20,8	637,4	34,3	315,3	19,4
1999	109,0	4,2	191,8	9,1	358,0	46,6	159,4	22,2	639,7	35,5	333,0	19,9
2000	117,1	4,7	185,3	8,4	305,5	40,2	140,8	18,6	681,8	37,5	354,0	20,5
2001	128,8	5,1	179,0	9,1	275,2	37,6	145,3	19,2	693,3	38,0	354,0	20,4
2002	123,5	5,5	176,2	9,2	262,8	36,7	144,0	20,2	678,0	38,3	343,6	19,6
2003	125,3	5,8	167,0	9,5	276,9	39,4	134,4	20,1	606,6	35,5	320,6	19,0
2004	136,6	5,7	179,8	8,9	241,9	33,9	143,2	20,2	583,5	34,5	301,5	17,7
2005	134,4	5,5	177,8	8,9	289,5	40,4	134,6	18,7	547,0	33,2	299,8	17,5
2006	131,5	5,6	180,1	8,9	232,2	33,7	131,8	19,3	540,1	32,9	294,5	17,7
2007	142,8	6,1	187,1	9,2	255,4	36,4	141,0	20,7	556,8	33,5	293,1	16,9
2008	152,0	6,1	186,1	9,4	264,6	38,1	140,7	21,1	563,9	34,0	295,0	16,9

Tabelle 27.5.12. Verteilung der Arbeitsunfähigkeitstage nach Krankheitsarten in Prozent in der Branche Energie, Wasser und Bergbau im Jahr 2008, AOK-Mitglieder

Wirtschaftsabteilung	AU-Tage in %						
	Psyche	Herz/ Kreislauf	Atem-wege	Verdau-ung	Muskel/ Skelett	Verlet-zungen	Sonstige
Energieversorgung	7,4	7,8	13,2	6,4	24,3	12,5	28,4
Erzbergbau	9,3	5,2	10,2	3,2	25,7	12,8	33,6
Gewinnung von Erdöl und Erdgas, Erbringung damit verbundener Dienstleistungen	4,6	4,7	10,7	8,7	29,9	13,1	28,3
Gewinnung von Steinen und Erden, sonstiger Bergbau	5,5	9,9	8,9	5,5	26,9	15,4	27,9
Kohlenbergbau, Torfgewinnung	5,7	5,8	12,9	5,0	29,3	14,3	27,0
Wasserversorgung	7,1	8,4	12,1	7,3	26,0	12,0	27,1
Branche insgesamt	**6,8**	**8,4**	**11,9**	**6,3**	**25,3**	**13,2**	**28,1**
Alle Branchen	**8,3**	**6,9**	**12,5**	**6,5**	**24,2**	**12,6**	**29,0**

Tabelle 27.5.13. Verteilung der Arbeitsunfähigkeitsfälle nach Krankheitsarten in Prozent in der Branche Energie, Wasser und Bergbau im Jahr 2008, AOK-Mitglieder

Wirtschaftsabteilung	AU-Fälle in %						
	Psyche	Herz/ Kreislauf	Atem-wege	Verdau-ung	Muskel/ Skelett	Verlet-zungen	Sonstige
Energieversorgung	3,6	5,1	22,9	12,1	18,0	8,9	29,4
Erzbergbau	6,0	5,3	19,8	10,7	21,1	10,7	26,4
Gewinnung von Erdöl und Erdgas, Erbringung damit verbundener Dienstleistungen	2,8	3,8	20,9	12,5	22,8	9,8	27,4
Gewinnung von Steinen und Erden, sonstiger Bergbau	3,1	6,1	18,0	11,1	21,6	11,7	28,4
Kohlenbergbau, Torfgewinnung	2,9	4,2	19,6	10,2	23,8	11,5	27,8
Wasserversorgung	3,5	5,4	21,4	12,8	19,8	8,8	28,3
Branche insgesamt	**3,4**	**5,3**	**21,6**	**11,9**	**19,2**	**9,6**	**29,0**
Alle Branchen	**4,3**	**4,4**	**22,4**	**11,8**	**17,6**	**9,2**	**30,3**

Tabelle 27.5.14. Anteile der 40 häufigsten Einzeldiagnosen an den AU-Fällen und AU-Tagen in der Branche Energie, Wasser und Bergbau im Jahr 2008, AOK-Mitglieder

ICD-10	Bezeichnung	AU-Fälle in %	AU-Tage in %
M54	Rückenschmerzen	7,2	6,8
J06	Akute Infektionen der oberen Atemwege	6,4	2,8
K52	Nichtinfektiöse Gastroenteritis und Kolitis	3,1	1,1
J20	Akute Bronchitis	3,0	1,6
K08	Sonstige Krankheiten der Zähne und des Zahnhalteapparates	2,7	0,5
J40	Nicht akute Bronchitis	2,3	1,2
A09	Diarrhoe und Gastroenteritis	2,3	0,8
I10	Essentielle Hypertonie	2,2	3,1
T14	Verletzung an einer nicht näher bezeichneten Körperregion	1,5	1,4
B34	Viruskrankheit nicht näher bezeichneter Lokalisation	1,4	0,6
K29	Gastritis und Duodenitis	1,3	0,7
J01	Akute Sinusitis	1,2	0,5
M51	Sonstige Bandscheibenschäden	1,2	2,5
J03	Akute Tonsillitis	1,1	0,5
J02	Akute Pharyngitis	1,1	0,4
R10	Bauch- und Beckenschmerzen	1,1	0,5
J32	Chronische Sinusitis	1,0	0,6
M53	Sonstige Krankheiten der Wirbelsäule und des Rückens	1,0	1,2
M75	Schulterläsionen	1,0	1,8
M23	Binnenschädigung des Kniegelenkes	0,9	1,6
M77	Sonstige Enthesopathien	0,8	1,0
M25	Sonstige Gelenkkrankheiten	0,8	0,8
M99	Biomechanische Funktionsstörungen	0,8	0,5
F32	Depressive Episode	0,8	1,7
S93	Luxation, Verstauchung und Zerrung der Gelenke und Bänder in Höhe des oberen Sprunggelenkes und des Fußes	0,7	0,8
M17	Gonarthrose	0,7	1,4
J11	Grippe	0,7	0,3
R51	Kopfschmerz	0,7	0,3
I25	Chronische ischämische Herzkrankheit	0,6	1,2
M47	Spondylose	0,6	0,8
J04	Akute Laryngitis und Tracheitis	0,6	0,3
B99	Sonstige Infektionskrankheiten	0,6	0,3
M79	Sonstige Krankheiten des Weichteilgewebes	0,6	0,4
E66	Adipositas	0,6	1,1
F43	Reaktionen auf schwere Belastungen und Anpassungsstörungen	0,6	0,9
E11	Diabetes mellitus	0,6	0,9
E78	Störungen des Lipoproteinstoffwechsels und sonstige Lipidämien	0,6	1,0
R50	Fieber unbekannter Ursache	0,5	0,3
S83	Luxation, Verstauchung und Zerrung des Kniegelenkes und von Bändern des Kniegelenkes	0,5	0,9
J98	Sonstige Krankheiten der Atemwege	0,5	0,2
	Summe hier	**55,9**	**45,3**
	Restliche	44,1	54,7
	Gesamtsumme	**100,0**	**100,0**

Tabelle 27.5.15. Anteile der 40 häufigsten Diagnoseuntergruppen an den AU-Fällen und AU-Tagen in der Branche Energie, Wasser und Bergbau im Jahr 2008, AOK-Mitglieder

ICD-10	Bezeichnung	AU-Fälle in %	AU-Tage in %
J00–J06	Akute Infektionen der oberen Atemwege	10,8	4,8
M40–M54	Krankheiten der Wirbelsäule und des Rückens	9,9	11,7
M00–M25	Arthropathien	3,9	6,5
M60–M79	Krankheiten der Weichteilgewebe	3,9	5,0
J40–J47	Chronische Krankheiten der unteren Atemwege	3,7	2,5
K50–K52	Nichtinfektiöse Enteritis und Kolitis	3,6	1,4
J20–J22	Sonstige akute Infektionen der unteren Atemwege	3,5	1,8
K00–K14	Krankheiten der Mundhöhle, Speicheldrüsen und Kiefer	3,3	0,8
A00–A09	Infektiöse Darmkrankheiten	2,9	1,0
I10–I15	Hypertonie	2,5	3,6
R50–R69	Allgemeinsymptome	2,4	1,7
K20–K31	Krankheiten des Ösophagus, Magens und Duodenums	2,0	1,2
T08–T14	Verletzungen Rumpf, Extremitäten u. a. Körperregionen	1,8	1,7
R10–R19	Symptome bzgl. Verdauungssystem und Abdomen	1,7	1,0
J30–J39	Sonstige Krankheiten der oberen Atemwege	1,7	1,0
B25–B34	Sonstige Viruskrankheiten	1,6	0,7
F40–F48	Neurotische, Belastungs- und somatoforme Störungen	1,5	2,5
S80–S89	Verletzungen des Knies und des Unterschenkels	1,3	2,5
S90–S99	Verletzungen der Knöchelregion und des Fußes	1,3	1,6
S60–S69	Verletzungen des Handgelenkes und der Hand	1,3	1,8
G40–G47	Episod. und paroxysmale Krankheiten des Nervensystems	1,2	1,0
E70–E90	Stoffwechselstörungen	1,1	1,9
J10–J18	Grippe und Pneumonie	1,1	0,8
R00–R09	Symptome bzgl. Kreislauf- und Atmungssystem	1,1	0,7
F30–F39	Affektive Störungen	1,0	2,4
M95–M99	Sonstige Krankheiten des Muskel-Skelett-Systems und des Bindegewebes	0,9	0,7
K55–K63	Sonstige Krankheiten des Darmes	0,9	0,7
I80–I89	Krankheiten der Venen, Lymphgefäße und -knoten	0,9	0,9
I20–I25	Ischämische Herzkrankheiten	0,9	1,8
I30–I52	Sonstige Formen der Herzkrankheit	0,8	1,4
E10–E14	Diabetes mellitus	0,8	1,2
S00–S09	Verletzungen des Kopfes	0,7	0,6
C00–C75	Bösartige Neubildungen	0,7	2,2
Z70–Z76	Sonstige Inanspruchnahme des Gesundheitswesens	0,7	1,0
G50–G59	Krankheiten von Nerven, Nervenwurzeln und Nervenplexus	0,7	1,1
F10–F19	Psychische und Verhaltensstörungen durch psychotrope Substanzen	0,7	1,3
L00–L08	Infektionen der Haut und der Unterhaut	0,6	0,7
E65–E68	Adipositas	0,6	1,3
B99–B99	Sonstige Infektionskrankheiten	0,6	0,3
J95–J99	Sonstige Krankheiten des Atmungssystems	0,6	0,4
	Summe hier	**81,2**	**77,2**
	Restliche	18,8	22,8
	Gesamtsumme	**100,0**	**100,0**

27.6 Erziehung und Unterricht

Tabelle 27.6.1. Entwicklung der Fehlzeiten der AOK-Mitglieder in der Branche Erziehung und Unterricht in den Jahren 1994 bis 2008

Jahr	Krankenstand in %			AU-Fälle je 100 Mitglieder			Tage je Fall		
	West	Ost	Bund	West	Ost	Bund	West	Ost	Bund
1994	6,0	8,3	6,8	180,5	302,8	226,3	12,0	10,1	11,0
1995	6,1	9,8	7,5	193,8	352,2	253,3	11,5	10,2	10,8
1996	6,0	9,5	7,5	220,6	364,8	280,3	10,0	9,5	9,7
1997	5,8	8,9	7,0	226,2	373,6	280,6	9,4	8,7	9,0
1998	5,9	8,4	6,9	237,2	376,1	289,1	9,1	8,2	8,7
1999	6,1	9,3	7,3	265,2	434,8	326,8	8,4	7,8	8,1
2000	6,3	9,2	7,3	288,2	497,8	358,3	8,0	6,8	7,5
2001	6,1	8,9	7,1	281,6	495,1	352,8	7,9	6,6	7,3
2002	5,6	8,6	6,6	267,2	507,0	345,5	7,7	6,2	7,0
2003	5,3	7,7	6,1	259,4	477,4	332,4	7,4	5,9	6,7
2004	5,1	7,0	5,9	247,5	393,6	304,7	7,6	6,5	7,0
2005	4,6	6,6	5,4	227,8	387,2	292,1	7,4	6,2	6,8
2006	4,4	6,1	5,1	223,0	357,5	277,6	7,2	6,2	6,7
2007	4,7	6,1	5,3	251,4	357,2	291,0	6,9	6,2	6,6
2008	5,0	6,2	5,4	278,0	349,8	303,4	6,6	6,4	6,6

Tabelle 27.6.2. Arbeitsunfähigkeit der AOK-Mitglieder in der Branche Erziehung und Unterricht nach Bundesländern im Jahr 2008 im Vergleich zum Vorjahr

Bundesland	Krankenstand in %	Arbeitsunfähigkeit je 100 AOK-Mitglieder				Tage je Fall	Veränd. z. Vorj. in %	AU-Quote in %
		AU-Fälle	Veränd. z. Vorj. in %	AU-Tage	Veränd. z. Vorj. in %			
Baden-Württemberg	3,7	189,1	12,4	1.356,6	6,9	7,2	–4,0	52,0
Bayern	3,5	148,4	6,8	1.272,8	2,3	8,6	–4,4	48,4
Berlin	8,6	518,6	0,8	3.153,1	3,9	6,1	3,4	64,3
Brandenburg	6,5	369,6	–3,6	2.375,6	–1,4	6,4	1,6	63,2
Bremen	5,3	317,0	3,6	1.927,8	8,3	6,1	5,2	61,1
Hamburg	6,9	366,4	14,2	2.510,9	6,5	6,9	–5,5	67,6
Hessen	5,4	344,5	11,3	1.962,1	5,4	5,7	–5,0	63,3
Mecklenburg-Vorpommern	5,9	336,5	1,3	2.158,2	2,2	6,4	0,0	62,6
Niedersachsen	4,9	286,5	7,0	1.780,0	–2,6	6,2	–8,8	60,3
Nordrhein-Westfalen	5,8	336,9	14,4	2.109,0	11,0	6,3	–1,6	60,5
Rheinland-Pfalz	6,2	335,2	21,6	2.285,7	12,1	6,8	–8,1	65,6
Saarland	6,5	334,7	13,2	2.389,2	15,6	7,1	1,4	61,4
Sachsen	6,2	350,5	–2,6	2.279,2	1,9	6,5	4,8	65,5
Sachsen-Anhalt	6,0	342,2	–1,1	2.204,0	–0,1	6,4	0,0	54,6
Schleswig-Holstein	4,3	218,7	5,0	1.590,7	4,5	7,3	0,0	53,8
Thüringen	6,0	349,6	–3,6	2.214,3	0,5	6,3	3,3	63,3
West	**5,0**	**278,0**	**10,6**	**1.840,0**	**6,2**	**6,6**	**–4,3**	**57,7**
Ost	**6,2**	**349,8**	**–2,1**	**2.256,2**	**1,1**	**6,4**	**3,2**	**62,8**
Bund	**5,4**	**303,4**	**4,3**	**1.987,3**	**3,6**	**6,6**	**0,0**	**59,5**

Tabelle 27.6.3. Arbeitsunfähigkeit der AOK-Mitglieder in der Branche Erziehung und Unterricht nach Wirtschaftsabteilungen im Jahr 2008

Wirtschaftsabteilung	Krankenstand in %		Arbeitsunfähigkeiten je 100 AOK-Mitglieder		Tage je Fall	AU-Quote in %
	2008	2008 stand.*	Fälle	Tage		
Erwachsenenbildung und sonstiger Unterricht	5,8	4,9	354,3	2.121,8	6,0	59,6
Hochschulen	4,4	4,0	225,0	1.611,0	7,2	50,9
Kindergärten, Vor- und Grundschulen	4,6	4,9	165,3	1.674,2	10,1	59,7
Weiterführende Schulen	5,6	4,6	318,0	2.053,7	6,5	62,2
Branche insgesamt	**5,4**	**4,8**	**303,4**	**1.987,3**	**6,6**	**59,5**
Alle Branchen	**4,6**	**4,6**	**148,2**	**1.696,0**	**11,4**	**52,9**

*Krankenstand alters- und geschlechtsstandardisiert

Tabelle 27.6.4. Kennzahlen der Arbeitsunfähigkeit der AOK-Mitglieder nach ausgewählten Berufsgruppen in der Branche Erziehung und Unterricht im Jahr 2008

Tätigkeit	Krankenstand in %	Arbeitsunfähigkeiten je 100 AOK-Mitglieder		Tage je Fall	AU-Quote in %	Anteil der Berufsgruppe an der Branche in %*
		Fälle	Tage			
Bürofachkräfte	4,5	262,3	1.652,6	6,3	55,7	8,7
Facharbeiter	5,5	250,5	1.995,5	8,0	41,5	1,6
Fachschul-, Berufsschul-, Werklehrer	3,0	106,8	1.102,1	10,3	45,8	1,4
Gärtner, Gartenarbeiter	7,5	366,1	2.738,9	7,5	64,5	2,1
Groß- und Einzelhandelskaufleute, Einkäufer	5,9	438,0	2.157,1	4,9	73,0	2,0
Hauswirtschaftliche Betreuer	6,1	293,8	2.232,0	7,6	65,5	1,4
Heimleiter, Sozialpädagogen	4,0	157,8	1.478,1	9,4	55,0	2,7
Hilfsarbeiter	8,7	386,7	3.189,8	8,2	51,4	7,1
Hochschullehrer, Dozenten an höheren Fachschulen und Akademien	1,6	66,4	577,4	8,7	27,6	1,6
Kindergärtnerinnen, Kinderpfleger	3,8	173,0	1.406,5	8,1	61,7	7,1
Köche	6,5	342,3	2.393,0	7,0	67,2	3,9
Lehrlinge	6,7	482,7	2.438,4	5,1	69,7	6,5
Maler, Lackierer (Ausbau)	7,5	542,1	2.743,9	5,1	72,1	2,3
Raum-, Hausratreiniger	6,3	150,0	2.290,6	15,3	59,6	3,5
Sonstige Lehrer	2,8	97,2	1.021,0	10,5	39,6	3,2
Sonstige Mechaniker	7,8	588,0	2.840,8	4,8	75,5	1,5
Sozialarbeiter, Sozialpfleger	4,4	194,3	1.595,4	8,2	54,2	1,8
Tischler	7,1	499,5	2.611,3	5,2	70,6	1,8
Gästebetreuer	8,3	539,1	3.036,1	5,6	73,5	1,1
Verkäufer	6,6	498,1	2.428,3	4,9	70,4	5,1
Branche insgesamt	**5,4**	**303,4**	**1.987,3**	**6,6**	**59,5**	**1,9****

* Anteil der AOK-Mitglieder in der Berufsgruppe an den in der Branche beschäftigten AOK-Mitgliedern insgesamt
**Anteil der AOK-Mitglieder in der Branche an allen AOK-Mitgliedern

Tabelle 27.6.5. Dauer der Arbeitsunfähigkeit der AOK-Mitglieder in der Branche Erziehung und Unterricht im Jahr 2008

Fallklasse	Branche hier		alle Branchen	
	Anteil Fälle in %	Anteil Tage in %	Anteil Fälle in %	Anteil Tage in %
1–3 Tage	49,2	14,5	36,2	6,3
4–7 Tage	29,9	22,4	29,6	13,0
8–14 Tage	13,1	20,2	17,4	15,8
15–21 Tage	3,4	8,8	6,2	9,5
22–28 Tage	1,5	5,7	3,3	7,0
29–42 Tage	1,4	7,3	3,2	9,7
Langzeit-AU (> 42 Tage)	1,5	21,1	4,1	38,7

Tabelle 27.6.6. Tage der Arbeitsunfähigkeit je AOK-Mitglied nach Wirtschaftsabteilungen und Betriebsgröße in der Branche Erziehung und Unterricht im Jahr 2008

Wirtschaftsabteilungen	Betriebsgröße (Anzahl der AOK-Mitglieder)					
	10–49	50–99	100–199	200–499	500–999	≥ 1.000
Erwachsenenbildung und sonstiger Unterricht	20,4	23,1	25,0	26,9	25,8	21,2
Hochschulen	15,6	20,6	22,1	19,3	12,2	15,0
Kindergärten, Vor- und Grundschulen	16,3	19,0	20,3	23,2	25,9	–
Weiterführende Schulen	17,2	20,8	25,4	24,3	23,6	24,6
Branche insgesamt	**18,4**	**21,9**	**24,7**	**25,1**	**22,1**	**20,8**
Alle Branchen	**17,5**	**19,0**	**19,3**	**19,5**	**19,9**	**18,5**

Tabelle 27.6.7. Krankenstand in Prozent nach der Stellung im Beruf in der Branche Erziehung und Unterricht im Jahr 2008, AOK-Mitglieder

Wirtschaftsabteilung	Stellung im Beruf				
	Auszubildende	Arbeiter	Facharbeiter	Meister, Poliere	Angestellte
Erwachsenenbildung und sonstiger Unterricht	6,9	7,7	4,6	3,2	3,6
Hochschulen	6,7	6,7	5,9	3,2	3,0
Kindergärten, Vor- und Grundschulen	3,4	8,0	6,2	3,1	4,0
Weiterführende Schulen	6,9	6,5	5,0	3,7	3,4
Branche insgesamt	**6,8**	**7,4**	**5,2**	**3,4**	**3,6**
Alle Branchen	**3,8**	**5,6**	**4,9**	**3,7**	**3,4**

Tabelle 27.6.8. Tage der Arbeitsunfähigkeit je AOK-Mitglied nach der Stellung im Beruf in der Branche Erziehung und Unterricht im Jahr 2008

Wirtschaftsabteilung	Stellung im Beruf				
	Auszubildende	Arbeiter	Facharbeiter	Meister, Poliere	Angestellte
Erwachsenenbildung und sonstiger Unterricht	25,1	28,0	16,9	11,6	13,3
Hochschulen	24,4	24,6	21,7	11,8	11,1
Kindergärten, Vor- und Grundschulen	12,5	29,4	22,6	11,3	14,5
Weiterführende Schulen	25,3	23,7	18,2	13,6	12,6
Branche insgesamt	**25,0**	**27,2**	**18,9**	**12,3**	**13,2**
Alle Branchen	**13,9**	**20,5**	**18,0**	**13,7**	**12,3**

Tabelle 27.6.9. Anteil der Arbeitsunfälle an den AU-Fällen und -Tagen in Prozent nach Wirtschaftsabteilungen in der Branche Erziehung und Unterricht im Jahr 2008, AOK-Mitglieder

Wirtschaftsabteilung	Arbeitsunfähigkeiten	
	AU-Fälle in %	AU-Tage in %
Erwachsenenbildung und sonstiger Unterricht	2,2	3,0
Hochschulen	2,4	2,8
Kindergärten, Vor- und Grundschulen	2,0	3,0
Weiterführende Schulen	2,6	3,4
Branche insgesamt	**2,3**	**3,1**
Alle Branchen	**4,6**	**5,8**

Tabelle 27.6.10. Tage und Fälle der Arbeitsunfähigkeit durch Arbeitsunfälle nach Berufsgruppen in der Branche Erziehung und Unterricht im Jahr 2008, AOK-Mitglieder

Tätigkeit	Arbeitsunfähigkeit je 1.000 AOK-Mitglieder	
	AU-Tage	AU-Fälle
Bauhilfsarbeiter	2.446,6	114,2
Bauschlosser	1.998,2	334,4
Industriemechaniker	1.690,5	216,4
Zimmerer	1.685,3	172,9
Metallarbeiter	1.363,0	242,1
Kraftfahrzeuginstandsetzer	1.297,8	131,6
Sonstige Mechaniker	1.232,9	208,7
Gärtner, Gartenarbeiter	1.214,9	118,7
Maurer	1.164,8	158,1
Tischler	1.081,0	162,0
Dreher	999,7	121,7
Warenaufmacher, Versandfertigmacher	892,7	113,3
Köche	848,4	103,3
Lagerverwalter, Magaziner	838,7	83,2
Pförtner, Hauswarte	692,5	46,7
Raum-, Hausratreiniger	682,2	40,2
Maler, Lackierer (Ausbau)	627,7	97,9
Hauswirtschaftsverwalter	493,0	82,8
Hauswirtschaftliche Betreuer	481,5	47,6
Sozialarbeiter, Sozialpfleger	453,8	29,7

Tabelle 27.6.11. Tage und Fälle der Arbeitsunfähigkeit je 100 AOK-Mitglieder nach Krankheitsarten in der Branche Erziehung und Unterricht in den Jahren 1995 bis 2008

Jahr	Arbeitsunfähigkeiten je 100 Mitglieder											
	Psyche		Herz/Kreislauf		Atemwege		Verdauung		Muskel/Skelett		Verletzungen	
	Tage	Fälle	Tage	Fälle	Tage	Fälle	Tage	Fälle	Tage	Fälle	Tage	Fälle
2000	200,3	13,3	145,3	16,1	691,6	122,5	268,8	55,4	596,0	56,0	357,1	33,8
2001	199,2	13,9	140,8	16,1	681,8	125,5	265,8	55,8	591,4	56,8	342,0	32,9
2002	199,6	14,2	128,7	15,3	623,5	118,9	257,3	57,3	538,7	54,4	327,0	32,0
2003	185,4	13,5	120,7	14,8	596,5	116,7	239,2	55,5	470,6	48,9	296,4	30,0
2004	192,8	14,0	121,5	12,7	544,1	101,0	245,2	53,0	463,3	46,9	302,8	29,1
2005	179,7	12,5	102,4	11,0	557,4	104,0	216,9	49,3	388,1	40,2	281,7	27,7
2006	174,6	12,0	99,8	11,2	481,8	92,8	215,6	50,0	365,9	38,0	282,7	27,7
2007	191,0	12,9	97,1	10,5	503,6	97,6	229,8	52,9	366,9	38,5	278,0	27,1
2008	201,0	13,5	96,2	10,5	506,8	99,1	237,3	55,8	387,0	40,8	282,0	27,9

Tabelle 27.6.12. Verteilung der Arbeitsunfähigkeitstage nach Krankheitsarten in Prozent in der Branche Erziehung und Unterricht im Jahr 2008, AOK-Mitglieder

Wirtschaftsabteilung	**AU-Tage in %**						
	Psyche	**Herz/ Kreislauf**	**Atem-wege**	**Verdau-ung**	**Muskel/ Skelett**	**Verlet-zungen**	**Sonstige**
Erwachsenenbildung und sonstiger Unterricht	7,7	3,8	22,4	11,0	15,3	12,2	27,6
Hochschulen	9,9	4,1	19,7	8,8	17,2	11,2	29,1
Kindergärten, Vor- und Grundschulen	11,6	5,0	16,9	5,7	20,3	8,8	31,7
Weiterführende Schulen	7,7	3,8	21,4	10,4	15,5	12,9	28,3
Branche insgesamt	**8,4**	**4,0**	**21,2**	**9,9**	**16,2**	**11,8**	**28,5**
Alle Branchen	**8,3**	**6,9**	**12,5**	**6,5**	**24,2**	**12,6**	**29,0**

Tabelle 27.6.13. Verteilung der Arbeitsunfähigkeitsfälle nach Krankheitsarten in Prozent in der Branche Erziehung und Unterricht im Jahr 2008, AOK-Mitglieder

Wirtschaftsabteilung	**AU-Fälle in %**						
	Psyche	**Herz/ Kreislauf**	**Atem-wege**	**Verdau-ung**	**Muskel/ Skelett**	**Verlet-zungen**	**Sonstige**
Erwachsenenbildung und sonstiger Unterricht	3,6	2,8	27,1	15,9	11,2	7,8	31,6
Hochschulen	4,2	3,2	26,8	14,9	11,7	7,1	32,1
Kindergärten, Vor- und Grundschulen	4,9	3,4	28,7	11,5	12,7	5,6	33,2
Weiterführende Schulen	3,6	2,9	27,6	15,9	10,8	8,3	30,9
Branche insgesamt	**3,7**	**2,9**	**27,4**	**15,4**	**11,3**	**7,7**	**31,6**
Alle Branchen	**4,3**	**4,4**	**22,4**	**11,8**	**17,6**	**9,2**	**30,3**

Tabelle 27.6.14. Anteile der 40 häufigsten Einzeldiagnosen an den AU-Fällen und AU-Tagen in der Branche Erziehung und Unterricht im Jahr 2008, AOK-Mitglieder

ICD-10	Bezeichnung	AU-Fälle in %	AU-Tage in %
J06	Akute Infektionen der oberen Atemwege	9,6	6,5
K52	Sonstige nichtinfektiöse Gastroenteritis und Kolitis	6,7	3,8
M54	Rückenschmerzen	5,1	5,5
A09	Diarrhoe und Gastroenteritis	4,1	2,3
K29	Gastritis und Duodenitis	3,1	1,8
J20	Akute Bronchitis	3,1	2,6
J03	Akute Tonsillitis	2,4	1,8
R51	Kopfschmerz	2,4	1,1
J40	Nicht akute Bronchitis	2,3	1,8
R10	Bauch- und Beckenschmerzen	2,1	1,3
B34	Viruskrankheit	2,0	1,3
J02	Akute Pharyngitis	1,8	1,2
R11	Übelkeit und Erbrechen	1,5	0,8
K08	Sonstige Krankheiten der Zähne und des Zahnhalteapparates	1,5	0,6
J01	Akute Sinusitis	1,3	1,0
T14	Verletzung an einer nicht näher bezeichneten Körperregion	1,3	1,3
G43	Migräne	1,1	0,5
J32	Chronische Sinusitis	1,1	0,8
J00	Akute Rhinopharyngitis	0,9	0,6
J04	Akute Laryngitis und Tracheitis	0,9	0,7
J11	Grippe	0,9	0,6
F32	Depressive Episode	0,8	2,2
F43	Reaktionen auf schwere Belastungen und Anpassungsstörungen	0,8	1,6
B99	Sonstige Infektionskrankheiten	0,7	0,5
S93	Luxation, Verstauchung und Zerrung der Gelenke und Bänder in Höhe des oberen Sprunggelenkes und des Fußes	0,7	1,0
I10	Essentielle Hypertonie	0,7	1,3
J98	Sonstige Krankheiten der Atemwege	0,7	0,5
A08	Virusbedingte Darminfektionen	0,7	0,4
M53	Sonstige Krankheiten der Wirbelsäule und des Rückens	0,7	0,8
M99	Biomechanische Funktionsstörungen	0,6	0,6
R42	Schwindel und Taumel	0,6	0,4
M25	Sonstige Gelenkkrankheiten	0,6	0,7
I95	Hypotonie	0,6	0,3
N39	Sonstige Krankheiten des Harnsystems	0,6	0,4
F45	Somatoforme Störungen	0,6	0,8
R50	Fieber unbekannter Ursache	0,5	0,4
G44	Sonstige Kopfschmerzsyndrome	0,5	0,3
I99	Sonstige Krankheiten des Kreislaufsystems	0,5	0,3
M79	Sonstige Krankheiten des Weichteilgewebes	0,5	0,5
J45	Asthma bronchiale	0,4	0,4
	Summe hier	**67,0**	**51,3**
	Restliche	33,0	48,7
	Gesamtsumme	**100,0**	**100,0**

Tabelle 27.6.15. Anteile der 40 häufigsten Diagnoseuntergruppen an den AU-Fällen und AU-Tagen in der Branche Erziehung und Unterricht im Jahr 2008, AOK-Mitglieder

ICD-10	Bezeichnung	AU-Fälle in %	AU-Tage in %
J00–J06	Akute Infektionen der oberen Atemwege	16,7	11,6
K50–K52	Nichtinfektiöse Enteritis und Kolitis	7,1	4,2
M40–M54	Krankheiten der Wirbelsäule und des Rückens	6,5	7,9
A00–A09	Infektiöse Darmkrankheiten	5,2	2,9
K20–K31	Krankheiten des Ösophagus, Magens und Duodenums	4,1	2,4
R50–R69	Allgemeinsymptome	4,1	2,8
R10–R19	Symptome bzgl. Verdauungssystem und Abdomen betreffen	3,8	2,3
J20–J22	Sonstige akute Infektionen der unteren Atemwege	3,5	2,9
J40–J47	Chronische Krankheiten der unteren Atemwege	3,4	2,9
B25–B34	Sonstige Viruskrankheiten	2,2	1,4
M60–M79	Krankheiten der Weichteilgewebe	2,1	3,2
G40–G47	Episod und paroxysmale Krankheiten des Nervensystems	2,0	1,3
F40–F48	Neurotische, Belastungs- und somatoforme Störungen	2,0	3,7
K00–K14	Krankheiten der Mundhöhle, Speicheldrüsen und Kiefer	1,9	0,8
J30–J39	Sonstige Krankheiten der oberen Atemwege	1,8	1,5
M00–M25	Arthropathien	1,7	3,7
T08–T14	Verletzungen Rumpf, Extremitäten u. a. Körperregionen	1,6	1,7
S60–S69	Verletzungen des Handgelenkes und der Hand	1,3	2,2
S90–S99	Verletzungen der Knöchelregion und des Fußes	1,1	1,6
I95–I99	Sonstige Krankheiten des Kreislaufsystems	1,1	0,7
J10–J18	Grippe und Pneumonie	1,1	0,9
F30–F39	Affektive Störungen	1,0	3,1
N30–N39	Sonstige Krankheiten des Harnsystems	1,0	0,7
R00–R09	Symptome bzgl. Kreislauf- und Atmungssystem	0,9	0,7
S80–S89	Verletzungen des Knies und des Unterschenkels	0,9	1,9
N80–N98	Krankheiten des weiblichen Genitaltraktes	0,8	0,7
B99–B99	Sonstige Infektionskrankheiten	0,8	0,5
I10–I15	Hypertonie	0,8	1,5
J95–J99	Sonstige Krankheiten des Atmungssystems	0,8	0,6
R40–R46	Symptome bzgl. Wahrnehmung, Stimmung und Verhalten	0,7	0,6
M95–M99	Sonstige Krankheiten des Muskel-Skelett-Systems und des Bindegewebes	0,7	0,6
S00–S09	Verletzungen des Kopfes	0,7	0,7
H65–H75	Krankheiten des Mittelohres und des Warzenfortsatzes	0,6	0,4
F10–F19	Psychische und Verhaltensstörungen durch psychotrope Substanzen	0,5	1,0
K55–K63	Sonstige Krankheiten des Darmes	0,5	0,5
L00–L08	Infektionen der Haut und der Unterhaut	0,5	0,7
I80–I89	Krankheiten der Venen, Lymphgefäße und -knoten	0,4	0,6
Z20–Z29	Pot. Gesundheitsrisiken hinsichtlich übertragbarer Krankheiten	0,4	0,4
O20–O29	Sonstige Krankheiten der Mutter	0,4	0,6
H10–H13	Affektionen der Konjunktiva	0,4	0,2
	Summe hier	**87,1**	**78,6**
	Restliche	12,9	21,4
	Gesamtsumme	**100,0**	**100,0**

27.7 Handel

Tabelle 27.7.1. Entwicklung der Fehlzeiten der AOK-Mitglieder in der Branche Handel in den Jahren 1994 bis 2008

Jahr	Krankenstand in %			AU-Fälle je 100 Mitglieder			Tage je Fall		
	West	Ost	Bund	West	Ost	Bund	West	Ost	Bund
1994	5,6	4,6	5,5	144,1	105,9	138,3	13,1	14,1	13,3
1995	5,2	4,4	5,1	149,7	116,2	144,7	12,8	14,1	13,0
1996	4,6	4,0	4,5	134,3	106,2	129,9	12,9	14,4	13,1
1997	4,5	3,8	4,4	131,3	100,7	126,9	12,3	13,9	12,5
1998	4,6	3,9	4,5	134,1	102,0	129,6	12,3	13,8	12,5
1999	4,6	4,2	4,5	142,7	113,4	138,9	11,9	13,6	12,1
2000	4,6	4,2	4,6	146,5	117,9	143,1	11,6	13,0	11,7
2001	4,6	4,2	4,5	145,4	113,2	141,8	11,5	13,5	11,7
2002	4,5	4,1	4,5	145,5	114,4	142,0	11,4	13,0	11,5
2003	4,2	3,7	4,2	140,5	110,7	136,8	11,0	12,4	11,2
2004	3,9	3,4	3,8	127,0	100,9	123,4	11,2	12,2	11,3
2005	3,8	3,3	3,7	127,9	100,7	123,9	10,9	12,1	11,0
2006	3,7	3,3	3,6	122,7	97,0	118,9	11,0	12,3	11,2
2007	3,9	3,6	3,9	132,4	106,6	128,6	10,9	12,2	11,0
2008	4,1	3,8	4,0	140,4	112,0	136,2	10,6	12,3	10,8

Tabelle 27.7.2. Arbeitsunfähigkeit der AOK-Mitglieder in der Branche Handel nach Bundesländern im Jahr 2008 im Vergleich zum Vorjahr

Bundesland	Krankenstand in %	Arbeitsunfähigkeit je 100 AOK-Mitglieder				Tage je Fall	Veränd. z. Vorj. in %	AU-Quote in %
		AU-Fälle	Veränd. z. Vorj. in %	AU-Tage	Veränd. z. Vorj. in %			
Baden-Württemberg	4,1	142,7	8,0	1.485,6	6,1	10,4	–1,9	53,9
Bayern	3,7	124,7	6,2	1.351,9	4,5	10,8	–1,8	49,7
Berlin	4,0	118,0	5,9	1.471,0	2,2	12,5	-3,1	41,1
Brandenburg	4,1	115,7	4,0	1.513,3	4,0	13,1	0,0	47,3
Bremen	4,5	144,1	4,7	1.657,1	3,9	11,5	–0,9	52,0
Hamburg	5,1	157,3	4,0	1.851,3	2,4	11,8	-1,7	53,6
Hessen	4,6	151,7	4,8	1.683,5	7,2	11,1	2,8	53,9
Mecklenburg-Vorpommern	3,9	113,5	5,8	1.443,8	5,2	12,7	–0,8	44,8
Niedersachsen	3,6	141,7	3,7	1.303,0	–5,9	9,2	–8,9	53,3
Nordrhein-Westfalen	4,4	148,3	6,7	1.598,3	4,9	10,8	–1,8	54,5
Rheinland-Pfalz	4,7	156,1	6,1	1.705,2	5,2	10,9	–0,9	56,4
Saarland	5,0	142,7	6,1	1.846,8	1,5	12,9	–4,4	54,1
Sachsen	3,5	108,0	4,5	1.289,1	6,3	11,9	1,7	48,1
Sachsen-Anhalt	4,2	118,6	5,4	1.526,6	4,0	12,9	–0,8	46,9
Schleswig-Holstein	4,4	143,0	3,5	1.612,5	6,6	11,3	3,7	53,5
Thüringen	4,0	118,7	6,4	1.460,2	6,5	12,3	0,0	48,8
West	**4,1**	**140,4**	**6,0**	**1.494,9**	**3,9**	**10,6**	**–2,8**	**52,8**
Ost	**3,8**	**112,0**	**5,1**	**1.373,7**	**5,7**	**12,3**	**0,8**	**47,8**
Bund	**4,0**	**136,2**	**5,9**	**1.476,9**	**4,1**	**10,8**	**–1,8**	**52,0**

Tabelle 27.7.3. Arbeitsunfähigkeit der AOK-Mitglieder in der Branche Handel nach Wirtschaftsabteilungen im Jahr 2008

Wirtschaftsabteilung	Krankenstand in %		Arbeitsunfähigkeiten je 100 AOK-Mitglieder		Tage je Fall	AU-Quote in %
	2008	2008 stand.*	Fälle	Tage		
Einzelhandel	3,8	4,0	128,2	1.388,8	10,8	49,1
Großhandel	4,4	4,3	140,9	1.622,2	11,5	54,8
Kraftfahrzeughandel	3,9	3,9	148,6	1.426,2	9,6	55,2
Branche insgesamt	**4,0**	**4,2**	**136,2**	**1.476,9**	**10,8**	**52,0**
Alle Branchen	**4,6**	**4,6**	**148,2**	**1.696,0**	**11,4**	**52,9**

*Krankenstand alters- und geschlechtsstandardisiert

Tabelle 27.7.4. Kennzahlen der Arbeitsunfähigkeit der AOK-Mitglieder nach ausgewählten Berufsgruppen in der Branche Handel im Jahr 2008

Tätigkeit	Krankenstand in %	Arbeitsunfähigkeiten je 100 AOK-Mitglieder		Tage je Fall	AU-Quote in %	Anteil der Berufsgruppe an der Branche in %*
		Fälle	Tage			
Bürofachkräfte	2,7	116,0	1.001,6	8,6	47,7	8,6
Groß- und Einzelhandelskaufleute, Einkäufer	2,9	146,2	1.051,2	7,2	53,5	6,2
Hilfsarbeiter	4,9	156,7	1.785,5	11,4	52,5	1,5
Kassierer	4,6	129,2	1.680,6	13,0	52,3	2,6
Kraftfahrzeugführer	5,3	122,1	1.953,4	16,0	53,6	5,2
Kraftfahrzeuginstandsetzer	4,1	165,0	1.518,6	9,2	61,2	6,3
Lager-, Transportarbeiter	5,5	166,5	2.027,2	12,2	59,0	7,0
Lagerverwalter, Magaziner	5,3	158,1	1.942,3	12,3	61,4	4,3
Raum-, Hausratreiniger	4,5	121,6	1.638,2	13,5	50,5	1,0
Verkäufer	3,7	122,1	1.361,5	11,1	47,5	27,2
Warenaufmacher, Versandfertigmacher	5,7	171,4	2.069,4	12,1	55,9	2,9
Branche insgesamt	**4,0**	**136,2**	**1.476,9**	**10,8**	**52,0**	**13,1****

* Anteil der AOK-Mitglieder in der Berufsgruppe an den in der Branche beschäftigten AOK-Mitgliedern insgesamt
**Anteil der AOK-Mitglieder in der Branche an allen AOK-Mitgliedern

Tabelle 27.7.5. Dauer der Arbeitsunfähigkeit der AOK-Mitglieder in der Branche Handel im Jahr 2008

Fallklasse	Branche hier		alle Branchen	
	Anteil Fälle in %	Anteil Tage in %	Anteil Fälle in %	Anteil Tage in %
1–3 Tage	38,8	7,2	36,2	6,3
4–7 Tage	29,8	13,9	29,6	13,0
8–14 Tage	16,0	15,4	17,4	15,8
15–21 Tage	5,6	9,1	6,2	9,5
22–28 Tage	3,1	6,6	3,3	7,0
29–42 Tage	2,9	9,2	3,2	9,7
Langzeit-AU (> 42 Tage)	3,8	38,6	4,1	38,7

Tabelle 27.7.6. Tage der Arbeitsunfähigkeit je AOK-Mitglied nach Wirtschaftsabteilungen und Betriebsgröße in der Branche Handel im Jahr 2008

Wirtschaftsabteilungen	Betriebsgröße (Anzahl der AOK-Mitglieder)					
	10–49	50–99	100–199	200–499	500–999	≥ 1.000
Einzelhandel	14,5	16,4	17,1	16,5	17,3	15,7
Großhandel	16,9	18,5	19,5	19,8	18,9	15,0
Kraftfahrzeughandel	14,9	16,0	16,4	18,5	18,8	–
Branche insgesamt	**15,6**	**17,4**	**18,1**	**17,8**	**17,8**	**15,6**
Alle Branchen	**17,5**	**19,0**	**19,3**	**19,5**	**19,9**	**18,5**

Tabelle 27.7.7. Krankenstand in Prozent nach der Stellung im Beruf in der Branche Handel im Jahr 2008, AOK-Mitglieder

Wirtschaftsabteilung	Stellung im Beruf				
	Auszubildende	Arbeiter	Facharbeiter	Meister, Poliere	Angestellte
Einzelhandel	3,3	4,7	4,1	3,3	3,2
Großhandel	3,3	5,6	5,0	3,6	2,9
Kraftfahrzeughandel	3,6	4,6	4,5	3,3	2,7
Branche insgesamt	**3,4**	**5,2**	**4,5**	**3,4**	**3,1**
Alle Branchen	**3,8**	**5,6**	**4,9**	**3,7**	**3,4**

Tabelle 27.7.8. Tage der Arbeitsunfähigkeit je AOK-Mitglied nach der Stellung im Beruf in der Branche Handel im Jahr 2008

Wirtschaftsabteilung	Stellung im Beruf				
	Auszubildende	Arbeiter	Facharbeiter	Meister, Poliere	Angestellte
Einzelhandel	12,0	17,3	15,0	12,2	11,8
Großhandel	12,1	20,3	18,4	13,0	10,7
Kraftfahrzeughandel	13,3	16,7	16,3	12,1	10,1
Branche insgesamt	**12,4**	**19,0**	**16,6**	**12,3**	**11,2**
Alle Branchen	**13,9**	**20,5**	**18,0**	**13,7**	**12,3**

Tabelle 27.7.9. Anteil der Arbeitsunfälle an den AU-Fällen und -Tagen in Prozent nach Wirtschaftsabteilungen in der Branche Handel im Jahr 2008, AOK-Mitglieder

Wirtschaftsabteilung	Arbeitsunfähigkeiten	
	AU-Fälle in %	AU-Tage in %
Einzelhandel	3,0	3,8
Großhandel	4,4	6,1
Kraftfahrzeughandel	4,7	5,7
Branche insgesamt	**3,8**	**5,0**
Alle Branchen	**4,6**	**5,8**

Tabelle 27.7.10. Tage und Fälle der Arbeitsunfähigkeit durch Arbeitsunfälle nach Berufsgruppen in der Branche Handel im Jahr 2008, AOK-Mitglieder

Tätigkeit	Arbeitsunfähigkeit je 1.000 AOK-Mitglieder	
	AU-Tage	AU-Fälle
Landmaschineninstandsetzer	2.103,0	154,7
Kraftfahrzeugführer	1.927,9	95,4
Fleischer	1.884,5	118,4
Tischler	1.736,4	101,8
Elektroinstallateure, -monteure	1.178,7	97,0
Kraftfahrzeuginstandsetzer	1.153,7	103,4
Lager-, Transportarbeiter	1.139,0	74,0
Lagerverwalter, Magaziner	1.036,1	67,9
Sonstige Mechaniker	991,0	83,8
Warenaufmacher, Versandfertigmacher	873,0	60,7
Warenmaler, -lackierer	754,4	74,7
Verkäufer	439,3	32,7
Groß- und Einzelhandelskaufleute, Einkäufer	337,6	29,4
Kassierer	319,2	23,0
Bürofachkräfte	217,5	17,1

Tabelle 27.7.11. Tage und Fälle der Arbeitsunfähigkeit je 100 AOK-Mitglieder nach Krankheitsarten in der Branche Handel in den Jahren 1995 bis 2008

Jahr	Arbeitsunfähigkeiten je 100 Mitglieder											
	Psyche		Herz/Kreislauf		Atemwege		Verdauung		Muskel/Skelett		Verletzungen	
	Tage	Fälle	Tage	Fälle	Tage	Fälle	Tage	Fälle	Tage	Fälle	Tage	Fälle
1995	101,3	4,1	175,6	8,5	347,2	43,8	183,5	22,6	592,8	31,9	345,0	21,1
1996	92,4	3,8	152,5	7,1	300,8	38,8	153,0	20,3	524,4	27,6	308,0	18,8
1997	89,6	4,0	142,2	7,4	268,9	37,5	143,7	20,2	463,5	26,9	293,2	18,4
1998	95,7	4,3	142,2	7,6	266,0	38,5	140,9	20,4	480,4	28,3	284,6	18,3
1999	100,4	4,7	139,6	7,8	301,5	44,0	142,3	21,7	499,5	30,0	280,8	18,5
2000	113,7	5,5	119,8	7,0	281,4	42,5	128,1	19,1	510,3	31,3	278,0	18,8
2001	126,1	6,3	124,0	7,6	266,0	41,9	128,9	19,8	523,9	32,5	270,3	18,7
2002	131,0	6,7	122,5	7,7	254,9	41,0	129,6	20,8	512,6	32,0	265,8	18,4
2003	127,0	6,6	114,6	7,6	252,1	41,5	121,3	19,8	459,2	29,4	250,8	17,4
2004	136,9	6,4	120,4	6,8	215,6	34,6	120,4	19,0	424,2	27,1	237,7	16,0
2005	135,8	6,2	118,1	6,6	245,8	39,4	113,5	17,6	399,1	25,9	230,5	15,5
2006	137,2	6,3	117,7	6,7	202,9	33,5	115,7	18,4	400,5	26,0	234,8	15,7
2007	151,2	6,8	120,3	6,8	231,0	37,9	122,6	20,0	426,0	27,1	234,3	15,4
2008	159,5	7,1	124,1	7,0	244,6	40,6	127,6	21,3	439,2	28,2	238,9	15,8

Tabelle 27.7.12. Verteilung der Arbeitsunfähigkeitstage nach Krankheitsarten in Prozent in der Branche Handel im Jahr 2008, AOK-Mitglieder

Wirtschaftsabteilung	AU-Tage in %						
	Psyche	Herz/ Kreislauf	Atem- wege	Verdau- ung	Muskel/ Skelett	Verlet- zungen	Sonstige
Einzelhandel	9,8	5,9	13,0	6,8	21,8	10,8	31,9
Großhandel	7,5	7,5	12,2	6,4	24,6	13,0	28,8
Kraftfahrzeughandel	6,6	6,0	13,9	7,1	22,8	16,3	27,3
Branche insgesamt	**8,5**	**6,5**	**12,8**	**6,7**	**23,0**	**12,5**	**30,0**
Alle Branchen	**8,3**	**6,9**	**12,5**	**6,5**	**24,2**	**12,6**	**29,0**

Tabelle 27.7.13. Verteilung der Arbeitsunfähigkeitsfälle nach Krankheitsarten in Prozent in der Branche Handel im Jahr 2008, AOK-Mitglieder

Wirtschaftsabteilung	AU-Fälle in %						
	Psyche	Herz/ Kreislauf	Atem- wege	Verdau- ung	Muskel/ Skelett	Verlet- zungen	Sonstige
Einzelhandel	4,7	3,9	23,4	12,3	14,6	7,8	33,3
Großhandel	3,9	4,5	22,4	11,9	18,1	9,2	30,0
Kraftfahrzeughandel	3,2	3,3	24,6	12,6	16,0	11,6	28,7
Branche insgesamt	**4,1**	**4,0**	**23,3**	**12,2**	**16,2**	**9,0**	**31,2**
Alle Branchen	**4,3**	**4,4**	**22,4**	**11,8**	**17,6**	**9,2**	**30,3**

Tabelle 27.7.14. Anteile der 40 häufigsten Einzeldiagnosen an den AU-Fällen und AU-Tagen in der Branche Handel im Jahr 2008, AOK-Mitglieder

ICD-10	Bezeichnung	AU-Fälle in %	AU-Tage in %
M54	Akute Infektionen der oberen Atemwege	7,0	3,2
J06	Rückenschmerzen	6,4	6,5
K52	Nichtinfektiöse Gastroenteritis und Kolitis	4,0	1,5
J20	Akute Bronchitis	3,1	1,7
A09	Diarrhoe und Gastroenteritis	2,8	1,0
J40	Nicht akute Bronchitis	2,4	1,3
K08	Sonstige Krankheiten der Zähne und des Zahnhalteapparates	2,1	0,5
K29	Gastritis und Duodenitis	1,6	0,8
B34	Viruskrankheit	1,6	0,7
J03	Akute Tonsillitis	1,5	0,7
R10	Bauch- und Beckenschmerzen	1,5	0,8
T14	Verletzung an einer nicht näher bezeichneten Körperregion	1,5	1,3
J01	Akute Sinusitis	1,3	0,7
J02	Akute Pharyngitis	1,3	0,6
I10	Essentielle Hypertonie	1,3	2,3
J32	Chronische Sinusitis	1,1	0,6
F32	Depressive Episode	1,0	2,3
R51	Kopfschmerz	1,0	0,4
M53	Sonstige Krankheiten der Wirbelsäule und des Rückens	0,9	1,1
M51	Sonstige Bandscheibenschäden	0,8	2,2
M99	Biomechanische Funktionsstörungen	0,8	0,6
F43	Reaktionen auf schwere Belastungen und Anpassungsstörungen	0,8	1,4
R11	Übelkeit und Erbrechen	0,8	0,4
M75	Schulterläsionen	0,7	1,5
M77	Sonstige Enthesopathien	0,7	0,9
J04	Akute Laryngitis und Tracheitis	0,7	0,4
S93	Luxation, Verstauchung und Zerrung der Gelenke und Bänder in Höhe des oberen Sprunggelenkes und des Fußes	0,7	0,8
J11	Grippe	0,7	0,3
B99	Sonstige Infektionskrankheiten	0,7	0,3
M25	Sonstige Gelenkkrankheiten	0,7	0,8
M23	Binnenschädigung des Kniegelenkes	0,6	1,3
R50	Fieber unbekannter Ursache	0,6	0,3
G43	Migräne	0,6	0,2
M79	Sonstige Krankheiten des Weichteilgewebes	0,6	0,6
N39	Sonstige Krankheiten des Harnsystems	0,6	0,4
R42	Schwindel und Taumel	0,6	0,4
J00	Akute Rhinopharyngitis	0,5	0,2
J98	Sonstige Krankheiten der Atemwege	0,5	0,3
A08	Virusbedingte und sonstige näher bezeichnete Darminfektionen	0,5	0,2
F45	Somatoforme Störungen	0,5	0,8
	Summe hier	**57,1**	**42,3**
	Restliche	42,9	57,7
	Gesamtsumme	**100,0**	**100,0**

Tabelle 27.7.15. Anteile der 40 häufigsten Diagnoseuntergruppen an den AU-Fällen und AU-Tagen in der Branche Handel im Jahr 2008, AOK-Mitglieder

ICD-10	Bezeichnung	AU-Fälle in %	AU-Tage in %
J00–J06	Akute Infektionen der oberen Atemwege	12,2	5,7
M40–M54	Krankheiten der Wirbelsäule und des Rückens	8,6	10,8
K50–K52	Nichtinfektiöse Enteritis und Kolitis	4,4	1,8
J40–J47	Chronische Krankheiten der unteren Atemwege	3,7	2,5
A00–A09	Infektiöse Darmkrankheiten	3,7	1,4
J20–J22	Sonstige akute Infektionen der unteren Atemwege	3,5	1,9
M60–M79	Krankheiten der Weichteilgewebe	3,4	4,8
R50–R69	Allgemeinsymptome	3,0	2,2
M00–M25	Arthropathien	2,7	5,5
K00–K14	Krankheiten der Mundhöhle, Speicheldrüsen und Kiefer	2,7	0,7
R10–R19	Symptome bzgl. Verdauungssystem und Abdomen	2,5	1,4
K20–K31	Krankheiten des Ösophagus, Magens und Duodenums	2,2	1,3
F40–F48	Neurotische, Belastungs- und somatoforme Störungen	2,0	3,5
J30–J39	Sonstige Krankheiten der oberen Atemwege	1,8	1,1
B25–B34	Sonstige Viruskrankheiten	1,8	0,8
T08–T14	Verletzungen Rumpf, Extremitäten u. a. Körperregionen	1,8	1,6
I10–I15	Hypertonie	1,4	2,6
S60–S69	Verletzungen des Handgelenkes und der Hand	1,3	1,8
G40–G47	Episod. und paroxysmale Krankheiten des Nervensystems	1,3	1,0
S90–S99	Verletzungen der Knöchelregion und des Fußes	1,3	1,6
F30–F39	Affektive Störungen	1,2	3,2
J10–J18	Grippe und Pneumonie	1,1	0,8
R00–R09	Symptome bzgl. Kreislauf- und Atmungssystem	1,1	0,7
S80–S89	Verletzungen des Knies und des Unterschenkels	1,0	2,1
N30–N39	Sonstige Krankheiten des Harnsystems	0,9	0,6
M95–M99	Sonstige Krankheiten des Muskel-Skelett-Systems und des Bindegewebes	0,9	0,8
I80–I89	Krankheiten der Venen, Lymphgefäße und -knoten	0,8	1,0
B99–B99	Sonstige Infektionskrankheiten	0,7	0,4
R40–R46	Symptome bzgl. Wahrnehmung, Stimmung und Verhalten	0,7	0,6
S00–S09	Verletzungen des Kopfes	0,7	0,7
N80–N98	Krankheiten des weiblichen Genitaltraktes	0,7	0,7
E70–E90	Stoffwechselstörungen	0,7	1,3
Z20–Z29	Pot. Gesundheitsrisiken hinsichtlich übertragbarer Krankheiten	0,7	0,4
K55–K63	Sonstige Krankheiten des Darmes	0,7	0,7
I95–I99	Sonstige Krankheiten des Kreislaufsystems	0,7	0,4
G50–G59	Krankheiten von Nerven, Nervenwurzeln und Nervenplexus	0,7	1,1
J95–J99	Sonstige Krankheiten des Atmungssystems	0,6	0,4
L00–L08	Infektionen der Haut und der Unterhaut	0,6	0,6
F10–F19	Psychische und Verhaltensstörungen durch psychotrope Substanzen	0,6	1,1
O60–O75	Komplikationen bei Wehentätigkeit und Entbindung	0,5	0,3
	Summe hier	**80,9**	**71,9**
	Restliche	19,1	28,1
	Gesamtsumme	**100,0**	**100,0**

27.8 Land- und Forstwirtschaft

Tabelle 27.8.1. Entwicklung der Fehlzeiten der AOK-Mitglieder in der Branche Land- und Forstwirtschaft in den Jahren 1994 bis 2008

Jahr	Krankenstand in %			AU-Fälle je 100 Mitglieder			Tage je Fall		
	West	Ost	Bund	West	Ost	Bund	West	Ost	Bund
1994	5,7	5,5	5,6	132,0	114,0	122,7	15,7	15,4	15,5
1995	5,4	5,7	5,6	140,6	137,3	139,2	14,7	15,1	14,9
1996	4,6	5,5	5,1	137,3	125,0	132,3	12,9	16,3	14,2
1997	4,6	5,0	4,8	137,4	117,7	129,7	12,3	15,4	13,4
1998	4,8	4,9	4,8	143,1	121,4	135,1	12,1	14,9	13,0
1999	4,6	6,0	5,3	149,6	142,6	147,6	11,6	14,2	12,3
2000	4,6	5,5	5,0	145,7	139,7	142,7	11,6	14,3	12,9
2001	4,6	5,4	5,0	144,3	130,2	137,6	11,7	15,1	13,2
2002	4,5	5,2	4,8	142,4	126,5	135,0	11,4	15,1	13,0
2003	4,2	4,9	4,5	135,5	120,5	128,5	11,2	14,8	12,8
2004	3,8	4,3	4,0	121,5	109,1	115,6	11,4	14,6	12,8
2005	3,5	4,3	3,9	113,7	102,1	108,4	11,3	15,3	13,0
2006	3,3	4,1	3,7	110,2	96,5	104,3	11,0	15,4	12,8
2007	3,6	4,4	3,9	117,1	102,2	110,8	11,1	15,7	12,9
2008	3,7	4,6	4,1	121,1	107,6	115,4	11,1	15,7	12,9

Tabelle 27.8.2. Arbeitsunfähigkeit der AOK-Mitglieder in der Branche Land- und Forstwirtschaft nach Bundesländern im Jahr 2008 im Vergleich zum Vorjahr

Bundesland	Krankenstand in %	Arbeitsunfähigkeit je 100 AOK-Mitglieder				Tage je Fall	Veränd. z. Vorj. in %	AU-Quote in %
		AU-Fälle	Veränd. z. Vorj. in %	AU-Tage	Veränd. z. Vorj. in %			
Baden-Württemberg	3,8	125,6	5,4	1.400,2	7,3	11,1	1,8	39,6
Bayern	3,2	101,9	4,8	1.179,6	5,9	11,6	0,9	34,5
Berlin	6,4	178,3	–1,9	2.339,0	–9,6	13,1	–7,7	49,8
Brandenburg	4,6	101,0	4,1	1.666,0	0,8	16,5	–2,9	42,4
Bremen	5,1	128,2	–2,4	1.862,2	39,2	14,5	42,2	45,3
Hamburg	4,9	132,5	–10,2	1.796,4	5,0	13,6	17,2	44,0
Hessen	5,0	144,9	6,5	1.814,6	11,1	12,5	4,2	44,2
Mecklenburg-Vorpommern	4,6	98,6	8,6	1.679,7	10,2	17,0	1,2	40,9
Niedersachsen	3,2	118,1	1,6	1.157,8	–5,5	9,8	–6,7	38,7
Nordrhein-Westfalen	3,8	128,2	4,4	1.379,5	3,9	10,8	0,0	36,1
Rheinland-Pfalz	4,1	125,4	0,1	1.501,9	–1,0	12,0	–0,8	29,9
Saarland	4,7	164,5	8,0	1.704,0	9,6	10,4	2,0	49,9
Sachsen	4,4	109,1	3,7	1.621,2	4,7	14,9	1,4	46,2
Sachsen-Anhalt	4,6	112,3	5,4	1.701,0	5,1	15,1	–0,7	42,0
Schleswig-Holstein	3,5	109,8	0,7	1.298,4	8,5	11,8	7,3	36,8
Thüringen	5,0	114,0	5,9	1.816,8	5,0	15,9	–1,2	47,5
West	**3,7**	**121,1**	**3,4**	**1.346,8**	**3,3**	**11,1**	**0,0**	**37,1**
Ost	**4,6**	**107,6**	**5,3**	**1.684,8**	**5,0**	**15,7**	**0,0**	**44,3**
Bund	**4,1**	**115,4**	**4,2**	**1.488,9**	**4,1**	**12,9**	**0,0**	**39,8**

Tabelle 27.8.3. Arbeitsunfähigkeit der AOK-Mitglieder in der Branche Land- und Forstwirtschaft nach Wirtschaftsabteilungen im Jahr 2008

Wirtschaftsabteilung	**Krankenstand in %**		**Arbeitsunfähigkeiten je 100 AOK-Mitglieder**		**Tage je Fall**	**AU-Quote in %**
	2008	**2008 stand.***	**Fälle**	**Tage**		
Fischerei und Fischzucht	3,5	3,3	92,0	1.268,4	13,8	40,0
Forstwirtschaft	5,5	4,8	141,3	2.001,2	14,2	47,9
Landwirtschaft, gewerbliche Jagd	4,0	4,0	113,9	1.458,7	12,8	39,3
Branche insgesamt	**4,1**	**4,0**	**115,4**	**1.488,9**	**12,9**	**39,8**
Alle Branchen	**4,6**	**4,6**	**148,2**	**1.696,0**	**11,4**	**52,9**

*Krankenstand alters- und geschlechtsstandardisiert

Tabelle 27.8.4. Kennzahlen der Arbeitsunfähigkeit der AOK-Mitglieder nach ausgewählten Berufsgruppen in der Branche Land- und Forstwirtschaft im Jahr 2008

Tätigkeit	**Krankenstand in %**	**Arbeitsunfähigkeiten je 100 AOK-Mitglieder**		**Tage je Fall**	**AU-Quote in %**	**Anteil der Berufsgruppe an der Branche in %***
		Fälle	**Tage**			
Bürofachkräfte	2,6	88,2	955,6	10,8	38,1	1,9
Floristen	2,9	107,3	1.063,0	9,9	47,5	1,9
Gärtner, Gartenarbeiter	4,1	143,6	1.513,6	10,5	44,9	29,1
Hilfsarbeiter	4,6	146,6	1.682,2	11,5	40,5	2,4
Kraftfahrzeugführer	4,3	107,3	1.556,7	14,5	45,4	1,8
Landarbeitskräfte	3,2	79,4	1.179,7	14,9	25,0	26,9
Landmaschineninstandsetzer	4,5	107,6	1.631,3	15,2	53,9	1,0
Landwirt(e), Pflanzenschützer	2,9	107,5	1.060,5	9,9	39,9	4,8
Melker	6,0	99,4	2.201,4	22,1	51,5	2,5
Sonstige Bauhilfsarbeiter, Bauhelfer	5,0	155,4	1.822,8	11,7	42,5	1,4
Tierpfleger und verwandte Berufe	5,3	97,8	1.958,0	20,0	48,4	4,1
Tierzüchter	4,8	113,0	1.772,4	15,7	49,6	2,0
Waldarbeiter, Waldnutzer	6,0	150,5	2.179,2	14,5	48,4	3,8
Branche insgesamt	**4,1**	**115,4**	**1.488,9**	**12,9**	**39,8**	**2,1****

* Anteil der AOK-Mitglieder in der Berufsgruppe an den in der Branche beschäftigten AOK-Mitgliedern insgesamt
**Anteil der AOK-Mitglieder in der Branche an allen AOK-Mitgliedern

Tabelle 27.8.5. Dauer der Arbeitsunfähigkeit der AOK-Mitglieder in der Branche Land- und Forstwirtschaft im Jahr 2008

Fallklasse	**Branche hier**		**alle Branchen**	
	Anteil Fälle in %	**Anteil Tage in %**	**Anteil Fälle in %**	**Anteil Tage in %**
1–3 Tage	34,1	5,2	36,2	6,3
4–7 Tage	28,3	11,1	29,6	13,0
8–14 Tage	18,5	14,9	17,4	15,8
15–21 Tage	6,9	9,3	6,2	9,5
22–28 Tage	3,5	6,7	3,3	7,0
29–42 Tage	3,6	9,6	3,2	9,7
Langzeit-AU (> 42 Tage)	5,1	43,2	4,1	38,7

Tabelle 27.8.6. Tage der Arbeitsunfähigkeit je AOK-Mitglied nach Wirtschaftsabteilungen und Betriebsgröße in der Branche Land- und Forstwirtschaft im Jahr 2008

Wirtschaftsabteilungen	Betriebsgröße (Anzahl der AOK-Mitglieder)					
	10–49	50–99	100–199	200–499	500–999	≥ 1.000
Fischerei und Fischzucht	10,9	–	–	–	–	–
Forstwirtschaft	22,1	19,9	22,9	21,7	–	–
Landwirtschaft, gewerbliche Jagd	16,0	16,7	17,5	16,0	13,6	–
Branche insgesamt	**16,2**	**16,9**	**18,2**	**16,3**	**13,6**	**–**
Alle Branchen	**17,5**	**19,0**	**19,3**	**19,5**	**19,9**	**18,5**

Tabelle 27.8.7. Krankenstand in Prozent nach der Stellung im Beruf in der Branche Land- und Forstwirtschaft im Jahr 2008, AOK-Mitglieder

Wirtschaftsabteilung	Stellung im Beruf				
	Auszubildende	Arbeiter	Facharbeiter	Meister, Poliere	Angestellte
Fischerei und Fischzucht	3,3	3,5	2,8	5,8	6,1
Forstwirtschaft	4,3	5,4	6,2	4,0	2,5
Landwirtschaft, gewerbliche Jagd	3,4	3,8	4,4	4,0	3,0
Branche insgesamt	**3,4**	**3,9**	**4,5**	**4,1**	**3,0**
Alle Branchen	**3,8**	**5,6**	**4,9**	**3,7**	**3,4**

Tabelle 27.8.8. Tage der Arbeitsunfähigkeit je AOK-Mitglied nach der Stellung im Beruf in der Branche Land- und Forstwirtschaft im Jahr 2008

Wirtschaftsabteilung	Stellung im Beruf				
	Auszubildende	Arbeiter	Facharbeiter	Meister, Poliere	Angestellte
Fischerei und Fischzucht	12,2	12,9	10,2	21,4	22,4
Forstwirtschaft	15,8	19,9	22,8	14,5	9,3
Landwirtschaft, gewerbliche Jagd	12,5	14,0	16,1	14,8	11,1
Branche insgesamt	**12,5**	**14,3**	**16,5**	**14,9**	**11,1**
Alle Branchen	**13,9**	**20,5**	**18,0**	**13,7**	**12,3**

Tabelle 27.8.9. Anteil der Arbeitsunfälle an den AU-Fällen und -Tagen in Prozent nach Wirtschaftsabteilungen in der Branche Land- und Forstwirtschaft im Jahr 2008, AOK-Mitglieder

Wirtschaftsabteilung	Arbeitsunfähigkeiten	
	AU-Fälle in %	AU-Tage in %
Fischerei und Fischzucht	5,9	8,8
Forstwirtschaft	10,4	15,5
Landwirtschaft, gewerbliche Jagd	8,4	11,0
Branche insgesamt	**8,5**	**11,4**
Alle Branchen	**4,6**	**5,8**

Tabelle 28.8.10. Tage und Fälle der Arbeitsunfähigkeit durch Arbeitsunfälle nach Berufsgruppen in der Branche Land- und Forstwirtschaft im Jahr 2008, AOK-Mitglieder

Tätigkeit	Arbeitsunfähigkeit je 1.000 AOK-Mitglieder	
	AU-Tage	AU-Fälle
Waldarbeiter, Waldnutzer	3.366,7	163,8
Industriemechaniker	2.840,2	160,9
Tierpfleger und verwandte Berufe	2.812,7	134,4
Melker	2.711,6	125,7
Landmaschineninstandsetzer	2.516,0	134,8
Tierzüchter	1.943,4	100,1
Kraftfahrzeugführer	1.925,8	101,4
Landwirt(e), Pflanzenschützer	1.617,5	127,5
Landarbeitskräfte	1.575,8	85,7
Gärtner, Gartenarbeiter	1.483,4	103,5

Tabelle 27.8.11. Tage und Fälle der Arbeitsunfähigkeit je 100 AOK-Mitglieder nach Krankheitsarten in der Branche Land- und Forstwirtschaft in den Jahren 1995 bis 2008

Jahr	Arbeitsunfähigkeiten je 100 Mitglieder											
	Psyche		Herz/Kreislauf		Atemwege		Verdauung		Muskel/Skelett		Verletzungen	
	Tage	Fälle	Tage	Fälle	Tage	Fälle	Tage	Fälle	Tage	Fälle	Tage	Fälle
1995	126,9	4,2	219,6	9,1	368,7	39,5	205,3	20,5	627,2	30,8	415,2	22,9
1996	80,7	3,3	172,3	7,4	306,7	35,5	163,8	19,4	561,5	29,8	409,5	23,9
1997	75,0	3,4	150,6	7,4	270,0	34,3	150,6	19,3	511,1	29,7	390,3	23,9
1998	79,5	3,9	155,0	7,8	279,3	36,9	147,4	19,8	510,9	31,5	376,8	23,7
1999	89,4	4,5	150,6	8,2	309,1	42,0	152,1	21,7	537,3	34,0	366,8	23,7
2000	80,9	4,2	140,7	7,6	278,6	35,9	136,3	18,4	574,4	35,5	397,9	24,0
2001	85,2	4,7	149,4	8,2	262,5	35,1	136,2	18,7	587,8	36,4	390,1	23,6
2002	85,0	4,6	155,5	8,3	237,6	33,0	134,4	19,0	575,3	35,7	376,6	23,5
2003	82,8	4,6	143,9	8,0	233,8	33,1	123,7	17,8	512,0	32,5	368,5	22,5
2004	92,8	4,5	145,0	7,2	195,8	27,0	123,5	17,3	469,8	29,9	344,0	20,9
2005	90,1	4,1	142,3	6,7	208,7	28,6	111,3	14,7	429,7	26,8	336,2	19,7
2006	84,3	4,0	130,5	6,5	164,4	23,4	105,6	15,0	415,1	26,9	341,5	20,3
2007	90,2	4,1	143,8	6,6	187,2	26,9	112,5	16,2	451,4	28,1	347,5	20,0
2008	94,9	4,5	153,2	7,0	195,6	27,8	119,6	17,3	472,0	29,2	350,9	19,9

Tabelle 27.8.12. Verteilung der Arbeitsunfähigkeitstage nach Krankheitsarten in Prozent in der Branche Land- und Forstwirtschaft im Jahr 2008, AOK-Mitglieder

Wirtschaftsabteilung	AU-Tage in %						
	Psyche	Herz/ Kreislauf	Atem-wege	Verdau-ung	Muskel/ Skelett	Verlet-zungen	Sonstige
Fischerei und Fischzucht	4,4	9,6	8,7	5,1	27,7	14,8	29,7
Forstwirtschaft	4,3	6,0	10,4	5,0	29,1	23,7	21,5
Landwirtschaft, gewerbliche Jagd	5,0	8,2	10,3	6,4	24,5	18,0	27,6
Branche insgesamt	**5,0**	**8,1**	**10,3**	**6,3**	**24,8**	**18,4**	**27,1**
Alle Branchen	**8,3**	**6,9**	**12,5**	**6,5**	**24,2**	**12,6**	**29,0**

Tabelle 27.8.13. Verteilung der Arbeitsunfähigkeitsfälle nach Krankheitsarten in Prozent in der Branche Land- und Forstwirtschaft im Jahr 2008, AOK-Mitglieder

Wirtschaftsabteilung	AU-Fälle in %						
	Psyche	Herz/ Kreislauf	Atem-wege	Verdau-ung	Muskel/ Skelett	Verlet-zungen	Sonstige
Fischerei und Fischzucht	4,1	6,4	17,4	11,8	17,3	12,0	31,0
Forstwirtschaft	2,7	4,3	18,7	10,6	22,7	15,5	25,5
Landwirtschaft, gewerbliche Jagd	3,1	4,8	19,0	11,9	19,8	13,5	27,9
Branche insgesamt	**3,1**	**4,8**	**19,0**	**11,8**	**20,0**	**13,6**	**27,7**
Alle Branchen	**4,3**	**4,4**	**22,4**	**11,8**	**17,6**	**9,2**	**30,3**

Tabelle 27.8.14. Anteile der 40 häufigsten Einzeldiagnosen an den AU-Fällen und AU-Tagen in der Branche Land- und Forstwirtschaft im Jahr 2008, AOK-Mitglieder

ICD-10	Bezeichnung	AU-Fälle in %	AU-Tage in %
M54	Rückenschmerzen	8,0	7,2
J06	Akute Infektionen der oberen Atemwege	5,4	2,3
K52	Nichtinfektiöse Gastroenteritis und Kolitis	3,2	1,1
J20	Akute Bronchitis	2,6	1,4
K08	Sonstige Krankheiten der Zähne und des Zahnhalteapparates	2,6	0,5
A09	Diarrhoe und Gastroenteritis	2,2	0,7
T14	Verletzung an einer nicht näher bezeichneten Körperregion	2,2	1,9
J40	Nicht akute Bronchitis	2,1	1,0
I10	Essentielle Hypertonie	2,0	3,1
K29	Gastritis und Duodenitis	1,4	0,8
J03	Akute Tonsillitis	1,4	0,6
B34	Viruskrankheit	1,2	0,5
R10	Bauch- und Beckenschmerzen	1,2	0,6
M53	Sonstige Krankheiten der Wirbelsäule und des Rückens	1,0	1,1
S93	Luxation, Verstauchung und Zerrung der Gelenke und Bänder in Höhe des oberen Sprunggelenkes und des Fußes	1,0	1,1
M77	Sonstige Enthesopathien	0,9	1,0
M51	Sonstige Bandscheibenschäden	0,9	2,1
J02	Akute Pharyngitis	0,9	0,4
M99	Biomechanische Funktionsstörungen	0,9	0,6
J01	Akute Sinusitis	0,9	0,4
M25	Sonstige Gelenkkrankheiten	0,9	0,9
M75	Schulterläsionen	0,8	1,5
J32	Chronische Sinusitis	0,8	0,4
M23	Binnenschädigung des Kniegelenkes	0,7	1,4
R51	Kopfschmerz	0,7	0,3
S60	Oberflächliche Verletzung des Handgelenkes und der Hand	0,6	0,5
S61	Offene Wunde des Handgelenkes und der Hand	0,6	0,7
M79	Sonstige Krankheiten des Weichteilgewebes	0,6	0,5
F32	Depressive Episode	0,6	1,1
M65	Synovitis und Tenosynovitis	0,6	0,7
S83	Luxation, Verstauchung und Zerrung des Kniegelenkes und von Bändern des Kniegelenkes	0,6	1,1
J11	Grippe	0,6	0,3
S80	Oberflächliche Verletzung des Unterschenkels	0,5	0,5
R11	Übelkeit und Erbrechen	0,5	0,3
E66	Adipositas	0,5	1,0
M17	Gonarthrose	0,5	1,2
J04	Akute Laryngitis und Tracheitis	0,5	0,2
S20	Oberflächliche Verletzung des Thorax	0,5	0,5
F43	Reaktionen auf schwere Belastungen und Anpassungsstörungen	0,5	0,6
M47	Spondylose	0,5	0,7
	Summe hier	**54,1**	**42,8**
	Restliche	45,9	57,2
	Gesamtsumme	**100,0**	**100,0**

Tabelle 27.8.15. Anteile der 40 häufigsten Diagnoseuntergruppen an den AU-Fällen und AU-Tagen in der Branche Land- und Forstwirtschaft im Jahr 2008, AOK-Mitglieder

ICD-10	Bezeichnung	AU-Fälle in %	AU-Tage in %
M40–M54	Krankheiten der Wirbelsäule und des Rückens	10,5	11,6
J00–J06	Akute Infektionen der oberen Atemwege	9,6	4,1
M60–M79	Krankheiten der Weichteilgewebe	4,1	4,9
M00–M25	Arthropathien	3,6	6,3
K50–K52	Nichtinfektiöse Enteritis und Kolitis	3,6	1,3
K00–K14	Krankheiten der Mundhöhle, Speicheldrüsen und Kiefer	3,3	0,8
J40–J47	Chronische Krankheiten der unteren Atemwege	3,2	2,1
J20–J22	Sonstige akute Infektionen der unteren Atemwege	3,0	1,6
A00–A09	Infektiöse Darmkrankheiten	2,9	0,9
T08–T14	Verletzungen Rumpf, Extremitäten u. a. Körperregionen	2,7	2,4
R50–R69	Allgemeinsymptome	2,3	1,6
I10–I15	Hypertonie	2,2	3,6
S60–S69	Verletzungen des Handgelenkes und der Hand	2,2	2,9
K20–K31	Krankheiten des Ösophagus, Magens und Duodenums	2,1	1,2
R10–R19	Symptome bzgl. Verdauungssystem und Abdomen	1,9	1,1
S90–S99	Verletzungen der Knöchelregion und des Fußes	1,7	2,2
S80–S89	Verletzungen des Knies und des Unterschenkels	1,6	3,4
B25–B34	Sonstige Viruskrankheiten	1,4	0,6
J30–J39	Sonstige Krankheiten der oberen Atemwege	1,3	0,8
F40–F48	Neurotische, Belastungs- und somatoforme Störungen	1,2	1,6
S00–S09	Verletzungen des Kopfes	1,2	1,1
R00–R09	Symptome bzgl. Kreislauf- und Atmungssystem	1,0	0,7
M95–M99	Sonstige Krankheiten des Muskel-Skelett-Systems und des Bindegewebes	1,0	0,7
J10–J18	Grippe und Pneumonie	1,0	0,7
G40–G47	Episod. und paroxysmale Krankheiten des Nervensystems	1,0	0,8
I80–I89	Krankheiten der Venen, Lymphgefäße und -knoten	0,9	1,0
E70–E90	Stoffwechselstörungen	0,9	1,5
F10–F19	Psychische und Verhaltensstörungen durch psychotrope Substanzen	0,8	1,3
G50–G59	Krankheiten von Nerven, Nervenwurzeln und Nervenplexus	0,8	1,2
S20–S29	Verletzungen des Thorax	0,8	1,1
F30–F39	Affektive Störungen	0,8	1,6
L00–L08	Infektionen der Haut und der Unterhaut	0,7	0,7
I30–I52	Sonstige Formen der Herzkrankheit	0,7	1,3
N30–N39	Sonstige Krankheiten des Harnsystems	0,6	0,5
E10–E14	Diabetes mellitus	0,6	1,2
K55–K63	Sonstige Krankheiten des Darmes	0,6	0,6
R40–R46	Symptome bzgl. Wahrnehmung, Stimmung und Verhalten	0,6	0,5
I20–I25	Ischämische Herzkrankheiten	0,6	1,3
S40–S49	Verletzungen der Schulter und des Oberarmes	0,6	1,3
E65–E68	Adipositas	0,5	1,1
	Summe hier	**80,1**	**75,2**
	Restliche	19,9	24,8
	Gesamtsumme	**100,0**	**100,0**

27.9 Metallindustrie

Tabelle 27.9.1. Entwicklung der Fehlzeiten der AOK-Mitglieder in der Branche Metallindustrie in den Jahren 1994 bis 2008

Jahr	Krankenstand in %			AU-Fälle je 100 Mitglieder			Tage je Fall		
	West	Ost	Bund	West	Ost	Bund	West	Ost	Bund
1994	6,4	5,3	6,3	156,5	131,1	153,7	14,2	13,7	14,1
1995	6,0	5,1	5,9	165,7	141,1	163,1	13,6	13,7	13,6
1996	5,5	4,8	5,4	150,0	130,2	147,8	13,9	13,9	13,9
1997	5,3	4,5	5,2	146,7	123,7	144,4	13,1	13,4	13,2
1998	5,3	4,6	5,2	150,0	124,6	147,4	13,0	13,4	13,0
1999	5,6	5,0	5,6	160,5	137,8	158,3	12,8	13,4	12,8
2000	5,6	5,0	5,5	163,1	141,2	161,1	12,6	12,9	12,6
2001	5,5	5,1	5,5	162,6	140,1	160,6	12,4	13,2	12,5
2002	5,5	5,0	5,5	162,2	143,1	160,5	12,5	12,7	12,5
2003	5,2	4,6	5,1	157,1	138,6	155,2	12,0	12,2	12,0
2004	4,8	4,2	4,8	144,6	127,1	142,7	12,2	12,1	12,2
2005	4,8	4,1	4,7	148,0	127,8	145,6	11,9	11,8	11,9
2006	4,5	4,0	4,5	138,8	123,3	136,9	11,9	11,9	11,9
2007	4,8	4,3	4,8	151,2	134,0	149,0	11,7	11,7	11,7
2008	5,0	4,5	4,9	159,9	142,2	157,5	11,4	11,5	11,4

Tabelle 27.9.2. Arbeitsunfähigkeit der AOK-Mitglieder in der Branche Metallindustrie nach Bundesländern im Jahr 2008 im Vergleich zum Vorjahr

Bundesland	Krankenstand in %	Arbeitsunfähigkeit je 100 AOK-Mitglieder				Tage je Fall	Veränd. z. Vorj. in %	AU-Quote in %
		AU-Fälle	Veränd. z. Vorj. in %	AU-Tage	Veränd. z. Vorj. in %			
Baden-Württemberg	4,8	159,5	6,8	1.762,0	4,8	11,0	–2,7	62,2
Bayern	4,4	145,4	6,1	1.620,1	5,1	11,1	–1,8	58,4
Berlin	5,8	142,4	6,1	2.135,0	3,9	15,0	–2,0	53,8
Brandenburg	4,8	145,0	5,0	1.753,1	1,5	12,1	–3,2	57,0
Bremen	5,5	165,0	3,8	2.019,9	–0,4	12,2	–4,7	59,6
Hamburg	6,0	161,8	0,4	2.184,0	4,2	13,5	3,8	59,2
Hessen	5,6	170,9	3,8	2.065,9	2,6	12,1	–0,8	63,4
Mecklenburg-Vorpommern	4,9	152,4	4,2	1.777,3	2,5	11,7	–1,7	57,4
Niedersachsen	4,3	164,4	3,5	1.574,4	–5,5	9,6	–8,6	62,1
Nordrhein-Westfalen	5,6	170,4	6,4	2.034,7	4,6	11,9	–2,5	64,8
Rheinland-Pfalz	5,5	166,5	4,1	2.013,2	1,1	12,1	–3,2	63,7
Saarland	5,9	131,2	4,5	2.172,9	2,3	16,6	–1,8	58,0
Sachsen	4,2	135,5	4,9	1.548,5	4,5	11,4	–0,9	58,5
Sachsen-Anhalt	4,9	147,4	7,5	1.786,7	6,8	12,1	–0,8	57,4
Schleswig-Holstein	5,5	163,5	–0,3	1.995,8	3,2	12,2	3,4	62,3
Thüringen	4,8	155,1	8,7	1.756,4	4,5	11,3	–4,2	61,0
West	**5,0**	**159,9**	**5,8**	**1.824,3**	**3,5**	**11,4**	**–2,6**	**62,0**
Ost	**4,5**	**142,2**	**6,1**	**1.637,9**	**4,5**	**11,5**	**–1,7**	**58,8**
Bund	**4,9**	**157,5**	**5,7**	**1.799,4**	**3,6**	**11,4**	**–2,6**	**61,5**

Tabelle 27.9.3. Arbeitsunfähigkeit der AOK-Mitglieder in der Branche Metallindustrie nach Wirtschaftsabteilungen im Jahr 2008

Wirtschaftsabteilung	Krankenstand in %		Arbeitsunfähigkeiten je 100 AOK-Mitglieder		Tage je Fall	AU-Quote in %
	2008	2008 stand.*	Fälle	Tage		
Herstellung von Büromaschinen, Datenverarbeitungsgeräten und -einrichtungen	3,8	3,8	140,9	1.377,3	9,8	55,1
Herstellung von Geräten der Elektrizitätserzeugung, -verteilung	5,1	4,9	159,8	1.852,0	11,6	62,0
Herstellung von Kraftwagen und Kraftwagenteilen	5,2	5,3	154,6	1.911,4	12,4	62,0
Herstellung von Metallerzeugnissen	5,2	5,1	163,8	1.910,8	11,7	62,4
Maschinenbau	4,5	4,4	152,4	1.641,6	10,8	60,8
Medizin-, Mess-, Steuer- und Regelungstechnik, Optik	4,1	4,1	148,8	1.508,8	10,1	58,3
Metallerzeugung und -bearbeitung	5,7	5,4	164,7	2.096,3	12,7	64,8
Rundfunk- und Nachrichtentechnik	4,3	4,3	155,7	1.582,4	10,2	59,0
Sonstiger Fahrzeugbau	5,1	4,6	161,2	1.868,8	11,6	61,3
Branche insgesamt	**4,9**	**4,5**	**157,5**	**1.799,4**	**11,4**	**61,5**
Alle Branchen	**4,6**	**4,6**	**148,2**	**1.696,0**	**11,4**	**52,9**

*Krankenstand alters- und geschlechtsstandardisiert

Tabelle 27.9.4. Kennzahlen der Arbeitsunfähigkeit der AOK-Mitglieder nach ausgewählten Berufsgruppen in der Branche Metallindustrie im Jahr 2008

Tätigkeit	Krankenstand in %	Arbeitsunfähigkeiten je 100 AOK-Mitglieder		Tage je Fall	AU-Quote in %	Anteil der Berufsgruppe an der Branche in %*
		Fälle	Tage			
Bauschlosser	5,4	175,1	1.979,6	11,3	65,7	2,1
Betriebsschlosser, Reparaturschlosser	5,0	157,0	1.815,9	11,6	63,4	1,7
Bürofachkräfte	2,5	115,9	902,6	7,8	49,9	5,5
Dreher	4,9	168,6	1.799,1	10,7	65,1	3,4
Elektrogeräte-, Elektroteilemontierer	6,4	182,7	2.336,4	12,8	67,9	3,0
Elektrogerätebauer	3,6	150,3	1.332,6	8,9	59,3	1,6
Elektroinstallateure, -monteure	4,2	140,8	1.523,0	10,8	59,4	2,8
Hilfsarbeiter	5,3	175,1	1.950,7	11,1	62,5	4,0
Industriemechaniker	4,9	172,8	1.786,9	10,3	61,2	3,3
Kunststoffverarbeiter	6,1	179,5	2.232,3	12,4	67,7	1,5
Lager-, Transportarbeiter	5,5	162,1	2.013,4	12,4	63,7	2,0
Maschinenschlosser	4,5	153,9	1.664,1	10,8	63,8	5,5
Metallarbeiter	6,0	175,3	2.180,0	12,4	66,3	9,4
Schweißer, Brennschneider	6,2	179,2	2.252,2	12,6	66,8	2,5
Sonstige Mechaniker	4,2	163,5	1.527,0	9,3	61,8	1,9
Sonstige Montierer	6,2	170,7	2.255,9	13,2	65,4	4,0
Stahlbauschlosser, Eisenschiffbauer	5,7	168,3	2.100,0	12,5	66,1	1,6
Warenaufmacher, Versandfertigmacher	6,1	168,9	2.215,5	13,1	66,1	1,5
Warenprüfer, -sortierer.	5,1	154,5	1.884,1	12,2	62,5	1,4
Werkzeugmacher	3,9	150,9	1.420,9	9,4	62,3	2,6
Branche insgesamt	**4,9**	**157,5**	**1.799,4**	**11,4**	**61,5**	**13,3****

* Anteil der AOK-Mitglieder in der Berufsgruppe an den in der Branche beschäftigten AOK-Mitgliedern insgesamt
**Anteil der AOK-Mitglieder in der Branche an allen AOK-Mitgliedern

Tabelle 27.9.5. Dauer der Arbeitsunfähigkeit der AOK-Mitglieder in der Branche Metallindustrie im Jahr 2008

Fallklasse	Branche hier		alle Branchen	
	Anteil Fälle in %	Anteil Tage in %	Anteil Fälle in %	Anteil Tage in %
1–3 Tage	36,6	6,4	36,2	6,3
4–7 Tage	28,9	12,5	29,6	13,0
8–14 Tage	17,3	15,8	17,4	15,8
15–21 Tage	6,3	9,6	6,2	9,5
22–28 Tage	3,4	7,1	3,3	7,0
29–42 Tage	3,4	10,2	3,2	9,7
Langzeit-AU (> 42 Tage)	4,1	38,4	4,1	38,7

Tabelle 27.9.6. Tage der Arbeitsunfähigkeit je AOK-Mitglied nach Wirtschaftsabteilungen und Betriebsgröße in der Branche Metallindustrie im Jahr 2008

Wirtschaftsabteilungen	Betriebsgröße (Anzahl der AOK-Mitglieder)					
	10–49	50–99	100–199	200–499	500–999	≥ 1.000
Herstellung von Büromaschinen, Datenverarbeitungsgeräten und -einrichtungen	14,1	13,4	18,2	17,8	12,7	–
Herstellung von Geräten der Elektrizitätserzeugung, -verteilung	16,7	18,7	20,0	20,2	20,4	20,3
Herstellung von Kraftwagen und Kraftwagenteilen	17,1	19,4	19,9	19,8	19,1	19,3
Herstellung von Metallerzeugnissen	19,0	20,2	20,3	20,1	21,4	18,0
Maschinenbau	16,0	17,0	17,0	17,0	17,5	17,5
Medizin-, Mess-, Steuer- und Regelungstechnik, Optik	14,4	16,5	17,7	18,5	16,4	–
Metallerzeugung und -bearbeitung	20,8	21,1	20,9	22,1	21,4	21,7
Rundfunk- und Nachrichtentechnik	15,3	16,6	16,8	17,8	15,6	13,1
Sonstiger Fahrzeugbau	18,1	20,0	18,4	21,5	20,2	14,3
Branche insgesamt	**17,4**	**18,7**	**19,0**	**19,3**	**18,9**	**18,9**
Alle Branchen	**17,5**	**19,0**	**19,3**	**19,5**	**19,9**	**18,5**

Tabelle 27.9.7. Krankenstand in Prozent nach der Stellung im Beruf in der Branche Metallindustrie im Jahr 2008, AOK-Mitglieder

Wirtschaftsabteilung	Stellung im Beruf				
	Auszubildende	Arbeiter	Facharbeiter	Meister, Poliere	Angestellte
Herstellung von Büromaschinen, Datenverarbeitungsgeräten und -einrichtungen	2,3	5,7	4,3	6,4	2,1
Herstellung von Geräten der Elektrizitätserzeugung, -verteilung	2,8	6,2	4,7	3,0	2,4
Herstellung von Kraftwagen und Kraftwagenteilen	2,9	6,1	5,1	3,2	2,4
Herstellung von Metallerzeugnissen	3,7	6,1	5,1	3,7	2,6
Maschinenbau	3,0	5,6	4,7	3,0	2,4
Medizin-, Mess-, Steuer- und Regelungstechnik, Optik	2,7	5,5	4,0	2,7	2,6
Metallerzeugung und -bearbeitung	3,4	6,6	5,4	4,0	2,4
Rundfunk-, Fernseh- und Nachrichtentechnik	2,8	5,6	4,1	2,6	2,5
Sonstiger Fahrzeugbau	3,1	6,2	5,7	3,4	2,5
Branche insgesamt	**3,2**	**6,0**	**4,9**	**3,3**	**2,5**
Alle Branchen	**3,8**	**5,6**	**4,9**	**3,7**	**3,4**

Tabelle 27.9.8. Tage der Arbeitsunfähigkeit je AOK-Mitglied nach der Stellung im Beruf in der Branche Metallindustrie im Jahr 2008

Wirtschaftsabteilung	Stellung im Beruf				
	Auszubildende	Arbeiter	Facharbeiter	Meister, Poliere	Angestellte
Herstellung von Büromaschinen, Datenverarbeitungsgeräten und -einrichtungen	8,3	20,9	15,7	23,3	7,7
Herstellung von Geräten der Elektrizitätserzeugung, -verteilung	10,4	22,8	17,3	10,9	8,7
Herstellung von Kraftwagen und Kraftwagenteilen	10,7	22,2	18,6	11,5	8,7
Herstellung von Metallerzeugnissen	13,5	22,3	18,7	13,5	9,6
Maschinenbau	11,0	20,6	17,3	10,9	8,8
Medizin-, Mess-, Steuer- und Regelungstechnik, Optik	9,8	20,0	14,6	10,0	9,3
Metallerzeugung und -bearbeitung	12,5	24,1	19,6	14,8	8,9
Rundfunk-, Fernseh- und Nachrichtentechnik	10,1	20,6	15,1	9,5	9,0
Sonstiger Fahrzeugbau	11,4	22,5	21,0	12,6	9,2
Branche insgesamt	**11,6**	**22,0**	**17,9**	**12,0**	**9,0**
Alle Branchen	**13,9**	**20,5**	**18,0**	**13,7**	**12,3**

Tabelle 27.9.9. Anteil der Arbeitsunfälle an den AU-Fällen und -Tagen in Prozent nach Wirtschaftsabteilungen in der Branche Metallindustrie im Jahr 2008, AOK-Mitglieder

Wirtschaftsabteilung	Arbeitsunfähigkeiten	
	AU-Fälle in %	AU-Tage in %
Herstellung von Büromaschinen, Datenverarbeitungsgeräten und -einrichtungen	2,5	2,6
Herstellung von Geräten der Elektrizitätserzeugung, -verteilung	3,2	3,6
Herstellung von Kraftwagen und Kraftwagenteilen	3,8	4,1
Herstellung von Metallerzeugnissen	6,7	7,6
Maschinenbau	5,4	6,2
Medizin-, Mess-, Steuer- und Regelungstechnik, Optik und Herstellung von Uhren	2,5	2,9
Metallerzeugung und -bearbeitung	6,8	7,6
Rundfunk- und Nachrichtentechnik	2,2	2,7
Sonstiger Fahrzeugbau	5,7	6,5
Branche insgesamt	**5,2**	**5,9**
Alle Branchen	**4,6**	**5,8**

Tabelle 27.9.10. Tage und Fälle der Arbeitsunfähigkeit durch Arbeitsunfälle nach Berufsgruppen in der Branche Metallindustrie im Jahr 2008, AOK-Mitglieder

Tätigkeit	Arbeitsunfähigkeit je 1.000 AOK-Mitglieder	
	AU-Tage	AU-Fälle
Halbzeugputzer und sonstige Formgießerberufe	2.494,6	207,8
Stahlschmiede	2.236,2	156,5
Stahlbauschlosser, Eisenschiffbauer	2.193,5	156,7
Industriemechaniker	2.080,9	172,9
Landmaschineninstandsetzer	2.046,2	158,8
Bauschlosser	2.022,8	164,5
Schweißer, Brennschneider	2.013,2	160,1
Betriebsschlosser, Reparaturschlosser	1.601,1	124,0
Blechpresser, -zieher, -stanzer	1.567,6	95,7
Feinblechner	1.425,6	119,2
Maschinenschlosser	1.250,7	103,7
Metallarbeiter	1.212,5	86,4
Warenmaler, -lackierer	1.152,0	82,3
Dreher	1.130,5	93,6
Metallschleifer	1.102,3	95,4
Fräßer	999,9	87,1
Sonstige Mechaniker	998,8	86,2
Warenaufmacher, Versandfertigmacher	972,7	69,2
Lager-, Transportarbeiter	957,9	64,2
Werkzeugmacher	916,6	84,1

Tabelle 27.9.11. Tage und Fälle der Arbeitsunfähigkeit je 100 AOK-Mitglieder nach Krankheitsarten in der Branche Metallindustrie in den Jahren 1995 bis 2008

Jahr	Arbeitsunfähigkeiten je 100 Mitglieder											
	Psyche		Herz/Kreislauf		Atemwege		Verdauung		Muskel/Skelett		Verletzungen	
	Tage	Fälle	Tage	Fälle	Tage	Fälle	Tage	Fälle	Tage	Fälle	Tage	Fälle
2000	125,2	5,6	163,1	8,5	332,7	46,5	148,6	20,8	655,7	39,1	343,6	23,5
2001	134,9	6,4	165,4	9,1	310,6	45,6	149,9	21,6	672,0	40,8	338,9	23,4
2002	141,7	6,8	164,9	9,4	297,9	44,1	151,1	22,5	671,3	41,1	338,9	23,1
2003	134,5	6,7	156,5	9,3	296,8	45,1	142,2	21,5	601,3	37,9	314,5	21,7
2004	151,3	6,8	168,4	8,7	258,0	38,0	143,5	21,0	574,9	36,1	305,3	20,4
2005	150,7	6,6	166,7	8,7	300,6	44,4	136,0	19,6	553,4	35,3	301,1	19,9
2006	147,1	6,5	163,0	8,8	243,0	36,7	135,7	20,3	541,1	35,1	304,5	20,2
2007	154,4	6,9	164,0	8,8	275,3	42,1	142,2	21,8	560,3	36,0	303,9	20,2
2008	162,9	7,1	168,5	9,2	287,2	44,6	148,4	23,3	580,4	37,9	308,6	20,7

Tabelle 27.9.12. Verteilung der Arbeitsunfähigkeitstage nach Krankheitsarten in Prozent in der Branche Metallindustrie im Jahr 2008, AOK-Mitglieder

Wirtschaftsabteilung	**AU-Tage in %**						
	Psyche	**Herz/ Kreislauf**	**Atem-wege**	**Verdau-ung**	**Muskel/ Skelett**	**Verlet-zungen**	**Sonstige**
Herstellung von Büromaschinen, Datenverarbeitungsgeräten und -einrichtungen	8,8	6,5	14,8	6,5	20,9	10,2	32,3
Herstellung von Geräten der Elektrizitätserzeugung, -verteilung	8,0	7,2	12,8	6,3	25,8	10,4	29,5
Herstellung von Kraftwagen und Kraftwagenteilen	7,6	7,1	12,6	6,4	27,7	12,0	26,6
Herstellung von Metallerzeugnissen	6,7	7,4	11,9	6,4	25,5	15,1	27,0
Maschinenbau	6,7	7,4	12,8	6,7	24,3	14,4	27,7
Medizin-, Mess-, Steuer- und Regelungstechnik, Optik und Herstellung von Uhren	9,1	7,0	14,0	6,8	22,2	10,3	30,6
Metallerzeugung und -bearbeitung	6,6	8,0	11,7	6,2	26,2	14,4	26,9
Rundfunk- und Nachrichtentechnik	9,3	6,4	14,7	6,7	22,8	9,6	30,5
Sonstiger Fahrzeugbau	5,8	7,5	12,2	6,3	26,7	14,4	27,1
Branche insgesamt	**7,1**	**7,4**	**12,5**	**6,5**	**25,3**	**13,5**	**27,7**
Alle Branchen	**8,3**	**6,9**	**12,5**	**6,5**	**24,2**	**12,6**	**29,0**

Tabelle 27.9.13. Verteilung der Arbeitsunfähigkeitsfälle nach Krankheitsarten in Prozent in der Branche Metallindustrie im Jahr 2008, AOK-Mitglieder

Wirtschaftsabteilung	AU-Fälle in %						
	Psyche	Herz/ Kreislauf	Atem-wege	Verdau-ung	Muskel/ Skelett	Verlet-zungen	Sonstige
Herstellung von Büromaschinen, Datenverarbeitungsgeräten und -einrichtungen	4,5	4,8	25,5	11,6	16,0	7,2	30,4
Herstellung von Geräten der Elektrizitätserzeugung, -verteilung	4,1	4,8	22,6	11,7	18,8	7,9	30,1
Herstellung von Kraftwagen und Kraftwagenteilen	3,8	4,8	21,8	11,2	21,0	9,3	28,1
Herstellung von Metallerzeugnissen	3,5	4,5	21,4	11,5	19,4	11,8	27,9
Maschinenbau	3,3	4,5	22,9	11,8	18,0	10,9	28,6
Medizin-, Mess-, Steuer- und Regelungstechnik, Optik und Herstellung von Uhren	4,3	4,4	24,3	12,4	15,7	7,4	31,5
Metallerzeugung und -bearbeitung	3,3	4,9	21,0	11,1	20,7	11,7	27,3
Rundfunk- und Nachrichtentechnik	4,6	4,2	24,6	12,3	16,1	6,8	31,4
Sonstiger Fahrzeugbau	3,1	4,8	21,6	11,7	20,0	11,1	27,7
Branche insgesamt	**3,6**	**4,6**	**22,3**	**11,6**	**18,9**	**10,4**	**28,6**
Alle Branchen	**4,3**	**4,4**	**22,4**	**11,8**	**17,6**	**9,2**	**30,3**

Tabelle 27.9.14. Anteile der 40 häufigsten Einzeldiagnosen an den AU-Fällen und AU-Tagen in der Branche Metallindustrie im Jahr 2008, AOK-Mitglieder

ICD-10	Bezeichnung	AU-Fälle in %	AU-Tage in %
M54	Rückenschmerzen	7,5	7,3
J06	Akute Infektionen der oberen Atemwege	6,8	3,1
K52	Nichtinfektiöse Gastroenteritis und Kolitis	3,3	1,2
J20	Akute Bronchitis	3,1	1,7
J40	Nicht akute Bronchitis	2,4	1,3
A09	Diarrhoe und Gastroenteritis	2,4	0,8
K08	Sonstige Krankheiten der Zähne und des Zahnhalteapparates	2,3	0,5
T14	Verletzung an einer nicht näher bezeichneten Körperregion	1,8	1,6
I10	Essentielle Hypertonie	1,7	2,6
B34	Viruskrankheit	1,5	0,7
K29	Gastritis und Duodenitis	1,5	0,8
J03	Akute Tonsillitis	1,3	0,6
R10	Bauch- und Beckenschmerzen	1,2	0,6
J01	Akute Sinusitis	1,2	0,6
J02	Akute Pharyngitis	1,1	0,5
M53	Sonstige Krankheiten der Wirbelsäule und des Rückens, anderenorts nicht klassifiziert	1,1	1,3
J32	Chronische Sinusitis	1,0	0,6
M51	Sonstige Bandscheibenschäden	1,0	2,3
M77	Sonstige Enthesopathien	0,9	1,1
M75	Schulterläsionen	0,9	1,7
F32	Depressive Episode	0,9	1,9
R51	Kopfschmerz	0,9	0,4
M99	Biomechanische Funktionsstörungen	0,9	0,6
M25	Sonstige Gelenkkrankheiten	0,8	0,9
J11	Grippe	0,8	0,4
M23	Binnenschädigung des Kniegelenkes	0,8	1,4
M79	Sonstige Krankheiten des Weichteilgewebes	0,7	0,6
S93	Luxation, Verstauchung und Zerrung der Gelenke und Bänder in Höhe des oberen Sprunggelenkes und des Fußes	0,6	0,7
B99	Sonstige Infektionskrankheiten	0,6	0,3
R50	Fieber unbekannter Ursache	0,6	0,3
R42	Schwindel und Taumel	0,6	0,4
J04	Akute Laryngitis und Tracheitis	0,6	0,3
R11	Übelkeit und Erbrechen	0,6	0,3
M47	Spondylose	0,6	0,8
F43	Reaktionen auf schwere Belastungen und Anpassungsstörungen	0,6	0,9
S61	Offene Wunde des Handgelenkes und der Hand	0,6	0,6
T15	Fremdkörper im äußeren Auge	0,5	0,1
J98	Sonstige Krankheiten der Atemwege	0,5	0,3
J00	Akute Rhinopharyngitis	0,5	0,2
M65	Synovitis und Tenosynovitis	0,5	0,7
	Summe hier	**57,2**	**43,0**
	Restliche	42,8	57,0
	Gesamtsumme	**100,0**	**100,0**

Tabelle 27.9.15. Anteile der 40 häufigsten Diagnoseuntergruppen an den AU-Fällen und AU-Tagen in der Branche Metallindustrie im Jahr 2008, AOK-Mitglieder

ICD-10	Bezeichnung	AU-Fälle in %	AU-Tage in %
J00–J06	Akute Infektionen der oberen Atemwege	11,5	5,3
M40–M54	Krankheiten der Wirbelsäule und des Rückens	10,1	12,2
M60–M79	Krankheiten der Weichteilgewebe	4,1	5,4
J40–J47	Chronische Krankheiten der unteren Atemwege	3,8	2,6
K50–K52	Nichtinfektiöse Enteritis und Kolitis	3,7	1,5
J20–J22	Sonstige akute Infektionen der unteren Atemwege	3,6	2,0
M00–M25	Arthropathien	3,4	5,8
A00–A09	Infektiöse Darmkrankheiten	3,1	1,1
K00–K14	Krankheiten der Mundhöhle, der Speicheldrüsen und der Kiefer	2,9	0,7
R50–R69	Allgemeinsymptome	2,8	2,1
K20–K31	Krankheiten des Ösophagus, Magens und Duodenums	2,2	1,3
T08–T14	Verletzungen Rumpf, Extremitäten u. a. Körperregionen	2,1	1,9
R10–R19	Symptome bzgl. Verdauungssystem und Abdomen	2,0	1,1
I10–I15	Hypertonie	1,9	3,0
S60–S69	Verletzungen des Handgelenkes und der Hand	1,9	2,6
B25–B34	Sonstige Viruskrankheiten	1,7	0,8
J30–J39	Sonstige Krankheiten der oberen Atemwege	1,7	1,1
F40–F48	Neurotische, Belastungs- und somatoforme Störungen	1,6	2,5
J10–J18	Grippe und Pneumonie	1,2	0,8
S90–S99	Verletzungen der Knöchelregion und des Fußes	1,2	1,5
G40–G47	Episod. und paroxysmale Krankheiten des Nervensystems	1,2	0,9
R00–R09	Symptome bzgl. Kreislauf- und Atmungssystem	1,1	0,8
F30–F39	Affektive Störungen	1,1	2,7
S80–S89	Verletzungen des Knies und des Unterschenkels	1,1	2,1
M95–M99	Sonstige Krankheiten des Muskel-Skelett-Systems und des Bindegewebes	1,0	0,8
I80–I89	Krankheiten der Venen, Lymphgefäße und -knoten	0,9	1,0
E70–E90	Stoffwechselstörungen	0,8	1,5
S00–S09	Verletzungen des Kopfes	0,8	0,6
K55–K63	Sonstige Krankheiten des Darmes	0,8	0,7
R40–R46	Symptome bzgl. Wahrnehmung, Stimmung und Verhalten	0,7	0,6
G50–G59	Krankheiten von Nerven, Nervenwurzeln und Nervenplexus	0,7	1,2
B99–B99	Sonstige Infektionskrankheiten	0,7	0,3
F10–F19	Psychische und Verhaltensstörungen durch psychotrope Substanzen	0,7	1,3
I20–I25	Ischämische Herzkrankheiten	0,7	1,5
J95–J99	Sonstige Krankheiten des Atmungssystems	0,6	0,5
L00–L08	Infektionen der Haut und der Unterhaut	0,6	0,7
N30–N39	Sonstige Krankheiten des Harnsystems	0,6	0,5
T15–T19	Folgen des Eindringens eines Fremdkörpers	0,6	0,1
I30–I52	Sonstige Formen der Herzkrankheit	0,6	1,1
E10–E14	Diabetes mellitus	0,6	1,1
	Summe hier	**82,4**	**75,3**
	Restliche	17,6	24,7
	Gesamtsumme	**100,0**	**100,0**

27.10 Öffentliche Verwaltung

Tabelle 27.10.1. Entwicklung der Fehlzeiten der AOK-Mitglieder in der Branche Öffentliche Verwaltung in den Jahren 1994 bis 2008

Jahr	Krankenstand in %			AU-Fälle je 100 Mitglieder			Tage je Fall		
	West	Ost	Bund	West	Ost	Bund	West	Ost	Bund
1994	7,3	5,9	6,9	161,2	129,1	152,0	16,2	14,9	15,9
1995	6,9	6,3	6,8	166,7	156,3	164,1	15,6	14,9	15,4
1996	6,4	6,0	6,3	156,9	155,6	156,6	15,4	14,7	15,2
1997	6,2	5,8	6,1	158,4	148,8	156,3	14,4	14,1	14,3
1998	6,3	5,7	6,2	162,6	150,3	160,0	14,2	13,8	14,1
1999	6,6	6,2	6,5	170,7	163,7	169,3	13,8	13,6	13,8
2000	6,4	5,9	6,3	172,0	174,1	172,5	13,6	12,3	13,3
2001	6,1	5,9	6,1	165,8	161,1	164,9	13,5	13,3	13,5
2002	6,0	5,7	5,9	167,0	161,9	166,0	13,0	12,9	13,0
2003	5,7	5,3	5,6	167,3	158,8	165,7	12,4	12,2	12,3
2004	5,3	5,0	5,2	154,8	152,2	154,3	12,5	12,0	12,4
2005	5,3	4,5	5,1	154,1	134,3	150,0	12,6	12,2	12,5
2006	5,1	4,7	5,0	148,7	144,7	147,9	12,5	11,8	12,3
2007	5,3	4,8	5,2	155,5	151,1	154,6	12,4	11,7	12,3
2008	5,3	4,9	5,2	159,8	152,1	158,3	12,2	11,8	12,1

Tabelle 27.10.2. Arbeitsunfähigkeit der AOK-Mitglieder in der Branche Öffentliche Verwaltung nach Bundesländern im Jahr 2008 im Vergleich zum Vorjahr

Bundesland	Krankenstand in %	Arbeitsunfähigkeit je 100 AOK-Mitglieder				Tage je Fall	Veränd. z. Vorj. in %	AU-Quote in %
		AU-Fälle	Veränd. z. Vorj. in %	AU-Tage	Veränd. z. Vorj. in %			
Baden-Württemberg	4,8	149,6	3,0	1.774,9	2,7	11,9	0,0	58,4
Bayern	4,8	138,4	3,1	1.771,1	2,0	12,8	–0,8	55,7
Berlin	5,1	155,9	1,3	1.878,4	–3,0	12,0	–4,8	53,2
Brandenburg	5,9	164,9	–1,1	2.150,8	0,1	13,0	0,8	62,5
Bremen	6,4	170,2	–1,4	2.347,0	–3,6	13,8	–2,1	61,5
Hamburg	5,9	179,0	4,3	2.146,9	–2,5	12,0	–6,3	58,4
Hessen	6,2	184,4	1,3	2.275,1	1,1	12,3	–0,8	63,0
Mecklenburg-Vorpommern	6,0	176,0	1,6	2.190,8	–2,6	12,4	–4,6	63,8
Niedersachsen	5,0	173,1	2,4	1.828,2	–6,9	10,6	–8,6	62,0
Nordrhein-Westfalen	6,0	179,1	4,0	2.191,7	2,5	12,2	–1,6	62,2
Rheinland-Pfalz	5,9	175,3	3,7	2.148,1	0,5	12,3	–2,4	61,8
Saarland	6,5	158,9	0,1	2.368,4	–5,0	14,9	–5,1	58,5
Sachsen	4,4	144,8	0,5	1.624,3	1,9	11,2	0,9	58,4
Sachsen-Anhalt	5,3	153,9	2,9	1.927,6	6,5	12,5	3,3	57,7
Schleswig-Holstein	6,1	163,5	0,6	2.214,3	0,5	13,5	–0,7	60,9
Thüringen	5,0	157,4	0,9	1.825,3	–1,1	11,6	–1,7	59,7
West	**5,3**	**159,8**	**2,8**	**1.942,9**	**0,6**	**12,2**	**–1,6**	**59,4**
Ost	**4,9**	**152,1**	**0,7**	**1.790,0**	**1,3**	**11,8**	**0,9**	**59,3**
Bund	**5,2**	**158,3**	**2,4**	**1.912,6**	**0,8**	**12,1**	**–1,6**	**59,4**

Tabelle 27.10.3. Arbeitsunfähigkeit der AOK-Mitglieder in der Branche Öffentliche Verwaltung nach Wirtschaftsabteilungen im Jahr 2008

Wirtschaftsabteilung	Krankenstand in %		Arbeitsunfähigkeiten je 100 AOK-Mitglieder		Tage je Fall	AU-Quote in %
	2008	2008 stand.*	Fälle	Tage		
Exterritoriale Organisationen und Körperschaften	6,9	5,9	196,7	2.535,6	12,9	66,8
Öffentliche Verwaltung	5,2	4,7	155,3	1.907,7	12,3	58,3
Sozialversicherung und Arbeitsförderung	4,5	4,1	155,2	1.634,9	10,5	61,7
Branche insgesamt	**5,2**	**4,7**	**158,3**	**1.912,6**	**12,1**	**59,4**
Alle Branchen	**4,6**	**4,6**	**148,2**	**1.696,0**	**11,4**	**52,9**

*Krankenstand alters- und geschlechtsstandardisiert

Tabelle 27.10.4. Kennzahlen der Arbeitsunfähigkeit der AOK-Mitglieder nach ausgewählten Berufsgruppen in der Branche Öffentliche Verwaltung im Jahr 2008

Tätigkeit	Krankenstand in %	Arbeitsunfähigkeiten je 100 AOK-Mitglieder		Tage je Fall	AU-Quote in %	Anteil der Berufsgruppe an der Branche in %*
		Fälle	Tage			
Bauhilfsarbeiter	6,7	171,0	2.458,5	14,4	66,7	2,7
Bürofachkräfte	4,2	151,4	1.535,7	10,1	59,5	26,6
Bürohilfskräfte	6,3	174,7	2.290,3	13,1	62,0	1,1
Gärtner, Gartenarbeiter	7,3	222,3	2.658,5	12,0	69,0	2,6
Hilfsarbeiter	6,5	179,5	2.374,7	13,2	55,5	1,5
Kindergärtnerinnen, Kinderpfleger	4,2	175,3	1.534,0	8,7	63,7	6,1
Köche	8,1	200,2	2.980,6	14,9	68,3	1,9
Kraftfahrzeugführer	6,9	169,8	2.508,3	14,8	64,4	1,7
Krankenschwestern, -pfleger, Hebammen	4,3	126,1	1.572,0	12,5	55,5	1,2
Lager-, Transportarbeiter	6,9	188,4	2.527,4	13,4	66,3	2,2
Leitende und administrativ entscheidende Verwaltungsfachleute	2,5	94,6	931,8	9,8	39,9	1,2
Pförtner, Hauswarte	5,2	118,5	1.913,4	16,1	53,6	3,2
Raum-, Hausratreiniger	7,1	159,2	2.606,9	16,4	63,2	9,0
Real-, Volks-, Sonderschullehrer	3,3	116,3	1.211,3	10,4	49,5	2,4
Sozialarbeiter, Sozialpfleger	4,7	143,7	1.706,3	11,9	55,4	1,4
Stenographen, Stenotypistinnen, Maschinenschreiber	5,3	161,3	1.931,2	12,0	63,7	2,3
Straßenreiniger, Abfallbeseitiger	8,3	212,7	3.026,2	14,2	71,4	1,8
Straßenwarte	6,4	208,7	2.360,0	11,3	71,4	1,3
Wächter, Aufseher	6,4	162,9	2.342,5	14,4	59,5	1,0
Waldarbeiter, Waldnutzer	7,4	204,6	2.695,8	13,2	72,0	1,5
Branche insgesamt	**5,2**	**158,3**	**1.912,6**	**12,1**	**59,4**	**6,5****

* Anteil der AOK-Mitglieder in der Berufsgruppe an den in der Branche beschäftigten AOK-Mitgliedern insgesamt
**Anteil der AOK-Mitglieder in der Branche an allen AOK-Mitgliedern

Tabelle 27.10.5. Dauer der Arbeitsunfähigkeit der AOK-Mitglieder in der Branche Öffentliche Verwaltung im Jahr 2008

Fallklasse	Branche hier		alle Branchen	
	Anteil Fälle in %	Anteil Tage in %	Anteil Fälle in %	Anteil Tage in %
1–3 Tage	35,0	5,8	36,2	6,3
4–7 Tage	27,6	11,3	29,6	13,0
8–14 Tage	18,6	15,9	17,4	15,8
15–21 Tage	6,9	9,8	6,2	9,5
22–28 Tage	3,8	7,8	3,3	7,0
29–42 Tage	3,8	10,9	3,2	9,7
Langzeit-AU (> 42 Tage)	4,3	38,5	4,1	38,7

Tabelle 27.10.6. Tage der Arbeitsunfähigkeit je AOK-Mitglied nach Wirtschaftsabteilungen und Betriebsgröße in der Branche Öffentliche Verwaltung im Jahr 2008

Wirtschaftsabteilungen	Betriebsgröße (Anzahl der AOK-Mitglieder)					
	10–49	50–99	100–199	200–499	500–999	≥ 1.000
Exterritoriale Organisationen und Körperschaften	21,2	20,3	23,5	26,6	27,5	26,9
Öffentliche Verwaltung	18,3	19,5	19,6	20,9	23,0	18,7
Sozialversicherung und Arbeitsförderung	16,7	17,1	16,1	18,3	17,3	15,7
Branche insgesamt	**18,4**	**19,5**	**19,5**	**20,9**	**22,3**	**18,9**
Alle Branchen	**17,5**	**19,0**	**19,3**	**19,5**	**19,9**	**18,5**

Tabelle 27.10.7. Krankenstand in Prozent nach der Stellung im Beruf in der Branche Öffentliche Verwaltung im Jahr 2008, AOK-Mitglieder

Wirtschaftsabteilung	Stellung im Beruf				
	Auszubildende	Arbeiter	Facharbeiter	Meister, Poliere	Angestellte
Exterritoriale Organisationen und Körperschaften	3,4	7,9	8,7	5,2	5,6
Öffentliche Verwaltung	3,2	7,8	6,3	4,4	4,2
Sozialversicherung und Arbeitsförderung	2,7	7,0	5,9	2,7	4,3
Branche insgesamt	**3,1**	**8,0**	**6,5**	**4,4**	**4,3**
Alle Branchen	**3,8**	**5,6**	**4,9**	**3,7**	**3,4**

Tabelle 27.10.8. Tage der Arbeitsunfähigkeit je AOK-Mitglied nach der Stellung im Beruf in der Branche Öffentliche Verwaltung im Jahr 2008

Wirtschaftsabteilung	Stellung im Beruf				
	Auszubildende	Arbeiter	Facharbeiter	Meister, Poliere	Angestellte
Exterritoriale Organisationen und Körperschaften	12,3	28,8	31,9	19,0	20,5
Öffentliche Verwaltung	11,6	28,6	23,2	16,2	15,4
Sozialversicherung und Arbeitsförderung	9,9	25,5	21,6	9,8	15,7
Branche insgesamt	**11,5**	**29,2**	**23,7**	**16,1**	**15,8**
Alle Branchen	**13,9**	**20,5**	**18,0**	**13,7**	**12,3**

Tabelle 27.10.9. Anteil der Arbeitsunfälle an den AU-Fällen und -Tagen in Prozent nach Wirtschaftsabteilungen in der Branche Öffentliche Verwaltung im Jahr 2008, AOK-Mitglieder

Wirtschaftsabteilung	Arbeitsunfähigkeiten	
	AU-Fälle in %	AU-Tage in %
Exterritoriale Organisationen und Körperschaften	2,5	3,8
Öffentliche Verwaltung	2,9	3,7
Sozialversicherung und Arbeitsförderung	0,9	1,2
Branche insgesamt	**2,6**	**3,3**
Alle Branchen	**4,6**	**5,8**

Tabelle 27.10.10. Tage und Fälle der Arbeitsunfähigkeit durch Arbeitsunfälle nach Berufsgruppen in der Branche Öffentliche Verwaltung im Jahr 2008, AOK-Mitglieder

Tätigkeit	Arbeitsunfähigkeit je 1.000 AOK-Mitglieder	
	AU-Tage	AU-Fälle
Waldarbeiter, Waldnutzer	3.228,7	185,9
Tischler	1.845,1	104,6
Straßenbauer	1.808,9	130,5
Straßenreiniger, Abfallbeseitiger	1.703,8	106,6
Lager-, Transportarbeiter	1.498,9	89,0
Gärtner, Gartenarbeiter	1.459,8	99,3
Bauhilfsarbeiter	1.445,0	93,7
Straßenwarte	1.301,2	95,7
Kraftfahrzeuginstandsetzer	1.096,9	80,4
Kraftfahrzeugführer	1.071,5	59,3
Wächter, Aufseher	905,1	49,9
Pförtner, Hauswarte	832,3	48,6
Elektroinstallateure, -monteure	795,2	57,2
Köche	751,4	44,6
Raum-, Hausratreiniger	595,2	31,3
Real-, Volks-, Sonderschullehrer	260,5	18,5
Kindergärtnerinnen, Kinderpfleger	247,1	21,9
Bürofachkräfte	209,5	13,9

Tabelle 27.10.11. Tage und Fälle der Arbeitsunfähigkeit je 100 AOK-Mitglieder nach Krankheitsarten in der Branche Öffentliche Verwaltung in den Jahren 1995 bis 2008

Jahr	Arbeitsunfähigkeiten je 100 Mitglieder											
	Psyche		Herz/Kreislauf		Atemwege		Verdauung		Muskel/Skelett		Verletzungen	
	Tage	Fälle	Tage	Fälle	Tage	Fälle	Tage	Fälle	Tage	Fälle	Tage	Fälle
1995	168,1	4,2	272,1	9,1	472,7	39,5	226,4	20,5	847,3	30,8	327,6	22,9
1996	165,0	3,3	241,9	7,4	434,5	35,5	199,8	19,4	779,1	29,8	312,4	23,9
1997	156,7	3,4	225,2	7,4	395,1	34,3	184,0	19,3	711,5	29,7	299,8	23,9
1998	165,0	3,9	214,1	7,8	390,7	36,9	178,4	19,8	720,0	31,5	288,1	23,7
1999	176,0	4,5	207,0	8,2	427,8	42,0	179,1	21,7	733,3	34,0	290,5	23,7
2000	198,5	8,1	187,3	10,1	392,0	50,5	160,6	21,3	749,6	41,4	278,9	17,4
2001	208,7	8,9	188,4	10,8	362,4	48,7	157,4	21,7	745,4	41,8	272,9	17,1
2002	210,1	9,4	182,7	10,9	344,1	47,7	157,9	23,0	712,8	41,6	267,9	17,1
2003	203,2	9,4	170,5	11,1	355,1	50,5	151,5	22,8	644,3	39,3	257,9	16,5
2004	213,8	9,6	179,9	10,2	313,1	43,6	153,1	22,5	619,0	37,9	251,5	15,5
2005	211,4	9,4	179,4	10,1	346,2	47,2	142,3	19,7	594,5	36,4	252,5	15,1
2006	217,8	9,4	175,5	10,2	297,4	42,0	142,8	21,3	585,5	35,9	248,5	15,0
2007	234,4	9,9	178,3	10,1	326,0	46,2	148,6	22,3	600,6	36,1	239,2	14,1
2008	245,1	10,2	176,0	10,2	331,8	47,6	150,3	22,9	591,9	36,1	238,2	14,2

Tabelle 27.10.12. Verteilung der Arbeitsunfähigkeitstage nach Krankheitsarten in Prozent in der Branche Öffentliche Verwaltung im Jahr 2008, AOK-Mitglieder

Wirtschaftsabteilung	AU-Tage in %						
	Psyche	Herz/ Kreislauf	Atem-wege	Verdau-ung	Muskel/ Skelett	Verlet-zungen	Sonstige
Exterritoriale Organisationen und Körperschaften	8,1	8,1	12,2	6,1	25,7	9,5	30,3
Öffentliche Verwaltung	9,6	7,1	13,1	6,0	24,1	9,9	30,2
Sozialversicherung und Arbeitsförderung	12,5	6,3	15,6	6,6	18,0	7,4	33,6
Branche insgesamt	**9,8**	**7,1**	**13,3**	**6,0**	**23,8**	**9,6**	**30,4**
Alle Branchen	**8,3**	**6,9**	**12,5**	**6,5**	**24,2**	**12,6**	**29,0**

Tabelle 27.10.13. Verteilung der Arbeitsunfähigkeitsfälle nach Krankheitsarten in Prozent in der Branche Öffentliche Verwaltung im Jahr 2008, AOK-Mitglieder

Wirtschaftsabteilung	AU-Fälle in %						
	Psyche	Herz/ Kreislauf	Atem-wege	Verdau-ung	Muskel/ Skelett	Verlet-zungen	Sonstige
Exterritoriale Organisationen und Körperschaften	5,0	5,4	20,4	10,1	21,8	6,6	30,7
Öffentliche Verwaltung	5,0	4,9	23,0	11,0	17,9	7,2	31,0
Sozialversicherung und Arbeitsförderung	5,5	4,4	25,8	12,0	12,9	5,1	34,3
Branche insgesamt	**5,0**	**4,9**	**23,1**	**11,1**	**17,6**	**6,9**	**31,4**
Alle Branchen	**4,3**	**4,4**	**22,4**	**11,8**	**17,6**	**9,2**	**30,3**

Tabelle 27.10.14. Anteile der 40 häufigsten Einzeldiagnosen an den AU-Fällen und AU-Tagen in der Branche Öffentliche Verwaltung im Jahr 2008, AOK-Mitglieder

ICD-10	Bezeichnung	AU-Fälle in %	AU-Tage in %
J06	Akute Infektionen der oberen Atemwege	6,9	3,3
M54	Rückenschmerzen	6,5	6,5
J20	Akute Bronchitis	3,1	1,8
K52	Nichtinfektiöse Gastroenteritis und Kolitis	2,9	1,1
J40	Nicht akute Bronchitis	2,4	1,3
K08	Sonstige Krankheiten der Zähne und des Zahnhalteapparates	2,4	0,5
A09	Diarrhoe und Gastroenteritis	2,1	0,8
I10	Essentielle Hypertonie	1,9	2,7
B34	Viruskrankheit nicht näher bezeichneter Lokalisation	1,5	0,7
J01	Akute Sinusitis	1,4	0,7
K29	Gastritis und Duodenitis	1,3	0,7
F32	Depressive Episode	1,3	2,9
J32	Chronische Sinusitis	1,2	0,6
J02	Akute Pharyngitis	1,2	0,5
R10	Bauch- und Beckenschmerzen	1,2	0,6
J03	Akute Tonsillitis	1,2	0,6
M53	Sonstige Krankheiten der Wirbelsäule und des Rückens	1,1	1,3
T14	Verletzung an einer nicht näher bezeichneten Körperregion	1,1	0,9
M51	Sonstige Bandscheibenschäden	1,0	2,0
F43	Reaktionen auf schwere Belastungen und Anpassungsstörungen	0,9	1,5
M75	Schulterläsionen	0,9	1,6
J04	Akute Laryngitis und Tracheitis	0,9	0,4
M77	Sonstige Enthesopathien	0,8	1,0
M99	Biomechanische Funktionsstörungen	0,8	0,6
R51	Kopfschmerz	0,7	0,4
G43	Migräne	0,7	0,3
M25	Sonstige Gelenkkrankheiten	0,7	0,8
J11	Grippe	0,7	0,3
M23	Binnenschädigung des Kniegelenkes	0,7	1,3
M79	Sonstige Krankheiten des Weichteilgewebes	0,6	0,7
N39	Sonstige Krankheiten des Harnsystems	0,6	0,4
F45	Somatoforme Störungen	0,6	0,9
B99	Sonstige Infektionskrankheiten	0,6	0,3
M47	Spondylose	0,6	0,8
M17	Gonarthrose	0,6	1,3
F48	Andere neurotische Störungen	0,6	0,7
R42	Schwindel und Taumel	0,6	0,4
S93	Luxation, Verstauchung und Zerrung der Gelenke und Bänder in Höhe des oberen Sprunggelenkes und des Fußes	0,5	0,6
J98	Sonstige Krankheiten der Atemwege	0,5	0,3
R50	Fieber unbekannter Ursache	0,5	0,3
	Summe hier	**55,8**	**44,4**
	Restliche	44,2	55,6
	Gesamtsumme	**100,0**	**100,0**

Tabelle 27.10.15. Anteile der 40 häufigsten Diagnoseuntergruppen an den AU-Fällen und AU-Tagen in der Branche Öffentliche Verwaltung im Jahr 2008, AOK-Mitglieder

ICD-10	Bezeichnung	AU-Fälle in %	AU-Tage in %
J00–J06	Akute Infektionen der oberen Atemwege	12,0	5,7
M40–M54	Krankheiten der Wirbelsäule und des Rückens	9,2	10,9
J40–J47	Chronische Krankheiten der unteren Atemwege	3,8	2,7
M60–M79	Krankheiten der Weichteilgewebe	3,7	5,0
J20–J22	Sonstige akute Infektionen der unteren Atemwege	3,6	2,1
M00–M25	Arthropathien	3,4	6,1
K50–K52	Nichtinfektiöse Enteritis und Kolitis	3,3	1,4
K00–K14	Krankheiten der Mundhöhle, Speicheldrüsen und Kiefer	3,0	0,7
R50–R69	Allgemeinsymptome	2,8	2,2
A00–A09	Infektiöse Darmkrankheiten	2,7	1,1
F40–F48	Neurotische, Belastungs- und somatoforme Störungen	2,5	4,0
I10–I15	Hypertonie	2,2	3,1
K20–K31	Krankheiten des Ösophagus, Magens und Duodenums	2,0	1,2
R10–R19	Symptome bzgl. Verdauungssystem und Abdomen	1,9	1,1
J30–J39	Sonstige Krankheiten der oberen Atemwege	1,8	1,1
B25–B34	Sonstige Viruskrankheiten	1,7	0,8
F30–F39	Affektive Störungen	1,7	4,2
G40–G47	Episod. und paroxysmale Krankheiten des Nervensystems	1,5	1,1
T08–T14	Verletzungen Rumpf, Extremitäten u. a. Körperregionen	1,3	1,2
J10–J18	Grippe und Pneumonie	1,1	0,8
R00–R09	Symptome bzgl. Kreislauf- und Atmungssystem	1,0	0,7
N30–N39	Sonstige Krankheiten des Harnsystems	1,0	0,7
M95–M99	Sonstige Krankheiten des Muskel-Skelett-Systems und des Bindegewebes	0,9	0,8
S80–S89	Verletzungen des Knies und des Unterschenkels	0,9	1,7
E70–E90	Stoffwechselstörungen	0,9	1,4
S90–S99	Verletzungen der Knöchelregion und des Fußes	0,9	1,1
I80–I89	Krankheiten der Venen, Lymphgefäße und Lymphknoten	0,9	1,0
K55–K63	Sonstige Krankheiten des Darmes	0,8	0,8
S60–S69	Verletzungen des Handgelenkes und der Hand	0,8	1,0
R40–R46	Symptome bzgl. Wahrnehmung, Stimmung und Verhalten	0,7	0,6
N80–N98	Krankheiten des weiblichen Genitaltraktes	0,7	0,7
G50–G59	Krankheiten von Nerven, Nervenwurzeln und Nervenplexus	0,7	1,2
D10–D36	Gutartige Neubildungen	0,7	0,7
C00–C75	Bösartige Neubildungen	0,7	2,2
Z70–Z76	Sonstige Inanspruchnahme des Gesundheitswesens	0,7	1,1
J95–J99	Sonstige Krankheiten des Atmungssystems	0,6	0,4
B99–B99	Sonstige Infektionskrankheiten	0,6	0,3
E10–E14	Diabetes mellitus	0,6	1,0
I30–I52	Sonstige Formen der Herzkrankheit	0,6	1,0
I20–I25	Ischämische Herzkrankheiten	0,6	1,1
	Summe hier	**80,5**	**76,0**
	Restliche	19,5	24,0
	Gesamtsumme	**100,0**	**100,0**

27.11 Verarbeitendes Gewerbe

Tabelle 27.11.1. Entwicklung der Fehlzeiten der AOK-Mitglieder in der Branche Verarbeitendes Gewerbe in den Jahren 1994 bis 2008

Jahr	Krankenstand in %			AU-Fälle je 100 Mitglieder			Tage je Fall		
	West	Ost	Bund	West	Ost	Bund	West	Ost	Bund
1994	6,3	5,5	6,2	151,4	123,7	148,0	14,9	15,3	14,9
1995	6,0	5,3	5,9	157,5	133,0	154,6	14,6	15,2	14,7
1996	5,4	5,9	5,3	141,8	122,4	139,5	14,7	15,2	14,8
1997	5,1	4,5	5,1	139,0	114,1	136,1	13,8	14,5	13,8
1998	5,3	4,6	5,2	142,9	118,8	140,1	13,7	14,5	13,8
1999	5,6	5,2	5,6	152,7	133,3	150,5	13,5	14,4	13,6
2000	5,7	5,2	5,6	157,6	140,6	155,7	13,2	13,6	13,3
2001	5,6	5,3	5,6	155,6	135,9	153,5	13,2	14,2	13,3
2002	5,5	5,2	5,5	154,7	136,9	152,7	13,0	13,8	13,1
2003	5,1	4,8	5,1	149,4	132,8	147,4	12,5	13,2	12,6
2004	4,8	4,4	4,7	136,5	120,2	134,4	12,8	13,3	12,8
2005	4,8	4,3	4,7	138,6	119,4	136,0	12,5	13,2	12,6
2006	4,6	4,2	4,5	132,9	115,4	130,5	12,6	13,1	12,7
2007	4,9	4,5	4,8	143,1	124,7	140,5	12,5	13,1	12,6
2008	5,1	4,8	5,0	150,9	132,8	148,3	12,3	13,3	12,4

Tabelle 27.11.2. Arbeitsunfähigkeit der AOK-Mitglieder in der Branche Verarbeitendes Gewerbe nach Bundesländern im Jahr 2008 im Vergleich zum Vorjahr

Bundesland	Krankenstand in %	Arbeitsunfähigkeit je 100 AOK-Mitglieder				Tage je Fall	Veränd. z. Vorj. in %	AU-Quote in %
		AU-Fälle	Veränd. z. Vorj. in %	AU-Tage	Veränd. z. Vorj. in %			
Baden-Württemberg	5,1	155,4	6,7	1.861,8	5,4	12,0	–0,8	60,6
Bayern	4,5	133,1	6,0	1.657,5	5,2	12,5	0,0	55,5
Berlin	6,0	145,4	4,9	2.193,1	1,6	15,1	-3,2	53,0
Brandenburg	5,2	134,0	4,7	1.911,7	5,8	14,3	1,4	55,8
Bremen	6,4	163,5	6,0	2.327,8	9,0	14,2	2,9	59,7
Hamburg	5,9	165,8	6,5	2.174,7	6,9	13,1	0,0	59,4
Hessen	5,7	159,5	5,3	2.079,0	4,4	13,0	–1,5	61,6
Mecklenburg-Vorpommern	5,2	139,2	3,2	1.913,2	3,6	13,7	0,0	54,3
Niedersachsen	4,6	158,4	3,3	1.682,5	–6,5	10,6	–9,4	61,1
Nordrhein-Westfalen	5,5	162,1	6,0	2.025,5	5,3	12,5	–0,8	62,2
Rheinland-Pfalz	5,5	157,9	3,9	2.000,7	2,2	12,7	–1,6	61,3
Saarland	6,0	130,4	2,8	2.211,0	–1,0	17,0	–3,4	58,5
Sachsen	4,4	125,1	6,5	1.598,9	7,5	12,8	0,8	55,7
Sachsen-Anhalt	5,2	137,7	5,0	1.890,4	6,1	13,7	0,7	56,0
Schleswig-Holstein	5,7	160,3	4,1	2.103,4	3,8	13,1	–0,8	60,7
Thüringen	5,4	145,6	8,6	1.983,2	11,2	13,6	2,3	59,3
West	**5,1**	**150,9**	**5,5**	**1.853,3**	**3,5**	**12,3**	**–1,6**	**59,5**
Ost	**4,8**	**132,8**	**6,5**	**1.765,2**	**7,8**	**13,3**	**1,5**	**56,5**
Bund	**5,0**	**148,3**	**5,6**	**1.840,6**	**4,0**	**12,4**	**–1,6**	**59,0**

Tabelle 27.11.3. Arbeitsunfähigkeit der AOK-Mitglieder in der Branche Verarbeitendes Gewerbe nach Wirtschaftsabteilungen im Jahr 2008

Wirtschaftsabteilung	**Krankenstand in %**		**Arbeitsunfähigkeiten je 100 AOK-Mitglieder**		**Tage je Fall**	**AU-Quote in %**
	2008	**2008 stand.***	**Fälle**	**Tage**		
Bekleidungsgewerbe	4,4	4,0	138,6	1.616,6	11,7	54,9
Chemische Industrie	5,0	4,8	161,4	1.825,8	11,3	62,0
Ernährungsgewerbe	4,9	4,9	142,7	1.793,6	12,6	55,8
Glasgewerbe, Keramik, Verarbeitung von Steinen und Erden	5,3	4,8	144,0	1.951,6	13,6	60,2
Herstellung von Gummi- und Kunststoffwaren	5,4	5,2	158,6	1.960,0	12,4	63,1
Herstellung von Möbeln, Schmuck, Musikinstrumenten, Sportgeräten, Spielwaren und sonstigen Erzeugnissen	5,0	4,8	149,2	1.830,7	12,3	60,2
Holzgewerbe (ohne Herstellung von Möbeln)	4,9	4,6	145,9	1.808,5	12,4	58,9
Kokerei, Mineralölverarbeitung, Herstellung und Verarbeitung von Spalt- und Brutstoffen	4,2	4,0	134,1	1.536,1	11,5	57,1
Ledergewerbe	5,0	4,6	141,7	1.846,5	13,0	57,5
Papiergewerbe	5,5	5,2	156,6	2.004,8	12,8	63,5
Recycling	5,6	5,3	158,0	2.046,6	13,0	57,5
Tabakverarbeitung	5,1	4,7	147,6	1.876,2	12,7	60,2
Textilgewerbe	5,1	4,7	144,6	1.874,8	13,0	60,1
Verlagsgewerbe, Druckgewerbe, Vervielfältigung von bespielten Ton-, Bild- und Datenträgern	4,4	4,1	135,5	1.603,7	11,8	55,3
Branche insgesamt	**5,0**	**4,8**	**148,3**	**1.840,6**	**12,4**	**59,0**
Alle Branchen	**4,6**	**4,6**	**148,2**	**1.696,0**	**11,4**	**52,9**

*Krankenstand alters- und geschlechtsstandardisiert

27

Tabelle 27.11.4. Kennzahlen der Arbeitsunfähigkeit der AOK-Mitglieder nach ausgewählten Berufsgruppen in der Branche Verarbeitendes Gewerbe im Jahr 2008

Tätigkeit	Krankenstand in %	Arbeitsunfähigkeiten je 100 AOK-Mitglieder		Tage je Fall	AU-Quote in %	Anteil der Berufsgruppe an der Branche in %*
		Fälle	Tage			
Backwarenhersteller	4,0	131,5	1.450,6	11,0	52,1	2,5
Betriebsschlosser, Reparaturschlosser	5,2	146,0	1.890,9	13,0	62,8	1,5
Buchbinderberufe	5,5	160,8	2.018,1	12,6	61,4	1,2
Bürofachkräfte	2,4	110,4	891,2	8,1	48,5	5,6
Chemiebetriebswerker	5,8	173,8	2.124,9	12,2	67,0	4,2
Druckerhelfer	6,0	163,2	2.210,7	13,5	65,2	1,2
Fleisch-, Wurstwarenhersteller	6,4	178,8	2.332,6	13,0	63,9	1,5
Fleischer	5,1	142,9	1.865,8	13,1	54,5	1,9
Gummihersteller, -verarbeiter	6,4	156,6	2.349,3	15,0	66,7	1,5
Hilfsarbeiter	5,7	171,8	2.070,5	12,0	60,7	5,3
Holzaufbereiter	5,7	150,8	2.068,4	13,7	62,4	2,3
Kraftfahrzeugführer	5,5	119,3	2.010,8	16,9	54,3	2,7
Kunststoffverarbeiter	5,9	170,5	2.141,6	12,6	66,2	7,4
Lager-, Transportarbeiter	5,6	155,3	2.056,1	13,2	59,8	3,0
Lagerverwalter, Magaziner	5,3	153,3	1.927,1	12,6	61,6	1,1
Sonstige Papierverarbeiter	6,7	171,8	2.435,2	14,2	68,4	1,2
Tischler	4,4	147,6	1.609,1	10,9	59,6	3,6
Verkäufer	3,7	121,0	1.366,3	11,3	50,0	7,1
Verpackungsmittelhersteller	6,1	176,7	2.215,0	12,5	67,0	1,2
Warenaufmacher, Versandfertigmacher	6,4	172,2	2.328,2	13,5	64,1	4,9
Branche insgesamt	**5,0**	**148,3**	**1.840,6**	**12,4**	**59,0**	**11,2****

* Anteil der AOK-Mitglieder in der Berufsgruppe an den in der Branche beschäftigten AOK-Mitgliedern insgesamt
**Anteil der AOK-Mitglieder in der Branche an allen AOK-Mitgliedern

Tabelle 27.11.5. Dauer der Arbeitsunfähigkeit der AOK-Mitglieder in der Branche Verarbeitendes Gewerbe im Jahr 2008

Fallklasse	Branche hier		alle Branchen	
	Anteil Fälle in %	Anteil Tage in %	Anteil Fälle in %	Anteil Tage in %
1–3 Tage	34,1	5,5	36,2	6,3
4–7 Tage	29,2	11,8	29,6	13,0
8–14 Tage	18,2	15,3	17,4	15,8
15–21 Tage	6,7	9,4	6,2	9,5
22–28 Tage	3,6	7,2	3,3	7,0
29–42 Tage	3,6	10,1	3,2	9,7
Langzeit-AU (> 42 Tage)	4,6	40,7	4,1	38,7

Tabelle 27.11.6. Tage der Arbeitsunfähigkeit je AOK-Mitglied nach Wirtschaftsabteilungen und Betriebsgröße in der Branche Verarbeitendes Gewerbe im Jahr 2008

Wirtschaftsabteilungen	**Betriebsgröße (Anzahl der AOK-Mitglieder)**					
	10–49	**50–99**	**100–199**	**200–499**	**500–999**	**≥ 1.000**
Bekleidungsgewerbe	15,7	16,3	19,9	22,1	13,9	–
Chemische Industrie	18,3	19,0	19,4	18,8	20,3	16,2
Ernährungsgewerbe	16,9	20,1	20,8	20,9	21,3	20,9
Glasgewerbe, Herstellung von Keramik, Verarbeitung von Steinen und Erden	20,1	19,7	20,3	20,4	18,8	–
Herstellung von Gummi- und Kunststoffwaren	19,4	20,3	20,3	19,6	21,2	19,3
Herstellung von Möbeln, Schmuck, Musikinstrumenten, Sportgeräten, Spielwaren und sonstigen Erzeugnissen	17,2	19,6	20,4	22,1	20,2	–
Holzgewerbe (ohne Herstellung von Möbeln)	18,5	19,0	19,2	20,7	20,4	–
Kokerei, Mineralölverarbeitung, Herstellung und Verarbeitung von Spalt- und Brutstoffen	17,8	17,0	17,2	12,1	11,7	–
Ledergewerbe	19,1	18,1	20,2	22,6	–	14,0
Papiergewerbe	20,0	20,8	20,5	19,4	22,1	–
Recycling	20,4	21,5	25,8	29,0	25,8	–
Tabakverarbeitung	18,4	23,9	19,2	17,7	16,6	–
Textilgewerbe	18,5	18,8	21,6	19,8	19,4	–
Verlagsgewerbe, Druckgewerbe, Vervielfältigung von bespielten Ton-, Bild- und Datenträgern	16,1	18,7	18,6	19,2	23,4	–
Branche insgesamt	**18,1**	**19,7**	**20,2**	**20,2**	**20,6**	**18,5**
Alle Branchen	**17,5**	**19,0**	**19,3**	**19,5**	**19,9**	**18,5**

Tabelle 27.11.7. Krankenstand in Prozent nach der Stellung im Beruf in der Branche Verarbeitendes Gewerbe im Jahr 2008, AOK-Mitglieder

Wirtschaftsabteilung	Stellung im Beruf				
	Auszubildende	**Arbeiter**	**Facharbeiter**	**Meister, Poliere**	**Angestellte**
Bekleidungsgewerbe	3,0	5,4	4,3	5,1	2,7
Chemische Industrie	2,7	6,0	5,0	3,0	2,7
Ernährungsgewerbe	3,5	6,0	4,8	3,9	3,3
Glasgewerbe, Herstellung von Keramik, Verarbeitung von Steinen und Erden	3,6	6,0	5,4	4,3	2,8
Herstellung von Gummi- und Kunststoffwaren	3,1	6,0	5,0	3,6	2,5
Herstellung von Möbeln, Schmuck, Musikinstrumenten, Sportgeräten, Spielwaren und sonstigen Erzeugnissen	3,6	6,0	4,8	3,4	2,6
Holzgewerbe (ohne Herstellung von Möbeln)	3,8	5,8	4,8	3,6	2,4
Kokerei, Mineralölverarbeitung, Herstellung und Verarbeitung von Spalt- und Brutstoffen	2,9	5,6	4,3	2,0	2,8
Ledergewerbe	2,9	5,8	5,3	4,7	2,1
Papiergewerbe	2,9	6,3	5,3	3,2	2,7
Recycling	4,7	5,9	5,8	4,4	3,3
Tabakverarbeitung	1,7	6,2	4,5	2,7	2,3
Textilgewerbe	3,4	6,0	5,2	4,3	2,6
Verlagsgewerbe, Druckgewerbe, Vervielfältigung von bespielten Ton-, Bild- und Datenträgern	3,0	6,0	4,4	3,3	2,7
Branche insgesamt	**3,4**	**6,0**	**4,9**	**3,7**	**2,9**
Alle Branchen	**3,8**	**5,6**	**4,9**	**3,7**	**3,4**

Tabelle 27.11.8. Tage der Arbeitsunfähigkeit je AOK-Mitglied nach der Stellung im Beruf in der Branche Verarbeitendes Gewerbe im Jahr 2008

Wirtschaftsabteilung	**Stellung im Beruf**				
	Auszubildende	**Arbeiter**	**Facharbeiter**	**Meister, Poliere**	**Angestellte**
Bekleidungsgewerbe	11,0	19,8	15,7	18,5	10,0
Chemische Industrie	9,9	21,9	18,4	11,0	9,7
Ernährungsgewerbe	12,8	22,1	17,5	14,4	12,2
Glasgewerbe, Herstellung von Keramik, Verarbeitung von Steinen und Erden	13,1	21,9	19,9	15,6	10,1
Herstellung von Gummi- und Kunststoffwaren	11,5	22,1	18,2	13,0	9,3
Herstellung von Möbeln, Schmuck, Musikinstrumenten, Sportgeräten, Spielwaren und sonstigen Erzeugnissen	13,2	22,0	17,6	12,4	9,3
Holzgewerbe (ohne Herstellung von Möbeln)	13,8	21,2	17,6	13,2	8,8
Kokerei, Mineralölverarbeitung, Herstellung und Verarbeitung von Spalt- und Brutstoffen	10,5	20,6	15,9	7,3	10,1
Ledergewerbe	10,6	21,4	19,4	17,2	7,8
Papiergewerbe	10,5	22,9	19,3	11,6	9,8
Recycling	17,1	21,6	21,1	16,1	12,2
Tabakverarbeitung	6,2	22,8	16,6	9,8	8,5
Textilgewerbe	12,6	22,0	19,0	15,7	9,7
Verlagsgewerbe, Druckgewerbe, Vervielfältigung von bespielten Ton-, Bild- und Datenträgern	10,8	21,8	16,1	12,1	10,0
Branche insgesamt	**12,3**	**22,0**	**18,0**	**13,6**	**10,5**
Alle Branchen	**13,9**	**20,5**	**18,0**	**13,7**	**12,3**

Tabelle 27.11.9. Anteil der Arbeitsunfälle an den AU-Fällen und -Tagen in Prozent nach Wirtschaftsabteilungen in der Branche Verarbeitendes Gewerbe im Jahr 2008, AOK-Mitglieder

Wirtschaftsabteilung	Arbeitsunfähigkeiten	
	AU-Fälle in %	AU-Tage in %
Bekleidungsgewerbe	1,6	2,2
Chemische Industrie	2,6	3,3
Ernährungsgewerbe	5,3	6,3
Glasgewerbe, Herstellung von Keramik, Verarbeitung von Steinen und Erden	6,1	7,5
Herstellung von Gummi- und Kunststoffwaren	4,0	4,8
Herstellung von Möbeln, Schmuck, Musikinstrumenten, Sportgeräten, Spielwaren und sonstigen Erzeugnissen	4,7	5,3
Holzgewerbe (ohne Herstellung von Möbeln)	8,1	10,2
Kokerei, Mineralölverarbeitung, Herstellung und Verarbeitung von Spalt- und Brutstoffen	2,5	3,0
Ledergewerbe	3,0	3,3
Papiergewerbe	4,3	5,4
Recycling	7,7	10,1
Tabakverarbeitung	3,4	3,8
Textilgewerbe	3,5	4,3
Verlagsgewerbe, Druckgewerbe, Vervielfältigung von bespielten Ton-, Bild- und Datenträgern	2,9	3,8
Branche insgesamt	**4,6**	**5,7**
Alle Branchen	**4,6**	**5,8**

Tabelle 27.11.10. Tage und Fälle der Arbeitsunfähigkeit durch Arbeitsunfälle nach Berufsgruppen in der Branche Verarbeitendes Gewerbe im Jahr 2008, AOK-Mitglieder

Tätigkeit	Arbeitsunfähigkeit je 1.000 AOK-Mitglieder	
	AU-Tage	AU-Fälle
Betonbauer	2.549,9	158,2
Formstein-, Betonhersteller	2.425,2	129,5
Fleischer	2.252,2	138,0
Holzaufbereiter	2.241,6	130,1
Kraftfahrzeugführer	1.781,9	90,1
Betriebsschlosser, Reparaturschlosser	1.769,0	108,5
Fleisch-, Wurstwarenhersteller	1.619,1	103,2
Tischler	1.590,9	124,3
Papier-, Zellstoffhersteller	1.546,3	86,1
Milch-, Fettverarbeiter	1.416,2	96,5
Lager-, Transportarbeiter	1.162,4	73,4
Sonstige Papierverarbeiter	1.145,6	73,1
Warenaufmacher, Versandfertigmacher	1.121,5	71,6
Druckerhelfer	1.040,8	66,6
Verpackungsmittelhersteller	1.034,8	66,5
Kunststoffverarbeiter	1.029,5	69,3
Gummihersteller, -verarbeiter	939,8	52,3
Elektroinstallateure, -monteure	875,5	66,9
Backwarenhersteller	858,1	68,9

Tabelle 27.11.11. Tage und Fälle der Arbeitsunfähigkeit je 100 AOK-Mitglieder nach Krankheitsarten in der Branche Verarbeitendes Gewerbe in den Jahren 1995 bis 2008

Jahr	Arbeitsunfähigkeiten je 100 Mitglieder											
	Psyche		Herz/Kreislauf		Atemwege		Verdauung		Muskel/Skelett		Verletzungen	
	Tage	Fälle	Tage	Fälle	Tage	Fälle	Tage	Fälle	Tage	Fälle	Tage	Fälle
1995	109,4	4,1	211,3	9,5	385,7	47,1	206,4	24,9	740,0	38,1	411,3	25,9
1996	102,2	3,8	189,6	8,1	342,8	42,4	177,6	22,5	658,4	33,2	375,3	23,3
1997	97,3	3,9	174,3	8,2	303,1	40,9	161,3	21,9	579,3	32,4	362,7	23,2
1998	101,2	4,3	171,4	8,5	300,9	42,0	158,4	22,2	593,0	34,3	353,8	23,2
1999	108,4	4,7	175,3	8,8	345,4	48,2	160,7	23,5	633,3	36,9	355,8	23,5
2000	130,6	5,8	161,8	8,4	314,5	43,1	148,5	20,0	695,1	39,6	340,4	21,3
2001	141,4	6,6	165,9	9,1	293,7	41,7	147,8	20,6	710,6	41,2	334,6	21,2
2002	144,0	7,0	162,7	9,2	278,0	40,2	147,5	21,4	696,1	40,8	329,1	20,8
2003	137,8	6,9	152,8	9,1	275,8	41,1	138,0	20,4	621,1	37,6	307,2	19,6
2004	154,2	6,9	164,5	8,4	236,7	34,1	138,9	19,8	587,9	35,5	297,7	18,3
2005	153,7	6,7	164,1	8,3	274,8	39,6	132,3	18,4	562,2	34,5	291,1	17,8
2006	153,0	6,7	162,3	8,5	226,0	33,1	133,6	19,3	561,3	34,7	298,5	18,2
2007	165,8	7,0	170,5	8,6	257,2	37,7	143,5	20,9	598,6	36,1	298,2	17,9
2008	172,3	7,4	175,7	9,0	270,3	40,0	147,1	22,0	623,6	37,8	301,7	18,3

Tabelle 27.11.12. Verteilung der Arbeitsunfähigkeitstage nach Krankheitsarten in Prozent in der Branche Verarbeitendes Gewerbe im Jahr 2008, AOK-Mitglieder

Wirtschaftsabteilung	**AU-Tage in %**						
	Psyche	**Herz/ Kreislauf**	**Atem-wege**	**Verdau-ung**	**Muskel/ Skelett**	**Verlet-zungen**	**Sonstige**
Bekleidungsgewerbe	9,7	7,1	11,5	5,6	25,5	8,3	32,3
Chemische Industrie	7,6	7,3	13,2	6,7	25,9	10,8	28,5
Ernährungsgewerbe	7,5	6,9	11,2	6,3	25,7	13,1	29,3
Glasgewerbe, Herstellung von Keramik, Verarbeitung von Steinen und Erden	5,5	8,2	10,2	6,0	27,6	14,6	27,9
Herstellung von Gummi- und Kunststoffwaren	7,4	7,4	11,7	6,2	27,4	11,7	28,2
Herstellung von Möbeln, Schmuck, Musikinstrumenten, Sportgeräten, Spielwaren und sonstigen Erzeugnissen	7,1	7,3	11,1	6,0	27,1	13,2	28,2
Holzgewerbe (ohne Herstellung von Möbeln)	5,8	7,2	10,4	5,8	26,4	18,3	26,1
Kokerei, Mineralölverarbeitung, Herstellung und Verarbeitung von Spalt- und Brutstoffen	8,6	7,1	12,3	7,9	23,7	10,6	29,8
Ledergewerbe	8,5	8,1	11,1	5,8	26,4	9,6	30,5
Papiergewerbe	7,3	7,6	11,4	6,0	27,2	12,6	27,9
Recycling	5,5	8,4	10,8	6,6	25,4	16,6	26,7
Tabakverarbeitung	9,0	8,8	11,7	6,2	24,6	10,5	29,2
Textilgewerbe	7,5	7,7	11,2	6,1	27,1	11,0	29,4
Verlagsgewerbe, Druckgewerbe, Vervielfältigung von bespielten Ton-, Bild- und Datenträgern	9,0	7,7	12,4	6,4	23,6	10,6	30,3
Branche insgesamt	**7,4**	**7,4**	**11,4**	**6,2**	**26,3**	**12,7**	**28,6**
Alle Branchen	**8,3**	**6,9**	**12,5**	**6,5**	**24,2**	**12,6**	**29,0**

Tabelle 27.11.13. Verteilung der Arbeitsunfähigkeitsfälle nach Krankheitsarten in Prozent in der Branche Verarbeitendes Gewerbe im Jahr 2008, AOK-Mitglieder

Wirtschaftsabteilung	**AU-Fälle in %**						
	Psyche	**Herz/ Kreislauf**	**Atem-wege**	**Verdau-ung**	**Muskel/ Skelett**	**Verlet-zungen**	**Sonstige**
Bekleidungsgewerbe	5,0	4,7	22,3	11,6	17,1	5,7	33,6
Chemische Industrie	3,9	4,7	22,8	11,8	19,5	7,8	29,5
Ernährungsgewerbe	3,9	4,5	20,3	11,6	18,8	10,1	30,8
Glasgewerbe, Herstellung von Keramik, Verarbeitung von Steinen und Erden	3,3	5,1	19,3	11,4	21,6	11,3	28,0
Herstellung von Gummi- und Kunststoffwaren	3,9	4,7	21,3	11,3	20,9	9,0	28,9
Herstellung von Möbeln, Schmuck, Musikinstrumenten, Sportgeräten, Spielwaren und sonstigen Erzeugnissen	3,7	4,7	21,1	11,4	20,3	10,0	28,8
Holzgewerbe (ohne Herstellung von Möbeln)	3,0	4,4	20,4	11,1	20,6	13,3	27,2
Kokerei, Mineralölverarbeitung, Herstellung und Verarbeitung von Spalt- und Brutstoffen	3,5	4,9	22,6	13,5	17,6	9,0	28,9
Ledergewerbe	4,6	5,4	20,5	11,3	19,1	7,1	32,0
Papiergewerbe	3,8	4,7	20,9	11,6	20,9	9,4	28,7
Recycling	3,6	5,2	18,8	11,9	20,9	12,2	27,4
Tabakverarbeitung	5,3	6,2	19,6	11,2	18,8	7,9	31,0
Textilgewerbe	4,3	5,1	20,4	11,7	19,9	8,3	30,3
Verlagsgewerbe, Druckgewerbe, Vervielfältigung von bespielten Ton-, Bild- und Datenträgern	4,7	4,9	22,6	11,9	17,5	7,8	30,6
Branche insgesamt	**3,9**	**4,7**	**21,0**	**11,5**	**19,8**	**9,6**	**29,5**
Alle Branchen	**4,3**	**4,4**	**22,4**	**11,8**	**17,6**	**9,2**	**30,3**

Tabelle 27.11.14. Anteile der 40 häufigsten Einzeldiagnosen an den AU-Fällen und AU-Tagen in der Branche Verarbeitendes Gewerbe im Jahr 2008, AOK-Mitglieder

ICD-10	Bezeichnung	AU-Fälle in %	AU-Tage in %
M54	Rückenschmerzen	7,8	7,5
J06	Akute Infektionen der oberen Atemwege	6,1	2,7
K52	Nichtinfektiöse Gastroenteritis und Kolitis	3,3	1,2
J20	Akute Bronchitis	3,0	1,6
A09	Diarrhoe und Gastroenteritis	2,4	0,8
J40	Nicht akute Bronchitis	2,3	1,2
K08	Sonstige Krankheiten der Zähne und des Zahnhalteapparates	2,2	0,4
I10	Essentielle Hypertonie	1,7	2,7
T14	Verletzung an einer nicht näher bezeichneten Körperregion	1,7	1,4
K29	Gastritis und Duodenitis	1,5	0,7
B34	Viruskrankheit nicht näher bezeichneter Lokalisation	1,4	0,6
R10	Bauch- und Beckenschmerzen	1,3	0,6
J03	Akute Tonsillitis	1,2	0,5
M53	Sonstige Krankheiten der Wirbelsäule und des Rückens	1,1	1,3
J01	Akute Sinusitis	1,1	0,5
J02	Akute Pharyngitis	1,1	0,4
M51	Sonstige Bandscheibenschäden	1,0	2,3
M75	Schulterläsionen	1,0	1,9
M77	Sonstige Enthesopathien	1,0	1,2
J32	Chronische Sinusitis	1,0	0,5
F32	Depressive Episode	0,9	2,0
M99	Biomechanische Funktionsstörungen	0,9	0,6
M25	Sonstige Gelenkkrankheiten	0,8	0,9
R51	Kopfschmerz	0,8	0,4
M23	Binnenschädigung des Kniegelenkes	0,8	1,4
J11	Grippe	0,7	0,3
M79	Sonstige Krankheiten des Weichteilgewebes	0,7	0,6
S93	Luxation, Verstauchung und Zerrung der Gelenke und Bänder in Höhe des oberen Sprunggelenkes und des Fußes	0,7	0,7
F43	Reaktionen auf schwere Belastungen und Anpassungsstörungen	0,7	1,0
R11	Übelkeit und Erbrechen	0,6	0,3
B99	Sonstige Infektionskrankheiten	0,6	0,3
M47	Spondylose	0,6	0,8
R50	Fieber unbekannter Ursache	0,6	0,3
R42	Schwindel und Taumel	0,6	0,4
J04	Akute Laryngitis und Tracheitis	0,6	0,3
M65	Synovitis und Tenosynovitis	0,6	0,7
S61	Offene Wunde des Handgelenkes und der Hand	0,5	0,6
M17	Gonarthrose	0,5	1,2
J98	Sonstige Krankheiten der Atemwege	0,5	0,2
J00	Akute Rhinopharyngitis	0,5	0,2
	Summe hier	**56,4**	**43,2**
	Restliche	43,6	56,8
	Gesamtsumme	**100,0**	**100,0**

Tabelle 27.11.15. Anteile der 40 häufigsten Diagnoseuntergruppen an den AU-Fällen und AU-Tagen in der Branche Verarbeitendes Gewerbe im Jahr 2008, AOK-Mitglieder

ICD-10	Bezeichnung	AU-Fälle in %	AU-Tage in %
M40–M54	Krankheiten der Wirbelsäule und des Rückens	10,5	12,4
J00–J06	Akute Infektionen der oberen Atemwege	10,5	4,7
M60–M79	Krankheiten der Weichteilgewebe	4,3	5,7
K50–K52	Nichtinfektiöse Enteritis und Kolitis	3,7	1,5
J40–J47	Chronische Krankheiten der unteren Atemwege	3,7	2,4
M00–M25	Arthropathien	3,5	6,2
J20–J22	Sonstige akute Infektionen der unteren Atemwege	3,5	1,8
A00–A09	Infektiöse Darmkrankheiten	3,1	1,1
R50–R69	Allgemeinsymptome	2,9	2,1
K00–K14	Krankheiten der Mundhöhle, Speicheldrüsen und Kiefer	2,8	0,6
K20–K31	Krankheiten des Ösophagus, Magens und Duodenums	2,2	1,2
R10–R19	Symptome bzgl. Verdauungssystem und Abdomen	2,1	1,2
T08–T14	Verletzungen Rumpf, Extremitäten u. a. Körperregionen	2,0	1,7
I10–I15	Hypertonie	1,9	3,1
F40–F48	Neurotische, Belastungs- und somatoforme Störungen	1,8	2,7
S60–S69	Verletzungen des Handgelenkes und der Hand	1,7	2,3
B25–B34	Sonstige Viruskrankheiten	1,6	0,7
J30–J39	Sonstige Krankheiten der oberen Atemwege	1,6	1,0
F30–F39	Affektive Störungen	1,2	2,8
S90–S99	Verletzungen der Knöchelregion und des Fußes	1,2	1,5
G40–G47	Episod. und paroxysmale Krankheiten des Nervensystems	1,2	0,9
R00–R09	Symptome bzgl. Kreislauf- und Atmungssystem	1,1	0,7
J10–J18	Grippe und Pneumonie	1,1	0,7
S80–S89	Verletzungen des Knies und des Unterschenkels	1,0	2,0
M95–M99	Sonstige Krankheiten des Muskel-Skelett-Systems und des Bindegewebes	1,0	0,8
I80–I89	Krankheiten der Venen, Lymphgefäße und -knoten	0,9	1,1
E70–E90	Stoffwechselstörungen	0,8	1,4
G50–G59	Krankheiten von Nerven, Nervenwurzeln und Nervenplexus	0,8	1,3
R40–R46	Symptome bzgl. Wahrnehmung, Stimmung und Verhalten	0,7	0,6
N30–N39	Sonstige Krankheiten des Harnsystems	0,7	0,5
K55–K63	Sonstige Krankheiten des Darmes	0,7	0,7
S00–S09	Verletzungen des Kopfes	0,7	0,6
B99–B99	Sonstige Infektionskrankheiten	0,7	0,3
F10–F19	Psychische und Verhaltensstörungen durch psychotrope Substanzen	0,7	1,2
I20–I25	Ischämische Herzkrankheiten	0,6	1,4
L00–L08	Infektionen der Haut und der Unterhaut	0,6	0,6
Z70–Z76	Sonstige Inanspruchnahme des Gesundheitswesens	0,6	1,0
J95–J99	Sonstige Krankheiten des Atmungssystems	0,6	0,4
I30–I52	Sonstige Formen der Herzkrankheit	0,6	1,0
I95–I99	Sonstige Krankheiten des Kreislaufsystems	0,6	0,3
	Summe hier	**71,0**	**61,8**
	Restliche	29,0	38,2
	Gesamtsumme	**100,0**	**100,0**

27.12 Verkehr und Transport

Tabelle 27.12.1. Entwicklung der Fehlzeiten der AOK-Mitglieder in der Branche Verkehr und Transport in den Jahren 1994 bis 2008

Jahr	Krankenstand in %			AU-Fälle je 100 Mitglieder			Tage je Fall		
	West	Ost	Bund	West	Ost	Bund	West	Ost	Bund
1994	6,8	4,8	6,4	139,9	101,5	132,6	16,6	16,1	16,5
1995	4,7	4,7	5,9	144,2	109,3	137,6	16,1	16,1	16,1
1996	5,7	4,6	5,5	132,4	101,5	126,5	16,2	16,8	16,3
1997	5,3	4,4	5,2	128,3	96,4	122,5	15,1	16,6	15,3
1998	5,4	4,5	5,3	131,5	98,6	125,7	15,0	16,6	15,3
1999	5,6	4,8	5,5	139,4	107,4	134,1	14,6	16,4	14,8
2000	5,6	4,8	5,5	143,2	109,8	138,3	14,3	16,0	14,5
2001	5,6	4,9	5,5	144,1	108,7	139,3	14,2	16,5	14,4
2002	5,6	4,9	5,5	143,3	110,6	138,8	14,2	16,2	14,4
2003	5,3	4,5	5,2	138,7	105,8	133,8	14,0	15,4	14,1
2004	4,9	4,2	4,8	125,0	97,6	120,6	14,3	15,6	14,4
2005	4,8	4,2	4,7	126,3	99,0	121,8	14,0	15,4	14,2
2006	4,7	4,1	4,6	121,8	94,7	117,2	14,2	15,8	14,4
2007	4,9	4,3	4,8	128,8	101,5	124,1	14,0	15,5	14,2
2008	5,1	4,5	4,9	135,4	106,7	130,5	13,6	15,3	13,9

Tabelle 27.12.2. Arbeitsunfähigkeit der AOK-Mitglieder in der Branche Verkehr und Transport nach Bundesländern im Jahr 2008 im Vergleich zum Vorjahr

Bundesland	Krankenstand in %	Arbeitsunfähigkeit je 100 AOK-Mitglieder				Tage je Fall	Veränd. z. Vorj. in %	AU-Quote in %
		AU-Fälle	Veränd. z. Vorj. in %	AU-Tage	Veränd. z. Vorj. in %			
Baden-Württemberg	5,0	136,6	6,6	1.819,2	4,6	13,3	–2,2	51,6
Bayern	4,5	116,0	6,3	1.653,7	5,7	14,3	0,0	45,3
Berlin	5,5	124,7	3,1	2.025,7	–0,1	16,2	–3,6	47,0
Brandenburg	4,8	108,4	3,8	1.764,1	2,4	16,3	–1,2	45,9
Bremen	5,9	153,9	1,1	2.150,1	0,3	14,0	–0,7	56,6
Hamburg	5,6	146,6	3,5	2.064,1	2,6	14,1	–0,7	50,3
Hessen	5,6	157,5	3,1	2.054,0	3,9	13,0	0,8	53,2
Mecklenburg-Vorpommern	4,4	99,9	4,4	1.604,4	0,7	16,1	–3,0	41,1
Niedersachsen	4,2	132,5	3,4	1.545,5	–8,4	11,7	–11,4	50,3
Nordrhein-Westfalen	5,5	143,9	6,3	2.002,2	3,5	13,9	–2,8	52,2
Rheinland-Pfalz	5,4	139,9	5,0	1.963,7	3,1	14,0	–2,1	51,4
Saarland	5,7	120,7	4,8	2.084,7	–0,8	17,3	–4,9	48,4
Sachsen	4,2	105,6	5,3	1.547,3	5,1	14,6	–0,7	47,1
Sachsen-Anhalt	4,6	103,9	3,4	1.689,7	–2,3	16,3	–5,2	44,4
Schleswig-Holstein	5,0	121,5	3,5	1.817,0	0,9	15,0	–2,0	47,6
Thüringen	4,9	113,7	6,4	1.779,5	6,1	15,7	0,0	46,6
West	**5,1**	**135,4**	**5,1**	**1.848,4**	**2,5**	**13,6**	**–2,9**	**50,2**
Ost	**4,5**	**106,7**	**5,1**	**1.634,2**	**3,5**	**15,3**	**–1,3**	**46,0**
Bund	**4,9**	**130,5**	**5,2**	**1.811,5**	**2,6**	**13,9**	**–2,1**	**49,5**

Tabelle 27.12.3. Arbeitsunfähigkeit der AOK-Mitglieder in der Branche Verkehr und Transport nach Wirtschaftsabteilungen im Jahr 2008

Wirtschaftsabteilung	Krankenstand in %		Arbeitsunfähigkeiten je 100 AOK-Mitglieder		Tage je Fall	AU-Quote in %
	2008	2008 stand.*	Fälle	Tage		
Hilfs- und Nebentätigkeiten für den Verkehr, Verkehrsvermittlung	5,1	4,8	139,7	1.849,8	13,2	52,2
Landverkehr, Transport in Rohrfernleitungen	4,9	4,6	115,5	1.802,1	15,6	46,6
Luftfahrt	5,0	5,2	172,1	1.821,4	10,6	58,4
Nachrichtenübermittlung	4,5	4,7	139,6	1.630,1	11,7	46,3
Schifffahrt	3,7	3,5	92,8	1.359,3	14,7	36,3
Branche insgesamt	**4,9**	**4,7**	**130,5**	**1.811,5**	**13,9**	**49,5**
Alle Branchen	**4,6**	**4,6**	**148,2**	**1.696,0**	**11,4**	**52,9**

*Krankenstand alters- und geschlechtsstandardisiert

Tabelle 27.12.4. Kennzahlen der Arbeitsunfähigkeit der AOK-Mitglieder nach ausgewählten Berufsgruppen in der Branche Verkehr und Transport im Jahr 2008

Tätigkeit	Krankenstand in %	Arbeitsunfähigkeiten je 100 AOK-Mitglieder		Tage je Fall	AU-Quote in %	Anteil der Berufsgruppe an der Branche in %*
		Fälle	Tage			
Bürofachkräfte	3,2	122,2	1.179,4	9,6	48,2	5,8
Fremdenverkehrsfachleute	2,6	120,3	951,8	7,9	46,4	1,6
Kraftfahrzeugführer	5,1	109,2	1.864,1	17,1	45,5	52,7
Kraftfahrzeuginstandsetzer	4,6	138,3	1.692,9	12,2	58,3	1,1
Lager-, Transportarbeiter	5,8	174,7	2.124,0	12,2	58,3	12,2
Lagerverwalter, Magaziner	5,7	176,0	2.069,1	11,8	60,8	2,9
Postverteiler	5,3	171,9	1.922,5	11,2	49,7	1,6
Stauer, Möbelpacker	6,4	164,2	2.336,1	14,2	55,2	1,0
Verkäufer	4,0	128,0	1.473,7	11,5	51,1	1,1
Verkehrsfachleute (Güterverkehr)	2,9	140,9	1.049,5	7,4	52,0	2,9
Warenaufmacher, Versandfertigmacher	5,9	198,7	2.162,8	10,9	59,4	1,2
Branche insgesamt	**4,9**	**130,5**	**1.811,5**	**13,9**	**49,5**	**6,1****

* Anteil der AOK-Mitglieder in der Berufsgruppe an den in der Branche beschäftigten AOK-Mitgliedern insgesamt
**Anteil der AOK-Mitglieder in der Branche an allen AOK-Mitgliedern

Tabelle 27.12.5. Dauer der Arbeitsunfähigkeit der AOK-Mitglieder in der Branche Verkehr und Transport im Jahr 2008

Fallklasse	Branche hier		alle Branchen	
	Anteil Fälle in %	Anteil Tage in %	Anteil Fälle in %	Anteil Tage in %
1–3 Tage	29,4	4,2	36,2	6,3
4–7 Tage	29,3	10,8	29,6	13,0
8–14 Tage	19,9	15,1	17,4	15,8
15–21 Tage	7,9	9,9	6,2	9,5
22–28 Tage	4,0	7,1	3,3	7,0
29–42 Tage	4,1	10,3	3,2	9,7
Langzeit-AU (> 42 Tage)	5,4	42,6	4,1	38,7

Tabelle 27.12.6. Tage der Arbeitsunfähigkeit je AOK-Mitglied nach Wirtschaftsabteilungen und Betriebsgröße in der Branche Verkehr und Transport im Jahr 2008

Wirtschaftsabteilungen	Betriebsgröße (Anzahl der AOK-Mitglieder)					
	10–49	50–99	100–199	200–499	500–999	≥ 1.000
Hilfs- und Nebentätigkeiten für den Verkehr, Verkehrsvermittlung	18,7	19,8	20,1	20,2	21,7	26,3
Landverkehr, Transport in Rohrfernleitungen	18,1	21,7	24,1	25,4	26,2	22,9
Luftfahrt	18,4	16,2	17,3	17,0	21,8	–
Nachrichtenübermittlung	15,9	17,7	17,5	18,9	19,4	16,4
Schifffahrt	15,8	16,0	–	–	–	–
Branche insgesamt	**18,3**	**20,1**	**20,9**	**21,7**	**22,7**	**23,5**
Alle Branchen	**17,5**	**19,0**	**19,3**	**19,5**	**19,9**	**18,5**

Tabelle 27.12.7. Krankenstand in Prozent nach der Stellung im Beruf in der Branche Verkehr und Transport im Jahr 2008, AOK-Mitglieder

Wirtschaftsabteilung	Stellung im Beruf				
	Auszubildende	Arbeiter	Facharbeiter	Meister, Poliere	Angestellte
Hilfs- und Nebentätigkeiten für den Verkehr, Verkehrsvermittlung	3,5	5,8	5,3	5,2	3,0
Landverkehr, Transport in Rohrfernleitungen	3,5	5,2	5,3	3,9	3,8
Luftfahrt	3,0	9,4	6,2	5,7	4,2
Nachrichtenübermittlung	3,5	5,2	4,1	1,8	3,8
Schifffahrt	3,8	4,3	3,7	3,8	2,9
Branche insgesamt	**3,5**	**5,5**	**5,3**	**4,5**	**3,3**
Alle Branchen	**3,8**	**5,6**	**4,9**	**3,7**	**3,4**

Tabelle 27.12.8. Tage der Arbeitsunfähigkeit je AOK-Mitglied nach der Stellung im Beruf in der Branche Verkehr und Transport im Jahr 2008

Wirtschaftsabteilung	**Stellung im Beruf**				
	Auszubildende	**Arbeiter**	**Facharbeiter**	**Meister, Poliere**	**Angestellte**
Hilfs- und Nebentätigkeiten für den Verkehr, Verkehrsvermittlung	13,0	21,1	19,5	18,9	10,9
Landverkehr, Transport in Rohrfernleitungen	12,7	18,9	19,2	14,1	13,7
Luftfahrt	10,9	34,5	22,7	20,9	15,5
Nachrichtenübermittlung	12,9	19,0	14,9	6,8	14,0
Schifffahrt	13,8	15,7	13,4	13,8	10,4
Branche insgesamt	**12,9**	**20,2**	**19,2**	**16,4**	**12,2**
Alle Branchen	**13,9**	**20,5**	**18,0**	**13,7**	**12,3**

Tabelle 27.12.9. Anteil der Arbeitsunfälle an den AU-Fällen und -Tagen in Prozent nach Wirtschaftsabteilungen in der Branche Verkehr und Transport im Jahr 2008, AOK-Mitglieder

Wirtschaftsabteilung	**Arbeitsunfähigkeiten**	
	AU-Fälle in %	**AU-Tage in %**
Hilfs- und Nebentätigkeiten für den Verkehr, Verkehrsvermittlung	5,5	8,1
Landverkehr, Transport in Rohrfernleitungen	5,6	7,5
Luftfahrt	1,5	2,2
Nachrichtenübermittlung	4,3	5,8
Schifffahrt	6,6	11,5
Branche insgesamt	**5,4**	**7,6**
Alle Branchen	**4,6**	**5,8**

Tabelle 27.12.10. Tage und Fälle der Arbeitsunfähigkeit durch Arbeitsunfälle nach Berufsgruppen in der Branche Verkehr und Transport im Jahr 2008, AOK-Mitglieder

Tätigkeit	**Arbeitsunfähigkeit je 1.000 AOK-Mitglieder**	
	AU-Tage	**AU-Fälle**
Stauer, Möbelpacker	2.593,6	148,7
Kraftfahrzeugführer	1.712,7	74,9
Kraftfahrzeuginstandsetzer	1.584,0	116,1
Lager-, Transportarbeiter	1.448,5	89,6
Lagerverwalter, Magaziner	1.288,7	84,0
Postverteiler	1.221,8	88,3
Warenaufmacher, Versandfertigmacher	1.155,6	74,5
Bürofachkräfte	312,8	16,3

Tabelle 27.12.11. Tage und Fälle der Arbeitsunfähigkeit je 100 AOK-Mitglieder nach Krankheitsarten in der Branche Verkehr und Transport in den Jahren 1995 bis 2008

Jahr	Arbeitsunfähigkeiten je 100 Mitglieder											
	Psyche		Herz/Kreislauf		Atemwege		Verdauung		Muskel/Skelett		Verletzungen	
	Tage	Fälle	Tage	Fälle	Tage	Fälle	Tage	Fälle	Tage	Fälle	Tage	Fälle
1995	94,1	3,5	233,0	9,0	359,1	33,4	205,9	21,0	741,6	35,7	452,7	24,0
1996	88,2	3,7	213,7	8,8	321,5	38,5	181,2	21,0	666,8	36,0	425,0	23,9
1997	83,9	3,4	195,5	7,7	281,8	34,8	163,6	19,4	574,0	32,1	411,4	22,0
1998	89,1	3,6	195,2	7,9	283,4	33,1	161,9	19,0	591,5	30,7	397,9	21,9
1999	95,3	3,8	192,9	8,1	311,9	34,5	160,8	19,2	621,2	32,5	396,8	21,7
2000	114,7	5,2	181,9	8,0	295,1	37,1	149,4	18,0	654,9	36,6	383,3	21,3
2001	124,3	6,1	183,1	8,6	282,2	36,8	152,3	18,9	680,6	38,6	372,8	21,0
2002	135,9	6,6	184,2	8,9	273,1	36,1	152,1	19,5	675,7	38,3	362,4	20,4
2003	136,0	6,7	182,0	9,1	271,5	36,4	144,2	18,7	615,9	35,6	345,2	19,3
2004	154,3	6,8	195,6	8,4	234,4	30,1	143,5	17,7	572,5	32,8	329,6	17,6
2005	159,5	6,7	193,5	8,4	268,8	34,7	136,2	16,6	546,3	31,8	327,1	17,3
2006	156,8	6,7	192,9	8,5	225,9	29,0	135,7	17,1	551,7	31,9	334,7	17,6
2007	166,1	7,0	204,2	8,7	249,9	32,6	143,6	18,4	575,2	32,8	331,1	17,0
2008	172,5	7,3	205,5	9,1	260,0	34,6	149,0	19,2	584,3	34,3	332,0	17,1

Tabelle 27.12.12. Verteilung der Arbeitsunfähigkeitstage nach Krankheitsarten in Prozent in der Branche Verkehr und Transport im Jahr 2008, AOK-Mitglieder

Wirtschaftsabteilung	AU-Tage in %						
	Psyche	Herz/ Kreislauf	Atem- wege	Verdau- ung	Muskel/ Skelett	Verlet- zungen	Sonstige
Hilfs- und Nebentätigkeiten für den Verkehr, Verkehrsvermittlung	6,7	8,2	11,1	6,3	25,7	14,6	27,4
Landverkehr, Transport in Rohrfernleitungen	7,5	9,9	10,1	6,2	23,8	13,5	29,0
Luftfahrt	11,7	4,4	21,4	6,5	17,4	8,9	29,7
Nachrichtenübermittlung	9,3	6,2	13,0	6,5	23,0	13,4	28,6
Schifffahrt	7,3	8,8	9,7	6,0	21,2	19,4	27,6
Branche insgesamt	**7,3**	**8,6**	**11,0**	**6,3**	**24,7**	**14,0**	**28,1**
Alle Branchen	**8,3**	**6,9**	**12,5**	**6,5**	**24,2**	**12,6**	**29,0**

Tabelle 27.12.13. Verteilung der Arbeitsunfähigkeitsfälle nach Krankheitsarten in Prozent in der Branche Verkehr und Transport im Jahr 2008, AOK-Mitglieder

Wirtschaftsabteilung	AU-Fälle in %						
	Psyche	Herz/ Kreislauf	Atem-wege	Verdau-ung	Muskel/ Skelett	Verlet-zungen	Sonstige
Hilfs- und Nebentätigkeiten für den Verkehr, Verkehrsvermittlung	4,1	4,9	20,5	11,3	20,5	10,1	28,6
Landverkehr, Transport in Rohrfernleitungen	4,5	6,3	18,5	11,2	19,9	10,0	29,6
Luftfahrt	5,2	3,0	31,4	10,0	12,6	5,7	32,1
Nachrichtenübermittlung	4,9	4,1	22,9	11,0	18,1	9,4	29,6
Schifffahrt	4,5	6,0	17,9	10,9	17,9	12,2	30,6
Branche insgesamt	**4,2**	**5,3**	**20,2**	**11,2**	**20,0**	**10,0**	**29,1**
Alle Branchen	**4,3**	**4,4**	**22,4**	**11,8**	**17,6**	**9,2**	**30,3**

Tabelle 27.12.14. Anteile der 40 häufigsten Einzeldiagnosen an den AU-Fällen und AU-Tagen in der Branche Verkehr und Transport im Jahr 2008, AOK-Mitglieder

ICD-10	Bezeichnung	AU-Fälle in %	AU-Tage in %
M54	Rückenschmerzen	8,5	7,8
J06	Akute Infektionen der oberen Atemwege	5,8	2,5
K52	Sonstige nichtinfektiöse Gastroenteritis und Kolitis	3,1	1,1
J20	Akute Bronchitis	2,8	1,5
A09	Diarrhoe und Gastroenteritis	2,2	0,7
J40	Nicht akute Bronchitis	2,2	1,1
I10	Essentielle Hypertonie	2,1	3,0
K08	Sonstige Krankheiten der Zähne und des Zahnhalteapparates	2,0	0,4
K29	Gastritis und Duodenitis	1,5	0,8
T14	Verletzung an einer nicht näher bezeichneten Körperregion	1,4	1,3
B34	Viruskrankheit nicht näher bezeichneter Lokalisation	1,3	0,5
M51	Sonstige Bandscheibenschäden	1,2	2,5
R10	Bauch- und Beckenschmerzen	1,2	0,6
M53	Sonstige Krankheiten der Wirbelsäule und des Rückens	1,1	1,2
J03	Akute Tonsillitis	1,1	0,5
J01	Akute Sinusitis	1,0	0,5
J02	Akute Pharyngitis	1,0	0,4
M75	Schulterläsionen	0,9	1,6
F32	Depressive Episode	0,9	1,8
J32	Chronische Sinusitis	0,9	0,5
M99	Biomechanische Funktionsstörungen	0,9	0,6
S93	Luxation, Verstauchung und Zerrung der Gelenke und Bänder in Höhe des oberen Sprunggelenkes und des Fußes	0,9	0,9
M77	Sonstige Enthesopathien	0,8	0,8
R51	Kopfschmerz	0,8	0,4
M25	Sonstige Gelenkkrankheiten	0,8	0,8
F43	Reaktionen auf schwere Belastungen und Anpassungsstörungen	0,8	1,1
M23	Binnenschädigung des Kniegelenkes	0,7	1,2
I25	Chronische ischämische Herzkrankheit	0,7	1,5
E66	Adipositas	0,6	1,2
M79	Sonstige Krankheiten des Weichteilgewebes	0,6	0,5
M47	Spondylose	0,6	0,8
J11	Grippe	0,6	0,3
E11	Diabetes mellitus	0,6	1,0
B99	Sonstige Infektionskrankheiten	0,6	0,3
R42	Schwindel und Taumel	0,6	0,4
E78	Störungen des Lipoproteinstoffwechsels und sonstige Lipidämien	0,6	0,9
J04	Akute Laryngitis und Tracheitis	0,5	0,2
R50	Fieber unbekannter Ursache	0,5	0,3
R11	Übelkeit und Erbrechen	0,5	0,2
F48	Andere neurotische Störungen	0,5	0,5
	Summe hier	**55,4**	**44,2**
	Restliche	44,6	55,8
	Gesamtsumme	**100,0**	**100,0**

Tabelle 27.12.15. Anteile der 40 häufigsten Diagnoseuntergruppen an den AU-Fällen und AU-Tagen in der Branche Verkehr und Transport im Jahr 2008, AOK-Mitglieder

ICD-10	Bezeichnung	AU-Fälle in %	AU-Tage in %
M40–M54	Krankheiten der Wirbelsäule und des Rückens	11,3	12,8
J00–J06	Akute Infektionen der oberen Atemwege	9,9	4,3
M60–M79	Krankheiten der Weichteilgewebe	3,8	4,6
J40–J47	Chronische Krankheiten der unteren Atemwege	3,6	2,5
K50–K52	Nichtinfektiöse Enteritis und Kolitis	3,5	1,4
J20–J22	Sonstige akute Infektionen der unteren Atemwege	3,3	1,7
M00–M25	Arthropathien	3,2	5,1
A00–A09	Infektiöse Darmkrankheiten	2,8	1,0
R50–R69	Allgemeinsymptome	2,8	2,1
K00–K14	Krankheiten der Mundhöhle, Speicheldrüsen und Kiefer	2,5	0,6
I10–I15	Hypertonie	2,3	3,5
K20–K31	Krankheiten des Ösophagus, Magens und Duodenums	2,2	1,3
F40–F48	Neurotische, Belastungs- und somatoforme Störungen	2,0	2,8
R10–R19	Symptome bzgl. Verdauungssystem und Abdomen	1,9	1,1
T08–T14	Verletzungen Rumpf, Extremitäten u. a. Körperregionen	1,8	1,7
S90–S99	Verletzungen der Knöchelregion und des Fußes	1,5	2,1
J30–J39	Sonstige Krankheiten der oberen Atemwege	1,5	0,9
B25–B34	Sonstige Viruskrankheiten	1,5	0,6
S80–S89	Verletzungen des Knies und des Unterschenkels	1,3	2,5
S60–S69	Verletzungen des Handgelenkes und der Hand	1,3	1,7
G40–G47	Episod. und paroxysmale Krankheiten des Nervensystems	1,2	1,2
R00–R09	Symptome bzgl. Kreislauf- und Atmungssystem	1,2	0,8
F30–F39	Affektive Störungen	1,2	2,4
J10–J18	Grippe und Pneumonie	1,1	0,8
E70–E90	Stoffwechselstörungen	1,0	1,7
M95–M99	Sonstige Krankheiten des Muskel-Skelett-Systems und des Bindegewebes	1,0	0,8
I20–I25	Ischämische Herzkrankheiten	1,0	2,1
E10–E14	Diabetes mellitus	0,8	1,5
I80–I89	Krankheiten der Venen, Lymphgefäße und -knoten	0,8	0,9
F10–F19	Psychische und Verhaltensstörungen durch psychotrope Substanzen	0,8	1,4
S00–S09	Verletzungen des Kopfes	0,8	0,8
K55–K63	Sonstige Krankheiten des Darmes	0,8	0,8
R40–R46	Symptome bzgl. Wahrnehmung, Stimmung und Verhalten	0,7	0,6
I30–I52	Sonstige Formen der Herzkrankheit	0,7	1,3
G50–G59	Krankheiten von Nerven, Nervenwurzeln und Nervenplexus	0,7	1,0
E65–E68	Adipositas	0,7	1,3
L00–L08	Infektionen der Haut und der Unterhaut	0,7	0,7
N30–N39	Sonstige Krankheiten des Harnsystems	0,7	0,5
B99–B99	Sonstige Infektionskrankheiten	0,6	0,3
S20–S29	Verletzungen des Thorax	0,6	0,9
	Summe hier	**81,1**	**76,1**
	Restliche	18,9	23,9
	Gesamtsumme	**100,0**	**100,0**

Kapitel 28

Die Arbeitsunfähigkeit in der Statistik der GKV

K. Busch

Zusammenfassung. *Der vorliegende Beitrag gibt anhand der Statistiken des Bundesministeriums für Gesundheit (BMG) einen Überblick über die Arbeitsunfähigkeitsdaten der Gesetzlichen Krankenkassen (GKV). Zunächst werden die Arbeitsunfähigkeitsstatistiken der Krankenkassen und die Erfassung der Arbeitsunfähigkeit erläutert. Hiernach wird auf die Entwicklung der Fehlzeiten auf GKV-Ebene eingegangen. Ebenfalls wird Bezug auf die Unterschiede der Fehlzeiten zwischen den verschiedenen Kassen genommen.*

28.1 Arbeitsunfähigkeitsstatistiken der Krankenkassen

Die Krankenkassen haben nach § 79 SGB IV Übersichten über ihre Rechnungs- und Geschäftsergebnisse sowie sonstige Statistiken zu erstellen und über den GKV-Spitzenverband an das Bundesministerium für Gesundheit zu liefern. Bis zur Gründung des GKV-Spitzenverbandes war dies Aufgabe der Bundesverbände der einzelnen Kassenarten. Näheres hierzu wird in der Allgemeinen Verwaltungsvorschrift über die Statistik in der Gesetzlichen Krankenversicherung (KSVwV) geregelt. Bezüglich der Arbeitsunfähigkeitsfälle finden sich Regelungen zu drei Statistiken:

- Krankenstand: Bestandteil der monatlichen Mitgliederstatistik KM1
- Arbeitsunfähigkeitsfälle und -tage: Bestandteil der Jahresstatistik KG2
- Arbeitsunfähigkeitsfälle und -tage nach Krankheitsarten: Jahresstatistik KG8

In der Öffentlichkeit und den Medien wird häufig eine allgemeine Diskussion um Krankenstände geführt, wobei hier oft unterschiedliche Definitionen unter diesen Begriff gefasst werden. Der Krankenstand in der amtlichen Statistik wird über eine Stichtagserhebung gewonnen, die zu jedem Ersten eines Monats durchgeführt wird. Die Krankenkasse ermittelt im Rahmen ihrer Mitgliederstatistik die zu diesem Zeitpunkt arbeitsunfähig kranken Pflicht- und freiwilligen Mitglieder mit einem Krankengeldanspruch. Vor dem Jahr 2007 bezog sich der Krankenstand auf die Pflichtmitglieder, wobei aber Rentner, Studenten, Jugendliche und Behinderte, Künstler, Wehr-, Zivil- sowie Dienstleistende bei der Bundespolizei, landwirtschaftliche Unternehmer und Vorruhestandsgeldempfänger unberücksichtigt blieben, da für diese Gruppen in der Regel keine Arbeitsunfähigkeitsbescheinigungen von einem behandelnden Arzt ausgestellt wurden. Seit dem Jahr 2005 bleiben auch die Arbeitslosengeld-II-Empfänger unberücksichtigt, da sie im Gegensatz zu den früheren Arbeitslosenhilfeempfängern keinen Anspruch auf Krankengeld haben und somit AU-Bescheinigungen nicht notwendigerweise für diesen Mitgliederkreis ausgestellt und der Krankenkassen übersandt werden.

AU-Bescheinigungen werden vom behandelnden Arzt ausgestellt und unmittelbar an die Krankenkasse gesandt, die sie zur Ermittlung des Krankenstandes auszählt. Die Veröffentlichung des Krankenstandes erfolgt monatlich im Rahmen der Mitgliederstatistik KM1. Aus diesen zwölf Stichtagswerten eines Jahres wird als arithmetisches Mittel ein jahresdurchschnittlicher Krankenstand errechnet. Dabei werden auch Korrekturen berücksichtigt, die z. B. wegen verspäteter Meldungen notwendig werden.

Eine Totalauszählung der Arbeitsunfähigkeitsfälle und -tage erfolgt in der Jahresstatistik KG2. Da in dieser Statistik nicht nur das AU-Geschehen an einem Stichtag erfasst wird, sondern jeder einzelne AU-Fall mit seinen dazugehörigen Tagen, ist die Aussagekraft höher. Allerdings können die Ergebnisse wegen der Erhebungsmethode erst mit einer zeitlichen Verzögerung von mehr als einem halben Jahr vorgelegt werden.

28.2 Erfassung von Arbeitsunfähigkeit

Informationsquelle für eine bestehende Arbeitsunfähigkeit der pflichtversicherten Arbeiter bildet die Arbeitsunfähigkeitsbescheinigung des behandelnden Arztes. Nach § 5 EFZG bzw. § 3 LFZG ist der Arzt verpflichtet, dem Träger der gesetzlichen Krankenversicherung unverzüglich eine Bescheinigung über die Arbeitsunfähigkeit mit Angaben über den Befund und die voraussichtliche Dauer zuzuleiten; nach Ablauf der vermuteten Erkrankungsdauer stellt der Arzt bei Weiterbestehen der Arbeitsunfähigkeit eine Fortsetzungsbescheinigung aus. Das Vorliegen einer Krankheit allein ist für die statistische Erhebung nicht hinreichend, entscheidend ist die Feststellung des Arztes, dass der Arbeitnehmer infolge des konkret vorliegenden Krankheitsbildes an der Erbringung seiner Arbeitsleistung verhindert ist (§ 3 EFZG). Der arbeitsunfähig schreibende Arzt einerseits und der ausgeübte Beruf des Patienten andererseits spielen daher für Menge und Art der AU-Fälle eine nicht unbedeutende Rolle.

Voraussetzung für die statistische Erfassung eines AU-Falles ist somit im Normalfall das Vorliegen einer AU-Bescheinigung, zu berücksichtigen sind jedoch auch Fälle von Arbeitsunfähigkeit, die der Krankenkasse auf andere Weise als über die AU-Bescheinigung bekannt werden; dies können z. B. Meldungen von Krankenhäusern über eine stationäre Behandlung sein. Nicht berücksichtigt werden solche AU-Fälle, für die die Krankenkasse nicht Kostenträger ist, auch keine Fälle eines Arbeitsunfalls oder einer Berufskrankheit, für die der Träger der Unfallversicherung das Heilverfahren nicht übernommen hat. Ebenfalls nicht erfasst werden Fälle, bei denen eine andere Stelle, wie z. B. die Rentenversicherung, ein Heilverfahren ohne Kostenbeteiligung der Krankenkasse durchführt. Die Lohnfortzahlung durch den Arbeitgeber wird allerdings nicht als Fall mit anderem Kostenträger gewertet, sodass AU-Fälle sowohl den Zeitraum der Lohnfortzahlung als auch den mit Bezug von Krankengeld umfassen.

Fehlen am Arbeitsplatz während der Mutterschutzfristen ist kein Arbeitsunfähigkeitsfall im Sinne der Statistik, da Mutterschaft keine Krankheit ist. AU-Zeiten, die aus Komplikationen während einer Schwangerschaft oder bei der Geburt entstehen werden jedoch berücksichtigt, soweit sich dadurch die Freistellungsphase um den Geburtstermin herum verlängert.

Aus dem Erhebungstatbestand Arbeitsunfähigkeit folgt die Begrenzung des erfassbaren Personenkreises. In der Statistik werden daher nur die AU-Fälle von Pflicht- und freiwilligen Mitgliedern mit einem Krankengeldanspruch berücksichtigt.

Mitversicherte Familienangehörige und Rentner sind definitionsgemäß nicht versicherungspflichtig beschäftigt, sie können somit im Sinne des Krankenversicherungsrechts nicht arbeitsunfähig krank sein.

Da die statistische Erfassung der Arbeitsunfähigkeit primär auf die AU-Bescheinigung des behandelnden Arztes abgestellt ist, können insbesondere bei den Kurzzeitarbeitsunfähigkeiten Untererfassungen auftreten. Ist während der ersten drei Tage eines Fernbleibens von der Arbeitsstelle wegen Krankheit dem Arbeitgeber keine AU-Bescheinigung vorzulegen (durch Gesetz oder durch Tarifvertrag), so erhält die Krankenkasse nur in Ausnahmefällen Kenntnis hiervon. Andererseits bescheinigt der Arzt nur die voraussichtliche Dauer der Arbeitsunfähigkeit; tritt jedoch vor Ablauf dieses Zeitraums die Arbeitsfähigkeit wieder ein, erhält in diesen Fällen die Krankenkasse auch nur selten eine Meldung. Gehen AU-Bescheinigungen bei den Krankenkassen nicht zeitgerecht ein, so kann es zu einer Nichtberücksichtigung bei der Berechnung des Krankenstandes kommen, da die Ermittlung des Krankenstandes in der Regel schon eine Woche nach dem Stichtag erfolgt.

Der AU-Fall wird zeitlich in gleicher Weise abgegrenzt wie der Versicherungsfall im rechtlichen Sinn. Demnach sind mehrere mit Arbeitsunfähigkeit verbundene Erkrankungen, die als ein Versicherungsfall gelten, auch als ein AU-Fall zu zählen. Der Fall wird abgeschlossen, wenn ein anderer Kostenträger, z. B. die

Rentenversicherung, ein Heilverfahren durchführt. Besteht anschließend weiter Arbeitsunfähigkeit, wird ein neuer Leistungsfall gezählt. Der AU-Fall wird statistisch in dem Jahr berücksichtigt, in dem er abgeschlossen wird; diesem Jahr werden auch alle Tage des Falles zugeordnet, auch wenn sie laut Kalender teilweise im Vorjahr lagen.

28.3 Entwicklung des Krankenstandes

Der Krankenstand hat sich gegenüber den 1970er und 80er Jahren deutlich reduziert. Er befindet sich derzeit auf einem Niveau, das seit Einführung der Lohnfortzahlung für Arbeiter im Jahr 1970 noch nie unterschritten wurde. Zeiten vor 1970 sind nur bedingt vergleichbar, da durch eine andere Rechtsgrundlage bezüglich der Lohnfortzahlung und des Bezugs von Krankengeld auch andere Meldewege und Erfassungsmethoden zu Anwendung kamen. Der Krankenstand kann aufgrund seiner Erhebungsmethode als Stichtagsbetrachtung nur bedingt ein zutreffendes Ergebnis zur absoluten Höhe der Ausfallzeiten wegen Krankheit liefern. Die zwölf Monatsstichtage betrachten nur jeden 30. Kalendertag, sodass z. B. eine Grippewelle möglicherweise nur deswegen nicht erfasst wird, weil sie zufällig in den Zeitraum zwischen zwei Stichtage fällt. Es ergeben sich saisonale Schwankungen nicht nur aus den Jahreszeiten heraus, auch ist zu berücksichtigen, dass Stichtage auf Sonn- und Feiertage fallen können, sodass eine Arbeitsunfähigkeit dann erst einen Tag später festgestellt werden würde (s. Abb. 5.1).

Die Krankenstände der einzelnen Kassenarten unterscheiden sich zum Teil erheblich. Die Ursachen hierzu dürften in den unterschiedlichen Mitgliederkreisen bzw. deren Berufs- und Alters- sowie Geschlechtsstrukturen liegen. In den weiteren Beiträgen des vorliegenden Bandes wird für die Mitglieder der AOKs ausführlich auf die unterschiedlichen Fehlzeitenniveaus der einzelnen Berufsgruppen und Branchen eingegangen. Ein anderes Berufsspektrum bei den Mitgliedern einer anderen Kassenart führt somit auch automatisch zu einem abweichenden Krankenstandsniveau bei gleichem individuellen, berufsbedingten Krankheitsgeschehen der Mitglieder (s. Abb. 5.2).

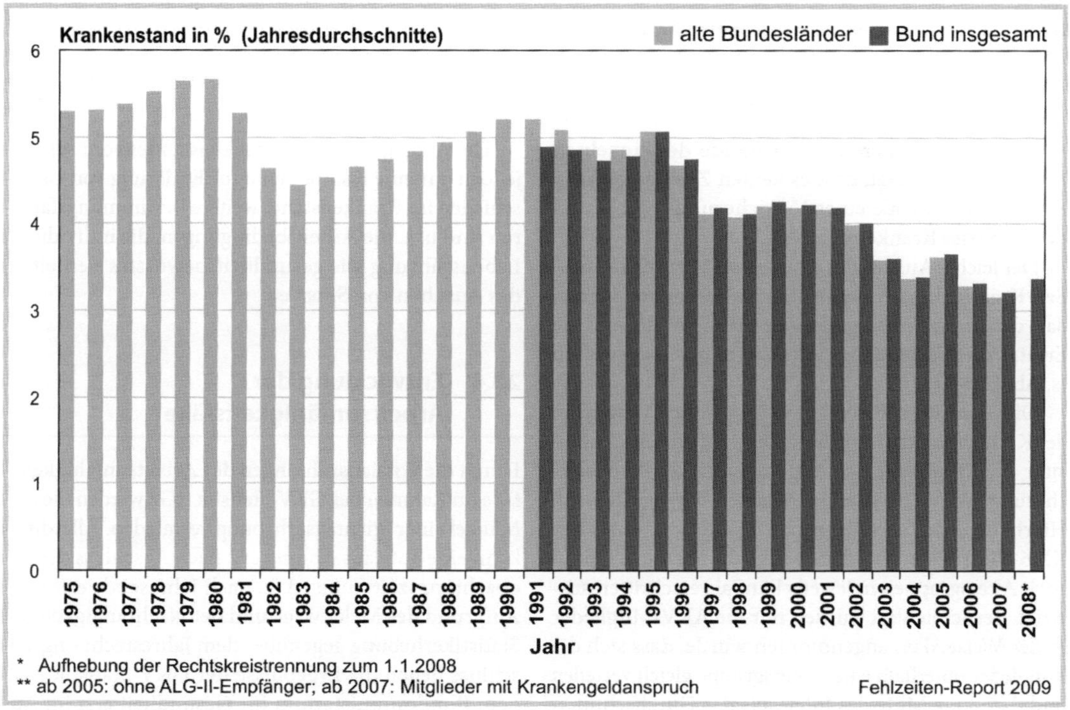

Abb. 28.1. Entwicklung des Krankenstandes**

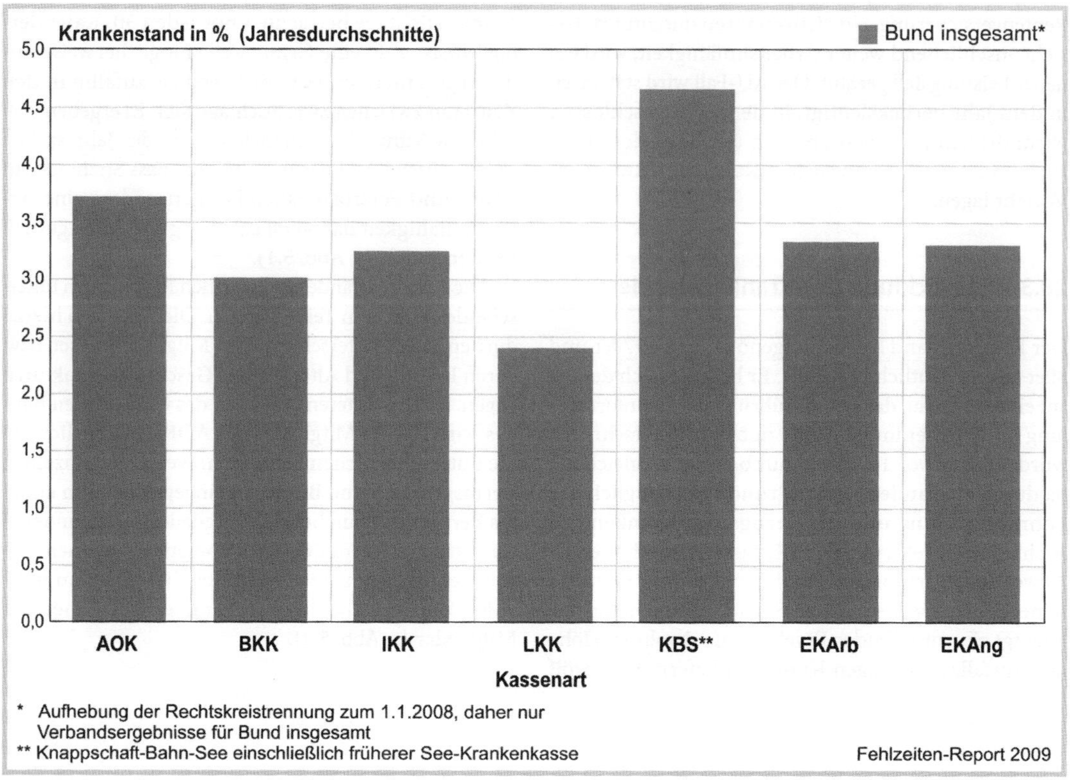

Abb. 28.2. Krankenstand nach Kassenarten 2008

Ein Vergleich der Krankenstände der einzelnen Krankenkassen zeigt, dass es keinen Zusammenhang zwischen der Größe eines Versicherungsträgers und der Höhe des Krankenstandes gibt.

Der leichte Anstieg des Krankenstandes bei den großen Krankenkassen ergibt sich insbesondere daraus, dass die großen Versorgerkassen wie die AOKs und die Ersatzkassen ungünstige Altersstrukturen aufweisen (s. Abb. 5.3).

Dies wird aus der Abbildung 5.4 deutlich, in welcher der Krankenstand in Abhängigkeit vom Durchschnittsalter der Mitglieder der Allgemeinen Krankenversicherung (AKV) für die Einzelkassen dargestellt wird. Hierbei wurde das Durchschnittsalter auf Basis der KM6-Statistik der Krankenkassen, die die Versicherten nach Altersgruppen in jeweils Fünfjahresschritten ausweist. Berücksichtigt wurden nur die AKV-Mitglieder in der Weise, dass angenommen wurde, dass sich die Mitglieder innerhalb einer Altersgruppe gleich verteilen und damit die Mitte des Intervalls das Durchschnittsalter der Gruppe angibt.

Die Abhängigkeit des Krankenstandes vom Alter ist jedoch nur eine Komponente zur Erklärung von Unterschieden im Krankenstand, weitere Bestimmungsfaktoren sind u. a. die Arbeitsbedingungen, die individuelle Lebensführung wie gesundheitsbewusstes Verhalten, das Ausüben von Sport etc.

28.4 Entwicklung der Arbeitsunfähigkeitsfälle

Durch die Totalauszählungen der Arbeitsunfähigkeitsfälle im Rahmen der GKV-Statistik KG2 werden die o. a. Mängel einer Stichtagserhebung vermieden. Allerdings kann eine Totalauszählung erst nach Abschluss des Beobachtungszeitraums, d. h. nach Jahresende erfolgen. Aufgrund der Meldewege und der Nachrangigkeit der Statistikerhebung gegenüber dem Jahresrechnungsabschluss liegen die Ergebnisse der GKV-Statistik KG2 dem Bundesministerium für Gesundheit erst im August vor und können erst daran anschließend für alle

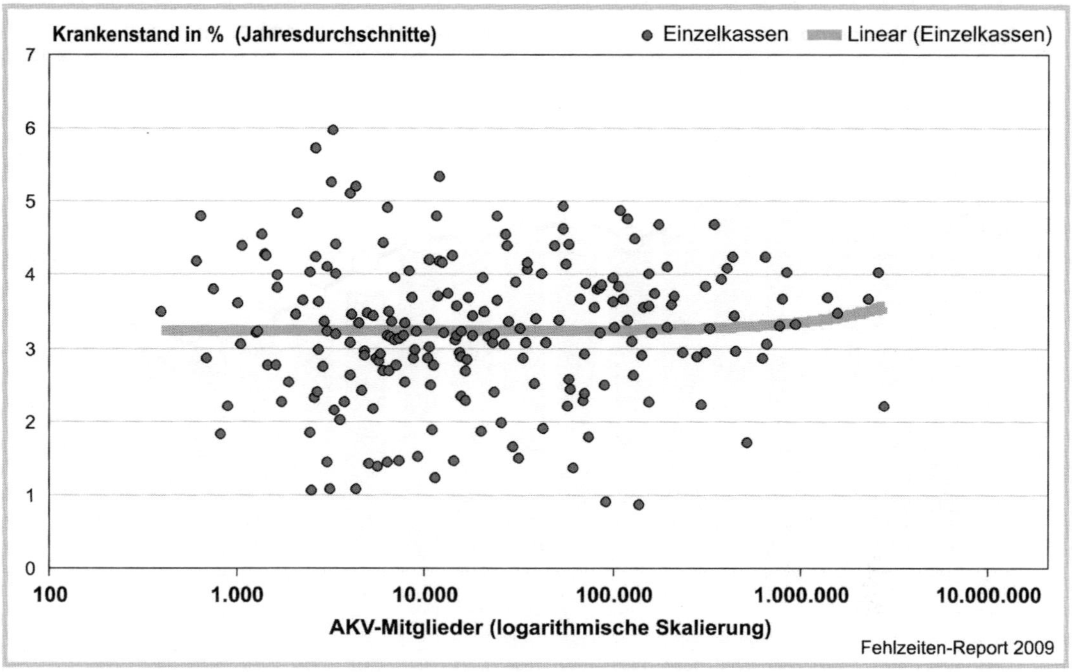

Abb. 28.3. Krankenstand der Krankenkassen in Abhängigkeit von der Zahl der Mitglieder 2008

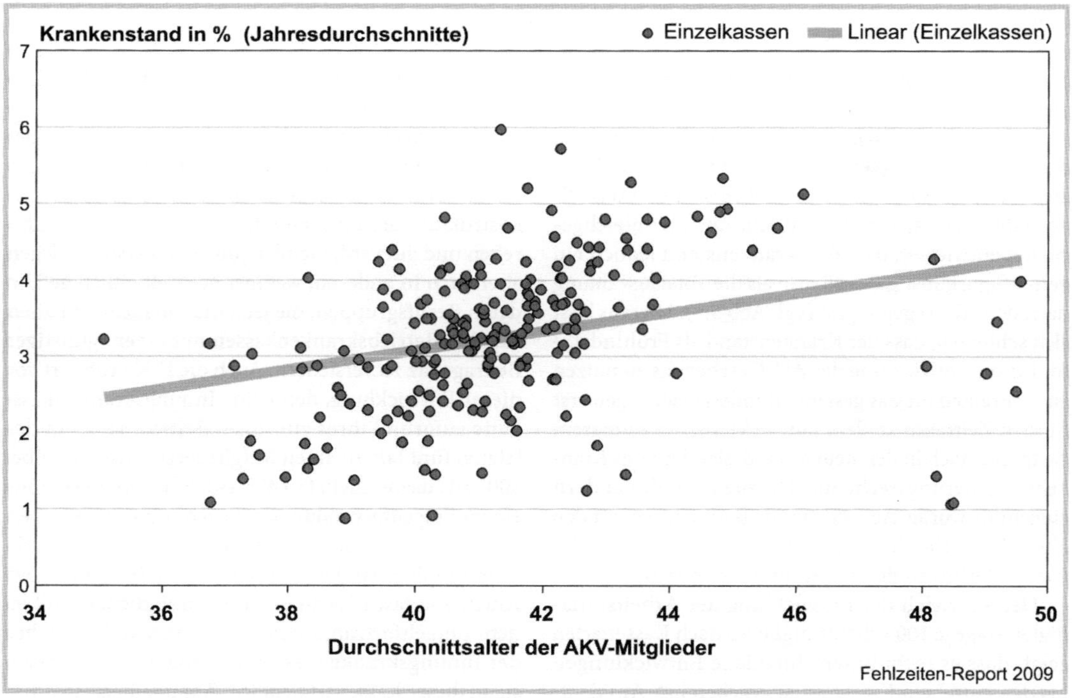

Abb. 28.4. Krankenstand der Krankenkassen in Abhängigkeit vom Durchschnittsalter 2008

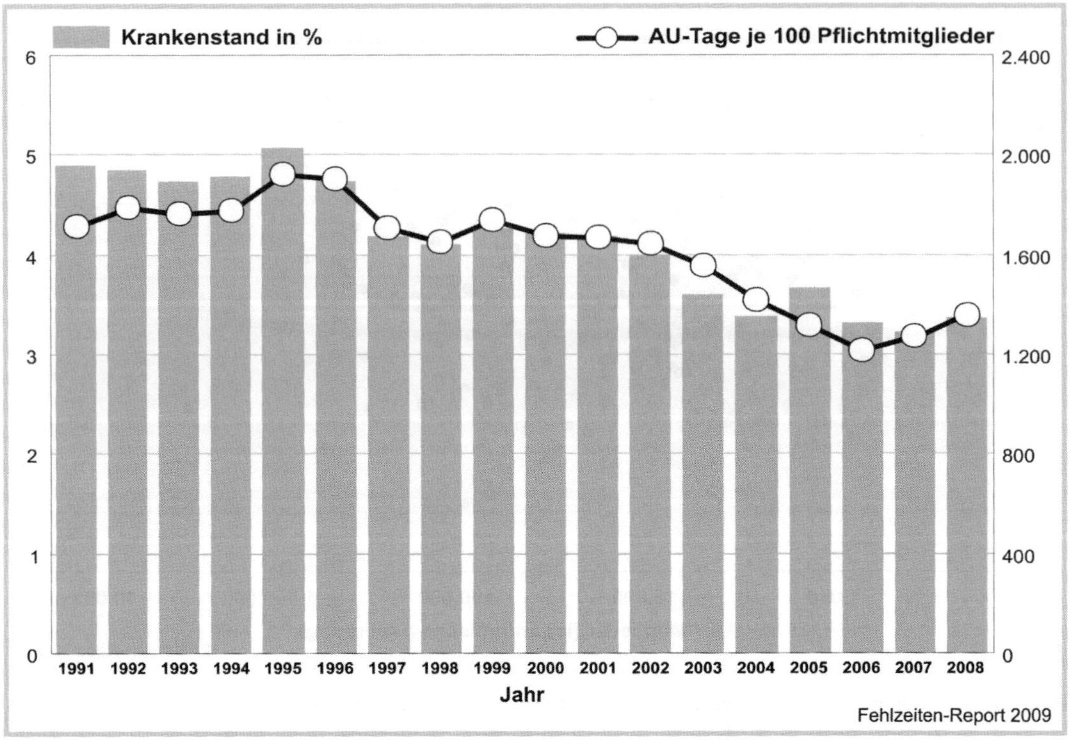

Abb. 28.5. Entwicklung von Krankenstand und AU-Tagen je 100 Pflichtmitglieder 1991 bis 2008

Kassenarten zum GKV-Ergebnis zusammengeführt werden.

Ein Vergleich der Entwicklung von Krankenstand und Arbeitsunfähigkeitstagen je 100 Pflichtmitglieder zeigt, dass sich das Krankenstandsniveau und das Niveau der AU-Tage je 100 Pflichtmitglieder gleichgerichtet entwickelt, dass der Krankenstand jedoch ein geringfügig günstigeres Niveau als die Totalauszählung nach den AU-Tagen ergibt (vgl. Abb 5.5). Hieraus lässt sich schließen, dass der Krankenstand als Frühindikator für die Entwicklung des AU-Geschehens zu nutzen ist. Zeitreihen für das gesamte Bundesgebiet liegen erst für den Zeitraum ab dem Jahr 1991 vor, da zu diesem Zeitpunkt auch in den neuen Bundesländern das Krankenversicherungsrecht aus den alten Bundesländern eingeführt wurde. Ab 1995 wurde Berlin insgesamt den alten Bundesländern zugeordnet, zuvor gehörte der Ostteil Berlins zu den neuen Bundesländern.

Der Vergleich der Entwicklung der Arbeitsunfähigkeitstage je 100 Pflichtmitglieder nach Kassenarten zeigt, dass es recht unterschiedliche Entwicklungen bei den einzelnen Kassenarten gegeben hat. Am deutlichsten wird die Reduzierung des Krankenstandes bei den Betriebskrankenkassen, die durch die Wahlfreiheit zwischen den Kassen und der Öffnung der meisten Betriebskrankenkassen auch für betriebsfremde Personen einen Zugang an Mitgliedern mit einer günstigeren Risikostruktur zu verzeichnen hatten. Die günstigere Risikostruktur dürfte insbesondere in mobilen, wechselbereiten und gut verdienenden jüngeren Personen liegen, aber auch in anderen, weniger gesundheitlich gefährdeten Berufsgruppen, die jetzt die Möglichkeit haben, sich bei Betriebskrankenkassen mit einem günstigen Beitragssatz zu versichern. Auch die IKK profitiert von dieser Entwicklung, denn eine Innungskrankenkasse hatte aufgrund ihres günstigen Beitragssatzes in den letzten fünf Jahren einen Mitgliederzuwachs von über 500 Tsd., davon allein fast 475 Tsd. Pflichtmitglieder mit einem Entgeltfortzahlungsanspruch von sechs Wochen. Diese Kasse reduziert mit ihrem jahresdurchschnittlichen Krankenstand im Jahr 2007 von 1,49% und einem Anteil von fast 17% an den Pflichtmitgliedern mit einem Entgeltfortzahlungsanspruch von sechs Wochen der Innungskrankenkassen insgesamt den Krankenstand dieser Kassenart deutlich. Am ungünstigsten verlief die Entwicklung bei den Angestelltenersatzkassen

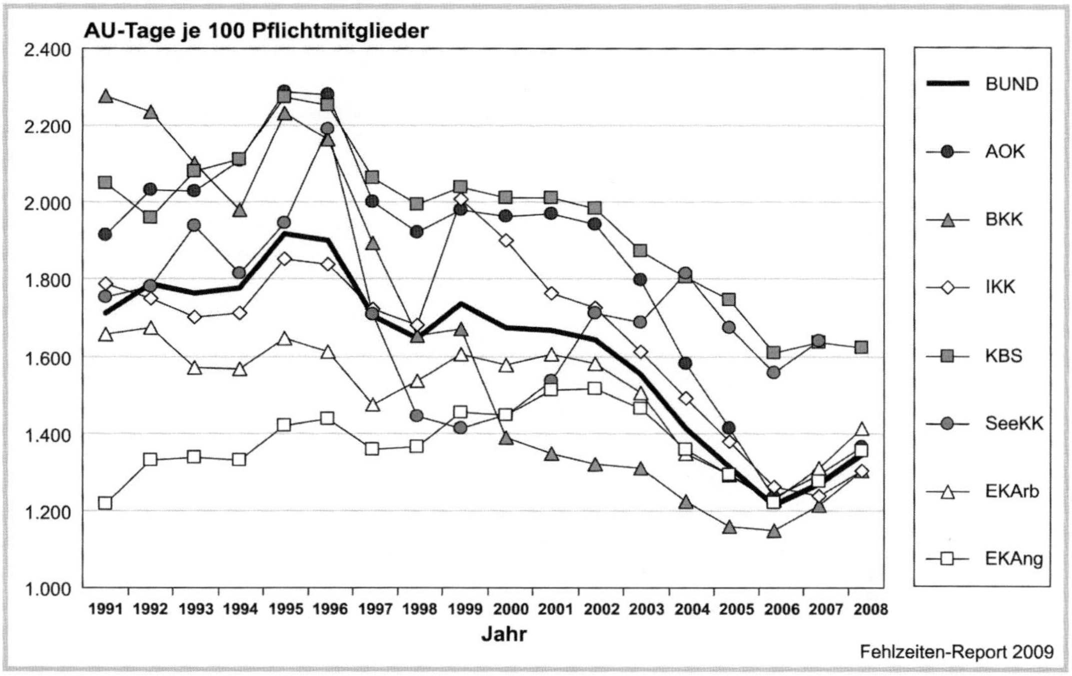

Abb. 28.6. Arbeitsunfähigkeitstage je 100 Pflichtmitglieder nach Kassenarten 1991 bis 2008

(EKAng), die nach einer Zwischenphase mit höheren AU-Tagen je 100 Pflichtmitglieder im Jahr 2006 wieder das Niveau von 1991 erreicht hatten, dem Jahr, in dem diese Kassenart den günstigsten Krankenstand melden konnte. Im Jahr 2007 folgten aber auch die Angestelltenersatzkassen dem leichten Trend des Anstiegs der AU-Tage je Mitglied (vgl. Abb. 5.6).

Insgesamt hat sich die Bandbreite der gemeldeten AU-Tage je 100 Pflichtmitglieder zwischen den verschiedenen Kassenarten deutlich reduziert. Im Jahr 1991 wiesen die Betriebskrankenkassen noch 2275 AU-Tage je 100 Pflichtmitglieder aus, während die Angestelltenersatzkassen nur 1217 AU-Tage je 100 Pflichtmitglieder meldeten, dies ist eine Differenz von über 1000 AU-Tage je 100 Pflichtmitglieder. Im Jahr 2007 hat sich diese Differenz zwischen der ungünstigsten und der günstigsten Kassenart auf rund 400 AU-Tage je 100 Pflichtmitglieder reduziert. Lässt man die beiden Sondersysteme KBS (Knappschaft) und Seekrankenkasse unberücksichtigt, so reduziert sich die Differenz zwischen den Arbeiterersatzkassen mit 1310 AU-Tage je 100 Pflichtmitglieder und den Betriebskrankenkassen mit 1213 AU-Tage je 100 Pflichtmitglieder auf knapp 97 AU-Tage je 100 Pflichtmitglieder und damit auf unter 10% des Wertes von 1991.

Anhang

Anhang 1

Internationale Statistische Klassifikation der Krankheiten und verwandter Gesundheitsprobleme (10. Revision, Version 2007, German Modification)

I.	Bestimmte infektiöse und parasitäre Krankheiten (A00-B99)
A00-A09	Infektiöse Darmkrankheiten
A15-A19	Tuberkulose
A20-A28	Bestimmte bakterielle Zoonosen
A30-A49	Sonstige bakterielle Krankheiten
A50-A64	Infektionen, die vorwiegend durch Geschlechtsverkehr übertragen werden
A65-A69	Sonstige Spirochätenkrankheiten
A70-A74	Sonstige Krankheiten durch Chlamydien
A75-A79	Rickettsiosen
A80-A89	Virusinfektionen des Zentralnervensystems
A90-A99	Durch Arthropoden übertragene Viruskrankheiten und virale hämorrhagische Fieber
B00-B09	Virusinfektionen, die durch Haut- und Schleimhautläsionen gekennzeichnet sind
B15-B19	Virushepatitis
B20-B24	HIV-Krankheit [Humane Immundefizienz-Viruskrankheit]
B25-B34	Sonstige Viruskrankheiten
B35-B49	Mykosen

B50-B64	Protozoenkrankheit
B65-B83	Helminthosen
B85-B89	Pedikulose [Läusebefall], Akarinose [Milbenbefall] und sonstiger Parasitenbefall der Haut
B90-B94	Folgezustände von infektiösen und parasitären Krankheiten
B95-B97	Bakterien, Viren und sonstige Infektionserreger als Ursache von Krankheiten, die in anderen Kapiteln klassifiziert sind
B99	Sonstige Infektionskrankheiten

II.	**Neubildungen (C00-D48)**
C00-C75	Bösartige Neubildungen an genau bezeichneten Lokalisationen, als primär festgestellt oder vermutet, ausgenommen lymphatisches, blutbildendes und verwandtes Gewebe
C76-C80	Bösartige Neubildungen ungenau bezeichneter, sekundärer und nicht näher bezeichneter Lokalisationen
C81-C96	Bösartige Neubildungen des lymphatischen, blutbildenden und verwandten Gewebes, als primär festgestellt und vermutet
C97	Bösartige Neubildungen als Primärtumoren an mehreren Lokalisationen
D00-D09	In-situ-Neubildungen
D10-D36	Gutartige Neubildungen
D37-D48	Neubildungen unsicheren oder unbekannten Verhaltens

III.	**Krankheiten des Blutes und der blutbildenden Organe sowie bestimmte Störungen mit Beteiligung des Immunsystems (D50-D90)**
D50-D53	Alimentäre Anämien
D55-D59	Hämolytische Anämien
D60-D64	Aplastische und sonstige Anämien
D65-D69	Koagulopathien, Purpura und sonstige hämorrhagische Diathesen
D70-D77	Sonstige Krankheiten des Blutes und der blutbildenden Organe
D80-D90	Bestimmte Störungen mit Beteiligung des Immunsystems

IV.	Endokrine, Ernährungs- und Stoffwechselkrankheiten (E00-E90)
E00-E07	Krankheiten der Schilddrüse
E10-E14	Diabetes mellitus
E15-E16	Sonstige Störungen der Blutglukose-Regulation und der inneren Sekretion des Pankreas
E20-E35	Krankheiten sonstiger endokriner Drüsen
E40-E46	Mangelernährung
E50-E64	Sonstige alimentäre Mangelzustände
E65-E68	Adipositas und sonstige Überernährung
E70-E90	Stoffwechselstörungen

V.	Psychische und Verhaltensstörungen (F00-F99)
F00-F09	Organische, einschließlich symptomatischer psychischer Störungen
F10-F19	Psychische und Verhaltensstörungen durch psychotrope Substanzen
F20-F29	Schizophrenie, schizotype und wahnhafte Störungen
F30-F39	Affektive Störungen
F40-F48	Neurotische, Belastungs- und somatoforme Störungen
F50-F59	Verhaltensauffälligkeiten mit körperlichen Störungen und Faktoren
F60-F69	Persönlichkeits- und Verhaltensstörungen
F70-F79	Intelligenzminderung
F80-F89	Entwicklungsstörungen
F90-F98	Verhaltens- und emotionale Störungen mit Beginn in der Kindheit und Jugend
F99	Nicht näher bezeichnete psychische Störungen

VI.	Krankheiten des Nervensystems (G00-G99)
G00-G09	Entzündliche Krankheiten des Zentralnervensystems
G10-G13	Systematrophien, die vorwiegend das Zentralnervensystem betreffen
G20-G26	Extrapyramidale Krankheiten und Bewegungsstörungen
G30-G32	Sonstige degenerative Krankheiten des Nervensystems
G35-G37	Demyelinisierende Krankheiten des Zentralnervensystems
G40-G47	Episodische und paroxysmale Krankheiten des Nervensystems
G50-G59	Krankheiten von Nerven, Nervenwurzeln und Nervenplexus
G60-G64	Polyneuropathien und sonstige Krankheiten des peripheren Nervensystems
G70-G73	Krankheiten im Bereich der neuromuskulären Synapse und des Muskels
G80-G83	Zerebrale Lähmung und sonstige Lähmungssyndrome
G90-G99	Sonstige Krankheiten des Nervensystems

VII.	Krankheiten des Auges und der Augenanhangsgebilde (H00-H59)
H00-H06	Affektionen des Augenlides, des Tränenapparates und der Orbita
H10-H13	Affektionen der Konjunktiva
H15-H22	Affektionen der Sklera, der Hornhaut, der Iris und des Ziliarkörpers
H25-H28	Affektionen der Linse
H30-H36	Affektionen der Aderhaut und der Netzhaut
H40-H42	Glaukom
H43-H45	Affektionen des Glaskörpers und des Augapfels
H46-H48	Affektionen des N. opticus und der Sehbahn
H49-H52	Affektionen der Augenmuskeln, Störungen der Blickbewegungen sowie Akkommodationsstörungen und Refraktionsfehler
H53-H54	Sehstörungen und Blindheit
H55-H59	Sonstige Affektionen des Auges und Augenanhangsgebilde

VIII.	Krankheiten des Ohres und des Warzenfortsatzes (H60-H95)
H60-H62	Krankheiten des äußeren Ohres
H65-H75	Krankheiten des Mittelohres und des Warzenfortsatzes
H80-H83	Krankheiten des Innenohres
H90-H95	Sonstige Krankheiten des Ohres

IX.	Krankheiten des Kreislaufsystems (I00-I99)
I00-I02	Akutes rheumatisches Fieber
I05-I09	Chronische rheumatische Herzkrankheiten
I10-I15	Hypertonie [Hochdruckkrankheit]
I20-I25	Ischämische Herzkrankheiten
I26-I28	Pulmonale Herzkrankheit und Krankheiten des Lungenkreislaufs
I30-I52	Sonstige Formen der Herzkrankheit
I60-I69	Zerebrovaskuläre Krankheiten
I70-I79	Krankheiten der Arterien, Arteriolen und Kapillaren
I80-I89	Krankheiten der Venen, der Lymphgefäße und der Lymphknoten, anderenorts nicht klassifiziert
I95-I99	Sonstige und nicht näher bezeichnete Krankheiten des Kreislaufsystems

X.	Krankheiten des Atmungssystems (J00-J99)
J00-J06	Akute Infektionen der oberen Atemwege
J10-J18	Grippe und Pneumonie
J20-J22	Sonstige akute Infektionen der unteren Atemwege
J30-J39	Sonstige Krankheiten der oberen Atemwege
J40-J47	Chronische Krankheiten der unteren Atemwege
J60-J70	Lungenkrankheiten durch exogene Substanzen
J80-J84	Sonstige Krankheiten der Atmungsorgane, die hauptsächlich das Interstitium betreffen
J85-J86	Purulente und nekrotisierende Krankheitszustände der unteren Atemwege
J90-J94	Sonstige Krankheiten der Pleura
J95-J99	Sonstige Krankheiten des Atmungssystems

XI.	Krankheiten des Verdauungssystems (K00-K93)
K00-K14	Krankheiten der Mundhöhle, der Speicheldrüsen und der Kiefer
K20-K31	Krankheiten des Ösophagus, des Magens und des Duodenums
K35-K38	Krankheiten des Appendix
K40-K46	Hernien
K50-K52	Nichtinfektiöse Enteritis und Kolitis
K55-K63	Sonstige Krankheiten des Darms
K65-K67	Krankheiten des Peritoneums
K70-K77	Krankheiten der Leber
K80-K87	Krankheiten der Gallenblase, der Gallenwege und des Pankreas
K90-K93	Sonstige Krankheiten des Verdauungssystems

XII.	Krankheiten der Haut und der Unterhaut (L00-L99)
L00-L08	Infektionen der Haut und der Unterhaut
L10-L14	Bullöse Dermatosen
L20-L30	Dermatitis und Ekzem
L40-L45	Papulosquamöse Hautkrankheiten
L50-L54	Urtikaria und Erythem
L55-L59	Krankheiten der Haut und der Unterhaut durch Strahleneinwirkung
L60-L75	Krankheiten der Hautanhangsgebilde
L80-L99	Sonstige Krankheiten der Haut und der Unterhaut

XIII.	Krankheiten des Muskel-Skelett-Systems und des Bindegewebes (M00-M99)
M00-M25	Arthropathien
M30-M36	Systemkrankheiten des Bindegewebes
M40-M54	Krankheiten der Wirbelsäule und des Rückens
M60-M79	Krankheiten der Weichteilgewebe
M80-M94	Osteopathien und Chondropathien
M95-M99	Sonstige Krankheiten des Muskel-Skelett-Systems und des Bindegewebes

XIV. Krankheiten des Urogenitalsystems (N00-N99)	
N00-N08	Glomeruläre Krankheiten
N10-N16	Tubulointerstitielle Nierenkrankheiten
N17-N19	Niereninsuffizienz
N20-N23	Urolithiasis
N25-N29	Sonstige Krankheiten der Niere und des Ureters
N30-N39	Sonstige Krankheiten des Harnsystems
N40-N51	Krankheiten der männlichen Genitalorgane
N60-N64	Krankheiten der Mamma [Brustdrüse]
N70-N77	Entzündliche Krankheiten der weiblichen Beckenorgane
N80-N98	Nichtentzündliche Krankheiten des weiblichen Genitaltraktes
N99	Sonstige Krankheiten des Urogenitalsystems

XV. Schwangerschaft, Geburt und Wochenbett (O00-O99)	
O00-O08	Schwangerschaft mit abortivem Ausgang
O09	Schwangerschaftsdauer
O10-O16	Ödeme, Proteinurie und Hypertonie während der Schwangerschaft, der Geburt und des Wochenbettes
O20-O29	Sonstige Krankheiten der Mutter, die vorwiegend mit der Schwangerschaft verbunden sind
O30-O48	Betreuung der Mutter im Hinblick auf den Feten und die Amnionhöhle sowie mögliche Entbindungskomplikationen
O60-O75	Komplikation bei Wehentätigkeit und Entbindung
O80-O84	Entbindung
O85-O92	Komplikationen, die vorwiegend im Wochenbett auftreten
O95-O99	Sonstige Krankheitszustände während der Gestationsperiode, die anderenorts nicht klassifiziert sind.

XVI. Bestimmte Zustände, die ihren Ursprung in der Perinatalperiode haben (P00-P96)	
P00-P04	Schädigung des Feten und Neugeborenen durch mütterliche Faktoren und durch Komplikationen bei Schwangerschaft, Wehentätigkeit und Entbindung
P05-P08	Störungen im Zusammenhang mit der Schwangerschaftsdauer und dem fetalen Wachstum
P10-P15	Geburtstrauma
P20-P29	Krankheiten des Atmungs- und Herz-Kreislaufsystems, die für die Perinatalperiode spezifisch sind
P35-P39	Infektionen, die für die Perinatalperiode spezifisch sind
P50-P61	Hämorrhagische und hämatologische Krankheiten beim Feten und Neugeborenen
P70-P74	Transitorische endokrine und Stoffwechselstörungen, die für Feten und das Neugeborene spezifisch sind
P75-P78	Krankheiten des Verdauungssystems beim Feten und Neugeborenen
P80-P83	Krankheitszustände mit Beteiligung der Haut und der Temperaturregulation beim Feten und Neugeborenen
P90-P96	Sonstige Störungen, die ihren Ursprung in der Perinatalperiode haben

XVII. Angeborene Fehlbildungen, Deformitäten und Chromosomenanomalien (Q00-Q99)	
Q00-Q07	Angeborene Fehlbildungen des Nervensystems
Q10-Q18	Angeborene Fehlbildungen des Auges, des Ohres, des Gesichts und des Halses
Q20-Q28	Angeborene Fehlbildungen des Kreislaufsystems
Q30-Q34	Angeborene Fehlbildungen des Atmungssystems
Q35-Q37	Lippen-, Kiefer- und Gaumenspalte
Q38-Q45	Sonstige angeborene Fehlbildungen des Verdauungssystems
Q50-Q56	Angeborene Fehlbildungen der Genitalorgane
Q60-Q64	Angeborene Fehlbildungen des Harnsystems
Q65-Q79	Angeborene Fehlbildungen und Deformitäten des Muskel-Skelett-Systems
Q80-Q89	Sonstige angeborene Fehlbildungen
Q90-Q99	Chromosomenanomalien, anderenorts nicht klassifiziert

XVIII. Symptome und abnorme klinische und Laborbefunde, die anderenorts nicht klassifiziert sind (R00-R99)	
R00-R09	Symptome, die das Kreislaufsystem und Atmungssystem betreffen
R10-R19	Symptome, die das Verdauungssystem und das Abdomen betreffen
R20-R23	Symptome, die die Haut und das Unterhautgewebe betreffen
R25-R29	Symptome, die das Nervensystem und Muskel-Skelett-System betreffen
R30-R39	Symptome, die das Harnsystem betreffen
R40-R46	Symptome, die das Erkennungs- und Wahrnehmungsvermögen, die Stimmung und das Verhalten betreffen
R47-R49	Symptome, die die Sprache und die Stimme betreffen
R50-R69	Allgemeinsymptome
R70-R79	Abnorme Blutuntersuchungsbefunde ohne Vorliegen einer Diagnose
R80-R82	Abnorme Urinuntersuchungsbefunde ohne Vorliegen einer Diagnose
R83-R89	Abnorme Befunde ohne Vorliegen einer Diagnose bei der Untersuchung anderer Körperflüssigkeiten, Substanzen und Gewebe
R90-R94	Abnorme Befunde ohne Vorliegen einer Diagnose bei bildgebender Diagnostik und Funktionsprüfungen
R95-R99	Ungenau bezeichnete und unbekannte Todesursachen

XIX. Verletzungen, Vergiftungen und bestimmte andere Folgen äußerer Ursachen (S00-T98)	
S00-S09	Verletzungen des Kopfes
S10-S19	Verletzungen des Halses
S20-S29	Verletzungen des Thorax
S30-S39	Verletzungen des Abdomens, der Lumbosakralgegend, der Lendenwirbelsäule und des Beckens
S40-S49	Verletzungen der Schulter und des Oberarms
S50-S59	Verletzungen des Ellenbogens und des Unterarms
S60-S69	Verletzungen des Handgelenks und der Hand
S70-S79	Verletzungen der Hüfte und des Oberschenkels
S80-S89	Verletzungen des Knies und des Unterschenkels
S90-S99	Verletzungen der Knöchelregion und des Fußes
T00-T07	Verletzung mit Beteiligung mehrer Körperregionen
T08-T14	Verletzungen nicht näher bezeichneter Teile des Rumpfes, der Extremitäten oder anderer Körperregionen

T15-T19	Folgen des Eindringens eines Fremdkörpers durch eine natürliche Körperöffnung
T20-T32	Verbrennungen oder Verätzungen
T36-T50	Vergiftungen durch Arzneimittel, Drogen und biologisch aktive Substanzen
T51-T65	Toxische Wirkungen von vorwiegend nicht medizinisch verwendeten Substanzen
T66-T78	Sonstige nicht näher bezeichnete Schäden durch äußere Ursachen
T79	Bestimmte Frühkomplikationen eines Traumas
T80-T88	Komplikationen bei chirurgischen Eingriffen und medizinischer Behandlung, anderenorts nicht klassifiziert
T89	Sonstige Komplikationen eines Traumas, anderenorts nicht klassifiziert
T90-T98	Folgen von Verletzung, Vergiftungen und sonstigen Auswirkungen äußerer Ursachen

XX. Äußere Ursachen von Morbidität und Mortalität (V01-Y84)	
V01-X59	Unfälle
X60-X84	Vorsätzliche Selbstbeschädigung
X85-Y09	Tätlicher Angriff
Y10-Y34	Ereignis, dessen nähere Umstände unbestimmt sind
Y35-Y36	Gesetzliche Maßnahmen und Kriegshandlungen
Y40-Y84	Komplikationen bei der medizinischen und chirurgischen Behandlung

XXI. Faktoren, die den Gesundheitszustand beeinflussen und zur Inanspruchnahme des Gesundheitswesen führen (Z00-Z99)	
Z00-Z13	Personen, die das Gesundheitswesen zur Untersuchung und Abklärung in Anspruch nehmen
Z20-Z29	Personen mit potentiellen Gesundheitsrisiken hinsichtlich übertragbarer Krankheiten
Z30-Z39	Personen, die das Gesundheitswesen im Zusammenhang mit Problemen der Reproduktion in Anspruch nehmen
Z40-Z54	Personen, die das Gesundheitswesen zum Zwecke spezifischer Maßnahmen und zur medizinischen Betreuung in Anspruch nehmen
Z55-Z65	Personen mit potenziellen Gesundheitsrisiken aufgrund sozioökonomischer und psychosozialer Umstände
Z70-Z76	Personen, die das Gesundheitswesen aus sonstigen Gründen in Anspruch nehmen
Z80-Z99	Personen mit potentiellen Gesundheitsrisiken aufgrund der Familien- oder Eigenanamnese und bestimmte Zustände, die den Gesundheitszustand beeinflussen

XXII. Schlüssel für besondere Zwecke (U00-U99)

Anhang 2

Branchen in der deutschen Wirtschaft basierend auf der Klassifikation der Wirtschaftszweige (Ausgabe 2003/NACE)

Banken und Versicherungen		
J	**Kredit- und Versicherungsgewerbe**	
	65	Kreditgewerbe
	66	Versicherungsgewerbe
	67	Mit dem Kredit- und Versicherungsgewerbe verbundene Tätigkeiten
Baugewerbe		
F	**Baugewerbe**	
	45	Baugewerbe
Dienstleistungen		
H	**Gastgewerbe**	
	55	Gastgewerbe
K	**Grundstücks- und Wohnungswesen, Vermietung beweglicher Sachen, Erbringung von Dienstleistungen, a.n.g.**	
	70	Grundstücks- und Wohnungswesen
	71	Vermietung beweglicher Sachen ohne Bedienungspersonal
	72	Datenverarbeitung und Datenbanken
	73	Forschung und Entwicklung
	74	Erbringung von wirtschaftlichen Dienstleistungen, a.n.g.

N	**Gesundheits-, Veterinär- und Sozialwesen**	
	85	Gesundheits-, Veterinär- und Sozialwesen
O	**Erbringung von sonstigen öffentlichen und persönlichen Dienstleistungen**	
	90	Abwasser- und Abfallbeseitigung und sonstige Entsorgung
	91	Interessenvertretungen sowie kirchliche und sonstige Vereinigungen (ohne Sozialwesen, Kultur und Sport)
	92	Kultur, Sport und Unterhaltung
	93	Erbringung von sonstigen Dienstleistungen
P	Private Haushalte mit Hauspersonal	
	95	Private Haushalte mit Hauspersonal
Energie, Wasser und Bergbau		
C	**Bergbau und Gewinnung von Steinen und Erden**	
	10	Kohlenbergbau, Torfgewinnung
	11	Gewinnung von Erdöl und Erdgas, Erbringung damit verbundener Dienstleistungen
	12	Bergbau auf Uran- und Thoriumerze
	13	Erzbergbau
	14	Gewinnung von Steinen und Erden, sonstiger Bergbau
E	**Energie- und Wasserversorgung**	
	40	Energieversorgung
	41	Wasserversorgung
Erziehung und Unterricht		
M	**Erziehung und Unterricht**	
	80	Erziehung und Unterricht
Handel		
G	**Handel; Instandhaltung und Reparatur von Kraftfahrzeugen und Gebrauchsgütern**	
	50	Kraftfahrzeughandel; Instandhaltung und Reparatur von Kraftfahrzeugen; Tankstellen
	51	Handelsvermittlung und Großhandel (ohne Handel mit Kraftfahrzeugen)
	52	Einzelhandel (ohne Handel mit Kraftfahrzeugen und ohne Tankstellen); Reparatur von Gebrauchsgütern

Land und Forstwirtschaft		
A	**Land- und Forstwirtschaft**	
	1	Landwirtschaft, Jagd
	2	Forstwirtschaft
B	**Fischerei und Fischzucht**	
	5	Fischerei und Fischzucht
Metallindustrie		
D	**Verarbeitendes Gewerbe**	
	27	Metallerzeugung und -bearbeitung
	28	Herstellung von Metallerzeugnissen
	29	Maschinenbau
	30	Herstellung von Büromaschinen, Datenverarbeitungsgeräten und -einrichtungen
	31	Herstellung von Geräten der Elektrizitätserzeugung, -verteilung u. Ä.
	32	Rundfunk- und Nachrichtentechnik
	33	Medizin-, Mess-, Steuer- und Regelungstechnik, Optik und Herstellung von Uhren
	34	Herstellung von Kraftwagen und Kraftwagenteilen
	35	Sonstiger Fahrzeugbau
Öffentliche Verwaltung		
L	**Öffentliche Verwaltung, Sozialversicherung**	
	75	Öffentliche Verwaltung, Verteidigung, Sozialversicherung
Q	**Exterritoriale Organisationen und Körperschaften**	
	99	Exterritoriale Organisationen und Körperschaften

Verarbeitendes Gewerbe		
D	**Verarbeitendes Gewerbe**	
	15	Ernährungsgewerbe
	16	Tabakverarbeitung
	17	Textilgewerbe
	18	Bekleidungsgewerbe
	19	Ledergewerbe
	20	Holzgewerbe (ohne Herstellung von Möbeln)
	21	Papiergewerbe
	22	Verlagsgewerbe, Druckgewerbe, Vervielfältigung von bespielten Ton-, Bild- und Datenträgern
	23	Kokerei, Mineralölverarbeitung, Herstellung und Verarbeitung von Spalt- und Brutstoffen
	24	Herstellung von chemischen Erzeugnissen
	25	Herstellung von Gummi- und Kunststoffwaren
	26	Glasgewerbe, Herstellung von Keramik, Verarbeitung von Steinen und Erden
	36	Herstellung von Möbeln, Schmuck, Musikinstrumenten, Sportgeräten, Spielwaren und sonstigen Erzeugnissen
	37	Recycling
Verkehr und Transport		
I	**Verkehr und Nachrichtenübermittlung**	
	60	Landverkehr; Transport in Rohrfernleitungen
	61	Schifffahrt
	62	Luftfahrt
	63	Hilfs- und Nebentätigkeiten für den Verkehr; Verkehrsvermittlung
	64	Nachrichtenübermittlung

Die Autorinnen und Autoren

Prof. Dr. Bernhard Badura

Universität Bielefeld
Fakultät für Gesundheitswissenschaften
Postfach 10 01 31
33501 Bielefeld

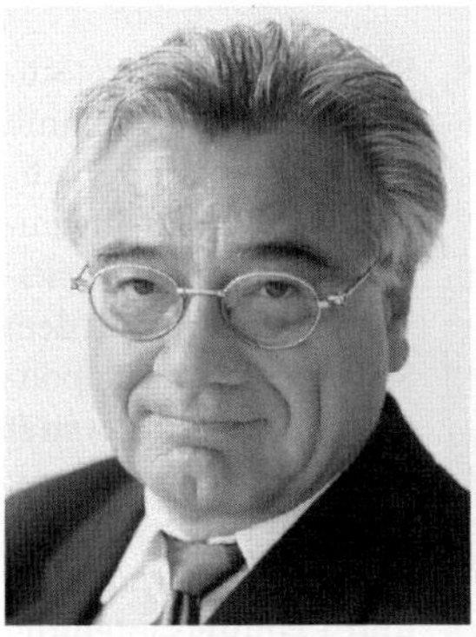

Geboren 1943, Dr. rer. soc., Studium der Soziologie, Philosophie und Politikwissenschaften in Tübingen, Freiburg, Konstanz, Harvard/Mass. Seit dem 7. März 2008 Emeritus der Fakultät für Gesundheitswissenschaften der Universität Bielefeld.

Dr. Beate Beermann

Bundesanstalt für Arbeitsschutz und Arbeitsmedizin
Friedrich-Henkel-Weg 1–25
44149 Dortmund

Studium der Psychologie mit dem Schwerpunkt Sozialpsychologie und Arbeits- und Organisationspsychologie. Von 1985 bis 1992 wissenschaftliche Mitarbeiterin im Institut für Arbeitsphysiologie an der Universität Dortmund. Seit 1992 wissenschaftliche Mitarbeiterin in der Bundesanstalt für Arbeitsschutz und Arbeitsmedizin (BAuA) in der Abteilung »Strategie und Grundsatzfragen«; seit 2002 Leiterin der Gruppe »Politikberatung, Soziale und Wirtschaftliche Rahmenbedingungen«.

Karin Böhm

Statistisches Bundesamt
Zweigstelle Bonn
Graurheindorfer Straße 198
53117 Bonn

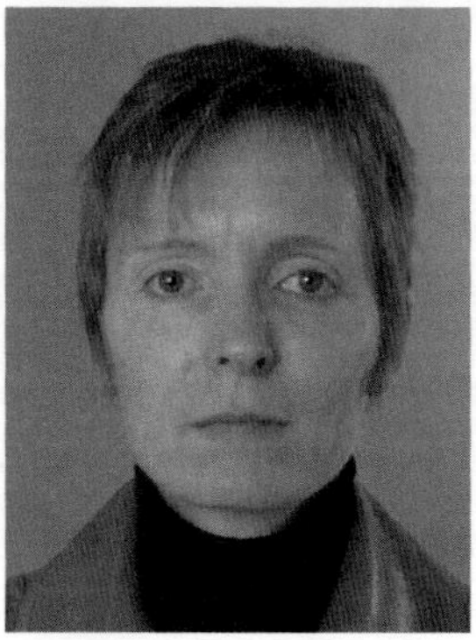

Diplom-Kauffrau. Studium der Betriebswirtschaftslehre an der Otto-Friedrich-Universität Bamberg mit Schwerpunkt Statistik und Finanzwissenschaft. Seit 1989 Mitarbeiterin im Statistischen Bundesamt. 1994 bis 1999 Leiterin der Geschäftsstelle des Forschungsvorhabens »Aufbau einer Gesundheitsberichterstattung des Bundes«. 2000 bis 2001 Referatsleiterin Gesundheitsstatistiken, seit Februar 2001 Leiterin der Gruppe Gesundheit mit den Aufgabengebieten Krankenhausstatistik, Todesursachenstatistik, Statistik der Schwangerschaftsabbrüche, Fragen zur Gesundheit im Mikrozensus, Gesundheitsausgabenrechnung, Gesundheitspersonalrechnung, Krankheitskostenrechnung sowie Informations- und Dokumentationszentrum Gesundheitsdaten der Gesundheitsberichterstattung des Bundes. Seit 2004 Mitglied im Evaluationsbeirat »Gesundheitsziele.de«.

Dr. Christine Busch

Universität Hamburg
Arbeits- und Organisationspsychologie
Fachbereich Psychologie/Fakultät 4
Von-Melle-Park 11
20146 Hamburg

Diplom-Psychologin der TU Berlin. Derzeit Wissenschaftliche Angestellte der Arbeits- und Organisationspsychologie an der Universität Hamburg. Arbeitsschwerpunkte: Entwicklung und Evaluation zielgruppenspezifischer Gesundheitforderungsmaßnahmen, Teamarbeit und Gesundheit, Work-Life-Balance, Entscheidungsprozesse.

Klaus Busch

Bundesministerium für Gesundheit
Rochusstraße1
53123 Bonn

Studium der Elektrotechnik/Nachrichtentechnik an der FH Lippe, Abschluss: Diplom-Ingenieur. Studium der Volkswirtschaftslehre mit dem Schwerpunkt Sozialpolitik an der Universität Hamburg, Abschluss: Diplom-Volkswirt. Referent in der Grundsatz- und Planungsabteilung des Bundesministeriums für Arbeit und Sozialordnung (BMA) für das Rechnungswesen und die Statistik in der Sozialversicherung. Referent in der Abteilung »Krankenversicherung« des Bundesministeriums für Gesundheit (BMG) für ökonomische Fragen der zahnmedizinischen Versorgung und für Heil- und Hilfsmittel. Derzeit Referent in der Abteilung »Leitung und Kommunikation, Politische Grundsatzfragen« des BMG im Referat »Grundsatzfragen der Gesundheitspolitik, Gesamtwirtschaftliche Aspekte des Gesundheitswesens«. Vertreter des BMG im Statistischen Beirat des Statistischen Bundesamtes.

Michael Cordes

Statistisches Bundesamt
Zweigstelle Bonn
Graurheindorfer Straße 198
53117 Bonn

Diplom-Volkswirt. Studium der Volkswirtschaftslehre an der Universität Paderborn. Seit 1992 Mitarbeiter im Statistischen Bundesamt. Bis 2000 Referent im Bereich des Forschungsvorhabens »Aufbau einer Gesundheitsberichterstattung des Bundes«. Anschließend Referatsleiter in der Gruppe Gesundheit. Verantwortlich für die gesundheitsbezogenen Rechensysteme zur Ermittlung von Gesundheitsausgaben, Krankheitskosten und Gesundheitspersonal sowie die Belieferung internationaler Organisationen mit Daten des Gesundheitswesens.

Dr. Nico Dragano

Heinrich-Heine-Universität Düsseldorf
Institut für Medizinische Soziologie
Universitätsstraße 1
40225 Düsseldorf

Wissenschaftlicher Mitarbeiter im Bereich der Medizinischen Soziologie und Public Health der Universität Düsseldorf. Im Bereich der Arbeitsbelastungsforschung liegt der Forschungsschwerpunkt derzeit bei der Frage, wie betrieblich-organisatorische und arbeitspolitische Rahmenbedingungen die Verbreitung von ungünstigen Arbeitsbedingungen beeinflussen.

Antje Ducki

Beuth Hochschule für Technik Berlin
Fachbereich I: Wirtschafts- und Gesellschaftswissenschaften
Luxemburgerstraße 10
13353 Berlin

Geboren 1960. Nach Abschluss des Studiums als Diplom-Psychologin an der Freien Universität Berlin tätig als wissenschaftliche Mitarbeiterin an der TU Berlin, betriebliche Gesundheitsförderung für die AOK Berlin über die Gesellschaft für Betriebliche Gesundheitsförderung, Mitarbeiterin am Bremer Institut für Präventionsforschung und Sozialmedizin, Hochschulassistentin an der Universität Hamburg. 1998 Promotion in Leipzig. Seit 2002 Professorin für Arbeits- und Organisationspsychologie an der Beuth Hochschule für Technik Berlin. Arbeitsschwerpunkte: Arbeit und Gesundheit, Gender und Gesundheit, Mobilität und Gesundheit, Stressmanagement, betriebliche Gesundheitsförderung.

Dr. phil. Wolfgang Dunkel

Institut für Sozialwissenschaftliche Forschung e.V. (ISF München)
Jakob-Klar-Straße 9
80796 München

Diplomsoziologe, Jahrgang 1959. 1987 bis 1993 wissenschaftlicher Mitarbeiter am Sonderforschungsbereich 333 (Veränderungen in der Arbeitsteilung der Person: Zur sozialen Stabilisierungs- und Strukturierungsfunktion alltäglicher Lebensführung) der Universität München, 1994 bis 1996 Projektkoordinator und Methodenberater am Münchner Forschungsverbund Public Health, 1998 bis 2001 Qualitätsmanagementbeauftragter der Arbeiterwohlfahrt, Bezirksverband Oberbayern, seit 2001 wissenschaftlicher Mitarbeiter und seit 2005 Vorstandsmitglied des ISF München; Arbeitsschwerpunkte: Dienstleistungsforschung, Arbeit und Gesundheit, Qualitative Methoden.

Prof. Dr. Joachim E. Fischer

Institut für Public Health
Medizinische Fakultät Mannheim
Universität Heidelberg
Ludolf-Krehl-Straße 7–11
68167 Mannheim

Studium der Medizin in Freiburg, Dunedin (Neuseeland) und Heidelberg. Tätigkeit als Kinder- und Oberarzt, Universitätskinderklinik Zürich. Berufsbegleitende Ausbildung in systemischer Therapie und Organisationsentwicklung in Heidelberg sowie Masterstudium an der Harvard School of Public Health. Derzeit Leiter des Mannheimer Instituts für Public Health an der Medizinischen Fakultät Mannheim der Universität Heidelberg, zuvor Leitung einer stressbiologischen Forschungsgruppe am Institut für Verhaltenswissenschaften der ETH Zürich. Forschungsschwerpunkt: Biologische Mechanismen, die zwischen psychosozialen Belastungsfaktoren bei der Arbeit und rascherem Altern vermitteln.

Prof. Dr. Dieter Frey

Ludwig-Maximilians-Universität München
Department Psychologie-Sozialpsychologie
Leopoldstraße 13
80802 München

Professor für Psychologie in München. Arbeitsschwerpunkte sind Sozialpsychologie, Organisationspsychologie und Wirtschaftspsychologie; im Fokus steht hier die Verbindung und der Transfer von Grundlagenforschung, angewandter Forschung und Anwendung von Forschung. Mitglied der Bayerischen Akademie der Wissenschaften, Akademischer Leiter der Bayerischen Eliteakademie.

Tatjana Fuchs

Internationales Institut für Empirische Sozialökonomie (INIFES)
Haldenweg 23
86391 Stadtbergen

Diplom-Soziologin, geboren 1971. Seit 2001 wissenschaftliche Mitarbeiterin am Internationalen Institut für Empirische Sozialökonomie (INIFES). Arbeitsschwerpunkte: Konzeption und Auswertungen des DGB-Index »Gute Arbeit« sowie diverse Forschungsprojekte aus dem Bereich empirischer Sozial- und Arbeitsforschung im Auftrag der Bundesanstalt für Arbeitsschutz und Arbeitsmedizin (BAuA), des Bundesministeriums für Arbeit und Soziales (BMAS) und des Bundesministeriums für Bildung und Forschung (BMBF).

Edgar Grofmeyer

AOK Bayern – Die Gesundheitskasse
Zentrale Gesundheitsförderung
Prinzregentenplatz 1
86150 Augsburg

Geboren 1962, Studium der Diplom-Sportwissenschaften an der Deutschen Sporthochschule Köln. Studium der Diplom-Wirtschaftswissenschaften an der Albertus-Magnus-Universität zu Köln. Berater für Betriebliche Gesundheitsförderung. Demografie-Berater nach INQA. Seit 1996 im Bereich der Gesundheitsförderung der AOK Bayern tätig. Aufgabenspektrum: Beratung und Begleitung von Unternehmen im Betrieblichen Gesundheitsmanagement, Erstellung von Arbeitsunfähigkeitsanalysen und Mitarbeiterbefragungen, Moderation von Gesundheitszirkeln und Workshops, Durchführung und Evaluation von Projekten in den Handlungsfeldern: Gesundheitsgerechte Mitarbeiterführung, Stressmanagement, Kommunikation, Demografie und Mentale Fitness.

Ludwig Gunkel

AOK Bayern – Die Gesundheitskasse
Zentrale – Gesundheitsförderung
Carl-Wery-Straße 28
81739 München

Diplom-Psychologe, geboren 1953. Berater für Betriebliche Gesundheitsförderung der AOK Bayern, Konzeption und Durchführung von Projekten zum Betrieblichen Gesundheitsmanagement, Schwerpunkt Führung und Gesundheit. Initiator der Mobbing Beratung München – Konsens e.V., Fortbildungen und betriebliche Projekte zu Konflikt- und Mobbing-Bewältigung, Trainer Konfliktmanagement und Teamentwicklung.

Christiane M. Haupt

Wissenschaftliches Institut der AOK (WIdO)
Rosenthaler Straße 31
10178 Berlin

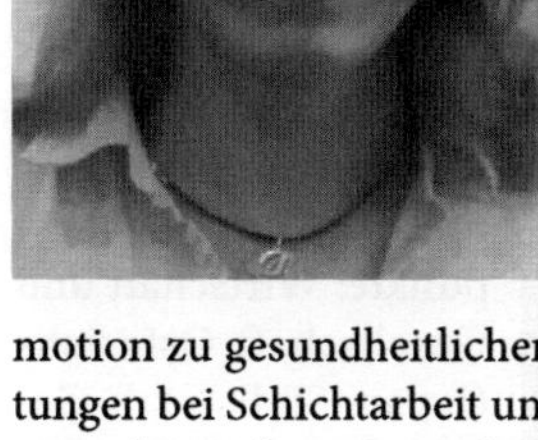

Dipl.-Psychologin, 1999 bis 2004 Studium in Marburg (Vertiefungsfach Arbeits- und Organisationspsychologie, Zusatzqualifizierung Wirtschaftspsychologie, Forschungsvertiefung Methodik). 2005 wissenschaftliche Mitarbeiterin am Institut für Epidemiologie und Sozialmedizin Greifswald, dort zzt. Promotion zu gesundheitlichen Folgen von Arbeitsbelastungen bei Schichtarbeit und Arbeitsplatzunsicherheit unter besonderer Berücksichtigung kardiovaskulärer Erkrankungen. 2006 bis 2008 wissenschaftliche Mitarbeiterin in einem privaten Institut im Gesundheitswesen in Hamburg, seit November 2008 wissenschaftliche Mitarbeiterin im Wissenschaftlichen Institut der AOK (WIdO) im AOK-Bundesverband und hier beschäftigt mit leistungsbereichübergreifenden Analysen der AOK-Versicherten.

Frank Hauser

Great Place to Work® Institute Deutschland
Sülzburgstraße 104–106
50937 Köln

Geboren 1965, seit 2002 Leiter des Great Place to Work® Institute Deutschland. Berufliche Schwerpunkte im Bereich der Organisationsforschung, Organisationsentwicklung und Beratung sowie der Forschung und Beratung zu den Themen Arbeitgeberattraktivität, Arbeitsplatzkultur und Mitarbeiterbindung. Das Great Place to Work® Institute Deutschland führt die jährlichen Studien »Deutschlands Beste Arbeitgeber« und »Beste Arbeitgeber im Gesundheitswesen« durch. Die Ergebnisse der Forschungen des Instituts stellt Frank Hauser zudem in Vorträgen und Fachpublikationen einem breiten Publikum vor.

Prof. Dr. Holger Heide

Mossängsvägen 146
684 91 Munkfors
Schweden

Prof. em. Universität Bremen, Dr. sc. pol., geboren 1939. Leiter des SEARI Social Economic Action Research Institute; Forschungsschwerpunkte: Wirtschaft und Gesellschaft Ostasiens (Japan, Südkorea); Geschichte und Theorie der Arbeitsgesellschaft; Arbeitsgesellschaft und Arbeitssucht. Forschungsaufenthalte in Japan und Südkorea.

Kerstin Heyde

Wissenschaftliches Institut der AOK (WIdO)
Rosenthaler Straße 31
10178 Berlin

Geboren 1981, Diplom-Sozialwirtin. Studium der Sozialwissenschaften in Göttingen. 2003 bis 2007 studentische und wissenschaftliche Hilfskraft in der Abteilung Allgemeinmedizin der Universität Göttingen im Forschungsprojekt MedViP (Medizinische Versorgung in der Praxis). Seit April 2008 im Wissenschaftlichen Institut der AOK (WIdO) im AOK-Bundesverband. Zunächst Mitarbeit bei der Erstellung des Fehlzeiten-Reports 2008 im Forschungsbereich Betriebliche Gesundheitsförderung. Derzeit wissenschaftliche Mitarbeiterin im Forschungsbereich Integrierte Analysen im Projekt »Qualitätssicherung der stationären Versorgung mit Routinedaten« (QSR).

Dr. Stephan Hinrichs

Albert-Ludwigs-Universität Freiburg
Institut für Psychologie
Engelbergerstraße 41
79085 Freiburg

Diplom-Pädagoge. Studium der Pädagogik, Psychologie, Wirtschafts- und Sozialwissenschaften an der Gerhard-Mercator-Universität Duisburg, hier von 2000 bis 2003 wissenschaftlicher Projektmitarbeiter im Fachgebiet »Methodologie und Arbeitspsychologie«. Von 2003 bis 2006 wissenschaftlicher Mitarbeiter in Forschung und Lehre im Fachgebiet »Wirtschaftspsychologie« der Universität Duisburg-Essen, Promotion im Fach Psychologie. Seit 2007 Akademischer Rat in der Arbeitsgruppe Arbeit- und

Organisationspsychologie der Albert-Ludwigs-Universität Freiburg. Arbeitsschwerpunkte: Arbeitssicherheit, Psychologische Aspekte des Qualitätsmanagements, Betriebliche Gesundheitsförderung.

Miriam-Maleika Höltgen

Wissenschaftliches Institut der AOK (WIdO)
Rosenthaler Straße 31
10178 Berlin

Geboren 1972, Studium der Germanistik, Geschichte und Politikwissenschaften an der Friedrich-Schiller-Universität Jena; bis 2001 wissenschaftliche Mitarbeiterin am Institut für Literaturwissenschaft. 2001 bis 2005 freiberuflich und angestellt tätig in den Bereichen Redaktion, Lektorat, Layout und Herstellung. Seit 2005 im AOK-Bundesverband, Mitarbeiterin im Wissenschaftlichen Institut der AOK (WIdO); verantwortlich für das Lektorat des Fehlzeiten-Reports.

Prof. Dr. Gerald Hüther

Leiter der Zentralstelle für Neurobiologische Präventionsforschung
der Universitäten Göttingen und Mannheim/Heidelberg
Psychiatrische Klinik
von-Siebold-Straße 5
37075 Göttingen

Neurobiologe, Leiter der Zentralstelle für Neurobiologische Präventionsforschung der Psychiatrischen Klinik der Universität Göttingen und des Mannheimer Instituts für Public Health an der Medizinischen Fakultät Mannheim der Universität Heidelberg. Langjährige Tätigkeit als Wissenschaftler am Max-Planck-Institut für experimentelle Medizin in Göttingen und als Leiter des neurobiologischen Forschungslabors der Psychiatrischen Klinik der Universität Göttingen. Forschungsschwerpunkte: Einfluss früher Erfahrungen auf die Hirnentwicklung, mit den Auswirkungen von Angst und Stress und der Bedeutung emotionaler Reaktionen. Autor zahlreicher wissenschaftlicher Publikationen und populärwissenschaftlicher Darstellungen (Sachbuchautor).

Dr. Olaf Iseringhausen

ZIG – Zentrum für Innovation in der Gesundheitswirtschaft Ostwestfalen-Lippe
Jahnplatz 5
33602 Bielefeld

Geboren 1969, Diplom-Soziologe, Doctor of Public Health. Studium der Soziologie in Bielefeld. 1998 bis 2001 wissenschaftlicher Mitarbeiter an der Fakultät für Gesundheitswissenschaften an der Universität Bielefeld, hier 2002 bis 2008 in der Arbeitsgruppe Sozialepidemiologie und Gesundheitssystemgestaltung. 2001 bis 2002 Bundesvereinigung Prävention und Gesundheitsförderung e.V., Bonn, im Projekt des Bundesministeriums für Gesundheit zum Thema Patienteninformation. Seit Anfang 2008 Projektmanagement im Zentrum für Innovation in der Gesundheitswirtschaft Ostwestfalen-Lippe, Bielefeld (ZIG-OWL). Arbeitsschwerpunkte: Versorgungsgestaltung, Evaluation, Organisationsanalyse und -beratung, Betriebliches Gesundheitsmanagement.

Joachim Klose

Wissenschaftliches Institut der AOK (WIdO)
Rosenthaler Straße 31
10178 Berlin

Geboren 1958, Diplom-Soziologe. Nach Abschluss des Studiums der Soziologie an der Universität Bamberg (Schwerpunkt Sozialpolitik und Sozialplanung) wissenschaftlicher Mitarbeiter im Rahmen der Berufsbildungsforschung an der Universität Duisburg. Seit 1993 wissenschaftlicher Mitarbeiter im Wissenschaftlichen Institut der AOK (WIdO) im AOK-Bundesverband; Leiter des Forschungsbereichs Ärztliche Versorgung, Betriebliche Gesundheitsförderung und Pflege.

Steffi Kohl

Institut für Psychosoziale Medizin und Psychotherapie
Universitätsklinikum der Friedrich-Schiller-Universität Jena
Stoystraße 3
07740 Jena

Geboren 1980, Studium der Psychologie an der FSU Jena mit Schwerpunkt Klinische Psychologie und Arbeits-, Betriebs und Organisationspsychologie. Einjährige Mitarbeit bei einem Projekt zu Werten in Unternehmen/Unternehmenskultur in Jena. Seit 2008 wissenschaftliche Mitarbeiterin am Institut für Psychosoziale Medizin der Friedrich-Schiller-Universität Jena; 2008 bis April 2009 Projektkoordination im Forschungsgutachten zur Psychotherapieausbildung; seit Mai 2009 Koordination der Bindungsdiagnostik im SOPHO-Net-Projekt (Forschungsprojekt zur Sozialen Phobie; gefördert vom Bundesministerium für Bildung und Forschung).

Dr. Karl Kuhn, M.A.

Bundesanstalt für Arbeitsschutz und Arbeitsmedizin (BAuA)
Friedrich-Henkel-Weg 1–25
44149 Dortmund

Dr. rer. soc., adj. Professor at Griffith University in Brisbane/Australia. Studium der Sozialwissenschaften an den Universitäten in Tübingen und Lund; im Rahmen der Promotion Forschungsjahr an der Universität Stockholm. Seit 1981 in der Bundesanstalt für Arbeitsschutz und Arbeitsmedizin (BAuA) in Dortmund tätig, gegenwärtig Senior Policy Adviser. Forschungsthemen u. a. Nacht- und Schichtarbeit, psycho-soziale Belastungen, ältere Arbeitnehmer, Vorsorgekonzepte und geeignete Konzepte zur Umsetzung von Gesundheitsförderungsmaßnahmen in den Betrieben. Gründung des Europäischen Netzwerkes zur betrieblichen Gesundheitsförderung, seit 1996 Chairman. Mitglied in zahlreichen nationalen und europäischen Gremien.

Patricia Lück

AOK-Bundesverband
Rosenthaler Straße 31
10178 Berlin

Diplom-Psychologin. Seit 1992 Projektleiterin für Betriebliche Gesundheitsförderung in Berlin, von 1995 bis 2008 bei der AOK Westfalen-Lippe. Durchführung von BGF-Projekten in Unternehmen unterschiedlichster Branchen (z. B. Öffentlicher Dienst, Entsorger, metallverarbeitendes Gewerbe, Transport). Kooperationsprojekte u. a. mit der Universität Hamburg, BAuA, Berufsgenossenschaften. Mitwirkung an einer mehrjährigen Studie des AOK-Bundesverbandes zum wirtschaftlichen Nutzen Betrieblichen Gesundheitsmanagements. Seit 2009 als Referentin für Betriebliche Gesundheitsförderung im AOK-Bundesverband in Berlin. Mitwirkung in Kooperationsprojekten z. B. DNBGF (Deutsches Netzwerk BGF) oder iga (Initiative Gesundheit & Arbeit).

Katrin Macco

Wissenschaftliches Institut der AOK (WIdO)
Rosenthaler Straße 31
10178 Berlin

Geboren 1976, staatl. gepr. Fremdsprachenkorrespondentin. Studium der Sozialwissenschaften an der Friedrich-Alexander-Universität Erlangen-Nürnberg und an der Universidade Técnica, Lissabon. 2004 bis 2007 Tätigkeit bei verschiedenen Krankenkassen im Bereich Betriebliches Gesundheitsmanagement. Seit 2008 wissenschaftliche Mitarbeiterin im Wissenschaftlichen Institut der AOK (WIdO) im AOK-Bundesverband, Forschungsbereich Betriebliche Gesundheitsförderung. Arbeitsschwerpunkte: Arbeit und Gesundheit, betriebliche und branchenbezogene Gesundheitsberichterstattung, Fehlzeitenanalysen.

Dr. Wolfgang Menz

Institut für Sozialwissenschaftliche Forschung e.V. (ISF München)
Jakob-Klar-Straße 9
80796 München

Studium der Soziologie in Marburg, Edinburgh und Frankfurt a. M., anschließend wissenschaftlicher Mitarbeiter an der Johann Wolfgang Goethe-Universität Frankfurt und am Institut für Sozialforschung (IfS). Lehrbeauftragter an den Universitäten Frankfurt und Wien, Promotionsstipendiat der Hans-Böckler-Stiftung, seit 2007 wissenschaftlicher Mitarbeiter am ISF München und hier u. a. tätig im Projekt »Pargema – partizipatives Gesundheitsmanagement«.

Dr. Martina Michaelis

Freiburger Forschungsstelle Arbeits- und Sozialmedizin (FFAS)
Bertoldstraße 27
79098 Freiburg

Geboren 1959, Diplom-Soziologin, Wissenschaftliche Angestellte an der Freiburger Forschungsstelle Arbeits- und Sozialmedizin, Forschungsschwerpunkte: empirische Sozialforschung in Bereich Arbeit und Gesundheit, Evaluations- und Interventionsforschung, Betriebliches Gesundheitsmanagement

Ulla Mielke

Wissenschaftliches Institut der AOK (WIdO)
Rosenthaler Straße 31
10178 Berlin

Geboren 1965, 1981 Ausbildung zur Apothekenhelferin. Anschließend zwei Jahre als Apothekenhelferin tätig. 1985 Ausbildung zur Bürokauffrau im AOK-Bundesverband. Ab 1987 Mitarbeiterin im damaligen Selbstverwaltungsbüro des AOK-Bundesverbandes. Seit 1991 Mitarbeiterin des Wissenschaftlichen Instituts der AOK (WIdO) im AOK-Bundesverband im Bereich Mediengestaltung. Verantwortlich für die grafische Gestaltung des Fehlzeiten-Reports.

Dr. Matthias Nübling

Freiburger Forschungsstelle Arbeits- und Sozialmedizin (FFAS)
Bertoldstraße 27
79098 Freiburg

Geboren 1963, Soziologe M.A. Wissenschaftlicher Angestellter an der Freiburger Forschungsstelle Arbeits- und Sozialmedizin. Studienleiter COPSOQ Deutschland (COPSOQ-Fragebogen – Screening-Instrument zur Erfassung psychischer Belastungen und Beanspruchungen bei der Arbeit); Forschungsschwerpunkte: Instrumentenentwicklung und -validierung, quantitative Erhebungen und Methoden, Epidemiologie.

Prof. Dr. Alfred Oppolzer

Universität Hamburg
Fakultät Wirtschafts- und Sozialwissenschaften
Fachbereich Sozialökonomie
Von-Melle-Park 9
20146 Hamburg

Geboren 1946. Studium der Soziologie, Psychologie, Wissenschaftlichen Politik, Erziehungswissenschaft; Promotion in Soziologie, Habilitation für Arbeitswissenschaft; Arbeitsschwerpunkte: Industriesoziologie, betriebliches Gesundheitsmanagement.

Anja Orthmann

AOK Bayern – Die Gesundheitskasse
Zentrale - Gesundheitsförderung
Mariahilfstraße 39, 92318 Neumarkt

Geboren 1965, nach Ausbildung und Tätigkeit in der neurobiologischen Forschung Studium der Sportwissenschaften an der Deutschen Sporthochschule in Köln und der Arbeits- und Organisationspsychologie an der Universität Dortmund. Projekte zur internen Kommunikation und zu betrieblichen Veränderungsprozessen u. a. bei der Deutschen Lufthansa AG. Seit 2001 Beraterin für Betriebliche Gesundheitsförderung bei der AOK Bayern. Arbeitsschwerpunkte: Betriebliches Gesundheitsmanagement, Organisationsentwicklung, Stressbewältigung, Führung und Gesundheit.

Dr. med. Friederike Pleuger

SICK AG
Erwin-Sick-Straße 1
79183 Waldkirch

Fachärztin für Innere Medizin und Arbeitsmedizin, Rettungsmedizin. Studium der Theologie, Geschichte, Humanbiologie; Medizinstudium in Marburg, Jerusalem und Berlin. Klinische Tätigkeit in Berlin und Frankfurt a. M. Langjährige Erfahrung bei einem überbetrieblichen arbeitsmedizinischen Dienst in Frankfurt. Leitung des Polizeiärztlichen Dienstes Freiburg. Seit 2008 Leitung des Betriebsärztlichen Dienstes/Gesundheitsmanagement der SICK AG in Waldkirch.

Dr. Thomas Rigotti

Universität Leipzig
Lehrstuhl für Arbeits- und Organisationspsychologie
Institut für Psychologie II
Seeburgstraße 14-20
04103 Leipzig

Diplom-Psychologe, Studium an der Universität Leipzig, hier auch Promotion zum Thema »Psychologische Verträge«. Forschungsschwerpunkte: Thematiken im Zusammenhang von Arbeit und Gesundheit wie Aufklärung der Entwicklung und Prävention psychischer Beanspruchungsfolgen, Wandel der Arbeitswelt sowie Kontextfaktoren. Beratende Tätigkeit für Organisationen bei Praxisprojekten zur betrieblichen Gesundheitsförderung.

Petra Rixgens, MPH

Arbeitsgemeinschaft Pflege
LIGA der Freien Wohlfahrtspflege im Lande Rheinland-Pfalz
Bauerngasse 7
55116 Mainz

Geboren 1969. Zunächst als Hebamme in verschiedenen deutschen Krankenhäusern und in der Arabischen Republik Jemen tätig. Danach Studium des Pflegemanagements an der Fachhochschule Münster und Public Health an der Universität Bielefeld. Weiterbildung zur Qualitätsbeauftragten und EFQM-Assessorin (European Foundation for Quality Management). Mitglied der »Initiative für interprofessionelle Qualität im Gesundheits- und Sozialwesen« (InterPro-Q). Wissenschaftliche Mitarbeiterin an der Fakultät für Gesundheitswissenschaften der Universität Bielefeld im Forschungsprojekt »Kennzahlenentwicklung und Nutzenbewertung im Betrieblichen Gesundheitsmanagement«. Seit 2008 Geschäftsführerin der Arbeitsgemeinschaft Pflege der LIGA der Spitzenverbände der Freien Wohlfahrtspflege in Rheinland-Pfalz. Arbeitsschwerpunkte u. a.: empirische Krankenhausforschung, insbesondere Führungsprobleme und Fragen der Interprofessionalität; Sozialkapital von Unternehmen im Produktions- und Dienstleistungssektor.

Jana Schmidt

Wissenschaftliches Institut der AOK (WIdO)
Rosenthaler Straße 31
10178 Berlin

Geboren 1982, Diplom-Sozialwirtin. Studium der Sozialwissenschaften (Schwerpunkte Gesundheitsmanagement, Sozial- und Arbeitsmarktpolitik, Soziologie und empirische Sozialforschung) an der Friedrich-Alexander-Universität Erlangen-Nürnberg. Seit April 2009 Praktikantin im Wissenschaftlichen Institut der AOK (WIdO) im AOK-Bundesverband im Bereich Betriebliche Gesundheitsförderung.

Helmut Schröder

Wissenschaftliches Institut der AOK (WIdO)
Rosenthaler Straße 31
10178 Berlin

Geboren 1965. Nach dem Abschluss als Diplom-Soziologe an der Universität Mannheim als wissenschaftlicher Mitarbeiter im Wissenschaftszentrum Berlin für Sozialforschung (WZB), dem Zentrum für Umfragen, Methoden und Analysen e.V. (ZUMA) in Mannheim sowie dem Institut für Sozialforschung der Universität Stuttgart tätig. Seit 1996 wissenschaftlicher Mitarbeiter im Wissenschaftlichen Instituts der AOK (WIdO) im AOK-Bundesverband und dort insbesondere in den Bereichen Arzneimittel, Heilmittel, Betriebliche Gesundheitsförderung sowie Evaluation tätig; stellvertretender Geschäftsführer des WIdO.

Kai Schwab

AOK Bayern – Die Gesundheitskasse
Bahnhofstraße 94
94469 Deggendorf

Jahrgang 1961, Diplom-Sportwissenschaftler, während und nach dem Studium freiberuflich in der Betrieblichen Gesundheitsförderung tätig. Seit 1998 bei der AOK Bayern als Berater für Betriebliche Gesundheitsförderung mit Sitz in Deggendorf. Arbeitsschwerpunkte: Betriebliches Gesundheitsmanagement, Organisationsentwicklung, Führung und Gesundheit, Stressmanagement, Projektentwicklung und -begleitung.

Prof. Dr. Johannes Siegrist

Heinrich-Heine-Universität Düsseldorf
Institut für Medizinische Soziologie
Universitätsstraße 1
40225 Düsseldorf

Seit 1992 Lehrstuhlinhaber für Medizinische Soziologie an der Medizinischen Fakultät der Heinrich Heine-Universität Düsseldorf und Leiter des postgradualen Studiengangs »Public Health«. Forschungsschwerpunkte: soziale Einflüsse auf stressassoziierte Krankheiten (Schwerpunkt Erwerbsleben) und Alterungsprozesse. Verschiedene nationale und internationale wissenschaftliche Auszeichnung, u. a. Mitglied der Academia Europaea und der Heidelberger Akademie der Wissenschaften.

Susanne Sollmann

Wissenschaftliches Institut der AOK (WIdO)
Rosenthaler Straße 31
10178 Berlin

Studium der Anglistik und Kunsterziehung an der Rheinischen Friedrich-Wilhelms-Universität Bonn und am Goldsmiths College, University of London. 1986 bis 1988 wissenschaftliche Hilfskraft am Institut für Informatik der Universität Bonn. Seit 1989 Mitarbeiterin des Wissenschaftlichen Instituts der AOK (WIdO) im AOK-Bundesverband u. a. im Projekt Krankenhausbetriebsvergleich und im Forschungsbereich Krankenhaus; Mitarbeit im Lektorat des Fehlzeiten-Reports.

Mika Steinke

Universität Bielefeld
Fakultät für Gesundheitswissenschaften
Postfach 100130
33501 Bielefeld

Geboren 1981, Studium der Sozialwissenschaften (Bachelor of Arts) und Gesundheitswissenschaften (Master of Public Health) an der Universität Bielefeld. Von Oktober 2008 bis April 2009 wissenschaftliche Mitarbeit im Projekt »Betriebliche Gesundheitspolitik in der Kernverwaltung von Kommunen« an der Fakultät für Gesundheitswissenschaften der Universität Bielefeld. Arbeitsschwerpunkte: Betriebliches Gesundheitsmanagement, Standards im Betrieblichen Gesundheitsmanagement.

Dr. Ulrich Stößel

Albert-Ludwigs-Universität
Abt. Medizinische Soziologie
Hebelstraße 29
79104 Freiburg

Akademischer Oberrat an der Abteilung für Medizinische Soziologie der Albert-Ludwigs-Universität Freiburg. Lehrtätigkeit in den Bereichen Medizinische Soziologie, Sozialmedizin, Gesundheitsökonomie, Gesundheitssystem, Öffentliche Gesundheitspflege/Public Health für Medizinstudierende. Forschungsschwerpunkte im Bereich Arbeit und Gesundheit, Implementations-, Präventions- und Evaluationsforschung.

Prof. Dr. Bernhard Strauß

Institut für Psychosoziale Medizin und Psychotherapie
Universitätsklinikum der Friedrich-Schiller-Universität Jena
Stoystrasse 3
07740 Jena

Geboren 1956. Psychologischer Psychotherapeut, Psychoanalytiker. Vertreter der Fächer Medizinische Psychologie, Medizinische Soziologie, Psychosomatische Medizin und Psychotherapie am Universitätsklinikum der Friedrich-Schiller-Universität Jena, dort Direktor des Instituts für Psychosoziale Medizin und Psychotherapie. Zuvor wissenschaftlicher Mitarbeiter an der Abteilung für Sexualforschung des Universitätskrankenhauses Hamburg-Eppendorf und an der Klinik für Psychotherapie und Psychosomatische Medizin der Uniklinik Kiel. Past President des Deutschen Kollegiums für Psychosomatische Medizin (DKPM) und der Deutschen Gesellschaft für Medizinische Psychologie (DGMP), derzeit Präsident der Society for Psychotherapy Research (SPR). Arbeitsschwerpunkte: Klinische Sexuologie, Psychotherapieforschung, Ausbildungsforschung, Prävention, Psychologische Interventionen in der Medizin.

Dr. Bernhard Streicher

Ludwig-Maximilians-Universität München
Department Psychologie-Sozialpsychologie
Leopoldstraße 13
80802 München

Universitätsassistent am Lehrstuhl für Sozialpsychologie der Universität München. Arbeitsschwerpunkte: Fairness in Organisationen, Bedingungen für Innovationen und innovatives Verhalten, Effekte unterschiedlicher Führungsstile sowie Informationssuche und Entscheidungsfindung in Gruppen und Risikosituationen.

Margarete Szpilok

Konsens e.V.
Mobbing Beratung München
Postfach 83 05 45
81705 München

Jahrgang 1959, Studium der Psychologie in Berlin, Ausbildung in Paar- und Familientherapie und NLP (Master), freiberuflich tätig seit 1986 als Supervisorin, Coach und in der Organisationsberatung. 1993 gemeinsam mit Ludwig Gunkel Aufbau der Mobbing Beratung München, seit 1996 Unterstützung beim Aufbau der Mobbing-Beratung in Bamberg; seit 1997 Betriebspsychologin an der Technischen Universität München. Arbeitsschwerpunkte: betriebliche Gesundheitsförderung, Stabilisierung bei psychischen Belastungen und Mobbing, Konfliktbearbeitung; Vortragstätigkeit und Beratung zur Mobbing-Prävention in Unternehmen, Ausbildung von Mobbing- und Konfliktberatern, Coaching von Führungskräften.

Dr. Morten Wahrendorf

Heinrich-Heine-Universität Düsseldorf
Institut für Medizinische Soziologie
Universitätsstraße 1
40225 Düsseldorf

Wissenschaftlicher Mitarbeiter am Institut für Medizinische Soziologie der Heinrich-Heine-Universität Düsseldorf. Forschungsschwerpunkte liegen in der international vergleichenden Analyse des Zusammenhangs zwischen Arbeitsbelastungen und der Gesundheit im Erwerbsleben sowie in der Untersuchung des Stellenwerts einer Teilhabe an nachberuflichen Aktivitäten für die Gesundheit.

Barbara Wilde

Albert-Ludwigs-Universität Freiburg
Institut für Psychologie
Engelbergerstraße 41
79085 Freiburg

Diplom-Psychologin. Studium der Psychologie und Betriebswirtschaftslehre an der Katholischen Universität Eichstätt-Ingolstadt. Seit 2006 wissenschaftliche Mitarbeiterin in der Arbeitsgruppe Arbeits- und Organisationspsychologie der Albert-Ludwigs-Universität Freiburg. Arbeitsschwerpunkte: Betriebliche Gesundheitsförderung; Belastung und Beanspruchung von Führungskräften, Bedingungsfaktoren gesundheitsförderlichen Führens, Work-Life-Balance.

Stichwortverzeichnis